Gmelin Handbuch der Anorganischen Chemie

Achte völlig neu bearbeitete Auflage

8th Edition

Volumes published on "Rare Earth Elements" (Syst.-No. 39)

A 1	Introductory Review. History. Occurrence – 1938
A 2	Scandium: History. Occurrence – 1973
A 3	Y, La, and the Lanthanoids: Cosmochemistry – 1980
A 4	Y, La, and the Lanthanoids: Crystal Chemistry – 1979
°B 1	Sc, Y, La, and the Lanthanoids: History, Position in the Periodic System. Separation from Raw Materials – 1976
B 2	Sc, Y, La, and the Lanthanoids: Separation of the Rare Earth Elements from One Another. Preparation of the Pure Metals. Uses. Toxicology – 1976
B 3	Sc, Y, La, and the Lanthanoids: Physical Properties of the Metals – 1974
°B 4	Sc, Y, La, and the Lanthanoids: Nuclear, Atomic, and Molecular Properties – 1976
B 5	Sc, Y, La, and the Lanthanoids: Preparation, Enrichment, and Separation of Isotopes (Sc, Y, La to Sm) – 1978
B 6	Sc, Y, La, and the Lanthanoids: Preparation, Enrichment, and Separation of Isotopes (Eu to Lu). Detection and Determination of Isotopes. Chemical Reactions of the Elements – 1978
B 7	Sc, Y, La, and the Lanthanoids: Reactions of the Ions in Solution. Electrochemical Behavior – 1979
C 1	Sc, Y, La, and the Lanthanoids: Hydrides. Oxides – 1974
C 2	Sc, Y, La, and the Lanthanoids: Compounds with H+O, Alkali Metals+O, N, as well as the Related Alkali Double Salts – 1974
C 3	Sc, Y, La, and the Lanthanoids: Fluorides, Fluoride Oxides, and the Related Alkali Double Salts – 1976
C 5	Sc, Y, La, and the Lanthanoids: Oxide Chlorides, Hydroxide Chlorides, Salts of Oxoacids of Chlorine, and Alkali Chlorometallates – 1977
C 6	Sc, Y, La, and the Lanthanoids: Bromides. Iodides. Corresponding Basic Halides. Salts of Halogen Oxoacids and Alkali Double Salts – 1978
°C 8	Sc, Y, La, and the Lanthanoids: Sulfide Halides. Sulfates, Salts of Other Sulfuric Acids, and Corresponding Alkali Double Compounds – 1981 (present volume)
***D 1**	Sc, Y, La, and the Lanthanoids: Coordination Compounds 1 – 1980
***D 3**	Sc, Y, La, and the Lanthanoids: Coordination Compounds 3 – 1981

*Completely or ° in part in English

Gmelin Handbuch der Anorganischen Chemie

Achte völlig neu bearbeitete Auflage

BEGRÜNDET VON Leopold Gmelin

ACHTE AUFLAGE BEGONNEN im Auftrage der Deutschen Chemischen Gesellschaft von R.J. Meyer

FORTGEFÜHRT VON E.H.E. Pietsch und A. Kotowski
Margot Becke-Goehring

HERAUSGEGEBEN VOM Gmelin-Institut für Anorganische Chemie der Max-Planck-Gesellschaft zur Förderung der Wissenschaften
Direktor: Ekkehard Fluck

Springer-Verlag
Berlin · Heidelberg · New York 1981

Gmelin Handbuch der Anorganischen Chemie

Achte völlig neu bearbeitete Auflage

Sc, Y, La–Lu SELTENERDELEMENTE

C 8

Sc, Y, La und Lanthanide

Verbindungen mit Schwefel (Fortsetzung): Sulfidhalogenide. Sulfate, Salze weiterer Schwefelsäuren sowie entsprechende Alkalidoppelverbindungen

Mit 49 Figuren

MITARBEITER (AUTHORS) — Ingeborg Hinz, Irmgard Kreuzbichler, Norbert Kuhn
Klaus-Peter Martens, Institut für Anorganische und Analytische Chemie, Justus-Liebig-Universität Gießen
Ursula Vetter

REDAKTEURE (EDITORS) — Hiltrud Hein, Ingeborg Hinz, Peter Merlet, Ursula Vetter

HAUPTREDAKTEUR (CHIEF EDITOR) — Hartmut Bergmann

System-Nummer 39

Springer-Verlag
Berlin · Heidelberg · New York 1981

ENGLISCHE FASSUNG DER STICHWÖRTER NEBEN DEM TEXT:
ENGLISH HEADINGS ON THE MARGINS OF THE TEXT:

E. LELL, LINZ, ÖSTERREICH

DIE LITERATUR IST BIS MITTE 1980 AUSGEWERTET,
IN VIELEN FÄLLEN DARÜBER HINAUS

LITERATURE CLOSING DATE: MID-1980
IN MANY CASES MORE RECENT DATA HAVE BEEN CONSIDERED

Die vierte bis siebente Auflage dieses Werkes erschien im Verlag von Carl Winter's Universitätsbuchhandlung in Heidelberg

Library of Congress Catalog Card Number: Agr 25-1383

ISBN 3-540-93434-0 Springer-Verlag, Berlin · Heidelberg · New York
ISBN 0-387-93434-0 Springer-Verlag, New York · Heidelberg · Berlin

Gesamtherstellung Universitätsdruckerei H. Stürtz AG, Würzburg

Foreword

The present volume covers the sulfide halides and the salts of the oxoacids of sulfur and their derivatives as well as the associated alkali double compounds.

So far as it seems meaningful (as in all earlier volumes of "Rare Earth Elements" Part C – „Seltenerdelemente" Teil C), comparative and generally valid data for a compound class are presented in a separate section preceding treatment of the specific systems and compounds. The physical properties of rare earth ions in crystal lattices as well as the chemistry of complexes are only sparsely described, since these topics are reserved for later volumes of the Gmelin Handbook. Other literature values found are converted into SI units only when it seems necessary for uniformity. The most important conversion factors are compiled in a table on page 415/6.

The most space in this volume is occupied by description of the sulfates, for which crystallographic and IR and Raman spectroscopic studies as well as data on thermal decomposition of the hydrates are prominent. The chapter on the alkali sulfatometallates is of similar compass; preponderantly it treats the alkali sulfate-rare earth sulfate systems and the crystallographic properties of the double compounds involved. The number of publications which deal with thermal and magnetic properties of the ethylsulfates is likewise very large. In view of the abundance of materials existing here, in this chapter a large amount of data is compiled in tables. For the basic sulfates, a sequence of physical properties of the oxide sulfates is known, the hydroxide sulfates are often theoretically described only by an approximate composition.

Frankfurt am Main
February 1981

Hartmut Bergmann

Vorwort

In der vorliegenden Lieferung werden die Sulfidhalogenide, Salze von Sauerstoffsäuren des Schwefels und deren Derivate sowie die zugehörigen Alkalidoppelverbindungen behandelt.

Soweit es sinnvoll erschien, werden (wie in allen früheren Lieferungen von „Seltenerdelemente" Teil C) für eine Verbindungsklasse allgemeingültige sowie vergleichbare Angaben in gesonderten Kapiteln vorausgestellt, die Behandlung der speziellen Systeme und Verbindungen schließt sich an. Die physikalischen Eigenschaften von Lanthanid-Ionen im Kristallgitter sowie die Komplexchemie werden nur knapp beschrieben, da diese Sachverhalte späteren Bänden des Gmelin-Handbuchs vorbehalten sind. Auf SI-Einheiten wurden vorgefundene andere Literaturwerte nur dann umgerechnet, wenn es zur Vereinheitlichung erforderlich schien. Die wichtigsten Umrechnungsfaktoren sind in einer Tabelle auf S. 415/6 zusammengestellt.

Breitesten Raum in dieser Lieferung nimmt die Beschreibung der Sulfate ein, wobei kristallographische und IR- oder Raman-spektroskopische Untersuchungen sowie Angaben zur thermischen Zersetzung der Hydrate im Vordergrund stehen. Von ähnlichem Umfang ist das Kapitel über die Alkalisulfatometallate, in dem vorwiegend die Systeme Alkalisulfat-Seltenerdsulfat sowie die kristallographischen Eigenschaften der auftretenden Doppelverbindungen abgehandelt werden. Die Zahl der Veröffentlichungen, die sich mit den thermischen und magnetischen Eigenschaften der Äthylsulfate befassen, ist ebenfalls sehr groß. Wegen der Fülle des hier vorliegenden Materials sind in diesem Kapitel sehr viele Daten in Tabellen zusammengestellt. Bei den basischen Sulfaten sind eine Reihe physikalischer Eigenschaften der Oxidsulfate bekannt, die Hydroxidsulfate werden häufig nur durch eine ungefähre Zusammensetzung formal beschrieben.

Frankfurt am Main
Februar 1981

Hartmut Bergmann

Table of Contents

(Inhaltsverzeichnis s. S. XVII)

Page

Page

Page

Page

Page

Page

Page

Page

Page

Inhaltsverzeichnis

(Table of Contents see page I)

Seite

Seite

Seite

Seite

Seite

Seite

Seite

28.4 Sulfidhalogenide

Sulfide Halides MSX

Review in English

Review

Sulfide halides MSX are known for M=Y, La, and Ln and X=F, Cl, Br, and I.

Sulfide fluorides have been prepared by reaction of M_2S_3 with MF_3 in a vacuum or in an inert gas atmosphere at temperatures between 900 and 1200 °C. The MSX for X=Cl, Br, and I have been prepared mostly by reaction of the elements in sealed evacuated ampoules. At first the halogen-metal mixture was heated slowly to 300 °C to form the halides, which were then reacted with sulfur between 400 and 500 °C. The reaction products were annealed for several weeks in this temperature range.

The main topic in this chapter is the crystallographic properties (the crystal structures are tabulated in the German review). All the sulfide halides MSX have a layered structure except the MSI for M=Y and Gd to Lu. These are hexagonal, but more is not known.

The sulfide chlorides, bromides, and iodides decompose in moist air; in contrast, the sulfide fluorides are stable.

28.4.1 Überblick

Review in German

Sulfidhalogenide MSX wurden bisher mit M=Y, La, Ln (nicht mit Sc) hergestellt. Alle Verbindungen haben Strukturen, in denen Schichten vorliegen. Bei X=F mit M=Y, La bis Er enthält die Struktur $(MF)_n$-Schichten mit M_4F-Tetraedern und Doppelschichten aus S, bei X=F mit M=Ho bis Lu sowie Y (β-YSF) treten alternierend $(MF_2)_n$- und $(MS_2)_n$-Schichten auf. Bei X=Cl kann zwischen den Anionen S und Cl röntgenographisch nicht unterschieden werden, so daß es nicht sicher ist, ob $(MS)_n$- oder $(MCl)_n$-Schichten vorliegen. Bei X=Br und J liegen $(MS)_n$-Schichten mit M_4S-Tetraedern und Doppelschichten aus Br bzw. J vor. Zusammenstellung der auftretenden Strukturtypen (einige Verbindungen sind dimorph):

	Typ	Symmetrie	Raumgruppe	Z
M in MSF				
Y, La, Ce bis Er	PbFCl	tetragonal	P4/nmm – D_{4h}^7 (Nr. 129)	2
Y, Ho, Er, Yb, Lu	β-YSF	hexagonal	$P6_3$/mmc – D_{6h}^4 (Nr. 194)	4
M in MSCl				
La, Ce	α-CeSJ	rhombisch	Pcab – D_{2h}^{15} (Nr. 61)	8
Er	FeOCl	rhombisch	Pmmn – D_{2h}^{13} (Nr. 59)	2
M in MSBr				
La, Ce, Pr	α-CeSJ	rhombisch	Pcab – D_{2h}^{15} (Nr. 61)	8
Pr, Nd, Sm, Gd, Tb	NdSBr	monoklin	$P2_1$/b – C_{2h}^5 (Nr. 14)	4
Y, Dy bis Lu	FeOCl	rhombisch	Pmmn – D_{2h}^{13} (Nr. 59)	2

Tabelle (Fortsetzung)

	Typ	Symmetrie	Raumgruppe	Z
M in MSJ				
La, Ce	α-CeSJ	rhombisch	Pcab – D_{2h}^{15} (Nr. 61)	8
Ce, Pr, Nd, Sm	SmSJ	rhomboedrisch	R$\bar{3}$m – D_{3d}^{5} (Nr. 166)	2
Y, Gd bis Lu	unbekannt	hexagonal	unbekannt	4

Gegenüberstellung der Strukturen von Halogenidsulfiden s. Dagron, Thevet [1] sowie von Halogenidsulfiden und Sulfiden, die als zweites Anion nicht Halogen enthalten, s. Flahaut [2] und Flahaut u.a. [3]. Während die Sulfidfluoride an atmosphärischer Luft stabil sind, sind die Sulfidbromide und -jodide sehr empfindlich gegen Luftfeuchtigkeit [1], ebenfalls die Sulfidchloride [4, 5].

Literatur:

[1] C. Dagron, F. Thevet (Ann. Chim. [Paris] [14] **6** [1971] 67/81). – [2] J. Flahaut (Ann. Chim. [Paris] [15] **1** [1976] 27/38). – [3] J. Flahaut, P. Laruelle, C. Dagron u.a. (Proc. 11th Rare Earth Res. Conf., Traverse City, Mich., 1974, Bd. 2, S. 947/53; C.A. **83** [1975] Nr. 106267). – [4] C. Dagron (Compt. Rend. C **262** [1966] 1575/6). – [5] G. Sfez, C. Adolphe (Bull. Soc. Franc. Mineral. Crist. **96** [1973] 37/40).

Sulfide Fluorides

28.4.2 Sulfidfluoride MSF mit M = Y, La, Ln

Preparation

Darstellung

Zur Darstellung der Sulfidfluoride MSF (M = Y, La, Ln) wird ein äquimolares Gemisch aus M_2S_3 und MF_3 zu Pastillen gepreßt und in einem Graphittiegel, der sich in einem evakuierten Quarzgefäß befindet, bei Temperaturen zwischen 900 und 1200 °C umgesetzt. Die Reaktionstemperatur steigt von M = La bis M = Lu an. Bei M = Tb bis Lu werden die geschmolzenen Reaktionsprodukte abgeschreckt, wobei gut entwickelte Kristalle erhalten werden, Dagron, Thevet [1]. Bei der direkten Reaktion der Gemische in Quarzglasampullen (M = La, Ce, Pr, Nd; 6 h bei 900 °C) sind die Reaktionsprodukte MSF geringfügig mit Si verunreinigt, Batsanov u.a. [2]. Zur Darstellung von LaSF und CeSF bei 500 bis 600 °C wurde das tablettierte Reaktionsgemisch aus M_2S_3 und MF_3 mehrere Wochen in einer evakuierten Ampulle aus Supremaxglas erhitzt. Nach jeweils einer Woche wurde die Pastille zerrieben und erneut tablettiert. Nachdem das Röntgen-Pulverdiagramm des Reaktionsproduktes keine Interferenzen der Ausgangsstoffe mehr zeigte, wurde noch 3 Wochen bei 450 °C getempert. Geringe Mengen freier Schwefel nach der Reaktion zeigte eine geringfügige Reaktion des Fluorids mit der Ampullenwand an. EuSF wurde auf die gleiche Weise dargestellt mit einem Reaktionsgemisch aus Eu_3S_4, EuF_3 und Schwefel, Schmid, Hahn [3], s. auch Hahn, Schmid [4]. Während bei der Umsetzung von M_2S_3 mit MF_3 (M = Y, Gd) bei 900 °C (4 h) im Vakuum oder Inertgasstrom MSF mit einer Partikelgröße von 10 bis 15 μm entsteht, wird ein feinteiligeres Produkt (2 bis 5 μm) durch Herabsetzung der Reaktionstemperatur auf 500 °C und der Reaktionszeit auf 2 h bei Verwendung von NH_4F anstatt MF_3 erhalten (Molverhältnis $M_2S_3 : NH_4F = 1:2$, Inertgasstrom), Markovskii u.a. [5]. Alle dargestellten Sulfidfluoride sind an atmosphärischer Luft stabil [1, 6].

Crystallographic Properties

Kristallographische Eigenschaften

Die Sulfidfluoride MSF mit M = Y, La, Ce bis Er (α-Form) haben nach Röntgen-Pulveraufnahmen von Dagron, Thevet [1, 6] sowie von Schmid, Hahn [3, 4] (M = La,

Ce, Eu) und Batsanov u.a. [2] (M = La, Ce, Pr, Nd) die tetragonale PbFCl-Struktur, Raumgruppe P4/nmm $-D_{4h}^{7}$ (Nr. 129), Z = 2. Die Sulfidfluoride der schwereren Lanthanide treten nur (M = Yb, Lu) und die dimorphen (mit M = Y, Ho, Er) auch mit hexagonaler Struktur (β-Form) auf [1, 6], für die röntgenographisch an Einkristallen von β-YSF die Raumgruppe $P6_3/mmc-D_{6h}^{4}$ (Nr. 194), Z = 4 bestimmt wurde, Rysanek, Loye [7]. Vorher war nach röntgenographischer Untersuchung von β-YSF die Raumgruppe $P6_322-D_6^6$ (Nr. 182) vorgeschlagen worden [1, 6]. Die dimorphen Verbindungen MSF mit M = Y, Ho, Er sind bei hohen Temperaturen in der β-Form stabil, die beim Abschrecken der Schmelzen von 1200 °C entstehen. Längeres Tempern der β-Form bei 900 bis 1000 °C führt zur tetragonalen α-Form [1]. Vergleich der Strukturen von Verbindungen der Lanthanide mit S und einem weiteren Nichtmetall, in denen $(LnS)_n$-, $(LnF)_n$- oder $(LnO)_n$-Schichten vorliegen, s. bei Flahaut [8], Flahaut u.a. [9].

Tetragonale Phasen

Gitterkonstanten in Å (Z = 2):

MSF	α-YSF	LaSF	LaSF	LaSF	CeSF	CeSF
a	3.77	4.04	4.024	4.01	4.010	4.00
c	6.80	6.97	6.979	6.97	6.951	6.94
Lit.	[1, 6]	[1, 6]	[3]	[2]	[3]	[6]
MSF	CeSF	PrSF	PrSF	NdSF	NdSF	SmSF
a	3.99	3.96	3.94	3.93	3.90	3.87
c	6.92	6.92	6.88	6.91	6.85	6.88
Lit.	[2]	[1, 6]	[2]	[1, 6]	[2]	[1, 6]
MSF	EuSF	GdSF	TbSF	DySF	α-HoSF	α-ErSF
a	3.874	3.83	3.81	3.78	3.76	3.74
c	6.735	6.85	6.84	6.82	6.79	6.78
Lit.	[3]	[1, 6]	[1, 6]	[1, 6]	[1, 6]	[1, 6]

Volumen der Elementarzelle (bezogen auf Z = 1) in Abhängigkeit von M s. **Fig. 1**, S. 4, nach [1]. In den MSF-Phasen mit der tetragonalen PbFCl-Struktur liegen wahrscheinlich ebene $(MF)_n$-Schichten vor, die aus (M_4F)-Tetraedern bestehen, sowie Doppelschichten aus S. Auswertung des Röntgenogramms von α-YSF mit beobachteten und berechneten Strukturfaktoren und Diskussion der Struktur bei Annahme des Vorliegens von M_4F- oder M_4S-Tetraedern in den Schichten s. im Original [1]. Atomparameter für LaSF und CeSF unter Zugrundelegung der Werte für LaOCl und CeOCl (die Ionenradien von O und F bzw. von Cl und S entsprechen sich nahezu) s. [3]. Unter der Annahme, daß die M-F-Abstände in den Sulfidfluoriden denen in den Oxidfluoriden entsprechen (die Gitterkonstanten a der nichtstöchiometrischen tetragonalen Oxidfluoride sind sehr ähnlich, s. Seltenerdelemente C 3, S. 243), werden für MSF mit M = La, Ce, Pr, Nd folgende Atomabstände r berechnet:

MSF	LaSF	CeSF	PrSF	NdSF
r(M-F)	2.46	2.45	2.42	2.40
r(M-4S) . . .	3.01	2.99	2.96	2.93
r(M-1S) . . .	3.10	3.08	3.06	3.05

Vergleich mit den Oxidsulfiden s. im Original [2].

Fig. 1

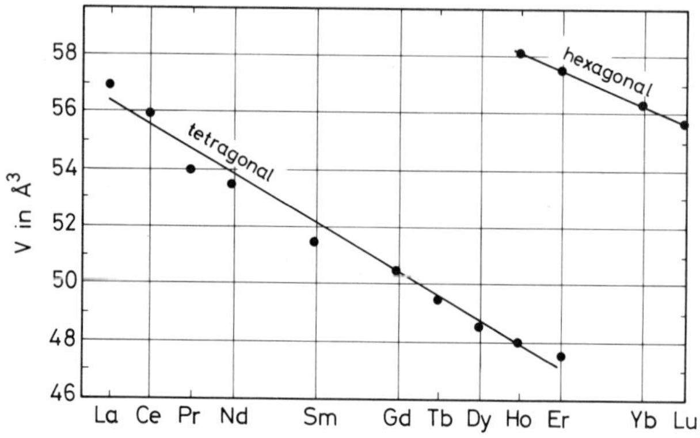

Volumen V der auf Z=1 bezogenen Elementarzelle von MSF.

Hexagonale Phasen

Gitterkonstanten in Å (Z=4):

MSF	β-YSF	β-YSF	β-HoSF	β-ErSF	YbSF	LuSF
a	4.05	4.062(2)	4.04	4.03	3.99	3.97
c	16.51	16.693(2)	16.50	16.45	16.39	16.37
Lit.	[1, 6]	[7]	[1, 6]	[1, 6]	[1, 6]	[1, 6]

Volumen der auf Z=1 bezogenen Elementarzelle in Abhängigkeit von M s. Fig. 1 nach [1].

Die an β-YSF untersuchte Struktur ergibt die Raumgruppe $P6_3/mmc-D_{6h}^4$ (Nr. 194), Z=4 [7]. Atomlagen (R=5.1%):

Atom	Punktlage	x	y	z
Y (1)	2a	0	0	0
Y (2)	2c	$^1/_3$	$^2/_3$	$^1/_4$
S	4f	$^1/_3$	$^2/_3$	0.0852(4)
F (1)	2b	0	0	$^1/_4$
F (2)	2d	$^1/_3$	$^2/_3$	$^3/_4$

β-YSF hat eine Schichtenstruktur, in der alternierende Schichten aus $(YF_2)_n$ und $(YS_2)_n$ parallel (001) vorliegen. Im Gegensatz zu den Schichtenstrukturen der anderen Sulfidhalogenide, in denen reine Nichtmetallschichten vorliegen, partizipieren die Y-Atome an beiden Schichten mit den Koordinationszahlen 6 für Y (1) und 8 für Y (2). Innerhalb der (YF_2)-Schicht ist Y (2) von 6 F-Atomen im Abstand von Y-F(1)=2.392 Å und Y-F(2)=2.402 Å umgeben, während F(1) und F(2) im Zentrum eines aus Y-Atomen gebildeten gleichseitigen Dreiecks liegen. Atomabstände F(1)-F(2)=2.429 Å. In den (YS_2)-Schichten bilden die S-Atome eine hexagonale Anordnung, in der Y(1) von 6 S-Atomen im Abstand von 2.752 Å umgeben ist. Jedes S-Atom befindet sich im Zentrum eines regulären Tetraeders aus Y(1)- und Y(2)-Atomen. Weitere Atomabstände in Å: S-S=3.671, Y(2)-S=2.750, F(1)-S=3.624, F(2)-S=3.630 [7].

Dichte

Density

Röntgendichte D_r in g/cm^3 für die tetragonalen Phasen mit Z=2:

MSF ...	α-YSF	LaSF	LaSF	LaSF	CeSF	CeSF	CeSF
D_r	4.79	5.54	5.581	5.63	5.67	5.678	5.71
Lit.	[1, 6]	[1, 6]	[3]	[2]	[6]	[3]	[1]
MSF ...	CeSF	PrSF	PrSF	NdSF	NdSF	SmSF	
D_r	5.76	5.90	5.97	6.06	6.23	6.49	
Lit.	[2]	[1, 6]	[2]	[1, 6]	[2]	[1, 6]	
MSF ...	EuSF	GdSF	TbSF	DySF	α-HoSF	α-ErSF	
D_r	6.669	6.85	7.04	7.31	7.46	7.63	
Lit.	[3]	[1, 6]	[1, 6]	[1, 6]	[1, 6]	[1, 6]	

Gemessene Dichte D_p in g/cm^3 bei 25 °C:

MSF	LaSF	LaSF	CeSF	CeSF	PrSF	NdSF
D_p	5.54	5.40	5.62	5.61	5.68	6.10
Lit.	[3]	[2]	[3]	[2]	[2]	[2]

Röntgendichte der hexagonalen Phasen mit Z=4 nach [1, 6]:

MSF	β-YSF	β-HoSF	β-ErSF	YbSF	LuSF
D_r	3.97	6.16	6.28	6.58	6.73

Für β-YSF wird D_r=3.97 berechnet und D_p=3.93 g/cm^3 bei 20 °C gemessen [7].

Optische Eigenschaften

Optical Properties

Farbe nach Dagron, Thevet [1, 6]:

YSF	creme-weiß	NdSF	gelblich	DySF	braungelb
LaSF	graugelb	SmSF	gelbbraun	HoSF	ocker
LaSF	grauweiß [a)]	EuSF	hellweinrot [a)]	ErSF	rosa
CeSF	ziegelrot	GdSF	braun	YbSF	gelbgrün
PrSF	gelb	TbSF	grün	LuSF	gräulich

a) Nach Schmid, Hahn [3].

Die α- und β-Modifikationen von MSF mit M=Y, Ho, Er unterscheiden sich nicht in der Farbe [1, 6].

Bei der Messung der Brechungszahl nach der Immersionsmethode konnte nur der niedrigste Wert n_x erfaßt werden mit n_x=2.06 für LaSF, 2.03 für CeSF, 2.10 für PrSF und 2.04 für NdSF; n_y scheint höher als 2.14 zu liegen, somit sind die Kristalle wie PbFCl optisch positiv. Im IR-Spektrum dieser Verbindungen treten zwischen 400 und 5000 cm^{-1} keine Absorptionsbanden auf. Die beobachteten Banden zwischen 230 und 250 cm^{-1} sowie zwischen 360 und 370 cm^{-1} werden der M-S- bzw. M-F-Valenzschwingung zugeordnet. Mit den berechneten Atomabständen (s. S. 3) werden folgende Schwingungsfrequenzen ν in cm^{-1} und Kraftkonstanten K in N/m berechnet:

	ν (exp)	ν (ber)	K_{M-S}	K_{M-F}
LaSF	232, 360	251, 374	97	139
CeSF	243, 363	252, 374	98	140
PrSF	243, 370	253, 378	99	142
NdSF	247, 370	261, 388	106	150

Aus den diffusen Reflexionsspektren wird mit einer Genauigkeit von ±0.1 eV die Breite der verbotenen Zone zu 3.0 für LaSF, 2.3 für CeSF, 2.6 eV für PrSF und NdSF bestimmt [2].

Literatur:

[1] C. Dagron, F. Thevet (Ann. Chim. [Paris] [14] **6** [1971] 67/81). – [2] S.S. Batsanov, V.S. Filatkina, G.N. Kustova (Izv. Akad. Nauk SSSR Ser. Khim. **1971** 1190/5; Bull. Acad. Sci. USSR Div. Chem. Sci. **1971** 1103/7). – [3] R. Schmid, H. Hahn (Z. Anorg. Allgem. Chem. **373** [1970] 168/75). – [4] H. Hahn, R. Schmid (Naturwissenschaften **52** [1965] 475). – [5] L.Ya. Markovskii, V.M. Lantratov, E.Ya. Pesina (UdSSR P. 493436 [1973/75]; C.A. **84** [1976] Nr. 107942).

[6] C. Dagron, F. Thevet (Compt. Rend. C **268** [1969] 1867/9). – [7] N. Rysanek, O. Loye (Acta Cryst. B **29** [1973] 1567/9). – [8] J. Flahaut (Ann. Chim. [Paris] [15] **1** [1976] 27/38). – [9] J. Flahaut, P. Laruelle, C. Dagron u.a. (Proc. 11th Rare Earth Res. Conf., Traverse City, Mich., 1974, Bd. 2, S. 947/53; C.A. **83** [1975] Nr. 106267).

Sulfide Chlorides

28.4.3 Sulfidchloride MSCl mit M = La, Ce, Er

Die Sulfidchloride LaSCl (bräunlichweiß) und CeSCl (gräulich) können analog den Sulfidbromiden aus den Elementen dargestellt werden (s. S. 7). Zur Darstellung von CeSCl nach $2\,CeSJ + PbCl_2 \rightarrow 2\,CeSCl + PbJ_2$ wird die unter N_2 pulverisierte und tablettierte Reaktionsmischung im Vakuum auf 500 °C erhitzt, wobei sich PbJ_2 an den kälteren Wänden des Reaktionsgefäßes kondensiert. Das enstandene CeSCl ist infolge Verunreinigung mit Pb schwärzlich, Dagron [1]. Zur Darstellung von ErSCl aus den Elementen nach der bei MSBr beschriebenen Methode läßt man das langsam bis auf 400 °C erhitzte Er mit Cl_2-Gas (Atomverhältnis Er : Cl = 1 : 1) reagieren, wobei teilweise $ErCl_3$ entsteht. Das Gemisch aus $ErCl_3$ und Er wird dann bei langsamer Erhitzung auf 250 °C mit der stöchiometrischen Menge S umgesetzt. Gut ausgebildete Kristalle werden durch Kristallisation aus der $ErCl_3$-Schmelze erhalten. Sie sind luftempfindlich und werden unter trocknem N_2 aufbewahrt, Sfez, Adolphe [2].

Nach Röntgen-Pulveraufnahmen haben LaSCl und CeSCl die rhombische α-CeSJ-Struktur (s. Fig. 5, S. 12), Raumgruppe Pcab $-D_{2h}^{15}$ (Nr. 61), Z = 8. Gitterkonstanten in Å und Röntgendichte D_r in g/cm³ [1]:

	a	b	c	D_r
LaSCl . . .	7.04	13.69	6.83	4.16
CeSCl . . .	7.00	13.46	6.76	4.33

Nach Röntgen-Einkristallaufnahmen hat ErSCl rhombische Symmetrie, Raumgruppe Pmmn $-D_{2h}^{13}$ (Nr. 59), Z = 2. Gitterkonstanten in Å: a = 5.26(1), b = 3.974(2), c = 7.44(1). Die Atome haben die speziellen Lagen 2a: $\pm{}^1/_4$, $^1/_4$, z und 2b: $\pm{}^1/_4$, $^3/_4$, z. Die bestimmten Atomkoordinaten sind: Er: 0.25, 0.25, 0.1544(2); Anion 1: 0.25, 0.75, 0.905(1) und Anion 2: 0.25, 0.75, 0.387(1). Man kann röntgenographisch nicht zwischen

Anion 1 und Anion 2 bzw. zwischen S und Cl unterscheiden, jedoch wird aus den Atomabständen und dem Vergleich mit der sehr ähnlichen FeOCl-Struktur geschlossen, daß vermutlich $(ErS)_n$-Schichten mit Er_4S-Tetraedern und Doppelschichten aus Cl vorliegen. Danach befindet sich Er im Zentrum eines deformierten Oktaeders aus 4 S-Atomen (mittlerer Abstand Er-S = 2.70 Å) und 2 Cl-Atomen (Abstand Er-Cl = 2.64 Å). Jedes Cl-Atom ist umgeben von 2 Er-, 6 S- und 4 Cl-Atomen (mittlere Atomabstände Cl-S = 3.87 Å, Abstand Cl-Cl = 3.70 Å). Jedes S-Atom ist umgeben von 4 Er-, 6 Cl- und 4 S-Atomen (Atomabstände S-S = 3.59 und 3.97 Å) [2].

Literatur:

[1] C. Dagron (Compt. Rend. C **262** [1966] 1575/6). – [2] G. Sfez, C. Adolphe (Bull. Soc. Franc. Mineral. Crist. **96** [1973] 37/40).

28.4.4 Sulfidbromide MSBr mit M = Y, La, Ln

Sulfide Bromides

Darstellung

Preparation

Die Sulfidbromide MSBr (M = Y, La, Ln außer Pm, Eu, Tm) werden aus den Elementen in folgender Weise hergestellt: In einer langen, im Vakuum verschlossenen großen Ampulle aus Pyrexglas befinden sich 3 kleine Ampullen, eine offene Ampulle aus Quarzglas, welche die Metalle M in Form feiner Späne enthält und zwei geschlossene kleine Ampullen mit Br bzw. S. Die Spitzen der kleinen geschlossenen Ampullen werden mit einer Flamme an der Wand der äußeren Ampulle angeschmolzen und können nacheinander durch einen harten Schlag geöffnet werden. Die geschlossene große Ampulle befindet sich in einem Ofen, der zonenweise aufheizbar ist. Zuerst wird die Ampulle mit Brom geöffnet, wobei Bromdampf mit dem langsam auf 300 °C erhitzten Metall reagiert. Durch nachfolgende Reaktion mit S-Dampf bei 400 bis 500 °C entstehen die Sulfidbromide MSBr. Die Quarzglasampulle mit dem mikrokristallinen Reaktionsprodukt wird dann im Vakuum isoliert und mehrere Wochen bei 400 bis 500 °C getempert, wobei die Kristallisation fortschreitet. Gut ausgebildete Kristalle bilden sich bei der Kristallisation von MSBr aus einer MBr_3-Schmelze. Anhaftendes MBr_3 wird mit absolutem Alkohol ausgewaschen, dann wird im Vakuum getrocknet. Die Kristalle sind sehr empfindlich gegen Luftfeuchtigkeit, Dagron, Thevet [1], vgl. auch Dagron [2].

Kristallographische Eigenschaften

Crystallographic Properties

Die Sulfidbromide kommen in 3 Strukturtypen vor [1]. LaSBr, CeSBr und α-PrSBr haben dieselbe rhombische Struktur wie CeSJ [1 bis 3] mit der nach Röntgen-Einkristalluntersuchungen bestimmten Raumgruppe Pcab – D_{2h}^{15} (Nr. 61) und Z = 8, Etienne [4]. In MSBr mit M = Pr, Nd, Sm, Gd, Tb ist die Symmetrie monoklin. Nach Röntgen-Einkristalluntersuchung von NdSBr ist die Raumgruppe $P2_1/b - C_{2h}^5$ (Nr. 14; andere Achsenaufstellung von $P2_1/c$), Z = 4, Savigny u.a. [5]; von Dagron, Thevet [1, 6] war dieselbe Raumgruppe, doch Z = 12 angegeben worden. – In MSBr mit M = Y, Dy, Ho, Er, Yb, Lu liegt nach Röntgen-Pulveraufnahmen von LuSBr wie in ErSCl (s. S. 6) die rhombische FeOCl-Struktur vor, Raumgruppe Pmmn – D_{2h}^{13} (Nr. 59), Z = 2, Collin u.a. [7], [1, 6]. In der dimorphen Verbindung PrSBr ist die rhombische α-Form nur unterhalb 500 °C stabil, während die monokline β-Form bei höherer Temperatur stabil ist und z.B. bei der Darstellung aus den Elementen bei 800 °C entsteht [1].

Rhombischer CeSJ-Typ: MSBr mit M = La, Ce, Pr

Gitterkonstanten in Å (Z = 8):

	LaSBr	CeSBr	α-PrSBr
a	7.19	7.12	7.08
b	13.99	13.82	13.73
c	7.02	6.94	6.90
Lit.	[1, 2, 6]	[1, 2]	[1]

Das auf Z = 1 bezogene Zellvolumen ist in **Fig. 2** nach [1] wiedergegeben. In der Struktur liegen Doppelschichten aus Br sowie $(MS)_n$-Schichten vor, die aus deformierten (M_4S)-Tetraedern bestehen [4], s. Abbildung der analogen CeSJ-Struktur, Fig. 5, S. 12.

Fig. 2

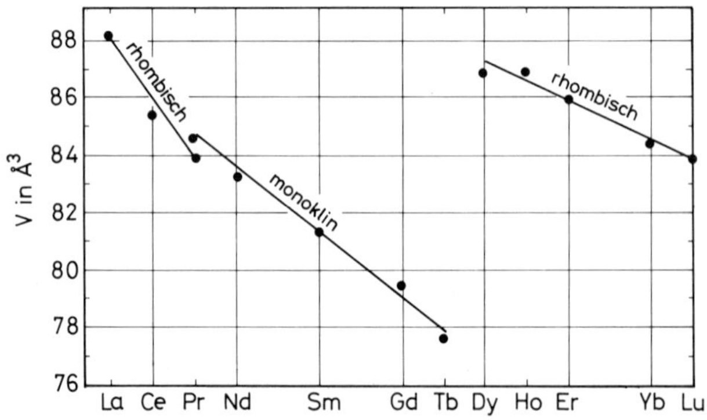

Volumen V der auf Z = 1 bezogenen Elementarzelle von MSBr.

Monokline Phasen MSBr mit M = Pr, Nd, Sm, Gd, Tb

Gitterkonstanten in Å (Z = 4) nach [5]:

	β-PrSBr	NdSBr	SmSBr	GdSBr	TbSBr
a	6.98	6.94	6.86	6.80	6.75
b	6.93	6.91	6.86	6.81	6.77
c	7.09	7.05	7.01	6.96	6.89
γ	99.30°	99.28°	99.32°	99.23°	99.33°

Von Dagron, Thevet [1, 6] wurden dieselben Werte für b, c, γ, doch dreimal so große Werte für a (Z = 12) angegeben. Das auf Z = 1 bezogene Zellvolumen ist in Fig. 2 nach [1] wiedergegeben. Die an verzwillingten NdSBr-Kristallen durchgeführte Strukturuntersuchung [5] ergibt Z = 4. Atomlagen:

Atom	Punktlage	x	y	z
Nd	4e	0.3177(1)	0.2106(1)	0.4647(1)
S	4e	0.5543(7)	0.0083(7)	0.2396(6)
Br	4e	0.0847(3)	0.2872(3)	0.1160(3)

Fig. 3

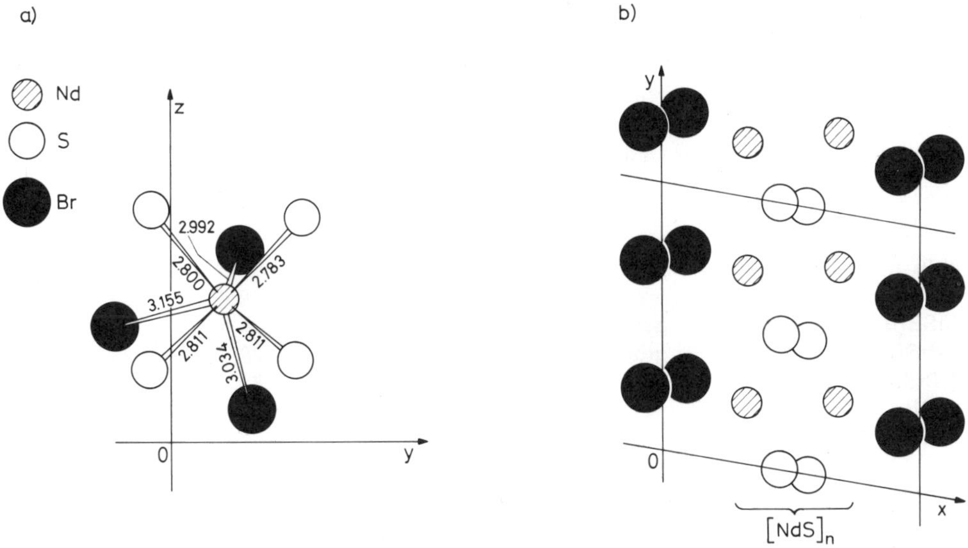

Gitterstruktur von NdSBr: a) NdS_4Br_3-Polyeder senkrecht zur (100)-Ebene. b) Projektion der Struktur auf die (001)-Ebene.

In der Struktur liegen $(NdS)_n$-Schichten aus Nd_4S-Tetraedern und Doppelschichten aus Br vor. Jedes Nd-Atom ist 7fach koordiniert (s. **Fig. 3a**), mit 4 S-Atomen (mittlerer Abstand 2.80 Å) und 3 Br-Atomen (mittlerer Abstand 3.06 Å). Weitere Atomabstände in Å: S-Br= 3.966(8), 3.763(6), 3.519(7); S-S=3.457(9), 3.743(9) und 2×3.454(3); Br-Br=2× 3.722(3), 3.714(5) und 2×3.933(3). Projektion der Struktur auf (001) s. **Fig. 3b** [5].

Rhombischer FeOCl-Typ: MSBr mit M=Y, Dy, Ho, Er, Yb, Lu

Gitterkonstanten in Å (Z=2) nach [1, 6] (und [7] für LuSBr):

	YSBr	DySBr	HoSBr	ErSBr	YbSBr	LuSBr
a	5.35	5.35	5.34	5.32	5.27	5.274(1)
b	4.06	4.02	4.03	4.01	3.97	3.955(1)
c	8.09	8.08	8.09	8.08	8.07	8.085(2)

Das auf Z=1 bezogene Zellvolumen ist in Fig. 2, S. 8, nach [1] wiedergegeben. Die an ErSCl-Einkristallen von Sfez, Adolphe [8] und polykristallinem LuSBr [7] untersuchte Struktur entspricht der von FeOCl. Atomlagen nach [7] (R=10.4%):

Atom	Punktlage	x	y	z
Lu	2a	0.25	0.25	0.136
S	2b	0.25	0.75	0.918
Br	2b	0.25	0.75	0.378

In der Struktur liegen $(LuS)_n$-Schichten mit Lu_4S-Tetraedern und Doppelschichten aus Br vor. Lu befindet sich im Zentrum eines deformierten Oktaeders; es ist von 4 S-Atomen (mittlerer Abstand 2.66 Å) und 2 Br-Atomen (mittlerer Abstand 2.78 Å) umgeben. Jedes S-Atom ist umgeben von einem Tetraeder aus Lu-Atomen sowie von 6 Br- und 4 S-Atomen. Der mittlere S-S-Abstand beträgt 3.90 Å. Die mittleren Abstände Br-S und Br-Br betragen 3.72 bzw. 3.90 Å [7].

Density and Color

Dichte und Farbe

Röntgendichte D_r in g/cm^3 und Farbe:

	D_r	Farbe		D_r	Farbe
YSBr	3.79	weiß	GdSBr	5.62	weißlich
LaSBr	4.72	grauweiß	TbSBr	5.79	beige
CeSBr	4.90	gelbgrün	DySBr	5.24	creme
α-PrSBr	5.01	grün	HoSBr	5.28	weißgelb
β-PrSBr	4.96	grün	ErSBr	5.39	rosa
NdSBr	5.10	malvenfarbig	YbSBr	5.60	gelb
SmSBr	5.35	goldgelb	LuSBr	5.67	weißlich

Dagron, Thevet [1, 6], Teilangaben für LaSBr und CeSBr s. Dagron [2].

Literatur:

[1] C. Dagron, F. Thevet (Ann. Chim. [Paris] [14] **6** [1971] 67/81). – [2] C. Dagron (Compt. Rend. C **262** [1966] 1575/6). – [3] C. Dagron (Compt. Rend. **260** [1965] 1422/4). – [4] J. Etienne (Bull. Soc. Franc. Mineral. Crist. **92** [1969] 134/40). – [5] N. Savigny, C. Adolphe, A. Zalkin, D.H. Templeton (Acta Cryst. B **29** [1973] 1532/5).

[6] C. Dagron, F. Thevet (Compt. Rend. C **271** [1970] 677/8). – [7] G. Collin, C. Dagron, F. Thevet (Bull. Soc. Chim. France **1974** 418/20). – [8] G. Sfez, C. Adolphe (Bull. Soc. Franc. Mineral. Crist. **96** [1973] 37/40).

Sulfide Iodides Preparation

28.4.5 Sulfidjodide MSJ mit M=Y, La, Ln

Darstellung

Die Sulfidjodide MSJ (M=Y, La, Ln außer Pm, Eu, Ho, Tm) werden auf dieselbe Weise wie die Sulfidbromide aus den Elementen dargestellt (s. S. 7; das Jod wird bei 110 °C aus der offenen Ampulle verdampft); sie sind luftempfindlich, Dagron, Thevet [1], Teilangaben für M=La, Ce s. [2, 3], für M=Ce s. Dagron [4]. Weitere für CeSJ angegebene Darstellungsmethoden, wie Umsetzung von CeS mit Jod bei 200 und 500 °C [4, 5] oder Umsetzung von Ce_2S_3 mit einem Überschuß an geschmolzenem CeJ_3 bei 850 °C [4], werden später nicht mehr erwähnt [1 bis 3]. Während CeSJ bei der Darstellung unterhalb 500 °C in Form prismatischer Kristalle erhalten wird (α-Form), entsteht es oberhalb 800 °C (z.B. bei der Kristallisation von CeSJ aus der CeJ_3-Schmelze) in Form von Lamellen (β-Form) mit anderer Struktur [1 bis 3]. Von Etienne [6] wird α-CeSJ bei der Kristallisation aus der CeJ_3-Schmelze in Form von Nadeln oder Plättchen erhalten. – Bei der Transportreaktion von YbS mit Jod tritt in der Gasphase YbSJ auf, Obolonchik u.a. [7].

Die Sulfidjodide werden unter trocknem N_2 aufbewahrt [1]. CeSJ ist im Vakuum bis 450 °C stabil [2].

Fig. 4

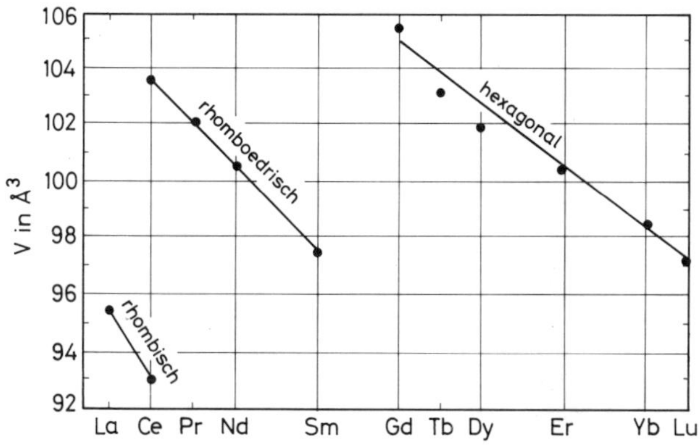

Volumen V der auf Z=1 bezogenen Elementarzelle von MSJ.

Kristallographische Eigenschaften

Crystallographic Properties

Die Sulfidjodide treten in 3 Strukturtypen auf [1]. LaSJ und α-CeSJ haben nach röntgenographischer Strukturuntersuchung an Einkristallen von α-CeSJ [6] rhombische Symmetrie, Raumgruppe Pcab $-D_{2h}^{15}$ (Nr. 61), Z=8. – β-CeSJ sowie MSJ mit M=Pr, Nd, Sm sind nach Röntgen-Einkristalluntersuchungen an SmSJ (Savigny u.a. [8]) rhomboedrisch, Raumgruppe $R\bar{3}m-D_{3d}^{5}$ (Nr. 166), Z=2. Früher [3] war nach Röntgen-Pulveraufnahmen monokline Symmetrie angenommen worden. Die Sulfidjodide MSJ mit M=Y, Gd bis Lu haben hexagonale Symmetrie, Z=4, die Struktur ist unbekannt [1].

Rhombische Phasen LaSJ und α-CeSJ

Gitterkonstanten in Å (Z=8):

	a	b	c	Lit.
LaSJ	7.38	14.57	7.10	[1 bis 3]
α-CeSJ . . .	7.33	14.35	7.05	[1 bis 3]
	7.35	14.42	7.06	[4, 6]

Das auf Z=1 bezogene Zellvolumen im Vergleich mit allen anderen Sulfidjodiden MSJ ist in **Fig. 4** nach [1] wiedergegeben.

In der rhombischen Struktur mit der Raumgruppe Pcab $-D_{2h}^{15}$ besetzen die Atome die allgemeine Punktlage 8c. Parameter x, y, z in α-CeSJ nach [6]:

	x	y	z
Ce	0.0293	0.0841	0.2426
S	0.2584	0.4759	0.4994
J	0.4061	0.1991	0.3159

In der Struktur liegen parallel der (101)-Ebene $(CeS)_n$-Schichten und Doppelschichten aus Jod vor, s. **Fig. 5**, S. 12, nach [1] und [6]. Ce hat als nächste Nachbarn 4 S-Atome und 2 Jodatome. Atomabstände in Å: Ce-S=2.82 und 3×2.85, Ce-J=3.26, 3.28, 3.46, 4.39. Die mittleren Abstände S-S sind 3.66 und J-J=4.07 Å [6].

Fig.5

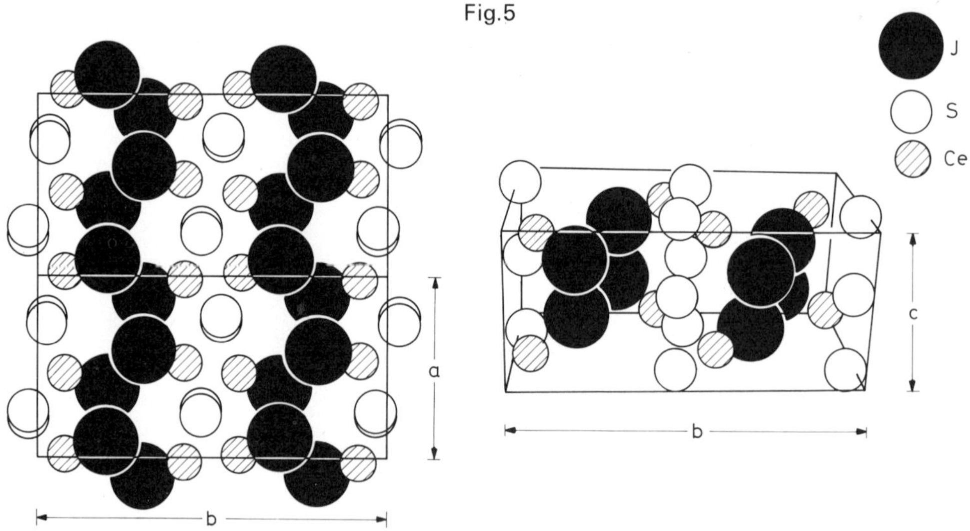

Gitterstruktur des α-CeSJ.

Rhomboedrische Phasen MSJ mit M=Ce, Pr, Nd, Sm

Gitterkonstanten (Z=2) nach [1]:

	β-CeSJ	PrSJ	NdSJ	SmSJ
a in Å . . .	11.26	11.24	11.22	11.20
α	23° 53′	23° 46′	23° 40′	23° 23′

Für SmSJ wird a=11.21(1) Å und α=23° 22(5)′ bei rhomboedrischer Aufstellung (Z=2) und a=4.54(1), c=32.69(2) Å bei hexagonaler Aufstellung (Z=6) angegeben [8]. Das auf Z=1 bezogene Zellvolumen ist in Fig. 4, S. 11, nach [1] wiedergegeben. Gitterkonstanten für die früher angenommene monokline Zelle mit Z=4 s. bei [1, 3].

In der an SmSJ bestimmten Struktur mit der Raumgruppe $R\bar{3}m-D_{3d}^{5}$ liegen parallel (001)-Schichten aus $(SmS)_n$ mit Sm_4S-Tetraedern und Doppelschichten aus J-Atomen vor (s. Figur im Original). In dem hexagonalen Gitter mit Z=6 besetzen die Atome die allgemeinen Lagen 6c. Parameter z: Sm=0.3885, S=0.3017, J=0.1159. Atomabstände in Å: Sm-S=2.84 und 3×2.73, Sm-J=3.29 (3×). Jedes J-Atom hat als nächste Nachbarn 3 S-Atome im Abstand von 3.80 Å, 3 J-Atome im Abstand von 4.32 Å und 3 Sm-Atome. Die S-S-Abstände betragen 3.34 Å [8].

Hexagonale Phasen MSJ mit M=Y, Gd, Tb, Dy, Er, Yb, Lu

Gitterkonstanten in Å (Z=4) nach [1, 3]:

	YSJ	GdSJ	TbSJ	DySJ	ErSJ	YbSJ	LuSJ
a	10.64	10.73	10.66	10.64	10.61	10.55	10.53
c	4.16	4.24	4.20	4.16	4.13	4.09	4.05

Das auf Z=1 bezogene Zellvolumen ist in Fig. 4, S. 11, wiedergegeben. Die Struktur ist nicht bekannt [1].

Dichte und Farbe

Density and Color

Röntgendichte D_r in g/cm^3 und Farbe nach [1, 3]:

	YSJ	LaSJ	α-CeSJ	β-CeSJ	PrSJ	NdSJ	SmSJ
D_r	4.03	5.18	5.36	4.80	4.88	5.01	5.27
Farbe . . .	weiß	mandelgrün	gelb	gelb	hellgrün	graublau	gelb

	GdSJ	TbSJ	DySJ	ErSJ	YbSJ	LuSJ
D_r	4.98	5.11	5.23	5.39	5.60	5.70
Farbe . . .	weiß	gräulich	weiß	rosa	orange	weiß

Für α-CeSJ wird $D_r=5.31$ berechnet und $D_p=5.35\ g/cm^3$ bei 0 °C gemessen [4, 6]. Für SmSJ wird $D_r=5.28$ und $D_p=5.25\ g/cm^3$ angegeben [8].

Literatur:

[1] C. Dagron, F. Thevet (Ann. Chim. [Paris] [14] **6** [1971] 67/81). – [2] C. Dagron (Compt. Rend. C **262** [1966] 1575/6). – [3] C. Dagron, F. Thevet (Compt. Rend. C **268** [1969] 1867/9). – [4] C. Dagron (Compt. Rend. **260** [1965] 1422/4). – [5] F.L. Carter (Met. Soc. Conf. **15** [1961] 245/61, 257/8).

[6] J. Etienne (Bull. Soc. Franc. Mineral. Crist. **92** [1969] 134/40). – [7] V.A. Obolonchik, L.M. Kulikov, A.A. Yanoki (Khim. Fiz. Khal'kogenidov **1977** 25/8; C.A. **88** [1978] Nr. 126978). – [8] N. Savigny, P. Laruelle, J. Flahaut (Acta Cryst. B **29** [1973] 345/7).

28.4.6 Europiumsulfidhalogenide $EuS_{1-y}X_y$

Europium Sulfide Halides

Die Darstellung und die Eigenschaften der patentierten ferromagnetischen Materialien $EuS_{1-y}X_y$ (X=F, Cl, Br, J) mit $0.005<y<0.3$ werden am Beispiel X=Cl und Br und $y \leqq 0.012$ beschrieben. Zur Darstellung von Einkristallen wird z.B. eine homogene Mischung aus 94 Mol-% EuS, 3 Mol-% EuX_2 und 3 Mol-% Eu-Metall in Pulverform in einem evakuierten verschlossenen feuerfesten Tiegel (Mo, Ta oder W) induktiv bei etwa 2520 °C geschmolzen (2 h), dann innerhalb von ≈16 h auf ≈2100 °C und danach mit ≈300 grd/h abgekühlt. Die erhaltenen mit X dotierten EuS-Einkristalle haben kubische NaCl-Struktur, ihre Farbe wird mit grau, schwarz, rot angegeben. Angaben über Ausgangsmischung in Mol-%, Reaktionstemperatur T_R, Atom-% Cl bzw. Br im Kristall, den spezifischen elektrischen Widerstand ϱ, die ferromagnetische und paramagnetische Curie-Temperatur T_c bzw. Θ_p in K sowie über die Sättigungsmagnetisierung σ in $Oe \cdot cm^3/g$:

Ausgangsmischung EuS	EuX_2	Eu	T_R in °C	Atom-% X im Kristall	ϱ in $\Omega \cdot cm$	T_c	Θ_p	σ
98	1(Cl)	1	2580	0.15(Cl)	–	18	25	201
96	2(Cl)	2	2575	0.45(Cl)	–	24	36	200
94	3(Cl)	3	2520	1.05(Cl)	10^{-3}	47	51	197
90	5(Cl)	5	2500	1.20(Cl)	10^{-4}	54	58	199
96	2(Br)	2	2550	0.52(Br)	–	27	38	–
92	4(Br)	4	2510	1.10(Br)	–	47	53	201

Das ferromagnetische Material (das auch O, Se, Te anstatt S enthalten kann) ist geeignet für magnetische Aufzeichnungsträgerschichten und für Vorrichtungen, die nach dem Magneto-Widerstands-Effekt betrieben werden, M.W. Shafer, Internat. Business Machines

Corp. (Deut. Offenlegungsschrift 2109717 [1970/71]; C.A. **75** [1971] Nr. 145460), vgl. auch M.W. Shafer (J. Solid State Chem. **3** [1971] 505/9).

Sulfites

28.5 Sulfite

Review in English

Review

The hydrated sulfites $M_2(SO_3)_3 \cdot nH_2O$ have been prepared by passing a stream of SO_2 through an aqueous suspension containing M_2O_3, $M(OH)_3$, or M_2CO_3. The excess SO_2 is removed by evacuating or by heating the filtered solution; either process precipitates the sulfites. Conflicting H_2O contents have been reported in some cases. Most often described are the hexahydrates for Pr, Nd, Sm, and Eu, the tetrahydrate for La, and the trihydrates for Sc, Y, and Tb to Lu. The anhydrous sulfites have been prepared by dehydration of the hydrates, but sometimes their formation is accompanied by partial decomposition to the oxide sulfates.

$Sm_2(SO_3)_3 \cdot 6H_2O$ is monoclinic and $M_2(SO_3)_3 \cdot 3H_2O$ for M=Sm, Eu, Gd, Tb, and Dy are triclinic; their lattice constants are tabulated. The sulfites for M=Y and Ho to Lu are isostructural, but their structure is not known. The IR spectra of most of the compounds have been recorded and discussed.

The sulfites are sparingly soluble in water but quite soluble in aqueous SO_2 solutions, possibly forming $[M(SO_3)_3]^{3-}$ complexes.

Review in German

28.5.1 Überblick

Alle Sulfite von M^{III} bilden sich in Form ihrer Hydrate $M_2(SO_3)_3 \cdot nH_2O$, wenn in eine wäßrige Suspension von $M(OH)_3$ oder M_2O_3 bis zur Lösung SO_2 eingeleitet wird und der Überschuß von SO_2 dann im Vakuum oder durch Erhitzen entfernt wird. Über den Hydratwassergehalt liegen teilweise widersprüchliche Angaben vor. Eingehender werden Hexahydrate (n=6) mit M=Pr, Nd, Sm, Eu, Trihydrate (n=3) mit M=Sc, Y, Tb bis Lu sowie das Tetrahydrat mit M=La beschrieben. Bei der thermischen Zersetzung entstehen in einigen Fällen intermediär Hydrate mit n=2.5 und 2. Wasserfreie Sulfite $M_2(SO_3)_3$ bilden sich intermediär bei der thermischen Zersetzung der Hydrate, wobei sich ihre Bildung und beginnende Zersetzung teilweise überlagern.

Für alle Verbindungen liegen IR-Spektren, Röntgen-Pulveraufnahmen und teilweise auch -Einkristallaufnahmen vor, doch ist in keinem Fall die Struktur bekannt. Die Trihydrate $M_2(SO_3)_3 \cdot 3H_2O$ mit M=Sm, Eu, Gd, Tb, Dy haben trikline Symmetrie, die Gitterkonstanten werden angegeben; die mit M=Y, Ho bis Lu bilden eine andere isostrukturelle Reihe. Die Angaben über die Hexahydrate sind widersprüchlich.

Die Sulfite $M_2(SO_3)_3 \cdot nH_2O$ sind schwer löslich in Wasser. In wäßrigem SO_2 sind sie löslich, möglicherweise unter Bildung von $[M(SO_3)_3]^{3-}$-Komplexen. In Mineralsäuren lösen sie sich unter Zersetzung.

Sulfite, in denen M eine andere Wertigkeit als 3 hat, sind nicht bekannt, bzw. im Fall von Sm^{II} nur in der Fällungslösung einige Zeit stabil (s. S. 17), für $Ce(SO_3)_2$ wird nur eine empirisch berechnete Bildungsenthalpie angegeben.

Anhydrous Sulfites

28.5.2 Wasserfreie Sulfite

Zur intermediären Bildung der wasserfreien Sulfite $M_2(SO_3)_3$ bei der thermischen Zersetzung der Hydrate s. S. 22/4. Die Isolierung von $M_2(SO_3)_3$ ist nicht in allen Fällen möglich, da manchmal vor der vollständigen Entwässerung bereits Zersetzung eintritt. Zur Bildung von $M_2(SO_3)_3$ bei der thermischen Zersetzung der Thiosulfate s. S. 352.

Für die bei der thermischen Zersetzung der Hydrate intermediär auftretenden wasserfreien Sulfite $M_2(SO_3)_3$ werden Röntgen-Pulveraufnahmen durchgeführt und in einigen Fällen d-Werte und Intensitäten angegeben: Für M = Y bei Moskalenko u.a. [1], für M = Gd bei Niinistö, Koskenlinna [2] und Moskalenko u.a. [3] (beide Angaben stimmen nicht überein), für M = Dy bei Moskalenko u.a. [4], für M = Ho, Er, Tm, Yb, Lu bei Moskalenko u.a. [5]. Isomorphie wird für M = Ho bis Lu und Y angegeben [1], wahrscheinlich sind auch die Sulfite mit M = Dy, Tb damit isostrukturell [4]. Die Sulfite mit M = Sm, Gd, Dy sind nach [2] isostrukturell. – Röntgen-Strichdiagramm für das bei der thermischen Zersetzung von Lanthanthiosulfat (s. S. 352) auftretende $La_2(SO_3)_3$ s. Grizik, Abdullina [6].

Für die freie Enthalpie der Bildung von $Ce_2(SO_3)_3$ unter Standardbedingungen wird $\Delta G^\circ_{298} = -697.4$ kcal/mol von Schumm u.a. [7] angegeben. Mit Hilfe der Standard-Bildungswärmen von CeO_2 und SO_2 wird nach einer empirischen Gleichung die Bildungsenthalpie für $Ce(SO_3)_2$ zu $\Delta H^\circ_{298} = -443.8$ kcal/mol berechnet, Erdös [8].

Die IR-Absorptionsspektren von $M_2(SO_3)_3$ mit M = La [1] und M = Tb, Dy [4] unterscheiden sich nicht wesentlich von den IR-Spektren ihrer Tetra- (M = La) bzw. Trihydrate (M = Tb, Dy) [1] bzw. [4] s. S. 20 bzw. 20/1. Die IR-Absorptionsspektren von $M_2(SO_3)_3$ mit M = Ho, Er, Tm, Yb, Lu zeigen identisches Aussehen. Einige Veränderungen in den IR-Spektren gegenüber denen der Hydrate treten im Bereich der Valenzschwingungen der SO_3^{2-}-Gruppe (800 bis 1100 cm^{-1}) auf und sind wahrscheinlich auf unterschiedliche Koordination der SO_3^{2-}-Gruppen zurückzuführen [5].

Literatur:

[1] V.I. Moskalenko, M.B. Varfolomeev, A.K. Molodkin, K.I. Petrov (Zh. Neorgan. Khim. **21** [1976] 1508/12; Russ. J. Inorg. Chem. **21** [1976] 823/6). – [2] L. Niinistö, M. Koskenlinna (Suomen Kemistilehti B **46** [1973] 245/50). – [3] V.I. Moskalenko, M.B. Varfolomeev, A.K. Molodkin, K.I. Petrov (Zh. Neorgan. Khim. **22** [1977] 3249/52; Russ. J. Inorg. Chem. **22** [1977] 1770/2). – [4] V.I. Moskalenko, M.B. Varfolomeev, K.I. Petrov, A.K. Molodkin (Zh. Neorgan. Khim. **22** [1977] 2107/10; Russ. J. Inorg. Chem. **22** [1977] 1141/3). – [5] V.I. Moskalenko, M.B. Varfolomeev, A.K. Molodkin (Zh. Neorgan. Khim. **20** [1975] 2368/71; Russ. J. Inorg. Chem. **20** [1975] 1312/4).

[6] A.A. Grizik, N. Abdullina (Zh. Neorgan. Khim. **16** [1971] 1817/22; Russ. J. Inorg. Chem. **16** [1971] 965/8). – [7] R.H. Schumm, D. Wagman, S. Bailey u.a. (NBS-TN-270-7 [1973] 40). – [8] E. Erdös (Collection Czech. Chem. Commun. **27** [1962] 1428/37, 1434).

28.5.3 Hydratisierte Sulfite

Hydrated Sulfites

28.5.3.1 Bildung und Darstellung

Formation. Preparation

Die Angaben über den H_2O-Gehalt der Hydrate $M_2(SO_3)_3 \cdot nH_2O$ sind etwas widersprüchlich.

Hexahydrate

Zur Darstellung von $M_2(SO_3)_3 \cdot 6H_2O$ mit M = Pr, Nd, Sm, Eu wird in eine wäßrige Suspension der Oxide Pr_6O_{11} bzw. M_2O_3 bei Zimmertemperatur 4 bis 6 h SO_2 eingeleitet und aus der klaren Lösung (pH ≈ 1) nach Abfiltrieren von ungelöstem Oxid das überschüssige SO_2 im Vakuum entfernt. Dabei fällt bei pH ≈ 4 bis 5 ein amorpher Niederschlag aus, der nach 48 bis 72stündigem Stehen unter der Mutterlauge in N_2-Atmosphäre bei Zimmertemperatur kristallin und einphasig ist. Er wird filtriert, mit Alkohol gewaschen und über $CaCl_2$ im Exsikkator aufbewahrt, Moskalenko u.a. [1]. Das $Gd_2(SO_3)_3 \cdot 6H_2O$ wird in analoger Weise, doch bei 5 bis 10 °C dargestellt; die auf gleiche Weise hergestellte Eu-Verbindung konnte nicht in reiner Form isoliert werden, Moskalenko u.a. [2]. Die Hexahydrate mit M=Sm, Eu, Gd entstehen in Form kleiner, nadelförmiger Kristalle in 2 bis 7 d, wenn aus der mit SO_2 bei 20±3 °C hergestellten Lösung der Oxide das überschüssige SO_2 durch eine obere Ätherschicht extrahiert wird, Koskenlinna, Niinistö [3].

Tetrahydrate

$M_2(SO_3)_3 \cdot 4H_2O$ mit M=Y, La, Pr, Er bildet sich laut Koskenlinna, Niinistö [4] nach der für die Darstellung von Trihydraten (s. im folgenden unter [8]) angegebenen Methode (keine näheren Angaben). Von Moskalenko u.a. [5] wird nur die La-Verbindung als Tetrahydrat erhalten, sie wird analog den Trihydraten dargestellt (s. im folgenden unter [7]).

Trihydrate

$M_2(SO_3)_3 \cdot 3H_2O$ mit M=Sc, Y [5], M=Tb, Dy [6] und M=Ho, Er, Tm, Yb, Lu, Moskalenko u.a. [7] werden analog den Hexahydraten (s. oben bei [1]) bei Zimmertemperatur dargestellt, nur wird anstatt M_2O_3 bei M=Sc das Hydroxid $Sc(OH)_3$ und bei M=Tb das Oxid Tb_4O_7 verwendet, und die Kristallisation in inerter Atmosphäre erfolgt innerhalb von 24 h nach Entfernung des überschüssigen SO_2 im Vakuum. – Die Trihydrate mit M=Sm, Gd, Dy bilden sich aus der klaren Lösung (aus M_2O_3 und SO_2-Überschuß hergestellt) nach mehrtägigem Stehen unter einer Schicht aus flüssigem Paraffin bei 60 bis 70 °C in feinkristalliner Form. Die Niederschläge werden mit wenig H_2O, Alkohol und Äther gewaschen und über $CaCl_2$ getrocknet; alle Operationen werden unter N_2 ausgeführt, Niinistö, Koskenlinna [8]. Kleine prismatische Einkristalle $M_2(SO_3)_3 \cdot 3H_2O$ mit M=Sm, Eu, Gd, Tb, Dy werden auf folgende Weise erhalten: In eine Suspension von 0.75 bis 0.85 g M_2O_3 (bzw. Terbiumhydroxid) in 70 ml frisch destilliertem H_2O wird ein langsamer SO_2-Strom geleitet, bis alles gelöst ist. Wird die Temperatur dann bei 60±1 °C und der Druck etwas über 1 atm gehalten, so wird der Überschuß an SO_2 entfernt, und die Kristalle scheiden sich innerhalb von 1 bis 3 d aus [3]. –

Weitere Hydrate

Andere Hydratwasserstufen als von [1 bis 8] wurden von Vickery [9] angegeben. Aus den durch Einleiten von SO_2 in wäßrige Suspensionen von M_2O_3, $M(OH)_3$ oder $M_2(CO_3)_3$ entstehenden Lösungen bilden sich nach Entfernen des überschüssigen SO_2 durch Druckverminderung oder durch Temperatursteigerung (45 °C bei den schwereren, mindestens 70 °C bei den leichteren Elementen) folgende Hydrate $M_2(SO_3)_3 \cdot nH_2O$ nach [9]:

M	Y	La	Ce	Pr	Nd	Sm	Gd	Dy	Er	Yb
n	4	4	5	5	4	3	8	8	8	8

Auf analoge Weise wie von Vickery [9] angegeben, werden ausgehend von $Sc(OH)_3$ und M_2O_3 mit M=Y, La, Nd, Sm Sulfithydrate (mit nicht definiertem H_2O-Gehalt) durch Erhitzen der SO_2-Lösung erhalten von Castellani Bisi, Clerici [10] und für M=La, Sm von Castellani Bisi, Cola [11]. Von Aleksandrovich, Serebrennikov [12] werden die Hydroxide von La, Ce, Pr, Nd und Sm in H_2O suspendiert, durch Einleiten von SO_2 in Lösung gebracht und die Lösung zum Sieden erhitzt. In den erhaltenen Sulfiten wird das Verhältnis M^{3+}: SO_3^{2-}, aber nicht der H_2O-Gehalt bestimmt. – Ältere, etwas abweichende Angaben zur Darstellung der Sulfithydrate von La und Ce finden sich bei Grossmann [13]. Danach bilden sich weiße Nadeln von $La_2(SO_3)_3 \cdot 3H_2O$, wenn in eine wäßrige Suspension von $La(OH)_3$ unter Eiskühlung SO_2 eingeleitet wird und die filtrierte Lösung einige Zeit über konzentrierter Schwefelsäure steht. Wird die filtrierte Lösung gekocht, dann fällt ein amorpher Niederschlag aus, der sich beim Abkühlen, falls noch freie Säure vorhanden ist, wieder löst. Bei längerem Kochen fallen stark basische, auch in der Kälte unlösliche Niederschläge aus. Rosa gefärbte Nadeln von $Ce_2(SO_3)_3 \cdot 9H_2O$ werden erhalten, wenn eine konzentrierte Lösung von $Ce_2(CO_3)_3$ in wäßrigem SO_2 längere Zeit über konzentrierter Schwefelsäure steht. Die in wäßriger SO_2-Lösung in der Kälte lösliche Verbindung fällt beim Erhitzen aus und löst sich beim Abkühlen wieder. Als weitere Darstellungsmethode wird die Fällung von $LaCl_3$-Lösung oder $Ce(NO_3)_3$-Lösung mit Na_2SO_3-Lösung angegeben, wobei der gebildete kristalline Niederschlag von Lanthansulfit 2% Na_2SO_3 (aber keine Doppelverbindung) enthält, während der Cersulfitniederschlag schleimig ist und nach Waschen und Trocknen auf Ton aus einem rosa gefärbten Produkt der Zusammensetzung $Ce_2(SO_3)_3 \cdot 7H_2O$ besteht (zur Bildung von Alkalidoppelsulfiten bei der Fällung mit Na_2SO_3 s. S. 27), Grossmann [13], vgl. auch die Angaben in Gmelin Handbuch, 7. Aufl., Bd. VI, Tl. 2, 1932, S. 24, 160.

Zur intermediären Bildung von $M_2(SO_3)_3 \cdot 2.5H_2O$ (M = Ho, Er, Tm, Yb, Lu) und $M_2(SO_3)_3 \cdot 2H_2O$ (M = Pr, Nd, Sm, Eu) bei der thermischen Zersetzung von Trihydraten bzw. von Hexahydraten s. S. 23 bzw. S. 22.

Samarium(II)-sulfit(?)

Auf folgende Weise wird versucht ein Samarium(II)-sulfit darzustellen: Etwa 100 mg $SmCl_2$ werden in 5 ml eiskaltem H_2O gelöst und diese Lösung sofort in ein Zentrifugenrohr gegossen, das 5 ml eiskalte Na_2SO_3- oder K_2SO_3-Lösung enthält. Nach dem Vermischen wird der Niederschlag abzentrifugiert. Die rot-orangefarbenen Kristalle sind in H_2O mehrere Stunden beständig, bei Herausnahme aus dem H_2O tritt sehr rasch Zersetzung ein, Popov, Wendlandt [14].

Literatur:

[1] V.I. Moskalenko, M.B. Varfolomeev, A.K. Molodkin, K.I. Petrov (Zh. Neorgan. Khim. **22** [1977] 3017/21; Russ. J. Inorg. Chem. **22** [1977] 1641/3). – [2] V.I. Moskalenko, M.B. Varfolomeev, A.K. Molodkin, K.I. Petrov (Zh. Neorgan. Khim. **22** [1977] 3249/52; Russ. J. Inorg. Chem. **22** [1977] 1770/2). – [3] M. Koskenlinna, L. Niinistö (Finn. Chem. Letters **1975** Nr. 3/4, S. 83/8). – [4] M. Koskenlinna, L. Niinistö (Suomen Kemistilehti B **46** [1973] 326/9). – [5] V.I. Moskalenko, M.B. Varfolomeev, A.K. Molodkin, K.I. Petrov (Zh. Neorgan. Khim. **21** [1976] 1508/12; Russ. J. Inorg. Chem. **21** [1976] 823/6).

[6] V.I. Moskalenko, M.B. Varfolomeev, K.I. Petrov, A.K. Molodkin (Zh. Neorgan. Khim. **22** [1977] 2107/10; Russ. J. Inorg. Chem. **22** [1977] 1141/3). – [7] V.I. Moskalenko, M.B. Varfolomeev, K.I. Petrov, A.K. Molodkin (Zh. Neorgan. Khim. **20** [1975] 85/7; Russ. J. Inorg. Chem. **20** [1975] 46/8). – [8] L. Niinistö, M. Koskenlinna (Suomen Kemistilehti B **46** [1973] 245/50). – [9] R.C. Vickery (J. Chem. Soc. **1955** 2360/7, 2361, 2363). – [10] C. Castellani Bisi, A. Clerici (Gazz. Chim. Ital. **93** [1963] 1444/54, 1445, 1449).

[11] C. Castellani Bisi, M. Cola (Gazz. Chim. Ital. **92** [1962] 447/53, 450). – [12] A.M. Aleksandrovich, V.V. Serebrennikov (Tr. Tomsk. Gos. Univ. Ser. Khim. **154** [1962] 105/9; C.A. **60** [1964] 8696). – [13] H. Grossmann (Z. Anorg. Allgem. Chem. **44** [1905] 229/36). – [14] A.I. Popov, W.W. Wendlandt (Proc. Iowa Acad. Sci. **60** [1953] 300/3; C.A. **1954** 7471).

Crystallographic Properties and Density

28.5.3.2 Kristallographische Eigenschaften und Dichte

$M_2(SO_3)_3 \cdot 6H_2O$

Die Angaben über die Struktur und die Isomorphie der Hexahydrate sind etwas widersprüchlich. – Nach Röntgen-Pulveraufnahmen sind die Hexahydrate $M_2(SO_3)_3 \cdot 6H_2O$ mit M = Sm, Eu, Gd isomorph, Netzebenenabstände s. im Original. Die nadelförmigen Kristalle sind für eine Strukturbestimmung zu klein, nur im Fall M = Sm waren sie groß genug für Rotations- und Weißenberg-Aufnahmen. Die bestimmte Symmetrie ist monoklin, die Gitterkonstanten für M = Sm sind a = 20.736(12), b = 7.104(5), c = 16.498(14) Å, β = 110.84(6)°, Koskenlinna, Niinistö [1]. Nach Moskalenko u.a. [2] sind die Hexahydrate von M = Pr, Nd, Sm, Eu isostrukturell, jedoch ergeben Röntgen-Pulveraufnahmen (d-Werte s. im Original) keine Übereinstimmung mit den Daten von [1]. Nach Moskalenko u.a. [3] sind die Hexahydrate mit M = Gd und Eu isotyp, doch konnte die Eu-Verbindung nicht in reiner Form isoliert werden (vorher [2] wurden sogar Netzebenenabstände für M = Eu angegeben!). Die für $Gd_2(SO_3)_3 \cdot 6H_2O$ nach Röntgen-Pulveraufnahmen angegebenen d-Werte [3] entsprechen weder den Ergebnissen von [1] noch von [2].

$M_2(SO_3)_3 \cdot 4H_2O$

Entsprechend den nach Röntgen-Pulveraufnahmen bestimmten Netzebenenabständen hat $La_2(SO_3)_3 \cdot 4H_2O$, das Sphärolithe aus feinen Nadeln bildet, eine andere Struktur als die anderen Hydrate, Moskalenko u.a. [4]. Nach Koskenlinna, Niinistö [5] sind die Tetrahydrate von La und Pr isomorph (keine näheren Angaben, keine d-Werte), nach [2] existiert die Pr-Verbindung als Hexahydrat (s. oben).

$M_2(SO_3)_3 \cdot 3H_2O$

Die in Form kleiner Prismen kristallisierenden Trihydrate $M_2(SO_3)_3 \cdot 3H_2O$ mit M = Sm, Eu, Gd, Tb, Dy haben nach Röntgen-Einkristallaufnahmen trikline Symmetrie und sind isostrukturell. Gitterkonstanten a, b, c in Å, α, β, γ in grd nach [1]:

	a	b	c	α	β	γ
$Sm_2(SO_3)_3 \cdot 3H_2O$	9.528(3)	8.798(5)	6.647(2)	105.07(3)	94.91(3)	90.50(5)
$Eu_2(SO_3)_3 \cdot 3H_2O$	9.528(3)	8.779(3)	6.623(3)	105.53(3)	94.60(3)	90.59(6)
$Gd_2(SO_3)_3 \cdot 3H_2O$	9.525(4)	8.770(6)	6.604(4)	105.49(7)	94.24(3)	90.94(8)
$Tb_2(SO_3)_3 \cdot 3H_2O$	9.523(5)	8.782(6)	6.574(7)	105.75(6)	94.02(4)	90.73(8)
$Dy_2(SO_3)_3 \cdot 3H_2O$	9.509(5)	8.772(5)	6.571(3)	105.72(5)	93.91(5)	90.77(9)

Netzebenenabstände der Gd-Verbindung nach Röntgen-Pulveraufnahmen s. im Original bei [1] und bei Niinistö, Koskenlinna [6]; mit der gemessenen Dichte von 3.78 g/cm^3 (Röntgendichte 3.82 g/cm^3) ergibt sich Z = 2 [1]. Röntgen-Pulveraufnahmen der Trihydrate mit M = Tb, Dy bestätigen die Angaben von [1], Netzebenenabstände s. im Original, Moskalenko u.a. [7].

Eine weitere, von dem genannten Strukturtyp verschiedene, isostrukturelle Reihe bilden nach Röntgen-Pulveraufnahmen die Trihydrate mit M = Ho, Er, Tm, Yb, Lu, die in Form von Sphärolithen aus extrem feinen Nadeln kristallisieren, Moskalenko u.a. [8], und M = Y [4]. Netzebenenabstände s. im Original [8] bzw. [4]. – Für $Sc_2(SO_3)_3 \cdot 3H_2O$, das wie $Y_2(SO_3)_2 \cdot 3H_2O$ in Form von Sphärolithen aus feinen Nadeln vorliegt, wird kein scharfes Röntgen-Pulverdiagramm erhalten [4].

$M_2(SO_3)_3 \cdot 2.5H_2O$

Die bei der thermischen Zersetzung der Trihydrate (s. S. 23) intermediär auftretenden Phasen $M_2(SO_3)_3 \cdot 2.5H_2O$ mit M = Ho, Er, Tm, Yb, Lu sind nach Röntgen-Pulveraufnahmen isostrukturell, Netzebenenabstände s. im Original, Moskalenko u.a. [9].

$M_2(SO_3)_3 \cdot 2H_2O$

Die bei der thermischen Zersetzung von Hexahydraten (s. S. 22) intermediär auftretenden Phasen $M_2(SO_3)_3 \cdot 2H_2O$ mit M = Pr, Nd, Sm, Eu sind nach Röntgen-Pulveraufnahmen isostrukturell, Netzebenenabstände s. im Original [2].

Literatur:

[1] M. Koskenlinna, L. Niinistö (Finn. Chem. Letters **1975** Nr. 3/4 S. 83/8, 86). – [2] V.I. Moskalenko, M.B. Varfolomeev, A.K. Molodkin, K.I. Petrov (Zh. Neorgan. Khim. **22** [1977] 3017/21; Russ. Inorg. Chem. **22** [1977] 1641/3). – [3] V.I. Moskalenko, M.B. Varfolomeev, A.K. Molodkin, K.I. Petrov (Zh. Neorgan. Khim. **22** [1977] 3249/52; Russ. J. Inorg. Chem. **22** [1977] 1770/2). – [4] V.I. Moskalenko, M.B. Varfolomeev, A.K. Molodkin, K.I. Petrov (Zh. Neorgan. Khim. **21** [1976] 1508/12; Russ. J. Inorg. Chem. **21** [1976] 823/6). – [5] M. Koskenlinna, L. Niinistö (Suomen Kemistilehti B **46** [1973] 326/9).

[6] L. Niinistö, M. Koskenlinna (Suomen Kemistilehti B **46** [1973] 245/50). – [7] V.I. Moskalenko, M.B. Varfolomeev, K.I. Petrov, A.K. Molodkin (Zh. Neorgan. Khim. **22** [1977] 2107/10; Russ. J. Inorg. Chem. **22** [1977] 1141/3). – [8] V.I. Moskalenko, M.B. Varfolomeev, K.I Petrov, A.K. Molodkin (Zh. Neorgan. Khim. **20** [1975] 85/7; Russ. J. Inorg. Chem. **20** [1975] 46/8). – [9] V.I. Moskalenko, M.B. Varfolomeev, A.K. Molodkin (Zh. Neorgan. Khim. **20** [1975] 2368/71; Russ. J. Inorg. Chem. **20** [1975] 1312/4).

28.5.3.3 Optische Eigenschaften

Optical Properties

Farbe

Color

Es liegen nur einige Angaben von Moskalenko u.a. [1 bis 4] vor. Als farblos werden $M_2(SO_3)_3 \cdot 3H_2O$ mit M = Sc, Y [1], Gd [2], Tb, Dy [3] sowie $La_2(SO_3)_3 \cdot 4H_2O$ [1] und $Gd_2(SO_3)_3 \cdot 6H_2O$ [2] angegeben. Die Hydrate $M_2(SO_3)_3 \cdot 3H_2O$ mit M = Ho, Er, Tm, Yb, Lu haben die für das jeweilige M^{3+}-Ion charakteristische Farbe [4].

Kristalloptische Eigenschaften

Crystal Optics

Die Kristalle $Gd_2(SO_3)_3 \cdot 6H_2O$ [2] sowie $M_2(SO_3)_3 \cdot 3H_2O$ mit M = Gd [2], Tb, Dy [3] und Ho, Er, Tm, Yb, Lu [4] sind anisotrop und zeigen gerade Auslöschung. – Der Brechungsindex für die Trihydrate mit M = Sc, Y und für $La_2(SO_3)_3 \cdot 4H_2O$ liegt oberhalb 1.537 [1], der für die Trihydrate mit M = Ho, Er, Tm, Yb, Lu liegt zwischen 1.630 und 1.640 [4].

IR Spectra

IR-Spektren

Die IR-Spektren werden von Moskalenko u.a. [1 bis 6] im Bereich von etwa 4000 bis 400 cm^{-1} an Suspensionen in flüssigem Paraffinöl oder an KBr-Preßlingen [4] und von Koskenlinna, Niinistö [7] im Bereich von 2000 bis 400 cm^{-1} an KBr-Preßlingen aufgenommen. Alle Spektren werden in den Originalen graphisch wiedergegeben und diskutiert, eine genaue Zuordnung einzelner Banden fehlt [1 bis 7].

Hexahydrate

Die Spektren von $M_2(SO_3)_3 \cdot 6H_2O$ mit M=Pr, Nd, Sm, Eu zeigen sehr ähnliches Aussehen. Die zwischen 1630 und 1640 cm^{-1} sowie zwischen 3200 und 3600 cm^{-1} auftretenden Absorptionsbanden entsprechen Deformations- bzw. Valenzschwingungen des Hydratwassers. Die zwischen 800 und 1200 cm^{-1} beobachtete Gruppe aus vier Banden (845 bis 855, 950 bis 955, 1020 bis 1045, 1105 bis 1155 cm^{-1}) entspricht Valenzschwingungen für das beträchtlich verzerrte Sulfit-Ion; im IR-Spektrum der Sm- und Eu-Verbindungen stellt die letzte Bande ein Dublett dar. Die zwischen 400 und 700 cm^{-1} beobachteten vier Banden (543 bis 547, 565 bis 580, 615 bis 635, 660 bis 672 cm^{-1}) entsprechen den Deformationsschwingungen des Sulfit-Ions. Der Charakter dieser Spektren ist schwer erklärbar. Es wird vermutet, daß mindestens zwei Typen von SO_3^{2-} Gruppen in der Struktur der kristallinen Hydrate vorhanden sind [5]. Das IR-Spektrum von $Gd_2(SO_3)_3 \cdot 6H_2O$ zeigt ein anderes Aussehen. Im Bereich zwischen 860 und 1160 cm^{-1} liegen sechs Absorptionsbanden vor, die den Valenzschwingungen der SO_3-Gruppe entsprechen. Die Aufhebung der Entartung der $\nu_2(E)$-Schwingung (Banden im Bereich 860 bis 1160 cm^{-1}) weist auf Verzerrung der Sulfit-Gruppe hin. Der nicht-entarteten Komponente der Valenzschwingung $\nu_2(E)$ und der symmetrischen Valenzschwingung $\nu_1(A_1)$ entsprechen zwei Banden. Es wird vermutet, daß zwei Typen von Sulfit-Gruppen auftreten, die unterschiedlich deformiert sind, und deren ursprünglich regulär pyramidale Symmetrie (C_{3v}) durch Koordination mit Gd erniedrigt ist. Die Verzerrung der Sulfit-Gruppe wird bekräftigt durch die Banden im Bereich der Deformationsschwingungen (450 bis 660 cm^{-1}) [2]. Das von [7] angegebene IR-Spektrum von $Gd_2(SO_3)_3 \cdot 6H_2O$ hat ein anderes Aussehen. Im Bereich der S-O-Valenzschwingungen liegen 4 Absorptionsbanden. Ein Hinweis für unterschiedlich gebundenes H_2O liegt nicht vor, da die H_2O-Bande bei 1620 cm^{-1} nicht aufgespalten ist [7].

$La_2(SO_3)_3 \cdot 4H_2O$

Es werden im Bereich der SO_3-Schwingungen drei Absorptionsbanden beobachtet (komplex breit 850 bis 890, 930 und 1040 cm^{-1}), was die Aufhebung der Entartung der $\nu_3(E)$-Valenzschwingungen des SO_3^{2-}-Ions anzeigt, bedingt durch Verringerung der Symmetrie (C_{3v}) des SO_3^{2-}-Ions infolge Koordination mit La. Aus dem relativ einfachen Spektrum der SO_3^{2-}-Gruppen wird gefolgert, daß wahrscheinlich nur ein einziger Typ von Sulfitgruppen vorliegt. Das Spektrum unterscheidet sich stark von denen der Trihydrate, M=Sc, Y [1].

Trihydrate

Das IR-Spektrum von $Sc_2(SO_3)_3 \cdot 3H_2O$ ist nicht vergleichbar mit denen der anderen Trihydrate [1]. Die Spektren der Trihydrate mit M=Tb, Dy gleichen einander, sie unterscheiden sich etwas von den Spektren der Verbindungen der Reihe M=Ho bis Lu [3], welche untereinander [4] und mit $Y_2(SO_3)_3 \cdot 3H_2O$ [1] Ähnlichkeit zeigen. – Alle beobachteten IR-Absorptionsbanden entsprechen den Schwingungen der H_2O-Moleküle und des SO_3^{2-}-Ions. Charakteristisch für molekulares H_2O ist die Deformationsschwingungsbande δ=1630 bis 1640 cm^{-1} und die Gruppe breiter Banden von Valenzschwingungen ν=3200 bis 3600 cm^{-1}; ihre Beschaffenheit zeigt das Vorhandensein von H-Bindungen in der Struktur an [1, 3, 4]. – Im Bereich der Wellenzahlen der Schwingungen der SO_3^{2-}-Gruppen ist das IR-Spektrum von $Sc_2(SO_3)_3 \cdot 3H_2O$ sehr einfach: neben zwei Valenzschwingungsbanden (930 und 1020 cm^{-1}) treten zwei Deformationsschwingungsbanden (500 und 650 cm^{-1}) auf, was auf minimale Verzerrung der SO_3^{2-}-Gruppen unter Beibehaltung ihrer C_{3v}-Symmetrie hinweist [1]. – Das IR-Spektrum von $Y_2(SO_3)_3 \cdot 3H_2O$ zeigt im Bereich der Valenzschwingungen der SO_3^{2-}-Gruppen (800 bis 1100 cm^{-1}) eine Gruppe von fünf oder sechs Banden eines erheblich verzerrten Sulfit-Ions (820, 850, 930, 960, 1035 und 1115 cm^{-1}). Auch zwischen 400 und 670 cm^{-1} ist das Spektrum komplex; es treten mindestens sechs Banden (450, 533, 560, 627, 647 und 670 cm^{-1}) auf, deren Mehrzahl wahrscheinlich den Deformationsschwingungen der Sulfit-Gruppen zuzuordnen ist. Es werden zwei verschiedene Arten von koordinativ gebundenen Sulfit-Gruppen in der Struktur der Y-Verbindung vermutet, analog wie in den strukturell analogen Verbindungen mit M=Ho bis Lu [1]. – Die im IR-Spektrum von $M_2(SO_3)_3 \cdot 3H_2O$ mit M=Ho, Er, Tm, Yb, Lu zwischen 800 und 1200 cm^{-1} beobachtete Gruppe von 4 intensiven Banden entspricht den Valenzschwingungen des deformierten SO_3^{2-}-Ions. Die Banden zeigen teilweise eine Feinstruktur. Auch im Bereich der SO_3^{2-}-Deformationsschwingungen (500 bis 700 cm^{-1}) sind die IR-Spektren komplex (mindestens fünf Banden). Das Auftreten von zwei Banden (≈940 und 1120 cm^{-1}) in dem für die symmetrische SO_3^{2-}-Valenzschwingung charakteristischen Bereich könnte auf wenigstens zwei verschieden gebundene Sulfitgruppen in der Struktur hindeuten [4]. Im IR-Spektrum von $Gd_2(SO_3)_3 \cdot 3H_2O$ (das dem Hexahydrat entspricht, s. oben unter [2]) ist der den SO_3^{2-}-Valenzschwingungen entsprechende Bereich schmaler und die Banden selbst weniger scharf als in den Spektren der Trihydrate mit M=Y, Ho, Er, Tm, Yb, Lu. Es wird angenommen, daß Strukturtyp und Deformierungsgrad der SO_3^{2-}-Gruppen unterschiedlich sind [2]. Das von [7] für $Gd_2(SO_3)_3 \cdot 3H_2O$ (und die teilweise deuterierte Verbindung) erhaltene IR-Spektrum weicht von dem Ergebnis von [2] ab. Es zeigt im Bereich der S-O-Valenzschwingungen drei starke Absorptionsmaxima, die den Schwingungen ν_1 und ν_3 entsprechen. Die erste Bande bei 1000 cm^{-1} entspricht wahrscheinlich der symmetrischen Valenzschwingung. Die Bande bei 650 cm^{-1} kann der symmetrischen Deformationsschwingung ν_2 zugeordnet werden, die beiden Maxima bei 545 und 475 cm^{-1} wahrscheinlich der nichtentarteten antisymmetrischen Deformationsschwingung ν_4. Das Spektrum des Trihydrats ist sehr ähnlich dem des Hexahydrats (s. oben unter [7]), doch etwas einfacher [7]. – In den Spektren von $Dy_2(SO_3)_3 \cdot 3H_2O$ und $Tb_2(SO_3)_3 \cdot 3H_2O$ tritt zwischen 800 und 1100 cm^{-1} eine Gruppe von drei oder vier starken Banden auf, die den Valenzschwingungen des verzerrten SO_3^{2-}-Ions entspricht. Im Bereich der SO_3^{2-}-Deformationsschwingungen (500 bis 700 cm^{-1}) werden vier bis fünf Banden beobachtet. Das Auftreten einer einzigen Bande der symmetrischen Valenzschwingung von SO_3^{2-} bei 1020 cm^{-1} kann darauf hindeuten, daß in der Struktur beider Verbindungen die Sulfitgruppen nur auf eine Art gebunden sind [3].

$M_2(SO_3)_3 \cdot nH_2O$ (n=2.5 und 2)

Die IR-Spektren der intermediär bei der thermischen Zersetzung von Tri- und Hexahydraten auftretenden Phasen mit n=2.5 (M=Ho, Er, Tm, Yb, Lu) [6] und n=2 (M=Pr, Nd, Sm, Eu) [5] sind jeweils untereinander ähnlich, und sie enthalten die für die SO_3-Gruppen typischen Absorptionsbanden.

Literatur:

[1] V.I. Moskalenko, M.B. Varfolomeev, A.K. Molodkin, K.I. Petrov (Zh. Neorgan. Khim. **21** [1976] 1508/12; Russ. J. Inorg. Chem. **21** [1976] 823/6). – [2] V.I. Moskalen-

ko, M.B. Varfolomeev, A.K. Molodkin, K.I. Petrov (Zh. Neorgan. Khim. **22** [1977] 3249/52; Russ. J. Inorg. Chem. **22** [1977] 1770/2). – [3] V.I. Moskalenko, M.B. Varfolomeev, K.I. Petrov, A.K. Molodkin (Zh. Neorgan. Khim. **22** [1977] 2107/10; Russ. J. Inorg. Chem. **22** [1977] 1141/3). – [4] V.I. Moskalenko, M.B. Varfolomeev, K.I. Petrov, A.K. Molodkin (Zh. Neorgan. Khim. **20** [1975] 85/7; Russ. J. Inorg. Chem. **20** [1975] 46/8). – [5] V.I. Moskalenko, M.B. Varfolomeev, A.K. Molodkin, K.I. Petrov (Zh. Neorgan. Khim. **22** [1977] 3017/21; Russ. J. Inorg. Chem. **22** [1977] 1641/3).

[6] V.I. Moskalenko, M.B. Varfolomeev, A.K. Molodkin (Zh. Neorgan. Khim. **20** [1975] 2368/71; Russ. J. Inorg. Chem. **20** [1975] 1312/4). – [7] M. Koskenlinna, L. Niinistö (Finn. Chem. Letters **1975** Nr. 3/4, S. 83/8).

Chemical Reactions

28.5.3.4 Chemisches Verhalten

Reactions on Heating

28.5.3.4.1 Verhalten beim Erhitzen

Heating in Inert and Oxidizing Atmosphere

Erhitzen in inerter und oxidierender Atmosphäre

Die thermische Zersetzung der Hydrate wird zwischen 20 und 1000 bis 1100 °C in N_2 oder Luft thermogravimetrisch und differential-thermoanalytisch (Aufheizgeschwindigkeit 10 grd/min) sowie chemisch analytisch, röntgenographisch und IR-spektroskopisch untersucht, Moskalenko u.a. [1 bis 6]. Von Koskenlinna [7], s. auch [8], wird die thermische Zersetzung in einem Gasstrom (N_2 oder Luft) bei einer Aufheizgeschwindigkeit von 6 grd/min verfolgt. Abbildung der Thermogramme s. jeweils in den Originalen.

Hexahydrate

Die thermische Entwässerung von $M_2(SO_3)_3 \cdot 6H_2O$ (M=Pr, Nd, Sm, Eu) verläuft in zwei Stufen. Intermediär treten die Dihydrate auf (endotherme Effekte zwischen 120 und 130 °C). Endotherme Effekte bei 340, 350, 365 bzw. 380 °C zeigen die vollständige Dehydratisierung an. Bei dieser Stufe können jedoch die wasserfreien Sulfite nicht isoliert werden, da sie sich bei diesen Temperaturen schon teilweise zersetzen. Die in der thermogravimetrischen Kurve für Europiumsulfit oberhalb 380 °C auftretende Gewichtszunahme ist durch Oxidation von Eu^{2+}-Ionen enthaltenden intermediären Phasen bedingt. Weiteres Erhitzen aller genannten Verbindungen (exotherme Effekte im Bereich zwischen 565 und 580 °C) führt zur Bildung von Oxidsulfaten, $M_2O_2SO_4$, die sich oberhalb 1100 °C unter Bildung von M_2O_3 (bzw. Pr_6O_{11}) zersetzen, Moskalenko u.a. [1]. Das $Gd_2(SO_3)_3 \cdot 6H_2O$ wird zwischen 100 und 230 °C dehydratisiert (endotherme Effekte bei 100, 180 und 230 °C, N_2-Atmosphäre); ein intermediär auftretendes Hydrat wird nicht beobachtet [2]. Im Luftstrom werden zwischen 30 und 80 °C drei mol H_2O abgegeben, das gebildete Trihydrat ist zwischen 80 und 110 °C stabil und zersetzt sich zwischen 110 und 160 °C zu $Gd_2(SO_3)_3$ [7].

$La_2(SO_3)_3 \cdot 4H_2O$

Bei der thermischen Zersetzung in N_2-Atmosphäre treten thermische Effekte bei 110, 300 bis 450 und 540 °C auf, die den Übergängen zum Dihydrat, zum wasserfreien Sulfit und zu $La_2O_2SO_4$ entsprechen, doch kann keine intermediär auftretende Phase isoliert werden [3]. Über eine teilweise Disproportionierung von $La_2(SO_3)_3 \cdot xH_2O$ in $La_2(SO_4)_3$ und La_2S_3 während der Zersetzung s. im folgenden.

Trihydrate

Die thermische Zersetzung von $M_2(SO_3)_3 \cdot 3H_2O$ mit M=Sc, Y in N_2-Atmosphäre verläuft unterschiedlich. Die Zersetzung von $Sc_2(SO_3)_3 \cdot 3H_2O$ beginnt bei 50 °C unter

Bildung von wasserfreiem Sulfit, $Sc_2(SO_3)_3$ (endothermer Effekt bei 150 °C), das sich dann weiter zu $Sc_2O_2SO_4$ zersetzt (endothermer Effekt bei 385 °C). Beide Vorgänge sind einander überlagert. Die Zersetzung von $Sc_2(SO_3)_3$ zu $Sc_2O_2SO_4$ endet bei ≈400 °C. Die thermische Dissoziation von $Sc_2O_2SO_4$ zu Sc_2O_3 beginnt langsam bei ≈600 °C, steigert sich bei >700 °C und ist bei 950 bis 1000 °C vollständig. Die thermische Zersetzung von $M_2(SO_3)_3 \cdot 3H_2O$ mit M = Ho bis Lu verläuft mit folgenden Stufen:

$$M_2(SO_3)_3 \cdot 3H_2O \xrightarrow{75\text{ bis }85\,°C} M_2(SO_3)_3 \cdot 2.5H_2O \xrightarrow{250\text{ bis }280\,°C}$$

$$M_2(SO_3)_3 \xrightarrow{600\text{ bis }700\,°C} M_2O_2SO_4 \xrightarrow{980\text{ bis }1000\,°C} M_2O_3$$

Die einzelnen Stufen überlagern sich teilweise, so daß das Hydrat mit 2.5 H_2O nicht in reiner Form faßbar ist [4]. (An Luft werden diese Trihydrate zwischen 50 und 240 °C entwässert [5].) Das $Y_2(SO_3)_3 \cdot 3H_2O$ zersetzt sich analog, wobei für die entsprechenden Temperaturen ≈60, ≈300, 300 bis 500 und ≈850 °C angegeben werden [3]. Nach älteren Untersuchungen über die thermische Zersetzung von $M_2(SO_3)_3 \cdot nH_2O$ (M = Sc, Y) bis etwa 800 °C im N_2-Strom entsteht $M_2(SO_3)_3$ bei 200 bis 250 °C, das sich bei höheren Temperaturen unter Bildung von $M_2(SO_4)_3$, M_2O_3 und S_2O, SO, SO_2 zersetzt, Castellani Bisi, Clerici [9].

Erster Schritt des thermischen Abbaus von $M_2(SO_3)_3 \cdot 3H_2O$ mit M = Sm, Gd, Dy im Luft- oder N_2-Strom ist die Dehydratation zum $M_2(SO_3)_3$, das sich oberhalb 500 °C in Luft oder N_2-Atmosphäre nach unterschiedlichen Mechanismen zersetzt, wie die thermogravimetrischen Kurven zeigen. Endprodukt an Luft bei 1000 °C ist $M_2O_2SO_4$, in N_2 ist $M_2O_2SO_4$ bei höheren Temperaturen nicht stabil und beginnt sich schon unmittelbar nach seiner Bildung bei Temperaturen zwischen 600 und 650 °C partiell zu zersetzen. Unabhängig von der Atmosphäre und hauptsächlich abhängig von der Temperatur spielt die Disproportionierung von $M_2(SO_3)_3$ in $M_2(SO_4)_3$ und M_2S_3 als Nebenreaktion der thermischen Zersetzung eine wesentliche Rolle. Sie ist bei M = Sm am stärksten ausgeprägt, tritt bei M = Gd in viel geringerem Maße auf und ist bei M = Dy vernachlässigbar [8]. Die Untersuchungen von [8] bestätigen ältere Angaben [9, 10] über das Auftreten einer Disproportionierungsreaktion beim Erhitzen von $M_2(SO_3)_3 \cdot nH_2O$ mit M = La, Nd, Sm im N_2-Strom bis etwa 700 °C. Danach zersetzt sich das bei 200 bis 250 °C gebildete Sulfit bei höherer Temperatur zur Hauptsache in Sulfat und Oxid, während in geringem Maße auch Disproportionierung in Sulfid und Sulfat erfolgt [9, 10]. – Die thermische Zersetzung von $M_2(SO_3)_3 \cdot 3H_2O$ mit M = Tb, Dy in N_2-Atmosphäre zeigt für beide Verbindungen fast gleichen Verlauf. Das Hydratwasser wird in zwei Stufen abgegeben (endotherme Effekte bei 140 bis 145 °C und 250 bis 270 °C), das entstandene $M_2(SO_3)_3$ zersetzt sich zu $M_2O_2SO_4$ (scharfer exothermer Peak bei 565 bis 580 °C) und zerfällt zuletzt zu Tb_4O_7 bzw. Dy_2O_3 [6].

Erhitzen in reduzierender Atmosphäre

Heating in Reducing Atmosphere

Bei der thermischen Zersetzung von $Eu_2(SO_3)_3 \cdot 3H_2O$ in strömendem CO (6 grd/min, DTA, DTG, TG) wird das Hydratwasser in 2 Stufen bis 270 °C abgegeben. Die mit einem endothermen Effekt verbundene geringe Gewichtsabnahme zwischen 270 und 400 °C ist wahrscheinlich auf Disproportionierung in Sulfid und Sulfat zurückzuführen. Ein starker exothermer Effekt bei 410 bis 440 °C, verbunden mit starker Gewichtsabnahme (Gesamtgewichtsverlust 24.3% bei 450 °C), ist bedingt durch Reduktion des Sulfits zu EuS, Eu_2O_2S und durch die $Eu_2O_2SO_4$-Bildung. Bei 650 °C beträgt der Gesamtgewichtsverlust 40.2%, und das Produkt besteht aus Eu_2O_2S und EuS, wie IR- und Mössbauer-Spektren sowie Röntgen-Pulveraufnahmen zeigen. Der Prozentsatz an Eu^{2+} bei 450 °C beträgt 33% und ist >50% bei 650 °C. Der Reaktionsmechanismus hängt von der Erhitzungsgeschwindigkeit ab, wie thermogravimetrische Kurven mit 2, 4, 6 und 10 grd/min zeigen (s. im Original). Bei isothermer Erhitzung verläuft die Zersetzung einfacher, Eu^{2+} tritt zwischen 650 und 850 °C in den Produkten nicht auf (bei 550 und 650 °C beträgt der Gehalt 33 bzw. 28%); aus $Eu_2(SO_3)_3$ entsteht zuerst $Eu_2O_2SO_4$ und dann Eu_2O_2S, Leskelä, Niinistö [11]. – Erhitzen der Sulfithydrate $M_2(SO_3)_3 \cdot nH_2O$ (M=Y, La, Pr, Nd, Er mit n=4 und M=Sm, Eu, Gd, Dy mit n=3) mit CO oder H_2S-Ar-Gemisch führt über $M_2(SO_3)_3$ und $M_2O_2SO_4$ als Zwischenprodukte (nur mit H_2S-Ar-Gemisch) zur Bildung von M_2O_2S als Hauptprodukt. DTA-, DTG-, TG-Kurven für $Dy_2(SO_3)_3 \cdot 3H_2O$ s. im Original, Koskenlinna, Niinistö [12].

Literatur:

[1] V.I. Moskalenko, M.B. Varfolomeev, A.K. Molodkin, K.I. Petrov (Zh. Neorgan. Khim. **22** [1977] 3017/21; Russ. J. Inorg. Chem. **22** [1977] 1641/3). – [2] V.I. Moskalenko, M.B. Varfolomeev, A.K. Molodkin, K.I. Petrov (Zh. Neorgan. Khim. **22** [1977] 3249/52; Russ. J. Inorg. Chem. **22** [1977] 1770/2). – [3] V.I. Moskalenko, M.B. Varfolomeev, A.K. Molodkin, K.I. Petrov (Zh. Neorgan. Khim. **21** [1976] 1508/12; Russ. J. Inorg. Chem. **21** [1976] 823/6, 825). – [4] V.I. Moskalenko, M.B. Varfolomeev, A.K. Molodkin (Zh. Neorgan. Khim. **20** [1975] 2368/71; Russ. J. Inorg. Chem. **20** [1975] 1312/4). – [5] V.I. Moskalenko, M.B. Varfolomeev, K.I. Petrov, A.K. Molodkin (Zh. Neorgan. Khim. **20** [1975] 85/7; Russ. J. Inorg. Chem. **20** [1975] 46/8).

[6] V.I. Moskalenko, M.B. Varfolomeev, K.I. Petrov, A.K. Molodkin (Zh. Neorgan. Khim. **22** [1977] 2107/10; Russ. J. Inorg. Chem. **22** [1977] 1141/3). – [7] M. Koskenlinna, L. Niinistö (Finn. Chem. Letters **1975** Nr. 3/4, S. 83/8). – [8] L. Niinistö, M. Koskenlinna (Suomen Kemistilehti B **46** [1973] 245/50, 247, 249). – [9] C. Castellani Bisi, A. Clerici (Gazz. Chim. Ital. **93** [1963] 1444/54, 1448). – [10] C. Castellani Bisi, M. Cola (Gazz. Chim. Ital. **92** [1962] 447/53, 449, 451).

[11] M. Leskelä, L. Niinistö (Thermochim. Acta **37** [1980] 125/30). – [12] M. Koskenlinna, L. Niinistö (Suomen Kemistilehti B **46** [1973] 326/9).

Solubility

28.5.3.4.2 Löslichkeit

In Wasser

Die Sulfite $M_2(SO_3)_3 \cdot nH_2O$ (M=Sc, Y, La, Ln) lösen sich kaum in H_2O; für M=La (n=4) und Yb (n=8, zu n s. jedoch S. 15/6) wird eine Löslichkeit von etwa 0.2 bzw. 0.6 g/l angegeben, Vickery [1]. $Ce_2(SO_3)_3 \cdot nH_2O$ ist unlöslich in H_2O, es löst sich erst bei pH <2.5, Mayer, Schwartz [2].

Löslichkeitsprodukt K_s von $M_2(SO_3)_3 \cdot nH_2O$ mit M=La, Ce, Pr, Nd, Sm bei 25±0.05 °C, bestimmt in N_2-Atmosphäre in sehr verdünnten Lösungen von HCl, HNO_3 und H_2SO_4 (pH-Bereich 2.6 bis 3.95):

M	La	Ce	Pr	Nd	Sm
$K_s \cdot 10^{22}$ . . .	1.5±0.9	5.9±2.8	48±22	700±50	7.8±3.8

Aleksandrovich, Serebrennikov [3].

In Säuren

Alle Verbindungen lösen sich unter Zersetzung in Mineralsäuren und in wäßriger Oxalsäure [1]. Sie lösen sich beim Einleiten von SO_2 in die wäßrige Suspension (s.

Fig. 6

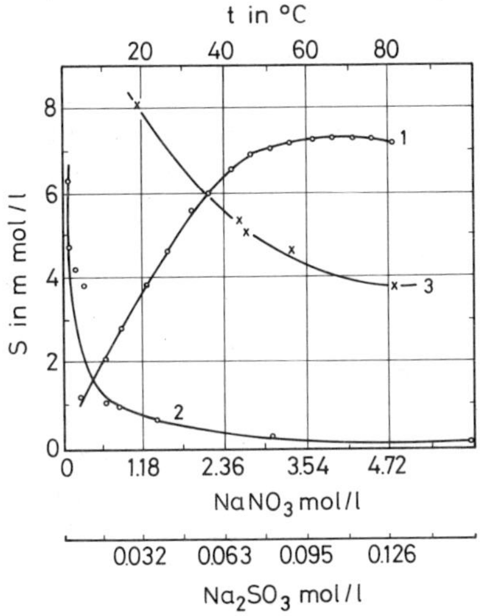

Löslichkeit S von $La_2(SO_3)_3 \cdot 4H_2O$ in wäßrigen Salzlösungen. 1) S in Abhängigkeit vom $NaNO_3$-Gehalt. 2) S in 2.36 M $NaNO_3$-Lösung (acetatgepuffert) in Abhängigkeit vom Na_2SO_3-Gehalt. 3) S in 2.36 M $NaNO_3$-Lösung in Abhängigkeit von der Temperatur.

bei Darstellung, S. 15); dabei entsteht nach Cuttica [4] lösliches Bisulfit $M(HSO_3)_3$, während von Vickery [1] Bildung eines Sulfitkomplexes $[M(SO_3)_3]^{3-}$ angenommen wird (s.S. 26). Beim Einleiten von CO_2 in die wäßrige Suspension der Sulfite von Y, La, Ln wird keine Reaktion beobachtet [1].

In Salzlösungen

Die Löslichkeit von $La_2(SO_3)_3 \cdot 4H_2O$ in 0.59 bis 4.72 molaren wäßrigen $NaNO_3$-Lösungen bei 20 °C in N_2-Atmosphäre nach photometrischer Bestimmung, zeigt **Fig. 6**,

Fig. 7

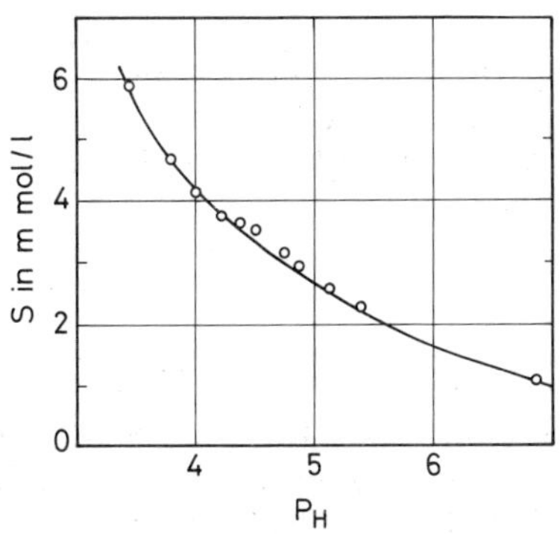

Löslichkeit S von $La_2(SO_3)_3 \cdot 4H_2O$ in 2.36 M $NaNO_3$-Lösung (acetatgepuffert) in Abhängigkeit vom pH-Wert bei 16 °C.

Kurve 1. $NaNO_3$ steigert die Löslichkeit des Lanthansulfits. Die Möglichkeit der Bildung von Doppelsalzen ist nicht auszuschließen. In gesättigter $NaNO_3$-Lösung fällt die Löslichkeit steil auf 2.5 mmol/l ab. Die Löslichkeit von $La_2(SO_3)_3 \cdot 4H_2O$ in 2.36 molarer $NaNO_3$-Lösung in Abhängigkeit von der Na_2SO_3-Konzentration, untersucht in Acetatpuffer-Lösungen (pH = 4.2), zeigt Fig. 6, S. 25, Kurve 2. Die Temperaturabhängigkeit der Löslichkeit in 2.36 molarer $NaNO_3$-Lösung bei pH = 3.3 im Bereich zwischen ≈15 und 90 °C zeigt Fig. 6, S. 25, Kurve 3. Die Löslichkeit in 2.36 molarer $NaNO_3$-Lösung in Acetat-Pufferlösungen in Abhängigkeit vom pH-Wert bei 16±0.1 °C zeigt **Fig. 7**, S. 25, Ermolaev, Kudrina [5].

Literatur:

[1] R.C. Vickery (J. Chem. Soc. **1955** 2360/7). – [2] S.W. Mayer, S.D. Schwartz (J. Am. Chem. Soc. **72** [1950] 5106/10). – [3] A.M. Aleksandrovich, V.V. Serebrennikov (Tr. Tomsk. Gos. Univ. Ser. Khim. **154** [1962] 105/9; C.A. **60** [1964] 8696). – [4] V. Cuttica (Gazz. Chim. Ital. **53** [1923] 769/72). – [5] M.I. Ermolaev, L.T. Kudrina (Zh. Neorgan. Khim. **15** [1970] 1436/8; Russ. J. Inorg. Chem. **15** [1970] 737/8).

Sulfites in Solution

28.5.4 Sulfite in Lösung

In den überschüssiges SO_2 enthaltenden sauren Sulfitlösungen von M = La, Ln, die von Cuttica [1] als Bisulfitlösungen $M(HSO_3)_3$ angesehen werden, liegen nach Untersuchungen von Vickery [2] (spektrophotometrisch, Ionenaustausch, Titration mit NaOH) wahrscheinlich hauptsächlich Trisulfitokomplexe $[M(SO_3)_3]^{3-}$ vor; diese Komplexe werden durch O_2 oder Luft bei 20 °C schnell zu löslichem $M_2(SO_4)_3$ oxidiert [2]. Trisulfitokomplexe von La und Tb lassen sich aus Lösungen, die einen Überschuß an Na_2SO_3 enthalten ($[M^3]:[SO_3^{2-}]$ = 1:4 bis 1:40; $[M^{3+}]$ = 0.02 g-Ion/l) bei pH = 5 bis 5.5 mit einer 0.1 molaren Lösung von Alkylamin (C_{10} bis C_{12}) in $CHCl_3$ extrahieren, Simonova u.a. [3]. In sauren Lösungen (pH ≈ 1.6), die Ce^{3+}-Ionen und $NaHSO_3$ im Überschuß enthalten, erfolgt die Reaktion $Ce^{3+} + HSO_3^- = CeSO_3^+ + H^+$, da $CeHSO_3^{2+}$ praktisch vollständig in $CeSO_3^+$ dissoziiert (Dissoziationskonstante $>10^2$). Die Komplexbildungskonstante $K_1 = [CeSO_3^+]/[Ce^{3+}][SO_3^{2-}]$ wird mittels Kationenaustauscher Dowex 50 und radioaktiv markiertem Ce bei 25 °C und pH = 1.69 an Lösungen bestimmt, die 10^{-5} molal an Ce^{3+}, 0.02 molal an SO_3^{2-} und ≈0.5 molal an $NaClO_4$ sind, Mayer, Schwartz [4]. Nach den Ergebnissen von [4] wird von Sillén, Martell [5] für $I \rightarrow 0$ und 25 °C für $CeSO_3^+$ $\lg K_1 = 8.04$ angegeben.

Literatur:

[1] V. Cuttica (Gazz. Chim. Ital. **53** [1923] 761/72). – [2] R.C. Vickery (J. Chem. Soc. **1955** 2360/7). – [3] T.N. Simonova, I.A. Shevchuk, I.N. Malakha, L.I. Konovalenko (Zh. Analit. Khim. **28** [1973] 1825/8; J. Anal. Chem. [USSR] **28** [1973] 1621/3). – [4] S.W. Mayer, S.D. Schwartz (J. Am. Chem. Soc. **72** [1950] 5106/10). – [5] L.G. Sillén, A.E. Martell (Stability Constants of Metal-Ion Complexes, London 1964, S. 230).

Alkali Sulfitometallates

28.6 Alkalisulfitometallate

Review in English

Review

Hydrated sulfitometallates have been prepared by addition of alkali sulfite to hot, nearly neutral MCl_3 solutions, by reaction of rare earth sulfites and alkali sulfites in solution, or by passing a stream of SO_2 through an aqueous suspension containing M_2O_3 and NaOH. The anhydrous sodium sulfitometallates $NaM(SO_3)_2$ for M = La to Lu have been prepared by dehydration of the hydrates between 150 and 180 °C.

The following sodium compounds are known: $NaM(SO_3)_2$ and $NaM(SO_3)_2 \cdot 2H_2O$ for M = La, Pr, Nd, Sm, and Eu; $NaM(SO_3)_2 \cdot H_2O$ for M = La, Ho, Er, Tm, Yb, and Lu; $Na_4Ce_2(SO_3)_5 \cdot 4H_2O$; and $Na_3Nd(SO_3)_3$. Main topics in this chapter are the IR spectra and the thermal decomposition.

The potassium sulfitometallates have not been investigated systematically, but $KLa(SO_3)_2 \cdot H_2O$ and $KYb(SO_3)_2 \cdot 2H_2O$ were prepared.

The following ammonium sulfitometallates are known: $NH_4M(SO_3)_2$ for M = Sm and Gd; $NH_4M(SO_3)_2 \cdot nH_2O$ for M = La, Sm, Gd, Dy, and Yb with n = 1, 2, or 3; $(NH_4)_6Gd_4(SO_3)_9 \cdot 6H_2O$; and $(NH_4)_3M(SO_3)_3 \cdot H_2O$ for M = Sm, Gd, and Dy. The last type has 2 modifications. The high temperature form of $(NH_4)_3Dy(SO_3)_3 \cdot H_2O$, prepared above 70 °C, is monoclinic with the space group $P2/m-C_{2h}^1$. The structure and the IR spectrum are discussed.

There is no data on sulfitometallates of Li, Rb, or Cs.

28.6.1 Natriumsulfitometallate

Sodium Sulfito-metallates

Allgemeine Darstellung

Die Natriumsulfitometallate können, wie auch die der anderen Alkalisulfitometallate, folgendermaßen dargestellt werden: Durch Umsetzen von Alkalisulfiten und Seltenerdsulfiten, die durch Durchleiten von SO_2 durch eine Seltenerdoxid-, Seltenerdcarbonat- oder Seltenerdhydroxidsuspension erhalten wurden, Cuttica [1]. Zu ähnlichen Ergebnissen mit kristallinen Produkten kommt man, wenn eine Alkalisulfitlösung mit einer fast neutralen, heißen Seltenerdchloridlösung umgesetzt wird. Werden Lösungen, die den Trisulfitokomplex $[M(SO_3)_3]^{3-}$ (s. S. 26) und Alkalisulfit enthalten, durch Erhitzen oder Evakuierung eingeengt, so entstehen gelatinöse Doppelsulfite, Vickery [2]. Leitet man bei Raumtemperatur durch eine Suspension von M_2O_3 in H_2O Schwefeldioxid und setzt NaOH zu, so entstehen ebenfalls Doppelsulfite (Einzelheiten s. bei $NaM(SO_3)_2 \cdot H_2O$, S. 28), Moskalenko u. a. [4].

$NaM(SO_3)_2$ mit M = La, Pr, Nd, Sm, Eu, Ho, Er, Tm, Yb, Lu

Die wasserfreien Verbindungen $NaM(SO_3)_2$ mit M = La, Pr, Nd, Sm, Eu entstehen durch Erhitzen von $NaM(SO_3)_2 \cdot 2H_2O$ bei 105 bis 185 °C; Moskalenko u. a. [5], $NaM(SO_3)_2$ mit M = Ho, Er, Tm, Yb, Lu entsteht aus $NaM(SO_3)_2 \cdot H_2O$ bei 150 bis 180 °C, Moskalenko u.a. [3, 4]. Nach Röntgen-Pulveraufnahmen (relative Intensitäten und Netzebenenabstände s. Original) sind die La-, Pr-, Nd-, Sm-, Eu-Verbindungen [5] und die Ho-, Er-, Tm-, Yb-, La-Verbindungen [4] für sich isotyp. Die IR-Spektren entsprechen denen der Mono- bzw. Dihydrate nur fehlen die Kristallwasser-Banden, Figur s. Original [3, 5]. Im Vergleich zu den Dihydraten treten außerdem Änderungen im Bereich der SO_3^{2-}-Valenzschwingungen (800 bis 1200 cm^{-1}), weniger bei den SO_3^{2-}-Deformationsschwingungen (400 bis 700 cm^{-1}) auf [5]. Zur thermischen Zersetzung s. S. 28.

$NaM(SO_3)_2 \cdot 2H_2O$ mit M = La, Pr, Nd, Sm, Eu

Die Verbindungen mit M = La, Pr bis Eu werden wie $NaM(SO_3)_2 \cdot H_2O$ mit M = Ho, Er, Tm, Yb, Lu dargestellt nach der von [4] angegebenen Methode, Moskalenko u.a. [5]. Im Falle von M = La erhält [2] mit der von ihm benutzten Methode (s. oben) das Monohydrat, s. S. 28.

Nach Röntgen-Pulverdaten (relative Intensitäten und Netzebenenabstände s. Original) sind die Pr- bis Eu-Verbindungen isotyp, $NaLa(SO_3)_2 \cdot 2H_2O$ hat ein abweichendes Pulverdiagramm. Pyknometrische Dichte (D_p):

M	La	Pr	Nd	Sm	Eu
D_p in g/cm^3 . . .	3.09	3.00	3.02	3.08	3.19

Die Verbindungen entstehen in Form kleiner nadelförmiger Kristalle, die eine niedrige Interferenzfarbe haben. Die IR-Spektren von $NaM(SO_3)_2 \cdot 2H_2O$ zeigen ein einfaches Muster, Figur s. Original. Im Bereich zwischen 3200 und 3600 cm^{-1} und 1630 bis 1640 cm^{-1} liegen die charakteristischen Banden der Valenz- bzw. Deformationsschwingungen des Kristallwassers. Bis zu sechs Banden unterschiedlicher Intensität werden im Bereich der symmetrischen Valenzschwingungen ν_1 und der antisymmetrischen Valenzschwingungen ν_3 (800 bis 1200 cm^{-1}), die den SO_3^{2-}-Gruppen zugeordnet werden können, beobachtet. Im Bereich der doppelt entarteten symmetrischen Deformationsschwingungen ν_2 und antisymmetrischen Deformationsschwingungen ν_4 (400 bis 700 cm^{-1}) der SO_3^{2-}-Gruppen ist das Spektrum sehr komplex, es werden bis zu vier Banden beobachtet. Im Gegensatz zu den Pr- bis Eu-Verbindungen zeigt $NaLa(SO_3)_2 \cdot 2H_2O$ einen generell anderen Aufbau des IR-Spektrums im Bereich der Sulfitvalenzschwingungen (800 bis 1200 cm^{-1}) und Sulfitdeformationsschwingungen (400 bis 700 cm^{-1}). Möglicherweise kristallisiert $NaLa(SO_3)_2 \cdot 2H_2O$ anders als die übrigen Doppelsulfite [5].

Thermographische und thermogravimetrische Untersuchungen zeigen eine sehr ähnliche Änderung im Verlauf der DT- und TG-Kurven von $NaM(SO_3)_2 \cdot 2H_2O$ mit M = La und Pr bis Eu (Figur s. Original). Der thermische Abbau erfolgt in mehreren Stufen:

$$NaM(SO_3)_2 \cdot 2H_2O \xrightarrow{105\text{ bis }185\,°C} NaM(SO_3)_2 \xrightarrow{405\text{ bis }525\,°C}$$

$$M_2O_2SO_4 + Na_2SO_4 \xrightarrow{>1000\,°C} M_2O_3(Pr_6O_{11}) + Na_2SO_4.$$

Auf der DTA-Kurve beobachtet man endotherme Effekte bei 80 bis 185 °C; einen für $NaPr(SO_3)_2 \cdot 2H_2O$ und $NaNd(SO_3)_2 \cdot 2H_2O$ und zwei für $NaLa(SO_3) \cdot 2H_2O$, $NaSm(SO_3)_2 \cdot 2H_2O$ und $NaEu(SO_3)_2 \cdot 2H_2O$, die der Dehydration entsprechen. Exotherme Effekte beobachtet man bei 405, 425, 450 und 445 °C für die Pr-, Nd-, Sm- bzw. Eu-Verbindungen, etwas höher liegt der Wert für die La-Verbindung (525 °C). Die Zusammensetzung der beim thermischen Abbau entstehenden Verbindungen wird durch Analysen, röntgenographische und IR-spektroskopische Untersuchungen bestätigt [5].

Die Löslichkeit von $NaYb(SO_3)_2 \cdot 2H_2O$ in H_2O beträgt bei 20 °C etwa 3.3 g/l [2].

$NaM(SO_3)_2 \cdot H_2O$ mit M = La, Ho, Er, Tm, Yb, Lu

Beim Versetzen einer Na_2SO_3-Lösung mit einer fast neutralen heißen $LaCl_3$-Lösung wird von Vickery [2] $NaLa(SO_3)_2 \cdot H_2O$ erhalten (vgl. S. 27). Zur Darstellung von $NaM(SO_3)_2 \cdot H_2O$ mit M = Ho, Er, Tm, Yb, Lu werden 1 bis 1.5 g M_2O_3 mit 100 ml doppelt destilliertem Wasser versetzt. Durch diese Suspension läßt man bei Zimmertemperatur 4 bis 6 h SO_2 strömen. Das Seltenerdoxid löst sich allmählich, bei einem pH-Wert von etwa 1 klart die Lösung vollständig auf. Zu dieser Lösung werden 8 ml Natronlauge hinzugefügt, dabei wird die Lösung langsam trübe. Es wird noch solange SO_2 durch die Lösung geleitet, bis sie wieder klar wird. In einem Exsikkator wird unter Vakuum das überschüssige SO_2 entfernt. Bei einem pH-Wert von etwa 4 bis 5 fällt ein Niederschlag der Doppelsulfite aus. Zur vollständigen Abscheidung wird die Lösung noch 24 h in einer Stickstoffatmosphäre aufbewahrt. Anschließend wird der Niederschlag abfiltriert, mit Alkohol gewaschen und über $CaCl_2$ im Exsikkator getrocknet, Moskalenko u.a. [4].

Die Röntgen-Pulverdaten von $NaM(SO_3)_2 \cdot H_2O$ mit M = Ho, Er, Tm, Yb, Lu deuten auf Isotypie abgesehen von der Ho-Verbindung (Netzebenenabstände und relative Intensitäten s. Original). Da alle wasserfreien Doppelsulfite, einschließlich der Ho-Verbindung isotyp sind, liegt bei $NaHo(SO_3)_2 \cdot H_2O$ möglicherweise eine andere Verknüpfung des Kristallwassers vor. Nach kristalloptischen Untersuchungen ist die Kristallsymmetrie niedrig. Die Doppelsulfite mit M = Ho, Er, Tm, Yb, Lu sind farblos und bestehen aus kleinen nadelförmigen Kristallen, die eine niedrige Interferenzfarbe und Doppelbrechung zeigen. Die Brechungszahlen n liegen in den folgenden Bereichen:

$NaEr(SO_3)_2 \cdot H_2O$	$NaTm(SO_3)_2 \cdot H_2O$	$NaYb(SO_3)_2 \cdot H_2O$	$NaLu(SO_3)_2 \cdot H_2O$
$1.585 < n < 1.591$	n (Mittelw.) = 1.582(4)	$n > 1.588$	$1.537 < n < 1.591$
	$\Delta n = 0.007$ bis 0.008		

Die im Bereich von 400 bis 4000 cm^{-1} aufgenommenen IR-Spektren (Suspension in flüssigem Paraffin) sind ähnlich (Figur s. Original). Im Bereich zwischen 3100 bis 3600 cm^{-1} und 1630 bis 1645 cm^{-1} treten breite Banden auf, die zu den Valenz- und Deformationsschwingungen des Kristallwassers gehören. Die Lage der Banden zeigt eine Wasserstoffbrückenbindung in der Struktur an. Die sieben Banden zwischen 875 und 1145 cm^{-1} können den SO_3^{2-}-Valenzschwingungen zugeordnet werden. Das IR-Spektrum von $NaHo(SO_3)_2 \cdot H_2O$ ist besser aufgelöst als das von $NaM(SO_3)_2 \cdot H_2O$ mit M = Er, Tm, Yb, Lu. Es zeigt Dubletts bei 1030 bis 1032, 945 bis 968 und 845 bis 875 cm^{-1} und eine stärkere Bande bei 1148 cm^{-1}. Die zwei Dubletts bei 650 bis 678 und 545 bis 580 cm^{-1} gehören bei allen Verbindungen zu Deformationsschwingungen der Sulfit-Ionen. Das Spektrum der Ho-Verbindung ist im Bereich der SO_3^{2-}-Deformationsschwingungen komplexer, man findet ein Triplett bei 625, 647 bis 668 cm^{-1} und ein Dublett bei 542 bis 568 cm^{-1} sowie schwache Banden bei 450 und 480 cm^{-1}. Die große Zahl der beobachteten Banden im Bereich der Sulfit-Valenzschwingungen bei $NaM(SO_3)_2 \cdot H_2O$ mit M = Ho, Er, Tm, Yb, Lu wird durch verschiedenartige Koordination der SO_3^{2-}-Gruppen durch die Metallatome gedeutet [4].

Thermographische und thermogravimetrische Untersuchungen zeigen im Verlauf der DTG-, DTA-, TA- und TG-Kurven von $NaM(SO_3)_2 \cdot H_2O$ sehr ähnliche Änderungen. Als Beispiel werden die Kurven von $NaEr(SO_4)_2 \cdot H_2O$ angegeben, Figur s. Original. Nach TG- und DTG-Untersuchungen verläuft der thermische Abbau in Stufen:

$$NaM(SO_3)_2 \cdot H_2O \xrightarrow[160 \text{ bis } 180\ ^\circ C]{-H_2O} NaM(SO_3)_2 \xrightarrow[480\ ^\circ C]{-SO_2}$$

$$M_2O_2SO_4 + Na_2SO_4 \xrightarrow[>900\ ^\circ C]{-SO_3} M_2O_3 + Na_2SO_4.$$

Auf der DTA-Kurve des $NaEr(SO_3)_2 \cdot H_2O$ beobachtet man endotherme Effekte bei 160, 340, 412, 455 und 910 °C (≈Schmelzpunkt des Na_2SO_4) und einen exothermen Effekt bei 480 °C. Die Zusammensetzung der beim thermischen Abbau entstehenden Verbindung wird durch Analysen, röntgenographische und IR-spektroskopische Untersuchungen bestätigt [3].

Die Löslichkeit von $NaLa(SO_3)_2 \cdot H_2O$ in Wasser beträgt bei 20 °C etwa 0.4 g/l. Der Wert läßt sich wegen der langsam einsetzenden Hydrolyse nicht exakt bestimmen [2]. Die Verbindungen lösen sich in Ammoniumacetatlösung unter Komplexbildung [2].

$Na_4Ce_2(SO_3)_5 \cdot 4H_2O$

Die Verbindung wird bei der Darstellung analog $NaLa(SO_3)_2 \cdot H_2O$, s. S. 28, von Vickery [2] erhalten.

$Na_3Nd(SO_3)_3$

$Na_3Nd(SO_3)_3$ entsteht bei der Titration wäßriger, $[Nd(SO_3)_3]^{3-}$-Ionen enthaltende, Lösungen (vgl. S. 26) mit NaOH bei pH=3.8 entsprechend 3 Äquivalenten NaOH je $[Nd(SO_3)_3]^{3-}$. Bei weiterem Zusatz von NaOH entstehen vermutlich basische Doppelsulfite [2].

Literatur:

[1] V. Cuttica (Gazz. Chim. Ital. **53** [1923] 769/72). – [2] R.C. Vickery (J. Chem. Soc. **1955** 2360/7). – [3] V.I. Moskalenko, L.G. Korotaeva, A.K. Molodkin, N. Pen'ya (Zh. Neorgan. Khim. **21** [1976] 1747/51; Russ. J. Inorg. Chem. **21** [1976] 957/60). – [4] V.I. Moskalenko, L.G. Korotaeva, A.K. Molodkin, N. Pen'ya (Zh. Neorgan. Khim. **21** [1976] 1513/6; Russ. J. Inorg. Chem. **21** [1976] 826/8). – [5] V.I. Moskalenko, L.G. Korotaeva, A.K. Molodkin (Zh. Neorgan. Khim. **23** [1978] 2072/7; Russ. J. Inorg. Chem. **23** [1978] 1138/41).

Potassium Sulfito-metallates

28.6.2 Kaliumsulfitometallate

Systematische Untersuchungen über diese Verbindungsklasse liegen nicht vor. – Analog den Natriumsulfitometallaten werden $KLa(SO_3)_2 \cdot H_2O$ und $KYb(SO_3)_2 \cdot 2H_2O$ von Vickery [1] dargestellt. Die Löslichkeit bei 20 °C in H_2O beträgt etwa 1.4 bzw. 5.3 g/l. Diese Werte sind nur angenähert, da die Verbindungen in H_2O langsam hydrolysieren. – Der Versuch der Darstellung eines Kaliumsamariumsulfits durch Reaktion einer Samariumhydroxidsuspension in wäßriger KOH-Lösung mit einem durchgeleiteten SO_2-Strom gelang nicht, beim Stehen der Fällung unter der Mutterlauge oxidierte das Produkt zum Doppelsulfat $K_8Sm_2(SO_4)_7$, Erämetsä, Korvela [2], vgl. S. 253.

Literatur:

[1] R.C. Vickery (J. Chem. Soc. **1955** 2360/7). – [2] O. Erämetsä, T. Korvela (Suomen Kemistilehti B **42** [1969] 127/8).

Ammonium Sulfito-metallates

28.6.3 Ammoniumsulfitometallate

Allgemeine Darstellung

Die durch Umsetzen von konzentriertem Ammoniak und Seltenerdchloriden entstehenden Hydroxidsuspensionen werden unter Durchleiten eines SO_2-Stromes mit einem Magnetrührer gerührt. Die Lösungen klaren bei einem pH-Wert von etwa 8.5 auf; die exakten pH-Werte hängen von der Reaktionstemperatur und den anderen Reaktionsbedingungen ab. Aus diesem Grund ist das Reaktionsgefäß mit einem Kühl- und Heizmantel umgeben. Nachdem sich das Hydroxid vollständig gelöst hat, wird der SO_2-Strom gedrosselt. Bei einem pH-Wert von 8 wird die Lösung wieder trüb. Ist ein pH-Wert von 6.5 erreicht, dann wird der gebildete Niederschlag abfiltriert, zuerst mit wenig Wasser und zum Schluß mit Äthanol sowie Äther gewaschen und über Calciumchlorid getrocknet. Die Reaktionen werden unter einer Stickstoffatmosphäre ausgeführt. Bei besonders langsam verlaufenden Reaktionen wird die Mutterlauge mit $BaCl_2$ auf SO_4^{2-}-Ionen überprüft. Zur Darstellung der einzelnen Doppelsulfite werden Temperatur und Mengenverhältnisse der Reaktanten variiert, Erämetsä u.a. [1]. Ammoniumsulfitometallate werden auch nach der auf S. 27 für Natriumsulfitometallate beschriebenen Methode von Vickery [2] erhalten.

$NH_4M(SO_3)_2$ mit M=Sm, Gd

Die Verbindungen $NH_4M(SO_3)_2$ mit M=Sm, Gd entstehen nach dem auf S. 30 beschriebenen Verfahren >80 °C. Mikroskopische Untersuchungen zeigen, daß gleichzeitig Dihydrate entstehen. Die wasserfreien Verbindungen können in reiner Form gewonnen werden, wenn die Substanzen 2d bei 100 °C rekristallisieren. Während dieser Zeit findet vollständige Dehydratisierung statt. Es entstehen plättchenförmige Kristalle von $NH_4Sm(SO_3)_2$. Das $NH_4Dy(SO_3)_2$ läßt sich so nicht darstellen. Netzebenenabstände und relative Intensitäten der Röntgen-Pulveraufnahmen für $NH_4Sm(SO_3)_2$ s. Original, Erämetsä u.a. [1].

$NH_4M(SO_3)_2 \cdot nH_2O$ mit M=La, Sm, Gd, Dy, Yb, n=1, 2, 3

Zur Darstellung werden 2 mmol $MCl_3 \cdot 6H_2O$ mit 15 ml konzentriertem Ammoniak und 60 ml Wasser nach der auf S. 30 beschriebenen Methode umgesetzt. Für $NH_4Sm(SO_3)_2 \cdot 2H_2O$ und $NH_4Gd(SO_3)_2 \cdot 2H_2O$ beträgt die Reaktionstemperatur etwa 70 °C, für $NH_4Dy(SO_3)_2 \cdot 3H_2O$ muß sie auf etwa 30 bis 40 °C herabgesetzt werden [1]. Analog den Natriumsulfitometallaten (s. S. 27) werden $NH_4La(SO_3)_2 \cdot H_2O$ und $NH_4Yb(SO_3)_2 \cdot 2H_2O$ durch Versetzen einer Ammoniumsulfitlösung mit heißer, fast neutraler MCl_3-Lösung oder durch Einengen der entsprechenden $[M(SO_3)_3]^{3-}$-haltigen Lösungen von Vickery [2] erhalten.

Die isomorphen plättchenförmigen Kristalle sind optisch zweiachsig, Netzebenenabstände aus Röntgen-Pulveraufnahmen von $NH_4Sm(SO_3)_2 \cdot 2H_2O$ und $NH_4Dy(SO_3)_2 \cdot 3H_2O$ s. Original [1].

Die Löslichkeit von $NH_4La(SO_3)_2 \cdot H_2O$ und $NH_4Yb(SO_3)_2 \cdot 2H_2O$ in Wasser bei 20 °C beträgt etwa 2.2 bzw. 10.4 g/l. Die Werte sind wegen langsamer Hydrolyse ungenau. Die Verbindungen lösen sich in Ammoniumacetatlösung unter Komplexbildung [2].

$(NH_4)_6Gd_4(SO_3)_9 \cdot 6H_2O$

$(NH_4)_6Gd_4(SO_3)_9 \cdot 6H_2O$ kann entsprechend den Angaben auf S. 30 aus 2 mmol $GdCl_3 \cdot 6H_2O$, 10 ml Ammoniak und 50 ml Wasser bei etwa 50 °C hergestellt werden. Der ausfallende Niederschlag enthält einheitliche, plättchenförmige Kristalle, die zur Verzwillingung neigen. Netzebenenabstände und relative Intensitäten der Röntgen-Pulveraufnahmen s. Original [1].

$(NH_4)_3M(SO_3)_3 \cdot H_2O$ mit M=Sm, Gd, Dy

Zur Darstellung der nadelförmigen, optisch zweiachsigen Kristalle werden 2 mmol $MCl_3 \cdot 6H_2O$, 30 ml mit konzentriertem Ammoniak und 60 ml Wasser nach der auf S. 30 beschriebenen Methode mit SO_2 umgesetzt. Dabei entstehen bei etwa 30 °C die Tieftemperaturmodifikationen α-$(NH_4)_3M(SO_3)_3 \cdot H_2O$, und oberhalb 70 °C die Hochtemperaturmodifikationen β-$(NH_4)_3M(SO_3)_3 \cdot H_2O$. Netzebenenabstände und relative Intensitäten der Röntgen-Pulveraufnahmen von α- und β-$(NH_4)_3Gd(SO_3)_3 \cdot H_2O$ s. Original [1]. Meistens bilden sich aber Gemische aus α- und β-Form. Zur Züchtung von Einkristallen wird die Tatsache benutzt, daß die Löslichkeit solcher Verbindungen mit steigender Temperatur abnimmt. Die Substanzen werden langsam von der Darstellungstemperatur bei etwa 70 °C auf 90 bis 95 °C erhitzt. Auf diesem Wege gelang es Niinistö, Larsson [3] genügend große Kristalle von β-$(NH_4)_3Dy(SO_3)_3 \cdot H_2O$ zu züchten, die sich für Einkristalluntersuchungen eignen.

Nach Röntgen-Pulveraufnahmen und Einkristalluntersuchungen kristallisiert das β-$(NH_4)_3Dy(SO_3)_3 \cdot H_2O$ monoklin, Raumgruppe $P2/m-C_{2h}^1$ mit a=8.88, b=3.98, c=9.48 Å; β=117.4° und Z=1, Niinistö [4]. Die Röntgen-Strukturanalyse (R=12.7%) ergibt folgende Atomlagen:

Atom	Punktlage	x	y	z
Dy	1g	0.5	0.0	0.5
S(1)	2n	0.1702(25)	0.5	0.2657(24)
S(2)	2n	0.4037(25)	0.5	0.7334(24)
N(1)	2m	0.7623(61)	0.0	0.0245(58)
N(2)	1c	0.0	0.0	0.5

Die Sauerstoffpositionen konnten nicht bestimmt werden. Bei längerer Belichtung zeigen Einkristall- und Pulveraufnahmen Überstrukturreflexe, die auf eine Vervierfachung der b-Achse hinweisen. Aus einer Guinier-Aufnahme ergeben sich für die Überstrukturzelle die Gitterkonstanten a=8.863(6), b=15.919(5), c=9.467(5) Å; β=117.38(5)° [3]. Die Substruktur vermittelt nur ein vereinfachtes Bild der wahren Struktur. Die NH_4-Gruppen sitzen auf den Kanten der Elementarzelle und bilden H-Brücken in Richtung a- und c-Achse, s. auch **Fig. 8**. Dysprosium hat möglicherweise die Koordinationszahl sieben gegenüber Sauerstoff, davon gehören sechs O zu den SO_3^{2-}-Gruppen, die mit den Dy-Atomen in Richtung der b-Achse Brücken bilden, und ein O zum H_2O. Auch die großen Dy-O-Abstände von 3.40 und 3.41 Å weisen auf die Bindung der Sulfitgruppen zum Dysprosium über Sauerstoff hin, in Übereinstimmung mit den IR-Spektren [4]. Die röntgenographische und pyknometrische Dichte beträgt 2.65 bzw. 2.60 g/cm^3 [3]. Im IR-Spektrum von β-$(NH_4)_3Dy(SO_3)_3 \cdot H_2O$ treten zwischen 400 und 2000 cm^{-1} neun Absorptionsbanden auf, Figur s. Original [3]. Dem NH_4 und H_2O entsprechen Banden bei 1395 bzw. 1665 cm^{-1}. Im Bereich der S-O-Valenzschwingungen werden ν_1- und ν_3-Schwingungen beobachtet bei 820, 890, 960 und 1020 cm^{-1}. Die Bande bei 630 cm^{-1} gehört zu einer ν_2-Schwingung (symmetrische Deformationsschwingung), die Banden bei 460 und 525 cm^{-1} gehören wahrscheinlich zu einer ν_4-Schwingung (antisymmetrische Deformationsschwingung). Das Spektrum gibt keine eindeutige Festlegung der Koordinationsverhältnisse innerhalb der Kristallstruktur. Die Aufhebung der Entartung von ν_3 und ν_4 sowie der starken Banden bei 960 cm^{-1} steht im Einklang mit koordiniertem Sauerstoff, wie auf Grund der Teilstruktur von β-$(NH_4)_3Dy(SO_3)_3 \cdot H_2O$ vermutet wird, nicht jedoch die Bande bei 1020 cm^{-1}, außer sie wird einer Überlagerungs- oder Oberschwingung zugeordnet [3, 4].

Fig. 8

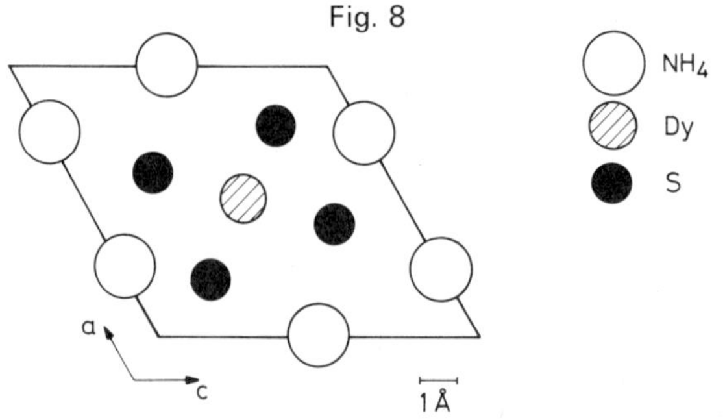

Schematische Struktur der Subzelle von β-$(NH_4)_3Dy(SO_3)_3 \cdot H_2O$, Projektion entlang der b-Achse.

Literatur:

[1] O. Erämetsä, L. Niinistö, T. Korvela (Suomen Kemistilehti B **45** [1972] 394/9). – [2] RI Vickery (J. Chem. Soc. **1955** 2360/7). – [3] L. Niinistö, L.O. Larsson (Acta Chem. Scand. **27** [1973] 2250/2). – [4] L. Niinistö (Chem. Commun. Univ. Stockholm **1973**, Nr. 13, S. 1/34, 9/11, 27/8).

28.7 Sulfate

Sulfates

28.7.1 Vergleichende Angaben über MSO_4

Comparative Data on MSO_4

Review

Review in English

The sulfates MSO_4 for M = Sm, Eu, and Yb are prepared by electrolytic reduction of $M_2(SO_4)_3$, for example, in dilute acetic acid at a mercury cathode with a platinum anode. The compounds can also be precipitated from MCl_2 solutions. MSO_4 for Sm and Eu are orthorhombic, space group Pnma – D_{2h}^{16}, while $YbSO_4$ is hexagonal, space group $P6_222 - D_6^4$. The existence of further sulfates with divalent lanthanides has been discussed.

MSO_4 mit M = Sm, Eu und Yb werden dargestellt durch elektrolytische Reduktion von 0.1 molaren $M_2(SO_4)_3$-Lösungen in 0.1 molarer Essigsäure mit Hg-Kathode und Pt-Anode. Im Fall von M = Sm muß ein pH-Wert von 5.5 eingehalten werden, bei M = Eu und Yb ist der pH-Wert weniger kritisch. $SmSO_4$ und $EuSO_4$ haben orthorhombische $BaSO_4$-Struktur mit der Raumgruppe Pnma – D_{2h}^{16}, Z = 4, das $YbSO_4$ ist hexagonal, isostrukturell mit $CePO_4$, Raumgruppe $P6_222 - D_6^4$, Z = 3. Einzelheiten s. bei den entsprechenden Verbindungen, Asprey u.a. [1].

Bei der Einwirkung von Sr-Amalgam mit geeignetem Reduktionspotential auf eine bei 0 °C gesättigte, leicht angesäuerte wäßrige $M_2(SO_4)_3$-Lösung (M = Sc, Ce, Pr, Nd, Sm, Eu, Gd und Yb) bei 20 °C bildet sich MSO_4 nach: Sr-Amalgam + $M_2(SO_4)_3$ $\rightarrow 2\,MSO_4 + SrSO_4$. Der größte Teil des entstehenden MSO_4 wird im isomorphen $SrSO_4$ eingebaut und stabilisiert. Aber auch die Lösung enthält (vorübergehend) MSO_4. Die MSO_4-haltigen $SrSO_4$-Niederschläge sind – bis auf die roten $SmSO_4$-haltigen – weiß, die MSO_4-Lösungen farblos bis auf die grüne $YbSO_4$-Lösung. Die Bildung von MSO_4 durch Reduktion von $M_2(SO_4)_3$ wurde zwar nur für die oben genannten Elemente M nachgewiesen, sollte jedoch für alle Seltenerdelemente möglich sein, Holleck, Noddack [2].

Literatur:

[1] L.B. Asprey, F.H. Ellinger, E. Staritzky (Proc. 3rd Conf. Rare Earth Res., Clearwater, Fla., 1963 [1964], S. 11/20, 12/7). – [2] L. Holleck, W. Noddack (Z. Angew. Chem. **50** [1937] 819/24).

28.7.2 Vergleichende Angaben über $M_2(SO_4)_3$

Comparative Data on $M_2(SO_4)_3$

Review

Review in English

The sulfates $M_2(SO_4)_3$ are prepared by dissolution of M_2O_3 in dilute H_2SO_4 and boiling down the solution. The dry residue is heated around 600 °C. Another preparation is the dehydration of $M_2(SO_4)_3 \cdot n\,H_2O$, for example, around 500 °C. The peritectic decomposition of double salts like $LiM(SO_4)_2$ around 700 °C is suitable for growing single crystals.

The sulfates $M_2(SO_4)_3$ investigated for M = Ce, Pr, Nd, Sm, Eu, and Gd are monoclinic with the space group $B2/b - C_{2h}^6$. For M = Y, Tb, Dy, Ho, Er, and

Tm they are orthorhombic with the space group Pbcn – D_{2h}^{14}. Cubic forms for $Eu_2(SO_4)_3$, $Gd_2(SO_4)_3$, and $Tb_2(SO_4)_3$ seem possible in the case of low-temperature preparations. Further modifications are in discussion. The lattice constants of the monoclinic and orthorhombic modifications, as well as the IR peaks, are listed in tables.

On heating, the sulfates decompose in two steps:

$$M_2(SO_4)_3 \rightarrow M_2O_2SO_4 + 2SO_2 + O_2$$

$$M_2O_2SO_4 \rightarrow M_2O_3 + SO_2 + {}^1/_2O_2$$

The temperature ranges for these reactions are given. The sulfates are quite soluble in water. The solubility minimum falls between Sm and Gd.

Allgemeine Literatur:

G. Brauer, Handbuch der präparativen anorganischen Chemie, 2. Aufl., Bd. 2, Stuttgart 1962, S. 1010.

P. Pascal, Nouveau Traité de Chimie Minérale, Bd. 7, Tl. 2, Masson, Paris 1959, S. 887/911.

J. Flahaut, Les Éléments des Terres Rares, Collection de Monographies de Chimie, Paris 1969, S. 136/7.

K.H. Stern, E.L. Weise, NSRDS-NBS-7 [1966] 1/38.

Formation. Preparation

28.7.2.1 Bildung und Darstellung

Zur Darstellung wird M_2O_3 (M = La bis Yb, nicht Pm) in verdünntem H_2SO_4 gelöst, zur Trockne eingedampft und 1 h bei 600 °C (im Fall M = Ce bei 500 bis 550 °C) geglüht, Surgutskii, Serebrennikov [1]. Darstellung durch Lösen von M_2O_3 in HNO_3 in einem Porzellantiegel und Abrauchen mit H_2SO_4, Beck [2].

Herstellung durch 24 h Erhitzen der Hydrate bei 350 °C, Postmus, Ferraro [3]. Erhitzen auf 400 bis 450 °C, Vinarov, Kornelli [5]. Bildung beim thermischen Abbau der Hydrate <300 °C, Wendlandt [4], <270 °C, Bukovec u.a. [6]. So gebildetes $M_2(SO_4)_3$ mit M = Pr, Nd, Sm, Eu und Gd ist amorph (s. S. 35) und geht beim Erhitzen bei 350 bis 450 °C in den kristallinen Zustand über, Nathans, Wendlandt [7]. Bei 500 °C wird eine Reihe gut kristallisierter Verbindungen von M = Y, La bis Lu erhalten [6]. Weitere Angaben zur Bildung durch thermischen Abbau der Hydrate s. S. 54.

Aus $LiM(SO_4)_2$ entstehen die Sulfate in der peritektischen Reaktion $LiM(SO_4)_2 \rightarrow$ Schmelze + $M_2(SO_4)_3$ bei folgenden Temperaturen t (in °C):

M	Pr	Nd	Sm	Eu	Gd	Tb	Dy	Ho	Er	Tm	Yb	Lu
t	720	710	760	780	788	739	710	681	630	608	660	655

Sirotinkin u.a. [8]. Das Verfahren eignet sich (zumindest für M = Tm) zur Herstellung von Einkristallen, Sirotinkin u.a. [9]. Bei der thermischen Zersetzung von $KM(SO_4)_2$ entsteht $M_2(SO_4)_3$ neben $K_7M_3(SO_4)_8$ für M = Pr, Nd, oder neben $K_4M_2(SO_4)_5$ für M = Y, Sm bis Lu:

M . .	Y	Pr	Nd	Sm	Eu	Gd	Tb	Dy	Ho	Er	Tm	Yb	Lu
t . .	420	930	930	830	800	800	720	700	700	620	500	500	480

Degtiarev u.a. [10]. Über die Bildung bei der Zersetzung der Ammonium-haltigen Doppelsulfate s. bei Iskhakova u.a. [11], oder der Äthylsulfate bei 500 °C über verschiedene Zwischenstufen, s. Nathans [12]. Sulfate des Typs $M_2(SO_4)_3$ für M = Ce, Pr, Nd und Sm entstehen auch als Zwischenstufe bei der Oxidation der Polysulfide bei 500 bis 600 °C an der Luft, Flahaut u.a. [13].

Literatur:

[1] V.P. Surgutskii, V.V. Serebrennikov (Zh. Neorgan. Khim. **9** [1964] 786/8; Russ. J. Inorg. Chem. **9** [1964] 435/7). – [2] G. Beck (J. Prakt. Chem. **156** [1940] 227/40, 235). – [3] C. Postmus, J.R. Ferraro (J. Chem. Phys. **48** [1968] 3605/11, 3605). – [4] W.W. Wendlandt (J. Inorg. Nucl. Chem. **7** [1958] 51/4). – [5] I.V. Vinarov, M.E. Kornelli (Khim. Prom. Nauk. Tekhn. Zb. **1962** Nr. 1, S. 28/30; C.A. **59** [1963] 1257).

[6] N. Bukovec, P. Bukovec, J. Šiftar (Vestn. Sloven. Kem. Drustva **22** [1975] 5/17; C.A. **86** [1977] Nr. 64712). – [7] M.W. Nathans, W.W. Wendlandt (J. Inorg. Nucl. Chem. **24** [1963] 869/79). – [8] S.P. Sirotinkin, A.N. Pokrovskii, L.M. Kovba (J. Solid State Chem. **17** [1976] 327/9). – [9] S.P. Sirotinkin, A.N. Pokrovskii, L.M. Kovba (Zh. Neorgan. Khim. **23** [1978] 1139/41; Russ. J. Inorg. Chem. **23** [1978] 630/1; Vestn. Mosk. Univ. Ser. II Khim. **32** Nr. 4 [1977] 479/80; Mosc. Univ. Chem. Bull. **32** Nr. 4 [1977] 81). – [10] P.A. Degtiarev, A.N. Pokrovskii, L.M. Kovba, F.M. Korytnaia (J. Solid State Chem. **22** [1977] 419/22).

[11] L.D. Iskhakova, I.E. Sukhova, O.P. Chernova, I.V. Shakhno, V.E. Plyushchev (Zh. Neorgan. Khim. **20** [1975] 348/53; Russ. J. Inorg. Chem. **20** [1975] 193/6). – [12] M.W. Nathans (J. Inorg. Nucl. Chem. **22** [1961] 231/9). – [13] J. Flahaut, M.M. Guittard, M. Patrie (Bull. Soc. Chim. France **1959** 1917/20).

28.7.2.2 Physikalische Eigenschaften

Physical Properties

Kristallographische Eigenschaften

Crystallographic Properties

Nach Bukovec u.a. [2] sind aus den Hydraten bei 250 °C hergestelltes $La_2(SO_4)_3$ und $Ce_2(SO_4)_3$ kristallin und isostrukturell. $Pr_2(SO_4)_3$ und $Nd_2(SO_4)_3$ sind unter diesen Bedingungen amorph, die Röntgen-Pulverdiagramme von $Sm_2(SO_4)_3$ und $Eu_2(SO_4)_3$ zeigen schwache diffuse Linien und die von M=Y, Gd, Tb, Dy, Ho, Er, Tm, Yb und Lu stärkere diffuse Linien. Soweit erkennbar, unterscheidet sich das Pulverdiagramm dieser Sulfate von dem des La- und Ce-Sulfats. Die analog bei 500 °C hergestellten gut kristallisierten Verbindungen sollen jedoch alle gleiche Struktur haben [2].

Nach thermischen Untersuchungen geht $M_2(SO_4)_3$ mit M=Pr, Nd, Sm, Eu, Gd beim stetigen Erhitzen bei 350 bis 450 °C aus dem amorphen in den kristallinen Zustand über. Dann zeigt $Sm_2(SO_4)_3$ das gleiche Röntgen-Pulverdiagramm wie $La_2(SO_4)_3$ und vermutlich monokline oder trikline Symmetrie, Nathans, Wendlandt [1]. An $Eu_2(SO_4)_3$, $Gd_2(SO_4)_3$ und $Tb_2(SO_4)_3$ wird nach thermoanalytischen, röntgenographischen und elektronenspektroskopischen Untersuchungen eine kubische Modifikation festgestellt, wenn die Sulfate bei 300 °C aus den Hydraten hergestellt werden. Ferner existieren von der Eu- und Gd-haltigen Verbindung 2 weitere Modifikationen, welche bei 450 bzw. 700 °C (M=Eu) und bei 550 bzw. 650 °C (M=Gd) stabil sind. Während die einander entsprechenden Phasen der beiden Verbindungen isostrukturell sind, hat die einzige Hochtemperaturmodifikation von $Tb_2(SO_4)_3$, welche bei 640 °C stabil ist, eine andere Struktur, Zaitseva u.a. [11]. Auch IR-spektroskopische Untersuchungen weisen auf polymorphe Umwandlungen hin, Lipis u.a. [10].

Im folgenden wird von $M_2(SO_4)_3$ für M=Ce, Eu, Gd und Tb eine β-Phase beschrieben ohne eindeutige Angabe der Herstellungsbedingung. Die jeweilige α-Phase wird nicht definiert. Später wird mit α-$Gd_2(SO_4)_3$ die >820 °C stabile Phase bezeichnet, s. S.166.

Nach Einkristalluntersuchungen an $Nd_2(SO_4)_3$ (vermutlich aus $LiNd(SO_4)_2$ oberhalb 700 °C hergestellt) und Vergleich der Röntgen-Pulveraufnahmen wird für M=Ce, Pr, Nd, Sm, Eu und Gd monokline Symmetrie, Raumgruppe $B2/b-C_{2h}^6$, Nr. 15, Z=4 festgestellt mit folgenden Gitterkonstanten und Zellvolumina V (die Genauigkeit ist ±0.03 Å bei a, ±0.007 Å bei b, ±0.006 Å bei c und 0.08° bei γ), Sirotinkin u.a. [4]:

$M_2(SO_4)_3$	a in Å	b in Å	c in Å	γ in °	V in Å³
β-$Ce_2(SO_4)_3$	21.92	7.033	6.765	109.52	982.9
$Pr_2(SO_4)_3$	21.71	6.941	6.722	109.03	957.5
$Nd_2(SO_4)_3$	21.72	6.904	6.673	109.73	–
$Sm_2(SO_4)_3$	21.61	6.903	6.679	109.88	939.9
β-$Eu_2(SO_4)_3$	21.72	6.842	6.621	109.63	926.8
β-$Gd_2(SO_4)_3$	21.31	6.798	6.608	109.30	903.5

Die von [11] beim Entwässern der Sulfat-Octahydrate bei 300 °C gefundene kubische Modifikation bei M = Eu, Gd und Tb wird nicht beobachtet, Sirotinkin u.a. [4].

$M_2(SO_4)_3$ mit M = Y, Tb, Dy, Ho, Er und Tm (vermutlich aus $LiM(SO_4)_2$ hergestellt, s. S. 34) kristallisiert nach Einkristalluntersuchungen an $Er_2(SO_4)_3$ und Vergleich der Röntgen-Pulveraufnahmen orthorhombisch, Raumgruppe Pbcn – D_{2h}^{14}, Nr. 60, Z = 4, mit den Gitterkonstanten:

$M_2(SO_4)_3$	a in Å	b in Å	c in Å	V in Å³
$Y_2(SO_4)_3$	12.48(2)	9.04(2)	9.84(2)	1109(8)
β-$Tb_2(SO_4)_3$ [a)]	12.68(4)	8.72(4)	10.25(4)	1133(12)
$Dy_2(SO_4)_3$	12.68(4)	8.75(4)	10.20(4)	1132(14)
$Ho_2(SO_4)_3$	12.55(1)	9.07(1)	9.94(2)	1131(5)
$Er_2(SO_4)_3$	12.442(2)	9.001(4)	9.837(6)	1102(1)
$Tm_2(SO_4)_3$	12.38(1)	8.95(1)	9.79(2)	1085(5)

[a)] Das Pulverdiagramm besteht aus diffusen Linien, die Gitterkonstanten sind nicht sehr genau.

Da das Verhältnis b/c = 0.85 bis 0.86 für M = Tb und Dy, jedoch b/c = 0.91 bis 0.92 für M = Y, Ho, Er und Tm ist, wird unterschiedliche Struktur erwogen, Sirotinkin u.a. [3]. Auch nach IR-spektroskopischen Untersuchungen der bei 350 °C hergestellten Verbindungen wird angenommen, daß 2 Strukturtypen in der Reihe $M_2(SO_4)_3$ vorliegen, die bei M = Gd ineinander übergehen. Die Zuordnung von $Sc_2(SO_4)_3$ und $Y_2(SO_4)_3$ zur einen oder anderen Gruppe ist nicht eindeutig, Postmus, Ferraro [8]; vgl. jedoch Tenisheva u.a. [9], welche $Y_2(SO_4)_3$ der Reihe M = Tb bis Lu zuordnen, die Präparate allerdings bei unterschiedlichen Temperaturen (M = Y bei 200 °C, M = La bis Lu bei 450 bis 600 °C) aus den Hydraten herstellen.

Gitterenergie U in kcal/mol (nach Born-Haber berechnet) und Gitterentropie S in $cal \cdot mol^{-1} \cdot K^{-1}$ bei 25 °C:

M	Ce	Pr	Nd	Sm	Eu	Gd	Tb	Dy	Ho	Er	Yb	Lu
–U . . .	2414	2445	2452	2473	2488	2492	2514	2536	2558	2563	2582	2587
S	116	106	82	82	89	92	92	92	92	–	93	93

Ladd, Lee [5].

Dichte *Density*

Pyknometrisch bestimmte Dichte D_p in g/cm^3 von nicht sehr reinen $M_2(SO_4)_3$-Präparaten bei 21 bis 24 °C nach Beck [6]:

M	Sc	Y	La	Ce	Pr	Nd	Sm
D_p	2.605	2.949	3.829	3.912	3.797	3.961	4.059

M	Eu	Tb [a]	Dy	Ho	Er	Tm	Yb
D_p	3.997	4.104	3.801	3.830	3.851	3.906	3.964

[a] enthält 50% $Dy_2(SO_4)_3$.

Thermodynamische Daten *Thermodynamic Data*

Bildungsenthalpie $\Delta H°$ und freie Enthalpie der Bildung $\Delta G°$ in kcal/mol sowie Bildungsentropie $\Delta S°$ in $cal \cdot mol^{-1} \cdot K^{-1}$ von $M_2(SO_4)_3$ bei 25 °C:

M	Y	La	Ce	Pr	Nd	Sm	Eu	Lit.
$-\Delta H°$	–	–	953	(953)	948	955	952	[5]
$-\Delta H°$	944.6	≈967	953	953	956	≈955	≈952	[7]
$-\Delta G°$	872.2	891	855.1	882	879.4	877	876	[7]
$-\Delta S°$	–	–	228	238	262	262	255	[5]

M	Gd	Tb	Dy	Ho	Er	Yb	Lu	Lit.
$-\Delta H°$	942	948	942	938	933	929	928	[5]
$-\Delta H°$	951	≈948	≈942	≈938	≈933	≈929	≈928	[7]
$-\Delta G°$	875	873	867	863	858.5	854	853	[7]
$-\Delta S°$	252	252	252	252	–	252	252	[5]

All diese Werte wurden abgeschätzt unter Verwendung der thermodynamischen Angaben bei Rossini u.a. [12]. Neuere Empfehlungen des National Bureau of Standards für $\Delta H°$ von $M_2(SO_4)_3$ mit M = La, Ce, Sm und für $\Delta G°$ von $Y_2(SO_4)_3$ liegen etwas niedriger, s. bei den entsprechenden Verbindungen.

Die molare Wärmekapazität für M = Y, La, Eu, Gd und Er beträgt etwa 50, 53, 58(?), 53 bzw. 51 und die Entropie $S° \approx 77$ $cal \cdot mol^{-1} \cdot K^{-1}$ für M = Gd, Maslov, Maslov [7].

IR-Spektren *IR Spectra*

Die nachfolgenden Wellenzahlen von Banden zwischen 80 und 4000 cm^{-1} werden den symmetrischen Valenz- und Deformationsschwingungen $\nu_1(A_1)$ bzw. $\nu_2(E)$ sowie den antisymmetrischen Valenz- und Deformationsschwingungen $\nu_3(F_2)$ bzw. $\nu_4(F_2)$ der Sulfatgruppe (mit einer Symmetrie geringer als C_{2v} in diesen Verbindungen) zugeordnet. Die Spektren wurden aufgenommen an Nujolmull, wobei aus den Hydraten bei 350 °C hergestelltes $M_2(SO_4)_3$ zur Anwendung kam.

M	$\nu_2(E)$	$\nu_4(F_2)$	$\nu_1(A_1)$	$\nu_3(F_2)$
Sc	431, 451	575, 613, 631, 667	1020	1152, 1230
Y	433, 451	529, 615, 628, 658	1010	1135
La	420, 444, 469	587, 603, 621, 651, 667	1010	1050, 1100, 1150

Tabelle [Fortsetzung]

Ce	418, 468	583, 598, 618, 650, 668	980, 1003, 1015	1056, 1125, 1162, 1215, 1288, 1295
Pr	422, 427, 475	598, 606, 625, 658, 671	950 bis 980, 1008	1055, 1128, 1175, 1240
Nd	419, 424, 471	584, 602, 621, 658, 670	1008, 1019	1065, 1123, 1157, 1190, 1295
Sm	420, 425, 455, 475	583, 601, 624, 658, 668	1008	1060, 1130, 1170
Eu	429, 442, 445, 473	597, 606, 624, 637, 657, 670	970, 997	1020, 1065, 1120, 1165, 1210, 1260
Gd	435, 440, 452	615, 627, 658	975	1030, 1090, 1140, 1311
Tb	432, 437, 442	611, 620, 649	–	1120, 1225
Dy	402, 433, 437	612, 622, 653	–	1080, 1130, 1250
Ho	432	568, 612, 622, 657	–	1120, 1240, 1300
Er	435	615, 627, 661	–	1050, 1095, 1160, 1200, 1265
Tm	431	607, 618, 656	–	1110, 1140, 1230
Yb	435	615, 627, 666	–	1135, 1240
Lu	–	–	–	1150?

In den Präparaten mit M = Tb bis Lu ist der Bereich der ν_1-Schwingung vermutlich durch die breite Absorption im ν_3-Bereich maskiert. Bei kleineren Wellenzahlen wird eine breite Bande beobachtet: bei 226 bis 240 cm^{-1} für M = La bis Lu und bei 328 bzw. 266 für Sc und Y. Sie wird M-O-Schwingungen zugeordnet. Weitere nicht zugeordnete Banden liegen zwischen 80 und 170 cm^{-1}, Postmus, Ferraro [8]. An Suspensionen in Paraffinöl der durch Entwässerung der Hydrate bei 450 bis 600 °C ($Y_2(SO_4)_3$ bei 200 °C) erhaltenen Sulfate wird das IR-Spektrum zwischen 955 und 1302 cm^{-1} untersucht. Der geringen SO_4-Symmetrie entsprechend werden für M = La bis Gd zwischen 1023 und 1302 cm^{-1} bis zu neun ν_3-Banden beobachtet sowie ein ν_1-Maximum bei 995 bis 1012 cm^{-1}. Eine systematische Verschiebung mit dem Kationenradius ist nicht feststellbar. Für M = Y, Tb, Dy, Er, Yb und Lu werden maximal fünf, meist drei ν_3-Schwingungen beobachtet, ν_1 liegt bei 1044 bis 1066 cm^{-1}, Tenisheva u.a. [9]. Allerdings soll die große Bandenanzahl auf polymorphen Umwandlungen im Temperaturbereich der Entwässerung beruhen, Lipis u.a. [10]. Zwischen 400 und 4000 cm^{-1} werden an Suspensionen von $M_2(SO_4)_3$ mit M = Eu, Gd, Tb in Mineralöl bei 500 bis 700 °C nämlich folgende Maxima beobachtet (in cm^{-1}):

M	Eu	Gd	Tb	Eu	Gd	Tb
Temp. in °C . .	500	550	500	700	700	630
$\nu_2(E)$	430	435	435	–	435	435
	455	–	–	455	455	–
	470	505	505	466	–	491

Tabelle [Fortsetzung]

$\nu_4(F_2)$	595	590	593	580	575	585
	605	610	615	596	600	615
	625	650	625	622	615	647
	640	662	645	637	645	665
	655	–	680	653	–	680
$\nu_1(A_1)$	985	980	985	978	978	980
	1005	1000	–	1000	1000	–
	1020	1020	1025	1020	1020	1010
$\nu_3(F_2)$	1073	1080	–	1070	1085	1060 bis 1240
	1125	1125	–	1160	1125	(1140 max)
	1155	1160	1140	1175	1160	–
	1215	1215	–	1215	1220	–
	1255	–	–	–	–	–
nicht zugeordnet	775	770	770	775	770	–
	850	790	785	–	790	–
	900	860	–	855	855	860
	920	900	–	900	900	900

Die große Zahl von Banden macht die Interpretation schwierig. Die weiteren Banden niedriger Intensität zwischen 770 und 920 cm^{-1} hängen entweder ebenfalls mit Schwingungen der SO_4-Gruppe zusammen, oder es handelt sich um kollektive SO_4-M-Schwingungen. Als Symmetrie für die SO_4-Gruppe soll C_{3v} bis C_1 in Frage kommen. Die große Anzahl von Banden könnte auch mit starken Resonanzwechselwirkungen zusammenhängen [10].

Literatur:

[1] M.W. Nathans, W.W. Wendlandt (J. Inorg. Nucl. Chem. **24** [1963] 869/79). – [2] N. Bukovec, P. Bukovec, J. Šiftar (Vestn. Sloven. Kem. Drustva **22** [1975] 5/17; C.A. **86** [1977] Nr. 64712). – [3] S.P. Sirotinkin, A.N. Pokrovskii, L.M. Kovba (Zh. Neorgan. Khim. **23** [1978] 1139/41; Russ. J. Inorg. Chem. **23** [1978] 630/1). – [4] S.P. Sirotinkin, A.N. Pokrovskii, L.M. Kovba (Vestn. Mosk. Univ. Ser. II Khim. **32** Nr. 4 [1977] 479/80; Mosc. Univ. Chem. Bull. **32** Nr. 4 [1977] 81). – [5] M.F.C. Ladd, W.H. Lee (J. Phys. Chem. **69** [1965] 1840/3).

[6] G. Beck (J. Prakt. Chem. **156** [1940] 227/40, 236). – [7] P.G. Maslov, Yu.P. Maslov (Izv. Vysshikh Uchebn. Zavedenii Khim. Khim. Tekhnol. **2** [1959] 516/21; C.A. **1960** 6290). – [8] C. Postmus, J.R. Ferraro (J. Chem. Phys. **48** [1968] 3605/11). – [9] T.F. Tenisheva, T.M. Pavlyukevich, A.N. Lazarev (Izv. Akad. Nauk SSSR Ser. Khim. **1965** 1771/8; Bull. Acad. Sci. USSR Div. Chem. Sci. **1965** 1737/42). – [10] L.V. Lipis, V.S. Il'yashenko, V.N. Egorov, G.V. Yukhnevich, V.I. Volk (Zh. Prikl. Spektrosk. **14** [1971] 1044/9; J. Appl. Spectrosc. [USSR] **14** [1971] 763/8).

[11] L.L. Zaitseva, V.S. Il'yashenko, M.I. Konarev, L.M. Konovalov, L.V. Lipis, N.T. Chebotarev (Zh. Neorgan. Khim. **10** [1965] 1761/70; Russ. J. Inorg. Chem. **10** [1965] 961/6). – [12] F.D. Rossini, D.D. Wagman, W.H. Evans, S. Levine, I. Jaffe (NBS-Circ.-500 [1952] 328/54).

Chemical Reactions
Reactions on Heating

28.7.2.3 Chemisches Verhalten

Verhalten beim Erhitzen

Die thermische Zersetzung findet nach thermogravimetrischen (TG) und differentialthermoanalytischen (DTA) Untersuchungen in Luft bzw. Ar in 2 Stufen (Ausnahme: Sc- und Ce-Sulfat, s. im folgenden) statt:

1) $M_2(SO_4)_3 \rightarrow M_2O_2SO_4 + 2\,SO_2 + O_2$

2) $M_2O_2SO_4 \rightarrow M_2O_3 + SO_2 + {}^1/_2\,O_2$

Nathans, Wendlandt [1, 2]. Bei Ce-, Pr- und Tb-Sulfat bildet sich CeO_2, Pr_6O_{11} bzw. Tb_4O_7, Pokrovskii, Kovba [3, 4] oder Pr_4O_7 und TbO_2, Bukovec u.a. [5]. Temperaturen der beginnenden und endenden Reaktion 1 und 2, $t_A(1)$, $t_E(1)$, $t_A(2)$ bzw. $t_E(2)$ in °C nach TG unter statischen Bedingungen (Zahlenangaben den Figuren im Original entnommen):

M	Y	La	Ce [a]	Pr	Nd	Sm	Eu	Gd
$t_A(1)$	920	890	≈700	910	890	890	870	858
$t_E(1)$	1124	1096	–	1085	1060	1040	1014	1014
$t_A(2)$	–	–	–	1230	1235	1210	1180	1163
$t_E(2)$	1248	–	≈1000	–	–	–	1300	1300

M	Tb	Dy	Ho	Er	Tm	Yb	Lu
$t_A(1)$	880	888	855	913	900	927	946
$t_E(1)$	1047	1069	1040	1086	1090	–	–
$t_A(2)$	1140	1131	1090	–	–	–	–
$t_E(2)$	1252	1241	1210	1196	1141	1190	1144

[a] beruht auf DTA-Untersuchungen; die DTA-Kurve weist einen Peak mittlerer Intensität bei etwa 850 °C auf und einen intensiven Peak bei etwa 910 °C.

Die Reaktionen setzen nach den DTA-Kurven (Erhitzungsgeschwindigkeit 10 K/min, dynamische Bedingungen) früher ein, sind mit den TG-Angaben jedoch in qualitativer Übereinstimmung. Nach der Figur im Original, welche die DTA-Peaks für die Sulfat- und Oxidsulfatzersetzung angibt, findet der 2-stufige Zersetzungsprozeß bei allen in der Tabelle aufgeführten Verbindungen mit Ausnahme von $Ce_2(SO_4)_3$ statt. Versuche zur Bestimmung der Kinetik der Zersetzung der La-, Eu- und Yb-haltigen Verbindungen s. S. 76, 160, 193. Kleine exotherme Peaks für M = Pr, Nd, Sm, Eu und Gd zwischen 350 und 450 °C hängen mit dem Übergang vom amorphen in den kristallinen Zustand zusammen [1, 2]. Beim Erhitzen mit 7.4 K/min an der Luft laufen Reaktion 1) und 2) nach DTA und TG bei folgenden Temperaturen (in °C) ab:

$M_2(SO_4)_3$	t(1) DTA	t(2) DTA	t(1) TG	t(2) TG
$Sc_2(SO_4)_3$	–	1180	860 bis 1150	
$Y_2(SO_4)_3$	1100	1240	910 bis 1150	1150 bis 1300
$Ce_2(SO_4)_3$	–	1010	800 bis 1050	
$Pr_2(SO_4)_3$	1060	1460	890 bis 1080	1270 bis 1480
$Nd_2(SO_4)_3$	1090	1470	950 bis 1130	1320 bis 1480
$Sm_2(SO_4)_3$	1060	1390	870 bis 1140	1220 bis 1440
$Eu_2(SO_4)_3$	1020	1370	840 bis 1090	1200 bis 1410

Tabelle [Fortsetzung]

$Gd_2(SO_4)_3$	1080	1340	880 bis 1160	1180 bis 1390
$Tb_2(SO_4)_3$	1040	1270	860 bis 1090	1130 bis 1310
$Dy_2(SO_4)_3$	1090	1300	910 bis 1140	1140 bis 1320
$Ho_2(SO_4)_3$	1120	1300	930 bis 1170	1170 bis 1310
$Er_2(SO_4)_3$	1120	1240	940 bis 1140	1140 bis 1270
$Tm_2(SO_4)_3$	1130	1220	940 bis 1270	
$Yb_2(SO_4)_3$	1100	1190	900 bis 1250	
$Lu_2(SO_4)_3$	1160	1200	940 bis 1260	

Bei $Sc_2(SO_4)_3$ und $Ce_2(SO_4)_3$ bildet sich intermediär kein $M_2O_2SO_4$ [3, 5]. Bei M=Tm bis Lu lassen sich die Temperaturbereiche für Reaktion 1) und 2) bei TG-Untersuchungen nicht trennen [3]. Nach differentialthermogravimetrischen Untersuchungen in trockner strömender Luft (10 K/min) fällt t(1) vom La zum Sm von 1060 auf 947 °C und steigt dann auf 1025 °C für Lu und 1040 °C für Y, t(2) fällt von 1450 °C für La auf 1090 °C für Lu (Y ebenfalls 1090 °C). Angaben für Erhitzungsgeschwindigkeiten von 2 und 4 K/min s. Original, Bukovec u.a. [5]. Dagegen soll $M_2(SO_4)_3$ mit M=Y, Pr bis Lu ohne Ce beim Erhitzen an der Luft (6 K/min) nur unterhalb 700 bis 800 °C stabil sein, Ivanov [7]. Zersetzungsbereich von $M_2(SO_4)_3$ mit M=Y, La, Gd und Lu an Luft, ermittelt mit DTA und TG s. bei Haynes, Brown [17]. Zur thermischen Zersetzung von $M_2(SO_4)_3$ mit M=Y, La bis Lu ohne Ce und Pm bei 1000 °C an der Luft zwecks Bildung von $M_2O_2SO_4$ s. Ballestracci, Mareschal [6]. Thermogravimetrische Untersuchungen in trocknem O_2-freiem N_2 zeigen, daß die Zersetzung in die Oxidsulfate zwischen 950 und 1050 °C für M=Eu am schnellsten, für La am langsamsten verläuft. Figur im Original zeigt den Zersetzungsgrad in Abhängigkeit von der Zersetzungszeit. Danach ergibt sich für die Stabilität der $M_2(SO_4)_3$ die Reihenfolge La>Y>Yb>Nd>Pr>Sm>Gd>Eu, Ivakin [8]. Die aus DTA-Kurven ermittelte Zersetzungsenthalpie ist in **Fig. 9** für Reaktion 1) dargestellt; für Reaktion 2) s. Fig. 37, S. 335 [1].

Fig. 9

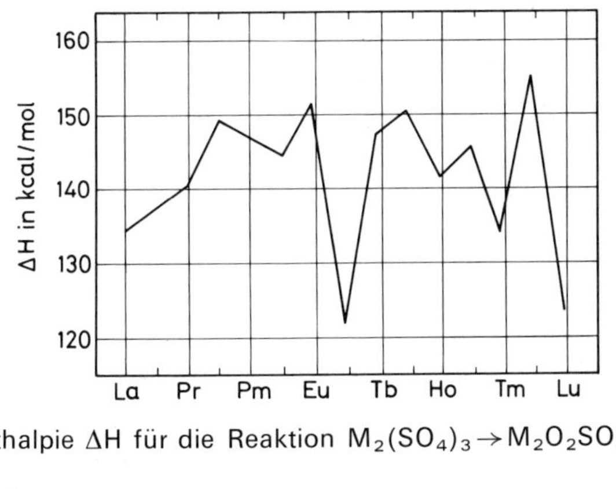

Zersetzungsenthalpie ΔH für die Reaktion $M_2(SO_4)_3 \rightarrow M_2O_2SO_4 + 2SO_2 + O_2$.

Verhalten gegen H_2O

Reactions with Water

Wasserfreies $M_2(SO_4)_3$, besonders mit M=Y, Ho bis Lu, tendiert dazu, Wasserdampf aufzunehmen und Octahydrat zu bilden [7].

$M_2(SO_4)_3$ ist in H_2O klar löslich, Beck [9]. Löslichkeit S in g $M_2(SO_4)_3$ je l Lösung und S in mol/l bei 20 °C:

M	Sc	Y	La	Ce	Pr	Nd	Sm	Eu
S in g/l . .	546.1	89.0	26.0	98.5	113.0	65.5	26.0	25.0
S in mol/l .	1.44	0.191	0.0459	0.176	0.198	0.117	0.0441	0.0422
M	Gd	Tb	Dy	Ho	Er	Tm	Yb	Lu
S in g/l . .	28.1	34.4	48.3	75.6	137.9	198	258.1	321.0
S in mol/l .	0.0467	0.0568	0.0789	0.123	0.221	0.316	0.407	0.503

Diese bei Holleck, Noddack [11] angegebenen Daten beruhen teilweise auf Angaben von Jackson, Rienäcker [10], für Tm wurde interpoliert [11]. $M_2(SO_4)_3$ ist bei 20 °C besser löslich als bei 25 °C. Die Löslichkeit S bei 25 °C in g $M_2(SO_4)_3$ je kg H_2O weist maximale Werte bei M = Pr und Yb sowie ein Minimum bei M = Sm auf:

M	Y	La	Ce	Pr	Nd	Sm	Gd	Ho	Er	Yb
S in g/kg .	96.73	21.42	50.63	108.8	55.91	14.88	32.99	67.05	151.9	360.1

Dieses Verhalten wird auch bei Sulfat-Octahydraten beobachtet, Spedding, Jaffe [12]. Einen U-förmigen Verlauf der Löslichkeitskurve vom La zum Lu mit Sm, Eu, Gd und Tb im Minimum finden auch Alekseenko, Serebrennikov [13].

Reactions with Other Compounds

Verhalten gegen weitere Verbindungen

Verhalten gegen CO

Durch 1 h Erhitzen in CO-Atmosphäre mit 3% CO_2 auf 500 bis 800 °C wird $M_2(SO_4)_3$ zu M_2O_2S reduziert. Beginn- und Endtemperatur der Reduktionsreaktion s. **Fig. 10.** Das Verhältnis M:S beträgt nur bei 600 bis 650 °C etwa 2, bei 750 bis 800 °C jedoch etwa 2.3, was auf teilweise Zersetzung vor der Reaktion zurückgeführt wird. Die niedrige Reduktionstemperatur für M = Ce, Pr, Sm und Eu (sowie möglicherweise Yb) wird einer Änderung der Wertigkeit zugeschrieben und intermediär gebildeten Ce^{IV}- und Pr^{IV}- oder Sm^{II}- und Eu^{II}-Sulfaten, Surgutskii, Serebrennikov [14].

Fig. 10

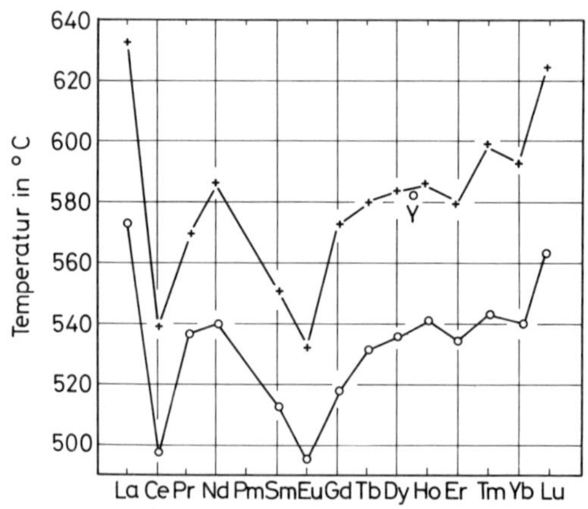

Reduktion von $M_2(SO_4)_3$ mit CO zu M_2O_2S (Kreise bezeichnen Temperatur des Beginns und Kreuze des Endes der Reaktion).

Verhalten gegen Oxide und Sulfate

Wenn $M_2(SO_4)_3$ und M_2O_3 (M = Seltenerdmetall) an der Luft bei 750 oder 800 °C erhitzt werden, bildet sich $M_2O_2SO_4$. Im Falle M = Pr und Tb werden Pr_6O_{11} bzw. Tb_4O_7 eingesetzt, Pokrovskii, Kovba [4].

Durch 100 h Erhitzen stöchiometrischer Mengen von Li_2SO_4 und $M_2(SO_4)_3$ mit M = Pr bis Lu bei 500 °C bildet sich $LiM(SO_4)_2$, Sirotinkin u.a. [15], von K_2SO_4 und $M_2(SO_4)_3$ (M = Y, Sm bis Lu) entsteht $K_3M(SO_4)_3$, Kudin u.a. [16]. Weitere Angaben s. 28.8, S. 197.

Literatur:

[1] M.W. Nathans, W.W. Wendlandt (J. Inorg. Nucl. Chem. **24** [1963] 869/79). – [2] M.W. Nathans, W.W. Wendlandt (UCRL-6500 [1961] 1/25 nach N.S.A. **17** [1963] Nr. 6054). – [3] A.N. Pokrovskii, L.M. Kovba (Zh. Neorgan. Khim. **21** [1976] 567/9; Russ. J. Inorg. Chem. **21** [1976] 305/6). – [4] A.N. Pokrovskii, L.M. Kovba (Zh. Neorgan. Khim. **22** [1977] 245/6; Russ. J. Inorg. Chem. **22** [1977] 135/6). – [5] N. Bukovec, P. Bukovec, J. Šiftar (Vestn. Sloven. Kem. Drustva **22** [1975] 5/17; C.A. **86** [1977] Nr. 64712).

[6] R. Ballestracci, J. Mareschal (Mater. Res. Bull. **2** [1967] 993/7). – [7] V.I. Ivanov (Kristallografiya **9** [1964] 655/9; Soviet Phys.-Cryst. **9** [1964] 553/6). – [8] A.A. Ivakin (Izv. Sibirsk. Otd. Akad. Nauk SSSR **1962** Nr. 1, S. 49/54; C.A. **57** [1962] 7964). – [9] G. Beck (J. Prakt. Chem. **156** [1940] 227/40, 235). – [10] K.S. Jackson, G. Rienäcker (J. Chem. Soc. **1930** 1687/91).

[11] L. Holleck, W. Noddack (Z. Angew. Chem. **50** [1937] 819/24). – [12] F.H. Spedding, S. Jaffe (J. Am. Chem. Soc. **76** [1954] 882/4). – [13] L.A. Alekseenko, V.V. Serebrennikov (Tr. Tomsk. Gos. Univ. Ser. Khim. **154** [1962] 99/102; C.A. **64** [1966] 1410). – [14] V.P. Surgutskii, V.V. Serebrennikov (Zh. Neorgan. Khim. **9** [1964] 786/8; Russ. J. Inorg. Chem. **9** [1964] 435/7). – [15] S.P. Sirotinkin, A.N. Pokrovskii, L.M. Kovba (J. Solid State Chem. **17** [1976] 327/9).

[16] O.V. Kudin, V.A. Efremov, A.N. Pokrovskii, P.A. Degtyarev, V.K. Trunov (Zh. Neorgan. Khim. **22** [1977] 95/7; Russ. J. Inorg. Chem. **22** [1977] 50/1). – [17] J.W. Haynes, J.J. Brown (J. Electrochem. Soc. **115** [1968] 1060/6).

28.7.3 Vergleichende Angaben über $M_2(SO_4)_3 \cdot nH_2O$

Comparative Data on $M_2(SO_4)_3 \cdot nH_2O$

Review in English

Review

The sulfate hydrates $M_2(SO_4)_3 \cdot nH_2O$ have been prepared by dissolution of rare earth oxides or carbonates in dilute H_2SO_4. The resulting solutions are boiled down at atmospheric pressure or evaporated under reduced pressure. The salts are also precipitated with alcohol. The published H_2O contents are not uniform for any rare earth sulfate. Most often described are $M_2(SO_4)_3 \cdot 8H_2O$ for M = Y and Pr to Lu and $M_2(SO_4)_3 \cdot 9H_2O$ for M = La and Ce. The hydrates $M_2(SO_4)_3 \cdot 5H_2O$ and $M_2(SO_4)_3 \cdot 2H_2O$ have been prepared by dehydration of the higher hydrates.

The $M_2(SO_4)_3 \cdot 8H_2O$ are orthorhombic, space group $Abm2-C_{2v}^{15}$, for M = La and Ce but monoclinic, mostly space group $Cc-C_s^4$, for M = Y and Pr to Lu. The $M_2(SO_4)_3 \cdot 5H_2O$ for M = La, Ce, and Pr are also monoclinic with the space group $Cc-C_s^4$. For $Nd_2(SO_4)_3 \cdot 5H_2O$ the space group $C2/c-C_{2h}^6$ is presumed. The main topics in the following chapter are the IR spectra and the thermal decomposition of the sulfate hydrates.

Allgemeine Literatur:

P. Pascal, Nouveau Traité de Chimie Minérale, Bd. 7, Tl. 2, Masson, Paris 1959, S. 887/911.
G. Brauer, Handbuch der präparativen anorganischen Chemie, 2. Aufl., Bd. 2, Stuttgart 1962, S. 1010.

Formation Preparation

28.7.3.1 Bildung und Darstellung

Zur Darstellung von $Yb_2(SO_4)_3 \cdot 11\,H_2O$, $La_2(SO_4)_3 \cdot 9\,H_2O$ und $M_2(SO_4)_3 \cdot 8\,H_2O$ mit M = Pr, Nd, Sm, Gd, Dy, Ho, Er werden 0.3 g des entsprechenden Oxids in 20 ml heißem 3 M H_2SO_4 aufgelöst. Die Verbindungen kristallisieren aus den filtrierten Lösungen im Vakuum-Exsikkator über konzentriertem H_2SO_4. Die Hydrate werden zweimal mit Wasser und einmal mit Äthylalkohol gewaschen und an der Luft getrocknet, Wendlandt [1]. Darstellung von $M_2(SO_4)_3 \cdot 9\,H_2O$ mit M = La, Ce und $M_2(SO_4)_3 \cdot 8\,H_2O$ mit M = Y, Pr bis Lu ohne Pm aus den Oxiden (bei M = Tb aus dem Hydroxid) in geringem H_2SO_4-Überschuß durch isotherme Verdampfung bei 25 °C, Bukovec u.a. [2]. M_2O_3 mit M = La, Pr, Nd, Sm und CeO_2 werden unterhalb 380 °C mit H_2SO_4 behandelt, bei 450 °C bis zur Gewichtskonstanz geglüht, in Eiswasser gelöst und nach Filtrieren mit Äthylalkohol die Sulfat-Octahydrate ausgefällt. Diese werden nach 12 h abfiltriert und an der Luft getrocknet, Alekseenko u.a. [3]. In 94- bis 96%iger Ausbeute werden die wasserreichen Sulfathydrate von Y bis Lu (ohne Pm) erhalten, wenn die entsprechenden Oxide oder Carbonate mit 3 Teilen H_2O angefeuchtet, auf 80 bis 90 °C erhitzt und dann in H_2SO_4 (End-Acidität pH = 4) gelöst werden. Die sauren Lösungen werden auf dem Wasserbad bei 70 bis 80 °C unter Rühren eingedampft. Schwierigkeiten treten lediglich bei M = Ce auf, welches bei der Verdampfung teilweise hydrolysiert. Allgemein ist beim Trocknen Vorsicht geboten, da sonst wasserärmere Hydrate entstehen, Perkovskaya u.a. [4]. Um einen eingesetzten 10%igen H_2SO_4-Überschuß zu vertreiben, werden die Kristalle mit Äthanol gewaschen (3 bis 4 kg Äthanol je kg Salz) und an der Luft oder bei 50 bis 60 °C getrocknet. Alternativ ist Ausfällung aus der H_2SO_4-sauren Lösung mit Äthanol (3:1) möglich. Für M = Y, Sm, Eu, Gd, Tb, Dy, Ho, Er, Yb, Lu entstehen die Octahydrate, für La und Pr die Pentahydrate, für Nd das Hexahydrat mit maximal 100%iger Ausbeute. Die Methode eignet sich sowohl fürs Labor als auch in technischem Maßstab, Vinarov, Kornelli [5]. Zur Reinigung durch Umkristallisieren s. Mironov, Bukin [6]. Die Sulfat-Octahydrate von Y, Ho, Er, Tm und Lu bilden sich aus den wasserfreien Sulfaten, wenn diese bei 600 °C geglüht und anschließend 2 d an der Luft belassen werden, Ivanov [7].

Die Sulfat-Pentahydrate von La, Pr, Nd, Sm und Yb, das Sulfat-Tetrahydrat von La und die Sulfat-Dihydrate von Y, La bis Lu treten als Intermediärprodukte des thermischen Abbaus der höheren Hydrate auf, s. S. 54. Beispielsweise bildet sich $La_2(SO_4)_3 \cdot 4\,H_2O$ aus dem Nonahydrat und $M_2(SO_4)_3 \cdot 2\,H_2O$ mit M = Sc, Y, Ce bis Lu ohne Tb und Tm, wenn die Octahydrate (bei M = Sc das Hexahydrat, bei M = Ce das Pentahydrat und bei M = Yb das 11-Hydrat) bei 100 °C bis zur Gewichtskonstanz erhitzt werden, Postmus, Ferraro [8].

Literatur:

[1] W.W. Wendlandt (J. Inorg. Nucl. Chem. **7** [1958] 51/4). – [2] N. Bukovec, P. Bukovec, J. Šiftar (Vestn. Sloven. Kem. Drustva **22** [1975] 5/17; C.A. **86** [1977] Nr. 64712). – [3] L.A. Alekseenko, A.F. Lemenkova, V.V. Serebrennikov (Zh. Neorgan. Khim. **4** [1959] 1382/5; Russ. J. Inorg. Chem. **4** [1959] 621/3). – [4] Yu.B. Perkovskaya, N.P. Anoshina, I.M. Sukhanova (Prom. Khim. Reakt. Osobo Chist. Veshchestv **2** [1963] 27/30; C.A. **61** [1964] 2757). – [5] I.V. Vinarov, M.E. Kornelli (Khim. Prom. Nauk Tekhn. Zb. **1962** Nr. 1, S. 28/30; C.A. **59** [1963] 1257).

[6] N.N. Mironov, V.F. Bukin (Tr. Khim. Khim. Tekhnol. **2** [1959] 527/9; C.A. **57** [1962] 3248). – [7] V.I. Ivanov (Kristallografiya **9** [1964] 655/9; Soviet Phys.-Cryst. **9** [1964] 553/6). – [8] C. Postmus, J.R. Ferraro (J. Chem. Phys. **48** [1968] 3605/11, 3605).

28.7.3.2 Kristallographische Eigenschaften

Crystallographic Properties

Angaben zu $Yb_2(SO_4)_3 \cdot 11\,H_2O$ s. S. 194, zu $M_2(SO_4)_3 \cdot 9\,H_2O$ mit M = La s. S. 80, M = Ce s. S. 101.

28.7.3.2.1 $M_2(SO_4)_3 \cdot 8\,H_2O$

Struktur

Während $La_2(SO_4)_3 \cdot 8\,H_2O$ (s. S. 86) und $Ce_2(SO_4)_3 \cdot 8\,H_2O$ (s. S. 104) orthorhombisch (Raumgruppe Abm2 – C_{2v}^{15}, Z = 4) kristallisieren, Ivanov [2], sind $M_2(SO_4)_3$ mit M = Y, Pr bis Lu monoklin; Z = 4. Gitterkonstanten nach Messungen an dünnen, in Richtung der b-Achse gestreckten Kristallnadeln:

$M_2(SO_4)_3 \cdot 8\,H_2O$	a in Å	b in Å	c in Å	β	V in Å^3
$Y_2(SO_4)_3 \cdot 8\,H_2O$	18.200 ± 0.002	6.70 ± 0.02	13.471 ± 0.002	101°59′ ± 2′	1607 ± 9
$Pr_2(SO_4)_3 \cdot 8\,H_2O$	18.453 ± 0.006	6.83 ± 0.02	13.690 ± 0.003	102°52′ ± 3′	1682 ± 9
$Nd_2(SO_4)_3 \cdot 8\,H_2O$	18.426 ± 0.004	6.80 ± 0.02	13.656 ± 0.002	102°38′ ± 2′	1670 ± 9
$Pm_2(SO_4)_3 \cdot 8\,H_2O$	18.390 a)	6.79 a)	13.620 a)	102°29′ a)	1660 a)
$Sm_2(SO_4)_3 \cdot 8\,H_2O$	18.351 ± 0.003	6.77 ± 0.02	13.590 ± 0.003	102°20′ ± 3′	1649 ± 9
$Eu_2(SO_4)_3 \cdot 8\,H_2O$	18.317 ± 0.003	6.75 ± 0.02	13.564 ± 0.004	102°15′ ± 2′	1639 ± 9
$Gd_2(SO_4)_3 \cdot 8\,H_2O$	18.303 ± 0.002	6.74 ± 0.02	13.539 ± 0.003	102°10′ ± 2′	1633 ± 9
$Tb_2(SO_4)_3 \cdot 8\,H_2O$	18.255 ± 0.002	6.73 ± 0.02	13.509 ± 0.003	102°08′ ± 2′	1623 ± 9
$Dy_2(SO_4)_3 \cdot 8\,H_2O$	18.231 ± 0.003	6.72 ± 0.02	13.491 ± 0.002	102°04′ ± 3′	1616 ± 9
$Ho_2(SO_4)_3 \cdot 8\,H_2O$	18.197 ± 0.002	6.70 ± 0.02	13.464 ± 0.002	102°00′ ± 1′	1606 ± 9
$Er_2(SO_4)_3 \cdot 8\,H_2O$	18.164 ± 0.002	6.68 ± 0.02	13.443 ± 0.003	101°58′ ± 2′	1596 ± 9
$Tm_2(SO_4)_3 \cdot 8\,H_2O$	18.124 ± 0.002	6.67 ± 0.02	13.428 ± 0.002	101°57′ ± 2′	1588 ± 9
$Yb_2(SO_4)_3 \cdot 8\,H_2O$	18.103 ± 0.003	6.65 ± 0.02	13.412 ± 0.002	101°56′ ± 2′	1580 ± 9
$Lu_2(SO_4)_3 \cdot 8\,H_2O$	18.088 ± 0.002	6.64 ± 0.02	13.400 ± 0.002	101°54′ ± 2′	1575 ± 9

a) Interpolierte Werte.

Der Abfall erfolgt monoton (mit Y nahe Ho). Nach den Auslöschungen sind die Raumgruppen A2/a(C2/c) – C_{2h}^6 (Nr. 15) und Aa(Cc) – C_s^4 (Nr. 9) möglich, Ivanov [3]. Bei ersten Untersuchungen an $Nd_2(SO_4)_3 \cdot 8\,H_2O$ wurde kein Piezoeffekt beobachtet, Fitzwater, Rundle [11]. Deshalb wurden spätere Strukturverfeinerungen an $Nd_2(SO_4)_3 \cdot 8\,H_2O$ von Aslanov u.a. [12], s. S. 138, $Ho_2(SO_4)_3 \cdot 8\,H_2O$ von Mascarenhas, Folgueras [13], s. S. 184, $Yb_2(SO_4)_3 \cdot 8\,H_2O$ von Hiltunen, Niinistö [14], s. S. 194, in der zentrosymmetrischen Raumgruppe durchgeführt. Bei neueren Untersuchungen wird jedoch für M = Pr, Nd, Eu, Gd, Tb, Dy und Ho Piezoelektrizität festgestellt, deshalb die azentrische Raumgruppe Cc – C_s^4 als richtig angenommen und eine Strukturverfeinerung am $Pr_2(SO_4)_3 \cdot 8\,H_2O$ (s. S. 127) durchgeführt. Alle Atome besetzen die in dieser Raumgruppe einzig mögliche Punktlage 4a (Gitterplatz-Symmetrie C_1), Sherry [4]. Auch IR-spektroskopische Untersuchungen ergeben, daß in den monoklinen Verbindungen die (12 Schwefel-) Atome gleichwertige Punktlagen besetzen (und nicht zwei verschiedene, wie mit der zentrosymmetrischen Raumgruppe ermittelt), Kharzeeva, Serebrennikov [8].

In diesen monoklinen Verbindungen ist jedes Seltenerd-Ion von 4 O-Atomen aus H_2O-Molekülen und 4 O-Atomen aus verschiedenen SO_4-Gruppen umgeben und damit 8-koordiniert [4, 12 bis 14]. Diese Polyeder (mehr oder weniger stark verzerrte quadratische Antiprismen) sind über SO_4-Tetraeder zu endlosen Ketten verknüpft, die längs [10$\bar{1}$] und längs [010] verlaufen. Zwischen H_2O-Molekülen und O-Atomen der Sulfatgruppen bestehen zum Teil intensive H-Bindungen und zwischen H_2O-Molekülen schwächere H-Bindungen [4]. Weitere Angaben s. S. 127.

Aus Angaben in der Literatur über das NMR-Spektrum von ^{141}Pr in $Pr_2(SO_4)_3 \cdot 8\,H_2O$ (s. S. 128) und das Kristallfeld von Nd in $Nd_2(SO_4)_3 \cdot 8\,H_2O$ (s. S. 139) wird geschlossen, daß in den monoklinen Verbindungen 2 Arten von Koordinationspolyedern um die Seltenerd-Ionen existieren, die durch SO_4-Gruppen verknüpft sind [1]. Die SO_4-Gruppen sind durch Bildung kovalenter Bindungen deformiert (s. hierzu S. 50), Kharzeeva, Serebrennikov [8]. In Übereinstimmung mit der Röntgen-Strukturanalyse weisen NMR-Untersuchungen an der Eu-haltigen Verbindung [6] und IR-spektroskopische Untersuchungen an den Verbindungen mit M = Y, La bis Lu auf die Existenz von H_2O-Molekülen in (mindestens zwei [6]) unterschiedlichen energetischen Zuständen hin, Postmus, Ferraro [5], Petrov u.a. [1]. Nach den Untersuchungen an der Eu-, Gd- und Tb-haltigen Verbindung liegen starke H-Bindungen vor. Für 2 unterschiedlich gebundene H_2O-Moleküle beträgt die H-Bindungsenergie etwa 13.4 bzw. 9.4 kcal/mol, Lipis u.a. [6], hierzu s. auch S. 51. Untersuchungen mit halbschwerem Wasser zeigen, daß die H-Bindungen asymmetrisch sind, und daß $H_2O \ldots H_2O$- und $H_2O \ldots SO_4$-artige H-Bindungen auftreten, Kharzeeva, Serebrennikov [7].

ESR-Spektrum

ESR-spektroskopische Untersuchungen von 0.1 Atom-% Gd^{3+} in $M_2(SO_4)_3 \cdot 8\,H_2O$-Einkristallen (M = Y, Pr, Nd, Sm, Dy, Er) bei 297 K und 9.4 GHz führen zu den im Original aufgeführten Spin-Hamilton-Parametern. Der Spin-Hamilton-Operator entspricht der tatsächlichen Punktsymmetrie C_{1h} der M-Ionen in den betreffenden Wirtsgittern und enthält 9 Kristallfeldparameter. Von diesen fällt b_2^0 ebenso wie die Gesamtaufspaltung im Nullfeld linear mit dem Ionenradius des M, und b_2^2 steigt nicht linear an. Hierzu s. Figuren im Original. Das Verhalten ist entgegengesetzt den Voraussagen des Punktladungsmodells, Malhotra u.a. [9]. In den Arbeiten von Bogle, Heine [15] und Bogle, Symmons [16] wurden ESR-Spektren von Gd^{3+} in Sulfat-Octahydraten von Y, Nd und Sm mit einem Hamilton-Operator für ein Kristallfeld axialer Symmetrie mit rhombischer Verzerrung analysiert (Operator mit drei Kristallfeldparametern). Weitere ESR-Untersuchungen an Gd^{3+} in $M_2(SO_4)_3 \cdot 8\,H_2O$ mit M = Y, Pr, Nd, Sm, Eu und Yb bei Raumtemperatur und mit M = Y, Pr, Sm, Eu auch bei 78 und 4 K ergeben, daß zwei nicht äquivalente M-Plätze existieren, Misra, Mikolajczak [17].

Gitterenergie. Gitterentropie

Gitterenergie U in kcal/mol (nach Born-Haber berechnet) und Gitterentropie S in $cal \cdot mol^{-1} \cdot K^{-1}$ von $M_2(SO_4)_3 \cdot 8\,H_2O$ bei 25 °C:

M . . .	Ce	Pr	Nd	Sm	Eu	Gd	Tb	Dy	Ho	Er	Yb	Lu
−U . .	2414	2445	2452	2473	2488	2492	2514	2536	2558	2563	2582	2587
S . . .	183	123	153	156	146	156	156	155	155	–	160	160

Ladd, Lee [10].

Literatur:

[1] K.I. Petrov, G.N. Voronskaya, V.I. Ivanov (Zh. Neorgan. Khim. **15** [1970] 615/21; Russ. J. Inorg. Chem. **15** [1970] 317/20). – [2] V.I. Ivanov (Acta Cryst. **21** [1966] Suppl., S. A55/A56). – [3] V.I. Ivanov (Kristallografiya **9** [1964] 655/9; Soviet Phys.-Cryst. **9** [1964] 553/6; Sovrem. Metody Anal. **1965** 50/8; C.A. **64** [1966] 9019; Structure Reports, Bd. 15, 1951, S. 248). – [4] E.G. Sherry (J. Solid State Chem. **19** [1976] 271/9, 272). – [5] C. Postmus, J.R. Ferraro (J. Chem. Phys. **48** [1968] 3605/11).

[6] L.V. Lipis, V.S. Il'yashenko, V.N. Egorov, G.V. Yukhnevich, V.I. Volk, Yu.E. Shanurin (Zh. Prikl. Spektrosk. **13** [1970] 866/74; J. Appl. Spectrosc. [USSR] **13** [1970] 1491/7). – [7] S.E. Kharzeeva, V.V. Serebrennikov (Tr. Tomsk. Univ. Nr. 204 [1971] 125/7; C.A. **78** [1973] Nr. 131480). – [8] S.E. Kharzeeva, V.V. Serebrennikov (Tr. Tomsk. Gos. Univ. Nr. 237 [1973] 158/66; C.A. **80** [1974] Nr. 76180). – [9] V.M. Malhotra, H.D. Bist, G.C. Upreti (J. Chem. Phys. **69** [1978] 1919/23). – [10] M.F.C. Ladd, W.H. Lee (J. Phys. Chem. **69** [1965] 1840/3).

[11] D.R. Fitzwater, R.E. Rundle (ISC-241 [1952] 1/51, 30/1; C.A. **1956** 5360). – [12] L.A. Aslanov, V.B. Rybakov, B.M. Ionov, M.A. Porai-Koshits, V.I. Ivanov (Dokl. Akad. Nauk SSSR **204** [1972] 1122/4; Dokl. Chem. Proc. Acad. Sci. [USSR] **202/207** [1972] 508/10). – [13] Y. Mascarenhas, S. Folgueras (Acta Cryst. A **31** [1975] Suppl., S. 78). – [14] L. Hiltunen, L. Niinistö (Cryst. Struct. Commun. **6** [1976] 561/6). – [15] G.S. Bogle, V. Heine (Proc. Phys. Soc. [London] A **67** [1954] 734/6).

[16] G.S. Bogle, H.F. Symmons (Proc. Phys. Soc. [London] **79** [1962] 775/86). – [17] S.K. Misra, P. Mikolajczak (J. Phys. Chem. Solids **40** [1979] 477/87).

28.7.3.2.2 $M_2(SO_4)_3 \cdot 5H_2O$

Die Sulfat-Pentahydrate $M_2(SO_4)_3 \cdot 5H_2O$ mit M = La, Ce, Pr [1] und Nd [2] sind monoklin; Z = 4. Für M = La, Ce und Pr ist die Raumgruppe $Cc-C_s^4$ (Nr. 9) wegen der in den Kristallen festgestellten Piezoelektrizität gesichert, Ivanov [1]. An $Nd_2(SO_4)_3 \cdot 5H_2O$ wird bei früheren Untersuchungen keine Piezoelektrizität beobachtet und deshalb die andere mögliche Raumgruppe $C2/c-C_{2h}^6$ (Nr. 15) angenommen, Staritzky, Cromer [2]. Nach IR-spektroskopischen Untersuchungen sind diese Verbindungen isomorph. Aufgrund der Raumgruppe Cc besetzen alle Atome die einzig mögliche Punktlage 4a (Gitterplatz-Symmetrie C_1), so daß im Fall der S-Atome (und damit auch der SO_4-Gruppen) drei Gruppen unterscheidbar sind, Petrov u.a. [3].

Literatur:

[1] V.I. Ivanov (Acta Cryst. **21** [1966] Suppl., S. A55/A56). – [2] E. Staritzky, D.T. Cromer (Anal. Chem. **28** [1956] 555). – [3] K.I. Petrov, V.I. Ivanov, V.G. Pervykh (Zh. Strukt. Khim. **8** [1967] 356/9; J. Struct. Chem. [USSR] **8** [1967] 310/2).

28.7.3.3 Mechanische Eigenschaften

Mechanical Properties

Gemessene Dichte D_{exp} (Fehlergrenze ±0.05 maximal) und röntgenographisch ermittelte Dichte D_r von $M_2(SO_4)_3 \cdot 8H_2O$ in g/cm^3:

M	Y	Pr	Nd	Pm	Sm	Eu	Gd
D_{exp}	2.50	2.77 [a]	2.82	2.86 [a]	2.90	2.95 [a]	2.99 [a]
D_r	2.56	2.82	2.86	2.90 [a]	2.94	2.98	3.03

M	Tb	Dy	Ho	Er	Tm	Yb	Lu
D_{exp}	3.05	3.07 [a]	3.11 [a]	3.16	3.19 [a]	3.22 [a]	3.23
D_r	3.06	3.11	3.15	3.19	3.22	3.27	3.30

[a] Interpolierte Werte.

Der Anstieg der Dichte von $M_2(SO_4)_3 \cdot 8\,H_2O$ mit M = Pr bis Lu erfolgt monoton annähernd auf einer Geraden, die Dichte von $Y_2(SO_4)_3 \cdot 8\,H_2O$ weicht stark nach unten ab, V.I. Ivanov (Kristallografiya **9** [1964] 655/9; Soviet Phys.-Cryst. **9** [1964] 553/6).

Thermal Properties

28.7.3.4 Thermische Eigenschaften

Enthalpie ΔH°, freie Enthalpie ΔG° in kcal/mol, Entropie ΔS° in $cal \cdot mol^{-1} \cdot K^{-1}$ für die Bildung der Sulfat-Octahydrate aus den Elementen in ihren Standardzuständen und absolute Entropie S° sowie molare Wärmekapazität C_p in $cal \cdot mol^{-1} \cdot K^{-1}$ bei 25 °C:

M	Y	Ce	Pr	Nd	Sm	Eu	Gd	Lit.
−ΔH°	1512.6	1521	1536	1525	1522	1526	1519	[1]
−ΔG°	1327.3	1340.2	1337.0	1334.5	1332.6	1331.0	1329.8	[2]
−ΔS°	–	607	667	637	634	644	634	[1]
C_p	138 [a)]	–	–	144.9	145.0	146.0	140.5 [a)]	[3]
S°	–	–	–	160.9	160.7	160.6	155.8	[3]

a) Wert von Rossini u.a. [2].

M	Tb	Dy	Ho	Er	Yb	Lu	Lit.
−ΔH°	1517	1513	1509	1504	1497	1496	[1]
−ΔG°	1328.2	1322.0	1318.0	1313.9	1308.8	1308.1	[2]
−ΔS°	634	635	635	–	631	631	[1]
C_p	–	–	–	139	–	–	[2]

Die von Ladd, Lee [1] angegebenen ΔH°-Werte wurden aus den von Rossini u.a. [2] empfohlenen ΔG°-Werten ermittelt, die ΔH°-Werte für M = Y, Nd, Gd [2] wurden von [1] übernommen. Neuere Empfehlungen des National Bureau of Standards für ΔH° oder ΔG° im Falle von M = Y, Ce, Nd, Sm und Gd, die jedoch im allgemeinen weniger als 1% von den von [2] gegebenen abweichen, werden bei den einzelnen Verbindungen abgehandelt, zusammen mit Angaben für weitere Hydratstufen.

Von Maslov, Maslov [4] werden für $M_2(SO_4)_3 \cdot n\,H_2O$ die allgemeinen Beziehungen $-\Delta H° + 71\,n$ und $-\Delta G° + 56.89\,n$ abgeleitet. Entsprechend werden die molare Wärmekapazität der Sulfathydrate mit M = Y, La, Eu, Gd und Er angenähert durch $C_p = 50$, 53, 58(?), 53 bzw. $51 + 10.99\,n$ und die Entropie durch $S \approx 77 + 9.866\,n$ $cal \cdot mol^{-1} \cdot K^{-1}$ für M = Gd beschrieben.

Thermodynamische Daten der Bildung s. auch bei Montgomery [5], Afanas'ev, Koroleva [6]. Daten zur Bildung gemäß $M_2(SO_4)_3 + 8\,H_2O \rightarrow M_2(SO_4)_3 \cdot 8\,H_2O$ s. bei der Zersetzung der Hydrate, S. 55.

Literatur:

[1] M.F.C. Ladd, W.H. Lee (J. Phys. Chem. **69** [1965] 1840/3). – [2] F.D. Rossini, D.D. Wagman, W.H. Evans, S. Levine, I. Jaffe (NBS-Circ.-500 [1952] 329/54). – [3] R.H. Schumm, D.D. Wagman, S. Bailey, W.H. Evans, V.B. Parker (NBS-TN 270-7 [1973]). – [4] P.G. Maslov, Yu.P. Maslov (Izv. Vysshikh Uchebn. Zavedenii Khim. Khim. Tekhnol. **2** [1959] 516/21; C.A. **1960** 6290). – [5] R.L. Montgomery (U.S. Bur. Mines Rept. Invest. Nr. 5468 [1959] 1/23, 24).

[6] Yu.A. Afanas'ev, T.I. Koroleva (Izv. Sev. Kavk. Nauchn. Tsentra Vyssh. Shk. Ser. Estestv. Nauk **3** Nr. 2 [1975] 4/11; C.A. **84** [1976] Nr. 50628).

28.7.3.5 Magnetische und elektrische Eigenschaften

Magnetic and Electrical Properties

Magnetisches Moment

Mittleres magnetisches Moment $\bar{\mu}$ in μ_B des Seltenerd-Ions in $M_2(SO_4)_3 \cdot 8H_2O$ bei 300 K nach der Zusammenstellung bei Mookherji, Mookherji [1, 2].

M .	Ce	Pr	Nd	Sm	Eu	Gd	Tb	Dy	Ho	Er	Yb
$\bar{\mu}$ . .	3.007	3.482	3.516	1.674	3.278	7.810	9.600	10.460	10.500	9.436	4.538

Das größere mittlere magnetische Moment des Seltenerd-Ions in diesen Verbindungen als in ihren wäßrigen Lösungen (s. S. 59) wird mit dem Vorliegen von stärker verzerrten 5s- und 5p-Orbitalen in den Kristallen erklärt. Diese verzerrten Orbitale schirmen die 4f-Elektronen, welche das magnetische Moment erzeugen, stärker vom Einfluß des Kristallfeldes ab als (infolge größerer Ionenabstände) weniger verzerrte Orbitale, s. Diskussion bei Mookherji, Mookherji [2].

Piezoelektrizität

Die Änderung der Leitfähigkeit mit dem Druck wird mit Al-Folien als Elektroden gemessen an Kristallen, die zwischen Cu-Platten verformt wurden. Für $M_2(SO_4)_3 \cdot 8H_2O$ mit M = Nd, Gd, Tb, Dy und Ho wird ein starker Effekt von 30 bis 100 mV gefunden. Das untersuchte schlecht kristallisierte $Eu_2(SO_4)_3 \cdot 8H_2O$ gibt nur einen kleinen, aber meßbaren Effekt. Bei $Pr_2(SO_4)_3 \cdot 8H_2O$ geben nur die klaren, grünen Kristalle einen Effekt, nicht jedoch die der Luft ausgesetzten mit weißem Pulver überzogenen, Sherry [3]. Bei früheren Untersuchungen an $Nd_2(SO_4)_3 \cdot 8H_2O$ wird keine Piezoelektrizität (und auch keine Pyroelektrizität) festgestellt, Fitzwater, Rundle [4].

Literatur:

[1] A. Mookherji, T. Mookherji (Current Sci. [India] **32** [1963] 543/4). – [2] A. Mookherji, T. Mookherji (J. Phys. Soc. Japan **22** [1967] 525/8). – [3] E.G. Sherry (J. Solid State Chem. **19** [1976] 271/9, 272). – [4] D.R. Fitzwater, R.E. Rundle (ISC-241 [1952] 1/51, 30/1; C.A. **1956** 5360).

28.7.3.6 Optische Eigenschaften

Optical Properties

28.7.3.6.1 Farbe und IR-Spektren von $M_2(SO_4)_3 \cdot 8H_2O$

Color and IR Spectra of $M_2(SO_4)_3 \cdot 8H_2O$

Farbe

Die Sulfat-Octahydrate $M_2(SO_4)_3 \cdot 8H_2O$ mit M = Y, La, Ce sind weiß [2] bzw. mit M = La, Ce weiße schimmernde Kristalle [1]; mit Pr blaßgrüne, seidig glänzende Blättchen [1], hellgrün [2]; mit Nd dunkelrosafarbene schimmernde Kristalle [1], fliederfarben [2]; mit Sm hellgelb [1] s. auch [2]; mit Eu, Gd, Tb weiß [2]; mit Dy weiß mit einem Grünschimmer [2]; mit Ho cremefarben [2]; mit Er rosa [2]; mit Tm weiß mit einem Grünschimmer [2]; mit Yb, Lu weiß [2].

IR-Spektren von $M_2(SO_4)_3 \cdot 8H_2O$ und $M_2(SO_4)_3 \cdot 8D_2O$

Wellenzahlen der symmetrischen Valenz- und Deformationsschwingungen $\nu_1(A_1)$ bzw. $\nu_2(E)$ sowie der antisymmetrischen Valenz- und Deformationsschwingungen $\nu_3(F_2)$ und $\nu_4(F_2)$ der Sulfatgruppe (Notation für T_d-Symmetrie, tatsächliche Symmetrie vermutlich C_{2v} [3] oder niedriger [6]; vgl. auch S. 45) gemessen an Nujolmulls der Octahydrate zwischen 80 und 4000 cm^{-1} von Postmus, Ferraro [3], bzw. in flüssigem Paraffin (400 bis 3600 cm^{-1}) von Petrov u.a. [4] in cm^{-1}:

M	ν_2(E)	$\nu_4(F_2)$	$\nu_1(A_1)$	$\nu_3(F_2)$	Lit.
Y	–	604, 650, 694	1010	1108, 1156	[3]
	440, 480	620, 650, 685	1015	1100, 1160, 1200	[4]
La	450	665	1020	1100, 1130, 1170	[4]
Pr	–	606, 649	990	1075, 1110	[3]
Nd	–	606, 650, 675	999	1085, 1125	[3]
	440, 480	645, 665	1000	1090, 1140, 1185	[4]
Sm	–	604, 652, 680	1006	1082, 1124, 1200	[3]
	438, 480	620, 650, 670	1000	1100, 1150, 1180	[4]
Eu	–	602, 650, 680	1001	1085, 1150, 1200 [a)]	[3]
Gd	–	604, 653, 687	1000	1087, 1140, 1210	[3]
	440, 480	650, 670	1015	1100, 1150, 1185	[4]
Tb	–	612, 652, 680	1007	1095, 1140, 1210	[3]
	440, 480	620, 650, 670	1010	1100, 1160, 1190	[4]
Dy	–	613, 650, 687	1010	1100, 1145, 1200	[3]
	440, 480	650, 680	1020	1100, 1160, 1190	[4]
Ho	–	607, 651, 680	997	1085, 1140, 1200	[3]
	440, 480	650, 670	1010	1100, 1150, 1190	[4]
Er	–	601, 647, 692	1010	1098, 1145, 1200	[3]
	440, 480	655, 680	1010	1100, 1160, 1200	[4]
Tm	–	609, 651, 704	1009	1096, 1156	[3]
	440, 480	655, 670	1015	1100, 1170, 1200	[4]
Yb	440, 470	655	1010	1105, 1160, 1195	[4]
Lu	–	604, 647, 700	1012	1100, 1152, 1190	[3]
	437, 475	620, 655	1010	1100, 1160, 1200	[4]

a) Eine weitere Bande liegt bei 1060 cm^{-1}.

Die Angaben in der Tabelle über die ν_1- und ν_3-Schwingungen für $Eu_2(SO_4)_3 \cdot 8\,H_2O$, $Gd_2(SO_4)_3 \cdot 8\,H_2O$ und $Tb_2(SO_4)_3 \cdot 8\,H_2O$ stimmen gut mit den Werten von Lipis u.a. [5] überein. Für $Gd_2(SO_4)_3 \cdot 8\,H_2O$ liegt ν_2 bei 478, ν_4 bei 605 und 652 cm^{-1} (gemessen an KBr-Preßlingen) [5]. Eine wesentlich größere Anzahl von Banden für M = La bis Lu und höchstens die Symmetrie C_{2v} für die SO_4-Gruppe finden Kharzeeva, Serebrennikov [6]. Die Erniedrigung der SO_4-Symmetrie ist im orthorhombischen $La_2(SO_4)_3 \cdot 8\,H_2O$ geringer als in den anderen, durchweg monoklinen Verbindungen, wie aus der geringeren Intensität von ν_1 und dem mittleren Grad der Aufspaltung von ν_3 hervorgeht [4]. Die Deformation der SO_4-Gruppen wird auf die Bildung kovalenter Bindungen zurückgeführt und aus dem Intensitätsverhältnis von $\nu_1 : \nu_3$ abgeleitet [6]. Eine Bande bei 810 bis 830 cm^{-1} ist vermutlich als Oberschwingung der Deformationsschwingung der SO_4-Gruppe anzusehen [4].

Die Valenzschwingungen ν des H_2O bzw. D_2O liegen in den untersuchten Hydraten bei 3200 bis 3600 cm^{-1}, für $Nd_2(SO_4)_3 \cdot 8\,D_2O$ bei 2300 bis 2700 cm^{-1}. Die Deformationsschwingungen δ des H_2O bzw. D_2O werden in den Hydraten bei 1645 bis 1650 cm^{-1} (für La bei 1630 und 1670 cm^{-1}) beobachtet und für $Nd_2(SO_4)_3 \cdot 8\,D_2O$ bei 1225 cm^{-1} [4]. Für $M_2(SO_4)_3 \cdot 8\,H_2O$ mit M = Eu, Gd und Tb liegen die symmetrischen und antisymmetrischen Valenzschwingungen des H_2O und D_2O bei $\nu_s = 3240$ und 3365 bzw. $\nu_{as} = 3365$ und 3485 cm^{-1}, δ liegt bei 1650 cm^{-1}. Für $Gd_2(SO_4)_3 \cdot 8\,D_2O$ werden ν_s bei 2390 und 2460 cm^{-1}, ν_{as} bei 2520 und 2590 cm^{-1} sowie δ bei 1220 cm^{-1} festgestellt [5]. Die Verschiebung der ν(OH)-Banden gegenüber freiem H_2O ist durch die starke Deformation von H_2O bedingt, Kharzeeva, Serebrennikov [7]. Aus dem Auftreten von 4 dieser Banden wird auf H_2O- bzw. D_2O-Moleküle in mindestens zwei energetisch nicht äquivalenten Zuständen geschlossen und aus der Differenz $\Delta\nu(D_2O)$ $(=\nu_{as}-\nu_s) \approx 130$ cm^{-1} auf asymmetrische H_2O- bzw. D_2O-Moleküle [5].

Wellenzahlen der Librationsschwingungen des H_2O bzw. D_2O in cm^{-1}:

M	Pendelschwingung		Kippschwingung		Valenzschwingung	
	M-OH_2	M-OD_2	M-OH_2 [a)]	M-OD_2	M-OH_2	M-OD_2
Y	745	544	495	367	442, 434	426
Pr	780, 740	534	488	359	437	413
Nd	740	536	502	360	434	415
Sm	740	536	490	370	435	416
Eu	740		498		433	
Gd	735	540	488	356	435	422
Tb	740	540	484	361	434	418
Dy	742	?	492	334?	434	422
Ho	735	542	498	363	435	422
Er	745	542	484	361	434	422
Tm	750	545	480	361	431	423
Lu	758	555	488	359	433	433

a) Enthält ν_2-Banden des SO_4.

Die Pendelschwingung scheint sich mit steigender Masse von M zu höherer Frequenz, die Kippschwingung zu niedrigerer Frequenz zu verschieben. Besonders die Valenzschwingungen liegen nahe den Werten für 2wertige Übergangsmetalle [3]. Die Zuordnung von Banden bei etwa 750 cm^{-1} zu Pendelschwingungen und bei etwa 490 cm^{-1} zu Kippschwingungen ist nach Bukovec u.a. [8] nicht zweifelsfrei. Diesen Schwingungen entsprechen nach [4] die Banden mittlerer Intensität bei 600 cm^{-1} bzw. die schwachen Banden bei 730 cm^{-1}; für die deuterierte Nd-Verbindung sind sie nach 460 und 540 cm^{-1} verschoben [4]. Aus der Tatsache, daß bei $Gd_2(SO_4)_3 \cdot 8\,H_2O$ zwischen 435 und 810 cm^{-1} mehrere Librationsschwingungen liegen, wird auf die Existenz starker H-Bindungen geschlossen [5]. Im Bereich zwischen 170 und 300 cm^{-1} werden 2 breite Banden mit Satelliten bei 220 bis 240 cm^{-1} bzw. 250 bis 270 cm^{-1} (Anstieg der Wellenzahl mit der Masse von M) festgestellt und OH ... O-Schwingungen zugeordnet. Weitere Banden liegen zwischen 80 und 170 cm^{-1} [3].

Die aus dem Bereich der Librations- und ν(OH)-Schwingungen der Sulfat-Octahydrate gezogene Schlußfolgerung, daß H_2O in energetisch unterschiedlichen Zuständen auftritt, gilt auch für $Sc_2(SO_4)_3 \cdot 6\,H_2O$ [3], $La_2(SO_4)_3 \cdot 9\,H_2O$ [3, 4], $Ce_2(SO_4)_3 \cdot 5\,H_2O$ und $Yb_2(SO_4)_3 \cdot 11\,H_2O$ [3], die in den Originalen mit abgehandelt wurden.

Literatur:

[1] L.A. Alekseenko, A.F. Lemenkova, V.V. Serebrennikov (Zh. Neorgan. Khim. **4** [1959] 1382/5; Russ. J. Inorg. Chem. **4** [1959] 621/3). – [2] Yu.B. Perkovskaya, N.P. Anoshina, I.M. Sukhanova (Prom. Khim. Reakt. Osobo Chist. Veshchestv **2** [1963] 27/30; C.A. **61** [1964] 2757). – [3] C. Postmus, J.R. Ferraro (J. Chem. Phys. **48** [1968] 3605/11). – [4] K.I. Petrov, G.N. Voronskaya, V.I. Ivanov (Zh. Neorgan. Khim. **15** [1970] 615/21; Russ. J. Inorg. Chem. **15** [1970] 317/20). – [5] L.V. Lipis, V.S. Il'yashenko, V.N. Egorov, G.V. Yukhnevich, V.I. Volk, Yu.E. Shanurin (Zh. Prikl. Spektrosk. **13** [1970] 866/74; J. Appl. Spectrosc. [USSR] **13** [1970] 1491/7)

[6] S.E. Kharzeeva, V.V. Serebrennikov (Tr. Tomsk. Gos. Univ. Nr. 237 [1973] 158/66; C.A. **80** [1974] Nr. 76180). – [7] S.E. Kharzeeva, V.V. Serebrennikov (Tr. Tomsk. Univ. Nr. 204 [1971] 125/7; C.A. **78** [1973] Nr. 131480). – [8] N. Bukovec, P. Bukovec, L. Golič, J. Šiftar (Monatsh. Chem. **108** [1977] 997/1003, 1002).

IR Spectra of $M_2(SO_4)_3 \cdot 5H_2O$

28.7.3.6.2 IR-Spektren von $M_2(SO_4)_3 \cdot 5H_2O$

Das IR-Spektrum von $M_2(SO_4)_3 \cdot 5H_2O$ mit M = La, Ce, Pr (und vermutlich Nd) kann im Bereich der SO_4^{2-}-Schwingungen gemäß der 3 kristallographisch unterscheidbaren SO_4^{2-}-Gruppen (s. S. 47, Gitterplatzsymmetrie C_1) als Überlagerung von 3 Spektren (a, b, c) aufgefaßt werden. Entsprechend werden die an Suspensionen in flüssigem Paraffin zwischen 400 und 3800 cm^{-1} beobachteten Banden zugeordnet (ν_1 bis ν_4 nach der Notation für T_d-Symmetrie der SO_4-Gruppen; $\nu(OH)$ = Valenzschwingung des OH, $\delta(H_2O)$ = Deformationsschwingung des H_2O, $\gamma(H_2O)$ = Librationsschwingung des H_2O):

	$La_2(SO_4)_3 \cdot 5H_2O$	$Ce_2(SO_4)_3 \cdot 5H_2O$	$Pr_2(SO_4)_3 \cdot 5H_2O$	$Nd_2(SO_4)_3 \cdot 5H_2O$
ν_1	990, 1012, 1030	985, 1003, 1037	990, 1008, 1028	980, 999, 1036
ν_{2a}	450	450	455	440
ν_{2b}		476	478	475
ν_{3a}	1080, 1104	≈1085, 1106	1090, ≈1110	≈1085, ≈1105
ν_{3b}	1140, ≈1160	1142, ≈1160	1145, ≈1160	1138, ≈1160
ν_{3c}	1200, 1240, ≈1280	1212, 1246, ≈1310	1190, ≈1240, ≈1300	1220, 1248, ≈1300
ν_{4a}	607	600	603	595
ν_{4b}	631, 640	638	635	630, 640
ν_{4c}	665	665	667	664
$\nu(OH)$	3400, 3500, 3560	3445, 3480, 3550	3520, 3600	3430, 3490, 3550
$\delta(H_2O)$	1620, 1660	1622, 1660	1618, 1652	1620, 1660
$\gamma(H_2O)$		530		535

Da im Bereich der H_2O-Deformationsschwingungen 2 Banden beobachtet werden, liegt in diesen Verbindungen möglicherweise Kristallwasser und koordinativ gebundenes Wasser vor, Petrov u.a. [1]; s. hierzu auch S. 51. Weitere spektroskopische Untersuchungen s. bei Petrov [2] und bei $Ce_2(SO_4)_3 \cdot 5H_2O$, S. 107.

Literatur:

[1] K.I. Petrov, V.I. Ivanov, V.G. Pervykh (Zh. Strukt. Khim. **8** [1967] 356/9; J. Struct. Chem. [USSR] **8** [1967] 310/2). – [2] K.I. Petrov (Khim. Khim. Tekhnol. Tr. Yubileinoi Konf. Posvyashch. 70-Letiyu Inst. Mosk. Inst. Tonkoi Khim. Tekhnol., Moscow 1970 [1972], S. 276/81 nach C.A. **81** [1974] Nr. 97204).

28.7.3.6.3 IR-Spektren von $M_2(SO_4)_3 \cdot 2H_2O$

IR Spectra of $M_2(SO_4)_3 \cdot 2H_2O$

An Nujolmulls der Dihydrate werden folgende den SO_4-Gruppen zugeordnete Banden beobachtet, Wellenzahlen in cm^{-1}:

M	ν_4	ν_1	ν_3
Sc	604, 616, 649, 663	1018	1018, 1049, 1065, 1080, 1104, 1205, 1280
Y	616, 629, 658	982	1025, 1095, 1155, 1200, 1280
La[a)]	602, 650	990	1040, 1085, 1115, 1150
Ce	598, 636, 650	986	1105, 1148, 1228
Pr	602, 652	b)	b)
Nd	601, 618, 649	980	1125, 1205, 1260
Sm	601, 624, 658	1000	1095, 1140, 1250
Eu	579, 652	975	1030, 1070, 1115, 1155, 1260
Gd	604	970	b)
Dy	608, 653	980	1100, 1150, 1270
Ho	601, 608, 627, 659	980, 1005	1098, 1149, 1200, 1250
Er	602, 615, 626, 658	980	1100, 1155, 1262
Yb	598, 607, 640, 665	980	1030, 1060, 1090, 1140, 1260
Lu	616	980	b)

a) Liegt als Tetrahydrat vor. — b) Breit, nicht aufgelöst.

Im schlecht aufgelösten Bereich der ν_2-Schwingung wird nur bei einigen Verbindungen ein Singulett beobachtet, für $Sc_2(SO_4)_3 \cdot 2H_2O$ bei 495 cm^{-1}, für $Y_2(SO_4)_3 \cdot 2H_2O$ bei 468 cm^{-1}, für $Nd_2(SO_4)_3 \cdot 2H_2O$ bei 497 cm^{-1} und für das $Yb_2(SO_4)_3 \cdot 2H_2O$ bei 466 cm^{-1}. Im Bereich von 170 bis 300 cm^{-1} ist das Spektrum gegenüber den Octahydraten stark verändert. Es tritt eine das ganze Gebiet beherrschende Absorption auf, welche der M–O(SO_4)-Valenzschwingung zugeordnet wird. Weitere Banden liegen zwischen 80 und 170 cm^{-1}, Postmus, Ferraro [1]. An KBr-Pellets oder Suspensionen in Mineralöl werden für $Eu_2(SO_4)_3 \cdot 2H_2O$, $Gd_2(SO_4)_3 \cdot 2H_2O$ bzw. D_2O und $Tb_2(SO_4)_3 \cdot 2H_2O$ folgende Schwingungen festgestellt, Wellenzahlen in cm^{-1}:

$\nu_4(F_2)$	$\nu_1(A_1)$	$\nu_3(F_2)$	$\nu(OH)$	$\delta(H_2O)$	$\nu(OD)$
602, 655	1010	1145[a)]	3240, 3450	1640	2550

a) Für $Tb_2(SO_4)_3 \cdot 2H_2O$ bei 1150 cm^{-1}.

Die OH-Valenzschwingungsbanden des H_2O sind breit und asymmetrisch. Librationsschwingungen werden nicht beobachtet. Die Deformationsschwingung von H_2O ist gegenüber den Octahydraten (1650 cm^{-1}) verschoben und verbreitert und hat andere Intensität und Form. Daraus wird geschlossen, daß die beiden H_2O-Moleküle in den Dihydraten einen anderen Status haben als in den Octahydraten, Lipis u.a. [2].

Literatur:

[1] C. Postmus, J.R. Ferraro (J. Chem. Phys. **48** [1968] 3605/11). — [2] L.V. Lipis, V.S. Il'yashenko, V.N. Egorov, G.V. Yukhnevich, V.I. Volk (Zh. Prikl. Spektrosk. **14** [1971] 1044/9; J. Appl. Spectrosc. [USSR] **14** [1971] 763/8).

Chemical Reactions

28.7.3.7 Chemisches Verhalten

Reactions on Heating

Verhalten beim Erhitzen

Die thermische Zersetzung der Sulfathydrate $M_2(SO_4)_3 \cdot n\,H_2O$ verläuft in 3 Hauptstufen: 1. Entwässerung, 2. Bildung von $M_2O_2SO_4$, 3. Bildung der Seltenerdoxide. Angaben zu den Stufen 2 und 3 s. S. 40. Über den Verlauf der Entwässerung und das Auftreten von Hydraten mit $n<8$ bestehen unterschiedliche Ansichten.

Beim Erhitzen mit 5.4 K/min im schwachen Luftstrom zersetzen sich die bei Raumtemperatur stabilen Hydrate (Y, Pr bis Er als 8-Hydrate, La, Ce und Yb als 9-, 5- bzw. 11-Hydrat eingesetzt) nach thermogravimetrischen Untersuchungen (TG) in folgenden Stufen (bei t_1 beginnt die Zersetzung, bei t_2, t_3 und t_4 bildet sich 5- und 2-Hydrat und schließlich wasserfreies $M_2(SO_4)_3$) nach Wendlandt [1] (t in °C):

M . .	Y	La	Ce	Pr	Nd	Sm	Gd	Dy	Ho	Er	Yb
t_1 . .	70	50	90 [a]	50	40	100	110	90	105	85	40
t_2 . .	–	–	–	95	85	–	–	–	–	110	–
t_3 . .	–	200	140	150 [b]	145	–	–	–	–	–	140
t_4 . .	195	265	245	240	290	295	260	200	240	155	185

[a] 5-Hydrat eingesetzt. – [b] Entspricht nicht dem stöchiometrischen Dihydrat.

Differentialthermoanalytische Untersuchungen (DTA) mit einer Erhitzungsgeschwindigkeit von 10 K/min zeigen, daß außer den Sulfat-Octahydraten von Pr und Nd auch das Nonahydrat von La, das Octahydrat von Sm und $Yb_2(SO_4)_3 \cdot 11\,H_2O$ zuerst in ein 5-Hydrat und dann in ein Dihydrat übergehen (3 endotherme Peaks), während aus den Octahydraten der Sulfate von Eu bis Lu außer Yb (jeweils 2 endotherme Peaks) gleich das Dihydrat entsteht. Zusätzliche auf den Kurven beobachtete Schultern entsprechen vermutlich der Reaktion H_2O (flüssig) $\rightarrow$ H_2O (gas). Die Verbindungen mit La bis Sm sind bei dieser Erhitzungsgeschwindigkeit bei etwa 350 °C, die mit Y, Eu bis Lu bei etwa 300 °C wasserfrei, Wendlandt, George [2]. Thermographische Untersuchungen bis 260 °C mit einer Erhitzungsgeschwindigkeit von 2 bis 3 K/min zeigen für die Octahydrate des La und Ce 3 Entwässerungsstufen, des Sm 2 Stufen und des Pr und Nd nur 1 Stufe. Nach der Tabelle im Original liegt bei 260 °C (nur) die Lanthanverbindung wasserfrei vor. Die Thermogravimeterkurve, welche die Anzahl der verlorenen H_2O-Moleküle in Abhängigkeit von der Temperatur zeigt, verläuft bei den genannten Verbindungen hingegen S-förmig. Daraus abgelesene Temperaturen t_1, t_2 und t_3 für den Verlust von 4, von weiteren 2 bzw. der restlichen 2 Moleküle H_2O:

$M_2(SO_4)_3 \cdot 8\,H_2O$	t_1 in °C	t_2 in °C	t_3 in °C
$La_2(SO_4)_3 \cdot 8\,H_2O$	120	148	230
$Ce_2(SO_4)_3 \cdot 8\,H_2O$	125	165	270
$Pr_2(SO_4)_3 \cdot 8\,H_2O$	140	155	230
$Nd_2(SO_4)_3 \cdot 8\,H_2O$	144	158	228
$Sm_2(SO_4)_3 \cdot 8\,H_2O$	154	185	>285

Alekseenko u.a. [3]. Dagegen findet Ivanov [4] den Abbau des Kristallwassers nach TG-Analysen (Luft, 6 K/min) an M=Y, Pr bis Lu bei 100 bis 250 °C ohne Bildung intermediärer Hydrate. Auch Bukovec u.a. [5] stellen nach TG, DTG und DTA im trockenen Luftstrom (5 l/h) bei einer Aufheizgeschwindigkeit von $\leq$10 K/min bei den Octahydraten von Y, Pr bis Lu (auch Yb) nur eine Entwässerungsstufe fest, die spätestens bei 270 °C abgeschlossen ist. Zwar treten in den DTG- und DTA-Kurven dieser Verbindungen bei großer Aufheizgeschwindigkeit (10 bzw. 4 K/min) zwei Peaks, bei geringerer Aufheizgeschwindigkeit (2 K/min) jedoch (außer bei der Lu-Verbindung) nur 1 Peak auf. Bei der Lutetiumverbindung ist die Temperaturdifferenz der Peaks beim Erhitzen mit 10 K/min genauso groß wie beim Erhitzen mit 2 K/min. Daraus wird geschlossen, daß keine niedrigeren Hydrate intermediär gebildet werden, sondern daß ein kinetischer Effekt vorliegt, der wahrscheinlich von der Diffusion abhängig ist. Nur für $M_2(SO_4)_3 \cdot 9H_2O$ mit M = La, Ce (zwei Peaks, deren Temperaturdifferenz bei geringerer Aufheizgeschwindigkeit und bei der Untersuchung im Makrotiegel größer ist) wird ein definiertes Dihydrat beobachtet. Dieses wird auch bei der isothermen Dehydration bei 80 °C (röntgenamorph) isoliert [5]. Nach DTA- und TGA-Untersuchungen an $Y_2(SO_4)_3 \cdot 8H_2O$, $La_2(SO_4)_3 \cdot 6H_2O$, $Gd_2(SO_4)_3 \cdot 8H_2O$ und $Lu_2(SO_4)_3 \cdot 8H_2O$ werden beim Erhitzen an der Luft mit 10 K/min für die völlige Entwässerung folgende Temperaturbereiche ermittelt (in °C): 110 bis 210, 50 bis 270, 100 bis 315 bzw. 110 bis 210, Haynes, Brown [11].

Thermodynamische Daten der Dehydratation. Nach DSC-Untersuchungen von Bukovec u.a. [5] und DTA-Untersuchungen von Wendlandt, George [2] ergeben sich folgende Werte für die Dehydratationsenthalpie $\Delta H(H_2O, g)$ und $\Delta H(H_2O, fl)$ in kcal je mol Hydrat bei der Bildung von gasförmigem bzw. flüssigem H_2O gemäß

$$M_2(SO_4)_3 \cdot nH_2O \text{ (fest)} \rightarrow M_2(SO_4)_3 \text{ (fest)} + nH_2O.$$

Vergleichsweise sind die $\Delta H(H_2O, fl)$-Werte von Ladd, Lee [10] angegeben, welche aus den Bildungsenthalpien von $M_2(SO_4)_3$, $M_2(SO_4)_3 \cdot 8H_2O$ und H_2O (g) und der latenten Verdampfungswärme von H_2O für 25 °C berechnet wurden, und die bei der Dehydratation auftretenden Entropieänderungen ΔS in $cal \cdot mol^{-1} \cdot K^{-1}$ (im Original als Hydratations-Enthalpien und -Entropien mit umgekehrtem Vorzeichen aufgeführt):

$M_2(SO_4)_3 \cdot nH_2O$	$\Delta H(H_2O, g)$	$\Delta H(H_2O, g)$	$\Delta H(H_2O, fl)$	$\Delta H(H_2O, fl)$	ΔS
$Y_2(SO_4)_3 \cdot 8H_2O$	149 ± 7	112 ± 11	28 ± 3	–	–
$La_2(SO_4)_3 \cdot 9H_2O$	134 ± 7	128 ± 13	34 ± 3	–	–
$Ce_2(SO_4)_3 \cdot 9H_2O$	151 ± 8	–	–	–	–
$Ce_2(SO_4)_3 \cdot 8H_2O$	–	–	–	22	77
$Ce_2(SO_4)_3 \cdot 5H_2O$	–	68 ± 7	16 ± 2	–	–
$Pr_2(SO_4)_3 \cdot 8H_2O$	150 ± 8	110 ± 11	26 ± 3	(37)	(137)
$Nd_2(SO_4)_3 \cdot 8H_2O$	153 ± 8	91 ± 9	7 ± 1	31	83
$Sm_2(SO_4)_3 \cdot 8H_2O$	156 ± 8	103 ± 10	19 ± 2	21	80
$Eu_2(SO_4)_3 \cdot 8H_2O$	148 ± 7	113 ± 11	29 ± 3	25	97
$Gd_2(SO_4)_3 \cdot 8H_2O$	153 ± 8	104 ± 10	20 ± 2	31	90
$Tb_2(SO_4)_3 \cdot 8H_2O$	146 ± 7	112 ± 11	28 ± 3	21	90
$Dy_2(SO_4)_3 \cdot 8H_2O$	144 ± 7	116 ± 12	32 ± 3	25	91
$Ho_2(SO_4)_3 \cdot 8H_2O$	144 ± 7	128 ± 13	44 ± 4	25	91
$Er_2(SO_4)_3 \cdot 8H_2O$	142 ± 7	119 ± 12	35 ± 3	25	–
$Tm_2(SO_4)_3 \cdot 8H_2O$	142 ± 7	126 ± 13	42 ± 4	–	–
$Yb_2(SO_4)_3 \cdot 11H_2O$	–	152 ± 15	37 ± 4	–	–
$Yb_2(SO_4)_3 \cdot 8H_2O$	145 ± 7	–	–	22	87
$Lu_2(SO_4)_3 \cdot 8H_2O$	140 ± 7	119 ± 12	35 ± 3	22	87
Literatur	[5]	[2]	[2]	[10]	[10]

Die Werte für $\Delta H(H_2O, fl)$ wurden aus $\Delta H(H_2O, g)$ mit $\Delta H = 10.49$ kcal/mol für die Verdampfungsenthalpie von H_2O bei 25 °C berechnet [2]. Vergleiche hiermit die Dehydratationsenthalpien bei Afanas'ev, Koroleva [9].

Reactions with Compounds

Verhalten gegen Verbindungen

Löslichkeit

Die Sulfat-Octahydrate lösen sich nur langsam und in geringem Umfang in H_2O. Die Löslichkeitskurve weist ein Minimum bei M=Eu auf; nach den Endgliedern steigt sie an, jedoch fällt sie für La nochmal ab auf etwa den Wert für Eu. Durch Temperaturerhöhung nimmt die Löslichkeit ab und beträgt beispielsweise 7.6, 5.0, 3.3 und 2.1 g $Nd_2(SO_4)_3 \cdot 8H_2O$ je 100 g H_2O bei 14, 30, 50 bzw. 80 °C, Flahaut [6].

Löslichkeit S_1 und S_2 in g $M_2(SO_4)_3 \cdot 8H_2O$ je 100 g H_2O bei 20 bzw. 40 °C:

M	Y	Pr	Nd	Sm	Eu	Gd	Tb	Dy	Ho	Er	Yb	Lu
S_1	9.764	12.74	7.00	2.67	2.563	2.886	3.561	5.072	8.181	16.00	34.78	47.27
S_2	4.90	7.64	4.51	1.99	1.93	2.19	2.51	3.34	4.52	6.53	22.9	16.93

Jackson, Rienäcker [7]. Eine Erhöhung des H_2SO_4-Gehalts führt zunächst zu einer geringen Steigerung der Löslichkeit, dann aber sinkt sie stark ab, da sich saure Sulfate mit noch geringerer Löslichkeit bilden [6]. Dies gilt nach neueren Untersuchungen an einzelnen Verbindungen nicht generell.

Verhalten gegen Alkalien

Bei Zusatz von 1- bis 4 molarer LiOH-, NaOH- oder KOH-Lösung sowie 2- und 11 molarer NH_4OH-Lösung zu festem $M_2(SO_4)_3 \cdot 8H_2O$ mit M=Sc, Y, La, Nd, Gd, Ho und Yb bildet sich in topochemischer Reaktion $M(OH)_3$. Einzelheiten s. Original, Musorin u.a. [8].

Literatur:

[1] W.W. Wendlandt (J. Inorg. Nucl. Chem. **7** [1958] 51/4). – [2] W.W. Wendlandt, T.D. George (J. Inorg. Nucl. Chem. **19** [1961] 245/50). – [3] L.A. Alekseenko, A.F. Lemenkova, V.V. Serebrennikov (Zh. Neorgan. Khim. **4** [1959] 1382/5; Russ. J. Inorg. Chem. **4** [1959] 621/3). – [4] V.I. Ivanov (Kristallografiya **9** [1964] 655/9; Soviet Phys.-Cryst. **9** [1964] 553/6). – [5] N. Bukovec, P. Bukovec, J. Šiftar (Vestn. Sloven. Kem. Drustva **22** [1975] 5/17, 6).

[6] J. Flahaut (Les Eléments des Terres Rares, Collection de Monographies de Chimie, Masson, Paris 1969, S. 47, 136/7). – [7] K.S. Jackson, G. Rienäcker (J. Chem. Soc. **1930** 1687/91). – [8] V.A. Musorin, V.V. Sakharov, L.M. Zaitsev (Zh. Neorgan. Khim. **19** [1974] 1476/80; Russ. J. Inorg. Chem. **19** [1974] 804/7). – [9] Yu.A. Afanas'ev, T.I. Koroleva (Izv. Sev. Kavk. Nauchn. Tsentra Vyssh. Shk. Ser. Estestv. Nauk **3** Nr. 2 [1975] 4/11; C.A. **84** [1976] Nr. 50628). – [10] M.F.C. Ladd, W.H. Lee (J. Phys. Chem. **69** [1965] 1840/3).

[11] J.W. Haynes, J.J. Brown (J. Electrochem. Soc. **115** [1968] 1060/6).

Comparative Data on Aqueous Solutions of $M_2(SO_4)_3$

Review in English

28.7.4 Vergleichende Angaben über wäßrige Lösungen von $M_2(SO_4)_3$

Review

Main topics of the following chapter are the ultrasonic absorption and electrical conductivities of aqueous $M_2(SO_4)_3$ solutions. The relaxation frequencies and electrical conductivities are tabulated as a function of $M_2(SO_4)_3$ concentration.

Dilute solutions contain the complex MSO_4^+; in more concentrated solutions, $M(SO_4)_2^-$ has been revealed also.

28.7.4.1 Herstellung und Konstitution der Lösungen

Preparation and Nature of the Solutions

Gesättigte Lösungen werden unter Ausnutzung des negativen Temperaturkoeffizienten der Löslichkeit von $M_2(SO_4)_3$ hergestellt, indem dieses bei etwa 20 °C in H_2O gelöst, die Lösung auf 25 °C erhitzt und nach 48 h von auskristallisiertem Hydrat abfiltriert wird, Spedding, Jaffe [1]. Wäßrige Lösungen werden beispielsweise durch Auflösen des Oxids in 2 N H_2SO_4-Lösung erhalten. Überschüssiges Sulfat wird mit $Ba(OH)_2$ gefällt, Purdie, Vincent [2]. Zur Herstellung von haltbaren $M_2(SO_4)_3$-Lösungen wird das Oxidhydrat langsam mit einer etwas geringeren Menge 6 N H_2SO_4 bearbeitet als zur Auflösung nötig ist. Dann wird filtriert, der unaufgelöste Rest tropfenweise mit verdünntem H_2SO_4 aufgelöst und zum Filtrat gegeben. Dadurch ist die Lösung nur schwach sauer und Sulfathydrate fallen auch bei langem Stehen nicht aus, Pearce u.a. [3].

Nach Leitfähigkeitsuntersuchungen treten in <0.1 N wäßrigen Lösungen bei Raumtemperatur Komplexe, überwiegend MSO_4^+ auf, Spedding, Jaffe [1]. Auch in Lösungen von $M_2(SO_4)_3$ in D_2O wird bei ähnlich niedrigen Konzentrationen Bildung von MSO_4^+ und bei höheren Konzentrationen (nicht untersucht) zusätzliche Bildung von $M(SO_4)_2^-$ angenommen, Farrow, Purdie [4]. Die Ultraschallrelaxationsmessungen an wäßrigen 10^{-2} M Lösungen mit pH$\leq$5 bei 25 °C, Purdie, Vincent [2], Fay u.a. [5], Grecsek [6], und bei 5 bis 45 °C, Fay [7], Fay, Purdie [8], und an Lösungen in D_2O bei 25 °C, Farrow [9], Farrow, Purdie [10], werden auf der Basis des 3stufigen Komplexbildungsmechanismus (s. Eigen, Tamm [11]) für die (geschwindigkeitsbestimmende) Innersphären-Ionenpaarbildung MSO_4^+ analysiert; s. auch die Angaben über die Hydratation der Seltenerd-Ionen in „Seltenerdelemente" B 7, 1979, S. 2/4. Mittels Elektrophorese bestimmte relative Stabilitätskonstanten von MSO_4^+ in Lösungen der Ionenstärke 0.1 mol/l (NH_4Cl) ändern sich in Abhängigkeit vom Radius des M^{3+}-Ions ähnlich wie die Beweglichkeiten der hydratisierten Lanthanid-Ionen in 0.1 M NH_4Cl-Lösungen. Deshalb wird daraus geschlossen, daß die Monosulfatkomplexe vornehmlich Außensphären-Komplexe sind, Stepanov [12]. Aus dem Einfluß der SO_4^{2-}-Ionen auf die f-f-Übergänge in M^{3+} in gemischten Lösungen von $MClO_4$ (z.B. c (Nd^{3+}) = 0.00753 mol/l) und H_2SO_4 (0.108 bis 0.217 mol/l) wird auf die Existenz einer komplexen Spezies mit sehr niedriger Symmetrie geschlossen und deshalb Innersphären-Komplexbildung angenommen, Bukietynska, Choppin [13].

Bei der Titration von 0.01 bis 0.05 molaren $M(NO_3)_3$-Lösungen mit 0.64 molarer Na_2SO_4-Lösung bei 25 °C und einem Verhältnis von M^{3+}: SO_4^{2-} >50:1 in der Lösung sind durchschnittlich 15% der analytischen Metall-Ionenkonzentration und etwa 97% der gesamten Sulfat-Ionen als MSO_4^+ komplexiert, Fay, Purdie [14], s. auch Farrow u.a. [15]. Bei der potentiometrischen Titration von etwa 0.1 molaren $M(ClO_4)_3$-Lösungen mit 0.6625 molarer Na_2SO_4-Lösung der Ionenstärke 2.00 mol/l ($NaClO_4$), pH = 3 und 25 °C – sie endet bei M = La bis Sm mit der Fällung von $NaM(SO_4)_2$ – und auch bei der Solventextraktion unter gleichen Bedingungen wird auf die gleichzeitige Existenz von MSO_4^+ und $M(SO_4)_2^-$ in den Lösungen geschlossen, Carvalho, Choppin [16]. Auch die thermometrischen Titrationskurven bei der Titration von Tetramethylammoniumsulfat-Lösungen in 0.02 molare $M(ClO_4)_3$-Lösungen mit genügend Säuregehalt, um die Hydrolyse des M^{3+}-Ions zu unterdrücken (Ionenstärke 0), lassen sich besser beschreiben, wenn außer MSO_4^+ auch $M(SO_4)_2^-$ vorliegt, Izatt u.a. [17]. Eine erneute Analyse dieser Titrationsergebnisse von [17] bestätigt dies, Powell [18]. In H_2SO_4-sauren Lösungen der Gesamtkonzentration ($c(H_2SO_4) + c(M_2(SO_4)_3)$) von 0.03 mol/l wird nach Messung der spezifischen Leitfähigkeit ein Acidokomplex, $H[M(SO_4)_2]$, angenommen, Sukhikh, Serebrennikov [19].

Literatur:

[1] F.H. Spedding, S. Jaffe (J. Am. Chem. Soc. **76** [1954] 882/4). – [2] N. Purdie, C.A. Vincent (Trans. Faraday Soc. **63** [1967] 2745/57). – [3] D.W. Pearce, R.G. Russell,

L.L. Quill, S. Riccardi (Inorg. Syn. **2** [1946] 63/4). – [4] M.M. Farrow, N. Purdie (J. Solution Chem. **2** [1973] 503/11). – [5] D.P. Fay, D. Litchinsky, N. Purdie (J. Phys. Chem. **73** [1969] 544/52).

[6] J.J. Grecsek (Diss. Univ. Maryland 1970, S. 1/115, 58/62; Diss. Abstr. Intern. B **31** [1970] 2599). – [7] D.P. Fay (Diss. Oklahoma State Univ. 1969, S. 1/154; Diss. Abstr. Intern. B **31** [1971] 4610). – [8] D.P. Fay, N. Purdie (J. Phys. Chem. **74** [1970] 1160/6). – [9] M.M. Farrow (Diss. Oklahoma State Univ. 1973, S. 1/85; Diss. Abstr. Intern. B **34** [1974] 4864). – [10] M.M. Farrow, N. Purdie (J. Solution Chem. **2** [1973] 513/24).

[11] M. Eigen, K. Tamm (Z. Elektrochem. **66** [1962] 93/107, 107/21). – [12] A.V. Stepanov (Zh. Neorgan. Khim. **18** [1973] 371/4; Russ. J. Inorg. Chem. **18** [1973] 194/6). – [13] K. Bukietynska, G.R. Choppin (J. Chem. Phys. **52** [1970] 2875/80). – [14] D.P. Fay, N. Purdie (J. Phys. Chem. **73** [1969] 3462/7). – [15] M.M. Farrow, N. Purdie, W.D. White (J. Solution Chem. **3** [1974] 395/401).

[16] R.G. De Carvalho, G.R. Choppin (J. Inorg. Nucl. Chem. **29** [1967] 725/35, 737/43). – [17] R.M. Izatt, D. Eatough, J.J. Christensen, C.H. Bartholomew (J. Chem. Soc. A **1969** 47/53). – [18] H.K.J. Powell (J. Chem. Soc. Dalton Trans. **1974** 1108/12). – [19] G.N. Sukhikh, V.V. Serebrennikov (Tr. Tomsk. Gos. Univ. Ser. Khim. **157** [1963] 60/5; C.A. **61** [1964] 7765).

Physical Properties of Aqueous Solutions

28.7.4.2 Physikalische Eigenschaften wäßriger Lösungen

Ultraschallabsorption

f = Relaxationsfrequenz in MHz; τ^{-1} (= 2πf), mit τ = Relaxationszeit in s; μ_{max} (in Np) = (Differenz-Absorptionsmaximum der Lösung – Absorption des Lösungsmittels) · Wellenlänge.

Ultraschallabsorptionsmessungen zwischen 15 und 230 MHz [1] an Lösungen von $M_2(SO_4)_3$ in H_2O zeigen eine durch Relaxationserscheinungen bedingte Absorption, welche auf der hochfrequenten Seite verbreitert ist, Purdie, Vincent [1], Fay u.a. [2], Grecsek [3]. Nach Analyse der Absorptionskurve einer wäßrigen 0.05 molaren $Nd_2(SO_4)_3$-Lösung beruht die Verbreiterung auf einer hochfrequenten Absorption bei 450 ± 200 MHz mit μ_{max} = (25 ± 10) × 10^{-4} Np [3]. Die relativ intensive Absorption bei niedrigerer Frequenz ist bei Lösungen von $M_2(SO_4)_3$ in H_2O und D_2O in Abhängigkeit von der Konzentration c in mol/l bei 25 °C folgendermaßen charakterisiert: Werte für $\tau^{-1} = 2\pi$f von Grecsek [3] (Genauigkeit: f ± 0.5 bis 1 MHz; μ_{max} ± 2 bis ± 4 Np), Lösungsmittel H_2O:

	$La_2(SO_4)_3$			$Pr_2(SO_4)_3$			$Nd_2(SO_4)_3$		
$10^3 \cdot c$.	11.89	18.93	37.80	15.34	30.64	51.35	14.34	30.70	51.00
τ^{-1} . .	85	100	107	129	141	154	166	188	195
$10^4 \cdot \mu_{max}$	35	54	110	53	95	145	46	92	145

	$Gd_2(SO_4)_3$			$Dy_2(SO_4)_3$			$Er_2(SO_4)_3$			$Yb_2(SO_4)_3$
$10^3 \cdot c$.	16.71	29.70	51.25	15.08	27.60	48.25	16.04	33.13	57.20	60
τ^{-1} . .	195	210	217	87.9	104	119	47.1	59.0	75.4	56.5
$10^4 \cdot \mu_{max}$	52	86	135	47	78	125	34	57	105	255

Werte von Farrow, Purdie [4]:

Lösungsmittel H_2O

M	$10^3 \cdot c$	τ^{-1}
Pr	14.70 [a]	128±8
	9.76 [a]	122±7
	5.38 [a]	122±7
	2.69	100±5
	1.34	80±8
Nd	15.26 [a]	155±4
	9.61 [a]	147±4
	5.08 [a]	142±10
Sm	18.51	236±5
	9.76 [a]	228±5
	4.88 [a]	214±7
Eu	15.02	255±6
	9.80 [a]	249±6
	5.00 [a]	230±7

M	$10^3 \cdot c$	τ^{-1}
Gd	15.28	211±5
	9.45	202±5
	4.73	196±5
	2.36	173±7
Tb	9.88	148±5
	4.99 [a]	133±7
	2.50	128±7
Dy	15.17 [a]	117±5
	9.70 [a]	114±5
	6.50 [a]	105±8
Ho	10.80 [a]	72±10
	5.40 [a]	69±10
	2.70	69±12

Lösungsmittel D_2O

M	$10^3 \cdot c$	τ^{-1}
Pr	25.17	119±5
	19.79	121±5
	14.97	112±5
	9.92	116±5
	6.96	105±6
	5.18	112±8
	3.02	96±8
Sm	19.82	212±5
	14.94	205±5
	10.46	208±5
	7.40	196±5
Gd	15.22	180±5
	7.79	179±8
	3.26	150±10
Dy	24.45	126±7
	20.13	123±7
	14.28	123±7

[a] Ältere Daten von Fay u.a. [2, 5].

Werte der Überschußabsorption in D_2O (vermindert um die Absorption des D_2O) s. Tabelle im Original, Farrow, Purdie [4]. Für 14.70×10^{-3} M $Pr_2(SO_4)_3$ in H_2O steigt τ^{-1} von 71.0 auf 234.2 MHz zwischen 5 und 45 °C, weitere Angaben zur Temperaturabhängigkeit s. Fay, Purdie [5]. Weitere Angaben zur Ultraschallabsorption s. bei Farrow [6], Fay [7], Purdie, Vincent [1]. Interpretation mit Hilfe des Eigenschen 3Stufen-Mechanismus von Ionenassoziation und Komplexierung sowie Anderung der partiellen molalen Volumina bei Bildung von MSO_4^+ bei 25 °C s. beispielsweise Grecsek [3] und Fay, Purdie [5].

Magnetisches Moment

Mittleres magnetisches Moment $\bar{\mu}$ in μ_B der Seltenerd-Ionen in wäßrigen $M_2(SO_4)_3$-Lösungen:

M . .	Ce	Pr	Nd	Sm	Eu	Gd	Tb	Dy	Ho	Er	Yb
$\bar{\mu}$ . .	2.309	3.355	3.398	1.348	3.157	7.786	9.446	10.377	10.344	9.317	4.247

Die Werte liegen unter denen der 8-Hydrate bedingt durch den größeren Einfluß des Kristallfelds (s. S. 49), Mookherji, Mookherji [8, 9].

Elektrische Leitfähigkeit

Äquivalentleitfähigkeit Λ in $\Omega^{-1} \cdot cm^2 \cdot val^{-1}$ von $M_2(SO_4)_3$ in wäßriger Lösung bei 25 °C in Abhängigkeit von der Konzentration c in mol/l nach den Messungen von Spedding, Jaffe [10], zusammengestellt bei Spedding, Atkinson [11]:

c in mol/l:	0	0.0001	0.0005	0.001	0.002	0.003	0.005	0.01	0.02	0.03
$La_2(SO_4)_3$	149.5	111.0	77.1	62.3	53.1	47.8	41.9	34.9	29.2	26.1
$Ce_2(SO_4)_3$	149.5	111.2	77.3	62.1	52.9	47.7	41.8	34.6	28.7	25.6
$Pr_2(SO_4)_3$	149.5	110.8	76.5	62.0	52.9	47.4	41.6	34.7	28.8	25.8
$Nd_2(SO_4)_3$	149.5	109.8	75.8	61.8	52.8	47.4	41.6	34.8	29.0	26.0
$Sm_2(SO_4)_3$	148.5	109.6	74.4	60.7	51.8	46.5	40.8	34.1	28.4	25.5
$Gd_2(SO_4)_3$	147.4	109.2	74.4	60.8	52.1	46.8	41.2	34.4	28.9	25.9
$Ho_2(SO_4)_3$	146.3	109.6	76.7	63.6	54.7	49.2	43.2	36.3	30.6	27.5
$Er_2(SO_4)_3$	145.9	109.6	77.2	63.9	55.3	49.9	43.9	37.0	31.0	28.0
$Yb_2(SO_4)_3$	145.2	111.3	81.3	66.6	57.3	51.9	45.7	38.2	32.3	29.2

Ausgewählte Werte für Λ von Lösungen von $Y_2(SO_4)_3$ in H_2O nach Spedding, Jaffe [10] und von $Sm_2(SO_4)_3$ und $Lu_2(SO_4)_3$ in H_2O sowie für Lösungen von $M_2(SO_4)_3$ in D_2O bei 25 °C nach Farrow, Purdie [6, 12] in Abhängigkeit von der normalen Konzentration (Die Element-Symbole bezeichnen die Seltenerdsulfate, Lösungsmittel in Klammern):

Y(H_2O)		La(D_2O)		Pr(D_2O)		Sm(D_2O)		Sm(H_2O)	
Λ	10^4 N	Λ	10^4 N	Λ	10^4 N	Λ	10^4 N	Λ	10^4 N
121.6	1.606	78.38	5.177	68.58	9.070	92.11	1.634	117.2	1.925
115.0	2.471	72.30	7.383	63.46	12.55	84.72	2.965	100.3	4.551
100.9	4.943	68.78	9.070	61.27	14.44	75.19	6.012	91.22	6.956
69.99	24.71	63.66	12.37	56.14	19.91	68.36	8.481	80.62	11.52
39.16	247.1	57.44	18.49	52.05	27.01	62.90	11.67	75.41	14.94
27.68	988.5	51.47	27.50	38.61	80.40	57.97	15.79	62.28	30.65
22.08	2471.0	46.31	41.46	36.81	95.20	52.77	22.25	55.71	46.49
14.98	12357.0	41.57	62.57	35.48	110.8	46.36	35.73	52.89	56.35

Dy(D_2O)		Yb(D_2O)		Lu(D_2O)		Lu(H_2O)	
Λ	10^4 N	Λ	10^4 N	Λ	10^4 N	Λ	10^4 N
77.13	5.574	95.25	2.073	85.94	3.369	123.5	1.285
69.56	8.691	80.17	5.539	70.48	9.395	106.5	3.997
66.83	10.20	76.28	7.035	67.23	11.59	97.16	6.593
59.53	16.21	71.54	9.391	62.01	16.33	90.02	9.344
55.67	21.02	65.17	13.87	57.60	21.99	82.44	14.01
50.96	29.52	57.32	23.14	49.44	40.11	71.95	24.70
46.56	41.67	49.55	40.98	44.76	59.05	58.30	56.23
43.05	56.20	47.20	49.40	42.62	71.18	53.98	75.72

Die Λ-Werte der wäßrigen $Sm_2(SO_4)_3$-Lösungen von Farrow, Purdie [12] liegen auf der gleichen Kurve wie die Werte von Spedding, Jaffe [10]. Die Λ-Werte der wäßrigen Lösungen sind niedriger als für starke Elektrolyte erwartet wird, woraus auf MSO_4^+-Komplexbildung geschlossen wird. Daraus erklärt sich auch die schlechte Übereinstimmung zwischen den experimentell erhaltenen und den nach der Onsager-Beziehung berechneten Werten. Die auf unendliche Verdünnung (c=0) extrapolierte Äquivalentleitfähigkeit hat die gleiche Größenordnung wie bei wäßrigen Lösungen von MCl_3, $M(ClO_4)_3$ und MBr_3, da $M_2(SO_4)_3$ bei unendlicher Verdünnung vollständig dissoziiert ist, Spedding, Jaffe [10].

Die spezifische Leitfähigkeit $\varkappa$ von Gemischen aus wäßrigen $M_2(SO_4)_3$-Lösungen und H_2SO_4-Lösungen der Gesamtkonzentration 0.03 mol/l, wenn M=Y, Ce, Nd, Yb und

0.02 mol/l, wenn M = Sm ist, wird in Abhängigkeit vom molekularen Verhältnis $H_2SO_4 : M_2(SO_4)_3 = c_1 : c_2$ bei 20 ± 0.1 °C von Sukhikh, Serebrennikov [13] gemessen; $\varkappa$ setzt sich ebenfalls nicht additiv aus den Werten für die jeweilige H_2SO_4- und $M_2(SO_4)_3$-Lösung zusammen, sondern weicht negativ (um $\Delta\varkappa$) von dem summarischen berechneten Wert ab.

Werte für $\varkappa$ und $\Delta\varkappa$ in $10^3\ \Omega^{-1} \cdot cm^{-1}$ der schwefelsauren $M_2(SO_4)_3$-Lösungen:

	$Y_2(SO_4)_3$		$Ce_2(SO_4)_3$		$Nd_2(SO_4)_3$		$Yb_2(SO_4)_3$		$Sm_2(SO_4)_3$	
$c_1 : c_2$	$\varkappa$	$\Delta\varkappa$	$\varkappa$	$\Delta\varkappa$	$\varkappa$	$\Delta\varkappa$	$\varkappa$	$\Delta\varkappa$	$\varkappa$	$\Delta\varkappa$
0:10	3.22	0	3.93	0	3.74	0	4.12	0	2.29	0
1:9	4.26	0.73 [a)]	4.87	0.79	4.7	0.8	5.06	0.76	3.04	0.44
2:8	5.31	1.12	5.85	1.2	5.62	1.28	5.98	1.22	3.81	0.65
3:7	6.36	1.43	6.9	1.46	6.67	1.54	6.96	1.5	4.58	0.81
4:6	7.43	1.63	7.92	1.65	7.72	1.7	7.92	1.73	5.35	0.86
5:5	8.53	1.73	8.9	1.78	8.73	1.8	8.92	1.85	6.11	0.92
6:4	9.7	1.71	10.01	1.76	9.93	1.72	9.97	1.86	6.92	0.85
7:3	10.92	1.42	11.14	1.52	11.16	1.4	11.14	1.57	7.74	0.75
8:2	12.19	1.03	12.31	1.16	12.39	0.96	12.24	1.23	8.55	0.6
9:1	13.1	0.87	13.53	0.64	13.53	0.54	13.47	0.68	9.4	0.39
10:0	14.6	0	14.6	0	14.6	0	14.6	0	10.23	0

[a)] Im Original als 7.3 angegeben (vermutlich Druckfehler).

Die maximalen Abweichungen treten bei $c_1 : c_2 \approx 1$ (etwas ins saure Gebiet verschoben) auf, in den 0.03 molaren Lösungen mit Y, Ce, Nd, Yb betragen sie 16.2, 16.0, 16.7 und 16.8% und in der 0.02 molaren Lösung mit Sm 12.6%. Es wird angenommen, daß sich Acidokomplexe $H[M(SO_4)_2]$ geringer Stabilität bilden. $\varkappa$-Werte für die Komponenten s. Original [13]. Wie eine Figur im Original für $Ce_2(SO_4)_3$ in H_2O zeigt, stimmen die Ergebnisse mit den Angaben von [10] überein, Sukhikh, Serebrennikov [13].

Literatur:

[1] N. Purdie, C.A. Vincent (Trans. Faraday Soc. **63** [1967] 2745/57). – [2] D.P. Fay, D. Litchinsky, N. Purdie (J. Phys. Chem. **73** [1969] 544/52). – [3] J.J. Grecsek (Diss. Univ. Maryland 1970, S. 1/115, 58/62; Diss. Abstr. Intern. B **31** [1970] 2599). – [4] M.M. Farrow, N. Purdie (J. Solution Chem. **2** [1973] 513/24). – [5] D.P. Fay, N. Purdie (J. Phys. Chem. **74** [1970] 1160/6).

[6] M.M. Farrow (Diss. Oklahoma State Univ. 1973, S. 1/85; Diss. Abstr. Intern. B **34** [1974] 4864). – [7] D.P. Fay (Diss. Oklahoma State Univ. 1969, S. 1/154; Diss. Abstr. Intern. B **31** [1971] 4610). – [8] A. Mookherji, T. Mookherji (Current Sci. [India] **32** [1963] 543/4). – [9] A. Mookherji, T. Mookherji (J. Phys. Soc. Japan **22** [1967] 525/8). – [10] F.H. Spedding, S. Jaffe (J. Am. Chem. Soc. **76** [1954] 882/4).

[11] F.H. Spedding, G. Atkinson (in: W.J. Hamer, The Structure of Electrolytic Solutions, London 1959, S. 1/441, 319/39, 323). – [12] M.M. Farrow, N. Purdie (J. Solution Chem. **2** [1973] 503/11). – [13] G.N. Sukhikh, V.V. Serebrennikov (Tr. Tomsk. Gos. Univ. Ser. Khim. **157** [1963] 60/5; C.A. **61** [1964] 7765).

Chemical Reactions of Aqueous Solutions

28.7.4.3 Chemisches Verhalten wäßriger Lösungen

Die geringe Hydrolyse <0.5 M wäßriger $M_2(SO_4)_3$-Lösungen mit M=Y, La bis Nd, Sm bis Gd und Yb bei 25 °C wird von Moeller [1] durch direkte Messung der H^+-Konzentration untersucht und die Hydrolysenkonstante ermittelt unter der Annahme, daß sich MOH^{2+} und H^+ als primäre Hydrolysenprodukte nach $M^{3+} + H_2O \rightarrow MOH^{2+} + H^+$ bilden, s. Tabellen im Original [1]. Zur Hydrolyse s. auch „Seltenerdelemente" B 7, 1979, S. 13/23. Wäßrige Lösungen von $M_2(SO_4)_3$ hydrolysieren in der Wärme unter Bildung von mehr oder weniger gut definierten basischen Sulfaten, Flahaut [2]. Mit den Sulfaten der Alkalimetalle A = Li, Na, K, NH_4, Rb, Cs bildet $M_2(SO_4)_3$ in wäßriger Lösung Doppelsulfate mit der Zusammensetzung $A_xM_y(SO_4)_z \cdot mH_2O$. Beispielsweise scheidet sich beim Mischen von wäßrigen Lösungen von Na_2SO_4 und $M_2(SO_4)_3$, wenn M = La bis Gd ist, ein kristalliner Niederschlag von $NaM(SO_4)_2$ ab. Die Zeit bis zur Abscheidung nimmt von La bis Eu zu, für Gd entsteht der Niederschlag nur beim Erhitzen, Zaitseva u.a. [4]. Beim Eindampfen von K_2SO_4- und $M_2(SO_4)_3$-Lösungen bildet sich $KM(SO_4)_2 \cdot 2H_2O$ mit M = La bis Ho, $K_6M_4(SO_4)_9 \cdot 8H_2O$ mit M = Ce bis Gd und $K_5M(SO_4)_4$ mit M = La bis Sm, Petrov u.a. [3]. Weitere Angaben s. bei den entsprechenden Systemen A_2SO_4-$M_2(SO_4)_3$-H_2O.

Literatur:

[1] T.T. Moeller (J. Phys. Chem. **50** [1946] 242/50). – [2] J. Flahaut (Les Eléments des Terres Rares, Paris 1969, S. 1/165, 137). – [3] K.I. Petrov, G.N. Voronskaya, L.D. Iskhakova, V.E. Plyushchev (Zh. Neorgan. Khim. **16** [1971] 1275/81; Russ. J. Inorg. Chem. **16** [1971] 675/8). – [4] L.L. Zaitseva, M.I. Konarev, A.A. Kruglov, N.T. Chebotarev (Zh. Neorgan. Khim. **9** [1964] 2554/8; Russ. J. Inorg. Chem. **9** [1964] 1380/2).

Data on Individual Sulfates

Review in English

28.7.5 Angaben über einzelne Sulfate

Review

In this chapter, specific sulfates and systems are discussed so far as they are not described in the comparative chapters. For example, special preparative methods, properties, and chemical reactions which have been studied only for a few rare earth sulfates are treated here. There are no systematic investigations on sulfates of tetravalent rare earths, only cerium(IV) sulfates have been prepared and investigated, and the preparation of $Pr(SO_4)_2$ is reported. The data on divalent rare earth sulfates are also incomplete.

Scandium Sulfates

28.7.5.1 Scandiumsulfate

Angaben über $ScSO_4$ eingebaut in $SrSO_4$ s. unter 28.7.1, S. 33. Ergänzende Angaben über $Sc_2(SO_4)_3$ und $Sc_2(SO_4)_3 \cdot nH_2O$ s. unter 28.7.2, S. 33 bzw. 28.7.3, S. 43.

Allgemeine Literatur:

C.T. Horovitz, Scandium. Its Occurrence, Chemistry, Physics, Metallurgy, Biology, Technology, London-New York-San Francisco 1975.

Gmelin Handbuch, 7. Aufl., Bd. VI, Tl. 2, 1932, S. 677/9.

28.7.5.1.1 $Sc_2(SO_4)_3$

Bildung und Darstellung

Das weiße Pulver wird dargestellt durch Lösen von Sc_2O_3 in 6 N H_2SO_4. Die überschüssige Säure wird bei 250 bis 300 °C vertrieben, bis die SO_3-Entwicklung aufhört, Komissarova u.a. [1]. Weitgehende Entfernung des SO_3 bei 400 bis 450 °C und weitere Reinigung durch Auflösen in H_2O, Kristallisation des Pentahydrats und dessen thermische Zersetzung bei $\leqq$450 °C empfehlen Komissarova u.a. [13]. Darstellung durch 1 h Erhitzen einer Lösung des 4-Hydrates in etwa 70%igem H_2SO_4 unter Rühren auf 120 °C. Nach dem Abkühlen wird filtriert, fünfmal mit Alkohol gewaschen, sorgfältig zermahlen und bei 100 °C getrocknet, Trousil [2]. Gewöhnlich wird $Sc_2(SO_4)_3$ aus dem 5-Hydrat bei 400 bis 450 °C [13] oder in 2 h bei etwa 180 °C im Vakuum hergestellt, Perret u.a. [6]. Das $Sc_2(SO_4)_3$ bildet sich bei der thermischen Zersetzung des Sulfits in strömendem N_2 bei 300 und 500 °C, Castellani Bisi, Clerici [3]. Es entsteht bei der thermischen Zersetzung von $LiSc(SO_4)_2 \cdot 2H_2O$ [13], in peritektischer Reaktion aus $Na_3Sc(SO_4)_3$ bei etwa 887 °C, Remizov u.a. [4], sowie bei der thermischen Zersetzung der NH_4-Doppelsulfate oberhalb etwa 400 °C, Shatskii u.a. [16], nicht jedoch bei der thermischen Zersetzung der Doppelsulfate mit K_2SO_4, Rb_2SO_4 und Cs_2SO_4 [4]. Das $Sc_2(SO_4)_3$ tritt im System Sc_2O_3-SO_3-H_2O als fester Bodenkörper auf, s. S. 65 [1].

Physikalische Eigenschaften

$Sc_2(SO_4)_3$ ist nach Röntgen-Pulveraufnahmen rhomboedrisch und wie $Y_2(SO_4)_3$ nicht isotyp mit den Sulfaten anderer 3wertiger Metalle wie Fe, Cr, Ga, Al, In. Raumgruppe $R\bar{3}$-C_{3i}^2 (Nr. 148); Z=2. Gitterkonstanten a=9.040±0.030 Å, α=57°20'±30' (in hexagonaler Aufstellung ist a=8.670±0.006, c=22.50±0.11 Å, c/a=2.605), Perret u.a. [6], s. auch Perret, Rosso [7]. a=9.02 Å, α=57°35' [5]. Netzebenenabstände und relative Intensitäten s. [6]. Röntgen-Strichdiagramm s. auch bei Korotaeva u.a. [8] und Remizov u.a. [9]. Tetragonale Symmetrie und a=17.65, c=14.20 Å geben früher Kutek, Kirchnerová [17] (bei Bashkov u.a. [5] aufgeführt) an. Pyknometrische Dichte D_p=2.575 g/cm³, Röntgendichte D_r=2.565 [6] bzw. 2.56 g/cm³ [5]. Aus der Lösungswärme bei 25 °C in 4 M HNO_3 mit Zusatz von 4×10^{-3} M Na_2SiF_6 und Literaturdaten ermittelte Bildungsenthalpie $\Delta H^\circ_{298} = -881.0 \pm 8.8$ kcal/mol, Remizov u.a. [10]. Die molare Wärmekapazität wird in einer Literaturzusammenstellung zu C_p=62.0 cal·mol^{-1}·K^{-1} bei 25 °C angegeben, Rossini u.a. [18], Myuller [11], s. auch [12]. Die Verbindung schmilzt bei ≈990±10 °C [9], wobei nach den folgenden Angaben merkliche Zersetzung stattfinden müßte.

Chemisches Verhalten

$Sc_2(SO_4)_3$ ist stabil bis 600 °C und zersetzt sich dann ohne Bildung basischer Salze direkt zu Sc_2O_3, wobei Temperaturbereich, Dauer und Zersetzungsgrad von der Erhitzungsgeschwindigkeit abhängen, Komissarova u.a. [1].

Zersetzung oberhalb 700 °C gibt Trousil [2] an. Beim Erhitzen mit 5 bis 8 K/min findet die Zersetzung zwischen 760 und 980 °C statt. Beim isothermen Erhitzen ist die Zersetzung bei 600 °C selbst nach 240 h noch nicht vollständig, bei 850 °C hingegen verläuft sie in 1 h vollständig [1]. Wie Untersuchungen an $Sc_2(SO_4)_3$ als intermediärem Produkt (neben A_2SO_4, A=Li oder Na) bei thermischer Zersetzung von $LiSc(SO_4)_2 \cdot 2H_2O$ und $Na_3Sc(SO_4)_3 \cdot 5H_2O$ zeigen, wird $Sc_2(SO_4)_3$ durch Zusatz von Li_2SO_4 oder Na_2SO_4 stabilisiert. In Gegenwart von Li_2SO_4 (Erhitzungsgeschwindigkeit 5 K/min an der Luft) wird bei 850 bis 880 °C etwas SO_3 abgegeben, und bei 920 °C setzt vollständige Zersetzung zu Sc_2O_3 ein, die bei 1100 °C beendet ist. Daraus wird geschlossen, daß sich $Sc_2(SO_4)_3$

oberhalb 750 °C in Li_2SO_4-Schmelze löst. In Gegenwart von Na_2SO_4 findet die Zersetzung zwischen 820 und 1200 °C statt, Komissarova u.a. [13]. $Sc_2(SO_4)_3$ ist leicht hygroskopisch, Perret u.a. [6], wird aber auch beim langen Stehen an der Luft nicht feucht, Trousil [2].

Die Verbindung ist in H_2O gut löslich. Die Angabe bei Ivanov-Emin u.a. [15], daß die Löslichkeit von Scandiumsulfat 28.52 Gew.-% $Sc_2(SO_4)_3$ bei 25 °C beträgt, beruht auf den frühen Untersuchungen von Wirth [19], der bei zwei Untersuchungen 10.23 und 10.41 Gew.-% Sc_2O_3 in der Lösung findet. Als Ausgangsmaterial diente wie auch bei neueren Löslichkeitsuntersuchungen das leicht herstellbare $Sc_2(SO_4)_3 \cdot 5H_2O$, welches auch der Bodenkörper der gesättigten Lösung ist. Bei 25 °C wird eine Löslichkeit von 28.4 Gew.-% $Sc_2(SO_4)_3$ von Zazubin, Savrukova [20] und von 11.88 Gew.-% Sc_2O_3 von Komissarova u.a. [1] bestimmt. Von der gleichen Autorengruppe wird auch 12.00 Gew.-% Sc_2O_3 angegeben, s. Shatskii u.a. [16].

Mit steigender Temperatur (t in °C) nimmt die Löslichkeit S (in Gew.-% Sc_2O_3) etwa gemäß $S = 13.02 - 0.05\,t$ ab, Werte zwischen 0 und 100 °C:

t . .	0	10	20	30	40	50	60	70	80	90	100
S .	12.86	12.50	12.17	11.60	11.06	10.50	10.02	9.51	8.82	8.53	8.00

Komissarova u.a. [21].

Durch Zusatz von H_2SO_4 [1] (s. beim System) und $Al_2(SO_4)_3$ [20] wird S stark herabgesetz, durch Zusatz von Na_2SO_4 [13], K_2SO_4 [22] und $(NH_4)_2SO_4$ zumindest anfangs erhöht [16]; s. bei den entsprechenden Systemen.

Mit A_2SO_4 (A = Alkalimetall) bildet $Sc_2(SO_4)_3$ Doppelsulfate der Zusammensetzung $ASc(SO_4)_2$, s. beispielsweise für A = Li, Remizov u.a. [14], für A = Na, Remizov u.a. [9], für A = K, Rb, Korotaeva u.a. [8] sowie für A = Cs, Remizov u.a. [23]. Mit K_2SO_4 oder Cs_2SO_4 entstehen auch $A_3Sc(SO_4)_3$ und in peritektischer Reaktion $ASc_3(SO_4)_5$ [8].

Literatur:

[1] L.N. Komissarova, V.M. Shatskii, G.I. Moiseichenko (Zh. Neorgan. Khim. **10** [1965] 755/63; Russ. J. Inorg. Chem. **10** [1965] 407/11). – [2] Z. Trousil (Collection Trav. Chim. Tchecoslovaquie **10** [1938] 290/304, 293). – [3] C. Castellani Bisi, A. Clerici (Gazz. Chim. Ital. **93** [1963] 1444/54). – [4] V.G. Remizov, B.N. Ivanov-Emin, L.G. Korotaeva (Zh. Neorgan. Khim. **14** [1969] 2362/7; Russ. J. Inorg. Chem. **14** [1969] 1242/5). – [5] B.I. Bashkov, L.N. Komissarova, F.M. Spiridonov, V.M. Shatskii (Vestn. Mosk. Univ. Khim. **13** [1972] 598/600; Moscow Univ. Chem. Bull. **27** Nr. 5 [1972] 76/8).

[6] R. Perret, B. Rosso, J. Loriers (Bull. Soc. Chim. France **1968** 2698/9). – [7] R. Perret, B. Rosso (Compt. Rend. C **266** [1968] 1038/40). – [8] L.G. Korotaeva, V.G. Remizov, A.G. Dudareva, Kh. Alekhandro Aragon (Zh. Neorgan. Khim. **20** [1975] 2197/9; Russ. J. Inorg. Chem. **20** [1975] 1220/2). – [9] V.G. Remizov, L.G. Korotaeva, A.G. Dudareva, B.N. Ivanov-Emin, A.I. Ezhov (Zh. Neorgan. Khim. **16** [1971] 2308/10; Russ. J. Inorg. Chem. **16** [1971] 1231/2). – [10] V.G. Remizov, S.A. Malyutin, L.G. Korotaeva, K.K. Samplavskaya, B.N. Ivanov-Emin (Zh. Fiz. Khim. **45** [1971] 2941; Russ. J. Phys. Chem. **45** [1971] 1667/8).

[11] R.L. Myuller (Zh. Fiz. Khim. **28** [1954] 1193/209, 1200/1; C.A. **1955** 7953). – [12] D.D. Wagman, W.H. Evans, V.B. Parker u.a. (NBS-TN-270-5 [1971] 1/37, 26). – [13] L.N. Komissarova, B.I. Bashkov, V.M. Shatskii (Zh. Neorgan. Khim. **15** [1970] 2945/

51; Russ. J. Inorg. Chem. **15** [1970] 1533/7). – [14] V.G. Remizov, L.G. Korotaeva, A.G. Dudareva, B.N. Ivanov-Emin (Izv. Vysshikh Uchebn. Zavedenii Khim. Khim. Tekhnol. **14** [1971] 461/2; C.A. **75** [1971] Nr. 26003). – [15] B.N. Ivanov-Emin, L.G. Korotaeva, V.G. Remizov, A.I. Ezhov (Zh. Neorgan. Khim. **11** [1966] 511/6; Russ. J. Inorg. Chem. **11** [1966] 278/80).

[16] V.M. Shatskii, L.N. Komissarova, B.I. Bashkov (Zh. Neorgan. Khim. **15** [1970] 978/82; Russ. J. Inorg. Chem. **15** [1970] 499/501). – [17] F. Kutek, J. Kirchnerová (Sb. Vys. Sk. Chem. Technol. Praze B **9** [1966] 77/94; C. **1968** 9-714). – [18] F.D. Rossini, D.D. Wagmann, W.H. Evans, S. Levine, I. Jaffe (NBS-Circ.-500 [1952] 325). – [19] F. Wirth (Z. Anorg. Allgem. Chem. **87** [1914] 9/12). – [20] A.I. Zazubin, G.D. Savrukova (Tr. Inst. Met. Obogashch. Akad. Nauk Kaz. SSR **14** [1965] 15/7; C.A. **64** [1966] 16708).

[21] L.N. Komissarova, V.F. Chuvaev, V.M. Shatskii, B.I. Bashkov, T.A. Zhdanova (Zh. Neorgan. Khim. **16** [1971] 1258/63; Russ. J. Inorg. Chem. **16** [1971] 666/9). – [22] B.I. Bashkov, L.N. Komissarova, V.M. Shatskii (Zh. Neorgan. Khim. **15** [1970] 1362/6; Russ. J. Inorg. Chem. **15** [1970] 699/701). – [23] V.G. Remizov, L.G. Korotaeva, A.G. Dudareva, B.N. Ivanov-Emin (Zh. Prikl. Khim. **44** [1971] 2319/20; Russ. J. Appl. Chem. **44** [1971] 2372/3).

28.7.5.1.2 Das System Sc_2O_3-SO_3-H_2O

Bei 25 °C treten im System <0.05 Gew.-% SO_3 basische Sulfate unterschiedlicher Zusammensetzung in der festen Phase auf. Bei etwa 0.055 Gew.-% SO_3 und 0.012 Gew.-% Sc_2O_3 liegt ein eutonischer Punkt, bei dem auch das basische Sulfat $Sc(OH)SO_4 \cdot 2H_2O$ als Bodenkörper in der gesättigten Lösung auftritt. Seine Löslichkeit nimmt mit steigender SO_3-Konzentration nahezu linear zu bis zu dem Zweisalzpunkt $Sc(OH)SO_4 \cdot 2H_2O + Sc_2(SO_4)_3 \cdot 5H_2O$ bei 12.35 Gew.-% Sc_2O_3 und 24.40 Gew.-% SO_3 (laut Tabelle im Original; im Text und in der Figur im Original wird 20.0 Gew.-% SO_3 angegeben), Komissarova u.a. [2].

Die Löslichkeit von $Sc_2(SO_4)_3 \cdot 5H_2O$ sinkt mit steigender H_2SO_4-Konzentration von 11.88 auf 0.087 Gew.-% Sc_2O_3 zwischen 20.68 und 41.59 Gew.-% SO_3, wo $Sc_2(SO_4)_3$ als 2. feste Phase neben $Sc_2(SO_4)_3 \cdot 5H_2O$ als Bodenkörper in der gesättigten Lösung auftritt. In einem weiteren eutonischen Punkt liegt bei 0.014 Gew.-% Sc_2O_3 und 70.87 Gew.-% SO_3 neben $Sc_2(SO_4)_3$ das saure Sulfat $Sc_2(SO_4)_3 \cdot 3H_2SO_4$ ($\hat{=} H_3Sc(SO_4)_3$) vor, Komissarova u.a. [1]. Löslichkeitsisotherme s. Figur im Original [2]. Das Auftreten eines 6- und 7-Hydrats, wie es in der Literatur angegeben wird, ist im System Sc_2O_3-SO_3-H_2O bei 25 °C unter Gleichgewichtsbedingungen fraglich, Bashkov u.a. [3].

Literatur:

[1] L.N. Komissarova, V.M. Shatskii, G.I. Moiseichenko (Zh. Neorgan. Khim. **10** [1965] 755/63; Russ. J. Inorg. Chem. **10** [1965] 407/11). – [2] L.N. Komissarova, V.F. Chuvaev, V.M. Shatskii, B.I. Bashkov, T.A. Zhdanova (Zh. Neorgan. Khim. **16** [1971] 1258/63; Russ. J. Inorg. Chem. **16** [1971] 666/9). – [3] B.I. Bashkov, L.N. Komissarova, F.M. Spiridonov, V.M. Shatskii (Vestn. Mosk. Univ. Khim. **13** [1972] 598/600; Moscow Univ. Chem. Bull. **27** Nr. 5 [1972] 76/8).

28.7.5.1.3 $Sc_2(SO_4)_3 \cdot nH_2O$ mit n=6(?) oder 7(?). $Sc_2(SO_4)_3 \cdot 6D_2O$

Die Existenz eines 7-Hydrats ist ebenso wie die eines 6-Hydrats unter Gleichgewichtsbedingungen im System Sc_2O_3-SO_3-H_2O fraglich, s. oben.

Zur Darstellung von $Sc_2(SO_4)_3 \cdot 7H_2O$ wird das 4-Hydrat in wenig Wasser gelöst und über H_2SO_4 bei ≤ 0 °C eingedunstet. Es entstehen glänzende durchsichtige Prismen, die bei gewöhnlicher Temperatur sehr instabil sind und selbst um 0 °C in der Nähe von H_2O im geschlossenen Gefäß in 4-Hydrat übergehen. Das dabei freiwerdende Wasser schlägt sich an der Gefäßwand nieder. Das 7-Hydrat ist in H_2O leicht löslich, Trousil [1].

Die Existenz von $Sc_2(SO_4)_3 \cdot 6H_2O$, welches in der älteren Literatur (s. Gmelin Handbuch, 7. Aufl., Bd. VI, Tl. 2, 1932, S. 678) beschrieben wurde, wird von Trousil [1] nicht bestätigt. In neuerer Zeit wird das 6-Hydrat von Postmus, Ferraro [2] erwähnt, welche es durch Eindampfen einer Lösung von Sc_2O_3 in etwas überschüssigem H_2SO_4 erhalten. Da dieses Verfahren sich von dem üblichen Herstellungsverfahren des 5-Hydrats nicht unterscheidet, vermuten Niinistö u.a. [3], daß auch bei Postmus, Ferraro [2] das 5-Hydrat vorgelegen hat.

Im IR-Spektrum dieses (vermeintlichen) 6-Hydrats und 6-Deuterats in Nujol werden zwischen 80 und 4000 cm^{-1} die den SO_4-Gruppen zugeordneten Banden bei folgenden Wellenzahlen beobachtet: $\nu_1(A_1)$ bei 1020 cm^{-1}, $\nu_3(F_2)$ bei 1060, 1085, 1104, 1120, 1149 und 1170 cm^{-1} und $\nu_4(F_2)$ bei 609, 645, 660 und 736 cm^{-1}. Die Pendelschwingung des H_2O (D_2O) wird bei 767 (567 und 540) cm^{-1}, die Kippschwingung bei 495 und 471 cm^{-1} (–) festgestellt, wo auch $\nu_2(SO_4)$ auftreten sollte. Die Sc-OH_2-Valenzschwingung liegt bei 433 (?) cm^{-1}. Es werden bezüglich der SO_4-Symmetrie und für H_2O die gleichen Rückschlüsse gezogen wie bei den 8-Hydraten, s. S. 49, Postmus, Ferraro [2].

Literatur:

[1] Z. Trousil (Collection Trav. Chim. Tchecoslovaquie **10** [1938] 290/304, 296). – [2] C. Postmus, J.R. Ferraro (J. Chem. Phys. **48** [1968] 3605/11). – [3] L. Niinistö, J. Valkonen, L.O. Larsson (Finn. Chem. Letters **1975** 45/8).

28.7.5.1.4 $Sc_2(SO_4)_3 \cdot 5H_2O$

Bildung und Darstellung

Die Verbindung tritt in den Systemen A_2SO_4-$Sc_2(SO_4)_3$-H_2O (A=Alkali oder NH_4) neben Doppelsulfaten auf, s. unter 28.8, im System Sc_2O_3-SO_3-H_2O neben $ScOHSO_4 \cdot 2H_2O$ und neben dem wasserfreien Sulfat (s. S. 65).

Farblose tafelförmige Kristalle erhält man bereits durch langsames Eindampfen einer Lösung von $Sc(OH)_3$ in 3 M H_2SO_4 über konzentriertem H_2SO_4, Niinistö u.a. [2]. Kleine, gut ausgebildete Kristalle entstehen, wenn wasserfreies $Sc_2(SO_4)_3$ in einem Überschuß an H_2O gelöst und die filtrierte Lösung unter Rühren eingedampft wird. Sie werden abfiltriert, mit wenig Wasser gewaschen und an der Luft bis zur Gewichtskonstanz getrocknet, Komissarova u.a. [1].

Kristallographische Eigenschaften

Nach Röntgen-Pulveraufnahmen ist $Sc_2(SO_4)_3 \cdot 5H_2O$ triklin mit a=10.950(3), b=11.520(2), c=5.643(1) Å; α=90.44(2)°, β=99.48(1)°, γ=89.62(4)°; Z=2. Ob die Raumgruppe $P1$-C_1^1 oder $P\bar{1}$-C_i^1 vorliegt, ist nicht geklärt. Die farblosen, tafelförmigen Kristalle sind vermutlich isostrukturell mit $Sc_2(SeO_4)_3 \cdot 5H_2O$, Niinistö u.a. [2]. Die Gitterkonstanten a=10.72, b=11.44, c=5.79 Å und alle drei Winkel nahe 90° geben Bashkov u.a. [3] an. Röntgen-Strichdiagramme zwischen 25 und 180 °C s. bei Komissarova u.a. [1]. Nach NMR-spektroskopischen Untersuchungen sind die fünf Moleküle H_2O tatsächlich als Kristallwasser und recht fest gebunden, Komissarova u.a. [4].

Dichte

Mittels Flotation wird $D=2.19\ g/cm^3$ und röntgenographisch $D_r=2.21\ g/cm^3$ [2] und $2.17\ g/cm^3$ [3] bestimmt. Bei 21.5 ± 0.1 °C gemessene Dichte: $D=2.15\pm0.03\ g/cm^3$ [1].

Optische Eigenschaften

Die farblosen Kristalle sind optisch zweiachsig positiv, Brechungszahlen $n_x=1.521\pm0.002$, $n_y=1.530\pm0.003$, $n_z=1.543\pm0.002$ [1].

Chemisches Verhalten

$Sc_2(SO_4)_3\cdot5H_2O$ ist nicht hygroskopisch und an der Luft stabil bis 110 °C. Die Entwässerung an der Luft findet zwischen 110 und 285 °C stufenweise statt. Zunächst werden 3 Moleküle H_2O abgebaut, und es entsteht bei stetigem Erhitzen zwischen 110 und 164 °C das Dihydrat, das bei schnellem Erhitzen (5 bis 8 K/min) zunächst $^1/_2$ mol, dann noch $^1/_2$ mol und bei 236 bis 284 °C das letzte mol H_2O verliert. Wird mit 0.5 K/min erhitzt, so verliert das Dihydrat $^1/_2$ mol H_2O unterhalb 210 °C, und die restlichen 1.5 mol H_2O bei 210 bis 220 °C. Beim isothermen Erhitzen liegt nach 60 h bei 120 °C das Dihydrat, bei 270 °C wasserfreies Sulfat vor [1]. Zur Löslichkeit von $Sc_2(SO_4)_3\cdot5H_2O$ in H_2O, auch mit geringen Zusätzen an H_2SO_4, Na_2SO_4, K_2SO_4, $(NH_4)_2SO_4$ oder $Al_2(SO_4)_3$ s. beim wasserfreien Sulfat, S. 64.

Literatur:

[1] L.N. Komissarova, V.M. Shatskii, G.I. Moiseichenko (Zh. Neorgan. Khim. **10** [1965] 755/63; Russ. J. Inorg. Chem. **10** [1965] 407/11). – [2] L. Niinistö, J. Valkonen, L.O. Larsson (Finn. Chem. Letters **1975** 45/8). – [3] B.I. Bashkov, L.N. Komissarova, F.M. Spiridonov, V.M. Shatskii (Vestn. Mosk. Univ. Khim. **13** [1972] 598/600; Moscow Univ. Chem. Bull. **27** Nr. 5 [1972] 76/8). – [4] L.N. Komissarova, V.F. Chuvaev, V.M. Shatskii, B.I. Bashkov, T.A. Zhdanova (Zh. Neorgan. Khim. **16** [1971] 1258/63; Russ. J. Inorg. Chem. **16** [1971] 666/9).

28.7.5.1.5 $Sc_2(SO_4)_3\cdot4H_2O$

Die Verbindung wird bei Kristallisationsversuchen erhalten, unter denen üblicherweise das Sulfatpentahydrat kristallisiert. Auch seine Eigenschaften sind diesem sehr ähnlich. Zum Auftreten von $Sc_2(SO_4)_3\cdot4H_2O$ in den Systemen $Sc_2(SO_4)_3$-$CO(NH_2)_2$-H_2O und $Sc_2(SO_4)_3$-$CS(NH_2)_2$-H_2O s. S. 70.

Die Darstellung erfolgt beispielsweise aus wäßriger Lösung von Scandiumsulfat in Gegenwart von H_2SO_4 durch langsames Eindunsten an der Luft bei gewöhnlicher Temperatur, Dichte $=2.16\ g/cm^3$. Das weiße Pulver ist unter normalen Bedingungen an der Luft beständig. Es löst sich in Wasser in der Kälte langsam, schneller beim Erhitzen. Beim Erhitzen auf 100 °C werden 3 Moleküle H_2O abgebaut, das 4. erst bei 250 °C, Z. Trousil (Collection Trav. Chim. Tchecoslovaquie **10** [1938] 290/304, 294/6).

28.7.5.1.6 $Sc_2(SO_4)_3\cdot2H_2O$

Das Dihydrat entsteht beim thermischen Abbau des Pentahydrats zwischen 110 und 164 °C, s. oben. Nach kernmagnetischen Untersuchungen handelt es sich bei den beiden H_2O tatsächlich um Kristallwasser, das recht fest gebunden ist, L.N. Komissarova, V.F. Chuvaev, V.M. Shatskii, B.I. Bashkov, T.A. Zhdanova (Zh. Neorgan. Khim. **16** [1971] 1258/63; Russ. J. Inorg. Chem. **16** [1971] 666/9.

Acidic Scandium Sulfates

28.7.5.1.7 Saure Scandiumsulfate

Möglicherweise handelt es sich bei den folgenden zwei sauren Sulfaten um die gleiche Verbindung.

$H_3Sc(SO_4)_3$ ($\hat{=} Sc_2(SO_4)_3 \cdot 3H_2SO_4$)

Nach Löslichkeitsuntersuchungen bei 25 °C tritt im System Sc_2O_3-SO_3-H_2O das saure Sulfat $H_3Sc(SO_4)_3$ bei $\leqq$0.014 Gew.-% Sc_2O_3 und $\geqq$70.87 Gew.-% SO_3 auf. Es bildet keine Kristalle, sondern eine viskose weiße Masse, die sich nach röntgenographischen Untersuchungen an der Luft in $Sc_2(SO_4)_3$ zersetzt. Beim Erhitzen werden zwischen 100 und 300 °C 3 Moleküle H_2SO_4 abgebaut, Komissarova u.a. [1], s. auch Komissarova u.a. [2].

$HSc(SO_4)_2 \cdot 2H_2O$ ($\hat{=} Sc_2(SO_4)_3 \cdot H_2SO_4 \cdot 4H_2O$)

Die farblosen, feinkristallinen, glänzenden Kristalle werden dargestellt durch Einwirkung von 40%igem H_2SO_4 auf $Sc_2(SO_4)_3 \cdot 4H_2O$ bei gewöhnlicher Temperatur innerhalb einiger Tage. Nach dem Filtrieren wird mit Essigsäureanhydrid und Äther gewaschen und an der Luft getrocknet. $HSc(SO_4)_2 \cdot 2H_2O$ löst sich in H_2O, Trousil [3].

Auf Bildung von $HSc(SO_4)_2 \cdot 2H_2O$ wird auch die Erniedrigung der $Sc_2(SO_4)_3$-Löslichkeit in Wasser bei Zusatz von H_2SO_4 zurückgeführt, Ivanov-Emin u.a. [4].

Literatur:

[1] L.N. Komissarova, V.M. Shatskii, G.I. Moiseichenko (Zh. Neorgan. Khim. **10** [1965] 755/63; Russ. J. Inorg. Chem. **10** [1965] 407/11). – [2] L.N. Komissarova, V.F. Chuvaev, V.M. Shatskii, B.I. Bashkov, T.A. Zhdanova (Zh. Neorgan. Khim. **16** [1971] 1258/63; Russ. J. Inorg. Chem. **16** [1971] 666/9). – [3] Z. Trousil (Collection Trav. Chim. Tchecoslovaquie **10** [1938] 290/304, 296). – [4] B.N. Ivanov-Emin, L.G. Korotaeva, V.G. Remizov, A.I. Ezhov (Zh. Neorgan. Khim. **11** [1966] 511/6; Russ. J. Inorg. Chem. **11** [1966] 278/80).

Aqueous Solutions of $Sc_2(SO_4)_3$

28.7.5.1.8 Wäßrige Lösungen von $Sc_2(SO_4)_3$

Konstitution der Lösungen

In wäßriger Lösung wird die Bildung verschiedener komplexer Ionen festgestellt: $ScSO_4^+$ tritt beispielsweise in 0.1 und 0.0033 M wäßrigen $Sc_2(SO_4)_3$-Lösungen bei pH = 2.4 auf. Für seine Bildung wird auf Grund von Ultraschallrelaxationsuntersuchungen der 3stufige Assoziationsmechanismus $Sc^{3+} + SO_4^{2-} \rightleftharpoons Sc(H_2O)(H_2O)SO_4^+ \rightleftharpoons Sc(H_2O)SO_4^+ \rightleftharpoons ScSO_4^+$ vorgeschlagen, Bonsen u.a. [1]. Nach Untersuchungen des Kationenaustauschs in Lösungen der Ionenstärke $\mu = 0.500$ bei pH = 4 bis 4.5 bilden sich die Komplexe $ScSO_4^+$ und $Sc(SO_4)_2^-$, wenn $[SO_4^{2-}] \leqq 0.1$ M ist, und vermutlich $Sc(SO_4)_3^{3-}$, wenn $[SO_4^{2-}] \geqq 0.1$ M ist, Kolosov u.a. [2].

Diese 3 Komplexe werden bei ähnlichen Untersuchungen mit $\mu = 0.5$ und pH = 2.7, wenn $[SO_4^{2-}] \leqq 4.65 \times 10^{-2}$ M ist, von Tateda [3] gefunden. Weitere Angaben über das Auftreten von $ScSO_4^+$, s. beispielsweise Belyavskaya u.a. [4], Korenmann, Zaglyadimova [5], von $Sc(SO_4)_2^-$, s. beispielsweise Brykina u.a. [6].

Raman-spektroskopische Untersuchungen an 0.8 M Lösungen mit dem Ionenverhältnis $Sc:SO_4 = 1:1.5$ und an 0.46 M Lösungen mit dem Ionenverhältnis $Sc:SO_4 = 1:3$ ($\hat{=} Sc_2(SO_4)_3 \cdot 3H_2SO_4$) führen zu der Annahme, daß in den Lösungen außer den freien

Ionen SO_4^{2-} und $HOSO_3^-$ komplexe Teilchen vom Typ $Sc_2(SO_4)_n^{6-2n}$ auftreten, die möglicherweise auch H_2O-haltig sind. In Lösungen, die kein freies H_2SO_4 enthalten, ist vermutlich $n \leqq 3$. In sauren Lösungen soll n bis zu 6 möglich sein, Strauch, Komissarova [9].

Dichte

Die Dichte der an $Sc_2(SO_4)_3 \cdot 5H_2O$ gesättigten wäßrigen Lösung bei 25 °C beträgt 1.33 g/cm³ bei (in Gew.-%) 11.88 Sc_2O_3 und 20.68 SO_3. Sie sinkt bei abnehmender Löslichkeit des $Sc_2(SO_4)_3 \cdot 5H_2O$ infolge Zusatz von H_2SO_4 auf 1.25 g/cm³ bei 4.41 Sc_2O_3 und 21.86 SO_3 und steigt dann wieder an auf 1.42 und 1.80 g/cm³ an den Zweisalzpunkten $Sc_2(SO_4)_3 \cdot 5H_2O + Sc_2(SO_4)_3$ (bei 0.087 Sc_2O_3, 41.59 SO_3) und $Sc_2(SO_4)_3 + H_3Sc(SO_4)_3$ (bei 0.014 Sc_2O_3, 70.87 SO_3) und beträgt 1.88 g/cm³ bei 0.0017 Sc_2O_3 und 80.03 SO_3. Dazwischen liegende Werte s. Original, Komissarova u.a. [7].

Ultraschallabsorption

Die Ultraschallabsorption wird bei 25 °C, pH = 2.4, 0.23 MHz bis 1.3 GHz und c = 0.0033 bis 0.1 M $Sc_2(SO_4)_3$ untersucht und 3 Relaxationseffekte festgestellt (s. Figur im Original). Diesen entsprechen folgende Relaxationszeiten τ_i und Amplituden A_i (i = 1,2,3) bei einem Beitrag B″ des $Sc_2(SO_4)_3$ zur Ultraschallabsorption:

c in mol/l	0.0033	0.01	0.033	0.058	0.1
$\tau_3 \cdot 10^7$ in s	2.6	2.5	2.1	1.95	1.85
$\tau_2 \cdot 10^8$ in s	3.1	2.3 [a]	3.2	3.4	3.2
$\tau_1 \cdot 10^{10}$ in s	–	–	5.5	5.3	6.1
$A_3 \cdot 10^5$	72	280	740	1300	2200
$A_2 \cdot 10^5$	50	130	340	570	970
$A_1 \cdot 10^5$	–	–	350	570	650
$B'' \cdot 10^{12}$ in s	–	–	1.1	−3.5	2.5

[a] Vermutlich ein Druckfehler (3.2).

Im Gegensatz zu τ_2 ist τ_3 konzentrationsabhängig. Auch für τ_1 wird eine Abhängigkeit von der Konzentration erwartet. Die Relaxationseffekte werden mit einem 3stufigen Assoziationsmechanismus (s. S. 68) erklärt, Bonsen u.a. [1].

Raman-Spektrum

Das Raman-Spektrum einer wäßrigen 0.8 M $Sc_2(SO_4)_3$-Lösung (mit Sc:SO_4 = 1:1.5) wird mit dem des freien SO_4^{2-}-Ions mit Symmetrie T_d sowie dem des $HOSO_3^-$-Ions mit Symmetrie C_{3v} verglichen. Linien bei ≈430, 495, 596, 690, 900(?), 1008, 1045, ≈1130 und 1235 cm⁻¹ werden, obwohl sie größtenteils nahe den Wellenzahlen des $HOSO_3^-$-Ions liegen, koordiniertem SO_4 mit geringerer Symmetrie als T_d zugeordnet. Der $\nu_1(A_1)$-Schwingung des freien SO_4^{2-}-Ions entspricht die Linie bei 978 cm⁻¹ in der Lösung, die ν_3- und ν_4-Schwingungen sind verdeckt. Eine Sc-O(SO_4)-Schwingung liegt bei 280 cm⁻¹, eine Sc-O-S-Deformationsschwingung bei 142 cm⁻¹. Dem Sc-O(H_2O) entsprechende Linien werden nicht gefunden. Das Raman-Spektrum saurer 0.46 M $Sc_2(SO_4)_3$-Lösungen (mit Sc:SO_4 = 1:3) unterscheidet sich nur wenig. Insgesamt sind die Linien intensiver und die bei ≈800 und 900 cm⁻¹ deutlicher. Deshalb werden sie in dieser sauren Lösung zumindest teilweise dem $HOSO_3^-$-Ion zugeordnet. Über die Art der vorliegenden Komplexe s. unter „Konstitution der Lösungen“, Strauch, Komissarova [9].

Chemisches Verhalten

Die Fällung von $Sc_2(SO_4)_3 \cdot 5H_2O$ aus neutraler $Sc_2(SO_4)_3$-Lösung mit H_2SO_4 dient zur Abtrennung des Sc von Th, Zr, Y, Yb, Fe, Al, Mn, s. „Seltenerdelemente" B 1, 1976, S. 112/3.

Wird eine wäßrige $Sc_2(SO_4)_3$-Lösung bei 25 °C mit $Sc(OH)_3$ versetzt, so entstehen nach mehrtägigem Rühren in Abhängigkeit vom Verhältnis $n = OH^- : Sc^{3+}$ und vom pH-Wert verschiedene basische Sulfate:

n	0.50 bis 1.00	2.00 bis 2.25
pH	3.30 bis 4.00	4.60 bis 5.00
Sulfat	$Sc(OH)SO_4 \cdot 2H_2O$	$Sc_3O_2(OH)_3SO_4 \cdot 4.5H_2O$
n	2.25 bis 2.50	2.50 bis 2.75
pH	5.00 bis 5.50	6.00 bis 6.40
Sulfat	$Sc_4(OH)_{10}SO_4 \cdot 2H_2O$	$Sc_8(OH)_{22}SO_4 \cdot 2H_2O$

Anstelle von $Sc(OH)_3$ kann auch LiOH verwendet werden, Komissarova u.a. [11]. Mit NaOH, KOH, NH_4OH, RbOH, CsOH oder TlOH entstehen zwischen $n = 1.00$ und 2.00 zusätzlich basische Doppelsulfate $ASc_3(OH)_6(SO_4)_2 \cdot H_2O$ mit A = Na, K, NH_4, Rb, Tl und $CsSc_3O(OH)_4(SO_4)_2 \cdot 2H_2O$. Diese Doppelsulfate bilden sich auch, wenn eine Suspension von $Sc(OH)_3$ in A_2SO_4-Lösung mit $Sc_2(SO_4)_3$-Lösung versetzt wird, Shatskii u.a. [12], s. auch Shatskii u.a. [13]. Nur ein basisches Sulfat, $Sc(OH)_{2.32}(SO_4)_{0.34}$, beim Versetzen wäßriger $Sc_2(SO_4)_3$-Lösung mit NaOH bei $n < 2.25$, und $Sc(OH)_3$ bei $n \geqq 2.5$ finden Mironov, Mal'kevich [14]. Mit $Ba(OH)_2$ entsteht $Sc(OH)SO_4 \cdot 2H_2O$, s. Trousil [19]. In wäßriger Lösung bildet $Sc_2(SO_4)_3$ mit A_2SO_4 Doppelsulfate; mit A = Li entsteht $LiSc(SO_4)_2 \cdot 2H_2O$, Komissarova u.a. [10]; mit A = Na das $Na_3Sc(SO_4)_3 \cdot 5H_2O$ [10], s. auch Ivanov-Emin u.a. [8]; mit K_2SO_4 bilden sich $KSc(SO_4)_2$ und $K_3Sc(SO_4)_3$, Bashkov u.a. [15], s. auch [8]; mit $(NH_4)_2SO_4$ entstehen $NH_4Sc(SO_4)_2$, $(NH_4)_3Sc(SO_4)_3$, Shatskii u.a. [16], und $(NH_4)_4Sc_2(SO_4)_5$ [8], mit Rb_2SO_4 und Cs_2SO_4 bilden sich $RbSc(SO_4)_2$ und $CsSc(SO_4)_2$ [8] und $Rb_3Sc(SO_4)_3$ und $Cs_3Sc(SO_4)_3$, Komissarova u.a. [17]. Einzelheiten s. bei den Systemen A_2SO_4-$M_2(SO_4)_3$-H_2O. Bei 24stündiger Reaktion mit wäßriger A_2SO_4-Lösung unterhalb von 0 °C kristallisiert nur, wenn A = Cs ist, ein Alaun der Zusammensetzung $CsSc(SO_4)_2 \cdot 12H_2O$ aus, der bereits oberhalb 0 °C sein Kristallwasser abgibt, Bashkov u.a. [20]. Nach Löslichkeitsuntersuchungen im System $Sc_2(SO_4)_3$-$CO(NH_2)_2$-H_2O bei 30 °C bilden sich außer $Sc_2(SO_4)_3 \cdot 4H_2O$ und $CO(NH_2)_2$ die Solvate $Sc_2(SO_4)_3 \cdot 2CO(NH_2)_2 \cdot 4H_2O$, $Sc_2(SO_4)_3 \cdot nCO(NH_2)_2$ mit n = 5 und 10. Mit $CS(NH_2)_2$ bildet $Sc_2(SO_4)_3 \cdot 4H_2O$ ein eutonisches System, Zholalieva u.a. [18].

Literatur:

[1] A. Bonsen, W. Knoche, W. Berger, K. Giese, S. Petrucci (Ber. Bunsenges. Physik. Chem. **82** [1978] 678/83). – [2] I.V. Kolosov, B.N. Ivanov-Emin, L.G. Korotaeva, Khayasi Tetsu (Radiokhimiya **9** [1967] 473/8; Soviet Radiochem. **9** [1967] 457/61). – [3] A. Tateda (Bull. Chem. Soc. Japan **38** [1965] 165/71). – [4] T.A. Belyavskaya, I.P. Alimarin, G.D. Brykina (Vestn. Mosk. Univ. Ser. II Khim. **21** Nr. 1 [1966] 84/7; Moscow Univ. Chem. Bull. **21** Nr. 1 [1966] 63/5). – [5] I.M. Korenman, N.V. Zaglyadimova (Tr. Khim. Khim. Tekhnol. **1966** 80/7; C.A. **67** [1967] Nr. 57685).

[6] G.D. Brykina, I.P. Alimarin, T.A. Belyavskaya (Radiokhimiya **8** [1966] 110/2; Soviet Radiochem. **8** [1966] 100/2). – [7] L.N. Komissarova, V.M. Shatskii, G.I. Moiseichenko (Zh. Neorgan. Khim. **10** [1965] 755/63; Russ. J. Inorg. Chem. **10** [1965]

407/11). – [8] B.N. Ivanov-Emin, L.G. Korotaeva, V.G. Remizov, A.I. Ezhov (Zh. Neorgan. Khim. **11** [1966] 511/6; Russ. J. Inorg. Chem. **11** [1966] 278/80). – [9] B. Strauch, L.N. Komissarova (Collection Czech. Chem. Commun. **32** [1967] 1484/96; C.A. **67** [1967] Nr. 86308). – [10] L.N. Komissarova, B.I. Bashkov, V.M. Shatskii (Zh. Neorgan. Khim. **15** [1970] 2945/51; Russ. J. Inorg. Chem. **15** [1970] 1533/7).

[11] L.N. Komissarova, V.F. Chuvaev, V.M. Shatskii, B.I. Bashkov, A.M. Grevtsev, E.G. Teterin (Zh. Neorgan. Khim. **19** [1974] 2606/11; Russ. J. Inorg. Chem. **19** [1974] 1423/6). – [12] V.M. Shatskii, B.I. Bashkov, L.N. Komissarova, A.M. Grevtsev (Zh. Neorgan. Khim. **19** [1974] 2013/7; Russ. J. Inorg. Chem. **19** [1974] 1103/6). – [13] V.M. Shatskii, V.F. Chuvaev, B.I. Bashkov, A.M. Grevtsev, L.N. Komissarova (Zh. Neorgan. Khim. **19** [1974] 2327/30; Russ. J. Inorg. Chem. **19** [1974] 1271/3). – [14] N.N. Mironov, N.V. Mal'kevich (Zh. Neorgan. Khim. **15** [1970] 599/601; Russ. J. Inorg. Chem. **15** [1970] 309/11). – [15] B.I. Bashkov, L.N. Komissarova, V.M. Shatskii (Zh. Neorgan. Khim. **15** [1970] 1362/6; Russ. J. Inorg. Chem. **15** [1970] 699/701).

[16] V.M. Shatskii, L.N. Komissarova, B.I. Bashkov (Zh. Neorgan. Khim. **15** [1970] 978/82; Russ. J. Inorg. Chem. **15** [1970] 499/501). – [17] L.N. Komissarova, B.I. Bashkov, V.M. Shatskii (Zh. Neorgan. Khim. **15** [1970] 1507/12; Russ. J. Inorg. Chem. **15** [1970] 773/6). – [18] Z.M. Zholalieva, K. Sulaimankulov, M. Ismailov (Zh. Neorgan. Khim. **19** [1974] 1673/6; Russ. J. Inorg. Chem. **19** [1974] 910/2). – [19] Z. Trousil (Collection Czech. Chem. Commun. **10** [1938] 290/304, 292). – [20] B.I. Bashkov, L.N. Komissarova, F.M. Spiridonov, V.M. Shatskii (Vestn. Mosk. Univ. Khim. **13** [1972] 598/600; Moscow Univ. Chem. Bull. **27** Nr. 5 [1972] 76/8).

28.7.5.2 Yttriumsulfate

Yttrium Sulfates

Über die Verbindung $Y_2(SO_4)_3 \cdot 3H_2SO_4$ (s. Gmelin Handbuch, 7. Aufl., Bd. VI, Tl. 2, 1939, S. 718/9) liegen in der neueren Literatur keine Angaben vor. Ergänzende Angaben über $Y_2(SO_4)_3$, $Y_2(SO_4)_3 \cdot nH_2O$ und über wäßrige $Y_2(SO_4)_3$-Lösungen s. unter 28.7.2, S. 33, 28.7.3, S. 43 bzw. 28.7.4, S. 56.

28.7.5.2.1 $Y_2(SO_4)_3$

Bildung und Darstellung

Die Darstellung erfolgt durch Auflösen von Y_2O_3 in H_2SO_4. Überschüssiges H_2SO_4 wird durch Eindampfen vertrieben und dann bis zur Gewichtskonstanz bei 400 °C geglüht, Sukhikh, Serebrennikov [1]. Das $Y_2(SO_4)_3$ bildet sich bei der thermischen Zersetzung von $Y_2(SO_4)_3 \cdot 8H_2O$ bei etwa 200 °C, Domingues u.a. [2]. Entwässern des 8-Hydrats bei 180 °C im Vakuum innerhalb von 2 h empfehlen Perret u.a. [3]. $Y_2(SO_4)_3$ entsteht auch bei der thermischen Zersetzung von $NH_4Y(SO_4)_2 \cdot 1.5H_2O$ bei 470 °C [2], oder des Sulfits in strömendem N_2 bei 500 und 800 °C, Castellani Bisi, Clerici [4]. Es tritt als Zwischenprodukt bei der Oxidation von Polysulfiden an der Luft oberhalb 500 °C auf, Flahaut, Guittard [5].

Physikalische Eigenschaften

Die Verbindung tritt in zwei Modifikationen auf. Ein endothermer Effekt wird in der Erhitzungskurve jedoch nicht festgestellt, Degtyarev u.a. [16]. Bei hohen Temperaturen (>700 °C aus $KY(SO_4)_2$) hergestelltes abgeschrecktes $Y_2(SO_4)_3$ (α-Phase [16]) kristallisiert wie die Sulfate von Tb, Dy, Ho, Er und Tm in der orthorhombischen Raumgruppe Pbcn-D_{2h}^{14} (Nr. 60) s. S. 36. Aus $Y_2(SO_4)_3 \cdot 8H_2O$ bei 180 °C hergestelltes $Y_2(SO_4)_3$ (β-Phase [16]) ist nach Röntgen-Pulveraufnahme wie $Sc_2(SO_4)_3$ rhomboedrisch, Raumgruppe $R\bar{3}$-C_{3i}^2

(Nr. 148), Z=2. a=9.290±0.035 Å, α=59°20′±30′ (in hexagonaler Aufstellung ist a=9.190±0.007, c=22.87±0.12 Å; c/a=2.489). Netzebenenabstände und relative Intensitäten s. Original. Rhomboedrisches $Y_2(SO_4)_3$ ist nicht isotyp mit den Sulfaten des Cr, Fe, Ga, Al und In, Perret u.a. [3]. Aus der Verschiebung der β_1-Linie zur kurzwelligen Seite wird auf eine Abwanderung der $5s^2$-Elektronen geschlossen. Die Bindung ist weniger stark ionisch als in Y_2O_3, Nadjakov, Genchev [6]. Pyknometrische Dichte: 2.755 g/cm³, Röntgendichte: 2.776 g/cm³, Perret u.a. [3].

Eine rohe Abschätzung der Standardbildungsenthalpie ΔH° bei 25 °C mit Hilfe der Paulingschen Elektronegativitätsskala ergibt für $Y_2(SO_4)_3$ den Wert −914 kcal/mol, Wilcox [10]. Die freie Bildungsenthalpie $\Delta G^\circ_{298} = -866.8$ kcal/mol wird aus unbelegten Literaturdaten berechnet, Wagman u.a. [11]. Die molare Wärmekapazität C_p beträgt 63.4 $cal \cdot mol^{-1} \cdot K^{-1}$ bei 298 K nach Landiya [7] und 63.2 $cal \cdot mol^{-1} \cdot K^{-1}$ bei 300 K nach Myuller [8]; $C_p = 61.5$ $cal \cdot mol^{-1} \cdot K^{-1}$ zwischen 273 und 373 K gibt Montgomery [9] an. Nach Formeln im Original wird $C_p = 73$ und 73.7 $cal \cdot mol^{-1} \cdot K^{-1}$ berechnet [7].

Chemisches Verhalten

Beim Erhitzen mit 2.5 K/min ist $Y_2(SO_4)_3$ stabil bis etwa 850 °C, wo Schwefeloxide zu entweichen beginnen. Bei 1050 °C setzt die Bildung von $Y_2O_2SO_4$ ein, das sich bei weiterem Erhitzen sofort zersetzt, so daß bei 1185 °C nur noch Y_2O_3 vorliegt [2], vgl. hierzu die Angaben auf S. 40.

$Y_2(SO_4)_3$ ist leicht hygroskopisch, Perret u.a. [3]. Mit $K_2(SO_4)$ reagiert $Y_2(SO_4)_3$ bei hohen Temperaturen zu $K_3Y(SO_4)_3$ (s. S. 241), $K_4Y_2(SO_4)_5$, $K_6Y_4(SO_4)_9$ und $KY(SO_4)_2$, Degtyarev u.a. [15], Degtyarev u.a. [16], s. S. 241. $Y_2(SO_4)_3$ bildet vermutlich keine Alaune [3].

Löslichkeit

Die Löslichkeit S in Gew.-% $Y_2(SO_4)_3$ in H_2O beträgt 5.35 bei 25 °C [14, 17]. S=6.5 (lt. Text) und S=6.0 (lt. Tabelle im Original) bei 30 °C bestimmen Ashimkulova u.a. [18]. Dieser Wert ist vermutlich zu hoch, da die Löslichkeit einen negativen Temperaturkoeffizienten hat. Dies zeigen auch die folgenden Werte für S (in Gew.-%) zwischen t=108 und 195 °C nach Jones u.a. [12]:

t in °C	108	150	155	160	161	163	176	186	195
S in Gew.-% . .	4.76	2.38	1.59	1.19	0.95	0.64	0.48	0.23	0.12

Bei der Auflösung ändert sich die Enthalpie um ΔH = −130 kcal/mol [12]. Die Löslichkeit erhöht sich durch Zusatz von 6.01 Gew.-% K_2SO_4 auf 8.17 Gew.-% $Y_2(SO_4)_3$ [2], durch Zusatz von 21.4 Gew.-% $(NH_4)_2SO_4$ auf 12.68 Gew.-% $Y_2(SO_4)_3$ [17]. Auch in wäßrigen Lösungen von UO_2SO_4 löst sich $Y_2(SO_4)_3$ besser als in H_2O. In 0.1272 m UO_2SO_4 nimmt S von 4.47 auf 0.22 zwischen 153 und 229 °C, in 1.145 m UO_2SO_4 von S=4.32 auf 2.12 zwischen 208 und 245 °C und in 1.348 m UO_2SO_4 von S=4.31 auf 2.74 zwischen 212 und 237 °C ab. Über das Auftreten von zwei Flüssigkeitsschichten (Charakteristikum des Systems UO_2SO_4–H_2O) bei höheren Temperaturen s. im Original, Jones u.a. [12], s. auch Jones [13].

Durch den Zusatz von Acetamid zu H_2O sinkt die Löslichkeit von $Y_2(SO_4)_3$ bei 30 °C von S=6.5 (in H_2O) auf 2.9 in der Lösung mit 73 Gew.-% CH_3CONH_2 am Zweisalzpunkt $Y_2(SO_4)_3 \cdot 4H_2O + CH_3CONH_2$ des eutonischen Systems [18].

Literatur:

[1] G.N. Sukhikh, V.V. Serebrennikov (Tr. Tomsk. Gos. Univ. Ser. Khim. **157** [1963] 60/5; C.A. **61** [1964] 7765). – [2] L.P. Domingues, R.L. Wilfong, L.R. Furlong (U.S. Bur. Mines Rept. Invest. Nr. 6029 [1962] 1/19, 6, 15). – [3] R. Perret, B. Rosso, J. Loriers (Bull. Soc. Chim. France **1968** 2698/9). – [4] C. Castellani Bisi, A. Clerici (Gazz. Chim. Ital. **93** [1963] 1444/54). – [5] J. Flahaut, M. Guittard (Compt. Rend. **243** [1956] 1210/2).

[6] E. Nadjakov, D. Genchev (Dokl. Bolg. Akad. Nauk **22** [1969] 643/5; C.A. **71** [1969] Nr. 65539). – [7] N.A. Landiya (Zh. Fiz. Khim. **27** [1953] 495/501; C.A. **1954** 10417). – [8] R.L. Myuller (Zh. Fiz. Khim. **28** [1954] 1193/209; C.A. **1955** 7953). – [9] R.L. Montgomery (U.S. Bur. Mines Rept. Invest. Nr. 5468 [1959] 1/23, 4). – [10] D.E. Wilcox (UCRL-10397 [1962] 1/123, 54; N.S.A. **16** [1962] Nr. 31586).

[11] D.D. Wagman, W.H. Evans, V.B. Parker, I. Halow, S.M. Bailey, R.H. Schumm, K.L. Churney (NBS-TN-270-5 [1971] 1/37, 31). – [12] E.V. Jones, M.H. Lietzke, W.L. Marshall (J. Am. Chem. Soc. **79** [1957] 267/71). – [13] E.V. Jones (in: W.E. Thompson, ORNL-1121 [1952] 1/193, 165; N.S.A. **11** [1957] Nr. 8706). – [14] I.V. Shakhno, A.P. Belousova, M.D. Pavkina, V.E. Plyushchev (Zh. Neorgan. Khim. **12** [1967] 2500/4; Russ. J. Inorg. Chem. **12** [1967] 1319/21). – [15] P.A. Degtyarev, S.P. Sirotinkin, M.V. Prokof'ev, B.G. Samartsev, A.N. Pokrovskii, L.M. Kovba (Tezisy Dokl. Vses. Soveshch. Fiz. Khim. Anal., Moscow 1976, S. 184).

[16] P.A. Degtyarev, A.N. Pokrovskii, L.M. Kovba (Ann. Chim. [Paris] [15] **3** [1978] 187/91). – [17] A.P. Belousova, I.V. Shakhno, V.E. Plyushchev (Zh. Neorgan. Khim. **15** [1970] 226/30; Russ. J. Inorg. Chem. **15** [1970] 116/8). – [18] G.A. Ashimkulova, K. Nogoev, K. Sulaimankulov (Zh. Neorgan. Khim. **19** [1974] 2588/90; Russ. J. Inorg. Chem. **19** [1974] 1414/5).

28.7.5.2.2 $Y_2(SO_4)_3 \cdot 8H_2O$

Die Verbindung kristallisiert aus Lösungen von Y_2O_3 in verdünntem H_2SO_4, Perret u.a. [1]. Anschließend läßt man sie zweimal aus H_2O rekristallisieren, Shakhno u.a. [2]. Sie tritt auch in den Systemen A_2SO_4-$Y_2(SO_4)_3$-H_2O mit A=Alkali oder NH_4 bei 25 °C als fester Bodenkörper auf, s. beispielsweise für M=K, Shakhno u.a. [2], für NH_4, Belousova u.a. [3].

Aus unbelegten Literaturdaten wird die freie Enthalpie für die Bildung aus den Elementen $\Delta G^\circ_{298} = -1332.1$ kcal/mol berechnet, Wagman u.a. [5]. Die molare Wärmekapazität beträgt 137.7 cal·mol^{-1}·K^{-1} bei 300 K, Myuller [4]. Der gleiche Wert wird für den Temperaturbereich von 273 bis 319 K von Montgomery [6] angegeben. Brechungszahlen n_x= 1.541, n_z=1.547 (±0.001) [1]. Bei 45.715 GHz wird in Magnetfeldern ≦15 kOe bei Raumtemperatur keine paramagnetische Resonanzabsorption festgestellt, Lancaster, Gordy [7].

Beim Erhitzen mit 2.5 K/min ist $Y_2(SO_4)_3 \cdot 8H_2O$ bei 200 °C vollständig entwässert, Domingues u.a. [8]. Zur weiteren Zersetzung s. bei $Y_2(SO_4)_3$. Über die Löslichkeit s. S. 72.

Literatur:

[1] R. Perret, B. Rosso, J. Loriers (Bull. Soc. Chim. France **1968** 2698/9). – [2] I.V. Shakhno, A.P. Belousova, M.D. Pavkina, V.E. Plyushchev (Zh. Neorgan. Khim. **12** [1967] 2500/4; Russ. J. Inorg. Chem. **12** [1967] 1319/21). – [3] A.P. Belousova, I.V. Shakhno,

V.E. Plyushchev (Zh. Neorgan. Khim. **15** [1970] 226/30; Russ. J. Inorg. Chem. **15** [1970] 116/8). – [4] R.L. Myuller (Zh. Fiz. Khim. **28** [1954] 1193/209; C.A. **1955** 7953). – [5] D.D. Wagman, W.H. Evans, V.B. Parker, I. Halow, S.M. Bailey, R.H. Schumm, K.L. Churney (NBS-TN-270-5 [1971] 1/37, 31).

[6] R.L. Montgomery (U.S. Bur. Mines Rept. Invest. Nr. 5468 [1959] 1/23, 4). – [7] F.W. Lancaster, W. Gordy (J. Chem. Phys. **19** [1951] 1181/91, 1188). – [8] L.P. Domingues, R.L. Wilfong, L.R. Furlong (U.S. Bur. Mines Rept. Invest. Nr. 6029 [1962] 1/19, 15).

28.7.5.2.3 $Y_2(SO_4)_3 \cdot 4H_2O$ (?)

Die Verbindung soll in der gesättigten wäßrigen Lösung und im System $Y_2(SO_4)_3$-CH_3CONH_2-H_2O bei 30 °C als fester Bodenkörper auftreten. Nach Untersuchungen im System $Y_2(SO_4)_3$-K_2SO_4-H_2O von Shakhno u.a. [2] und $Y_2(SO_4)_3$-$(NH_4)_2SO_4$-H_2O von Belousova u.a. [3] bei 25 °C bildet jedoch das Octahydrat den Bodenkörper, auch in der gesättigten (zusatzfreien) wäßrigen Lösung.

Literatur:

[1] G.A. Ashimkulova, K. Nogoev, K. Sulaimankulov (Zh. Neorgan. Khim. **19** [1974] 2588/90; Russ. J. Inorg. Chem. **19** [1974] 1414/5). – [2] I.V. Shakhno, A.P. Belousova, M.D. Pavkina, V.E. Plyushchev (Zh. Neorgan. Khim. **12** [1967] 2500/4; Russ. J. Inorg. Chem. **12** [1967] 1319/21). – [3] A.P. Belousova, I.V. Shakhno, V.E. Plyushchev (Zh. Neorgan. Khim. **15** [1970] 226/30; Russ. J. Inorg. Chem. **15** [1970] 116/8).

Aqueous Solutions of $Y_2(SO_4)_3$

28.7.5.2.4 Wäßrige $Y_2(SO_4)_3$-Lösung

Wäßrige Lösungen von $Y_2(SO_4)_3$ neigen zur Übersättigung, Jones u.a. [1]. Bei Ultraschallabsorptionsmessungen (Pulsechomethode) zwischen 30 und 100 MHz wird eine durch Relaxationserscheinungen bedingte Absorption beobachtet. Die Relaxationsfrequenz f, der Absorptionskoeffizient $\alpha'/f^2 = (\alpha(L))/f^2 - (\alpha(H_2O))/f^2$ (= Absorptionskoeffizient des Gelösten, der Lösung L bzw. des Lösungsmittels H_2O) und die maximale Absorption per Wellenlänge $2(\alpha'\lambda)_{max}$ haben in Abhängigkeit von der molaren Konzentration c der Lösung und der Temperatur t folgende Werte:

t in °C	15	15	15	25	25	25
c in mol/l	0.01	0.005	0.001	0.01	0.005	0.001
f in MHz	64.0	56.0	45.5	68.5	62.0	52.5
α'/f^2 in 10^{-17} $cm^{-1} \cdot s^2$	67	55	42	60	49	46
$2(\alpha'\lambda)_{max} \cdot 10^5$	220	204	199	210	190	172

t in °C	31.6	31.6	31.6
c in mol/l	0.01	0.005	0.001
f in MHz	72.0	62.0	53.5
α'/f^2 in 10^{-17} $cm^{-1} \cdot s^2$	56	40	30
$2(\alpha'\lambda)_{max} \cdot 10^5$	206	142	160

Die beobachtete Relaxationsfrequenz wird der 3. Stufe einer 3stufigen Ionenassoziation und Komplexbildung zugeordnet. Möglicherweise liegen die beiden anderen erwarteten Relaxationsfrequenzen oberhalb oder unterhalb des Meßbereiches. Die chemische Kompressibilität beträgt $10^{15} \cdot \beta = 9.20$, 8.68 und 7.32 N/m^2 für die 0.01, 0.005 bzw. 0.001 M Lösung bei 25 °C, Qadeer [2]. Bei Zusatz von KOH zu wäßriger $Y_2(SO_4)_3$-Lösung entstehen die basischen Sulfate $Y(OH)_2(SO_4)_{0.5}$ und $Y(OH)_{1.67}(SO_4)_{0.67}$. Das $Y(OH)_3$ wird nicht gebildet, Korenman, Novikova [3]. Mit K_2SO_4 bildet sich bei 25 °C $KY(SO_4)_2 \cdot H_2O$, Shakhno u.a. [4], mit $(NH_4)_2SO_4$ entsteht $NH_4Y(SO_4)_2 \cdot 4H_2O$, Belousova u.a. [5]. Bei der Reaktion wäßriger 0.025 M Lösungen von Na_2SiF_6 und $Y_2(SO_4)_3$ bei 25 °C entsteht nur YF_3, kein Fluorosilikat. Die Fällung ist beim Verhältnis Na_2SiF_6: $Y_2(SO_4)_3=1$ bis 1.2 und pH 2.1 bis 2.2 vollständig. Kolloide Lösungen wie bei den Seltenerdchloriden entstehen nicht, Chalova, Bleshinskii [6]. Analog zum Verhalten von $Y(NO_3)_3$ gegen $Na_2HPO_4 \cdot 12H_2O$ reagiert 0.1 M $Y_2(SO_4)_3$ unter Bildung von YPO_4 bei 90 °C, Korenman, Novikova [7].

Literatur:

[1] E.V. Jones, M.H. Lietzke, W.I. Marshall (J. Am. Chem. Soc. **79** [1957] 267/71). – [2] A. Qadeer (Z. Physik. Chem. [Frankfurt] **91** [1974] 301/16). – [3] I.M. Korenman, A.M. Novikova (Tr. Khim. Khim. Tekhnol. **1962** Nr. 1, S. 41/4; C.A. **58** [1963] 12160). – [4] I.V. Shakhno, A.P. Belousova, M.D. Pavkina, V.E. Plyushchev (Zh. Neorgan. Khim. **12** [1967] 2500/4; Russ. J. Inorg. Chem. **12** [1967] 1319/21). – [5] A.P. Belousova, I.V. Shakhno, V.E. Plyushchev (Zh. Neorgan. Khim. **15** [1970] 226/30; Russ. J. Inorg. Chem. **15** [1970] 116/8).

[6] E.P. Chalova, S.V. Bleshinskii (Issled. Khim. Redkikh Soputstvuyushchikh Elem. Akad. Nauk Kirg. SSR Inst. Neorgan. Fiz. Khim. **1966** 3/20, 13; C.A. **66** [1967] Nr. 14510). – [7] I.M. Korenman, A.M. Novikova (Tr. Khim. Khim. Tekhnol. **1963** Nr. 1, S. 87/9; C.A. **60** [1964] 11606).

28.7.5.3 Lanthansulfate

Lanthanum Sulfates

Ergänzende Angaben über $La_2(SO_4)_3$ s. unter 28.7.2, S. 33, über $La_2(SO_4)_3 \cdot nH_2O$ mit n=9, 8, 5 und 4 s. unter 28.7.3, S. 43, über wäßrige $La_2(SO_4)_3$-Lösungen s. unter 28.7.4, S. 56.

28.7.5.3.1 $La_2(SO_4)_3$

28.7.5.3.1.1 Bildung und Darstellung

Formation. Preparation

Zur Herstellung der Verbindung, wird La_2O_3 in H_2SO_4 gelöst, und das auskristallisierte Sulfathydrat 24 h bei 200 °C getrocknet, Pitha u.a. [4]. Die Darstellung erfolgt durch Entwässerung des 9-Hydrats bei 450 °C, Montgomery [1], bzw. bei 575 °C, Pannetier, Dereigne [3], und aus dem 5-Hydrat bei 550 °C, Domingues u.a. [2]. Einzelheiten s. beim thermischen Abbau der Hydrate. – Das $La_2(SO_4)_3$ bildet sich nach thermogravimetrischen und röntgenographischen Untersuchungen bei der Einwirkung von strömendem SO_2 (2 l/h) auf metallisches La unterhalb 850 °C, die Reaktion läuft über $La_2O_2SO_4$ als Zwischenstufe, Davignon [5]. Die Verbindung entsteht auch bei der Pyrolyse von $La(NH_2SO_3)_3 \cdot 2H_2O$ über mehrere Zwischenstufen bei 525 °C, Chrétien, Capestan [6], oder bei der thermischen Zersetzung von $NaLa(SO_4)_2 \cdot H_2O$ bei 737 °C, Tulinova u.a. [7], von $(NH_4)_3La(SO_4)_3$ und $(NH_4)_5La(SO_4)_4$ bei 590 bzw. 600 °C, Iskhakova u.a. [8], von $NH_4La(SO_4)_2 \cdot 1.5H_2O$ bei 520 °C [2], von $CsLa(SO_4)_2$ bei 900 °C, Samartsev u.a. [9]. Beim inkongruenten Schmelzen von $Cs_3La(SO_4)_3$ bei 915 °C bildet sich ebenfalls $La_2(SO_4)_3$ [9].

Literatur:

[1] R.L. Montgomery (U.S. Bur. Mines Rept. Invest. Nr. 5445 [1959] 1/12; C.A. **1959** 7750). – [2] L.P. Domingues, R.L. Wilfong, L.R. Furlong (BM-RI-6029 [1961] 1/19, 8, 15; C.A. **1962** 9469). – [3] G. Pannetier, A. Dereigne (Bull. Soc. Chim. France

1963 1059/62). – [4] J.J. Pitha, A.L. Smith, R. Ward (J. Am. Chem. Soc. **69** [1947] 1870/1). – [5] L. Davignon (Compt. Rend. C **264** [1967] 1393/5).

[6] A. Chrétien, M. Capestan (Compt. Rend. **248** [1959] 3176/8). – [7] V.B. Tulinova, V.E. Plyushchev, I.V. Ternovskaya, S.N. Lukova, R.G. Samuseva (Zh. Neorgan. Khim. **5** [1960] 695/700; Russ. J. Inorg. Chem. **5** [1960] 335/7). – [8] L.D. Iskhakova, I.E. Sukhova, O.P. Chernova, I.V. Shakhno, V.E. Plyushchev (Zh. Neorgan. Khim. **20** [1975] 348/53; Russ. J. Inorg. Chem. **20** [1975] 193/6). – [9] B.G. Samartsev, A.N. Pokrovskii, L.M. Kovba (Vestn. Mosk. Univ. Ser. II Khim. **19** [1978] 727/8; Moscow Univ. Chem. Bull. **33** Nr. 6 [1978] 73/4).

Physical Properties

28.7.5.3.1.2 Physikalische Eigenschaften

Kristallographische Eigenschaften

An der vermutlich monoklinen oder triklinen Verbindung (s. S. 35) wird bei differentialthermoanalytischen Untersuchungen zwischen Raumtemperatur und ihrer Zersetzung keine polymorphe Umwandlung festgestellt, Ingraham, Marier [1]. Die intensivsten Netzebenenabstände d=4.90, 2.83 und 2.88 Å bei Raumtemperatur geben Pitha u.a. [2] an.

Thermodynamische Daten

Die Bildungsenthalpie $\Delta H^\circ_{298} = -942.0$ kcal/mol für die Bildung aus den Elementen wird aufgrund unbelegter Literaturdaten empfohlen, Schumm u.a. [3]. Aus der Lösungswärme in schwefelsaurer wäßriger Lösung errechnet sich die Bildungsenthalpie bei 25 °C zu -939.8 ± 3.1 kcal/mol, Montgomery [5]. Später wird von dem gleichen Autor [4] $\Delta H^\circ_{298} = -941 \pm 4$, die freie Bildungsenthalpie $\Delta G_{298} = -860$ kcal/mol und die Bildungsentropie $\Delta S_{298} = -275$ $cal \cdot mol^{-1} \cdot K^{-1}$ angegeben. – Eine Abschätzung der Bildungsenthalpie bei 25 °C mit Hilfe der Paulingschen Elektronegativitätsskala ergibt $\Delta H^\circ = -940.16$ kcal/mol, Wilcox [6].

Für die Wärmekapazität C_p wird 66.9 $cal \cdot mol^{-1} \cdot K^{-1}$ zwischen 273 und 373 K von Montgomery [4] angegeben. Diesen Wert übernehmen offensichtlich Schumm u.a. [3]. $C_p = 68.9$ $cal \cdot mol^{-1} \cdot K^{-1}$ nach einer Literaturzusammenstellung bei Myuller [7]. Die nach Formeln im Original berechnete Wärmekapazität C_p beträgt ≈ 75 $cal \cdot mol^{-1} \cdot K^{-1}$ bei 298 K, Landiya [8].

Literatur:

[1] T.R. Ingraham, P. Marier (Can. Met. Quart. **4** [1965] 169/76). – [2] J.J. Pitha, A.L. Smith, R. Ward (J. Am. Chem. Soc. **69** [1947] 1870/1). – [3] R.H. Schumm, D.D. Wagman, S. Bailey, W.H. Evans, V.B. Parker (NBS-TN-270-7 [1973] 63). – [4] R.L. Montgomery (U.S. Bur. Mines Rept. Invest. Nr. 5468 [1959] 1/23, 4; C.A. **1959** 12815). – [5] R.L. Montgomery (U.S. Bur. Mines Rept. Invest. Nr. 5445 [1959] 1/12; C.A. **1959** 7750).

[6] D.E. Wilcox (UCRL-10397 [1962] 1/123, 27; N.S.A. **16** [1962] Nr. 31586). – [7] R.L. Myuller (Zh. Fiz. Khim. **28** [1954] 1193/209; C.A. **1955** 7953). – [8] N.A. Landiya (Zh. Fiz. Khim. **27** [1953] 495/501; C.A. **1954** 10417).

Chemical Reactions

28.7.5.3.1.3 Chemisches Verhalten

Verhalten beim Erhitzen

Beim Erhitzen mit 110 bis 250 K/h in N_2-Atmosphäre beginnt sich $La_2(SO_4)_3$ nach thermogravimetrischen und differentialthermoanalytischen Untersuchungen bei 700 °C zu zersetzen. Die Geschwindigkeit wird aber erst bei etwa 900 °C beträchtlich. Diese Reaktion ist mit der Bildung von $La_2O_2SO_4$ bei 1020 °C abgeschlossen. Bei weiterem Erhitzen beginnt $La_2O_2SO_4$ ab etwa 1240 °C in La_2O_3 überzugehen. Die Reaktion ist bei 1320 °C vollständig abgelaufen, Pannetier, Dereigne [1]. Beim Erhitzen bis zur Gewichtskonstanz bei 750 °C in trocknem O_2-freiem N_2, hat das Zersetzungsprodukt nur annähernd die Zusammensetzung $La_2O_2SO_4$, Pitha u.a. [2]. An Luft beginnt die Zersetzung zu $La_2O_2SO_4$ beim Erhitzen mit 150 K/h bei 840 °C, Hegedüs, Fukker [3], bzw. $\geq$850 °C und ist bei 1065 °C abgeschlossen. Die weitere Zersetzung zu La_2O_3 beginnt $>$1250 °C und ist bei 1465 °C abgeschlossen, Domingues u.a. [4]. Beim Erhitzen mit 600 K/h ist die 1. Zersetzungsstufe (Beginn bei 890 °C) durch die Aktivierungsenergie $E=62.2\pm6.5$ kcal/mol und den Arrhenius-Faktor $A=1.2\times10^{10}$ min^{-1}, die 2. Zersetzungsstufe durch $E=185\pm$ 33 kcal/mol und $A=2.3\times10^{24}$ min^{-1} charakterisiert, Nathans, Wendlandt [5]. Beide Zersetzungsreaktionen sind 1. Ordnung. Die Geschwindigkeitskonstante genügt der Beziehung $k=A\exp(-E/RT)$ mit folgenden Werten für A und die scheinbare Aktivierungsenergie E, wenn $La_2(SO_4)_3$ als Zwischenprodukt bei der thermischen Zersetzung des 9-Hydrats ohne Unterbrechung weiter mit 300 K/h in Luft, N_2 oder CO_2 erhitzt wird, Ino u.a. [6]:

Reaktion:	$La_2(SO_4)_3 \rightarrow$	$La_2O_2SO_4+2SO_2+O_2$	$La_2O_2SO_4 \rightarrow$	$La_2O_3+SO_3$
Atmosphare	A	E in kcal/mol	A	E in kcal/mol
Luft	10^{12}	65	10^{17}	134
N_2	10^{13}	78	10^{18}	134
CO_2	10^{14}	80	10^{18}	148

In strömendem SO_2 (2 l/h) beginnt die Zersetzung bei 850 °C, Davignon [7]. In Formiergas (30% H_2, 70% N_2) findet bei Erhitzung mit 150 K/h (bis 725 °C untersucht) oberhalb 500 und 610 °C die Bildung basischen Sulfats bzw. Sulfids ($La_2S_3\cdot La_2O_3$) statt [3]. La_2O_2S-Bildung (über $La_2O_2SO_4$ als nicht isolierte Zwischenstufe) beim Erhitzen mit 150 K/h in trocknem H_2 oberhalb 800 °C beobachten Pitha u.a. [2]. Die Reduktion von $La_2(SO_4)_3$ in trocknem CO_2-freiem CO zwischen 553 und 610 °C unter Bildung von La_2O_2S wird durch die Gleichung von Erofeev, Bel'kevich (Einzelheiten s. Original) wiedergegeben. Aus ihr wird die Aktivierungsenergie zu 81.1 kcal/mol ermittelt. $La_2(SO_4)_3$ ist weniger reaktiv als $Ce_2(SO_4)_3$, $Sm_2(SO_4)_3$ oder $Eu_2(SO_4)_3$, Surgutskii, Serebrennikov [8].

Weitere Angaben zur thermischen Zersetzung s. Stecura [18] und im vergleichenden Teil unter 28.7.2.3, S. 40.

Verhalten gegen H_2O. Löslichkeit in H_2O und D_2O

Die Hydratationsenthalpie unter Bildung des 9-Hydrats beträgt -32.460 ± 3.500 kcal/mol bei 25 °C, Montgomery [9].

Bei 25, 50 bzw. 75 °C lösen sich in H_2O 2.12, 1.26 bzw. 0.981 Gew.-% $La_2(SO_4)_3$, Urazov u.a. [10, 11]. Später werden 2.02, 1.28 bzw. 0.99 Gew.-% $La_2(SO_4)_3$ angegeben, Tulinova [12]. Im Gleichgewicht mit der gesättigten Lösung steht $La_2(SO_4)_3\cdot9H_2O$ als Bodenkörper, s. beispielsweise [10, 12].

Die Löslichkeit fällt von 0.61 auf 0.31 Gew.-% zwischen 108 und 117 °C. Die Lösungsenthalpie beträgt $\Delta H=-120$ kcal/mol, Jones u.a. [17]. Eine Verringerung von 0.598 auf 0.0061 Gew.-% gibt Zemel [13, 14] an. Anderen Angaben zufolge kann die Löslichkeit S in H_2O zwischen 135 und 160 °C wegen der Hydrolyse nicht direkt gemessen werden.

Sie wird aus der Löslichkeit in 0.234 bis 0.714 m H_2SO_4 bei 119 bis 177 °C ermittelt, Lietzke, Stoughton [15]:

S in mol/kg·10^4 . . .	2.19	1.73	1.46	1.26	1.00	0.92
t in °C	135	140	145	150	155	160

In D_2O ändert sich S (in g/100 g D_2O) in Abhängigkeit von der Temperatur zwischen 4 und 80 °C gemäß $S=4.01-9.42\times10^{-2}t+1.20\times10^{-3}t^2-6.10\times10^{-6}t^3$, De Saya u.a. [16].

Löslichkeit in H_2SO_4- und UO_2SO_4-Lösungen

In wäßrigem H_2SO_4 löst sich $La_2(SO_4)_3$ besser als in H_2O. Die Auflösung von 0.001776 mol $La_2(SO_4)_3$ in 0.551 M H_2SO_4 ist mit einer Lösungswärme von $\Delta H=-37.160\pm2.400$ kcal/mol bei 25 °C verbunden, Montgomery [9].

Werte für die Löslichkeit (in mol/kg) in Abhängigkeit von der molalen H_2SO_4-Konzentration m bei verschiedenen Temperaturen:

m	135 °C	140 °C	145 °C	150 °C	155 °C	160 °C
0.2	0.0100	0.0083	0.0072	0.0063	0.0056	0.0050
0.3	0.0108	0.0087	0.0074	0.0065	0.0057	0.0052
0.4	0.0131	0.0102	0.0085	0.0074	0.0065	0.0059
0.5	0.0162	0.0125	0.0103	0.0090	0.0079	0.0071
0.6	0.0202	0.0157	0.0128	0.0111	0.0098	0.0086
0.7	0.0248	0.0198	0.0162	0.0136	0.0123	0.0102

Mit Hilfe einer einparametrischen Gleichung vom Debye-Hückel-Typ berechnete Löslichkeiten liegen in den 0.2, 0.3 und 0.7 molalen Lösungen nur geringfügig niedriger und in den Lösungen mittlerer Konzentration geringfügig höher, s. Original, Lietzke, Stoughton [15].

Auch in verdünnten UO_2SO_4-Lösungen ist die Löslichkeit (wahrscheinlich durch Komplexbildung) größer als in H_2O. Sie fällt in 0.1272 m wäßriger UO_2SO_4-Lösung von 2.04 auf 0.042 Gew.-% zwischen 97 und 215 °C, in 1.348 m wäßriger UO_2SO_4-Lösung von 4.39 auf 0.57 Gew.-% zwischen 78 und 291 °C. In der konzentrierteren Lösung liegt ein metastabiler Löslichkeitspunkt bei 3.97 Gew.-% $La_2(SO_4)_3$ und 149 °C, bei 291 °C existieren zwei flüssige Schichten. Als Lösungsenthalpien ergeben sich in 0.1272 und 1.348 m UO_2SO_4 die Werte $\Delta H=-60$ bzw. -43 kcal/mol, Jones u.a. [17].

Verhalten gegen Alkalisulfate

$La_2(SO_4)_3$ bildet mit festem A_2SO_4 (A=Alkali) Doppelsalze unterschiedlicher Zusammensetzung; Verbindungsbildung findet auch in wäßriger Lösung statt, s. im Kapitel 28.8, S. 197.

Literatur:

[1] G. Pannetier, A. Dereigne (Bull. Soc. Chim. France **1963** 1850/4). – [2] J.J. Pitha, A.L. Smith, R. Ward (J. Am. Chem. Soc. **69** [1947] 1870/1). – [3] A.J. Hegedüs, K. Fukker (Z. Anorg. Allgem. Chem. **284** [1956] 20/30, 30). – [4] L.P. Domingues, R.L. Wilfong, L.R. Furlong (BM-RI-6029 [1961] 1/19, 15; C.A. **57** [1962] 9469). – [5] M.W. Nathans, W.W. Wendlandt (J. Inorg. Nucl. Chem. **24** [1963] 869/79).

[6] E. Ino, Y. Kadogawa, K. Shimizu, T. Yamate (Zairyo **25** [1976] 389/95; C.A. **85** [1976] Nr. 56023). – [7] L. Davignon (Compt. Rend. C **264** [1967] 1393/5). – [8] V.P. Surgutskii, V.V. Serebrennikov (Zh. Neorgan. Khim. **11** [1966] 33/8; Russ. J. Inorg. Chem. **11** [1966] 17/20). – [9] R.L. Montgomery (U.S. Bur. Mines Rept. Invest. Nr. 5445 [1959] 1/12; C.A. **1959** 7750). – [10] G.G. Urazov, V.B. Tulinova, V.E. Plyushchev, N.I. Chuikina (Dokl. Akad. Nauk SSSR **103** [1955] 653/8; C.A. **1956** 3866).

[11] G.G. Urazov, V.B. Tulinova, V.E. Plyushchev, N.I. Chuikina (Khim. Redkikh Elementov. Akad. Nauk SSSR Inst. Obshch. Neorgan. Khim. Nr. 3 [1957] 14/27; C.A. **1958** 2517). – [12] V.B. Tulinova, V.E. Plyushchev, I.V. Ternovskaya, S.N. Lukova, R.G. Samuseva (Zh. Neorgan. Khim. **5** [1960] 695/700; Russ. J. Inorg. Chem. **5** [1960] 335/7). – [13] B. Zemel (in: W.E. Thompson, ORNL-1121 [1952/57] 1/193, 165; N.S.A. **11** [1957] Nr. 8706). – [14] B. Zemel, R.W. Stoughton (ORNL-1116 [1952] 1/93, 70; N.S.A. **11** [1957] Nr. 11574). – [15] M.H. Lietzke, R.W. Stoughton (J. Inorg. Nucl. Chem. **28** [1966] 1063/6).

[16] A. De Saja, J.M. Pastor, F. Rull, J.A. De Saja (Krist. Tech. **12** [1977] 9/12). – [17] E.V. Jones, M.H. Lietzke, W.I. Marshall (J. Am. Chem. Soc. **79** [1957] 267/71). – [18] S. Stecura (U.S. Bur. Mines Rept. Invest. Nr. 6616 [1965] 1/47, 7; C.A. **64** [1966] 16736).

28.7.5.3.2 $La_2(SO_4)_3 \cdot 9H_2O$

28.7.5.3.2.1 Bildung und Darstellung

Formation. Preparation

Die Verbindung kristallisiert aus wäßriger $La_2(SO_4)_3$-Lösung bei Raumtemperatur, s. beispielsweise Hunt u.a. [1], und auch bei höherer Temperatur (75 °C). Große gestreckte Kristalle bilden sich, wenn man $La_2(SO_4)_3$ in einem 7fachen (gewichtsmäßigen) Überschuß von H_2O bei 0 °C löst und die filtrierte Lösung langsam auf 30 °C erhitzt, Tulinova u.a. [5].

Das 9-Hydrat entsteht auch, wenn man die gemischten Lösungen von $La(NO_3)_3$ und H_2SO_4 mit einem großen Überschuß von C_2H_5OH versetzt, und die abgeschiedenen (Octahydrat-) Kristallnadeln wiederholt aus H_2O rekristallisieren läßt, Alonso u.a. [2], s. auch Jones, Monk [3]. Die Darstellung aus dem Chlorid erfolgt durch Erhitzen mit überschüssigem konzentriertem H_2SO_4 bis die Entwicklung von HCl-Dämpfen aufhört. Dann wird H_2O zugegeben, nach Kristallisation der Verbindung filtriert, mit H_2O gewaschen und an der Luft getrocknet, Montgomery [4].

Die Züchtung von makroskopisch fehlerlosen Einkristallen erfolgt durch 3wöchiges Erwärmen einer übersättigten wäßrigen Lösung (pH = 2) von 25 °C mit 0.5 K/d mit Hilfe von Impfkristallen ohne zu rühren. Um spontane Keimbildung zu vermeiden, werden möglicherweise vorhandene Kristallisationszentren durch Abkühlung auf etwa 0 °C zerstört. Die Impfkristalle werden in 60 bis 70 h bei 35 °C hergestellt durch Diffusion von Lösungen von 0.23 M $La(NO_3)_3$ und 1 M H_2SO_4, die sich in getrennten Vertiefungen einer Agar-Agar-Gelschicht befinden, Alonso u.a. [2].

Literatur:

[1] E.B. Hunt, R.E. Rundle, A.J. Stosick (Acta Cryst. **7** [1954] 106/9). – [2] R. Alonso, Luu Dang Vinh, J.A. De Saja (Krist. Tech. **8** [1973] 457/61). – [3] H.W. Jones, C.B. Monk (Trans. Faraday Soc. **48** [1952] 929/33). – [4] R.L. Montgomery (U.S. Bur. Mines Rept. Invest. Nr. 5945 [1959] 1/12). – [5] V.B. Tulinova, V.E. Plyushchev, I.V. Ternovskaya, S.N. Lukova, R.G. Samuseva (Zh. Neorgan. Khim. **5** [1960] 695/700; Russ. J. Inorg. Chem. **5** [1960] 335/7).

Physical Properties
Crystallographic Properties

28.7.5.3.2.2 Physikalische Eigenschaften

Kristallographische Eigenschaften

$La_2(SO_4)_3 \cdot 9\,H_2O$ bildet nadelförmige Kristalle von hexagonaler Symmetrie mit großen (10.0)- und kleineren (11.0)-, (10.1)-, (10.2)- sowie (00.1)-Flächen, Hunt u.a. [1]. Die Verbindung ist mit $Ce_2(SO_4)_3 \cdot 9\,H_2O$ isotyp, Pannetier, Dereigne [2]. Raumgruppe ist $P6_3/m-C^2_{6h}$ (Nr. 176) nach Einkristallaufnahmen, Hunt u.a. [1], Sherry [3], da die Kristalle nicht pyroelektrisch sind [1]; Z=2. Die Gitterkonstanten betragen a=11.009(20), c=8.076(20) Å nach Sherry [3], a=10.98, c=8.13 Å nach Hunt u.a. [1], a=10.98, c=8.11 Å nach Pannetier, Dereigne [4], a=11.017, c=8.096 Å nach Iveronova [5] (s. Structure Reports [6]).

Die verfeinerte Strukturanalyse mit anisotropen Temperaturfaktoren (R=0.063) ergibt folgende Atomlagen:

Atom	Punktlage	x	y	z
La(1)	(2b)	0	0	0
La(2)	(2d)	0.3333	0.6667	0.75
S	(6h)	0.2611(3)	0.0511(4)	0.25
O(1)	(6h)	0.1671(1)	0.1125(1)	0.25
O(2)	(6h)	0.4078(11)	0.1605(11)	0.25
O(3)	(12i)	0.2254(7)	0.9669(7)	0.0993(8)
O(W1)	(6h)	0.3354(12)	0.4354(12)	0.25
O(W2)	(12i)	0.3816(8)	0.8441(8)	0.9799(9)

Das La(1)-Atom (KZ=12) ist von O(1)- und O(3)-Atomen aus 6 Sulfatgruppen umgeben. (La(1)-O(1)=2.591(7) Å, La(1)-O(3)=2.800(8) Å.) Von diesen liegen in Richtung der c-Achse jeweils 3 Sulfatgruppen unter und über jedem La(1)-Atom, Sherry [3]. Das Koordinationspolyeder ist annähernd ein Ikosaeder, Martin u.a. [7]. Das La(2)-Atom (KZ=9) ist von sechs O(W2) in Form eines trigonalen Prismas und drei O-Atomen (O(2)) von drei Sulfatgruppen umgeben. Letztere liegen über den Prismenflächen und verknüpfen die beiden Polyeder miteinander. (La(2)-O(2)=2.513(11) und La(2)-O(W2)=2.555(8) Å.) Das nicht an La gebundene H_2O(W1) füllt Lücken im Gitter. Seine nächsten Nachbarn sind O(W2) und O(1) im Abstand 2.820(11) bzw. 3.080(15) Å. Vergleichsweise betragen die Abstände O(W2)-O(2) bzw. O(3)=2.818(12) bis 2.835(10) Å. Weitere Atomabstände und Bindungswinkel s. Original, Sherry [3]. Die Koordinationspolyeder um La wurden schon bei der ersten Strukturbestimmung (R=0.24) von Hunt u.a. [1] erkannt. Die Molekülebene der H_2O(W1)-Moleküle (Platzsymmetrie C_s) liegt nach Raman-spektroskopischen Untersuchungen senkrecht zur Symmetrieebene σ_h. Infolge des kurzen Abstands O(W1)-O(W2) wird angenommen, daß die H-Atome des H_2O(W1)-Moleküls auf der Verbindungslinie OW(1)-O(W2) liegen. Damit berechnet sich der H−O(W1)−H-Winkel zu 94° und der Winkel zwischen der 2zähligen Achse des H_2O(W2)-Moleküls (Platzsymmetrie C_1) und der kristallographischen a-Achse zu 4°, Vinh u.a. [8], Winkel 96° bzw. 5°, Rull u.a. [9].

Nach Raman-spektroskopischen Untersuchungen an $La_2(SO_4)_3 \cdot 9\,H_2O$-Einkristallen [10] und nach IR-Untersuchungen [11] bei Raumtemperatur sind die SO_4-Tetraeder stark deformiert, Abenozza u.a. [10]. Aus der Verschiebung der Valenzschwingung von H_2O im Raman-Spektrum bei Raumtemperatur gegenüber dem freien gasförmigen H_2O und aus der Temperaturabhängigkeit der Intensität dieser Schwingung und der symmetrischen Valenzschwingung von SO_4 wird geschlossen, daß sowohl zwischen den H_2O-

Molekülen auf C_s-und C_1-Plätzen als auch zwischen H_2O-Molekülen auf C_1-Plätzen und den Sauerstoffatomen der SO_4-Gruppe Wasserstoffbindungen bestehen [9, 10]. Entsprechendes läßt sich auch aus den oben angegebenen Atomabständen ableiten [3]. IR-Untersuchungen mit halbschwerem H_2O ergeben, daß die H-Bindungen nicht symmetrisch sind, Kharzeeva, Serebrennikov [12]. Die Existenz der H-Bindung zwischen den H_2O-Molekülen auf C_s- und C_1-Plätzen wird mit Hilfe des Deuterats Raman-spektroskopisch nachgewiesen (geschwächte Bindung). Wegen der unterschiedlichen Art ($H_2O(C_1)$-$H_2O(C_s)$; $H_2O(C_1)$-$O(SO_4)$) und Stärke der H-Bindungen sind die H_2O-Moleküle auf C_1-Plätzen als stark deformiert anzusehen. Untersuchungen zwischen 93 und 270 K zeigen, daß sowohl die Intensität der Deformations- und Valenzschwingung von H_2O als auch die Intensität der symmetrischen Valenzschwingung von SO_4 nahe 270 K eine Anomalie haben, die mit dem Verhalten der H-Bindung zusammenhängt. Die Stärke der H-Bindung nimmt mit fallender Temperatur im Bereich von 270 bis 93 K zu. Dies wird durch eine Annäherung der nächsten Sauerstoff-Nachbarn an das $H_2O(C_1)$-Molekül verursacht [9].

Die thermisch stimulierte Depolarisation von $La_2(SO_4)_3 \cdot 9H_2O$ und $La_2(SO_4)_3 \cdot 9D_2O$ wurde im Bereich von 77 bis 350 K untersucht (Polarisation bei 310 K mit 500 kV/m und Abkühlung auf 77 K im angelegten Feld) und mit thermogravimetrischen und differentialkalorimetrischen Messungen verglichen. Die Ergebnisse lassen sich durch die Annahme deuten, daß oberhalb etwa 280 K, wo auch Anomalien der Dielektrizitätskonstante, der Raman-Banden und des Ausdehnungskoeffizienten beobachtet werden, eine Reorientierung der H_2O- und D_2O-Moleküle auf den Plätzen mit C_1-Symmetrie stattfindet, Rull u.a. [22].

Dichte

Density

Gemessene Dichte = 2.82 g/cm³. Röntgenographisch ergibt sich 2.84 g/cm³ [3] bzw. 2.85 g/cm³ [1].

Thermodynamische Daten

Thermodynamic Data

Enthalpie ΔH, freie Enthalpie ΔG und Entropie ΔS der Bildung aus den Elementen $\Delta H_{298} = -1587 \pm 5$, $\Delta G_{298} = -1382$ kcal/mol, $\Delta S_{298} = -692$ cal·mol⁻¹·K⁻¹, Montgomery [14], s. auch [15]. Vom National Bureau of Standards wird $\Delta H^\circ_{298} = -1589$ kcal/mol empfohlen [17]. Älterer Wert für $\Delta G^\circ_{298} = -1403.1$ kcal/mol, Rossini u.a. [16].

Nach einer Literaturzusammenstellung beträgt die Wärmekapazität 152 $cal \cdot mol^{-1} \cdot K^{-1}$ bei etwa 300 K, Myuller [13], Montgomery [14]. Diesen Wert übernehmen Schumm u.a. [17].

Magnetische Eigenschaften

Magnetic Properties

$La_2(SO_4)_3 \cdot 9H_2O$ ist diamagnetisch [5]. Bei 293 und 123 K wird die spezifische Suszeptibilität $\chi = -0.3617 \times 10^{-6}$ bzw. -0.3454×10^{-6} cm^3/g gemessen. Für die Temperaturabhängigkeit gilt $\chi = A + C/T$ mit $A = -0.3735 \times 10^{-6}$ und dem paramagnetischen Anteil $C/293 = 0.0118 \times 10^{-6}$, er wird auf die Existenz einer paramagnetischen Oberflächenschicht zurückgeführt, Haller, Selwood [18].

Optische Eigenschaften

Optical Properties

Brechungszahlen

$La_2(SO_4)_3 \cdot 9H_2O$ ist optisch einachsig positiv, $n_o = 1.5673$, $n_e = 1.5694$ bei 589.0 nm, Alonso laut Vinh u.a. [8], $n_o = 1.564$, $n_e = 1.570 \pm 0.001$, Urazov u.a. [19].

Spektren

Wie das IR- und Raman-Spektrum zeigen, ist die Symmetrie der SO_4-Gruppe gegenüber der des freien Ions (T_d-Symmetrie) stark erniedrigt.

IR-Spektrum

Von dem an Nujol-Mulls zwischen 80 und 4000 cm^{-1} beobachteten Banden werden folgende den SO_4-Gruppen zugeordnet: $\nu_1(A_1)$ bei 984 cm^{-1}, $\nu_3(F_2)$ bei 1050 und 1175 cm^{-1}, $\nu_4(F_2)$ bei 599, 645 und 658 cm^{-1}. Die $\nu_2(E)$-Schwingung liegt im gleichen Bereich wie die Kippschwingung des H_2O bei 469 cm^{-1}. Die Valenzschwingung La-OH_2 wird bei 433 cm^{-1} festgestellt. In der deuterierten Verbindung tritt eine Pendelschwingung des D_2O bei 540 cm^{-1} auf. Es werden bezüglich der Symmetrie der SO_4-Gruppen und der energetischen Zustände von H_2O dieselben Schlüsse wie bei den 8-Hydraten gezogen, s. S. 49, Postmus, Ferraro [11]. Lage der Banden, gemessen an einer Suspension in flüssigem Paraffin: ν_1 bei 990 cm^{-1}, ν_2 bei 430 cm^{-1}, ν_3 bei 1050 und 1180 cm^{-1}, ν_4 bei 635 cm^{-1}. Für H_2O werden Valenzschwingungen zwischen 3200 und 3600 cm^{-1}, Deformationsschwingungen δ bei 1630 und 1670 cm^{-1} und Librationsschwingungen bei 600 und 730 cm^{-1} gefunden, Petrov u.a. [20]. $\delta(H_2O)$ liegen bei 1634 und 1658 cm^{-1}, Kharzeeva, Serebrennikov [12].

Raman-Spektrum

Im Raman-Spektrum (Anregung mit He-Ne-Laser oder Ar^+-Laser, $\lambda = 632.8$ bzw. 488 nm) von Einkristallen des 9-Hydrats und 9-Deuterats bei Raumtemperatur werden in vier Untersuchungsverfahren die Raman-aktiven Banden in den Rassen A_g, E_{1g} und E_{2g} beobachtet und folgenden Schwingungen zugeordnet (ν, ν_1 und $\nu_3 \triangleq$ Valenzschwingungen, ν_2 und ν_4 Deformationsschwingungen, $\varrho \triangleq$ Kippschwingung), Wellenzahlen in cm^{-1} nach Abenozza u.a. [10]:

$La_2(SO_4)_3 \cdot 9H_2O$ (Zuordnung der Valenz- und Deformationsschwingungs-Banden von H_2O auf C_s- und C_1-Plätzen):

z(yy)x A_g+E_{2g}	x(zz)y A_g	z(xy)x E_{2g}	x(yz)y [a] E_{1g}	$\nu(C_s)$
3413	3406	3412		ν_1
			3404	ν_3
1630	1634	1631	1625	ν_2

z(yy)x A_g+E_{2g}	x(zz)y A_g	z(xy)x E_{2g}	x(yz)y [a] E_{1g}	$\nu(C_1)$
3586		3590		ν
3522		3518		ν
3280	3282		3280	ν
1670	1674		1660	ν_2

Dem SO_4 und weiteren Gruppen zugeordnete Banden:

$La_2(SO_4)_3 \cdot 9H_2O$ z(yy)x A_g+E_{2g}	x(zz)y A_g	z(xy)x E_{2g}	x(yz)y [a] E_{1g}	$La_2(SO_4)_3 \cdot 9D_2O$ z(yy)x A_g+E_{2g}	x(zz)y A_g	z(xy)x E_{2g}	x(yz)y [a] E_{1g}	
1212	1212			1225	1225			
1176		1176		1173		1172		
			1133				1131	$\nu_3(SO_4)$
1064	1064	1068		1062	1061	1062		
992	992	992	992	990	990	988		$\nu_1(SO_4)$
			660					$\varrho(H_2O)$
628		628		643		644		
			623				628	$\nu_4(SO_4)$
612	604	612		611	612	612		

Tabelle (Fortsetzung)

$La_2(SO_4)_3 \cdot 9\,H_2O$				$La_2(SO_4)_3 \cdot 9\,D_2O$				
z(yy)x	x(zz)y	z(xy)x	x(yz)y [a]	z(yy)x	x(zz)y	z(xy)x	x(yz)y [a]	
A_g+E_{2g}	A_g	E_{2g}	E_{1g}	A_g+E_{2g}	A_g	E_{2g}	E_{1g}	
			468				455	$\nu_2(SO_4)$
453	453	453		453	453			
437	437	438		436		439		
341	341	340		325				Schwingungen O-H...O bzw. O-D...O
			306				287	
		248					232	Schwingungen der Polyeder LaO_{12} und LaO_9
			236	225		224		
224				190	190	189	181	
192	195	192	187					
	150				150			
136		125	136				133	
121		114	112	116		116	110	
	120			67		67	74	äußere Schwingungen SO_4
69		70	75					

[a] Es liegen die Referenzachsen x, y senkrecht zur c-Achse und z parallel zur c-Achse.

Fig. 11

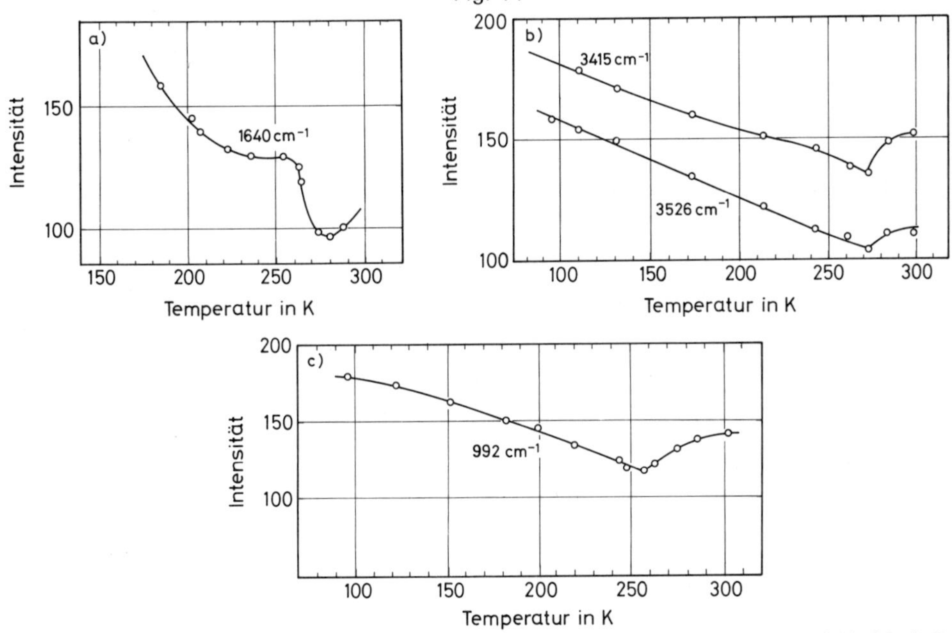

Temperaturabhängigkeit der Intensität von Raman-Banden des $La_2(SO_4)_3 \cdot 9\,H_2O$: a) Deformationsschwingung des Wassers $\nu_2\,(A_g)$ bei 1640 cm^{-1}, b) Symmetrische und antisymmetrische Valenzschwingungen des Wassers $\nu_1\,(A_g)$ bei 3415 cm^{-1} und $\nu_3\,(E_{1g})$ bei 3526 cm^{-1}, c) S-O-Valenzschwingung der Sulfatgruppe $\nu_1\,(SO_4)$ bei 992 cm^{-1}.

Die SO_4-Banden werden durch Deuterierung um bis zu 15 cm^{-1} verschoben, Abenozza u.a. [10], frühere Untersuchungen s. Alonso u.a. [21].

Dem H_2O auf C_s- und C_1-Plätzen zugeordnete Valenz- und Deformationsschwingungen s. auch Rull u.a. [9] sowie Vinh u.a. [8].

Ausgehend von einer Temperatur im Bereich von etwa 273 bis 283 K nimmt die Intensität des Spektrums sowohl bei Temperaturerhöhung (auf 293 K) als auch bei Temperaturerniedrigung (auf 83 K) zu, Abenozza u.a. [10]. **Fig. 11**, S. 83, nach Rull u.a. [9], zeigt die Änderung für die Deformationsschwingung und die symmetrische und antisymmetrische Valenzschwingung des H_2O in C_s-Lage, welche bei 1640, 3415, 3526 cm^{-1} aufgefunden werden, und für die ν_1 (SO_4)-Schwingung bei 992 cm^{-1}. Außerdem wird eine Frequenzverschiebung festgestellt, bei der erwähnten Bande bei 3415 cm^{-1} bei 273 K nach 3399 cm^{-1} bei 93 K. Dieses Verhalten wird mit verstärkten H-Bindungen bei tieferen Temperaturen erklärt, Rull u.a. [9], s. auch [10].

Literatur:

[1] E.B. Hunt, R.E. Rundle, A.J. Stosick (Acta Cryst. **7** [1954] 106/9; Structure Reports, Bd. 18, 1954, S. 479). – [2] G. Pannetier, H. Dereigne (Bull. Soc. Chim. France **1968** 174/80, 174). – [3] E.G. Sherry (J. Solid State Chem. **19** [1976] 271/9). – [4] G. Pannetier, H. Dereigne (Bull. Soc. Chim. France **1963** 1059/62). – [5] V.I. Iveronova, V.P. Tarasova, M.M. Umanskii (Izv. Akad. Nauk SSSR Ser. Fiz. **15** [1951] 164/9).

[6] Structure Reports, Bd. 15, 1951 [1957], S. 248. – [7] D.S. Martin, R.E. Rundle, S.A. Golden (J. Chem. Phys. **24** [1956] 1114). – [8] Luu Dang Vinh, L. Martin, J.A. De Saja, R. Lafont (Compt. Rend. B **272** [1973] 91/3). – [9] F. Rull, J.M. Pastor, J.A. De Saja, Luu Dang Vinh (Solid State Commun. **21** [1977] 221/4). – [10] M. Abenozza, Luu Dang Vinh, F. Rull-Perez, J.M. Pastor (J. Raman Spectrosc. **6** [1977] 26/31).

[11] C. Postmus, J.R. Ferraro (J. Chem. Phys. **48** [1968] 3605/11). – [12] S.E. Kharzeeva, V.V. Serebrennikov (Tr. Tomsk. Univ. **1971** Nr. 204, S. 125/7; C.A. **78** [1973] Nr. 131480). – [13] R.L. Myuller (Zh. Fiz. Khim. **28** [1954] 1193/209; C.A. **1955** 7953). – [14] R.L. Montgomery (U.S. Bur. Mines Rept. Invest. Nr. 5468 [1959] 1/23, 4; C.A. **1959** 12815). – [15] R.L. Montgomery (U.S. Bur. Mines Rept. Invest. Nr. 5445 [1959] 1/12; C.A. **1959** 7750).

[16] F.D. Rossini, D.D. Wagman, W.H. Evans, S. Levine, I. Jaffe (NBS-Circ.-500 [1952] 329/54). – [17] R.H. Schumm, D.D. Wagman, S. Bailey, W.H. Evans, V.B. Parker (NBS-TN-270-7 [1973] 64). – [18] R.B. Haller, P.W. Selwood (J. Am. Chem. Soc. **61** [1939] 85/8). – [19] G.G. Urazov, V.B. Tulinova, V.E. Plyushchev, N.I. Chuikina (Dokl. Akad. Nauk SSSR **103** [1955] 635/8). – [20] K.I. Petrov, G.N. Voronskaya, V.I. Ivanov (Zh. Neorgan. Khim. **15** [1970] 615/21; Russ. J. Inorg. Chem. **15** [1970] 317/20).

[21] R. Alonso, Luu Dang Vinh, J.A. De Saja (Krist. Tech. **8** [1973] 457/61). – [22] F. Rull, L.F. Sanz, J.A. De Saja (J. Electrost. **8** [1980] 221/5).

Chemical Reactions

28.7.5.3.2.3 Chemisches Verhalten

Verhalten beim Erhitzen

$La_2(SO_4)_3 \cdot 9H_2O$ ist stabil an der Luft, Hunt u.a. [1]. Dies gilt nach thermogravimetrischen und differentialthermoanalytischen Untersuchungen (100 bis 500 K/h, inerte

Atmosphäre) für $La_2(SO_4)_3 \cdot 9H_2O$ bis 65 °C. Darüber beginnt es sich zum Hexahydrat zu zersetzen, das bei 140 bis 180 °C stabil ist und sich unter Bildung des Tetrahydrats zersetzt mit einem Stabilitätsbereich von 250 bis 417 °C. Dann beginnt der Abbau des restlichen Wassers, und bei 575 °C liegt $La_2(SO_4)_3$ vor, Pannetier, Dereigne [2]. Beim Erhitzen in Luft, N_2 und CO_2 mit 300 K/h wird von Ino u.a. [3] vollständige Entwässerung in einer Stufe festgestellt. Die Reaktion $La_2(SO_4)_3 \cdot 9H_2O \rightarrow La_2(SO_4)_3 + 9H_2O$ ist 1. Ordnung. Die Geschwindigkeitskonstante genügt der Beziehung $k = A \cdot \exp(-E/RT)$ mit $A = 10^{5.4}$, E = 13 kcal/mol beim Erhitzen an der Luft oder in CO_2, und $A = 10^{5.4}$, E = 12 kcal/mol beim Erhitzen in N_2, Ino u.a. [3]. Weitere einander widersprechende Angaben zum Verlauf der Entwässerung s. im vergleichenden Teil, S. 54. Zur Dehydratationsenthalpie s. S. 55 und bei Montgomery [5]. Die weitere Zersetzung zum Oxid, welche in 2 Stufen erfolgt, ist beim $La_2(SO_4)_3$, S. 76, beschrieben. Beispielsweise liegt das Oxid nach 60 h Glühen bei 1000 °C vor, Haller, Selwood [4].

Löslichkeit in H_2O

Die Löslichkeit in H_2O zwischen 20 und 70 °C ist in **Fig. 12** dargestellt, Alonso u.a. [6]. Weitere Angaben s. beim wasserfreien Salz, S. 77. Die klare wäßrige Lösung hat pH = 5.4. Für die Auflösung von 0.001511 mol $La_2(SO_4)_3 \cdot 9H_2O$ in 0.554 M H_2SO_4 beträgt die Lösungswärme −4.700 ± 2.500 kcal/mol bei 25 °C, Montgomery [5].

Fig. 12

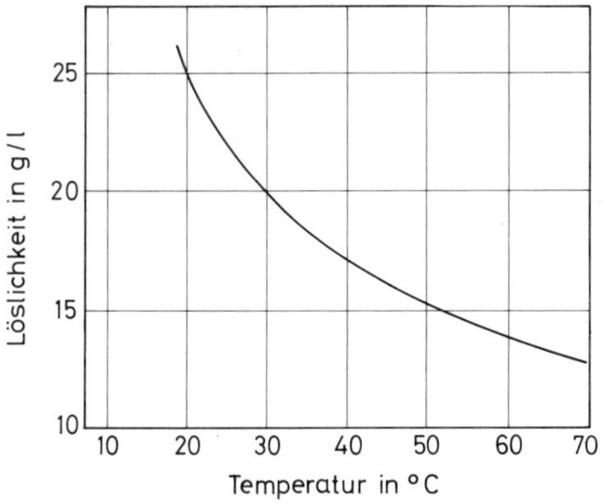

Löslichkeit von $La_2(SO_4)_3 \cdot 9H_2O$ in Wasser.

Verhalten gegen Alkalisulfate

$La_2(SO_4)_3 \cdot 9H_2O$ reagiert mit festem Alkalisulfat zu Alkalisulfatometallaten unterschiedlicher Zusammensetzung, s. 28.8, S. 197. Verbindungsbildung findet auch in wäßriger Lösung statt, s. S. 93.

Literatur:

[1] E.B. Hunt, R.E. Rundle, A.J. Stosick (Acta Cryst. **7** [1954] 106/9). – [2] G. Pannetier, A. Dereigne (Bull. Soc. Chim. France **1963** 1059/62). – [3] E. Ino, Y. Kadogawa, K. Shumizu, T. Yamate (Zairyo **25** [1976] 389/95; C.A. **85** [1976] Nr. 56023). – [4] R.B. Haller, P.W. Selwood (J. Am. Chem. Soc. **61** [1939] 85/8). – [5] R.L. Montgomery (U.S. Bur. Mines Rept. Invest. Nr. 5445 [1959] 1/12; C.A. **1959** 7750).

[6] R. Alonso, Luu Dang Vinh, J.A. De Saja (Krist. Tech. **8** [1973] 457/61).

28.7.5.3.3 $La_2(SO_4)_3 \cdot 9D_2O$

Zur Darstellung wird $La_2(SO_4)_3 \cdot 9H_2O$ an der Luft auf 320 °C erhitzt und anschließend eine gesättigte Lösung des wasserfreien Sulfats in D_2O etwa 12 h bei 4 °C in einem Gefäß magnetisch gerührt. Einkristalle werden analog $La_2(SO_4)_3 \cdot 9H_2O$ erhalten durch langsames Erhitzen einer 5% übersättigten Lösung mit 0.3 K/d zwischen 6 und 20 °C und 0.5 K/d zwischen 20 und 42 °C. Hat der Kristall eine Größe von etwa 25 × 8 mm erreicht, wird er aus der Lösung gehoben und der Ofen langsam auf Raumtemperatur abgekühlt. Er besteht aus einer Kombination von Prismen und hexagonalen Dipyramiden mit vorherrschenden $\{10\bar{1}0\}$- und $\{10\bar{1}1\}$-Flächen. $La_2(SO_4)_3 \cdot 9D_2O$ ist wie das entsprechende Hydrat hexagonal, Raumgruppe $P6_3/m-C_{6h}^2$ (Nr. 176), a = 10.996, c = 8.077 Å; Z = 2. Daraus berechnet sich die Dichte D = 2.929 g/cm³ im Vergleich zur experimentell ermittelten Dichte D = 2.920 g/cm³. Parallel bzw. senkrecht zur c-Achse beträgt die Mikrohärte nach Knoop 143 bzw. 113 kg/mm² und der lineare thermische Ausdehnungskoeffizient 23.5×10^{-6} bzw. $20.8 \times 10^{-6} \cdot K^{-1}$ zwischen 10 und 40 °C. Spezifische Wärme bei Raumtemperatur: $0.2150\ cal \cdot g^{-1} \cdot K^{-1}$. Dielektrizitätskonstante bei 1 kHz: 26 bzw. 31 parallel und senkrecht zur c-Achse. Die Verbindung ist weder piezoelektrisch noch pyroelektrisch. Brechungszahlen: $n_o = 1.5673$, $n_e = 1.5696$ bei 589.3 nm, De Saja u.a. [1]. Deutung der bei 77 bis 350 °C untersuchten thermisch stimulierten Depolarisation analog $La_2(SO_4)_3 \cdot 9H_2O$, s. S. 81, Rull u.a. [5].

Angaben zum IR-Spektrum von Postmus, Ferraro [2] und zum Raman-Spektrum von Abenozza u.a. [4] (s. auch Rull u.a. [3]) sind beim $La_2(SO_4)_3 \cdot 9H_2O$, S. 82, zum besseren Vergleich mitaufgeführt. Aus dem Raman-Spektrum ergibt sich, daß die D-Bindungen im Deuterat schwächer sind als die H-Bindungen im 9-Hydrat und deshalb die O-O-Abstände im Deuterat vermutlich größer sind [1].

$La_2(SO_4)_3 \cdot 9D_2O$ beginnt bei 45 °C Gewicht zu verlieren und ist bei ≈300 °C D_2O-frei. Die Zersetzung des D_2O-freien Produktes verläuft wie bei dem entwässerten Hydrat, s. S. 76 [1].

Literatur:

[1] A. De Saja, J.M. Pastor, F. Rull, J.A. De Saja (Krist. Tech. **12** [1977] 9/12). – [2] C. Postmus, J.R. Ferraro (J. Chem. Phys. **48** [1968] 3605/11). – [3] F. Rull, J.M. Pastor, J.A. De Saja, Luu Dang Vinh (Solid State Commun. **21** [1977] 221/4). – [4] M. Abenozza, Luu Dang Vinh, F. Rull-Perez, J.M. Pastor (J. Raman Spectrosc. **6** [1977] 26/31). – [5] F. Rull, L.F. Sanz, J.A. De Saja (J. Electrost. **8** [1980] 221/5).

28.7.5.3.4 $La_2(SO_4)_3 \cdot 8H_2O$

Die Verbindung wird aus einer filtrierten Lösung von $La(NO_3)_3$ in heißem H_2SO_4 mit einem Überschuß von absolutem C_2H_5OH in Form kleiner Kristallnadeln hergestellt und mit H_2O und C_2H_5OH gewaschen, De Saja u.a. [1]. Einige $La_2(SO_4)_3 \cdot 8H_2O$-Kristalle entstehen auch bei der Herstellung von $La_2(SO_4)_3 \cdot 9H_2O$-Impfkristallen auf Agar-Agar-Gel nahe der H_2SO_4 enthaltenden Vertiefung. Diese Kristalle werden als monoklin bezeichnet, Alonso u.a. [2]. Dagegen ist $La_2(SO_4)_3 \cdot 8H_2O$ nach eingehenden Untersuchungen anderer Autoren im Gegensatz zu fast allen anderen $M_2(SO_4)_3 \cdot 8H_2O$ nicht monoklin, sondern wie die Cer-Verbindung rhombisch, Raumgruppe Abm $2-C_{2v}^{15}$; Z = 4. Die Gitterkonstanten betragen a = 17.366 ± 0.002, b = 9.953 ± 0.005, c = 9.554 ± 0.002 Å. Gemessene Dichte: D = 2.84 g/cm³. Die Verbindung ist piezoelektrisch, Ivanov [3].

Literatur:

[1] A. De Saja, J.M. Pastor, F. Rull, J.A. De Saja (Krist. Tech. **12** [1977] 9/12, 10). – [2] R. Alonso, Luu Dang Vinh, J.A. De Saja (Krist. Tech. **8** [1973] 457/61). – [3] V.I. Ivanov (Acta Cryst. **21** [1966] Suppl., S. A55/A56).

28.7.5.3.5 $La_2(SO_4)_3 \cdot 6H_2O$

Die Verbindung entsteht bei der thermischen Zersetzung von $La_2(SO_4)_3 \cdot 9H_2O$ in etwa 8 h bei 140 °C. Wegen ihres geringen Stabilitätsbereiches zwischen 140 und 180 °C ist sie beim stetigen Erhitzen (100 grd/h) des 9-Hydrats schwer isolierbar und geht dann bei etwa 207 °C beginnend, langsam ins 4-Hydrat über und ist bei 575 °C wasserfrei (s. beim 9-Hydrat, S. 84), Pannetier, Dereigne [1]. Anderen Untersuchungen zufolge, bildet sich aus $La_2(SO_4)_3 \cdot 6H_2O$ ab 350 °C das wasserfreie $La_2(SO_4)_3$, Stecura [2]. Zur weiteren Zersetzung über $La_2O_2SO_4$ zum Oxid s. bei $La_2(SO_4)_3$, S. 76.

Literatur:

[1] G. Pannetier, A. Dereigne (Bull. Soc. Chim. France **1963** 1059/62). – [2] S. Stecura (U.S. Bur. Mines Rept. Invest. Nr. 6616 [1965] 1/47, 7; C.A. **64** [1966] 16736).

28.7.5.3.6 $La_2(SO_4)_3 \cdot 5H_2O$

Die Darstellung erfolgt wie bei den 8-Hydraten der meisten anderen $M_2(SO_4)_3$-Verbindungen, s. S. 44, durch Lösen von La_2O_3 in verdünnter Schwefelsäure und nachfolgende Kristallisation, Vinarov, Kornelli [1]. Das Hydrat soll sich auch bei der thermischen Zersetzung des 9-Hydrats bilden, s. im vergleichenden Teil, S. 54.

$La_2(SO_4)_3 \cdot 5H_2O$ ist monoklin, vermutlich isostrukturell mit $M_2(SO_4)_3 \cdot 5H_2O$ mit M= Ce, Pr, Nd, Raumgruppe $Cc-C_s^4$; Z=4, ist aber (im Gegensatz zu $Nd_2(SO_4)_3 \cdot 5H_2O$) piezoelektrisch, Ivanov [2]. Röntgen-Strichdiagramm s. Ivanov [3]. Da im IR-Spektrum (s. vergleichender Teil, S. 52) 2 Banden im Bereich der Deformationsschwingungen von H_2O beobachtet werden, liegt neben Kristallwasser auch koordinativ gebundenes Wasser vor, Petrov u.a. [4]. Beim Erhitzen mit 2.5 K/min ist die Verbindung (ohne Zwischenstufe) bei 550 °C vollständig entwässert, Domingues u.a. [5]. Zur weiteren Zersetzung zu La_2O_3 s. bei $La_2(SO_4)_3$, S. 76.

Literatur:

[1] I.V. Vinarov, M.E. Kornelli (Khim. Prom. Nauk Tekhn. Zb. **1962** Nr. 1, S. 28/30; C.A. **59** [1963] 1257). – [2] V.I. Ivanov (Acta Cryst. **21** [1966] Suppl., S. A55/A56). – [3] V.I. Ivanov (Sovrem. Metody Anal. **1965** 50/8; C.A. **64** [1966] 9019). – [4] K.I. Petrov, V.I. Ivanov, V.G. Pervykh (Zh. Strukt. Khim. **8** [1967] 356/9; J. Struct. Chem. [USSR] **8** [1967] 310/2). – [5] L.P. Domingues, R.L. Wilfong, L.R. Furlong (BM-RI-6029 [1962] 1/19, 15; C.A. **57** [1962] 9469).

28.7.5.3.7 $La_2(SO_4)_3 \cdot 4H_2O$

Zur Bildung von $La_2(SO_4)_3 \cdot 4H_2O$ beim thermischen Abbau von $La_2(SO_4)_3 \cdot 9H_2O$ bei <250 °C, s. S. 84. Die Verbindung ist zwischen 250 und 417 °C stabil, Pannetier, Dereigne [1]. Dagegen soll sich $La_2(SO_4)_3 \cdot 4H_2O$ nach Postmus, Ferraro [2] auch bilden (s. vergleichender Teil, S. 44), wenn das 9-Hydrat bei 100 °C bis zur Gewichtskonstanz erhitzt wird. Das IR-Spektrum dieses Hydrats ist im vergleichenden Teil beim $M_2(SO_4)_3 \cdot 2H_2O$ mitabgehandelt, s. unter 28.7.3.6.3, S. 53.

Literatur:

[1] G. Pannetier, A. Dereigne (Bull. Soc. Chim. France **1963** 1059/62). – [2] C. Postmus, J.R. Ferraro (J. Chem. Phys. **48** [1968] 3605/11).

28.7.5.3.8 $La_2(SO_4)_3 \cdot 2H_2O$

Röntgenamorphes Dihydrat entsteht beim thermischen Abbau des 9-Hydrats im trocknen Luftstrom als definierte Zwischenstufe und wird beim isothermen Erwärmen auf 80 °C isoliert, N. Bukovec, P. Bukovec, J. Šiftar (Vestn. Sloven. Kem. Drustva **22** [1975] 5/17; C.A. **86** [1977] Nr. 64712), s. auch S. 54/5.

Aqueous $La_2(SO_4)_3$ Solutions

28.7.5.3.9 Wäßrige $La_2(SO_4)_3$-Lösungen

Preparation and Nature of Solution

Herstellung und Konstitution

Zur Herstellung der Lösung wird die abgewogene Menge $La_2(SO_4)_3$, erhalten aus dem dreimal umkristallisierten 9-Hydrat durch Erhitzen auf 650 °C, zu HCl-Lösung gefügt (um Hydrolyse zu vermeiden) und 12 h unter N_2-Atmosphäre gerührt, Jones, Monk [1]. Lösen im 7fachen Gewicht an Eiswasser, wobei das Salz in kleinen Portionen unter Rühren zugesetzt wird. Wenig Ungelöstes wird abfiltriert, Nathan u.a. [2]. Die Lösungen neigen stark zu Übersättigung, Jones u.a. [3].

Aus der Äquivalentleitfähigkeit bei 20 °C berechneter Dissoziationsgrad α für verschiedene Konzentrationen c in val/l:

c	0.001	0.002	0.005	0.01	0.02	0.05	0.1	0.2
α	58	49	38	32	27	21	17.5	14.5

Die Dissoziation in Ionen ist also recht gering, Öholm [4], s. auch Davies [5]. Auf die Bildung von hydratisierten $LaSO_4^+$-Ionenpaaren in einem 3stufigen Mechanismus wird aus Ultraschallmessungen bei 25 °C geschlossen, Reidler, Silber [6], s. auch Chen, Millero [7]. Ebenso wird $LaSO_4^+$-Bildung nach EMK-Messungen bei 20 bis 35 °C vorausgesetzt [1]. Mit Hilfe der Verteilungsmethode bei 25 °C bei sehr geringer La^{3+}-Konzentration und pH=3 bis 4, werden die Komplexe $LaSO_4^+$ und $La(SO_4)_2^-$ festgestellt, Sekine [8, 9]; s. auch Aziz, Lyle [10].

Nach Messung der Äquivalentleitfähigkeit tritt $La(SO_4)_2^-$ in 0.05 M-Lösungen beim Molverhältnis H_2SO_4:$La_2(SO_4)_3$=1 am stärksten auf, Yakubson, Kostromina [11].

In Lösungen von $La_2(SO_4)_3$ in 0.234 bis 0.714 m H_2SO_4 bei 135 bis 170 °C, tritt vermutlich (ähnlich wie in Lösungen von $Sm_2(SO_4)_3$ in H_2SO_4 bei hohen Temperaturen) $M_2(SO_4)_2^{2+}$ (und SO_4^{2-}) auf. Dies leiten Marshall, Slusher [42] aus den Löslichkeitsdaten von Lietzke, Stoughton [41] ab.

Der Ionenpaarbildung folgt mit steigender Konzentration eine Redissoziation, Pitzer, Silvester [12]. Diskussion der Faktoren, welche die Bildung komplexer Ionen in wäßriger Lösung bestimmen, s. bei Williams [13]. Den Einfluß von Druck auf die Dissoziation von $LaSO_4^+$ untersuchen Fisher, Davis [15]. Weitere Einzelheiten s. S. 57.

Mechanical and Thermal Properties

Mechanische und thermische Eigenschaften

Dichte. Molvolumen

D_4^{18}=1.02602, $D_4^{22.2}$=1.02499 g/cm³ für eine 2.6635 g $La_2(SO_4)_3$ je 100 g Lösung enthaltende wäßrige Lösung geben Roberts u.a. [14] an. Für $La_2(SO_4)_3$-Lösungen der

Konzentration $c<0.025$ M gilt $D^{25}=0.9971+0.584$ c, Nathan u.a. [2]. Fast lineare Abnahme der gegen H_2O bei 20 °C gemessenen relativen Dichte D_p (D_p^{20} $(H_2O)=1$) mit der Verdünnung von 1.01859 g/cm³ für N/5-Lösung auf 1.0019 g/cm³ für N/50-Lösung stellt Öholm [4] fest.

Dichtedifferenz ΔD zwischen Lösung und H_2O und scheinbares Molvolumen ϕ_v in cm³/mol in Abhängigkeit von der Konzentration m in mol/kg bei 25 °C:

$m \cdot 10^2$ . . .	1.96605	1.68928	1.44082	1.18750	0.95089	0.80092
$1000\,\Delta D$ . .	10.7972	9.2943	7.9457	6.5605	5.2667	4.4467
ϕ_v	15.072	14.088	12.833	11.853	10.174	9.140
$m \cdot 10^2$ . . .	0.49528	0.28289	0.15811	0.09587	0.04809	0.01497
$1000\,\Delta D$ . .	2.7619	1.5852	0.8910	0.5425	0.2763	0.0872
ϕ_v	6.697	3.976	+0.832	−3.384	−10.298	−18.380

Bei unendlicher Verdünnung ist ϕ_v° (additiv berechnet) $=-36.30$ cm³/mol. ϕ_v folgt der Gleichung $\phi_v=\phi_v^\circ+Am^{1/2}+Bm+Cm^{3/2}+Dm^2+Em^{5/2}$ mit $A=1.796\times10^3$, $B=-3.222\times10^4$, $C=3.070\times10^5$, $D=-1.440\times10^6$, $E=2.654\times10^6$. Vergleich mit den stark davon abweichenden Werten nach Debye-Hückel sowie den additiv berechneten s. Figur im Original, Chen, Millero [7]. Aus der Druckabhängigkeit der Äquivalentleitfähigkeit berechnete Änderung des partiellen molalen Volumens ΔV° beim Druck $p=1$ bis 2000 atm bei 25 °C und $c=0.2$ bis 8.2×10^{-3} val/l, berechnet nach drei verschiedenen Methoden, s. Fisher, Davis [15].

Schallgeschwindigkeit. Kompressibilität

Relative Schallgeschwindigkeit Δu ($\hat{=}\,u(\text{Lösung})-u(H_2O)$) in m/s und adiabatische scheinbare molale Kompressibilität ϕ_K in $cm^3\cdot mol^{-1}\cdot bar^{-1}$ bei 25 °C in Abhängigkeit von der Konzentration m in mol/kg:

$m \cdot 10^2$	0.1418	0.1425	0.2120	0.4664	0.4957	0.6650	0.6677
Δu	0.169	0.164	0.18	0.34	0.40	0.45	0.50
$-10^4\,\phi_K$ . . .	338.6	336.1	311.4	295.2	299.3	289.0	293.3
$m \cdot 10^2$	0.9375	1.4025	1.6796	1.8113	1.8139	2.4900	
Δu	0.60	0.70	0.67	0.85	0.79	1.02	
$-10^4\,\phi_K$ . . .	283.8	271.6	263.6	267.2	265.2	260.0	

Für ϕ_K gilt die Gleichung $\phi_K=\phi_K^\circ+Am^{1/2}+Bm+Cm^{3/2}+Dm^2$ mit den additiv für unendliche Verdünnung berechneten Konstanten $-10^4\,\phi_K^\circ=488.11$, $A=0.67$, $B=-8.9$, $C=54.6$, $D=-124$. Ähnlich wie das Molvolumen weicht auch ϕ_K von den nach Debye-Hückel sowie additiv berechneten Werten ab, was der Bildung des Ionenpaares $LaSO_4^+$ zugeschrieben wird, Chen, Millero [7]. Ultraschallmessungen in H_2O und D_2O bei 25 °C, pH=2 bis 3 und $(0.700$ bis $7.00)\times10^{-2}$ M $La_2(SO_4)_3$ im Bereich von 10 bis 270 MHz s. bei Reidler, Silber [6].

Viskosität. Soret-Koeffizient. Diffusion

Die relative Viskosität η gegen H_2O ($\eta(H_2O)=1$) bei 20 °C beträgt 1.011, 1.014, 1.019, 1.034 und 1.065 bei 0.02, 0.025, 0.05, 0.1 bzw. 0.5 val/l $La_2(SO_4)_3$. Die Abnahme mit der Verdünnung ist fast linear, Öholm [4]. Soret-Koeffizient s in K^{-1} und daraus berechneter Diffusionskoeffizient D in cm²/s und molare Transportwärme Q in kcal/mol in Abhängigkeit von der molalen Konzentration m bei der mittleren Temperatur 25.3±1 °C (Temperaturdifferenz 4 bis 10 K):

$m \cdot 10^3$	0	0.185	0.556	1.67
$s \cdot 10^3$	(16.25)	12.3	12.9	12.3
$D \cdot 10^5$	–	(0.76)	0.66	0.62
$Q \cdot 10^3$	(14.360)	9.260	8.340	6.410

Werte in Klammern sind abgeschätzt.

Snowdon, Turner [24]. Nach Diffusionsuntersuchungen zwischen 12.6 und 20.5 °C und 0.025 und 0.2 val/l $La_2(SO_4)_3$ steigt der Diffusionskoeffizient bei 20 °C mit der Verdünnung. Er ist sehr viel kleiner als für $La(NO_3)_3$- und $LaCl_3$-Lösungen, Öholm [4].

Thermodynamische Daten

Enthalpie und freie Enthalpie der Bildung sowie Entropie für hypothetische ideal 1molale wäßrige Lösung: $\Delta H^\circ_{298} = -1003.1$ kcal/mol, $\Delta G^\circ_{298} = -877.8$ kcal/mol, $S^\circ_{298} = -76$ cal · mol^{-1} · K^{-1}. ΔH°_{298} basiert auf der Bildungsenthalpie (in kcal/mol) $\Delta H^\circ_{verd.} = -994.06$, -995.02 und -1001.58 bei 298 K für auf x = 1800 mol, 1×10^4 mol bzw. 2×10^6 mol H_2O je mol $La_2(SO_4)_3$ verdünnte Lösungen, Rossini u.a. [16]. Neuerdings werden geringere Werte angegeben, Schumm u.a. [44]:

x	2400	3000	4000	5000	7000	10000
$-\Delta H^\circ_{verd.}$	980.88	981.01	981.14	981.25	981.45	981.72

Aus der Verdünnungswärme Q berechnete relative scheinbare molale Enthalpie je mol des Gelösten ϕ_L bei der molalen Ausgangs- und Endkonzentration m_1 bzw. m_2 bei 25 °C, Nathan u.a. [2]:

m_1 in 10^{-5} mol/kg . .	2388	1191	596.9	299.5	150.3
m_2 in 10^{-5} mol/kg . .	24.38	12.25	6.160	3.095	1.561
$-Q$ in cal/mol . . .	4480	4890	5520	5960	5785
$\phi_L(m_1)$ in cal/mol . .	9632	9029	8698	8335	7430
$\phi_L(m_2)$ in cal/mol . .	5152	4139	3178	2375	1645

Die Steigung $\partial\phi_L/\partial m^{1/2}$ bei $m < 0.0005$ ändert sich linear mit $m^{1/2}$. Durch Integration ergibt sich ϕ_L (in cal/mol) $= 4.804 \times 10^5\ m^{1/2} - 0.9628 \times 10^7$ m. Aus den ϕ_L-Werten berechnete relative partielle molale Enthalpie des Gelösten L_2 bei 25 °C:

m in 10^{-5} mol/kg . .	5	10	50	100	500	1000	2000
L_2 in cal/mol . . .	4130	5280	7535	8250	9310	9660	10280

Unterhalb m = 0.0005 gilt L_2 (in cal/mol) $= 7.207 \times 10^5\ m^{1/2} - 1.9256 \times 10^7$ m. Selbst bei den niedrigsten gemessenen Konzentrationen ergibt sich keine Annäherung an die Debye-Hückel-Theorie, Nathan u.a. [2]. Mit Hilfe von Parametern, die die Ionenpaarbildung berücksichtigen, ist bessere Übereinstimmung zwischen Experiment und Theorie zu erreichen, Pitzer, Silvester [12].

Electrical Properties

Elektrische Eigenschaften

Nach einer verbesserten Fürthschen Ellipsoidmethode an maximal 0.06 normalen $La_2(SO_4)_3$-Lösungen bei 20±0.1 °C und 1000 Hz ermittelte Dielektrizitätskonstante ε der Lösung:

N . . .	0.0006	0.0015	0.00316	0.0060	0.012	0.0225	0.0316	0.045	0.06
ε . . .	80.50	80.61	80.77	81.00	81.39	82.33	82.84	83.51	84.24

Der Anstieg ist oberhalb N=0.001 geringer als nach der Debye-Falkenhagen-Theorie berechnet, Dunning, Shutt [18].

Äquivalentleitfähigkeit Λ in Ω^{-1} $cm^2 \cdot val^{-1}$ bei 20 °C bei verschiedenen Konzentrationen c in val/l:

c	0.001	0.002	0.005	0.01	0.02	0.05	0.1	0.2
Λ	77.5	65.75	51.90	42.92	35.81	28.18	23.42	19.35

Öholm [4]. Der Verlauf von Λ in 0.05 M Lösungen in Abhängigkeit vom Molverhältnis $H_2SO_4 : La_2(SO_4)_3$ zeigt, daß beim äquimolaren Gemisch die Abweichung von der Additivität am größten ist, Yakubson, Kostromina [11]. Einen Abfall von $\Lambda = 103.81$ auf 72.81 zwischen 0.000394 und 0.00182 val/l bei 25 °C finden Jenkins, Monk [19].

Äquivalentleitfähigkeit Λ bei 25 °C in Abhängigkeit vom Druck p in atm bei verschiedenen Konzentrationen c in 10^{-3} val/l, Fisher, Davis [15]:

	Konzentration c						
p	0.2	0.3	0.6	1.2	2.4	3.1	8.2
250	123.3	114.3	100.0	85.9	71.9	68.0	52.6
500	126.5	118.0	104.4	90.3	76.2	72.1	56.0
750	128.8	121.1	108.0	94.1	79.8	75.8	59.2
1000	130.4	123.2	110.7	97.3	83.1	79.1	62.2
1250	131.4	124.8	113.0	100.0	86.7	82.0	64.7
1500	131.7	125.8	114.5	101.9	88.2	84.2	67.0
1750	131.7	126.3	115.7	103.5	90.0	86.2	68.9
2000	131.3	126.6	116.6	104.8	91.6	87.8	70.6

Die Werte wurden erhalten aus den relativen Λ_p/Λ_1-Werten beim Druck p bzw. bei p=1 unter Benutzung der Λ_1-Werte von [19] und Spedding, Jaffe [20]. Additiv ergeben sich folgende Werte für die Äquivalentleitfähigkeit Λ_∞ bei unendlicher Verdünnung:

p	1	250	500	750	1000	1250	1500	1750	2000
Λ_∞ . . .	149.5	150.4	150.6	150.6	150.0	149.6	148.9	147.5	146.3

Fisher, Davis [15].

Relative Dispersion der elektrischen Leitfähigkeit $\Delta\Lambda$ in %, gemessen nach einer Resonanzmethode gegen KCl bei 37.5 MHz und verschiedenen Temperaturen t in °C und Konzentrationen c in mol/l (nach den Formeln von Debye und Falkenhagen berechnete Werte in Klammern):

	Konzentration $c \cdot 10^4$				
t in °C	2	4	6	10	15
0	4.2 (4.71)	4.8 (5.63)	5.4 (5.97)	5.7 (6.15)	6.2 (5.87)
22	2.5 (3.73)	3.4 (3.91)	3.3 (3.78)	3.1 (3.22)	2.9 (2.56)
30	2.4 –	3.3 –	3.0 –	2.4 –	2.3 –
40	2.1 –	2.4 –	2.1 –	1.7 –	1.3 –
50	2.0 (2.89)	2.3 (2.50)	2.0 (2.02)	1.5 (1.30)	0.9 (0.84)

Der Abfall mit der Temperatur ist bei höherer Konzentration größer. Das Maximum in der Konzentrationsabhängigkeit wird mit steigender Temperatur zu geringerer Konzentration verschoben, einer Verkleinerung der Relaxationszeit entsprechend, Geest [21], s. hierzu auch Landolt-Börnstein [22].

Optical and Magneto-optical Properties

Optische und magnetooptische Eigenschaften

$La_2(SO_4)_3$-Lösungen in 0.4 N H_2SO_4 zeigen zwischen 350 und 230 nm eine leicht ansteigende Absorption bis zu einem Maximum bei 230 nm, Hagiwara [17].

Brechungszahl n und daraus ermittelte Molrefraktion R_{mol} bei 18 °C sowie Verdetsche Konstante ω in $min \cdot cm^{-1} \cdot Oe^{-1}$ und spezifische Drehung $-[\omega]$ für 2.6635 g $La_2(SO_4)_3$ je 100 g Lösung enthaltende wäßrige Lösung bei 22.2 °C in Abhängigkeit von der Wellenlänge λ:

λ in nm .	579.0	577.0	546.1	435.8	404.7	365.5	334.1	313.1
n	1.33776	1.33784	1.33893	1.34475	1.34731	1.35161	1.35637	1.36050
R_{mol} . . .	49.18	–	49.40	49.89	50.36	50.81	51.70	51.89

λ in nm .	578.0	546.1	435.0	404.7	365.2	334.1	312.8
$\omega \cdot 10^2$ . .	1.371	1.540	2.540	3.002	3.826	4.757	5.610
$-[\omega] \cdot 10^5$	0.13	0.18	0.42	0.66	0.54	0.72	1.21

Roberts u.a. [14].

Electrochemical Behavior

Elektrochemisches Verhalten

Nach Untersuchungen der kathodischen $La(OH)_3$-Abscheidung aus $La_2(SO_4)_3$-Lösungen in wäßrigem Isopropanol im homogenen Feld von 300 bis 500 V/cm und 1000 bis 9000 V wandern Anionen und Kationen gemeinsam zur Anode, jedoch nicht im stöchiometrischen Verhältnis. Während es durch pH-Änderung im sauren Bereich zu anodischen Abscheidungen kommt, werden im neutralen und basischen Bereich kathodische Abscheidungen erzielt, Grösswang, Grass [23].

Chemical Reactions

Chemisches Verhalten

Gegen NaOH

Nach Löslichkeitsuntersuchungen sowie pH- und Leitfähigkeitsmessungen bei 25 °C werden im System $La_2(SO_4)_3$-NaOH-H_2O verschiedene basische Sulfate gebildet und thermogravimetrisch und/oder röntgenographisch nachgewiesen: $La(OH)SO_4$, Mironov, Chernyaev [25, 26], Mironov, Trofimova [27]; $La_4(OH)_2(SO_4)_5$, Mironov, Chernyaev [28]; $La_4(OH)_6(SO_4)_3$, Grishin, Mironov [29], Mironov [27, 30]; $La_2(OH)_4SO_4$ [25 bis 30]; $La_4(OH)_{10}SO_4$ [25 bis 28, 30]. Durch den Zusatz von NaOH-Lösung zur $La_2(SO_4)_3$-Lösung wird zunächst die Hydrolyse erleichtert, dann erfolgen gleichzeitig Dissoziation und Hydratation. Einzelheiten zum Reaktionsmechanismus s. Original. Die basischen Salze enthalten Kristallwasser [30]. Untersuchungen in den Systemen $La_2(SO_4)_3$-$Al_2(SO_4)_3$-NaOH-H_2O und $La_2(SO_4)_3$-$Zr(SO_4)_2$-H_2SO_4-NaOH-H_2O und Bildung von $La(OH)_3$ s. bei Mironov u.a. [27] bzw. [31].

Gegen NH_3

Die wäßrige Lösung von $La_2(SO_4)_3$ bildet bei 25 °C im Luft-NH_3-Gemisch oder nach NH_4OH-Zusatz zunächst basische Sulfate, zum Schluß $La(OH)_3$, und zwar leichter als $LaCl_3$-Lösungen. Es entstehen $La(OH)SO_4$, $La_2(OH)_4SO_4$ und $La_4(OH)_{10}SO_4$, Mironov, Chernyaev [26].

Gegen Alkalisulfate

Zur Bildung von Doppelsulfaten mit A_2SO_4 (A=Li, Na, K, NH_4, Rb, Cs) in wäßriger Lösung s. auch 28.8, S. 197.

Aus gemischten Lösungen von $La_2(SO_4)_3$ und Na_2SO_4 wird bei 30 °C das $NaLa(SO_4)_2 \cdot H_2O$ erhalten, s. beispielsweise Lopina u.a. [32]. – Mit K_2SO_4 werden die drei Doppelsulfate $K_5La(SO_4)_4$, $KLa(SO_4)_2 \cdot H_2O$ und $K_6La_4(SO_4)_9 \cdot 8H_2O$ (?) gebildet, Iskhakova, Plyushchev [33], s. auch Petrov u.a. [34], Iskhakova u.a. [35]. – Im System $(NH_4)_2SO_4$-$La_2(SO_4)_3$-H_2O entstehen bei 25 bis 75 °C $(NH_4)_3La(SO_4)_3$, $(NH_4)_5La(SO_4)_4$ und $NH_4La(SO_4)_2 \cdot H_2O$, Urazov u.a. [36].

Gegen weitere Salzlösungen

Wird $La_2(SO_4)_3$ in wäßriger Lösung bei 25 °C mit Na_2SeO_3 versetzt, bildet sich $La_2(SeO_3)_3$ als weißer Niederschlag. Reaktions- und Bildungsenthalpie s. Original, Maier u.a. [37]. In 3 Stufen reagieren 0.2 N $La_2(SO_4)_3$- und Na_2CO_3-Lösungen unter Bildung eines basischen und eines neutralen La-Carbonats sowie eines Mischsalzes $Na[La(CO_3)_2]$, Osipova, Kharakoz [38].

Gegen Harnstoff

Nach Löslichkeitsuntersuchungen im System $La_2(SO_4)_3$-$CO(NH)_2$-H_2O bei 15 und 30 °C entsteht im harnstoffreichen Teil die Verbindung $La_2(SO_4)_3 \cdot 10CO(NH_2)_2$, im $La_2(SO_4)_3$-reichen Teil $La_2(SO_4)_3 \cdot 2CO(NH_2)_2$. Lage der Zweisalzpunkte und Löslichkeitsisothermen s. Original, Alieva u.a. [39], s. auch Sulaimankulov u.a. [40].

Gegen Äthylendiamintetraessigsäure

Beim Erhitzen reagiert wäßrige $La_2(SO_4)_3$-Lösung mit Äthylendiamintetraessigsäure unter Bildung eines sehr feinkristallinen weißen Niederschlags von $LaH(C_{10}H_{12}N_2O_8)$, Brintzinger u.a. [43].

Literatur:

[1] H.W. Jones, C.B. Monk (Trans. Faraday Soc. **48** [1952] 929/33). – [2] C.C. Nathan, W.E. Wallace, A.L. Robinson (J. Am. Chem. Soc. **65** [1943] 790/4). – [3] E.V. Jones, M.H. Lietzke, W.I. Marshall (J. Am. Chem. Soc. **79** [1957] 267/71). – [4] L.W. Öholm (Soc. Sci. Fennica Commentationes Phys. Math. **9** Nr. 2 [1936] 1/14; C.A. **1937** 2907). – [5] C.W. Davies (Endeavour **4** [1945] 114/9).

[6] J. Reidler, H.B. Silber (J. Phys. Chem. **77** [1973] 1275/80). – [7] Chen-Tung Chen, F.J. Millero (J. Solution Chem. **6** [1977] 589/607). – [8] T. Sekine (J. Inorg. Nucl. Chem. **26** [1964] 1463/5). – [9] T. Sekine (Acta Chem. Scand. **19** [1965] 1469/75). – [10] A. Aziz, S.J. Lyle (J. Inorg. Nucl. Chem. **32** [1970] 1925/32, 1928).

[11] S.I. Yakubson, N.A. Kostromina (Zh. Neorgan. Khim. **3** [1958] 1688/93; Russ. J. Inorg. Chem. **3** Nr. 7 [1958] 290/8, 294). – [12] K.S. Pitzer, L.F. Silvester (J. Phys. Chem. **82** [1978] 1239/42). – [13] R.J.P. Williams (J. Phys. Chem. **58** [1954] 121/6). – [14] R.W. Roberts, L. Wallace, I.T. Pierce (Phil. Mag. [7] **17** [1934] 934/61). – [15] F.H. Fisher, D.F. Davis (J. Phys. Chem. **71** [1967] 819/22).

[16] F.D. Rossini, D.D. Wagman, W.H. Evans, S. Levine, I. Jaffe (NBS-Circ.-500 [1952] 329/54, 353). – [17] Z. Hagiwara (Technol. Rept. Tohoku Univ. **20** [1955] 91/108 nach C.A. **1956** 10585). – [18] W.J. Dunning, W.J. Shutt (Trans. Faraday Soc.

34 [1938] 467/79, 472). – [19] I.L. Jenkins, C.B. Monk (J. Am. Chem. Soc. **72** [1950] 2695/701). – [20] F.H. Spedding, S. Jaffe (J. Am. Chem. Soc. **76** [1954] 882/4).

[21] H. Geest (Physik. Z. **34** [1933] 660/71, 668/9). – [22] K.H. Hellwege, A.M. Hellwege, K. Schäfer, E. Lax (Landolt-Börnstein, 6. Aufl., Bd. 2, Tl. 7, S. 220). – [23] H. Grösswang, F. Grass (Nucl. Instr. Methods **46** [1967] 179/80). – [24] P.N. Snowdon, J.C.R. Turner (Trans. Faraday Soc. **56** [1960] 1812/9, 1816). – [25] N.N. Mironov, N.P. Chernyaev (Tr. Khim. Khim. Tekhnol. **1960** 464/9; C.A. **56** [1962] 3108).

[26] N.N. Mironov, N.P. Chernyaev (Tr. Khim. Khim. Tekhnol. **1960** 456/63; C.A. **56** [1962] 1138). – [27] N.N. Mironov, L.M. Trofimova (Tr. Khim. Khim. Tekhnol. **4** [1961] 551/9; C.A. **57** [1962] 2920). – [28] N.N. Mironov, N.P. Chernyaev (Zh. Neorgan. Khim. **6** [1961] 2173/9; Russ. J. Inorg. Chem. **6** [1961] 1109/13). – [29] I.A. Grishin, N.N. Mironov (Zh. Neorgan. Khim. **14** [1969] 2336/9; Russ. J. Inorg. Chem. **14** [1969] 1228/31). – [30] N.N. Mironov (Zh. Neorgan. Khim. **11** [1966] 458/63; Russ. J. Inorg. Chem. **11** [1966] 250/3).

[31] N.N. Mironov, L.M. Trofimova, A.N. Vdovina (Tr. Khim. Khim. Tekhnol. **4** [1961] 741/6; C.A. **58** [1963] 8445). – [32] M.D. Lopina, V.F. Kavchenko, M.I. Petrova (Geterogen. Ravnovesiya Sist. Neorg. Org. Soedin. **1974** 156/9; C.A. **83** [1975] Nr. 153381). – [33] L.D. Iskhakova, V.E. Plyushchev (Zh. Neorgan. Khim. **15** [1970] 2526/30; Russ. J. Inorg. Chem. **15** [1970] 1307/9). – [34] K.I. Petrov, G.N. Voronskaya, L.D. Iskhakova, V.E. Plyushchev (Zh. Neorgan. Khim. **16** [1971] 1275/81; Russ. J. Inorg. Chem. **16** [1971] 675/8). – [35] L.D. Iskhakova, V.E. Plyushchev, L.A. Perezhogina (Zh. Neorgan. Khim. **16** [1971] 1836/40; Russ. J. Inorg. Chem. **16** [1971] 976/8).

[36] G.G. Urazov, V.B. Tulinova, V.E. Plyushchev, N.I. Chuikina (Dokl. Akad. Nauk SSSR **103** [1955] 635/8; C.A. **1956** 3866). – [37] A.I. Maier, Yu.L. Suponitskii, M.Kh. Karapet'yants (Izv. Akad. Nauk SSSR Neorgan. Materialy **2** [1966] 775/7; Inorg. Materials [USSR] **2** [1966] 662/3). – [38] T.P. Osipova, A.E. Kharakoz (Issled. Khim. Redkikh Soputstvuyushchikh Elem. Akad. Nauk Kirg. SSR Inst. Neorgan. Fiz. Khim. **1966** 170/4; C.A. **66** [1967] Nr. 25539). – [39] Z.F. Alieva, K.S. Sulaimankulov (Izv. Akad. Nauk Kaz. SSR Ser. Khim. **20** Nr. 6 [1970] 16/24; C.A. **74** [1971] Nr. 91815). – [40] K. Sulaimankulov, Z.F. Alieva, O.V. Agashkin (Zh. Neorgan. Khim. **16** [1971] 1169/72; Russ. J. Inorg. Chem. **16** [1971] 621/2).

[41] M.H. Lietzke, R.W. Stoughton (J. Inorg. Nucl. Chem. **28** [1966] 1063/6). – [42] W.L. Marshall, R. Slusher (J. Inorg. Nucl. Chem. **37** [1975] 2171/6). – [43] H. Brintzinger, H. Thiele, U. Müller (Z. Anorg. Allgem. Chem. **251** [1943] 285/94, 291). – [44] R.H. Schumm, D.D. Wagman, S. Bailey, W.H. Evans, V.B. Parker (NBS-TN-270-7 [1973] 64).

28.7.5.3.10 Das System $La_2(SO_4)_3$-$La(ClO_4)_3$-H_2O

Nach Löslichkeitsuntersuchungen (Restmethode) bei 25 °C ist das System eutonisch. Der Zweisalzpunkt $La_2(SO_4)_3 \cdot 9\,H_2O + La(ClO_4)_3 \cdot 9\,H_2O$ liegt bei 0.29 Gew.-% $La(ClO_4)_3$ und 65.42 Gew.-% $La_2(SO_4)_3$ (bezogen auf wasserfreies Salz), L.P. Chernova (Sb. Nauchn. Tr. Yaroslav. Pedagog. Inst. Nr. 164 [1977] 56/8; C.A. **89** [1978] Nr. 66220).

Cerium Sulfates

28.7.5.4 Cersulfate

Angaben über $CeSO_4$ (eingebaut in $SrSO_4$) s. unter 28.7.1, S. 33; ergänzende Angaben über $Ce_2(SO_4)_3$ s. unter 28.7.2, S. 33, über $Ce_2(SO_4)_3 \cdot n\,H_2O$, n=9, 8, 5 und 2, s. unter 28.7.3, S. 43, und über wäßrige $Ce_2(SO_4)_3$-Lösung s. unter 28.7.4, S. 56.

28.7.5.4.1 Cer(III)-sulfate

Cerium(III) Sulfates

28.7.5.4.1.1 $Ce_2(SO_4)_3$

Bildung und Darstellung

$Ce_2(SO_4)_3$ entsteht durch langsames Eindampfen der schwefelsauren Lösungen von Ce_2O_3, Sukhikh, Serebrennikov [1], $Ce_2(CO_3)_3$, Serebrennikov u.a. [2] oder $Ce_2(C_2O_4)_3$, Bateman, Fernelius [3] bis zur Trockene und Erhitzen auf 400 [1] oder 450 °C [2]. $Ce_2(SO_4)_3$ bildet sich bei der (stufenweisen) Entwässerung des 9-Hydrats (Erhitzungsgeschwindigkeit etwa 30 K/min an Luft) zwischen 360 und 380 °C, Pospelova u.a. [4]. Es entsteht durch Entwässerung von hydratisiertem $Ce_2(SO_4)_3$ bei 450 °C in 22 h. Letzteres wird durch Lösen von Ce_2O_3 in verdünnter Salzsäure, Zusatz der äquivalenten Menge 0.1 N H_2SO_4 und Ausfällung mit einem großen Überschuß an Äthanol erhalten und durch Umkristallisieren aus wäßrigem Äthanol gereinigt, De Saja u.a. [5]. Der letzte endotherme Effekt für die Entwässerung von $Ce_2(SO_4)_3 \cdot 8H_2O$ liegt bei 240 °C, Trofimovich, Sedel'nikov [6]. Zur Bildung aus β- und α-$Ce_2(SO_4)_3 \cdot 2H_2O$ bei 330 bzw. 273 °C s. Belokoskov u.a. [7], oder bei der Pyrolyse des Amidosulfats bei etwa 450 °C s. Chrétien, Capestan [8]. $Ce_2(SO_4)_3$ entsteht auch bei der Zersetzung der Doppelsulfate aus: $(NH_4)_5Ce(SO_4)_4$ bei <600 °C und $NH_4Ce(SO_4)_2 \cdot 4H_2O$ bei <617 °C, Iskhakova u.a. [9], sowie aus $NH_4Ce(SO_4)_2 \cdot H_2O$ bei etwa 500 °C, Belokoskov u.a. [10].

Physikalische Eigenschaften

$Ce_2(SO_4)_3$ schmilzt bei 870 °C (endothermer Effekt in der DTA-Kurve), Trofimovich, Sedel'nikov [6]. Die aus der Lösungsenthalpie von Ce und $Ce_2(SO_4)_3$ in H_2SO_4 bei 298 K ermittelte Standardbildungsenthalpie beträgt $\Delta H^\circ_{298} = -3951.8 \pm 1.7$ kJ/mol ($= -944.5$ kcal/mol), Chadwick u.a. [11]. $\Delta H^\circ_{298} = -945.1$ kcal/mol, Schumm u.a. [12], $\Delta H^\circ_{298} = -980$ kcal/mol, Wilcox [13].

Molare Wärmekapazität $C_p = 68.4$ cal·mol^{-1}·K^{-1} bei 298 K, Landiya [14], Myuller [15], $C_p = 66.4$ cal·mol^{-1}·K^{-1} (bei 273 bis 373 K), Montgomery [16].

Nach Messungen der (geringen) paramagnetischen Resonanzabsorption im statischen Magnetfeld von $H_c = 20$ bis 4000 Oe parallel zu einem magnetischen Wechselfeld mit $f = 2.38 \times 10^8$ und 6.75×10^8 Hz existieren bei Raumtemperatur und 90 K ein bzw. zwei Maxima mit folgenden Werten für χ'' und H_c:

f in Hz	2.38×10^8	6.75×10^8	2.38×10^8
T in K	298	295	90
$\chi'' \cdot 10^{29}$	39	51	42 und 50
H_c in Oe	243	682	208 und 480

Die Halbwertsbreite soll nicht von f abhängen, Kurenev, Salikhov [17].

Chemisches Verhalten

$Ce_2(SO_4)_3$ ist hygroskopisch [2].

Das beim Entwässern des Dihydrats entstandene H_2O-freie Produkt zersetzt sich bei 800 bis 1000 °C zu CeO_2, Belokoskov u.a. [7, 18, 19]. Nach Nathans, Wendlandt [24] beginnt sich $Ce_2(SO_4)_3$ an Luft bereits bei 650 °C zu CeO_2 zu zersetzen. Nach Haire [25] zersetzt sich $Ce_2(SO_4)_3$ in Luft oder Ar bei 700 bis 900 °C, in einem H_2-Ar-Gemisch schon bei 500 bis 680 °C. – Bei 0, 50 und 100 °C lösen sich 19.09, 4.78 bzw. 0.78 g $Ce_2(SO_4)_3$ in 100 g H_2O; der Temperaturkoeffizient ist also negativ, Bateman, Fernelius [3]. Weitere Angaben zur Löslichkeit bei 0 bis 100 °C s. S. 97. Zwischen 105 und 350 °C fällt die Löslichkeit von 300 auf 0.83 mg $Ce_2(SO_4)_3$ je 100 g Lösung, Zemel bei Thompson [20], s. auch [21]; in 0.136 molarer UO_2SO_4-Lösung fällt sie zwischen 137 und 330 °C von 290 auf 1.02 mg $Ce_2(SO_4)_3$ in 100 g Lösung [20]. Den Einfluß anderer Seltenerdsulfate auf die Löslichkeit von $Ce_2(SO_4)_3$ in schwefelsaurer UO_2SO_4-Lösung bei 250 bis 325 °C untersuchen McAdoo u.a. [22]. Die Lösungsenthalpie von 0.05031 bis 0.10616 mmol $Ce_2(SO_4)_3$ in 100 ml 0.5 M H_2SO_4 beträgt im Mittel −111.36 kJ/mol, Chadwick u.a. [11]. Die Reduktion von $Ce_2(SO_4)_3$ in gereinigtem, trocknem, O_2- und CO_2-freiem CO bei 534 bis 610 °C wird von Surgutskii, Serebrennikov [23] untersucht. Die Reaktivität ist für Cer (mit variabler Valenz) großer als für La und Lu (mit konstanter Valenz).

Mit Pyridin- und Chinolindämpfen findet zwischen −15 und +20 °C keine Reaktion statt, Serebrennikov u.a. [2].

Literatur:

[1] G.N. Sukhikh, V.V. Serebrennikov (Tr. Tomsk. Gos. Univ. Ser. Khim. **157** [1963] 60/5; C.A. **61** [1964] 7765). – [2] V.V. Serebrennikov, E.I. Ivanova, L.A. Alekseenko (Zh. Neorgan. Khim. **4** [1959] 1377/81; Russ. J. Inorg. Chem. **4** [1959] 619/21). – [3] L.A. Bateman, W.C. Fernelius (J. Chem. Educ. **14** [1937] 315). – [4] L.A. Pospelova, V.N. Kokunova, L.M. Zaitsev (Zh. Neorgan. Khim. **15** [1970] 2349/53; Russ. J. Inorg. Chem. **15** [1970] 1217/9). – [5] A. De Saja, J.M. Pastor, F. Rull, J.A. De Saja (Krist. Tech. **13** [1978] 909/14).

[6] A.A. Trofimovich, G.S. Sedel'nikov (Zh. Neorgan. Khim. **8** [1963] 1259/64; Russ. J. Inorg. Chem. **8** [1963] 652/4). – [7] V.I. Belokoskov, O.A. Govorukhina, G.V. Trofimov, R.A. Popova, M.A. Letetskaya (Zh. Neorgan. Khim. **24** [1979] 1339/44; Russ. J. Inorg. Chem. **24** [1979] 745/7). – [8] A. Chrétien, M. Capestan (Compt. Rend. **248** [1959] 3176/8). – [9] L.D. Iskhakova, I.E. Sukhova, O.P. Chernova, I.V. Shakhno, V.E. Plyushchev (Zh. Neorgan. Khim. **20** [1975] 348/53; Russ. J. Inorg. Chem. **20** [1975] 193/6). – [10] V.I. Belokoskov, V.P. Skovorodskaya, G.V. Trofimov (Issled. Fiz. Khim. Svoistva Soedin. Redk. Elem. **1978** 10/3; C.A. **90** [1979] Nr. 142705).

[11] I. Chadwick, R.J. Irving, A. Sousa-Alonso (J. Chem. Thermodyn. **2** [1970] 611/5). – [12] R.H. Schumm, D.D. Wagmann, S. Bailey, W.H. Evans, V.P. Parker (NBS-TN 270-7 [1973] 56). – [13] D.E. Wilcox (UCRL-10397 [1962] 1/123, 27; N.S.A. **16** [1962] Nr. 31586). – [14] N.A. Landiya (Zh. Fiz. Khim. **27** [1953] 495/501; C.A. **1954** 10417). – [15] R.L. Myuller (Zh. Fiz. Khim. **28** [1954] 1193/209; C.A. **1955** 7953).

[16] R.L. Montgomery (U.S. Bur. Mines Rept. Invest. Nr. 5468 [1959] 1/23, 4). – [17] V.Ya. Kurenev, S.G. Salikhov (Zh. Eksperim. Teor. Fiz. **21** [1951] 864/8; C.A. **1955** 2186). – [18] V.I. Belokoskov, G.V. Trofimov, O.A. Govorukhina (Issled. Fiz. Khim. Svoistva Soedin. Redk. Elem. **1978** 3/9; C.A. **90** [1979] Nr. 29830). – [19] V.I. Belokoskov, O.A. Govorukhina, G.V. Trofimov (Issled. Soedin. Redk. Elem. Ikh Sistem **1977** 51/60; C.A. **89** [1978] Nr. 169873). – [20] B. Zemel bei W.E. Thompson (ORNL-1121 [1957] 1/193, 166; N.S.A. **11** [1957] Nr. 8706).

[21] B. Zemel, R.W. Stoughton (in: S.C. Lind, G.E. Boyd, M.A. Bredig, ORNL-1116 [1952] 1/93, 70; N.S.A. **11** [1957] Nr. 11574). – [22] J. McAdoo, G. Koenig, G. Weiss (KLX-1722 [1954] 1/17, 4; N.S.A. **11** [1957] Nr. 8383). – [23] V.P. Surgutskii, V.V. Serebrennikov (Zh. Neorgan. Khim. **11** [1966] 33/8; Russ. J. Inorg. Chem. **11** [1966] 17/20). – [24] M.W. Nathans, W.W. Wendlandt (J. Inorg. Nucl. Chem. **24** [1962]

869/79, 870). – [25] R.G. Haire (Proc. 10th Rare Earth Res. Conf., Carefree, Ariz., 1973, S. 882/91, 887).

28.7.5.4.1.2 Das System $Ce_2(SO_4)_3$-H_2O

Nach tensimetrischen Untersuchungen im System $Ce_2(SO_4)_3 \cdot 6\,H_2O$-Wasserdampf bei 0.001 bis 17.5 Torr und 20 °C, treten Hydrate $Ce_2(SO_4)_3 \cdot n\,H_2O$ mit n=8, 7.5, 7, 4.5, 4 und 2 auf. Ausgehend vom „6-Hydrat" (s. jedoch weiter unten), das zwischen 2.25 und 9.25 Torr beständig sein soll, werden durch Hydratation (Aufbewahren über verdünnter Schwefelsäure) Hydrate mit n=7 bis 8 bei 15.35 bis 17.20 Torr (bei 17.50 Torr liegt Lösung vor) bzw. durch Dehydratation (Aufbewahren über konzentrierter Schwefelsäure, >60%) Hydrate mit n=4.5 bis 2 bei 0.083 bis 0.001 Torr erhalten. Die Gleichgewichtseinstellung dauert teilweise 7 bis 9 Monate, Spasibenko [1].

Nach Löslichkeitsuntersuchungen im System $Ce_2(SO_4)_3$-H_2O zwischen 0 und 100.5 °C treten die (teilweise metastabilen) Hydrate $Ce_2(SO_4)_3 \cdot n\,H_2O$ mit n=12, 9, 8, 5 und $4\,H_2O$ als Bodenkörper auf, Koppel [3], Schröder u.a. [4 bis 6]. Der stabile Bodenkörper bei 0 °C ist das Dodecahydrat; da sich das Gleichgewicht nur sehr langsam einstellt, liegen häufig übersättigte Lösungen vor, aus denen sich bei 0 °C das Octahydrat abscheidet [3]. Auch von Schröder u.a. [4] werden die asbestartig verfilzten Nadeln des 12-Hydrats aus der gesättigten Lösung mit 8-Hydrat als Bodenkörper erst nach langem Rühren bei 0 °C erhalten [4, S. 216]. Das Dodecahydrat ist von 0 bis ≈3 °C stabil. Von ≈3 bis ≈33 °C ist das Octahydrat der stabile Bodenkörper, zwischen etwa 33 und 41 °C scheint das Nonahydrat etwas stabiler zu sein als das Octahydrat, da seine Löslichkeit oberhalb ≈33 °C geringer ist (das bestätigen auch die in Fig. 14, S. 103 gezeigten Löslichkeitskurven des Nona- und Octahydrats, die sich bei ≈30 °C schneiden);

Fig. 13

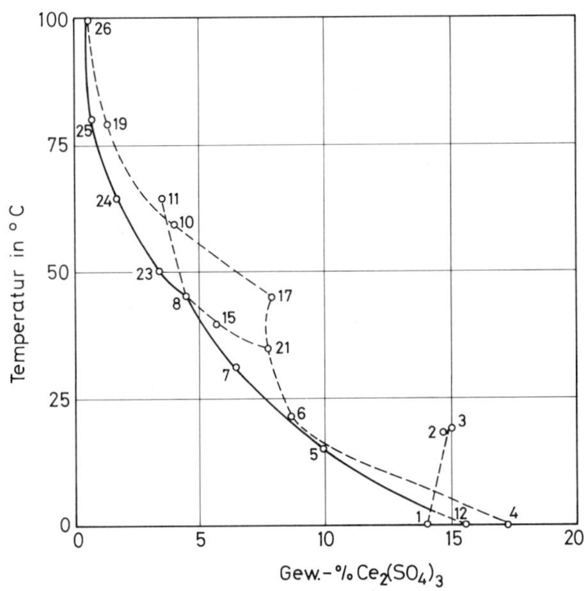

Polytherme des Systems $Ce_2(SO_4)_3$-H_2O. (Die ausgezogene Linie wird als Kristallisationskurve von stabilem 8- und 4-Hydrat angesehen. Erläuterungen s. Text.)

von etwa 41 bis 100 °C ist das Tetrahydrat stabil. Das Pentahydrat, das oberhalb ≈45 °C auftreten kann, ist weniger stabil als das Tetrahydrat (seine Löslichkeit ist etwas größer), Koppel [3]. In der Zusammenstellung der älteren Literatur [3 bis 6] bei Druzhinin, Kydynov [2] werden stabiles 4-Hydrat im Bereich von 100 bis ≈45 °C, stabiles 8-Hydrat im Bereich von ≈45 bis ⪆0 °C und stabiles 12-Hydrat bei 0 °C beschrieben (s. ausgezogene Kurven in **Fig. 13**, S. 97). Neben diesen stabilen Hydraten treten auch metastabile Hydrate auf. Diese liegen zum Teil auf der Kristallisationskurve eines stabilen Hydrats, vgl. hierzu die Punkte in der folgenden Tabelle mit denen in Fig. 13. Die Tabelle enthält die Zusammensetzungen der gesättigten (teilweise übersättigten) Lösungen in Gew.-% $Ce_2(SO_4)_3$ bei 0 bis 100.5 °C und den Hydratwassergehalt n des Bodenkörpers $Ce_2(SO_4)_3 \cdot nH_2O$. Die niedrigsten Löslichkeitswerte bei derselben Temperatur, die am ehesten stabilen Gleichgewichten entsprechen, sind jeweils durch kursiven Druck hervorgehoben; die Punkt-Nr. entspricht den Zahlen an der Löslichkeitskurve in Fig. 13 (nicht alle Punkte sind in Fig. 13 enthalten):

Nr. . . .	1	2	3	4	5	6	7	8	9
t in °C . .	0	18.8	19.2	0	15	21.0	31.6	45.6	50
$Ce_2(SO_4)_3$	*14.20*	14.91	15.04	17.35	10.61	8.86	6.68	*4.91*	4.46
n	12	12	12	9	9	9	9	9+8	9+8
Nr. . . .	10	11	12	13	14	15	16	17	18
t in °C . .	60	65	0	15.0	20	40	60	45	60
$Ce_2(SO_4)_3$	3.73	3.47	15.95	*9.95*	*8.69*	*5.61*	3.88	8.12	3.14
n	9+8	9+8	8	8	8	8	8+9	5+9	5
Nr. . . .	19	20	21	21 a	22	23	24	25	26
t in °C . .	80	100.5	35	40	45	50	65	82	100.5
$Ce_2(SO_4)_3$	1.19	0.46	7.80	5.71	5.09	*3.31*	*1.85*	*0.98*	*0.42*
n	5	5	4	4	4+8	4	4	4	4

Druzhinin, Kydynov [2]. Aus Löslichkeitsuntersuchungen erhaltene Werte für die Löslichkeit S von $Ce_2(SO_4)_3 \cdot nH_2O$ in Gew.-% $Ce_2(SO_4)_3$ bei t=0 bis 100 °C nach Schröder u.a. [4] (vgl. auch Schröder u.a. [5, 6]):

t in °C . .	0	0	25	50	50	75	99.5
n	12	8	8	8	4	4	4
S	13.93	15.79	7.78	4.515	3.334	1.087	0.431

Abweichend von den anderen Autoren [2 bis 6] soll nach Spasibenko [1] auch ein Hexahydrat existieren, das aus einer in der Kälte gesättigten $Ce_2(SO_4)_3$-Lösung beim Sieden erhalten wird. Weitere Angaben zur Löslichkeit s. beim $Ce_2(SO_4)_3$ sowie bei den einzelnen Hydraten. Ältere Löslichkeitswerte finden sich im Gmelin Handbuch, 7. Aufl., Bd. VI, Tl. 2, 1932, S. 162/71, doch ist zu berücksichtigen, daß früher nicht so reine Produkte zur Verfügung standen, was auf die Zahlenwerte Einfluß hat.

Literatur:

[1] T.P. Spasibenko (Zh. Neorgan. Khim. **19** [1974] 899/902; Russ. J. Inorg. Chem. **19** [1974] 489/91). – [2] I.G. Druzhinin, M. Kydynov (Izv. Akad. Nauk. Kirg. SSR Ser. Estestven Tekhn. Nauk **2** Nr. 11 [1960] 21/6; C.A. **1961** 20593). – [3] J. Koppel (Z. Anorg. Allgem. Chem. **41** [1904] 377/406). – [4] W. Schröder, E. Kehren, K. Frings (Z. Anorg. Allgem. Chem. **238** [1938] 209/24). – [5] W. Schröder, H. van Poelvoorde (Z. Anorg. Allgem. Chem. **238** [1938] 305/20).

[6] W. Schröder, H. Schackmann (Z. Anorg. Allgem. Chem. **220** [1934] 389/410).

28.7.5.4.1.3 Das System Ce_2O_3-SO_3-H_2O

Nach Löslichkeitsuntersuchungen bei 20±3 °C treten die Phasen $Ce_2(SO_4)_3 \cdot 8H_2O$ (I), $Ce_2(SO_4)_3 \cdot 4H_2O$ (II), $Ce_2(SO_4)_3 \cdot 3H_2SO_4 \cdot n_1H_2O$ (III) sowie das $Ce_2(SO_4)_3 \cdot 3H_2SO_4 \cdot n_2H_2O$ (IV) mit $n_1 > n_2$ und $Ce_2(SO_4)_3 \cdot 3H_2SO_4$ (V) als Bodenkörper auf. Einige Löslichkeitswerte in Gew.-% Ce_2O_3 in Abhängigkeit vom SO_3-Gehalt und Art des Bodenkörpers:

Gew.-% SO_3	4.06	35.36	39.17	49.73	50.62	57.54
Gew.-% Ce_2O_3 . . .	5.53	0.06	0.06	0.11	0.11	0.32
Bodenkörper	I	I	II	II	III	III
Gew.-% SO_3	59.10	62.46	64.38	68.79		
Gew.-% Ce_2O_3 . . .	0.17	0.09	0.21	0.10		
Bodenkörper	IV	IV	V	V		

Es besteht zum Teil Neigung zur Bildung metastabiler Phasen (vgl. System $Ce_2(SO_4)_3$-H_2O, S. 97). Lage der Zweisalzpunkte:

Gew.-% SO_3	33.8	50.0	58.2	61.8
Gew.-% Ce_2O_3 . . .	0.08	0.12	0.24	0.15
Feste Phasen	I+II	II+III	III+IV	IV+V

Belokoskov u.a. [1]. Nach Löslichkeitsuntersuchungen bei 50 bis 200 °C treten als feste Phasen auf: $Ce_2(SO_4)_3 \cdot nH_2O$ mit n=4 (II), n=2 (VI) und n=1 (VII) sowie $Ce_2(SO_4)_3 \cdot 3H_2SO_4$ (V). Das nur bei 50 bis 125 °C beobachtete Tetrahydrat tritt in 2 Modifikationen auf, und zwar in der α- und β-Form bei den niedrigeren bzw. höheren SO_3-Gehalten. Einige Löslichkeitswerte nach Belokoskov u.a. [2], Teilangaben für 150 und 200 °C auch bei Belokoskov u.a. [3]:

t in °C	50	50	50	125	125	125	150	150	150	200
Gew.-% SO_3 .	6.66	34.47	73.50	8.42	32.93	72.0	23.21	33.01	71.66	34.17
Gew.-% Ce_2O_3 .	3.72	0.18	0.01	0.74	0.14	0.04	0.72	0.47	0.15	0.66

Lage der Zweisalzpunkte nach [2] (Teilangaben bei [3]) in Gew.-%:

Feste	50 °C		100 °C		125 °C		150 °C		200 °C	
Phasen	Ce_2O_3	SO_3	Ce_2O_3	SO_3	Ce_2O_3	SO_3	Ce_2O_3	SO_3	Ce_2O_3	SO_3
α-II+β-II	3.58	13.00	1.10	14.50	1.00	15.80	–	–	–	–
β-II+VI	0.09	48.00	0.25	46.50	0.50	30.00	–	–	–	–
VI+VII	0.35	53.50	0.38	54.50	0.45	53.70	0.60	55.00	1.00	57.80
VII+V	1.10	60.00	1.15	62.00	1.20	61.50	1.25	63.50	1.40	65.00

Das 4-Hydrat geht nahe 150 °C ins 2-Hydrat über, es könnte aber metastabil auch noch >150 °C existieren [2].

Polytherme zwischen 20 und 200 °C und 0 bis 80 Gew.-% SO_3 s. Figur bei Belokoskov u.a. [1], zwischen 50 und 200 °C bei [2]. Das $Ce_2(SO_4)_3 \cdot nH_2O$ mit n=4, 2 und 1 wird auch im System Ce_2O_3-TiO_2-SO_3-H_2O zwischen 100 und 200 °C beobachtet, wobei das 4-Hydrat noch bei 150 °C existiert und das 2-Hydrat in einer α- und β-Form auftritt, Belokoskov u.a. [4].

Zur Gleichgewichtseinstellung befinden sich die Proben in einer Glasampulle im Thermostaten 20 Monate bei 20 °C [1] und 1 bis 2 Monate bei 50 bis 200 °C [2].

Literatur:

[1] V.I. Belokoskov, G.V. Trofimov, O.A. Govorukhina, A.N. Bykova (Zh. Neorgan. Khim. **24** [1979] 1345/8; Russ. J. Inorg. Chem. **24** [1979] 747/9). – [2] V.I. Belokoskov, O.A. Govorukhina, G.V. Trofimov (Issled. Soedin. Redk. Elem. Ikh Sistem **1977** 51/60; C.A. **89** [1978] Nr. 169873). – [3] V.I. Belokoskov, G.V. Trofimov, O.A. Govorukhina (Issled. Fiz. Khim. Svoistva Soedin. Redk. Elem. **1978** 3/9; C.A. **90** [1979] Nr. 29830). – [4] V.I. Belokoskov, O.A. Govorukhina, G.V. Trofimov, R.A. Popova, M.A. Letetskaya (Zh. Neorgan. Khim. **24** [1979] 1339/44; Russ. J. Inorg. Chem. **24** [1979] 745/7).

28.7.5.4.1.4 $Ce_2(SO_4)_3 \cdot nH_2O$

Allgemeines

Zur Bildung der Hydrate $Ce_2(SO_4)_3 \cdot nH_2O$ mit n=4, 5, 8, 9 und 12 aus wäßrigen $Ce_2(SO_4)_3$-Lösungen bei 0 bis 100 °C s. System $Ce_2(SO_4)_3$-H_2O, S. 97, mit n=1, 2 und 4 aus schwefelsauren $Ce_2(SO_4)_3$-Lösungen bei 50 bis 200 °C s. System Ce_2O_3-SO_3-H_2O, S. 99.

Ein Hexahydrat wird bei den Systemuntersuchungen in Lösung nicht erhalten, nur Spasibenko [1] gibt an, aus siedender Lösung ein Hexahydrat erhalten zu haben. Ausgehend von diesem Hexahydrat erhält er bei tensimetrischen Untersuchungen bei 20 °C und 0.001 bis 17.5 Torr Hydrate mit n=2, 4, 4.5, 7, 7.5 und 8.

Für die Hydrate $Ce_2(SO_4)_3 \cdot nH_2O$ werden für die Bildungsenthalpie ΔH°_{298} und die freie Bildungsenthalpie ΔG°_{298} folgende allgemeine Beziehungen angegeben: $-\Delta H^\circ_{298} = 953 + 71\ n$ und $-\Delta G^\circ_{298} = 855.1 + 56.89\ n$, beide Angaben in kcal/mol, Maslov, Maslov [2].

Literatur:

[1] T.P. Spasibenko (Zh. Neorgan. Khim. **19** [1974] 899/902; Russ. J. Inorg. Chem. **19** [1974] 489/91). – [2] P.G. Maslov, Yu.P. Maslov (Izv. Vysshikh Uchebn. Zavedenii Khim. Khim. Tekhnol. **2** Nr. 4 [1959] 516/21; C.A. **1960** 6290).

28.7.5.4.1.5 $Ce_2(SO_4)_3 \cdot 12H_2O$

Das Dodecahydrat ist im System $Ce_2(SO_4)_3$-H_2O (s. S. 97) die stabile feste Phase bei 0 °C. Mit dem Octahydrat als Bodenkörper entstehen die asbestartig verfilzten Nadeln des Dodecahydrats erst nach langem Rühren bei 0 °C, W. Schröder, E. Kehren, K. Frings (Z. Anorg. Allgem. Chem. **238** [1938] 209/24, 216).

28.7.5.4.1.6 $Ce_2(SO_4)_3 \cdot 9H_2O$

Formation. Preparation

Bildung und Darstellung

Zum Auftreten im System $Ce_2(SO_4)_3$-H_2O s.S. 97.

Darstellung aus gesättigter $Ce_2(SO_4)_3$-Lösung durch Eindunsten an der Luft bei 40 bis 50 °C. Um die Bildung eines Gemischs aus 8- und 9-Hydrat zu vermeiden, wird mit einem $La_2(SO_4)_3 \cdot 9H_2O$-Kristall geimpft, Voogd [1]. Das Nonahydrat bildet sich aus einer schwefelsauren $Ce_2(SO_4)_3$-Lösung (pH<1) bei 18 °C in mehreren Stunden in Form prismatisch gestreckter, hexagonaler Kristalle (vgl. jedoch System Ce_2O_3-SO_3-H_2O S. 99). Bei wiederholter langsamer Kristallisation entsteht daraus das 8-Hydrat, Blandin,

Rérat [2]. Das Nonahydrat wird durch Eindampfen einer Lösung von $Ce_2(CO_3)_3$ in 25 bis 35%iger Schwefelsäure erhalten. Die gebildeten hygroskopischen Kristalle werden abfiltriert, schnell mit H_2O gewaschen und schnell an der Luft getrocknet, Pospelova u.a. [3]. Zur Darstellung von farblosen Einkristallen wird eine bei 2 bis 4 °C hergestellte $Ce_2(SO_4)_3$-Lösung zwischen 20 und 50 °C langsam erwärmt. Zur Vermeidung der Bildung des Octahydrats mit fast gleicher Löslichkeit (s. Fig. 14, S. 103) wird ein Impfkristall des Nonahydrats verwendet. Die optimalen Bildungsbedingungen für den länglichen hexagonalen Impfkristall sind: Lösen von 5.4 g $Ce_2(SO_4)_3$ in 100 ml H_2O und Erwärmen der Lösung von 25 auf 45 bis 50 °C innerhalb von 12 h. Optimale Bedingungen für die Bildung der Einkristalle sind eine anfängliche Übersättigung der Lösung von 10% (s. Fig. 14, S. 103) und eine Erwärmung mit 0.3 grd/d im Bereich 20 bis 30 °C und 1 grd/d im Bereich 25 bis 50 °C, De Saja u.a. [4]. Aus einer bei niedriger Temperatur stark übersättigten Cersulfatlösung kristallisieren bei 45 °C nach einigen Tagen nadelförmige Kristalle des 9-Hydrats sowie pyramidenförmige und oktaedrische Kristalle des 8-Hydrats, die sich leicht trennen lassen, Pannetier, Dereigne [5].

Kristallographische Eigenschaften

Crystallographic Properties

$Ce_2(SO_4)_3 \cdot 9H_2O$ ist nach Einkristallaufnahmen isomorph mit $La_2(SO_4)_3 \cdot 9H_2O$, hexagonal, Raumgruppe $P6_3/m-C_{6h}^2$ (Nr. 176); Z=2. Die Gitterkonstanten betragen a=10.9953, c=8.0202 Å [4], a=10.997±0.004, c=8.018±0.003 Å, Dereigne, Pannetier [6]; ältere, etwas größere Werte aus Pulver- und Einkristalluntersuchungen s. bei Pannetier, Dereigne [5]. Atomlagen:

Atom	Punktlage	x	y	z	Atom	Punktlage	x	y	z
Ce(1)	2b	0	0	0	O(2)	6h	0.166	0.404	0.250
Ce(2)	2c	0.333	0.666	0.250	O(3)	12i	0.225	0.260	0.605
S	6h	0.050	0.261	0.250	O(4)	6h	0.437	0.338	0.250
O(1)	6h	0.105	0.171	0.250	O(5)	12i	0.545	0.155	0.975

Die O(1)- bis O(3)-Atome gehören zu Sulfatgruppen, die O(4)- und O(5)-Atome zu H_2O. Ce(1) ist durch je sechs O(1)- und O(3)-Atome koordiniert im Abstand von 2.593 bzw. 2.823 Å. Ce(2) hat ein trigonales Prisma als Koordinationspolyeder mit sechs O(5) an den Ecken und drei O(2) über den Rechteckflächen im Abstand von 2.507 bzw. 2.524 Å. Die beiden Ce-Koordinationspolyeder werden durch die SO_4-Gruppen in der Weise verknüpft, daß ein O(1)- und zwei O(3)-Atome zu S und Ce(1) gehören und ein O(2) zu S und Ce(2). Die restlichen $6H_2O$-Moleküle sitzen in Gitterlücken. Weitere Atomabstände, Bindungswinkel im SO_4-Tetraeder sowie Strukturskizzen s. Original [6]. Entsprechend seiner Struktur wird das Nonahydrat als $[Ce_2(SO_4)_3(H_2O)_6] \cdot 3H_2O$ formuliert, Pospelova u.a. [3, 8, 12].

Aus Raman-spektroskopischen Untersuchungen (s. S.102) wird für alle H_2O-Moleküle der gleiche Bindungswinkel angenommen, während für $La_2(SO_4)_3 \cdot 9H_2O$ zwei verschiedene für die beiden Gitterplätze C_s und C_1 gefunden werden. Die Frequenzverschiebung ν(OH) und $\delta(H_2O)$ gegenüber dem freien H_2O-Molekül weist auf H-Brückenbindung hin [4]. Das IR-Spektrum zwischen 3200 und 3600 cm^{-1} wird mit unterschiedlichen H_2O-Abständen erklärt und die Kraftkonstante für O-H zu $f=6.59 \times 10^{-5}$ dyn/cm (im Original vermutlich irrtümlich 0.59×10^{-5} angegeben), die H-Bindungsenergie zu E=4.45 kcal/mol berechnet, Kharzeeva, Serebrennikov [7]. Mäßig starke H-Bindungen nehmen auch [6] an; s. auch Pospelova u.a. [8], die aus der Aufspaltung der S-O-Valenzschwingung auf stark deformierte SO_4-Tetraeder schließen; IR-Spektrum und Röntgen-Strichdiagramm s. Original.

Mechanical and Thermal Properties

Mechanische und thermische Eigenschaften

Pyknometrisch gemessene Dichte: D = 2.83 g/cm³, Pannetier, Dereigne [5], Dereigne, Pannetier [6]; Röntgendichte: D = 2.888, De Saja u.a. [4], 2.88 g/cm³ [6]. Die Mikrohärte nach Knoop senkrecht und parallel zur 6zähligen Achse beträgt 118 bzw. 150 kp/mm² [4].

Linearer thermischer Ausdehnungskoeffizient zwischen 0 und 35 °C senkrecht und parallel zur 6zähligen Achse: 21.81×10^{-6} bzw. $22.12 \times 10^{-6} \cdot K^{-1}$. Spezifische Wärme bei Raumtemperatur: $0.181\ cal \cdot K^{-1} \cdot g^{-1}$ [4].

Bildungsenthalpie $\Delta H^\circ_{298} = -1592$ kcal/mol [10]. Freie Enthalpie der Bildung $\Delta G^\circ_{298} = -1396.8$ kcal/mol für Bildung aus den Elementen bei 25 °C, Rossini u.a. [9], Maslov, Maslov [10].

Electrical and Optical Properties

Elektrische und optische Eigenschaften

Die Dielektrizitätskonstante bei 1 kHz senkrecht und parallel zur 6zähligen Achse beträgt 14 bzw. 16. Brechungszahlen $n_o = 1.575$, $n_e = 1.588$ bei 589.3 nm [4].

Die im Raman-Spektrum (Anregung mit Ar-Laser) von Einkristallen zwischen etwa 50 und 3600 cm^{-1} beobachteten Banden in cm^{-1} werden folgendermaßen zugeordnet:

A_g	E_{1g}	E_{2g}	$A_g + E_{2g}$	Zuordnung
49.5	71.5	69	68	Translation SO_4^{2-}
	114	117.5	119	
156	140	137	135	Ce-O Polyeder
193	187	194	194	
249	238	249	229	
337	308.5		347	ν(O-O)/H_2O
		436.5	437	
452	465		452	$\nu_2(SO_4)$
602	616	612	611	
		624.5	623	$\nu_4(SO_4)$
988.5	986.5	988.5	989	$\nu_1(SO_4)$
1057			1059	
	1134			$\nu_3(SO_4)$
		1178	1178	
1208			1210	
1636		1636		$\nu_2(H_2O)$
	1657			
	3243			$\nu(OH)/H_2O$ (C_1)
3286			3278	
3396			3406	$\nu_1(H_2O)/H_2O$ (C_s)
	3410			$\nu_3(H_2O)/H_2O$ (C_s)
			3512	$\nu(OH)/H_2O$ (C_1)
3582			3580	

Bis etwa 1300 cm^{-1} ist gegenüber $La_2(SO_4)_3 \cdot 9\,H_2O$ kaum eine Veränderung feststellbar in Übereinstimmung mit der Isomorphie der beiden Verbindungen. Einige SO_4-Valenzschwingungen weichen um 2 bis 7 cm^{-1} voneinander ab. Die H_2O-Deformationsschwingung bei 1636 cm^{-1} besteht nur aus einer Bande (beim La aus einem Dublett), was für alle H_2O-Moleküle gleiche Bindungswinkel anzeigt. Die Valenzschwingung $\nu(OH)$ und die Deformationsschwingung $\delta(H_2O)$ $(=\nu_2(H_2O))$ sind gegenüber freiem H_2O um $\Delta\nu \approx -254$ bzw. $\Delta\delta \approx +41$ cm^{-1} verschoben; das weist auf H-Bindungen des auf C_s und C_1-Plätzen befindlichen Hydratwassers hin [4]. Im IR-Spektrum der als $[Ce_2(SO_4)_3 \cdot (H_2O)_6] \cdot 3\,H_2O$ formulierten Verbindung werden folgende, dem SO_4^{2-}-Ion zugeordnete Banden erhalten: bei 597 und etwa 656 cm^{-1} Deformationsschwingungen, bei 980 und 998 cm^{-1} symmetrische und zwischen 1033 und 1242 cm^{-1} fünf antisymmetrische Valenzschwingungen. $\delta(H_2O)$ liegt bei etwa 1640, $\nu(OH)$ bei etwa 3400 cm^{-1} (breit), Pospelova u.a. [8]. $\nu(OH) = 3466$ cm^{-1}; $\Delta\nu = -284$ cm^{-1}, Kharzeeva, Serebrennikov [7].

Chemisches Verhalten

Chemical Reactions

Die thermische Zersetzung von $Ce_2(SO_4)_3 \cdot 9\,H_2O$ beginnt nach TGA-Untersuchungen bei 60 °C und ist bei 360 °C abgeschlossen, sie vollzieht sich in 2 Stufen. Mittels DTA festgestellte endotherme Effekte bei 155 und 289 °C entsprechen dem Abbau von 6 bzw. weiteren 3 Molekülen Wasser, De Saja u.a. [4]. Als definierte Zwischenstufe wird das röntgenamorphe Dihydrat festgestellt, s. S. 55, Bukovec u.a. [11]. Zerfallsschema nach thermogravimetrischen Kurven (s. Figur im Original) an Luft bei einer Erhitzungsgeschwindigkeit von 15 K/min:

$$[Ce_2(SO_4)_3 \cdot (H_2O)_6] \cdot 3\,H_2O \xrightarrow{60 \text{ bis } 110\,^\circ C} [Ce_2(SO_4)_3(H_2O)_6] \xrightarrow{130 \text{ bis } 140\,^\circ C}$$
$$[Ce_2(SO_4)_3(H_2O)_{4.5}] \xrightarrow{170 \text{ bis } 190\,^\circ C} [Ce_2(SO_4)_3(H_2O)_{2.5}] \xrightarrow{240 \text{ bis } 270\,^\circ C}$$
$$[Ce_2(SO_4)_3(H_2O)_{0.5}] \xrightarrow{360 \text{ bis } 380\,^\circ C} Ce_2(SO_4)_3 \xrightarrow{>870\,^\circ C} CeO_2.$$

An der Luft nimmt die Verbindung weniger als 1 mol H_2O auf, Pospelova u.a. [12]. Die Verbindung ist hygroskopisch und bei niedriger Temperatur in H_2O löslich, bei höherer Temperatur weniger, Pospelova u.a. [3]. **Fig. 14** zeigt die Temperaturabhängigkeit der Löslichkeit S im Vergleich mit der von $Ce_2(SO_4)_3 \cdot 8\,H_2O$. Sie läßt sich zwischen t=10 und 65 °C wiedergeben durch $S = 18.50 - 6.10 \times 10^{-1}\,t + 8.37 \times 10^{-3}\,t^2 - 3.8 \times 10^{-5}\,t^3$ mit S in g $Ce_2(SO_4)_3$ je 100 g H_2O, De Saja u.a. [4]. Einen Abfall von S=21.37 auf

Fig. 14

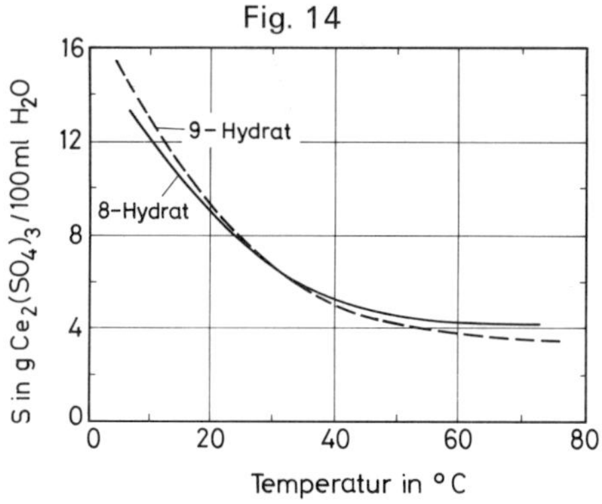

Löslichkeit S von $Ce_2(SO_4)_3 \cdot 8\,H_2O$ und $Ce_2(SO_4)_3 \cdot 9\,H_2O$ in Abhängigkeit von der Temperatur.

5.036 zwischen 0 und 45 °C stellt schon Voogd [1] fest. Zur Löslichkeit in H_2O s. auch System $Ce_2(SO_4)_3$-H_2O, S. 97. In organischen Lösungsmitteln ist $Ce_2(SO_4)_3 \cdot 9H_2O$ unlöslich [3].

Zur Bildung von Doppelsulfathydraten mit z.B. Kalium-, Ammonium-, Guanidin-, Äthylendiammoniumsulfat s. Pospelova u.a. [3] sowie unter 28.8, S. 197. Mischkristalle bilden sich mit $CaSO_4$, Druzhinin, Kydynov [13].

Literatur:

[1] N.H.J.M. Voogd (Rec. Trav. Chim. **52** [1933] 768/93, 770). – [2] J. Blandin, C. Rérat (Compt. Rend. **239** [1954] 1055/6). – [3] L.A. Pospelova, V.N. Kokunova, L.M. Zaitsev (Zh. Neorgan. Khim. **15** [1970] 2343/8; Russ. J. Inorg. Chem. **15** [1970] 1214/6). – [4] A. De Saja, J.M. Pastor, F. Rull, J.A. De Saja (Krist. Tech. **13** [1978] 909/14). – [5] G. Pannetier, A. Dereigne (Bull. Soc. Chim. France **1965** 102/8).

[6] A. Dereigne, G. Pannetier (Bull. Soc. Chim. France **1968** 174/80). – [7] S.E. Kharzeeva, V.V. Serebrennikov (Spektrosk. Tr. Sib. 4th Soveshch., Tomsk 1965 [1969], S. 174/6; C.A. **73** [1970] 82226). – [8] L.A. Pospelova, V.N. Kokunova, L.M. Zaitsev (Zh. Neorgan. Khim. **15** [1970] 2354/60; Russ. J. Inorg. Chem. **15** [1970] 1219/22). – [9] F.D. Rossini, D.D. Wagman, W.H. Evans, S. Levine, I. Jaffe (NBS-Circ-500 [1952] 329/54). – [10] P.G. Maslov, Yu.P. Maslov (Izv. Vysshikh Uchebn. Zavedenii Khim. Khim. Tekhnol. **2** [1959] 516/21; C.A. **1960** 6290).

[11] N. Bukovec, P. Bukovec, J. Šiftar (Vestn. Sloven. Kem. Drustva **22** [1975] 5/17; C.A. **86** [1977] Nr. 64712). – [12] L.A. Pospelova, V.N. Kokunova, L.M. Zaitsev (Zh. Neorgan. Khim. **15** [1970] 2349/53; Russ. J. Inorg. Chem. **15** [1970] 1217/9). – [13] I.G. Druzhinin, M. Kydynov (Izv. Akad. Nauk Kirg. SSR Ser. Estestven Tekhn. Nauk **2** Nr. 11 [1960] S. 21/6; C.A. **1961** 20593).

28.7.5.4.1.7 $Ce_2(SO_4)_3 \cdot 8H_2O$

Die Verbindung tritt als feste Phase in den Systemen $Ce_2(SO_4)_3$-H_2O und Ce_2O_3-SO_3-H_2O auf, s. S. 97 und 99.

Sie scheidet sich bei 45 bis 50 °C aus einer bei 0 °C übersättigten wäßrigen $Ce_2(SO_4)_3$-Lösung ab, Voogd [1]. Bei 45 °C entstehen pyramiden- oder oktaederförmige Einkristalle neben nadelförmigem $Ce_2(SO_4)_3 \cdot 9H_2O$ aus einer bei niedriger Temperatur stark übersättigten wäßrigen Lösung in einigen Tagen, Pannetier, Dereigne [2] (zum geringen Löslichkeitsunterschied der beiden Hydrate s. Fig. 14, S. 103). Zur Darstellung des Octahydrats läßt man eine wäßrige Lösung von $Ce_2(SO_4)_3 \cdot 9H_2O$ langsam kristallisieren, Blandin, Rérat [3]. Kristallisation aus der $Ce_2(SO_4)_3$-Lösung s. auch Iskhakova u.a. [4]. Zur Darstellung wird ein Cer(III)-salz mit H_2SO_4 bei 300 °C zur Trockne abgeraucht, der Rückstand in H_2O gelöst und langsam im Ar-Strom bis zur Gewichtskonstanz eingedampft. Noch anhaftendes überschüssiges Wasser wird beim Erhitzen bei etwa 100 °C entfernt, Haire [14]. Darstellung aus heißer wäßriger Cernitratlösung durch Fällung mit H_2SO_4 im Überschuß, Waschen des Niederschlags mit heißem Wasser und Trocknen bei 110 °C s. Smith u.a. [13].

Die farblosen Kristalle sind nach Debye-Scherrer- und Weißenberg-Aufnahmen rhombisch, Raumgruppe Cmca – D_{2h}^{18} (Nr. 64), mit a = 9.91 ± 0.01, b = 9.50 ± 0.01, c = 17.30 ± 0.02 kX; Z = 4, Blandin, Rérat [3] (a = 9.93, b = 9.52, c = 17.34 Å, Structure Repts. [6]), a = 9.926, b = 9.513, c = 17.329 Å, Pannetier, Dereigne [2]. Netzebenenabstände und relative Intensitäten s. bei [3] und [2]. Die azentrische Raumgruppe Abm2 – C_{2v}^{15} (Nr. 39) schlägt Ivanov [7] für die piezoelektrischen Kristalle der Octahydrate von Ce und La vor [7]. Aus IR-spektroskopischen Untersuchungen ergibt sich für SO_4 eine niedrigere Symmetrie als im freien Ion und zweizähnige Koordination. Es werden HO...HO- und SO_4...HO-Bindungen angenommen. Die Kraftkonstante für O-H wird zu $f = 6.35 \times 10^{-5}$ dyn/cm (im Original wohl irrtümlich 0.35×10^{-5} angegeben), die H-Bindungsenergie zu E = 4.58 kcal/mol berechnet, Kharzeeva, Serebrennikov [8]. Pyknometrisch gemessene Dichte: 2.87 g/cm^3 [2, 6], Röntgendichte = 2.89 g/cm^3 [6]. Die paramagnetische Resonanzabsorption ist gering. Es werden nur bei 90 K und 2.38×10^8 Hz des magnetischen Wechselfelds (parallel zum statischen Feld mit $H_c = 20$ bis 4000 Oe) zwei Maxima mit $\chi'' = 24 \times 10^{-29}$ und 29×10^{-29} bei $H_c = 196$ und 573 Oe festgestellt, bei Raumtemperatur im Gegensatz zu $Ce_2(SO_4)_3$ jedoch keines, da die Austauschkräfte gegenüber dem H_2O-freien Produkt (s. S. 95) durch die größere Verdünnung geringer sind, Kurenev, Salikhov [9]. Die ν(OH)-Schwingung liegt im IR-Spektrum bei 3458 cm^{-1} und ist gegenüber dem freien Molekül H_2O um −292 cm^{-1} verschoben [8].

Der Übergang in das wasserfreie Sulfat erfolgt bei 450 °C in 22 h [3]. Entwässerung in 3 Stufen bei 100, 140 und 240 °C finden Trofimovich, Sedel'nikov [11]. – Durch Anwendung von 3000 kg/cm^2 Druck bei gewöhnlicher Temperatur steigt die Oberflächenazidität von pulverisiertem $Ce(SO_4)_3 \cdot 8\,H_2O$ an bei gleichzeitiger Dehydratation, Ogino, Kawakami [10]. Bei 25 °C enthält die gesättigte wäßrige Lösung des Octahydrats 7.64 Gew.-% $Ce_2(SO_4)_3$ [11]. Nach Onishchenko u.a. [5] enthält die bei 25 °C gesättigte Lösung 8.55 Gew.-% $Ce_2(SO_4)_3$. – Die Abnahme der Löslichkeit zwischen etwa 10 und 70 °C ist in Fig. 14, S. 103, im Vergleich mit der von $Ce_2(SO_4)_3 \cdot 9\,H_2O$ dargestellt, De Saja u.a. [12]. Einen Abfall der Löslichkeit von 18.33 auf 5.153 g $Ce_2(SO_4)_3$ in 100 g H_2O zwischen 0 und 45 °C stellte auch schon Voogd [1] fest; hierzu s. auch System $Ce_2(SO_4)_3$-H_2O, S. 97.

Literatur:

[1] N.H.J.M. Voogd (Rec. Trav. Chim. **52** [1933] 768/93, 769). – [2] G. Pannetier, A. Dereigne (Bull. Soc. Chim. France **1965** 102/8). – [3] J. Blandin, C. Rérat (Compt. Rend. **239** [1954] 1055/6). – [4] L.D. Iskhakova, V.E. Plyushchev, L.A. Perezhogina (Zh. Neorgan. Khim. **16** [1971] 1836/40; Russ. J. Inorg. Chem. **16** [1971] 976/8). – [5] M.K. Onishchenko, V.M. Skorikov, V.G. Shevchuk (Zh. Neorgan. Khim. **23** [1978] 1114/6; Russ. J. Inorg. Chem. **23** [1978] 615/7).

[6] Structure Reports, Bd. 18, 1954, S. 479/81. – [7] V.I. Ivanov (Acta Cryst. **21** [1966] A55/A56). – [8] S.E. Kharzeeva, V.V. Serebrennikov (Spektrosk. Tr. Sib. 4th Soveshch., Tomsk 1965 [1969], S. 174/6; C.A. **73** [1970] Nr. 82226). – [9] V.Ya. Kurenev, S.G. Salikhov (Zh. Eksperim. Teor. Fiz. **21** [1951] 864/8; C.A. **1955** 2186). – [10] Y. Ogino, T. Kawakami (Bull. Chem. Soc. Japan **38** [1965] 972/8).

[11] A.A. Trofimovich, G.S. Sedel'nikov (Zh. Neorgan. Khim. **8** [1963] 1259/64; Russ. J. Inorg. Chem. **8** [1963] 652/4). – [12] A. De Saja, J.M. Pastor, F. Rull, J.A. De Saja (Krist. Tech. **13** [1978] 909/14). – [13] G.F. Smith, G. Frank, A.E. Kott (Ind. Eng. Chem. Anal. Ed. **12** [1940] 268/9). – [14] R.G. Haire (Proc. 10th Rare Earth Res. Conf., Carefree, Ariz., 1973, S. 882/91, 887; CONF-730402 [1973] 1/9).

28.7.5.4.1.8 $Ce_2(SO_4)_3 \cdot 7$ bzw. $7.5\,H_2O$

Wird $Ce_2(SO_4)_3 \cdot 6\,H_2O$ (s. S. 106) bei 20 °C über verdünnter Schwefelsäure aufbewahrt, so erfolgt Aufnahme von H_2O-Dampf unter Bildung von $Ce_2(SO_4)_3 \cdot 7\,H_2O$ (bei $p_{H_2O} = 15.35$ bis 15.67 Torr) und $Ce_2(SO_4)_3 \cdot 7.5\,H_2O$ (bei $p_{H_2O} = 16.25$ bis 16.8 Torr).

Die beiden Hydrate werden röntgenographisch und IR-spektroskopisch identifiziert. Relative Intensitäten und Netzebenenabstände der Röntgen-Pulverdiagramme, die sich deutlich unterscheiden, s. Original. IR-Absorptionsbanden in cm^{-1} im Vergleich mit denen des bei der Dehydratation entstehenden Tetrahydrats und denen des Hexahydrats:

	$\delta(H_2O)$	$\delta(OH)$	$r(H_2O)$	$\nu_1(SO_4)$	$\nu_3(SO_4)$	$\nu_4(SO_4)$
$Ce_2(SO_4)_3 \cdot 7.5\,H_2O$	1645, 1670	860	705, 740 bis 755	985, 1010	1110, 1140	605 bis 623, 672
$Ce_2(SO_4)_3 \cdot 7\,H_2O$	1645, 1600 bis 1680	860	715, 745	985, 1010	1105 bis 1115, 1140	605 bis 625, 670
$Ce_2(SO_4)_3 \cdot 6\,H_2O$	1640, 1660	860	710 bis 730, 740 bis 750	985, 1010	1110, 1140	600 bis 620, 670
$Ce_2(SO_4)_3 \cdot 4\,H_2O$	1645, 1670	860	705, 730	985, 1005	1065, 1110 bis 1120, 1140	530, 605 bis 615, 660

Aus der Art der bei allen Hydraten auftretenden breiten intensiven Banden im Bereich der Valenzschwingung $\nu(OH)$ zwischen 3200 und 3600 cm^{-1} wird auf H-Bindungen zwischen H_2O und SO_4 geschlossen. Die Aufspaltung der Deformationsschwingung $\delta(H_2O)$ weist auf unterschiedliche Typen von koordinierten H_2O- oder H-Bindungen hin. Die $r(H_2O)$-Banden bei 700 bis 750 cm^{-1} weisen auf Librationsschwingungen von H_2O in der inneren Sphäre hin. Die Zuordnung der Bande bei 860 cm^{-1} zur Ce-OH-Deformationsschwingung ist nicht eindeutig, T.P. Spasibenko (Zh. Neorgan. Khim. **19** [1974] 899/902; Russ. J. Inorg. Chem. **19** [1974] 489/91).

28.7.5.4.1.9 $Ce_2(SO_4)_3 \cdot 6\,H_2O$

Während ein Hexahydrat nach Löslichkeitsuntersuchungen im System $Ce_2(SO_4)_3$-H_2O bei 0 bis 100 °C nicht auftritt, s. S. 97, fällt es nach Spasibenko aus der in der Kälte gesättigten $Ce_2(SO_4)_3$-Lösung beim Sieden aus, wird mit Alkohol gewaschen und an der Luft getrocknet. Wird es über verdünnter oder konzentrierter (>60%) Schwefelsäure aufbewahrt, so entstehen als Endprodukte Hydrate $Ce_2(SO_4)_3 \cdot n\,H_2O$ mit n=7, 7.5 und 8 (bei $p_{H_2O} \approx 15.5$, 16.25 bis 16.80 bzw. 17.20 Torr) oder mit 4.5, 4 und 2 (bei $p_{H_2O} = 0.083$, 0.035 bzw. 0.001 Torr; die Dehydratation dauert einige Monate). Bei der Dehydratation zum 2-Hydrat treten intermediär das 4.5-Hydrat und ein 2.5-Hydrat jeweils 3 bis 4 Wochen auf. Über H_2O (17.50 Torr) erfolgt Lösung. Zum IR-Spektrum s. oben, T.P. Spasibenko (Zh. Neorgan. Khim. **19** [1974] 899/902; Russ. J. Inorg. Chem. **19** [1974] 489/91). Das Hexahydrat, welches bei der thermischen Zersetzung des Nonahydrats (Erhitzungsgeschwindigkeit 15 K/min) bei ≦110 °C an der Luft entsteht, geht bei 130 bis 140 °C in das 4.5-Hydrat über, s.S. 103.

28.7.5.4.1.10 $Ce_2(SO_4)_3 \cdot 5\,H_2O$

Die Verbindung tritt als metastabile Phase im System $Ce_2(SO_4)_3$-H_2O auf, s. S. 97. – Sie ist monoklin. Die Raumgruppe B2/b(C2/c)-C_{2h}^6 (Nr. 15), Z=4 und die Gitterkonstanten a=15.732, b=10.361, c=9.612 Å, γ=119.75° geben Akhmed Farag u.a. [1] an. Andererseits zeigt die Verbindung (im Gegensatz zu $Nd_2(SO_4)_3 \cdot 5\,H_2O$) piezoelektrisches

Verhalten, so daß von den beiden in Frage kommenden Raumgruppen $C2/c-C_{2h}^6$ und $Cc-C_s^4$ (Nr. 9) die letztere gewählt wird, Dereigne, Pannetier [2], Ivanov [3]. Die Gitterkonstanten in Å betragen a=15.764±0.001, b=9.635±0.007, c=10.372±0.008; β=119.854°±0.007°, (=119°51′) [2]; a=15.732(1), b=10.361(1), c=9.612(3); β=119°45′±1′ (b und c vertauscht) [3]. Röntgen-Strichdiagramm s. bei Ivanov [4]. Die Ce-Atome und 4zähnige SO_4-Gruppen bilden ein dreidimensionales Netzwerk, das stabilisiert wird durch Bindungen von 6zähnigen SO_4-Gruppen auf einer zweizähligen Achse. Zwei O-Atome dieser SO_4-Gruppen bilden Brücken zwischen 2 Ce-Atomen mit unterschiedlichen Ce-O-Abständen von 2.45 und 2.82 Å. Das Koordinationspolyeder um Ce ist ein aus zwei H_2O und sieben $O(SO_4)$ gebildetes trigonales Prisma mit drei „Kappen" auf den Prismenflächen. Die Ce-O-Abstände zur Prismenecke sind 2.39 bis 2.55 Å, zur „Kappenspitze" 2.57, 2.59 und 2.82 Å. Zwei O-Atome auf den „Kappenspitzen" gehören zu H_2O-Molekülen. Ein weiteres H_2O befindet sich auf einer zweizähligen Achse und bildet H-Bindungen zu $O(SO_4)$, und zwar auf einem speziellen Platz im Gegensatz zur als statistisch angenommenen Verteilung bei $Nd_2(SO_4)_3 \cdot 5H_2O$, s. S. 143 [1]. Die H-Bindungsenergie wird zu E=4.09 kcal/mol berechnet, die Kraftkonstante zu f=6.65×10^{-5} dyn/cm, Kharzeeva, Serebrennikov [5].

Gemessene Dichte D_p=3.207 [2], D_p=3.20 [3]; Röntgendichte D_r=3.202 g/cm³ [2].

Enthalpie für die Bildung aus den Elementen bei 25 °C: $\Delta H^\circ_{298} = -1308$ kcal/mol. Wärmekapazität C_p=132 $cal \cdot mol^{-1} \cdot K^{-1}$, Rossini u.a. [6], s. auch Montgomery [7], Myuller [8]. Zu den Bildungsdaten s. auch unter 28.7.3.4, S. 48.

Im IR-Spektrum, gemessen an Nujolmull zwischen 80 und 4000 cm^{-1}, werden Banden bei 960 cm^{-1} der ν_1 (A_1)-Schwingung, bei 1025, 1100 und 1145 cm^{-1} der ν_3 (F_2)-Schwingung und bei 595, 618 und 670 cm^{-1} der $\nu_4(F_2)$-Schwingung der SO_4-Gruppe zugeordnet. Im Bereich der Librationsschwingungen des H_2O ist das Spektrum diffus; für die deuterierte Verbindung werden Pendel-, Kipp- und Valenzschwingungen bei 534, 359 bzw. 406 cm^{-1} beobachtet. Schlüsse auf die energetischen Zustände von H_2O s. bei den 8-Hydraten, S. 51, Postmus, Ferraro [9]. Die ν(OH)-Bande ist gegenüber dem freien H_2O-Molekül um -267 cm^{-1} auf 3483 cm^{-1} verschoben [5]. Zum IR-Spektrum s. auch S. 52. Lage der SO_4-Banden im Raman-Spektrum: ν_1 bei 989, 1006 und 1031 cm^{-1}, ν_2 bei 445 und 478 cm^{-1}, ν_3 bei 1083, 1092, 1115, 1132, 1154, 1186, 1215 und etwa 1260 cm^{-1}, ν_4 bei 602, 640 und 671 cm^{-1}. Die Banden ν_1 bis ν_4 treten mit geringen Abweichungen auch im IR-Spektrum auf, s. im Original, Petrov u.a. [10].

Zur thermischen Zersetzung s. S. 54. – Nach Löslichkeitsuntersuchungen im System $NiSO_4$-$Ce_2(SO_4)_3$-H_2O enthält die gesättigte wäßrige Lösung des Pentahydrats 2.03 Gew.-% $Ce_2(SO_4)_3$ bei 75 °C, Onishchenko u.a. [11], Löslichkeit s. auch beim System $Ce_2(SO_4)_3$-H_2O, S. 97.

Literatur:

[1] I.S. Akhmed Farag, L.A. Aslanov, V.M. Ionov, M.A. Porai-Koshits (Zh. Fiz. Khim. **47** [1973] 1056; Russ. J. Phys. Chem. **47** [1973] 602). – [2] A. Dereigne, G. Pannetier (Bull. Soc. Chim. France **1968** 4022/3). – [3] V.I. Ivanov (Acta Cryst. **21** [1966] A55/A56). – [4] V.I. Ivanov (Sovrem. Metody Anal. **1965** 50/8; C.A. **64** [1966] 9019). – [5] S.E. Kharzeeva, V.V. Serebrennikov (Spektrosk. Tr. Sib. 4th Soveshch., Tomsk 1965 [1969], S. 174/6; C.A. **73** [1970] Nr. 82226).

[6] F.D. Rossini, D.D. Wagman, W.H. Evans, S. Levine, I. Jaffe (NBS-Circ.-500 [1952] 329/54). – [7] R.L. Montgomery (U.S. Bur. Mines Rept. Invest. Nr. 5468 [1959]

1/23, 4). – [8] R.L. Myuller (Zh. Fiz. Khim. **28** [1954] 1193/1209; C.A. **1955** 7953). – [9] C. Postmus, J.R. Ferraro (J. Chem. Phys. **48** [1968] 3605/11). – [10] K.I. Petrov, V.I. Ivanov, V.G. Pervykh (Zh. Strukt. Khim. **8** [1967] 356/9; J. Struct. Chem. [USSR] **8** [1967] 310/2).

[11] M.K. Onishchenko, V.G. Shevchuk, V.M. Skorikov (Zh. Neorgan. Khim. **24** [1979] 1367/70; Russ. J. Inorg. Chem. **24** [1979] 759/60).

28.7.5.4.1.11 $Ce_2(SO_4)_3 \cdot 4H_2O$ (und $Ce_2(SO_4)_3 \cdot 4.5H_2O$?)

Das Tetrahydrat $Ce_2(SO_4)_3 \cdot 4H_2O$ tritt als feste Phase im System $Ce_2(SO_4)_3$-H_2O (s. S. 97) und Ce_2O_3-SO_3-H_2O (s. S. 99) auf. Zur Bildung von $Ce_2(SO_4)_3 \cdot 4H_2O$ und $Ce_2(SO_4)_3 \cdot 4.5H_2O$ aus $Ce_2(SO_4)_3 \cdot 6H_2O$ bei geringem H_2O-Partialdruck s. S. 106. Das $Ce(SO_4)_3 \cdot 4.5H_2O$ wird bei der thermischen Zersetzung des Nonahydrats an der Luft (Erhitzungsgeschwindigkeit 15 K/min) zwischen 140 und 170 °C beobachtet, s. S. 103. Die folgenden Angaben gelten für das Tetrahydrat.

Die Darstellung des Tetrahydrats erfolgt durch Zersetzung höherer Hydrate; es werden Plättchen der Größe 150 × 150 × 20 µm erhalten, an denen Röntgen-Strukturuntersuchungen durchgeführt werden, Dereigne u.a. [1].

$Ce_2(SO_4)_3 \cdot 4H_2O$ ist monoklin, Raumgruppe $P2_1/c$-C_{2h}^5 (Nr. 14), Gitterkonstanten a = 13.390(2), b = 7.247(1), c = 18.328(2) Å; β = 134.20(1)°; Z = 4. Atomlagen:

Atom	x	y	z
Ce (1)	0.0773	0.255	0.176
Ce (2)	0.4490	0.271	0.163
S (1)	0.191	0.595	0.096
S (2)	0.187	0.094	0.391
S (3)	0.467	0.265	0.349
O_1 (SO_4, 1)	0.240	0.470	0.070
O_2 (SO_4, 1)	0.311	0.721	0.180
O_3 (SO_4, 1)	0.152	0.480	0.140
O_4 (SO_4, 1)	0.070	0.711	0.011
O_1 (SO_4, 2)	0.235	−0.030	0.352
O_2 (SO_4, 2)	0.132	−0.031	0.411
O_3 (SO_4, 2)	0.070	0.201	0.301
O_4 (SO_4, 2)	0.302	0.202	0.470
O_1 (SO_4, 3)	0.580	0.268	0.458
O_2 (SO_4, 3)	0.328	0.267	0.318
O_3 (SO_4, 3)	0.467	0.102	0.304
O_4 (SO_4, 3)	0.468	0.435	0.303
O (H_2O, 1)	0.108	0.905	0.141
O (H_2O, 2)	0.125	0.530	0.422
O (H_2O, 3)	0.391	0.751	0.375
O (H_2O, 4)	0.234	0.109	0.125

Fig. 15

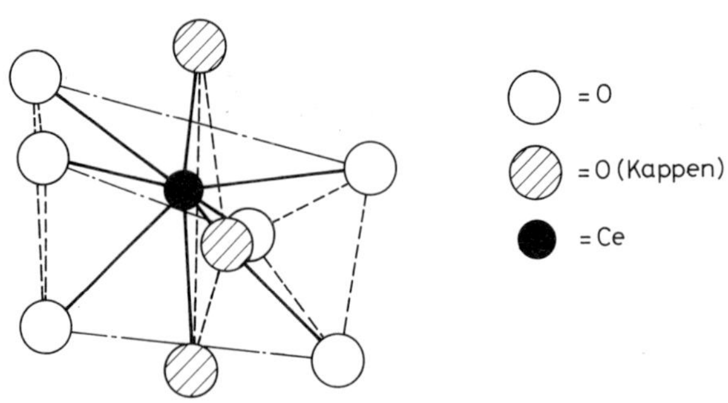

$Ce(1)O_9$-Polyeder in der Struktur von $Ce_2(SO_4)_3 \cdot 4H_2O$ (s. Text).

In dem stark deformierten $Ce(1)O_9$-Polyeder sitzen an den Prismenecken zwei $O(H_2O)$ und vier $O(SO_4)$, an den „Kappenspitzen" ein $O(H_2O)$ und zwei $O(SO_4)$, s. **Fig. 15**, S. 108. Die Ce-O-Abstände betragen 2.22 bis 3.10 Å, wobei die kürzesten die zu $O(SO_4)$ an den „Kappenspitzen" sind. Das Polyeder um Ce(2) ist vom gleichen Typ; sechs $O(SO_4)$ befinden sich an den Prismenecken sowie zwei $O(H_2O)$ und ein $O(SO_4)$ an den „Kappenspitzen". Die Ce-O-Abstände sind mit 2.42 bis 2.71 Å weniger unterschiedlich als bei Ce(1), das Polyeder ist also weniger stark verzerrt. Ein H_2O-Molekül bildet bei Ce(1) eine Prismenecke und bei Ce(2) gleichzeitig eine „Kappenspitze". Die beiden Cerpolyeder sind durch stark deformierte SO_4-Tetraeder verknüpft, deren Rolle sehr unterschiedlich ist. Die vier H_2O-Moleküle bilden ein System von H-Brückenbindungen; hierzu sowie zu den Bindungslängen und -winkeln und zu den relativen Intensitäten und den Netzebenenabständen des Pulverdiagramms s. Original, Dereigne u.a. [1]. Nach Belokoskov u.a. [2] tritt das 4-Hydrat im System Ce_2O_3-SO_3-H_2O bei 50 bis 150 °C, s. S. 99, in 2 Modifikationen auf (keine näheren Angaben). Gemessene und berechnete Dichte: 3.27 bzw. 3.32 g/cm^3 [1].

In $Ce_2(SO_4)_3 \cdot 4H_2O$ kann bei Raumtemperatur in Magnetfeldern bis zu 15 kOe bei einer Frequenz von 46.2 GHz keine paramagnetische Resonanzabsorption beobachtet werden, Lancaster, Gordy [3]. Das weiße monokline 4-Hydrat ist optisch zweiachsig positiv mit $n_x = 1.605$, $n_y = 1.607$, $n_z = 1.628$, Belokoskov u.a. [2]. Zum IR-Spektrum im Vergleich mit anderen Hydraten s. S. 106. Danach sind die SO_4-Gruppen stärker verzerrt als in den höheren Hydraten. Es existieren H-Bindungen zwischen H_2O und SO_4, Spasibenko [4]. Die $\nu(OH)$-Schwingung bei 3300 cm^{-1} ist gegenüber der des freien H_2O-Moleküls um -450 cm^{-1} verschoben. Die Kraftkonstante wird zu $f(OH) = 5.99 \times 10^{-5}$ dyn/cm, die H-Bindungsenergie E zu 7.58 kcal/mol berechnet, Kharzeeva, Serebrennikov [5].

Das 4-Hydrat ist an der Luft beständig. Es wird bei 220 bis 380 °C entwässert, Belokoskov u.a. [2]. Die Löslichkeit in H_2O unterscheidet sich zwischen 40 und 60 °C kaum von der der 8- und 9-Hydrate, oberhalb 60 °C kaum vom 5-Hydrat [1]. Zur Löslichkeit s. System $Ce_2(SO_4)_3$-H_2O, s. 97, und System Ce_2O_3-SO_3-H_2O, S. 99.

Literatur:

[1] A. Dereigne, J.-M. Manoli, G. Pannetier, P. Herpin (Bull. Soc. France Mineral. Crist. **95** [1972] 269/80). – [2] V.I. Belokoskov, O.A. Govorukhina, G.V. Trofimov (Issled. Soedin. Redk. Elem. Ikh Sistem **1977** 51/60; C.A. **89** [1978] Nr. 169873). – [3] F.W. Lancaster, W. Gordy (J. Chem. Phys. **19** [1951] 1181/91, 1188). – [4] T.P. Spasibenko (Zh. Neorgan. Khim. **19** [1974] 899/902; Russ. J. Inorg. Chem. **19** [1974] 489/91). – [5] S.E. Kharzeeva, V.V. Serebrennikov (Spektrosk. Tr. Sib. 4th Soveshch., Tomsk 1965 [1969], S. 174/6; C.A. **73** [1970] Nr. 82226).

28.7.5.4.1.12 $Ce_2(SO_4)_3 \cdot 2H_2O$. $Ce_2(SO_4)_3 \cdot 2.5H_2O$

Das 2.5-Hydrat wird bei der thermischen Zersetzung des Nonahydrats an der Luft (Erhitzungsgeschwindigkeit 15 K/min) zwischen 190 und 240 °C beobachtet, s. S. 103. Es bildet sich bei der Zersetzung des Hexahydrats zum Dihydrat bei $p_{H_2O} = 0.001$ Torr bei 20 °C intermediär, s. S. 106.

Das Dihydrat tritt als feste Phase im System Ce_2O_3-SO_3-H_2O bei 50 bis 200 °C auf, s. S. 99. Diese Phase wird später als α-Phase bezeichnet, Belokoskov u.a. [1]. Sie wird auch im System Ce_2O_3-SO_3-TiO_2-H_2O (untersucht bei 100 bis 200 °C, TiO_2-Gehalt $\leqq 0.33$ Gew.-%) bei 100 und 125 °C beobachtet. Ihr Kristallisationsbereich erstreckt sich von (in Gew.-%) ≈ 0.62 Ce_2O_3, 23.0 SO_3 bis ≈ 0.25 Ce_2O_3, 49.9 SO_3 bei 100 °C (mit Phasengrenzen mit dem Tetra- und Monohydrat) und von ≈0.62 Ce_2O_3, 21.0 SO_3 (Phasengrenze mit dem Tetrahydrat) bis ≈0.49 Ce_2O_3, 28.8 SO_3 bei 125 °C. Nach einer Figur im Original tritt sie oberhalb von etwa 137 °C nicht mehr auf. Gleichzeitig mit dieser α-Phase tritt oberhalb 100 °C ein als β-Phase bezeichnetes Dihydrat auf, dessen Kristallisationsbereich sich von ≈0.49 Ce_2O_3, 28.8 SO_3 (Phasengrenze mit der α-Phase) bis 0.32 Ce_2O_3, 44.0 SO_3 (Phasengrenze mit dem Monohydrat) bei 125 °C auf 0.82 Ce_2O_3, 19.3 SO_3 bis 0.43 Ce_2O_3, 49.8 SO_3 bei 150 °C erweitert und sich bei 200 °C auf den gesamten Bereich (in bezug auf den SO_3-Gehalt) mit ≦44.5 SO_3 erstreckt [1]. Das 2-Hydrat entsteht beim thermischen Abbau des 9-Hydrats in trockner Luft als definierte Zwischenstufe und wird durch isotherme Erwärmung des Nonahydrats bei 80 °C in amorpher Form erhalten, Bukovec u.a. [2], s. auch S. 55. Sowohl das Kristallisationsverhalten der α- und β-Phase als auch die unterschiedliche Stabilität dieser Phasen an der Luft bei höheren Temperaturen (s. unten) lassen vermuten, daß es sich nicht um Temperatur-bedingte Modifikationen handelt. Die β-Phase bildet gut ausgebildete, weiße Kristalle von rhombischer oder monokliner Symmetrie. Netzebenenabstände und relative Intensitäten sind im Original [1] aufgeführt. Brechungszahlen n_x=1.645, n_y=1.653, n_z=1.660 [1]. Die α-Phase von plättchenförmigem, selten säulenartigem Habitus ist optisch zweiachsig negativ mit n_x=n_y=1.653, n_z=1.661, Belokoskov u.a. [3, 4]. Im IR-Spektrum des 2-Hydrats (hergestellt durch thermische Zersetzung des Nonahydrats) wird die ν(OH)-Schwingung bei 3516 cm^{-1} beobachtet; sie ist gegenüber dem freiem H_2O-Molekül um −234 cm^{-1} verschoben. Die Symmetrie der SO_4-Gruppen ist geringer als im freien Ion. Es werden H-Brückenbindungen angenommen und die H-Bindungsenergie zu 3.68 kcal/mol, die Kraftkonstante zu f(OH) = 6.80×10^{-5} dyn/cm berechnet, Kharzeeva, Serebrennikov [5]. Beim Erhitzen an Luft ist β-$Ce_2(SO_4)_3 \cdot 2H_2O$ bis 184 °C beständig; dann wird bei 184, 225 und 330 °C das Wasser abgebaut. α-$Ce_2(SO_4)_3 \cdot 2H_2O$ verliert sein gesamtes Wasser auf einmal bei 273 °C [1]; zum thermischen Abbau s. auch [3, 4].

Literatur:

[1] V.I. Belokoskov, O.A. Govorukhina, G.V. Trofimov, R.A. Popova, M.A. Letetskaya (Zh. Neorgan. Khim. **24** [1979] 1339/44; Russ. J. Inorg. Chem. **24** [1979] 745/7). – [2] N. Bukovec, P. Bukovec, J. Šiftar (Vestn. Sloven. Kem. Drustva **22** [1975] 5/17; C.A. **86** [1977] Nr. 64712). – [3] V.I. Belokoskov, O.A. Govorukhina, G.V. Trofimov (Issled. Soedin. Redk. Elem. Ikh Sistem **1977** 51/60; C.A. **89** [1978] Nr. 169873). – [4] V.I. Belokoskov, G.V. Trofimov, O.A. Govorukhina (Issled. Fiz. Khim. Svoistva Soedin. Redk. Elem. **1978** 3/9; C.A. **90** [1979] Nr. 29830). – [5] S.E. Kharzeeva, V.V. Serebrennikov (Spektrosk. Tr. Sib. 4th Soveshch., Tomsk 1965 [1969], S. 174/6; C.A. **73** [1970] Nr. 82226).

28.7.5.4.1.13 $Ce_2(SO_4)_3 \cdot H_2O$

Das Monohydrat tritt im System Ce_2O_3-SO_3-H_2O bei 50 bis 200 °C als feste Phase auf, s. S. 99. Die Verbindung kristallisiert rhombisch in Form kurzer Säulen, ist optisch 2achsig positiv mit den Brechungszahlen n_x=1.662, n_z=1.671 und zeigt gerade Auslöschung. Die Kristalle sind an Luft beständig; beim Erhitzen an Luft wird das Kristallwasser bei 220 bis 380 °C abgebaut, Belokoskov u.a. [1, 2].

Literatur:

[1] V.I. Belokoskov, O.A. Govorukhina, G.V. Trofimov (Issled. Soedin. Redk. Elem. Ikh Sistem **1977** 51/60; C.A. **89** [1978] Nr. 169873). – [2] V.I. Belokoskov, G.V. Trofimov, O.A. Govorukhina (Issled. Fiz. Khim. Svoistva Soedin. Redk. Elem. **1978** 3/9; C.A. **90** [1979] Nr. 29830).

28.7.5.4.1.14 Saure Cer(III)-sulfate

Acidic Cerium(III) Sulfates

$Ce_2(SO_4)_3 \cdot 3H_2SO_4$ ($=H_3Ce(SO_4)_3$)

Die Verbindung $Ce_2(SO_4)_3 \cdot 3H_2SO_4$ ($=H_3Ce(SO_4)_3$) tritt als feste Phase im System Ce_2O_3-SO_3-H_2O bei 20 bis 200 °C auf, s. S. 99, ferner in den Systemen A_2SO_4-$Ce_2(SO_4)_3$-H_2SO_4-H_2O (A=Na, NH_4) bei 150 bis 200 °C (s. S. 218 bzw. S. 274).

Zur Isolierung werden die an Luft (infolge Aufnahme von H_2O-Dampf) leicht zersetzlichen farblosen Kristalle im Vakuum auf einer Glasfritte von der Mutterlauge befreit und mit 80%iger Schwefelsäure gewaschen. Die anhaftende Schwefelsäure wird unterhalb 300 °C abgegeben, Belokoskov u.a. [1]. Als Kristallform werden längliche Plättchen [1], nadelförmige, Belokoskov u.a. [2], oder hexaedrische Prismen, Belokoskov u.a. [3], angegeben. Die Kristalle sind optisch positiv und zeigen gerade Auslöschung [1, 2]. Beim Erhitzen werden die 3 mol H_2SO_4 bei 316, 378 und 408 °C abgegeben (endotherme Effekte in der DTA-Kurve) [1], vgl. auch [2 bis 4]. Das entstehende $Ce_2(SO_4)_3$ ist bis 760 °C beständig und geht dann zwischen 760 und 930 °C in CeO_2 über [4], s. auch [3]. Die Verbindung ist an atmosphärischer Luft und in Kontakt mit Äthanol instabil [3].

$H_3Ce(SO_4)_3 \cdot nH_2O$

Zwei Hydrate $H_3Ce(SO_4)_3 \cdot nH_2O$ mit unterschiedlichem Wassergehalt treten nach Löslichkeitsuntersuchungen im System Ce_2O_3-SO_3-H_2O bei 20 °C auf. Der H_2O-Gehalt konnte nach der Restmethode nicht bestimmt werden. Beim Erhitzen wird das Wasser im H_2O-reicheren Produkt in 3 Stufen bei 90 bis 96, 113 bis 125 bzw. 144 bis 183 °C abgebaut, im H_2O-ärmeren Produkt bei 86 bis 101 °C; DTA-Kurven s. Original, Belokoskov u.a. [5].

Literatur:

[1] V.I. Belokoskov, G.V. Trofimov, O.A. Govorukhina (Issled. Fiz. Khim. Svoistva Soedin. Redk. Elem. **1978** 3/9; C.A. **90** [1979] Nr. 28830). – [2] V.I. Belokoskov, O.A. Govorukhina, G.V. Trofimov (Issled. Soedin. Redk. Elem. Ikh Sistem **1977** 51/60; C.A. **89** [1978] Nr. 169873). – [3] V.I. Belokoskov, G.V. Trofimov, V.P. Skovorodskaya (Zh. Neorgan. Khim. **20** [1975] 2487/93; Russ. J. Inorg. Chem. **20** [1975] 1378/91). – [4] V.I. Belokoskov, V.P. Skovorodskaya, G.V. Trofimov, T.P. Spasibenko (Zh. Neorgan. Khim. **20** [1975] 2828/33; Russ. J. Inorg. Chem. **20** [1975] 1565/7). – [5] V.I. Belokoskov, G.V. Trofimov, O.A. Govorukhina, A.N. Bykova (Zh. Neorgan. Khim. **24** [1979] 1345/8; Russ. J. Inorg. Chem. **24** [1979] 747/9).

28.7.5.4.1.15 Wäßrige $Ce_2(SO_4)_3$-Lösungen

Aqueous $Ce_2(SO_4)_3$ Solutions

Konstitution der Lösung

Nature of the Solution

Nach Kationenaustauschuntersuchungen bei 25 °C und in Lösungen mit 10^{-3} M $HClO_4$ und Ionenstärke I=0.5 ($NaClO_4$) werden die Ionen $CeSO_4^+$ und $Ce(SO_4)_2^-$ beobachtet, Blatz [1]. Nach gleicher Methode findet Fronaeus [2] bei 20 °C außer diesen beiden Ionen auch $Ce(SO_4)_3^{3-}$, während Mayer, Schwartz [3] bei 25 °C nur $CeSO_4^+$ beobachten. Die Komplexbildung $CeSO_4^+$ in $Ce_2(SO_4)_3$-Lösungen (0.5 m $NaClO_4$) bei Gegenwart variierender Mengen Na_2SO_4 untersuchen Connick, Mayer [4] mittels Kationenaustauscher. Weitere Untersuchungen der Bildung von $CeSO_4^+$: Spektrophotometrisch in Lösungen mit I=0.2 bis 2 ($NaClO_4$) bei 25 bis 44.7 °C, Newton, Arcand [6], mit I=0.76 bis 1.76 ($LiClO_4$) in 0.11 bis 0.50 N $HClO_4$ bei 25 °C, Wymer [7], dilatometrische Messung der Volumenänderung bei 30 °C, Spiro u.a. [8], Diffusionsmessungen in neutraler gesättigter K_2SO_4-Lösung, Babayan u.a. [9], Messung der elektrischen Leitfähigkeit bei 25 °C, Shchurov, Romanova [5]. Nach Leitfähigkeitsmessungen in schwefelsauren ≦0.1 M $Ce_2(SO_4)_3$-Lösungen bei 20 bis 25 °C bildet sich der Acidokomplex $Ce(SO_4)_2^-$, Yakubson, Kostromina [12], Sukhikh, Serebrennikov [13].

Mechanical Properties

Mechanische Eigenschaften

Dichte D von $Ce_2(SO_4)_3$-Lösungen der Konzentration c bei 18 °C und (in Klammern) bei 22.2 °C nach Roberts u.a. [14]:

c in Gew.-% . .	4.3780	7.2422	10.3562
D in g/cm^3 . . .	1.04287 (1.04168)	1.07326 (1.07195)	1.10803 (1.10656)

Dichte von gesättigten (teilweise übersättigten) Lösungen bei der Temperatur t und Hydratwassergehalt n des Bodenkörpers $Ce_2(SO_4)_3 \cdot n\,H_2O$:

t in °C	0	0	25	50	75	99.5
Gew.-% $Ce_2(SO_4)_3$ . .	13.93	15.79	7.78	4.515	1.087	0.431
D in g/cm^3	1.1572	1.1775	1.0775	1.0311	0.9830	0.9631
n	12	8	8	8	4	4

Schröder u.a. [10]. Die Dichte der an $Ce_2(SO_4)_3 \cdot 8\,H_2O$ bei 25 °C gesättigten Lösung mit 8.55 Gew.-% $Ce_2(SO_4)_3$ beträgt $D = 1.0870\ g/cm^3$, Onishchenko u.a. [15].

Aus Dichtemessungen von <0.3 molaren $Ce_2(SO_4)_3$-Lösungen zwischen 5 und 35 °C ergibt sich, daß das scheinbare molale Volumen Φ_V linear mit $\sqrt{m}$ (m = Molalität) ansteigt. Graphische Auftragung der Isothermen Φ_V sowie Anstieg des partiellen molalen Volumens Φ_V° mit der Temperatur s. im Original, Sülün [17]. Zum Volumen einer $Ce_2(SO_4)_3$-Lösung bei 20 °C s. auch Zaslavskii [16]. Einfluß der $CeSO_4^+$-Bildung auf das Volumen s. [8].

Die Ultraschallgeschwindigkeit u in m/s von 0.01 bis 0.3 molaren $Ce_2(SO_4)_3$-Lösungen bei ≈6.3 MHz und 21.7 °C hat in Abhängigkeit von der Konzentration ein flaches Minimum bei 0.04 mol/l. Sie nimmt mit steigender Temperatur ab und wird durch $u = A + Bm + Cm^2$ beschrieben mit $A = 1490.1$, $B = -14.8$, $C = 17.3$, wobei berechnete und experimentelle Ergebnisse innerhalb der Fehlergrenzen übereinstimmen. (Im Original wird von Molalität m gesprochen, doch wird die Konzentration in mol/l angegeben.) Die scheinbare molale adiabatische Kompressibilität Φ_K ist negativ und nimmt bei 21.7 °C mit steigender Konzentration zu: $10^9\ \Phi_K = -23.5 + 4.0\ \sqrt{m}$ [17]. Volumenkompression $k \cdot 10^4 = 393.5$, 376.0 und 366.5 bei 25 °C und 0, 5 bzw. 8 Gew.-% (≙0, 0.093 bzw. 0.153 molal) $Ce_2(SO_4)_3$ bei Druckerhöhung von 1 auf 1000 bar, Gibson [11].

Bei Ultraschallabsorptionsmessungen (Pulsechomethode) zwischen 30 und 100 MHz wird eine durch Relaxationserscheinungen bedingte Absorption beobachtet. Die Relaxationsfrequenz f und der Absorptionskoeffizient α' des Gelösten (= Differenz zwischen Absorptionskoeffizienten von Lösung und Lösungsmittel) werden an 0.001 bis 0.01 M Lösungen zwischen t = 15 und 31.6 °C ermittelt. Dreistufige Ionenassoziation und Komplexbildung werden diskutiert. Entgegen theoretischen Annahmen wird nur eine Relaxationsfrequenz beobachtet, die der dritten Assoziationsstufe entspricht. Möglicherweise liegen die beiden anderen theoretisch erwarteten Relaxationsfrequenzen außerhalb des Meßbereichs. Es ergeben sich folgende Werte für f in MHz, α'/f^2 in $cm^{-1} \cdot s^2$ und $2(\alpha'\lambda)_{max}$ für Lösungen der Konzentration c:

t in °C	15	15	15	25	25	25	31.6	31.6	31.6
c in mol/l . . .	0.01	0.005	0.001	0.01	0.005	0.001	0.01	0.005	0.001
f in MHz . . .	49.0	46.0	41.5	51.5	48.5	44.0	56.0	50.0	44.0
$\alpha'/f^2 \cdot 10^{17}$ . . .	36	29	24	31	26	19	22	14	9
$2(\alpha'\lambda)_{max} \cdot 10^5$.	187	164	136	177	155	140	166	145	136

Die chemische Kompressibilität beträgt $10^{15} \cdot \beta = 7.24$, 6.90 und 5.04 N/m^2 für 0.01, 0.005 bzw. 0.001 M Lösungen bei 25 °C, Qadeer [18]. Die dynamische Viskosität der an $Ce_2(SO_4)_3 \cdot 8H_2O$ gesättigten wäßrigen Lösung mit 8.55 Gew.-% $Ce_2(SO_4)_3$ bei 25 °C ist 1.2534×10^{-3} $N \cdot s \cdot m^{-2}$ [15].

Elektrische Eigenschaften

Electrical Properties

Die molare elektrische Leitfähigkeit wäßriger $Ce_2(SO_4)_3$-Lösungen bei unendlicher Verdünnung bei 25 °C beträgt $\Lambda_\infty = 953.9$ $\Omega^{-1} \cdot cm^2 \cdot mol^{-1}$, Arnold, Williams [19]. Die spezifische elektrische Leitfähigkeit der an $Ce_2(SO_4)_3 \cdot 8H_2O$ gesättigten Lösung mit 8.55 Gew.-% $Ce_2(SO_4)_3$ bei 25 °C ist $\varkappa = 0.0209$ $\Omega^{-1} \cdot cm^{-1}$ [15]. Die Äquivalentleitfähigkeit schwefelsaurer 0.05 und 0.1 M $Ce_2(SO_4)_3$-Lösungen mit einem Molverhältnis $Ce_2(SO_4)_3 : H_2SO_4$ von n=0:10 bis 10.0 ändert sich bei 25 °C nicht additiv, s. Figur im Original, sondern es ergeben sich negative Abweichungen von 9 und 10% bei n=1:1. Daraus wird auf Bildung von $Ce(SO_4)_2^-$ geschlossen, Yakubson, Kostromina [12]. Eine negative Abweichung der spezifischen Leitfähigkeit von 16% an 0.03 M $Ce_2(SO_4)_3$-Lösungen bei 20 °C finden Sukhikh, Serebrennikov [13], s. Figur im Original; sie nehmen geringe Beständigkeit des Acidokomplexes an. – Für eine 3.66×10^{-4} molare $Ce_2(SO_4)_3$-Lösung gemessener und berechneter frequenzabhängiger Teil der molaren Leitfähigkeit $\Lambda_{I\omega}$ (=Relaxationskraft), wiedergegeben als $\Lambda_{I0} - \Lambda_{I\omega}$ mit $\Lambda_{I0} = 93.448$ bei $\omega = 0$ [19], sowie $\Lambda_{I\omega}$ und $\Lambda_{I\omega}/\Lambda_{I0}$ aus Messungen mit einer Resonanzmethode bei 25 °C [20]:

ω in MHz . . .	1.76	2.31	3.00	4.00	6.00	10.00	20.00	Lit.
$\Lambda_{I0} - \Lambda_{I\omega}$(ber.) .	0.428	0.725	1.153	2.010	4.053	8.896	19.868	[19]
$\Lambda_{I0} - \Lambda_{I\omega}$(gem.)	0.60	0.38	1.01	1.47	3.47	8.96	18.85	[19]
$\Lambda_{I\omega}$(ber.) . . .	93.02		92.29		89.39		73.58	[20]
$\Lambda_{I\omega}$(gem.) . . .	92.84		92.43		89.97		74.59	[20]
$\Lambda_{I\omega}/\Lambda_{I0}$(ber.) .	0.995		0.988		0.951		0.787	[20]
$\Lambda_{I\omega}/\Lambda_{I0}$(gem.) .	0.994		0.989		0.963		0.798	[20]

Ausführliche Behandlung der Debye-Falkenhagen-Theorie über die Frequenzabhängigkeit von Λ bei starken Elektrolyten s. bei Falkenhagen [21]. Die Änderung der Überschuß-Dielektrizitätskonstante einer 3.66×10^{-4} molaren $Ce_2(SO_4)_3$-Lösung mit der Kreisfrequenz ω wird zu $\varepsilon_\omega - \varepsilon = 1.574$, 1.556 und 0.796 bei $\omega = 0$, 1.76 bzw. 20.00 MHz berechnet und zu 1.85 und 0.87 bei 1.76 bzw. 20.00 MHz gemessen s. [20].

Optische Eigenschaften

Optical Properties

Die Brechungszahl der an $Ce_2(SO_4)_3 \cdot 8H_2O$ gesättigten Lösung mit 8.55 Gew.-% $Ce_2(SO_4)_3$ bei 25 °C beträgt n=1.3445 [15].

Brechungszahlen n_1, n_2 und n_3 für wäßrige Lösungen mit 4.3780, 7.2422 und 10.3562 g $Ce_2(SO_4)_3$ je 100 g Lösung, daraus ermittelte konzentrationsunabhängige Molrefraktion R_{mol} in cm^3 bei 18 °C sowie Verdetsche Konstante (ω_1, ω_2 und ω_3 in $min \cdot cm^{-1} \cdot Oe^{-1}$) und konzentrationsunabhängige spezifische Drehung $[\omega]$ bei 22.2 °C in

Abhängigkeit von der Wellenlänge λ:

λ in nm .	579.0	577.0	546.1	435.8	404.7	365.5	334.1	313.1
n_1 . . .	1.34033	1.34040	1.34150	1.34737	1.34995	1.35428	1.35909	1.36328
n_2 . . .	1.34493	1.34499	1.34613	1.35206	1.35466	1.35905	1.36399	–
n_3 . . .	1.35019	1.35025	1.35133	1.35735	1.36002	1.36445	1.36940	–
R_{mol} . . .	51.4	–	51.5	52.2	52.5	53.0	53.8	54.2
λ in nm .	578.0	–	546.1	435.0	404.7	365.2	334.1	312.8
$\omega_1 \cdot 10^2$.	1.104	–	1.234	1.964	2.281	2.771	3.206	3.286
$\omega_2 \cdot 10^2$.	0.917	–	1.017	1.552	1.761	2.022	2.104	1.581
$\omega_3 \cdot 10^2$.	0.699	–	0.766	1.065	1.153	1.144	0.808	–
$-[\omega] \cdot 10^5$.	5.49	–	6.33	11.96	15.04	21.62	31.73	47.68
	±0.04		±0.05	±0.06	±0.04	±0.08	±0.15	±0.30

Roberts u.a. [14]. Zur paramagnetischen Drehung s. auch Roberts, Wallace [24]. Im UV-Spektrum der 2.8×10^{-4} M Lösung wird bei pH = 4.25 ein Maximum bei 255 nm beobachtet, Tarayan, Eliazyan [25].

Die magnetische Doppelbrechung von $Ce_2(SO_4)_3$ in H_2O und C_2H_5OH bei etwa 17 °C ist von der gleichen Größenordnung wie beim Chlorid, aber geringer als beim Nitrat, Haenny [26]. Zur Berechnung der spezifischen magnetooptischen Drehung bei 3.2 bis 67.5 g/l, 20 °C, Na-Licht, ist die Additivitätsregel nicht anwendbar. Die Werte der Verdetschen Konstante des gelösten $Ce_2(SO_4)_3$ streuen, Polzonetti [27]. Negative Werte der spezifischen magnetischen Drehung und beträchtliche Temperaturabhängigkeit ihres reziproken Wertes findet Ollivier [28] in schwefelsauren $Ce_2(SO_4)_3$-Lösungen analog wie in $Ce(SO_4)_2$-Lösungen.

Chemical Reactions

Chemisches Verhalten

Zur Oxidation von Ce^{3+} zu Ce^{4+} in schwefelsaurer wäßriger Lösung und „Elektrochemisches Verhalten" s. „Seltenerdelemente" B 7, 1979, S. 45/56 und S. 114ff.

Bei Zusatz steigender Mengen NaOH zu wäßriger $Ce_2(SO_4)_3$-Lösung bilden sich in inerter Atmosphäre zuerst Cer(III)-hydroxidsulfate, dann $Ce(OH)_3$; an Luft wird Ce^{III} in alkalischer Lösung teilweise zu Ce^{IV} oxidiert, so daß Cer(III,IV)-hydroxidsulfate auftreten. Einzelheiten s. unter 28.9.2.4, S. 340.

Nach Untersuchung des Systems Ce_2O_3-SO_3-H_2O bei 20 bis 200 °C wird mit H_2SO_4 das saure Sulfat $Ce_2(SO_4)_3 \cdot 3\,H_2SO_4$ gebildet, s. S. 99. Bei Gegenwart von Na_2SO_4 bildet sich außerdem $NaCe(SO_4)_2 \cdot n\,H_2O$, s. System Na_2SO_4-$Ce_2(SO_4)_3$-H_2SO_4-H_2O, S. 218.

Zur Bildung von weiteren Alkalicersulfaten s. bei den entsprechenden Systemen. Gemischte (Ce,La)-Hydroxidsulfate treten im System $Ce_2(SO_4)_3$-$La_2(SO_4)_3$-NaOH-H_2O auf, s. S. 344.

Bei der Einwirkung von HgO auf wäßrige $Ce_2(SO_4)_3$-Lösung bildet sich schon in der Kälte $Ce(OH)_3$, Montignie [29]. Verdünnte wäßrige Lösungen von $Ce_2(SO_4)_3$ und Na_2SiF_6 reagieren bei 25 °C nach: $Ce_2(SO_4)_3 + Na_2SiF_6 + 2\,H_2O \rightarrow 2\,CeF_3 + Na_2SO_4 + SiO_2\,aq + 2\,H_2SO_4$. Kolloide Lösungen entstehen im Gegensatz zu $CeCl_3$-Lösungen nicht. Beim Verhältnis $Na_2SiF_6 : Ce_2(SO_4)_3 = 1$ bis 1.2 und pH = 2.1 bis 2.2 ist die Fällung vollständig (zur Leitfähigkeit s. Original). Fluorosilikate des Cers bilden sich nicht, Chalova, Bleshinskii [22]. Der weiße Niederschlag (s. obige Gleichung) entsteht bei pH = 1 bis 9. Die Reaktion kann zur Titration von SiF_6^{2-} mit $Ce_2(SO_4)_3$-Lösung dienen (Pufferlösung von pH = 6, Farbindikator), Tsubaki, Namikoshi [23].

Nach Löslichkeitsuntersuchungen im System $Ce_2(SO_4)_3$-$CO(NH_2)_2$-H_2O bilden sich bei 15 °C die Verbindungen $Ce_2(SO_4)_3 \cdot CO(NH_2)_2$ und $Ce_2(SO_4)_3 \cdot 10\,CO(NH_2)_2$, Sulaimankulov u.a. [30], bei 30 °C das $Ce_2(SO_4)_3 \cdot 6\,CO(NH_2)_2$ neben $Ce_2(SO_4)_3 \cdot CO(NH_2)_2$, Alieva, Sulaimankulov [31].

Literatur:

[1] L.A. Blatz (J. Phys. Chem. **66** [1962] 160/4). – [2] S. Fronaeus (Svensk. Kem. Tidskr. **64** [1952] 317/24). – [3] S.W. Mayer, S.D. Schwartz (J. Am. Chem. Soc. **72** [1950] 5106/10). – [4] R.E. Connick, S.W. Mayer (J. Am. Chem. Soc. **73** [1951] 1176/9). – [5] V.A. Shchurov, T.M. Romanova (Uch. Zap. Permsk. Gos. Univ. Nr. 289 [1973] 42/8).

[6] T.W. Newton, G.M. Arcand (J. Am. Chem. Soc. **75** [1953] 2449/53). – [7] R.G. Wymer (Diss. Vanderbilt Univ., Nashville, Tenn., 1953, S. 1/95, 32; Diss. Abstr. **14** [1954] 478). – [8] T.G. Spiro, A. Revesz, J. Lee (J. Am. Chem. Soc. **90** [1968] 4000/6, 4002). – [9] S.G. Babayan, I.V. Melikhov, M.S. Merkulova (Radiokhimiya **4** [1962] 381/7; Soviet Radiochem. **4** [1962] 337/42). – [10] W. Schröder, E. Kehren, K. Frings (Z. Anorg. Allgem. Chem. **238** [1938] 209/24).

[11] R.E. Gibson (J. Am. Chem. Soc. **56** [1934] 4/14, 7). – [12] S.I. Yakubson, N.A. Kostromina (Zh. Neorgan. Khim. **3** [1958] 1688/93; Russ. J. Inorg. Chem. **3** Nr. 7 [1958] 290/8, 294). – [13] G.N. Sukhikh, V.V. Serebrennikov (Tr. Tomsk. Gos. Univ. Ser. Khim. Nr. 157 [1963] 60/5; C.A. **61** [1964] 7765). – [14] R.W. Roberts, L.A. Wallace, I.T. Pierce (Phil. Mag. [7] **17** [1934] 934/61). – [15] M.K. Onishchenko, V.M. Skorikov, V.G. Shevchuk (Zh. Neorgan. Khim. **23** [1978] 1114/6; Russ. J. Inorg. Chem. **23** [1978] 615/7).

[16] I.I. Zaslavskii (Zh. Obshch. Khim. **9** [1939] 1094/100, 1099; Brit. C.A. **1939** 606). – [17] O. Sülün (Istanbul Univ. Fen. Fak. Meanvasi C **39**/**41** [1977] 18/31, 23; C.A. **89** [1978] Nr. 12374). – [18] A. Qadeer (Z. Physik. Chem. [Frankfurt] **91** [1974] 301/16, 313, 315). – [19] O.M. Arnold, J.W. Williams (J. Am. Chem. Soc. **58** [1936] 2616/24, 2621). – [20] J.W. Williams, O.M. Arnold (Acta Physicochim. URSS **3** [1935] 619/32, 628/9).

[21] H. Falkenhagen (Theorie der Elektrolyte, Leipzig 1971, S. 85/251). – [22] E.P. Chalova, S.V. Bleshinskii (Issled. Khim. Redkikh Soputstvuyushchikh Elem. Akad. Nauk Kirg. SSR Inst. Neorgan. Fiz. Khim. **1966** 3/20, 13; C.A. **66** [1967] Nr. 14510). – [23] I. Tsubaki, K. Namikoshi (Bunseki Kagaku **20** [1971] 781/3; C.A. **75** [1971] Nr. 126055). – [24] R.W. Roberts, L.A. Wallace (Nature **130** [1932] 890/1). – [25] V.M. Tarayan, L.A. Eliazyan (Izv. Akad. Nauk Arm. SSR Khim. Nauki **13** [1960] 245/9; N.S.A. **15** [1961] Nr. 15571).

[26] C. Haenny (Compt. Rend. **196** [1933] 1297/8). – [27] L. Polzonetti (Rend. Ist. Sci. Univ. Camerino **4** [1963] 48/52). – [28] H. Ollivier (Compt. Rend. **207** [1938] 983/5). – [29] E. Montignie (Bull. Soc. Chim. France [5] **3** [1936] 193/6). – [30] K. Sulaimankulov, Z.F. Alieva, O.V. Agashkin (Zh. Neorgan. Khim. **16** [1971] 1169/72; Russ. J. Inorg. Chem. **16** [1971] 621/2).

[31] Z.F. Alieva, K.S. Sulaimankulov (Izv. Akad. Nauk Kaz. SSR Ser. Khim. **20** [1970] 16/24; C.A. **74** [1971] Nr. 91815).

Cerium(IV) Sulfates

28.7.5.4.2 Cer(IV)-sulfate

28.7.5.4.2.1 $Ce(SO_4)_2$

Bildung und Darstellung

Die Angaben über die Bildung der Verbindung bei der thermischen Dehydratation der Hydrate (s. S. 120, 122) sowie zum Auftreten im System CeO_2-SO_3-H_2O (s. S. 118) sind sehr widersprüchlich.

Die Verbindung wird dargestellt aus CeO_2 oder CeO_2-Hydraten mit konzentriertem H_2SO_4. Überschüssiges H_2SO_4 wird durch Waschen mit Eisessig entfernt, Silvernail, Healy [1]; Waschen mit Eisessig, Alkohol und Äther, Golovnya, Pospelova [2], s. auch Jones, Soper [13]. Bildung aus dem 4-Hydrat bei <370 °C, Trofimov u.a. [14], s. auch Golovnya u.a. [3], Domingues u.a. [4]. Das beim thermischen Abbau des 4-Hydrats zunächst gebildete amorphe $Ce(SO_4)_2$ geht erst oberhalb 350 °C in das kristalline Produkt über, Ivanov [5]. Dagegen vermuten Kharzeeva u.a. [18], daß bei der Entwässerung der Tetra- und Octahydrate bei 150 bis 160 °C schon SO_3 abgegeben wird, vgl. S. 120 bzw. 122. – Zur Darstellung aus schwefelsaurer Lösung des 4-Hydrats bei 100 bis 200°C s. [14]. Aus $(NH_4)_7Ce(SO_4)_4 \cdot 2H_2O$ und $(NH_4)_{10}Ce(SO_4)_7 \cdot 3H_2O$ entsteht $Ce(SO_4)_2$ beim Erhitzen bei 465°C s. [4], aus $(NH_4)_6Ce(SO_4)_5$ und $(NH_4)_8Ce(SO_4)_6$ bei 200 bis 215°C bzw. 300 bis 360°C s. [2]; wasserfreies $Ce(SO_4)_2$ kristallisiert aus der metastabilen Lösung von $Ce(SO_4)_2 \cdot 4H_2O$ in 75- bis 100%igem H_2SO_4 und wird im System CeO_2-SO_3-H_2O bei 18 °C [13] als stabile Phase angesehen. Es entsteht auch aus den metastabilen sauren Sulfaten. Dagegen tritt $Ce(SO_4)_2$ nach Trofimov u.a. [15, 16] erst bei 100 bis 200 °C auf, die bei [14, 16] wiedergegebene Polytherme des Systems zeigt jedoch, daß $Ce(SO_4)_2$ bis herab zu 25 °C stabil sein soll. – Zur Bildung im System Li_2O-CeO_2-SO_3-H_2O bei 100 °C oberhalb 49 Gew.-% SO_3 s. Bondar u.a. [17].

Physikalische Eigenschaften

Zwischen Raumtemperatur und der Zersetzungstemperatur durchläuft $Ce(SO_4)_2$ nach differentialthermoanalytischen Untersuchungen keine polymorphe Umwandlung, Ingraham, Marier [6]. Die Verbindung ist nach Röntgen-Einkristallaufnahmen und -Pulveraufnahmen rhombisch, Raumgruppe Pbca$-D_{2h}^{15}$ (Nr. 61), Z=8, mit $a=9.325\pm0.004$, $b=8.891\pm0.004$, $c=13.39\pm0.04$ Å (R=0.120). Atomlagen:

Atom	x	y	z	Atom	x	y	z
Ce	0.0393	0.2233	0.1054	O(4)	0.406	0.497	0.188
S(1)	0.390	0.338	0.152	O(5)	0.367	0.575	0.538
S(2)	0.275	0.504	0.443	O(6)	0.175	0.348	0.481
O(1)	0.242	0.256	0.198	O(7)	0.386	0.432	0.363
O(2)	0.504	0.238	0.242	O(8)	0.191	0.636	0.372
O(3)	0.425	0.346	0.027				

Jedes SO_4 ist mit vier Ce verbunden und jedes Ce von acht SO_4 umgeben. Das Koordinationspolyeder des Ce ist ein verformtes tetragonales Antiprisma, dessen eine Basisfläche von den Sauerstoffatomen O(1), O(2), O(5) sowie O(7), und die andere von O(3), O(4), O(6) sowie O(8) gebildet wird. Die O-O-Abstände variieren in der erstgenannten Basisfläche von 2.37 bis 2.81 Å und in der anderen von 2.34 bis 2.97 Å. Die Ce-O-Abstände liegen im Bereich von 2.07 bis 2.38 Å. Es treten zwei Arten von unterschiedlich verzerrten SO_4-Gruppen auf. Die SO_4-Tetraeder mit S(1) haben S-O-

Abstände von 1.44 bis 1.84 Å und die mit S(2) von 1.62 bis 1.74 Å. Weitere Atomabstände und Bindungswinkel s. Original. Gemessene Dichte: 3.79 g/cm^3, Rogachev u.a. [7], s. auch [8].

Die Verbindung ist primelgelb [13], orangefarben [1]. Die dünnen Blättchen sind optisch zweiachsig negativ mit $n_x=1.911$ bis 1.913, $n_z=1.930$ [14]. Im IR-Spektrum werden im Bereich von 700 bis 300 cm^{-1} Banden bei 457, 497 und 641 cm^{-1} ($\triangleq \nu_4(F_2)$ des SO_4 mit T_d-Symmetrie) beobachtet, Miller u.a. [9].

Die Bildungsenthalpie bei 25 °C, abgeschätzt mit Hilfe der Paulingschen Elektronegativitätsskala beträgt −559.98 kcal/mol (unbelegter experimenteller Wert: −560), Wilcox [10], s. auch Rossini [11].

Chemisches Verhalten

Aus konzentrierter Schwefelsäure dargestelltes $Ce(SO_4)_2$ zersetzt sich bei 450 °C zum Oxidsulfat, $Ce(SO_4)_2$ entstanden aus $(NH_4)_6Ce(SO_4)_5 \cdot 3H_2O$ bei 200 bis 215 °C oder aus $Ce(SO_4)_2 \cdot 4H_2O$ bei 180 bis 200 °C zersetzt sich zum $CeOSO_4$ bei etwa 350 bis 370 °C [2]. Jedoch soll das aus dem 4-Hydrat nahe 275 °C gebildete wasserfreie Produkt bis 700 °C stabil sein. Der Übergang ins Oxid findet bei 890 °C statt [4]. Dagegen finden Trofimov u.a. [14] für bei <370 °C gebildetes $Ce(SO_4)_2$ bei 456 bis 560 °C einen Schwefelabbau. Es entsteht $2CeO_2 \cdot 3SO_3$, das bis etwa 800 °C beständig ist und bei 836 bis 930 °C in CeO_2 übergeht. — Bei der Dehydratation des Tetrahydrats und Octahydrats werden von [18] schon bei 150 bis 160 °C Verluste an SO_3 vermutet. — Das aus dem $(NH_4)_4Ce(SO_4)_4 \cdot 2H_2O$ und $(NH_4)_{10}Ce(SO_4)_7 \cdot 3H_2O$ bei 465 °C gebildete $Ce(SO_4)_2$ geht bei 525 °C in Oxidsulfat über und bei 840 °C ins Oxid [4].

$Ce(SO_4)_2$ nimmt an feuchter Luft leicht Hydratwasser auf, unter Bildung des 4-Hydrats [7, 14]. Es löst sich leicht in Wasser [13]. In Kontakt mit konzentriertem H_2SO_4 ist $Ce(SO_4)_2$ drei Monate lang stabil [13], es löst sich aber in verdünntem H_2SO_4 unter Bildung von Sulfatocersäuren [1], oder $H_3CeOH(SO_4)_3$ und $HCe(OH)_3SO_4$ nach [13]. Die Löslichkeit fällt mit steigendem SO_3-Gehalt im System CeO_2-SO_3-H_2O, Trofimov, Belokoskov [15, 16]. In Eisessig löst sich $Ce(SO_4)_2$ zu einer etwa 0.005 N Lösung, die nicht stabil ist, Hinsvark, Stone [12].

Literatur:

[1] W.L. Silvernail, R.M. Healy (Kirk-Othmer, Encyclopedia of Chemical Technology, 2. Aufl., Bd. 4, New York-London 1964, S. 840/54, 851). — [2] V.A. Golovnya, L.A. Pospelova (Zh. Neorgan. Khim. **6** [1961] 636/40; Russ. J. Inorg. Chem. **6** [1961] 324/7). — [3] V.A. Golovnya, L.A. Pospelova, G.T. Bolotova (Zh. Neorgan. Khim. **5** [1960] 2204/10; Russ. J. Inorg. Chem. **5** [1960] 1069/72). — [4] L.P. Domingues, R.L. Wilfong, L.R. Furlong (BM-RI-6029 [1961] 1/23, 17; N.S.A. **16** [1962] Nr. 26954). — [5] V.I. Ivanov (Sovrem. Metody Anal. **1965** 50/8; C.A. **64** [1966] 9019).

[6] T.R. Ingraham, P. Marier (Can. Met. Quart. **4** [1965] 169/76). — [7] D.L. Rogachev, M.A. Porai-Koshits, V.Ya. Kuznetsov, L.M. Dikareva (Zh. Strukt. Khim. **15** [1974] 465/70; J. Struct. Chem. [USSR] **15** [1974] 397/401). — [8] Structure Reports, Bd. 40a, [1974], S. 267). — [9] F.A. Miller, G.L. Carlson, F.F. Bentley, W.H. Jones (Spectrochim. Acta **16** [1960] 135/235, 151). — [10] D.E. Wilcox (UCRL-10397 [1962] 1/123, 27; N.S.A. **16** [1962] Nr. 31586).

[11] F.D. Rossini, D.D. Wagman, W.H. Evans, S. Levine, I. Jaffe (NBS-Circ.-500 [1952] 329/54). — [12] O.N. Hinsvark, K.G. Stone (Anal. Chem. **28** [1956] 334/7). —

[13] E.G. Jones, F.G. Soper (J. Chem. Soc. **1935** 802/5). – [14] G.V. Trofimov, V.I. Belokoskov, R.A. Popova (Khim. Tekhnol. Pererab. Redkometal. Syr'ya Kol'sk. Poluostrova **1972** 93/101, 99; C.A. **79** [1973] Nr. 86902). – [15] G.V. Trofimov, V.I. Belokoskov (Zh. Neorgan. Khim. **13** [1968] 260/6; Russ. J. Inorg. Chem. **13** [1968] 135/8).

[16] G.V. Trofimov (Zh. Neorgan. Khim. **13** [1968] 2831/7; Russ. J. Inorg. Chem. **13** [1968] 1457/60). – [17] S.A. Bondar, G.V. Trofimov, V.A. Roi (Zh. Neorgan. Khim. **25** [1980] 2530/3). – [18] S.E. Kharzeeva, A.S. Vyatkina, V.V. Serebrennikov (Zh. Neorgan. Khim. **13** [1968] 1861/5; Russ. J. Inorg. Chem. **13** [1968] 969/71).

28.7.5.4.2.2 Das System CeO_2-SO_3-H_2O

Nach isothermen Löslichkeitsuntersuchungen (Schreinemakersche Restmethode) und chemischen Analysen existieren im System CeO_2-SO_3-H_2O zwischen 25 und 100 °C nach Trofimov, Belokoskov [1] und zwischen 100 und 200 °C nach Trofimov [2] Sulfate mit folgenden Zusammensetzungen:

I $3CeO_2 \cdot 2SO_3 \cdot 3H_2O$

II $4CeO_2 \cdot 3SO_3 \cdot 12H_2O$ (nach Trofimov u.a. [2, 3], in der vorhergehenden Veröffentlichung [1] noch als $6CeO_2 \cdot 5SO_3 \cdot 12H_2O$ beschrieben)

III $CeO_2 \cdot SO_3 \cdot 2H_2O$

IV $CeO_2 \cdot SO_3 \cdot H_2O$

V $2CeO_2 \cdot 3SO_3 \cdot 5H_2O$ (nach [3], bei [1, 2] als Tetrahydrat formuliert)

VI $Ce(SO_4)_2$

VII $Ce(SO_4)_2 \cdot 4H_2O$

VIII $Ce(SO_4)_2 \cdot H_2SO_4$

Die Zweisalzpunkte liegen bei folgenden Konzentrationen (in Gew.-%, die Bezeichnung der festen Phasen entspricht der vorstehenden Zusammenstellung):

t in °C	25		50		75	
Feste Phasen	CeO_2	SO_3	CeO_2	SO_3	CeO_2	SO_3
II+V	6.7	6.5	3.8	4.6	–	–
V+VII	8.4	14.8	5.8	16.8	5.4	18.2
VII+VIII	1.2	57.4	1.2	55.0	1.6	52.8
II+III	–	–	–	–	3.9	5.0
III+V	–	–	–	–	2.8	11.4

Mit steigender Temperatur nimmt die Löslichkeit ab, außer im Kristallisationsbereich von $Ce(SO_4)_2 \cdot 4H_2O$, wo sie etwas ansteigt, und von $Ce(SO_4)_2 \cdot H_2SO_4$, wo sie etwa konstant bleibt, und die ausfallenden Sulfate sind basischer (wie die Zweisalzpunkte zeigen, werden basische Salze bei 25, 50 und 75 °C bei SO_3-Konzentrationen $\leq$14.8, 16.8 bzw. 18.2 Gew.-% beobachtet). Teilweise überholte Angaben für 100 °C s. Original, Trofimov, Belokoskov [1].

Abweichend von den oben angegebenen Zweisalzpunkten zeigt eine Polytherme des Systems für 25 bis 200 °C bei Trofimov u.a. [2, 3], daß wasserfreies $Ce(SO_4)_2$ auch unterhalb 100 °C auftreten soll, und zwar nach Figur im Original mit einem Existenzbereich von ≈58 bis ≈70 Gew.-% SO_3 bei 25 °C, der sich erweitert auf ≈52 bis ≈75 Gew.-% SO_3 bei 75 °C. – Bei 100 bis 200 °C werden nur noch I, IV, V, VI und VII beobachtet. Konzentrationen der Lösungen an den Zweisalzpunkten in Gew.-%:

t in °C	100		125		150		175		200	
Feste Phasen	CeO_2	SO_3	CeO_2	SO_3	CeO_2	SO_3	CeO_2	SO_3	CeO_2	SO_3
I+IV	2.0	3.0	0.4	3.6	0.4	3.8	–	4.5	–	7.7
IV+V	2.4	18.5	2.2	20.7	–	–	–	–	–	–
IV+VII	–	–	–	–	4.8	32.0	–	–	–	–
IV+VI	–	–	–	–	–	–	4.2	33.7	3.3	33.6
V+VII	3.0	23.4	2.7	28.5	–	–	–	–	–	–
VII+VI	1.4	48.2	2.2	44.5	2.9	37.3	–	–	–	–

Die Änderung der Löslichkeit mit der Temperatur hat die gleiche Tendenz wie unterhalb 100 °C. Im Bereich der basischen Salze [I bis V] nimmt die Löslichkeit des Cers mit Erhöhung des SO_3-Gehalts der Lösung zu, im Bereich der normalen Salze ab, Trofimov [2]. $Ce(SO_4)_2$, $Ce(SO_4)_2 \cdot 4H_2O$ und $CeO_2 \cdot SO_3 \cdot 2H_2O$, metastabiles $Ce(SO_4)_2 \cdot H_2SO_4$ und $Ce(SO_4)_2 \cdot 2H_2SO_4$ sowie metastabile $Ce(SO_4)_2$- und $Ce(SO_4)_2 \cdot 4H_2O$-Lösungen werden von Jones, Soper [4] bei 18 °C beobachtet. Das System $Ce(SO_4)_2$-H_2SO_4-H_2O wird bei 0, 25 und 50 °C auch von Angelov, Poslavskaya [5] untersucht. Danach tritt <70% H_2SO_4 nur $Ce(SO_4)_2 \cdot 4H_2O$, darüber $Ce(SO_4)_2 \cdot H_2SO_4$ als feste Phase im Gleichgewicht mit gesättigter Lösung auf. – Der Einfluß von Li_2SO_4 auf das System CeO_2-SO_3-H_2O bei 100 °C ist gering. Doppelsulfate entstehen nicht. Beim Verhältnis Li_2SO_4: $Ce(SO_4)_2$=1:1 kristallisiert <24 Gew.-% SO_3 das basische Salz $2CeO_2 \cdot 3SO_3 \cdot 5H_2O$, >46 Gew.-% SO_3 das saure $Ce(SO_4)_2 \cdot H_2SO_4$ und dazwischen $Ce(SO_4)_2 \cdot 4H_2O$. Beim Verhältnis 1:3 kristallisiert <14 Gew.-% SO_3 basisches $CeO_2 \cdot SO_3 \cdot H_2O$, oberhalb 22 und oberhalb 49 Gew.-% SO_3 liegen $Ce(SO_4)_2 \cdot 4H_2O$ bzw. $Ce(SO_4)_2$ vor, im Bereich von 14 bis 22 Gew.-% SO_3 wird eine gelartige dunkelrote Flüssigkeit mit viel CeO_2 beobachtet, Bondar u.a. [6].

Angaben über Darstellung und Eigenschaften der basischen Sulfate s. unter 28.9.2, S. 342.

Literatur:

[1] G.V. Trofimov, V.I. Belokoskov (Zh. Neorgan. Khim. **13** [1968] 260/6; Russ. J. Inorg. Chem. **13** [1968] 135/8). – [2] G.V. Trofimov (Zh. Neorgan. Khim. **13** [1968] 2831/7; Russ. J. Inorg. Chem. **13** [1968] 1457/60). – [3] G.V. Trofimov, V.I. Belokoskov, R.A. Popova (Khim. Tekhnol. Pererab. Redkometal. Syr'ya Kol'sk. Poluostrova **1972** 93/101, 99; C.A. **79** [1973] Nr. 86902). – [4] E.G. Jones, F.G. Soper (J. Chem. Soc. **1935** 802/5). – [5] I.I. Angelov, K.D. Poslavskaya (Tr. Vses. Nauchn. Issled. Inst. Khim. Reaktivov Nr. 22 [1958] 30/2; C.A. **58** [1963] 68).

[6] S.A. Bondar, G.V. Trofimov, V.A. Roi (Zh. Neorgan. Khim. **25** [1980] 2530/3).

28.7.5.4.2.3 $Ce(SO_4)_2 \cdot 8H_2O$

Die Verbindung wird als Komplex $[Ce(SO_4)_2(H_2O)_4] \cdot 4H_2O$ formuliert. Sie kristallisiert beim Eindunsten einer Lösung von $Ce(OH)_4$ in H_2SO_4 (1:10) unterhalb 50 bis 60 °C auf dem Wasserbad oder aus einer gesättigten wäßrigen Lösung von $Ce(SO_4)_2 \cdot 4H_2O$

mit 2 bis 5% H_2SO_4 bei Raumtemperatur. Gemessene Dichte $D_4^{25}=2.430$ g/cm³. Brechungszahlen $n_x=1.561$, $n_z=1.567$, Golovnya, Pospelova [1]. Molrefraktion=65.6 cm³, Golovnya, Pospelova [2]. Das IR-Spektrum (in flüssigem Paraffin oder Fluorkohlenwasserstoff) weist folgende Banden (in cm^{-1}) auf:

$\nu_2(E)SO_4$	$\nu_4(F_2)SO_4$	$\nu_1(A_1)SO_4$	$\nu_3(F_2)SO_4$	$\delta(H_2O)$	$\nu(OH)$
423, 492	594, 650	983	1083, 1142, 1200	1616 bis 1650	3200 bis 3600

Das Spektrum ist nahezu identisch mit dem des 4-Hydrats, Kharzeeva, Serebrennikov [3].

Beim Erhitzen auf 60 bis 70 °C werden 4 Moleküle H_2O abgebaut (auch schon beim Stehen an der Luft), die restlichen 4 bei 180 °C, die SO_3-Abgabe erfolgt bei 350 bis 400 °C unter Bildung von Oxidsulfat [1], s. auch Golovnya u.a. [4]. Abbau von je $4\,H_2O$ bei 78 bis 79 bzw. 148 bis 149 °C, beginnende SO_3-Abgabe wird schon bei 160 °C angenommen, Kharzeeva u.a. [5].

Literatur:

[1] V.A. Golovnya, L.A. Pospelova (Zh. Neorgan. Khim. **6** [1961] 636/40; Russ. J. Inorg. Chem. **6** [1961] 324/7). – [2] V.A. Golovnya, L.A. Pospelova (Zh. Neorgan. Khim. **6** [1961] 1574/81; Russ. J. Inorg. Chem. **6** [1961] 807/11). – [3] S.E. Kharzeeva, V.V. Serebrennikov (Zh. Neorgan. Khim. **12** [1967] 3026/30; Russ. J. Inorg. Chem. **12** [1967] 1601/3). – [4] V.A. Golovnya, L.A. Pospelova, G.T. Bolotova (Zh. Neorgan. Khim. **5** [1960] 2204/10; Russ. J. Inorg. Chem. **5** [1960] 1069/72). – [5] S.E. Kharzeeva, A.S. Vyatkina, V.V. Serebrennikov (Zh. Neorgan. Khim. **13** [1968] 1861/5; Russ. J. Inorg. Chem. **13** [1968] 969/71).

28.7.5.4.2.4 $Ce(SO_4)_2 \cdot 4\,H_2O$

Formation. Preparation

Bildung und Darstellung

Das 4-Hydrat tritt im System CeO_2-SO_3-H_2O bei 0 bis 150 °C auf, s. S. 118, und im System Li_2O-CeO_2-SO_3-H_2O, s. S. 203, bei 100 °C. Zur Darstellung wird $Ce(OH)_4$ in H_2SO_4 gelöst, im Verhältnis 1:3 mit Wasser verdünnt und die dunkelrote Lösung auf dem Wasserbad konzentriert, bis die orangefarbenen Kristalle entstehen. Sie werden abfiltriert, mit Eisessig gewaschen und bis zur Gewichtskonstanz getrocknet, Golovnya, Pospelova [1], s. auch Trofimov, Belokoskov [13]. Größere Kristalle bilden sich, wenn 0.5 l $Ce(OH)_4$-Brei, der 85 g CeO_2 enthält, mit dem gleichen Volumen 88%igem H_2SO_4 gemischt und 24 h bei 50 °C gehalten wird. Nach dem Filtrieren wird mit Alkohol gewaschen und bei 50 bis 75 °C getrocknet, Trofimov u.a. [14]. – Durch hydrothermale Behandlung des gewöhnlichen $Ce(SO_4)_2 \cdot 4\,H_2O$ (Erhitzen der gesättigten Lösung in 1.0 M H_2SO_4 1 Woche auf 80 °C in verschlossenem Glasrohr nach Verdünnen auf 1:1 bis 1:15) werden hellgelbe Kristalle einer 2. Modifikation erhalten, Lindgren [2]. Das 4-Hydrat entsteht auch aus dem hygroskopischen $Ce(SO_4)_2$ [14]. Nach Jones, Soper [15] soll sich beim Stehen aus der wäßrigen Lösung des wasserfreien Produkts bei Raumtemperatur ein schwefelgelber Niederschlag von $Ce(SO_4)_2 \cdot 4\,H_2O$ abscheiden.

Crystallographic Properties. Density

Kristallographische Eigenschaften und Dichte

$Ce(SO_4)_2 \cdot 4\,H_2O$ tritt in zwei nahe verwandten rhombischen Modifikationen auf, die mit der Zr- bzw. U-Verbindung isomorph sind: Die aus Lösungen kristallisierende 1. Modifikation hat die Raumgruppe Fddd – D_{2h}^{24}, mit a = 26.59 ± 0.04, b = 11.93 ± 0.04, c = 5.73 ± 0.02 Å; Z = 8, Singer, Cromer [3], Rogachev u.a. [4]. Die hydrothermal behandelte Verbindung hat nach Einkristall- und Pulveraufnahmen die Raumgruppe Pnma – D_{2h}^{16}, mit a = 14.5994(17), b = 11.0064(4), c = 5.6601(5) Å; Z = 4. Atomlagen:

Atom	x	y	z
Ce	0.17148(3)	0.25	0.12469(9)
S	0.35064(10)	0.05504(13)	0.88347(33)
O(1)	0.2606(4)	0.1170(5)	0.9143(10)
O(2)	0.3319(4)	0.9230(4)	0.8522(9)
O(3)	0.4066(4)	0.0691(5)	0.0931(11)
O(4)	0.3943(4)	0.1040(5)	0.6713(10)
O(5)	0.0251(6)	0.25	0.3128(17)
O(6)	0.2991(5)	0.25	0.3716(17)
O(7)	0.0763(4)	0.1249(5)	0.8934(2)

O(1) bis O(4) sind O-Atome der SO_4-Gruppen, O(5) bis O(7) gehören zu H_2O. Die Kristallstruktur (Patterson- und Fourier-Methode, R = 0.040) besteht aus $Ce(SO_4)_2$-Schichten senkrecht zur a-Achse. Dazwischen sind die H_2O-Moleküle, welche die Schichten über H-Brücken verknüpfen. Das Koordinationspolyeder des Ce ist ein verzerrtes quadratisches Antiprisma mit vier $O(H_2O)$ und vier $O(SO_4)$, in dem die Ce-O-Abstände von 2.292 bis 2.388 Å variieren. Die S-O-Abstände in den Sulfatgruppen liegen im Bereich von 1.449 bis 1.491 Å. Weitere Atomabstände sowie Bindungswinkel s. Tabelle im Original. Die H-Brücken werden mit den nicht an Ce gebundenen O(3) und O(4) mit kürzeren O-S-Abständen ausgebildet [2]. Röntgenspektrum im L_{III}-Bereich und Einfluß der Ce-Wertigkeit im $Ce(SO_4)_2 \cdot 4H_2O$ auf die Absorption s. Vainshtein u.a. [16]. Die Verbindung wird von Golovnya, Pospelova [1] als Nichtelektrolyt und Komplex $[Ce(SO_4)_2(H_2O)_4]$ bezeichnet, s. auch [9] und [7]. Bei 25 °C für die orangefarbene Verbindung gemessene Dichte $D_4^{25} = 2.892$ g/cm³ [1], s. auch [7]. Röntgendichte D = 2.952 für das gelbe Produkt [2].

Magnetische Eigenschaften

Magnetic Properties

Aus der am $Ce(SO_4)_2 \cdot 4H_2O$ gemessenen Molsuszeptibilität von -97×10^{-6} cm³/mol ergibt sich für Ce^{4+} ein schwacher Paramagnetismus von $+22 \times 10^{-6}$ cm³/mol Ce^{4+}, Foëx [5]. Paramagnetische Resonanzabsorption kann bei Raumtemperatur in Magnetfeldern bis zu 15 kOe bei einer Frequenz von 46.200 GHz nicht festgestellt werden, Lancaster, Gordy [6].

Optische Eigenschaften

Optical Properties

Das orangefarbene $Ce(SO_4)_2 \cdot 4H_2O$ ist optisch 2achsig negativ, mit den Brechungszahlen $n_x = 1.654$, $n_y = 1.668$, $n_z = 1.799$ [14]; $n_x = 1.640$, $n_y = 1.689$, $n_z = 1.784$ [1]. Molrefraktion = 54.2 cm³ [7]. Im IR-Spektrum (Suspension in flüssigem Paraffin oder Fluorkohlenwasserstoff) werden folgende Banden (in cm^{-1}) beobachtet:

$\nu_2(E)SO_4$	$\nu_4(F_2)SO_4$	$\nu_1(A_1)SO_4$	$\nu_3(F_2)SO_4$	$\delta(H_2O)$	$\nu(OH)$
442, 490	595, 656	980, 1025	1095, 1216	1616 bis 1654	3216 bis 3400

Das Spektrum unterscheidet sich kaum von dem des 8-Hydrats, was zeigt, daß dessen zusätzliche 4 H_2O in der Außensphäre eine unwichtige Rolle spielen, Kharzeeva, Serebrennikov [8].

Chemical Reactions

Chemisches Verhalten

$Ce(SO_4)_2 \cdot 4H_2O$ ist an der Luft beständig [14]. Nach thermographischen und thermogravimetrischen Untersuchungen wird das Wasser bei 146 bzw. <132 °C abgegeben, der SO_3-Abbau findet schon bei 152 °C statt. Da im IR-Spektrum auch nach Erhitzen auf ≈270 °C die ν(OH)-Bande bei ≈3200 cm^{-1} erhalten bleibt, wird Hydrolyse und die Bildung eines Hydroxokomplexes vermutet, Kharzeeva u.a. [10]. Die vier Moleküle H_2O werden nach [1, 9] bei ≈170 bis 200 °C abgegeben. Nach [11] ist die Verbindung nahe 275 °C vollständig entwässert, nach [14] bei 370 °C; von 465 bis 560 °C entsteht $2CeO_2 \cdot 3SO_3$ und bei 836 bis 930 °C CeO_2. Stufenweise Entwässerung stellt Lorant [12] fest, und zwar sind bis 150 °C $^1/_4$, bis 250 °C insgesamt 2 mol und bis 410 °C alle H_2O abgegeben, wobei ab 400 °C gleichzeitig unter Bildung des Sulfits Sauerstoff abgebaut wird. Bei höherer Temperatur verliert die Verbindung SO_2, so daß bei 1060 °C das CeO_2 vorliegt [12].

$Ce(SO_4)_2 \cdot 4H_2O$ ist leicht löslich in H_2O, HNO_3 und 5%igem H_2SO_4 [14]. In 1 N H_2SO_4 liegt die Verbindung teilweise in hydrolysiertem Zustand als $H_3CeOH(SO_4)_3$ vor, das in das schwach lösliche $CeO_2 \cdot SO_3 \cdot 2H_2O$ übergeht [15]. Wird eine Acetamid- oder Harnstofflösung, die 2 bis 3 Tropfen H_2SO_4 enthält, mit $Ce(SO_4)_2 \cdot 4H_2O$ gesättigt und über konzentriertem H_2SO_4 eingedampft, so bildet sich die gelbe Verbindung $Ce(SO_4)_2 \cdot 4CH_3CONH_2 \cdot 4H_2O$ bzw. orangefarbenes $Ce(SO_4)_2 \cdot 4CO(NH_2)_2 \cdot 4H_2O$ [1].

Literatur:

[1] V.A. Golovnya, L.A. Pospelova (Zh. Neorgan. Khim. **6** [1961] 636/40; Russ. J. Inorg. Chem. **6** [1961] 324/7). – [2] O. Lindgren (Acta Chem. Scand. A **31** [1977] 453/6). – [3] J. Singer, D.T. Cromer (Acta Cryst. **12** [1959] 719/23). – [4] D.L. Rogachev, A.S. Antsishkina, M.A. Porai-Koshits (Zh. Strukt. Khim. **13** [1972] 260/5; J. Struct. Chem. [USSR] **13** [1972] 239/43). – [5] G. Foëx (Compt. Rend. **208** [1939] 738/40).

[6] F.W. Lancaster, W. Gordy (J. Chem. Phys. **19** [1951] 1181/91, 1188). – [7] V.A. Golovnya, L.A. Pospelova (Zh. Neorgan. Khim. **6** [1961] 1574/81; Russ. J. Inorg. Chem. **6** [1961] 807/11). – [8] S.E. Kharzeeva, V.V. Serebrennikov (Zh. Neorgan. Khim. **12** [1967] 3026/30; Russ. J. Inorg. Chem. **12** [1967] 1601/3). – [9] V.A. Golovnya, L.A. Pospelova, G.T. Bolotova (Zh. Neorgan. Khim. **5** [1960] 2204/10; Russ. J. Inorg. Chem. **5** [1960] 1069/72). – [10] S.E. Kharzeeva, A.S. Vyatkina, V.V. Serebrennikov (Zh. Neorgan. Khim. **13** [1968] 1861/5; Russ. J. Inorg. Chem. **13** [1968] 969/71).

[11] L.P. Domingues, R.L. Wilfong, L.R. Furlong (BM-RI-6029 [1961] 1/22, 17; N.S.A. **16** [1962] Nr. 26954). – [12] B. Lorant (Z. Anal. Chem. **219** [1966] 256/71, 265). – [13] G.V. Trofimov, V.I. Belokoskov (Zh. Neorgan. Khim. **13** [1968] 260/6; Russ. J. Inorg. Chem. **13** [1968] 135/8). – [14] G.V. Trofimov, V.I. Belokoskov, R.A. Popova (Khim. Tekhnol. Pererab. Redkometal. Syr'ya Kol'sk. Poluostrova **1972** 93/101, 99; C.A. 79 [1973] Nr. 86902). – [15] E.G. Jones, F.G. Soper (J. Chem. Soc. **1935** 802/5).

[16] E.E. Vainshtein, S.M. Blokhin, V.M. Bertenev (Izv. Sib. Otd. Akad. Nauk SSSR Ser. Khim. Nauk **1966** Nr. 2, S. 59/61; C.A. **66** [1967] Nr. 41906).

28.7.5.4.2.5 Saure Cer(IV)-sulfate

Acidic Cerium(IV) Sulfates

Zum Auftreten von sauren Sulfaten s. auch beim System CeO_2-SO_3-H_2O, S.118.

Zur Darstellung von $Ce(SO_4)_2 \cdot H_2SO_4$ (das auch $H_2Ce(SO_4)_3$ formuliert wird), werden 0.5 bis 1 g $Ce(SO_4)_2$, $Ce(SO_4)_2 \cdot 4H_2O$ oder $Ce(OH)_4$ in 20 ml H_2SO_4 (D=1.84 g/cm^3) unter Kühlung gelöst. Beim Erwärmen bildet sich die Verbindung in Form dunkelroter 6flächiger Prismen, die nur in Mutterlauge bis <75 °C beständig sind, Trofimov u.a. [1]. Zur Existenz im System $Ce(SO_4)_2$-H_2SO_4-H_2O zwischen 0 und 50 °C oberhalb 70 Gew.-% H_2SO_4 s. Angelov, Poslavskaya [2].

Wird der metastabilen wäßrigen Lösung von $Ce(SO_4)_2$ konzentriertes H_2SO_4 zugesetzt, bilden sich die metastabilen Verbindungen $H_4Ce(SO_4)_4$ (englisch-rot) und $H_2Ce(SO_4)_3$ (orangefarben). Sie gehen langsam in $Ce(SO_4)_2$ über. Der Übergang wird beschleunigt, wenn überschüssiges H_2SO_4 mit Eisessig entfernt wird, Jones, Soper [3]. Im System Li_2O-CeO_2-SO_3-H_2O, s. S. 203, wird $H_2Ce(SO_4)_3$ noch bei 100 °C und Li_2SO_4:$Ce(SO_4)_2$ =1:1 oberhalb 46 Gew.-% SO_3 beobachtet, Bondar u.a. [4].

Bei 75 bis 80 °C wandelt sich $Ce(SO_4)_2 \cdot H_2SO_4$ in Gegenwart der Mutterlösung irreversibel in $Ce(SO_4)_2$ um [1]. Die Löslichkeit von $H_2Ce(SO_4)_3$ im System CeO_2-SO_3-H_2O bleibt zwischen 25 und 75 °C konstant, Trofimov, Belokoskov [5].

Literatur:

[1] G.V. Trofimov, V.I. Belokoskov, R.A. Popova (Khim. Tekhnol. Pererab. Redkometal. Syr'ya Kol'sk Poluostrova **1972** 93/101, 100; C.A. **79** [1973] Nr. 86902). – [2] I.I. Angelov, K.D. Poslavskaya (Tr. Vses. Nauchn. Issled. Inst. Khim. Reaktivov Nr. 22 [1958] 30/2; C.A. **58** [1963] 68). – [3] E.G. Jones, F.G. Soper (J. Chem. Soc. **1935** 802/5). – [4] S.A. Bondar, G.V. Trofimov, V.A. Roi (Zh. Neorgan. Khim. **25** [1980] 2530/3). – [5] G.V. Trofimov, V.I. Belokoskov (Zh. Neorgan. Khim. **13** [1968] 260/6; Russ. J. Inorg. Chem. **13** [1968] 135/8).

28.7.5.4.2.6 $Ce(SO_4)_2$-Lösungen

Wäßrige $Ce(SO_4)_2$-Lösungen hydrolysieren leicht, und selbst aus Lösungen in verdünnter Schwefelsäure kristallisieren basische Salze, s. hierzu beim System CeO_2-SO_3-H_2O, S. 118. Beim Einengen einer neutralen gesättigten wäßrigen Lösung von $Ce(SO_4)_2 \cdot 4H_2O$ wird beispielsweise von Trofimov [1] das $2CeO_2 \cdot 3SO_3 \cdot 4H_2O$ erhalten. Aus den auf S. 118/9 angegebenen Zweisalzpunkten geht hervor, daß mit steigender Temperatur die Phasengrenze zwischen basischen und neutralen Sulfaten im Gleichgewicht mit der gesättigten Lösung nach höheren Säurekonzentrationen verschoben wird. Danach werden im System CeO_2-SO_3-H_2O bei 25, 50, 75, 100 und 125 °C basische Salze bei SO_3-Konzentrationen bis 14.8, 16.8, 18.2, 23.4 bzw. 28.5 Gew.-% beobachtet.

Durch Lösen von $Ce(OH)_4$ in heißem verdünntem H_2SO_4 wird eine kristallklare, $H_2Ce(SO_4)_3$ enthaltende Lösung erhalten, die beim Stehen stabil ist und sich auch beim Kochen nicht zersetzt, Smith [2], vgl. auch Diehl, Smith [3]. Bei der Elektrolyse von maximal 0.2526 M $Ce_2(SO_4)_3$- und 1 bis 3 M H_2SO_4-Lösungen wird bei Anodenstromdichten von 0.048 bis 0.010 A/cm^2 und Kathodenstromdichten von 0.048 bis 1.034 A/cm^2 ebenfalls $H_2Ce(SO_4)_3$ gebildet, Smith u.a. [4]. Aus Lösungen von $Ce(SO_4)_2$ in verdünnter Schwefelsäure kristallisiert basisches Cer(IV)-sulfat, aus der metastabilen wäßrigen $Ce(SO_4)_2$-Lösung bildet sich bei Zusatz von konzentriertem H_2SO_4 metastabiles orangefarbenes $H_2Ce(SO_4)_3$ neben ebenfalls metastabilem englisch-rotem $H_4Ce(SO_4)_4$, Jones, Soper [5]. Die Bildung von Sulfatocersäuren (als $[H_4Ce(SO_4)_4]$ formuliert) in wäßriger,

H_2SO_4-saurer Lösung von Ce^{IV}-Salz wird von Hargreaves, Sutcliffe [6] beschrieben, s. auch Silvernail, Healy [7], Johnson [8].

In verdünnten wäßrigen Lösungen dominiert nach IR-spektroskopischen Untersuchungen das Ion $CeSO_4^{2+}$, <0.05 M das neutrale $Ce(SO_4)_2$ und bei H_2SO_4-Überschuß anionische Komplexe, Kharzeeva, Serebrennikov [9]. In 0.01 molarem H_2SO_4 bilden sich ebenfalls $CeSO_4^{2+}$ und $Ce(SO_4)_2$ sowie $Ce(SO_4)_3^{2-}$, Batyaev u.a. [10]. $Ce(SO_4)_3^{2-}$ wird auch von Dodson, Black [11], Baer, Stein [12] in verdünntem H_2SO_4 beschrieben. Die Bildung von $CeSO_4^{2+}$, $Ce(SO_4)_2$ und $Ce(SO_4)_3^{2-}$ in saurer $HClO_4$-Lösung (etwa 6 molar) mit wechselndem H_2SO_4-Gehalt wird auch von Bächmann, Lieser [13] beobachtet; hierzu s. „Seltenerdelemente" B 7, 1979, S. 47. Zur Konzentration der Komplexe bei 0 °C und 2.5×10^{-3} M Ce^{IV}/l insgesamt in Abhängigkeit von der H_2SO_4-Konzentration s. Figur im Original [13]. In 0.1 bis 17.6 M H_2SO_4-sauren Lösungen mit $\approx 10^{-4}$ M Cer bilden sich nach spektrophotometrischen Untersuchungen bei 20 °C die Ionen $HCe(SO_4)_3^-$ und $H_3Ce(SO_4)_4^-$. Der Anteil an $Ce(SO_4)_2$ in der Lösung nimmt mit steigender H_2SO_4-Konzentration ab, der Anteil an $H_3Ce(SO_4)_4^-$ nimmt zu. Der Anteil an $HCe(SO_4)_3^-$ nimmt bei 3 bis 4 M H_2SO_4 zu, fällt darüber aber schnell ab, Bugaenko, Huang Kuan-lin [14].

Bei 20±0.005 °C ermittelte Dichte D in g/cm^3 sowie kinematische und dynamische Viskosität ν in cSt (1 St=10^{-4} m^2/s) bzw. η in cP (1 P=0.1 $N \cdot s \cdot m^{-2}$) in Abhängigkeit von der Konzentration c in val/l für neutrale und H_2SO_4-haltige Lösungen:

c ($Ce(SO_4)_2$)	0.9045	0.1758	0.0351	0.0070	1.733	0.173	0.0173	0.0017
c (H_2SO_4)	–	–	–	–	1.830	0.183	0.0183	0.0018
D_4^{20}	1.06210	1.01101	1.00089	0.99886	1.18270	1.01692	1.00022	0.99847
ν	1.0884	1.0245	1.0106	1.0076	1.3736	1.0345	1.0105	1.0075
η	1.1760	1.0358	1.0110	1.0065	1.6245	1.0520	1.0107	1.0060

Interpolierte Werte s. Original. Ein Viskositätseffekt (Erniedrigung der Viskosität bei Säurezusatz durch Zurückdrängung der Hydrolyse) bei niedriger $Ce(SO_4)_2$-Konzentration, wie er bei den Nitraten, s. „Seltenerdelemente" C 2, 1974, S. 216/7, festgestellt wird, tritt nicht auf; der Beitrag von H_2SO_4 zur Viskosität ist größer als der Zurückdrängung der Hydrolyse entspricht, Tollert [15]. Zum Auftreten negativer Werte der spezifischen magnetischen Drehung s.S. 114. Zur Bildung von Doppelsulfaten in den Systemen A_2SO_4-$Ce(SO_4)_2$-H_2O mit A=Alkalimetall s. unter 28.8, S. 197.

Literatur:

[1] G.V. Trofimov (Zh. Neorgan. Khim. **13** [1968] 2831/7; Russ. J. Inorg. Chem. **13** [1968] 1457/60). – [2] G.F. Smith (Talanta **11** [1964] 1372/3). – [3] H. Diehl, G.F. Smith (Talanta **2** [1959] 282/3). – [4] G.F. Smith, G. Frank, A.E. Kott (Ind. Eng. Chem. Anal. Ed. **12** [1940] 268/9). – [5] E.G. Jones, F.G. Soper (J. Chem. Soc. **1935** 802/5).

[6] G. Hargreaves, L.H. Sutcliffe (Trans. Faraday Soc. **51** [1955] 1105/11). – [7] W.L. Silvernail, R.M. Healy (Kirk-Othmer, Encyclopedia of Chemical Technology, 2. Aufl., Bd. 4, New York-London 1964, S. 840/54, 851). – [8] S. Johnson (NYO-3800 [1954/57] 1/37 nach N.S.A. **11** [1957] Nr. 12429). – [9] S.E. Kharzeeva, V.V. Serebrennikov (Zh. Neorgan. Khim. **12** [1967] 3026/30; Russ. J. Inorg. Chem. **12** [1967] 1601/3). – [10] I.M. Batyaev, M.S. Zakhar'evskii, V.V. Pal'chevskii (Fiz. Khim. Svoistva Rastvorov Leningr. Gos. Univ. **1964** 127/36, 132; C.A. **63** [1965] 1455).

[11] V.H. Dodson, A.H. Black (J. Am. Chem. Soc. **79** [1957] 3657/9). – [12] S. Baer, G. Stein (J. Chem. Soc. **1953** 3176/9). – [13] K. Bächmann, K.H. Lieser (Ber.

Bunsenges. Physik. Chem. **67** [1963] 810/6, 815). – [14] L.T. Bugaenko, Huang Kuan-lin (Zh. Neorgan. Khim. **8** [1963] 2479/82; Russ. J. Inorg. Chem. **8** [1963] 1299/301). – [15] H. Tollert (Z. Physik. Chem. A **184** [1939] 165/78, 167).

28.7.5.5 Praseodymsulfate

Praseodymium Sulfates

Angaben über $PrSO_4$ s. unter 28.7.1, S. 33; ergänzende Angaben über $Pr_2(SO_4)_3$ s. unter 28.7.2, S. 33, über $Pr_2(SO_4)_3 \cdot nH_2O$ mit n=8 und 5 s. unter 28.7.3, S. 43; Angaben über $Pr_2(SO_4)_3 \cdot 2H_2O$ s. ebenfalls unter 28.7.3, S. 43, und ergänzende Angaben über wäßrige $Pr_2(SO_4)_3$-Lösungen s. unter 28.7.4, S. 56.

28.7.5.5.1 Praseodym(III)-sulfate

Praseodymium(III) Sulfates

28.7.5.5.1.1 $Pr_2(SO_4)_3$

Bildung und Darstellung

Formation. Preparation

Die Darstellung des hellgrünen $Pr_2(SO_4)_3$ erfolgt aus dem Oxid und konzentriertem H_2SO_4; zuerst wird SO_3 abgeraucht und dann noch 2 h bei 450 °C geglüht. Die Substanz ist dann allerdings amorph, Swensen, Glockler [1]. Das Sulfat bildet sich bei der thermischen Zersetzung des 8-Hydrats bei <540 °C, Velichko, Zaitseva [16] (s. auch unter 28.7.2.1, S. 34) oder des 4-Hydrats bei <280 °C, Wilfong u.a. [2, 3]. Es entsteht aus $(NH_4)_5Pr(SO_4)_4$ bei <592 °C oder aus $NH_4Pr(SO_4)_2 \cdot 4H_2O$ bei <545 °C, Iskhakova u.a. [4], sowie bei der peritektischen Zersetzung von $LiPr(SO_4)_2$ bei 710 °C, Volk, Zaitseva [5], bei 720 °C, Sirotinkin u.a. [6]; s. auch Sirotinkin u.a. [7] sowie Wilfong u.a. [2, 3].

Physikalische Eigenschaften

Physical Properties

Im paramagnetischen Resonanzabsorptionsspektrum wird bei Frequenzen von 675 und 238 MHz sowie Feldstärken von 200 bis 3000 Oe ein Maximum bei etwa 700 Oe beobachtet. Danach ist die Symmetrie des Kristallfelds um Pr^{3+} niedriger als kubisch, Al'tshuler u.a. [8]. Die Bindung ist nach Analyse des diffusen Reflexionsspektrums mehr kovalent als in $PrCl_3$, Tandon, Govil [9]. Freie Enthalpie, Enthalpie und Entropie der Bildung: −853 kcal/mol, -937 ± 5 kcal/mol und $-283\ cal \cdot mol^{-1} \cdot K^{-1}$, Montgomery [10]. Auf den Diamagnetismus des Anions korrigierte Werte der spezifischen Suszeptibilität $\chi \cdot 10^6$ in cm^3/g im Bereich von 14 bis 374 K (in Auswahl):

T in K .	14.67	17.20	20.44	64.17	77.44	141.5	169.7	249.0	291.0	373.6
χ . . .	107.7	101.8	95.7	53.0	46.9	30.73	26.79	19.50	17.13	13.68

Es gilt nur oberhalb der Temperatur des flüssigen N_2 ein Curie-Weiß-Gesetz $\chi(T-\Theta) = C$ mit dem Wert $\Theta = -45.0$ K für die paramagnetische Curie-Temperatur und 10^4 C = 57.43 $cm^3 \cdot K$ pro g Substanz. Daraus ergibt sich das magnetische Moment μ des Pr^{3+} zu $\mu = 3.64\ \mu_B$ (=18.00 μ_W) in Übereinstimmung mit dem Hundschen Wert $\mu = 17.71\ \mu_W$. Im Gegensatz zum 8-Hydrat weicht die $1/\chi-T$-Kurve bei tiefer Temperatur nach unten von der Geraden ab, ein Übergang zu temperaturunabhängigem Magnetismus bei der Temperatur des flüssigen He wird nicht beobachtet, Gorter u.a. [11]. Nach Cabrera, Duperier [12] gilt zwischen 293 und 673 K jedoch ein erweitertes Curie-Weiß-Gesetz $(\chi - k) \cdot (T-\Theta) = C$ mit der temperaturunabhängigen Konstanten $k = 160 \times 10^{-6}\ cm^3/mol\ Pr^{3+}$, $\Theta = -41.2$ K und $C = 1.635\ cm^3 \cdot K/mol\ Pr^{3+}$; $\mu = 18.05\ \mu_W$, s. auch Cabrera [13], Foëx [14]. Anderen Untersuchungen zwischen 289.7 und 720.2 K zufolge, tritt in der Kurve $1/\chi-T$ ein Sprung zwischen etwa 520 und 550 K auf. Werte für die spezifische Suszeptibilität: $\chi \cdot 10^6 = 19.20$ und 10.56 cm^3/g bei 289.7 bzw. 521.2 K sowie $\chi \cdot 10^6 =$

10.17 und 7.76 cm^3/g bei 561.2 bzw. 720.2 K. Daraus ergibt sich für das magnetische Moment des Pr^{3+} der korrigierte Wert $\mu = 3.58$ bzw. 3.54 μ_B sowie C = 1.603 bzw. 1.569 $cm^3 \cdot K/mol\ Pr^{3+}$ und $\Theta = -9.6$ bzw. -42.9 K, Frivold u.a. [15].

Chemical Reactions

Chemisches Verhalten

Verhalten beim Erhitzen

Das als thermisches Abbauprodukt von $Pr_2(SO_4)_3 \cdot 8H_2O$ [16], von $LiPr(SO_4)_2$ [6] oder von $NH_4Pr(SO_4)_2 \cdot 0.5H_2O$ gebildete wasserfreie $Pr_2(SO_4)_3$ ist beim weiteren Erhitzen mit 2.5 K/min an der Luft stabil bis etwa 800 °C und wird bis etwa 1000 °C zu $Pr_2O_2SO_4$ oxidiert; zwischen 1175 und 1385 °C entsteht Pr_2O_3, Wilfong u.a. [2, 3]. Nach Dupuis, Duval [18] ist $Pr_2(SO_4)_3$ zwischen 413 und 949 °C beständig. Die thermische Zersetzung von $Pr_2(SO_4)_3$ zur $Pr_2O_2SO_4$ in trockner strömender Luft wird an Proben mit 10 und 100 mg bei 775 bis 813 °C untersucht. Bis zum Zersetzungsgrad $\alpha = 0.5$ wird ein lineares Gesetz befolgt. In diesem Bereich ändern sich Probenoberfläche und Dichte kaum. Sie steigen jedoch oberhalb $\alpha = 0.6$, wo ein Phasengrenzprozeß bestimmend wird, an (die Reaktionsgeschwindigkeit nimmt ab, die Oberfläche reißt auf, weil die Diffusion nicht mehr schnell genug ist). Die Aktivierungsenergie beträgt im gesamten Bereich etwa 80 bzw. 70 kcal/mol für 10 bzw. 100 mg-Proben, Bukovec u.a. [17].

Verhalten gegen Sulfate

Mit A_2SO_4 (A = Alkali) bildet $Pr_2(SO_4)_3$ Doppelsulfate unterschiedlicher Zusammensetzung, s. unter 28.8, S. 197.

Verhalten gegen Chloride

Mit $PrCl_3$ reagiert $Pr_2(SO_4)_3$ unter Bildung der Verbindung $PrClSO_4$, Kilian, Matthes [23], s. unter 28.12.4, S. 361.

Löslichkeit in H_2O

Bei 25 °C enthält die gesättigte wäßrige Lösung 8.02 Gew.-% $Pr_2(SO_4)_3$ nach Iskhakova, Plyushchev [19] und etwa 9.7 g $Pr_2(SO_4)_3$/100 g H_2O nach Grigorovich, Samoilov [20]. Von ersteren wurde für die Untersuchungen das Octahydrat, von letzteren das Pentahydrat verwendet. Mit der gesättigten Lösung im Gleichgewicht steht als Bodenkörper das Octahydrat [19]. Bei 30 °C enthält die gesättigte Lösung 9.00 Gew.-% (= 0.31 Mol-%) $Pr_2(SO_4)_3$. Bodenkörper soll das Hexahydrat sein, Sopueva u.a. [21]. Jedoch bildet nach Onishchenko u.a. [22] auch bei 75 °C, wo die gesättigte Lösung 1.90 Gew.-% $Pr_2(SO_4)_3$ enthält, das Octahydrat den Bodenkörper.

Literatur:

[1] A.W. Swensen, G. Glockler (J. Am. Chem. Soc. **71** [1949] 1641/4). – [2] R.L. Wilfong, L.P. Domingues, L.R. Furlong (BM-RI-6060 [1962] 1/18, 16; C.A. **58** [1963] 213). – [3] R.L. Wilfong, L.P. Domingues, L.R. Furlong (J. Am. Ceram. Soc. **47** [1964] 240/1). – [4] L.D. Iskhakova, I.E. Sukhova, O.P. Chernova, I.V. Shakhno, V.E. Plyushchev (Zh. Neorgan. Khim. **20** [1975] 348/53; Russ. J. Inorg. Chem. **20** [1975] 193/6.) – [5] V.I. Volk, L.L. Zaitseva (Zh. Neorgan. Khim. **16** [1971] 2845/8; Russ. J. Inorg. Chem. **16** [1971] 1513/5).

[6] S.P. Sirotinkin, A.N. Pokrovskii, L.M. Kovba (J. Solid State Chem. **17** [1976] 327/9). – [7] S.P. Sirotinkin, A.N. Pokrovskii, L.M. Kovba (Zh. Neorgan. Khim. **21** [1976]

789/91; Russ. J. Inorg. Chem. **21** [1976] 425/7). – [8] S.A. Al'tshuler, V.Ya. Kurenev, S.G. Salikhov (Dokl. Akad. Nauk SSSR **70** [1950] 201/4; C.A. **1950** 3755). – [9] S.P. Tandon, R.C. Govil (Z. Naturforsch. **26a** [1971] 1357/9). – [10] R.L. Montgomery (U.S. Bur. Mines Rept. Invest. Nr. 5468 [1959] 1/23, 4; C.A. **1959** 12815).

[11] C.J. Gorter, W.J. De Haas, J. van den Handel (Koninkl. Akad. Wetenschap. Amsterdam Proc. **34** [1931] 1249/53; C.A. **1932** 3182). – [12] B. Cabrera, A. Duperier (Compt. Rend. **188** [1929] 1640/2). – [13] B. Cabrera (J. Chim. Phys. **36** [1939] 237/55, 240). – [14] G. Foëx (Sci. Rept. Tohoku Univ. Honda Anniversary Vol. **1936** 259/70, 262; C.A. **1937** 4550). – [15] O.E. Frivold, H. Sogn, H. Bjørlykke (Avhandl. Norske Videnskap Akad. Oslo I Mat. Naturv. Kl. 9 **1934** Nr. 9, S. 1/10).

[16] A.V. Velichko, L.L. Zaitseva (Zh. Neorgan. Khim. **17** [1972] 2799/802; Russ. J. Inorg. Chem. **17** [1972] 1467/9). – [17] N. Bukovec, P. Bukovec, J. Šiftar (Thermochim. Acta **35** [1980] 85/91). – [18] T. Dupuis, C. Duval (Anal. Chim. Acta 3 [1949] 186/8). – [19] L.D. Iskhakova, V.E. Plyushchev (Zh. Neorgan. Khim. **15** [1970] 2526/30; Russ. J. Inorg. Chem. **15** [1970] 1307/9). – [20] Z.I. Grigorovich, O.Ya. Samoilov (Zh. Strukt. Khim. **3** [1962] 464/6; J. Struct. Chem. [USSR] **3** [1962] 446/8).

[21] A.A. Sopueva, K. Sulaimankulov, K. Nogoev (Zh. Neorgan. Khim. **19** [1974] 1666/72; Russ. J. Inorg. Chem. **19** [1974] 907/10). – [22] M.K. Onishchenko, V.M. Skorikov, V.G. Shevchuk (Zh. Neorgan. Khim. **24** [1979] 1099/102; Russ. J. Inorg. Chem. **24** [1979] 611/3). – [23] H. Kilian, F. Matthes (Z. Anorg. Allgem. Chem. **377** [1970] 287/93, 289/90).

28.7.5.5.1.2 $Pr_2(SO_4)_3 \cdot 8H_2O$

Bildung und Darstellung

Formation. Preparation

Die Darstellung erfolgt aus dem Oxid durch Auflösen in heißem verdünntem H_2SO_4. Das auskristallisierende Hydrat läßt man rekristallisieren, wäscht mit H_2O und C_2H_5OH und trocknet an der Luft. Das 8-Hydrat steht als Bodenkörper mit der gesättigten wäßrigen Lösung im Gleichgewicht bei 25 °C, s. beispielsweise Iskhakova, Plyushchev [1], und bei 75 °C, Onishchenko u.a. [2].

Kristallographische Eigenschaften

Crystallographic Properties

Struktur

$Pr_2(SO_4)_3 \cdot 8H_2O$ ist monoklin. Zur Isotypie mit anderen Seltenerdsulfatoctahydraten s. beispielsweise Kashyap [3]. Bei älteren Untersuchungen wird die Raumgruppe C2/c – C_{2h}^6 (Nr. 15) angenommen, Ivanov [4], Iveronova u.a. [5], s. auch [6]. Da die Kristalle nach neueren Untersuchungen jedoch piezoelektrisch sind, ist die alternativ mögliche Raumgruppe Cc – C_s^4 (Nr. 9) die wahrscheinliche. Gitterkonstanten a = 13.675(3), b = 6.832(3), c = 18.426(3) Å, β = 102.8(3)°; Z = 4, Sherry [7], a = 13.721, b = 6.880, c = 18.467 Å, β = 102°59′ [5, 6], s. auch Umanskij, Kvitka [8]. Gitterkonstanten in anderer Aufstellung (a > c) entsprechend Aa – C_s^4 s. unter 28.7.3.2.1, S. 45. Das Verhältnis a:b:c = 2.986:1:1.999; β = 118° geben Krishnan, Mookherji [9] an.

Die Strukturverfeinerung mit anisotropen Temperaturfaktoren für die Pr-Atome (R = 0.047) liefert folgende Atomlagen [7]:

Atom	x	y	z	Atom	x	y	z
Pr(1) [a]	0.28661	0.47359	0.6074	O(9)	0.4238	0.0409	0.8046
Pr(2)	0.12504	0.97513	0.39301	O(10)	0.5329	0.6945	0.7839
S(1)	0.4580	0.8292	0.7512	O(11)	0.3663	0.7148	0.7114
S(2)	0.1678	0.0336	0.5896	O(12)	0.4926	0.9376	0.6916
S(3)	0.2390	0.4711	0.4121	O(W1)	0.2082	0.0226	0.2945
O(1)	0.1024	0.0916	0.5178	O(W2)	0.3087	0.0038	0.4584
O(2)	0.1209	0.0142	0.6508	O(W3)	−0.0323	0.1578	0.3482
O(3)	0.2113	0.8338	0.5748	O(W4)	0.4188	0.7424	0.5665
O(4)	0.2506	0.1795	0.6027	O(W5)	−0.0045	0.7316	0.4381
O(5)	0.3155	0.4230	0.4831	O(W6)	0.1876	0.5206	0.2043
O(6)	0.2977	0.4511	0.3547	O(W7)	0.4416	0.3268	0.6358
O(7)	0.1598	0.3270	0.3959	O(W8)	0.1088	0.4687	0.5389
O(8)	0.2006	0.6546	0.4181				

[a] x- und z-Parameter wurden für Pr(1) bei der least-squares-Rechnung konstant gehalten.

In Richtung der Flächendiagonalen in der a-c-Projektion (s. Figur im Original) und in Richtung der b-Achse verlaufen SO_4-Pr-SO_4-Ketten. Das Koordinationspolyeder um Pr (KZ=8) in Form eines stark verzerrten Antiprismas wird von vier O-Atomen aus verschiedenen SO_4-Gruppen und vier O(W)-Atomen aus H_2O-Molekülen gebildet. Abstände Pr-O(SO_4)=2.36(2) bis 2.52(2) Å, Pr-O(H_2O)=2.37(1) bis 2.57(1) Å. Die SO_4-Gruppen sind teils an zwei teils an drei Pr-Atome gebunden. Das SO_4-Tetraeder mit den Abständen S-O=1.37(2) bis 1.54(2) Å ist stärker verzerrt als z.B. in $Ho_2(SO_4)_3 \cdot 8\,H_2O$, s. S. 184. Aus den Bindungslängen der O-Atome zwischen SO_4-Gruppen und H_2O-Molekülen (2.60(3) bis 3.06(2) Å) wird auf H-Brückenbindung geschlossen. Auch innerhalb der Ketten werden mehr und weniger starke H-Bindungen angenommen. Weitere Atomabstände und Bindungswinkel s. Original [7]. Auch aus IR-spektroskopischen Untersuchungen ergibt sich für die Sulfatgruppe eine relativ niedrige Symmetrie und die Existenz unterschiedlicher H-Bindungen, Kharzeeva, Serebrennikov [10].

Kernmagnetische Resonanz. Paramagnetische Elektronenresonanz

Das NMR-Spektrum des ^{141}Pr (gemessen mit 4 bis 24 MHz, 8500 Oe an Einkristallen) zeigt bei 1.5 K das Vorhandensein von zwei unterschiedlichen Typen von Pr-Plätzen. Sie haben denselben Spin-Hamilton-Parameter, aber gedrehte γ-Tensoren, Teplov [11]. Die Quadrupolkopplungskonstante wird zu -1635 ± 100 kHz, der Asymmetrieparameter zu 0.477 ± 0.070 bestimmt, Teplov [11, 12]. Die Symmetrie des Kristallfelds ist vermutlich nicht rhombisch, sondern triklin [11]. Aus magnetischen Messungen wird auf ein stark asymmetrisches rhombisches Kristallfeld geschlossen, Mookherji [13].

Im paramagnetischen Resonanzspektrum von polykristallinen Proben wird bei Frequenzen von 675 und 238 MHz und Feldstärken von 200 bis 3000 Oe ein Maximum bei 1200 Oe beobachtet. Dieses wird hingegen mit nahezu vollständig kubischer Symmetrie des Kristallfeldes erklärt, die Symmetrie soll durch die 8 Kristallwasser bedingt sein, Alt'shuler u.a. [14].

Die longitudinale Spin-Gitter-Relaxation des ^{141}Pr in $Pr_2(SO_4)_3 \cdot 8\,H_2O$-Einkristallen zeigt bei sehr tiefen Temperaturen (bis 3 K untersucht) eine anomale Temperaturabhängigkeit mit zwei Relaxationszeiten, weil sich ein schneller und ein langsamer Prozeß überlagern; unterhalb 1 K lassen sie sich gut trennen. Die eine Relaxationszeit ist etwa T^{-1}, die andere etwa T^{-3} proportional, Figur und Diskussion der Ursachen s. Original, Aukhadeev u.a. [15].

Bei höheren Temperaturen wird die Relaxation wie in anderen Van Vleck-Paramagneten (z.B. $LiTmF_4$ [16]) von Orbach-Relaxationsprozessen bestimmt. Mit einem Impulsspektrometer (10.6 MHz) wird die Geschwindigkeit der Kernspin-Gitter-Relaxation des ^{141}Pr in Einkristallen $\tau_1^{-1} = aT + b \cdot \exp(-1.44\ \Delta/T)$ mit $a = 3.7\ s^{-1} \cdot K^{-1}$, $b = 8.36 \times 10^7\ s^{-1}$, $\Delta = 55\ cm^{-1}$, bei 1.5 bis 10 K ermittelt. Der 1. Term beruht vermutlich auf paramagnetischen Verunreinigungen (Nd, Gd), der 2. Term repräsentiert die 2-Phononenrelaxation über den angeregten Zustand des Pr^{3+}-Ions der Energie Δ. Nach der halblogarithmischen Darstellung im Original steigt τ_1^{-1} linear von ≈ 4 auf $20\ s^{-1}$ zwischen 1.5 und 5 K und beträgt $2 \times 10^4\ s^{-1}$ bei ≈ 10 K, Konov, Teplov [17]. Die Geschwindigkeit der Spin-Spin-Relaxation beträgt nach Figur im Original zwischen 1.5 und 5 K $\approx 3 \times 10^4\ s^{-1}$ und bei 9 K $\approx 1 \times 10^5\ s^{-1}$, Konov, Teplov [16].

Kraftkonstante. Bindungsenergie

Aus IR-spektroskopischen Untersuchungen ergibt sich für die H-Bindung zwischen zwei H_2O-Molekülen die Kraftkonstante zu 6.24×10^{-5} dyn/cm und die H-Bindungsenergie zu E–6.23 kcal/mol, Kharzeeva, Serebrennikov [10].

Dichte

Density

Bei Raumtemperatur wird die Dichte $D_{exp} = 2.89(3)\ g/cm^3$ gemessen und $D_r = 2.82\ g/cm^3$ röntgenographisch bestimmt, Sherry [7]. $D_{exp} = 2.86\ g/cm^3$ bei 31.8 °C, Krishnan, Mookherji [9], $2.837\ g/cm^3$ bei 28.5 °C, Mookherji [13].

Magnetische Suszeptibilität

Magnetic Susceptibility

In polykristallinen Proben von $Pr_2(SO_4)_3 \cdot 8\,H_2O$ hat die spezifische Suszeptibilität χ (korrigiert für die diamagnetischen Anteile von SO_4^{2-} und H_2O) zwischen 14 und 289 K folgende Werte in cm^3/g:

T in K . .	14.26	17.17	20.37	64.60	77.29	139.0	172.0	203.8	249.5	288.8
$\chi \cdot 10^6$ . .	60.07	59.48	59.09	42.70	38.74	25.94	21.96	18.87	19.86	13.84

Oberhalb von etwa 150 K wird ein Curie-Weiß-Gesetz $\chi(T - \Theta) = C$ befolgt mit dem Wert $\Theta = -32$ K für die paramagnetische Curie-Temperatur und $C = 45.35 \times 10^{-4}\ cm^3 \cdot K$ pro g Substanz für die Curie-Konstante. Daraus ergibt sich das magnetische Moment des Pr^{3+} zu $\mu = 3.62\,\mu_B$ ($\triangleq 17.90\,\mu_W$). Bei tiefer Temperatur wird χ nahezu unabhängig von der Temperatur, Gorter, de Haas [18], s. auch Rodden [19]. Der Einfluß des Kristallfelds auf die Suszeptibilität von Salzen paramagnetischer Ionen bei tiefer Temperatur wird von Penney, Schlapp [20] diskutiert. Die molare Van Vleck-Suszeptibilität $\chi = 4.26 \times 10^{-2}\ cm^3/mol$ bei 4.2 K für Pulver wird von Bol'shakov, Teplov [21] angegeben.

In einem Einkristall (charakterisiert durch das kristallographische Achsenverhältnis $a:b:c = 2.986:1:1.99$ und $\beta = 118°$), dessen Hauptsuszeptibilitäten χ_3 parallel b und χ_1 und χ_2 in der (010)-Ebene liegen mit $\chi_1 > \chi_2$, bildet χ_1 mit der c-Achse den Winkel Ψ bzw. mit der a-Achse den Winkel $(\beta - \Psi)$, und χ_2 bildet mit der a-Achse den Winkel Θ $(\equiv \beta - \pi/2 - \Psi)$. Mit einer magnetischen Torsionswaage werden im inhomogenen Magnetfeld in Richtung der χ_1-Achse folgende Werte für die diamagnetisch korrigierten Hauptmolsuszeptibilitäten χ_1, χ_2, χ_3 und die mittlere Molsuszeptibilität $\bar{\chi}$, alle in $10^{-6}\ cm^3/mol$, ermittelt und daraus das Quadrat der effektiven magnetischen Momente μ_1^2, μ_2^2, μ_3^2, und $\bar{\mu}^2$ in μ_B^2 berechnet (Werte in Auswahl):

T in K	χ_1	χ_2	χ_3	$\bar{\chi}$	μ_1^2	μ_2^2	μ_3^2	$\bar{\mu}^2$
300	9960	9160	10970	10030	12.05	11.08	13.27	12.13
260	11140	10290	12300	11240	11.67	10.79	12.89	11.78
220	12470	11370	13960	12500	11.06	10.09	12.38	11.18
180	14380	13060	16350	14600	10.43	9.482	11.87	10.59
140	16900	15160	19670	17280	9.540	8.560	11.10	9.730
120	18510	15890	21460	18690	8.960	7.681	10.39	9.010
100	20360	16000	22870	19830	8.330	6.450	9.23	8.003
85	22360	15480	22420	20420	7.66	5.137	8.03	7.00

Bei 300 K ist $\Psi = 25.9°$ (berechneter Wert: 26°) und $\Theta = 2.1°$. Im horizontalen homogenen Magnetfeld mit b- oder a-Achse vertikal werden folgende unkorrigierten Werte für die magnetische Anisotropie $\chi_1 - \chi_2$ und $\chi_3 - \chi_1$ erhalten und der Winkel Θ abgeleitet:

T in K . .	300	280	260	240	220	200	180	160	140	120	100	85
$\chi_1 - \chi_2$ . .	800	868	937	1010	1100	1200	1320	1480	1740	2620	4590	6880
$\chi_3 - \chi_1$ . .	1010	1070	1170	1310	1480	1720	1970	2340	2770	2960	2250	1060
$\sphericalangle \Theta$ in ° . .	2.1	2.1	2.5	4.0	6.7	12.5	19.5	28.0	32.0	52.0	60.2	62.5

Innerhalb des untersuchten Temperaturbereichs dreht sich χ_1 demnach um etwa 60°. Aus der starken Anisotropie wird auf ein stark asymmetrisches rhombisches elektrisches Kristallfeld geschlossen, Mookherji [13], s. auch die älteren Veröffentlichungen von Krishnan, Mookherji [22] und [9]. Vergleich gemessener und berechneter Suszeptibilitäten s. Paskin [23], Paskin, Keller [24].

IR Spectrum

IR-Spektrum

Im IR-Spektrum liegt die ν(OH)-Schwingung bei 3366 cm^{-1}, gegenüber freiem H_2O um $-384\ cm^{-1}$ verschoben, Kharzeeva, Serebrennikov [10]. Weitere Angaben s. unter 28.7.3.6.1, S. 49. Ältere Untersuchungen über die Frequenzen der SO_4-Schwingungen s. bei Hellwege, Roever [25]. Schematische Wiedergabe von Absorptionsbanden zwischen 400 und 600 nm und Vergleich mit $Pr_2(SO_4)_3$ in verdünnter und gesättigter wäßriger Lösung sowie anderen Pr-Verbindungen s. Boulanger [26]. Spektroskopische Untersuchungen zur Aufklärung der Kristallfeldsymmetrie s. Krishnan, Chakrabarty [27], Spedding u.a. [28].

Chemical Reactions

Chemisches Verhalten

Nach differentialthermoanalytischen und thermogravimetrischen Untersuchungen findet die Entwässerung in 4 Stufen statt (s. Figur im Original) und ist bei 540 °C beendet, Velichko, Zaitseva [29], s. jedoch unter 28.7.3.7, S. 54, wo für die Endstufe 240 °C angegeben wird und wonach die Anzahl der Entwässerungsstufen umstritten ist.

Bei der Reaktion von $Pr_2(SO_4)_3 \cdot 8\,H_2O$ mit Alkalisulfat entstehen Doppelsulfate, s. unter 28.8, S. 197.

Zur Löslichkeit in H_2O s. beim wasserfreien Salz, S. 126.

Literatur:

[1] L.D. Iskhakova, V.E. Plyushchev (Zh. Neorgan. Khim. **15** [1970] 2526/30; Russ. J. Inorg. Chem. **15** [1970] 1307/9). – [2] M.K. Onishchenko, V.M. Skorikov, V.G. Shevchuk (Zh. Neorgan. Khim. **24** [1979] 1099/102; Russ. J. Inorg. Chem. **24** [1979] 611/3). – [3] R.K. Kashyap (Indian J. Phys. **39** [1965] 97/8). – [4] V.I. Ivanov (Kristallografiya **9** [1964] 655/9; Soviet Phys.-Cryst. **9** [1964] 553/6). – [5] V.I. Iveronova, V.P. Tarasova, M.M. Umanskij (Izv. Akad. Nauk SSSR Ser. Fiz. **15** [1951] 164/9; C.A. **1951** 8841).

[6] Structure Reports, Bd. 15, 1951, S. 248. – [7] E.G. Sherry (J. Solid State Chem. **19** [1976] 271/9, 272). – [8] M.M. Umanskij, S.S. Kvitka (Izv. Akad. Nauk SSSR Ser. Fiz. **15** [1951] 147/56, 155; C.A. **1951** 8874). – [9] K.S. Krishnan, A. Mookherji (Phil. Trans. Roy. Soc. [London] A **237** [1939] 135/59, 138). – [10] S.E. Kharzeeva, V.V. Serebrennikov (Spektrosk. Tr. 4th Sib. Soveshch., Tomsk 1965 [1969], S. 174/6; C.A. **73** [1970] Nr. 82226).

[11] M.A. Teplov (Uch. Zap. Kaz. Gos. Univ. **129** Nr. 1 [1969] 101/23, 106; C.A. **72** [1970] Nr. 72955). – [12] M.A. Teplov (Zh. Eksperim. Teor. Fiz. **53** [1967] 1510/5; Soviet Phys.-JETP **26** [1967] 872/5). – [13] A. Mookherji (Indian J. Phys. **23** [1949] 309/20). – [14] S.A. Al'tshuler, V.Ya. Kurenev, S.G. Salikhov (Dokl. Akad. Nauk SSSR **70** [1950] 201/4; C.A. **1950** 3755). – [15] F.L. Aukhadeev, V.A. Grevtsev, I.S. Konov, M.S. Tagirov, M.A. Teplov (Fiz. Tverd. Tela **18** [1976] 2107/9; Soviet Phys.-Solid State **18** [1976] 1228/9).

[16] I.S. Konov, M.A. Teplov (Paramagn. Rezon. **12** [1976] 77/95, 91; C.A. **91** [1979] Nr. 131657). – [17] I.S. Konov, M.A. Teplov (Fiz. Tverd. Tela **18** [1976] 853/4; Soviet Phys.-Solid State **18** [1976] 490/1). – [18] C.J. Gorter, W.J. De Haas (Koninkl. Akad. Wetenschap. Amsterdam Proc. **34** [1931] 1243/8; C.A. **1932** 3182). – [19] C.J. Rodden (J. Am. Chem. Soc. **56** [1934] 648/9). – [20] W.G. Penney, R. Schlapp (Phys. Rev. [2] **41** [1932] 194/207).

[21] I.G. Bol'shakov, M.A. Teplov (Fiz. Tverd. Tela **21** [1979] 2142/5; Soviet Phys.-Solid State **21** [1979] 1228/9). – [22] K.S. Krishnan, A. Mookherji (Nature [London] **140** [1937] 549). – [23] A. Paskin (Iowa State Coll. J. Sci. **28** [1954] 375). – [24] A. Paskin, J.M. Keller (ISC-310 [1953] 1/139, 100; N.S.A. **7** [1953] Nr. 2930). – [25] K.H. Hellwege, A. Roever (Z. Physik **114** [1939] 564/70).

[26] F. Boulanger (Ann. Chim. [Paris] [12] **7** [1952] 732/71, 749). – [27] K.S. Krishnan, D.C. Chakrabarty (J. Chem. Phys. **6** [1938] 224/5). – [28] F.H. Spedding, J.P. Howe, W.H. Keller (J. Chem. Phys. **5** [1937] 416/29). – [29] A.V. Velichko, L.L. Zaitseva (Zh. Neorgan. Khim. **17** [1972] 2799/802; Russ. J. Inorg. Chem. **17** [1972] 1467/9).

28.7.5.5.1.3 $Pr_2(SO_4)_3 \cdot 6H_2O$

Nach Löslichkeitsuntersuchungen in den wäßrigen Systemen von $Pr_2(SO_4)_3$ mit Harnstoff, Thioharnstoff, Selenoharnstoff oder Acetamid bei 30 °C existiert ein 6-Hydrat, das, bezogen auf wasserfreies Salz, zu 9.00 Gew.-% (=0.31 Mol-%) in H_2O löslich ist; vgl. hiermit jedoch die Angaben auf S. 126, A.A. Sopueva, K. Sulaimankulov, K. Nogoev (Zh. Neorgan. Khim. **19** [1974] 1666/72; Russ. J. Inorg. Chem. **19** [1974] 907/10).

28.7.5.5.1.4 $Pr_2(SO_4)_3 \cdot 5H_2O$

Die Darstellung erfolgt wie bei den 8-Hydraten der meisten anderen $M_2(SO_4)_3$, s. unter 28.7.3.1, S. 44, durch Kristallisation aus einer Lösung, die durch Auflösen von Praseodymoxid in Schwefelsäure erhalten wird, Vinarov, Kornelli [1].

$Pr_2(SO_4)_3 \cdot 5H_2O$ ist monoklin mit a=10.32, b=9.5(2), c=15.6(3) Å, β=120°; Z=4, Iveronova u.a. [2], s. auch [3]. Da die Verbindung piezoelektrisch ist, muß die Raumgruppe $Cc-C_s^4$ (Nr. 9) (gegenüber $A2/a-C_{2h}^6$ (Nr. 15) [2]) angenommen werden, Ivanov [4]. Strichdiagramm s. bei Ivanov [5].

Die Löslichkeit S_o in Wasser beträgt bei 25±0.05 °C (bezogen auf H_2O-freies Salz) etwa 9.7 g/100 g H_2O. Sie sinkt durch Zusatz von Alkohol ab auf $S/S_o \approx 0.34$ bzw. 0.30 bei 3 Mol-% Äthylalkohol und 6 Mol-% Methylalkohol sowie auf 0.68 bei 2 Mol-% Diäthyläther, Grigorovich, Samoilov [6].

Literatur:

[1] I.V. Vinarov, M.E. Kornelli (Khim. Prom. Nauk Tekhn. Zb. **1962** Nr. 1, S. 28/30; C.A. **59** [1963] 1257). – [2] V.I. Iveronova, V.P. Tarasova, M.V. Umanskij (Izv. Akad. Nauk SSSR Ser. Fiz. **15** [1951] 164/9; C.A. **1951** 8841). – [3] Structure Reports, Bd. 15, 1953, S. 248. – [4] V.I. Ivanov (Acta Cryst. **21** [1966] Suppl., S. A55/A56). – [5] V.I. Ivanov (Sovrem. Metody Anal. **1965** 50/8; C.A. **64** [1966] 9019).

[6] Z.I. Grigorovich, O.Ya. Samoilov (Zh. Strukt. Khim. **3** [1962] 464/6; J. Struct. Chem. [USSR] **3** [1962] 446/8).

28.7.5.5.1.5 $Pr_2(SO_4)_3 \cdot 4H_2O$

Beim Erhitzen von 1 g-Proben mit 2.5 K/min im Luftstrom wird das Hydrat, für welches keine Darstellungsweise angegeben wird, ohne Zwischenstufen bei 40 bis 280 °C entwässert. Zwischen 800 und 1000 °C entsteht $Pr_2O_2SO_4$ und zwischen 1175 und 1390 °C das Oxid Pr_2O_3, R.L. Wilfong, L.P. Domingues, L.R. Furlong (J. Am. Ceram. Soc. **47** [1964] 240/1; BM-RI-6060 [1962] 1/18, 16; C.A. **58** [1963] 213).

Aqueous $Pr_2(SO_4)_3$ Solutions

28.7.5.5.1.6 Wäßrige $Pr_2(SO_4)_3$-Lösungen

Es wird allgemein angenommen, daß in wäßrigen Lösungen Praseodym als Pr^{III} vorliegt.

Wie unter 28.7.4.1, S. 57 erwähnt, wird für die wäßrigen Lösungen der Seltenerdsulfate ein 3stufiger Mechanismus für die Bildung von MSO_4^+ diskutiert. Der Entfernung des H_2O aus der inneren Koordinationssphäre (=3. Stufe des 3stufigen Modells von Eigen) entspricht nach Ultraschallabsorptionsmessungen an 0.01 bis 0.05 molaren wäßrigen $Pr_2(SO_4)_3$-Lösungen mit pH<5 bei 25 bis 45 °C im Frequenzbereich von 30 bis 100 MHz ein Relaxationsmaximum, dessen Frequenz sich mit der Temperatur und Konzentration erhöht:

	25 °C	35 °C	45 °C
0.01 M	20.0	29.0	35.0
0.03 M	22.5	31.0	37.5
0.05 M	23.5	33.0	40.0

Rai u.a. [1].

Die molare Leitfähigkeit einer wäßrigen $Pr_2(SO_4)_3$-Lösung bei unendlicher Verdünnung bei 25 °C beträgt $\Lambda_\infty = 945.5\ \Omega^{-1} \cdot cm^2 \cdot mol^{-1}$. Gegen KCl gemessener und berechneter frequenzabhängiger Anteil der molaren Leitfähigkeit $\Lambda_{I\omega}$, wiedergegeben als $\Lambda_{I0} - \Lambda_{I\omega}$ mit $\Lambda_{I0} = 92.522\ \Omega^{-1} \cdot cm^2 \cdot mol^{-1}$ bei der Kreisfrequenz $\omega = 0$, sowie $\Lambda_{I\omega}$ und $\Lambda_{I\omega}/\Lambda_{I0}$ aus Absolutmessungen nach einer Resonanzmethode bei 25 °C für eine 0.000366 M $Pr_2(SO_4)_3$-Lösung:

ω in MHz	1.76	2.31	3.00	4.00	6.00	10.00	20.00	Lit.
$\Lambda_{I0} - \Lambda_{I\omega}$(ber)	0.392	0.719	1.143	1.992	4.050	8.883	19.857	[2]
$\Lambda_{I0} - \Lambda_{I\omega}$(gem)	–	0.65	1.54	1.85	3.88	9.75	20.33	[2]
$\Lambda_{I\omega}$(ber)	92.13	–	91.38	–	88.47	–	72.67	[5]
$\Lambda_{I\omega}$(gem)	–	–	90.98	–	88.64	–	72.19	[5]
$\Lambda_{I\omega}/\Lambda_{I0}$(ber)	0.996	–	0.988	–	0.956	–	0.785	[5]
$\Lambda_{I\omega}/\Lambda_{I0}$(gem)	–	–	0.983	–	0.958	–	0.780	[5]

Die Zunahme der Dispersion $\Lambda_{I0} - \Lambda_{I\omega}$ mit der Frequenz ist noch stärker als bei 3,1- und 2,2-Elektrolyten, Arnold, Williams [2]. Zur Theorie der Frequenzabhängigkeit der elektrischen Leitfähigkeit von Lösungen starker Elektrolyte s. Falkenhagen [3]. Nach $\Delta\Lambda = (\Lambda_{I0} - \Lambda_{I\omega})/\Lambda_\infty$ berechnete $\Delta\Lambda$-Werte s. bei Landolt-Börnstein [4]. An 0.000366 M Lösung bei 1.76 und 20.00 MHz gemessene Überschuß-Dielektrizitätskonstante $\varepsilon_\omega - \varepsilon = 1.95$ bzw. 0.79. Bei $\omega = 0$ ist $\varepsilon_\omega - \varepsilon = 1.571$ nach Relativmessungen gegen KCl; bei $\omega = 1.76$ und 20.00 MHz nach der Dispersionstheorie von Debye-Falkenhagen berechnete Werte $\varepsilon_\omega - \varepsilon = 1.552$ bzw. 0.789, Williams, Arnold [5].

Bei Zusatz von NaOH zu wäßriger $Pr_2(SO_4)_3$-Lösung entsteht sowohl bei 25 °C als auch bei 4 °C beim $OH^-:Pr^{3+}$-Verhältnis n = 1 bis 2.25 das basische Sulfat-Hydrat $Pr(OH)_2(SO_4)_{0.5} \cdot 3H_2O$, oberhalb n = 2.25 bildet sich $Pr(OH)_3 \cdot H_2O$, Mironov u.a. [6]. Bildung von $Pr(OH)_2(SO_4)_{0.5} \cdot 2H_2O$ bei n = 2, Mzareulishvili u.a. [7].

In wäßriger Lösung reagiert $Pr_2(SO_4)_3$ mit den Sulfaten der meisten Alkalimetalle unter Bildung von Doppelsulfaten, s. unter 28.8, S. 197.

Nach isothermen Löslichkeitsuntersuchungen bei 30 °C bilden sich zwar mit Harnstoff Verbindungen, $Pr_2(SO_4)_3 \cdot n\,CO(NH_2)_2$ mit n = 2 und 6, nicht jedoch mit Thioharnstoff, Selenoharnstoff und Acetamid, Sopueva u.a. [8].

Literatur:

[1] G. Rai, O.N. Awasthi, S.C. Deorani (Indian J. Pure Appl. Phys. **8** [1970] 811/3). – [2] O.M. Arnold, J.W. Williams (J. Am. Chem. Soc. **58** [1936] 2616/24, 2621). – [3] H. Falkenhagen (Theorie der Elektrolyte, Leipzig 1971, S. 85/251). – [4] Landolt-Börnstein, 6. Aufl., Bd. 2, Tl. 7, 1960, S. 220. – [5] J.W. Williams, O.M. Arnold (Acta Physicochim. URSS **3** [1935] 619/32, 628/9; C. **1936** II 2681).

[6] N.N. Mironov, T.N. Tarkhova, L.M. Trofimova, I.A. Grishin, O.N. Naumova (Zh. Neorgan. Khim. **14** [1969] 2908/12; Russ. J. Inorg. Chem. **14** [1969] 1534/6). – [7] N.V. Mzareulishvili, E.G. Davitashvili, V.P. Natidze (Issled. Obl. Khim. Kompleks. Prostykh Soedin. Nekot. Perekhodnykh Redk. Metal. **1970** 127/34; C.A. **74** [1971] Nr. 82602). – [8] A.A. Sopueva, K. Sulaimankulov, K. Nogoev (Zh. Neorgan. Khim. **19** [1974] 1666/72; Russ. J. Inorg. Chem. **19** [1974] 907/10).

Praseodymium (IV) Sulfates

28.7.5.5.2 Praseodym(IV)-sulfate

28.7.5.5.2.1 $Pr(SO_4)_2$

Zur Darstellung wird trocknes PrO_2 in einem mit einer Kühleinrichtung versehenen Kolben bei 0 °C mit einem großen Überschuß an konzentriertem H_2SO_4 versetzt. Das Gemisch läßt man 12 h unter ständigem Einleiten von trocknem O_2 reagieren. Dann wird 15 bis 30 min am Wasserbad erhitzt und schnell auf 0 bis 10 °C abgekühlt. Dabei entsteht eine hellgelb bis orange gefärbte kristalline Masse. Diese ist beim Aufbewahren in konzentriertem H_2SO_4 sehr stabil, Pajakoff [1]. An einem solchen 8 Monate alten Präparat wird ein magnetisches Moment von 2.88 μ_B festgestellt ($\mu(Pr^{4+})=2.58\ \mu_B$, $\mu(Pr^{3+})=3.61\ \mu_B$), Klemm [2]. Demnach enthält dieses Präparat immer noch etwa 90% des Praseodyms als Pr^{IV}.

An der Luft zersetzen sich die Kristalle unter hydrolytischer Disproportionierung langsam, verfärben sich zuerst gelblichgrün und nehmen nach längerer Zeit eine grüne Farbe mit gelblichem Stich an. Sie enthalten dann nur noch 5 bis 8% Pr^{IV}. Beim Erhitzen in trockner Atmosphäre erfolgt erst bei 115 °C Zersetzung gemäß $2\,Pr(SO_4)_2 \rightarrow Pr_2(SO_4)_3 + SO_3 + {}^1/_2 O_2$. Beim Auflösen in konzentriertem HNO_3, HF oder HCl unter Vermeidung jeder Erwärmung bilden sich gelbe Lösungen, aus welchen nach kurzer Zeit, besonders beim Abkühlen auf 0 bis 10 °C, gelbe Kristalle von Acidokomplexverbindungen des Pr^{IV} mit zwei verschiedenen Liganden ausfallen. Die Löslichkeit von $Pr(SO_4)_2$ in 4 N bzw. 16 N H_2SO_4 beträgt in % PrO_2 ausgedrückt 24.32 bzw. 1.12 und in konzentriertem H_2SO_4 0.046% PrO_2 bei 0 °C. Die Verbindung ist ein starkes Oxidationsmittel. Beispielsweise wird beim Vermahlen mit KJ Jod freigesetzt, weitere Angaben s. im Original [1].

Literatur:

[1] S. Pajakoff (Monatsh. Chem. **94** [1963] 482/96, 487, 491/6). – [2] W. Klemm in [1].

28.7.5.5.2.2 $Pr(SO_4)_2 \cdot 2\,H_2SO_4$

Diese Verbindung scheidet sich als feinkristallines gelbes Pulver in vollkommen trockner Atmosphäre aus der schwefelsauren Lösung aus, die beim Auflösen von PrO_2 in konzentriertem H_2SO_4 unter Zusatz von $AgNO_3$ erhalten wird, S. Pajakoff (Monatsh. Chem. **94** [1963] 482/96, 492/3).

Praseodymium (III,IV) Sulfate in Sulfuric Acid Solution

28.7.5.5.2.3 Praseodym(III,IV)-sulfat in schwefelsaurer Lösung

Frische Praseodymsulfat-Lösungen, die durch Auflösen von PrO_2 in konzentriertem H_2SO_4 hergestellt werden, enthalten vermutlich Praseodym sowohl als Pr^{III} als auch als Pr^{IV}. Dies schließt Pajakoff [1] aus den breiten und unscharfen Absorptionsbanden, welche bei 442 bis 446, 469 bis 470 und 481 bis 482 nm von Ephraim, Bloch [2] beobachtet wurden.

Literatur:

[1] S. Pajakoff (Monatsh. Chem. **94** [1963] 482/96, 496). – [2] F. Ephraim, R. Bloch (Ber. Deut. Chem. Ges. **61** [1928] 72/80, 76).

Neodymium Sulfates

28.7.5.6 Neodymsulfate

Angaben über $NdSO_4$ s. unter 28.7.1, S. 33; ergänzende Angaben über $Nd_2(SO_4)_3$ s. unter 28.7.2, S. 33, über $Nd_2(SO_4)_3 \cdot n\,H_2O$ mit n=8, 6, 5 und 2 s. unter 28.7.3, S. 43, und über wäßrige $Nd_2(SO_4)_3$-Lösungen s. unter 28.7.4, S. 56.

28.7.5.6.1 $Nd_2(SO_4)_3$

Bildung und Darstellung

Zur Darstellung wird das reine Nd_2O_3 in H_2SO_4 gelöst, das überschüssige H_2SO_4 durch Eindampfen entfernt und dann bei 400 °C bis zur Gewichtskonstanz geglüht, Sukhikh, Serebrennikov [1]. Das Sulfat bildet sich bei der thermischen Zersetzung des 7-Hydrats bei 325 °C, Wilfong u.a. [2, 3], ebenso bei der thermischen Zersetzung von $NH_4Nd(SO_4)_2 \cdot 4H_2O$ <525 °C, Iskhakova u.a. [4], von $NH_4Nd(SO_4)_2 \cdot 0.5H_2O$ bei 365 bis 515 °C [2, 3], von $(NH_4)_7Nd(SO_4)_5 \cdot 3.5H_2O$ zwischen 350 und 450 °C, Vagina, Fakina [14] oder des Sulfits zwischen 400 und 700 °C in strömendem N_2, Castellani Bisi, Clerici [5]. Es entsteht bei der Pyrolyse von $Nd(NH_2SO_3)_3 \cdot 2H_2O$ über mehrere Zwischenstufen oberhalb 450 °C, Chrétien, Capestan [6].

Gitterstruktur

Nach Röntgen-Einkristalluntersuchungen ist $Nd_2(SO_4)_3$ monoklin mit der Raumgruppe $B2/b-C_{2h}^6$ (Nr. 15); Z=4, mit a=21.72±0.03, b=6.904±0.007, c=6.673±0.006 Å, γ= 109.78°±0.04°. Die Strukturanalyse (ohne Absorptionskorrektur) liefert mit isotropen Temperaturfaktoren folgende Atomparameter (R=0.046):

Atom	Punktlage	x	y	z
Nd	8f	0.1321(1)	0.1349(1)	0.3514(1)
S(1)	8f	0.3168(2)	0.3113(2)	0.3154(2)
S(2)	4e	0.5000	0.2500	0.1653(4)
O(1)	8f	0.1521(3)	0.5039(4)	0.3092(5)
O(2)	8f	0.2497(3)	0.2915(5)	0.3549(6)
O(3)	8f	0.3220(3)	0.1412(5)	0.1947(6)
O(4)	8f	0.4763(4)	0.0626(6)	0.2861(7)
O(5)	8f	0.3537(4)	0.3290(6)	0.5075(6)
O(6)	8f	0.4439(4)	0.2441(6)	0.0362(7)

Nd ist 9fach koordiniert, und zwar sind von 7 umgebenden SO_4-Tetraedern zwei zweizähnig. Die NdO_9-Polyeder hängen über zwei gegenüberliegende Dreiecksflächen zusammen und bilden parallel zu [010] Endlosketten. Der Nd-Nd-Abstand beträgt in Kettenrichtung 3.981 Å. Die Ketten werden durch die SO_4-Tetraeder zu einem dreidimensionalen Netzwerk verknüpft. Der Abstand vom SO_4-Tetraederzentrum zum Nd beträgt 3.485 bis 3.846 Å. Die O-O-Abstände der SO_4-Tetraeder (Platzsymmetrie C_1), die gemeinsame Kanten mit dem NdO_9-Polyeder haben, liegen bei 2.322 Å (gegenüber dem mittleren O-O-Abstand von 2.393 Å im SO_4). Für SO_4 mit gemeinsamen Kanten mit 2 benachbarten NdO_9-Polyedern ist O-O=2.333 Å (gegenüber dem mittleren O-O-Abstand von 2.402 Å im SO_4). Weitere Atomabstände s. Original, Sirotinkin u.a. [7].

Dichte

Gemessene und röntgenographisch ermittelte Dichte: 3.70 bzw. 4.07 g/cm^3, Sirotinkin u.a. [7, 8].

Thermodynamische Daten der Bildung

Bildungsenthalpie ΔH°_{298} und freie Bildungsenthalpie ΔG°_{298} in kcal/mol bei 25 °C, abgeschätzt mit Hilfe der Paulingschen Elektronegativitätsskala: $\Delta H^\circ_{298} = -948.18$, $\Delta G^\circ_{298} = -849.5$, Wilcox [9]. $\Delta H^\circ_{298} = -931 \pm 5$, $\Delta G^\circ_{298} = -847$, Montgomery [15].

Magnetische Eigenschaften

Die paramagnetische Atomsuszeptibilität zwischen 293 und 673 K folgt $(\chi-k)(T-\Theta)=C$ mit der Konstanten $k=460\times10^{-6}$ $cm^3/mol\ Nd^{3+}$, der paramagnetischen Curie-Temperatur $\Theta=-18.3$ K und der Curie-Konstanten $C=1.496\pm0.010$ $cm^3\cdot K/mol\ Nd^{3+}$. Daraus ergibt sich das magnetische Moment des Nd^{3+} zu $\mu=3.27\ \mu_B$ $(=17.19\ \mu_W)$, Cabrera, Duperier [16]; $k=350\times10^{-6}$ $cm^3/mol\ Nd^{3+}$, $\Theta=-26.0$ K, $C=1.461$ $cm^3\cdot K/mol\ Nd^{3+}$ gibt Foëx [17] an. Werte für die Molsuszeptibilität χ zwischen 83 und 373 K:

T in K	83	153	223	293	373
$10^6\chi$ in cm^3/mol	27200	17370	12650	9990	8030

Die daraus ermittelte diamagnetisch korrigierte paramagnetische Suszeptibilität je mol Nd^{3+} folgt einem Curie-Weiß-Gesetz mit $C=1.70\ cm^3\cdot K/mol\ Nd^{3+}$ und $\Theta=-42$ K, Selwood [10].

Paramagnetische Relaxation

Die paramagnetische Resonanzabsorption, gemessen bei statischem Magnetfeld von 20 bis 4000 Oe parallel zum magnetischen Wechselfeld mit 238 und 675 MHz bei Raumtemperatur und bei der Temperatur von flüssigem O_2, ist gering. Die Halbwertsbreite des einzigen Peaks bei Raumtemperatur beträgt 168 bzw. 295 Oe bei 238 bzw. 675 MHz. Bei tiefen Temperaturen werden zwei Peaks beobachtet. Lage der Maxima und Imaginäranteil der komplexen Suszeptibilität χ_c'' als Funktion des zeitlich konstanten Magnetfeldes H_c:

ν in MHz	T in K	$\chi_c''\cdot10^{29}$	H_c in Oe
238	302	52	220
	≈90	112	231
		≈87	348
675	298	51	400

Kurenev, Salikhov [11].

Chemisches Verhalten

Verhalten beim Erhitzen. $Nd_2(SO_4)_3$, das sich aus dem $NH_4Nd(SO_4)_2\cdot0.5H_2O$ beim Erhitzen im Luftstrom mit 1.5 K/min^{-1} gebildet hat, ist stabil bis 800 °C, wird <995 °C zu $Nd_2O_2SO_4$ oxidiert, woraus sich zwischen 1180 und 1360 °C Nd_2O_3 bildet. Die Beständigkeitsbereiche entsprechen in etwa denen von $Nd_2(SO_4)_3$ aus der thermischen Zersetzung des 7-Hydrats, Wilfong u.a. [2, 3].

Beim Erhitzen auf 1300 °C in Luft bildet sich $Nd_2O_2SO_4$ bei etwa 900 °C und A-Nd_2O_3 bei etwa 1100 °C, Batsanov u.a. [12]. Die Bildung von $Nd_2O_2SO_4$ erfolgt bei <850 °C [14].

Löslichkeit. Die Löslichkeit S in Wasser sinkt mit steigender Temperatur. Werte für S in g $Nd_2(SO_4)_3$/kg Lösung zwischen 0.4 und 97.2 °C, Friend [13]:

t in °C	0.4	13.8	14.4	14.8	19.8	30.4	39.8	46.4	49.8
S in g/kg . . .	113.8	78.8	76.4	75.0	65.8	50.0	40.3	34.2	33.3
t in °C	61.6	71.2	74.2	77.6	79.6	87.2	95.0	97.2	
S in g/kg . . .	27.1	23.6	23.7	21.8	21.2	12.8	11.3	12.3	

Für die Untersuchungen wurde das 8-Hydrat verwendet [13]. Werte für S in g/kg Lösung zwischen 110 und 295 °C ausgehend vom wasserfreien Salz, Lock [18]:

t in °C . .	110	144	184	211	245	248	295
S in g/kg .	4.13	1.845	1.108	0.461	0.172	0.171	0.0171

Bodenkörper der gesättigten wäßrigen Lösung ist bei 0.4 °C das $Nd_2(SO_4)_3 \cdot 15H_2O$ und bei höheren Temperaturen (bis 97.2 °C) das $Nd_2(SO_4)_3 \cdot 8H_2O$. Aus dem Verlauf der Löslichkeitskurve zwischen etwa 80 und 87 °C wird für das 8-Hydrat ein Modifikationswechsel angenommen, Friend [13]. Anderen Untersuchungen zufolge soll bei 30 °C das $Nd_2(SO_4)_3 \cdot 6H_2O$ den Bodenkörper bilden, s. S. 143.

Die Löslichkeit von $Nd_2(SO_4)_3$ in H_2SO_4-Lösungen ist je nach der Temperatur und der H_2SO_4-Konzentration (Normalität N) größer oder kleiner als in H_2O, Friend [13]:

t in °C . .	0	30.4	46.4	81.0	89.6	0.2	15.4	30.4	46.4	79.2	90.0
N	$^1/_3$	$^1/_3$	$^1/_3$	$^1/_3$	$^1/_3$	1	1	1	1	1	1
S in g/kg .	100.4	57.1	47.9	35.4	21.5	98.9	70.0	61.0	53.5	44.1	34.1

t in °C . .	96.8	0.2	14.8	30.4	46.4	59.0	81.0	11.0	30.4	46.4
N	1	4	4	4	4	4	4	8	8	8
S in g/kg .	26.9	45.6	39.2	36.1	37.8	36.2	36.4	16.2	20.4	21.9

In 1.6 M Na_2SO_4-Lösung ist S bei Raumtemperatur niedriger, bei höherer Temperatur ist der Unterschied gering:

t in °C	130	166	188	231	256
S in g/kg . . .	0.0248	0.0482	0.0720	0.139	0.139

Lock [18].

Verhalten gegen Alkalisulfate. $Nd_2(SO_4)_3$ bildet mit festem Alkalisulfat Alkalisulfatometallate unterschiedlicher Zusammensetzung, s. unter 28.8, S. 197.

Literatur:

[1] G.N. Sukhikh, V.V. Serebrennikov (Tr. Tomsk. Gos. Univ. Ser. Khim. **157** [1963] 60/5; C.A. **61** [1964] 7765). – [2] R.L. Wilfong, L.P. Domingues, L.R. Furlong (BM-RI-6060 [1962] 1/18, 16; C.A. **58** [1963] 213). – [3] R.L. Wilfong, L.P. Domingues, L.R. Furlong (J. Am. Ceram. Soc. **47** [1964] 240/1). – [4] L.D. Iskhakova, I.E. Sukhova, O.P. Chernova, I.V. Shakhno, V.E. Plyushchev (Zh. Neorgan. Khim. **20** [1975] 248/53; Russ. J. Inorg. Chem. **20** [1975] 193/6). – [5] C. Castellani Bisi, A. Clerici (Gazz. Chim. Ital. **93** [1963] 1444/54).

[6] A. Chrétien, M. Capestan (Compt. Rend. **248** [1959] 3176/8). – [7] S.P. Sirotinkin, V.A. Efremov, L.M. Kovba, A.N. Pokrovskii (Kristallografiya **22** [1977] 1272/3; Soviet Phys.-Cryst. **22** [1977] 725/6). – [8] S.P. Sirotinkin, A.N. Pokrovskii, L.M. Kovba (Vestn. Mosk. Univ. Ser. II Khim. **18** [1977] 479/80; Moscow Univ. Chem. Bull. **32** Nr. 4 [1977] 81). – [9] D.E. Wilcox (UCRL-10397 [1962] 1/123, 54; N.S.A. **16** [1962] Nr. 31586). – [10] P.W. Selwood (J. Am. Chem. Soc. **55** [1933] 3161/77, 3171).

[11] V.Ya. Kurenev, S.G. Salikhov (Zh. Eksperim. Teor. Fiz. **21** [1951] 864/8; C.A. **1955** 2186). – [12] S.S. Batsanov, G.N. Kuslova, E.D. Ruchkin, V.S. Grigor'eva (Zh. Strukt. Khim. **6** [1965] 58/65; J. Struct. Chem. [USSR] **6** [1965] 47/53). – [13] J.A.N.

Friend (J. Chem. Soc. **1930** 1633/42). – [14] N.S. Vagina, L.K. Fakina (Zh. Neorgan. Khim. **13** [1968] 594/6; Russ. J. Inorg. Chem. **13** [1968] 308/10). – [15] R.L. Montgomery (U.S. Bur. Mines Rept. Invest. Nr. 5468 [1959] 1/23, 4; C.A. **1959** 12815).

[16] B. Cabrera, A. Duperier (Compt. Rend. **188** [1929] 1640/2). – [17] G. Foëx (Sci. Rept. Tohoku Imp. Univ. K. Honda Anniv. Vol. **1936** S. 259/70, 262). – [18] C.J.L. Lock (AERE-C/M-301 [1957] 1/6; N.S.A. **11** [1957] Nr. 5757).

28.7.5.6.2 $Nd_2(SO_4)_3 \cdot 15H_2O$

Die Verbindung scheidet sich aus der an $Nd_2(SO_4)_3 \cdot 8H_2O$ gesättigten etwa 0.02 N H_2SO_4-Lösung bei kräftigem Rühren in 12 h bei −3 bis 0 °C aus und wird an der Luft getrocknet. Zur Löslichkeit s. S. 136, J.A.N. Friend (J. Chem. Soc. **1930** 1633/42, 1639).

28.7.5.6.3 $Nd_2(SO_4)_3 \cdot 8H_2O$

Formation. Preparation

Bildung und Darstellung

Zu Nd_2O_3 wird langsam ein geringer Überschuß von 50%igem H_2SO_4 zugefügt, dreimal bei 85 bis 90 °C umkristallisiert, mit kaltem H_2O gewaschen und an der Luft bei Raumtemperatur getrocknet, Ahlberg u.a. [1]. Darstellung aus Nd_2O_3 und H_2SO_4 in 8 h bei 440 °C, Estee, Glockler [2].

Physical Properties

Physikalische Eigenschaften

Kristallographische Eigenschaften

Die monoklinen Kristalle neigen zur Zwillingsbildung, wenn sie aus verdünntem H_2SO_4 auskristallisieren, Fitzwater, Rundle [3]. $Nd_2(SO_4)_3 \cdot 8H_2O$ ist bei Raumtemperatur isotyp mit den analogen Verbindungen $M_2(SO_4)_3 \cdot 8H_2O$ s. S. 45. Aus dem Verlauf der Löslichkeit in H_2O in Abhängigkeit von der Temperatur, schließt Friend [43] auf einen Modifikationswechsel zwischen 80 und 87 °C. Bei Raumtemperatur betragen die Gitterkonstanten a = 13.65, b = 6.80, c = 18.42 Å (im Original andere Aufstellung), β = 102.1°; Z = 4, Aslanov u.a. [4], a = 13.76, b = 7.20, c = 18.65 Å, β = 102° [3], a = 13.660, b = 6.837, c = 18.430 Å, β = 102°39′ (±3′), Iveronova u.a. [5] (s. Structure Reports [6]), s. auch Umanskij, Kvitka [7]. a = 13.29, b = 6.84, c = 18.05 Å, β = 102°38′, Mascarenhas, Folgueras [8]. a: b: c: = 2.980 : 1 : 1.997; β = 118°18′, Blandin, Loriers [9]; a: b: c = 2.983 : 1 : 1.997; β = 118°8′, Mookherji [10], Krishnan, Mookherji [11], Strichdiagramm s. bei Ivanov [12].

Da $Nd_2(SO_4)_3 \cdot 8H_2O$-Kristalle nach neueren Untersuchungen piezoelektrisch sind, ist die Raumgruppe Cc – C_s^4 (Nr. 9), Sherry [13], und nicht B2/b (C2/c) – C_{2h}^6 (Nr. 15) s. [4]. Die Annahme 9fach koordinierten Neodyms mit sechs O-Atomen an den Ecken eines 3seitigen Prismas und 3 weiteren über den Prismenseitenflächen, s. Fitzwater, Rundle [3], ist nach Einkristalluntersuchungen am isostrukturellen $Am_2(SO_4)_3 \cdot 8H_2O$ unzutreffend, Burns, Baybarz [14], s. auch unter 28.7.3.2.1, S. 46. Bei der Strukturverfeinerung in der zentrosymmetrischen Raumgruppe (R = 0.106) wird als Koordinationspolyeder um Nd ein verzerrtes tetragonales Antiprisma ermittelt mit vier $O(SO_4)$ und vier $O(H_2O)$ an den Ecken. Das SO_4 ist mit zwei oder drei O-Atomen an verschiedene Nd-Atome gebunden. Nd und SO_4 bilden Schichten, indem Ketten aus

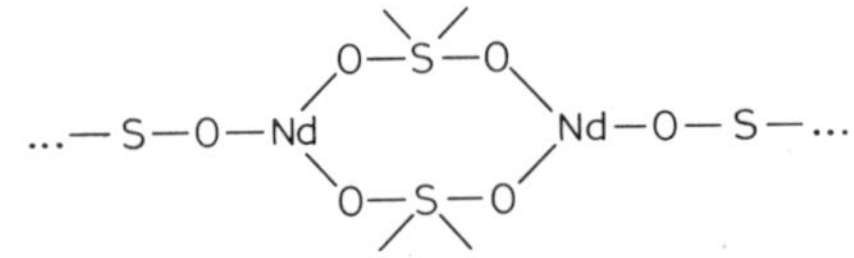

über Nd-O-S-O-Nd-Brücken miteinander verknüpft sind. Sowohl zwischen als auch innerhalb der Schichten existieren H-Brückenbindungen. Atomlagen, Atomabstände und Bindungswinkel s. Original [4].

Kristallfeld

ESR-spektroskopische Untersuchungen werden an Gd-dotiertem $Nd_2(SO_4)_3 \cdot 8\,H_2O$ bei 273 K unternommen und die Spin-Hamilton-Parameter abgeleitet. Axiale Terme sind im vermutlich monoklinen Kristallfeld, das Gd in $Nd_2(SO_4)_3 \cdot 8\,H_2O$ erfährt, sehr dominierend und haben die Werte $b_2^0 = 664.53$ G und $b_2^2 = -414.10$ G. Die Nullfeldaufspaltung ist groß, die Linienbreite aller Linien beträgt etwa 40 G, g-Wert: 1.9522 ± 0.0003. Vergleich dieser Daten mit denen von $NH_4Nd(SO_4)_2 \cdot 4\,H_2O$ s. Original, Malhotra u.a. [15]. Nach neueren Untersuchungen an 0.5% Gd:$Nd_2(SO_4)_3 \cdot 8\,H_2O$ bei 290 K und etwa 9.4 GHz setzt sich das ESR-Spektrum aus zwei Sätzen von je sieben Linien zusammen, wenn das Magnetfeld H zu den Hauptachsen X oder Y parallel liegt. Ein komplexeres Spektrum wird für H ∥ Z beobachtet (s. Original). Die beiden Liniensätze entsprechen zwei magnetisch nicht äquivalenten Plätzen im Gitter. Die Spektren werden (in bezug auf das entsprechende Hauptachsensystem X, Y, Z) durch einen Spin-Hamilton-Operator von (höchstens) orthorhombischer Symmetrie mit neun Spin-Hamilton-Parametern beschrieben, die für beide Spektren identisch sind. Beispielsweise ist $b_2^0 = 667.85 \pm 0.30$ G, $b_2^2 = -405 \pm 2$ G; g-Wert: 1.9900 ± 0.0010. Wie weitere Untersuchungen bei 80 und 335 K und etwa 9.2 GHz zeigen, sind die Spin-Hamilton-Parameter unterschiedlich temperaturabhängig (s. Tabelle im Original). Die Linienbreite beträgt 40 bis 45 G bei 80 K und 25 bis 28 G bei höheren Temperaturen. Nach der Winkelabhängigkeit des ESR-Spektrums hat das Kristallfeld höchstens orthorhombische Symmetrie. Weitere Angaben, beispielsweise zur Temperaturabhängigkeit der Nullfeldaufspaltung s. im Original, Malhotra u.a. [44]. Schon früher wurden im ESR-Spektrum bei Raumtemperatur und 35 GHz zwei Sätze von je sieben Linien festgestellt, welche zwei magnetisch nicht äquivalenten Plätzen entsprechen, Kumaraswamy u.a. [16]. Die Verzerrung des örtlichen Kristallfeldes um Nd in undotiertem $Nd_2(SO_4)_3 \cdot 8\,H_2O$, das als kubisch angenommen wird, ist nach spektroskopischen Untersuchungen nicht gering, Satten, Young [17]. Aus der Lage des Maximums der Resonanzabsorption bei etwa 700 G bei einer Meßfrequenz von $\nu = 675$ MHz kann infolge der Intensität der Linien nicht ohne weiteres auf ein kubisches Kristallfeld geschlossen werden, Al'tshuler u.a. [18]. Die beobachtete magnetische Anisotropie zwischen 85 und 300 K (s. Mookerji [10]) stimmt mit der unter Annahme eines tetragonalen Kristallfeldes berechneten relativ gut überein, Chachra [19]. Auch Krishnan, Mookherji [20] schließen aus der Anisotropie auf ein nicht kubisches Kristallfeld und Krishnan, Chakrabarty [21] aus der unterschiedlichen Polarisation der Absorptionslinien.

Dichte

Experimentell ermittelte Dichte bei 30.5 und 32.9 °C: 2.831 und 2.851 g/cm^3 [11], s. auch [3], bei 30 °C: 2.988 g/cm^3, Mookherji [10].

Thermodynamische Daten

Auf elektrochemischem Weg ermittelte Werte für die Enthalpie der Bildung $\Delta H^\circ_{298} = -1489.8$ kal/mol und die freie Enthalpie der Bildung $\Delta G^\circ_{298} = -1295.8$ kcal/mol sowie die absolute Entropie $S^\circ_{298} = 140$ cal·mol^{-1}·K^{-1} stimmen in der Größenordnung mit früheren gemessenen und geschätzten Daten überein, Maloshuk, Lobanov [22]. $\Delta H^\circ_{298} = -1513.1$ kcal/mol, $S^\circ_{298} = 160.9$ cal·mol^{-1}·K^{-1}, Schumm u.a. [23]. Die kalorimetrisch ermittelte Wärmekapazität C_p zwischen 3 und 40 K entspricht unterhalb 10 K dem Gitteranteil.

Darüber werden thermisch Elektronen angeregt, so daß auch der elektronische Anteil eine Rolle spielt. Werte in Auswahl, bezogen auf $^1/_2$ mol, in cal · K^{-1}, Ahlberg u.a. [1]:

T in K	3	5.97	9.962	11.63	20.53	29.12	37.21
C_p (gesamt) . . .	0.015	0.065	0.250	0.565	2.90	6.41	9.75
C_p (elektronisch) .	–	–	–	0.07	0.58	1.38	1.83

$C_p^\circ = 144.9$ cal · mol^{-1} · K^{-1} bei 298 K [23].

Magnetische Eigenschaften

Magnetische Suszeptibilität. $Nd_2(SO_4)_3 \cdot 8\,H_2O$ ist paramagnetisch. Temperaturabhängigkeit der spezifischen Suszeptibilität χ (korrigiert bezüglich der diamagnetischen Anteile von H_2O und SO_4^{2-}), gemessen an pulverförmigen Proben:

T in K	14.39	17.28	20.40	64.19	77.55	137.9	169.6	203.4	249.3	288.0
$10^6\chi$ in cm^3/g .	102.7	91.6	82.1	41.53	36.76	24.62	20.99	18.07	15.37	13.57

Oberhalb von etwa 70 K wird χ durch das Curie-Weiß-Gesetz $\chi(T-\Theta)=C$ mit der paramagnetischen Curie-Temperatur $\Theta=-45.0$ K und der Curie-Konstanten 10^4 C = 45.10 cm^3 · K je g Substanz wiedergegeben. Das magnetische Moment beträgt $\mu = 3.62\ \mu_B = 17.94\ \mu_W$. Unterhalb etwa 70 K weicht $1/\chi$ nach unten von der Curie-Weiß-Geraden ab im Gegensatz zu $Pr_2(SO_4)_3 \cdot 8\,H_2O$, Gorter, de Haas [24]. Die Werte werden von Jackson [25, 26] bestätigt. Nach Messungen an 3 verschiedenen Proben liegt χ teils etwas höher, teils übereinstimmend, van den Handel [27]. Diamagnetisch (für H_2O, SO_4^{2-} und Nd) korrigierte Atomsuszeptibilität:

T in K	83	153	223	293	373
$10^6\chi$ in $cm^3/mol\ Nd^{3+}$.	14300	9170	6800	5410	4720

Die Werte befolgen ein Curie-Weiß-Gesetz mit C = 1.83 cm^3 · K/mol Nd^{3+} und $\Theta = -45$ K, Selwood [28]. Weitere Angaben s. Fritsch [29], welcher aus seinen Daten $\mu = 3.67\ \mu_B$ ableitet, und Rodden [30]. Zum Einfluß des Kristallfeldes auf die Suszeptibilität s. Penney, Schlapp [31] sowie [25, 26]. An Einkristallen, welche durch das kristallographische Achsenverhältnis a:b:c = 2.983:1:1.997 und $\beta = 118°8'$ charakterisiert sind, werden folgende Werte für die diamagnetisch korrigierten Hauptmolsuszeptibilitäten χ_1, χ_2 (in der (010)-Ebene) und χ_3 (parallel b) und die mittlere Molsuszeptibilität $\bar{\chi}$ (alle in 10^{-6} cm^3/mol) ermittelt (Erläuterungen s. S. 129) und daraus das Quadrat der magnetischen Momente μ_1^2, μ_2^2, μ_3^2 und $\bar{\mu}^2$ in μ_B^2 in Abhängigkeit von der Temperatur abgeleitet (Messung im inhomogenen Magnetfeld in Richtung χ_1), Werte in Auswahl:

T in K	χ_1	χ_2	χ_3	$\bar{\chi}$	μ_1^2	μ_2^2	μ_3^2	$\bar{\mu}^2$
300	10520	9520	10620	10220	12.73	11.52	12.89	12.36
260	12400	11000	12410	11600	13.00	11.52	13.01	12.50
220	14590	12610	14500	13900	12.94	11.19	12.86	12.33
180	17960	15250	17760	16990	13.03	11.08	12.89	12.33
140	23280	19400	22850	21840	13.14	10.95	12.91	12.33
120	26550	22010	25910	24820	12.84	10.64	12.54	12.01
100	30310	25110	29520	28310	12.22	10.12	11.91	11.75
85	35350	29680	34430	33820	12.12	10.17	11.80	11.36

χ_1 bildet mit der c-Achse den Winkel $\Psi=13.5°$ (berechneter Wert 12.9°). Unkorrigierte Werte für die magnetische Anisotropie $\chi_1-\chi_2$ und $\chi_3-\chi_1$ sowie Winkel Θ, den χ_2 mit der a-Achse bildet (Messung im horizontalen homogenen Magnetfeld mit b- oder a-Achse vertikal):

T in K .	300	260	240	220	200	180	160	140	120	100	85
$\chi_1-\chi_2$.	998	1410	1680	1980	2300	2700	3200	3880	4540	5200	5670
$\chi_3-\chi_1$.	+103	+9	−45	−87	−128	−194	−221	−428	−636	−790	−918
$\sphericalangle\Theta$ in °.	14.6	13.95	13.6	13.6	13.6	13.6	13.25	12.4	11.3	9.6	7.0

Figuren sowie Betrachtungen zum Kristallfeld s. Original, Mookherji [10]. Ältere Angaben s. Krishnan, Mookherji [11, 20]. Nach den Einkristalluntersuchungen von Jackson [32] zwischen 14 und 290 K (Werte für die Haupt-Atomsuszeptibilitäten s. Tabelle im Original) ändert sich Ψ von $\Psi=18°18'$ bei 290 K über $\Psi=27°31'$ bei 90 K auf 94°42′ bei 14 K. Das aus den Angaben berechnete Quadrat des mittleren magnetischen Momentes ist nach einer Figur bei Mookherji [10] oberhalb $\approx$150 K wesentlich kleiner und bei 50 K etwa so groß wie das bei 85 K von [32]. Aus den Angaben von Mookherji [10] und Jackson [32] berechnete Atomsuszeptibilität parallel und senkrecht zur tetragonalen Symmetrieachse des als tetragonal angenommenen Kristallfeldes s. Original, Chachra [19]. Die aus den Energiezuständen des Nd^{3+}-Ions nach der Penney-Schlapp-Gleichung berechnete Suszeptibilität in Abhängigkeit von der Temperatur stimmt mit experimentellen Ergebnissen überein. Diskussion der Daten verschiedener Autoren s. Original, Spedding u.a. [33].

$Nd_2(SO_4)_3 \cdot 8H_2O$ ist piezoelektrisch [13] und pyroelektrisch [3].

Paramagnetische Relaxation. Die paramagnetische Resonanzabsorption, gemessen im statischen Magnetfeld von 20 bis 4000 Oe parallel zum magnetischen Wechselfeld mit 238 und 675 MHz bei Raumtemperatur und bei der Temperatur von flüssigem O_2, ist gering; es werden bei Raumtemperatur ein und bei tiefen Temperaturen zwei Maxima gefunden. Lage der Maxima und Imaginäranteil der komplexen Suszeptibilität χ_c'' als Funktion des zeitlich konstanten Magnetfeldes H_c:

ν in MHz	T in K	$\chi_c'' \cdot 10^{29}$	H_c in Oe
238	293	74	255
238	90	108	418
675	90	73	635

Die Maxima sind etwas höher als beim $Nd_2(SO_4)_3$, Kurenev, Salikhov [41].

Elektrische und optische Eigenschaften

$Nd_2(SO_4)_3 \cdot 8H_2O$ ist doppelbrechend und optisch positiv, s. beispielsweise Schumann [34]. – Im Absorptionsspektrum werden Banden bei 995 bis 1342 cm^{-1} Eigenfrequenzen des SO_4^{2-} und bei 1640 cm^{-1} dem H_2O zugeordnet. Weitere diffuse schwache Banden mit etwa 500 bis 700 cm^{-1} Abstand zur kurzwelligen Seite werden als Kombination von Elektronensprüngen und Gitterschwingungen gedeutet, Ewald [35], Hellwege, Roever [36].

Absorptions- und Reflexionsspektren im sichtbaren Bereich (meist mit Folgerungen auf die Symmetrie des Kristallfeldes) s. beispielsweise [21, 33, 37 bis 40].

Chemical Reactions

Chemisches Verhalten

Die thermische Zersetzung (thermogravimetrische Untersuchungen mit 2.5 K/min) führt oberhalb 280 °C zu $Nd_2(SO_4)_3$, oberhalb 1000 °C zu $Nd_2O_2SO_4$ und oberhalb 1400 °C zu Nd_2O_3, Stecura [42]. Zur Löslichkeit s. beim wasserfreien Salz, S. 136.

Literatur:

[1] J.E. Ahlberg, E.R. Blanchard, W.O. Lundberg (J. Chem. Phys. **5** [1937] 552/6). – [2] C.R. Estee, G. Glockler (J. Am. Chem. Soc. **70** [1948] 1344/7). – [3] D.R. Fitzwater, R.E. Rundle (ISC-241 [1952] 1/51, 30/1; N.S.A. **7** [1953] Nr. 2506). – [4] L.A. Aslanov, V.B. Rybakov, B.M. Ionov, M.A. Porai-Koshits, V.I. Ivanov (Dokl. Akad. Nauk SSSR **204** [1972] 1122/4; Dokl. Chem. Proc. Acad. Sci. USSR **202/204** [1972] 508/10). – [5] V.I. Iveronova, V.P. Tarasova, M.M. Umanskij (Izv. Akad. Nauk SSSR Ser. Fiz. **15** [1951] 164/9; C.A. **1951** 8841).

[6] Structure Reports, Bd. 15, 1951, S. 248. – [7] M.M. Umanskij, S.K. Kvitka (Izv. Akad. Nauk SSSR Ser. Fiz. **15** [1951] 147/56, 155). – [8] Y. Mascarenhas, S. Folgueras (Acta Cryst. A **31** [1975] Suppl., S. 78). – [9] J. Blandin, J. Loriers (Compt. Rend. **236** [1953] 1885/7). – [10] A. Mookherji (Indian J. Phys. **23** [1949] 410/20).

[11] K.S. Krishnan, A. Mookherji (Phil. Trans. Roy. Soc. [London] A **237** [1938/39] 135/59, 138, 143). – [12] V.I. Ivanov (Sovrem. Metody Anal. **1965** 50/8; C.A. **64** [1966] 9019). – [13] E.G. Sherry (J. Solid State Chem. **19** [1976] 271/9, 272). – [14] J.H. Burns, R.D. Baybarz (Inorg. Chem. **11** [1972] 2233/7). – [15] V.M. Malhotra, H.D. Bist, G.C. Upreti (Chem. Phys. Letters **28** [1974] 390/2).

[16] A.K. Kumaraswamy, D. Suryanarayana, J. Sobhanaori (Proc. 17th Nucl. Phys. Solid State Phys. Symp., Chandigarh, India, 1972 [1973], Tl. C, S. 413/5; C.A. **84** [1976] Nr. 51861). – [17] R.A. Satten, D.J. Young (J. Chem. Phys. **23** [1955] 404/5). – [18] S.A. Al'tshuler, V.Ya. Kurenev, S.G. Salikhov (Dokl. Akad. Nauk SSSR **70** [1950] 201/4; C.A. **1950** 3755). – [19] S.P. Chachra (Indian J. Pure Appl. Phys. **3** [1965] 459/61). – [20] K.S. Krishnan, A. Mookherji (Nature **140** [1937] 459).

[21] K.S. Krishnan, D.C. Chakrabarty (J. Chem. Phys. **6** [1938] 224/5). – [22] V.V. Maloshuk, V.N. Lobanov (Dokl. Akad. Nauk SSSR **222** [1975] 1145/7; Dokl. Phys. Chem. Proc. Acad. Sci. USSR **220/222** [1975] 598/600). – [23] R.H. Schumm, D.D. Wagman, S. Bailey, W.H. Evans, V.B. Parker (NBS-TN-270-7 [1973] 46). – [24] C.J. Gorter, W.J. De Haas (Proc. Koninkl. Ned. Akad. Wetenschap. **34** [1931] 1243/8; C.A. **1932** 3182). – [25] L.C. Jackson (Proc. Phys. Soc. [London] **48** [1936] 741/6).

[26] L.C. Jackson (Proc. 7th Intern. Congr. Refrig., The Hague-Amsterdam 1936, Bd. 1, S. 517/21). – [27] J. van den Handel (Physica **14** [1949] 618/22). – [28] P.W. Selwood (J. Am. Chem. Soc. **55** [1933] 3161/77, 3171). – [29] H. Fritsch (Ann. Physik [5] **38** [1940] 555/65, 560). – [30] C.J. Rodden (J. Am. Chem. Soc. **56** [1934] 648/9).

[31] W.G. Penney, R. Schlapp (Phys. Rev. [2] **41** [1932] 194/207, 205). – [32] L.C. Jackson (Proc. Roy. Soc. [London] A **170** [1939] 266/71). – [33] F.H. Spedding, H.F. Hamlin, G.C. Nutting (J. Chem. Phys. **5** [1937] 191/8, 196). – [34] H. Schumann (Z. Angew. Physik **1** [1949] 343/6). – [35] H. Ewald (Ann. Physik [5] **34** [1939] 209/36, 226).

[36] K.H. Hellwege, A. Roever (Z. Physik **114** [1939] 464/70). – [37] F. Boulanger (Ann. Chim. [Paris] [12] **7** [1952] 732/71, 746, 749). – [38] M. Freymann, R. Freymann (Compt. Rend. **211** [1940] 785/8). – [39] S.P. Tandon, R.C. Govil (Spectrosc. Letters **5** [1972] 81/6). – [40] G.H. Dieke, L. Heroux (Phys. Rev. [2] **103** [1956] 1227/39).

[41] V.Ya. Kurenev, S.G. Salikhov (Zh. Eksperim. Teor. Fiz. **21** [1951] 864/8; C.A. **1955** 2186). – [42] S. Stecura (U.S. Bur. Mines Rept. Invest. Nr. 6616 [1965] 1/47, 7; C.A. **64** [1966] 16736). – [43] J.A.N. Friend (J. Chem. Soc. **1930** 1633/42). – [44] V.M. Malhotra, H.D. Bist, G.C. Upreti (J. Magn. Resonance **21** [1976] 173/83).

28.7.5.6.4 $Nd_2(SO_4)_3 \cdot 7H_2O$

Für dieses Hydrat wird keine Herstellungsmethode angegeben. Beim thermischen Abbau im Luftstrom (2.5 K/min Erhitzungsgeschwindigkeit) bildet sich bei etwa 210 °C ein 2-Hydrat und bei etwa 250 °C ein wenig stabiles Monohydrat. Die Entwässerung ist bei 325 °C beendet. Bei 810 bis 1000 °C entsteht $Nd_2O_2SO_4$ und bei 1180 bis 1365 °C das Nd_2O_3, R.L. Wilfong, L.P. Domingues, L.R. Furlong (BM-RI-6060 [1962] 1/18, 16; C.A. **58** [1963] 213; J. Am. Ceram. Soc. **47** [1964] 240/1).

28.7.5.6.5 $Nd_2(SO_4)_3 \cdot 6H_2O$

Die Darstellung erfolgt aus wäßriger, H_2SO_4-saurer Lösung des Nd_2O_3 wie bei den 8-Hydraten der meisten anderen $M_2(SO_4)_3$-Verbindungen, s. unter 28.7.3.1, S. 44, Vinarov, Kornelli [1]. Das Hydrat bildet den Bodenkörper der gesättigten wäßrigen Lösung bei 30 °C (s. hierzu jedoch S. 137). Zur Existenz in den wäßrigen Systemen mit Harnstoff, Thioharnstoff, Selenoharnstoff und Acetamid s. Original. Die Löslichkeit in H_2O bei 30 °C beträgt 5.03 Gew.-% $Nd_2(SO_4)_3$ (≙ 0.16 Mol-%). Sie nimmt auf 9.34 Gew.-% $Nd_2(SO_4)_3$ zu, wenn die wäßrige Lösung 5.82 Gew.-% $CO(NH_2)_2$ enthält, Sopueva u.a. [2].

Literatur:

[1] I.V. Vinarov, M.E. Kornelli (Khim. Prom. Nauk Tekhn. Zb. **1962** Nr. 1, S. 28/30; C.A. **59** [1963] 1257). – [2] A.A. Sopueva, K. Sulaimankulov, K. Nogoev (Zh. Neorgan. Khim. **19** [1974] 1666/72; Russ. J. Inorg. Chem. **19** [1974] 907/10).

28.7.5.6.6 $Nd_2(SO_4)_3 \cdot 5H_2O$

Die Verbindung kristallisiert aus stark H_2SO_4-sauren $Nd_2(SO_4)_3$- oder $NdCl_3$-Lösungen über konzentriertem H_2SO_4, Staritzky, Cromer [1], Larsson u.a. [2].

$Nd_2(SO_4)_3 \cdot 5H_2O$ ist nach Einkristallaufnahmen monoklin, Raumgruppe $C2/c-C_{2h}^6$ (Nr. 15), a=15.702(3), b=9.586(1), c=10.262(2) Å, β=120.05(1)°; Z=4 [2], a=15.75, b=9.61, c=10.24 Å, β=120.3° [1]. Röntgen-Strichdiagramm s. bei Ivanov [3]. Atomlagen nach Patterson und Fourier-Synthese und Strukturverfeinerung mit anisotropen Temperaturfaktoren (R=0.069):

Atom	Punktlage	x	y	z
Nd	8(f)	0.3806(1)	0.1433(1)	0.4333(1)
S(1)	8(f)	0.1385(3)	0.2871(4)	0.2252(4)
S(2)	4(e)	0	0.6201(5)	0.2500
O(1)	8(f)	0.2173(8)	0.1971(13)	0.2299(13)
O(2)	8(f)	0.1641(7)	0.4361(13)	0.2189(13)
O(3)	8(f)	0.0419(9)	0.2507(12)	0.0915(14)
O(4)	8(f)	0.1339(10)	0.2614(12)	0.3656(17)
O(5)	8(f)	0.4145(9)	0.2047(13)	0.2260(14)
O(6)	8(f)	0.5256(8)	0.0341(12)	0.3832(14)
W(1)	8(f)	0.2451(9)	0.4860(14)	0.0419(15)
W(2)	8(f)	0.6269(9)	0.4051(14)	0.0972(16)
W(3)	8(f) [a]	−0.0083(26)	−0.0127(34)	0.1902(40)

[a] Besetzungsdichte 0.50.

Das Koordinationspolyeder um Nd(KZ=9) stellt ein verzerrtes überkapptes trigonales Prisma mit fünf $O(SO_4)$ und einem $O(H_2O)$ an den Ecken und zwei $O(SO_4)$ sowie einem $O(H_2O)$ über den Seitenflächen dar. Nd liegt 0.2 Å oberhalb der Zentralebene. Der mittlere Nd-$O(SO_4)$-Abstand ist mit 2.48 Å wesentlich kürzer als der mittlere Nd-$O(H_2O)$-Abstand von 2.56 Å. Bindungslängen und -winkel s. Tabellen im Original. Die S(2)-Sulfatgruppe auf der 2zähligen Achse verbindet 2 Nd-Atome als 2zähniger Ligand. Die S(1)-Sulfatgruppe ist an 4 Nd-Atome gebunden, so daß ein 3dimensionales Netzwerk entsteht. Ein H_2O(W3) ist nicht an Nd gebunden, sondern sitzt in einer Strukturlücke auf der allgemeinen Lage 8f der Raumgruppe mit statistischer Verteilung (im Gegensatz zu $Ce_2(SO_4)_3 \cdot 5H_2O$, wo es eine spezielle Lage besetzt, Akhmed Farag u.a. [4]). Vermutlich ist dieses H_2O-Molekül über H-Brücken an andere H_2O-Moleküle und an SO_4-Gruppen gebunden [2].

Gemessene und röntgenographisch ermittelte Dichte: 3.309 bzw. 3.31 g/cm³ [1]; 3.30 bzw. 3.29 g/cm³ [2]. Die Verbindung ist im Gegensatz zu $M_2(SO_4)_3 \cdot 5H_2O$ mit M = La, Ce, Pr nicht piezoelektrisch, obwohl alle vier isostrukturell erscheinen [5], s. auch [1].

Bildungsenthalpie $\Delta H_{298} = -1301 \pm 5$, freie Bildungsenthalpie $\Delta G_{298} = -1148$ kcal/mol bei 25 °C, Montgomery [6]. $Nd_2(SO_4)_3 \cdot 5H_2O$ ist lilafarben [2], lavendelfarben ohne merklichen Pleochroismus. Die Brechungszahlen bei $\lambda = 589.3$ nm betragen $n_x = 1.582$, $n_y = 1.600$, $n_z = 1.608$; wobei x ∥ b und $\gamma \Lambda c = 57°$ ist, optischer Achsenwinkel $2V_x = 66°$. Die Molrefraktion beträgt 68.6 cm³ [1].

Nach Absorptionsuntersuchungen an KCl-Preßlingen im nahen IR (0.8 bis 2.5 μm) liegt die 5130 cm^{-1}-Bande von freiem Wasser im Hydrat um 100 bis 200 cm^{-1} verschoben. Die Verschiebung dient zur Ermittlung des Kristallwassergehalts, Gorbenko-Germanov u.a. [7]. Die Entwässerung des 5-Hydrats beginnt bei 107 °C [1].

Literatur:

[1] E. Staritzky, D.T. Cromer (Anal. Chem. **28** [1956] 555). – [2] L.O. Larsson, S. Linderbrandt, L. Niinistö, U. Skoglund (Suomen Kemistilehti B **46** [1973] 314/22). – [3] V.I. Ivanov (Sovrem. Metody Anal. **1965** 50/8; C.A. **64** [1966] 9019). – [4] I.S. Akhmed Farag, L.A. Aslanov, V.M. Ionov, M.A. Porai-Koshits (Zh. Fiz. Khim. **47** [1973] 1056; Russ. J. Phys. Chem. **47** [1973] 602). – [5] V.I. Ivanov (Acta Cryst. **21** [1966] Suppl., A55/A56).

[6] R.L. Montgomery (U.S. Bur. Mines Rept. Invest. Nr. 5468 [1959] 1/23, 4; C.A. **1959** 12815). – [7] D.S. Gorbenko-Germanov, R.A. Zenkova, T.L. Belotina (Zh. Analit. Khim. **13** [1958] 590/4; J. Anal. Chem. [USSR] **13** [1958] 665/9).

28.7.5.6.7 $Nd_2(SO_4)_3 \cdot 2$ und $1\,H_2O$

Beim Erhitzen von $Nd_2(SO_4)_3 \cdot 7H_2O$ im Luftstrom mit 2.5 K/min entstehen Di- und wenig stabiles Monohydrat bei 210 bzw. 250 °C, R.L. Wilfong, L.P. Domingues, L.R. Furlong (BM-RI 6060 [1962] 1/18, 16; J. Am. Ceram. Soc. **47** [1964] 240/1).

Aqueous $Nd_2(SO_4)_3$ Solutions

28.7.5.6.8 Wäßrige $Nd_2(SO_4)_3$-Lösungen

Bei Ultraschalluntersuchungen an 0.05 M $Nd_2(SO_4)_3$-Lösungen bei 25 °C wird im Frequenzbereich von 30 bis 900 MHz ein Absorptionsmaximum bei 35±10 MHz festgestellt. Es wird dem mittleren Schritt (und nicht dem 3. Schritt wie bei den anderen wäßrigen $M_2(SO_4)_3$-Lösungen) des 3stufigen Mechanismus zugeordnet, der die Entfernung von H_2O aus der inneren Koordinationssphäre des Nd und die Annäherung von

SO_4^{2-} an Nd unter Bildung von $NdSO_4^+$ beschreibt, Fritsch u.a. [1]; hierzu s. auch Reidler, Silber [2] und Silber [3]. Vergleiche hingegen die Angaben unter 28.7.4.1, S. 57, und unter 28.7.4.2, S. 58/9.

Die magnetische Anisotropie des Nd ist in wäßriger Lösung bei Raumtemperatur geringer als im Kristall und beträgt $(K_{\parallel}-K_{\perp})\cdot 10^6=354\ cm^3/mol$ ($1050\ cm^3/mol$ im Kristall bei Annahme eines tetragonalen Kristallfeldes), wobei $K_{\parallel}$ die Suszeptibilität parallel der Symmetrieachse und $K_{\perp}$ die senkrecht zu ihr ist, A. Mookherji, T. Mookherji [4]. Wird an gesättigte wäßrige $Nd_2(SO_4)_3$-Lösung ein Magnetfeld angelegt, so richten sich die länglichen Kristalle mit ihrer Längsrichtung parallel zum Feld aus, wodurch Abtrennung von $Sm_2(SO_4)_3$, das sich senkrecht zum Feld einstellt, möglich ist, Blandin, Loriers [5].

Nach polarographischen Untersuchungen an 0.5 bis 2×10^{-3} M $Nd_2(SO_4)_3$-Lösungen in Gegenwart von 0.1 N $(CH_3)_4NJ$ wird nur eine Welle für die reversible Reduktion $M^{3+}+e\rightarrow M^{2+}$ beobachtet. Der metallische Zustand wird nicht erreicht, Yakubson, Kostromina [6], s. auch „Seltenerdelemente" B 7, 1979, S. 192.

Bei Zusatz von NaOH zu wäßriger $Nd_2(SO_4)_3$-Lösung bei 25 °C bildet sich beim Verhältnis $n=OH^-:Nd^{3+}=0.25$ bis 1.75 das basische $Nd(OH)_2(SO_4)_{0.5}$, wobei der pH-Wert sich praktisch nicht ändert (≈7.10). Bei n=2 bis 3 entsteht $Nd(OH)_3$, wobei der pH-Wert durch ein Minimum geht von 5.65 bei n=2.25, Mironov u.a. [7], s. auch Tananaev, Levina [8]. Die Bildung von $Nd(OH)SO_4$ und $Nd_2(OH)_4SO_4$ beobachten bei 22 °C Margulis, Novoselova [9]. Mit Alkalisulfaten bilden sich wasserfreie und wasserhaltige Doppelsulfate unterschiedlicher Zusammensetzung, s. unter 28.8, S. 197. Zum Verhalten im hydrothermalen Reaktorbetrieb in UO_2SO_4-Lösung s. Eister [10] sowie McAdoo u.a. [11].

Literatur:

[1] K. Fritsch, C.J. Montrose, J.L. Hunter, J.F. Dill (J. Chem. Phys. **52** [1970] 2242/52, 2245). – [2] J. Reidler, H.B. Silber (J. Phys. Chem. **77** [1973] 1275/80). – [3] H.B. Silber (J. Chem. Soc. Chem. Commun. **1971** 731/2). – [4] A. Mookherji, T. Mookherji (J. Phys. Soc. Japan **22** [1967] 525/8). – [5] J. Blandin, J. Loriers (Compt. Rend. **236** [1953] 1885/7).

[6] S.I. Yakubson, N.A. Kostromina (Zh. Neorgan. Khim. **2** [1957] 349/54; Russ. J. Inorg. Chem. **2** Nr. 2 [1957] 185/95, 192). – [7] N.N. Mironov, I.A. Grishin, L.M. Trofimova, O.N. Naumova, I.M. Polyashov (Zh. Neorgan. Khim. **15** [1970] 2414/8; Russ. J. Inorg. Chem. **15** [1970] 1517/9). – [8] I.V. Tananaev, M.I. Levina (Zh. Neorgan. Khim. **2** [1957] 1601/8; Russ. J. Inorg. Chem. **2** Nr. 7 [1957] 246/58, 247). – [9] E.V. Margulis, V.N. Novoselova (Zh. Neorgan. Khim. **15** [1970] 580/2; Russ. J. Inorg. Chem. **15** [1970] 299/301). – [10] W.K. Eister (CF-55-1-45 [1955/57] 1/15, 6; N.S.A. **11** [1957] Nr. 7500; CF-56-2-154 [1957] 1/86, 31; N.S.A. **11** [1957] Nr. 12993).

[11] J. McAdoo, G. Koenig, G. Weiss (KLX-1722 [1954] 1/17, 4; N.S.A. **11** [1957] Nr. 8383).

28.7.5.7 Samariumsulfate

Samarium Sulfates

Ergänzende Angaben über $SmSO_4$ s. unter 28.7.1, S. 33, über $Sm_2(SO_4)_3$ s. unter 28.7.2, S. 33, über $Sm_2(SO_4)_3\cdot nH_2O$ mit n=8 und 2 s. unter 28.7.3, S. 43, und über wäßrige $Sm_2(SO_4)_3$-Lösungen s. unter 28.7.4, S. 56.

Samarium(II) Sulfate

28.7.5.7.1 Samarium(II)-sulfat $SmSO_4$

Bildung und Darstellung

Zur Darstellung wird SmJ_2 in wenig luftfreiem H_2O bei 0 °C gelöst und das $SmSO_4$ mit einer gekühlten, gesättigten Na_2SO_4-Lösung ausgefällt. Das hellorangerote Produkt wird mehrmals zentrifugiert und mit H_2O gewaschen, zum Schluß mit Alkohol und Äther, Jantsch, Skalla [1]. Bei der Darstellung aus neutraler oder leicht angesäuerter wäßriger Sulfatlösung mit Mg-Amalgam entsteht gleichzeitig $Sm(OH)_3$. Instabiles $SmSO_4$ bildet sich aus $SmCl_3$ und $MgSO_4$ in wäßrig-alkoholischer Lösung (1:1, Methanol) mit Mg und wenig HCl, Clifford, Beachell [4]. $SmSO_4$ entsteht auch bei der elektrolytischen Reduktion einer 0.1 M $Sm_2(SO_4)_3$-Lösung mit 0.1 M CH_3COOH bei pH 5.5 mit Hg-Kathode, Pt-Anode bei Stromdichten von 0.02 bis 0.06 A/cm^2 und einer Spannung von 6 bis 12 V. Das Produkt wird mit Wasser und Aceton gewaschen und dann an der Luft getrocknet, Asprey u.a. [2]. Bei der Reduktion von Sm^{III} in essigsaurer-schwefelsaurer Lösung scheidet sich $SmSO_4$ sofort ab. Das Reduktionspotential wird auf 1.5 bis 2.0 V geschätzt, Penneman, Asprey [5]. Zur elektrolytischen Reduktion s. auch Timnik, Glockler [3], „Seltenerdelemente" B 7, 1979, S. 193/6.

Physikalische Eigenschaften

Die orangebraunen prismatischen Körner sind orthorhombisch, isostrukturell mit $EuSO_4$ und $BaSO_4$. Raumgruppe Pnma$-D_{2h}^{16}$ (Nr. 62); Z=4, mit den Gitterkonstanten $a=8.45\pm0.02$, $b=5.38\pm0.02$, $c=6.91\pm0.02$ Å. Röntgendichte=5.21 g/cm^3. Netzebenenabstände und Intensitäten s. Original. $SmSO_4$ ist optisch zweiachsig positiv; $n_x\approx1.61$, $n_z=1.695$; optischer Achsenwinkel $2V=75°\pm5°$. Die Prismen zeigen parallele Auslöschung. Eine scharfe Absorptionsbande liegt bei 471.0 nm [2].

Chemisches Verhalten

Die Verbindung ist nicht sehr stabil [2]. Sie zersetzt sich teilweise schon während des Waschvorgangs. In H_2O ist sie schwer, in Säuren leicht löslich. Die rote saure Lösung entfärbt sich beim Stehen unter H_2-Entwicklung [1].

Literatur:

[1] G. Jantsch, N. Skalla (Z. Anorg. Allgem. Chem. **193** [1930] 391/405, 404/5). – [2] L.B. Asprey, F.H. Ellinger, E. Staritzky (Proc. 3rd Rare Earth Res. Conf., Clearwater, Fla., 1963 [1964], S. 11/20; LADC-5566 [1963] 1/9, 3; N.S.A. **17** [1963] Nr. 15950). – [3] A. Timnik, G. Glockler (J. Am. Chem. Soc. **70** [1948] 1347/50). – [4] A.F. Clifford, H.C. Beachell (J. Am. Chem. Soc. **70** [1948] 2730/1). – [5] R.A. Penneman, L.B. Asprey (Proc. Intern. Conf. Peaceful Uses At. Energy, Geneva 1955, Bd. 7, S. 355/62; C.A. **1956** 14419).

Samarium(III) Sulfates

28.7.5.7.2 Samarium(III)-sulfate

28.7.5.7.2.1 $Sm_2(SO_4)_3$

Formation. Preparation

Bildung und Darstellung

Zur Darstellung wird das Oxid in H_2SO_4 gelöst, überschüssiges H_2SO_4 abgeraucht und dann bei 400 °C bis zur Gewichtskonstanz geglüht, Sukhikh, Serebrennikov [1]. Herstellung durch Erhitzen des 8-Hydrats auf 450 °C in 40 min, Montgomery, Hubert [2], oder durch thermischen Abbau des 7-Hydrats bei <395 °C im Luftstrom, Wilfong u.a. [3]. Bildung bei der thermischen Zersetzung des Sulfits zwischen 200 und 450 °C in strömendem

N_2 s. Castellani Bisi, Cola [4] und für den Bereich von 300 bis 700 °C s. Castellani Bisi, Clerici [5]. Das $Sm_2(SO_4)_3$ entsteht beim inkongruenten Schmelzen von $LiSm(SO_4)_2$ bei 760 °C, Volk, Zaitseva [6]. Aus $NH_4Sm(SO_4)_2 \cdot 5H_2O$ entsteht es zwischen 375 und 505 °C [3]. Aus $Sm(NH_2SO_3)_3 \cdot 2H_2O$ bildet es sich bei der Pyrolyse oberhalb 450 °C über mehrere Zwischenstufen, Chrétien, Capestan [7].

Physikalische Eigenschaften

Physical Properties

Die Standardbildungsenthalpie ΔH°_{298} bei 25 °C beträgt −931.9 kcal/mol, Schumm u.a. [8], -928.5 ± 1.6 kcal/mol, Montgomery, Hubert [2]. Geschätzte freie Enthalpie $\Delta G^\circ_{298} = -845$ kcal/mol und Entropie $\Delta S^\circ_{298} = -280$ cal · mol^{-1} · K^{-1} [2].

$Sm_2(SO_4)_3$ zeigt schwachen, temperaturunabhängigen Paramagnetismus zwischen 20 und 400 °C, Cabrera, Duperier [9]. Es gilt $(\chi - k)(T - \Theta) = C$. Die Atomsuszeptibilität χ bei 293 K beträgt 10.7×10^{-4} cm^3/mol Sm^{3+}, bei 400 K ist sie 10.5×10^{-4} cm^3/mol Sm^{3+}, der temperaturunabhängige Anteil $k = 9.56 \times 10^{-4}$ cm^3/mol Sm^{3+} und die Curie-Konstante $C = 0.0317 \pm 0.0006$ cm^3 · K/mol Sm^{3+}, Cabrera [10]. Aus Reflexionsmessungen wird geschlossen, daß sich die innere Koordinationssphäre des Sm in $Sm_2(SO_4)_3$ von der im 8-Hydrat sowie in der wäßrigen Lösung kaum unterscheidet, Barnes, Pincott [11].

Chemisches Verhalten

Chemical Reactions

Verhalten beim Erhitzen

Das aus dem 7-Hydrat bei <395 °C gebildete und das bei Zersetzung von $NH_4Sm(SO_4)_2 \cdot 5H_2O$ entstandene $Sm_2(SO_4)_3$ ist stabil bis etwa 800 °C und geht dann in $Sm_2O_2SO_4$ über, s. S. 153[3].

Hydratation

Die Hydratationsenthalpie beträgt -34.7 ± 1.0 kcal/mol [2]. Sie ist aus der Lösungswärme von $Sm_2(SO_4)_3$ bei 25 °C in H_2SO_4, $\Delta H = -38.1 \pm 0.9$ kcal/mol, im Vergleich zu der von $Sm_2(SO_4)_3 \cdot 8H_2O$ berechnet (Endkonzentration der Lösung in mol/l: 0.001942 $Sm_2(SO_4)_3$ und 0.550 H_2SO_4), Montgomery, Hubert [2].

Löslichkeit in H_2O

Bei 30 °C lösen sich 2.35 Gew.-% (=0.07 Mol-%) $Sm_2(SO_4)_3$ in H_2O, Sopueva u.a. [15]. Wie **Fig. 16**, S. 148, zeigt, fällt die molale Löslichkeit S (bezogen auf H_2O-freies $Sm_2(SO_4)_3$) von 0.033 bei 25 °C auf 8×10^{-6} mol je kg Lösungsmittel bei 350 °C mit einem deutlichen Sprung bei ≈130 °C, Marshall, Slusher [12]. Zum Vergleich sind die Angaben von Jackson, Rienäcker [13] und Spedding, Jaffe [14] für das 8-Hydrat bei 20 und 40 °C bzw. das wasserfreie Produkt bei 25° C mit eingezeichnet in Fig. 16, S. 148.

Da die Löslichkeitsangabe von Spedding, Jaffe [14] auf der verlängerten Löslichkeitskurve bei hohen Temperaturen liegt, wird angenommen, daß im gesamten Temperaturbereich ein H_2O-armes Hydrat (das Penta- oder Monohydrat) oder sogar das wasserfreie Salz den stabilen Bodenkörper bildet. Das Octahydrat, welches bei Raumtemperatur allgemein (s. Darstellung, S. 149) als Bodenkörper der gesättigten Lösung angesehen wird, stellt unterhalb von etwa 130 °C vermutlich nur den metastabilen Bodenkörper dar, Marshall, Slusher [12]. Zur Einstellung des Gleichgewichts wurde mindestens 48 h bei 25 °C von [14], mindestens 24 h bei 20 und 40 °C von [13] bzw. 2 bis 27 h im Bereich von 25 bis 350 °C von [12] abgewartet.

Fig. 16

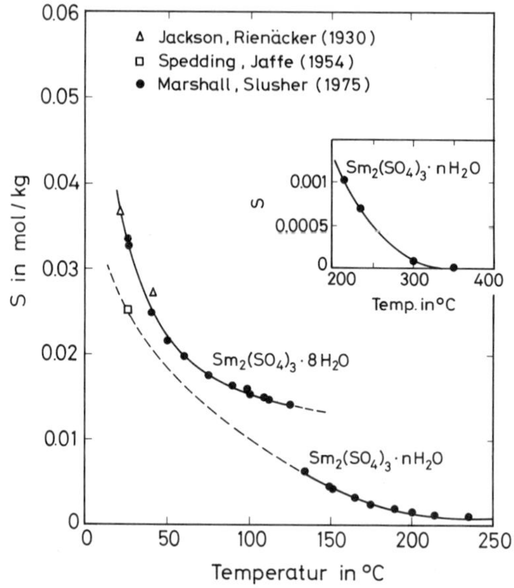

Temperaturabhängigkeit der Löslichkeit S von Samariumsulfat in Wasser.

Löslichkeit in H_2SO_4

Zur Lösungswärme bei 25 °C s. S. 147. In 0 bis 0.943 molalem H_2SO_4 beträgt die molale Löslichkeit bei 150, 200 bzw. 250 °C bezogen auf wasserfreies $Sm_2(SO_4)_3$:

H_2SO_4-Molalität	0	0.0135	0.0776	0.285	0.943
$10^2 \cdot S$(bei 150 °C) . . .	0.425	0.536	0.829	1.514	3.117
H_2SO_4-Molalität	0	0.0135	0.0788	0.287	
$10^2 \cdot S$(bei 200 °C) . . .	0.138	0.184	0.320	0.736	
H_2SO_4-Molalität	0	0.0143	0.0834	0.307	
$10^2 \cdot S$(bei 250 °C) . . .	0.047	0.064	0.143	0.450	

Als fester Bodenkörper tritt ein Hydrat mit vermutlich weniger als $8\,H_2O$ auf, Marshall, Slusher [12].

Literatur:

[1] G.N. Sukhikh, V.V. Serebrennikov (Tr. Tomsk. Gos. Univ. Ser. Khim. **157** [1963] 60/5; C.A. **61** [1964] 7765). – [2] R.L. Montgomery, T.D. Hubert (U.S. Bur. Mines Rept. Invest. Nr. 5525 [1959] 1/8; C.A. **1960** 4134). – [3] R.L. Wilfong, L.P. Domingues, L.R. Furlong (J. Am. Ceram. Soc. **47** [1964] 240/1; U.S. Bur. Mines Rept. Invest. Nr. 6060 [1962] 1/18, 16; C.A. **58** [1963] 213). – [4] C. Castellani Bisi, M. Cola (Gazz. Chim. Ital. **92** [1962] 447/53, 451). – [5] C. Castellani Bisi, A. Clerici (Gazz. Chim. Ital. **93** [1963] 1444/54).

[6] V.I. Volk, L.L. Zaitseva (Zh. Neorgan. Khim. **16** [1971] 2845/8; Russ. J. Inorg. Chem. **16** [1971] 1513/5). – [7] A. Chrétien, M. Capestan (Compt. Rend. **248** [1959]

3176/8). – [8] R.H. Schumm, D.D. Wagman, S. Bailey, W.H. Evans, V.B. Parker (NBS-TN-270-7 [1973] 40). – [9] B. Cabrera, A. Duperier (Compt. Rend. **188** [1929] 1640/2). – [10] B. Cabrera (J. Chim. Phys. **36** [1939] 117/29, 121).

[11] J.C. Barnes, H. Pincott (J. Chem. Soc. A **1966** 842/5; AD-627221 [1965] 111/21, 118; C.A. **65** [1966] 9947). – [12] W.L. Marshall, R. Slusher (J. Inorg. Nucl. Chem. **37** [1975] 2171/6). – [13] K.S. Jackson, G. Rienäcker (J. Chem. Soc. **1930** 1687/91). – [14] F.H. Spedding, S. Jaffe (J. Am. Chem. Soc. **76** [1954] 882/4). – [15] A.A. Sopueva, K. Sulaimankulov, K. Nogoev (Zh. Neorgan. Khim. **19** [1974] 1666/72; Russ. J. Inorg. Chem. **19** [1974] 907/10).

28.7.5.7.2.2 $Sm_2(SO_4)_3 \cdot 8H_2O$

28.7.5.7.2.2.1 Bildung und Darstellung

Formation. Preparation

Die Verbindung wird aus dem Oxid oder dem Chloridhydrat durch Auflösen in H_2SO_4 und Umkristallisieren des Niederschlags in H_2O hergestellt, Montgomery, Hubert [1]. Von Ahlberg u.a. [2] wird dreimal bei 85 bis 90 °C umkristallisiert, mit kaltem Wasser gewaschen und an der Luft bei gewöhnlicher Temperatur getrocknet [2]. Darstellung aus dem Oxalat über das $SmCl_3 \cdot 6H_2O$, das in Alkohol gelöst und langsam mit reinem H_2SO_4 versetzt wird. Nach zweimaligem Umkristallisieren aus H_2O wird bei 80 °C getrocknet, Freed [3]. Zum Auftreten in den Systemen $Sm_2(SO_4)_3$-$CO(NH_2)_2$, $CS(NH_2)_2$, $CSe(NH_2)_2$ bzw. CH_3CONH_2-H_2O s. Sopueva u.a. [4].

Literatur:

[1] R.L. Montgomery, T.D. Hubert (U.S. Bur. Mines Rept. Invest. Nr. 5525 [1959] 1/8; C.A. **1960** 4134). – [2] J.E. Ahlberg, E.R. Blanchard, W.O. Lundberg (J. Chem. Phys. **5** [1937] 552/6). – [3] S. Freed (J. Am. Chem. Soc. **52** [1930] 2702/12, 2704). – [4] A.A. Sopueva, K. Sulaimankulov, K. Nogoev (Zh. Neorgan. Khim. **19** [1974] 1666/72; Russ. J. Inorg. Chem. **19** [1974] 907/10).

28.7.5.7.2.2.2 Physikalische Eigenschaften

Physical Properties

Kristallographische Eigenschaften

Crystallographic Properties

Gitterstruktur

$Sm_2(SO_4)_3 \cdot 8H_2O$ ist nach Einkristallaufnahmen monoklin, Raumgruppe C2/c-C_{2h}^6 (Nr.15); Z=4, Podberezskaya, Borisov [1], Iveronova u.a. [2], s. auch Structure Reports [3]. Nach neueren Einkristalluntersuchungen an $Pr_2(SO_4)_3 \cdot 8H_2O$ und piezoelektrischen Messungen von Sherry [4] an einigen $M_2(SO_4)_3 \cdot 8H_2O$-Kristallen (nicht Sm) ist jedoch aus der Isomorphie von $Sm_2(SO_4)_3 \cdot 8H_2O$ mit $M_2(SO_4)_3 \cdot 8H_2O$ für M=Y, Pr bis Lu vermutlich die Raumgruppe Cc-C_s^4 (Nr. 9) anzunehmen. Gitterkonstanten a=13.43(3), b=6.72(2), c=18.13(5) Å, β=102.8(5)° [1], a=13.598, c=18.364 Å (ohne Angabe von b), β=102°25′ [2, 3], s. auch Umanskij, Kvitka [5]. a=20.30±0.06, b=6.76±0.03, c=13.53±0.05 Å, β=118°16′, Zachariasen [6], dies entspricht dem Verhältnis a:b:c=3.003:1:2.002, β=118°16′, Mookherji [16]; a:b:c=3.0326:1:2.0057, β=117.5°, Blandin, Loriers [7]. Atomlagen der zentrosymmetrischen Struktur nach Verfeinerung mit isotropen Temperaturfaktoren (R=0.124):

Atom	x	y	z
Sm	0.1676(2)	0.0237(1)	0.3921(1)
S(1)	0.2830(4)	0.5311(2)	0.4108(2)
S(2)	0	0.3223(3)	$^1/_4$
O(1)	0.199(1)	−0.321(1)	0.397(1)
O(2)	0.243(1)	0.329(2)	0.419(1)
O(3)	0.337(1)	−0.535(2)	0.351(1)
O(4)	0.146(1)	−0.079(2)	0.519(1)
O(5)	0.084(1)	0.196(2)	0.287(1)
O(6)	0.038(1)	0.448(2)	0.199(1)
O(7)(H_2O)	0.016(1)	−0.166(3)	0.360(1)
O(8)(H_2O)	0.037(1)	0.223(3)	0.436(1)
O(9)(H_2O)	0.346(1)	−0.022(3)	0.455(1)
O(10)(H_2O)	0.259(1)	−0.010(3)	0.296(1)

Sm ist achtfach koordiniert durch vier O(SO_4) und vier O(H_2O). Die Atomabstände Sm-O betragen 2.30(2) bis 2.49(2) Å; weitere Abstände s. Original [1]. Nach Reflexionsmessungen unterscheidet sich die innere Koordinationssphäre kaum von $Sm_2(SO_4)_3$, Barnes, Pincott [11, 12].

ESR-Spektrum

ESR-Untersuchungen an Gd^{3+} in $Sm_2(SO_4)_3 \cdot 8\,H_2O$-Einkristallen bei 290 K und 9.3 GHz zeigen, daß 2 magnetisch nicht äquivalente Plätze mit orthorhombischer oder niedrigerer Symmetrie existieren, Malhotra u.a. [8], s. auch Bogle, Heine [26]. Das Spektrum wird an einen gewöhnlichen orthorhombischen Spin-Hamilton-Operator angepaßt und die Nullfeldaufspaltung berechnet [8], s. auch Diskussion bei Bogle, Symmons [27]. Die Spin-Gitterrelaxationszeit ist extrem kurz [26].

Mössbauer-Spektrum

Im Mössbauer-Spektrum wird für die 22.5 keV-γ-Linie von ^{149}Sm in $Sm_2(SO_4)_3 \cdot 8\,H_2O$ mit ^{149}Eu in EuF_3 als Quelle die Isomerieverschiebung $\delta = -0.01 \pm 0.03$ mm/s bezogen auf SmF_3 und die Linienbreite $\Gamma = 2.10 \pm 0.12$ mm/s bei Raumtemperatur bestimmt. Der Wert fällt in den für $4f^5$-Konfiguration typischen Bereich. Vergleich mit $Dy_2(SO_4)_3 \cdot 8\,H_2O$ und $Gd_2(SO_4)_3 \cdot 8\,H_2O$ s. Original, Coey [9].

Mechanical and Thermal Properties

Mechanische und thermische Eigenschaften

Dichte

Die Dichte von $Sm_2(SO_4)_3 \cdot 8\,H_2O$ beträgt D = 2.92 g/cm³ nach Podberezskaya, Borisov [1], 2.970 g/cm³ bei 27.4 °C nach Mookherji [16].

Thermodynamische Daten der Bildung. Absolute Entropie

Für die Bildung aus den Elementen in ihren Standardzuständen ermittelte Standardbildungsenthalpie bei 0 und 298 K, $\Delta H^\circ_0 = -1489.43$ kcal/mol und $\Delta H^\circ_{298} = -1513.1$ kcal/mol, sowie freie Bildungsenthalpie $\Delta G^\circ_{298} = -1323.8$ kcal/mol, Enthalpie-Inkrement $H^\circ_{298} - H^\circ_0 = 24.04$ kcal/mol sowie Entropie $S^\circ_{298} = 160.7$ cal·K^{-1}·mol^{-1}, Schumm u.a. [14]. $\Delta H^\circ_{298} = -1509.7 \pm 1.4$, $\Delta G^\circ_{298} = -1316$ kcal/mol, Montgomery, Hubert [25].

Wärmekapazität

Die Wärmekapazität, gemessen zwischen 3 und 40 K, folgt unterhalb 15 K annähernd einem T^3-Gesetz, wie für den Gitteranteil erwartet, mit $C_p = 0.000300\ T^3$ cal · K^{-1} · 0.5 mol^{-1}, Ahlberg u.a. [10]. Auf 0.5 mol $Sm_2(SO_4)_3 \cdot 8\,H_2O$ bezogene Werte für C_p in cal · K^{-1} · 0.5 mol^{-1} zwischen 17 und 297 K (in Auswahl), Ahlberg, Freed [13]:

T in K .	17.36	27.24	35.75	44.33	53.91	64.93	80.57	90.08	101.66	112.07
C_p . .	1.661	4.616	7.867	11.27	15.28	19.82	25.20	28.38	31.57	34.66
T in K .	130.72	154.57	170.19	186.89	204.62	222.32	241.56	271.66	296.28	
C_p . .	39.24	44.92	47.94	51.88	55.59	59.13	62.63	68.08	72.26	

$C_p = 145.0$ cal · K^{-1} · mol^{-1} bei 298 K empfehlen Schumm u.a. [14]. Der elektronische Anteil an C_p, der oberhalb von 15 K wirksam wird [10], ergibt sich aus dem Vergleich mit den C_p-Werten für $Gd_2(SO_4)_3 \cdot 8\,H_2O$, welches in diesem Temperaturbereich (17 bis 297 K) einen vernachlässigbaren elektronischen Anteil aufweist. Ausgewählte Werte in cal · K^{-1} · 0.5 mol^{-1} nach [13]:

T in K . .	17	25	65	110	115	130	150	220	240	270	300
C_p (elektr.) .	0.08	0.19	1.49	1.93	1.90	1.62	1.52	1.2	1.2	1.7	2.2

Die Zunahme des elektronischen Anteils auf ein Maximum bei etwa 110 K und die nachfolgende Abnahme wird bis etwa 150 K mit der Verteilung von Elektronen auf 4 zweifach entartete Elektronenniveaus erklärt (für Sm^{3+}, das einen $^6H_{5/2}$-Grundzustand hat, werden nur 3 erwartet). Oberhalb dieser Temperatur existieren offensichtlich weitere Energieniveaus, die einen größeren Abstand zum Grundzustand haben und einen weiteren Beitrag zu C_p (elektr.) liefern, hierzu s. Figur im Original, Ahlberg, Freed [13].

Magnetische Eigenschaften

Magnetic Properties

Im Bereich von 73 bis 290 K gemessene Molsuszeptibilität χ_{mol} bezogen auf 0.5 mol $Sm_2(SO_4)_3 \cdot 8\,H_2O$ und für die diamagnetischen Anteile von SO_4 und H_2O korrigierte Atomsuszeptibilität χ_a je mol Sm^{3+} von polykristallinen Proben:

t in °C . . .	73.8	84.6	112.5	169.8	205.0	240.2	290.6
$\chi_{mol} \cdot 10^6$ . .	1295	1252	1168	1050	1001	965	931
$\chi_a \cdot 10^6$ . . .	1402	1359	1275	1157	1108	1072	1038

Die $1/\chi$,T-Kurve weicht positiv vom geradlinigen Verlauf ab, so daß das Curie-Weiß-Gesetz $\chi\,(T-\Theta) = C$ nicht befolgt wird. Es werden 2 elektronische Sm^{3+}-Isomere angenommen, deren Konzentration sich mit der Temperatur ändert, Freed [15]. Werte für χ_a von (1402 bis 1035) $\times 10^{-6}$ cm^3/mol Sm^{3+} zwischen 73.8 und 300 K und berechnete Werte s. Original, Spedding [17]. Die spezifische Suszeptibilität $\chi_g = 2.34 \times 10^{-6}$ cm^3/g, Molsuszeptibilität $\chi_{mol} = 1710 \times 10^{-6}$ cm^3 je mol $Sm_2(SO_4)_3 \cdot 8\,H_2O$ und die für die diamagnetischen Anteile von SO_4, H_2O und Sm korrigierte Atomsuszeptibilität $\chi_a = 1020 \times 10^{-6}$ cm^3/mol Sm^{3+} bei 293 K gibt Selwood [18] an. Die Werte $\chi_g = 2.88 \times 10^{-6}$ cm^3/g und (korrigiert) $\chi_a = 1164$ cm^3/mol Sm^{3+} bei 297.3 K bestimmt Rodden [19] und leitet daraus das effektive Moment $\mu_{eff} = 1.66\ \mu_B$ ab. Dieses stimmt gut mit dem nach Van Vleck für das freie Ion berechneten theoretischen Wert mit einer Abschirmkonstante $\sigma = 34$ überein [19]. Das aus den Angaben von Freed [15] berechnete $\mu_{eff} = 1.54\ \mu_B$ läßt sich hingegen mit $\sigma = 33$ beschreiben; Vergleich mit älteren Literaturangaben s. im Original

[19]. Weiteren Untersuchungen zufolge ist dem gewöhnlichen temperaturabhängigen Paramagnetismus ein temperaturunabhängiger konstanter Paramagnetismus (k) überlagert, so daß ein erweitertes Curie-Weiß-Gesetz $(\chi-k)(T-\Theta)=C$ gilt mit $k=810\times10^{-6}$ $cm^3/mol\ Sm^{3+}$, $C=0.0808$ $cm^3\cdot K/mol\ Sm^{3+}$ und $\Theta=-62.5$ K, Foëx [21]. Aus den Daten von [15] wird $k=919\times10^{-6}$ $cm^3/mol\ Sm^{3+}$ und $C=0.0377\pm0.0028$ $cm^3\cdot K/mol\ Sm^{3+}$ für den Bereich von 73 bis 290 K abgeleitet, Cabrera [20]. An Einkristallen, welche durch das kristallographische Achsenverhältnis a:b:c=3.003:1:2.002 und $\beta=118°16'$ charakterisiert sind, werden folgende Werte für die diamagnetisch korrigierten Hauptmolsuszeptibilitäten χ_1, χ_2 (in der (010)-Ebene) und χ_3 (parallel b) sowie die mittlere Molsuszeptibilität $\bar{\chi}$ in 10^{-6} cm^3/mol ermittelt (hierzu s. S. 129) und daraus das Quadrat der magnetischen Momente μ_1^2, μ_2^2, μ_3^2 und $\bar{\mu}^2$ in μ_B^2 in Abhängigkeit von der Temperatur T in K abgeleitet, Messung im inhomogenen Magnetfeld in Richtung der χ_1-Achse (Werte in Auswahl):

T in K	χ_1	χ_2	χ_3	$\bar{\chi}$	μ_1^2	μ_2^2	μ_3^2	$\bar{\mu}^2$
300	2490	2040	2430	2320	3.009	2.464	2.937	2.803
260	2710	2170	2610	2500	2.839	2.273	2.734	2.677
220	2950	2330	2810	2700	2.617	2.070	2.492	2.393
180	3280	2570	3100	2980	2.383	1.865	2.253	2.167
140	3720	2920	3180	3380	2.099	1.648	1.964	1.904
120	4000	3200	3760	3650	1.934	1.547	1.818	1.766
100	4310	3570	4080	3990	1.738	1.441	1.646	1.608
85	4620	4040	4390	4350	1.583	1.384	1.504	1.490

Unkorrigierte Werte für die magnetische Anisotropie $\chi_1-\chi_2$ und $\chi_1-\chi_3$, gemessen im horizontalen homogenen Magnetfeld mit b- oder a-Achse vertikal, in 10^{-6} cm^3/mol:

T in K . . .	300	280	260	240	220	200	180	160	140	120	100	85
$\chi_1-\chi_2$ . .	449	494	537	582	625	670	713	759	799	799	738	681
$\chi_1-\chi_3$ . .	59	81	100	121	140	161	180	206	238	241	227	229

χ_1 bildet mit der c-Achse den Winkel $\Psi=52.7°$ (berechneter Wert: 52.4°) und χ_2 mit der a-Achse im gesamten Temperaturbereich den Winkel $\Theta=-24.4°$ [16]. Ältere Angaben zur magnetischen Anisotropie s. bei Krishnan, Mookherji [22], Krishnan u.a. [23], Krishnan, Mookherji [24].

Literatur:

[1] N.V. Podberezskaya, S.V. Borisov (Zh. Strukt. Khim. **17** [1976] 186/8; J. Struct. Chem. [USSR] **17** [1976] 164/5). – [2] V.I. Iveronova, V.P. Tarasova, M.M. Umanskij (Izv. Akad. Nauk SSSR Ser. Fiz. **15** [1951] 164/9; C.A. **1951** 8841). – [3] Structure Reports, Bd. 15, 1951, S. 248. – [4] E.G. Sherry (J. Solid State Chem. **19** [1976] 271/9). – [5] M.M. Umanskij, S.S. Kvitka (Izv. Akad. Nauk SSSR Ser. Fiz. **15** [1951] 147/56; C.A. **1951** 8874).

[6] W.H. Zachariasen (J. Chem. Phys. **3** [1935] 197/8). – [7] J. Blandin, J. Loriers (Compt. Rend. **236** [1953] 1885/7). – [8] V.M. Malhotra, H.D. Bist, G.C. Upreti (Chem. Phys. Letters **48** [1977] 334/9). – [9] J.M.D. Coey (J. Inorg. Nucl. Chem. **38** [1976] 1139/40). – [10] J.E. Ahlberg, E.R. Blanchard, W.O. Lundberg (J. Chem. Phys. **5** [1937] 552/6).

[11] J.C. Barnes, H. Pincott (AD-627221 [1965] 1/162, 118; C.A. **65** [1966] 9947). – [12] J.C. Barnes, H. Pincott (J. Chem. Soc. A **1966** 842/5). – [13] J.E. Ahlberg, S. Freed (J. Am. Chem. Soc. **57** [1935] 431/7). – [14] R.H. Schumm, D.D. Wagman, S. Bailey, W.H. Evans, V.B. Parker (NBS-TN-270-7 [1973] 40). – [15] S. Freed (J. Am. Chem. Soc. **52** [1930] 2702/12).

[16] A. Mookherji (Indian J. Phys. **23** [1949] 445/52). – [17] F.H. Spedding (J. Am. Chem. Soc. **54** [1932] 2593/7). – [18] P.W. Selwood (J. Am. Chem. Soc. **56** [1934] 2392/4). – [19] C.J. Rodden (J. Am. Chem. Soc. **56** [1934] 648/9). – [20] B. Cabrera (J. Chim. Phys. **36** [1939] 117/29, 121).

[21] G. Foëx (Sci. Rept. Tohoku Univ. Honda Anniversary Vol. **1936** 259/70, 262; C.A. **1937** 4550). – [22] K.S. Krishnan, A. Mookherji (Phil. Trans. Roy. Soc. [London] A **237** [1938/39] 135/59, 138, 143). – [23] K.S. Krishnan, A. Mookherji, A. Bose (Phil. Trans. Roy. Soc. [London] A **238** [1939/40] 125/48, 145). – [24] K.S. Krishnan, A. Mookherji (Nature [London] **140** [1937] 549). – [25] R.L. Montgomery, T.D. Hubert (U.S. Bur. Mines Rept. Invest. Nr. 5525 [1959] 1/8; C.A. **1960** 4134).

[26] G.S. Bogle, V. Heine (Proc. Phys. Soc. [London] A **67** [1954] 734/6). – [27] G.S. Bogle, H.F. Symmons (Proc. Phys. Soc. [London] **79** [1962] 775/86).

28.7.5.7.2.2.3 Chemisches Verhalten

Chemical Reactions

Zur Löslichkeit des 8-Hydrats in H_2O zwischen 25 und 125 °C s. S. 147. Die Lösungswärme in wäßrigem H_2SO_4 bei 25 °C beträgt -3.4 ± 0.4 kcal/mol, Montgomery, Hubert [1]. $Sm_2(SO_4)_3 \cdot 8H_2O$ bildet mit Alkalisulfaten Doppelsulfate, s. unter 28.8, S. 197. In den wäßrigen Systemen mit $CS(NH_2)_2$, $CSe(NH_2)_2$, CH_3CONH_2 bei 30 °C treten keine Verbindungen auf, mit $CO(NH_2)_2$ entsteht $Sm_2(SO_4)_3 \cdot 7CO(NH_2)_2$, Sopueva u.a. [2].

Literatur:

[1] R.L. Montgomery, T.D. Hubert (U.S. Bur. Mines Rept. Invest. Nr. 5525 [1959] 1/8; C.A. **1960** 4134). – [2] A.A. Sopueva, K. Sulaimankulov, K. Nogoev (Zh. Neorgan. Khim. **19** [1974] 1666/72; Russ. J. Inorg. Chem. **19** [1974] 907/10).

28.7.5.7.2.3 $Sm_2(SO_4)_3 \cdot nH_2O$ mit $n \leqq 7$

Nach Löslichkeitsuntersuchungen im System $Sm_2(SO_4)_3$-H_2O zwischen 25 und 350 °C tritt oberhalb 125 °C vermutlich ein Hydrat mit 5 oder 1 H_2O auf und auch in H_2SO_4-saurer Lösung wird zwischen 150 und 250 °C ein Hydrat mit weniger als $8H_2O$ beobachtet, s. S. 147/8, Marshall, Slusher [1].

Beim Erhitzen von 1 g-Proben $Sm_2(SO_4)_3 \cdot 7H_2O$ mit 2.5 K/min im Luftstrom bilden sich bei 135, 195 und 250 °C die 6-, 4- bzw. 2-Hydrate. $Sm_2(SO_4)_3 \cdot 2H_2O$ geht bei 395 °C langsam in $Sm_2(SO_4)_3$ über. Bei >800 °C erfolgt Zersetzung zu $Sm_2O_2SO_4$, das zwischen 985 und 1140 °C stabil ist. Bei <1310 °C entsteht Sm_2O_3, Wilfong u.a. [2]. Bildung von $Sm_2(SO_4)_3$ bei >400 °C, von $Sm_2O_2SO_4$ bei >1000 °C und von Sm_2O_3 bei >1340 °C, Stecura [3].

Literatur:

[1] W.L. Marshall, R. Slusher (J. Inorg. Nucl. Chem. **37** [1975] 2171/6). – [2] R.L. Wilfong, L.P. Domingues, L.R. Furlong (J. Am. Ceram. Soc. **47** [1964] 240/1; BM-RI 6060 [1962] 1/18, 16). – [3] S. Stecura (U.S. Bur. Mines Rept. Invest. Nr. 6616 [1965] 1/47, 7; C.A. **64** [1966] 16736).

Aqueous $Sm_2(SO_4)_3$ Solutions

28.7.5.7.2.4 Wäßrige $Sm_2(SO_4)_3$-Lösungen

Bei Untersuchungen an gesättigten $Sm_2(SO_4)_3$-Lösungen in verdünntem H_2SO_4 bei 150 bis 250 °C wird unter Verwendung der erweiterten Debye-Hückel-Theorie angenommen, daß sich $Sm_2(SO_4)_3$ bei höherer Temperatur vorwiegend wie ein 2,2-Elektrolyt verhält und $Sm_2(SO_4)_2^{2+}$- und SO_4^{2-}-Ionen in der Lösung auftreten, Marshall, Slusher [1]. Aus der Ultraschallabsorption an wäßrigen 0.009 bis 0.022 M Lösungen der Ionenstärke 0.5 und 0.75 mol/l ($NaClO_4$) wird auf $SmSO_4^+$-Bildung geschlossen, Farrow, Purdie [2]. $Sm_2(SO_4)_3$-Kriställchen richten sich unter dem Einfluß eines Magnetfelds in der gesättigten wäßrigen Lösung mit ihrer größten Ausdehnung quer zur Feldrichtung aus und können so von den $Nd_2(SO_4)_3$-Kristallen abgetrennt werden, die sich parallel zur Feldrichtung einstellen, Blandin, Loriers [3]. $Sm_2(SO_4)_3$-Lösungen in wäßriger Essigsäure lassen sich elektrolytisch zu Sm^{II} reduzieren, s. S. 146, Penneman, Asprey [4]. Bei Zusatz von NaOH zur wäßrigen $Sm_2(SO_4)_3$-Lösung bildet sich bei 25 °C und $NaOH:Sm^{3+}=2.25$ das basische $Sm(OH)_2(SO_4)_{0.5}$ nach pH-, Leitfähigkeits- und Löslichkeitsmessungen, Mironov, Polyashov [5].

Literatur:

[1] W.L. Marshall, R. Slusher (J. Inorg. Nucl. Chem. **37** [1975] 2171/6). – [2] M.M. Farrow, N. Purdie (Inorg. Chem. **13** [1974] 2111/6). – [3] J. Blandin, J. Loriers (Compt. Rend. **236** [1953] 1885/7). – [4] R.A. Penneman, L.B. Asprey (Proc. Intern. Conf. Peaceful Uses At. Energy, Geneva 1955, Bd. 7, S. 355/62; C.A. **1956** 14419). – [5] N.N. Mironov, I.M. Polyashov (Zh. Neorgan. Khim. **13** [1968] 922/6; Russ. J. Inorg. Chem. **13** [1968] 485/7).

Europium Sulfates

28.7.5.8 Europiumsulfate

Ergänzende Angaben zu $EuSO_4$ s. unter 28.7.1, S. 33, zu $Eu_2(SO_4)_3$ s. unter 28.7.2, S. 33, zu $Eu_2(SO_4)_3 \cdot nH_2O$ s. unter 28.7.3, S. 43, zu wäßrigen $Eu_2(SO_4)_3$-Lösungen s. unter 28.7.4, S. 56.

Europium(II) Sulfate

28.7.5.8.1 Europium(II)-sulfat $EuSO_4$

Formation. Preparation

28.7.5.8.1.1 Bildung und Darstellung

Die Darstellung erfolgt aus $EuCl_2$ und 3 N H_2SO_4, wobei zwei Modifikationen, α und β, auftreten, McCoy [1]. Bei der Reduktion von salzsaurer $EuCl_3$-Lösung mit Zn-Amalgam (1% Hg-haltig) im Jones-Reduktor und Einleiten in 8 N H_2SO_4 unter Luftabschluß entsteht büscheliges weißes α-$EuSO_4$, das mit 0.1 N HCl gewaschen wird. Beim Erhitzen auf 80 °C unter CO_2 bildet sich die weiße stabile dichtere β-Form. Nach dem Abkühlen wird filtriert (eine CO_2-Atmosphäre ist nicht mehr erforderlich), mit verdünntem HCl und HCl-haltigem CH_3OH gewaschen und bei 75 °C an der Luft getrocknet, Cooley u.a. [2], s. auch Bamburov u.a. [3].

Die Bildung von $EuSO_4$, wenn eine Sm-, Gd- und Eu-haltige Acetatlösung mit Natriumamalgam geschüttelt und das Amalgam mit einem Essigsäure-Schwefelsäure-Gemisch zersetzt wird, dient zur Trennung des Eu von Gd und weitgehend auch von Sm, Marsh [4], s. „Seltenerdelemente" B 2, 1976, S. 52/3. Das $EuSO_4$ wird hergestellt, indem $EuCl_3$ in verdünntem HCl mit metallischem Zn in Ar-Atmosphäre (1 h) reduziert, mit 0.1 M H_2SO_4 ausgefällt und 1 h bei 70 °C unter Ar digeriert, anschließend mit Wasser (3mal) und Aceton (2mal) gewaschen und an der Luft getrocknet wird, Asprey u.a. [5]. Darstellung analog $SmSO_4$ (s. S. 146) aus $Eu_2(SO_4)_3$ in wäßrig-essigsaurer Lösung durch elektrolytische Reduktion [5]. Die Elektrolyse eines 1:2-Gemischs aus $Eu(CH_3COO)_3$

und Kaliumcitrat an Hg-Kathode mit 0.05 A/cm^2 Kathodenstromdichte bei pH≧6 und 0 bis 5 °C und anschließende Zersetzung des Eu-Amalgams mit heißem 0.194 N H_2SO_4 empfehlen Sklyarenko, Stroganova [6]. Das $EuSO_4$ wird abgetrennt [6], mit Alkohol, Aceton und Äther gewaschen und in N_2-Atmosphäre bis zur Gewichtskonstanz getrocknet, Sklyarenko u.a. [11].

Elektrolyse in Gegenwart von H_2SO_4 unter Verwendung einer Hg-Kathode (eine amalgamierte Pb-Kathode eignet sich weniger), Waschen mit Alkohol und Äther, Trocknen bei 65 °C, Selwood [7]. Ähnliches Verfahren s. bei Brukl [8] und Kapfenberger [9]. Bildung bei der Reduktion von $Eu_2(SO_4)_3$ in gereinigtem, trocknem, O_2- und CO_2-freiem CO bei 534 bis 590 °C als Zwischenstufe, Surgutskii, Serebrennikov [10].

Literatur:

[1] H.N. McCoy (J. Am. Chem. Soc. **58** [1936] 1577/80). – [2] R.A. Cooley, D.M. Yost, H.W. Stone (Inorganic Synthesis, Bd. 2, New York-London 1946, S. 69/73). – [3] V.G. Bamburov, N.I. Ignat'eva, A.A. Ivakin (Izv. Akad. Nauk SSSR Neorgan. Materialy **3** [1967] 668/72; Inorg. Materials [USSR] **3** [1967] 587/91). – [4] J.K. Marsh (J. Chem. Soc. **1943** 531/5). – [5] L.B. Asprey, F.H. Ellinger, E. Staritzky (Proc. 3rd Conf. Rare Earth Res., Clearwater, Fla., 1963 [1964], S. 11/20, 12/3).

[6] Yu.S. Sklyarenko, N.S. Stroganova (Zh. Neorgan. Khim. **10** [1965] 647/52; Russ. J. Inorg. Chem. **10** [1965] 348/51). – [7] P.W. Selwood (J. Am. Chem. Soc. **55** [1933] 4869/75, 4871). – [8] A. Brukl (Angew. Chem. **49** [1936] 159/61). – [9] W. Kapfenberger (Z. Anorg. Allgem. Chem. **238** [1938] 273/86, 277). – [10] V.P. Surgutskii, V.V. Serebrennikov (Zh. Neorgan. Khim. **11** [1966] 33/8; Russ. J. Inorg. Chem. **11** [1966] 17/20).

[11] Yu.S. Sklyarenko, N.S. Stroganova, V.I. Ivanov (Zh. Neorgan. Khim. **10** [1965] 2209/14; Russ. J. Inorg. Chem. **10** [1965] 1203/6).

28.7.5.8.1.2 Physikalische Eigenschaften

Physical Properties

Kristallographische Eigenschaften

Nach den Angaben auf S. 154 sowie bei McCoy [7] existiert $EuSO_4$ in einer α-Form, die bereits <40 °C [7] und nach [23] vermutlich sogar bei Raumtemperatur in eine stabile β-Form übergeht. Die α-Form wird später weder an elektrolytisch aus $Eu_2(SO_4)_3$ dargestellten noch an durch Reaktion salzsaurer $EuCl_3$-Lösungen mit Zn erhaltenen Proben festgestellt, Asprey u.a. [3]. Eine Phasenumwandlung wird zwischen Raumtemperatur und 500 °C auch nicht beobachtet, Sklyarenko u.a. [1].

$EuSO_4$ ist nach Röntgen-Pulveraufnahmen orthorhombisch, isomorph mit $SrSO_4$ [1] und $BaSO_4$ [3]. Raumgruppe Pnma$-D_{2h}^{16}$; Z=4 und a=8.364±0.003, b=5.356±0.004, c=6.871±0.003 Å, Sklyarenko u.a. [1], Ivanov [2]; a=8.382±0.002, b=5.333±0.001, c=6.870±0.002 Å, Asprey u.a. [3]; a=8.333, b=5.326, c=6.861 Å, Mayer u.a. [4]; a=8.46, b=5.37, c=6.90±0.02 Å, Pauling [5], an einer vermutlich verunreinigten Probe [1]. Netzebenenabstände und beobachtete Intensitäten s. in den Originalen [1] und [4].

Mössbauer-Spektrum. Bindung

Von den untersuchten 2wertigen Eu-Verbindungen (beispielsweise EuF_2 und $EuCl_2$) ist $EuSO_4$ am meisten ionisch (58%) und hat die größte Isomerieverschiebung im Mössbauer-Spektrum, Gerth u.a. [14], Ehnholm u.a. [13], ist jedoch trotzdem nicht notwendigerweise der reinen $4f^7$-Konfiguration am nächsten. Die kovalenten 5d- und 6s-Beimischungen werden allerdings als gering erachtet, Ehnholm u.a. [13].

Im Mössbauer-Spektrum werden folgende Isomerieverschiebungen δ beobachtet (E_M = Resonanzenergie, T_A = Temperatur des Absorbers, R.T. = Raumtemperatur):

Isotop	E_M in keV	Quelle	T_A in K	δ in mm/s	bezogen auf	Lit.
^{151}Eu	21.6	^{151}Sm in SmF_3	R.T.	-14.3 ± 0.8	EuF_3	[11, 12]
^{151}Eu	21.6	^{151}Sm in Sm_2O_3	0.054	-14.5 ± 0.1	Eu^{3+} in Sm_2O_3	[13]
^{151}Eu	21.6	–	R.T.	-14.57 ± 0.10	Eu_2O_3 [a)]	[14]
^{151}Eu	21.6	^{151}Sm in Sm_2O_3	4.2	-14.61 ± 0.10	Eu_2O_3	[15]
^{151}Eu	21.6	^{151}Eu in Eu_2O_3	20	-15 ± 1	Eu_2O_3	[17]
^{151}Eu	21.6	^{151}Eu in Eu_2O_3	–	-15.1 ± 0.3	Eu_2O_3	[19]
^{151}Eu	21.6	^{151}Sm in Sm_2O_3	4.2	-14.64 ± 0.10	Eu_2O_3	[20]
^{153}Eu	97	^{153}Gd in Gd_2O_3	4.2	15.0 ± 1.5	Eu_2O_3	[20]
^{153}Eu	97	^{153}Gd in Gd_2O_3	20	15.3 ± 1.5	Eu_2O_3	[16]
^{153}Eu	97	^{153}Gd in Gd_2O_3	20	≈ 17	Eu_2O_3	[18]
^{153}Eu	103	^{153}Sm in Sm_2O_3	4.2	17.53	Eu_2O_3	[15, 20]
^{153}Eu	103	^{153}Gd in Gd_2O_3	20	18.0 ± 1.0	Eu_2O_3	[16]

a) Monoklines Eu_2O_3.

Aus der Struktur der Mössbauer-Linien <1 K wird geschlossen, daß gleichzeitig Quadrupolwechselwirkung und magnetische Hyperfeinaufspaltung vorliegt. Der Übergang zu magnetischer Ordnung liegt bei 0.43 ± 0.05 K. Die Quadrupolkopplungskonstante e^2qQ beträgt 200 ± 20 MHz, das Magnetfeld am Kernort des ^{151}Eu bei 0 K 324 ± 2 kG. Es wird aus seiner Temperaturabhängigkeit, die der Brillouin-Funktion mit $S = {}^7/_2$ folgt, extrapoliert. Sowohl unterhalb als auch oberhalb der magnetischen Ordnungstemperatur (bis etwa 0.51 K untersucht) weist das Spektrum beträchtliche Relaxationseffekte auf, Ehnholm u.a. [13], s. auch Kalvius u.a. [21].

Mechanische und thermische Eigenschaften

Röntgenographisch ermittelte Dichte D in g/cm^3: D = 5.409 [4], 5.38 [1], 5.22 [3, 5]. Experimentell ermittelte Werte: D = 4.985 [5], 4.98 [6] und 5.44 [4]. Die unterschiedlichen Werte beruhen vermutlich auf der unterschiedlichen Probenreinheit.

Die Debye-Temperatur $\Theta = 129 \pm 5$ K wird aus dem Mössbauer-Spektrum abgeleitet, Atzmony, Ofer [18].

Magnetische Eigenschaften

Zwischen 83 und 343 K gemessene paramagnetische Molsuszeptibilität χ, Selwood [8]:

T in K	83	153	223	293	343
$10^6 \chi$ in cm^3/mol	87630	48430	33580	25730	21950

Die Werte sind anschließend vermutlich falsch (mit -67×10^{-6} cm^3/mol [8]) diamagnetisch korrigiert s. Landolt-Börnstein [22]. Die Atomsuszeptibilität genügt dem Curie-Weiß-Gesetz $\chi(T-\Theta)=C$ mit der paramagnetischen Curie-Temperatur $\Theta=-4$ K und der Curie-Konstanten C=7.64 $cm^3\cdot K$/mol Eu^{3+}, Selwood [8], s. auch Hughes, Pearce [9].

$EuSO_4$ ist bei sehr tiefen Temperaturen magnetisch geordnet [21], und zwar wird bei 0.43 ± 0.05 K Übergang zum Antiferromagnetismus vermutet [13], s. auch McGuire u.a. [10].

Optische Eigenschaften

Die farblosen, prismatischen Kristalle haben die Brechungszahlen $n_x=1.666$, $n_z=1.670$ und zeigen parallele Auslöschung [3].

Literatur:

[1] Yu.S. Sklyarenko, N.S. Stroganova, V.I. Ivanov (Zh. Neorgan. Khim. **10** [1965] 2209/14; Russ. J. Inorg. Chem. **10** [1965] 1203/6). – [2] V.I. Ivanov (Sovrem. Metody Anal. **1965** 50/8; C.A. **64** [1966] 9019). – [3] L.B. Asprey, F.H. Ellinger, E. Staritzky (Proc. 3rd Conf. Rare Earth Res., Clearwater, Fla., 1963 [1964], S. 11/20; LADC-5566 [1963] 1/9; N.S.A. **17** [1963] Nr. 15950). – [4] I. Mayer, F. Levy, A. Glasner (Acta Cryst. **17** [1964] 1071/2). – [5] L. Pauling (in: H.N. McCoy, J. Am. Chem. Soc. **59** [1937] 1131/4).

[6] V.G. Bamburov, N.I. Ignat'eva, A.A. Ivakin (Izv. Akad. Nauk SSSR Neorgan. Materialy **3** [1967] 668/72; Inorg. Materials [USSR] **3** [1967] 587/91). – [7] H.N. McCoy (J. Am. Chem. Soc. **61** [1939] 2455/6). – [8] P.W. Selwood (J. Am. Chem. Soc. **55** [1933] 4869/75, 4871). – [9] G. Hughes, D.W. Pearce (J. Am. Chem. Soc. **55** [1933] 3277/9). – [10] T.R. McGuire, B.E. Argyle, M.W. Shafer, J.S. Smart (Appl. Phys. Letters **1** [1962] 17/8).

[11] S. Hüfner, P. Kienle, D. Quitmann, P. Brix (Z. Physik **187** [1965] 67/84, 71). – [12] W. Henning, S. Hüfner, P. Kienle, D. Quitmann, E. Steichele (Tech. Rept. Ser. Intern. At. Energy Agency Nr. 50 [1967] 173/8; C.A. **65** [1966] 6576). – [13] G.J. Ehnholm, T.E. Katila, O.V. Lounasmaa, P. Reivari, G.M. Kalvius, G.K. Shenoy (Z. Physik **235** [1970] 289/307). – [14] G. Gerth, P. Kienle, K. Luchner (Phys. Letters A **27** [1968] 557/8). – [15] E. Steichele, S. Hüfner, P. Kienle (Phys. Letters **21** [1966] 220/2).

[16] U. Atzmony, S. Ofer (Phys. Letters **14** [1965] 284/5). – [17] I. Nowik, S. Ofer (Rev. Mod. Phys. **36** [1964] 392). – [18] U. Atzmony, S. Ofer (Phys. Rev. **145** [1966] 915/7). – [19] F.A. Deeney, J.A. Delanoy, V.P. Ruddy (Phys. Letters A **25** [1967] 370/1). – [20] E. Steichele (Z. Physik **201** [1967] 331/49, 339, 343, 346).

[21] G.M. Kalvius, G.K. Shenoy, G.J. Ehnholm, T.E. Katila, O.V. Lounasmaa, P. Reivari (Phys. Rev. **187** [1969] 1503/5). – [22] Landolt-Börnstein, 6. Aufl., Bd. 2, Tl. 9, 1962, S. 3-201. – [23] H.N. McCoy (J. Am. Chem. Soc. **58** [1936] 1577/80).

28.7.5.8.1.3 Chemisches Verhalten

Chemical Reactions

Das umstrittene α-$EuSO_4$ (s. S. 155) ist in 3N H_2SO_4 gut löslich und unterscheidet sich darin vom β-$EuSO_4$, McCoy [12], s. auch Cooley u.a. [13]. Die folgenden Angaben gelten für β-$EuSO_4$.

Verhalten beim Erhitzen

$EuSO_4$ ist sehr stabil, McCoy [1]. In trocknem Zustand ist es an der Luft nach 56 d noch nicht oxidiert und nach 143 d hat das 2wertige Eu nur um 3% abgenommen, McCoy

[12]. Nach röntgenographischen und thermischen Untersuchungen ist es zwischen 25 und 550 °C stabil. Oberhalb 550 °C beginnt die Oxidation zu Eu^{III} fast gleichzeitig mit der Bildung von $Eu_2O_2SO_4$, Ivanov [2]. In Luft laufen folgende Reaktionen ab:

$$2\,EuSO_4 \xrightarrow[+0.5\,O_2]{\approx 550\,°C} Eu_2O(SO_4)_2 \xrightarrow[-SO_3]{\approx 750\,°C} Eu_2O_2SO_4.$$

Endprodukt der thermischen Zersetzung ist Eu_2O_3 (thermogravimetrisch mit 2 bis 3 K/min Erhitzungsgeschwindigkeit untersucht), Sklyarenko u.a. [3]. Nach analogen Untersuchungen mit 20 bis 25 K/min im Vakuum bildet sich $Eu_2O_2SO_4$ bei 750 bis 870 °C und oberhalb 1 000 °C entsteht Eu_2O_3, Bamburov u.a. [4].

Verhalten gegen H_2 und CO

In H_2-Atmosphäre läuft bei 700 bis 1000 °C die Reaktion $2\,EuSO_4 + 7\,H_2 \rightarrow Eu_2O_2S + H_2S + 6\,H_2O$ ab. Dabei sind die Reaktionsprodukte bei 700 °C hellgelb, bei 900 °C rosa, bei 1000 °C lila, bei 1250 °C violett und darüber schwarz durch Sulfidbildung, Bamburov u.a. [4].

Bei der Reduktion von $Eu_2(SO_4)_3$ mit CO als Zwischenprodukt gebildetes $EuSO_4$ reagiert mit CO nach $2\,EuSO_4 + 4\,CO \rightarrow Eu_2O_2S + SO_2 + 4\,CO_2$ bei >534 °C, Surgutskii, Serebrennikov [10, 11]. Die Reaktion läßt sich durch die Erofeev-Gleichung $\alpha = 1 - \exp(-k\,t^n)$ beschreiben mit lg k = −1.70, −1.18, −0.88, −0.35 und n = 2.30, 250, 2.35, 2.40 bei 534, 543, 570 bzw. 590 °C; Aktivierungsenergie = 67.4 kcal/mol, Surgutskii, Serebrennikov [10].

Löslichkeit

Die Verbindung löst sich schlecht in Wasser und Säuren, McCoy [1, 5]. Die Löslichkeit S in H_2O bei 25 °C beträgt 3.83×10^{-5} mol/l; sie steigt mit der Temperatur zwischen 0 und 100 °C an. Diese Angaben beruhen auf dem elektrochemisch bestimmten Löslichkeitsprodukt von 1.5×10^{-9}, 5.14×10^{-9} bzw. 10.65×10^{-9} mol²/l² bei 25, 48 und 69 °C, Koz'min u.a. [6]. S = 1.08×10^{-4} mol/l bei 25 °C, Hata, Hosoe [7]. S = 7.45×10^{-5} mol/l (= 0.0185 g/l) bei 20 °C, Sklyarenko, Stroganova [8]. Beim Auflösen von $EuSO_4$ in HNO_3 wird es oxidiert, die gleiche Wirkung haben auch Cl, Br, $HBrO_3$ und andere Oxidationsmittel, McCoy [12]. In wäßrigem H_2SO_4 sinkt S bei 25 °C zwischen pH = 4 und 2 und bleibt bei pH = 2 bis 0 konstant. In wäßrigem HCl oder $HClO_4$ ist S zwischen pH = 4 und 2 konstant und steigt dann bis pH = 0 an. In wäßriger NaCl-Lösung beträgt $10^4 \cdot S$ = 2.54, 1.78 bzw. 1.08 mol/l bei 5×10^{-2}, 10^{-2} und 0 mol NaCl/l bei 25 °C [7]. In 0.1 N KCl ist die Löslichkeit etwa das 3- bis 3.5fache, in 1 N KCl das 15fache gegenüber (KCl-freiem) H_2O. Das Löslichkeitsprodukt in 10^{-7} mol²/l² beträgt 2.40, 5.00 bzw. 6.38 bei 24, 45 und 54 °C in 1 N KCl [6]. In gesättigter $Eu_2(SO_4)_3$-Lösung lösen sich 0.19 g/l $EuSO_4$. Die Löslichkeit ist in MCl_3-Lösungen besser als in $M(CH_3COO)_3$-Lösungen, Marsh [9].

Wäßrige $EuSO_4$-Lösung

Die gesättigte, den $EuSO_4$-Niederschlag enthaltende wäßrige Lösung wird an der Luft besonders schnell innerhalb der ersten Stunde oxidiert, und es entstehen 22 mg 3wertiges Eu je 100 ml Lösung. Dann geht die Oxidation langsamer weiter (untersucht bis 90 d). Ein dynamisches Gleichgewicht zwischen beiden Wertigkeitsstufen wird nicht angenommen. In Ar- oder N_2-Atmosphäre werden nur innerhalb des ersten Tages durch vorhandene O_2-Spuren 1.6 mg Eu^{3+} gebildet, dann bleibt der Wert bis 284 d konstant bei etwa 2 mg Eu^{3+}/100 ml Lösung [8].

Durch Umsetzung von $EuSO_4$ mit einer siedenden Lösung, die 1 N an Na_2CO_3 und 0.4 N an NaOH ist, entsteht $EuCO_3$, Cooley u.a. [13].

Literatur:

[1] H.N. McCoy (J. Am. Chem. Soc. **61** [1939] 2455/6). – [2] V.I. Ivanov (Sovrem. Metody Anal. **1965** 50/8; C.A. **64** [1966] 9019). – [3] Yu.S. Sklyarenko, N.S. Stroganova, V.I. Ivanov (Zh. Neorgan. Khim. **10** [1965] 2209/14; Russ. J. Inorg. Chem. **10** [1965] 1203/6). – [4] V.G. Bamburov, N.I. Ignat'eva, A.A. Ivakin (Izv. Akad. Nauk SSSR Neorgan. Materialy **3** [1967] 668/72; Inorg. Materials [USSR] **3** [1967] 587/91). – [5] H.N. McCoy (J. Am. Chem. Soc. **59** [1937] 1131/4).

[6] Yu.A. Koz'min, L.P. Shul'gin, V.D. Ponomarev (Zh. Neorgan. Khim. **9** [1964] 2532/5; Russ. J. Inorg. Chem. **9** [1964] 1367/9). – [7] S. Hata, M. Hosoe (Mem. Defense Acad. Math. Phys. Chem. Eng. [Yokosuka, Japan] **12** [1972] 53/8; C.A. **78** [1973] Nr. 8405). – [8] Yu.S. Sklyarenko, N.S. Stroganova (Zh. Neorgan. Khim. **10** [1965] 647/52; Russ. J. Inorg. Chem. **10** [1965] 348/51). – [9] J.K. Marsh (J. Chem. Soc. **1943** 531/5). – [10] V.P. Surgutskii, V.V. Serebrennikov (Zh. Neorgan. Khim. **11** [1966] 33/8; Russ. J. Inorg. Chem. **11** [1966] 17/20).

(11] V.P. Surgutskii, V.V. Serebrennikov (Tr. Tomsk. Gos. Univ. **192** [1968] 78/80; C.A. **74** [1971] Nr. 27654). – [12] H.N. McCoy (J. Am. Chem. Soc. **58** [1936] 1577/80). – [13] R.A. Cooley, D.M. Yost, H.W. Stone (Inorganic Synthesis, New York-London 1946, S. 69/73).

28.7.5.8.2 Europium(III)-sulfate

Europium(III) Sulfates

28.7.5.8.2.1 $Eu_2(SO_4)_3$

Bildung und Darstellung

Zur Darstellung wird das Oxid mit einem geringen Überschuß an verdünntem H_2SO_4 gelöst. Beim Eindampfen kristallisiert das Hydrat aus, das bei 100 °C getrocknet und dann auf 650 °C bis zur Gewichtskonstanz erhitzt wird, Bamburov u.a. [1], s. auch Surgutskii, Serebrennikov [2]. Das $Eu_2(SO_4)_3$ entsteht bei der Entwässerung des Octahydrats bei 232 bis 300 °C, Zaitseva u.a. [13], bei 765 °C aus $LiEu(SO_4)_2$ in peritektischer Reaktion, Volk u.a. [3, 4], beim thermischen Abbau von $NaEu(SO_4)_2 \cdot H_2O$ bei 715 bis 750 °C, Zaitseva u.a. [5], oder von $NH_4Eu(SO_4)_2 \cdot 4H_2O$ bei 575 °C, Il'yashenko u.a. [6], und von $RbEu(SO_4)_2$ bei 765 bis 785 °C, Zaitseva u.a. [7].

Physikalische Eigenschaften

Bei der Entwässerung von $Eu_2(SO_4)_3 \cdot 8H_2O$ bei 232 bis 300 °C gebildetes $Eu_2(SO_4)_3$ ist kubisch. Für die Pseudozelle wird $a = 6.63 \pm 0.01$ Å angegeben. Zwischen 320 und 350 °C bildet sich eine neue Modifikation aus, die zuerst feindispers ist und bei 405 °C kristallisiert vorliegt. Diese Phase ist bis ≈600 °C stabil. Eine weitere Modifikation existiert bei 700 °C. Relative Intensitäten und Netzebenenabstände bei 450 und 700 °C s. Original [13], s. auch [6]. Für die später identifizierte monokline sogenannte β-Phase (s. unter 28.7.2.2, S. 35) werden keine Angaben zu ihrer Herstellungstemperatur gemacht. Nach thermischen Untersuchungen entwickelt sich die Kristallstruktur von $Eu_2(SO_4)_3$ beim Erhitzen äquimolarer Gemische aus Li_2SO_4 und $Eu_2(SO_4)_3 \cdot 8H_2O$ bei 412 °C, wobei die Gegenwart des Li_2SO_4 keimbildend wirkt [3].

Die Isomerieverschiebung δ der 21.6-keV-γ-Linie von ^{151}Eu im Mössbauer-Spektrum bei Raumtemperatur beträgt $\delta = -0.58(6)$ mm/s gegen Eu_2O_3 (gemessen mit ^{151}Sm in

Sm_2O_3); die Linienbreite ist 2.75±0.06 mm/s, Gupta u.a. [15]. Aus dem unter ähnlichen Bedingungen (gegen monoklines Eu_2O_3) gemessenen Wert $\delta = -0.54 \pm 0.02$ mm/s wird eine Ionizität von ≈42% abgeleitet, Gerth u.a. [16]. Eine Erklärung für den stark abweichenden Wert $\delta = -0.79 \pm 0.04$ mm/s von Deeney u.a. [17] (Quelle: ^{151}Eu in Eu_2O_3; bezogen auf Eu_2O_3) wird später nicht gegeben. Unter der Annahme, daß 4f-Elektronen zur kovalenten Bindung beitragen wird daraus auf ≈5% Kovalenz geschlossen [17].

Wärmekapazität C_p (in $cal \cdot mol^{-1} \cdot K^{-1}$) = (65.4±0.4) + (0.0070±0.0006)·T nach kalorimetrischen Untersuchungen zwischen 298 und 700 K, Akhachinskii, Il'yashenko [12].

Die Atomsuszeptibilität $\chi \approx 5500 \times 10^{-6}$ cm^3/mol Eu^{3+} bei 293 K errechnet sich aus den Angaben bei Cabrera, Duperier [9]. Die Relativwerte der Atomsuszeptibilität bei 20, 80, 196 und 356 K betragen: 1.29, 1.29, 1.16 bzw. 0.83 des Werts bei 273 K. Die entsprechende χ,T-Kurve weicht unterhalb von ≈200 K von der Van Vleck-Kurve ab, welche mit der Abschirmkonstante $\sigma = 33$ berechnet wurde, Fritsch [8]. Nach Untersuchungen zwischen 293 und 673 K ist dem gewöhnlichen temperaturabhängigen Paramagnetismus ein temperaturunabhängiger konstanter Paramagnetismus (k) überlagert, so daß ein erweitertes Curie-Weiß-Gesetz $(\chi - k) \cdot (T - \Theta) = C$ gilt mit $\Theta = -101.9$ K, C = 1.651±0.011 $cm^3 \cdot K/mol$ Eu^{3+}, $k = 1116 \times 10^{-6}$ cm^3/mol Eu^{3+}. Daraus ergibt sich das magnetische Moment des Eu^{3+} zu $\mu = 18.06$ μ_W (≈3.64 μ_B), Cabrera, Duperier [9]. Aus den gleichen Daten wird später $k = 1112 \times 10^{-6}$ cm^3/mol Eu^{3+}, $\Theta = -100$ K und C = 1.629 $cm^3 \cdot K/mol$ Eu^{3+} von Foëx [10] bzw. C = 1.638 $cm^3 \cdot K/mol$ Eu^{3+} von Cabrera [14] abgeleitet.

Chemisches Verhalten

Bei der thermischen Zersetzung von $Eu_2(SO_4)_3$, welche über $Eu_2O_2SO_4$ zum Eu_2O_3 verläuft, genügt die Geschwindigkeitskonstante k der Beziehung $k = A \cdot \exp(-E/RT)$ mit E = 58±26 kcal/mol, $A = 7.1 \times 10^9$ min^{-1} in der ersten Zersetzungsstufe und E = 65±12 kcal/mol, $A = 2.8 \times 10^8$ min^{-1} in der zweiten Zersetzungsstufe für die Zersetzung an der Luft >870 °C, Nathans, Wendlandt [11].

Aus dem in peritektischer Reaktion aus $LiEu(SO_4)_2$ gebildeten $Eu_2(SO_4)_3$ entsteht bei 857 °C das Oxidsulfat $Eu_2O_2SO_4$ [3, 4]. Aus $NaEu(SO_4)_2 \cdot H_2O$ entstandenes $Eu_2(SO_4)_3$ geht bei 860 bis 905 °C in $Eu_2O_2SO_4$ über [5]. Die beim thermischen Abbau von $NH_4Eu(SO_4)_2 \cdot 4H_2O$ gebildete Verbindung geht erst bei 955 bis 970 °C ins Oxidsulfat über [6].

Die Reaktion mit H_2 zwischen 700 und 1000 °C verläuft nach $Eu_2(SO_4)_3 + 12H_2 \rightarrow Eu_2O_2S + 2H_2S + 10H_2O$. Obwohl 2wertiges Eu (in $EuSO_4$) nur bis etwa 750 °C beständig ist, kann es mit ESR-Untersuchungen noch bei 800 °C in den Reduktionsprodukten von $Eu_2(SO_4)_3$ nachgewiesen werden [1].

Mit CO (trocken, O_2- und CO_2-frei) reagiert $Eu_2(SO_4)_3$ bei 534 bis 590 °C in zwei Stufen zu Eu_2O_2S. Die Reduktion zu $EuSO_4$ (erste Stufe) genügt der Beziehung $\alpha = 1 - \exp(-kt^n)$ mit folgenden Werten für k und n:

t in °C . . .	534	553	570	590
lg k	−1.54	−1.17	−0.93	−0.41
n	2.62	2.52	2.62	2.48

Die Aktivierungsenergie ergibt sich zu 53.8 kcal/mol. Zum Verlauf der zweiten Reaktionsstufe s. S. 158, Surgutskii, Serebrennikov [2].

Löslichkeit

In H_2O lösen sich 25.6 g $Eu_2(SO_4)_3$/l bei 20 °C, Sklyarenko, Stroganova [18], 1.76 Gew.-% $Eu_2(SO_4)_3$ bei 25 °C, Barabash u.a. [19], und 2.60 Gew.-% $Eu_2(SO_4)_3$ bei 30 °C, Murzubraimov, Sulaimankulov [20]. Im Gleichgewicht mit der gesättigten Lösung steht als Bodenkörper das Octahydrat [19, 20]. Bei Zusatz von 1.09 Gew.-% K_2SO_4 erhöht sich die Löslichkeit bei 25 °C auf 2.01 Gew.-% $Eu_2(SO_4)_3$ [19], durch Zusatz von 30.62% Harnstoff auf 37.13 Gew.-% $Eu_2(SO_4)_3$ bei 30 °C. In Acetamid-haltiger wäßriger Lösung mit $\leq$71.85 Gew.-% CH_3CONH_2 löst sich $Eu_2(SO_4)_3$ weniger als in H_2O [20].

Literatur:

[1] V.G. Bamburov, N.I. Ignat'eva, A.A. Ivakin (Izv. Akad. Nauk SSSR Neorgan. Materialy **3** [1967] 668/72; Inorg. Materials [USSR] **3** [1967] 587/91). – [2] V.P. Surgutskii, V.V. Serebrennikov (Tr. Tomsk. Gos. Univ. **192** [1968] 78/80; C.A. **74** [1971] Nr. 27654; Zh. Neorgan. Khim. **11** [1966] 33/8; Russ. J. Inorg. Chem. **11** [1966] 17/20). – [3] V.I. Volk, L.L. Zaitseva, V.S. Il'yashenko, L.V. Lipis (Zh. Neorgan. Khim. **13** [1968] 2432/41; Russ. J. Inorg. Chem. **13** [1968] 1254/60). – [4] V.I. Volk, L.L. Zaitseva, V.S. Il'yashenko (Zh. Neorgan. Khim. **13** [1968] 2818/24; Russ. J. Inorg. Chem. **13** [1968] 1450/4). – [5] L.L. Zaitseva, V.S. Il'yashenko, M.I. Konarev, L.N. Konovalov, L.V. Lipis, N.T. Chebotarev (Zh. Neorgan. Khim. **12** [1967] 906/14; Russ. J. Inorg. Chem. **12** [1967] 477/81).

[6] V.S. Il'yashenko, A.I. Barabash, V.I. Volk, L.L. Zaitseva, M.I. Konarev, A.A. Kruglov, L.V. Lipis (Zh. Neorgan. Khim. **14** [1969] 1197/204; Russ. J. Inorg. Chem. **14** [1969] 627/31). – [7] L.L. Zaitseva, V.S. Il'yashenko, M.I. Konarev, L.N. Konovalov, L.V. Lipis, N.T. Chebotarev (Zh. Neorgan. Khim. **11** [1966] 1578/90; Russ. J. Inorg. Chem. **11** [1966] 843/50). – [8] H. Fritsch (Ann. Physik [5] **39** [1941] 31/2). – [9] B. Cabrera, A. Duperier (Compt. Rend. **188** [1929] 1640/2). – [10] G. Foëx (Sci. Rept. Tohoku Univ. Honda Anniversary Vol. **1936** S. 259/70, 262; C.A. **1937** 4550).

[11] M.W. Nathans, W.W. Wendlandt (J. Inorg. Nucl. Chem. **24** [1963] 869/79). – [12] V.V. Akhachinskii, V.S. Il'yashenko (Zh. Fiz. Khim. **49** [1975] 790/1; Russ. J. Phys. Chem. **49** [1975] 464/5). – [13] L.L. Zaitseva, V.S. Il'yashenko, M.I. Konarev, L.N. Konovalov, L.V. Lipis, N.T. Chebotarev (Zh. Neorgan. Khim. **10** [1965] 1761/70; Russ. J. Inorg. Chem. **10** [1965] 961/6). – [14] B. Cabrera (J. Chim. Phys. **36** [1939] 237/55, 241). – [15] D.K. Gupta, D.K. Sharma, K.B. Lal (Indian J. Pure Appl. Phys. **17** [1979] 546/8).

[16] G. Gerth, P. Kienle, K. Luchner (Phys. Letters A **27** [1968] 557/8). – [17] F.A. Deeney, J.A. Delaney, V.P. Ruddy (Phys. Letters A **25** [1967] 370/1). – [18] Yu.S. Sklyarenko, N.S. Stroganova (Zh. Neorgan. Khim. **10** [1965] 647/52; Russ. J. Inorg. Chem. **10** [1965] 348/51). – [19] A.I. Barabash, L.L. Zaitseva, V.S. Il'yashenko (Zh. Neorgan. Khim. **17** [1972] 2001/5; Russ. J. Inorg. Chem. **17** [1972] 1039/41). – [20] B. Murzubraimov, K. Sulaimankulov (Zh. Neorgan. Khim. **23** [1978] 2874/6; Russ. J. Inorg. Chem. **23** [1978] 1596/7).

28.7.5.8.2.2 $Eu_2(SO_4)_3 \cdot 8H_2O$

Bildung und Darstellung

Formation. Preparation

Die Verbindung fällt aus, wenn 25%ige $EuCl_3$-Lösung mit 12 N H_2SO_4 versetzt wird. Der Niederschlag wird abfiltriert, mit H_2O HCl- und H_2SO_4-frei gewaschen, abgesaugt und an der Luft bei Raumtemperatur getrocknet, Long, Degraff [1]. Zur Darstellung aus dem Oxid, wird dieses mit H_2SO_4 bei 350 °C versetzt, das Produkt bis zur Gewichtskonstanz bei 450 °C geglüht, in H_2O gelöst, das $Eu_2(SO_4)_3 \cdot 8\,H_2O$ mit Äthanol ausgefällt und an der Luft getrocknet, Zaitseva u.a. [2], s. auch Jura, Nathans [3], Hughes, Pearce [4].

Physical Properties

Physikalische Eigenschaften

Kristallographische Eigenschaften

$Eu_2(SO_4)_3 \cdot 8\,H_2O$ ist monoklin und isotyp mit $M_2(SO_4)_3 \cdot 8\,H_2O$ für M=Y, Pr bis Lu, s. unter 28.7.3.2.1, S. 45. Da die Kristalle Piezoelektrizität zeigen, ist die Raumgruppe $Cc-C_s^4$ (Nr. 9), Sherry [5], und die Angabe $C2/c-C_{2h}^6$ (Nr. 15) von Zaitseva u.a. [2] überholt; Z=4. Die Gitterkonstanten betragen a=13.566±0.003, b=6.781±0.001, c=18.334±0.004 Å und β=102°14′. Röntgen-Strichdiagramm s. Original [2].

Nach Einkristalluntersuchungen ist (bei anderer Aufstellung der Elementarzelle) a=18.25±0.04, b=6.74±0.02, c=13.49±0.03 Å und β=102°15′±15′, Geller [6], a=20.30±0.06, b=6.76±0.03, c=13.53±0.05 Å und β=118°16′ [3]. Das Verhältnis a:b:c=3.0023:1:1.9881; β=118°35′ ergibt sich aus goniometrischer Vermessung eines prismatischen Kristalls, Singh [7]. Die Struktur von $Eu_2(SO_4)_3 \cdot 8\,H_2O$ ist röntgenographisch nicht untersucht. Allgemeine Angaben, die sich aus der Isotypie mit anderen Seltenerdsulfat-Octahydraten ergeben, s. S. 45. Nach Untersuchung des Reflexionsspektrums unterscheidet sich die innere Koordinationssphäre des Eu kaum von der des H_2O-freien Sulfats, Barnes, Pincott [8]. Nach thermischen Untersuchungen ist H_2O im Gitter fest gebunden [2].

Betrachtungen zum Kristallfeld s. bei Spedding u.a. [13] sowie Long, Degraff [1], Neogy, Neogy [16], Neogy [17], Mookherji, Neogy [18], Neogy, Mookherji [19].

Das NMR-Spektrum von polykristallinem $Eu_2(SO_4)_3 \cdot 8\,H_2O$ bei Raumtemperatur besteht aus mehreren einander überlappenden Linien. Aus der komplexen Struktur wird geschlossen, daß H_2O in mindestens zwei nicht äquivalenten Zuständen auftritt, Lipis u.a. [9].

Mechanische und thermische Eigenschaften

Röntgendichte D=3.02 g/cm³ [6]. – Die kalorimetrisch gemessene Wärmekapazität folgt zwischen 298 und 400 K der Beziehung C_p (in cal · mol^{-1} · K^{-1})=a+bT mit a=99.2 ±0.9 und b=0.010±0.003, Akhachinskii, Il'yashenko [10]. Daraus berechnet sich C_p= 102.2 cal · mol^{-1} · K^{-1} bei 298 K. Dagegen wird C_p=146.0 cal · mol^{-1} · K^{-1} bei 298 K angegeben, Schumm u.a. [11]. Dieser Wert ist vermutlich bei Long, Degraff [1] entnommen. Diese Autoren [1] bestimmen bei 60 bis 300 K folgende Werte für C_p und den elektronischen Anteil C_p (elektr.) aus der Differenz der Werte für $Eu_2(SO_4)_3 \cdot 8\,H_2O$ und für $Gd_2(SO_4)_3 \cdot 8\,H_2O$, bei dem C_p (elektr.) vernachlässigbar ist (ausgewählte Werte von C_p in cal · mol^{-1} · K^{-1} und C_p (elektr.) in cal · 0.5 mol^{-1} · K^{-1}):

T in K	60	70	80	90	110	130	150	170
C_p	34.40	41.40	47.90	54.28	66.34	77.90	88.44	97.90
C_p (elektr.)	0.64	0.62	0.53	0.69	0.95	1.63	1.88	2.16

T in K	190	210	230	250	270	290	300
C_p	107.1	115.8	123.4	130.6	137.0	143.1	147.1
C_p (elektr.)	2.30	2.47	2.53	2.52	2.51	2.53	2.54

Diskussion zur Erklärung von C_p (elektr.) s. im Original [1]. – Zur Dehydratationsenthalpie (zum Dihydrat) s. beim chemischen Verhalten.

Magnetische Eigenschaften

Molsuszeptibilität χ_{mol} in cm^3/mol Substanz und diagmagnetisch korrigierte Atomsuszeptibilität χ_a in cm^3/mol Eu^{3+} von polykristallinen Proben in Abhängigkeit von der Temperatur T:

T in K . . .	83	153	223	293	343
$10^6\ \chi_a$ . . .	6370	6060	5480	4940	4630
$10^6\ \chi_{mol}$ . .	12400	11780	10630	9540	8920

Ein Curie-Weiß-Gesetz $\chi(T-\Theta)=C$ gilt nicht. Theoretische und aus χ_a berechnete Werte für das magnetische Moment μ_{eff} unter der Annahme einer Abschirmkonstante $\sigma=33$ oder 34 bzw. einer paramagnetischen Curie-Temperatur Θ von 0, -10 oder -22 K s. Figur im Original, Selwood [14]. $\chi_a=5590\times10^{-6}$ cm^3/mol Eu^{3+} bei Raumtemperatur, Hughes, Pearce [4].

An Einkristallen gemessene diagmagnetisch korrigierte Hauptmolsuszeptibilität χ_1 (zur Lage von χ_1, χ_2 und χ_3 s. S. 129) sowie magnetische Anisotropie $\chi_1-\chi_2$ und $\chi_1-\chi_3$ (alle in 10^{-6} cm^3/mol), Quadrat des mittleren magnetischen Moments $\bar{\mu}^2_{eff}=7.9958\ \bar{\chi}T/2$ in μ_B^2, Anisotropie der Atomsuszeptibilität $\Delta K=K_{\parallel}-K_{\perp}=-((\chi_1-\chi_2)+(\chi_1-\chi_3))/2$ in $10^{-6}cm^3$/mol Eu^{3+} unter der Annahme eines tetragonalen Kristallfeldes, in Auswahl:

T in K	χ_1	$\chi_1-\chi_2$	$\chi_1-\chi_3$	$\bar{\mu}^2_{eff}$	$-\Delta K$
300	9300	780	925	10.47	853
260	9575	820	1008	9.32	914
220	10380	1230	1257	8.39	1244
180	11650	1820	1728	7.53	1774
140	12550	2250	2319	6.17	2284
120	13025	2830	2680	5.37	2755
100	13410	3330	3015	4.52	3173
90	13425	3540	3140	4.03	3340

Der Winkel Θ zwischen der kristallographischen a-Achse und χ_2 beträgt 74° und ändert sich im untersuchten Temperaturbereich nicht, Neogy, Neogy [16]. Ältere, überholte Angaben hierzu s. bei Neogy, Mookherji [19].

Chemisches Verhalten

Chemical Reactions

Der Zersetzungsdruck bei 298, 350 bzw. 400 K an der Luft beträgt 10^2 p=0.7, 0.22 bzw. 26 atm. Beim Erhitzen an der Luft mit 10 K/min findet bei 400 bis 437 K der schnelle Abbau von 6 H_2O statt. Die Dehydratationsenthalpie zum Dihydrat ergibt sich kalorimetrisch zu $\Delta H^\circ_{298}=13.6\pm0.4$ kcal/mol H_2O, Akhachinskii, Il'yashenko [10]. Thermoanalytisch werden zwischen Raumtemperatur und 1200 °C endotherme Effekte beobachtet: Bei 129 bis 200 °C (Minimum bei 149 °C) und 200 bis 300 °C (Minimum bei 232 °C) werden zuerst sechs und dann zwei H_2O abgebaut. Bei 884 bis 927 °C (Minimum bei 900 °C) und 960 bis 1085 °C (Minimum bei 1060 °C) entstehen das Oxidsulfat bzw. das Oxid. Der einzige exotherme Effekt bei 405 bis 465 °C wird mit dem Kornwachstum der zweiten Modifikation von $Eu_2(SO_4)_3$ erklärt. Thermogravimetrisch wird nur Entwässerung und Bildung von $Eu_2O_2SO_4$ festgestellt [2]. Beim Erhitzen mit 2.5 K/min beginnt die Bildung von $Eu_2(SO_4)_3$ bei 330 °C, von $Eu_2O_2SO_4$ bei 900 °C und von Eu_2O_3 bei 1280 °C, Stecura [21].

Zur Löslichkeit in H_2O, auch mit Zusätzen von K_2SO_4, Harnstoff oder Acetamid, s. beim wasserfreien Salz, S. 161.

Beim Erhitzen mit Alkalisulfat bilden sich Doppelsulfate, s. unter 28.8, S. 197. Werden beispielsweise stöchiometrische Gemische von $Li_2SO_4 \cdot H_2O$ mit $Eu_2(SO_4)_3 \cdot 8H_2O$ erhitzt, so findet zunächst Entwässerung und die polymorphe Umwandlung des Li_2SO_4 statt, bevor sich bei 575 °C beginnend und bei etwa 590 °C dann intensiv das Doppelsulfat $LiEu(SO_4)_2$ bildet. Während dieser Reaktion tritt die flüssige Phase des Li_2SO_4-$LiEu(SO_4)_2$-Eutektikums auf. Am Ende der Reaktion (bei 619 °C) liegt nur das feste Doppelsulfat vor, Volk u.a. [15], s. auch [12].

Literatur:

[1] E.A. Long, R.A. Degraff (J. Am. Chem. Soc. **64** [1942] 1346/9). – [2] L.L. Zaitseva, V.S. Il'yashenko, M.I. Konarev, L.N. Konovalov, L.V. Lipis, N.T. Chebotarev (Zh. Neorgan. Khim. **10** [1965] 1761/70; Russ. J. Inorg. Chem. **10** [1965] 961/6). – [3] G. Jura, M.W. Nathans (Proc. 2nd Intern. Congr. Surface Activ., London 1957, Bd. 2, S. 35/8). – [4] G. Hughes, D.W. Pearce (J. Am. Chem. Soc. **55** [1933] 3277/9). – [5] E.G. Sherry (J. Solid State Chem. **19** [1976] 271/9).

[6] S. Geller (Acta Cryst. **10** [1957] 713). – [7] S. Singh (Z. Krist. **105** [1944] 384/92, 386). – [8] J.C. Barnes, H. Pincott (AD-627221 [1965] 1/162, 118; C.A. **65** [1966] 9947; J. Chem. Soc. A **1966** 842/5). – [9] L.V. Lipis, V.S. Il'yashenko, V.N. Egorov, G.V. Yukhnevich, V.I. Volk, Yu.E. Shanurin (Zh. Prikl. Spektrosk. **13** [1970] 866/74; J. Appl. Spectrosc. [USSR] **13** [1970] 1491/7). – [10] V.V. Akhachinskii, V.S. Il'yashenko (Zh. Fiz. Khim. **49** [1975] 790/1; Russ. J. Phys. Chem. **49** [1975] 464/5).

[11] R.H. Schumm, D.D. Wagman, S. Bailey, W.H. Evans, V.B. Parker (NBS-TN-270-7 [1973] 35). – [12] V.I. Volk, L.L. Zaitseva, V.S. Il'yashenko (Zh. Neorgan. Khim. **13** [1968] 2818/24; Russ. J. Inorg. Chem. **13** [1968] 1450/4). – [13] F.H. Spedding, C.C. Moss, R.C. Waller (J. Chem. Phys. **8** [1940] 908/18, 916). – [14] P.W. Selwood (J. Am. Chem. Soc. **55** [1933] 4869/75, 4871). – [15] V.I. Volk, L.L. Zaitseva, V.S. Il'yashenko, L.V. Lipis (Zh. Neorgan. Khim. **13** [1968] 2432/41; Russ. J. Inorg. Chem. **13** [1968] 1254/60).

[16] D. Neogy, A. Neogy (Indian J. Phys. **50** [1976] 863/4). – [17] D. Neogy (Agra Univ. J. Res. **12** [1963] 211/5). – [18] A. Mookherji, D. Neogy (Current Sci. [India] **28** [1959] 12). – [19] D. Neogy, A. Mookherji (Indian J. Phys. **39** [1965] 342/6). – [20] J.E. Ahlberg, C.W. Clark (J. Am. Chem. Soc. **57** [1935] 437/8).

[21] S. Stecura (U.S. Bur. Mines Rept. Invest. Nr. 6616 [1965] 1/47, 6; C.A. **64** [1966] 16736).

28.7.5.8.2.3 $Eu_2(SO_4)_3 \cdot 2H_2O$

Das Dihydrat bildet sich aus dem Octahydrat unterhalb von 200 °C (s. S. 163) und ist dann sehr feindispers. Es hat nach spektroskopischen und röntgenographischen Untersuchungen eine pseudokubische Zelle mit der Gitterkonstanten $a = 6.36 \pm 0.02$ Å, die sich wegen der wenigen Linien nicht exakter bestimmen läßt, Zaitseva u.a. [1]. Nach kalorimetrischen Untersuchungen ändert sich die Wärmekapazität in Abhängigkeit von der Temperatur zwischen 298 und 400 K gemäß C_p (in $cal \cdot mol^{-1} \cdot K^{-1}$) $= a + bT$ mit $a = 79.2 \pm 0.9$

und b=0.013±0.003. Der Zersetzungsdruck p beträgt 0.17×10^{-3}, 1.6×10^{-2}, 0.23 und 1.55 atm bei 298, 350, 400 bzw. 450 K an der Luft. Die schnelle Entwässerung findet bei einer Erhitzungsgeschwindigkeit von 10 K/min bei 459 bis 488 K statt. Dehydratationsenthalpie $\Delta H^\circ_{298}=15.7$ kcal/mol H_2O, Akhachinskii, Il'yashenko [2]. Zum Übergang in die wasserfreie Verbindung und zur weiteren Zersetzung s. auch beim Octahydrat, S. 163.

Literatur:

[1] L.L. Zaitseva, V.S. Il'yashenko, M.I. Konarev, L.N. Konovalov, L.V. Lipis, N.T. Chebotarev (Zh. Neorgan. Khim. **10** [1965] 1761/70; Russ. J. Inorg. Chem. **10** [1965] 961/6). – [2] V.V. Akhachinskii, V.S. Il'yashenko (Zh. Fiz. Khim. **49** [1975] 790/1; Russ. J. Phys. Chem. **49** [1975] 464/5).

28.7.5.8.2.4 Wäßrige $Eu_2(SO_4)_3$-Lösungen

Aqueous $Eu_2(SO_4)_3$ Solutions

Die Komplexbildung in wäßriger Lösung (H_2SO_4-Na_2SO_4) mit der H_2SO_4-Aktivität 3.58×10^{-10} M^3 wird bei 25 °C bei unterschiedlicher SO_4-Gesamtkonzentration (0.5×10^{-4} bis 0.5 M) und Ionenstärke untersucht. Dabei werden die Spezies Eu^{3+}, $EuSO_4^+$, $Eu(SO_4)_2^-$ und sogar $Eu(SO_4)_3^{3-}$ festgestellt, McDowell, Coleman [1]. Angaben zu den Bedingungen, unter denen auch schon früher $EuSO_4^+$ allein beobachtet wurde, s. Barnes [3], oder neben $Eu(SO_4)_2^-$ s. Bansal u.a. [4], Sekine [5, 6], s. in den Originalen. Thermodynamik der Assoziation s. bei Hale, Spedding [2]. Es werden Innersphären-Komplexe angenommen [1], s. auch [2].

Bei Zusatz von NaOH zu wäßriger $Eu_2(SO_4)_3$-Lösung bildet sich beim molaren Verhältnis $OH^-:Eu^{3+}=2.5$ bis 2.75 und 3.0 das $Eu(OH)_{2.6}(SO_4)_{0.2}$ bzw. $Eu(OH)_3$ bei 25 °C, Mironov, Polyashov [7]. Mit Alkalisulfat bilden sich Doppelsulfate, s. unter 28.8, S. 197.

Mit $CO(NH_2)_2$ wird bei 30 °C die Verbindung $Eu_2(SO_4)_3 \cdot 8\,CO(NH_2)_2$ gebildet, mit Acetamid tritt keine Reaktion auf, Murzubraimov, Sulaimankulov [8].

Literatur:

[1] W.J. McDowell, C.F. Coleman (J. Inorg. Nucl. Chem. **34** [1972] 2837/50). – [2] C.F. Hale, F.H. Spedding (J. Phys. Chem. **76** [1972] 1887/94). – [3] J.C. Barnes (J. Chem. Soc. **1964** 3880/5). – [4] B.M.L. Bansal, S.K. Patil, H.D. Sharma (J. Inorg. Nucl. Chem. **26** [1964] 993/1000, 999). – [5] T. Sekine (J. Inorg. Nucl. Chem. **26** [1964] 1483/5).

[6] T. Sekine (Acta Chem. Scand. **19** [1965] 1469/75). – [7] N.N. Mironov, I.M. Polyashov (Zh. Neorgan. Khim. **15** [1970] 3/4; Russ. J. Inorg. Chem. **15** [1970] 1/2). – [8] B. Murzubraimov, K. Sulaimankulov (Zh. Neorgan. Khim. **23** [1978] 2874/6; Russ. J. Inorg. Chem. **23** [1978] 1596/7).

28.7.5.9 Gadoliniumsulfate

Gadolinium Sulfates

Angaben über $GdSO_4$ s. unter 28.7.1, S. 33, ergänzende Angaben über $Gd_2(SO_4)_3$ s. unter 28.7.2, S. 33, über $Gd_2(SO_4)_3 \cdot nH_2O$ mit n=8 und 2 s. unter 28.7.3, S. 43, über wäßrige $Gd_2(SO_4)_3$-Lösungen s. unter 28.7.4, S. 56.

28.7.5.9.1 $Gd_2(SO_4)_3$

Bildung und Darstellung

Die Verbindung wird aus Gd_2O_3 und H_2SO_4 durch Erhitzen auf 360 °C oder höchstens 740 °C hergestellt, Hall, Markin [9]. Bei der Angabe, daß $Gd_2(SO_4)_3$ bei der Entwässerung von $Gd_2(SO_4)_3 \cdot 8H_2O$ bei 900 °C entsteht, wie es in einer Tabelle bei Cashion u.a. [1] wiedergegeben ist, handelt es sich offensichtlich um einen Druckfehler. Die völlige Entwässerung der Hydrate wird im allgemeinen bei wesentlich niedrigeren Temperaturen beobachtet, vgl. S. 54. – Bildung beim inkongruenten Schmelzen von $LiGd(SO_4)_2$ bei etwa 775 °C, Volk u.a. [5, 10], beim thermischen Abbau von $NH_4Gd(SO_4)_2 \cdot 4H_2O$ bei ≧500 °C, Il'yashenko u.a. [6], aus $RbGd(SO_4)_2$ bei 715 bis 750 °C, Zaitseva u.a. [7]. α-$Gd_2(SO_4)_3$ entsteht beim thermischen Abbau von $CsGd(SO_4)_2$ bei 910 °C, Samartsev u.a. [15].

Kristallographische Eigenschaften

$Gd_2(SO_4)_3$ existiert nach Degtiarev u.a. [8] in einer Hochtemperatur (α)- und einer Tieftemperatur (β)-Modifikation; die α-β-Umwandlung liegt bei etwa 820 °C [8], bei etwa 860 °C [15]. Eine monotrope Umwandlung bei 745 °C finden Volk u.a. [5] auf den Erhitzungskurven; vgl. hiermit die abweichenden Angaben in 28.7.2.2, S. 35, wonach $Gd_2(SO_4)_3$ nach älteren Angaben in drei polymorphen Formen auftritt.

Mössbauer-Spektrum

Nach Mössbauer-Untersuchungen bei 4.2 K an verschiedenen Gd-Verbindungen hat Gd^{3+} in $Gd_2(SO_4)_3$ wie in GdF_3 die am meisten ionische Konfiguration. Die Isomerieverschiebung beträgt δ=0.66(1) mm/s ($^{154}Sm_2Sn_2O_7$ als Quelle, 86.5 keV-γ-Übergang in ^{155}Gd, umgerechnet auf ^{155}Eu in Pd), die Quadrupolaufspaltung Δ=1.83(1) mm/s, Cashion u.a. [1]. Einen höheren Δ-Wert von Katila u.a. [2] führen [1] auf leichte Hydratisierung zurück.

Magnetische Eigenschaften

$Gd_2(SO_4)_3$ ordnet sich unterhalb 10 K magnetisch [2], bei 0.3 K, Katila laut [1].

Die Atomsuszeptibilität folgt im untersuchten Temperaturbereich von 82.4 bis 720.8 K dem Curie-Weiß-Gesetz $\chi\,(T-\Theta)=C$ mit der Curie-Konstanten C=7.760 $cm^3 \cdot K/mol\ Gd^{3+}$ und der paramagnetischen Curie-Temperatur $\Theta = 0.4$ K. Daraus ergibt sich das magnetische Moment des Gd^{3+} μ=39.11±0.04 μ_W (=7.89 μ_B), Velayos [11]. Zwischen 293 und 673 K wird C=7.749±0.035 $cm^3 \cdot K/mol\ Gd^{3+}$ und $\Theta = 0.6 \pm 0.5$ K ermittelt, Cabrera, Duperier [3], s. auch Cabrera [4]. Im Gegensatz zu den analogen Verbindungen $M_2(SO_4)_3$ mit M=Pr bis Yb hat $Gd_2(SO_4)_3$ bei der oben angegebenen Formulierung des Curie-Weiß-Gesetzes eine positive paramagnetische Curie-Temperatur.

Chemisches Verhalten

Verhalten beim Erhitzen

Beim thermischen Abbau von $NH_4Gd(SO_4)_2 \cdot 4H_2O$ bei 500 °C gebildetes $Gd_2(SO_4)_3$ wird bei 1030 °C zum Oxidsulfat und bei 1270 °C zum Oxid oxidiert [6]. Weitere Angaben s. beim Octahydrat, S.176.

Verhalten gegen Alkalisulfate

$Gd_2(SO_4)_3$ reagiert mit festem Alkalisulfat zu Alkalisulfatometallaten s. unter 28.8, S.197.

Löslichkeit

In H_2O lösen sich 2.10 Gew.-% (=0.07 Mol-%) bei 25 °C, Iskhakova u.a. [12], 2.22 Gew.-% bei 30 °C, Sopueva u.a. [13] und 1.414 bzw. 1.107 Gew.-% $Gd_2(SO_4)_3$ bei 75 bzw. 100 °C, Storozhenko, Shevchuk [14]. Als Bodenkörper im Gleichgewicht mit der gesättigten Lösung wird bei 25 °C [12], 75 und 100 °C [14] das Octahydrat beobachtet und bei dem herausfallenden Wert bei 30 °C angeblich das Hexahydrat [13]. Weitere Angaben s. beim Octahydrat, S. 176. Bei Zusatz von Cs_2SO_4 erniedrigt sich die Löslichkeit bei 75 °C auf 1.145 Gew.-% $Gd_2(SO_4)_3$ in der wäßrigen Lösung mit 0.5530 Gew.-% Cs_2SO_4, bei Zusatz von $(NH_4)_2SO_4$ erhöht sie sich auf 2.663 Gew.-% $Gd_2(SO_4)_3$ bei 7.560 Gew.-% $(NH_4)_2SO_4$. Bei 100 °C erfolgt Abnahme auf 1.060 Gew.-% $Gd_2(SO_4)_3$ bei 0.6625 Gew.-% Cs_2SO_4 und Zunahme auf 2.664 Gew.-% $Gd_2(SO_4)_3$ bei 11.57 Gew.-% $(NH_4)_2SO_4$, Storozhenko, Shevchuk [14]. In einer Harnstoff-haltigen wäßrigen Lösung nimmt die Löslichkeit bei 30 °C auf 37.41 Gew.-% $Gd_2(SO_4)_3$ bei 35.58 Gew.-% $CO(NH_2)_2$ zu, Sopueva u.a. [13].

Literatur:

[1] J.D. Cashion, D.B. Prowse, A. Vas (J. Phys. C **6** [1973] 2611/24). – [2] T.E. Katila, V.K. Typpi, G.K. Shenoy, L. Niinistö (Solid State Commun. **11** [1972] 1147/50). – [3] B. Cabrera, A. Duperier (Compt. Rend. **188** [1929] 1640/2). – [4] B. Cabrera (J. Chim. Phys. **36** [1939] 237/55, 244). – [5] V.I. Volk, L.L. Zaitseva, V.S. Il'yashenko (Zh. Neorgan. Khim. **13** [1968] 2818/24; Russ. J. Inorg. Chem. **13** [1968] 1450/4).

[6] V.S. Il'yashenko, A.I. Barabash, V.I. Volk, L.L. Zaitseva, M.I. Konarev, A.A. Kruglov, L.V. Lipis (Zh. Neorgan. Khim. **14** [1969] 1197/204; Russ, J. Inorg. Chem. **14** [1969] 627/31). – [7] L.L. Zaitseva, V.S. Il'yashenko, M.I. Konarev, L.N. Konovalov, L.V. Lipis, N.T. Chebotarev (Zh. Neorgan. Khim. **11** [1966] 1578/90; Russ. J. Inorg. Chem. **11** [1966] 843/50). – [8] P.A. Degtiarev, A.N. Pokrovski, L.M. Kovba (Ann. Chim. [Paris] [15] **3** [1978] 187/91). – [9] G.R. Hall, T.L. Markin (J. Inorg. Nucl. Chem. **4** [1957] 137/42). – [10] V.I. Volk, L.L. Zaitseva, V.S. Il'yashenko, L.V. Lipis (Zh. Neorgan. Khim. **13** [1968] 2432/41; Russ. J. Inorg. Chem. **13** [1968] 1254/60).

[11] S. Velayos (Anales Soc. Espan. Fis. Quim. [Madrid] **33** [1935] 5/33, 27). – [12] L.D. Iskhakova, Z.H. Starikova, E.P. Morochenets, V.K. Trunov (Zh. Neorgan. Khim. **24** [1979] 1539/42; Russ. J. Inorg. Chem. **24** [1979] 854/5). – [13] A.A. Sopueva, K.S. Sulaimankulov, L.A. Tokmergenova (Zh. Neorgan. Khim. **19** [1974] 1095/8; Russ. J. Inorg. Chem. **19** [1974] 597/9). – [14] D.A. Storozhenko, V.G. Shevchuk (Zh. Neorgan. Khim. **25** [1980] 1116/20; Russ. J. Inorg. Chem. **25** [1980] 620/2). – [15] B.G. Samartsev, A.N. Pokrovskii, L.M. Kovba (Zh. Neorgan. Khim. **22** [1977] 2721/4; Russ. J. Inorg. Chem. **22** [1977] 1476/9).

28.7.5.9.2 $Gd_2(SO_4)_3 \cdot 12H_2O$

Zur Darstellung wird ein Gd-Salz in H_2SO_4 bei 300 °C zur Trockne abgeraucht, in H_2O gelöst und langsam im Ar-Strom bis zur Gewichtskonstanz eingedampft. Anhaftendes überschüssiges Wasser wird bei 100 °C entfernt. Beim Erhitzen im H_2-Ar-Gemisch bildet sich schon bei 600 bis 800 °C unter dem Einfluß des H_2 in einem Schritt Gd_2O_3. In reinem Ar oder an der Luft bildet sich bei 800 bis 900 °C zunächst $Gd_2O_2SO_4$ und erst bei 950 bis 1150 °C Gd_2O_3, R.G. Haire (Proc. 10th Rare Earth Res. Conf., Carefree, Ariz., 1973, Bd. 2, S. 882/91, 887).

28.7.5.9.3 $Gd_2(SO_4)_3 \cdot 8H_2O$

Formation. Preparation

28.7.5.9.3.1 Bildung und Darstellung

Zur Darstellung wird Gd_2O_3 in verdünntem H_2SO_4 bei 0 °C gelöst, langsam erhitzt und eingedampft, Cashion u.a. [1], s. auch Hall, Markin [2], Coulter, Latimer [3]. Das $Gd_2(SO_4)_3 \cdot 8H_2O$ bildet den Bodenkörper der reinen wäßrigen Lösung bei 25 °C [4, 5], sowie bei 75 und 100 °C [6], s. jedoch beim 6-Hydrat, S. 176, und tritt in dem wäßrigen System mit K_2SO_4, Iskhakova, Plyushchev [4], Rb_2SO_4, Iskhakova u.a. [5], $(NH_4)_2SO_4$ und Cs_2SO_4 auf, Storozhenko, Shevchuk [6].

Literatur:

[1] J.D. Cashion, D.B. Prowse, A. Vas (J. Phys. C **6** [1973] 2611/24, 2614). – [2] G.R. Hall, T.L. Markin (J. Inorg. Nucl. Chem. **4** [1957] 137/42). – [3] V.L. Coulter, W.M. Latimer (J. Am. Chem. Soc. **62** [1940] 2557/8). – [4] L.D. Iskhakova, V.E. Plyushchev (Izv. Vysshikh Uchebn. Zavedenii Khim. Khim. Tekhnol. **13** [1970] 1233/6; C.A. **74** [1971] Nr. 35189). – [5] L.D. Iskhakova, Z.A. Starikova, E.P. Morochenets, V.K. Trunov (Zh. Neorgan. Khim. **24** [1979] 1539/42; Russ. J. Inorg. Chem. **24** [1979] 854/5).

[6] D.A. Storozhenko, V.G. Shevchuk (Zh. Neorgan. Khim. **25** [1980] 1116/20; Russ. J. Inorg. Chem. **25** [1980] 620/2).

Physical Properties

28.7.5.9.3.2 Physikalische Eigenschaften

Das $Gd_2(SO_4)_3 \cdot 8H_2O$ ist monoklin mit der Raumgruppe $Cc-C_s^4$ und den Gitterkonstanten a=18.303, b=6.74 und c=13.539 Å, β=102°10'; Z=4, s. hierzu S. 45.

Mössbauer Spectra

28.7.5.9.3.2.1 Mössbauer-Spektren

Der Mössbauer-Effekt mit der 86.5 keV Strahlung von ^{155}Gd wurde von Cashion u.a. [1] mit einer Quelle von ^{155}Eu in $^{154}Sm_2Sn_2O_7$ (Quellentemperatur 4.2 K) und von Katila u.a. [2] mit einer Quelle von ^{155}Eu in einer $^{154}SmAl$-Legierung (Quellentemperatur 10 K) gemessen, jeweils bei einer Absorbertemperatur von 4.2 K. Mit der $^{154}Sm_2Sn_2O_7$-Quelle ergibt sich eine Isomerieverschiebung δ=0.08 mm/s und eine Quadrupolaufspaltung des Kerngrundzustands $\Delta=1.88\pm0.02$ mm/s [1]. Diese Aufspaltung ist deutlich größer als die von Katila u.a. [2] gefundene, Δ=1.78 mm/s. Die Quadrupolkopplungskonstante beträgt -246 ± 4 MHz; das Vorzeichen ergibt sich aus Spektren bei tieferen Absorbertemperaturen mit kombinierter Quadrupolaufspaltung und magnetischer Hyperfeinstruktur [2].

Literatur:

[1] J.D. Cashion, D.B. Prowse, A. Vas (J. Phys. C **6** [1973] 2611/24). – [2] T.E. Katila, V.K. Typpi, G.K. Shenoy, L. Niinistö (Solid State Commun. **11** [1972] 1147/50).

ESR Spectra

28.7.5.9.3.2.2 ESR-Spektren

ESR-Spektren von Gd^{3+} in Wirtsgittern von $M_2(SO_4)_3 \cdot 8H_2O$, mit M=Y, Pr, Nd, Sm, Dy, Er, s. S. 46. – Die ESR-Absorption in reinem $Gd_2(SO_4)_3 \cdot 8H_2O$ bei Frequenzen zwischen 10^7 und 10^{10} Hz ist 2 bis 2.5 kOe breit, mit einem g-Faktor von 2.1, Garif'yanov [1]. Spin-Gitter-Relaxationszeiten wurden mit ESR-Methoden von Nogatchewsky u.a. [2] und Clément, Pescia [3] gemessen, s. S. 174. Der Faraday-Effekt im Mikrowellenbereich wurde von Servant [4], der Cotton-Mouton-Voigt-Effekt von Bissey [5] und Kurushin [6] untersucht.

Literatur:

[1] N.S. Garif'yanov (Dokl. Akad. Nauk SSSR **84** [1952] 923/5; C.A. **1952** 9979). – [2] M. Nogatchewsky, G. Ablart, J. Pescia (Solid State Commun. **24** [1977] 493/7). – [3] S. Clément, J. Pescia (Compt. Rend. **260** [1965] 2143/6). – [4] Y. Servant (Compt. Rend. B **268** [1969] 400/3). – [5] J.C. Bissey (Compt. Rend. B **269** [1969] 905/8).

[6] A.I. Kurushin (Zh. Eksperim. Teor. Fiz. **37** [1959] 297/8; Soviet Phys.-JETP **10** [1959/60] 209/10).

28.7.5.9.3.2.3 Thermische Eigenschaften

Thermal Properties

Thermodynamische Daten der Bildung

Thermodynamic Data of Formation

Auf elektrochemischem Weg ermittelte Bildungsdaten: $\Delta H^\circ_{298} = -1489.4$ kcal/mol und $\Delta G^\circ_{298} = -1300.9$ kcal/mol, Maloshuk, Lobanov [34]. Aus älteren Literaturdaten berechnet ist $\Delta H^\circ_{298} = -1513$ kcal/mol, $\Delta G^\circ_{298} = -1322$ kcal/mol, Schumm u.a. [35].

Wärmekapazität

Heat Capacity

Die Wärmekapazität C besteht aus dem Gitteranteil C_L und dem magnetischen Anteil C_M, wobei C_L vernachlässigbar klein gegen C_M unterhalb etwa 3 K ist. C_M setzt sich in guter Näherung additiv zusammen aus einem Schottky-Anteil von der temperaturabhängigen Besetzung der Kristallfeldterme, und aus einem von Dipol-Dipol-Wechselwirkungen zwischen den Gd^{3+}-Ionen herrührenden Anteil, s. unten.

Im Bereich unterhalb 4 K sind mehrfach kalorimetrische Messungen durchgeführt worden [1 bis 7]. Wie die von Wielinga u.a. [1], Bogle, Toutenhoofd [8], van Dijk, Auer [3] und Clark, Keesom [6] durchgeführten Ergebnisvergleiche zeigen, besteht gute Übereinstimmung zwischen allen Messungen bis auf die von Giauque, MacDougall [4, 5] und Kürti [7].

Die Meßergebnisse von Wielinga u.a. [1] sind in **Fig. 17**, S. 170, in einer Auftragung von C/R, C = Wärmekapazität pro $^1/_2$ mol, R = Gaskonstante, wiedergegeben. Das sehr scharfe Maximum bei T = 0.182 K zeigt den Übergangspunkt für einen magnetischen Ordnungszustand, der nach Suszeptibilitätsmessungen in diesem Temperaturbereich (s. S. 174) antiferromagnetisch ist; der Übergangspunkt ist also eine Néel-Temperatur T_N. Unterhalb T_N, im Bereich von etwa $5 \times 10^{-3} < (T_N - T)/T_N < 10^{-1}$, verläuft die Wärmekapazität wie $[(T_N - T)/T_N]^{-0.6}$. Die gestrichelte Kurve in Fig. 17, S. 170, ist ein berechneter Schottky-Anteil, die strichpunktierte Kurve ist die Summe von Schottky-Anteil und magnetischem Wechselwirkungsanteil, der für Dipol-Dipol-Kopplung berechnet ist. Bei der Berechnung des Schottky-Anteils wird von Wielinga u.a. [1] ein aus ESR-Spektren von Gd^{3+} in $M_2(SO_4)_3 \cdot 8H_2O$, M = Y, Nd, Sm, gewonnenes Termschema für die Kristallfeldaufspaltung verwendet, s. Bogle, Symmons [33], wobei angenommen wird, daß von den vier Kristallfeldtermen mit $J_z = \pm 1/2$, $\pm 3/2$, $\pm 5/2$ und $\pm 7/2$ der mit $J_z = \pm 1/2$ am tiefsten liegt. Bei Annahme der umgekehrten Termfolge liegt im Bereich 0.3 bis 2 K bereits der Schottky-Anteil allein weit oberhalb der gemessenen Kurve. Aus der Wärmekapazität ergibt sich also eindeutig $J_z = \pm 1/2$ als Grundzustand [1], wie auch bereits früher von anderen festgestellt wurde [8].

Eine deutliche Abweichung der berechneten magnetischen Wärmekapazität C_M (strichpunktierte Kurve in Fig. 17, S. 170) vom gemessenen Verlauf setzt bei Annäherung an

Fig. 17

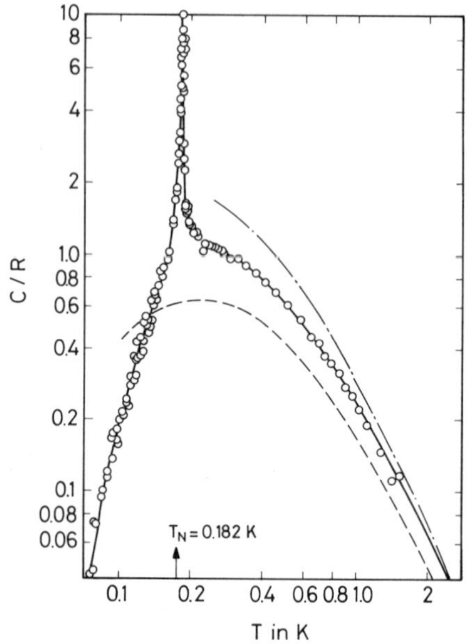

Wärmekapazität C/R, R = Gaskonstante, pro $^1/_2$ mol $Gd_2(SO_4)_3 \cdot 8\,H_2O$ als Funktion der Temperatur. ––– berechneter Schottky-Anteil, –·–·– Summe von Schottky-Kurve und berechnetem magnetischen Wechselwirkungsanteil, s. Text.

T_N von höheren Temperaturen her bereits bei $T/T_N \approx 5$ ein. Dies ist auf die Unzulänglichkeit der benutzten Näherung bei der Berechnung des dipolaren Wechselwirkungsanteils zurückzuführen. Oberhalb 2 K geht die berechnete magnetische Wärmekapazität pro $^1/_2$ mol in einen asymptotischen Verlauf $C_M/R = 0.328/T^2$ über; die gemessene Kurve weicht bei 2.4 K, an der oberen Grenze des Meßbereichs in Fig. 17, noch um etwa 5% vom asymptotischen Verlauf ab [1]. Die Abweichung des Temperaturverlaufs von C_M von einem asymptotischen Verhalten $C_M = b/T^2$ wird von Bogle, Toutenhoofd [8] durch eine Auftragung von $C_M \cdot T^2/R$ aus verschiedenen älteren Quellen gegen T bis herab zu T = 1 K demonstriert.

Der magnetische Anteil C_M der Wärmekapazität kann auch mit der Methode der paramagnetischen Relaxation bestimmt werden (s. S. 174); hierbei tritt als Meßgröße der Quotient $C_M \cdot T^2/C = b/C$, mit C = Curie-Konstante, auf. Gemessene Werte von b/C, in 10^6 Oe^2 pro $^1/_2$ mol, liegen zwischen 3.3 und 3.9 für Temperaturen von 20 bis 300 K [9 bis 13] und zwischen 3.2 und 3.5 für Temperaturen von 2.2 bis 4.2 K [9, 14, 15]. Der Abfall von b/C unterhalb von 2 K bis auf 2.30 bei 0.994 K weist auf die starke Abweichung der Wärmekapazität von einem asymptotischen Verlauf gemäß $C_M = b/T^2$ hin, Benzie, Cooke [14], die auch von anderen beobachtet wurde (s. oben). Die von verschiedenen Autoren angegebenen Werte von $b = C_M \cdot T^2$, die aus b/C umgerechnet wurden [1, 14, 16] beruhen auf nichtspezifizierten Werten der Curie-Konstante C, deren Quelle unklar ist, vgl. S.173.

Für den Temperaturbereich von 4 bis 20 K existieren kalorimetrische Messungen der Wärmekapazität C von Clark, Keesom [6] und von Kürti [7], der teilweise erheblich höhere Werte erhält, die aber vermutlich fehlerhaft sind, vgl. dazu [6]. Nach Casimir [17] lassen sich die Meßwerte von Clark, Keesom [6], bezogen auf $^1/_2$ mol, durch $C/R = 0.282/T^2 + 1.46 \times 10^{-4} \cdot T^3$ wiedergeben (der Vorfaktor des T^3-Terms ist bei [17] wohl irrtümlich mit falscher Zehnerpotenz angegeben, vgl. Casimir [18]). Der Term mit $1/T^2$ beschreibt dabei den magnetischen Anteil, der in dem von Clark, Keesom [6] ebenfalls untersuchten Temperaturbereich von 1 bis 4 K hervortritt (s. oben), der T^3-Term beschreibt den Gitteranteil. Ein Faktor 2.0×10^{-4} für den T^3-Term wird von Pratt u.a. [19] unter Bezug auf eigene Messungen zwischen 1 und 20 K angegeben.

Die Wärmekapazität von 16 K bis Raumtemperatur wurde von Ahlberg, Clark [20] gemessen. Eine Auswahl der Ergebnisse, mit denen vorläufige Messungen von Giauque, Clark [21] revidiert wurden, zeigt die folgende Tabelle; C in cal/K ist bezogen auf $^1/_2$ mol.

T in K . .	20.21	29.65	52.54	71.32	89.68	111.72	154.55	197.81	254.45	296.50
C	2.208	5.213	13.76	20.54	26.45	32.68	43.37	52.93	63.30	69.86

Entropie

Entropy

Aus elektrochemischen Messungen wird für 298 K die absolute Entropie $S^\circ_{298} = 157.8\ cal \cdot mol^{-1} \cdot K^{-1}$ abgeleitet, Maloshuk, Lobanov [34], der auf älteren Literaturdaten beruhende Wert $S^\circ_{298} = 158.8\ cal \cdot mol^{-1} \cdot K^{-1}$ wird von Schumm u.a. [35] empfohlen. – Für die Entropie S unterhalb 3 K wurden von Wielinga u.a. [1] und von van Dijk [2] übereinstimmende Werte gefunden, die jeweils aus eigenen kalorimetrischen Messungen der Wärmekapazität im Temperaturbereich zwischen 0.07 und 3 K [1] bzw. zwischen 0.220 und 1 K [2] abgeleitet wurden. S pro $^1/_2$ mol hat bei 3 K noch nahezu den asymptotischen Grenzwert der magnetischen Entropie S_M für hohe Temperaturen, $S_M = R \cdot \ln(2J+1) = 2.08 \cdot R$, fällt aber unterhalb 2 K stark ab und erreicht am Néel-Punkt T_N einen Wert von $S = 0.599 \cdot R$ [1]. Tabellierte Einzelwerte s. Originale [1, 2]. Ältere, aus adiabatischer Entmagnetisierung gewonnene Werte s. [5].

Adiabatische Entmagnetisierung. Magnetokalorische Eigenschaften

Adiabatic Demagnetization. Magnetocaloric Properties

Bei den ersten Vorschlägen zur Erzeugung tiefer Temperaturen (<1 K) durch adiabatische Entmagnetisierung, die unabhängig voneinander von Debye [22] und Giauque [23] gemacht worden sind, ist $Gd_2(SO_4)_3 \cdot 8H_2O$ bereits als mögliche Arbeitssubstanz genannt worden. Dies bot sich an wegen des großen magnetischen Moments von Gd^{3+}, und weil das Sulfat-Octahydrat zu den damals am besten bekannten Gd-Verbindungen gehörte. Experimente wurden dann wenig später von Giauque, MacDougall [4, 5, 24], Kürti [7] und Kürti, Simon [25 bis 27] ausgeführt. Es stellte sich bald heraus, daß der Erzeugung tiefer Temperaturen durch adiabatische Entmagnetisierung von $Gd_2(SO_4)_3 \cdot 8H_2O$ wegen des starken Anstiegs der Wärmekapazität unterhalb 1 K eine praktische Grenze gesetzt ist [27, 28], die von Simon [28], unter Berücksichtigung der damals realisierbaren magnetischen Feldstärken, bei 0.1 K abgeschätzt wurde. In neuerer Zeit wurde der Prototyp einer auf magnetokalorischen Effekten beruhenden Wärmepumpe für den Bereich zwischen 1 und 4 K entwickelt, mit $Gd_2(SO_4)_3 \cdot 8H_2O$ als Arbeitssubstanz, Steyert [29], Pratt u.a. [19]; Möglichkeiten zur Ausdehnung des Arbeitsbereichs des Systems bis auf 12 K werden diskutiert von Steyert [30].

Im Zusammenhang mit der Verwendung von $Gd_2(SO_4)_3 \cdot 8H_2O$ als Arbeitssubstanz zur Erzeugung tiefer Temperaturen und als Wärmepumpe wurden magnetokalorische Daten gewonnen. Das Entropie-Temperatur-Diagramm, mit der magnetischen Feldstärke als Parameter, wurde in neuerer Zeit aufgestellt und umfaßt den Temperaturbereich <15 K und Feldstärken bis 10 T (10^5 G) [19, 29]. In zwei älteren Arbeiten von van Dijk [31] und Kürti [7] finden sich Angaben über Magnetisierungsentropien unterhalb 5 K, die deutlich voneinander abweichen, doch sind die von Kürti [7] gemessenen Werte, ebenso wie die der Wärmekapazität in diesem Temperaturbereich, vermutlich zu hoch, vgl. [6].

Thermal Conductivity

Wärmeleitung

Die Wärmeleitfähigkeit λ von $Gd_2(SO_4)_3 \cdot 8H_2O$ wurde im Temperaturbereich von 1.4 bis 4.2 K an zwei Pulver-Preßlingen gemessen, die mit Drücken von 272 MPa (Probe 1) und 593 MPa (Probe 2) hergestellt wurden. Die erhaltenen Werte sind für beide Proben etwas verschieden; sie lassen sich durch λ (in $W \cdot m^{-1} \cdot K^{-1}$) $= a \cdot T^{2.3}$ wiedergeben, mit a = 0.011 für Probe 1, und a = 0.015 für Probe 2. Die aus λ abgeschätzte freie Phononenweglänge ist ungewöhnlich klein, was möglicherweise auf Spin-Phononen-Wechselwirkung zurückzuführen ist, Barclay u.a. [32].

Literatur:

[1] R.F. Wielinga, J. Lubbers, W.J. Huiskamp (Physica **37** [1967/68] 375/92). – [2] H. van Dijk (Physica **12** [1946] 371/95). – [3] H. van Dijk, W.U. Auer (Physica **9** [1942] 785/800). – [4] W.F. Giauque, D.P. MacDougall (J. Am. Chem. Soc. **57** [1935] 1175/85). – [5] W.F. Giauque, D.P. MacDougall (Phys. Rev. [2] **44** [1933] 235/6).

[6] C.W. Clark, W.H. Keesom (Physica **2** [1935] 1075/9). – [7] N. Kürti (Z. Physik. Chem. B **20** [1933] 305/24). – [8] G.S. Bogle, W. Toutenhoofd (Proc. Phys. Soc. [London] **80** [1962] 230/7). – [9] A.J. de Vries, D.A. Curtis, J.W.M. Livius, A.J. van Duyneveldt, C.J. Gorter (Physica **36** [1967] 91/106, 95). – [10] P.R. Locher, C.J. Gorter (Physica **28** [1962] 797/833, 804).

[11] A.I. Kurushin (Zh. Eksperim. Teor. Fiz. **32** [1957] 727/30; Soviet Phys.-JETP **5** [1957] 601/3). – [12] N.S. Garif'yanov (Zh. Eksperim. Teor. Fiz. **25** [1953] 359/63). – [13] L.J.F. Broer, C.J. Gorter (Physica **10** [1943] 621/8). – [14] R.J. Benzie, A.H. Cooke (Proc. Phys. Soc. [London] A **63** [1950] 213/22). – [15] D. Bijl (Physica **16** [1950] 269/77).

[16] W.J. de Haas, F.K. du Pré (Physica **6** [1939] 705/16). – [17] H.B.G. Casimir (Le Magnétisme 3rd Paramagnétisme Réunion, Strassbourg 1938 [1940], S. 25/44, 31). – [18] H.B.G. Casimir nach [8, S. 236). – [19] W.P. Pratt, S.S. Rosenblum, W.A. Steyert, J.A. Barclay (Cryogenics **17** [1977] 689/93). – [20] J.E. Ahlberg, C.W. Clark (J. Am. Chem. Soc. **57** [1935] 437/8).

[21] W.F. Giauque, C.W. Clark (J. Am. Chem. Soc. **54** [1932] 3135/42). – [22] P. Debye (Ann. Physik [4] **81** [1926] 1154/60). – [23] W.F. Giauque (J. Am. Chem. Soc. **49** [1927] 1864/70). – [24] W.F. Giauque, D.P. MacDougall (Phys. Rev. [2] **43** [1933] 768). – [25] N. Kürti, F. Simon (Proc. Roy. Soc. [London] A **149** [1935] 152/76, 171).

[26] N. Kürti, F. Simon (Nature **135** [1935] 31). – [27] N. Kürti, F. Simon (Naturwissenschaften **21** [1933] 178/9). – [28] F. Simon (Z. Physik **81** [1933] 824/31). – [29] W.A. Steyert (NBS-Spec. Publ.-508 [1978] 81/91). – [30] W.A. Steyert (J. Appl. Phys. **49** [1978] 1227/31).

[31] H. van Dijk (Physica **10** [1943] 248/60). – [32] J.A. Barclay, S.S. Rosenblum, W.A. Steyert (Cryogenics **16** [1976] 539/43). – [33] G.S. Bogle, H.F. Symmons (Proc. Phys. Soc. [London] **79** [1962] 775/86). – [34] V.V. Maloshuk, V.N. Lobanov (Dokl.

Akad. Nauk SSSR **222** [1975] 1145/7; Dokl. Phys. Chem. Proc. Acad. Sci. USSR **220/222** [1975] 598/600). – [35] R.H. Schumm, D.D. Wagman, S. Bailey, W.H. Evans, V.B. Parker (NBS-TN-270-7 [1973] 31).

28.7.5.9.3.2.4 Magnetische Eigenschaften

Magnetic Properties

Vorbemerkung: Alle nachfolgenden Angaben beziehen sich auf isotrope Pulversubstanzen, soweit nicht anders vermerkt.

Paramagnetische Suszeptibilität. Spinordnung

Paramagnetic Susceptibility. Spin Order

Die paramagnetische Suszeptibilität von $Gd_2(SO_4)_3 \cdot 8H_2O$ ist trotz zahlreicher, meist älterer Messungen nicht sehr genau bekannt. Aus neuerer Zeit liegt, soweit zu übersehen, nur die Kurzmitteilung einer Untersuchung von Schinkel, van Amstel [1] vor. Danach ergibt sich zwischen etwa 1.3 und 300 K ein effektives magnetisches Moment pro Gd^{3+}-Ion $\mu_{eff} = (7.82 \pm 0.4) \cdot \mu_B$, das deutlich kleiner als das mit g = 2.0023 berechnete Moment des freien Gd^{3+}-Ions $g \cdot \mu_B \cdot [J(J+1)]^{1/2} = 7.95\ \mu_B$ ist, μ_B = Bohrsches Magneton [1]. Mit $\mu_B = 0.92732 \times 10^{-20}$ erg/Oe (s. Landolt-Börnstein [2, S. 3–155]) läßt sich daraus eine Curie-Konstante pro g-Atom Gd^{3+} von $C_a = 7.647$ $cm^3 \cdot K$/g-Atom berechnen. Die frühesten systematischen Untersuchungen der paramagnetischen Suszeptibilität von $Gd_2(SO_4)_3 \cdot 8H_2O$ wurden von Kamerlingh-Onnes und Mitarbeitern ausgeführt; eine Zusammenfassung der Ergebnisse findet sich bei Woltjer [3] und Woltjer, Kamerlingh-Onnes [4] sowie bei Giauque [5]. Demnach befolgt $Gd_2(SO_4)_3 \cdot 8H_2O$ bis herab zu etwa 2 K das Curie-Gesetz, doch zeigen die an zwei verschiedenen Proben durchgeführten Messungen eine beträchtliche Streuung der Ergebnisse. Die Curie-Konstanten liegen zwischen $C_g = 0.02016$ und $C_g = 0.02149$ $cm^3 \cdot K$/g für die spezifische Suszeptibilität χ_g [3, 4], bzw., nach Giauque [5], zwischen $C_a = 7.49$ und $C_a = 8.04$ $cm^3 \cdot K$/g-Atom für die Suszeptibilität χ_a pro g-Atom Gd^{3+}. Einzelergebnisse anderer Autoren liegen zumeist innerhalb dieses Bereichs [6 bis 12], zur Korrektur der Werte von Williams [10] s. [2, S. 3–210]. Auch eine von Kürti [13] aus der Magnetisierungsentropie zwischen 2 und 5 K abgeleitete Curie-Konstante $C_a = 7.48$ $cm^3 \cdot K$/g-Atom kann bei Berücksichtigung der Unsicherheit dieser Bestimmungsmethode als übereinstimmend mit Suszeptibilitätsmessungen gelten [13]. Andere Autoren erhielten jedoch auch deutlich höhere Suszeptibilitäten bzw. Curie-Konstanten [14 bis 17].

Die Anisotropie der Suszeptibilität ist ebenfalls nur aus älteren Arbeiten bekannt. Messungen von Krishnan, Banerjee [6] bei 303 K ergeben $\chi_1 - \chi_2 = 36 \times 10^{-6}$, $\chi_3 - \chi_1 = 16 \times 10^{-6}$, $\chi_3 - \chi_2 = 52 \times 10^{-6}$ cm^3/mol; die χ_3-Achse fällt mit der monoklinen b-Achse zusammen, während die Achsen 1 bzw. 2 in Richtung des Maximums bzw. Minimums von χ in der a-c-Ebene liegen. Die Achse 1 bildet einen Winkel von 17° mit der c-Richtung. Die maximale Anisotropie, $\chi_3 - \chi_2$, beträgt nur etwa 0.1% der mittleren Suszeptibilität $(\chi_1 + \chi_2 + \chi_3)/3$ [6]. Vorläufige Messungen von Krishnan u.a. [7] ergaben erheblich zu große Anisotropien, wie später von Krishnan, Banerjee [6] und auch von Lewis [18] bemerkt wurde.

Die gemäß dem Curie-Weiß-Gesetz $\chi = C/(T - \Theta)$ definierte paramagnetische Curie-Weiß-Temperatur Θ liegt nach neueren Messungen von Köbler u.a. [19] bei $\Theta = 0.13$ K; dieser Wert wurde aus der Magnetisierungskurve bei 4.215 K abgeleitet. – Nach Beobachtungen von Henry [20 bis 22] folgt die Magnetisierung bei Temperaturen zwischen 1.3 und 4.21 K und in Magnetfeldern bis H = 52 kG einer Brillouin-Funktion für das freie Gd^{3+}-Ion mit J = 7/2. Geringe Abweichungen im Bereich unterhalb (H/T) = 20 kG/K werden erwähnt, jedoch nicht weiter diskutiert [21, 22]. Ältere Untersuchungen zur Magnetisierung und magnetischen Sättigung s. [3, 4], ferner auch Kapitza [23].

Wegen seines nahezu idealen paramagnetischen Verhaltens oberhalb etwa 2 K bietet sich $Gd_2(SO_4)_3 \cdot 8\,H_2O$ als „magnetisches Thermometer" an. Systematische Arbeiten zur Kalibrierung der Temperaturskala mit Hilfe der paramagnetischen Suszeptibilität von $Gd_2(SO_4)_3 \cdot 8\,H_2O$ wurden bereits von van Dijk [24] begonnen und reichen bis in neuere Zeit, van Rijn, Durieux [25], Cetas [26].

Unterhalb von etwa 2 K weicht die Suszeptibilität aufgrund von Dipol-Dipol Wechselwirkung zwischen den Spins der Gd^{3+}-Ionen und auch wegen der Kristallfeldaufspaltung, die, auf einer Temperaturskala gemessen, größenordnungsmäßig 1 K beträgt, vom Curie-Weiß-Gesetz ab [24, 27 bis 29]. Parallel damit geht in diesem Temperaturbereich ein Anstieg der Wärmekapazität mit fallender Temperatur, s. S. 170. Eine Tabellierung der gemessenen Volumensuszeptibilität zwischen 0.220 und 4.000 K findet sich bei van Dijk [28], eine Tabellierung der berechneten Volumensuszeptibilität im gleichen Temperaturbereich bei Levy [30]. Die Rechnungen von Levy [30] basieren auf einem aus ESR-Spektren gewonnenen Termschema für die Kristallfeldaufspaltung von Gd^{3+} in $M_2(SO_4)_3 \cdot 8\,H_2O$, M=Y, Nd, Sm [45], sowie der Onsager-Formel für den Spin-Wechselwirkungsanteil, und stimmen gut mit den gemessenen Suszeptibilitäten überein, lassen jedoch keine Aussagen über die Spinsequenz der Kristallfeldterme zu [30]. Die von Wielinga u.a. [27] unterhalb 2 K gemessene Suszeptibilität, normiert auf die nicht spezifizierte Curie-Konstante einer Pulverprobe, zeigt ein Maximum bei T=0.1830 K, nur 0.001 K oberhalb der Temperatur, bei der ein steiles Maximum der Wärmekapazität auftritt, s. S. 170. Daraus wird auf das Einsetzen einer antiferromagnetischen Ordnung unterhalb einer Néel-Temperatur T_N=0.182 bis 0.183 K geschlossen [27]. Für das durch die dipolare Spin-Wechselwirkung am Ort eines Gd^{3+}-Ions wirkende Magnetfeld messen Nogatchewsky u.a. [31] H=2200 Oe bei 77 K aus der Magnetfeldabhängigkeit der Raman Spin-Gitter-Relaxationsrate.

Spin Relaxation

Spin-Relaxation

Spin-Relaxation in $Gd_2(SO_4)_3 \cdot 8\,H_2O$ wird meist mit der Methode der paramagnetischen Dispersion und Absorption vom Audio-Frequenzbereich bis ins Mikrowellengebiet hinein untersucht [32 bis 42]. Daraus abgeleitete Spin-Gitter-Relaxationszeiten als Funktion der Temperatur zwischen etwa 1 und 300 K werden von de Vries u.a. [32] in einem Diagramm zusammengestellt. Die Ergebnisse verschiedener Autoren zeigen, wie nicht anders zu erwarten, eine teilweise recht große Streuung. Außer Spin-Gitter-Relaxation bestimmt auch die Relaxation durch paramagnetische Verunreinigungen die Größe und das Temperaturverhalten der beobachteten Relaxationszeiten [32]. Eine Zusammenstellung von Ergebnissen der paramagnetischen Absorption aus verschiedenen Arbeiten findet sich bei Locher, Gorter [33]. Mit der Methode der paramagnetischen Dispersion und Absorption läßt sich der magnetische Anteil der Wärmekapazität bestimmen, s. S. 170. Es existieren auch Messungen von Spin-Gitter-Relaxationszeiten mit ESR-Methoden [31, 43]. Die von Clément, Pescia [43] gemessenen Relaxationszeiten stimmen etwa mit den von de Vries u.a. [32] mit der Dispersions-Absorptionsmethode erhaltenen überein. – Nach Auffassung von Kacimi, Shaposhinkov [44], für die auch $Gd_2(SO_4)_3 \cdot 8\,H_2O$ als Beispiel angeführt wird, ist zu unterscheiden zwischen der gemäß der Casimir-du Pré-Formel definierten Relaxationszeit τ und der Bloch-Relaxationszeit T_1.

Literatur:

[1] C.J. Schinkel, W.D. van Amstel (Phys. Letters A **44** [1973] 467/8). – [2] Landolt-Börnstein, 6. Aufl., Bd. 2, Tl. 9, 1962. – [3] H.R. Woltjer (Koninkl. Ned. Akad. Wetenschap. Verslag Gewone Vergader. Afdel. Nat. **32** [1923] 759/71; Proc. Koninkl. Ned. Akad.

Wetenschap. **26** [1923] 613/25). – [4] H.R. Woltjer, H. Kamerlingh-Onnes (Koninkl. Ned. Akad. Wetenschap. Verslag Gewone Vergader. Afdel. Nat. **32** [1923] 772/80; Proc. Koninkl. Ned. Akad. Wetenschap. **26** [1923] 626/34). – [5] W.F. Giauque (J. Am. Chem. Soc. **49** [1927] 1864/70).

[6] K.S. Krishnan, S. Banerjee (Phys. Rev. [2] **59** [1941] 770). – [7] K.S. Krishnan, A. Mookherji, A. Bose (Phil. Trans. Roy. Soc. [London] A **238** [1939/40] 125/48, 133/5). – [8] B. Cabrera (J. Chim. Phys. **36** [1939] 237/55, 243/5). – [9] S. Velayos (Anales Soc. Espan. Fis. Quim. [Madrid] **33** [1935] 297/313, 301). – [10] E.H. Williams (Phys. Rev. [2] **46** [1934] 133/4).

[11] G. Hughes, D.W. Pearce (J. Am. Chem. Soc. **55** [1933] 3277/9). – [12] J. Zernike, C. James (J. Am. Chem. Soc. **48** [1926] 2827/31). – [13] N. Kürti (Z. Physik. Chem. B **20** [1933] 305/24). – [14] P.W. Selwood (J. Am. Chem. Soc. **55** [1933] 4869/75). – [15] S. Meyer (Physik. Z. **26** [1925] 51/4).

[16] E. Cotton-Feytis (Ann. Chim. [Paris] [10] **4** [1925] 9/78, 61). – [17] B. Cabrera (Compt. Rend. **180** [1925] 668/71). – [18] W.D. Lewis (Phys. Rev. [2] **57** [1940] 1088/9). – [19] M. Köbler, J. Hauck , H. Pink (J. Magn. Magn. Mater. **6** [1977] 17/21). – [20] W.E. Henry (J. Appl. Phys. **29** [1958] 524/5).

[21] W.E. Henry (Rev. Mod. Phys. **25** [1953] 163/4). – [22] W.E. Henry (Phys. Rev. [2] **88** [1952] 559/62). – [23] P. Kapitza (Proc. Roy. Soc. [London] A **131** [1931] 243/73, 263/5). – [24] H. van Dijk (Physica **9** [1942] 729/36). – [25] C. van Rijn, M. Durieux (Temp. Its Meas. Control Sci. Ind. **4** Tl. 1 [1971] 73/84; C.A. **85** [1976] Nr. 35012).

[26] T.C. Cetas (Metrologia **12** [1976] 27/40). – [27] R.F. Wielinga, J. Lubbers, W.J. Huiskamp (Physica **37** [1967/68] 375/92, 387/8). – [28] H. van Dijk (Physica **12** [1946] 371/95). – [29] M.H. Hebb, E.M. Purcell (J. Chem. Phys. **5** [1937] 338/50). – [30] P.M. Levy (J. Chem. Phys. **43** [1965] 4422/4).

[31] M. Nogatchewsky, G. Ablart, J. Pescia (Solid State Commun. **24** [1977] 493/7). – [32] A.J. de Vries, D.A. Curtis, J.W.M. Livius, A.J. van Duyneveldt, C.J. Gorter (Physica **36** [1967] 91/106, 92/5). – [33] P.R. Locher, C.J. Gorter (Physica **28** [1962] 797/833, 801/6). – [34] A.I. Kurushin (Zh. Eksperim. Teor. Fiz. **32** [1957] 727/30; Soviet Phys.-JETP **5** [1957] 601/3). – [35] N.S. Garif'yanov (Zh. Eksperim. Teor. Fiz. **25** [1953] 359/63).

[36] R.J. Benzie, A.H. Cooke (Proc. Phys. Soc. [London] A **63** [1950] 201/12). – [37] D. Bijl (Physica **16** [1950] 269/77). – [38] J. Volger, F.W. de Vrijer, C.J. Gorter (Physica **13** [1947] 621/8 nach C.A. **1948** 5732). – [39] F.W. de Vrijer, J. Volger, C.J. Gorter (Physica **11** [1944/46] 412/8). – [40] L.J.F. Broer, C.J. Gorter (Physica **10** [1943] 621/8).

[41] W.J. de Haas, F.K. du Pré (Physica **6** [1939] 705/16). – [42] C.J. Gorter (Physica **3** [1936] 503/14). – [43] S. Clément, J. Pescia (Compt. Rend. **260** [1965] 2143/6). – [44] M. Kacimi, I.G. Shaposhinkov (Magn. Resonance Relat. Phenomena Proc. 17th Congr. AMPERE, Turku, Finland, 1972 [1973], S. 377/8; C.A. **80** [1974] Nr. 150792). – [45] G.S. Bogle, H.F. Symmons (Proc. Phys. Soc. [London] **79** [1962] 775/86).

Chemical Reactions

28.7.5.9.3.3 Chemisches Verhalten

Verhalten beim Erhitzen

Beim Erhitzen mit 2.5 K/min beginnt der Abbau des Kristallwassers bei 200 °C, die Oxidation zu $Gd_2O_2SO_4$ und Gd_2O_3 bei 900 bzw. 1280 °C, Stecura [1]. Entwässerung über das Dihydrat als definierte Zwischenstufe s. unten; vgl. auch die unterschiedlichen Ansichten im Kapitel 28.7.3.7, S. 54. Abbau des Kristallwassers zwischen etwa 250 und 360 °C an der Luft und anschließend erst Bildung von $Gd_2O(SO_4)_2$ bei 830 °C und dann von $Gd_2O_2SO_4$ bei 880 °C beobachteten früher Hall, Markin [2]. Bei der Angabe zur Herstellung von $Gd_2(SO_4)_3$ durch Entwässerung des Octahydrats bei 900 °C in einer Tabelle bei Cashion u.a. [3] handelt es sich offensichtlich um einen Druckfehler.

Löslichkeit in H_2O

Die gesättigte wäßrige Lösung bei 25 °C ist 0.041 molal an $Gd_2(SO_4)_3 \cdot 8H_2O$. Die freie Enthalpie der Bildung einer hypothetischen 1molalen Lösung beträgt $\Delta G = -15.200 \pm 1.000$ kcal, die Lösungswärme -6.710 ± 0.100 kcal/mol und die Entropie der Auflösung $\Delta S = -73.5$ cal·mol^{-1}·K^{-1}, Coulter, Latimer [4]. Weitere Angaben zur Löslichkeit s. beim wasserfreien Salz, S.167.

Verhalten gegen Alkalisulfate

Mit Alkalisulfat bildet $Gd_2(SO_4)_3 \cdot 8H_2O$ Doppelsulfate unterschiedlicher Zusammensetzung, s. unter 28.8, S.197.

Literatur:

[1] S. Stecura (U.S. Bur. Mines Rept. Invest. Nr. 6616 [1965] 1/47, 7; C.A. **64** [1966] 16736). – [2] G.R. Hall, T.L. Markin (J. Inorg. Nucl. Chem. **4** [1957] 137/42). – [3] J.D. Cashion, D.B. Prowse, A. Vas (J. Phys. C **6** [1973] 2611/24, 2618). – [4] V.L. Coulter, W.M. Latimer (J. Am. Chem. Soc. **62** [1940] 2557/8).

28.7.5.9.4 $Gd_2(SO_4)_3 \cdot 6H_2O$

Nach Löslichkeitsuntersuchungen im System $Gd_2(SO_4)_3$-$CO(NH_2)_2$-H_2O bei 30 °C soll $Gd_2(SO_4)_3 \cdot 6H_2O$ als Bodenkörper in der reinen wäßrigen Lösung und in der Harnstoff-haltigen mit $\leq$35.58 Gew.-% $CO(NH_2)_2$ existieren (s. hierzu S.167), A.A. Sopueva, K.S. Sulaimankulov, L.A. Tokmergenova (Zh. Neorgan. Khim. **19** [1974] 1095/8; Russ. J. Inorg. Chem. **19** [1974] 597/9).

28.7.5.9.5 $Gd_2(SO_4)_3 \cdot 2H_2O$

Die Verbindung wird beim thermischen Abbau des Octahydrats bei <200 °C gebildet und geht bei <300 °C in $Gd_2(SO_4)_3$ über. Wie für die Dihydrate des Eu und Tb wird aus den wenigen Linien des Röntgen-Strichdiagramms $a = 6.36 \pm 0.02$ Å für die kubische Pseudozelle ermittelt, L.L. Zaitseva, V.S. Il'yashenko, M.I. Konarev, L.N. Konovalov, L.V. Lipis, N.T. Chebotarev (Zh. Neorgan. Khim. **10** [1965] 1761/70; Russ. J. Inorg. Chem. **10** [1965] 961/6).

Aqueous $Gd_2(SO_4)_3$ Solutions

28.7.5.9.6 Wäßrige $Gd_2(SO_4)_3$-Lösungen

Bei der Reaktion wäßriger Lösungen von $Gd_2(SO_4)_3$ mit Alkalisulfat bilden sich Doppelsulfate, s. unter 28.8, S. 197. Mit wäßrigen Harnstofflösungen entsteht bei 30 °C $Gd_2(SO_4)_3 \cdot 8CO(NH_2)_2$, A.A. Sopueva, K.S. Sulaimankulov, L.A. Tokmergenova (Zh. Neorgan. Khim. **19** [1974] 1095/8; Russ. J. Inorg. Chem. **19** [1974] 597/9).

28.7.5.10 Terbiumsulfate

Terbium Sulfates

Ergänzende Angaben über $Tb_2(SO_4)_3$ s. unter 28.7.2, S. 33, über $Tb_2(SO_4)_3 \cdot n\,H_2O$ mit n=8 und 2 s. unter 28.7.3, S. 43, über wäßrige $Tb_2(SO_4)_3$-Lösungen s. unter 28.7.4, S. 56.

28.7.5.10.1 $Tb_2(SO_4)_3$

Bildung und Darstellung

Die Verbindung wird aus dem 8-Hydrat bei 400 °C hergestellt, Cabrera [9]. Sie entsteht bereits bei <300 °C nach Zaitseva u.a. [6] und angeblich bei 188 °C nach Il'yashenko u.a. [7]. Das $Tb_2(SO_4)_3$ bildet sich in peritektischer Reaktion aus $LiTb(SO_4)_2$ bei 737 °C, Volk u.a. [1, 2], bei der thermischen Zersetzung von $NaTb(SO_4)_2 \cdot H_2O$ bei 770 bis 850 °C neben Na_2SO_4, Zaitseva u.a. [3], von $RbTb(SO_4)_2$ bei 640 bis 680 °C, Zaitseva u.a. [5], und von $NH_4Tb(SO_4)_2 \cdot 4\,H_2O$ bei 440 °C. Allerdings liegt das Minimum eines intensiven endothermen Peaks laut Figur im Original bei 560 °C, Il'yashenko u.a. [4].

Kristallographische Eigenschaften

Die beim thermischen Abbau des 8-Hydrats bei <300 °C gebildete Verbindung ist pseudokubisch, isostrukturell mit der Eu- und Gd-Verbindung, mit a=6.59±0.01 Å. Bei 630 °C wird eine zweite Modifikation mit komplexer Struktur gebildet, die sich von den Modifikationen der Eu- und Gd-Verbindung unterscheidet. Strichdiagramm und Netzebenenabstände bei 640 °C s. Original [6]. Allerdings wird später von der gleichen Autorengruppe [4] für aus $NH_4Tb(SO_4)_2 \cdot 4\,H_2O$ bei ≧400 °C gebildetes $Tb_2(SO_4)_3$ das gleiche Liniendiagramm gefunden wie früher von [6] bei 630 °C. Die später identifizierte orthorhombische sogenannte β-Phase (s. unter 28.7.2.2, S. 36) wurde vermutlich oberhalb 740 °C aus $LiTb(SO_4)_2$ hergestellt.

Wärmekapazität

Kalorimetrisch ermittelte molare Wärmekapazität $C_p = 66.9\ cal \cdot mol^{-1} \cdot K^{-1}$ bei 298 K. Die Temperaturabhängigkeit folgt zwischen 298 und 700 K der Beziehung $C_p = 64.8 + 0.007\ T$, Il'yashenko u.a. [7].

Magnetische Eigenschaften

Für $Tb_2(SO_4)_3$ gilt zwischen 293 und 673 K das Curie-Weiß-Gesetz $\chi(T-\Theta)=C$ mit $\Theta = -2.3 \pm 1.2$ K und $C = 11.574 \pm 0.027\ cm^3 \cdot K/mol\ Tb^{3+}$. Daraus ergibt sich das magnetische Moment des Tb^{3+} zu $\mu = 47.83\ \mu_W$ ($= 9.66\ \mu_B$), Cabrera, Duperier [8].

Chemisches Verhalten

Verhalten beim Erhitzen

Das aus $NaTb(SO_4)_2 \cdot H_2O$ bei <850 °C gebildete $Tb_2(SO_4)_3$ geht bei >900 °C in $Tb_2O_2SO_4$ über [3]. Bei Bildung aus $NH_4Tb(SO_4)_2 \cdot 4\,H_2O$ findet der Übergang zu $Tb_2O_2SO_4$ bei ≈1030 °C und zum Oxid bei ≈1190 °C statt (die beiden Temperaturen entsprechen den Peak-Minima in der DTA-Kurve) [4].

Löslichkeit

In H_2O lösen sich 2.55 Gew.-% $Tb_2(SO_4)_3$ bei 25 °C, Il'yashenko u.a. [7] und 2.65 Gew.-% $Tb_2(SO_4)_3$ bei 30 °C, Murzubraimov, Sulaimankulov [10]. Die Löslichkeit erhöht sich durch Zusatz von K_2SO_4 bei 25 °C auf 3.63 Gew.-% $Tb_2(SO_4)_3$ bei 1.91

Gew.-% K_2SO_4 [7] und durch Zusatz von Harnstoff bei 30 °C auf 37.19 Gew.-% $Tb_2(SO_4)_3$ bei 34.13 Gew.-% $CO(NH_2)_2$ [10]. Sowohl in der gesättigten reinen wäßrigen Lösung als auch bei den genannten Zusätzen tritt das Octahydrat als Bodenkörper auf [7, 10].

Verhalten gegen Alkalisulfate

$Tb_2(SO_4)_3$ reagiert mit Alkalisulfat unter Bildung von Alkalisulfatometallaten, s. unter 28.8, S. 197.

Literatur:

[1] V.I. Volk, L.L. Zaitseva, V.S. Il'yashenko, L.V. Lipis (Zh. Neorgan. Khim. **13** [1968] 2432/41; Russ. J. Inorg. Chem. **13** [1968] 1254/60). – [2] V.I. Volk, L.L. Zaitseva, V.S. Il'yashenko (Zh. Neorgan. Khim. **13** [1968] 2818/24; Russ. J. Inorg. Chem. **13** [1968] 1450/4). – [3] L.L. Zaitseva, V.S. Il'yashenko, M.I. Konarev, L.N. Konovalov, L.V. Lipis, N.T. Chebotarev (Zh. Neorgan. Khim. **12** [1967] 906/14; Russ. J. Inorg. Chem. **12** [1967] 477/81). – [4] V.S. Il'yashenko, A.I. Barabash, V.I. Volk, L.L. Zaitseva, M.I. Konarev, A.A. Kruglov, L.V. Lipis (Zh. Neorgan. Khim. **14** [1969] 1197/204; Russ. J. Inorg. Chem. **14** [1969] 627/31). – [5] L.L. Zaitseva, V.S. Il'yashenko, M.I. Konarev, L.N. Konovalov, L.V. Lipis, N.T. Chebotarev (Zh. Neorgan. Khim. **11** [1966] 1578/90; Russ. J. Inorg. Chem. **11** [1966] 843/50).

[6] L.L. Zaitseva, V.S. Il'yashenko, M.I. Konarev, L.N. Konovalov, L.V. Lipis, N.T. Chebotarev (Zh. Neorgan. Khim. **10** [1965] 1761/70; Russ. J. Inorg. Chem. **10** [1965] 961/6). – [7] V.S. Il'yashenko, A.I. Barabash, L.L. Zaitseva (Zh. Neorgan. Khim. **18** [1973] 2841/6; Russ. J. Inorg. Chem. **18** [1973] 1510/3). – [8] B. Cabrera, A. Duperier (Compt. Rend. **188** [1929] 1640/2). – [9] B. Cabrera (J. Chim. Phys. **36** [1939] 237/55, 245/7). – [10] B. Murzubraimov, K. Sulaimankulov (Zh. Neorgan. Khim. **23** [1978] 3157/9; Russ. J. Inorg. Chem. **23** [1978] 1752/3).

28.7.5.10.2 $Tb_2(SO_4)_3 \cdot 12H_2O$

Zur Darstellung wird ein Tb-Salz bei 300 °C mit H_2SO_4 zur Trockne abgeraucht, in H_2O gelöst und langsam im Ar-Strom bis zur Gewichtskonstanz eingedampft. Das Produkt enthält noch viel überschüssiges Wasser, das bei ≈100 °C entfernt wird. Beim Erhitzen im H_2-Ar-Gemisch reagiert H_2 mit dem Sulfatanion, und es bildet sich das Oxid in einer Stufe bei 600 bis 800 °C. In Luft oder Ar werden zwei Stufen beobachtet: Bei 800 bis 900 °C bildet sich $Tb_2O_2SO_4$ und erst bei 950 bis 1150 °C das Oxid, R.G. Haire (Proc. 10th Rare Earth Conf., Carefree, Ariz., 1973, S. 882/91, 887).

28.7.5.10.3 $Tb_2(SO_4)_3 \cdot 8H_2O$

Bildung und Darstellung

Die Darstellung erfolgt analog $Eu_2(SO_4)_3 \cdot 8H_2O$, s. S. 161, Zaitseva u.a. [1]. Durch langsames Eindunsten der Lösung von Tb_2O_3 in verdünntem H_2SO_4 bei Raumtemperatur wird die Verbindung von Chachra, Neogy [3] erhalten. Das $Tb_2(SO_4)_3 \cdot 8H_2O$ bildet den Bodenkörper der gesättigten wäßrigen Lösung, Il'yashenko u.a. [5].

Kristallographische Eigenschaften

Die Verbindung ist isotyp mit den monoklinen Octahydraten der anderen Seltenerdsulfate. Die Gitterkonstanten betragen: $a=13.502 \pm 0.003$, $b=6.751 \pm 0.001$, $c=18.279 \pm 0.004$ Å und $\beta=102°09'$; Z=4 [1]. Die goniometrische Vermessung eines Einkristalls liefert das Verhältnis a:b:c=3.0213:1:2.0115 und $\beta=118°18'$, Kashyap [4]. Da Pyroelektrizität beobachtet wird, ist als Raumgruppe $Cc-C_s^4$ anzunehmen, Sherry [2].

Wärmekapazität

Kalorimetrisch ermittelte molare Wärmekapazität $C_p=100.6$ cal · mol^{-1} · K^{-1} bei 298 K. Für die Temperaturabhängigkeit gilt $C_p=96.7+0.013$ T zwischen 298 und 400 K, Il'yashenko u.a. [5].

Magnetische Eigenschaften

$Tb_2(SO_4)_3 \cdot 8H_2O$ ist paramagnetisch. In polykristallinen Proben beträgt die spezifische Suszeptibilität $\chi_g=103.60\times10^{-6}$ cm^3/g und die Molsuszeptibilität 77.760×10^{-3} cm^3/mol Substanz. Die auf diamagnetische Anteile ($(SO_4)_3 \cdot 8H_2O$) korrigierte Atomsuszeptibilität genügt zwischen 83.5 und 288.7 K dem Curie-Weiß-Gesetz $\chi(T-\Theta)=C$ mit der paramagnetischen Curie-Temperatur $\Theta=-16.3$ K und C=11.865 cm^3 · K/mol Tb^{3+} als Curie-Konstanten. Daraus ergibt sich das magnetische Moment des Tb^{3+} zu $\mu=48.36\ \mu_W$ ($=9.75\ \mu_B$), Velayos [6]. An einem Einkristall bestimmte Hauptmolsuszeptibilität χ_1 und Differenzen $\chi_1-\chi_2$, $\chi_3-\chi_2$, alle in 10^{-4} cm^3/mol (es liegen χ_3 parallel der b-Achse und χ_1, χ_2 in der (010)-Ebene, wobei $\chi_1>\chi_2$ ist, s. S. 129) sowie Quadrat des mittleren effektiven magnetischen Moments $\bar{\mu}^2_{eff}$ in μ_B^2 bei T=90 bis 300 K in Auswahl:

T	χ_1	$\chi_1-\chi_2$	$\chi_3-\chi_2$	$\bar{\mu}^2_{eff}$
300	868.0	247.8	209.6	92.63
260	1018	338.7	250.6	90.98
220	1191	434.7	345.6	89.34
180	1502	681.3	539.7	88.30
140	2102	1242	887.8	87.83
120	2577	1673	1122	88.02
100	3226	2304	1563	88.35
90	3688	2721	1781	88.74

Das Verhältnis von der Differenz der Atomsuszeptibilitäten (korrigiert auf Diagmagnetismus) $\Delta K=K_\parallel-K_\perp$ parallel und senkrecht der Symmetrieachse zur mittleren Atomsuszeptibilität $\bar{K}$ beträgt $\Delta K/\bar{K}=0.59$ für Tb^{3+}, wenn ein tetragonales Kristallfeld um Tb^{3+} angenommen wird. Der Wert ist wesentlich höher als für Sulfate des Pr, Nd, Dy, Er und Yb. Dies wird auf ein stärker asymmetrisches Kristallfeld zurückgeführt, Chachra, Neogy [3].

Chemisches Verhalten

Beim Erhitzen erfolgt bei <200 °C Übergang ins Dihydrat, und bei <300 °C bildet sich $Tb_2(SO_4)_3$ [1]. Bildung des Dihydrats bereits bei 433 K und des wasserfreien Salzes bei 461 K geben Il'yashenko u.a. [5] an. Mit Hilfe der Wärmekapazitäten werden die Änderung der Enthalpie, der freien Enthalpie und der Entropie mit der Temperatur, $\Delta(\Delta H_T^\circ)$, $\Delta(\Delta G_T^\circ)$ in kcal/mol und $\Delta(\Delta S_T^\circ)$ in cal · mol^{-1} · K^{-1} berechnet für die Reaktionen:

1) $Tb_2(SO_4)_3 \cdot 8H_2O$ (fest) $\rightarrow Tb_2(SO_4)_3 \cdot 2H_2O$ (fest) $+ 6H_2O$ (gas) $-$ Q
2) $Tb_2(SO_4)_3 \cdot 2H_2O$ (fest) $\rightarrow Tb_2(SO_4)_3$ (fest) $+ 2H_2O$ (gas) $-$ Q

Die Ergebnisse der Berechnungen sind zusammen mit experimentell bestimmten Werten der Dehydratationsenthalpie Q in kcal je mol H_2O in der nachfolgenden Tabelle zusammengestellt:

	$\Delta(\Delta H_T^\circ)$	$-\Delta(\Delta G_T^\circ)$	$\Delta(\Delta S_T^\circ)$	Q	Temp.-Bereich T_2 bis T_1 in K
Reaktion 1	1.21	11.3	4.0		350 bis 298
	2.49	22.16	7.15	14.3	400 bis 298
	3.33	29.48	9.18		433 bis 298
Reaktion 2	1.03	11.02	2.72	16.4	450 bis 298

Für die Berechnung wurde $C_p = 7.19 + 2.83 \times 10^{-3}\,T - 0.16 \times 10^{-6}\,T^2$ und $T_1 = 298$ K, $T_2 = 350$, 400, 433 bzw. 450 K für H_2O (gas) verwendet, Il'yashenko u.a. [5].

Zur Löslichkeit in H_2O, auch mit Zusatz von K_2SO_4 oder Harnstoff, s. beim wasserfreien Salz, S. 177.

Mit Alkalisulfaten reagiert $Tb_2(SO_4)_3 \cdot 8\,H_2O$ unter Bildung von Alkalisulfatometallaten, s. unter 28.8, S.197.

Literatur:

[1] L.L. Zaitseva, V.S. Il'yashenko, M.I. Konarev, L.N. Konovalov, L.V. Lipis, N.T. Chebotarev (Zh. Neorgan. Khim. **10** [1965] 1761/70; Russ. J. Inorg. Chem. **10** [1965] 961/6). – [2] E.G. Sherry (J. Solid State Chem. **19** [1976] 271/9). – [3] S.P. Chachra, D. Neogy (Indian J. Pure Appl. Phys. **14** [1976] 14/6). – [4] R.K. Kashyap (Indian J. Phys. **39** [1965] 97/8). – [5] V.S. Il'yashenko, A.I. Barabash, L.L. Zaitseva (Zh. Neorgan. Khim. **18** [1973] 2841/6; Russ. J. Inorg. Chem. **18** [1973] 1510/3).

[6] S. Velayos (Anales Soc. Espan. Fis. Quim. [Madrid] **33** [1935] 297/313, 308).

28.7.5.10.4 $Tb_2(SO_4)_3 \cdot 2\,H_2O$

Die Verbindung wird beim thermischen Abbau des 8-Hydrats bei <200 °C gebildet, Zaitseva u.a. [1], bei 160 °C geben Il'yashenko u.a. [2] an. Einzelheiten s. S. 179. Aus den wenigen Linien des Pulverdiagramms ergibt sich für die kubische Pseudozelle a = 6.36 ± 0.02 Å wie für die Eu- und Gd-Verbindung [1]. Das Dihydrat hat die molare Wärmekapazität $C_p = 75.6\ \mathrm{cal \cdot mol^{-1} \cdot K^{-1}}$ bei 298 K. Zwischen 298 und 400 K gilt für die Temperaturabhängigkeit $C_p = 69.6 + 0.02\,T$, Il'yashenko u.a. [2].

Literatur:

[1] L.L. Zaitseva, V.S. Il'yashenko, M.I. Konarev, L.N. Konovalov, L.V. Lipis, N.T. Chebotarev (Zh. Neorgan. Khim. **10** [1965] 1761/70; Russ. J. Inorg. Chem. **10** [1965] 961/6). – [2] V.S. Il'yashenko, A.I. Barabash, L.L. Zaitseva (Zh. Neorgan. Khim. **18** [1973] 2841/6; Russ. J. Inorg. Chem. **18** [1973] 1510/3).

Aqueous $Tb_2(SO_4)_3$ Solutions

28.7.5.10.5 Wäßrige $Tb_2(SO_4)_3$-Lösungen

In wäßriger Lösung bilden sich mit Alkalisulfat Alkalisulfatometallate, s. unter 28.8, S.197. Mit wäßrigen Harnstofflösungen entsteht bei 30 °C $Tb_2(SO_4)_3 \cdot 8\,CO(NH_2)_2$, B. Murzubraimov, K. Sulaimankulov (Zh. Neorgan. Khim. **23** [1978] 3157/9; Russ. J. Inorg. Chem. **23** [1978] 1752/3).

Dysprosium Sulfates

28.7.5.11 Dysprosiumsulfate

Ergänzende Angaben über $Dy_2(SO_4)_3$ s. unter 28.7.2, S. 33, über $Dy_2(SO_4)_3 \cdot n\,H_2O$ mit n = 8 und 2 s. unter 28.7.3, S. 43, über wäßrige $Dy_2(SO_4)_3$-Lösungen s. unter 28.7.4, S. 56.

28.7.5.11.1 $Dy_2(SO_4)_3$

Die Verbindung bildet sich in peritektischer Reaktion aus $LiDy(SO_4)_2$ bei 710 °C, Sirotinkin u.a. [1]. Die Atomsuszeptibilität folgt zwischen 20 und 400 °C dem Curie-Weiß-Gesetz $\chi(T-\Theta)=C$ mit $\Theta=-10.8\pm0.4$ K und $C=13.705\pm0.052$ $cm^3\cdot K/mol$ Dy^{3+}. Daraus ergibt sich das magnetische Moment des Dy^{3+} zu 52.04 μ_W (≈ 10.5 μ_B), Cabrera, Duperier [2].

Die Löslichkeit S von $Dy_2(SO_4)_3$ in H_2O bei 25 °C beträgt 3.12 Gew.-% $Dy_2(SO_4)_3$ nach Shakhno u.a. [3] und 3.73 Gew.-% (=0.11 Mol-%) $Dy_2(SO_4)_3$ bei 30 °C nach Sopueva u.a. [4]. Durch Zusatz von 1.99 Gew.-% K_2SO_4 erhöht sich S auf 4.21 Gew.-% [3], durch 11.79 Gew.-% $(NH_4)_2SO_4$ auf 9.13 Gew.-% bei 25 °C, Belousova u.a. [5]. Bei 30 °C nimmt S auf 38.46 Gew.-% $Dy_2(SO_4)_3$ zu, wenn die wäßrige Lösung 34.19 Gew.-% Harnstoff enthält [4]. Während bei den Untersuchungen bei 25 °C als Bodenkörper der gesättigten Lösungen das Octahydrat beobachtet wird [3, 5], soll er bei 30 °C vom Decahydrat gebildet werden [4].

Mit Alkalisulfat bildet $Dy_2(SO_4)_3$ Alkalisulfatometallate, s. unter 28.8, S. 197.

Literatur:

[1] S.P. Sirotinkin, A.N. Pokrovskii, L.M. Kovba (Vestn. Mosk. Univ. Khim. **18** Nr. 6 [1977] 740/1; Moscow Univ. Chem. Bull. **32** Nr. 6 [1977] 88/9). – [2] B. Cabrera, A. Duperier (Compt. Rend. **188** [1929] 1640/2). – [3] I.V. Shakhno, A.P. Belousova, M.D. Pavkina, V.E. Plyushchev (Zh. Neorgan. Khim. **12** [1967] 2500/4; Russ. J. Inorg. Chem. **12** [1967] 1319/21). – [4] A.A. Sopueva, K.S. Sulaimankulov, L.A. Tokmergenova (Zh. Neorgan. Khim. **19** [1974] 1095/8; Russ. J. Inorg. Chem. **19** [1974] 597/9). – [5] A.P. Belousova, I.V. Shakhno, V.E. Plyushchev (Zh. Neorgan. Khim. **15** [1970] 226/30; Russ. J. Inorg. Chem. **15** [1970] 116/8).

28.7.5.11.2 $Dy_2(SO_4)_3\cdot10H_2O$

Nach Löslichkeitsuntersuchungen im System $Dy_2(SO_4)_3$-$CO(NH_2)_2$-H_2O bei 30 °C soll $Dy_2(SO_4)_3\cdot10H_2O$ in der gesättigten wäßrigen Lösung (ohne und mit $\leqq$34.19 Gew.-% Harnstoff) vorliegen, A.A. Sopueva, K.S. Sulaimankulov, L.A. Tokmergenova (Zh. Neorgan. Khim. **19** [1974] 1095/8; Russ. J. Inorg. Chem. **19** [1974] 597/9).

28.7.5.11.3 $Dy_2(SO_4)_3\cdot8H_2O$

Bildung und Darstellung

Das Octahydrat bildet den Bodenkörper der gesättigten wäßrigen Lösung bei 25 °C und wird bei der gleichen Temperatur im System $(NH_4)_2SO_4$-$Dy_2(SO_4)_3$-H_2O, Belousova u.a. [1], und K_2SO_4-$Dy_2(SO_4)_3$-H_2O, Shakhno u.a. [2], s. S. 260 bzw. 284, beobachtet. Die Darstellung erfolgt aus dem Oxid und H_2SO_4, Abeles [5], und zwar durch Eindampfen schwachsaurer Lösungen und mehrmalige Umkristallisation aus wäßriger Lösung [2], Kashyap [3].

Kristallographische Eigenschaften

Das kristallographische Achsenverhältnis der mit den anderen monoklinen Verbindungen des Typs $M_2(SO_4)_3\cdot8H_2O$ isotypen monoklin-prismatischen Kristalle ist a:b:c= 3.0158:1:2.0160; β=118°28′ nach Kashyap [3], 3.0088:1:1.9864; β=117°48′ nach Singh [4] auf Grund von goniometrischen Vermessungen. Röntgenographisch ermittelte Gitterkonstanten s. S. 45. Da die Kristalle Pyroelektrizität zeigen, wird als Raumgruppe $Cc-C_s^4$ angenommen, Sherry [6].

Mössbauer-Spektrum und Bindung

Die Isomerieverschiebung im Mössbauer-Spektrum (gemessen am 25.7 keV-γ-Übergang von ^{161}Dy mit $GdF_3 \cdot 0.5\,H_2O$-Quelle) beträgt $\delta = -0.46 \pm 0.08$ mm/s gegen DyF_3 bei Raumtemperatur, Abeles u.a. [7]; bezogen auf Dy-Metall ist $\delta = -3.51 \pm 0.08$ mm/s. Wie ein Vergleich mit anderen Dy-Verbindungen zeigt, kommt die Bindung des Dy in $Dy_2(SO_4)_3 \cdot 8\,H_2O$ der ionischen Bindung noch am nächsten. An der Bindung sind nur s- und d-Elektronen beteiligt, 4f-Bindungsanteile sind unbedeutend. Der gemessene δ-Wert entspricht einer Erniedrigung der 6s-Elektronendichte am Dy-Kern um 0.9 Elektronen und teilweiser Delokalisierung von d-Elektronen. Zur Abschirmwirkung der p- und d-Orbitale (möglicherweise auch der f-Orbitale) s. Original, Abeles [5], s. auch [7].

Kristallfeld

Diskussion über die Symmetrie und Stärke des Kristallfeldes s. Chachra, Neogy [8], Neogy, Mookherji [9], Neogy [10], Jackson [11].

Magnetische Eigenschaften

$Dy_2(SO_4)_3 \cdot 8\,H_2O$ ist paramagnetisch. Pulverproben haben bei 291 K die spezifische Suszeptibilität $\chi_g = 122.51 \times 10^{-6}$ cm³/g und die Molsuszeptibilität 92.752×10^{-3} cm³/mol. Die Atomsuszeptibilität (korrigiert auf die diamagnetischen Anteile von $(SO_4)_3 \cdot 8\,H_2O$) genügt zwischen 83.9 und 290.5 K dem Curie-Weiß-Gesetz $\chi(T - \Theta) = C$ mit der paramagnetischen Curie-Temperatur $\Theta = -4.9$ K und $C = 13.745$ cm³·K/mol Dy^{3+} als Curie-Konstanten. Daraus ergibt sich das magnetische Moment des Dy^{3+} zu $\mu = 52.05\ \mu_W$ ($= 10.46\ \mu_B$), Velayos [15]. Aus zwei Untersuchungen werden $C = 13.894$ cm³·K/mol Dy^{3+} und $\Theta = -4.9$ K abgeleitet, Cabrera [14]. Aus Untersuchungen zwischen 14.3 und 289.8 K ergibt sich $\Theta = -1.5$ K, Jackson [11]. An einem Einkristall zwischen 80 und 300 K bestimmte Hauptmolsuszeptibilitäten (hierzu s. S. 129) χ_1 in 10^{-4} cm³/mol, $\chi_1 - \chi_2$ und $\chi_3 - \chi_2$ in 10^{-6} cm³/mol, Quadrat des mittleren magnetischen Moments $\bar{\mu}^2_{eff}$ in μ_B^2, Winkel Θ zwischen χ_2 und kristallographischer a-Achse und Differenz der diamagnetisch korrigierten Atomsuszeptibilitäten $(K_\parallel - K_\perp)$ in 10^{-6} cm³/mol Dy^{3+} parallel bzw. senkrecht zur Symmetrieachse, unter der Annahme eines tetragonalen Kristallfeldes, Werte in Auswahl:

T	χ_1	$\chi_1 - \chi_2$	$\chi_3 - \chi_2$	$\sphericalangle\Theta$	$\bar{\mu}^2_{eff}$	$K_\parallel - K_\perp$
300	927.9	8748	12263	3.5	109.4	10505
240	1179	13400	17105	3.5	110.3	–
220	1299	15310	19507	3.0	111.8	–
200	1420	18210	22861	1.9	110.1	20536
180	1568	21140	26745	0.4	109.6	–
160	1757	24460	32561	−0.9	109.1	–
140	1995	29520	40345	−2.2	108.4	34932
120	2292	36100	50856	−4.2	106.8	–
100	2728	47400	63690	−4.9	105.4	55546
80	–	60500	84300	–	104.0	72400

Die Werte für 80 K und $K_\parallel - K_\perp$ stammen von Chachra, Neogy [8], alle anderen Werte von Neogy, Mookherji [9].

Nach Van Vleck bis 4 K berechnete Werte für $K_\parallel$ und $K_\perp$ sowie μ s. Originale [8] und [9]. Aus der Änderung des Winkels Θ mit der Temperatur wird eine Änderung der Orientierung der magnetischen Einheiten vermutet [10].

Messungen bei 290 K, 0.15 bis 10 MHz und 800 bis 3200 Oe zeigen erwartungsgemäß für $Dy_2(SO_4)_3 \cdot 8H_2O$ keine paramagnetische Dispersion, Broer, Gorter [12].

Optische Eigenschaften

Die Brechungszahlen $n_x = 1.541 \pm 0.001$, $n_z = 1.550 \pm 0.001$ geben Shakhno u.a. [2] an. Zur Intensität von Absorptionslinien, die durch Überlagerung von Gitterschwingungen und Elektronenübergängen entstehen, s. Rosa [13].

Chemisches Verhalten

Zur Löslichkeit s. beim wasserfreien Salz, S.181.

Literatur:

[1] A.P. Belousova, I.V. Shakhno, V.E. Plyushchev (Zh. Neorgan. Khim. **15** [1970] 226/30; Russ. J. Inorg. Chem. **15** [1970] 116/8). – [2] I.V. Shakhno, A.P. Belousova, M.D. Pavkina, V.E. Plyushchev (Zh. Neorgan. Khim. **12** [1967] 2500/4; Russ. J. Inorg. Chem. **12** [1967] 1319/21). – [3] R.K. Kashyap (Agra Univ. J. Res. Sci. **12** [1963] 163/9). – [4] S. Singh (Z. Krist. **105** [1944] 384/92, 389/90). – [5] T.P. Abeles (Diss. Louisville Univ. 1969, S. 1/207, 51, 62/9; Diss. Abstr. Intern. **30** [1969] 1562).

[6] E.G. Sherry (J. Solid State Chem. **19** [1976] 271/9). – [7] T.P. Abeles, W.G. Bos, P.J. Ouseph (J. Phys. Chem. Solids **30** [1969] 2159/67). – [8] S.P. Chachra, D. Neogy (Indian J. Pure Appl. Phys. **3** [1965] 191/4). – [9] D. Neogy, A. Mookherji (Physica **31** [1965] 1325/32). – [10] D. Neogy (Agra Univ. J. Res. Sci. **12** [1963] 211/5).

[11] L.C. Jackson (Proc. 7th Intern. Congr. Refrig., The Hague-Amsterdam 1936, S. 517/21; Proc. Phys. Soc. [London] **48** [1936] 741/6). – [12] L.J.F. Broer, C.J. Gorter (Physica **10** [1943] 621/8). – [13] A.M. Rosa (Ann. Physik [5] **43** [1943] 161/81). – [14] B. Cabrera (J. Chim. Phys. **36** [1939] 117/29, 125, 237/55, 248). – [15] S. Velayos (Anales Soc. Espan. Fis. Quim. [Madrid] **33** [1935] 297/313, 309).

28.7.5.11.4 Wäßrige $Dy_2(SO_4)_3$-Lösungen

Aqueous $Dy_2(SO_4)_3$ Solutions

Nach Untersuchungen der Ultraschallabsorption in H_2O und D_2O bei Konzentrationen von $\approx 10^{-2}$ mol/l bei 25 °C und 10 bis 270 MHz bildet sich in 3 Stufen $DySO_4^+$(aq), Reidler, Silber [1].

In wäßriger Lösung reagiert $Dy_2(SO_4)_3$ mit Alkalisulfaten unter Bildung von Alkalisulfatometallaten unterschiedlicher Zusammensetzung, s. unter 28.8, S.197.

Werden 0.025 M $Dy_2(SO_4)_3$- und 0.025 M Na_2SiF_6-Lösungen bei 25 °C gemischt, so bildet sich nach Messung von Löslichkeit, pH-Wert, elektrischer Leitfähigkeit, Gewicht des Niederschlags und Zusammensetzung der Hydrolyseprodukte DyF_3 nach $Dy_2(SO_4)_3 + Na_2SiF_6 + 2H_2O \rightarrow 2DyF_3 + Na_2SO_4 + SiO_2 + 2H_2SO_4$. Fluorosilikate des Dy bilden sich nicht. Die Fällung ist bei pH = 2.1 bis 2.2 und $Na_2SiF_6 : Dy_2(SO_4)_3 = 1$ bis 1.2 vollständig. Im Gegensatz zu den Chloriden entstehen keine kolloiden Lösungen, Chalova, Bleshinskii [2]. Mit Harnstoff bildet sich $Dy_2(SO_4)_3 \cdot 7CO(NH_2)_2$ bei 30 °C, Sopueva u.a. [3].

Literatur:

[1] J. Reidler, H.B. Silber (J. Phys. Chem. **77** [1973] 1275/80). – [2] E.P. Chalova, S.V. Bleshinskii (Issled. Khim. Redkikh Soputstvuyushchikh Elem. Akad. Nauk Kirg. SSR

Inst. Neorgan. Fiz. Khim. **1966** 3/20, 13; C.A. **66** [1967] Nr. 14510). – [3] A.A. Sopueva, K.S. Sulaimankulov, L.A. Tokmergenova (Zh. Neorgan. Khim. **19** [1974] 1095/8; Russ. J. Inorg. Chem. **19** [1974] 597/9).

Holmium Sulfates

28.7.5.12 Holmiumsulfate

Ergänzende Angaben über $Ho_2(SO_4)_3$ s. unter 28.7.2, S. 33, über $Ho_2(SO_4)_3 \cdot nH_2O$ mit n=8 und 2 s. unter 28.7.3, S. 43, über wäßrige $Ho_2(SO_4)_3$-Lösungen s. unter 28.7.4, S. 56.

28.7.5.12.1 $Ho_2(SO_4)_3$

Herstellung

Die Verbindung wird aus dem Octahydrat bei 400 °C hergestellt, Cabrera [2].

Magnetische Eigenschaften

$Ho_2(SO_4)_3$ ist paramagnetisch und folgt zwischen 293 und 673 K dem Curie-Weiß-Gesetz $\chi(T-\Theta)=C$ mit der paramagnetischen Curie-Temperatur $\Theta=-8.1\pm0.5$ K und der Curie-Konstanten $C=13.821\pm0.58$ $cm^3 \cdot K/mol$ Ho^{3+}. Daraus ergibt sich für das magnetische Moment des Ho^{3+} $\mu=52.27$ μ_W ($=10.6$ μ_B), Cabrera, Duperier [1], s. auch Cabrera [2].

Löslichkeit

In H_2O lösen sich 4.92 Gew.-% $Ho_2(SO_4)_3$ bei 25 °C, Iskhakova, Plyushchev [3], und 4.50 Gew.-% $Ho_2(SO_4)_3$ bei 30 °C, Sopueva u.a. [4]. Ein Gehalt von 1.97 Gew.-% K_2SO_4 erhöht die Löslichkeit auf 8.38 Gew.-% $Ho_2(SO_4)_3$ bei 25 °C [3] und ein Gehalt von 34.96 Gew.-% $CO(NH_2)_2$ sogar auf 39.26 Gew.-% $Ho_2(SO_4)_3$ bei 30 °C [4]. Als Bodenkörper tritt in diesen wäßrigen Lösungen von 25 °C das Octahydrat auf [3] und in denen von 30 °C angeblich das Hexahydrat [4].

Literatur:

[1] B. Cabrera, A. Duperier (Compt. Rend. **188** [1929] 1640/2). – [2] B. Cabrera (J. Chim. Phys. **36** [1939] 237/55, 249/52). – [3] L.D. Iskhakova, V.E. Plyushchev (Izv. Vysshikh Uchebn. Zavedenii Khim. Khim. Tekhnol. **13** [1970] 929/31; C.A. **74** [1971] Nr. 16140). – [4] A.A. Sopueva, K.S. Sulaimankulov, K.N. Nogoev (Zh. Neorgan. Khim. **20** [1975] 791/4; Russ. J. Inorg. Chem. **20** [1975] 445/6).

28.7.5.12.2 $Ho_2(SO_4)_3 \cdot 8H_2O$

Bildung

Das Octahydrat tritt als Bodenkörper der gesättigten wäßrigen Lösung bei 25 °C auf, s. oben.

Kristallographische Eigenschaften

Die Verbindung ist nach Einkristalluntersuchungen monoklin mit a=13.42, b=6.69, c=18.19 Å, $\beta=102°6'$, Mascarenhas, Folgueras [2]. Die im Original [2] angegebene Raumgruppe $Cc-C_s^4$ (anstatt $C2/c-C_{2h}^6$) beruht auf einem Druckfehler (s. Sherry [1]), erweist sich aber später aufgrund der beobachteten Pyroelektrizität als richtig, Sherry [1].

Die Strukturverfeinerung in der überholten zentrosymmetrischen Raumgruppe (R=7.5%) ergibt, daß das Koordinationspolyeder um Ho von vier $O(SO_4)$ und vier $O(H_2O)$ in Form eines verzerrten Antiprismas gebildet wird. Diese Polyeder sind durch SO_4-Gruppen und H-Brückenbindungen verknüpft. Die Ho-O-Abstände betragen 2.26(5) bis 2.46(5) Å, die S-O-Abstände im SO_4-Tetraeder 1.42(5) bis 1.47(5) Å und die O-S-O-Winkel 109(3)° bis 113(3)° [2].

Kristallfeld

Aus dem Absorptionsspektrum zwischen 250 und 900 nm bei 4.2 und 77 K wird auf ein Kristallfeld von der Punktsymmetrie C_{1h} am Ort des Ho^{3+} geschlossen, Stöhr, Gruber [3].

Magnetische Eigenschaften

$Ho_2(SO_4)_3 \cdot 8H_2O$ ist paramagnetisch und hat die spezifische Suszeptibilität $\chi_g = 122.07 \times 10^{-6}$ cm³/g bzw. die Molsuszeptibilität 92.673×10^{-3} cm³/mol bei 285.5 K. Die Atomsuszeptibilität (korrigiert auf die diagmagnetischen Anteile $(SO_4)_3 \cdot 8H_2O$) folgt zwischen 84.5 und 284.5 K dem Curie-Weiß-Gesetz $\chi(T-\Theta)=C$ mit der paramagnetischen Curie-Temperatur $\Theta=-7.1$ K und der Curie-Konstanten $C=13.603$ $cm^3 \cdot K/mol\ Ho^{3+}$. Daraus ergibt sich das magnetische Moment des Ho^{3+} zu $\mu=51.78\ \mu_W$, Velayos [5]. Den gleichen Wert für Θ aber $C=13.774$ $cm^3 \cdot K/mol\ Ho^{3+}$ und $\mu=52.02\ \mu_W$ ($\approx 10.5\ \mu_B$) gibt Cabrera [4] an.

Löslichkeit

Siehe hierzu die Angaben beim wasserfreien Salz, S.184.

Literatur:

[1] E.G. Sherry (J. Solid State Chem. **19** [1976] 271/9). – [2] Y. Mascarenhas, S. Folgueras (Acta Cryst. A **31** [1975] Suppl., S. 78). – [3] J. Stöhr, J.B. Gruber (Chem. Phys. **7** [1975] 336/48). – [4] B. Cabrera (J. Chim. Phys. **36** [1939] 237/55, 249/52; 117/29, 127). – [5] S. Velayos (Anales Soc. Espan. Fis. Quim. [Madrid] **33** [1935] 297/313, 310).

28.7.5.12.3 $Ho_2(SO_4)_3 \cdot 6H_2O$

Nach Löslichkeitsuntersuchungen im System $Ho_2(SO_4)_3$-$CO(NH_2)_2$-H_2O bei 30 °C tritt $Ho_2(SO_4)_3 \cdot 6H_2O$ als Bodenkörper in den gesättigten Lösungen mit 0 bis 34.96 Gew.-% $CO(NH_2)_2$ auf (s. S.184), A.A. Sopueva, K.S. Sulaimankulov, K.N. Nogoev (Zh. Neorgan. Khim. **20** [1975] 791/4; Russ. J. Inorg. Chem. **20** [1975] 445/6).

28.7.5.12.4 Wäßrige $Ho_2(SO_4)_3$-Lösungen

Aqueous $Ho_2(SO_4)_3$ Solutions

$Ho_2(SO_4)_3$ bildet in wäßriger Lösung mit Alkalisulfat Doppelsulfate s. unter 28.8, S. 197. Mit wäßrigen Harnstofflösungen entsteht $Ho_2(SO_4)_3 \cdot 6CO(NH_2)_2$ bei 30 °C, A.A. Sopueva, K.S. Sulaimankulov, K.N. Nogoev (Zh. Neorgan. Khim. **20** [1975] 791/4; Russ. J. Inorg. Chem. **20** [1975] 445/6).

28.7.5.13 Erbiumsulfate

Erbium Sulfates

Ergänzende Angaben über $Er_2(SO_4)_3$ s. unter 28.7.2, S. 33, über $Er_2(SO_4)_3 \cdot nH_2O$ mit n=8 und 2 s. unter 28.7.3, S. 43, über wäßrige $Er_2(SO_4)_3$-Lösungen s. unter 28.7.4, S. 56.

28.7.5.13.1 $Er_2(SO_4)_3$

Bildung

Das Sulfat bildet sich bei der thermischen Zersetzung von $NH_4Er(SO_4)_2 \cdot 2H_2O$ bei 350 °C, Belousova u.a. [1].

Gitterstruktur. Dichte

Röntgenographische Untersuchungen an den rosaroten Kristallplättchen zeigen, daß $Er_2(SO_4)_3$ wie $M_2(SO_4)_3$ mit M=Y, Tb, Dy, Ho, Tm orthorhombisch ist; Raumgruppe Pbcn$-D_{2h}^{14}$ (Nr. 60) mit Z=4. Aus Pulverdiagrammen ermittelte Gitterkonstanten betragen a=12.442(2), b=9.001(4), c=9.837(6) Å; Zellvolumen V=1102(1) $Å^3$. Daraus berechnet sich eine Dichte von 3.75 g/cm^3 im Vergleich zur experimentell ermittelten Dichte D= 3.64 g/cm^3, Sirotinkin u.a. [2].

Wärmekapazität

Die molare Wärmekapazität $C_p=64.8\ cal \cdot mol^{-1} \cdot K^{-1}$ bei 300 K, als Literaturwert bei Myuller [4] aufgeführt, wird für den Bereich von 273 bis 373 K auch von Montgomery [3] angegeben.

Magnetische Eigenschaften

Die Atomsuszeptibilität befolgt zwischen 293 und 673 K das Curie-Weiß-Gesetz $\chi(T-\Theta)=C$ mit der Curie-Konstanten $C=11.329\pm0.036\ cm^3 \cdot K/mol\ Er^{3+}$ und der paramagnetischen Curie-Temperatur $\Theta=-10.8\pm0.9$ K. Daraus ergibt sich für das magnetische Moment des Er^{3+} $\mu=47.32\ \mu_W$ ($\approx 9.5\ \mu_B$), Cabrera, Duperier [6], s. auch Diskussion bei Cabrera [5].

Löslichkeit

In H_2O lösen sich 7.70 Gew.-% $Er_2(SO_4)_3$ bei 25 °C; bei Zusatz von 3.66 Gew.-% K_2SO_4 lösen sich 10.38 Gew.-% $Er_2(SO_4)_3$, Shakhno u.a. [7], bei Zusatz von 23.35 Gew.-% $(NH_4)_2SO_4$ sogar 18.37 Gew.-% $Er_2(SO_4)_3$, Belousova u.a. [1]. Bodenkörper dieser gesättigten Lösungen ist das Octahydrat [1, 7].

Literatur:

[1] A.P. Belousova, I.V. Shakhno, V.E. Plyushchev (Zh. Neorgan. Khim. **16** [1971] 1761/3; Russ. J. Inorg. Chem. **16** [1971] 936/7). – [2] S.P. Sirotinkin, A.N. Pokrovskii, L.M. Kovba (Zh. Neorgan. Khim. **23** [1978] 1139/41; Russ. J. Inorg. Chem. **23** [1978] 630/1). – [3] R.L. Montgomery (U.S. Bur. Mines Rept. Invest. Nr. 5468 [1959] 1/23, 4; C.A. **1959** 12815). – [4] R.L. Myuller (Zh. Fiz. Khim. **28** [1954] 1193/209). – [5] B. Cabrera (J. Chim. Phys. **36** [1939] 237/55, 249/55).

[6] B. Cabrera, A. Duperier (Compt. Rend. **188** [1929] 1640/2). – [7] I.V. Shakhno, A.P. Belousova, M.D. Pavkina, V.E. Plyushchev (Zh. Neorgan. Khim. **12** [1967] 2500/4; Russ. J. Inorg. Chem. **12** [1967] 1319/21).

28.7.5.13.2 $Er_2(SO_4)_3 \cdot 8H_2O$

Bildung

Die Verbindung tritt in der gesättigten reinen wäßrigen Lösung und im System $Er_2(SO_4)_3$-H_2O mit beispielsweise K_2SO_4, Shakhno u.a. [10], bzw. $(NH_4)_2SO_4$ bei 25 °C als Bodenkörper auf, Belousova u.a. [1].

Kristallographische Eigenschaften

Für die monoklinen Prismen ist a:b:c=3.012:1:2.004; β=118°27′, Krishnan, Mookherji [6]. Röntgenographisch bestimmte Gitterkonstanten s. S. 45.

Wärmekapazität

Die molare Wärmekapazität $C_p = 138.3$ cal · $mol^{-1} \cdot K^{-1}$ bei 300 K ist in einer Tabelle bei Myuller [2] als Literaturwert aufgeführt. Aus spektroskopischen Daten ermittelter elektronischer Anteil an der molaren Wärmekapazität C_p (elektr.) in cal · (mol $Eu^{3+})^{-1} \cdot K^{-1}$ in Abhängigkeit von der Temperatur T:

T in K	0	5	10	20	25	50	75	100	150	200	250	300
C_p (elektr.) . . .	0	0.24	0.94	1.04	1.02	0.86	0.58	0.38	0.20	0.12	0.08	0.06

Meehan, Nutting [9].

Magnetische Eigenschaften

$Er_2(SO_4)_3 \cdot 8\,H_2O$ ist paramagnetisch. Pulverproben haben bei 290 K die spezifische Suszeptibilität $\chi_g = 98.15 \times 10^{-6}$ cm^3/g und die Molsuszeptibilität 75.326×10^{-3} cm^3/mol. Die auf die diamagnetischen Anteile von $(SO_4)_3 \cdot 8\,H_2O$ korrigierte Atomsuszeptibilität befolgt zwischen 83.8 und 289.2 K das Curie-Weiß-Gesetz $\chi(T-\Theta) = C$ mit der Curie-Temperatur $\Theta = -5.9$ K und der Curie-Konstanten $C = 11.177$ $cm^3 \cdot K/mol$ Er^{3+}. Daraus ergibt sich das magnetische Moment des Er^{3+} zu $\mu = 46.94 \pm 0.05$ μ_W ($= 9.46$ μ_B), Vc layos [11]. Den gleichen Θ-Wert, aber $C = 11.335$ $cm^3 \cdot K/mol$ Er^{3+}, gibt Cabrera [4] an; s. hierzu Diskussion im Original [4]. Aus Untersuchungen zwischen 14 und 294.8 K wird ebenfalls $\Theta = -6$ K von Jackson [3] abgeleitet.

An einem Einkristall bestimmte Hauptmolsuszeptibilitäten χ_1, $\chi_1 - \chi_2$ und $\chi_3 - \chi_2$ in 10^{-6} cm^3/mol (es liegen χ_3 parallel der b-Achse und χ_1, χ_2 in der (010)-Ebene mit $\chi_1 > \chi_2$, s. S. 129) sowie Differenz der diamagnetisch korrigierten Atomsuszeptibilitäten $K_\parallel$ und $K_\perp$ parallel und senkrecht zur Symmetrieachse unter der Annahme eines tetragonalen Kristallfelds um Er^{3+} (in 10^{-6} cm^3/mol Er^{3+}) und mittleres magnetisches Moment $\bar{\mu}$ in μ_B (Werte in Auswahl):

T in K	$\chi_1 - \chi_2$	$\chi_3 - \chi_2$	χ_1	$K_\parallel - K_\perp$	$\bar{\mu}$
300	603	7625	71900	4114	9.434
260	991.5	10426	87871	5709	9.393
220	1504	14694	95300	8139	9.338
180	2391	22344	114800	12368	9.324
140	3613	38878	143500	21345	9.291
100	5229	71309	191100	38269	9.194
85	5880	86300	238000	46090	9.185

Der Winkel zwischen χ_2 und der kristallographischen a-Achse ist in diesem Temperaturbereich konstant und beträgt $\Theta = 17.1°$ [5]. Ältere Angaben zur Anisotropie s. Krishnan, Mookherji [6, 7], Mookherji, Neogy [8].

Optische Eigenschaften

Die Brechungszahlen $n_x = 1.547 \pm 0.001$, $n_z = 1.556 \pm 0.001$ geben Shakhno u.a. [10] an.

Chemisches Verhalten

Zur Löslichkeit s. beim wasserfreien Salz, S. 186.

Literatur:

[1] A.P. Belousova, I.V. Shakhno, V.E. Plyushchev (Zh. Neorgan. Khim. **16** [1971] 1761/3; Russ. J. Inorg. Chem. **16** [1971] 936/7). – [2] R.L. Myuller (Zh. Fiz. Khim. **28** [1954] 1193/209; C.A. **1955** 7953). – [3] L.C. Jackson (Proc. Phys. Soc. [London] **48** [1936] 741/6; Proc. 7th Intern. Congr. Refrig., The Hague-Amsterdam 1936, S. 517/21). – [4] B. Cabrera (J. Chim. Phys. **36** [1939] 117/29, 127, 237/55, 249/55). – [5] D. Neogy, A. Mookherji (J. Phys. Soc. Japan **20** [1965] 1332/5).

[6] K.S. Krishnan, A. Mookherji (Phil. Trans. Roy. Soc. [London] A **237** [1938/39] 135/59, 138). – [7] K.S. Krishnan, A. Mookherji (Nature **140** [1937] 549). – [8] A. Mookherji, D. Neogy (Current Sci. [India] **30** [1961] 217/8). – [9] E.J. Meehan, G.C. Nutting (J. Chem. Phys. **7** [1939] 1002/11, 1008). – [10] I.V. Shakhno, A.P. Belousova, M.D. Pavkina, V.E. Plyushchev (Zh. Neorgan. Khim. **12** [1967] 2500/4; Russ. J. Inorg. Chem. **12** [1967] 1319/21).

[11] S. Velayos (Anales Soc. Espan. Fis. Quim. [Madrid] **33** [1935] 297/313, 311).

Aqueous $Er_2(SO_4)_3$ Solutions

28.7.5.13.3 Wäßrige $Er_2(SO_4)_3$-Lösungen

In wäßriger Lösung reagiert $Er_2(SO_4)_3$ mit Alkalisulfat unter Bildung von Alkalisulfatometallaten, s. 28.8, S. 197.

Thulium Sulfates

28.7.5.14 Thuliumsulfate

Ergänzende Angaben über $Tm_2(SO_4)_3$ s. unter 28.7.2, S. 33, über $Tm_2(SO_4)_3 \cdot 8\,H_2O$ s. unter 28.7.3, S. 43, Angaben über $Tm_2(SO_4)_3 \cdot 2\,H_2O$ s. ebenfalls unter 28.7.3, S. 43, und über wäßrige $Tm_2(SO_4)_3$-Lösungen s. unter 28.7.4, S. 56.

28.7.5.14.1 $Tm_2(SO_4)_3$

Physikalische Eigenschaften

Die Atomsuszeptibilität folgt zwischen 293 und 673 K einem erweiterten Curie-Weiß-Gesetz $(\chi - k) \cdot (T - \Theta) = C$, da dem temperaturabhängigen Paramagnetismus (ähnlich wie in $Yb_2(SO_4)_3$, s. S. 193) ein temperaturunabhängiger Diamagnetismus (k) überlagert ist. Die Werte $k = -770 \times 10^{-6}$ cm^3/mol Tm^{3+}, $\Theta = -40.5$ K für die paramagnetische Curie-Temperatur, $C = 7.221 \pm 0.003$ $cm^3 \cdot$ K/mol Tm^{3+} für die Curie-Konstante und $\mu = 37.78$ μ_W (≈ 7.6 μ_B) für das magnetische Moment des Tm^{3+} bestimmen Cabrera, Duperier [1]; $k = -876 \times 10^{-6}$ cm^3/mol Tm^{3+}, $\Theta = -41.6$ K, $C = 6.612$ $cm^3 \cdot$ K/mol Tm^{3+} gibt Foëx [2] an. Abweichende Ergebnisse s. bei Duperier [3]. IR-spektroskopische Untersuchungen zwischen 30 und 400 cm^{-1} bei Raumtemperatur im Vergleich mit dem Octahydrat s. bei Berringer u.a. [4].

Löslichkeit

In H_2O lösen sich 10.82 Gew.-% (=0.35 Mol-%) $Tm_2(SO_4)_3$ bei 30 °C. Die Löslichkeit nimmt auf 39.19 Gew.-% $Tm_2(SO_4)_3$ zu, wenn die wäßrige Lösung 29.92 Gew.-% Harnstoff enthält. Bodenkörper dieser gesättigten Lösungen soll das Decahydrat sein, Sopueva u.a. [5].

Literatur:

[1] B. Cabrera, A. Duperier (Compt. Rend. **188** [1929] 1640/2). – [2] G. Foëx (Sci. Rept. Tohoku Univ. Honda Anniversary Vol. **1936**, S. 259/70, 262; C.A. **1937** 4550). – [3] A. Duperier (Anales Soc. Espan. Fis. Quim. [Madrid] **28** [1929] 47/55,

54). – [4] B.W. Berringer, J.B. Gruber, E.A. Karlow (J. Inorg. Nucl. Chem. **34** [1972] 2084/6). – [5] A.A. Sopueva, K.S. Sulaimankulov, K.N. Nogoev (Zh. Neorgan. Khim. **20** [1975] 791/4; Russ. J. Inorg. Chem. **20** [1975] 445/6).

28.7.5.14.2 $Tm_2(SO_4)_3 \cdot 10H_2O$

Nach Löslichkeitsuntersuchungen im System $Tm_2(SO_4)_3$-$CO(NH_2)_2$-H_2O bei 30 °C tritt ein 10-Hydrat auf. Angaben zur Löslichkeit s. S. 188, A.A. Sopueva, K.S. Sulaimankulov, K.N. Nogoev (Zh. Neorgan. Khim. **20** [1975] 791/4; Russ. J. Inorg. Chem. **20** [1975] 445/6).

28.7.5.14.3 $Tm_2(SO_4)_3 \cdot 8H_2O$

Kristallographische Eigenschaften

Crystallographic Properties

Zwillingsbildung. Die an der Oberfläche reiner Einkristalle von $Tm_2(SO_4)_3 \cdot 8H_2O$ beobachtete Streifung deutet auf polysynthetische Zwillingsbildung hin, Stöhr, Gruber [1], Karlow, Gruber [2].

Gitterstruktur. Da keine weiteren Untersuchungen als die von Ivanov [10], s. 28.7.3.2.1, S. 45, vorliegen, wird für die monokline Verbindung als Raumgruppe A2/a (C2/c) – C^6_{2h} (Nr. 15) mit Z=4 zur Erklärung der magnetischen Eigenschaften angenommen. Aufgrund der Isotypie mit den anderen monoklinen Octahydraten sollten die Tm^{3+}-Ionen, wenn diese zentrosymmetrische Raumgruppe tatsächlich gilt, die allgemeine Lage 8f und damit äquivalente Punkte besetzen. Sollte jedoch, wie bei den meisten anderen monoklinen Octahydraten gesichert, auch für die Tm-Verbindung die azentrische Raumgruppe Cc – C^4_s gelten, so würden die Tm^{3+}-Ionen zweimal die allgemeine Punktlage 4a besetzen, so daß zwei nur gleichwertige Gitterplatzarten zu unterscheiden wären. In beiden Fällen wäre die Platzsymmetrie C_1.

Kristallfeld. Das Kristallfeld am Ort des Tm^{3+} hat die Symmetrie m – C_{1h} nach Mössbauer [11]. Aus Zeeman-spektroskopischen Untersuchungen wird die Symmetrie C_2 oder C_{1h} abgeleitet und letzterer (C_{1h}) der Vorzug gegeben, Karlow, Gruber [2]. Zur Erklärung der Richtung der magnetischen Momente der Tm^{3+}-Ionen im Kristall wird später jedoch angenommen, daß das Kristallfeld von der Hälfte der Tm^{3+}-Ionen (also von vier Tm^{3+}) triklin verzerrt ist, Stöhr, Gruber [1].

Wärmekapazität

Heat Capacity

Die Wärmekapazität pro mol Tm^{3+} nimmt von 0.1 $J \cdot mol^{-1} \cdot K^{-1}$ bei ≈4 K auf 2.8 $J \cdot mol^{-1} \cdot K^{-1}$ bei 0.6 K zu, hat bis etwa 0.35 K diesen Plateauwert und nimmt nach einem scharfen intensiven Maximum zwischen etwa 0.35 und 0.25 K auf ein Minimum von 1 $J \cdot mol^{-1} \cdot K^{-1}$ bei ≈0.15 K ab und nimmt bei tieferer Temperatur (bis 0.06 K untersucht) gemäß einem T^{-2}-Gesetz zu. Während der intensive Peak mit dem Übergang in einen geordneten Zustand zusammenhängt, ist das Plateau mit dem Singulettpaar im Grundzustand und im ersten angeregten Zustand verknüpft, Katila u.a. [5], s. hierzu das Vorwort bei den magnetischen Eigenschaften im folgenden.

Magnetische Eigenschaften

Magnetic Properties

Vorwort. In $Tm_2(SO_4)_3 \cdot 8H_2O$ hat Tm^{3+} im Grundzustand $^3H_6$ ein nahezu entartetes Singulettpaar in der Grundzustandsmannigfaltigkeit. Diese Zustände werden durch reine M_J-Zustände von ±6 beschrieben, von denen jeder $g_{\parallel} \approx 14$, $g_{\perp} \approx 0$ Lorentz-Einheiten hat. In Abwesenheit eines Magnetfeldes beträgt ihre Aufspaltung 0.61 cm^{-1}. Sie haben entgegengesetzte Parität, so daß zwischen ihnen elektrische Dipolübergänge induziert werden können, Karlow, Gruber [2], s. auch Katila u.a. [4], Gruber u.a. [9].

Magnetische Ordnung. Nach Mössbauer-Untersuchungen zwischen 0.075 und 4.2 K am 8.4 keV-γ-Übergang des ^{169}Tm (mit einer ^{169}Er-Al-Legierung mit 10 Gew.-% Er als Quelle bei 10 K) ordnet sich $Tm_2(SO_4)_3 \cdot 8H_2O$ bei 0.31 K, Katila u.a. [4]. In der Temperaturabhängigkeit der Wärmekapazität tritt entsprechend ein spitzer Peak bei 0.3 K auf. Da sich der Peak in Gegenwart kleiner Magnetfelder verbreitert und nach niedrigeren Temperaturen verschiebt, wird antiferromagnetische Ordnung angenommen, Katila u.a. [5]. Ein Hyperfeinfeld am Kern von 5.56 ± 0.25 MOe bei 0.075 K ergibt sich aus dem Mössbauer-Spektrum, Katila u.a. [4], und 5.54 MOe aus der Änderung der Wärmekapazität unterhalb 0.15 K, Katila u.a. [5].

Paramagnetischer Zustand. In $Tm_2(SO_4)_3 \cdot 8H_2O$ besetzen die Tm^{3+}-Ionen zwei magnetisch nicht äquivalente Gitterplätze mit gleicher Besetzungsdichte, Karlow, Gruber [2]. Während sich die beiden Tm^{3+}-Plätze optisch nicht unterscheiden lassen [2, 3], ergeben sie sich bei Einkristalluntersuchungen in einem äußeren Magnetfeld, und zwar aus dem ESR-Spektrum von 0.5% Tm^{3+} in $Y_2(SO_4)_3 \cdot 8H_2O$ bei 4.2 K, 34.71 GHz und 1 bis 5 kG, Gruber u.a. [9], und aus Zeeman-Messungen im Bereich von 250 bis 800 nm bei 4.2 und 77 K am reinen Octahydrat. Ihre Existenz wird durch Suszeptibilitätsuntersuchungen bestätigt [2]. Die lokalen magnetischen Momente der Tm^{3+}-Ionen in den zwei Plätzen bilden einen Winkel von etwa 60° miteinander [2, 9]. In bezug auf den Kristall liegen diese Momente gegen die ac-Ebene um +30° und −30° geneigt, so daß das Nettomoment in der ac-Ebene liegt. Seine Richtung bildet mit der makroskopisch bevorzugten Achsenrichtung in dieser Ebene einen Winkel von 46° [2]. Da nach gruppentheoretischen Betrachtungen bei einem Kristallfeld der Symmetrie C_{1h} am Tm^{3+}-Ion ein magnetisches Moment nur in der ac-Ebene oder senkrecht dazu liegen kann, wird aus der Lage der lokalen Momente auf eine trikline Verzerrung des Kristallfeldes der einen Hälfte der Tm^{3+}-Ionen geschlossen, Stöhr, Gruber [1].

Die Anisotropie der paramagnetischen Atomsuszeptibilität in der ac-Ebene, gemessen in Richtung des Nettomoments und senkrecht dazu, ist $\Delta\chi = 332 \times 10^{-3}$ cm^3/mol Tm^{3+} bei 78 K. Dieser Wert wird zufriedenstellend allein schon mit dem Van Vleck-Paramagnetismus des nahezu entarteten Singulettpaars, das bei dieser Temperatur aufgespalten ist, erklärt (theoretischer Wert $\Delta\chi = 352 \times 10^{-3}$ cm^3/mol Tm^{3+}), Karlow, Gruber [2]. Die Linien des Mössbauer-Spektrums (8.4 keV-γ-Übergang des ^{169}Tm) bei 4.2 und 1.2 K zeigen Pseudoquadrupolverschiebungen, s. Clauser u.a. [7], Katila u.a. [4]. Bei 300 K wird ein ähnlich verzerrtes Spektrum beobachtet [7].

Optical Properties

Optische Eigenschaften

Im Bereich um 470 nm ($\hat{=}$ Übergang $4f^{12}[^3H_6] \rightarrow 4f^{12}[^1G_4]$) erhöht sich die Durchlässigkeit eines Einkristalls in Gegenwart eines elektrischen Felds bei der Temperatur von flüssigem N_2 um 20% zwischen 20 und 30 kV/cm. Da keine Anhaltspunkte für ferroelektrisches Verhalten gefunden werden, beruht die verstärkte Durchlässigkeit vermutlich auf der Ausrichtung der H_2O-Dipole, möglicherweise ändert sich der elektrische Feldgradient am Ort des Tm^{3+}, Menzel, Gruber [6].

Messungen im fernen IR bei 30 bis 400 cm^{-1} bei Raumtemperatur s. bei Berringer u.a. [8].

Literatur:

[1] J. Stöhr, J.B. Gruber (Chem. Phys. **7** [1975] 336/48). – [2] E.A. Karlow, J.B. Gruber (J. Chem. Phys. **55** [1971] 4730/44). – [3] E.A. Karlow (Diss. Washington

State Univ. 1971, S. 1/181; Diss. Abstr. Intern. B **32** [1971] 2953). – [4] T.E. Katila, E.R. Seidel, G. Wortmann, R.L. Mössbauer (Solid State Commun. **8** [1970] 1025/8). – [5] T.E. Katila, N.E. Phillips, M.C. Veuro, B.B. Triplett (Phys. Rev. [3] B **6** [1972] 1827/30).

[6] E.R. Menzel, J.B. Gruber (J. Chem. Phys. **52** [1970] 1008/9). – [7] M.J. Clauser, E. Kankeleit, R.L. Mössbauer (Phys. Rev. Letters **17** [1966] 5/8). – [8] B.W. Berringer, J.B. Gruber, E.A. Karlow (J. Inorg. Nucl. Chem. **34** [1972] 2084/6). – [9] J.B. Gruber, E.A. Karlow, D.N. Olsen, U. Ranon (Phys. Rev. [3] B **2** [1970] 49/53). – [10] V.I. Ivanov (Kristallografiya **9** [1964] 655/9; Soviet Phys. Cryst. **9** [1964] 553/6).

[11] R.L. Mössbauer (Privatmitteilung an Gruber und an andere nach [9]).

28.7.5.15 Ytterbiumsulfate

Ytterbium Sulfates

Ergänzende Angaben über $YbSO_4$ s. unter 28.7.1, S. 33, über $Yb_2(SO_4)_3$ s. unter 28.7.2, S. 33, über $Yb_2(SO_4)_3 \cdot nH_2O$ mit n=11 und 8 s. unter 28.7.3, S. 43, Angaben über das Diyhdrat und das Pentahydrat s. ebenfalls unter 28.7.3, S. 43, und über wäßrige $Yb_2(SO_4)_3$-Lösungen s. unter 28.7.4, S. 56.

28.7.5.15.1 Ytterbium(II)-sulfat $YbSO_4$ (H_2O haltig?)

Ytterbium(II) Sulfate

Bildung und Darstellung

Formation. Preparation

$YbSO_4$ wird analog $SmSO_4$, s. S. 146, durch elektrolytische Reduktion einer essigsauren $Yb_2(SO_4)_3$-Lösung dargestellt, Asprey u.a. [1]. Das Reduktionspotential beträgt 1.15 V, Penneman, Asprey [2]. Die Reduktion von $Yb_2(SO_4)_3$ in 0.5 bis 2 N H_2SO_4 erfolgt mit Pb-Anode und davon getrennter Kathode aus amalgamiertem Pb-Blech mit einer Kathodenstromdichte von 0.3 A/cm² in 95% Ausbeute. Die Reaktion ist in 2 bis 3 h beendet, wobei die Hauptmenge in den ersten 10 min entsteht, Marsh [3], s. auch Pearce u.a. [4], Hughes, Pearce [5]. Verwendung einer Kohlenstoff-Anode und Hg-Kathode sowie 0.05 A/cm² bei 20 °C in H_2SO_4-saurer $SrSO_4$-enthaltender Lösung zur Ausscheidung von $YbSO_4$ (eingebaut in $SrSO_4$) aus Yb-armen Lösungen s. Brukl [6]. Die Grünfärbung der Lösung wird beobachtet, lange bevor sich ein Niederschlag bildet, Ball, Yntema [7]. Die Darstellung durch Zersetzung von Yb-Amalgam in Chlorid/Acetat-gepufferter Lösung (pH 4.95) mit Zusatz von Na_2SO_4 unter Ar in geschlossenem Gefäß unter Rühren innerhalb von 10 bis 12 min empfehlen Maksai, Sayun [8]. Das Produkt wird mit Alkohol und Äther gewaschen, bei 50 °C getrocknet und besteht dann zu 95.5% aus $YbSO_4$ [8].

Zusammensetzung. Das in essigsaurer Lösung hergestellte $YbSO_4$ enthält vermutlich 0 bis 0.5 mol Kristallwasser, Asprey u.a. [1]. Auch die in schwefelsaurer Lösung hergestellte Verbindung enthält etwas H_2O, Ball, Yntema [7]. Optische Untersuchungen (s. im folgenden) an dem in Chlorid/Acetat-gepufferter Lösung hergestellten $YbSO_4$ zeigen zwar ebenfalls, daß die Substanz nicht H_2O-frei ist, jedoch soll das H_2O nicht als Kristallwasser gebunden sein, Maksai, Sayun [8].

Physikalische Eigenschaften

Physical Properties

Die groben, prismatischen Kristalle sind hexagonal, Raumgruppe $P6_222-D_6^4$ (Nr. 180), Z=3. An zwei Kristallen werden die Gitterkonstanten a=7.025±0.003, c=6.428±0.003 Å und a=7.004±0.004, c=6.433±0.002 Å bestimmt. Netzebenenabstände und Intensitäten s. Original. Das $YbSO_4$ ist isostrukturell mit $CePO_4$. Demnach besetzt Yb die Punktlage 3c (1/2, 0, 0; 0, 1/2, 2/3; 1/2, 1/2, 1/3), S die Punktlage 3d (1/2, 0, 1/2; 0, 1/2, 1/6; 1/2, 1/2, 5/6) und O die allgemeine Lage 12k mit x≈0.446, y≈0.147, z≈0.360, Asprey u.a. [1].

Die Isomerieverschiebung im Mössbauer-Spektrum, bezogen auf $YbAl_2$, beträgt $\delta = -0.39 \pm 0.07$ mm/s, gemessen am 84 keV-γ-Übergang von ^{170}Yb mit $TmAl_2$ als Quelle, $YbSO_4$ als Absorber, beide bei 4.2 K. Die Größe des mittleren Ladungsradius wird diskutiert, Atzmony u.a. [9].

Die Röntgendichte (in der Annahme, daß kein Kristallwasser vorliegt) ist 4.90 g/cm^3 [1]. – Eine Atomsuszeptibilität von 142×10^{-6} cm^3/mol Yb^{2+} bei Raumtemperatur geben [5] an.

$YbSO_4$-Kristalle sind farblos, Asprey u.a. [1]; früher wird das polykristalline Material als lichtgrün beschrieben, Ball, Yntema [7]. $YbSO_4$ ist optisch einachsig positiv mit $n_o = 1.614$ und $n_e = 1.643$ [1]. – Die sehr geringe Aufspaltung der Valenz- und Deformationsschwingungen der SO_4-Gruppe im IR-Spektrum weist auf schwache Einwirkung des Kristallfelds hin. Es werden auch Schwingungen der H_2O-Moleküle bei etwa 500, 1618, 3529 und 3583 cm^{-1} beobachtet, jedoch soll H_2O nicht als Kristallwasser gebunden sein [8].

Chemical Reactions

Chemisches Verhalten

$YbSO_4$ ist relativ instabil. Die Oxidation der Kristalle an der Luft erfolgt langsamer als ihre Zersetzung in wäßriger Lösung. Bei 20 °C beträgt die mittlere Lebensdauer in neutraler Lösung 10 bis 15 min und in 1 N H_2SO_4-Lösung etwa 1 h, Brukl [6]. Bereits Ball, Yntema [7] beobachten deshalb bei der Herstellung in schwefelsaurer Lösung, daß sich der Niederschlag nach Beendigung der Elektrolyse langsam unter H_2-Entwicklung löst, wahrscheinlich nach $2\,YbSO_4 + 2\,H^+ \rightarrow 2\,Yb^{3+} + 2\,SO_4^{2-} + H_2$ [7]. Unter Berücksichtigung der Zersetzung wird die Löslichkeit von $YbSO_4$ in 0.2, 1 und 2.5 N H_2SO_4 bei 17 °C zu 4, 8 bzw. 20 g $YbSO_4$/l bestimmt. Die Yb^{2+} enthaltende Lösung ist grüngefärbt [6], s. auch [7]. Bei Auflösung in HNO_3 entstehen Stickoxide [7]. Wenn die ungesättigte wäßrige $YbSO_4$-Lösung nicht zu sehr der Luft ausgesetzt ist, hält sie sich einige Stunden [3].

Literatur:

[1] L.B. Asprey, F.H. Ellinger, E. Staritzky (Proc. 3rd Conf. Rare Earth Res., Clearwater, Fla., 1963 [1964], S. 11/20; LADC-5566 [1963] 1/9; N.S.A. **17** [1963] Nr. 15950). – [2] R.A. Penneman, L.B. Asprey (Proc. 1st Intern. Conf. Peaceful Uses At. Energy, Geneva 1955, Bd. 7, S. 355/62, 356). – [3] J.K. Marsh (J. Chem. Soc. **1937** 1367/8). – [4] D.W. Pearce, T.T. Quirke, B.S. Hopkins (Am. J. Sci. [5] **30** [1935] 116/2). – [5] G. Hughes, D.W. Pearce (J. Am. Chem. Soc. **55** [1933] 3277/9).

[6] A. Brukl (Angew. Chem. **50** [1937] 25/9). – [7] R.W. Ball, L.F. Yntema (J. Am. Chem. Soc. **52** [1930] 4264/8). – [8] L.I. Maksai, M.G. Sayun (VINITI Nr. 185-74 [1974] 1/11; C.A. **86** [1977] Nr. 98004). – [9] U. Atzmony, E.R. Bauminger, J. Hess, A. Mustachi, S. Ofer (Phys. Rev. Letters **18** [1967] 1061/3).

Ytterbium(III) Sulfates

28.7.5.15.2 Ytterbium(III)-sulfate

28.7.5.15.2.1 $Yb_2(SO_4)_3$

Formation. Preparation

Bildung und Darstellung

Die Verbindung wird aus Yb_2O_3 und H_2SO_4 dargestellt. Überschüssiges H_2SO_4 wird durch Eindampfen und Glühen bei 400 °C bis zur Gewichtskonstanz vertrieben, Sukhikh, Serebrennikov [11]. Die Ausfällung mit Alkohol nehmen Marsh [1] vor. Das $Yb_2(SO_4)_3$ entsteht beim inkongruenten Schmelzen von $LiYb(SO_4)_2$ bei 650 °C, Sirotinkin u.a. [2], beim eutektoiden Zerfall von $K_4Yb_2(SO_4)_5$ bei 850 °C neben $K_3Yb(SO_4)_3$, Degtyarev u.a. [3]. Zur Bildung aus $RbYb(SO_4)_2$ und $CsYb(SO_4)_2$ s. S. 300 bzw. 323.

Physikalische Eigenschaften *Physical Properties*

Für die molare Wärmekapazität wird 65.9 $cal \cdot mol^{-1} \cdot K^{-1}$ zwischen 273 und 373 K von Montgomery [4] angegeben, s. auch Myuller [5].

Die Atomsuszeptibilität folgt zwischen 293 und 673 K dem erweiterten Curie-Weiß-Gesetz $(\chi - k) \cdot (T - \Theta) = C$ mit dem temperaturunabhängigen diamagnetischen Anteil $k = -434 \times 10^{-6}$ cm^3/mol Yb^{3+}, der paramagnetischen Curie-Temperatur $\Theta = -95.4$ K und der Curie-Konstanten $C = 3.162 \pm 0.031$ $cm^3 \cdot K/mol$ Yb^{3+}. Daraus ergibt sich für das magnetische Moment des Yb^{3+} $\mu = 25.00$ μ_W ($\triangleq \approx 5.05$ μ_B), Cabrera, Duperier [7]. Die gleichen Werte für k und C und $\Theta = -95.8$ K gibt Foëx [8] an; ältere Angaben für den Bereich von 293 bis 704.5 K s. Duperier [6].

Da die Reflexionsspektren von wasserfreiem $Yb_2(SO_4)_3$, von dem Octahydrat und von wäßriger $Yb_2(SO_4)_3$-Lösung ähnlich sind, wird angenommen, daß sich die innere Koordinationssphäre des Yb^{3+} nicht sehr unterscheidet, Barnes, Pincott [9].

Chemisches Verhalten *Chemical Reactions*

Bei der thermischen Zersetzung von $Yb_2(SO_4)_3$, welche über $Yb_2O_2SO_4$ zum Yb_2O_3 verläuft, genügt die Geschwindigkeitskonstante k der Beziehung $k = A \cdot \exp(-E/RT)$ mit $E = 46 \pm 4$ kcal/mol, $A = 4.4 \times 10^6$ min^{-1} in der ersten Zersetzungsstufe und $E = 64 \pm 19$ kcal/mol, $A = 3.6 \times 10^{10}$ min^{-1} in der zweiten Zersetzungsstufe. Diese Werte ergeben sich aus DTA-Untersuchungen bei einer Erhitzungsgeschwindigkeit von 600 K/h, Nathans, Wendlandt [10].

$Yb_2(SO_4)_3$ bildet mit Alkalisulfat Doppelsulfate, s. 28.8, S. 197.

$Yb_2(SO_4)_3$ ist sehr hygroskopisch, Rodden [12]. In H_2O bei 30 °C lösen sich 16.62 Gew.-% (=0.56 Mol-%) $Yb_2(SO_4)_3$. Die Löslichkeit nimmt auf 37.84 Gew.-% zu, wenn die wäßrige Lösung 25.53 Gew.-% Harnstoff enthält. Mit den gesättigten Lösungen im Gleichgewicht steht das Octahydrat als Bodenkörper, Sopueva u.a. [13].

Literatur:

[1] J.K. Marsh (J. Chem. Soc. **1937** 1367/8). – [2] S.P. Sirotinkin, A.N. Pokrovskii, L.M. Kovba (Zh. Neorgan. Khim. **21** [1976] 789/91; Russ. J. Inorg. Chem. **21** [1976] 425/7). – [3] P.A. Degtyarev, A.N. Pokrovskii, L.M. Kovba (Vestn. Mosk. Univ. Khim. **19** Nr. 1 [1978] 95/6; Moscow Univ. Chem. Bull. **33** Nr. 1 [1978] 76/7). – [4] R.L. Montgomery (U.S. Bur. Mines Rept. Invest. Nr. 5468 [1959] 1/23, 4; C.A. **1959** 12815). – [5] R.L. Myuller (Zh. Fiz. Khim. **28** [1954] 1193/209, 1200/1; C.A. **1955** 7953).

[6] A. Duperier (Anales Soc. Espan. Fis. Quim. [Madrid] **28** [1929] 47/55, 53). – [7] B. Cabrera, A. Duperier (Compt. Rend. **188** [1929] 1640/2). – [8] G. Foëx (Sci. Rept. Tohoku Imp. Univ. Honda Anniversary Vol. 1936, S. 259/70, 262; C.A. **1937** 4550). – [9] J.C. Barnes, H. Pincott (AD-627 221 [1965] 111/21, 118; C.A. **65** [1966] 9947; J. Chem. Soc. A **1966** 842/5). – [10] M.W. Nathans, W.W. Wendlandt (J. Inorg. Nucl. Chem. **24** [1962] 869/79, 877).

[11] G.N. Sukhikh, V.V. Serebrennikov (Tr. Tomsk. Gos. Univ. Ser. Khim. **157** [1963] 60/5; C.A. **61** [1964] 7765). – [12] C.J. Rodden (J. Am. Chem. Soc. **56** [1934]

648/9). – [13] A.A. Sopueva, K.S. Sulaimankulov, L.A. Tokmergenova (Zh. Neorgan. Khim. **19** [1974] 1095/8; Russ. J. Inorg. Chem. **19** [1974] 597/9).

28.7.5.15.2.2 $Yb_2(SO_4)_3 \cdot 11\,H_2O$. $Yb_2(SO_4)_3 \cdot 11\,D_2O$

Falls es überhaupt ein 11-Hydrat (bzw. Deuterat) gibt, muß es zumindest eine andere Struktur haben als das 8-Hydrat, weil darin kein Platz für drei weitere H_2O-Moleküle ist, Hiltunen, Niinistö [1]. Auch Ivanov [2] findet die Verbindung nicht. Sie wird jedoch von Postmus, Ferraro [3] und Wendlandt [4] beschrieben, s. unter 28.7.3, S. 44, 54/5.

Im IR-Spektrum, aufgenommen an Nujolmulls zwischen 80 und 4000 cm^{-1}, werden folgende Schwingungen der Sulfatgruppe beobachtet (Notation für T_d-Symmetrie, die tatsächliche Symmetrie ist jedoch C_{2v} oder geringer): antisymmetrische Deformationsschwingung $\nu_4(F_2)$ bei 601, 651 und 702 cm^{-1}, symmetrische Valenzschwingung $\nu_1(A_1)$ bei 1009 cm^{-1} und antisymmetrische Valenzschwingung $\nu_3(F_2)$ bei 1104 und 1155 cm^{-1}. Wellenzahlen der Librationsschwingungen des H_2O bzw. D_2O in cm^{-1}: Pendelschwingung bei 750 bzw. 547, Kippschwingung bei 484 bzw. 362, Valenzschwingung bei 434 bzw. 421. Die Rückschlüsse in bezug auf die erwähnte SO_4-Symmetrie und in bezug auf das Vorliegen von H_2O in energetisch unterschiedlichen Zuständen entsprechen denen bei den Octahydraten, s. unter 28.7.3.6.1, S. 51, Postmus, Ferraro [3].

Literatur:

[1] L. Hiltunen, L. Niinistö (Cryst. Struct. Commun. **5** [1976] 561/6). – [2] V.I. Ivanov (Kristallografiya **9** [1964] 655/9; Soviet Phys.-Cryst. **9** [1964] 553/6). – [3] C. Postmus, J. Ferraro (J. Chem. Phys. **48** [1968] 3605/11). – [4] W.W. Wendlandt (J. Inorg. Nucl. Chem. **7** [1958] 51/4).

28.7.5.15.2.3 $Yb_2(SO_4)_3 \cdot 8\,H_2O$

Formation. Preparation

Bildung und Darstellung

Zur Darstellung der Verbindung wird Yb_2O_3 mit konzentriertem H_2SO_4 erhitzt bis die überschüssige Säure verdampft ist. Anschließend löst man in H_2O und läßt das Octahydrat kristallisieren, Hughes, Pearce [3]. Die Verbindung tritt im System $Yb_2(SO_4)_3$-$CO(NH_2)_2$-H_2O bei 30 °C als Bodenkörper auf, Sopueva u.a. [4].

Properties

Eigenschaften

Gitterstruktur. Dichte

$Yb_2(SO_4)_3 \cdot 8\,H_2O$ ist nach Röntgen-Einkristallaufnahmen monoklin, Raumgruppe $C2/c-C^6_{2h}$ (Nr. 15), Hiltunen, Niinistö [2]. Die Verbindung soll isostrukturell sein mit $Nd_2(SO_4)_3 \cdot 8\,H_2O$ und $Am_2(SO_4)_3 \cdot 8\,H_2O$ [2], s. hierzu jedoch die neueren Ergebnisse von Sherry [1] unter 28.7.3.2.1, S. 45. Die Gitterkonstanten betragen a=13.417(2), b=6.642(1), c=18.110(3) Å, β=101.98(14)°; Z=4. Daraus berechnet sich die Dichte D=3.27 g/cm^3. Die Verfeinerung mit anisotropen Temperaturfaktoren (R=0.042) liefert die in der Tabelle auf S. 195 aufgeführten Atomlagen [2].

Yb ist 8fach koordiniert von vier O-Atomen aus H_2O-Molekülen und vier O-Atomen aus verschiedenen SO_4-Gruppen. Die Form des Koordinationspolyeders ist intermediär zwischen einem quadratischen Antiprisma und einem Dodekaeder. Die Bindungslängen Yb-O(SO_4) betragen 2.252(6) bis 2.366(6) Å; Yb-O(H_2O)=2.272(7) bis 2.448(6) Å. Weitere Bindungslängen und -winkel s. Original, Hiltunen, Niinistö [2].

Aus Reflexionsmessungen gezogene Schlüsse zur Struktur s. S.193.

Atomlagen in $Yb_2(SO_4)_3 \cdot 8\,H_2O$ nach [2]:

Atom	x	y	z
Yb	0.3341(1)	0.0202(1)	0.1079(1)
S(1)	0.2797(1)	0.0260(3)	0.4108(1)
S(2)	0.5000	0.3185(4)	0.2500
O(1)	0.4628(5)	0.4429(10)	0.3052(4)
O(2)	0.4158(5)	0.1909(11)	0.2120(3)
O(3)	0.3508(4)	0.0729(10)	0.4849(3)
O(4)	0.3370(4)	0.0348(11)	0.3505(3)
O(5)	0.1978(4)	0.1745(10)	0.3984(4)
O(6)	0.2635(5)	0.3267(10)	0.0827(4)
OW(1)	0.0162(5)	0.3360(10)	0.3615(4)
OW(2)	0.4592(4)	0.2312(10)	0.0634(3)
OW(3)	0.2458(5)	−0.0158(12)	0.2015(4)
OW(4)	0.3418(5)	0.4826(9)	0.4554(4)

Mössbauer-Spektrum

Das Mössbauer-Spektrum des ^{170}Yb in $Yb_2(SO_4)_3 \cdot 8\,H_2O$ (84 keV-γ-Übergang mit $^{170}TmAl_2$ als Quelle) zeigt bei 4.2 und 1.5 K magnetische Hyperfeinstrukturaufspaltung. Die Hyperfeinkonstanten bei 4.2 K betragen: $g \cdot \mu_N H_{eff}/h = 667 \pm 20$ MHz, $^1/_4\, eqQ(1-R)/h = 43 \pm 7$ MHz. Es werden fünf etwa gleich intensive Linien beobachtet mit etwa dreifacher natürlicher Breite. Für die Verbreiterung ist möglicherweise ein relativ schneller Kreuzrelaxationsprozeß verantwortlich, Nowik, Ofer [5].

Wärmekapazität

Für die molare Wärmekapazität wird $C_p = 139.9\ cal \cdot mol^{-1} \cdot K^{-1}$ bei 300 K als Literaturwert von Myuller [11] angegeben.

Magnetische Eigenschaften

Nach Suszeptibilitätsmessungen an polykristallinen Proben zwischen 14 und 293 K wird oberhalb 60 K das Curie-Weiß-Gesetz $\chi(T-\Theta) = C$ befolgt mit $\Theta = -42$ K. Unterhalb von 60 K fällt $1/\chi$ stärker ab. Spezifische Suszeptibilität χ in cm^3/g, korrigiert bezüglich der diamagnetischen Anteile von SO_4 und H_2O, in Abhängigkeit von der Temperatur T in K:

T	14.3	20.4	64.8	77.6	90.2	126.6	169.5	193.3	293.1
$10^6\chi$	190.7	148.1	64.01	56.49	51.26	40.00	31.74	28.60	19.83

Jackson [6]. Das magnetische Moment weicht vom theoretischen, unter Annahme eines kubischen Kristallfelds berechneten Wert ab, s. Figur im Original, Jackson [7]. Etwas höher liegen die χ-Werte von Rodden [8] bei Raumtemperatur. Zusammenstellung von Literaturwerten für das magnetische Moment des Yb^{3+} im Octahydrat s. Original [8]. An Einkristallen zwischen 100 und 300 K gemessene Hauptmolsuszeptibilität χ_1, Differenzen $\chi_1 - \chi_2$ und $\chi_3 - \chi_2$, alle in $10^{-6}\ cm^3/mol$ (es liegt χ_3 parallel der kristallographischen b-Achse und χ_1, χ_2 in der (010)-Ebene mit $\chi_1 > \chi_2$, s. S.129), daraus ermitteltes Quadrat des mittleren magnetischen Moments $\bar{\mu}^2$ in μ_B^2 und Winkel Θ zwischen χ_2 und der kristallographischen a-Achse (Werte in Auswahl):

T in K	χ_1	$\chi_1-\chi_2$	$\chi_3-\chi_2$	$\bar{\mu}^2$	$\sphericalangle\Theta$ in °
300	19310	3891	638	20.59	71.5
260	22410	5237	872	20.21	70.4
220	27006	7298	1352	20.07	69.3
180	33550	10300	1990	19.85	68.0
140	43700	14720	2724	19.60	66.5
120	51830	18200	3430	19.69	65.6
100	62200	23400	5170	19.42	64.7

Vergleich der gemessenen und unter Annahme eines tetragonalen Kristallfelds um Yb^{3+} berechneten Anisotropie der Atomsuszeptibilität sowie berechnetes magnetisches Moment zwischen 5 und 300 K s. Original, Neogy [9]; ähnliche Angaben s. bei Mookherji, Neogy [10].

Löslichkeit

Siehe Angaben beim wasserfreien Salz, S. 193.

Literatur:

[1] E.G. Sherry (J. Solid State Chem. **19** [1976] 271/9). – [2] L. Hiltunen, L. Niinistö (Cryst. Struct. Commun. **5** [1976] 561/6). – [3] G. Hughes, D.W. Pearce (J. Am. Chem. Soc. **55** [1933] 3277/9). – [4] A.A. Sopueva, K.S. Sulaimankulov, L.A. Tokmergenova (Zh. Neorgan. Khim. **19** [1974] 1095/8; Russ. J. Inorg. Chem. **19** [1974] 597/9). – [5] I. Nowik, S. Ofer (J. Phys. Chem. Solids **29** [1968] 2117/9).

[6] L.C. Jackson (Proc. 7th Intern. Congr. Refrig., The Hague-Amsterdam 1936, Bd. 1, S. 517/20). – [7] L.C. Jackson (Proc. Phys. Soc. [London] **48** [1936] 741/6). – [8] C.J. Rodden (J. Am. Chem. Soc. **56** [1934] 648/9). – [9] D. Neogy (Physica **29** [1963] 974/80, 975). – [10] A. Mookherji, D. Neogy (Indian J. Phys. **36** [1962] 107/9).

[11] R.L. Myuller (Zh. Fiz. Khim. **28** [1954] 1193/209, 1200; C.A. **1955** 7953).

Aqueous $Yb_2(SO_4)_3$ Solutions

28.7.5.15.2.4 Wäßrige $Yb_2(SO_4)_3$-Lösungen

Die Bildung von $YbSO_4^+$ in wäßriger Lösung wird bei 25 °C und Ionenstärke 0 mit Hilfe von EMK-Messungen von Archer, Monk [1] verfolgt; s. auch die Kationenaustauschuntersuchungen von Archer, Monk [2]. Schlüsse zur inneren Koordinationssphäre des Yb^{3+} aus Reflexionsmessungen s. beim wasserfreien Salz, S. 193.

Literatur:

[1] D.W. Archer, C.B. Monk (Trans. Faraday Soc. **62** [1966] 1583/8). – [2] D.W. Archer, C.B. Monk (J. Chem. Soc. A **1966** 1374/6).

Lutetium Sulfates

28.7.5.16 Lutetiumsulfate

Angaben über $Lu_2(SO_4)_3$ s. unter 28.7.2, S. 33, über $Lu_2(SO_4)_3 \cdot nH_2O$ mit n=8 und 2 s. unter 28.7.3, S. 43. Ergänzende Angaben über wäßrige $Lu_2(SO_4)_3$-Lösungen s. unter 28.7.4, S. 56.

Aqueous $Lu_2(SO_4)_3$ Solutions

Wäßrige $Lu_2(SO_4)_3$-Lösungen

Mit Hilfe der Verteilungsmethode werden in wäßriger Lösung bei 25 °C und Ionenstärke 1 ($NaClO_4$) die Ionen $LuSO_4^+$, $Lu(SO_4)_2^-$ und $Lu(SO_4)_3^{3-}$ festgestellt, Sekine [1, 2].

Literatur:

[1] T. Sekine (Acta Chem. Scand. **19** [1965] 1469/75). – [2] T. Sekine (J. Inorg. Nucl. Chem. **26** [1964] 1463/5).

28.8 Alkalisulfatometallate

Alkali Sulfatometallates

28.8.1 Lithiumsulfatometallate

Lithium Sulfatometallates

Review

Review in English

The compounds $LiM(SO_4)_2$ for M = La to Lu in the Li_2SO_4-$M_2(SO_4)_3$ systems melt incongruently, but $LiSc(SO_4)_2$ melts congruently. These compounds have been prepared by reaction of Li_2SO_4 with $M_2(SO_4)_3$ at 500 °C for 100 h. $LiM(SO_4)_2$ crystallize in three structure types. Most have a phase transition, but the structure of the high-temperature modification is usually not known.

$LiM(SO_4)_2$ for M = La, Ce, and Pr and the high-temperature form of $LiNd(SO_4)_2$ are monoclinic with the space group $P2_1/b-C_{2h}^5$.

$LiM(SO_4)_2$ for M = Nd to Er were reported to be tetragonal with the space group $P4_2/mnm-D_{4h}^{14}$ on the basis of X-ray powder diagrams, but a single-crystal investigation of the room-temperature modification of $LiEu(SO_4)_2$ revealed the orthorhombic space group $Pnn2-C_{2v}^{10}$.

$LiM(SO_4)_2$ for M = Tm, Yb, and Lu are orthorhombic with the space group $Pbcn-D_{2h}^{14}$.

The lattice constants and IR frequencies are either tabulated in the comparative chapter or given in the chapters on the individual sulfatometallates together with the phase diagrams of the Li_2SO_4-$M_2(SO_4)_3$ systems.

28.8.1.1 Vergleichende Angaben

Comparative Data

Systeme Li_2SO_4-$M_2(SO_4)_3$

In dem System Li_2SO_4-$M_2(SO_4)_3$ mit M = Sc, La bis Lu wird nur der Verbindungstyp $LiM(SO_4)_2$ beobachtet. Während $LiSc(SO_4)_2$ kongruent schmilzt und mit beiden Randkomponenten Eutektika bildet, schmelzen alle anderen $LiM(SO_4)_2$ inkongruent und bilden mit Li_2SO_4 bei ≦20 Mol-% $M_2(SO_4)_3$ ein Eutektikum. Näheres s. bei den entsprechenden Systemen.

Die mit Hilfe der Schröder-Gleichung nahe Li_2SO_4 berechneten Liquiduskurven von Systemen mit M = Eu, Gd, Tb weichen vom experimentellen Verlauf nach oben ab. Daraus wird auf die Bildung von $[M(SO_4)_n]^{(2n-3)-}$-Komplexen in der Schmelze geschlossen, Volk u.a. [1].

$LiM(SO_4)_2$

Bildung und Darstellung

Die Verbindungen $LiM(SO_4)_2$ mit M = La bis Lu lassen sich durch 100 h Glühen von Li_2SO_4 und $M_2(SO_4)_3$ im Verhältnis 1:1 bei 500 °C erhalten, Sirotinkin u.a. [2]. Die Darstellung erfolgt im allgemeinen aus wäßrigen Li_2SO_4 und $M_2(SO_4)_3$ enthaltenden Lösungen (Molverhältnis 1:1) durch Ausfällen mit Alkohol oder deren Eindampfen. $LiEu(SO_4)_2$, $LiGd(SO_4)_2$ und $LiTb(SO_4)_2$ können so nicht dargestellt werden, da sie inkongruent löslich sind. Man geht von den trocknen Gemischen $Li_2SO_4 \cdot H_2O$ + $M_2(SO_4)_3 \cdot 8H_2O$ aus, die bis zur eutektischen Temperatur erhitzt werden, Volk u.a. [3].

Kristallographische Eigenschaften

Verbindungen $LiM(SO_4)_2$ treten nach Sirotinkin u.a. [4] bei Raumtemperatur in drei Strukturtypen auf. Die Verbindungen mit M = La, Ce, Pr gehören zum ersten Typ, die mit Nd bis Er zum zweiten und die Tm-, Yb- und Lu-Verbindungen zum dritten Typ. Sowohl in der 2. (vereinzelt) als auch in der 3. Gruppe werden polymorphe Umwandlungen beobachtet mit einer Hochtemperaturmodifikation α und einer Tieftemperaturmodifikation β. Die α-β-Umwandlung erfolgt nach Sirotinkin u.a. [2] bei folgenden Temperaturen:

M	Nd	Eu	Gd [a)]	Tb [a)]	Er	Tm	Yb	Lu
t in °C . . .	585	584	610	560	616	573	600	573

[a)] Volk u.a. [1].

Die Hochtemperaturmodifikation α läßt sich durch Abschrecken nicht rein gewinnen, da die Umwandlungsgeschwindigkeit in die Raumtemperaturmodifikation β sehr groß ist [2].

Einkristallaufnahmen an $LiPr(SO_4)_2$ und Röntgen-Pulverdiagramme von $LiLa(SO_4)_2$ und $LiCe(SO_4)_2$ sowie α-$LiNd(SO_4)_2$ zeigen, daß diese Verbindungen isostrukturell sind. Sie besitzen monokline Symmetrie, Raumgruppe $P2_1/b-C_{2h}^5$; Z = 4, mit folgenden Gitterkonstanten:

$LiM(SO_4)_2$	a in Å	b in Å	c in Å	γ
$LiLa(SO_4)_2$	13.79	7.124	6.758	104.98°
$LiCe(SO_4)_2$	13.74	7.076	6.756	104.92°
$LiPr(SO_4)_2$	13.648 ± 0.005	7.006 ± 0.002	6.689 ± 0.002	104.82° ± 0.04°
α-$LiNd(SO_4)_2$	13.71	7.002	6.692	104.80°

Sirotinkin u.a. [5], vgl. auch [6].

Nach Röntgen-Pulveraufnahmen sind die Tieftemperaturmodifikationen der 2. Gruppe (mit M = Nd bis Er) isostrukturell [4, 7] und kristallisieren tetragonal, Raumgruppe $P4_2/mnm-D_{4h}^{14}$; Z = 2, mit den Gitterkonstanten:

$LiM(SO_4)_2$	a in Å	c in Å
β-$LiNd(SO_4)_2$	7.708 ± 0.003	5.665 ± 0.005
$LiSm(SO_4)_2$	7.682 ± 0.003	5.666 ± 0.005
β-$LiEu(SO_4)_2$	7.652 ± 0.003	5.567 ± 0.006
β-$LiGd(SO_4)_2$	7.648 ± 0.002	5.565 ± 0.004
β-$LiTb(SO_4)_2$	7.613 ± 0.002	5.530 ± 0.003
$LiDy(SO_4)_2$	7.597 ± 0.003	5.506 ± 0.004
$LiHo(SO_4)_2$	7.580 ± 0.002	5.486 ± 0.004
β-$LiEr(SO_4)_2$	7.573 ± 0.003	5.472 ± 0.006

Sirotinkin u.a. [2].

Nach einer neueren Strukturanalyse an Einkristallen von β-$LiEu(SO_4)_2$ muß jedoch rhombische Symmetrie angenommen werden, mit der Raumgruppe $Pnn2-C_{2v}^{10}$. Einzelheiten s. S. 206, Sirotinkin u.a. [8].

Die Raumtemperaturformen der dritten Gruppe mit M = Tm, Yb, Lu kristallisieren nach Einkristalldaten rhombisch, Raumgruppe $Pbcn-D_{2h}^{14}$; Z = 6, mit folgenden Gitterkonstanten:

$LiM(SO_4)_2$	a in Å	b in Å	c in Å
β-$LiTm(SO_4)_2$	12.62(2)	9.07(2)	9.18(2)
β-$LiYb(SO_4)_2$	12.588(2)	9.063(4)	9.130(4)
β-$LiLu(SO_4)_2$	12.575(2)	9.051(4)	9.138(2)

Sirotinkin u.a. [4].

Thermische Eigenschaften

Die Verbindungen $LiM(SO_4)_2$ mit M = Pr bis Lu schmelzen inkongruent bei folgenden Temperaturen:

M	Pr	Nd	Sm	Eu	Gd	Tb	Dy	Ho	Er	Tm	Yb	Lu
t in °C . .	720	710	760	780	788	739	710	681	630	608	660	655

Sirotinkin u.a. [2].

Optische Eigenschaften

Im IR-Spektrum zwischen 30 und 3600 cm^{-1} werden folgende Absorptionsmaxima in cm^{-1} beobachtet (an KBr oder in Paraffinölsuspension gemessen), Sirotinkin u.a. [9]:

Verbindung	Wellenzahl in cm^{-1}
$LiLa(SO_4)_2$	56, 72, 93, 117, 128, 158, 200, 314, 370, 505, 600, 617, 632, 649, 661, 995, 1030, 1045, 1075, 1145, 1160, 1188, 1230, 1292, 1380
$^7LiPr(SO_4)_2$	57, 100, 119, 128, 165, 174, 196, 222, 235, 250, 303, 324, 376, 415, 450, 507, 595, 604, 620, 634, 650, 662, 672, 995, 1030, 1048, 1072, 1148, 1160, 1190, 1207, 1232, 1300, 1400
$^6LiPr(SO_4)_2$	57, 100, 120, 128, 153, 161, 174, 200, 220, 232, 249, 328, 350, 402, 425, 450, 461, 509
$LiNd(SO_4)_2$	76, 84, 112, 128, 140, 183, 205, 220, 240, 277, 342, 412, 437, 480, 614, 629, 661, 1010, 1065, 1080, 1138, 1160, 1190
$^7LiEu(SO_4)_2$	81, 88, 100, 118, 138, 148, 158, 183, 200, 230, 351, 427, 463, 489, 610, 627, 670, 920, 1020, 1060, 1070, 1085, 1140, 1190, 1205
$^6LiEu(SO_4)_2$	80, 88, 118, 145, 168, 184, 205, 215, 235, 271, 370, 429, 455, 477, 499, 612, 628, 676
$^7LiYb(SO_4)_2$	100, 125, 153, 167, 196, 222, 231, 262, 314, 364, 418, 440, 470, 609, 620, 652, 664, 960, 1040, 1060, 1100, 1140, 1165, 1190
$^6LiYb(SO_4)_2$	100, 124, 144, 154, 166, 195, 218, 230, 263, 315, 385, 425, 440, 485, 574, 609, 620
$LiTm(SO_4)_2$	123, 145, 164, 194, 222, 262, 302, 361, 415, 439, 465, 593, 612, 620, 650, 667, 970, 1020, 1050, 1140
$LiLu(SO_4)_2$	123, 144, 153, 168, 195, 220, 232, 270, 216, 316, 364, 415, 440, 465, 540, 611, 622, 652, 665, 950, 1018, 1050, 1095, 1120, 1138, 1240

Die IR-Spektren bestätigen das Auftreten von den röntgenographisch gefundenen 3 verschiedenen Strukturtypen, s. S.198. Im Bereich von 300 bis 550 cm^{-1} wird eine

Verschiebung der Banden durch Li-Isotope festgestellt. Die Li-O-Valenzschwingung liegt in diesem Bereich. Diese hohen Wellenzahlen sind besonders signifikant (sie liegen üblicherweise für das LiO_6-Polyeder im Bereich bis zu 300 cm^{-1}). Das zeigt, daß hier tetraedrische Koordination des Li und sehr kurze Li-O-Abstände von 1.8 bis 1.9 Å vorliegen. Die Banden bei 550 bis 680 cm^{-1} (nahe bei der Wellenzahl des freien Anions) gehören wahrscheinlich zu den dreifach entarteten SO_4^{2-}-Deformationsschwingungen. Sie werden möglicherweise durch Valenzschwingungen des Seltenerdkoordinationspolyeders überlagert. Die doppelt entartete SO_4^{2-}-Deformationsschwingung ν_2 ist empfindlich für den Einfluß des Kristallfeldes und wird in den langwelligen Bereich um etwa 200 cm^{-1} verschoben. Die Banden bei 900 bis 1400 cm^{-1} entsprechen Valenzschwingungen der SO_4^{2-}-Gruppe, Sirotinkin u.a. [9]. Raman-spektroskopische Untersuchungen an je einem Vertreter der 3 Strukturtypen ($LiPr(SO_4)_2$, $LiEu(SO_4)_2$ und $LiYb(SO_4)_2$) mit ^6Li und ^7Li bei 70 bis 1240 cm^{-1} zeigen, daß der Isotopeneffekt kleiner ist als im IR-Spektrum und maximal 10 cm^{-1} beträgt. Die intensiven Banden bei 430 bis 460 cm^{-1}, die der symmetrischen Deformationsschwingung des SO_4^{2-} entsprechen, haben keinen Isotopeneffekt, Vazhnov u.a. [11].

Aqueous Li_2SO_4-$M_2(SO_4)_3$ Solutions

Wäßrige Li_2SO_4-$M_2(SO_4)_3$-Lösungen

Die spezifische Leitfähigkeit $\varkappa$ in $10^3\ \Omega^{-1}\cdot cm^{-1}$ der 0.03 molaren wäßrigen Lösungen von $M_2(SO_4)_3$ (M=Sc, Y, Nd, Yb) und Li_2SO_4 in Abhängigkeit vom Molverhältnis $M_2(SO_4)_3:Li_2SO_4$ = M:Li bei 20 °C beträgt:

M:Li . . .	10:0	9:1	8:2	7:3	6:4	5:5	4:6	3:7	2:8	1:9	0:10
M=Sc . .	1.81	2.03	2.28	2.51	2.78	3.07	3.38	3.69	4.01	4.35	4.63
M=Y . . .	3.22	3.31	3.42	3.54	3.66	3.80	3.95	4.11	4.26	4.43	4.63
M=Nd . .	3.74	3.78	3.84	3.98	3.97	4.05	4.15	4.26	4.37	4.49	4.63
M=Yb . .	4.12	4.13	4.14	4.16	4.19	4.22	4.26	4.34	4.43	4.51	4.63

Die gemessenen Werte unterscheiden sich nur geringfügig von den additiv unter Berücksichtigung von Ionenstärke und Beweglichkeit berechneten Werten. Rückschlüsse auf Komplexbildung lassen sich nicht ziehen, Sukhikh, Serebrennikov [10].

Literatur:

[1] V.I. Volk, L.L. Zaitseva, V.S. Il'yashenko (Zh. Neorgan. Khim. **13** [1968] 2818/24; Russ. J. Inorg. Chem. **13** [1968] 1450/4). – [2] S.P. Sirotinkin, A.N. Pokrovskii, L.M. Kovba (J. Solid State Chem. **17** [1976] 327/9). – [3] V.I. Volk, L.L. Zaitseva, V.S. Il'yashenko, L.V. Lipis (Zh. Neorgan. Khim. **13** [1968] 2432/41; Russ. J. Inorg. Chem. **13** [1968] 1254/60). – [4] S.P. Sirotinkin, A.N. Pokrovskii, L.M. Kovba (Zh. Neorgan. Khim. **23** [1978] 1139/41; Russ. J. Inorg. Chem. **23** [1978] 630/1). – [5] S.P. Sirotinkin, A.N. Pokrovskii, L.M. Kovba (Vestn. Mosk. Univ. Khim. **18** Nr. 1 [1977] 116; Moscow Univ. Chem. Bull. **32** Nr. 1 [1977] 94).

[6] S.P. Sirotinkin, V.A. Efremov, L.M. Kovba, A.N. Pokrovskii (Kristallografiya **23** [1978] 406/8; Soviet Phys.-Cryst **23** [1978] 227/8). – [7] V.I. Volk, L.L. Zaitseva (Zh. Neorgan. Khim. **16** [1971] 2845/8; Russ. J. Inorg. Chem. **16** [1971] 1513/5). – [8] S.P. Sirotinkin, V.A. Efremov, L.M. Kovba, A.N. Pokrovskii (Kristallografiya **22** [1977] 966/70; Soviet Phys.-Cryst. **22** [1977] 551/3). – [9] S.P. Sirotinkin, M.V. Fomichev, K.I. Petrov, A.N. Pokrovskii, L.M. Kovba (Zh. Neorgan. Khim. **23** [1978] 946/9; Russ. J. Inorg. Chem. **23** [1978] 523/5). – [10] G.N. Sukhikh, V.V. Serebrennikov (Tr. Tomsk. Gos. Univ. Ser. Khim. **170** [1964] 133/8; C.A. **63** [1965] 112).

[11] A.K. Vazhnov, V.V. Fomichev, A.N. Pokrovskii (Zh. Neorgan. Khim. **25** [1980] 2861/3).

28.8.1.2 Angaben über einzelne Lithiumsulfatometallate

Data on Individual Lithium Sulfatometallates

28.8.1.2.1 Lithiumscandiumsulfate

Lithium Scandium Sulfates

Angaben über wäßrige Li_2SO_4-$Sc_2(SO_4)_3$-Lösungen s. unter 28.8.1.1, S. 200.

Das System Li_2SO_4-$Sc_2(SO_4)_3$

Im Zustandsdiagramm, s. **Fig. 18**, existiert nach thermischen und röntgenographischen Untersuchungen die bei 1050 °C kongruent schmelzende Verbindung $LiSc(SO_4)_2$. Sie bildet mit den Randkomponenten Eutektika bei 735 °C und 5 Mol-% $Sc_2(SO_4)_3$ sowie 912 °C und 70 Mol-% $Sc_2(SO_4)_3$. Die Temperatur der α-β-Umwandlung des Li_2SO_4 liegt bei 575 °C, Remizov u.a. [1].

Fig. 18

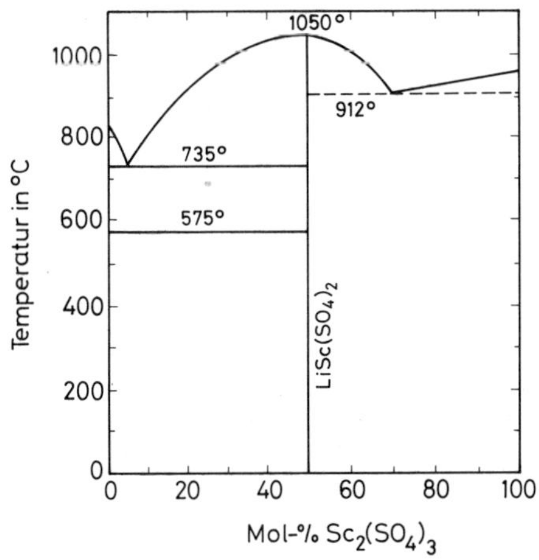

Zustandsdiagramm des Systems Li_2SO_4-$Sc_2(SO_4)_3$.

$LiSc(SO_4)_2$

Die Verbindung bildet sich in einer Festkörperreaktion aus Li_2SO_4 und $Sc_2(SO_4)_3$ bei 700 °C [1]. Sie entsteht auch beim thermischen Abbau von $LiSc(SO_4)_2 \cdot 2H_2O$ bei $\geqq$180 °C, Komissarova u.a. [2]. Die durchsichtigen Kristalle (in Form von Quadraten und Parallelepipeden) sind spaltbar nach dem 1. und 2. Pinakoid, schlechter in Richtung der x-Achse. Aus der geringen Differenz der Brechungsindizes, n_x=1.540 und n_z=1.550, wird geschlossen, daß $LiSc(SO_4)_2$ triklin ist. Relative Intensitäten und Netzebenenabstände der Verbindung aus Röntgen-Pulveraufnahmen s. bei [1]. Oberhalb 320 °C zersetzt sich $LiSc(SO_4)_2$ an der Luft in die Einzelsulfate [2], s. jedoch das Zustandsdiagramm.

Das System Li_2SO_4-$Sc_2(SO_4)_3$-H_2O

Nach Löslichkeitsuntersuchungen (Restmethode) bei 25 °C existiert außer den einfachen Sulfaten $Li_2SO_4 \cdot H_2O$ und $Sc_2(SO_4)_3 \cdot 5H_2O$ nur eine Doppelverbindung, und zwar $LiSc(SO_4)_2 \cdot 2H_2O$. Die Zweisalzpunkte E_1 und E_2 liegen bei 11.47 Gew.-% Sc_2O_3 und

11.52 Gew.-% Li_2SO_4 bzw. 8.35 Gew.-% Sc_2O_3 und 20.07 Gew.-% Li_2SO_4. Unterhalb E_1 steigt die Löslichkeit von $Sc_2(SO_4)_3$ auf 12 Gew.-% Sc_2O_3 im Randsystem $Sc_2(SO_4)_3$-H_2O, oberhalb E_2 fällt sie schnell auf 1.5 Gew.-% Sc_2O_3 im Randsystem Li_2SO_4-H_2O ab [2].

$LiSc(SO_4)_2 \cdot 2H_2O$

Nach NMR-spektroskopischen Untersuchungen ist H_2O fest als Kristallwasser gebunden, Komissarova u.a. [3].

Zur Darstellung der Verbindung werden die wäßrigen Lösungen von 26.3 Gew.-% $Sc_2(SO_4)_3$ und 21.5 Gew.-% Li_2SO_4 bei 90 °C bis zur Abscheidung eines Niederschlages eingedampft. Nach 24 h wird abfiltriert, mit Alkohol gewaschen und bei Raumtemperatur bis zur Gewichtskonstanz getrocknet. Die feinen fasrigen Kristalle haben seidigen Glanz. Die Brechungsindizes der optisch positiven 2achsigen Kristalle mit gerader Auslöschung betragen $n_x = 1.503 \pm 0.003$, $n_z = 1.530 \pm 0.003$. Das $LiSc(SO_4)_2 \cdot 2H_2O$ ist an der Luft bei Raumtemperatur beständig, wird jedoch durch P_2O_5 im Vakuumexsikkator entwässert. Es löst sich inkongruent in H_2O. Die Löslichkeit in H_2O ist der von $Sc_2(SO_4)_3 \cdot 5H_2O$ ähnlich, aus diesem Grund ist die Darstellung aus gesättigten Lösungen der Einzelsulfate nicht möglich [2].

Nach thermographischen und thermogravimetrischen Untersuchungen an der Luft wird bei 50 bis 95 °C $^1/_2$ mol H_2O abgebaut, der Rest bei 120 bis 180 °C [2], s. auch [3].

Literatur:

[1] V.G. Remizov, L.G. Korotaeva, A.G. Dudareva, B.N. Ivanov-Emin (Izv. Vysshikh Uchebn. Zavedenii Khim. Khim. Tekhnol. **14** [1971] 461/2; C.A. **75** [1971] Nr. 26003). – [2] L.N. Komissarova, B.I. Bashkov, V.M. Shatskii (Zh. Neorgan. Khim. **15** [1970] 2945/51; Russ. J. Inorg. Chem. **15** [1970] 1533/7). – [3] L.N. Komissarova, V.F. Chuvaev, V.M. Shatskii, B.I. Bashkov, T.A. Zhdanova (Zh. Neorgan. Khim. **16** [1971] 1258/63; Russ. J. Inorg. Chem. **16** [1971] 666/9).

Lithium Yttrium Sulfates and Lithium Lanthanum Sulfates

28.8.1.2.2 Lithiumyttriumsulfate und Lithiumlanthansulfate

Angaben über wäßrige Li_2SO_4-$Y_2(SO_4)_3$-Lösungen und über $LiLa(SO_4)_2$ s. unter 28.8.1.1, S. 200 bzw. 197.

Lithium Cerium Sulfates

28.8.1.2.3 Lithiumcersulfate

Ergänzende Angaben über $LiCe(SO_4)_2$ s. unter 28.8.1.1, S. 197.

Das System Li_2SO_4-$Ce_2(SO_4)_3$ und $LiCe(SO_4)_2$

Nach thermischen und röntgenographischen Untersuchungen schmilzt $LiCe(SO_4)_2$ bei etwa 700 °C inkongruent, der peritektische Punkt liegt bei 34 Mol-% $Ce_2(SO_4)_3$. Mit der Tieftemperaturform von Li_2SO_4 bildet $LiCe(SO_4)_2$ bei etwa 540 °C ein Eutektikum, s. Figur im Original. Im IR-Spektrum werden folgende Banden (in cm^{-1}) beobachtet und dem SO_4-Ion zugeordnet: ν_1 bei 990; ν_2 bei 450, 510; ν_3 bei 1030, 1130, 1245; ν_4 bei 595, 635, 650, Volk, Zaitseva [1].

Das System Li_2O-CeO_2-SO_3-H_2O

Nach Löslichkeitsuntersuchungen (Restmethode) werden bei 100 °C und Li_2SO_4 : $Ce(SO_4)_2$ = 1 : 1 und 1 : 3 keine binären Sulfate gebildet. Beim Verhältnis 1 : 1 kristallisiert basisches $2CeO_2 \cdot 3SO_3 \cdot 5H_2O$ bis 24 Gew.-% SO_3, neutrales $Ce(SO_4)_2 \cdot 4H_2O$ zwischen 24 und 46 Gew.-% SO_3 und saures $Ce(SO_4)_2 \cdot H_2SO_4$ oberhalb 46 Gew.-% SO_3. Beim Verhältnis 1 : 3 kristallisiert bis 14 Gew.-% SO_3 basisches $CeO_2 \cdot SO_3 \cdot H_2O$. Zwischen 14 und 22 Gew.-% SO_3 bildet sich keine feste Phase, sondern eine dunkelrote gelartige Flüssigkeit, die viel CeO_2 enthält. Bei 22 bis 49 Gew.-% SO_3 kristallisiert $Ce(SO_4)_2 \cdot 4H_2O$, darüber $Ce(SO_4)_2$, Bondar u.a. [3].

$Li_2[Ce_2(SO_4)_5(H_2O)_6] \cdot 6H_2O$

Nach Golovnya u.a. [2] soll eine Verbindung $Li_2[Ce_2(SO_4)_5(H_2O)_6] \cdot 6H_2O$ in wäßriger Lösung beständig sein.

Literatur:

[1] V.I. Volk, L.L. Zaitseva (Zh. Neorgan. Khim. **16** [1971] 2845/8; Russ. J. Inorg. Chem. **16** [1971] 1513/5). – [2] V.A. Golovnya, L.A. Pospelova, G.T. Bolotova (Zh. Neorgan. Khim. **5** [1960] 2204/10; Russ. J. Inorg. Chem. **5** [1960] 1069/72). – [3] S.A. Bondar, G.V. Trofimov, V.A. Roi (Zh. Neorgan. Khim. **25** [1980] 2530/3).

28.8.1.2.4 Lithiumpraseodymsulfate

Lithium Praseodymium Sulfates

Ergänzende Angaben über $LiPr(SO_4)_2$ s. unter 28.8.1.1, S. 197.

Das System Li_2SO_4-$Pr_2(SO_4)_3$

Das nach differentialthermoanalytischen und thermogravimetrischen Untersuchungen aufgestellte Zustandsdiagramm ist in **Fig. 19** dargestellt. Danach existiert eine Verbindung $LiPr(SO_4)_2$, die bei ≈685 °C inkongruent schmilzt und mit der Tieftemperaturform des Li_2SO_4 bei etwa 530 bis 533 °C und 19 bis 20 Mol-% $Pr_2(SO_4)_3$ ein Eutektikum bildet. Bei 575 °C wird die α-β-Umwandlung von Li_2SO_4 beobachtet. $LiPr(SO_4)_2$ wandelt sich bei etwa 557 °C polymorph um, Velichko, Zaitseva [1]. Nach neueren Untersuchungen (gleiche Methode) liegt das Eutektikum bei 580 °C und 8 Mol-% $Pr_2(SO_4)_3$, der inkongruente Schmelzpunkt von $LiPr(SO_4)_2$ bei 720 °C, und eine polymorphe Umwandlung von $LiPr(SO_4)_2$ wird nicht festgestellt, Sirotinkin u.a. [4, 5]. Während [1] von den

Fig. 19

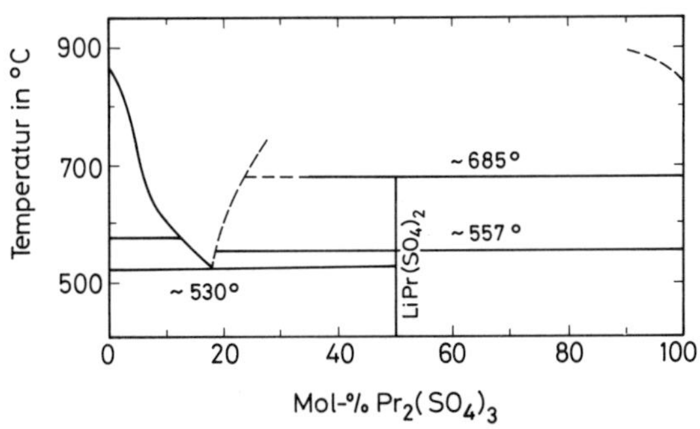

Zustandsdiagramm des Systems Li_2SO_4-$Pr_2(SO_4)_3$.

hydratisierten Einzelsulfaten ausging, benutzte [5] die wasserfreien Sulfate und erklärt damit die unterschiedlichen Ergebnisse.

$LiPr(SO_4)_2$

Einkristalle von $LiPr(SO_4)_2$ entstehen bei langsamer Abkühlung aus der Schmelze von 800 °C, Sirotinkin u.a. [7]. Sie kristallisieren monoklin in der Raumgruppe $P2_1/b-C_{2h}^5$ mit a=13.69(2), b=7.005(6), c=6.692(2) Å, γ=105.25(2)° und Z=4, Sirotinkin u.a. [3]. Die Röntgen-Strukturanalyse (R=0.064) ergibt die folgenden Atomlagen:

Atom	Punktlage	x	y	z
Pr	4e	0.1845(1)	0.3472(2)	0.6093(2)
S(1)	4e	0.1039(3)	0.3069(6)	0.0721(6)
S(2)	4e	0.3835(3)	0.1848(6)	0.5963(7)
O(1)	4e	0.3789(11)	0.5024(21)	0.0102(22)
O(2)	4e	0.3537(10)	0.3355(19)	0.4682(20)
O(3)	4e	0.0028(10)	0.2601(19)	0.6126(22)
O(4)	4e	0.1272(11)	0.4873(21)	0.9472(20)
O(5)	4e	0.4829(11)	0.2639(21)	0.6849(22)
O(6)	4e	0.1392(10)	0.1601(20)	0.0543(21)
O(7)	4e	0.3020(11)	0.1424(21)	0.7516(20)
O(8)	4e	0.1635(10)	0.3431(21)	0.2580(22)
Li	4e	0.4445(3)	0.462(5)	0.245(5)

Die Koordinationssphäre der Praseodymatome wird wie bei $Nd_2(SO_4)_3$, s. S. 135, durch sieben SO_4-Tetraeder gebildet, von denen zwei als zweizähnige Liganden fungieren. Es entsteht so ein PrO_9-Koordinationspolyeder, das man als stark verzerrtes Prisma mit kappenförmigen Überdachungen auffassen kann, die Pr-O-Abstände liegen zwischen 2.368 und 2.664 Å. Die PrO_9-Polyeder werden untereinander so über zwei entgegengesetzte Dreiecksflächen verknüpft, daß Endlosketten entlang [010] entstehen mit einem mittleren Pr-Pr-Abstand von 3.977 Å. Diese $(PrO_9)_\infty$-Ketten werden durch SO_4-Tetraeder parallel (100) zu Schichten verknüpft, s. **Fig. 20**. Zwischen diesen $(PrO_9)_{2\infty}$-Schichten sind die

Fig. 20

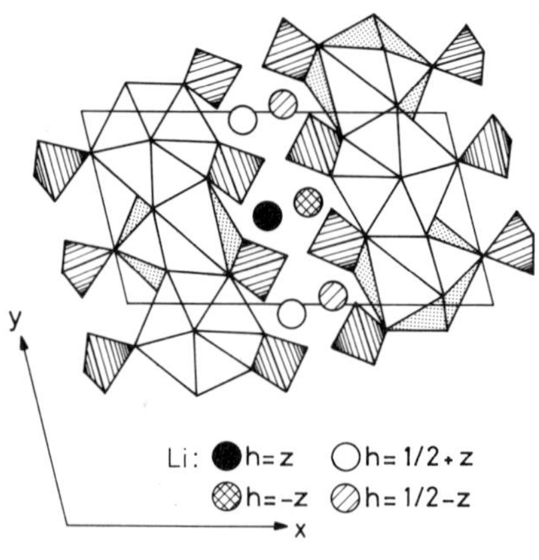

Gitterstruktur des $LiPr(SO_4)_2$: Projektion der $(PrO_9)_{2\infty}$-Schichten auf die x-y-Ebene, die Kreise bezeichnen die Li-Atome.

Li-Atome eingebaut und haben eine tetraedrische Umgebung, die Abstände Li-O liegen zwischen 1.864 und 2.123 Å, weitere Atomabstände und Winkel s. Original, Sirotinkin u.a. [6]. Röntgen-Strichdiagramm s. auch bei [2]. Pyknometrische und röntgenographische Dichten in g/cm³: D_p=3.57 [3, 7], D_r=3.66 [3], 3.65 [7].

Im IR-Spektrum werden folgende Absorptionsmaxima in cm^{-1} beobachtet und dem SO_4-Ion zugeordnet: ν_1 bei 990; ν_2 bei 450, 510; ν_3 bei 1030, 1130 bis 1180, 1245; ν_4 bei 600, 640, 650, Volk, Zaitseva [2].

Das System Li_2SO_4-$Pr_2(SO_4)_3$-H_2O

Nach Löslichkeitsuntersuchungen bei 25 °C ist das System eutonisch. Der Zweisalzpunkt $Li_2SO_4 \cdot H_2O + Pr_2(SO_4)_3 \cdot 8H_2O$ liegt bei (in Gew.-%) 22.56 Li_2SO_4 und 8.32 $Pr_2(SO_4)_3$. Die Gleichgewichtseinstellung dauert 3 bis 5 d, Shevchuk, Skorikov [8].

Literatur:

[1] A.V. Velichko, L.L. Zaitseva (Zh. Neorgan. Khim. **17** [1972] 2799/802; Russ. J. Inorg. Chem. **17** [1972] 1467/9). – [2] V.I. Volk, L.L. Zaitseva (Zh. Neorgan. Khim. **16** [1971] 2845/8; Russ. J. Inorg. Chem. **16** [1971] 1513/5). – [3] S.P. Sirotinkin, S.M. Chizhov, P.A. Degtyarev, A.N. Pokrovskii, L.M. Kovba (Dokl. Akad. Nauk SSSR **237** [1977] 885/8; Dokl. Phys. Chem. Proc. Acad. Sci. USSR **232/237** [1977] 1159/61). – [4] S.P. Sirotinkin, A.N. Pokrovskii, L.M. Kovba (J. Solid State Chem. **17** [1976] 327/9). – [5] S.P. Sirotinkin, A.N. Pokrovskii, L.M. Kovba (Zh. Neorgan. Khim. **21** [1976] 789/91; Russ. J. Inorg. Chem. **21** [1976] 425/7).

[6] S.P. Sirotinkin, V.A. Efremov, L.M. Kovba, A.N. Pokrovskii (Kristallografiya **23** [1978] 406/8; Soviet Phys.-Cryst. **23** [1978] 227/8). – [7] S.P. Sirotinkin, A.N. Pokrovskii, L.M. Kovba (Vestn. Mosk. Univ. Khim. **18** Nr. 1 [1977] 116; Moscow Univ. Chem. Bull. **32** Nr. 1 [1977] 94). – [8] A.V. Shevchuk, V.M. Skorikov (Zh. Neorgan. Khim. **25** [1980] 1121/4; Russ. J. Inorg. Chem. **25** [1980] 622/4).

28.8.1.2.5 Lithiumneodymsulfate

Lithium Neodymium Sulfates

Ergänzende Angaben über $LiNd(SO_4)_2$ und Angaben über wäßrige Li_2SO_4-$Nd_2(SO_4)_3$-Lösungen s. unter 28.8.1.1, S. 197 bzw. 200.

Das System Li_2SO_4-$Nd_2(SO_4)_3$

Das nach thermoanalytischen und röntgenographischen Untersuchungen aufgestellte Zustandsdiagramm des Systems Li_2SO_4-$Nd_2(SO_4)_3$ zeigt **Fig. 21**, S. 206. Danach existiert nur ein Doppelsulfat, und zwar $LiNd(SO_4)_2$, das bei 710 °C inkongruent schmilzt, Sirotinkin u.a. [1, 2], und ein Eutektikum bei 595 °C und 13 Mol-% $Nd_2(SO_4)_3$ bildet. Bei 575 °C wird die α-β-Umwandlung von Li_2SO_4 beobachtet [1].

$LiNd(SO_4)_2$

Die Verbindung kristallisiert oberhalb 580 °C in einer monoklinen α-Form und bei Raumtemperatur in einer β-Form, s. S. 198, deren Röntgen-Pulverdiagramm von Sirotinkin u.a. [2] tetragonal indiziert wird, relative Intensitäten und Netzebenenabstände s. Original. Nach Einkristallaufnahmen an β-$LiEu(SO_4)_2$ muß jedoch rhombische Struktur angenommen werden. Die schnelle Umwandlungsgeschwindigkeit erschwert ein Erfassen der Hochtemperaturform, Sirotinkin u.a. [3].

Gemessene und berechnete Dichte der β-Phase: D=3.11 bzw. 3.41 g/cm³ [2].

Fig. 21

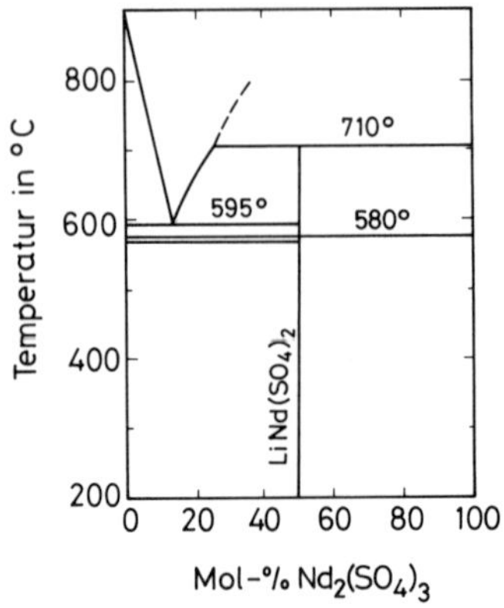

Zustandsdiagramm des Systems Li_2SO_4-$Nd_2(SO_4)_3$.

Literatur:

[1] S.P. Sirotinkin, A.N. Pokrovskii, L.M. Kovba (Zh. Neorgan. Khim. **21** [1976] 789/91; Russ. J. Inorg. Chem. **21** [1976] 425/7). – [2] S.P. Sirotinkin, A.N. Pokrovskii, L.M. Kovba (J. Solid State Chem. **17** [1976] 327/9). – [3] S.P. Sirotinkin, V.A. Efremov, L.M. Kovba, A.N. Pokrovskii (Kristallografiya **22** [1977] 966/70; Soviet Phys.-Cryst. **22** [1977] 551/3).

Lithium Samarium Sulfates

28.8.1.2.6 Lithiumsamariumsulfate

Ergänzende Angaben über $LiSm(SO_4)_2$ s. unter 28.8.1.1, S. 197.

$LiSm(SO_4)_2$

$LiSm(SO_4)_2$ ist nach Röntgen-Pulveraufnahmen isotyp mit $LiM(SO_4)_2$ der Gruppe 2 mit M = Nd bis Er, s. S. 198. Röntgen-Strichdiagramm s. Original. Im IR-Spektrum werden folgende SO_4-Banden (in cm^{-1}) beobachtet: ν_1 bei 975; ν_2 bei 455, 480; ν_3 bei 1020, 1080, 1150; ν_4 bei 610, 625, 670, V.I. Volk, L.L. Zaitseva (Zh. Neorgan. Khim. **16** [1971] 2845/8; Russ. J. Inorg. Chem. **16** [1971] 1513/5).

Lithium Europium Sulfates

28.8.1.2.7 Lithiumeuropiumsulfate

Ergänzende Angaben über $LiEu(SO_4)_2$ s. unter 28.8.1.1, S. 197.

Das System Li_2SO_4-$Eu_2(SO_4)_3$

Das auf differentialthermoanalytischen, röntgenographischen und spektroskopischen Untersuchungen beruhende Zustandsdiagramm (Figur s. im Original) zeigt, daß nur eine Doppelverbindung, nämlich $LiEu(SO_4)_2$, existiert, die bei etwa 760 °C inkongruent schmilzt. Das Doppelsulfat bildet mit Li_2SO_4 ein Eutektikum bei 580 °C und etwa 16.5 Mol-% $Eu_2(SO_4)_3$, Volk u.a. [1].

$LiEu(SO_4)_2$

Nach Einkristalldaten ist die Raumtemperaturphase β-$LiEu(SO_4)_2$ rhombisch, Raumgruppe Pnn2-C_{2v}^{10}, Sirotinkin u.a. [3, 4], mit a = 7.632(6), b ≈ c = 5.566(5) Å; Z = 2. Die

Röntgen-Strukturanalyse (R = 0.05) ergibt folgende Atomlagen:

Atom	Punktlage	x	y	z
Eu	2a	0	0	0.0154(2)
S	4c	0.2867(1)	0.2871(1)	0.0069(4)
O(1)	4c	0.2973(3)	0.1104(2)	0.1097(6)
O(2)	4c	0.3112(3)	0.4156(3)	0.1959(6)
O(3)	4c	0.1103(3)	0.2979(3)	−0.0908(6)
O(4)	4c	0.4163(2)	0.3118(3)	−0.1769(6)
Li	2a	0	0	0.500

EuO_8-Polyeder und SO_4-Gruppen bilden ein dreidimensionales Netzwerk (s. **Fig. 22**) mit Li in den Gitterlücken. Es ist so aufgebaut, daß die SO_4-Tetraeder eine Kante mit einem EuO_8-Polyeder teilen und 2 Ecken mit 2 weiteren EuO_8-Polyedern. Diese Ecken bilden gleichzeitig die Kanten eines gestreckten LiO_4-Tetraeders. Aus den gemeinsamen Polyederkanten erklären sich die 2 kurzen O-O-Abstände im LiO_4- und EuO_8-Polyeder, die noch etwas kürzer sind als im Mittel im SO_4. Die Li-O- und Eu-O-Abstände liegen zwischen 1.86 und 1.92 Å bzw. 2.325 und 2.496 Å. Weitere Atomabstände s. Original, Sirotinkin u.a. [4]. Röntgen-Strichdiagramme s. bei Volk u.a. [2]. Noch von Sirotinkin u.a. [5] war $LiEu(SO_4)_2$ tetragonal indiziert worden, s. S. 198. Die SO_4-Tetraeder sind stark deformiert, und die T_d-Symmetrie ist nach IR-spektroskopischen Untersuchungen auf C_{2v} erniedrigt [2].

Fig. 22

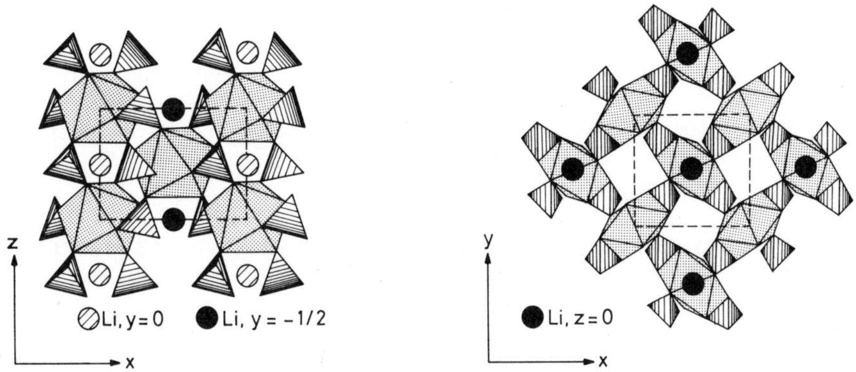

Gitterstruktur des $LiEu(SO_4)_2$: Verknüpfung der EuO_8-Polyeder und der SO_4-Tetraeder (schraffiert), Projektion auf die z-x- und y-x-Ebene.

Gemessene und berechnete Dichte = 3.57 bzw. 3.59 g/cm³ [3]. Das harte und spröde $LiEu(SO_4)_2$ ist rosarot. Es löst sich leicht und inkongruent in H_2O [2].

Literatur:

[1] V.I. Volk, L.L. Zaitseva, V.S. Il'yashenko (Zh. Neorgan. Khim. **13** [1968] 2818/24; Russ. J. Inorg. Chem. **13** [1968] 1450/4). – [2] V.I. Volk, L.L. Zaitseva, V.S. Il'yashenko, L.V. Lipis (Zh. Neorgan. Khim. **13** [1968] 2432/41; Russ. J. Inorg. Chem. **13** [1968] 1254/60). – [3] S.P. Sirotinkin, S.M. Chizhov, P.A. Degtyarev, A.N. Pokrovskii, L.M.

Kovba (Dokl. Akad. Nauk SSSR **232** [1977] 885/8; Dokl. Phys. Chem. Proc. Acad. Sci. USSR **232/237** [1977] 1159/61). – [4] S.P. Sirotinkin, V.A. Efremov, L.M. Kovba, A.N. Pokrovskii (Kristallografiya **22** [1977] 966/70; Soviet Phys.-Cryst **22** [1977] 551/3). – [5] S.P. Sirotinkin, A.N. Pokrovskii, L.M. Kovba (J. Solid State Chem. **17** [1976] 327/9).

Lithium Gadolinium Sulfates

28.8.1.2.8 Lithiumgadoliniumsulfate

Ergänzende Angaben über $LiGd(SO_4)_2$ s. unter 28.8.1.1, S.197.

Das System Li_2SO_4-$Gd_2(SO_4)_3$

Ein nach differentialthermoanalytischen und thermogravimetrischen Untersuchungen aufgestelltes Zustandsdiagramm (Figur s. Original) zeigt, daß nur eine Doppelverbindung, nämlich $LiGd(SO_4)_2$, existiert, sie tritt in einer Hochtemperatur (α)- und einer Tieftemperatur (β)-Form auf. Die α-β-Umwandlung erfolgt bei 610 °C, bei 775 °C schmilzt das Doppelsulfat inkongruent und bildet bei 575 °C und etwa 10 Mol-% $Gd_2(SO_4)_3$ ein Eutektikum, Volk u.a. [1].

$LiGd(SO_4)_2$

$LiGd(SO_4)_2$ kristallisiert oberhalb 610 °C in einer α-Form und bei Raumtemperatur in der β-Form, s. S.198. Das Röntgen-Pulverdiagramm von β-$LiGd(SO_4)_2$ wird von Sirotinkin u.a. [2] tetragonal indiziert. Relative Intensitäten und Netzebenenabstände s. Volk u.a. [4]. Nach Einkristallaufnahmen an β-$LiEu(SO_4)_2$ muß jedoch rhombische Struktur angenommen werden, Sirotinkin u.a. [3].

Im IR-Spektrum werden folgende Grundschwingungen der SO_4^{2-}-Ionen beobachtet: ν_1 bei 938; ν_2 bei 420, 465; ν_3 bei 1015, 1085, 1140; ν_4 bei 610, 625, 667 cm^{-1}. Während für freie Sulfat-Ionen nur die dreifach entarteten ν_3- und ν_4-Schwingungen aktiv sind, werden in Kristallen durch die Erniedrigung der Symmetrie von T_d auf C_{2v} auch die symmetrische ν_1-Schwingung und die zweifach entartete ν_2-Schwingung beobachtet. $LiGd(SO_4)_2$ ist hart, spröde, farblos und löst sich leicht und inkongruent in Wasser [4].

Literatur:

[1] V.I. Volk, L.L. Zaitseva, V.S. Il'yashenko (Zh. Neorgan. Khim. **13** [1968] 2818/24; Russ. J. Inorg. Chem. **13** [1968] 1450/4). – [2] S.P. Sirotinkin, A.N. Pokrovskii, L.M. Kovba (J. Solid State Chem. **17** [1976] 327/9). – [3] S.P. Sirotinkin, V.A. Efremov, L.M. Kovba, A.N. Pokrovskii (Kristallografiya **22** [1977] 966/70; Soviet Phys.-Cryst. **22** [1977] 551/3). – [4] V.I. Volk, L.L. Zaitseva, V.S. Il'yashenko, L.V. Lipis (Zh. Neorgan. Khim. **13** [1968] 2432/41; Russ. J. Inorg. Chem. **13** [1968] 1254/60).

Lithium Terbium Sulfates

28.8.1.2.9 Lithiumterbiumsulfate

Ergänzende Angaben über $LiTb(SO_4)_2$ s. unter 28.8.1.1, S.197.

Das System Li_2SO_4-$Tb_2(SO_4)_3$

Das Zustandsdiagramm (Figur s. Original), aufgestellt nach differentialthermoanalytischen und röntgenographischen Untersuchungen, zeigt die Existenz des bei 730 °C inkongruent schmelzenden $LiTb(SO_4)_2$, das bei 560 °C eine Phasenumwandlung (α/β) durchläuft. Bei 545 °C und ≈5 Mol-% $Tb_2(SO_4)_3$ bildet das Doppelsulfat ein Eutektikum mit Li_2SO_4, Volk u.a. [1].

$LiTb(SO_4)_2$

Die Verbindung kristallisiert oberhalb 560 °C in einer α-Form und bei Raumtemperatur in einer β-Form [1], s. S. 198. Das Röntgen-Pulverdiagramm des β-$LiTb(SO_4)_2$ wird von Sirotinkin u.a. [3] tetragonal indiziert, relative Intensitäten und Netzebenenabstände s. Volk u.a. [2]. Nach Einkristallaufnahmen an β-$LiEu(SO_4)_2$ muß jedoch rhombische Struktur angenommen werden, Sirotinkin u.a. [4].

Im IR-Spektrum werden folgende dem SO_4 zugeordnete Absorptionsbanden beobachtet: ν_1 bei 983; ν_2 bei 425, 475; ν_3 bei 1010, 1085, 1150; ν_4 bei 605, 625, 680 cm^{-1}. $LiTb(SO_4)_2$ ist eine harte, spröde, farblose, in Wasser leicht und inkongruent lösliche Substanz [2].

Literatur:

[1] V.I. Volk, L.L. Zaitseva, V.S. Il'yashenko (Zh. Neorgan. Khim. **13** [1968] 2818/24; Russ. J. Inorg. Chem. **13** [1968] 1450/4). – [2] V.I. Volk, L.L. Zaitseva, V.S. Il'yashenko, L.V. Lipis (Zh. Neorgan. Khim. **13** [1968] 2432/41; Russ. J. Inorg. Chem. **13** [1968] 1254/60). – [3] S.P. Sirotinkin, A.N. Pokrovskii, L.M. Kovba (J. Solid State Chem. **17** [1976] 327/9). – [4] S.P. Sirotinkin, V.A. Efremov, L.M. Kovba, A.N. Pokrovskii (Kristallografiya **22** [1977] 966/70; Soviet Phys.-Cryst. **22** [1977] 551/3).

28.8.1.2.10 Lithiumdysprosiumsulfate

Lithium Dysprosium Sulfates

Ergänzende Angaben über $LiDy(SO_4)_2$ s. unter 28.8.1.1, S. 197.

Das System Li_2SO_4-$Dy_2(SO_4)_3$

Ein nach thermoanalytischen und röntgenographischen Untersuchungen aufgestelltes Teilzustandsdiagramm (Figur s. Original) zeigt, daß nur eine Doppelverbindung auftritt, nämlich $LiDy(SO_4)_2$, das bei 710 °C inkongruent schmilzt. Das Doppelsulfat hat bei 613 °C und etwa 8 Mol-% $Dy_2(SO_4)_3$ ein Eutektikum mit Li_2SO_4, Sirotinkin u.a. [1].

$LiDy(SO_4)_2$

Nach Röntgen-Pulveraufnahmen, es werden relative Intensitäten und Netzebenenabstände angegeben, Sirotinkin u.a. [2], kristallisiert $LiDy(SO_4)_2$, wie auch die Ho- und Er-Verbindung tetragonal in der Raumgruppe $P4_2/mmm-D_{2h}^{14}$; nach Einkristallaufnahmen an β-$LiEu(SO_4)_2$ liegt jedoch vermutlich rhombische Symmetrie vor, s. S. 198, 206.

Literatur:

[1] S.P. Sirotinkin, A.N. Pokrovskii, L.M. Kovba (Vestn. Mosk. Univ. Ser. II Khim. **18** [1977] 740/1; Moscow Univ. Chem. Bull. **32** [1977] 88/9). – [2] S.P. Sirotinkin, A.N. Pokrovskii, L.M. Kovba (J. Solid State Chem. **17** [1976] 327/9).

28.8.1.2.11 Lithiumsulfatometallate des Ho, Er und Tm

Lithium Sulfatometallates of Ho, Er, and Tm

Angaben über $LiM(SO_4)_2$ mit M = Ho, Er, Tm s. unter 28.8.1.1, S. 197.

28.8.1.2.12 Lithiumytterbiumsulfate

Lithium Ytterbium Sulfates

Ergänzende Angaben über $LiYb(SO_4)_2$ und Angaben über wäßrige Li_2SO_4-$Yb_2(SO_4)_3$-Lösungen s. unter 28.8.1.1, S. 197 bzw. 200.

Im System Li_2SO_4-$Yb_2(SO_4)_3$ existiert nach thermoanalytischen, kristalloptischen und röntgenographischen Untersuchungen nur das bei 650 °C inkongruent schmelzende $LiYb(SO_4)_2$, das in zwei Modifikationen α und β vorkommt. Nach dem Zustandsdiagramm, s. Figur im Original, bildet das Doppelsulfat bei 6 Mol-% $Yb_2(SO_4)_3$ ein Eutektikum mit Li_2SO_4, das etwa bei der peritektischen Temperatur von $LiYb(SO_4)_2$ schmilzt. Möglicherweise lösen sich 1 bis 2 Mol-% $Yb_2(SO_4)_3$ in $LiYb(SO_4)_2$, S.P. Sirotinkin, A.N. Pokrovskii, L.M. Kovba (Zh. Neorgan. Khim. **21** [1976] 789/91; Russ. J. Inorg. Chem. **21** [1976] 425/7).

Lithium Lutetium Sulfate

28.8.1.2.13 Lithiumlutetiumsulfat

Ergänzende Angaben über $LiLu(SO_4)_2$ s. unter 28.8.1.1, S. 197.

Die pyknometrische und röntgenographische Dichte von $LiLu(SO_4)_2$ betragen D_p=3.52 g/cm^3 und D_r=3.58 g/cm^3. Kristalloptische Untersuchungen ergeben folgende Brechungszahlen: n_x=1.554, n_z=1.567. Der optische Achsenwinkel beträgt 2V=15°±5°, S.P. Sirotinkin, A.N. Pokrovskii, L.M. Kovba (Zh. Neorgan. Khim. **23** [1978] 1139/41; Russ. J. Inorg. Chem. **23** [1978] 630/1).

Sodium Sulfatometallates

28.8.2 Natriumsulfatometallate

Review in English

Review

The systems Na_2SO_4-$M_2(SO_4)_3$ have not been studied systematically. Sodium sulfatometallates $NaM(SO_4)_2$ for M=Sc, Y, and La to Er have been prepared either by reaction of Na_2SO_4 and $M_2(SO_4)_3$ at 500 °C or by dehydration of $NaM(SO_4)_2 \cdot H_2O$. The X-ray powder diagrams of $NaM(SO_4)_2$ for M=La to Gd reveal isotypism. $NaNd(SO_4)_2$ is triclinic with the space group $P\bar{1}-C_i^1$, and $NaEr(SO_4)_2$ has a monoclinic structure with $P2_1/b-C_{2h}^5$.

In the systems Na_2SO_4-$M_2(SO_4)_3$-H_2O at room temperature only the monohydrates, $NaM(SO_4)_2 \cdot H_2O$, form, except for Sc, where $Na_3Sc(SO_4)_3 \cdot 5H_2O$ forms also. The $NaM(SO_4)_2 \cdot H_2O$ for M=Y, La, Pr, Nd, and Er are hexagonal.

Several sodium cerium(IV) sulfates have been described and usually formulated as aquo-sulfato complexes. But only a few properties (especially IR frequencies) are given for $Na_2Ce(SO_4)_3 \cdot nH_2O$, with n=2 or 3, and $Na_4Ce(SO_4)_4 \cdot nH_2O$, with conflicting data suggesting n=0 or 2.

Comparative Data

28.8.2.1 Vergleichende Angaben

Systeme Na_2SO_4-$M_2(SO_4)_3$

In den Systemen Na_2SO_4-$M_2(SO_4)_3$ mit M=Sc, Y, La bis Er werden Verbindungen des Typs $NaM(SO_4)_2$ beobachtet. Im Falle von Ce, Pr, Nd treten nach Zambonini u.a. [1, 2] noch andere Verbindungen auf, jedoch können neuere Untersuchungen diese Angaben nicht bestätigen. Die Hochtemperaturform des Na_2SO_4 bildet feste Lösungen mit den Sulfaten des Y, La und Gd. Abweichend von reinem Na_2SO_4 kann die Hochtemperaturform der Mischkristalle durch Abschrecken metastabil erhalten werden, Keester u.a. [17].

$NaM(SO_4)_2$

Verbindungen des Typs $NaM(SO_4)_2$ mit M=Sc, Y, La bis Er lassen sich durch Umsetzen von Na_2SO_4 und $M_2(SO_4)_3$ bei 500 °C erhalten oder durch Erhitzen der Monohydrate

$NaM(SO_4)_2 \cdot H_2O$ auf etwa 300 bis 357 °C (Nd bei 200 °C), s. S. 212. – Nach Röntgen-Pulveraufnahmen, es werden relative Intensitäten und Netzebenenabstände angegeben, kristallisieren die Verbindungen $NaM(SO_4)_2$ mit M = La bis Gd isotyp, Zaitseva u.a. [3]. Nach Einkristalluntersuchungen an $NaNd(SO_4)_2$ liegt trikline Symmetrie vor mit der Raumgruppe $P\bar{1}-C_i^1$, Sirotinkin u.a. [4].

Im IR-Spektrum werden bei 700 °C für $NaM(SO_4)_2$ mit M = Eu, Gd und Tb folgende dem SO_4 zugeordnete Maxima (in cm^{-1}) beobachtet:

Zuordnung	$NaEu(SO_4)_2$	$NaGd(SO_4)_2$	$NaTb(SO_4)_2$
$\nu_2(E)$	447, 540	450, 542	450
$\nu_4(F_2)$	592, 610, 640, 667, 677	592, 610, 637, 670, 680	592, 615, 670, 685
$\nu_1(A_1)$	998, 1030	1000, 1030	1000
$\nu_3(F_2)$	1090, 1140, 1210	1092, 1130, 1205	1115, 1140

Lipis u.a. [15].

Zum thermischen Abbau s. beim Monohydrat, S. 212.

Systeme Na_2SO_4-$M_2(SO_4)_3$-H_2O

Abgesehen von $Na_3Sc(SO_4)_3 \cdot 5H_2O$ existieren in den Systemen Na_2SO_4-$M_2(SO_4)_3$-H_2O mit M = Y, La bis Er nur Verbindungen der Zusammensetzung $NaM(SO_4)_2 \cdot H_2O$. Abweichend hiervon berichten Zambonini u.a. [1, 2] noch von anderen Doppelsulfaten mit Ce, Pr, Nd; neuere Untersuchungen konnten diese Ergebnisse jedoch nicht bestätigen.

$NaM(SO_4)_2 \cdot H_2O$

Bildung und Darstellung

$NaM(SO_4)_2 \cdot H_2O$ mit M = La, Ce, Pr, Nd, Sm, Eu und Gd wird dargestellt durch Mischen wäßriger Na_2SO_4- und $M_2(SO_4)_3$-Lösungen im Molverhältnis Na:M = 0.5 bis 50. Die Niederschläge entstehen für M = La bis Sm nach einiger Zeit, bei Eu nach längerer Zeit und bei Gd nur nach Erhitzen, Zaitseva u.a. [16].

Physikalische Eigenschaften

Nach Röntgen-Pulveraufnahmen sind alle Verbindungen isostrukturell [16]. Die Verbindungen $NaM(SO_4)_2 \cdot H_2O$ kristallisieren nach Röntgen-Pulveraufnahmen hexagonal, es werden relative Intensitäten und Netzebenenabstände angegeben. Die Gitterkonstanten in Abhängigkeit von M betragen:

M	Y	La	Pr	Nd	Er
a in Å . .	6.84	6.96	6.95	6.94	6.81
c in Å . .	6.34	6.45	6.43	6.40	6.33

Die Verbindungen sind möglicherweise isotyp mit α-$CaSO_4 \cdot {}^1/_2 H_2O$, Mustaev u.a. [5].

Einkristallaufnahmen an $NaCe(SO_4)_2 \cdot H_2O$, s. S. 218, ergeben trigonale Symmetrie. – Nach Untersuchungen der UV-Reflexionsspektren von $NaM(SO_4)_2$-Hydraten, $M_2(SO_4)_3$ und $M_2(SO_4)_3 \cdot 8H_2O$ sowie von MSO_4^+ in Lösung (M = Sm, Eu, Yb) sind die Energien des 1. Elektronenübergangsmaximums und damit die inneren Koordinationssphären dieser Verbindungen sehr ähnlich, Barnes, Pincott [12].

Im IR-Spektrum, gemessen zwischen 400 und 4000 cm^{-1} an KBr-Preßlingen, werden an $NaM(SO_4)_2 \cdot H_2O$ bzw. D_2O mit M = Eu, Gd oder Tb folgende, den SO_4-Gruppen zugeordnete Absorptionsmaxima in cm^{-1} beobachtet:

ν_2(E)	$\nu_4(F_2)$	$\nu_1(A_1)$	$\nu_3(F_2)$
503	595, ≈623, 660	1012	≈1113, ≈1145, ≈1170

Die symmetrische und antisymmetrische Valenz- und die Deformationsschwingung des H_2O liegen bei 3430, ≈3535 bzw. 1625 und bei 2585, 2678 bzw. 1200 cm^{-1} für D_2O. Eine schwache Bande bei 3590 cm^{-1} in den Hydraten wird mit dem Protonentunneleffekt erklärt. Die H-Bindung soll symmetrisch sein; Bindungsenergie = 6.4 kcal/mol, Lipis u.a. [14]. Es ist nur eine Art von H_2O vorhanden, Lipis u.a. [15].

Chemisches Verhalten

Nach thermographischen und thermogravimetrischen Untersuchungen zwischen 20 und 1100 °C entsteht aus den Monohydraten $NaM(SO_4)_2 \cdot H_2O$ mit M = La, Ce, Pr, Nd, Sm und Gd oberhalb t_1 wasserfreies $NaM(SO_4)_2$, das oberhalb t_2 in die Komponenten zerfällt, und aus $M_2(SO_4)_3$ entsteht oberhalb t_3 Oxidsulfat, s. Figuren im Original; der weitere Zerfall in die Oxide wurde nicht untersucht. Eine Ausnahme bildet $NaCe(SO_4)_2$, das schon ab 750 °C in CeO_2 übergeht. Die Reaktionen setzen bei folgenden Temperaturen t in °C ein:

M	La	Ce	Pr	Nd	Sm	Eu	Gd	Tb
t_1	312	307	312	200	313	270	314	290
t_2	715	726	736	740	745	715	750	770
t_3	930	–	925	911	889	860	835	850
Lit.	[3]	[3]	[3]	[3]	[3]	[13]	[3]	[13]

$NaM(SO_4)_2 \cdot H_2O$ mit M = La, Ce, Pr, Nd, Sm, Eu, Gd ist unlöslich in Alkohol, Äther und Aceton, wenig löslich in H_2O und gut löslich in verdünntem HCl und HNO_3 [16].

Aqueous Na_2SO_4-$M_2(SO_4)_3$ Solutions

Wäßrige Na_2SO_4-$M_2(SO_4)_3$-Lösungen

Durch fraktionierte Kristallisation der Natriumsulfatometallate können die leichten von den schweren Lanthaniden abgetrennt werden, Vickery [6], dieser Umstand läßt sich zur Gewinnung der Seltenerdelemente aus Monazitsand ausnutzen, Hilal u.a. [7]. Versetzt man Seltenerdsulfate mit Natronlauge, dann entstehen keine Doppelsulfate, sondern nur Hydroxide oder Hydroxidsulfate [8 bis 10]. Spezifische Leitfähigkeit $\varkappa$ in $10^3\ \Omega^{-1} \cdot cm^{-1}$ der 0.03 molaren wäßrigen Lösungen von $M_2(SO_4)_3$ mit M = Sc, Y, Nd, Yb und Na_2SO_4 in Abhängigkeit vom Molverhältnis $M_2(SO_4)_3 : Na_2SO_4$ = M : Na bei 20 °C:

M : Na	10:0	9:1	8:2	7:3	6:4	5:5	4:6	3:7	2:8	1:9	0:10
M = Sc	1.81	2.07	2.38	2.68	3.00	3.35	3.72	4.07	4.44	4.70	5.17
M = Y	3.22	3.38	3.54	3.70	3.89	4.08	4.29	4.50	4.72	4.95	5.17
M = Nd	3.74	3.81	3.93	4.04	4.16	4.30	4.45	4.61	4.79	4.87	5.17
M = Yb	4.12	4.20	4.28	4.35	4.44	4.53	4.65	4.77	4.87	4.98	5.17

Die gemessenen Werte unterscheiden sich nur geringfügig von den additiv unter Berücksichtigung von Ionenstärke und Beweglichkeit berechneten Werten. Rückschlüsse auf Komplexbildung lassen sich nicht ziehen, Sukhikh, Serebrennikov [11].

Literatur:

[1] F. Zambonini, S. Restaino (Atti Reale Accad. Nazl. Lincei Rend. Classe Sci. Fis. Mat. Nat. [5] **33** [1924] 828/32, [6] **14** [1931] 69/71; C.A. **1932** 1870). – [2] F. Zambonini, G. Carobbi (Atti Reale Accad. Nazl. Lincei Rend. Classe Sci. Fis. Mat. Nat. [6] **2** [1925] 374/7; C.A. **1926** 879). – [3] L.L. Zaitseva, M.I. Konarev, A.A. Kruglov, E.P. Cherstvenkova, V.I. Yaroshinskii (Zh. Neorgan. Khim. **10** [1965] 1441/8; Russ. J. Inorg. Chem. **10** [1965] 783/8). – [4] S.P. Sirotinkin, S.M. Chizhov, P.A. Degtyarev, A.N. Pokrovskii, L.M. Kovba (Dokl. Akad. Nauk SSSR **237** [1977] 885/8; Dokl. Phys. Chem. Proc. Acad. Sci. USSR **232/237** [1977] 1159/61). – [5] A.K. Mustaev, Z.V. Strelkova, V.I. Shangin, V.G. Simonovich (Izv. Akad. Nauk Kirg. SSR **1971** Nr. 4, S. 54/9; C.A. **75** [1971] Nr. 155859).

[6] R.C. Vickery (J. Chem. Soc. **1955** 2360/7). – [7] O.M. Hilal, F.A. Salek, A. Kiwan (Proc. 2nd Intern. Conf. Peaceful Uses At. Energy, Geneva 1958, Bd. 3, S. 575/9). – [8] I.V. Tananaev, M.Ya. Bokmel'der (Zh. Neorgan. Khim. **5** [1960] 701/7; Russ. J. Inorg. Chem. **5** [1960] 337/40). – [9] N.N. Mironov, L.M. Trofimova (Tr. Khim. Khim. Tekhnol. **1963** 231/4; C.A. **61** [1964] 3903). – [10] N.V. Mzareulishvili, E.G. Davitashvili, V.P. Natidze (Issled. Obl. Khim. Kompleks. Prostykh Soedin. Nekot. Perekhodnykh Redk. Metal. **1970** 127/34; C.A. **74** [1971] Nr. 82602).

[11] G.N. Sukhikh, V.V. Serebrennikov (Tr. Tomsk. Gos. Univ. Ser. Khim. **170** [1964] 133/8; C.A. **63** [1965] 112). – [12] J.C. Barnes, H. Pincott (AD-627221 [1965] 111/21 nach C.A. **65** [1966] 9947). – [13] L.L. Zaitseva, V.S. Il'yashenko, M.I. Konarev, L.N. Konovalov, L.V. Lipis, N.T. Chebotarev (Zh. Neorgan. Khim. **12** [1967] 906/14; Russ. J. Inorg. Chem. **12** [1967] 477/81). – [14] L.V. Lipis, V.S. Il'yashenko, V.N. Egorov, G.V. Yukhnevich, V.I. Volk, Yu.E. Shanurin (Zh. Prikl. Spektrosk. **13** [1970] 866/74; J. Appl. Spectrosc. [USSR] **13** [1970] 1491/6). – [15] L.V. Lipis, V.N. Egorov, G.V. Yukhnevich, V.I. Volk (Zh. Prikl. Spektrosk. **14** [1971] 1044/9; J. Appl. Spectrosc. [USSR] **14** [1971] 763/8).

[16] L.L. Zaitseva, M.I. Konarev, A.A. Kruglov, N.T. Chebotarev (Zh. Neorgan. Khim. **9** [1964] 2554/8; Russ. J. Inorg. Chem. **9** [1964] 1380/2). – [17] K.L. Keester, W. Eysel, T. Hahn (Acta Cryst. A **31** [1975] Suppl., S. S79, Abstr. Nr. 04.1-58).

28.8.2.2 Angaben über einzelne Natriumsulfatometallate

Data on Individual Sodium Sulfatometallates

28.8.2.2.1 Natriumscandiumsulfate

Sodium Scandium Sulfates

Ergänzende Angaben über $NaSc(SO_4)_2$ und wäßrige Na_2SO_4-$Sc_2(SO_4)_3$-Lösungen s. unter 28.8.2.1, S. 210/3.

Das System Na_2SO_4-$Sc_2(SO_4)_3$

Das nach thermoanalytischen, röntgenographischen und kristalloptischen Untersuchungen aufgestellte Zustandsdiagramm des Systems Na_2SO_4-$Sc_2(SO_4)_3$ zeigt **Fig. 23**, S. 214. Danach existiert nur ein Doppelsulfat, das bei 1020 °C kongruent schmelzende $NaSc(SO_4)_2$, welches bei 733 °C eine polymorphe Phasenumwandlung durchläuft. Die Eutektika sind bei 753 °C und 17 Mol-% $Sc_2(SO_4)_3$ sowie bei 835 °C und 80 Mol-% $Sc_2(SO_4)_3$. Bei 242 °C liegt die α-β-Umwandlung des Na_2SO_4, Remizov u.a. [7].

$NaSc(SO_4)_2$

Röntgen-Strichdiagramm des unterhalb 733 °C stabilen β-$NaSc(SO_4)_2$ s. bei [7]. Die groben, unregelmäßigen, farblosen, transparenten, etwas länglichen Kristalle haben

Fig. 23

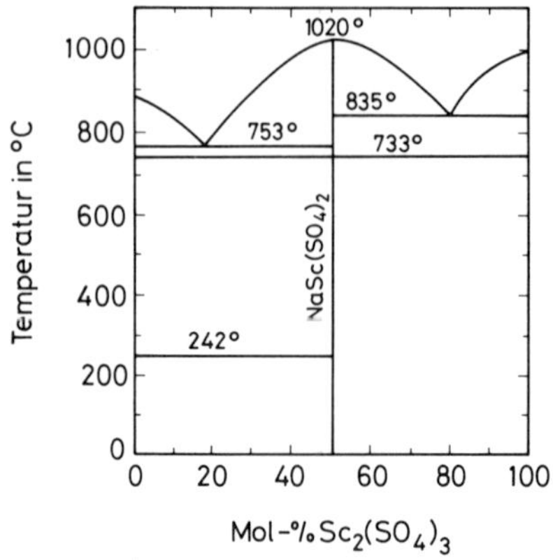

Zustandsdiagramm des Systems Na_2SO_4-$Sc_2(SO_4)_3$.

folgende Brechungsindizes: $n_x=1.565$, $n_z=1.569$ (Abweichung ±0.001), $n_z-n_x=0.004$ [7].

$Na_3Sc(SO_4)_3$

Die Verbindung bildet sich aus dem 5-Hydrat bei Raumtemperatur über P_2O_5 und beim thermischen Abbau bei 122 °C, sie existiert in 3 Modifikationen, s. S. 215. Röntgen-Diffraktometeraufnahme s. Original. Inkongruenter Schmelzpunkt 887 °C, Remizov u.a. [3].

Das System Na_2SO_4-$Sc_2(SO_4)_3$-H_2O

Im System Na_2SO_4-$Sc_2(SO_4)_3$-H_2O kann nach isothermen Untersuchungen (Restmethode) neben $Na_2SO_4 \cdot 10\,H_2O$ und $Sc_2(SO_4)_3 \cdot 5\,H_2O$ nur das kongruent lösliche $Na_3Sc(SO_4)_3 \cdot 5\,H_2O$ als stabile Phase isoliert werden. Das Löslichkeitsdiagramm bei 25 °C, Figur s. Original, zeigt einen großen Existenzbereich für das Doppelsulfat. Die Zweisalzpunkte liegen bei (in Gew.-%) 12.53 $Sc_2(SO_4)_3$ und 2.62 Na_2SO_4 sowie 0.07 $Sc_2(SO_4)_3$ und 16.63 Na_2SO_4, Komissarova u.a. [1].

$Na_3Sc(SO_4)_3 \cdot 5\,H_2O$

Zur Darstellung werden konzentrierte Lösungen von Na_2SO_4 und $Sc_2(SO_4)_3$ (Molverhältnis 2:1 bis 4:1) bei etwa 80 °C unter ständigem Rühren miteinander umgesetzt. Nach drei Tagen hat sich das Gleichgewicht eingestellt. Beim Trocknen über P_2O_5 im Exsikkator verliert die Substanz vollständig ihr Kristallwasser, Komissarova u.a. [1, 2].

Nach Röntgen-Pulveraufnahmen und Einkristalluntersuchungen kristallisiert $Na_3Sc(SO_4)_3 \cdot 5\,H_2O$ hexagonal in der Raumgruppe $P6_3-C_6^6$ mit den Gitterkonstanten $a=9.555\pm0.006$, $c=9.915\pm0.005$ Å; Z=2. Gemessene und berechnete Dichte: $D_p=2.12$, $D_r=2.17$ g/cm^3 [2].

Aus NMR-spektroskopischen Untersuchungen zwischen -193 und $+60$ °C ergibt sich, daß H_2O als Kristallwasser in zwei nicht äquivalenten Gruppen von 2 und 3 H_2O gebunden ist, Komissarova u.a. [2].

Die Bildungsenthalpie ΔH°_{298} wurde von Remizov u.a. [4] aus der Lösungswärme in 4 N HNO_3 bei 25 °C und Literaturdaten zu -944 ± 5.5 kcal/mol bestimmt.

Die Kristalle bestehen aus rhombischen Prismen, sind optisch 2achsig und besitzen eine gute Spaltbarkeit nach (010) und (100). Der optische Achsenwinkel 2V ist klein. Die Brechungszahlen lauten: $n_x = 1.509$, $n_z = 1.521$, $n_z - n_x = 0.012$, Ivanov-Emin u.a. [5]. Nach Komissarova u.a. [1] sind die Kristalle jedoch optisch einachsig und gehören dem hexagonalen Kristallsystem an. Brechungszahlen $n_o = 1.510 \pm 0.003$, $n_e = 1.520 \pm 0.003$.

Im IR-Spektrum werden folgende Absorptionsmaxima beobachtet und den SO_4-Gruppen zugeordnet: $\nu_1(A_1)$ bei 1012, $\nu_2(E)$ bei 460, 485, $\nu_3(F_2)$ bei 1053, 1140, 1223, $\nu_4(F_2)$ bei 610, 643, 680 cm^{-1}; weitere Banden liegen bei 722, 1643, 3590 cm^{-1}. Die beobachteten Aufspaltungen der Sulfatbanden stimmen mit der Annahme überein, daß die Sulfatgruppen als zweizähnige Liganden der Sc-Atome vorliegen, Zaitsev u.a. [6].

$Na_3Sc(SO_4)_3 \cdot 5H_2O$ ist bei Raumtemperatur an der Luft beständig, wird jedoch im Exsikkator über P_2O_5 völlig entwässert [1, 2].

Beim Erhitzen zeigt das Thermogramm (Figur s. [1, 3]) endotherme Effekte bei 122, 521, 766 und 887 °C, die der Bildung des wasserfreien $Na_3Sc(SO_4)_3$ in seinen 3 Modifikationen α, β und γ sowie dem inkongruenten Schmelzpunkt entsprechen. Der Verlauf dieser Reaktion wird durch Röntgen-Diffraktometeraufnahmen, Figur s. Original, belegt [3].

Für die Löslichkeit S von $Na_3Sc(SO_4)_3 \cdot 5H_2O$ in Wasser bei t=0 bis 100 °C werden folgende Werte bestimmt (in Gew.-% Sc_2O_3):

t in °C	0	10	20	32.5	40	50	60	70	80	90	100
S	1.52	1.60	1.68	1.80	1.90	2.07	2.25	2.46	2.70	2.95	3.35

Komissarova u.a. [1,2].

Wäßrige $Na_3Sc(SO_4)_3$-Lösung

Aqueous $Na_3Sc(SO_4)_3$ Solution

Molare elektrische Leitfähigkeit Λ bei 25 °C in Abhängigkeit von der Verdünnung V:

V in l/mol	100	250	500	1000	2000	4000
Λ in $cm^2 \cdot \Omega^{-1} \cdot mol^{-1}$ . . .	319.5	366.8	400.3	444.1	484.8	549.7

Ivanov-Emin u.a. [5].

Literatur:

[1] L.N. Komissarova, B.I. Bashkov, V.M. Shatskii (Zh. Neorgan. Khim. **15** [1970] 2945/51; Russ. J. Inorg. Chem. **15** [1970] 1533/7). – [2] L.N. Komissarova, V.F. Chuvaev, V.M. Shatskii, B.I. Bashkov, T.A. Zhdanova (Zh. Neorgan. Khim. **16** [1971] 1258/63; Russ. J. Inorg. Chem. **16** [1971] 666/9). – [3] V.G. Remizov, B.N. Ivanov-Emin, L.G. Korotaeva (Zh. Neorgan. Khim. **14** [1969] 2362/7; Russ. J. Inorg. Chem. **14** [1969] 1242/5). – [4] V.G. Remizov, S.A. Malyutin, L.G. Korotaeva, K.K. Samplavskaya, B.N. Ivanov-Emin (Zh. Fiz. Khim. **45** [1977] 2941; Russ. J. Phys. Chem. **45** [1977] 1667/8). – [5] B.N. Ivanov-Emin, L.G. Korotaeva, V.G. Remizov, A.I. Ezhov (Zh. Neorgan. Khim. **11** [1966] 511/5; Russ. J. Inorg. Chem. **11** [1966] 278/80).

[6] B.E. Zaitsev, B.N. Ivanov-Emin, L.G. Korotaeva, V.G. Remizov (Kolebatel'nye Spektry Neorgan. Khim. **1971** 300/9, 302; C.A. **75** [1971] Nr. 81984). – [7] V.G. Remizov, L.G. Korotaeva, A.G. Dudareva, B.N. Ivanov-Emin (Zh. Neorgan. Khim. **16** [1971] 2308/10; Russ. J. Inorg. Chem. **16** [1971] 1231/2).

Sodium Yttrium Sulfates

28.8.2.2.2 Natriumyttriumsulfate

Ergänzende Angaben über $NaY(SO_4)_2$ und Angaben über wäßrige Na_2SO_4-$Y_2(SO_4)_3$-Lösungen s. unter 28.8.2.1, S. 210/3.

Das System Na_2SO_4-$Y_2(SO_4)_3$

Ein nach thermoanalytischen und röntgenographischen Untersuchungen aufgestelltes Teilzustandsdiagramm (Figur s. Original) zeigt die Existenz einer bei 860 °C inkongruent schmelzenden Verbindung der Zusammensetzung $NaY(SO_4)_2$, deren Eutektikum mit Na_2SO_4 bei 745 °C und 38 Mol-% $Y_2(SO_4)_3$ liegt, Belousova u.a. [1]. Die hexagonale Hochtemperaturform α-Na_2SO_4 bildet feste Lösungen mit $Y_2(SO_4)_3$. Abweichend von reinem Na_2SO_4 kann die Hochtemperaturform der Mischkristalle durch Abschrecken stabilisiert werden, Keester u.a. [2]. Über Untersuchungen an Mischkristallen der Reihe $(Na_{1-x}Y_{x/3}\square_{2x/3})_2SO_4$ mit maximal 23% Kationenleerstellen □ (also 11.5 Mol-% $Y_2(SO_4)_3$) berichten Höfer u.a. [3], s. im folgenden.

$NaY(SO_4)_2$

Die Verbindung bildet sich aus dem Monohydrat bei 295 °C. Ihre Existenz im System Na_2SO_4-$Y_2(SO_4)_3$ wird durch Analysen und Röntgen-Pulveraufnahmen belegt, Netzebenenabstände und relative Intensitäten s. Original [1].

$(Na,Y)_2SO_4$-Mischkristalle

Ein Mischkristall der Zusammensetzung $(Na_{0.925}Y_{0.025})_2SO_4$ hat die hexagonale Struktur des Hochtemperatur-α-Na_2SO_4 (Raumgruppe $P6_3mc-C_{6v}^4$) mit den Gitterkonstanten: a=5.345, c=7.146 Å (im Original ist eine pseudomonokline Zelle angegeben) [2]. Die Mischkristalle $(Na_{1-x}Y_{x/3}\square_{2x/3})_2SO_4$ mit α-Na_2SO_4-Struktur sind Ionenleiter. Die Temperaturabhängigkeit der elektrischen Leitfähigkeit wird mit der Impedanzmethode im Frequenzbereich von 1 bis 10^4 Hz an Mischkristallen (gepreßte Pulverproben) mit maximal 23% Leerstellen gemessen. Sie hängt stark von der Leerstellenkonzentration ab, wobei ein Maximum bei 7% festgestellt wird. Der Ladungstransport erfolgt durch Na-Ionen mit einer Aktivierungsenergie von 1.1 eV, die nicht von der Leerstellenkonzentration abhängt. Der Anteil elektronischer Leitfähigkeit ist $<1\%$ [3].

Das System Na_2SO_4-$Y_2(SO_4)_3$-H_2O

Im System Na_2SO_4-$Y_2(SO_4)_3$-H_2O wird bei 25 °C neben $Y_2(SO_4)_3 \cdot 8H_2O$ und dem $Na_2SO_4 \cdot 10H_2O$ nur das inkongruent lösliche $NaY(SO_4)_2 \cdot H_2O$ beobachtet. Die Zweisalzpunkte liegen bei (in Gew.-%) 5.65 $Y_2(SO_4)_3$ und 2.39 Na_2SO_4 (peritonisch) bzw. 2.03 $Y_2(SO_4)_3$ und 21.38 Na_2SO_4 (eutonisch). Löslichkeitsisotherme s. Original, Belousova u.a. [4], s. auch James, Holden [5].

$NaY(SO_4)_2 \cdot H_2O$

Die pyknometrische Dichte bei 25 °C beträgt 3.5 g/cm^3 [4]. Zum thermischen Abbau des Kristallwassers, das bei 295 °C abgegeben wird, s. [1], Thermogramm s. auch [4].

Literatur:

[1] A.P. Belousova, I.V. Shakhno, V.E. Plyushchev (Izv. Vysshikh Uchebn. Zavedenii Khim. Khim. Tekhnol. **13** [1970] 6/8; C.A. **73** [1970] Nr. 7836). – [2] K.L. Keester, W. Eysel, T. Hahn (Acta Cryst. A **31** [1975] Suppl., S. S79, Abstr. Nr. 04.1-58). – [3] H.H. Höfer, W. Eysel, U. von Alpen (Mater. Res. Bull. **13** [1978] 265/70). – [4] A.P. Belousova,

I.V. Shakhno, V.E. Plyushchev (Zh. Neorgan. Khim. **13** [1968] 1998/2001; Russ. J. Inorg. Chem. **13** [1968] 1037/9). – [5] C. James, A.C. Holden (J. Am. Chem. Soc. **35** [1913] 559).

28.8.2.2.3 Natriumlanthansulfate

Sodium Lanthanum Sulfates

Ergänzende Angaben über das System Na_2SO_4-$La_2(SO_4)_3$, $NaLa(SO_4)_2$, Na_2SO_4-$La_2(SO_4)_3$-H_2O und $NaLa(SO_4)_3 \cdot H_2O$ s. unter 28.8.2.1, S. 210/3.

$NaLa(SO_4)_2$

Die Verbindung entsteht beim thermischen Abbau des Monohydrats oberhalb 312 °C, Zaitseva u.a. [2], Tulinova u.a. [1].

Das System Na_2SO_4-$La_2(SO_4)_3$-H_2O

Im System Na_2SO_4-$La_2(SO_4)_3$-H_2O wird bei 25, 50 und 75 °C nach isothermen Löslichkeitsuntersuchungen mit der Restmethode neben $La_2(SO_4)_3 \cdot 9H_2O$ und $Na_2SO_4 \cdot 10H_2O$ nur die Verbindung $NaLa(SO_4)_2 \cdot H_2O$ beobachtet, Figur s. Original. Lage der Zweisalzpunkte E_1 und E_2 in Gew.-% bei 25 °C: 2.01 $La_2(SO_4)_3$ und 0.03 Na_2SO_4 sowie etwa 0 $La_2(SO_4)_3$ und 21.95 Na_2SO_4, bei 75 °C: 0.99 $La_2(SO_4)_3$ und 0.05 Na_2SO_4 sowie etwa 0 $La_2(SO_4)_3$ und 30.42 Na_2SO_4, Tulinova u.a. [1].

$NaLa(SO_4)_2 \cdot H_2O$

Von $NaLa(SO_4)_2 \cdot H_2O$ werden relative Intensitäten und Netzebenenabstände der Röntgen-Pulveraufnahme angegeben [1, 2].

Die gut ausgebildeten polyedrischen Kristalle sind optisch einachsig positiv, stark doppelbrechend mit $n_x = 1.564$, $n_z = 1.586$ (Fehlergrenze ± 0.003) [1]. Beim Erhitzen verliert die Substanz bei >312 °C ihr Kristallwasser über eine röntgenographisch nachgewiesene, aber nicht identifizierte, intermediäre Phase. Zwischen 714 und 774 °C zerfällt die Substanz in Na_2SO_4 und $La_2(SO_4)_3$. Bei 930 bis 1011 °C entsteht $La_2O_2SO_4$ [1, 2].

Literatur:

[1] V.B. Tulinova, V.E. Plyushchev, I.V. Ternovskaya, S.N. Lukova, R.G. Samuseva (Zh. Neorgan. Khim. **5** [1960] 695/700; Russ. J. Inorg. Chem. **5** [1960] 335/7). – [2] L.L. Zaitseva, M.I. Konarev, A.A. Kruglov, E.P. Cherstvenkova, V.I. Yaroshinskii (Zh. Neorgan. Khim. **10** [1965] 1441/8; Russ. J. Inorg. Chem. **10** [1965] 783/8).

28.8.2.2.4 Natriumcersulfate

Sodium Cerium Sulfates

28.8.2.2.4.1 Natriumcer(III)-sulfate

Sodium Cerium(III) Sulfates

Ergänzende Angaben über $NaCe(SO_4)_2$ und $NaCe(SO_4)_2 \cdot H_2O$ s. unter 28.8.2.1, S. 210 bzw. 211.

$NaCe(SO_4)_2$

Die Verbindung tritt im System Na_2SO_4-$Ce_2(SO_4)_3$-H_2SO_4-H_2O auf (s. im folgenden) und bildet sich beim thermischen Abbau des Hydrats oberhalb 296 °C, Belokoskov u.a. [1], Zaitseva u.a. [2]. Einkristalle werden erhalten durch Umsetzen von Na_2SO_4, $Ce_2(SO_4)_3$ und konzentriertem H_2SO_4 bei 150 oder 200 °C und H_2SO_4-Gehalten von 77 bis 81 Gew.-%. Die kurzen prismatischen Kristalle sind optisch 2achsig negativ. Sie sind stark doppelbrechend mit den Brechungszahlen $n_x = 1.624 \pm 0.003$ und $n_z = 1.690 \pm 0.003$, der optische Achsenwinkel 2 V beträgt 75° bis 85°. Beim Erhitzen auf über 874 °C findet eine schrittweise thermische Zersetzung über $NaCeOSO_4$ zum CeO_2 bei 1000 °C statt, Thermogramm s. Original [1].

Das System Na_2SO_4-$Ce_2(SO_4)_3$-H_2SO_4-H_2O

Nach isothermen Löslichkeitsuntersuchungen (Schreinemakers-Restmethode) existieren bei 150 und 200 °C außer den Komponenten die Verbindungen $NaCe(SO_4)_2$, $NaCe(SO_4)_2 \cdot H_2O$ und $Ce_2(SO_4)_3 \cdot 3H_2SO_4$. Während die Löslichkeit von $Ce_2(SO_4)_3$ im Untersuchungsbereich 1.72 Gew.-% nicht übersteigt, erstrecken sich die Kristallisationsfelder des $NaCe(SO_4)_2 \cdot H_2O$ bis etwa 77 Gew.-% H_2SO_4, des $NaCe(SO_4)_2$ von etwa 77 bis 81 Gew.-% H_2SO_4 und $Ce_2(SO_4)_3 \cdot 3H_2SO_4$ bei >81 Gew.-% H_2SO_4 [1].

$NaCe(SO_4)_2 \cdot H_2O$

Die Verbindung bildet sich bei 150 bis 200 °C im System Na_2SO_4-$Ce_2(SO_4)_3$-H_2SO_4-H_2O mit bis zu 77 Gew.-% H_2SO_4 [1]. In ausreichender Größe für Einkristalluntersuchungen und in mikrokristalliner Form entsteht $NaCe(SO_4)_2 \cdot H_2O$, wenn $Ce(OH)_3$ in 0.5 M H_2SO_4 gelöst, mit Na_2SO_4-Lösung in H_2O (Molverhältnis etwa 1:1) versetzt und 1 Woche im verschlossenen Glasrohr auf 230 °C erhitzt wird, Lindgren [3]. Nach Einkristallaufnahmen kristallisiert $NaCe(SO_4)_2 \cdot H_2O$ trigonal in der Raumgruppe $P3_121-D_3^4$ mit a=7.0134(14), c=12.920(3) Å; Z=3 [3]. — Rhombische Symmetrie vermuten [1]. Die Röntgen-Strukturanalyse (R=0.047) ergibt folgende Atomlagen [3]:

Atom	x	y	z
Ce	0	0.43323(16)	$^1/_6$
Na	0.4711(14)	0	$^1/_3$
S	0.5592(6)	0.5470(6)	0.2542(2)
O(1)	0.7566(16)	0.5909(17)	0.1926(8)
O(2)	0.3827(22)	0.5049(21)	0.1819(8)
O(3)	0.4938(18)	0.3589(21)	0.3263(7)
O(4)	0.6111(16)	0.7406(16)	0.3194(7)
O(5)	0	0.0674(35)	$^1/_6$

In der Struktur wird ein dreidimensionales Netzwerk durch Verknüpfung der Ceratome und Sulfatgruppen gebildet, **Fig. 24**. Die entstehenden Lücken im Netzwerk werden von Natriumatomen und Wasser besetzt. Das Cer wird von neun Sauerstoffatomen, einem $O(H_2O)$ und acht $O(SO_4)$ koordiniert, die Abstände liegen zwischen 2.477 und 2.584 Å. Weitere Atomabstände sowie Bindungswinkel s. Original. Das Koordinationspolyeder läßt sich als fünfeckige, zweizipfelige Bipyramide beschreiben. Äquatorial sind 4 SO_4-Gruppen und 1 H_2O angeordnet; in den Spitzen sitzt jeweils eine zweizähnige SO_4-Gruppe. Natrium wird durch sechs Sauerstoffatome koordiniert, die einen Abstand zwischen 2.443 und 2.536 Å besitzen, zwei weitere Sauerstoffatome sitzen in einem Abstand von 2.870 Å. Alle acht O gehören zu SO_4-Gruppen. Die Sulfatgruppen sind nur wenig verzerrt, die Winkel liegen zwischen 106.4° und 111.6°. Einer der S-O-Abstände ist mit 1.458 Å kurz. Die starke Rückbindung an die Ceratome bewirkt eine leichte Deformation der SO_4-Tetraeder. Röntgendichte D_r=3.378 g/cm³ [3]. — Die Kristalle sind optisch zweiachsig positiv mit den Brechungszahlen $n_x=1.570\pm0.003$ und $n_z=1.614\pm0.003$ [1]. Nach röntgenographischen und thermischen Untersuchungen erfolgt der Abbau des Kristallwassers zu $NaCe(SO_4)_2$ über eine intermediäre Phase bei <300 °C, Zaitseva u.a. [2].

Fig. 24

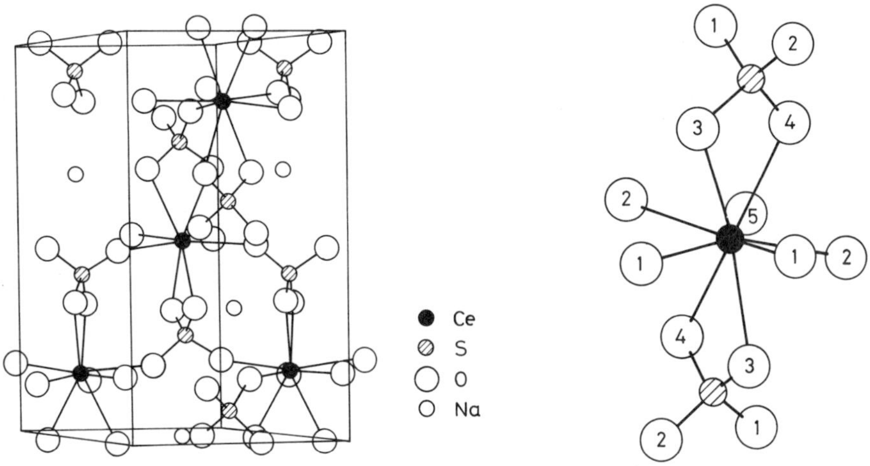

Gitterstruktur des $NaCe(SO_4)_2 \cdot H_2O$, Projektion annähernd in Richtung der b-Achse (links) und Koordinationspolyeder um das Ceratom (rechts).

Literatur:

[1] V.I. Belokoskov, G.V. Trofimov, V.P. Skovorodskaya (Zh. Neorgan. Khim. **20** [1975] 2487/93; Russ. J. Inorg. Chem. **20** [1975] 1378/81). – [2] L.L. Zaitseva, M.I. Konarev, A.A. Kruglov, E.P. Cherstvenkova, V.I. Yaroshinskii (Zh. Neorgan. Khim. **10** [1965] 1441/8; Russ. J. Inorg. Chem. **10** [1965] 783/8). – [3] O. Lindgren (Acta Chem. Scand. A **31** [1977] 591/4).

28.8.2.2.4.2 Natriumcer(IV)-sulfate

Sodium Cerium(IV) Sulfates

Ältere Angaben s. Gmelin Handbuch, 7. Aufl., Bd. VI, Tl. 2, 1932, S. 256/7.

Allgemeines

Die Angaben über die Zusammensetzung der Natriumcer(IV)-sulfate sind teilweise widersprüchlich. In einer Übersichtsarbeit mit vergleichenden Betrachtungen zur Koordination von Aquosulfatokomplexen berichten Golovnya u.a. [1] über die Verbindungen $Na_6[Ce(SO_4)_5] \cdot 2H_2O$, $Na_4[Ce(SO_4)_4]$, $Na_6[Ce_2(SO_4)_7(H_2O)_2]$ sowie über das $Na_2[Ce(SO_4)_3(H_2O)_2] \cdot H_2O$, ohne Angaben über deren Darstellung. In einer späteren Veröffentlichung von Golovnya, Pospelova [2] wird die Darstellung von $Na_2[Ce(SO_4)_3(H_2O)_2]$ und $Na_2[Ce(SO_4)_3(H_2O)_2] \cdot H_2O$ aus konzentrierter Schwefelsäure und von $Na_4[Ce(SO_4)_4]$ aus verdünnter Schwefelsäure beschrieben. Bezugnehmend auf die Darstellungsmethoden von [2] geben Kharzeeva, Serebrennikov [3] für die alkalireiche Verbindung die Zusammensetzungen $Na_4[Ce(SO_4)_4]$ und $Na_4[Ce(SO_4)_4] \cdot 2H_2O$ an. Das von [3] beschriebene IR-Spektrum der wasserfreien Verbindung enthält jedoch H_2O-Banden, so daß es sich vermutlich um das Dihydrat handelt, das auch von Kharzeeva u.a. [4] nach dem Verfahren von [2] erhalten wird.

$Na_2Ce(SO_4)_3 \cdot 3H_2O$

Die als $Na_2[Ce(SO_4)_3(H_2O)_2] \cdot H_2O$ formulierte Verbindung entsteht beim Mischen gesättigter stark saurer Lösungen von $Ce(SO_4)_2$ und Na_2SO_4. Beim Eindampfen auf dem kochenden Wasserbad entstehen orangefarbene abgeplattete Kristalle. Die Substanz wird schnell abfiltriert, mit Eiswasser, Alkohol und Äther gewaschen und bis zur Gewichtskonstanz getrocknet. Die pyknometrische Dichte bei 25 °C ist $D_p=3.065$ g/cm^3, die Brechungszahlen betragen $n_x=1.650$ und $n_z=1.698$ [2]. Das im Bereich von 400 bis 4000 cm^{-1} (Suspension in Paraffinöl oder fluorierten Kohlenwasserstoffen) aufgenommene IR-Spektrum zeigt folgende Banden (in cm^{-1}), die dem SO_4 unter der Annahme tetraedrischer Symmetrie oder dem Wasser zugeordnet werden:

$\nu_2(E)(SO_4)$	$\nu_4(F_2)(SO_4)$	$\nu_1(A_1)(SO_4)$	$\nu_3(F_2)(SO_4)$	$\delta(H_2O)$	$\nu(OH)$
400, 450, 525	583, 615, 650	975, 1042, 1066	1150, 1175, 1216	1625	3200, 3380

Aus dem Spektrum wird geschlossen, daß zwei Wassermoleküle koordinativ gebunden sind und das dritte als Kristallwasser vorliegt [3]. Nach thermogravimetrischen Untersuchungen wird bei 156 °C 1 mol H_2O und bis 196 °C das restliche H_2O abgegeben, ein endothermer Effekt wird bei 216 °C beobachtet, Thermogramme s. Original [4].

$Na_2Ce(SO_4)_3 \cdot 2H_2O$

Die als $Na_2[Ce(SO_4)_3(H_2O)_2]$ formulierte Verbindung wird erhalten durch Zugabe einer gesättigten Na_2SO_4-Lösung zu einer auf 80 bis 90 °C erhitzten, mit H_2SO_4 ($\approx$25%) angesäuerten $Ce(SO_4)_2$-Lösung. Nach Einengen auf dem Wasserbad werden die ausfallenden hellorangefarbenen Kristalle gewaschen und getrocknet, wie beim $Na_2Ce(SO_4)_3 \cdot 3H_2O$ beschrieben [2]. Das im Bereich von 400 bis 4000 cm^{-1} aufgenommene IR-Spektrum zeigt folgende Banden (in cm^{-1}), die wie beim Trihydrat zugeordnet werden:

$\nu_2(E)(SO_4)$	$\nu_4(F_2)(SO_4)$	$\nu_1(A_1)(SO_4)$	$\nu_3(F_2)(SO_4)$	$\delta(H_2O)$	$\nu(OH)$
408, 450, 504	583, 613, 650	966, 1042, 1066	1150, 1180, 1220	1616	3200, 3500

Aus dem Spektrum wird geschlossen, daß die beiden Wassermoleküle koordinativ gebunden sind [3]. Nach thermogravimetrischen Untersuchungen werden 1.6 mol Wasser bis 170 °C abgegeben, ein endothermer Effekt tritt bei 198 °C auf, Thermogramme s. Original [4].

$Na_4Ce(SO_4)_4(\cdot 2H_2O?)$

Zum Hydratwasser s. bei „Allgemeines" S. 219.

Die (wasserfrei formulierte) Verbindung wird durch Mischen gesättigter Lösungen von Na_2SO_4 und $Ce(SO_4)_2$ mit dem Molverhältnis 2:1 dargestellt. Die Lösung, die etwa 3% H_2SO_4 enthält, wird auf dem Wasserbad bis zur Kristallisation eingeengt. Die abfiltrierten Kristalle werden mit Eiswasser, Alkohol und Äther gewaschen [2]. Gelborangefarbene $Na_4Ce(SO_4)_4$-Kristalle wurden auf ähnliche Art schon von Cuttica [5] erhalten. Die pyknometrische Dichte bei 25 °C ist 2.922 g/cm^3, die Brechungszahlen betragen $n_x=1.621$ und $n_z=1.666$ [2]. Das im Bereich von 400 bis 4000 cm^{-1} aufgenommene IR-Spektrum zeigt folgende Banden (in cm^{-1}), die wie beim $Na_2Ce(SO_4)_3 \cdot 3H_2O$ zugeordnet werden:

$\nu_2(E)(SO_4)$	$\nu_4(F_2)(SO_4)$	$\nu_1(A_1)(SO_4)$	$\nu_3(F_2)(SO_4)$	$\delta(H_2O)$	$\nu(OH)$
421, 500	592, 621, 652	958, 1034, 1062	1116, 1162, 1208	1625	3325, 3400

(Diese Banden werden im Original wohl versehentlich der wasserfreien Verbindung zugeschrieben.) Das Spektrum des Dihydrats ist linienreicher und der Frequenzbereich der Banden größer als bei der wasserfreien Verbindung, woraus geschlossen wird, daß die

Wassermoleküle koordinative Bindungen ausbilden, was zu einem Umbau in der inneren Koordinationsphäre des Komplexes führt. Vergleichende Betrachtungen zur Struktur von Cer(IV)-sulfatokomplexen unter der Annahme von brückenbildenden Sulfatgruppen s. Original [3].

Nach thermogravimetrischen Untersuchungen werden 1.9 mol H_2O bis 150 °C abgegeben, ein endothermer Effekt tritt bei 160 °C auf, Thermogramme s. Original [4].

Literatur:

[1] V.A. Golovnya, L.A. Pospelova, G.T. Bolotova (Zh. Neorgan. Khim. **5** [1960] 2204/10; Russ. J. Inorg. Chem. **5** [1960] 1069/72). – [2] V.A. Golovnya, L.A. Pospelova (Zh. Neorgan. Khim. **6** [1961] 636/40; Russ. J. Inorg. Chem. **6** [1961] 324/6). – [3] S.E. Kharzeeva, V.V. Serebrennikov (Zh. Neorgan. Khim. **12** [1967] 3026/30; Russ. J. Inorg. Chem. **12** [1967] 1601/3). – [4] S.E. Kharzeeva, A.S. Vyatkina, V.V. Serebrennikov (Zh. Neorgan. Khim. **13** [1968] 1861/4; Russ. J. Inorg. Chem. **13** [1968] 969/71). – [5] V. Cuttica (Gazz. Chim. Ital. **53** [1923] 761/72, 766).

28.8.2.2.5 Natriumpraseodymsulfate

Sodium Praseodymium Sulfates

Ergänzende Angaben über $NaPr(SO_4)_2$ und $NaPr(SO_4)_2 \cdot H_2O$ s. unter 28.8.2.1, S. 210 bzw. 211.

$NaPr(SO_4)_2$

Die wasserfreie Verbindung entsteht beim thermischen Abbau von $NaPr(SO_4)_2 \cdot H_2O$ oberhalb 312 °C und wird röntgenographisch identifiziert, Zaitseva u.a. [1].

Das System Na_2SO_4-$Pr_2(SO_4)_3$-H_2O

Nach Löslichkeitsuntersuchungen bei 25 °C existiert neben $Pr_2(SO_4)_3 \cdot 8H_2O$ und $Na_2SO_4 \cdot 10H_2O$ das inkongruent lösliche $NaPr(SO_4)_2 \cdot H_2O$. Die Zweisalzpunkte liegen bei (in Gew.-%) 29.87 Na_2SO_4 und 0.19 $Pr_2(SO_4)_3$ bzw. 0.83 Na_2SO_4 und 7.52 $Pr_2(SO_4)_3$. Die Gleichgewichtseinstellung dauert 3 bis 5 d. Die Kristallisationszweige für die Verbindungen $Na_2SO_4 \cdot 10H_2O$ und $Pr_2(SO_4)_3 \cdot 8H_2O$ sind kurz, Shevchuk, Skorikov [2].

$NaPr(SO_4)_2 \cdot H_2O$

$NaPr(SO_4)_2 \cdot H_2O$ tritt im System Na_2SO_4-$Pr_2(SO_4)_3$-H_2O bei 25 °C als inkongruent lösliche Verbindung auf. Große Kristalle entstehen, wenn man langsam Alkalisulfatlösung zu $Pr_2(SO_4)_3$-Lösung gibt; umgekehrt sind sie sehr klein [2]. Nach röntgenographischen Untersuchungen (es werden relative Intensitäten und Netzebenenabstände angegeben) von Zaitseva u.a. [1] sowie thermographischen und thermogravimetrischen Untersuchungen (Figur s. Original) verliert das Doppelsulfat oberhalb 312 °C sein Kristallwasser. Die Thermogramme zeigen oberhalb 736 und 925 °C zwei weitere Effekte, die vermutlich der Zersetzung in die Komponenten und der Bildung von $Pr_2O_2SO_4$ entsprechen. Die Verbindung ist in H_2O schwach löslich, aber besser als die entsprechenden Verbindungen mit K, Rb und Cs [2].

Literatur:

[1] L.L. Zaitseva, M.I. Konarev, A.A. Kruglov, E.P. Cherstvenkova, V.I. Yaroshinskii (Zh. Neorgan. Khim. **10** [1965] 1441/8; Russ. J. Inorg. Chem. **10** [1965] 783/8). – [2] A.V. Shevchuk, V.M. Skorikov (Zh. Neorgan. Khim. **25** [1980] 1121/4; Russ. J Inorg. Chem. **25** [1980] 622/4).

Sodium Neodymium Sulfates

28.8.2.2.6 Natriumneodymsulfate

Angaben über wäßrige Na_2SO_4-$Nd_2(SO_4)_3$-Lösungen und ergänzende Angaben über $NaNd(SO_4)_2$ und $NaNd(SO_4)_2 \cdot H_2O$ s. unter 28.8.2.1, S. 210/3.

$NaNd(SO_4)_2$

Die Verbindung entsteht beim thermischen Abbau des Monohydrats oberhalb 200 °C, Netzebenenabstände und relative Intensitäten des Röntgen-Pulverdiagramms s. Original, Zaitseva u.a. [3]. $NaNd(SO_4)_2$ kristallisiert nach Einkristall- und Pulverdaten in der Raumgruppe $P\bar{1}-C_i^1$ mit a=6.950(3), b=6.343(3), c=7.215(4) Å; α=96.30(2)°, β=98.95(2)°, γ=90.93(2)°; Z=2, Sirotinkin u.a. [1, 2]. Die Röntgen-Strukturanalyse (R=0.055) ergibt folgende Atomlagen:

Atom	x	y	z
Nd	0.1951(4)	0.3621(4)	0.2047(3)
S(1)	0.2871(8)	0.4419(7)	0.7144(6)
S(2)	0.1820(8)	0.8709(8)	0.2148(8)
Na	0.3078(12)	0.9377(14)	0.7174(12)
O(1)	0.0287(15)	0.0104(16)	0.2463(15)
O(2)	0.1053(12)	0.6965(12)	0.0524(13)
O(3)	0.2952(15)	0.3123(14)	0.8810(14)
O(4)	0.1084(11)	0.5616(12)	0.6890(13)
O(5)	0.3386(16)	−0.0010(15)	0.1588(15)
O(6)	0.2617(16)	0.7579(15)	0.3746(16)
O(7)	0.2943(14)	0.2938(13)	0.5396(14)
O(8)	0.4559(17)	0.5936(16)	0.7470(17)

Nd wird von 9 Sauerstoffatomen in Form eines trigonalen Prismas mit 3 Kappen umgeben, die Nd-O-Abstände liegen zwischen 2.398 und 2.648 Å. Die Sulfatgruppen $SO_4(1)$ und $SO_4(2)$ verbinden die (NdO_9)-Polyeder zu einem dreidimensionalen Netz $(NdO_9)_{3\infty}$ (Figur s. Original), ähnlich wie im $Nd_2(SO_4)_3$. Natrium wird in die Lücken des dreidimensionalen Netzwerkes eingebaut und ist achtfach koordiniert; die Abstände Na-O liegen zwischen 2.397 und 3.079 Å. Pyknometrische und röntgenographische Dichte: D_p=3.85 g/cm³, D_r=3.88 g/cm³ [1, 2].

$NaNd(SO_4)_2 \cdot H_2O$

Relative Intensitäten und Netzebenenabstände des Pulverdiagramms s. bei Zaitseva u.a. [4]. Nach thermographischen und thermogravimetrischen Untersuchungen, Figur s. Original, verliert die Substanz oberhalb 200 °C das Kristallwasser. Endotherme Effekte oberhalb 740 und 911 °C zeigen eine weitere Zersetzung der Substanz unter Bildung von $Nd_2O_2SO_4$ an [3].

Literatur:

[1] S.P. Sirotinkin, S.M. Chizhov, P.A. Degtyarev, A.N. Pokrovskii, L.M. Kovba (Dokl. Akad. Nauk SSSR **237** [1977] 885/8; Dokl. Phys. Chem. Proc. Acad. Sci. USSR **232/237** [1977] 1159/61). – [2] S.P. Sirotinkin, S.M. Chizhov, A.N. Pokrovskii, L.M. Kovba (J. Less-Common Metals **58** [1978] 101/5). – [3] L.L. Zaitseva, M.I. Konarev, A.A. Kruglov, E.P. Cherstvenkova, V.I. Yaroshinskii (Zh. Neorgan. Khim. **10** [1965] 1441/8; Russ. J. Inorg. Chem. **10** [1965] 783/8). – [4] L.L. Zaitseva, M.I. Konarev, A.A. Kruglov, N.T. Chebotarev (Zh. Neorgan. Khim. **9** [1964] 2554/8; Russ. J. Inorg. Chem. **9** [1964] 1380/2).

28.8.2.2.7 Natriumsamariumsulfate

Sodium Samarium Sulfates

Ergänzende Angaben über $NaSm(SO_4)_2$ und $NaSm(SO_4)_2 \cdot H_2O$ s. unter 28.8.2.1, S. 210 bzw. 211.

$NaSm(SO_4)_2$

Bildung aus $NaSm(SO_4)_2 \cdot H_2O$ oberhalb 313 °C.

$NaSm(SO_4)_2 \cdot H_2O$

Nach thermographischen und thermogravimetrischen Untersuchungen, Figur s. Original, verliert das Doppelsulfat bei >313 °C das Kristallwasser. Endotherme Effekte bei 764 und 900 °C zeigen den weiteren thermischen Abbau der Substanz und die Bildung von $Sm_2O_2SO_4$.

Literatur:

L.L. Zaitseva, M.I. Konarev, A.A. Kruglov, E.P. Cherstvenkova, V.I. Yaroshinskii (Zh. Neorgan. Khim. **10** [1965] 1441/8; Russ. J. Inorg. Chem. **10** [1965] 783/8).

28.8.2.2.8 Natriumeuropiumsulfate

Sodium Europium Sulfates

Ergänzende Angaben über $NaEu(SO_4)_2$ und $NaEu(SO_4)_2 \cdot H_2O$ s. unter 28.8.2.1, S. 210 bzw. 211.

$NaEu(SO_4)_2$

Die Verbindung entsteht aus dem Monohydrat >270 °C in metastabiler Form. Der Übergang in die stabile Form erfolgt bei >495 °C.

$NaEu(SO_4)_2 \cdot H_2O$

Beim Erhitzen treten nach thermographischen und thermogravimetrischen Untersuchungen, Figur s. Original, drei endotherme Effekte bei 335, 730 und 880 °C und ein exothermer Effekt bei 520 °C auf. Der erste Effekt bei 335 °C entspricht der Dehydratisierung unter Bildung eines metastabilen wasserfreien Doppelsulfats $NaEu(SO_4)_2$, das die Struktur des Kristallhydrats beibehält. Bei 715 bis 745 °C entstehen Na_2SO_4 und $Eu_2(SO_4)_3$ (der Vorgang ist reversibel), bei 860 bis 905 °C wird Europiumoxidsulfat gebildet. Der exotherme Effekt entspricht der Kristallisation des stabilen wasserfreien Doppelsulfats.

Röntgenographische Untersuchungen und elektronische Absorptionsspektren, Figur s. Original, belegen die Bildung der Zwischenprodukte beim Erhitzen.

Literatur:

L.L. Zaitseva, V.S. Il'yashenko, M.I. Konarev, L.N. Konovalov, L.V. Lipis, N.T. Chebotarev (Zh. Neorgan. Khim. **12** [1967] 906/14; Russ. J. Inorg. Chem. **12** [1967] 477/81).

28.8.2.2.9 Natriumgadoliniumsulfate

Sodium Gadolinium Sulfates

Ergänzende Angaben über $NaGd(SO_4)_2$ und $NaGd(SO_4)_2 \cdot H_2O$ s. unter 28.8.2.1, S. 210 bzw. 211.

$NaGd(SO_4)_2$

Bildet sich aus dem Monohydrat bei >314 °C.

$NaGd(SO_4)_2 \cdot H_2O$

Nach thermographischen und thermogravimetrischen Untersuchungen, Figur s. Original, gibt die Substanz bei >314 °C ihr Kristallwasser ab. Beim Erhitzen auf 766 und 835 bis 859 °C findet der weitere Abbau der Substanz statt unter Bildung von Oxidsulfat.

Literatur:

L.L. Zaitseva, M.I. Konarev, A.A. Kruglov, E.P. Cherstvenkova, V.I. Yaroshinskii (Zh. Neorgan. Khim. **10** [1965] 1441/8; Russ. J. Inorg. Chem. **10** [1965] 783/8).

Sodium Terbium Sulfates

28.8.2.2.10 Natriumterbiumsulfate

Ergänzende Angaben über $NaTb(SO_4)_2$ und $NaTb(SO_4)_2 \cdot H_2O$ s. unter 28.8.2.1, S. 210 bzw. 211.

$NaTb(SO_4)_2$

Die Verbindung bildet sich nach röntgenographischen, thermischen und spektroskopischen Untersuchungen oberhalb 290 °C aus $NaTb(SO_4)_2 \cdot H_2O$ in metastabiler Form. Der Übergang in die stabile Form erfolgt bei >500 °C. Bei <700 °C wird eine polymorphe Umwandlung beobachtet.

$NaTb(SO_4)_2 \cdot H_2O$

Nach thermographischen und thermogravimetrischen Untersuchungen, Figur s. Original, verliert das Doppelsulfat bei 290 bis 410 °C sein Kristallwasser. Bei 770 bis 850 °C zerfällt das Doppelsulfat. Bei 900 °C entsteht $Tb_2O_2SO_4$. Die Bildung der einzelnen Abbauprodukte läßt sich durch elektronische Absorptionsspektren verfolgen, s. Figur im Original.

Literatur:

L.L. Zaitseva, V.S. Il'yashenko, M.I. Konarev, L.N. Konovalov, L.V. Lipis, N.T. Chebotarev (Zh. Neorgan. Khim. **12** [1967] 906/14; Russ. J. Inorg. Chem. **12** [1967] 477/81).

Sodium Dysprosium Sulfates

28.8.2.2.11 Natriumdysprosiumsulfate

$NaDy(SO_4)_2$

Die Verbindung bildet sich aus dem Monohydrat bei 260 bis 293 °C. Netzebenenabstände der Röntgen-Pulveraufnahme s. Original. Das Doppelsulfat schmilzt bei 860 bis 890 °C unter Zersetzung in Übereinstimmung mit einem endothermen Effekt bei 890 °C. Ein weiterer endothermer Effekt bei 740 °C wird als eutektische Schmelztemperatur gedeutet, Belousova u.a. [2].

Das System Na_2SO_4-$Dy_2(SO_4)_3$-H_2O

Im System Na_2SO_4-$Dy_2(SO_4)_3$-H_2O wird nach Löslichkeitsuntersuchungen bei 25 °C neben $Na_2SO_4 \cdot 10\,H_2O$ und $Dy_2(SO_4)_3 \cdot 8\,H_2O$ nur inkongruent lösliches $NaDy(SO_4)_2 \cdot H_2O$ beobachtet. Lage des eutonischen Punkts (in Gew.-%) : 21.28 Na_2SO_4 und 1.06 $Dy_2(SO_4)_3$, des peritonischen Punkts: 3.51 Na_2SO_4 und 5.36 $Dy_2(SO_4)_3$. Isotherme bei 25 °C s. Figur im Original, Belousova u.a. [1].

$NaDy(SO_4)_2 \cdot H_2O$

Die pyknometrische Dichte bei 25 °C beträgt $D_p=3.78$ g/cm³. Netzebenenabstände und relative Intensitäten des Röntgen-Pulverdiagramms s. Original, Belousova u.a. [1]. Nach thermographischen und thermogravimetrischen Untersuchungen, Figur s. Original [1], verliert das Doppelsulfat bei 260 bis 293 °C sein Kristallwasser unter Bildung von $NaDy(SO_4)_2$, in Übereinstimmung mit einem endothermen Effekt bei 260 °C [2].

Literatur:

[1] A.P. Belousova, I.V. Shakhno, V.E. Plyushchev (Zh. Neorgan. Khim. **13** [1968] 1998/2001; Russ. J. Inorg. Chem. **13** [1968] 1037/9). – [2] A.P. Belousova, I.V. Shakhno, V.E. Plyushchev (Izv. Vysshikh Uchebn. Zavedenii Khim. Khim. Tekhnol. **13** [1970] 6/8; C.A. **73** [1970] Nr. 7836).

28.8.2.2.12 Natriumerbiumsulfate

Sodium Erbium Sulfates

Ergänzende Angaben über $NaEr(SO_4)_2 \cdot H_2O$ s. unter 28.8.2.1, S. 211.

Das System Na_2SO_4-$Er_2(SO_4)_3$

Nach differentialthermoanalytischen Untersuchungen im Bereich von 30 bis 70 Mol-% $Er_2(SO_4)_3$ existiert die bei 884 °C inkongruent schmelzende Verbindung $NaEr(SO_4)_2$, die bei 780 °C ein Eutektikum mit Na_2SO_4 hat, Belousova u.a. [5].

$NaEr(SO_4)_2$

Die Verbindung entsteht aus dem Monohydrat bei 263 °C [5]. $NaEr(SO_4)_2$ kristallisiert nach Röntgen-Pulveraufnahmen, Belousova u.a. [1], und nach Einkristalldaten von Sirotinkin u.a. [2, 3] monoklin in der Raumgruppe $P2_1/b-C_{2h}^5$ mit a=4.673(3), b=9.575(6), c=6.861 (4) Å, γ=96.71 (3)°; Z=2. Die Röntgen-Strukturanalyse (R=0.066) führt zu folgenden Atomlagen:

Atom	Punktlage	x	y	z
Er	2e	0.3485(2)	0.1792(1)	0.2500
S(1)	2e	0.8325(10)	0.4095(5)	0.2500
S(2)	2e	0.1395(9)	0.0721(4)	0.7500
Na	2e	0.6363(19)	0.3486(9)	0.7500
O(1)	2e	0.8201(28)	0.0655(13)	0.7500
O(2)	2e	0.7965(33)	0.0781(16)	0.2500
O(3)	4f	0.6817(18)	0.3413(9)	0.0802(13)
O(4)	4f	0.2597(20)	0.1465(10)	0.9230(14)
O(5)	2e	0.1284(30)	0.3774(14)	0.2500
O(6)	2e	0.1735(32)	0.4432(15)	0.7500

Abweichend vom $NaNd(SO_4)_2$ wird Er nur durch acht Sauerstoffatome koordiniert. Das entstehende Koordinationspolyeder entspricht einem trigonalen Prisma mit 2 Kappen, die Abstände Er-O liegen zwischen 2.262 und 2.647 Å. ErO_8-Polyeder und SO_4-Tetraeder bilden Zickzack-Ketten parallel zur z-Achse, s. **Fig. 25**, S. 226, die durch SO_4-Tetraeder zu Schichten verknüpft werden; dazwischen liegen die Na-Atome. Dabei wird Na durch den Sauerstoff achtfach koordiniert, die Abstände Na-O liegen zwischen 2.277 und 2.937 Å. Pyknometrische und röntgenographische Dichte betragen $D_p=4.10$ g/cm³, $D_r=4.16$ g/cm³ [2, 3]. Bei 884 °C schmilzt das Doppelsulfat inkongruent, Belousova u.a. [5].

Fig. 25

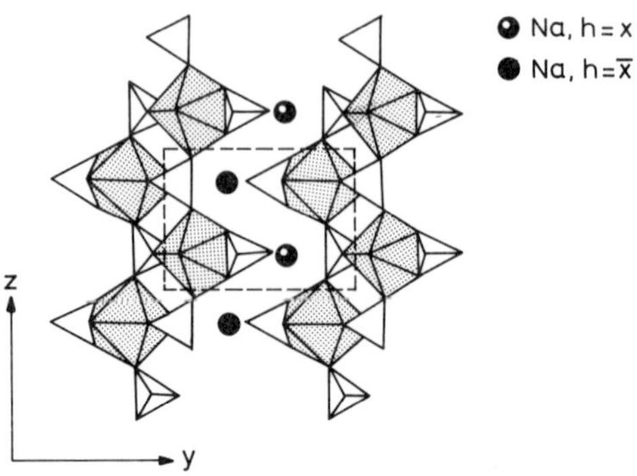

Gitterstruktur des $NaEr(SO_4)_2$, Verknüpfung der (ErO_8)-Polyeder, Projektion auf die y-z-Ebene.

Das System Na_2SO_4-$Er_2(SO_4)_3$-H_2O

Nach isothermen Löslichkeitsuntersuchungen bei 25 °C existiert neben $Na_2SO_4 \cdot 10\,H_2O$ und $Er_2(SO_4)_3 \cdot 8\,H_2O$ nur das inkongruent lösliche $NaEr(SO_4)_2 \cdot H_2O$ mit einem eutonischen Punkt bei (in Gew.-%) 22.0 Na_2SO_4 und 3.50 $Er_2(SO_4)_3$ und einem peritonischen Punkt bei 7.31 Na_2SO_4 und 10.72 $Er_2(SO_4)_3$. Isotherme bei 25 °C s. Figur im Original, Belousova u.a. [1].

$NaEr(SO_4)_2 \cdot H_2O$

Die Verbindung tritt im System Na_2SO_4-$Er_2(SO_4)_3$-H_2O bei 25 °C auf [1]. Von der Verbindung werden relative Intensitäten und Netzebenenabstände der Röntgen-Pulveraufnahme angegeben [1, 4]. Die pyknometrische Dichte beträgt $D_p = 3.66\ g/cm^3$ [1].

Nach thermographischen Untersuchungen, Figur s. Original, verliert das Doppelsulfat bei 263 °C sein Kristallwasser [5].

Literatur:

[1] A.P. Belousova, I.V. Shakhno, V.E. Plyushchev (Zh. Neorgan. Khim. **13** [1968] 1998/2001; Russ. J. Inorg. Chem. **13** [1968] 1037/9). – [2] S.P. Sirotinkin, S.M. Chizhov, P.A. Degtyarev, A.N. Pokrovskii, L.M. Kovba (Dokl. Akad. Nauk SSSR **237** [1977] 885/7; Dokl. Phys. Chem. Proc. Acad. Sci. USSR **232/237** [1977] 1159/61). – [3] S.P. Sirotinkin, S.M. Chizhov, A.N. Pokrovskii, L.M. Kovba (J. Less-Common Metals **58** [1978] 101/5). – [4] A.K. Mustaev, Z.V. Strelkova, V.I. Shangin, V.G. Simonovich (Izv. Akad. Nauk Kirg.SSR **1971** Nr. 4, S. 54/9; C.A. **75** [1971] Nr. 155859). – [5] A.P. Belousova, I.V. Shakhno, V.E. Plyushchev (Izv. Vysshikh Uchebn. Zavedenii Khim. Khim. Tekhnol. **13** [1970] 6/8; C.A. **73** [1970] Nr. 7836).

Sodium Ytterbium Sulfate

28.8.2.2.13 Natriumytterbiumsulfat

Angaben über $NaYb(SO_4)_2 \cdot H_2O$ und über wäßrige Na_2SO_4-$Yb_2(SO_4)_3$-Lösungen s. unter 28.8.2.1, S. 211 bzw. 212.

28.8.2.3 $NaLiM_2(SO_4)_4$

Zur Darstellung werden Mischungen der 4 h bei 500 °C geglühten Sulfatometallate $LiM(SO_4)_2$ und $NaM(SO_4)_2$ mit M=Y, Nd, Ho bis Tm 250 bis 300 h bei 600 °C umgesetzt. Nach röntgenographischen Untersuchungen wird für $NaLiNd_2(SO_4)_4$ ein anderer Strukturtyp als für $NaLiM_2(SO_4)_4$ mit M=Y, Ho bis Tm angenommen, F.M. Korytnaya, A.N. Pokrovskii (Zh. Neorgan. Khim. **25** [1980] 2001/2).

28.8.3 Kaliumsulfatometallate

Potassium Sulfato-metallates

Review in English

Review

The potassium sulfatometallates are the most investigated alkali-metal sulfatometallates of the rare earths, and a large variety of types is known.

The most investigated anhydrous compounds, which exist for nearly all the rare earths, are of the types $KM(SO_4)_2$, $K_3M(SO_4)_3$, and $K_4M_2(SO_4)_5$, the last more exactly described by the nonstoichiometric formula $K_{6+3n}M_{4-n}(SO_4)_9$ with n near 0.4. Less investigated potassium sulfatometallates are of the types $K_6M_4(SO_4)_9$, $K_7M_3(SO_4)_8$, and $K_5M(SO_4)_4$. All six types form in the K_2SO_4-$M_2(SO_4)_3$ systems and have been prepared by fusion, solid-state reactions, or, in some cases, by dehydration or decomposition of the hydrates. A few compounds are stable only within a narrow temperature range.

The hydrates $KM(SO_4)_2 \cdot H_2O$ and $K_6M_4(SO_4)_9 \cdot 8\,H_2O$ crystallize in the K_2SO_4-$M_2(SO_4)_3$-H_2O systems and have been prepared by slow isothermal evaporation of the solutions, usually at 50 °C.

Main topics of the following chapter are the crystallographic properties, refractive indices, IR spectra, and thermal stability of the compounds and the phase diagrams of the systems.

The important types have the following crystal structures:

$KM(SO_4)_2$ is triclinic, space group $P\bar{1}-C_i^1$, except $KSc(SO_4)_2$, which is monoclinic, but the exact space group is not yet known; $K_{6+3n}M_{4-n}(SO_4)_9$ is monoclinic, space group $B2/b-C_{2h}^6$ or $Bb-C_s^4$; $K_3M(SO_4)_3$ crystallizes in three structure types. For M=La, Ce, Pr, and Nd, the structure is unknown. For M=Y and Sm to Er, the structure is monoclinic, space group $P2/c-C_{2h}^4$. For M=Tm, Yb, and Lu, it is also monoclinic but with $Bb-C_s^4$; $KM(SO_4)_2 \cdot H_2O$ is monoclinic, space group $P2_1/c-C_{2h}^5$; $K_6M_4(SO_4)_9 \cdot 8\,H_2O$ is monoclinic, space group $C2/c-C_{2h}^6$.

Some of these compounds have phase transitions, but the structures of the resulting phases are not known. The potassium sulfatometallates are generally characterized by their refractive indices.

28.8.3.1 Vergleichende Angaben über $KM(SO_4)_2$

Comparative Data on $KM(SO_4)_2$

Bildung und Darstellung

Die wasserfreien Doppelsulfate $KM(SO_4)_2$ treten in allen Systemen K_2SO_4-$M_2(SO_4)_3$ mit M=Sc, Y, La bis Lu auf. Mit M=Y, La bis Tb entstehen sie durch Erhitzen der binären Sulfate im Verhältnis 1:1 bei 500 °C in 200 bis 300 h an der Luft, Degtiarev u.a. [1]. Die Verbindungen bilden sich auch beim thermischen Abbau von den Hydraten $KM(SO_4)_2 \cdot H_2O$ bei folgenden Dehydratationstemperaturen t:

M	La	Pr	Nd	Eu	Gd	Tb
t in °C	275	230	220	250	210	250
Literatur	[2]	[2]	[2]	[3]	[4]	[5]

Physikalische Eigenschaften

Während $KSc(SO_4)_2$ monoklin ist, Perret [6], sind die Verbindungen mit M = La bis Tb triklin; Raumgruppe $P\bar{1}-C_i^1$, Z = 2 (im Original ist die Raumgruppe für $KPr(SO_4)_2$ mit $P1-C_1^1$ angegeben, einer späteren Strukturaufklärung wird jedoch $P\bar{1}-C_i^1$ zugrunde gelegt, s. S. 248). Nach Einkristalluntersuchungen an $KPr(SO_4)_2$ und $KNd(SO_4)_2$ gehören die Verbindungen mit M = La bis Pr und M = Nd bis Tb zu 2 verschiedenen Strukturtypen. Weitere Strukturtypen werden von den Verbindungen mit M = Dy, Ho und Er, mit M = Y und Tm sowie mit M = Yb und Lu gebildet [1]. Die fünf Strukturtypen werden nach IR-spektroskopischen Untersuchungen bestätigt. Für die beiden triklinen Strukturtypen mit M = La bis Tb wird angenommen, daß die SO_4-Gruppen für M = Nd bis Tb dichter gepackt sind als für M = La bis Pr, Vazhnov u.a. [7]. Gitterkonstanten der triklinen Verbindungen des Typs $KM(SO_4)_2$ nach Röntgen-Pulveraufnahmen von [1]:

$KM(SO_4)_2$	a in Å	b in Å	c in Å	α	β	γ
$KLa(SO_4)_2$	7.009	5.436	8.490	91°47′	93°30′	88°36′
$KCe(SO_4)_2$	6.976	5.416	8.478	91°38′	93°40′	88°30′
$KPr(SO_4)_2$	6.938	5.389	8.488	91°27′	93°51′	88°33′
$KNd(SO_4)_2$	6.919	5.307	9.053	92°02′	96°52′	90°48′
$KSm(SO_4)_2$	6.893	5.341	8.972	92°16′	97°23′	90°56′
$KEu(SO_4)_2$	6.878	5.350	8.943	92°22′	97°30′	91°11′
$KGd(SO_4)_2$	6.860	5.355	8.909	92°29′	97°33′	91°07′
$KTb(SO_4)_2$	6.833	5.345	8.890	92°27′	97°37′	90°52′

Im IR-Spektrum werden folgende Banden in cm^{-1} festgestellt:

$KM(SO_4)_2$	ν in cm^{-1}
$KPr(SO_4)_2$	56, 76, 99, 111, 124, 138, 156, 168, 240, 421, 445, 458, 467, 475, 487, 498, 503, 602, 611, 627, 648, 658, 669, 995, 1001, 1080, 1120, 1133, 1170, 1185, 1237
$KNd(SO_4)_2$	74, 89, 104, 111, 123, 144, 169, 178, 220, 235, 420, 436, 452, 458, 473, 489, 492, 520, 603, 616, 628, 642, 657, 670, 985, 999, 1030, 1050, 1090, 1120, 1177, 1255
$KSm(SO_4)_2$	72, 89, 102, 118, 142, 161, 178, 220, 234, 427, 436, 445, 457, 490, 518, 603, 617, 630, 642, 659, 670, 999, 1034, 1124, 1175, 1258
$KDy(SO_4)_2$	84, 107, 130, 152, 171, 201, 220, 244, 417, 437, 448, 459, 466, 474, 492, 605, 613, 621, 636, 666, 671, 1005, 1045, 1081, 1128, 1157, 1170, 1201, 1262
$KEr(SO_4)_2$	67, 83, 107, 130, 154, 168, 200, 224, 243, 414, 437, 450, 458, 466, 475, 492, 607, 612, 622, 636, 671, 1005, 1048, 1079, 1130, 1155, 1179, 1200, 1263

Tabelle (Fortsetzung)

$KM(SO_4)_2$	ν in cm^{-1}
$KTm(SO_4)_2$	65, 86, 108, 125, 158, 183, 218, 234, 424, 438, 447, 460, 475, 486, 493, 503, 520, 604, 619, 638, 650, 672, 1010, 1023, 1075, 1115, 1163, 1200, 1229
$KYb(SO_4)_2$	72, 88, 105, 148, 157, 193, 219, 233, 265, 421, 436, 444, 457, 473, 503, 520, 597, 610, 618, 672, 682, 996, 1031, 1110, 1130, 1150, 1262, 1290

Unterhalb 300 cm^{-1} liegen die zweifach entarteten Deformationsschwingungen der SO_4-Gruppe aber auch Kationschwingungen, bei 580 bis 700 cm^{-1} die dreifach entarteten Deformationsschwingungen des SO_4 und oberhalb 900 cm^{-1} die Valenzschwingungen des SO_4; die Banden großer Intensität bei 400 bis 520 cm^{-1} sind Deformationsschwingungen (im freien SO_4-Ion liegt $\nu_2(E)$ und $\nu_4(F_2)$ bei 450 bzw. 611 cm^{-1}). Die SO_4-Tetraeder sind stark deformiert [7].

Chemisches Verhalten

Die Verbindungen $KM(SO_4)_2$ zersetzen sich im festen Zustand bei folgenden Temperaturen t:

$KM(SO_4)_2$	t in °C	$KM(SO_4)_2$	t in °C	$KM(SO_4)_2$	t in °C
$KY(SO_4)_2$	420	$KGd(SO_4)_2$	800	$KEr(SO_4)_2$	620
$KPr(SO_4)_2$	930	$KTb(SO_4)_2$	720	$KTm(SO_4)_2$	500
$KNd(SO_4)_2$	930	$KDy(SO_4)_2$	700	$KYb(SO_4)_2$	500
$KSm(SO_4)_2$	830	$KHo(SO_4)_2$	700	$KLu(SO_4)_2$	480
$KEu(SO_4)_2$	800				

Während bei der Zersetzung von $KPr(SO_4)_2$ und $KNd(SO_4)_2$ zunächst $K_7M_3(SO_4)_8+M_2(SO_4)_3$ entsteht, bilden sich bei den Verbindungen des Y sowie Sm bis Lu Gemische aus $K_4M_2(SO_4)_5+M_2(SO_4)_3$. Beim weiteren Erhitzen schmelzen die ternären Sulfate, das $M_2(SO_4)_3$ zersetzt sich, und es bildet sich $M_2O_2SO_4$, Degtiarev u.a. [1].

Literatur:

[1] P.A. Degtiarev, A.N. Pokrovskii, L.M. Kovba, F.M. Korytnaia (J. Solid State Chem. **22** [1977] 419/22). – [2] L.D. Iskhakova, V.E. Plyushchev (Zh. Neorgan. Khim. **15** [1970] 2526/30; Russ. J. Inorg. Chem. **15** [1970] 1307/9). – [3] V.S. Il'yashenko, L.L. Zaitseva, A.I. Barabash, L.S. Sudakova (Zh. Neorgan. Khim. **18** [1973] 2981/4; Russ. J. Inorg. Chem. **18** [1973] 1585/7). – [4] L.D. Iskhakova, V.E. Plyushchev (Izv. Vysshikh Uchebn. Zavedenii Khim. Khim. Tekhnol. **13** [1970] 1233/6; C.A. **74** [1971] Nr. 35189). – [5] V.S. Il'yashenko, A.I. Barabash, L.L. Zaitseva (Zh. Neorgan. Khim. **18** [1973] 2841/6; Russ. J. Inorg. Chem. **18** [1973] 1510/3).

[6] R. Perret (Bull. Soc. Franc. Mineral. Crist. **93** [1970] 493/4). – [7] A.K. Vazhnov, P.A. Degtyarev, A.N. Pokrovskii, V.V. Fomichev (Zh. Neorgan. Khim. **25** [1980] 468/71; Russ. J. Inorg. Chem. **25** [1980] 255/7).

28.8.3.2 Vergleichende Angaben über $K_6M_4(SO_4)_9$

$K_6Y_4(SO_4)_9$ und $K_6Gd_4(SO_4)_9$ werden in den entsprechenden Zustandsdiagrammen festgestellt, Degtiarev u.a. [1]. $K_6Ce_4(SO_4)_9$ wird beim thermischen Abbau des 8-Hydrats gefunden, Pospelova u.a. [2], ebenso wie $K_6Eu_4(SO_4)_9$, Il'yashenko u.a. [3].

Literatur:

[1] P.A. Degtiarev, A.N. Pokrovski, L.M. Kovba (Ann. Chim. [Paris] [15] **3** [1978] 187/91). – [2] L.A. Pospelova, V.N. Kokunova, L.M. Zaitsev (Zh. Neorgan. Khim. **15** [1970] 2349/54; Russ. J. Inorg. Chem. **15** [1970] 1217/9). – [3] V.S. Il'yashenko, L.L. Zaitseva, A.I. Barabash, L.S. Sudakova (Zh. Neorgan. Khim. **18** [1973] 2981/4; Russ. J. Inorg. Chem. **18** [1973] 1585/7).

28.8.3.3 Vergleichende Angaben über $K_4M_2(SO_4)_5$ oder $K_{6+3n}M_{4-n}(SO_4)_9$ mit $n \approx 0.4$

Verbindungen mit M=Y, Nd und Sm bis Lu entstehen beim thermischen Abbau von $KM(SO_4)_2$ neben $M_2(SO_4)_3$. Temperatur der Zersetzungsreaktion s. S. 229, Degtiarev u.a. [1, 2]. $K_4Ce_2(SO_4)_5$ bildet sich aus dem Dihydrat beim Erhitzen, Pospelova u.a. [3]. Nach neuesten röntgenographischen sowie TGA- und DTA-Untersuchungen existieren nichtstöchiometrische 2:1-Verbindungen für M=Y bis Lu zwischen 65 und 70 Mol-% K_2SO_4. Ihre Zusammensetzung wird mit $K_{6+3n}M_{4-n}(SO_4)_9$ mit $n \approx 0.4$ angegeben. Entweder sind Kationenplätze im Gitter teilweise nicht besetzt oder K und M sind teilweise statistisch verteilt. Nach Einkristall- (M=Y) und Pulverdaten (M=Nd bis Lu) sind diese Verbindungen monoklin, Raumgruppe $B2/b-C_{2h}^6$ (oder $Bb-C_s^4$), Z=4, mit folgenden Gitterkonstanten:

M	a in Å	b in Å	c in Å	γ	t_f in °C
Y	13.368(2)	18.124(2)	13.333(2)	109°58′	1060
Nd	13.514(9)	18.358(9)	13.470(8)	110°18′	–
Sm	13.433(3)	18.144(4)	13.421(4)	109°52′	1050
Eu	13.410(3)	18.200(4)	13.401(3)	109°58′	1040
Gd	13.390(3)	18.180(4)	13.347(3)	110°01′	1080
Tb	13.372(3)	18.170(4)	13.329(3)	110°03′	1060
Dy	13.315(3)	18.114(4)	13.307(3)	109°42′	1060
Ho	13.319(3)	18.117(4)	13.294(3)	109°56′	1060
Er	13.302(4)	18.081(4)	13.284(3)	110°00′	1060
Tm	13.284(5)	18.087(5)	13.260(4)	110°12′	–
Yb	13.238(6)	18.065(6)	13.245(5)	109°46′	–
Lu	13.246(6)	18.126(7)	13.122(5)	109°55′	–

Degtiarev u.a. [4]. Die Verbindungen mit M=Y, Sm bis Lu schmelzen kongruent; die Schmelzpunkte t_f sind in der Tabelle oben mit angegeben. Beim Abkühlen zersetzen sich nur die Tm-, Yb- und Lu-Verbindungen bei 800, 850 bzw. 1040 °C in $K_3M(SO_4)_3$ und $M_2(SO_4)_3$. Die Verbindungen mit M=La bis Nd sind nur in einem kleinen Temperaturbereich t_1 bis t_2 stabil. Die Verbindungen $K_{7.2}M_{3.6}(SO_4)_9$ werden bei t_1 aus β-$K_7M_3(SO_4)_8$ und $KM(SO_4)_2$ gebildet und zerfallen bei t_2 in α-$K_3M(SO_4)_3$ und $KM(SO_4)_2$:

M	La	Ce	Pr	Nd
t_1 bis t_2 in °C . . .	670 bis 650	800 bis 600	790 bis 600	850 bis 570

Degtiarev u. a. [4].

Literatur:

[1] P.A. Degtiarev, A.N. Pokrovskii, L.M. Kovba, F.M. Korytnaia (J. Solid State Chem. **22** [1977] 419/22). – [2] P.A. Degtiarev, A.N. Pokrovski, L.M. Kovba (Ann. Chim. [Paris] [15] **3** [1978] 187/91). – [3] L.A. Pospelova, V.N. Kokunova, L.M. Zaitsev (Zh. Neorgan. Khim. **15** [1970] 2349/54; Russ. J. Inorg. Chem. **15** [1970] 1217/9). – [4] P.A. Degtiarev, A.N. Pokrovskii, L.M. Kovba (J. Less-Common Metals **68** [1979] 107/10).

28.8.3.4 Vergleichende Angaben über $K_7M_3(SO_4)_8$

Beim thermischen Abbau von $KPr(SO_4)_2$ und $KNd(SO_4)_2$ entstehen bei 930 °C die Verbindungen $K_7Pr_3(SO_4)_8$ bzw. $K_7Nd_3(SO_4)_8$ neben $Pr_2(SO_4)_3$ und $Nd_2(SO_4)_3$, Degtiarev u.a. [1]. Sie bilden sich auch nach $6K_3M(SO_4)_3 \rightarrow 2K_7M_3(SO_4)_8 + 2K_2SO_4$ mit M = La bis Nd bei 840 bis 860 °C, s. S. 232, Degtyarev u.a. [2].

Literatur:

[1] P.A. Degtiarev, A.N. Pokrovskii, L.M. Kovba, F.M. Korytnaia (J. Solid State Chem. **22** [1977] 419/22). – [2] P.A. Degtyarev, A.N. Pokrovskii, L.M. Kovba (Zh. Neorgan. Khim. **25** [1980] 2113/6).

28.8.3.5 Vergleichende Angaben über $K_3M(SO_4)_3$

Darstellung

Die Verbindungen des Typs $K_3M(SO_4)_3$ lassen sich durch 100stündiges Erhitzen von K_2SO_4 und $M_2(SO_4)_3$ im Verhältnis 3:1 bei 500 bis 600 °C erhalten, Kudin u.a. [1]. Einkristalle von $K_3Yb(SO_4)_3$ werden durch langsame Abkühlung einer Schmelze mit 85 Mol-% K_2SO_4 dargestellt, Degtyarev u.a. [2].

Physikalische Eigenschaften

Die Verbindungen $K_3M(SO_4)_3$ kristallisieren in 3 Strukturtypen mit bis zu 3 Modifikationen. Temperatur der polymorphen Umwandlungen t in °C:

M	La	Ce	Pr	Nd	Eu	Tb
t in °C . .	660	600	280, 560	300, 530	480	500

Die Umwandlungen sind schnell und reversibel. Die Hochtemperaturmodifikation (α-Phase) läßt sich nicht abschrecken. Hingegen ist die bei mittleren Temperaturen stabile β-Phase bei M = Nd von 500 °C abschreckbar. Für M = Sm, Gd und Dy bis Lu werden keine polymorphen Umwandlungen beobachtet [2].

Zum 1. Strukturtyp, der nicht geklärt ist, gehören die bei Raumtemperatur stabilen Phasen von $K_3M(SO_4)_3$ mit M = La, Ce und Pr und das γ-$K_3Nd(SO_4)_3$. Einkristalle für den 1. Typ ließen sich nach den verschiedensten Methoden nicht herstellen. Netzebenenabstände und relative Intensitäten des Pulverdiagramms von γ-$K_3Nd(SO_4)_3$ s. Original, Degtyarev u.a. [2].

Zum 2. Strukturtyp gehören die Verbindungen mit M = Y und Sm bis Er [2] und das β-$K_3Nd(SO_4)_3$, Degtyarev u.a. [2, 3]. Einkristallaufnahmen an $K_3Er(SO_4)_3$ ergeben die monokline Raumgruppe $P2/c-C_{2h}^4$, Z = 4 [1]. Für pulverförmiges β-$K_3Nd(SO_4)_3$ wird die analoge Raumgruppe $P2/b-C_{2h}^4$ angegeben [2]. Gitterkonstanten nach Röntgen-Pulveraufnahmen von [2] für β-$K_3Nd(SO_4)_3$, alle anderen Angaben von [1] (wobei jedoch auch für $K_3M(SO_4)_3$ mit M=Tm, Yb und Lu dieser 2. Strukturtyp angenommen wird, was nach neueren Untersuchungen nicht mehr gilt):

$K_3M(SO_4)_3$	a in Å	b in Å	c in Å	β in °
$K_3Y(SO_4)_3$	9.250(2)	14.74(1)	9.020(1)	110.83(4)
β-$K_3Nd(SO_4)_3$	9.309(3)	14.90(1)	9.083(3)	111.01(5)
$K_3Sm(SO_4)_3$	9.328(1)	14.83(1)	9.058(1)	111.28(5)
$K_3Eu(SO_4)_3$	9.312(1)	14.85(1)	9.053(1)	111.28(5)
$K_3Gd(SO_4)_3$	9.276(2)	14.82(1)	9.049(1)	110.83(6)
$K_3Tb(SO_4)_3$	9.267(1)	14.79(1)	9.020(1)	110.83(4)
$K_3Dy(SO_4)_3$	9.246(1)	14.73(1)	9.025(1)	110.80(3)
$K_3Ho(SO_4)_3$	9.237(1)	14.71(1)	9.016(1)	110.81(3)
$K_3Er(SO_4)_3$	9.222(1)	14.72(1)	8.999(2)	110.74(3)
$K_3Tm(SO_4)_3$	9.207(1)	14.72(1)	9.013(2)	110.49(5)
$K_3Yb(SO_4)_3$	9.171(2)	14.70(1)	9.012(2)	110.33(4)
$K_3Lu(SO_4)_3$	9.122(3)	14.69(1)	9.032(6)	110.20(6)

Zum 3. Strukturtyp gehören die Verbindungen $K_3M(SO_4)_3$ mit M=Tm, Yb und Lu, die ebenfalls monoklin sind. Als Raumgruppe wird jedoch Bb(Cc)$-C_s^4$ vorgeschlagen mit Z=4 und folgenden Gitterkonstanten:

$K_3M(SO_4)_3$	a in Å	b in Å	c in Å	γ in °
$K_3Tm(SO_4)_3$	10.389(2)	9.207(1)	14.72(1)	125.63(5)
$K_3Yb(SO_4)_3$	10.391(1)	8.997(1)	14.66(1)	124.15(3)
$K_3Lu(SO_4)_3$	10.387(2)	9.122(3)	14.69(1)	125.25(4)

Relative Intensitäten und Netzebenenabstände für $K_3Yb(SO_4)_3$ s. Original [2].

Chemisches Verhalten

Die Verbindungen des 1. Strukturtyps zerfallen im festen Zustand nach $6\,K_3M(SO_4)_3 \rightarrow 2\,K_7M_3(SO_4)_8 + 2\,K_2SO_4$, die anderen schmelzen inkongruent bei folgenden Temperaturen t in °C:

M	Y	La	Ce	Pr	Nd	Sm	Eu	Gd
t in °C . .	930	840 a)	850 a)	850 a)	860 a)	860	860	900
M	Tb	Dy	Ho	Er	Tm	Yb	Lu	
t in °C . .	920	910	920	930	920	930	950	

a) Zerfall in fester Phase.

Für die inkongruent schmelzenden Verbindungen wird Zerfall nach $7\,K_3M(SO_4)_3 \rightarrow 2\,K_{6+3n}M_{4-n}(SO_4)_9 + 3\,K_2SO_4$ mit $n \approx 0.4$ angenommen; hierzu s. jedoch die Zustandsdiagramme K_2SO_4-$Y_2(SO_4)_3$ und K_2SO_4-$Gd_2(SO_4)_3$, S. 240/1, 256 [2].

Literatur:

[1] O.V. Kudin, V.A. Efremov, A.N. Pokrovskii, P.A. Degtyarev, V.K. Trunov (Zh. Neorgan. Khim. **22** [1977] 95/7; Russ. J. Inorg. Chem. **22** [1977] 50/1). – [2] P.A. Degtyarev,

A.N. Pokrovskii, L.M. Kovba (Zh. Neorgan. Khim. **25** [1980] 2113/6). – [3] P.A. Degtiarev, A.N. Pokrovski, L.M. Kovba (Ann. Chim. [Paris] [15] **3** [1978] 187/91).

28.8.3.6 Vergleichende Angaben über $K_5M(SO_4)_4$

$K_5M(SO_4)_4$ tritt nach isothermen Löslichkeitsuntersuchungen bei 25 °C in den Systemen K_2SO_4-$M_2(SO_4)_3$-H_2O mit M = La bis Sm auf. Existenzbereich der einzelnen Doppelsulfate s. unter 28.8.3.7, S. 234. Die Darstellung erfolgt durch langsames isothermes Einengen der wäßrigen Lösung bei 25 °C. Die Verbindungen sind optisch negativ und kristallisieren in Form dünner hexagonaler Plättchen mit der Plättchenebene senkrecht zur optischen Achse. Folgende Brechungsindizes werden für zwei Wellenlängen λ angegeben:

$K_5M(SO_4)_4$	λ = 488 nm		λ = 591 nm	
	n_x	n_z	n_x	n_z
$K_5La(SO_4)_4$	1.554	1.588	1.550	1.584
$K_5Ce(SO_4)_4$	1.554	1.588	1.550	1.584
$K_5Pr(SO_4)_4$	1.556	1.590	1.552	1.586
$K_5Nd(SO_4)_4$	1.556	1.590	1.552	1.586
$K_5Sm(SO_4)_4$	1.556	1.590	1.552	1.586 [a]

[a] Im Original wohl irrtümlich mit 1.556 angegeben.

Iskhakova u.a. [1]. Im IR-Spektrum werden zwischen 400 und 3600 cm^{-1} folgende Banden der SO_4-Gruppe in cm^{-1} beobachtet (Suspension der Substanz in flüssigem Paraffin):

$K_5M(SO_4)_4$	$\nu_1(SO_4)$	$\nu_2(SO_4)$	$\nu_3(SO_4)$	$\nu_4(SO_4)$
$K_5La(SO_4)_4$	980	420, 475	1050, 1120, 1155, 1180	605, 618, 640
$K_5Ce(SO_4)_4$	975	410, 485	1050, 1080, 1120, 1150 bis 1210	605, 620, 637
$K_5Pr(SO_4)_4$	980	420, 485	1050, 1080, 1110, 1140 bis 1180, 1220	605, 620, 640, 657
$K_5Nd(SO_4)_4$	975	420, 478	1050, 1080, 1120, 1170	605, 618, 640, 655
$K_5Sm(SO_4)_4$	978	420, 498	1050, 1080, 1140, 1175	605, 620, 645

Im Gegensatz zu den Hydraten $KM(SO_4)_2 \cdot H_2O$ und $K_6M_4(SO_4)_9 \cdot 8H_2O$ gibt es nur eine Art von SO_4-Gruppen, deren Symmetrie niedrig ist, Petrov u.a. [2].

Literatur:

[1] L.D. Iskhakova, V.E. Plyushchev, L.A. Perezhogina (Zh. Neorgan. Khim. **16** [1971] 1836/40; Russ. J. Inorg. Chem. **16** [1971] 976/8). – [2] K.I. Petrov, G.N. Voronskaya, L.D. Iskhakova, V.E. Plyushchev (Zh. Neorgan. Khim. **16** [1971] 1275/81; Russ. J. Inorg. Chem. **16** [1971] 675/8).

28.8.3.7 Vergleichende Angaben über Systeme K_2SO_4-$M_2(SO_4)_3$-H_2O

Isotherme Löslichkeitsuntersuchungen in den Systemen K_2SO_4-$M_2(SO_4)_3$-H_2O (Restmethode) bei 25 °C zeigen, daß Verbindungen der Zusammensetzung $K_5M(SO_4)_4$ mit

M = La bis Sm, $KM(SO_4)_2 \cdot H_2O$ mit M = La bis Ho und $K_6M_4(SO_4)_9 \cdot 8H_2O$ mit M = Ce bis Gd entstehen, Iskhakova u.a. [1]. In dem System K_2SO_4-$Y_2(SO_4)_3$-H_2O wird nur $KY(SO_4)_2 \cdot H_2O$ beobachtet, Shakhno u.a. [2]. Der Existenzbereich der einzelnen Verbindungen als Bodenkörper ist nur schmal, s. Tabelle (alle Zusammensetzungen in Gew.-%) nach [1]:

$KM(SO_4)_2 \cdot H_2O$

	von: $M_2(SO_4)_3$	K_2SO_4	bis: $M_2(SO_4)_3$	K_2SO_4
$La_2(SO_4)_3$-K_2SO_4-H_2O	1.92	0.09	0.09	1.01
$Ce_2(SO_4)_3$-K_2SO_4-H_2O a)	8.02	–	0.32	0.66
$Pr_2(SO_4)_3$-K_2SO_4-H_2O	8.36	0.13	0.58	0.68
$Nd_2(SO_4)_3$-K_2SO_4-H_2O	4.99	0.12	0.67	0.35
$Sm_2(SO_4)_3$-K_2SO_4-H_2O c)	–	–	–	–
$Gd_2(SO_4)_3$-K_2SO_4-H_2O	2.44	1.78	1.15	3.10
$Dy_2(SO_4)_3$-K_2SO_4-H_2O b)	4.21	1.99	1.36	10.84
$Ho_2(SO_4)_3$-K_2SO_4-H_2O	8.38	1.97	1.02	11.85

$K_6M_4(SO_4)_9 \cdot 8H_2O$

	von: $M_2(SO_4)_3$	K_2SO_4	bis: $M_2(SO_4)_3$	K_2SO_4
$Ce_2(SO_4)_3$-K_2SO_4-H_2O a)	0.32	0.66	0.16	1.06
$Pr_2(SO_4)_3$-K_2SO_4-H_2O	0.58	0.68	0.09	1.73
$Nd_2(SO_4)_3$-K_2SO_4-H_2O	0.67	0.35	0.08	2.40
$Sm_2(SO_4)_3$-K_2SO_4-H_2O	1.98	0.70	0.06	5.65
$Gd_2(SO_4)_3$-K_2SO_4-H_2O	1.15	3.10	0.45	11.47

$K_5M(SO_4)_4$

	von: $M_2(SO_4)_3$	K_2SO_4	bis: $M_2(SO_4)_3$	K_2SO_4
$La_2(SO_4)_3$-K_2SO_4-H_2O	0.09	1.01	0.004	11.12
$Ce_2(SO_4)_3$-K_2SO_4-H_2O a)	0.16	1.06	–	10.71
$Pr_2(SO_4)_3$-K_2SO_4-H_2O	0.09	1.73	0.0005	11.15
$Nd_2(SO_4)_3$-K_2SO_4-H_2O	0.08	2.40	0.0005	11.17
$Sm_2(SO_4)_3$-K_2SO_4-H_2O	0.06	5.65	0.002	11.20

a) Beruht auf Angaben von Schröder, Schackmann [4].
b) Beruht auf Angaben von Shakhno u. a. [2].
c) $KSm(SO_4)_2 \cdot H_2O$ wird jedoch bei 50° C erhalten [1].

Der Existenzbereich nimmt bei $K_6M_4(SO_4)_9 \cdot 8H_2O$ mit steigender Temperatur ab, bei $K_5M(SO_4)_4$ zu. Der Kristallisationsbereich von $KM(SO_4)_2 \cdot H_2O$ wird mit steigender Temperatur in Richtung größerer K_2SO_4-Löslichkeit verschoben. Die Lösungen neigen zur Übersättigung, besonders die mit hohem $M_2(SO_4)_3$-Gehalt, aus denen $KM(SO_4)_2 \cdot H_2O$ auskristallisiert [1]. Auf die Übersättigung haben radioaktive Isotope, wie z.B. im Falle von ^{140}La, keinen Einfluß, Bobrova [3]. Durch Erhitzen auf 50 °C wird die Übersättigungserscheinung vollständig beseitigt [1].

Literatur:

[1] L.D. Iskhakova, V.E. Plyushchev, L.A. Perezhogina (Zh. Neorgan. Khim. **16** [1971] 1836/40; Russ. J. Inorg. Chem. **16** [1971] 976/8). – [2] I.V. Shakhno, A.P. Belousova, M.D. Pavkina, V.E. Plyushchev (Zh. Neorgan. Khim. **12** [1967] 2500/4; Russ. J. Inorg. Chem. **12** [1967] 1319/21). – [3] V.N. Bobrova (Radiokhimiya **2** [1960] 500/4; C.A.

56 [1962] 10989). – [4] W. Schröder, H. Schackmann (Z. Anorg. Allgem. Chem. **220** [1934] 389/410).

28.8.3.8 Vergleichende Angaben über $KM(SO_4)_2 \cdot H_2O$

Um zweiphasige Produkte durch Übersättigung zu vermeiden, werden die Verbindungen $KM(SO_4)_2 \cdot H_2O$ mit M = La bis Ho durch langsames isothermes Verdampfen der wäßrigen Lösungen bei 50 °C dargestellt, Iskhakova u.a. [1]. Die $KM(SO_4)_2 \cdot H_2O$-Kristalle fallen stets sehr klein an. Zur Gewinnung großer Kristalle eignet sich die Züchtung in Gel (Natriumsilikatlösung mit 12.5% Na_2O und 31% SiO_2); man erhält so 1 bis 4 mm große Kristalle für M = La, Ce und Pr, wobei die größeren durch Gel-Einschlüsse opak sind, Bloor [2]. Sowohl die Verbindungen mit M = La und Ce, als auch die mit M = Pr bis Ho sind monoklin, Z = 2 [1], Raumgruppe $P2_1/c-C_{2h}^5$, Petrov u.a. [3]. Während jedoch $KLa(SO_4)_2 \cdot H_2O$ und $KCe(SO_4)_2 \cdot H_2O$ feinnadelig sind, haben die Verbindungen $KM(SO_4)_2 \cdot H_2O$ mit M = Pr bis Ho prismatischen Habitus. Sie sind optisch zweiachsig negativ; der optische Achsenwinkel ist größer als 75° (berechneter Wert: 85°). Sie sind stark doppelbrechend. Brechungszahlen n_x, n_y, n_z (Fehlergrenze ±0.002), gemessen bei den Wellenlängen $\lambda = 488$ und 591 nm und 25 °C:

$KM(SO_4)_2 \cdot H_2O$	$\lambda = 488$ nm			$\lambda = 591$ nm		
	n_x	n_y	n_z	n_x	n_y	n_z
$KLa(SO_4)_2 \cdot H_2O$	1.555	1.590	1.608	1.550	1.584	1.604
$KCe(SO_4)_2 \cdot H_2O$	1.557	1.592	1.610	1.553	1.588	1.606
$KPr(SO_4)_2 \cdot H_2O$	1.558	1.584	1.606	1.554	1.580	1.602
$KNd(SO_4)_2 \cdot H_2O$	1.558	1.584	1.606	1.554	1.580	1.602
$KSm(SO_4)_2 \cdot H_2O$	1.556	1.582	1.604	1.552	1.578	1.600
$KEu(SO_4)_2 \cdot H_2O$	1.556	1.582	1.604	1.552	1.576	1.600
$KGd(SO_4)_2 \cdot H_2O$	1.554	1.580	1.602	1.552	1.576	1.598
$KTb(SO_4)_2 \cdot H_2O$	1.554	1.579	1.602	1.552	1.575	1.594
$KDy(SO_4)_2 \cdot H_2O$	1.554	1.579	1.600	1.552	1.575	1.594
$KHo(SO_4)_2 \cdot H_2O$	1.554	1.579	1.600	1.552	1.575	1.594

Iskhakova u.a. [1].

Im IR-Spektrum (Suspension der Substanz in flüssigem Paraffin) werden zwischen 400 und 3600 cm^{-1} folgende SO_4- und H_2O-Banden (in cm^{-1}) beobachtet:

$KM(SO_4)_2 \cdot H_2O$	$\nu_1(SO_4)$	$\nu_2(SO_4)$	$\nu_3(SO_4)$	$\nu_4(SO_4)$	$\nu(OH)$	$\delta(H_2O)$
$KLa(SO_4)_2 \cdot H_2O$	980, 960	425, 490	1050, 1090, 1110, 1150, 1210, 1250	595, 620, 650	3100 bis 3570	1620
$KCe(SO_4)_2 \cdot H_2O$	980	415, 430	1050, 1080, 1130, 1170, 1210, 1250	596, 650	3300 bis 3570	1650
$KPr(SO_4)_2 \cdot H_2O$	1008, 1013	428, 492	1090, 1110, 1145	595, 620, 645	3380, 3470	1658
$KNd(SO_4)_2 \cdot H_2O$	980, 1008	430, 494	1090, 1100, 1140	595, 610, 657	3380, 3470	1660

Tabelle (Fortsetzung)

$KM(SO_4)_2 \cdot H_2O$	$\nu_1(SO_4)$	$\nu_2(SO_4)$	$\nu_3(SO_4)$	$\nu_4(SO_4)$	$\nu(OH)$	$\delta(H_2O)$
$KSm(SO_4)_2 \cdot H_2O$	990, 1008	415, 425 bis 490	1080, 1100, 1140, 1230	595, 615, 660	3400 bis 3550, (3470)	1640
$KEu(SO_4)_2 \cdot H_2O$	1005	420, 460, 485	1060, 1080 bis 1160, 1200	595, 615, 660	3450	1640
$KGd(SO_4)_2 \cdot H_2O$	1000	420, 460, 490	1050, 1100, 1150, 1200, 1230	595, 610, 665	3450	1640
$KTb(SO_4)_2 \cdot H_2O$	980, 1015	420, 482, 500	1050, 1080, 1110, 1150, 1200, 1220	580, 600, 630, 665, 685	3440	1640
$KDy(SO_4)_2 \cdot H_2O$	1010	423, 485	1090, 1100 bis 1200	585, 600, 615, 660	3200 bis 3600	1640
$KHo(SO_4)_2 \cdot H_2O$	1020	423, 483, 500	1080, 1100, 1150, 1200, 1230	570, 600, 635, 665	3430	1640

Danach scheint die Symmetrie der SO_4-Gruppe sehr niedrig zu sein, und es existieren bei den Hydraten des Typs $KM(SO_4)_2 \cdot H_2O$ wie bei $K_6M_4(SO_4)_9 \cdot 8H_2O$ zwei verschiedene Arten von SO_4-Gruppen im Gegensatz zu den wasserfreien Verbindungen wie z.B. $K_5M(SO_4)_4$, hierzu s. S. 233. Die koordinative Bindung verstärkt sich vom Pr zum Ho mit Abnahme des Ionenradius, Petrov u.a. [3].

Beim thermischen Abbau bilden sich die wasserfreien Verbindungen $KM(SO_4)_2$; Dehydratisierungstemperaturen s. S. 227. Die Kristalle lösen sich bei Raumtemperatur sehr schlecht in Wasser, gut in konzentriertem HNO_3 [2].

Literatur:

[1] L.D. Iskhakova, V.E. Plyushchev, L.A. Perezhogina (Zh. Neorgan. Khim. **16** [1971] 1836/40; Russ. J. Inorg. Chem. **16** [1971] 976/8). – [2] D. Bloor (J. Cryst. Growth **7** [1970] 1/4). – [3] K.I. Petrov, G.N. Voronskaya, L.D. Iskhakova, V.E. Plyushchev (Zh. Neorgan. Khim. **16** [1971] 1275/81; Russ. J. Inorg. Chem. **16** [1971] 675/8).

28.8.3.9 Vergleichende Angaben über $K_6M_4(SO_4)_9 \cdot 8H_2O$

Die Verbindungen mit M = Ce bis Gd treten nach isothermen Löslichkeitsuntersuchungen bei 25 °C in den Systemen K_2SO_4-$M_2(SO_4)_3$-H_2O auf, s. unter 28.8.3.7, S. 234.

Zur Darstellung wird die berechnete Menge von K_2SO_4- und $M_2(SO_4)_3$-Lösung gemischt und isotherm bei 25 °C langsam zur Kristallisation gebracht, Varfolomeev u.a. [1], s. auch Iskhakova u.a. [2]. Die Verbindungen sind monoklin und kristallisieren nach Röntgen-Pulveraufnahmen sowie Einkristalluntersuchungen an $K_6Pr_4(SO_4)_9 \cdot 8H_2O$ in der Raumgruppe B2/b bzw. (andere Aufstellung) $C2/c - C_{2h}^6$ mit Z = 4, Petrov u.a. [3], Varfolomeev u.a. [1]; relative Intensitäten und Netzebenenabstände s. [3], Iskhakova, Plyushchev [4].

Pyknometrisch bestimmte Dichte von $K_6M_4(SO_4)_9 \cdot 8\,H_2O$ bei 25 °C:

M	Ce	Pr	Nd	Sm	Eu	Gd
D in g/cm³ .	3.05	3.06	3.12	3.18	3.20	3.25
Literatur . .	[1]	[1, 4]	[1, 4]	[1]	[1]	[1]

Die Kristalle besitzen rhombische Prismen- und Pinakoid-Flächen. Die Brechungszahlen n_x, n_y und n_z (±0.002) der optisch positiven Kristalle bei den Wellenlängen $\lambda = 488$ und 591 nm und 25 °C betragen:

$K_6M_4(SO_4)_9 \cdot 8\,H_2O$	$\lambda = 488$ nm			$\lambda = 591$ nm		
	n_x	n_y	n_z	n_x	n_y	n_z
$K_6Ce_4(SO_4)_9 \cdot 8\,H_2O$	1.550	1.564	1.573	1.545	1.558	1.567
$K_6Pr_4(SO_4)_9 \cdot 8\,H_2O$	1.551	1.562	1.575	1.545	1.556	1.569
$K_6Nd_4(SO_4)_9 \cdot 8\,H_2O$	1.551	1.562	1.575	1.545	1.556	1.569
$K_6Sm_4(SO_4)_9 \cdot 8\,H_2O$	1.553	1.564	1.578	1.547	1.558	1.572
$K_6Eu_4(SO_4)_9 \cdot 8\,H_2O$	1.553	1.564	1.578	1.547	1.558	1.572
$K_6Gd_4(SO_4)_9 \cdot 8\,H_2O$	1.553	1.564	1.578	1.547	1.558	1.572

Der optische Achsenwinkel wird zu 80 bis 85° berechnet [2]. Im IR-Spektrum werden zwischen 400 und 3600 cm^{-1} an Suspensionen in flüssigem Paraffin folgende SO_4- und H_2O-Absorptionsbanden an den Verbindungen des Typs $K_6M_4(SO_4)_9 \cdot 8\,H_2O$ beobachtet (in cm^{-1}):

M	$\nu_1(SO_4)$	$\nu_2(SO_4)$	$\nu_3(SO_4)$	$\nu_4(SO_4)$	$\nu(OH)$	$\delta(H_2O)$
Ce	975, 1008	420, 440, 470, 494	1040, 1100, 1130 bis 1180, 1215, 1230	595, 620, 645, 655	3100 bis 3600 (3380, 3570)	1640
Pr	972 1010	425, 443, 470, 495	1045, 1100, 1160 1180, 1225	595, 620, 647, 657	3100 bis 3600	1640
Nd	972, 1010	425, 440, 473	1045, 1085, 1105, 1160, 1230	595, 618, 647	3100 bis 3600	1645
Sm	970, 1010	420, 445, 470, 497	1045, 1087, 1110, 1130 bis 1190, 1235	595, 618[a], 650, 660	3100 bis 3600	1650
Eu	970, 1070	410, 425, 500	1048, 1090, 1110, 1150, 1180, 1230	595, 620, 660	3100 bis 3600	1650
Gd	972, 1010	425, 450, 470, 500	1045, 1090, 1115, 1150, 1180, 1230	595, 620, 638, 662	3100 bis 3600, (3240, 3360)	1640

[a] Im Original ist 518 angegeben, vermutlich Druckfehler.

Es treten mindestens 2 Arten von SO_4-Gruppen auf, die unterschiedlich koordiniert sind und durch die Bildung koordinativer Bindungen zum Zentralatom M verzerrt werden. Die H_2O-Moleküle scheinen alle äquivalent zu sein und eine gleiche Rolle in der Struktur zu spielen. Es werden relativ schwache H-Bindungen gebildet, und es kann angenommen werden, daß H_2O koordinativ gebunden ist [3].

Literatur:

[1] M.B. Varfolomeev, Yu.M. Volgin, L.D. Iskhakova, V.E. Plyushchev (Kristallografiya **15** [1970] 1069/71; Soviet Phys.-Cryst. **15** [1970] 930/1). – [2] L.D. Iskhakova, V.E. Plyushchev, L.A. Perezhogina (Zh. Neorgan. Khim. **16** [1971] 1836/40; Russ. J. Inorg. Chem. **16** [1971] 976/8). – [3] K.I. Petrov, G.N. Voronskaya, L.D. Iskhakova, V.E. Plyushchev (Zh. Neorgan. Khim. **16** [1971] 1275/81; Russ. J. Inorg. Chem. **16** [1971] 675/8). – [4] L.D. Iskhakova, V.E. Plyushchev (Zh. Neorgan. Khim. **15** [1970] 2526/30; Russ. J. Inorg. Chem. **15** [1970] 1307/9).

Aqueous K_2SO_4-$M_2(SO_4)_3$ Solutions

28.8.3.10 Vergleichende Angaben über wäßrige K_2SO_4-$M_2(SO_4)_3$-Lösungen

Spezifische Leitfähigkeit $\varkappa$ in $10^3\ \Omega^{-1}\cdot cm^{-1}$ 0.03molarer wäßriger Lösungen von K_2SO_4 und $M_2(SO_4)_3$ mit M=Sc, Y, Nd, Yb in Abhängigkeit vom Molverhältnis $M_2(SO_4)_3:K_2SO_4$=M:K bei 20±0.1 °C:

M:K . .	10:0	9:1	8:2	7:3	6:4	5:5	4:6	3:7	2:8	1:9	0:10
M=Sc .	1.81	2.21	2.62	3.01	3.44	3.90	4.33	4.81	5.29	5.76	6.23
M=Y . .	3.22	3.49	3.69	4.09	4.30	4.62	4.93	5.24	5.54	5.87	6.23
M=Nd .	3.74	3.98	4.24	4.49	4.74	4.99	5.23	5.48	5.73	5.98	6.23
M=Yb .	4.12	4.30	4.47	4.66	4.88	5.08	5.28	5.52	5.76	6.00	6.23

Die Abweichung von den additiv unter Berücksichtigung der Ionenstärke und Beweglichkeit berechneten Werten (s. Original) ist gering. Rückschlüsse auf die Komplexbildung in wäßriger Lösung sind nicht möglich, G.N. Sukhikh, V.V. Serebrennikov (Tr. Tomsk. Gos. Univ. Ser. Khim. **170** [1964] 133/8; C.A. **63** [1965] 112).

Data on Individual Potassium Sulfatometallates

28.8.3.11 Angaben über einzelne Kaliumsulfatometallate

Potassium Scandium Sulfates

28.8.3.11.1 Kaliumscandiumsulfate

Angaben über wäßrige K_2SO_4-$Sc_2(SO_4)_3$-Lösungen s. unter 28.8.3.10, oben.

Das System K_2SO_4-$Sc_2(SO_4)_3$

Fig. 26 zeigt das nach thermischen und röntgenographischen Untersuchungen aufgestellte Zustandsdiagramm. Danach existieren die drei Verbindungen $KSc_3(SO_4)_5$, $KSc(SO_4)_2$ und $K_3Sc(SO_4)_3$. Das $KSc_3(SO_4)_5$ bildet sich peritektisch bei 890 °C und wandelt sich bei 725 °C polymorph um. $KSc(SO_4)_2$ entsteht in peritektoider Reaktion aus β-K_2SO_4 und β-$KSc_3(SO_4)_5$ bei 410 °C. Das $K_3Sc(SO_4)_3$ schmilzt kongruent bei 935 °C, bildet mit α-K_2SO_4 ein Eutektikum bei 803 °C und 15 Mol-% $Sc_2(SO_4)_3$ (s. jedoch Fig. 26, wonach das Eutektikum <800 °C und bei >15 Mol-% $Sc_2(SO_4)_3$ liegt) und ein weiteres Eutektikum mit $KSc_3(SO_4)_5$ bei 823 °C und 50 Mol-% $Sc_2(SO_4)_3$. Das $K_3Sc(SO_4)_3$ zerfällt bei 650 °C eutektoid in α-K_2SO_4 und $KSc_3(SO_4)_5$. Die polymorphe Umwandlung des K_2SO_4 liegt bei 575 °C, Korotaeva u.a. [1].

$KSc_3(SO_4)_5$

Die Verbindung tritt im System K_2SO_4-$Sc_2(SO_4)_3$ auf und schmilzt inkongruent bei 890 °C, s. Fig. 26. Die Hochtemperaturmodifikation α wandelt sich bei 725 °C in die Tieftemperaturform β um. Strichdiagramm der Röntgen-Pulveraufnahme s. Original [1].

Fig. 26

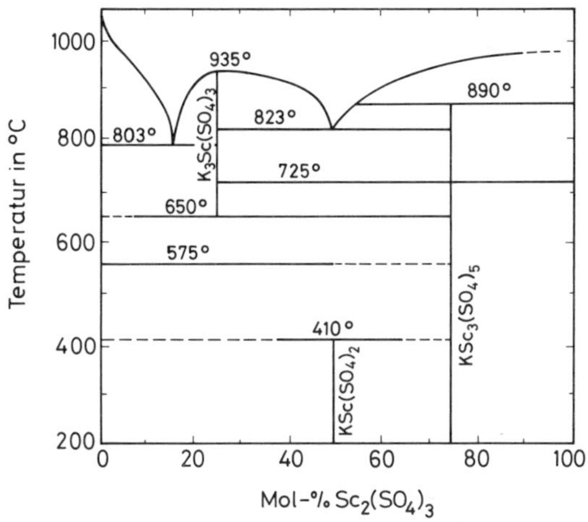

Zustandsdiagramm des Systems K_2SO_4–$Sc_2(SO_4)_3$.

$KSc(SO_4)_2$

Die Verbindung tritt in den Systemen K_2SO_4-$Sc_2(SO_4)_3$, s. S. 238, und K_2SO_4-$Sc_2(SO_4)_3$-H_2O, s. S. 240, auf. Zur Darstellung wird ein äquimolares Gemisch aus K_2SO_4 und $Sc_2(SO_4)_3$ 20 h im Vakuum auf 220 °C, Perret [3], bzw. $\geqq$250 °C erhitzt, Bashkov u.a. [2]. Ebenso ist die Darstellung aus wäßrigen Lösungen im Molverhältnis 1:1 bis 1:1.80 bei etwa 80 °C möglich. Der Niederschlag wird abfiltriert und mit heißem Wasser gewaschen [2].

$KSc(SO_4)_2$ kristallisiert nach Röntgen-Pulveraufnahmen monoklin; Netzebenenabstände und relative Intensitäten s. Original [3]. Im Widerspruch hierzu steht jedoch die optische Einachsigkeit, s. [2]. Es ist isotyp mit $KFe(SO_4)_2$; Raumgruppe $C2/m-C^3_{2h}$, $Cm-C^3_s$ oder $C2-C^3_2$, Gitterkonstanten: a = 8.491, b = 5.260, c = 7.972 Å; β = 93°35′; Z = 2. Eine hexagonale, den Alaunhydraten analoge Verbindung wie von Perret, Rosso [4] vermutet, existiert nicht, Perret [3]. Die Raumgruppe $C2/m-C^3_{2h}$ kann nach Perret [9] ausgeschlossen werden. Gemessene und berechnete Dichte: 2.49 bzw. 2.58 g/cm³ [3]. Die Brechungszahlen der als einachsig-positiv angesehenen Kristalle lauten: n_e = 1.537 und n_o = 1.528, Bashkov u.a. [2].

Beim Erhitzen ist bei 440 bis 450 °C ein reversibler Phasenübergang zu beobachten (und bei 800 bis 1200 °C Zersetzung in K_2SO_4 und Sc_2O_3; s. jedoch das Zustandsdiagramm). Die Verbindung löst sich kongruent in H_2O. Die Löslichkeit ist gering und fällt mit steigender Temperatur. Löslichkeit S, ausgedrückt in Gew.-% Sc_2O_3, in Abhängigkeit von der Temperatur t in °C:

t in °C . .	0	10	20	30	40	50	60	70	80	100
S . . .	0.65	0.52	0.45	0.41	0.37	0.34	0.31	0.28	0.26	0.22

Bashkov u.a. [2].

$K_3Sc(SO_4)_3$

Bildung und Darstellung

Die Verbindung tritt in den Systemen K_2SO_4-$Sc_2(SO_4)_3$ und K_2SO_4-$Sc_2(SO_4)_3$-H_2O auf, s. S. 238, bzw. unten.

Zur Darstellung werden $Sc_2(SO_4)_3$- und K_2SO_4-Lösungen im Molverhältnis 1:3 bis 1:4 bei etwa 80 °C gemischt. Um die Bildung von $KSc(SO_4)_2$ zu vermeiden, gibt man die $Sc_2(SO_4)_3$-Lösung zur K_2SO_4-Lösung (nicht umgekehrt). Der Niederschlag wird abfiltriert und mit Alkohol gewaschen. Auch Festkörperreaktion oberhalb 250 °C ist möglich [2].

Eigenschaften

$K_3Sc(SO_4)_3$ ist monoklin [5]. Die Substanz fällt teils sphärolitisch, seltener in Form länglicher, prismatischer Kristalle an, die kreuzförmig nach (032) und (232) verzwillingt sind, mit einer Spaltbarkeit entlang (010), gelegentlich entlang (001). Die Kristalle sind optisch zweiachsig. Die Brechungsindizes lauten: $n_x=1.531$, $n_z=1.535$, $n_z-n_x=0.004$ [5], $n_x=1.528$, $n_z=1.533$ [2]. Im IR-Spektrum werden folgende Sulfatbanden in cm^{-1} beobachtet: $\nu_1(A_1)$ bei 1001; $\nu_2(E)$ bei 465, 447; $\nu_3(F_2)$ bei 1245, 1140, 1125; $\nu_4(F_2)$ bei 635, 620, 600. Der Einfluß des Kristallfeldes auf die Aufspaltung der IR-Banden bei Sc-Verbindungen mit Anionen XO_4^{2-} ist gering, Zaitsev u.a. [7]. Wie das Zustandsdiagramm zeigt (s. Fig. 26, S. 239), ist $K_3Sc(SO_4)_3$ nur bei >650 °C stabil und schmilzt bei 935 °C kongruent [1]. Bei aus wäßriger Lösung hergestelltem $K_3Sc(SO_4)_3$ wird ein irreversibler Phasenübergang bei 610 bis 620 °C nach thermischen, röntgenographischen und IR-spektroskopischen Untersuchungen von [2] vermutet bzw. bei 826 °C nach thermischen Untersuchungen von Remizov u.a. [8] beobachtet. Nach [8] schmilzt die Verbindung erst bei 976 °C kongruent. – Aus der Lösungswärme in 4 M HNO_3 bei 25 °C und Literaturdaten berechnete Standardbildungsenthalpie: $\Delta H^\circ_{298}=-960.0\pm4.4$ kcal/mol, Remizov u.a. [6].

$K_3Sc(SO_4)_3$ löst sich in Wasser unter Zersetzung [2].

Das System K_2SO_4-$Sc_2(SO_4)_3$-H_2O

Nach isothermen Löslichkeitsuntersuchungen (Restmethode) existieren bei 25 °C außer K_2SO_4 und $Sc_2(SO_4)_3 \cdot 5H_2O$ die Verbindungen $KSc(SO_4)_2$ und $K_3Sc(SO_4)_3$, Figur s. Original. Die Löslichkeit von $Sc_2(SO_4)_3$ wird durch K_2SO_4 geringfügig erhöht von 12.00 Gew-% Sc_2O_3 auf 12.23 Gew.-% am Zweisalzpunkt. Lage der Zweisalzpunkte:

Verbindungen	Gew.-% Sc_2O_3	Gew.-% K_2SO_4
$Sc_2(SO_4)_3 \cdot 5H_2O+KSc(SO_4)_2$	12.23	0.09
$KSc(SO_4)_2+K_3Sc(SO_4)_3$	0.29	1.98
$K_3Sc(SO_4)_3+K_2SO_4$	0.003	10.65

Bashkov u.a. [2].

Wäßrige $K_3Sc(SO_4)_3$-Lösungen

Molare Leitfähigkeit Λ bei 25 °C in $cm^2 \cdot \Omega^{-1} \cdot mol^{-1}$ und pH-Wert bei verschiedenen Verdünnungen V in l/mol $K_3Sc(SO_4)_3$:

V	100	250	500	1000	2000	4000
Λ	368.8	416.2	459.1	496.2	541.5	591.1
pH	3.80	3.98	4.15	4.45	4.52	4.67

Ivanov-Emin u.a. [5].

Literatur:

[1] L.G. Korotaeva, V.G. Remizov, A.G. Dudareva, Kh. Alekhandro Aragon (Zh. Neorgan. Khim. **20** [1975] 2197/9; Russ. J. Inorg. Chem. **20** [1975] 1220/2). – [2] B.I. Bashkov, L.N. Komissarova, V.M. Shatskii (Zh. Neorgan. Khim. **15** [1970] 1362/7; Russ. J. Inorg. Chem. **15** [1970] 699/701). – [3] R. Perret (Bull. Soc. Franc. Mineral. Crist. **93** [1970] 493/4). – [4] R. Perret, B. Rosso (Compt. Rend. C **266** [1968] 1038). – [5] B.N. Ivanov-Emin, L.G. Korotaeva, V.G. Remizov, A.I. Ezhov (Zh. Neorgan. Khim. **11** [1966] 511/5; Russ. J. Inorg. Chem. **11** [1966] 278/80).

[6] V.G. Remizov, S.A. Malyutin, L.G. Korotaeva, K.K. Samplavskaya, B.N. Ivanov-Emin (Zh. Fiz. Khim. **45** [1971] 2941; Russ. J. Phys. Chem. **45** [1971] 1667/8). – [7] B.E. Zaitsev, B.N. Ivanov-Emin, L.G. Korotaeva, V.G. Remizov (Kolebatel'nye Spektry Neorgan. Khim. **1971** 300/9; C.A. **75** [1971] Nr. 81984). – [8] V.G. Remizov, B.N. Ivanov-Emin, L.G. Korotaeva (Zh. Neorgan. Khim. **14** [1969] 2362/7; Russ. J. Inorg. Chem. **14** [1969] 1242/5). – [9] R. Perret (Bull. Soc. Franc. Mineral. Crist. **94** [1971] 84/5).

28.8.3.11.2 Kaliumyttriumsulfate

Potassium Yttrium Sulfates

Angaben über $KY(SO_4)_2$, $K_4Y_2(SO_4)_5$, $K_3Y(SO_4)_3$ und wäßrige K_2SO_4-$Y_2(SO_4)_3$-Lösungen s. unter 28.8.3.1, 28.8.3.3, 28.8.3.5 und 28.8.3.10, S. 227, 230, 231, 238.

Das System K_2SO_4-$Y_2(SO_4)_3$

Das nach röntgenographischen und thermoanalytischen Untersuchungen aufgestellte Zustandsdiagramm ist in **Fig. 27**, S. 242, dargestellt. Danach existieren außer den einfachen Sulfaten vier Doppelsulfate: $K_3Y(SO_4)_3$ entsteht peritektisch aus Schmelze und $K_4Y_2(SO_4)_5$ bei 930 °C und bildet ein Eutektikum mit K_2SO_4 bei 17.5 Mol-% $Y_2(SO_4)_3$ und 880 °C. Bei 1000 °C entmischt sich die Schmelze unter Bildung von $K_4Y_2(SO_4)_5$; der kritische Punkt liegt bei der Zusammensetzung $K_3Y(SO_4)_3$ und etwa 1050 °C. Die Verbindung $K_4Y_2(SO_4)_5$ schmilzt kongruent bei 1060 °C und durchläuft bei ≈480 °C eine Phasenumwandlung. $K_6Y_4(SO_4)_9$ bildet sich in peritektoider Reaktion aus β-$K_4Y_2(SO_4)_5$ und $KY(SO_4)_2$ bei etwa 380 °C. Auch $KY(SO_4)_2$ entsteht in peritektoider Reaktion aus β-$K_4Y_2(SO_4)_5$ und $Y_2(SO_4)_3$ bei etwa 410 °C. Bei 600 °C und kurz unterhalb 700 °C sind die polymorphen Umwandlungen von K_2SO_4 und $Y_2(SO_4)_3$ eingezeichnet, Degtiarev u.a. [3]. Eine nichtstöchiometrische Verbindung $K_{6+3n}Y_{4-n}(SO_4)_9$ mit $n \approx 0.4$ wird nach röntgenographischen und thermischen Untersuchungen zwischen 30 und 35 Mol-% $Y_2(SO_4)_3$ nachgewiesen, Degtiarev u.a. [4].

Das System K_2SO_4-$Y_2(SO_4)_3$-H_2O

Die nach isothermen Löslichkeitsuntersuchungen mit Hilfe der Restmethode aufgestellte Löslichkeitsisotherme bei 25 °C (Figur s. Original) zeigt, daß nur eine Doppelverbindung und zwar $KY(SO_4)_2 \cdot H_2O$, auftritt. Ein peritonischer Punkt $Y_2(SO_4)_3 \cdot 8H_2O + KY(SO_4)_2 \cdot H_2O$ liegt bei 8.17 Gew.-% $Y_2(SO_4)_3$ und 6.01 Gew.-% K_2SO_4, ein eutonischer Punkt $KY(SO_4)_2 \cdot H_2O + K_2SO_4$ bei 3.52 Gew.-% $Y_2(SO_4)_3$ und 11.30 Gew.-% K_2SO_4, Shakhno u.a. [1].

Fig. 27

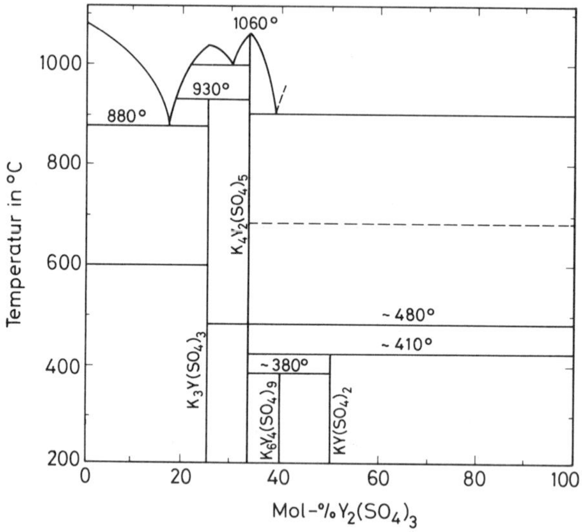

Zustandsdiagramm des Systems K_2SO_4-$Y_2(SO_4)_3$.

$KY(SO_4)_2 \cdot H_2O$

Die inkongruent lösliche Verbindung tritt im System K_2SO_4-$Y_2(SO_4)_3$-H_2O, s. S. 241, auf [1]. Ihre Existenz wird auch aufgrund von Mitfällungsreaktionen von ^{91}Y mit K_2SO_4 vermutet, Grebenshchikova, Bobrova [2], und ist nach röntgenographischen Untersuchungen gesichert; relative Intensitäten und Netzebenenabstände des Röntgen-Pulverdiagramms s. Original. Die Dichte beträgt 3.623 g/cm³. $KY(SO_4)_2 \cdot H_2O$ bildet sehr kleine Kristalle. Genügend große Kristalle zur Bestimmung der Brechungszahlen werden durch isothermes Verdampfen hergestellt: $n_x = 1.532$, $n_z = 1.535$ (Fehlergrenze ±0.001) [1].

Literatur:

[1] I.V. Shakhno, A.P. Belousova, M.D. Pavkina, V.E. Plyushchev (Zh. Neorgan. Khim. **12** [1967] 2500/3; Russ. J. Inorg. Chem. **12** [1967] 1319/21). – [2] V.I. Grebenshchikova, V.N. Bobrova (Radiokhimiya **3** [1961] 384/90). – [3] P.A. Degtiarev, A.N. Pokrovski, L.M. Kovba (Ann. Chim. [Paris] [15] **3** [1978] 187/91). – [4] P.A. Degtiarev, A.N. Pokrovskii, L.M. Kovba (J. Less-Common Metals **68** [1979] 107/10).

Potassium Lanthanum Sulfates

28.8.3.11.3 Kaliumlanthansulfate

Ergänzende Angaben zu $KLa(SO_4)_2$, $K_3La(SO_4)_3$, $K_5La(SO_4)_4$, System K_2SO_4-$La_2(SO_4)_3$-H_2O, $KLa(SO_4)_2 \cdot H_2O$ s. unter 28.8.3.1, 28.8.3.5, 28.8.3.6, 28.8.3.7 und 28.8.3.8, S. 227, 231, 233, 233, 235, und Angaben zu $K_4La_2(SO_4)_5$ s. unter 28.8.3.3, S. 230.

$KLa(SO_4)_2$

Zur Darstellung wird $La(NO_3)_3$-Lösung zu einer Lösung von K_2SO_4 in 8 M H_2SO_4 gegossen; Verhältnis $K_2SO_4 : La^{3+} = 3$ bis 7, Grebenshchikova, Chernyavskaya [5]. Beim thermischen Abbau des Monohydrats wird auf den Thermogravimeterkurven nach der Abgabe des Kristallwassers bei 275 °C ein exothermer Effekt bei 380 °C mit Rekristallisation von $KLa(SO_4)_2$ erklärt, Iskhakova, Plyushchev [7]. In einer Lösung die 0.12 M an K_2SO_4 und 8 M an H_2SO_4 ist, lösen sich 0.32±0.04 g/l $KLa(SO_4)_2$ [5].

$K_3La(SO_4)_3$

Die Verbindung $K_3La(SO_4)_3$ läßt sich durch Umsetzen von 10 ml gesättigter K_2SO_4-Lösung und 263 mg $La(NO_3)_3$ erhalten, Atomic Energy Commission, Angerman [1]. Zur Darstellung aus $La(NO_3)_3$-Lösung und H_2SO_4-saurer Lösung mit $K_2SO_4 : La^{3+} = 7$ bis 20 und 4 M H_2SO_4 s. [5]. Die pyknometrische Dichte beträgt: D = 3.347 g/cm³ bei 24 °C, Beck [2].

Löslichkeit S von $K_3La(SO_4)_3$ in 1.5 M HNO_3 in Abhängigkeit von zugesetztem K_2SO_4 bei 20 °C:

mol/l K_2SO_4 . . .	0.2	0.4	0.8	1.5
S in g/l	22.41	1.72	0.064	0.003

Kurchatov u.a. [3]. In einer Lösung, die 0.12 M an K_2SO_4 und 4 M an H_2SO_4 ist, lösen sich 0.15±0.03 g/l $K_3La(SO_4)_3$ [5].

Die Mitfällung mit $K_3La(SO_4)_3$ eignet sich zur Abtrennung der radioaktiven Elemente [1, 3 bis 6]. Die Abtrennung des Pu^{3+} von Np^{3+} wurde von Kurchatov u.a. [3] untersucht. Eine 98%ige Mitfällung von Pu^{3+} mit $K_3La(SO_4)_3$ in 0.4 N HF-Lösung erreichte [1]. Das Mitfällen von Pu^{3+} und Am^{3+} wurde von Grebenshchikova u.a. [4, 5] untersucht.

$K_5La(SO_4)_4$

Die Verbindung wird bei 25 °C im System K_2SO_4-$La_2(SO_4)_3$-H_2O, s. unten, beobachtet. – Die Verbindung wird dargestellt durch Ausfällen aus an K_2SO_4 übersättigter 0.5 und 1.5 N HNO_3-Lösung mit $La(NO_3)_3$, Bobrova [12]. Die Bildung von $K_5La(SO_4)_4$ im System La^{3+}-K_2SO_4 -0.5 N HNO_3 bei der Mitfällung von La^{3+} mit K_2SO_4 in gesättigter Kaliumsulfatlösung wurde von Grebenshchikova, Bobrova [8 bis 11] untersucht. Die pyknometrische Dichte bei 25 °C beträgt D = 3.21 g/cm³, Iskhakova, Plyushchev [7]. In 0.5 und 1.5 N HNO_3-Lösungen, an K_2SO_4 gesättigt, beträgt die $K_5La(SO_4)_4$-Löslichkeit 1.4×10^{-6} bzw. 7.1×10^{-6} mol/l [12] oder 1×10^{-3} g/l in an K_2SO_4 gesättigtem 0.5 N HNO_3 [8].

Das System K_2SO_4-$La_2(SO_4)_3$-H_2O

Nach isothermen Löslichkeitsuntersuchungen bei 25 °C mit der Restmethode existieren außer den Randkomponenten die Verbindungen $KLa(SO_4)_2 \cdot H_2O$ (kongruent löslich) und $K_5La(SO_4)_4$ (inkongruent löslich). Lage der Zweisalzpunkte:

Verbindungen	Gew.-% $La_2(SO_4)_3$	Gew.-% K_2SO_4
$La_2(SO_4)_3 \cdot 9H_2O + KLa(SO_4)_2 \cdot H_2O$	1.92	0.09
$KLa(SO_4)_2 \cdot H_2O + K_5La(SO_4)_4$	0.09	1.01
$K_5La(SO_4)_4 + K_2SO_4$	0.004	11.12

Möglicherweise existiert unterhalb von 25 °C die (auch in anderen Systemen K_2SO_4-$M_2(SO_4)_3$-H_2O festgestellte) Verbindung $K_6La_4(SO_4)_9 \cdot 8H_2O$ [7]. Zum Existenzbereich der beiden Doppelsulfate s. auch Iskhakova u.a. [13].

$KLa(SO_4)_2 \cdot H_2O$

Die kongruent lösliche Verbindung tritt bei 25 °C im System K_2SO_4-$La_2(SO_4)_3$-H_2O, s. S. 243, auf. Die pyknometrische Dichte bei 25 °C beträgt: D=3.28 g/cm³ [7].

Literatur:

[1] U.S. Atomic Energy Commission, A.H. Angerman (U.S.P. 2857241 [1958] nach C.A. **1959** 1952). – [2] G. Beck (J. Prakt. Chem. **156** [1940] 227/40, 236). – [3] B.V. Kurchatov, V.I. Grebenshchikova, N.B. Chernyavskaya, G.N. Yakovlev (Proc. 1st Intern. Conf. Peaceful Uses At. Energy, Geneva 1955, Bd. 7, S. 318/20). – [4] V.I. Grebenshchikova, R.V. Bryzgalova, N.B. Chernyavskaya, V.N. Bobrova (Radiokhimiya **1** [1959] 11/21 nach C.A. **1959** 18580). – [5] V.I. Grebenshchikova, N.B. Chernyavskaya (Radiokhimiya **3** [1961] 650/3 nach C.A. **56** [1962] 10987).

[6] M. Kyrš, J. Filip (Collection Czech. Chem. Commun. **25** [1960] 1985/91). – [7] L.D. Iskhakova, V.E. Plyushchev (Zh. Neorgan. Khim. **15** [1970] 2526/30; Russ. J. Inorg. Chem. **15** [1970] 1307/9). – [8] V.I. Grebenshchikova, V.N. Bobrova (Radiokhimiya **3** [1961] 377/83 nach C.A. **56** [1962] 6716). – [9] V.I. Grebenshchikova, V.N. Bobrova (Radiokhimiya **3** [1961] 645/9 nach C.A. **56** [1962] 11006). – [10] V.I. Grebenshchikova, V.N. Bobrova (Redkozemel. Elementy Akad. Nauk SSSR Inst. Geokhim. Analit. Khim. **1963** 191/4; C.A. **61** [1964] 3757).

[11] V.I. Grebenshchikova, V.N. Bobrova (Zh. Neorgan. Khim. **3** [1958] 40/5; Russ. J. Inorg. Chem. **3** Nr. 1 [1958] 58/67). – [12] V.N. Bobrova (Radiokhimiya **2** [1960] 500/4 nach C.A. **56** [1962] 10989). – [13] L.D. Iskhakova, V.E. Plyushchev, L.A. Perezhogina (Zh. Neorgan. Khim. **16** [1971] 1836/40; Russ. J. Inorg. Chem. **16** [1971] 976/8).

Potassium Cerium Sulfates

28.8.3.11.4 Kaliumcersulfate

Potassium Cerium(III) Sulfates

28.8.3.11.4.1 Kaliumcer(III)-sulfate

Ergänzende Angaben über $K_3Ce(SO_4)_3$, $K_5Ce(SO_4)_4$, System K_2SO_4-$Ce_2(SO_4)_3$-H_2O, $KCe(SO_4)_2 \cdot H_2O$ und $K_6Ce_4(SO_4)_9 \cdot 8H_2O$ s. unter 28.8.3.5, 28.8.3.6, 28.8.3.7, 28.8.3.8 und 28.8.3.9, S. 231, 233, 233, 235, 236.

$K_6Ce_4(SO_4)_9$. $K_4Ce_2(SO_4)_5$. $K_3Ce(SO_4)_3$

Die Verbindungen $K_6Ce_4(SO_4)_9$, $K_4Ce_2(SO_4)_5$ und $K_3Ce(SO_4)_3$ werden beim Erhitzen der Hydrate oberhalb 180, 165 bzw. 200 °C gebildet, s. S. 246, Pospelova u.a. [1]. Die pyknometrisch gemessene Dichte von $K_3Ce(SO_4)_3$ bei 23 °C beträgt D=3.236 g/cm³, Beck [13].

$K_5Ce(SO_4)_4$

Die Verbindung tritt im System K_2SO_4-$Ce_2(SO_4)_3$-H_2O zwischen 0 und 75 °C auf, s. S. 245, Schröder, Schackmann [14]. Sie wird dargestellt durch Ausfällen aus an K_2SO_4 übersättigter 0.5 und 1.5 N HNO_3-Lösung mit $Ce(NO_3)_3$, Bobrova [9]. Die Bildung von $K_5Ce(SO_4)_4$ im System Ce^{3+}-K_2SO_4 -0.5 bzw. 1.5 N HNO_3 bei der Mitfällung von Ce mit K_2SO_4 in gesättigter Kaliumsulfatlösung wird mit Hilfe von radioaktivem ^{141}Ce von Grebenshchikova Bobrova [5 bis 8] und Babayan u.a. [11] untersucht. In an K_2SO_4 gesättigten 0.5 und 1.5 N HNO_3-Lösungen beträgt die $K_5Ce(SO_4)_4$-Löslichkeit 1.9×10^{-6} mol/l bzw. 7.9×10^{-6} mol/l [9] bzw. 1.4×10^{-3} g/l in an K_2SO_4 gesättigtem 0.5 N HNO_3 [7]. Der Einbau von Ce^{3+} in das K_2SO_4-Gitter wurde von Draganova [10] untersucht. Eine Erhöhung an Ce^{3+} und der Kristallisationstemperatur verursacht eine Verringerung des Einbaugrades. Untersuchungen von Spitsyn, Gronov [12] mit K_2SO_4 (markiert duch ^{35}S) zeigen, daß der Einbau von Ce^{3+} in K_2SO_4 gegen einen konstanten Wert geht.

Das System K_2SO_4-$Ce_2(SO_4)_3$-H_2O

Nach Löslichkeitsuntersuchungen (Restmethode) zwischen 0 und 75 °C existieren im System K_2SO_4-$Ce_2(SO_4)_3$-H_2O die Verbindungen $Ce_2(SO_4)_3 \cdot n\,H_2O$, $KCe(SO_4)_2 \cdot H_2O$ (oberhalb 13 °C kongruent löslich), $K_6Ce_4(SO_4)_9 \cdot 8\,H_2O$ (nur bei 0 bis ≈25 °C beobachtet, unterhalb 17 °C kongruent löslich), $K_5Ce(SO_4)_4$ (im Original wird das Verhältnis von Ce zu K mit 1:4 bis 5 angegeben) und K_2SO_4. Bei etwa 25 °C treten alle drei Doppelsalze gleichzeitig als stabile feste Phasen auf. Wegen der Schwerlöslichkeit stellen sich die Gleichgewichte erst nach bis zu 70tägigem Rühren ein.

Zweisalzpunkte bei 25 °C und Dichte D_4^{25} in g/cm³ der an beiden Salzen gesättigten Lösung:

Verbindungen	Gew.-% $Ce_2(SO_4)_3$	Gew.-% K_2SO_4	D_4^{25}
$Ce_2(SO_4)_3 \cdot 8\,H_2O + KCe(SO_4)_2 \cdot H_2O$	8.01	–	1.0820
$KCe(SO_4)_2 \cdot H_2O + K_6Ce_4(SO_4)_9 \cdot 8\,H_2O$	0.32	0.66	1.0056
$K_6Ce_4(SO_4)_9 \cdot 8\,H_2O + K_5Ce(SO_4)_4$	0.16	1.06	1.0079
$K_5Ce(SO_4)_4 + K_2SO_4$	–	10.71	1.0840

Zweisalzpunkte bei 0, 50 und 75 °C s. Original, Schröder, Schackmann [14]. Zu den Existenzbereichen der 3 Doppelsulfate s. auch Iskhakova u.a. [3].

$KCe(SO_4)_2 \cdot H_2O$

Tritt im System K_2SO_4-$Ce_2(SO_4)_3$-H_2O als oberhalb 13 °C kongruent lösliche Verbindung auf, s. oben [14].

$K_6Ce_4(SO_4)_9 \cdot 8\,H_2O$. $K_4Ce_2(SO_4)_5 \cdot 2\,H_2O$. $K_6Ce_2(SO_4)_6 \cdot H_2O$

$K_6Ce_4(SO_4)_9 \cdot 8\,H_2O$ und $K_6Ce_2(SO_4)_6 \cdot H_2O$ werden durch direktes Mischen der wäßrigen Lösungen von $Ce_2(SO_4)_3$ (in der Kälte gesättigt) und $KHSO_4$ im Verhältnis 1:5 bzw. 1:10 als kristalline Niederschläge erhalten. Analog wird $K_4Ce_2(SO_4)_5 \cdot 2\,H_2O$ aus $Ce_2(SO_4)_3$- und K_2SO_4-Lösungen im Verhältnis 1:2 dargestellt. Nach dem Abfiltrieren wird mit H_2O oder H_2O-CH_3OH(1:1) gewaschen und mit Alkohol und Äther getrocknet, Pospelova u.a. [4]. Die Brechungszahlen der feinen nadelförmigen Kristalle von $K_6Ce_4(SO_4)_9 \cdot 8\,H_2O$ betragen $n_x=1.534$, $n_y=1.550$ und $n_z=1.565$. Für $K_6Ce_2(SO_4)_6 \cdot H_2O$ ist $n_x=1.531$, $n_y=1.538$ und $n_z=1.590$. An den sehr feinen Kristallen $K_4Ce_2(SO_4)_5 \cdot 2\,H_2O$ ließen sich die Brechungszahlen nicht bestimmen, Pospelova u.a. [4]. Absorptionsbanden der Sulfatgruppen im IR-Spektrum (Suspension in flüssigem Paraffin) in cm^{-1}:

Zuordnung	$\nu_1(A_1)$	$\nu_3(F_2)$	$\nu_4(F_2)$
$K_6Ce_4(SO_4)_9 \cdot 8\,H_2O$	972, 996, 1009	1046, ≈1105, 1133, 1155, 1177, 1212, 1227	597, 620, ≈650, 658
$K_4Ce_2(SO_4)_5 \cdot 2\,H_2O$	973, 983, 1008	1047, 1077, ≈1110, 1176, 1193, 1210	601, 623, ≈644, 656
$K_6Ce_2(SO_4)_6 \cdot H_2O$	975	1052, 1105, 1118, 1175, 1180	605, 620, 642, 655

Für das Kristallwasser liegt ν(OH) bei ≈3370 und ≈3550 cm^{-1}, ≈3280 und ≈3550 cm^{-1} sowie ≈3240 und ≈3580 cm^{-1}, $\delta(H_2O)$ bei 1645, 1645, sowie 1652 cm^{-1} für $K_6Ce_4(SO_4)_9 \cdot 8\,H_2O$, $K_4Ce_2(SO_4)_5 \cdot 2\,H_2O$ bzw. $K_6Ce_2(SO_4)_6 \cdot H_2O$. Weitere nicht zugeordnete Banden s. Original. Aus IR-spektroskopischen Untersuchungen und Leitfähigkeitsmessungen, s. unten, wird auf die Bindung der SO_4-Gruppe und auch des Kristallwassers in der inneren Sphäre geschlossen, und die Verbindungen werden als Komplexe $K_6[Ce_4(SO_4)_9(H_2O)_8]$, $K_4[Ce_2(SO_4)_5(H_2O)_2]$ und $K_3[Ce(SO_4)_3(H_2O)_{0.5}]$ formuliert, Pospelova u.a. [2].

Beim Erhitzen findet zunächst Entwässerung, dann Zersetzung zu K_2SO_4 und $Ce_2(SO_4)_3$ und schließlich CeO_2-Bildung statt:

Verbindung	Entwässerung	Zersetzung	Oxidbildung
$K_6Ce_4(SO_4)_9 \cdot 8\,H_2O$	180 bis 240 °C	≈730 °C	>870 °C
$K_4Ce_2(SO_4)_5 \cdot 2\,H_2O$	165 bis 210 °C	625 bis 640 °C	≈900 °C
$K_6Ce_2(SO_4)_6 \cdot H_2O$	200 bis 220 °C	≈670 °C	≈900 °C

Pospelova u.a. [1]. Alle 3 Verbindungen sind in Wasser löslich, $K_4Ce_2(SO_4)_5 \cdot 2\,H_2O$ und $K_6Ce_2(SO_4)_6 \cdot H_2O$ jedoch nicht in organischen Lösungsmitteln, Pospelova u.a. [4].

Aqueous Solutions

Wäßrige Lösungen

Zur Dichte D_4^{25} an den Zweisalzpunkten bei 25 °C s. S. 245. Weitere D-Werte der wäßrigen Lösungen bei 0, 25, 50 und 75 °C in weitem Konzentrationsbereich s. bei [14].

Molare Leitfähigkeit Λ in $cm^2 \cdot \Omega^{-1} \cdot mol^{-1}$ und pH-Werte der wäßrigen Lösungen bei verschiedenen Verdünnungen V in l/mol:

$K_6Ce_4(SO_4)_9 \cdot 8\,H_2O$			$K_4Ce_2(SO_4)_5 \cdot 2\,H_2O$			$K_6Ce_2(SO_4)_6 \cdot H_2O$		
V	Λ	pH	V	Λ	pH	V	Λ	pH
250	–	–	250	658	5.2	250	480	5.6
500	1010	5.5	500	664	5.5	500	482	6.0
1000	1060	5.8	1000	692	5.6	1000	484	6.1

Pospelova u.a. [2].

Literatur:

[1] L.A. Pospelova, V.N. Kokunova, L.M. Zaitsev (Zh. Neorgan. Khim. **15** [1970] 2349/53; Russ. J. Inorg. Chem. **15** [1970] 1217/9). – [2] L.A. Pospelova, V.N. Kokunova, L.M. Zaitsev (Zh. Neorgan. Khim. **15** [1970] 2354/60; Russ. J. Inorg. Chem. **15** [1970] 1219/22). – [3] L.D. Iskhakova, V.E. Plyushchev, L.A. Perezhogina (Zh. Neorgan. Khim. **16** [1971] 1836/40; Russ. J. Inorg. Chem. **16** [1971] 976/9). – [4] L.A. Pospelova, V.N. Kokunova, L.M. Zaitsev (Zh. Neorgan. Khim. **15** [1970] 2343/8; Russ. J. Inorg. Chem. **15** [1970] 1214/6). – [5] V.I. Grebenshchikova, V.N. Bobrova (Zh. Neorgan. Khim. **3** [1958] 40/5; Russ. J. Inorg. Chem. **3** Nr. 1 [1958] 58/67).

[6] V.I. Grebenshchikova, V.N. Bobrova (Radiokhimiya **3** [1961] 645/9 nach C.A. **56** [1962] 11006). – [7] V.I. Grebenshchikova, V.N. Bobrova (Radiokhimiya **3** [1961] 377/83 nach C.A. **56** [1962] 6716). – [8] V.I. Grebenshchikova, V.N. Bobrova (Redkoze-

mel. Elementy Akad. Nauk SSSR Inst. Geokhim. Analit. Khim. **1963** 191/4; C.A. **61** [1964] 3757). – [9] V.N. Bobrova (Radiokhimiya **2** [1960] 500/4 nach C.A. **56** [1962] 10989). – [10] D. Draganova (God. Sofii. Univ. Khim. Fak. **64** [1972] 267/80; C.A. **78** [1973] Nr. 116092).

[11] S.B. Babayan, I.V. Melikov, M.S. Merkulova (Radiokhimiya **4** [1962] 521/5; Soviet Radiochem. **4** [1962] 459/62). – [12] V.I. Spitsyn, V.V. Gronov (Dokl. Akad. Nauk SSSR **147** [1962] 663/6; Dokl. Phys. Chem. Proc. Acad. Sci. USSR **147** [1962] 839/41). – [13] G. Beck (J. Prakt. Chem. **156** [1940] 227/40, 236). – [14] W. Schröder, H. Schackmann (Z. Anorg. Allgem. Chem. **220** [1934] 389/410).

28.8.3.11.4.2 Kaliumcer(IV)-sulfate

Potassium Cerium(IV) Sulfates

$K_2Ce(SO_4)_3$

Bildet sich bei >140 oder >220 °C aus dem 2- bzw. 3-Hydrat, s. unten [4].

$K_4Ce(SO_4)_4$

$K_4Ce(SO_4)_4$ entsteht bei >170 oder >182 °C aus dem Di- bzw. Trihydrat, s. S. 248, [4].

$K_2Ce(SO_4)_3 \cdot 3H_2O$

Die Verbindung entsteht beim Mischen gesättigter, stark saurer (15%ig an H_2SO_4) Lösungen von $Ce(SO_4)_2$ und K_2SO_4. Beim Eindampfen auf dem kochenden Wasserbad entstehen schöne, orangefarbene Kristalle. Die Substanz wird schnell abfiltriert, mit Eiswasser, Alkohl und Äther gewaschen und bis zur Gewichtskonstanz getrocknet, Kharzeeva, Serebrennikov [1], Golovnya u.a. [2, 3]. Im IR-Spektrum werden die Sulfat-Banden bei gleicher Wellenzahl wie beim $K_2Ce(SO_4)_3 \cdot 2H_2O$ beobachtet, jedoch liegen die $\delta(H_2O)$-Bande bei 1625 cm^{-1} und die $\nu(OH)$-Banden bei 3200 und 3380 cm^{-1}, Kharzeeva, Serebrennikov [1]. Nach thermographischen und thermogravimetrischen Untersuchungen (Figur s. Original) verliert das Doppelsulfat bei >136 °C 2 mol H_2O und bei >220 °C das letzte mol H_2O, Kharzeeva u.a. [4].

$K_2Ce(SO_4)_3 \cdot 2H_2O$

Das Doppelsulfat läßt sich durch Umsetzen einer mit 25%igem H_2SO_4 stark angesäuerten Lösung von $Ce(SO_4)_2$, die auf 80 bis 90 °C erhitzt wird, und einer gesättigten Alkalisulfatlösung erhalten. Die Lösung wird auf dem siedenden Wasserbad eingedampft bis hellorangefarbene Kristalle ausfallen. Das Produkt wird schnell abfiltriert, mit Eiswasser, Alkohol und Äther gewaschen und bis zur Gewichtskonstanz getrocknet, Kharzeeva, Serebrennikov [1], Golovnya u.a. [2, 3]. Im IR-Spektrum werden folgende Absorptionsmaxima (Suspension in flüssigem Paraffin) beobachtet: $\nu_2(E)SO_4$ bei 408, 508 cm^{-1}, $\nu_4(F_2)SO_4$ bei 592, 614, 692 cm^{-1}, $\nu_1(A_1)SO_4$ bei 958, 987, 1054, 1087 cm^{-1}, $\nu_3(F_2)SO_4$ bei 1146, 1195, 1234, 1258 cm^{-1}, $\delta(H_2O)$ bei 1600, 1625 cm^{-1}, $\nu(OH)$ bei 3166, 3480 cm^{-1}, Kharzeeva, Serebrennikov [1]. Bei 140 °C verliert das Doppelsulfat nach thermographischen und thermogravimetrischen Untersuchungen, Figur s. Original, sein Kristallwasser, Kharzeeva u.a. [4].

$K_4Ce(SO_4)_4 \cdot 3H_2O$

$K_4Ce(SO_4)_4 \cdot 3H_2O$ wird durch Umsetzen von 8 bis 10%iger $Ce(SO_4)_2$- und K_2SO_4-Lösung erhalten, die End-Säurekonzentration liegt zwischen 1 bis 2% H_2SO_4. Nach kurzer

Zeit kristallisiert die Substanz optisch einheitlich aus. Die Substanz wird filtriert, mit Eiswasser, Alkohol und Äther gewaschen, Golovnya, Pospelova [2]. Die Dichte beträgt: $D_4^{25}=2.730$ g/cm³. Brechungszahlen: $n_x=1.552$, $n_y=1.561$, $n_z=1.591$ [2]. Im IR-Spektrum (400 bis 4000 cm^{-1}), Figur s. Original, werden folgende Absorptionsmaxima beobachtet (Suspension in flüssigem Paraffin): $\nu_2(E)SO_4$ bei 425, 500 cm^{-1}, $\nu_4(F_2)SO_4$ bei 595, 613, 637, 645 cm^{-1}, $\nu_1(A_1)SO_4$ bei 958, 979, 991, 1054, 1087 cm^{-1}, $\nu_3(F_2)SO_4$ bei 1146, 1200, 1230, 1254 cm^{-1}, $\delta(H_2O)$ bei 1604, 1630 cm^{-1}, $\nu(OH)$ bei 3250, 3483 cm^{-1}, Kharzeeva, Serebrennikov [1]. Nach thermographischen und thermogravimetrischen Untersuchungen (Figur s. Original) verliert die Substanz bei >182 °C ihr Kristallwasser [4].

$K_4Ce(SO_4)_4 \cdot 2H_2O$

Die Verbindung wird durch Mischen konzentrierter saurer Lösungen (≈3%ig in H_2SO_4) von $Ce(SO_4)_2$ und K_2SO_4 erhalten. Die Lösung wird auf dem siedenden Wasserbad bis zur Kristallisation eingedampft und sofort abfiltriert, mit Eiswasser, Alkohol und Äther gewaschen. Die Dichte der optisch einheitlichen Substanz beträgt: $D_4^{25}=2.748$ g/cm³. Brechungszahlen: $n_x=1.549$, $n_y=1.557$, $n_z=1.595$, Golovnya, Pospelova [2]. Im IR-Spektrum (Suspension in flüssigem Paraffin) werden folgende Absorptionsmaxima beobachtet: $\nu_2(E)SO_4$ bei 429, 458, 500 cm^{-1}, $\nu_4(F_2)SO_4$ bei 593, 613, 633, 650 cm^{-1}, $\nu_1(A_1)SO_4$ bei 958, 991 cm^{-1}, $\nu_3(F_2)SO_4$ bei 1058, 1083, 1146, 1238, 1254 cm^{-1}, $\delta(H_2O)$ bei 1604, 1629 cm^{-1}, $\nu(OH)$ bei 3275, 3500 cm^{-1}, Kharzeeva, Serebrennikov [1]. Nach thermographischen und thermogravimetrischen Untersuchungen (Figur s. Original) verliert das Doppelsulfat bei >170 °C sein Kristallwasser [4].

Literatur:

[1] S.E. Kharzeeva, V.V. Serebrennikov (Zh. Neorgan. Khim. **12** [1967] 3026/30; Russ. J. Inorg. Chem. **12** [1967] 1601/3). – [2] V.A. Golovnya, L.A. Pospelova (Zh. Neorgan. Khim. **6** [1961] 636/40; Russ. J. Inorg. Chem. **6** [1961] 324/6). – [3] V.A. Golovnya, L.A. Pospelova, G.T. Bolotova (Zh. Neorgan. Khim. **5** [1960] 2204/10; Russ. J. Inorg. Chem. **5** [1960] 1069/72). – [4] S.E. Kharzeeva, A.S. Vyatkina, V.V. Serebrennikov (Zh. Neorgan. Khim. **13** [1968] 1861/4; Russ. J. Inorg. Chem. **13** [1968] 969/71).

Potassium Praseodymium Sulfates

28.8.3.11.5 Kaliumpraseodymsulfate

Ergänzende Angaben über $KPr(SO_4)_2$, $K_7Pr_3(SO_4)_8$, $K_3Pr(SO_4)_3$, $K_5Pr(SO_4)_4$, System K_2SO_4-$Pr_2(SO_4)_3$-H_2O, $KPr(SO_4)_2 \cdot H_2O$ und $K_6Pr_4(SO_4)_9 \cdot 8H_2O$ s. unter 28.8.3.1, 28.8.3.4, 28.8.3.5, 28.8.3.6, 28.8.3.7, 28.8.3.8 und 28.8.3.9, S. 227, 231, 231, 233, 233, 235 bzw. 236.

$KPr(SO_4)_2$

Beim thermischen Abbau des Monohydrats wird nach der Abgabe des Kristallwassers bei 230 °C ein exothermer Effekt bei 416 °C mit Rekristallisation von $KPr(SO_4)_2$ erklärt, Iskhakova, Plyushchev [5]. Das $KPr(SO_4)_2$ kristallisiert nach Einkristallaufnahmen und Röntgen-Pulverdaten (relative Intensitäten und Netzebenenabstände s. Original [3]) triklin in der Raumgruppe $P\bar{1}-C_i^1$ mit den Gitterkonstanten $a=6.94\pm0.02$, $b=5.39\pm0.02$, $c=8.47\pm0.01$ Å, $\alpha=91°27'\pm3'$, $\beta=93°51'\pm3'$, $\gamma=88°33'\pm3'$; Z=2, Degtyarev u.a. [2], Sirotinkin u.a. [1]. Die Röntgenstrukturanalyse (R=0.048) ergibt folgende Atomlagen:

Atom	x	y	z	Atom	x	y	z
Pr	0.8185(0)	0.1894(1)	0.2039(0)	O(3)	0.308(1)	0.037(2)	0.579(1)
K	0.6548(4)	0.2474(5)	0.6867(4)	O(4)	0.077(1)	0.271(2)	0.412(1)
S(1)	0.1753(4)	0.2581(5)	0.5686(4)	O(5)	0.140(1)	0.123(2)	0.089(1)
S(2)	0.3014(4)	0.2785(6)	0.0466(4)	O(6)	0.286(1)	0.479(2)	0.602(1)
O(1)	0.042(1)	0.230(2)	0.696(1)	O(7)	0.378(1)	0.168(2)	0.905(1)
O(2)	0.227(1)	0.533(2)	0.016(1)	O(8)	0.449(1)	0.286(2)	0.177(1)

Im Kristallgitter sind die PrO_8-Polyeder über die Ecken der SO_4-Gruppen zu einem dreidimensionalen Netzwerk verknüpft, in dessen Lücken die K-Atome liegen. Pr mit KZ=8 ist von sieben SO_4-Gruppen umgeben. Das PrO_8-Polyeder ist ein verzerrtes trigonales Prisma mit 2 Kappen (O(1) und O(8) bilden die Spitzen der Kappen). In der Struktur gehört SO_4(2) vier, SO_4(1) wegen einer gemeinsamen Kante nur drei PrO_8-Polyedern an. Die Pr-O-Abstände liegen zwischen 2.41 und 2.59 Å (im Mittel bei 2.50 Å), die K-O-Abstände liegen zwischen 2.68 und 3.44 Å (im Mittel 2.96 Å), die O-O-Abstände im SO_4-Tetraeder liegen im Mittel bei 2.39 Å, der O-O-Abstand der (in bezug auf ein PrO_8-Polyeder) zweizähnigen SO_4-Gruppe liegt bei 2.36 Å [2], s. auch [1].

Die pyknometrische Dichte beträgt D_p=3.81 g/cm³, die röntgenographisch ermittelte Dichte D_r=3.90 g/cm³ [1, 3].

$K_3Pr(SO_4)_3$

Die pyknometrische Dichte bei 25 °C beträgt D=3.266 g/cm³, Beck [4].

$K_5Pr(SO_4)_4$

Tritt als inkongruent lösliche Verbindung im System K_2SO_4-$Pr_2(SO_4)_3$-H_2O, s. unten, auf. Die pyknometrische Dichte bei 25 °C ist D_p=3.29 g/cm³, Iskhakova, Plyushchev [5].

Das System K_2SO_4-$Pr_2(SO_4)_3$-H_2O

Nach isothermen Löslichkeitsuntersuchungen (Restmethode) bei 25 °C existieren im System K_2SO_4-$Pr_2(SO_4)_3$-H_2O neben K_2SO_4 und $Pr_2(SO_4)_3 \cdot 8H_2O$ die drei Doppelsulfate $KPr(SO_4)_2 \cdot H_2O$ (kongruent löslich), $K_6Pr_4(SO_4)_9 \cdot 8H_2O$ und $K_5Pr(SO_4)_4$ (inkongruent löslich). Lage der Zweisalzpunkte:

Verbindungen	Gew.-% $Pr_2(SO_4)_3$	Gew.-% K_2SO_4
$Pr_2(SO_4)_3 \cdot 8H_2O + KPr(SO_4)_2 \cdot H_2O$	8.36	0.13
$KPr(SO_4)_2 \cdot H_2O + K_6Pr_4(SO_4)_9 \cdot 8H_2O$	0.58	0.62
$K_6Pr_4(SO_4)_9 \cdot 8H_2O + K_5Pr(SO_4)_4$	0.09	1.73
$K_5Pr(SO_4)_4 + K_2SO_4$	0.0005	11.15

Iskhakova, Plyushchev [5]. Dagegen stellen Shevchuk, Skorikov [6] bei 25 °C nur das kongruent lösliche $KPr(SO_4)_2 \cdot H_2O$ fest. Der Zweisalzpunkt mit K_2SO_4 liegt bei (in Gew.-%) 10.15 K_2SO_4 und 0.29 $Pr_2(SO_4)_3$, der mit $Pr_2(SO_4)_3 \cdot 8H_2O$ bei 1.41 K_2SO_4 und 8.20 $Pr_2(SO_4)_3$. Die Gleichgewichtseinstellung dauert 3 bis 5 d. Die Kristallisationszweige von K_2SO_4 und $Pr_2(SO_4)_3 \cdot 8H_2O$ sind nur klein.

$KPr(SO_4)_2 \cdot H_2O$

Große Kristalle entstehen, wenn eine gesättigte $Pr_2(SO_4)_3$-Lösung mit wenig K_2SO_4-Lösung versetzt wird [6]. Die Verbindung gibt ihr Wasser bei 230 °C ab [5]. Sie ist in H_2O schwach löslich [6].

$K_6Pr_4(SO_4)_9 \cdot 8\,H_2O$

Die Substanz ist monoklin, Raumgruppe B2/b bzw. $C2/c-C^6_{2h}$ mit a=18.48, b=31.26, c=6.95 Å, γ=101.6°, Akhmed Farag u.a. [7], a=18.57(1), b=7.07(3), c=31.535(50) Å, β=102°15′±10′, Varfolomeev u.a. [8]. Die Röntgenstrukturanalyse (R=0.11) zeigt, daß zwei kristallographisch verschiedene Pr-Atome und fünf SO_4-Arten ein dreidimensionales Netz aufbauen. Das Koordinationspolyeder der beiden Pr-Atome ist ein tetragonales Antiprisma mit O-Atomen an den Ecken und einem zusätzlichen O-Atom über einer der tetragonalen Flächen. Während die innere Sphäre des Pr(1)-Atoms nur aus O-Atomen der SO_4-Gruppen besteht, enthält sie beim Pr(2)-Atom neben sechs O-Atomen der SO_4-Gruppen drei O-Atome des H_2O. Die SO_4(1)-Gruppen verknüpfen als dreizähnige Liganden zwei Pr(1)-Atome, SO_4(2)- und SO_4(3)-Gruppen verknüpfen als vierzähnige Liganden drei Pr(1)- bzw. drei Pr(2)-Atome, die SO_4(4)-Gruppe verbindet als zweizähniger brückenbildender Ligand auf einer zweizähligen Achse zwei Pr(2)-Atome und die SO_4(5)-Gruppe fungiert wie SO_4(1), jedoch unter Verbrückung von je einem Pr(1)- und Pr(2)-Atom. Es ergeben sich entlang der c-Achse zwei Bänder aus Pr(1)+SO_4(2) sowie Pr(2)+SO_4(3), die so mit den SO_4(1)- bzw. SO_4(4)-Gruppen quer verknüpft sind, daß parallel (010) wellenförmige Schichten entstehen. Die Schichten sind durch SO_4(5)-Gruppen verbunden. Innerhalb der Bänder existieren zusätzlich H-Brücken. Die K-Atome und 1 H_2O werden in die Gitterlücken eingebaut, Akhmed Farag [7]. Die röntgenographische Dichte beträgt: 3.01 g/cm³ [8].

Literatur:

[1] S.P. Sirotinkin, S.M. Chizhov, P.A. Degtyarev, A.N. Pokrovskii, L.M. Kovba (Dokl. Akad. Nauk SSSR **237** [1977] 885/8; Dokl. Phys. Chem. Proc. Acad. Sci. USSR **232/237** [1977] 1159/61). – [2] P.A. Degtyarev. A.N. Pokrovskii, L.M. Kovba (Kristallografiya **23** [1978] 840/3; Soviet Phys.-Cryst. **23** [1978] 473/5). – [3] P.A. Degtiarev, A.N. Pokrovskii, L.M. Kovba, F.M. Korytnaia (J. Solid State Chem. **22** [1977] 419/22). – [4] G. Beck (J. Prakt. Chem. **156** [1940] 227/40, 236). – [5] L.D. Iskhakova, V.E. Plyushchev (Zh. Neorgan. Khim. **15** [1970] 2526/30; Russ. J. Inorg. Chem. **15** [1970] 1307/9).

[6] A.V. Shevchuk, V.M. Skorikov (Zh. Neorgan. Khim. **25** [1980] 1121/4; Russ. J. Inorg. Chem. **25** [1980] 622/4). – [7] I.S. Akhmed Farag, L.A. Aslanov, M.A. Porai-Koshits, M.B. Varfolomeev, V.M. Ionov, L.D. Iskhakova (Zh. Fiz. Khim. **47** [1973] 1056; Russ. J. Phys. Chem. **47** [1973] 601/2). – [8] M.B. Varfolomeev, Yu.M. Volgin, L.D. Iskhakova, V.E. Plyushchev (Kristallografiya **15** [1970] 1069/71; Soviet Phys.-Cryst. **15** [1970] 930/1).

Potassium Neodymium Sulfates

28.8.3.11.6 Kaliumneodymsulfate

Ergänzende Angaben über $KNd(SO_4)_2$, $K_4Nd_2(SO_4)_5$, $K_7Nd_3(SO_4)_8$, $K_3Nd(SO_4)_3$, $K_5Nd(SO_4)_4$, System K_2SO_4-$Nd_2(SO_4)_3$-H_2O, $KNd(SO_4)_2 \cdot H_2O$ und $K_6Nd_4(SO_4)_9 \cdot 8\,H_2O$ s. unter 28.8.3.1, 28.8.3.3 bis 28.8.3.9, S. 227 bis 238, und Angaben über wäßrige K_2SO_4-$Nd_2(SO_4)_3$-Lösungen s. unter 28.8.3.10, S. 238.

Das System K_2SO_4-$Nd_2(SO_4)_3$

Das auf thermischen und röntgenographischen Untersuchungen beruhende Zustandsdiagramm ist in **Fig. 28** dargestellt. Es existieren vier Verbindungen:

1) $KNd(SO_4)_2$ bildet sich peritektoid bei etwa 920 °C aus β-$K_7Nd_3(SO_4)_8$ und $Nd_2(SO_4)_3$.

2) $K_4Nd_2(SO_4)_5$ bildet sich in seiner Hochtemperaturmodifikation α aus β-$K_7Nd_3(SO_4)_8$ und $KNd(SO_4)_2$ bei etwa 855 °C, durchläuft bei etwa 790 °C eine polymorphe Umwandlung, und β zerfällt eutektoid bei etwa 570 °C in α-$K_3Nd(SO_4)_3$ und $KNd(SO_4)_2$.

3) α-$K_7Nd_3(SO_4)_8$ schmilzt kongruent bei etwa 1070 °C, durchläuft bei etwa 975 °C eine polymorphe Umwandlung, und die β-Form zerfällt eutektoid in α-$K_3Nd(SO_4)_3$ und α-$K_4Nd_2(SO_4)_5$ bei etwa 825 °C.

4) $K_3Nd(SO_4)_3$ entsteht in seiner α-Form peritektoid aus α-K_2SO_4 und β-$K_7Nd_3(SO_4)_8$ bei 860 °C und wandelt sich bei etwa 530 °C polymorph in die β-Form sowie bei etwa 300 °C in die γ-Form um.

Das Eutektikum zwischen α-K_2SO_4 und β-$K_7Nd_3(SO_4)_8$ liegt bei 17 Mol-% $Nd_2(SO_4)_3$ und 880 °C. Zwischen α-$K_7Nd_3(SO_4)_8$ und $Nd_2(SO_4)_3$ wird ein weiteres Eutektikum bei etwa 35 Mol-% $Nd_2(SO_4)_3$ und etwa 1050 °C vermutet, Degtiarev u.a. [1].

$KNd(SO_4)_2$

Die Verbindung tritt unterhalb etwa 920 °C im System K_2SO_4-$Nd_2(SO_4)_3$ auf. – Die Darstellung erfolgt durch 300 h Glühen der pulverförmigen Gemische von K_2SO_4 und $Nd_2(SO_4)_3$ in stöchiometrischem Verhältnis bei 400 °C [1]. Die Bildung aus $KNd(SO_4)_2 \cdot H_2O$ erfolgt bei 240 °C und die Kristallisation bei 416 °C, Iskhakova,

Fig. 28

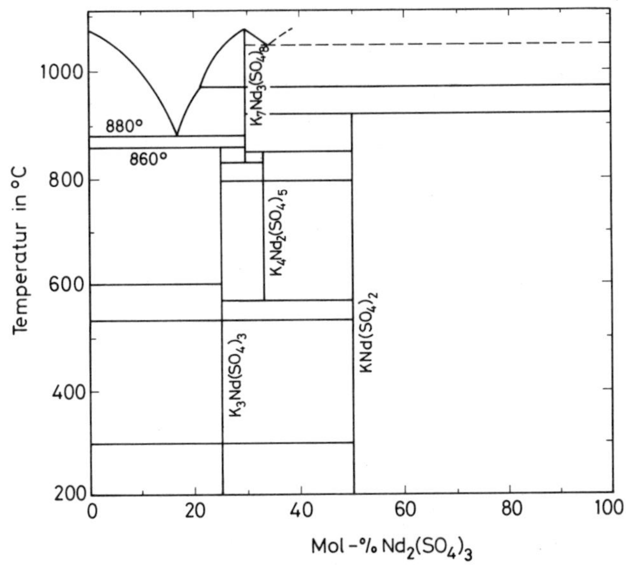

Zustandsdiagramm des Systems K_2SO_4-$Nd_2(SO_4)_3$.

Plyushchev [3]. Einkristalle werden aus der Schmelze gezogen, Degtyarev u.a. [4]. Nach Einkristalluntersuchungen ist $KNd(SO_4)_2$ triklin, Raumgruppe $P\bar{1}-C_i^1$; Z=2 [4]. Gitterkonstanten nach Pulveraufnahmen: a=6.919, b=5.307, c=9.053 Å; α=92°02', β=96°52', γ=90°48', Degtiarev u.a. [5], s. auch [4], Sirotinkin u.a. [6]. Die Röntgenstrukturaufklärung (R=0.046) zeigt, daß ähnlich $KPr(SO_4)_2$, s. S. 248, ein dreidimensionales Netzwerk aus $(NdO_8)_\infty$ aufgebaut wird, verknüpft durch SO_4-Tetraeder. In den Gitterlücken befinden sich die K-Atome, die durch O-Atome 10fach koordiniert sind. Das Koordinationspolyeder des Nd ist ein verzerrtes trigonales Prisma mit zwei Kappen. Die acht Sauerstoffatome kommen von sieben SO_4-Gruppen, derart, daß sechs SO_4 an je vier und ein SO_4 an drei Nd-Polyedern beteiligt sind. Die Nd-O-Abstände betragen im Mittel 2.45 Å. Weitere Atomabstände s. Original. Atomlagen:

Atom	x	y	z	Atom	x	y	z
Nd	0.6956(1)	0.2536(1)	0.2801(1)	O(3)	0.396(2)	0.316(2)	0.378(1)
K	0.8226(5)	0.2749(6)	0.8145(4)	O(4)	0.181(2)	0.010(2)	0.922(1)
S(1)	0.3161(5)	0.2374(6)	0.9283(4)	O(5)	0.194(1)	0.463(2)	0.901(1)
S(2)	0.2222(5)	0.2256(6)	0.4393(4)	O(6)	0.055(2)	0.224(2)	0.320(1)
O(1)	0.190(3)	0.399(2)	0.563(1)	O(7)	0.434(2)	0.209(2)	0.806(1)
O(2)	0.747(2)	0.029(2)	0.507(1)	O(8)	0.429(2)	0.270(2)	0.073(1)

Pyknometrische und röntgenographisch ermittelte Dichte: 3.70 bzw. 3.78 g/cm³ [4], vgl. auch [6].

$K_6Nd_4(SO_4)_9$

Entsteht aus dem 8-Hydrat bei 220 °C und kristallisiert bei 500 °C [3].

$K_4Nd_2(SO_4)_5$. $K_7Nd_3(SO_4)_8$. $K_3Nd(SO_4)_3$

Zum Auftreten der drei Verbindungen im System K_2SO_4-$Nd_2(SO_4)_3$ s. S. 251. – Pyknometrisch wird die Dichte von $K_3Nd(SO_4)_3$ zu 3.215 g/cm³ bei 24 °C gemessen; das Molvolumen beträgt 170.9 cm³, Beck [7].

$K_5Nd(SO_4)_4$

Das vermutlich hexagonale $K_5Nd(SO_4)_4$, [2], wird im System K_2SO_4-$Nd_2(SO_4)_3$-H_2O als bei 25 °C inkongruent lösliche Verbindung festgestellt, s. unten. Relative Intensitäten und Netzebenenabstände der Röntgen-Pulveraufnahmen s. bei [3]. Pyknometrisch bei 25 °C gemessene Dichte: 3.34 g/cm³. Brechungszahlen: n_x=1.540, n_z=1.584 [3]. Von [1] konnte die Verbindung nicht festgestellt werden.

Das System K_2SO_4-$Nd_2(SO_4)_3$-H_2O

Nach isothermen Löslichkeitsuntersuchungen bei 25 °C (Restmethode) existieren neben den Komponenten K_2SO_4 und $Nd_2(SO_4)_3 \cdot 8H_2O$ die Doppelsulfate: $KNd(SO_4)_2 \cdot H_2O$ (kongruent löslich), $K_6Nd_4(SO_4)_9 \cdot 8H_2O$ und das inkongruent lösliche $K_5Nd(SO_4)_4$. Lage der Zweisalzpunkte:

Verbindungen	Gew.-% K_2SO_4	Gew.-% $Nd_2(SO_4)_3$
$Nd_2(SO_4)_3 \cdot 8H_2O + KNd(SO_4)_2 \cdot H_2O$	0.12	4.99
$KNd(SO_4)_2 \cdot H_2O + K_6Nd_4(SO_4)_9 \cdot 8H_2O$	0.35	0.67
$K_6Nd_4(SO_4)_9 \cdot 8H_2O + K_5Nd(SO_4)_4$	2.40	0.08
$K_5Nd(SO_4)_4 + K_2SO_4$	11.17	0.0005

Die Kristallisationsbereiche der Ausgangskomponenten sind klein [3].

$KNd(SO_4)_2 \cdot H_2O$

Die kongruent lösliche Verbindung wird bei 25 °C im System K_2SO_4-$Nd_2(SO_4)_3$-H_2O, s. im vorstehenden, festgestellt. Das monokline Doppelsulfat fällt in Form feiner Nadeln an. Der Habitus ist prismatisch [2]. Relative Intensitäten und Netzebenenabstände der Röntgen-Pulveraufnahmen s. bei [3]. Das Kristallwasser wird bei 240 °C abgebaut [3].

$K_6Nd_4(SO_4)_9 \cdot 8H_2O$

Die monokline Verbindung tritt im System K_2SO_4-$Nd_2(SO_4)_3$-H_2O bei 25 °C auf, s. S. 252. – Die Brechungszahlen sind $n_x = 1.540$, $n_y = 1.555$, $n_z = 1.570$. Bei 220 °C wird das Kristallwasser abgebaut [3].

Literatur:

[1] P.A. Degtiarev, A.N. Pokrovski, L.M. Kovba (Ann. Chim. [Paris] [15] **3** [1978] 187/91). – [2] L.D. Iskhakova, V.E. Plyushchev, L.A. Perezhogina (Zh. Neorgan. Khim. **16** [1971] 1836/40; Russ. J. Inorg. Chem. **16** [1971] 976/8). – [3] L.D. Iskhakova, V.E. Plyushchev (Zh. Neorgan. Khim. **15** [1970] 2526/30; Russ. J. Inorg. Chem. **15** [1970] 1307/9). – [4] P.A. Degtyarev, F.M. Korytnaya, A.N. Pokrovskii, L.M. Kovba (Vestn. Mosk. Univ. Ser. II Khim. **18** [1977] 705/8; Moscow Univ. Chem. Bull. **32** Nr. 6 [1977] 57/9). – [5] P.A. Degtiarev, A.N. Pokrovskii, L.M. Kovba, F.M. Korytnaia (J. Solid State Chem. **22** [1977] 419/22).

[6] S.P. Sirotinkin, S.M. Chizhov, P.A. Degtyarev, A.N. Pokrovskii, L.M. Kovba (Dokl. Akad. Nauk SSSR **237** [1977] 885/8; Dokl. Phys. Chem. Proc. Acad. Sci. USSR **232/237** [1977] 1159/61). – [7] G. Beck (J. Prakt. Chem. **156** [1940] 227/40, 236).

28.8.3.11.7 Kaliumsamariumsulfate

Potassium Samarium Sulfates

Ergänzende Angaben über $K_4Sm_2(SO_4)_5$, $K_5Sm(SO_4)_4$ und das System K_2SO_4-$Sm_2(SO_4)_3$-H_2O s. unter 28.8.3.3, 28.8.3.6 und 28.8.3.7, S. 230, 233, 233, sowie Angaben über $KSm(SO_4)_2$, $K_3Sm(SO_4)_3$, $KSm(SO_4)_2 \cdot H_2O$ und $K_6Sm_4(SO_4)_9 \cdot 8H_2O$ s. unter 28.8.3.1, 28.8.3.5, 28.8.3.8 und 28.8.3.9, S. 227, 231, 235, 236.

$K_4Sm_2(SO_4)_5$

Das Doppelsulfat bildet sich beim thermischen Abbau von $KSm(SO_4)_2$ bei 830 °C neben $Sm_2(SO_4)_3$, Degtiarev u.a. [1], und schmilzt bei 1050 °C kongruent, s.S. 230.

$K_8Sm_2(SO_4)_7$ (?)

Beim Versuch Kaliumsamariumsulfit darzustellen (vgl. S. 30), erfolgt Oxidation zum Doppelsulfat. Die Verbindung $K_8Sm_2(SO_4)_7$ fällt in Form hexagonaler Plättchen an, wenn man einen Sulfitansatz mehrere Monate bei 50 °C hält. Die Proben sehen unter dem

Mikroskop im polarisierten Licht homogen aus. Analysen bestätigen die Zusammensetzung. Nach Röntgen-Pulveraufnahmen werden folgende Gitterkonstanten ermittelt: a=6.91, b=8.60, c=12.65 Å, β=89°27'. Relative Intensitäten und Netzebenenabstände s. Original, Erämetsä, Korvela [2].

$K_5Sm(SO_4)_4$

Die inkongruent lösliche Verbindung wird bei 25 °C im System K_2SO_4-$Sm_2(SO_4)_3$-H_2O (s. im folgenden) festgestellt. Die pyknometrische Dichte bei 25 °C beträgt 3.42 g/cm^3, Iskhakova, Plyushchev [3].

Das System K_2SO_4-$Sm_2(SO_4)_3$-H_2O

Im Löslichkeitsdiagramm bei 25 °C, Figur s. Original, werden nur die Doppelsulfate $K_6Sm_4(SO_4)_9 \cdot 8H_2O$ (kongruent löslich) und $K_5Sm(SO_4)_4$ (inkongruent löslich) neben den Ausgangskomponenten K_2SO_4 und $Sm_2(SO_4)_3 \cdot 8H_2O$ beobachtet. Nach isothermen Löslichkeitsuntersuchungen (Restmethode) werden folgende Zweisalzpunkte festgestellt:

Verbindungen	Gew.-% $Sm_2(SO_4)_3$	Gew.-% K_2SO_4
$Sm_2(SO_4)_3 \cdot 8H_2O + K_6Sm_4(SO_4)_9 \cdot 8H_2O$	1.98	0.70
$K_6Sm_4(SO_4)_9 \cdot 8H_2O + K_5Sm(SO_4)_4$	0.06	5.65
$K_5Sm(SO_4)_4 + K_2SO_4$	0.002	11.20

Iskhakova, Plyushchev [3].

Literatur:

[1] P.A. Degtiarev, A.N. Pokrovskii, L.M. Kovba, F.M. Korytnaia (J. Solid State Chem. **22** [1977] 419/22). – [2] O. Erämetsä, T. Korvela (Suomen Kemistilehti B **42** [1968] 127/8; C.A. **70** [1969] 120627). – [3] L.D. Iskhakova, V.E. Plyushchev (Izv. Vysshikh Uchebn. Zavedenii Khim. Khim. Tekhnol. **15** [1972] 484/8).

28.8.3.11.8 Kaliumeuropiumsulfate

Potassium Europium Sulfates

Ergänzende Angaben über $KEu(SO_4)_2$, $KEu(SO_4)_2 \cdot H_2O$ und $K_6Eu_4(SO_4)_9 \cdot 8H_2O$ s. unter 28.8.3.1, 28.8.3.8 und 28.8.3.9, S. 227, 235, 236, sowie Angaben über $K_4Eu_2(SO_4)_5$ und $K_3Eu(SO_4)_3$ s. unter 28.8.3.3 und 28.8.3.5, S. 230 bzw. 231.

$KEu(SO_4)_2$

Die Verbindung bildet sich beim thermischen Abbau des Monohydrats bei 250 °C; sie wandelt sich bei 475 °C von der β- in die α-Form um und schmilzt inkongruent bei 860 °C, relative Intensitäten und Netzebenenabstände der Röntgen-Pulveraufnahmen s. Original, Il'yashenko u.a. [1]. Die Temperaturabhängigkeit der Wärmekapazität C_p in cal·mol^{-1}·K^{-1} läßt sich mit der Gleichung $C_p=a+bT$ beschreiben. Für β-$KEu(SO_4)_2$ ergeben sich nach kalorimetrischen Untersuchungen die Werte a=98.0±0.4 und b=0.0100±0.0006 zwischen 298 und 700 K, Akhachinskii, Il'yashenko [2]. Bei 25 °C ist C_p=101.0. Der monotrope Übergang von β- zu α-$KEu(SO_4)_2$ ist mit einer Enthalpieänderung von 2.3 cal/mol verbunden, was für $\Delta S°=0.003$ cal·mol^{-1}·K^{-1} ergibt [1].

$K_6Eu_4(SO_4)_9$

Im Original [2] vermutlich irrtümlich mit $Eu_2(SO_4)_3 \cdot 3K_2SO_4$ bezeichnet. – $K_6Eu_4(SO_4)_9$ bildet sich aus dem 8-Hydrat bei 190 °C, wandelt sich bei 715 °C von der β- in die α-Form um und schmilzt bei 840 °C inkongruent [1]. Die Wärmekapazität C_p in $cal \cdot mol^{-1} \cdot K^{-1}$ wird analog $KEu(SO_4)_2$, s. S. 254, für β-$K_6Eu_4(SO_4)_9$ zu $C_p = (200.2 \pm 0.4) + (0.0030 \pm 0.0006)$ T zwischen 298 und 700 K erhalten, Akhachinskii, Il'yashenko [2]. $C_p = 201.1\ cal \cdot mol^{-1} \cdot K^{-1}$ bei 25 °C [1].

Das System K_2SO_4-$Eu_2(SO_4)_3$-H_2O

Nach isothermen Löslichkeitsuntersuchungen (Restmethode) bei 25 °C existieren im System K_2SO_4-$Eu_2(SO_4)_3$-H_2O neben K_2SO_4 und $Eu_2(SO_4)_3 \cdot 8H_2O$ die zwei inkongruent löslichen Doppelsulfate $KEu(SO_4)_2 \cdot H_2O$ und $K_6Eu_4(SO_4)_9 \cdot 8H_2O$ (Löslichkeitsisotherme s. Original). Lage der Zweisalzpunkte:

Verbindungen	Gew.-% $Eu_2(SO_4)_3$	Gew.-% K_2SO_4
$Eu_2(SO_4)_3 \cdot 8H_2O + KEu(SO_4)_2 \cdot H_2O$	2.01	1.09
$KEu(SO_4)_2 \cdot H_2O + K_6Eu_4(SO_4)_9 \cdot 8H_2O$	0.36	6.47
$K_6Eu_4(SO_4)_9 \cdot 8H_2O + K_2SO_4$	0.24	11.44

Barabash u.a. [3]. Für die Inkremente der molaren Wärmekapazität von Kaliumeuropiumsulfat-Hydraten werden C_p (298 K) = 32.9, 67.5 und 4.0 $cal \cdot mol^{-1} \cdot K^{-1}$ für K_2SO_4, $Eu_2(SO_4)_3$ bzw. H_2O vorgeschlagen [2].

$KEu(SO_4)_2 \cdot H_2O$

$KEu(SO_4)_2 \cdot H_2O$ tritt im System K_2SO_4-$Eu_2(SO_4)_3$-H_2O bei 25 °C als inkongruent lösliche Verbindung auf. Das Doppelsulfat wurde nach Löslichkeitsuntersuchungen, röntgenographischer und spektrophotometrischer Untersuchung charakterisiert [3], s. auch [1] und S. 235. Die Temperaturabhängigkeit der Wärmekapazität läßt sich analog $KEu(SO_4)_2$, s. S. 254, durch die Beziehung $C_p = a + bT$ beschreiben (C_p in $cal \cdot mol^{-1} \cdot K^{-1}$) mit $a = 103.3 \pm 0.9$ und $b = 0.017 \pm 0.003$ nach kalorimetrischen Untersuchungen zwischen 298 und 400 K [2]. Bei 25 °C ist $C_p = 108.4$ [1]. Beim Erhitzen mit 10 K/min an der Luft wird das H_2O bei 450 bis 523 K abgebaut. Bei 298, 350, 400 und 450 K beträgt der Zersetzungsdruck $p = 0.24 \times 10^{-3}$, 0.13×10^{-2}, 0.22 bzw. 2 atm. Die Dehydratationsenthalpie ergibt sich zu $\Delta H^\circ_{298} = 15.5 \pm 0.5$ kcal/mol H_2O [2], 16.5 kcal/mol H_2O [1].

$K_6Eu_4(SO_4)_9 \cdot 8H_2O$

Das Doppelsulfat wird im System K_2SO_4-$Eu_2(SO_4)_3$-H_2O nach Löslichkeitsuntersuchungen, röntgenographischen und spektrophotometrischen Untersuchungen als inkongruent lösliche Verbindung beobachtet, s. oben, [3], s. auch [1].

Die Wärmekapazität ergibt sich analog $KEu(SO_4)_2$ und $KEu(SO_4)_2 \cdot H_2O$, s. S. 254/5, zu $C_p = (222.0 \pm 0.9) + (0.020 \pm 0.003)$ T nach kalorimetrischen Untersuchungen zwischen 298 und 400 K [2]. Bei 25 °C ist $C_p = 228.0\ cal \cdot mol^{-1} \cdot K^{-1}$ [1]. Beim Erhitzen mit 10 K/min an der Luft wird das H_2O bei 410 bis 463 K abgebaut. Bei 298, 350 und 400 K beträgt der Zersetzungsdruck $10^2 \cdot p = 0.26$, 0.75 bzw. 13 atm. Die Dehydratationsenthalpie ergibt sich zu $\Delta H^\circ_{298} = 14.1 \pm 0.4$ kcal/mol H_2O [2], 14.9 kcal/mol [1].

Literatur:

[1] V.S. Il'yashenko, L.L. Zaitseva, A.I. Barabash, L.S. Sudakova (Zh. Neorgan. Khim. **18** [1973] 2981/4; Russ. J. Inorg. Chem. **18** [1973] 1585/7). – [2] V.V. Akhachinskii, V.S. Il'yashenko (Zh. Fiz. Khim. **49** [1975] 790/1; Russ. J. Phys. Chem. **49** [1975]

464/5). – [3] A.I. Barabash, L.L. Zaitseva, V.S. Il'yashenko (Zh. Neorgan. Khim. **17** [1972] 2001/5; Russ. J. Inorg. Chem. **17** [1972] 1039/41).

Potassium Gadolinium Sulfates

28.8.3.11.9 Kaliumgadoliniumsulfate

Ergänzende Angaben über $KGd(SO_4)_2$, $K_4Gd_2(SO_4)_5$, $K_3Gd(SO_4)_3$, das System K_2SO_4-$Gd_2(SO_4)_3$-H_2O, $KGd(SO_4)_2 \cdot H_2O$ und $K_6Gd_4(SO_4)_9 \cdot 8\,H_2O$ s. unter 28.8.3.1, 28.8.3.3, 28.8.3.5, 28.8.3.7, 28.8.3.8 und 28.8.3.9, S. 227, 230, 231, 233, 235, 236.

Das System K_2SO_4-$Gd_2(SO_4)_3$

Das nach röntgenographischen und thermoanalytischen Untersuchungsmethoden aufgestellte Zustandsdiagramm, s. **Fig. 29**, zeigt, daß neben den Randkomponenten K_2SO_4 und $Gd_2(SO_4)_3$ vier Doppelsulfate existieren: $KGd(SO_4)_2$, $K_6Gd_4(SO_4)_9$, $K_4Gd_2(SO_4)_5$ und $K_3Gd(SO_4)_3$. Das $K_3Gd(SO_4)_3$ bildet sich peritektisch bei 900 °C und bildet bei 12.5 Mol-% $Gd_2(SO_4)_3$ und 880 °C ein Eutektikum mit K_2SO_4. Bei 1020 °C entmischt sich die Schmelze in einer monotektischen Reaktion unter Bildung von $K_4Gd_2(SO_4)_5$. Der kritische Punkt liegt bei etwa 1060 °C und der Zusammensetzung $K_3Gd(SO_4)_3$. Das $K_4Gd_2(SO_4)_5$ schmilzt kongruent bei 1080 °C, wandelt sich bei etwa 950 °C von der α- in die β-Form um und bei etwa 550 °C in die γ-Form. $K_6Gd_4(SO_4)_9$ bildet sich peritektoid bei 760 °C aus $K_4Gd_2(SO_4)_5$ und $KGd(SO_4)_2$, zerfällt eutektoid bei 370 °C in dieselben Bestandteile und wandelt sich bei etwa 420 °C von α in β um. $KGd(SO_4)_2$ entsteht bei 800 °C peritektoid aus $K_4Gd_2(SO_4)_5$ und $Gd_2(SO_4)_3$. Bei 600 °C liegt die α-β-Umwandlung des K_2SO_4. Der Phasenübergang von α- in β-$Gd_2(SO_4)_3$ wird bei etwa 820 °C beobachtet, Degtiarev u.a. [1].

$K_6Gd_4(SO_4)_9$

Zum Auftreten im System K_2SO_4-$Gd_2(SO_4)_3$ s. oben, [1]. Die Verbindung bildet sich beim thermischen Abbau des Hydrats bei 200 °C [2].

Fig. 29

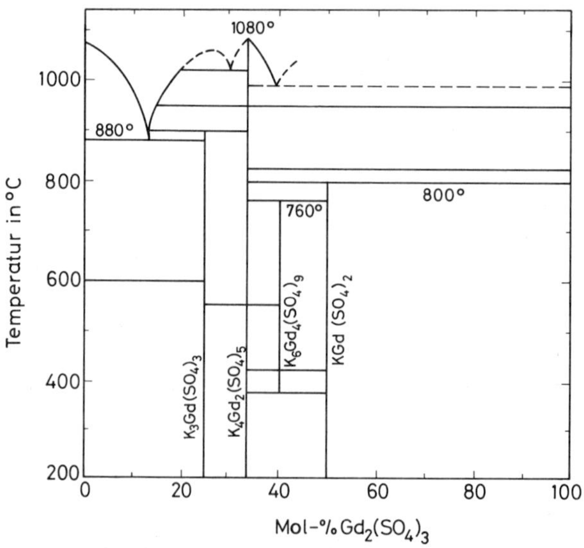

Zustandsdiagramm des Systems K_2SO_4-$Gd_2(SO_4)_3$.

$KGd(SO_4)_2$. $K_4Gd_2(SO_4)_5$. $K_3Gd(SO_4)_3$

Die Verbindungen treten im System K_2SO_4-$Gd_2(SO_4)_3$ auf, s. S. 256 [1], $K_3Gd(SO_4)_3$ auch in K_2SO_4-$Gd_2(SO_4)_3$-H_2O bei 75 bis 100 °C, s. im folgenden, Lazorenko u.a. [3].

Das System K_2SO_4-$Gd_2(SO_4)_3$-H_2O

Nach isothermen Löslichkeitsuntersuchungen (Restmethode) bei 25 °C existieren im System K_2SO_4-$Gd_2(SO_4)_3$-H_2O zwei Doppelsulfate neben K_2SO_4 und $Gd_2(SO_4)_3 \cdot 8\,H_2O$: das kongruent lösliche $KGd(SO_4)_2 \cdot H_2O$ und das inkongruent lösliche $K_6Gd_4(SO_4)_9 \cdot 8\,H_2O$ (Löslichkeitsisotherme s. Original). Lage der Zweisalzpunkte:

Verbindungen	Gew.-% $Gd_2(SO_4)_3$	Gew.-% K_2SO_4
$Gd_2(SO_4)_3 \cdot 8\,H_2O + KGd(SO_4)_2 \cdot H_2O$	2.44	1.78
$KGd(SO_4)_2 \cdot H_2O + K_6Gd_4(SO_4)_9 \cdot 8\,H_2O$	1.15	3.10
$K_6Gd_4(SO_4)_9 \cdot 8\,H_2O + K_2SO_4$	0.45	11.17

Iskhakova, Plyushchev [2]. Nach Löslichkeitsuntersuchungen (Restmethode) bei 75 bis 100 °C existiert neben $Gd_2(SO_4)_3 \cdot 8\,H_2O$ und K_2SO_4 nur das inkongruent lösliche $K_3Gd(SO_4)_3$. Die Gleichgewichtseinstellung dauert 7 bis 9 d. Die Konzentrationsbereiche ändern sich nur unwesentlich; hierzu s. die Löslichkeitsisothermen im Original [3].

$KGd(SO_4)_2 \cdot H_2O$

Die kongruent lösliche Verbindung wird bei 25 °C im System K_2SO_4-$Gd_2(SO_4)_3$-H_2O festgestellt, s. oben. Die Dichte bei 25 °C beträgt: $D_p = 3.53$ g/cm³. Brechungszahlen (Genauigkeit ±0.002): $n_x = 1.560$, $n_y = 1.581$, $n_z = 1.596$. Beim Erhitzen (Thermogramm s. Original) wird das H_2O bei 210 °C abgebaut, bei 516 °C zerfällt die Substanz [2].

$K_6Gd_4(SO_4)_9 \cdot 8\,H_2O$

Das inkongruent lösliche $K_6Gd_4(SO_4)_9 \cdot 8\,H_2O$ tritt im System K_2SO_4-$Gd_2(SO_4)_3$-H_2O bei 25 °C auf, s. oben. – Pyknometrisch bei 25 °C bestimmte Dichte: D = 3.25 g/cm³. Brechungszahlen (Genauigkeit ±0.002): $n_x = 1.540$, $n_y = 1.555$, $n_z = 1.568$. Die thermische Zersetzung findet in zwei Stufen bei 200 und 520 °C statt (Thermogramm s. Original) [2].

Literatur:

[1] P.A. Degtiarev, A.N. Pokrovski, L.M. Kovba (Ann. Chim. [Paris] [15] **3** [1978] 187/91). – [2] L.D. Iskhakova, V.E. Plyushchev (Izv. Vysshikh Uchebn. Zavedenii Khim. Khim. Tekhnol. **13** [1970] 1233/6; C.A. **74** [1971] Nr. 35189). – [3] M.M. Lazorenko, E.V. Serga, D.A. Storozhenko, V.G. Shevchuk (Zh. Neorgan. Khim. **25** [1980] 2268/70).

28.8.3.11.10 Kaliumterbiumsulfate

Potassium Terbium Sulfates

Ergänzende Angaben über $KTb(SO_4)_2$, $K_4Tb_2(SO_4)_5$ und $KTb(SO_4)_2 \cdot H_2O$ s. unter 28.8.3.1, 28.8.3.3 und 28.8.3.8, S. 227, 230, 235, und Angaben über $K_3Tb(SO_4)_3$ s. unter 28.8.3.5, S. 231.

$KTb(SO_4)_2$

Nach Il'yashenko u.a. [2] existieren zwei Modifikationen von $KTb(SO_4)_2$. Die monotrope polymorphe α-β-Umwandlung erfolgt bei 470 °C. Der Übergang der β- in die

α-Form ist mit einer Wärmetönung von $\approx$2.5 cal/mol und einer Entropieänderung von etwa 0.003 cal · mol^{-1} · K^{-1} verbunden. Bei 884 °C (s. jedoch S. 229) schmilzt das Doppelsulfat unter Zersetzung. Die experimentell ermittelte Wärmekapazität bei 298 K beträgt C_p=103.5 cal · mol^{-1} · K^{-1}. Für die Temperaturabhängigkeit gilt die Beziehung C_p=a+bT cal · mol^{-1} · K^{-1} mit a=102.6 und b=0.003 zwischen 298 und 700 K [2].

$K_4Tb_2(SO_4)_5$

Das Doppelsulfat bildet sich bei der thermischen Zersetzung von $KTb(SO_4)_2$ bei 720 °C neben $Tb_2(SO_4)_3$ und zerfällt bei höheren Temperaturen, Degtiarev u.a. [1].

Das System K_2SO_4-$Tb_2(SO_4)_3$-H_2O

Nach isothermen Löslichkeitsuntersuchungen (Restmethode) bei 25 °C existiert im System K_2SO_4-$Tb_2(SO_4)_3$-H_2O neben K_2SO_4 und $Tb_2(SO_4)_3 \cdot 8\,H_2O$ nur das inkongruent lösliche Doppelsulfat $KTb(SO_4)_2 \cdot H_2O$. Zweisalzpunkte:

Verbindungen	Gew.-% $Tb_2(SO_4)_3$	Gew.-% K_2SO_4
$Tb_2(SO_4)_3 \cdot 8\,H_2O + KTb(SO_4)_2 \cdot H_2O$ (peritonisch)	3.63	1.91
$KTb(SO_4)_2 \cdot H_2O + K_2SO_4$ (eutonisch)	0.75	11.68

Il'yashenko u.a. [2].

$KTb(SO_4)_2 \cdot H_2O$

Zum Auftreten im System K_2SO_4-$Tb_2(SO_4)_3$-H_2O s. im vorstehenden. Einkristalle entstehen beim isothermen Eindampfen der wäßrigen Lösung bei 50±0.2 °C. Die Verbindung kristallisiert nach Einkristalluntersuchungen und Röntgen-Pulveraufnahmen monoklin, Raumgruppe $P2_1/b - C^5_{2h}$ mit a=10.18, b=10.35, c=8.38 Å, γ=120° und Z=4. Die Röntgen-Strukturanalyse (R=0.112) ergibt folgende Atomlagen:

Atom	x	y	z	Atom	x	y	z
Tb	0.256	0.219	0.145	O(4)	0.163	0.457	0.485
K	0.213	0.024	0.678	O(5)	0.364	0.484	0.120
S(1)	0.052	0.370	0.366	O(6)	0.409	0.285	0.919
S(2)	0.499	0.102	0.293	O(7)	0.413	0.466	0.721
O(1)	0.079	0.264	0.291	O(8)	0.453	0.172	0.180
O(2)	0.057	0.478	0.246	H_2O	0.329	0.277	0.423
O(3)	0.095	0.214	0.945				

Tb^{3+} wird durch Sauerstoff achtfach koordiniert, die Abstände Tb-O liegen zwischen 2.31 und 2.47 Å, ein weiteres O-Atom hat einen Abstand von 2.63 Å. Diese TbO_8-Polyeder werden durch SO_4-Tetraeder zu einem dreidimensionalen Netz verknüpft, s. **Fig. 30**. In die entstehenden Lücken wird das K^+ eingebaut, das ebenfalls achtfach koordiniert ist, die Abstände K-O liegen zwischen 2.57 und 3.17 Å. Die Abstände in den SO_4-Tetraedern liegen für S(1) zwischen 1.41 und 1.49 Å und für S(2) zwischen 1.43 und 1.51 Å. Weitere Atomabstände s. Original. In der yz-Ebene der Struktur verlaufen Zickzack-Ketten von alternierenden Tb- und K-Polyedern mit Kantenverknüpfung. Translationsidentische Ketten sind unter Einhaltung der Alternierung über Ecken verknüpft. Dadurch entstehen Hohlräume (s. Figur im Original). Wie Fig. 30 zeigt, treten in der (001)-Projektion der

Fig. 30

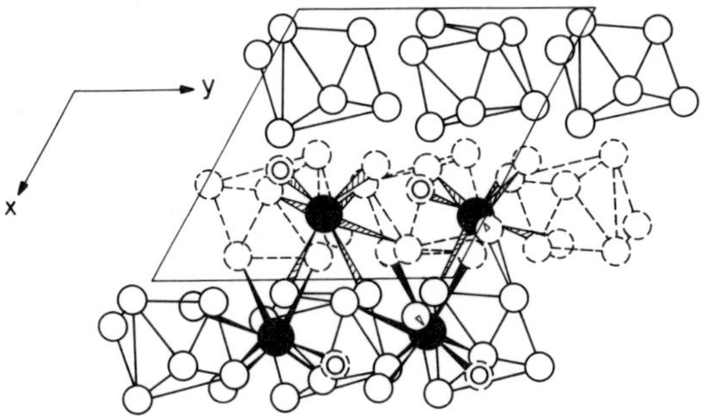

Gitterstruktur von $KTb(SO_4)_2 \cdot H_2O$: Projektion auf die xy-Ebene unter Herausstellung der Doppelschichten im unteren Teil der Figur (schwarze Kreise bedeuten K und Tb). Einzelheiten s. Text.

Struktur Doppelschichten von K-Tb-Ketten auf, da eine betrachtete einfache gerade Kette mit der aus ihr durch eine 2_1-Achse erzeugten über gemeinsame Kanten der K- und Tb-Polyeder wie auch durch K-K-Polyeder verknüpft ist (K und Tb als schwarze Kreise in Fig. 30). Die doppelrandigen Atome in Fig. 30 bezeichnen O-Atome aus der darüberliegenden Zelle. Innerhalb einer Doppelschicht sind die Schichten zusätzlich über SO_4-Tetraeder verknüpft (s. Figur im Original), deren O-Atome alle zu Tb-Polyedern gehören, Lyutin u.a. [3, 4].

Beim Erhitzen von $KTb(SO_4)_2 \cdot H_2O$ werden endotherme Effekte bei 250, 470 und 884 °C beobachtet, die der Bildung der wasserfreien Verbindung, der monotropen polymorphen Umwandlung und dem inkongruenten Schmelzpunkt entsprechen. Ein exothermer Effekt bei 368 °C entspricht der Kristallisation des wasserfreien Salzes. Die Bildung der Zwischenprodukte beim Erhitzen läßt sich durch elektronische Absorptionsspektren verfolgen, Figur s. Original [2]. Die experimentell bestimmte Wärmekapazität bei 298 K beträgt: $C_p = 110.4\ cal \cdot mol^{-1} \cdot K^{-1}$. Für die Temperaturabhängigkeit gilt: $C_p = a + bT$ mit $a = 106.5$ und $b = 0.013\ cal \cdot mol^{-1} \cdot K^{-1}$ zwischen 298 und 400 K. Hieraus und mit Hilfe von $C_p = a + bT + cT^2$ mit $a = 7.19$, $b = 2.83 \times 10^{-3}$ und $c = -0.16 \times 10^{-6}$ für gasförmiges Wasser ergeben sich die Änderungen der thermodynamischen Größen $\Delta(\Delta S^\circ_T)$, $\Delta(\Delta H^\circ_T)$, $\Delta(\Delta G^\circ_T)$ mit der Temperatur und Q für die Dehydratationsreaktion $2\,KTb(SO_4)_2 \cdot H_2O$ (fest) $\rightarrow 2\,KTb(SO_4)_2$ (fest) $+ 2\,H_2O$ (gas) $- Q$:

Temperatur-bereich in K	$\Delta(\Delta S^\circ_T)$ in $cal \cdot mol^{-1} \cdot K^{-1}$	$\Delta(\Delta H^\circ_T)$ in kcal/mol	$-\Delta(\Delta G^\circ_T)$ in kcal/mol	Q in kcal/mol H_2O
350 bis 298	1.45	0.47	1.35	
400 bis 298	2.63	0.92	7.39	16.1
450 bis 298	3.57	1.34	11.15	
523 bis 298	4.83	1.94	16.61	

Il'yashenko u.a. [2].

Literatur:

[1] P.A. Degtiarev, A.N. Pokrovskii, L.M. Kovba, F.M. Korytnaia (J. Solid State Chem. **22** [1977] 419/22). – [2] V.S. Il'yashenko, A.I. Barabash, L.L. Zaitseva (Zh. Neorgan.

Khim. **18** [1973] 2841/6; Russ. J. Inorg. Chem. **18** [1973] 1510/3). – [3] V.I. Lyutin, Yu.N. Saf'yanov, L.D. Iskhakova, V.E. Plyushchev, E.A. Kuz'min, V.V. Ilyukhin, N.V. Belov (Dokl. Akad. Nauk. SSSR **214** [1974] 1315/8; Soviet Phys.-Dokl. **19** [1974/75] 59/60). – [4] V.I. Lyutin, Yu.N. Saf'yanov, E.A. Kuz'min, V.V. Ilyukhin, N.V. Belov (Kristallografiya **19** [1974] 376/8; Soviet Phys.-Cryst. **19** [1974] 229/30).

Potassium Dysprosium Sulfates

28.8.3.11.11 Kaliumdyprosiumsulfate

Ergänzende Angaben über $KDy(SO_4)_2 \cdot H_2O$ s. unter 28.8.3.8, S. 235, sowie Angaben über $KDy(SO_4)_2$, $K_4Dy_2(SO_4)_5$ und $K_3Dy(SO_4)_3$ s. unter 28.8.3.1, 28.8.3.3 und 28.8.3.5, S. 227, 230 bzw. 231.

Das System K_2SO_4-$Dy_2(SO_4)_3$-H_2O

Nach isothermen Löslichkeitsuntersuchungen (Restmethode) bei 25 °C existiert neben K_2SO_4 und $Dy_2(SO_4)_3 \cdot 8H_2O$ im System K_2SO_4-$Dy_2(SO_4)_3$-H_2O nur das inkongruent lösliche Doppelsulfat $KDy(SO_4)_2 \cdot H_2O$ (Löslichkeitsisotherme s. Original). Lage der Zweisalzpunkte:

Verbindungen	Gew.-% $Dy_2(SO_4)_3$	Gew.-% K_2SO_4
$Dy_2(SO_4)_3 \cdot 8H_2O + KDy(SO_4)_2 \cdot H_2O$ (peritonisch)	4.21	1.99
$KDy(SO_4)_2 \cdot H_2O + K_2SO_4$ (eutonisch)	1.36	10.84

$KDy(SO_4)_2 \cdot H_2O$

Die inkongruent lösliche Verbindung existiert im System K_2SO_4-$Dy_2(SO_4)_3$-H_2O bei 25 °C, s. im vorstehenden. Pyknometrische Dichte = 2.569 g/cm^3. Brechungszahlen: n_x = 1.529, n_z = 1.541 (±0.001). Netzebenenabstände und relative Intensitäten der Röntgen-Pulverdiagramme s. Original.

Literatur:

I.V. Shakhno, A.P. Belousova, M.D. Pavkina, V.E. Plyushchev (Zh. Neorgan. Khim. **12** [1967] 2500/4; Russ. J. Inorg. Chem. **12** [1967] 1319/21).

Potassium Holmium Sulfates

28.8.3.11.12 Kaliumholmiumsulfate

Angaben über $KHo(SO_4)_2$ und $K_4Ho_2(SO_4)_5$ s. unter 28.8.3.1 und 28.8.3.3, S. 227, 230, ergänzende Angaben über $K_3Ho(SO_4)_3$ und $KHo(SO_4)_2 \cdot H_2O$ s. unter 28.8.3.5 und 28.8.3.8, S. 231, 235.

$K_3Ho(SO_4)_3$

Röntgen-Pulverdiagramm s. bei Kudin u.a. [3].

Das System K_2SO_4-$Ho_2(SO_4)_3$-H_2O

Nach isothermen Löslichkeitsuntersuchungen (Restmethode) bei 25 °C existiert neben K_2SO_4 und $Ho_2(SO_4)_3 \cdot 8H_2O$ im System K_2SO_4-$Ho_2(SO_4)_3$-H_2O nur das inkongruent lösliche Doppelsulfat $KHo(SO_4)_2 \cdot 2H_2O$, Löslichkeitsisotherme s. Original (möglicherweise ist diese Verbindung identisch mit $KHo(SO_4)_2 \cdot H_2O$, vgl. S. 261). Zweisalzpunkte:

Verbindungen	Gew.-% $Ho_2(SO_4)_3$	Gew.-% K_2SO_4
$Ho_2(SO_4)_3 \cdot 8\,H_2O + KHo(SO_4)_2 \cdot 2\,H_2O$ (peritonisch)	8.38	1.97
$KHo(SO_4)_2 \cdot 2\,H_2O + K_2SO_4$ (eutonisch)	1.02	11.85

Iskhakova, Plyushchev [1].

$KHo(SO_4)_2 \cdot 2\,H_2O$

Das Doppelsulfat läßt sich durch Umsetzen einer Lösung mit 2.0 bis 11.9 Gew.-% K_2SO_4 und einer Lösung mit 8.4 bis 1.0 Gew.-% $Ho_2(SO_4)_3$ darstellen. Relative Intensitäten und Netzebenenabstände der Röntgen-Pulveraufnahme s. Original. Pyknometrische Dichte: $D_p = 3.075$ g/cm³, Iskhakova, Plyushchev [1].

$KHo(SO_4)_2 \cdot H_2O$

Das inkongruent lösliche $KHo(SO_4)_2 \cdot H_2O$ ist möglicherweise identisch mit der Verbindung $KHo(SO_4)_2 \cdot 2\,H_2O$ s. [1, 2].

Literatur:

[1] L.D. Iskhakova, V.E. Plyushchev (Izv. Vysshikh Uchebn. Zavedenii Khim. Khim. Tekhnol. **13** [1970] 929/31; C.A. **74** [1971] Nr. 16140). – [2] L.D. Iskhakova, V.E. Plyushchev, L.A. Perezhogina (Zh. Neorgan. Khim. **16** [1971] 1836/40; Russ. J. Inorg. Chem. **16** [1971] 976/8). – [3] O.V. Kudin, V.A. Efremov, A.N. Pokrovskii, P.A. Degtyarev, V.K. Trunov (Zh. Neorgan. Khim. **22** [1977] 95/7; Russ. J. Inorg. Chem. **22** [1977] 50/1).

28.8.3.11.13 Kaliumerbiumsulfate

Potassium Erbium Sulfates

Angaben über $K_4Er_2(SO_4)_5$ s. unter 28.8.3.3, S. 230, ergänzende Angaben über $K_3Er(SO_4)_3$ s. unter 28.8.3.5, S. 231.

$K_3Er(SO_4)_3$

Einkristalle werden durch 24 h Glühen von K_2SO_4-$K_3Er(SO_4)_3$-Gemischen bei 880 °C erhalten, Kudin u.a. [1].

Das System K_2SO_4-$Er_2(SO_4)_3$-H_2O

Nach isothermen Löslichkeitsuntersuchungen (Restmethode) bei 25 °C existiert im System K_2SO_4-$Er_2(SO_4)_3$-H_2O neben K_2SO_4 und $Er_2(SO_4)_3 \cdot 8\,H_2O$ nur das inkongruent lösliche Doppelsulfat $KEr(SO_4)_2 \cdot 3.5\,H_2O$ (Löslichkeitsisotherme s. Original). Zweisalzpunkte:

Verbindungen	Gew.-% $Er_2(SO_4)_3$	Gew.-% K_2SO_4
$Er_2(SO_4)_3 \cdot 8\,H_2O + KEr(SO_4)_2 \cdot 3.5\,H_2O$ (peritonisch)	10.38	3.66
$KEr(SO_4)_2 \cdot 3.5\,H_2O + K_2SO_4$ (eutonisch)	3.23	11.29

Shakhno u.a. [2].

$KEr(SO_4)_2 \cdot 3.5\,H_2O$

Tritt im System K_2SO_4-$Er_2(SO_4)_3$-H_2O bei 25 °C auf, s. S. 261. Von dem Doppelsulfat werden relative Intensitäten und Netzebenenabstände der Röntgen-Pulveraufnahme angegeben (s. Original). Die Dichte beträgt: D = 3.422 g/cm³. Die Brechungszahlen lauten: $n_x = 1.538 \pm 0.001$, $n_z = 1.544 \pm 0.001$ [2].

Literatur:

[1] O.V. Kudin, V.A. Efremov, A.N. Pokrovskii, P.A. Degtyarev, V.K. Trunov (Zh. Neorgan. Khim. **22** [1977] 95/7; Russ. J. Inorg. Chem. **22** [1977] 50/1). – [2] I.V. Shakhno, A.P. Belousova, M.D. Pavkina, V.E. Plyushchev (Zh. Neorgan. Khim. **12** [1967] 2500/4; Russ. J. Inorg. Chem. **12** [1967] 1319/21).

Potassium Thulium Sulfates

28.8.3.11.14 Kaliumthuliumsulfate

Angaben zu $KTm(SO_4)_2$, $K_4Tm_2(SO_4)_5$ und $K_3Tm(SO_4)_3$ s. unter 28.8.3.1, 28.8.3.3 und 28.8.3.5, S. 227, 230 bzw. 231.

Potassium Ytterbium Sulfates

28.8.3.11.15 Kaliumytterbiumsulfate

Ergänzende Angaben über $KYb(SO_4)_2$, $K_4Yb_2(SO_4)_5$ und $K_3Yb(SO_4)_3$ s. unter 28.8.3.1, 28.8.3.3 und 28.8.3.5, S. 227, 230, 231, und Angaben über wäßrige K_2SO_4-$Yb_2(SO_4)_3$-Lösungen s. unter 28.8.3.10, S. 238.

Das System K_2SO_4-$Yb_2(SO_4)_3$

Fig. 31 zeigt das nach thermischen und röntgenographischen Untersuchungen aufgestellte Zustandsdiagramm. Danach existieren neben den Randkomponenten K_2SO_4 und $Yb_2(SO_4)_3$ vier Doppelsulfate: $K_3Yb(SO_4)_3$, $K_4Yb_2(SO_4)_5$, $K_6Yb_4(SO_4)_9$ und $KYb(SO_4)_2$. Das $K_3Yb(SO_4)_3$ schmilzt inkongruent bei 930 °C und bildet mit K_2SO_4 bei etwa 13 Mol-% $Yb_2(SO_4)_3$ und 880 °C ein Eutektikum. Eine Schmelze der Zusammensetzung $K_3Yb(SO_4)_3$ entmischt sich bei 1040 bis 1050 °C. Das Monotektikum liegt bei 1020 °C und 28 Mol-% $Yb_2(SO_4)_3$. Das $K_4Yb_2(SO_4)_5$ schmilzt kongruent bei 1060 °C, durchläuft bei 960 °C eine polymorphe Umwandlung, bildet mit $Yb_2(SO_4)_3$ ein Eutektikum bei 920 °C und

Fig. 31

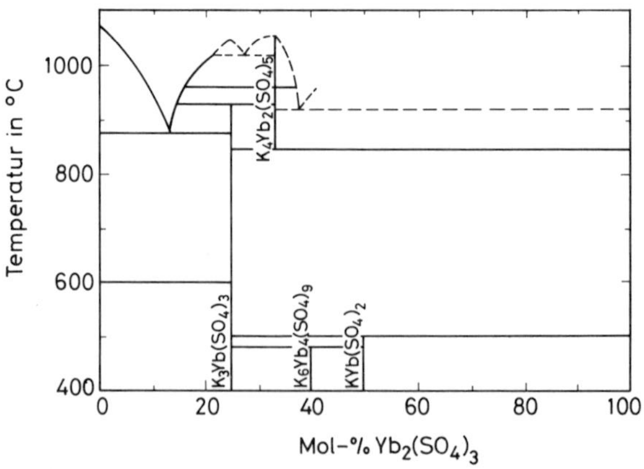

Zustandsdiagramm des Systems K_2SO_4-$Yb_2(SO_4)_3$.

38 Mol-% $Yb_2(SO_4)_3$ und zerfällt im festen Zustand bei 850 °C in $K_3Yb(SO_4)_3$ und $Yb_2(SO_4)_3$. In festem Zustand entsteht bei 480 °C aus $K_3Yb(SO_4)_3$ und $KYb(SO_4)_2$ in peritektoider Reaktion $K_6Yb_4(SO_4)_9$. Ebenfalls peritektoid bildet sich $KYb(SO_4)_2$ bei 500 °C aus $K_3Yb(SO_4)_3$ und $Yb_2(SO_4)_3$, Degtyarev u.a. [1].

$KYb(SO_4)_2$

Die Verbindung tritt im Zustandsdiagramm K_2SO_4-$Yb_2(SO_4)_3$, s. S. 262, in festem Zustand auf. Im Gegensatz zu den Angaben auf S. 229 zersetzt sie sich bei 500 °C zu $K_3Yb(SO_4)_3$ und $Yb_2(SO_4)_3$ [1].

$K_6Yb_4(SO_4)_9$. $K_4Yb_2(SO_4)_5$

Die Verbindungen treten im Zustandsdiagramm, s. S. 262, auf [1].

$K_3Yb(SO_4)_3$

Zum Auftreten im System K_2SO_4-$Yb_2(SO_4)_3$ s. S. 262.

$K_3Yb(SO_4)_3$ kristallisiert nach Einkristalluntersuchungen monoklin, nicht in der zentrosymmetrischen Raumgruppe B2/b$-C^6_{2h}$ oder P2/b$-C^4_{2h}$, sondern in Bb$-C^4_s$ (s. hierzu S. 231) mit $a=10.39\pm0.02$, $b=8.99\pm0.01$, $c=14.65\pm0.03$ Å, $\gamma=124°15'\pm0.04'$ und $Z=4$. Die Röntgen-Strukturanalyse (mit $R=0.058$) ergibt folgende Atomlagen:

Atom	x	y	z	Atom	x	y	z
Yb	0	0	0.3379(1)	O(4)	0.961(6)	0.855(5)	0.453(3)
K(1)	0.334(1)	0.887(1)	0.4874(8)	O(5)	0.747(5)	0.916(4)	0.335(4)
K(2)	0.197(1)	0.647(1)	0.2527(9)	O(6)	0.216(3)	0.953(4)	0.299(3)
K(3)	0.232(1)	0.976(1)	0.0663(9)	O(7)	0.768(3)	0.699(5)	0.138(3)
S(1)	0.840(1)	0.642(1)	0.1907(7)	O(8)	0.517(8)	0.811(8)	0.375(9)
S(2)	0.583(1)	0.756(1)	0.3533(8)	O(9)	0.589(7)	0.667(7)	0.431(4)
S(3)	0.506(1)	0.861(1)	0.0561(8)	O(10)	0.012(4)	0.162(9)	0.226(3)
O(1)	0.892(4)	0.722(5)	0.282(3)	O(11)	0.415(5)	0.876(5)	0.137(3)
O(2)	0.505(4)	0.703(4)	0.063(2)	O(12)	0.667(4)	0.022(5)	0.076(7)
O(3)	0.965(6)	0.655(6)	0.136(3)				

Die Gitterstruktur enthält YbO_7-Polyeder in Form eines verzerrten Oktaeders, bei dem zwei Sauerstoffatome anstatt eines an einer Spitze sitzen. Die Polyeder-Sauerstoffe gehören zu sechs (teilweise nicht äquivalenten) SO_4-Tetraedern, die Abstände Yb-O liegen zwischen 2.02 und 2.57 Å. Das $SO_4(1)$-Tetraeder besitzt mit einem YbO_7-Polyeder eine gemeinsame Kante und mit einem anderen eine gemeinsame Spitze. $SO_4(2)$-Tetraeder verbinden über Spitzen zwei verschiedene YbO_7-Polyeder. Aus sechs YbO_7-Polyedern werden durch je zwei $SO_4(1)$- und $SO_4(2)$-Tetraeder und zwei O-Spitzen in der x0z-Ebene Ringe in Form einer Honigwabe ausgebildet. Ähnliche Ringe werden in Richtung der y-Achse aufgebaut. Diese $\{YbO_7\}^{2\infty}_6$-Ringe spannen das dreidimensionale Netzwerk der Struktur auf. In den entstehenden Lücken werden die K-Atome eingebaut. Die Abstände K(1)-O liegen zwischen 2.62 und 3.20 Å, K(2)-O zwischen 2.64 und 3.31 Å und K(3)-O zwischen 2.72 und 3.53 Å. Die Abstände S(1)-O liegen zwischen 1.37 und 1.47 Å, S(2)-O zwischen 1.38 und 1.51 Å und S(3)-O zwischen 1.41 und 1.57 Å, Degtyarev u.a. [2].

Literatur:

[1] P.A. Degtyarev, A.N. Pokrovskii, L.M. Kovba (Vestn. Mosk. Univ. Ser. II Khim. **19** Nr. 1 [1978] 95/6; Moscow Univ. Chem. Bull. **33** Nr. 1 [1978] 76/7). – [2] P.A. Degtyarev, F.M. Korytnaya, A.N. Pokrovskii, L.M. Kovba (Kristallografiya **23** [1978] 1036/9; Soviet Phys.-Cryst. **23** [1978] 586/8).

Potassium Lutetium Sulfates

28.8.3.11.16 Kaliumlutetiumsulfate

Angaben zu $KLu(SO_4)_2$, $K_4Lu_2(SO_4)_5$ und $K_3Lu(SO_4)_3$ s. unter 28.8.3.1, 28.8.3.3 und 28.8.3.5, S. 227, 230 bzw. S. 231.

28.8.3.12 $KLiM_2(SO_4)_4$

Die Ausgangskomponenten $LiM(SO_4)_2$ und $KM(SO_4)_2$ mit M=Y, La bis Yb werden 4 h bei 500 °C geglüht, um anhaftende Feuchtigkeit zu vertreiben. Dann werden sie im Verhältnis 1:1 in 250 bis 300 h bei 600 °C geglüht. Röntgenographisch werden 4 Strukturtypen festgestellt: 1. $KLiM_2(SO_4)_4$ mit M=La bis Eu, 2. $KLiM_2(SO_4)_4$ mit M=Gd bis Tb, 3. $KLiM_2(SO_4)_4$ mit M=Y, Ho, Er und 4. $KLiM_2(SO_4)_4$ mit M=Tm, Yb, F.M. Korytnaya, A.N. Pokrovskii (Zh. Neorgan. Khim. **25** [1980] 2001/2).

28.8.3.13 $KNaM_2(SO_4)_4$

Die analog $KLiM_2(SO_4)_4$, s. oben, erhaltenen Verbindungen mit M=Pr bis Tb gehören zu einem anderen Strukturtyp als $KNaM_2(SO_4)_4$ mit M=Dy, Ho und unterscheiden sich auch von $KLiM_2(SO_4)_4$, F.M. Korytnaya, A.N. Pokrovskii (Zh. Neorgan. Khim. **25** [1980] 2001/2).

Ammonium Sulfatometallates

Review in English

28.8.4 Ammoniumsulfatometallate

Review

The ammonium sulfatometallates have a number of compositions: $NH_4M(SO_4)_2$ for M=Sc, Y, and La to Er, $(NH_4)_6M_4(SO_4)_9$ for M=La and Gd, $(NH_4)_3M(SO_4)_3$ for M=Sc and La, and $(NH_4)_5M(SO_4)_4$ for M=La to Pr. The hydrated sulfatometallates have the compositions $NH_4M(SO_4)_2 \cdot nH_2O$ for M=Sc, Y, and La to Ho and $(NH_4)_7Nd(SO_4)_5 \cdot 7H_2O$. The hydrated compounds have usually been prepared by reaction of $(NH_4)_2SO_4$ and $M_2(SO_4)_3$ in aqueous solution. The best investigated ammonium sulfatometallates are of the type $NH_4M(SO_4)_2 \cdot 4H_2O$. The compounds for M=La to Tb are monoclinic with the space group $P2_1/c-C^5_{2h}$. The lattice constants, refractive indices and thermal stability data are tabulated. Some IR frequencies are also given.

The sulfatocerates(IV) include $(NH_4)_2Ce(SO_4)_3 \cdot nH_2O$ for n=2 and 3, $(NH_4)_4Ce(SO_4)_4 \cdot nH_2O$ for n=0 and 2, $(NH_4)_6Ce(SO_4)_5 \cdot 3H_2O$, as well as $(NH_4)_8Ce(SO_4)_6 \cdot nH_2O$, and $(NH_4)_{10}Ce(SO_4)_7 \cdot nH_2O$ for n=2 and 3. These compounds have usually been prepared by reaction of $(NH_4)_2SO_4$ and $Ce(SO_4)_2$ in acidified aqueous solution. $(NH_4)_8Pr(SO_4)_6 \cdot 5H_2O$, which contains Pr^{IV}, is prepared by reaction of PrO_2 and $(NH_4)_2S_2O_8$ in concentrated H_2SO_4.

Comparative Data on Ammonium Sulfatometallates

28.8.4.1 Vergleichende Angaben über Ammoniumsulfatometallate

$NH_4M(SO_4)_2$

Die Verbindungen entstehen beim Erhitzen der 4-Hydrate, s. S. 267, bei t_1 und zersetzen sich in $(NH_4)_2SO_4$ und $M_2(SO_4)_3$ bei t_2; bei t_3 wird ein mol $(NH_4)_2SO_4$ abgegeben:

M	Y	Ce	Pr	Nd	Sm	Eu	Gd	Tb	Dy	Ho
t_1 in °C	180	135	193	190	190	230	210	240	160	200
t_2 in °C	435	–	370	398	395	400	404	520	435	330
t_3 in °C	–	617	545	525	520	547	550	555	–	530
Literatur	[3]	[2]	[2]	[2]	[2]	[2]	[2]	[7]	[3]	[2]

Die Angaben beruhen auf thermischen Analysen; Thermogramme s. in den Originalen. Sie werden teilweise durch röntgenographische Untersuchungen ergänzt, s. beispielsweise die relativen Intensitäten und Netzebenenabstände für $NH_4Eu(SO_4)_2$, $NH_4Gd(SO_4)_2$ und $NH_4Tb(SO_4)_2$ bei [7], deren Kristallstruktur sich bei 370 bis 440, 370 bis 400 und ebenfalls 370 bis 400 °C ausbildet.

$(NH_4)_3M(SO_4)_3$

Die Verbindungen $(NH_4)_3M(SO_4)_3$ werden in den Systemen $(NH_4)_2SO_4$-$M_2(SO_4)_3$-H_2O mit M=Sc und La, s. unten, bei 25 °C beobachtet, Iskhakova u.a. [2].

$(NH_4)_5M(SO_4)_4$

Die Verbindungen $(NH_4)_5M(SO_4)_4$ werden in den Systemen $(NH_4)_2SO_4$-$M_2(SO_4)_3$-H_2O mit M=La bis Pr bei 25 °C beobachtet. Sie sind isotyp; relative Intensitäten und Netzebenenabstände der Röntgen-Pulveraufnahmen s. Original. Beim Erhitzen mit 12 K/min werden 3 Stufen beobachtet: 1. Übergang von 2 Molekülen $(NH_4)_2SO_4$ in NH_4HSO_4, 2. Verflüchtigung des NH_4HSO_4, 3. Entfernung des letzten $^1/_2(NH_4)_2SO_4$ in den Temperaturbereichen 1, 2 und 3 in °C:

$(NH_4)_5M(SO_4)_4$	$(NH_4)_5La(SO_4)_4$	$(NH_4)_5Ce(SO_4)_4$	$(NH_4)_5Pr(SO_4)_4$
Bereich 1	260 bis 380	234 bis 360	262 bis 371
Bereich 2	380 bis 498	360 bis 490	371 bis 492
Bereich 3	498 bis 600	490 bis 600	492 bis 592

Thermogramm für die La-Verbindung s. im Original [2].

Systeme $(NH_4)_2SO_4$-$M_2(SO_4)_3$-H_2O

Untersuchungen der Systeme $(NH_4)_2SO_4$-$M_2(SO_4)_3$-H_2O nach der isothermen Restmethode bei 25 °C zeigen Verbindungen der Zusammensetzung $NH_4M(SO_4)_2 \cdot 4H_2O$ mit M=Y, La bis Ho [2, 3, 6], $(NH_4)_3M(SO_4)_3$ mit M=Sc und La [1, 4, 5] und $(NH_4)_5M(SO_4)_4$ mit M=La bis Pr [2]. In einzelnen Systemen werden noch weitere Verbindungen gefunden, s. hierzu unter 28.8.4.2, S. 268/86.

$NH_4M(SO_4)_2 \cdot 4H_2O$

Bildung und Darstellung

Die Verbindungen $NH_4M(SO_4)_2 \cdot 4H_2O$ mit M=Y, La bis Ho werden in den Systemen $(NH_4)_2SO_4$-$M_2(SO_4)_3$-H_2O bei 25 °C beobachtet, s. oben. Die Doppelsulfate mit M=La bis Tb werden durch Umsetzen wäßriger 0.03 M Lanthanidsulfat- und 0.12 M Ammoniumsulfatlösungen analog dem $NH_4Sm(SO_4)_2 \cdot 4H_2O$ (s. S. 281) erhalten. Die Lösung läßt man an der Luft stehen. Die ausgefallenen Kristalle werden abfiltriert, mit wenig Wasser, Alkohol und Äther gewaschen. Es entstehen so prismatische Kristalle, die die Eigenfarbe der M^{3+}-Ionen zeigen, Eriksson u.a. [6].

Physikalische Eigenschaften

$NH_4M(SO_4)_2 \cdot 4H_2O$ mit M=La bis Tb sind isostrukturell und kristallisieren nach Einkristalluntersuchungen an $NH_4Sm(SO_4)_2 \cdot 4H_2O$ monoklin, Raumgruppe $P2_1/c-C^5_{2h}$, die auch schon Blandin, Rérat [8] für $NH_4Ce(SO_4)_2 \cdot 4H_2O$ angeben, mit Z=4 und folgenden Gitterkonstanten:

	a in Å	b in Å	c in Å	β	V in Å³
La	6.719(1)	19.073(4)	8.843(2)	97.45(2)°	1123.7(0.6)
Ce	6.676(5)	19.005(8)	8.821(4)	97.28(3)°	1110.2(1.7)
Pr	6.644(2)	18.963(5)	8.798(3)	97.18(3)°	1099.8(0.9)
Nd	6.625(5)	18.928(7)	8.789(2)	97.06(3)°	1093.8(1.4)
Sm	6.582(2)	18.886(7)	8.736(4)	96.88(4)°	1078.1(1.1)
Eu	6.568(5)	18.833(8)	8.727(4)	96.98(6)°	1071.4(1.6)
Gd	6.548(4)	18.831(4)	8.701(4)	96.75(3)°	1065.4(1.2)
Tb	6.524(2)	18.832(4)	8.684(2)	96.72(2)°	1059.6(0.8)

Das Volumen V nimmt linear mit abnehmendem Ionenradius r_M des dreiwertigen M-Ions vom La zum Tb ab, $V^{1/3}$ in Abhängigkeit von r_M s. Figur im Original, Eriksson u.a. [6], s. auch [2, 7]. Nach Röntgen-Pulveraufnahmen (Netzebenenabstände und relative Intensitäten s. Original) sind auch die Dy- und Ho-Verbindungen mit den La- bis Tb-Verbindungen isotyp, Iskhakova u.a. [2]. Pyknometrisch gemessene Dichte D_p in g/cm³ bei 25 °C und Brechungszahlen der monoklinen, optisch zweiachsigen Kristalle:

$NH_4M(SO_4)_2 \cdot 4H_2O$	D_p	n_x	n_y	Lit.
$NH_4Y(SO_4)_2 \cdot 4H_2O$	2.42±0.05	1.526 a)	1.538 a)	[3]
$NH_4Ce(SO_4)_2 \cdot 4H_2O$	2.53±0.01	1.526	1.543	[2]
$NH_4Pr(SO_4)_2 \cdot 4H_2O$	2.56±0.01	1.528	1.545	[2]
$NH_4Nd(SO_4)_2 \cdot 4H_2O$	2.59±0.01	1.529	1.545	[2]
$NH_4Sm(SO_4)_2 \cdot 4H_2O$	2.67±0.01	1.531	1.547	[2]
$NH_4Eu(SO_4)_2 \cdot 4H_2O$	2.68±0.01	1.535	1.549	[2]
$NH_4Gd(SO_4)_2 \cdot 4H_2O$	2.72±0.01	1.540	1.553	[2]
$NH_4Tb(SO_4)_2 \cdot 4H_2O$	2.75±0.01	1.540	1.555	[2]
$NH_4Dy(SO_4)_2 \cdot 4H_2O$	2.78±0.01	1.543	1.555	[2]
	2.78±0.05	1.527 a)	1.550 a)	[3]
$NH_4Ho(SO_4)_2 \cdot 4H_2O$	2.81±0.01	1.543	1.557	[2]

a) Fehlergrenze ±0.003.

Mit Hilfe von IR-spektroskopischen Untersuchungen zwischen 400 und 4000 cm^{-1} wird versucht, die Rolle des H_2O in der Struktur von $NH_4M(SO_4)_2 \cdot 4H_2O$ mit M=Eu, Gd und Tb (und teilweise D_2O anstelle von H_2O) zu klären. Die dabei beobachteten, den SO_4-Gruppen zugeordneten Absorptionsmaxima sind tabellarisch auf S. 267 aufgeführt.

Es wird angenommen, daß zumindest für eine SO_4-Gruppe, die brückenbildend 2 M-Atome verbindet, die Symmetrie nicht höher als C_{2v} ist, Il'yashenko u.a. [7], s. auch [9]. Für NH_4 liegen die $\nu_3(F_2)$- und $\nu_4(F_2)$-Banden bei 3145 bzw. 1410 cm^{-1}, die Valenzschwingungen des H_2O liegen bei 3450 bis 3550 cm^{-1}, die Deformationsschwingungen des H_2O bei 1660 cm^{-1} für alle 3 Verbindungen. Die NH_4-Gruppen haben T_d-Symmetrie [7]. Später stellen Lipis u.a. [9] eine Aufspaltung der Deformationsschwingung

IR-Banden der SO_4-Gruppen von $NH_4M(SO_4)_2 \cdot 4H_2O$. Angaben in cm^{-1}:

	$NH_4Eu(SO_4)_2 \cdot 4H_2O$	$NH_4Gd(SO_4)_2 \cdot 4H_2O$	$NH_4Tb(SO_4)_2 \cdot 4H_2O$	Lit.
$\nu_1(A_1)$	1010	1010	1010	[7]
	997	997	998	[9]
$\nu_2(E)$	435	435 bis 505	435 bis 505	[7]
$\nu_3(F_2)$	1115 bis 1190	1105 bis 1180	1100 bis 1180	[7]
	1080, 1120, 1170	1085, 1125, 1165	1082, 1120, 1170	[9]
$\nu_4(F_2)$	590, 625 bis 660	595, 625 bis 660	595, 625 bis 660	[7]
	620, 652	620, 650	620, 655	[9]

des Wassers fest mit Maxima bei 1650 und 1690 cm^{-1}, die auf zwei energetisch unterschiedlichen H_2O-Gruppen beruht. In diesem Fall sollte auch die Valenzschwingung ν in 4 Maxima aufgespalten sein. Es wird jedoch wegen Überlappung nur eine starke, breite Bande mit einer angedeuteten Schulter auf der Hochfrequenzseite, s. Figur im Original, beobachtet. Für $NH_4Gd(SO_4)_2 \cdot 4D_2O$ liegt $\nu(D_2O)$ bei 2450 und 2630 cm^{-1} [9].

Chemisches Verhalten

Beim Erhitzen (6 K/min) zerfallen die Doppelsulfate schematisch nach folgender Gleichung:

$$2NH_4M(SO_4)_2 \cdot 4H_2O \xrightarrow{-8H_2O} 2NH_4M(SO_4)_2$$
$$\longrightarrow (NH_4)_2SO_4 + M_2(SO_4)_3 \xrightarrow{-(NH_4)_2SO_4} M_2(SO_4)_3$$

Iskhakova u.a. [2]. Dabei findet der Abbau des Wassers in 2 bis 3 Stufen statt und ist bei den Temperaturen t_1 bis t_3, alle in °C, beendet mit dem Abbau von n H_2O:

M	t_1	n	t_2	n	t_3	n	Lit.
Y	75	1	120	2	180	1	[3]
Ce	105	0.5	135	3.5	–	–	[2]
Pr	139	3	193	1	–	–	[2]
Nd	144	3	190	1	–	–	[2]
Sm	130	3	190	1	–	–	[2]
Eu	100	0.5	162	2.5	230	1	[2]
Gd	104	0.5	144	2.5	210	1	[2]
Tb	100	0.5	145	2.5	240	0.5	[7]
Dy	93	1	110	2	160	1	[3]
Ho	108	0.5	118	2.5	200	1	[2]

Nach den Angaben von [7] wird das letzte mol H_2O sowohl bei M = Eu als auch bei M = Gd und Tb in 2 Schritten entfernt bei 215 und 240 °C, 230 und 250 °C bzw. 210 und 240 °C. – Die entstehenden Zwischenstufen sind meist nur auf den DTG-, DTA- und TG-Kurven zu beobachten, nicht jedoch röntgenographisch, s. bei den einzelnen Verbindungen. $NH_4M(SO_4)_2 \cdot 4H_2O$ mit M = Eu, Gd, Tb sind unlöslich in Alkohol, Äther und Aceton, löslich in H_2O und verdünntem HCl und HNO_3 [7].

$NH_4M(SO_4)_2 \cdot nH_2O$ mit n=3.5, 3, 1 und 0.5

Beim thermischen Abbau der 4-Hydrate, s. im vorigen Kapitel, entstehen als teilweise nicht isolierbare Zwischenstufen $NH_4M(SO_4)_2 \cdot 3.5H_2O$ (mit M=Ce, Eu, Gd, Tb, Ho), $NH_4M(SO_4)_2 \cdot 3H_2O$ (mit M=Y, Dy), $NH_4M(SO_4)_2 \cdot H_2O$ (mit M=Y, Pr, Nd, Sm, Eu, Gd, Dy, Ho) und $NH_4M(SO_4)_2 \cdot 0.5H_2O$ (M=Eu, Gd, Tb [7]), Iskhakova u.a. [2], Belousova u.a. [3], Il'yashenko u.a. [7]. Relative Intensitäten und Netzebenenabstände der Röntgen-Pulveraufnahmen der isostrukturellen Verbindungen $NH_4Eu(SO_4)_2 \cdot H_2O$, $NH_4Gd(SO_4)_2 \cdot H_2O$ und $NH_4Tb(SO_4)_2 \cdot H_2O$ s. bei [7]. Im IR-Spektrum zwischen 400 und 4000 cm^{-1} werden gegenüber den 4-Hydraten drastische Änderungen festgestellt. Lage der SO_4-Banden in cm^{-1}:

	$NH_4Eu(SO_4)_2 \cdot H_2O$	$NH_4Gd(SO_4)_2 \cdot H_2O$	$NH_4Tb(SO_4)_2 \cdot H_2O$
$\nu_1(A_1)$	1005, 1023	1005, 1020, 1180	1005, 1023
$\nu_3(F_2)$	1100, 1150, 1182	1100, 1155, 1180	1100, 1155, 1180
$\nu_4(F_2)$	600, 620, 662	602, 630, 662	602, 630, 665

Die Valenzschwingungsbanden $\nu(H_2O)$ sind breit und etwas asymmetrisch, s. Figur im Original. Die $\nu(D_2O)$ für $NH_4Gd(SO_4)_2 \cdot D_2O$ liegen bei 2430 und 2560 cm^{-1}. Eine Deformationsschwingung $\delta(H_2O)$ wird bei 1640 cm^{-1} beobachtet. Es fehlen $\nu(H_2O)$ nahe 3580 cm^{-1} und $\delta(H_2O)$ bei 1690 cm^{-1}. Librationsschwingungen liegen bei 420, ≈475 und ≈695 cm^{-1}. Es wird angenommen, daß das restliche H_2O einen anderen Status als die 3 schon abgebauten H_2O-Moleküle hat, Lipis u.a. [10].

Literatur:

[1] V.M. Shatskii, L.N. Komissarova, B.I. Bashkov (Zh. Neorgan. Khim. **15** [1970] 978/82; Russ. J. Inorg. Chem. **15** [1970] 499/501). – [2] L.D. Iskhakova, I.E. Sukhova, O.P. Chernova, I.V. Shakhno, V.E. Plyushchev (Zh. Neorgan. Khim. **20** [1975] 348/53; Russ. J. Inorg. Chem. **20** [1975] 193/6). – [3] A.P. Belousova, I.V. Shakhno, V.E. Plyushchev (Zh. Neorgan. Khim. **15** [1970] 226/30; Russ. J. Inorg. Chem. **15** [1970] 116/8). – [4] G.G. Urazov, V.B. Tulinova, V.E. Plyushchev, N.I. Chuikina (Dokl. Akad. Nauk SSSR **103** [1955] 635/8; C.A. **1956** 3866). – [5] G.G. Urazov, V.B. Tulinova, V.E. Plyushchev, N.I. Chuikina (Khim. Redkikh Elem. Akad. Nauk SSSR Inst. Obshch. Neorgan. Khim. Nr. 3 [1957] 14/27; C.A. **1958** 2517).

[6] B. Eriksson, L.O. Larsson, L. Niinistö, U. Skoglund (Inorg. Chem. **13** [1974] 290/5). – [7] V.S. Il'yashenko, A.I. Barabash, V.I. Volk, L.L. Zaitseva, M.I. Konarev, A.A. Kruglov, L.V. Lipis (Zh. Neorgan. Khim. **14** [1969] 1197/204; Russ. J. Inorg. Chem. **14** [1969] 627/31). – [8] J. Blandin, B. Rérat (Compt. Rend. **242** [1956] 1740/2). – [9] L.V. Lipis, V.S. Il'yashenko, V.N. Egorov, G.V. Yukhnevich, V.I. Volk, Yu.E. Shanurin (Zh. Prikl. Spektrosk. **13** [1970] 866/74; J. Appl. Spectrosc. [USSR] **13** [1970] 1491/6). – [10] L.V. Lipis, V.S. Il'yashenko, V.N. Egorov, G.V. Yukhnevich, V.I. Volk (Zh. Prikl. Spektrosk. **14** [1971] 1044/9; J. Appl. Spectrosc. [USSR] **14** [1971] 763/8).

Data on Individual Ammonium Sulfatometallates

28.8.4.2 Angaben über einzelne Ammoniumsulfatometallate

Ammonium Scandium Sulfates

28.8.4.2.1 Ammoniumscandiumsulfate

$NH_4Sc(SO_4)_2$

Setzt man eine 26%ige $Sc_2(SO_4)_3$-Lösung und eine 23%ige $(NH_4)_2SO_4$-Lösung im Verhältnis 1.18:1 bei 80 °C um, so entsteht $NH_4Sc(SO_4)_2$. Nach dem Abkühlen wird der Niederschlag abfiltriert, mit etwas heißem Wasser gewaschen und an der Luft getrocknet, Shatskii u.a. [1]. Eindampfen der wäßrigen Lösung bei 120 °C und 2 atm Druck, Erämetsä, Haukka [2]. Die Verbindung kann auch in einer Festkörperreaktion durch Erhitzen der stöchiometrisch gemischten Komponenten auf >250 °C dargestellt werden, Bashkov u.a. [4] oder aus $(NH_4)_3Sc(SO_4)_3$ durch Erhitzen [2]. Während die Röntgen-Pulveraufnahmen (relative Intensitäten und Netzebenenabstände s. Original) von [2] rhombisch indiziert werden mit a=12.740, b=21.902, c=24.093 Å ($b/a \approx \sqrt{3}$), wird $NH_4Sc(SO_4)_2$ wie $RbSc(SO_4)_2$ und $CsSc(SO_4)_2$ als den wasserfreien Alaunen analog und trigonal bezeichnet. Raumgruppe P321 – D_3^2, Z=1; a=5.020, c=8.275 Å; c/a=1.648, Perret, Rosso [5], Couchot u.a. [7]; a=5.027, c=8.272 Å, Perret, Couchot [6], a=5.016, c=8.273 Å; c/a=1.649 [4]. Das von [2] indizierte Röntgendiagramm soll einem Gemisch aus einer monoklinen und einer hexagonalen Phase entsprechen [7]. Bei Darstellung in festem Zustand bei 260 °C soll in überwiegender Menge eine rhomboedrische Form mit a=8.544 Å, α=33°36′ neben der hexagonalen entstehen. Beide Formen scheinen sich nicht ineinander umzuwandeln [6]; Netzebenenabstände und relative Intensitäten der Röntgen-Pulveraufnahmen s. Original, s. auch [2]. Pyknometrische Dichte: D_p=2.07 g/cm^3, Röntgendichte D_r= 2.11 g/cm^3 [4]. $NH_4Sc(SO_4)_2$ fällt in Form wohlausgebildeter hexagonaler kurzer prismatischer Kristalle an. Es werden folgende Brechungszahlen angegeben: $n_x=1.560\pm0.003$, $n_z=1.565\pm0.003$ [1]. Im Absorptionsspektrum werden folgende IR-Banden des SO_4-Ions beobachtet: eine ν_2-Bande bei 449 cm^{-1}, zwei ν_3-Banden bei 1077 und 1245 cm^{-1}, zwei ν_4-Banden bei 599 und 657 cm^{-1}. Die SO_4^{2-}-Gruppe besetzt eine kristallographische Position der Symmetrie C_3 [7]. Ein Vergleich von IR-Spektren verschiedener Verbindungen mit tetraedrischen Anionen XO_4^{2-} zeigt, daß der Einfluß des Kristallfeldes auf die IR-Schwingungen nur gering ist. Der größte Effekt, der zur Aufspaltung der IR-Banden führt, wird durch die koordinativ-kovalenten Bindungsverhältnisse hervorgerufen. Im Falle der Ammoniumscandiumsulfate und Ammoniumscandiumselenate sind sie am größten, Zaitsev u.a. [10].

Löslichkeit S von $NH_4Sc(SO_4)_2$ in Gew.-% Sc_2O_3 zwischen t=0 und 100 °C:

t	0	10	20	30	40	50	60	70	80	90	100
S	1.75	1.52	1.34	1.14	0.98	0.82	0.74	0.60	0.55	0.52	0.50

Shatskii u.a. [1].

Beim Erhitzen an der Luft und unter Argon im Bereich zwischen 20 und 1200 °C, Thermogramme s. Original, ist das Doppelsulfat bis 300 °C stabil. Endotherme Effekte bei 390 bis 400 °C und 430 bis 450 °C zeigen den Abbau zu $Sc_2(SO_4)_3$. Oberhalb von 850 °C wird Sc_2O_3 gebildet, Shatskii u.a. [1], Erämetsä, Haukka [2].

$(NH_4)_4Sc_2(SO_4)_5$(?)

Nach Ivanov-Emin u.a. [3], Zaitsev u.a. [10] soll ein Doppelsulfat der Zusammensetzung $(NH_4)_4Sc_2(SO_4)_5$ existieren, jedoch ist die Existenz nach Erämetsä, Haukka [2] sowie Shatskii u.a. [1] sehr zweifelhaft.

$(NH_4)_3Sc(SO_4)_3$

Das Doppelsulfat wird durch Umsetzen einer auf 80 °C erhitzten 35- bis 40%igen $(NH_4)_2SO_4$-Lösung mit einer 26%igen heißen $Sc_2(SO_4)_3$-Lösung im Verhältnis 3:1 bis 5:1 dargestellt. Unter laufendem Rühren bildet sich $(NH_4)_3Sc(SO_4)_3$. Der abgekühlte Niederschlag wird abfiltriert, mit Alkohol gewaschen und an der Luft getrocknet [1], s. auch [3]. Zur Darstellung aus den wäßrigen Lösungen bei −5 °C s. [2, 3]. Das

$(NH_4)_3Sc(SO_4)_3$ kristallisiert nach Röntgen-Pulveraufnahmen (relative Intensitäten und Netzebenenabstände s. Original) monoklin mit a=11.588, b=15.422, c=13.184 Å und β=88.022°, Erämetsä, Haukka [2]. Die länglichen Kristalle sind spaltbar nach (010) und (100). Brechungszahlen: n_x=1.534, n_z=1.538 [3]. Im IR-Spektrum (Figur s. Original) werden Absorptionsbanden bei folgenden Wellenzahlen (in cm^{-1}) beobachtet:

$\nu_1(A_1)(SO_4)$	$\nu_2(E)(SO_4)$	$\nu_3(F_2)(SO_4)$	$\nu_4(F_2)(SO_4)$	$\nu(NH_4)$
1045	447, 465	1130, 1180, 1230	605, 625, 656	3050, 3158

Zaitsev u.a. [10].

Die Enthalpie der Bildung aus den Elementen beträgt $\Delta H^\circ_{298} = -869.6 \pm 4.65$ kcal/mol, kalorimetrisch aus der Lösungswärme in 4 M HNO_3 mit 4×10^{-3} M Na_2SiF_6 bei 25 °C und aus Literaturdaten bestimmt, Remizov u.a. [9]. Molare Leitfähigkeit Λ in $\Omega^{-1} \cdot cm^2 \cdot mol^{-1}$ bei 25 °C und pH-Werte in Abhängigkeit von der Verdünnung V in l/mol:

V	100	250	500	1000	2000	4000
Λ	369.2	423.7	461.5	505.0	548.2	601.4
pH	4.00	4.30	4.50	4.62	4.82	5.0

Ivanov-Emin u.a. [3].

Beim Erhitzen zerfällt $(NH_4)_3Sc(SO_4)_3$ bei 300 bis 400 °C unter $(NH_4)_2SO_4$-Abgabe zu $NH_4Sc(SO_4)_2$ (Thermogramm s. Original). Der weitere Abbau erfolgt analog $NH_4Sc(SO_4)_2$, Shatskii u.a. [1]. Zur Pyrolyse s. auch [2].

Das System $(NH_4)_2SO_4$-$Sc_2(SO_4)_3$-H_2O

Nach isothermen Löslichkeitsuntersuchungen (Restmethode) bei 25 °C existieren im System $(NH_4)_2SO_4$-$Sc_2(SO_4)_3$-H_2O neben $(NH_4)_2SO_4$ und $Sc_2(SO_4)_3 \cdot 5H_2O$ die zwei Doppelsulfate: Das kongruent lösliche $NH_4Sc(SO_4)_2$ und $(NH_4)_3Sc(SO_4)_3$, das sich unter Zersetzung löst (Figur s. Original). Lage der Zweisalzpunkte:

Verbindungen	Gew.-% Sc_2O_3	Gew.-% $(NH_4)_2SO_4$
$Sc_2(SO_4)_3 \cdot 5H_2O + NH_4Sc(SO_4)_2$	12.18	0.18
$NH_4Sc(SO_4)_2 + (NH_4)_3Sc(SO_4)_3$	1.36	5.93
$(NH_4)_3Sc(SO_4)_3 + (NH_4)_2SO_4$	0.008	43.83

Die gegenüber $Sc_2(SO_4)_3$-H_2O von 12.00 auf 12.18 Gew.-% erhöhte Löslichkeit des $Sc_2(SO_4)_3$ wird mit Komplexbildung erklärt, Shatskii u.a. [1].

$NH_4Sc(SO_4)_2 \cdot 12H_2O$

Sc^{3+} läßt sich nach Untersuchungen über die Verteilung von Sc^{3+} zwischen festem $NH_4Fe(SO_4)_2 \cdot 12H_2O$ und seiner gesättigten Lösung in 1 N H_2SO_4 bei −1.8 bis +20 ±0.5 °C in einem weiten Bereich in das Wirtsgitter von $NH_4Fe(SO_4)_2 \cdot 12H_2O$ (Alaun) einbauen. ^{46}Sc dient zur Konzentrationsbestimmung des Einbaugrades. Das Maximum liegt bei 4 °C. Es wird vermutet, daß unterhalb von 4 °C ein mischkristallbildender Sc-Alaun existiert, Purkayastha, Dutta [8], s. auch [11].

Literatur:

[1] V.M. Shatskii, L.N. Komissarova, B.I. Bashkov (Zh. Neorgan. Khim. **15** [1970] 978/82; Russ. J. Inorg. Chem. **15** [1970] 499/501). – [2] O. Erämetsä, M. Haukka (Suomen Kemistilehti B **39** [1966] 242/7). – [3] B.N. Ivanov-Emin, L.G. Korotaeva, V.G. Remizov, A.I. Ezhov (Zh. Neorgan. Khim. **11** [1966] 511/5; Russ. J. Inorg. Chem. **11** [1966] 278/80). – [4] B.I. Bashkov, L.N. Komissarova, F.M. Spiridonov, V.M. Shatskii (Vestn. Mosk. Univ. Khim. **13** [1972] 598/600; Moscow Univ. Chem. Bull. **27** Nr. 5 [1972] 76/8). – [5] R. Perret, B. Rosso (Compt. Rend. C **266** [1968] 1038/40).

[6] R. Perret, P. Couchot (Compt. Rend. C **274** [1972] 55/8). – [7] P. Couchot, F. Nguyen Minh Hoang, R. Perret (Bull. Soc. Chim. France **1971** 360/2). – [8] B.C. Purkayastha, K.N. Dutta (J. Indian Chem. Soc. **40** [1963] 879/84). – [9] V.G. Remizov, S.A. Malyutin, L.G. Korotaeva, K.K. Samplavskaya, B.N. Ivanov-Emin (Zh. Fiz. Khim. **45** [1971] 2941; Russ. J. Phys. Chem. **45** [1971] 1667/8). – [10] B.E. Zaitsev, B.N. Ivanov-Emin, L.G. Korotaeva, V.G. Remizov (Kolebatel'nye Spektry Neorgan. Khim. **1971** 300/9; C.A. **75** [1971] Nr. 81984).

[11] B.C. Purkayastha, D.K. Bhattacharyya (Indian J. Appl. Chem. **26** [1963] 139/43).

28.8.4.2.2 Ammoniumyttriumsulfate

Ammonium Yttrium Sulfates

Ergänzende Angaben über $NH_4Y(SO_4)_2$ und $NH_4Y(SO_4)_2 \cdot 4H_2O$ s. unter 28.8.4.1, S. 264/7.

$NH_4Y(SO_4)_2$

Das Doppelsulfat entsteht aus $NH_4Y(SO_4)_2 \cdot 4H_2O$ bei 120 bis 180 °C. Bei 330 bis 435 °C zersetzt es sich unter Abgabe von $(NH_4)_2SO_4$ zu $Y_2(SO_4)_3$, Thermogramm s. Original [1]. $NH_4Y(SO_4)_2$ wird auch beim thermischen Abbau von $NH_4Y(SO_4)_2 \cdot 1.5H_2O$ oberhalb ≈200 °C, s. S. 272, als nicht stabile Zwischenstufe beobachtet [3] (Thermogramm s. im Original). Zum weiteren Abbau s. S. 264, vgl. S. 272.

Das System $(NH_4)_2SO_4$-$Y_2(SO_4)_3$-H_2O

Nach isothermen Löslichkeitsuntersuchungen (Restmethode) bei 25 °C sowie röntgenographischen Untersuchungen (relative Intensitäten und Netzebenenabstände der Röntgen-Pulveraufnahmen s. Original) existiert im System $(NH_4)_2SO_4$-$Y_2(SO_4)_3$-H_2O neben den Randkomponenten $Y_2(SO_4)_3 \cdot 8H_2O$ und $(NH_4)_2SO_4$ nur das inkongruent lösliche Doppelsulfat $NH_4Y(SO_4)_2 \cdot 4H_2O$ (Figur s. Original). Zweisalzpunkte:

Verbindungen	Gew.-% $Y_2(SO_4)_3$	Gew.-% $(NH_4)_2SO_4$
$Y_2(SO_4)_3 \cdot 8H_2O + NH_4Y(SO_4)_2 \cdot 4H_2O$ (peritonisch)	12.68	21.40
$NH_4Y(SO_4)_2 \cdot 4H_2O + (NH_4)_2SO_4$ (eutonisch)	7.07	41.84

Belousova u.a. [1].

$NH_4Y(SO_4)_2 \cdot 4H_2O$

$NH_4Y(SO_4)_2 \cdot 4H_2O$ tritt im System $(NH_4)_2SO_4$-$Y_2(SO_4)_3$-H_2O bei 25 °C als inkongruent lösliche Verbindung auf, s. oben [1]. Auf Bildung der Verbindung wird auch aus Untersuchungen der Verteilung von Y^{3+} auf festes $NH_4Ce(SO_4)_2 \cdot 4H_2O$ und seine gesättigte Lösung in etwa 3 N H_2SO_4 bei 5 bis 20 °C geschlossen. Da der heterogene

Verteilungskoeffizient konstant ist, wird Mischkristallbildung beider Verbindungen angenommen, Purkayastha, Bhattacharyya [2].

$NH_4Y(SO_4)_2 \cdot 1.5\,H_2O$

Der thermische Abbau mit 2.5 K/min wird thermogravimetrisch zwischen Raumtemperatur und 1500 °C untersucht. Bei etwa 125 °C werden 0.5 mol, bis 200 °C noch 1 mol H_2O abgegeben. Das wasserfreie Salz zersetzt sich zwischen 200 und 370 °C unter Bildung von $Y_2(SO_4)_3 \cdot SO_3$, bei 470 °C wird dann das SO_3 abgebaut. Oberhalb 850 °C beginnt die Oxidation zum Oxidsulfat, die bei 1050 °C abgeschlossen ist. Bei weiterem Erhitzen entsteht bei 1190 °C das Oxid, Domingues u.a. [3].

Literatur:

[1] A.P. Belousova, I.V. Shakhno, V.E. Plyushchev (Zh. Neorgan. Khim. **15** [1970] 226/30; Russ. J. Inorg. Chem. **15** [1970] 116/8). – [2] B.C. Purkayastha, D.K. Bhattacharyya (J. Indian Chem. Soc. **40** [1963] 871/8). – [3] L.P. Domingues, R.L. Wilfong, L.R. Furlong (U.S. Bur. Mines Rept. Invest. Nr. 6029 [1962] 1/19, 6; C.A. **57** [1962] 9469).

Ammonium Lanthanum Sulfates

28.8.4.2.3 Ammoniumlanthansulfate

Ergänzende Angaben über $(NH_4)_5La(SO_4)_4$ und $NH_4La(SO_4)_2 \cdot 4\,H_2O$ s. unter 28.8.4.1, S. 264/7.

$NH_4La(SO_4)_2$

Das Doppelsulfat entsteht durch eine Austauschreaktion von Ammoniumlanthannitraten mit Ammoniumsulfat unterhalb des Schmelzpunktes (sonst entsteht $(NH_4)_6La_4(SO_4)_9$) oder durch Umsetzen von La_2O_3 und $(NH_4)_2SO_4$ bei 320 °C, Val'tsev u.a. [5, 6]. Die Verbindung tritt auch beim thermischen Abbau von $NH_4La(SO_4)_2 \cdot 1.5\,H_2O$, s. S. 273, als Zwischenstufe auf, Domingues u.a. [8]. Brechungszahlen: $n_x=1.655$, $n_z=1.780$, Val'tsev, Kovyrzina [5].

$(NH_4)_6La_4(SO_4)_9$

Bei trockenem Erhitzen von $(NH_4)_2SO_4$ und Ammoniumlanthannitrat entsteht oberhalb 320 °C $(NH_4)_6La_4(SO_4)_9$ aus der Schmelze, Val'tsev u.a. [6].

$(NH_4)_3La(SO_4)_3$

Zur Existenz der Verbindung im System $(NH_4)_2SO_4$–$La_2(SO_4)_3$–H_2O s. S. 273. – Die Substanz bildet längliche, doppelbrechende farblose Kristalle, Urazov u.a. [1]. Netzebenenabstände und relative Intensitäten der Röntgen-Pulveraufnahme s. bei Iskhakova u.a. [3]. Brechungszahlen: $n_x=1.580 \pm 0.001$, $n_z=1.594 \pm 0.001$, Urazov u.a. [1, 2]. Die thermische Zersetzung von $(NH_4)_3La(SO_4)_3$ erfolgt analog $(NH_4)_5M(SO_4)_4$, s. S. 265, in 3 Stufen bei 219 bis 375, 375 bis 485 und 485 bis 590 °C (12 K/min Erhitzungsgeschwindigkeit) [3]. Zur thermischen Zersetzung s. auch Chrétien, Capestan [7].

$(NH_4)_5La(SO_4)_4$

Zur Existenz der Verbindung s. beim System $(NH_4)_2SO_4$–$La_2(SO_4)_3$–H_2O, S. 273. – Beim Umsetzen von $(NH_4)_2SO_4$ und $La_2(SO_4)_3$ bei 150 °C entsteht $(NH_4)_5La(SO_4)_4$ [5]. Die Verbindung bildet farblose längliche plättchenförmige Kristalle [1], die stark doppelbrechend sind. Brechungszahlen: $n_x=1.553\pm0.001$, $n_z=1.582\pm0.001$ [1, 2], $n_x=1.498$, $n_z=1.525$ [5].

Das System $(NH_4)_2SO_4$-$La_2(SO_4)_3$-H_2O

Das nach röntgenographischen und isothermen Untersuchungen (Restmethode) aufgestellte Löslichkeitsdiagramm (Figur s. Original [2]) bei 25, 50 und 75 °C zeigt, daß neben den Randkomponenten $(NH_4)_2SO_4$ (I) und $La_2(SO_4)_3 \cdot 9H_2O$ (II) drei Doppelsulfate im System $(NH_4)_2SO_4$-$La_2(SO_4)_3$-H_2O existieren: $NH_4La(SO_4)_2 \cdot H_2O$ (III), $(NH_4)_3La(SO_4)_3$ (IV) und $(NH_4)_5La(SO_4)_4$ (V). Lage der Zweisalzpunkte (in Gew.-%):

Verbin-dungen	25 °C $La_2(SO_4)_3$	25 °C $(NH_4)_2SO_4$	50 °C $La_2(SO_4)_3$	50 °C $(NH_4)_2SO_4$	75 °C $La_2(SO_4)_3$	75 °C $(NH_4)_2SO_4$
II+III (peritonisch)	2.11	0.757	1.26	0.481	0.981	0.449
III+IV (peritonisch)	0.402	21.21	0.285	22.40	0.164	27.77
IV+V (peritonisch)	0.138	33.70	0.020	41.98	0.019	45.57
V+I (eutonisch)	0.002	43.50	0.002	45.96	0.001	48.38

Urazov u.a. [1, 2].

$NH_4La(SO_4)_2 \cdot 4H_2O$

$NH_4La(SO_4)_2 \cdot 4H_2O$ entsteht durch Umsetzen der wäßrigen Lösungen von $(NH_4)_2SO_4$ und $La_2(SO_4)_3$ im Verhältnis 4:1 bei 25 °C. Beim isothermen Eindampfen entstehen prismatische Kristalle, Eriksson u.a. [4].

$NH_4La(SO_4)_2 \cdot 1.5H_2O$

Die thermische Zersetzung (mit 2.5 K/min) der Verbindung, für welche keine Angaben zur Herstellung gemacht werden, führt in mehreren Zwischenstufen zum La_2O_3. Das Kristallwasser ist bei 400 °C abgegeben, wobei kurzzeitig bei 250 °C das $NH_4La(SO_4)_2 \cdot 0.5H_2O$ auftritt. Dann verdampft $(NH_4)_2SO_4$, und bei 520 °C liegt $La_2(SO_4)_3$ vor, das bis 860 °C stabil ist. Bei 1065 °C wird das Oxidsulfat gebildet. Oberhalb 1250 °C beginnt die Bildung von La_2O_3, die bei 1460 °C abgeschlossen ist [8].

$NH_4La(SO_4)_2 \cdot H_2O$

Die Verbindung wird im System $(NH_4)_2SO_4$-$La_2(SO_4)_3$-H_2O, s. oben, beobachtet. Die farblosen länglichen Kristalle, Kombination eines Prismas mit einer Pyramide, bilden häufig kreuzförmige Verwachsungen. Brechungszahlen der doppelbrechenden Kristalle: $n_x=1.596\pm0.001$, $n_z=1.620\pm0.001$ [1, 2]. Bei 98 °C wird Feuchtigkeit, bei 235 °C Kristallwasser abgegeben. Bei 483 °C zerfällt die Verbindung (Thermogramm s. Original) [2].

Literatur:

[1] G.G. Urazov, V.B. Tulinova, V.E. Plyushchev, N.I. Chuikina (Dokl. Akad. Nauk SSSR **103** [1955] 635/8; C.A. **1956** 3866). – [2] G.G. Urazov, V.B. Tulinova, V.E. Plyushchev, N.I. Chuikina (Khim. Redkikh Elem. Akad. Nauk SSSR Inst. Obshch. Neorgan. Khim. **3** Nr. 3 [1957] 14/27; C.A. **1958** 2517). – [3] L.D. Iskhakova, I.E. Sukhova, O.P. Chernova, I.V. Shakhno, V.E. Plyushchev (Zh. Neorgan. Khim. **20** [1975] 348/53; Russ. J. Inorg. Chem. **20** [1975] 193/6). – [4] B. Eriksson, L.O. Larsson, L. Niinistö,

U. Skoglund (Inorg. Chem. **13** [1974] 290/5). – [5] V.K. Val'tsev, V.P. Kovyrzina (Izv. Sibirsk. Otd. Akad. Nauk SSSR **1960** Nr. 10, S. 71/6; C.A. **1961** 10181).

[6] V.K. Val'tsev, S.M. Artamonova, N.F. Didora, L.K. Kravchenko (Izv. Sibirsk. Otd. Akad. Nauk SSSR **1961** Nr. 4, S. 38/42; C.A. **1961** 20748). – [7] A. Chrétien, M. Capestan (Compt. Rend. **248** [1959] 3176/8). – [8] L.P. Domingues, R.L. Wilfong, L.R. Furlong (U.S. Bur. Mines Rept. Invest. Nr. 6029 [1962] 1/19, 8; C.A. **57** [1962] 9469).

Ammonium Cerium Sulfates

28.8.4.2.4 Ammoniumcersulfate

Ammonium Cerium(III) Sulfates

28.8.4.2.4.1 Ammoniumcer(III)-sulfate

Ergänzende Angaben über $NH_4Ce(SO_4)_2$, $(NH_4)_5Ce(SO_4)_4$ und das Hydrat $(NH_4)Ce(SO_4)_2 \cdot 4H_2O$ s. unter 28.8.4.1, S. 264/8.

$NH_4Ce(SO_4)_2$

Die Verbindung wird im System $(NH_4)_2SO_4$-$Ce_2(SO_4)_3$-H_2O bei 75 und 99.5 °C beobachtet, s. unten, Schröder u.a. [1, 2] und im System $(NH_4)_2SO_4$-$Ce_2(SO_4)_3$-H_2SO_4-H_2O bei 70 °C, Belokoskov u.a. [12] bzw. bei 150 und 200 °C, Belokoskov u.a. [3]. – $NH_4Ce(SO_4)_2$ kann durch Umsetzen von $(NH_4)_2SO_4$ und $Ce_2(SO_4)_3$ in konzentrierter Schwefelsäure bei 150 °C dargestellt werden. Hierzu werden $Ce_2(SO_4)_3$, $(NH_4)_2SO_4$ und H_2SO_4 in Glasampullen mit angesetzten Fritten bis zur Einstellung des Gleichgewichtes erhitzt und anschließend abfiltriert. Der Niederschlag wird mit verdünntem H_2SO_4 und Alkohol gewaschen, Belokoskov u.a. [3]. Darstellung aus den wäßrigen Lösungen von $(NH_4)_2SO_4$ und $Ce_2(SO_4)_3$, Pospelova u.a. [5]. Brechungszahlen: $n_x = 1.609 \pm 0.003$, $n_y = 1.637 \pm 0.003$, $n_z = 1.639 \pm 0.003$ [3], $n_x = 1.605$, $n_z = 1.652$ [5]. Brechungszahlen $n_x = 1.602$ und $n_z = 1.670$ bzw. $n_x = 1.609$ und $n_z = 1.639$ für nach Löslichkeitsuntersuchungen bei 70 bzw. 150 bis 200 °C erhaltenes $NH_4Ce(SO_4)_2$ [12]. Beim Erhitzen bleibt das Doppelsulfat bis 250 °C unverändert. Zwischen 264 und 300 °C wird ein Massenverlust von 0.15 mol NH_4 beobachtet, Thermogramm s. Original. Vollständig ist der NH_4-Verlust bei 460 bis 470 °C, möglicherweise entstehen $Ce_2(SO_4)_3 \cdot SO_3$, $Ce_2(SO_4)_3 \cdot 0.7\,SO_3$ und $Ce_2(SO_4)_3 \cdot 0.1\,SO_3$ als Zwischenstufen. Letzteres geht bei 714 °C in $Ce_2(SO_4)_3$ über. Die Oxidation zu CeO_2 beginnt bei 780 °C und ist bei 950 °C beendet [3], s. auch Pospelova u.a. [6].

$(NH_4)_5Ce(SO_4)_4$

Die Verbindung (im Original wird die Zusammensetzung mit $Ce_2(SO_4)_3 : (NH_4)_2SO_4 = 1:4$ bis 5 angegeben) tritt im System $(NH_4)_2SO_4$-$Ce_2(SO_4)_3$-H_2O zwischen 0 und 100 °C auf, s. im folgenden [1, 2].

Das System $(NH_4)_2SO_4$-$Ce_2(SO_4)_3$-(H_2SO_4)-H_2O

Nach Löslichkeitsuntersuchungen zwischen 0 und 99.5 °C liegen neben $Ce_2(SO_4)_3 \cdot 12$, 8 oder $4\,H_2O$ und $(NH_4)_2SO_4$, die Verbindungen $NH_4Ce(SO_4)_2 \cdot 0$, 1 oder $4\,H_2O$ (letztere ist instabil) und „$(NH_4)_5Ce(SO_4)_4$" (im Original als 4 bis $5\,(NH_4)_2SO_4 \cdot Ce_2(SO_4)_3$ bezeichnet) vor, s. **Fig. 32**. Lage der Zweisalzpunkte und Dichte der an beiden Salzen gesättigten Lösung s. Tabellen im Original sowie Fig. 32. Ältere Ergebnisse werden diskutiert. Unter den schwer löslichen Alkalicersulfaten sind die Ammoniumcersulfate verhältnismäßig leicht löslich und lassen sich deshalb leichter in kristalliner Form erhalten. Zur Herstellung der Lösungen werden die binären Sulfate $Ce_2(SO_4)_3$ und $(NH_4)_2SO_4$ bei Zimmertemperatur in H_2O gelöst, auf die Reaktionstemperatur gebracht und plötzlich miteinander vermischt. Die Lösungen neigen zur Übersättigung. Um dies zu verhindern, muß die Einstellung des Gleichgewichtes über einen Zeitraum von 4 bis 6 Wochen erfolgen, und die Lösung sollte mit dem Bodenkörper geimpft werden [1, 2]. Neuere

Fig. 32

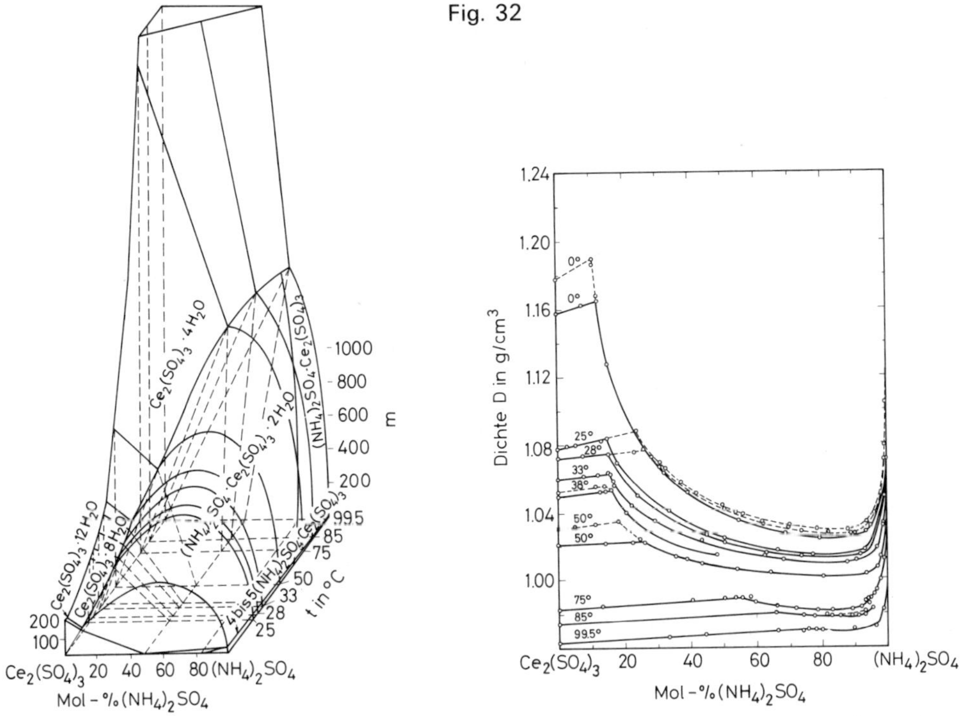

System $(NH_4)_2SO_4$-$Ce_2(SO_4)_3$-H_2O: links Polytherme (m = mol H_2O je mol Salzgemisch; $Ce_2(SO_4)_3$-Spitze bei m = 7288 und 99.5 °C), rechts Dichte-Isothermen des Systems.

isotherme Löslichkeitsuntersuchungen im System $(NH_4)_2SO_4$-$Ce_2(SO_4)_3$-H_2SO_4-H_2O bei 20 °C zeigen, daß außer den Randkomponenten nur $NH_4Ce(SO_4)_2 \cdot H_2O$ existiert, Belokoskov u.a. [13], bei 70 °C außerdem $NH_4Ce(SO_4)_2$, Belokoskov u.a. [12], und bei 150 und 200 °C treten $NH_4Ce(SO_4)_2$ und $Ce_2(SO_4)_3 \cdot 3\,H_2SO_4$ auf, Belokoskov u.a. [3], s. Figuren und Tabellen in den Originalen [3, 12, 13].

$NH_4Ce(SO_4)_2 \cdot nH_2O$ mit n = 4, 3.5, 1 und 0.5

Im System $(NH_4)_2SO_4$-$Ce_2(SO_4)_3$-H_2O werden instabiles $NH_4Ce(SO_4)_2 \cdot 4\,H_2O$ bei 0 bis 28 °C, Schröder u.a. [1, 2], sowie $NH_4Ce(SO_4)_2 \cdot H_2O$ bei 75 °C beobachtet [1], das auch im System $(NH_4)_2SO_4$-$Ce_2(SO_4)_3$-H_2SO_4-H_2O bei 20 und 70 °C auftritt, Belokoskov u.a. [12, 13]. Für das 4-Hydrat ergeben kristalloptische Untersuchungen für die monoklin prismatischen Kristalle das Achsenverhältnis a:b:c = 0.360:1:0.934 und β = 97°15′, Krishnan, Mookherji [8], bzw. nach neueren Angaben 0.360:1:2.004 und β = 97°15′, Mookherji [14], Singhal [9]. Die Gitterkonstanten betragen jedoch in Übereinstimmung mit den neueren Angaben auf S. 266 bei anderer Aufstellung a = 8.82, b = 19.01, c = 6.71 Å; β = 97°30′ ± 30′. Pyknometrisch gemessene Dichte: 2.54 ± 0.01 g/cm³, Blandin, Rérat [4]. D = 2.523 bei 27 °C, Singhal [9], 2.525 bei 30 °C [14], 2.56 bei ≈31 °C [8]. Im IR-Spektrum (Figur s. Original) werden folgende Absorptionsbanden in cm^{-1} gefunden (Suspension in flüssigem Paraffin):

$\nu_1(A_1)SO_4$	$\nu_3(F_2)SO_4$	$\nu_4(F_2)SO_4$	$\nu(OH)$	$\delta(H_2O)$
992, 1002	1075, 1145, 1203	613, 653	3240, 3350	1646, 1685

$\delta(NH_4^+)$ wird als kontinuierliche Bande bei 1448 cm^{-1} beobachtet, eine weitere Bande tritt bei ≈430(?) cm^{-1} auf. Die breiten Absorptionsbanden der Valenzschwingungen des Wassers mit einer geringen Verschiebung zu geringeren Frequenzen, verglichen mit nicht gebundenem Wasser, zeigt, daß eine Wasserstoffbrückenbindung in der Struktur vorliegt. Es wird angenommen, daß H_2O teilweise in der inneren Sphäre gebunden ist, Pospelova u.a. [7]. Die Verbindung ist paramagnetisch und anisotrop. Bei 27 °C gemessene diamagnetisch korrigierte Hauptmolsuszeptibilitäten $\chi_1 = 2025 \times 10^{-6}$, $\chi_2 = 1837 \times 10^{-6}$, $\chi_3 = 1892 \times 10^{-6}$ cm^3/mol; $\psi = 78.1°$ (berechnet: 78°5′). Anisotropie $\chi_1 - \chi_2 = 188 \times 10^{-6}$, $\chi_1 - \chi_3 = 133 \times 10^{-6}$ cm^3/mol. Nach kristallfeldtheoretischen Betrachtungen dominiert der kubische über den rhombischen Anteil am Kristallfeld, möglicherweise bedingt durch die oktaedrisch um das Cer-Ion angeordneten H_2O-Moleküle [9]. Bei 30 °C ist $\psi = 77°3′$; $\chi_1 - \chi_2 = 136 \times 10^{-6}$, $\chi_1 - \chi_3 = 83 \times 10^{-6}$ cm^3/mol [8]. Änderung der mittleren und der drei Hauptmolsuszeptibilitäten $(\bar{\chi}, \chi_1, \chi_2, \chi_3) \cdot 10^3$, des Quadrats des magnetischen Moments $\bar{\mu}^2$, μ_1^2, μ_2^2, μ_3^2 in μ_B^2 und des Winkels ψ zwischen c-Achse und χ_1 mit der Temperatur T (entlang der a-Achse gemessen; Definition s. S. 129, Werte in Auswahl):

T in K	χ_1	χ_2	χ_3	$\bar{\chi}$	μ_1^2	μ_2^2	μ_3^2	$\bar{\mu}^2$	ψ
300	2.200	2.010	2.080	2.100	5.320	4.857	5.037	5.070	77.3°
260	2.390	2.160	2.260	2.270	5.006	4.519	4.740	4.789	76.0°
220	2.460	2.330	2.490	2.490	4.687	4.132	4.417	4.412	74.8°
180	2.980	2.550	2.750	2.760	4.326	3.695	3.998	4.006	70.6°
140	3.480	2.880	3.130	3.160	3.926	3.251	3.534	3.570	63.8°
100	4.020	3.220	3.550	3.660	3.244	2.593	2.863	2.900	62.4°
85	4.270	3.380	3.730	3.790	2.924	2.319	2.559	2.601	62.4°

Änderung der Anisotropie $\chi_1 - \chi_2$ mit der Temperatur s. Original [14].

Die Brechungszahlen für $NH_4Ce(SO_4)_2 \cdot H_2O$ betragen $n_x = 1.603$, $n_z = 1.630$. Das Kristallwasser wird beim Erhitzen bei 240 bis 260 °C abgegeben [12].

Beim Erhitzen des 4-Hydrats, s. S. 267, entstehen $NH_4Ce(SO_4)_2 \cdot n\,H_2O$ mit n = 3.5 und 0.5 als Zwischenstufe. – Versuche, in ein Wirtsgitter von $NH_4Ce(SO_4)_2 \cdot 4\,H_2O$ radioaktive Fremdionen einzubauen, zeigen, daß Mischkristallbildung mit Eu^{3+}, Tb^{3+}, Tm^{3+} und Y^{3+} erfolgt, nicht aber mit Sc^{3+}, In^{3+} und Fe^{3+}, Purkayastha, Bhattacharyya [10, 11].

Aqueous Solutions

Wäßrige Lösungen

Da $(NH_4)_2SO_4$ und $Ce_2(SO_4)_3$ enthaltende wäßrige Lösungen stark zur Übersättigung neigen, werden die Komponenten einzeln bei Zimmertemperatur durch längeres Rühren gelöst, beide Lösungen auf Reaktionstemperatur gebracht und dann plötzlich miteinander vermischt. Das Gleichgewicht stellt sich nach 4- bis 6wöchigem Rühren ein. Die Dichte für einen ausgedehnten Konzentrations- und Temperaturbereich ist in Fig. 32, S. 275, wiedergegeben [1, 2]. Bei den Verdünnungen V (in l/mol $NH_4Ce(SO_4)_2 \cdot 4\,H_2O$) = 250, 500, 1000 hat die Lösung einen pH von 5.5, 5.6 bzw. 5.6, die molare elektrische Leitfähigkeit beträgt $\Lambda = 236$, 239 bzw. 246 $cm^2 \cdot \Omega^{-1} \cdot mol^{-1}$. Danach wird diskutiert, ob die Verbindung als Komplex oder Doppelsalz aufzufassen ist, Pospelova u.a. [7].

Literatur:

[1] W. Schröder, E. Kehren, K. Frings (Z. Anorg. Allgem. Chem. **238** [1938] 209/24). – [2] W. Schröder, H. van Poelvoorde (Z. Anorg. Allgem. Chem. **238** [1938] 305/20). – [3] V.I. Belokoskov, V.P. Skovorodskaya, G.V. Trofimov, T.P. Spasibenko (Zh. Neorgan.

Khim. **20** [1975] 2828/33; Russ. J. Inorg. Chem. **20** [1975] 1565/7). – [4] J. Blandin, B. Rérat (Compt. Rend. **242** [1956] 1740/2). – [5] L.A. Pospelova, V.N. Kokunova, L.M. Zaitsev (Zh. Neorgan. Khim. **15** [1970] 2343/8; Russ. J. Inorg. Chem. **15** [1970] 1214/6).

[6] L.A. Pospelova, V.N. Kokunova, L.M. Zaitsev (Zh. Neorgan. Khim. **15** [1970] 2349/53; Russ. J. Inorg. Chem. **15** [1970] 1217/9). – [7] L.A. Pospelova, V.N. Kokunova, L.M. Zaitsev (Zh. Neorgan. Khim. **15** [1970] 2354/60; Russ. J. Inorg. Chem. **15** [1970] 1219/22). – [8] K.S. Krishnan, A. Mookherji (Phil. Trans. Roy. Soc. London A **237** [1938/39] 135/59, 138). – [9] O.P. Singhal (Z. Naturforsch. **28b** [1973] 158/60). – [10] B.C. Purkayastha, D.K. Bhattacharyya (J. Indian Chem. Soc. **45** [1968] 583/96).

[11] B.C. Purkayastha, D.K. Bhattacharyya (Proc. Nucl. Radiat. Chem. Symp., Waltair, India, 1966, S. 349/55; C.A. **66** [1967] Nr. 25549). – [12] V.I. Belokoskov, V.P. Skovorodskaya, G.V. Trofimov (Issled. Fiz. Khim. Svoistv Soedin. Redk. Elem. **1978** 10/3; C.A. **90** [1979] Nr. 142705). – [13] V.I. Belokoskov, V.P. Skovorodskaya, G.V. Trofimov, T.I. Spasibenko (Issled. Fiz. Khim. Svoistv Soedin. Redk. Elem. **1978** 13/5; C.A. **90** [1979] Nr. 142702). – [14] A. Mookherji (Indian J. Phys. **23** [1949] 217/28, 220).

28.8.4.2.4.2 Ammoniumcer(IV)-sulfate

Ammonium Cerium(IV) Sulfates

$(NH_4)_4Ce(SO_4)_4$

Die Verbindung kann durch Umsetzen gesättigter Lösungen von $(NH_4)_2SO_4$ und $Ce(SO_4)_2$ im sauren Medium (≈3% H_2SO_4) dargestellt werden. Die Mischung wird auf dem siedenden Wasserbad bis zur Kristallisation eingedampft, abfiltriert, mit wenig Eiswasser, Alkohol und Äther gewaschen. Dichte $D_4^{25}=2.300$ g/cm³. Brechungszahlen: $n_x=1.570$, $n_y=1.581$, $n_z=1.603$, Golovnya u.a. [1, 2].

$(NH_4)_2Ce(SO_4)_3 \cdot 3H_2O$

Das Doppelsulfat läßt sich analog der entsprechenden Kaliumverbindung, s. S. 247, nach dem Verfahren von [1, 2] darstellen, Kharzeeva u.a. [3, 4]. Im IR-Spektrum werden für SO_4 folgende Absorptionsbanden in cm^{-1} beobachtet (Suspension in flüssigem Paraffin):

$\nu_2(E)$	$\nu_4(F_2)$	$\nu_1(A_1)$	$\nu_3(F_2)$
408, 500	591, 613, 690	954, 983, 1050	1085, 1134, 1187, 1208, 1234

Weitere Banden s. Original, Kharzeeva, Serebrennikov [4]. Beim Erhitzen wird 1 mol H_2O bei >90 °C, das restliche Kristallwasser bei >136 °C abgegeben, Kharzeeva u.a. [3].

$(NH_4)_2Ce(SO_4)_3 \cdot 2H_2O$

Das Doppelsulfat läßt sich analog der entsprechenden Kaliumverbindung, s. S. 247, nach dem Verfahren von [1, 2] herstellen [3, 4]. Beim Erhitzen verliert das Doppelsulfat bei >136 °C sein Kristallwasser (Thermogramm s. Original) [3].

$(NH_4)_4Ce(SO_4)_4 \cdot 2H_2O$

Zur Darstellung von $(NH_4)_4Ce(SO_4)_4 \cdot 2H_2O$ werden schwefelsaure, 8 bis 10%ige Lösungen von $Ce(SO_4)_2$ und $(NH_4)_2SO_4$ gemischt, die Endsäurekonzentration liegt zwischen 1 bis 2% H_2SO_4. Nach kurzer Zeit kristallisiert das Doppelsulfat in optisch einheitlichen Kristallen aus. Die Substanz wird abfiltriert und mit wenig Eiswasser, Alkohol und Äther gewaschen [1, 2]. Dichte $D_4^{25}=2.284$ g/cm³. Brechungszahlen: $n_x=1.570$, $n_y=1.584$, $n_z=1.606$, Golovnya, Pospelova [1]. Beim Erhitzen verliert das Doppelsulfat bei >142 °C sein Kristallwasser [3], s. auch [1] (Thermogramme s. Originale). Der Abbau mit 2.5 K/min verläuft ähnlich $(NH_4)_{10}Ce(SO_4)_7 \cdot 3H_2O$. Intermediär wird das von 525 bis 700 °C stabile $3CeO_2 \cdot 4SO_3$ (?) gebildet. Der Übergang zu CeO_2 ist bei 865 °C vollständig, Domingues u.a. [5].

$(NH_4)_6Ce(SO_4)_5 \cdot 3H_2O$

Zur Darstellung wird feingemahlenes $Ce(SO_4)_2$ in einer gesättigten $(NH_4)_2SO_4$-Lösung, der einige Tropfen H_2SO_4 zugesetzt werden, gelöst. Nach Abfiltrieren vom ungelösten Salz wird die Mutterlauge in einem Exsikkator über konzentriertem H_2SO_4 getrocknet. Die orangefarbenen Kristalle werden abfiltriert und zwischen Filterpapier getrocknet. Dichte $D_4^{25}=2.105$ g/cm³. Brechungszahlen $n_x=1.540$, $n_z=1.579$ [1]. Im IR-Spektrum werden für SO_4 folgende Absorptionsmaxima in cm^{-1} beobachtet (Suspension in flüssigem Paraffin):

$\nu_2(E)$	$\nu_4(F_2)$	$\nu_1(A_1)$	$\nu_3(F_2)$
500	593, 613, 637, 645	958, 991, 1050, 1083	1134, 1242

Weitere Banden s. Original, Kharzeeva, Serebrennikov [4]. Beim Erhitzen verliert das Doppelsulfat bei >116 °C sein Kristallwasser [3], bei 200 bis 215 °C wird $(NH_4)_2SO_4$ abgegeben, und bei 350 bis 365 °C entsteht $CeOSO_4$ [1].

$(NH_4)_8Ce(SO_4)_6 \cdot 5H_2O$. $(NH_4)_8Ce(SO_4)_6 \cdot 3H_2O$

Zur Darstellung von $(NH_4)_8Ce(SO_4)_6 \cdot 5H_2O$ wird feingemahlenes $Ce(SO_4)_2$ in heißer gesättigter $(NH_4)_2SO_4$-Lösung, die 2 bis 3 Tropfen H_2SO_4 zur Vermeidung der Hydrolyse enthält, gelöst. Vom Ungelösten wird abfiltriert und auf dem Wasserbad langsam eingedampft bis sich gelbe Kristalle auf der Oberfläche der Lösung bilden. Man kühlt langsam auf Zimmertemperatur ab, filtriert und trocknet die unregelmäßigen Kristalle zwischen Filterpapier. Dichte $D_4^{25}=1.985$ g/cm³, Brechungszahlen $n_x=1.531$, $n_z=1.570$ [1]. Nach dem Verfahren von [1] erhalten [4] das Trihydrat $(NH_4)_8Ce(SO_4)_6 \cdot 3H_2O$ (das möglicherweise mit dem Pentahydrat identisch ist). Seine dem SO_4 zugeordneten Absorptionsmaxima im IR-Spektrum werden bei folgenden Wellenzahlen (in cm^{-1}) angegeben (Suspension in flüssigem Paraffin):

$\nu_2(E)$	$\nu_4(F_2)$	$\nu_1(A_1)$	$\nu_3(F_2)$
425, 495	595, 613, 642	966, 1020	1116, 1166, 1208

Weitere Banden s. Original [4].

Beim Erhitzen verliert das Doppelsulfat bei >118 °C sein Kristallwasser, Thermogramm s. Original [3]; diese Angaben stimmen mit den Ergebnissen von [1] für das Pentahydrat überein.

$(NH_4)_{10}Ce(SO_4)_7 \cdot 3H_2O$

Beim thermischen Abbau des Trihydrats mit 2.5 K/min wird bei 200 °C Kristallwasser entfernt, bei 465 °C erfolgt Zersetzung zu $Ce(SO_4)_2$, aus dem bei 525 °C das $CeO_2 \cdot SO_3$ gebildet wird. Der Übergang zu CeO_2 beginnt bei 700 °C und ist bei 840 °C abgeschlossen [5].

Literatur:

[1] V.A. Golovnya, L.A. Pospelova (Zh. Neorgan. Khim. **6** [1961] 636/40; Russ. J. Inorg. Chem. **6** [1961] 324/7). – [2] V.A. Golovnya, L.A. Pospelova, G.T. Bolotova (Zh. Neorgan. Khim. **5** [1960] 2204/10; Russ. J. Inorg. Chem. **5** [1960] 1069/72). – [3] S.E. Kharzeeva, A.S. Vyatkina, V.V. Serebrennikov (Zh. Neorgan. Khim. **13** [1968] 1861/4; Russ. J. Inorg. Chem. **13** [1968] 969/71). – [4] S.E. Kharzeeva, V.V. Serebrennikov (Zh. Neorgan. Khim. **12** [1967] 3026/30; Russ. J. Inorg. Chem. **12** [1967] 1601/3). – [5] L.P. Domingues, R.L. Wilfong, L.R. Furlong (BM-RI-6029 [1961] 1/22, 8; N.S.A. **16** [1962] Nr. 26954).

28.8.4.2.5 Ammoniumpraseodymsulfate

Ammonium Praseodymium Sulfates

28.8.4.2.5.1 Ammoniumpraseodym(III)-sulfate

Ammonium Praseodymium(III) Sulfates

Ergänzende Angaben über $NH_4Pr(SO_4)_2$ und $NH_4Pr(SO_4)_2 \cdot 4H_2O$ und Angaben über $(NH_4)_5Pr(SO_4)_4$ s. unter 28.8.4.1, S. 264/8.

$NH_4Pr(SO_4)_2$

Die Verbindung entsteht beim thermischen Abbau des 4-Hydrats bei <193 °C und zerfällt bei <545 °C in die Komponenten, s. S. 267. Zur Bildung aus $NH_4Pr(SO_4)_2 \cdot 0.5H_2O$ und weiteren thermischen Abbau s. unten.

$NH_4Pr(SO_4)_2 \cdot nH_2O$ mit n=4 und 0.5

Beim Umsetzen gesättigter Lösungen von $(NH_4)_2SO_4$ und $Pr_2(SO_4)_3$ erhält man große an der Luft beständige Kristalle von $NH_4Pr(SO_4)_2 \cdot 4H_2O$, die in kaltem Wasser sehr schwer löslich sind, Iskhakova u.a. [2].

Beim Erhitzen (2.5 K/min) verliert das als $NH_4Pr(SO_4)_2 \cdot 0.5H_2O$ formulierte Doppelsulfat unterhalb 400 °C sein gesamtes Kristallwasser. Bei 400 bis 520 °C zersetzt sich das Doppelsulfat unter Abgabe von $(NH_4)_2SO_4$. Zwischen 800 und 1000 °C entsteht $Pr_2O_2SO_4$, bei 1175 bis 1385 °C Pr_2O_3, Wilfong u.a. [1, 3].

Literatur:

[1] R.L. Wilfong, L.P. Domingues, L.R. Furlong (BM-RI-6060 [1962] 1/18, 8; N.S.A. **17** [1963] Nr. 145). – [2] L.D. Iskhakova, I.E. Sukhova, O.P. Chernova, I.V. Shakhno, V.E. Plyushchev (Zh. Neorgan. Khim. **20** [1975] 348/53; Russ. J. Inorg. Chem. **20** [1975] 193/6). – [3] R.L. Wilfong, L.P. Domingues, L.R. Furlong (J. Am. Ceram. Soc. **47** [1964] 240/1).

28.8.4.2.5.2 Ammoniumpraseodym(IV)-sulfat $(NH_4)_8Pr(SO_4)_6 \cdot 5H_2O$

Ammonium Praseodymium(IV) Sulfate

Die Verbindung bildet sich bei Zusatz von $(NH_4)_2S_2O_8$ zu einer Lösung von PrO_2 in konzentriertem H_2SO_4 im Überschuß (nach 24 bis 28 h wird 20 bis 30 min auf Wasserbadtemperatur erhitzt und auf 0 °C abgekühlt) oder durch katalytische Oxidation von $Pr_2(SO_4)_3$ in konzentriertem H_2SO_4 in Gegenwart von Ag^+-Ionen als hellgelb bis orange gefärbte kristalline Masse, Pajakoff (Monatsh. Chem. **94** [1963] 482/96, 492).

Ammonium Neodymium Sulfates

28.8.4.2.6 Ammoniumneodymsulfate

Ergänzende Angaben über $NH_4Nd(SO_4)_2$ und $NH_4Nd(SO_4)_2 \cdot 4\,H_2O$, s. unter 28.8.4.1, S. 264 bzw. 265.

$NH_4Nd(SO_4)_2$

Die wasserfreie Verbindung wird beim thermischen Abbau (2.5 K/min) von $NH_4Nd(SO_4)_2 \cdot 0.5\,H_2O$, s. im folgenden, bei 350 °C gebildet, Wilfong u.a. [4].

$NH_4Nd(SO_4)_2 \cdot n\,H_2O$ mit n=4, 0.5

Zur Darstellung von Gd-dotierten $NH_4Nd(SO_4)_2 \cdot 4\,H_2O$-Einkristallen werden die gesättigten wäßrigen Lösungen von $(NH_4)_2SO_4$ und $Nd_2(SO_4)_3 \cdot 8\,H_2O$ in stöchiometrischem Verhältnis gemischt, etwa 0.1 Gew.-% $Gd_2(SO_4)_3 \cdot 8\,H_2O$ zugesetzt und bei Raumtemperatur langsam eingedampft, Malhotra u.a. [2]. Die Gitterkonstanten der monoklinen, reinen Verbindung mit Raumgruppe $P2_1/c-C_{2h}^5$ liegen mit a=6.63, b=18.94, c=8.80 Å etwas höher als die neueren Werte auf S. 266, während β mit 96.2° etwas kleiner ist. Netzebenenabstände und relative Intensitäten der Röntgen-Pulverdiagramme s. Original. Das Achsenverhältnis der prismatischen, schwach lavendelfarbenen Kristalle beträgt a:b:c=0.350:1:0.465. Gemessene und röntgenographisch ermittelte Dichte: 2.584 bzw. 2.58 g/cm³. Die Brechungszahlen bei 589.3 nm sind n_x=1.531, n_y=1.540, n_z=1.549. Der optische Achsenwinkel $2V_x$ beträgt 89° mit schwacher Dispersion r>v. Die optische Orientierung ist Z||b; X∠c=74°. Die Molrefraktion beträgt 51.8 cm³ (beruhend auf der gemessenen Dichte), Staritzky, Cromer [1].

Nach ESR-Untersuchungen an Gd-dotierten $NH_4Nd(SO_4)_2 \cdot 4\,H_2O$-Einkristallen liegen bei Raumtemperatur zwei magnetisch nicht äquivalente Komplexe mit tetragonaler Symmetrie vor, denen je sieben Linien im Spektrum (s. Figur im Original) entsprechen; die Kristallfeldparameter sind klein, die Nullfeldaufspaltung ist gering. Bei der Temperatur des flüssigen N_2 werden dagegen 28 Linien festgestellt, die vier magnetisch nicht äquivalenten M-Plätzen entsprechen; gleichzeitig werden größere Kristallfeldparameter beobachtet und eine große Nullfeldaufspaltung. Daraus wird geschlossen, daß zwischen beiden Temperaturen eine Phasenumwandlung durchlaufen wird. Aus den Spektren ergeben sich bei Raumtemperatur folgende Spin-Hamilton-Parameter:

g_z	$g_x=g_y$	b_2^0 in G	b_4^0 in G	b_6^0 in G	b_4^4 in G	b_6^4 in G
1.9829 ±0.0012	1.9892 ±0.0015	111.6 ±0.63	−1.14 ±0.10	−0.38 ±0.12	7.07 ±2	0.70 ±0.20

Linienbreite s. Original, Malhotra u.a. [2].

Nach thermogravimetrischen Untersuchungen an $NH_4Nd(SO_4)_2 \cdot 0.5\,H_2O$ mit einer Erhitzungsgeschwindigkeit von 2.5 K/min findet der thermische Abbau nach folgendem Schema statt: $NH_4Nd(SO_4)_2 \cdot 0.5\,H_2O \xrightarrow{350\,°C} NH_4Nd(SO_4)_2 \xrightarrow{515\,°C} Nd_2(SO_4)_3 \xrightarrow{1000\,°C} Nd_2O_2SO_4 \xrightarrow{1360\,°C} Nd_2O_3$, Wilfong u.a. [4].

$(NH_4)_7Nd(SO_4)_5 \cdot 7\,H_2O$

Zur Darstellung wird Nd_2O_3 mit gesättigter $(NH_4)_2SO_4$-Lösung 2 h bei 98 °C gerührt, vom Ungelösten abfiltriert, das Doppelsulfat mit Äthanol ausgesalzt und bei 60 °C getrocknet. Analysen bestätigen die Zusammensetzung. Röntgen-Pulveraufnahmen zeigen, daß die Substanz kristallin ist und sich von $Nd_2(SO_4)_3$ und $(NH_4)_2SO_4$ unterscheidet. Beim

Erhitzen ist die Verbindung bis 250 °C stabil. Im Bereich zwischen 350 bis 450 °C findet Zersetzung unter Abgabe von $(NH_4)_2SO_4$ statt, Thermogramm s. Original, Vagina, Fakina [3].

Literatur:

[1] E. Staritzky, D.T. Cromer (Anal. Chem. **28** [1956] 554/5). – [2] V.M. Malhotra, H.D. Bist, G.C. Upreti (Chem. Phys. Letters **28** [1974] 390/2). – [3] N.S. Vagina, L.K. Fakina (Zh. Neorgan. Khim. **13** [1968] 594/6; Russ. J. Inorg. Chem. **13** [1968] 308/10). – [4] R.L. Wilfong, L.P. Domingues, L.R. Furlong (BM-RI 6060 [1962] 1/18, 6/8; N.S.A. **17** [1963] Nr. 145).

28.8.4.2.7 Ammoniumsamariumsulfate

Ammonium Samarium Sulfates

Ergänzende Angaben über $NH_4Sm(SO_4)_2$ und $NH_4Sm(SO_4)_2 \cdot 4H_2O$ s. unter 28.8.4.1, S. 264 bzw. 265.

$NH_4Sm(SO_4)_2$

Entsteht beim thermischen Abbau des 5-Hydrats bei 200 bis 310 °C, Wilfong u.a. [1], oder des 4-Hydrats bei ≈150 °C, Erämetsä, Niinistö [2], s. S. 282.

$NH_4Sm(SO_4)_2 \cdot nH_2O$ mit n=5, 4, 1 und 0.5

Zur Darstellung der mit n=4 formulierten Verbindung werden wäßrige Lösungen mit 0.03 mol $Sm_2(SO_4)_3 \cdot 8H_2O$ und 0.12 mol $(NH_4)_2SO_4$ zusammengegeben. Die sich abscheidenden blaßgelben Kristalle werden mit kleinen Mengen Wasser, Alkohol und Äther gewaschen, Erämetsä, Niinistö [2].

$NH_4Sm(SO_4)_2 \cdot 4H_2O$ ist nach Röntgen-Pulveraufnahmen von [2] (Netzebenenabstände und relative Intensitäten s. Original) sowie Einkristalluntersuchungen von Eriksson u.a. [3] monoklin mit der Raumgruppe $P2_1/c-C_{2h}^5$ (Nr. 14), Z=4. Die Gitterkonstanten betragen a=6.574, b=18.842, c=8.736 Å, β=96.90° [2], a=6.582(2), b=18.886(7), c=8.736(4) Å, β=96.88(4)°. Eine verfeinerte Strukturanalyse mit R=0.046 ergibt folgende Atomlagen:

Atom	x	y	z	Atom	x	y	z
Sm	0.1484(1)	0.1231(1)	0.7870(1)	O(6)	0.6323(17)	0.0058(6)	0.7278(19)
S(1)	0.1248(4)	0.2769(2)	0.9152(3)	O(7)	0.8026(16)	0.3883(6)	0.1476(11)
S(2)	0.6892(1)	0.0766(2)	0.7659(4)	O(8)	0.8381(14)	0.4218(5)	0.4090(11)
O(1)	0.0936(15)	0.1597(5)	0.3198(10)	W(1)	0.1709(15)	0.4442(5)	0.0415(11)
O(2)	0.1419(18)	0.0295(5)	0.0803(10)	W(2)	0.2505(17)	0.1107(5)	0.0670(11)
O(3)	0.9561(13)	0.2752(5)	0.3779(11)	W(3)	0.6380(18)	0.1066(6)	0.3394(12)
O(4)	0.3129(12)	0.2617(5)	0.3841(10)	W(4)	0.8057(17)	0.0027(5)	0.1679(10)
O(5)	0.5113(13)	0.3812(5)	0.2889(12)	NH_4	0.6622(18)	0.2225(7)	0.1157(15)

Die Sm-Atome werden von neun O-Atomen umgeben, die von drei H_2O-Molekülen und vier SO_4-Gruppen stammen. Die Sm-O-Abstände liegen im Bereich von 2.378 bis 2.559 Å. Die SmO_9-Polyeder können als quadratisches Antiprisma mit einer aufgesetzten Pyramide (monocapped) oder als verzerrtes trigonales Prisma mit drei auf die Seitenflächen aufgesetzten Pyramiden (tricapped) angesehen werden. Die Sulfatgruppen verbinden die SmO_9-Polyeder schichtartig. In der Struktur werden parallel der a-Achse durch Verknüpfung der Sulfatgruppen und der Samariumpolyeder Schichten ausgebildet. Kurze Abstände zwischen den Wassermolekülen und Sulfatgruppen oder anderen Wassermolekülen zeigen, daß die Schichten durch Wasserstoffbrückenbindungen zusammengehalten werden. Die S-O-Abstände in den SO_4-Gruppen liegen im Bereich von 1.418 bis 1.500 Å. Weitere Atomabstände und Winkel sowie Figur der Koordinationspolyeder s. Original [3].

Die Röntgendichte beträgt $D_r = 2.67$ g/cm³, die pyknometrische Dichte ist $D_p = 2.65$ g/cm³ [2, 3].

Das im Bereich von 400 bis 4000 cm^{-1} an KBr aufgenommene IR-Spektrum zeigt folgende Banden (in cm^{-1}) und deren vorgeschlagene Zuordnung:

$\nu(H_2O)$	$\nu_3(NH_4)$	$\delta(H_2O)$	$\nu_4(NH_4)$	$\nu_3(SO_4)$
3400	3130	1670, 1625	1390	1190, 1120

$\nu_1(SO_4)$	$\nu_4(SO_4)$	$\nu_2(SO_4)$, γ(Sm-OH_2)	ν(Sm-OH_2)
975	660, 645, 605, 585	475	410

Aus dem Auftreten von zwei Banden im Bereich der Wasser-Deformationsschwingungen wird auf das Vorliegen von zwei unterschiedlichen Typen von H_2O-Molekülen in der Struktur geschlossen [3].

Eine Wiederholung der älteren thermogravimetrischen und differentialthermoanalytischen Untersuchungen von [2] zeigt, daß der thermische Abbau über folgende Stufen verläuft: $NH_4Sm(SO_4)_2 \cdot 4H_2O \rightarrow NH_4Sm(SO_4)_2 \cdot 0.5H_2O \rightarrow NH_4Sm(SO_4)_2$, Thermogramm s. Original [3]. Bei [2] wird dieses Schema angegeben: $NH_4Sm(SO_4)_2 \cdot 4H_2O \xrightarrow{\approx 100\,^\circ C} NH_4Sm(SO_4)_2 \cdot H_2O \xrightarrow{\approx 150\,^\circ C} NH_4Sm(SO_4)_2 \xrightarrow{\approx 400\,^\circ C} Sm_2(SO_4)_3 \xrightarrow{\approx 900\,^\circ C} Sm_2O_2SO_4$. Die Temperaturen sind der Figur im Original entnommen [2]. Nach thermogravimetrischen Untersuchungen von [1] an der als $NH_4Sm(SO_4)_2 \cdot 5H_2O$ formulierten Verbindung werden zwei Wasser zwischen 35 und 200 °C abgegeben, die vollständige Entwässerung findet zwischen 200 und 310 °C statt.

Literatur:

[1] R.L. Wilfong, L.P. Domingues, L.R. Furlong (J. Am. Ceram. Soc. **47** [1964] 240/1; BM-RI-6060 [1962] 1/18; N.S.A. **17** [1963] Nr. 145). – [2] O. Erämetsä, L. Niinistö (Suomen Kemistilehti B **44** [1971] 207/9). – [3] B. Eriksson, L.O. Larsson, L. Niinistö, U. Skoglund (Inorg. Chem. **13** [1974] 290/5).

Ammonium Europium Sulfates

28.8.4.2.8 Ammoniumeuropiumsulfate

Ergänzende Angaben über $NH_4Eu(SO_4)_2$ und $NH_4Eu(SO_4)_2 \cdot 4H_2O$ sowie Angaben über $NH_4Eu(SO_4)_2 \cdot H_2O$ s. unter 28.8.4.1, S. 264/8.

$NH_4Eu(SO_4)_2$

Nach thermischen Untersuchungen bildet sich die Verbindung beim Erhitzen von $NH_4Eu(SO_4)_2 \cdot 4H_2O$ bei <240 °C. Ihre Kristallstruktur wird röntgenographisch bei 370 bis 440 °C beobachtet. Röntgen-Pulveraufnahmen (relative Intensitäten und Netzebenenabstände s. Original) zeigen, daß die Verbindung $NH_4Eu(SO_4)_2$ isotyp mit $NH_4Gd(SO_4)_2$ und $NH_4Tb(SO_4)_2$ ist. $NH_4Eu(SO_4)_2$ zerfällt bei 575 °C.

$NH_4Eu(SO_4)_2 \cdot nH_2O$ mit n=4, 3.5, 1 und 0.5

Beim Erhitzen des 4-Hydrats auf 1300 °C wird nach thermoanalytischen und thermogravimetrischen Untersuchungen stufenweise H_2O abgebaut: Bei <105 °C sind 0.5 mol H_2O, bei <160 °C sind 2.5 mol H_2O und bei <215 und <240 °C je 0.5 mol H_2O abgebaut (s. jedoch S. 267). Oberhalb dieser Temperatur werden der Zerfall des wasserfreien $NH_4Eu(SO_4)_2$, zwei polymorphe Umwandlungen von $Eu_2(SO_4)_3$ sowie die Zersetzung zu Oxidsulfat und Oxid festgestellt. $NH_4Eu(SO_4)_2 \cdot 3.5H_2O$ kann nicht isoliert werden (Thermogramme s. Original). Nach Röntgen-Pulveraufnahmen (relative Intensitäten und Netzebenenabstände s. Original) ist $NH_4Eu(SO_4)_2 \cdot H_2O$ isotyp mit $NH_4Gd(SO_4)_2 \cdot H_2O$ und $NH_4Tb(SO_4)_2 \cdot H_2O$.

Literatur:

V.S. Il'yashenko, A.I. Barabash, V.I. Volk, L.L. Zaitseva, M.I. Konarev, A.A. Kruglov, L.V. Lipis (Zh. Neorgan. Khim. **14** [1969] 1197/204; Russ. J. Inorg. Chem. **14** [1969] 627/31).

28.8.4.2.9 Ammoniumgadoliniumsulfate

Ammonium Gadolinium Sulfates

Ergänzende Angaben über $NH_4Gd(SO_4)_2 \cdot nH_2O$ mit n=0, 1, 4 s. unter 28.8.4.1, S. 264/8.

$NH_4Gd(SO_4)_2$

Die mit $NH_4Eu(SO_4)_2$ und $NH_4Tb(SO_4)_2$ isotype Verbindung bildet sich beim thermischen Abbau des 4-Hydrats, s. S. 284, bei 250 °C und wird röntgenographisch bei 370 bis 400 °C nachgewiesen; relative Intensitäten und Netzebenenabstände der Röntgen-Pulveraufnahmen s. Original. Die Verbindung zersetzt sich <615 °C in die Komponenten. Oberhalb 1000 °C bilden sich Oxidsulfat und dann Gadoliniumoxid, Thermogramm s. Figur im Original, Il'yashenko u.a. [1].

$(NH_4)_6Gd_4(SO_4)_9$

Die Verbindung wird im System $(NH_4)_2SO_4$-$Gd_2(SO_4)_3$-H_2O nach Löslichkeitsuntersuchungen bei 75 und 100 °C beobachtet, Storozhenko, Shevchuk [2].

Das System $(NH_4)_2SO_4$-$Gd_2(SO_4)_3$-H_2O

Nach Löslichkeitsuntersuchungen (Restmethode) bei 75 und 100 °C existiert in diesem System nur $(NH_4)_6Gd_4(SO_4)_9$ neben $(NH_4)_2SO_4$ und $Gd_2(SO_4)_3 \cdot 8H_2O$ mit folgenden Zweisalzpunkten:

Verbindungen		Gew.-% $(NH_4)_2SO_4$	Gew.-% $Gd_2(SO_4)_3$
$(NH_4)_2SO_4 + (NH_4)_6Gd_4(SO_4)_9$	(75 °C)	45.29	2.008
$(NH_4)_6Gd_4(SO_4)_9 + Gd_2(SO_4)_3 \cdot 8H_2O$	(75 °C)	37.64	2.124
$(NH_4)_2SO_4 + (NH_4)_6Gd_4(SO_4)_9$	(100 °C)	50.34	2.251
$(NH_4)_6Gd_4(SO_4)_9 + Gd_2(SO_4)_3 \cdot 8H_2O$	(100 °C)	42.03	2.090

Die Gleichgewichtseinstellung dauert 12 bis 15 h. Isothermen bei 75 und 100 °C s. Figuren im Original [2].

$NH_4Gd(SO_4)_2 \cdot nH_2O$ mit n=4, 3.5, 1, 0.5

Beim Erhitzen des 4-Hydrats auf etwa 1300 °C werden stufenweise 0.5, 2.5, 0.5 und 0.5 mol H_2O abgebaut bei <105, 160, 220 bzw. 250 °C. Nur das nach Röntgen-Pulveraufnahmen (relative Intensitäten und Netzebenenabstände s. Original) mit den entsprechenden Eu- und Tb-Verbindungen isotype $NH_4Gd(SO_4)_2 \cdot H_2O$ wird röntgenographisch identifiziert [1].

Literatur:

[1] V.S. Il'yashenko, A.I. Barabash, V.I. Volk, L.L. Zaitseva, M.I. Konarev, A.A. Kruglov, L.V. Lipis (Zh. Neorgan. Khim. **14** [1969] 1197/204; Russ. J. Inorg. Chem. **14** [1969] 627/31). – [2] D.A. Storozhenko, V.G. Shevchuk (Zh. Neorgan. Khim. **25** [1980] 1116/20; Russ. J. Inorg. Chem. **25** [1980] 620/2).

Ammonium Terbium Sulfates

28.8.4.2.10 Ammoniumterbiumsulfate

Ergänzende Angaben über $NH_4Tb(SO_4)_2 \cdot nH_2O$ mit n=0, 1, 4 s. unter 28.8.4.1, S. 264/8.

$NH_4Tb(SO_4)_2$

Die Verbindung entsteht beim thermischen Abbau des 4-Hydrats bei 240 °C. Sie ist isotyp mit den entsprechenden Eu- und Gd-Verbindungen und wird zwischen 370 und 400 °C röntgenographisch nachgewiesen. Bei 440 °C zerfällt $NH_4Tb(SO_4)_2$, das entstehende $Tb_2(SO_4)_3$ geht bei höherer Temperatur in Oxidsulfat und Oxid über.

$NH_4Tb(SO_4)_2 \cdot nH_2O$ mit n=4, 3.5, 1 und 0.5

Beim Erhitzen von $NH_4Tb(SO_4)_2 \cdot 4H_2O$ auf etwa 1300 °C werden stufenweise 0.5, 2.5, 0.5 und 0.5 mol H_2O abgebaut bei <100, 145, 220 bzw. 240 °C. Die Verbindung $NH_4Tb(SO_4)_2 \cdot 3.5H_2O$ kann nicht isoliert werden. Thermogramm s. Original. Das Monohydrat ist nach Röntgen-Pulveraufnahmen (relative Intensitäten und Netzebenenabstände s. Original) isotyp mit $NH_4Eu(SO_4)_2 \cdot H_2O$ und $NH_4Gd(SO_4)_2 \cdot H_2O$.

Literatur:

V.S. Il'yashenko, A.I. Barabash, V.I. Volk, L.L. Zaitseva, M.I. Konarev, A.A. Kruglov, L.V. Lipis (Zh. Neorgan. Khim. **14** [1969] 1197/204; Russ. J. Inorg. Chem. **14** [1969] 627/31).

Ammonium Dysprosium Sulfates

28.8.4.2.11 Ammoniumdysprosiumsulfate

Ergänzende Angaben über $NH_4Dy(SO_4)_2$ und $NH_4Dy(SO_4)_2 \cdot 4H_2O$ s. unter 28.8.4.1, S. 264 bzw. 265.

$NH_4Dy(SO_4)_2$

Die Verbindung bildet sich beim Erhitzen des 4-Hydrats, s. S. 285, bei <160 °C und zerfällt bei >300 °C in die Komponenten.

Das System $(NH_4)_2SO_4$-$Dy_2(SO_4)_3$-H_2O

Die nach isothermen Löslichkeitsuntersuchungen (Restmethode) sowie unter Benutzung röntgenographischer und thermogravimetrischer Untersuchungsmethoden aufgestellte

Löslichkeitsisotherme bei 25 °C (Figur s. Original) zeigt, daß neben den Randkomponenten $Dy_2(SO_4)_3 \cdot 8\,H_2O$ und $(NH_4)_2SO_4$ nur das Doppelsulfat $NH_4Dy(SO_4)_2 \cdot 4\,H_2O$ existiert. Zweisalzpunkte:

Verbindungen	Gew.-% $Dy_2(SO_4)_3$	Gew.-% $(NH_4)_2SO_4$
$Dy_2(SO_4)_3 \cdot 8\,H_2O + NH_4Dy(SO_4)_2 \cdot 4\,H_2O$ (peritonisch)	9.13	11.79
$NH_4Dy(SO_4)_2 \cdot 4\,H_2O + (NH_4)_2SO_4$ (eutonisch)	4.85	42.00

$NH_4Dy(SO_4)_2 \cdot n\,H_2O$ mit n=4, 3 und 1

Das inkongruent lösliche $NH_4Dy(SO_4)_2 \cdot 4\,H_2O$ wird im System $(NH_4)_2SO_4$-$Dy_2(SO_4)_3$-H_2O bei 25 °C beobachtet. Beim Erhitzen verliert das Doppelsulfat bei 45 bis 93 °C ein, bei 93 bis 110 °C weitere zwei und bei 110 bis 160 °C das letzte mol H_2O (Thermogramm s. Original).

Literatur:

A.P. Belousova, I.V. Shakhno, V.E. Plyushchev (Zh. Neorgan. Khim. **15** [1970] 226/30; Russ. J. Inorg. Chem. **15** [1970] 116/8).

28.8.4.2.12 Ammoniumholmiumsulfate

Ammonium Holmium Sulfates

Angaben zu $NH_4Ho(SO_4)_2 \cdot n\,H_2O$ mit n=0 und 4 s. unter 28.8.4.1, S. 264 bzw. 265.

28.8.4.2.13 Ammoniumerbiumsulfate

Ammonium Erbium Sulfates

$NH_4Er(SO_4)_2$

Die wasserfreie Verbindung bildet sich beim thermischen Abbau des Dihydrats zwischen 140 und 179 °C und zersetzt sich bei 350 °C.

Das System $(NH_4)_2SO_4$-$Er_2(SO_4)_3$-H_2O

Im System $(NH_4)_2SO_4$-$Er_2(SO_4)_3$-H_2O kann nach röntgenographischen Untersuchungen und isothermen Löslichkeitsuntersuchungen (Restmethode) bei 25 °C neben den Randkomponenten $(NH_4)_2SO_4$ und $Er_2(SO_4)_3 \cdot 8\,H_2O$ nur ein Doppelsulfat der Zusammensetzung $NH_4Er(SO_4)_2 \cdot 2\,H_2O$ isoliert werden. Lage der Zweisalzpunkte:

Verbindungen	Gew.-% $Er_2(SO_4)_3$	Gew.-% $(NH_4)_2SO_4$
$Er_2(SO_4)_3 \cdot 8\,H_2O + NH_4Er(SO_4)_2 \cdot 2\,H_2O$	18.37	23.35
$NH_4Er(SO_4)_2 \cdot 2\,H_2O + (NH_4)_2SO_4$	8.27	41.32

Das Gleichgewicht stellt sich vollständig erst nach 1.5 Monaten zwischen den binären und ternären Komponenten ein.

$NH_4Er(SO_4)_2 \cdot 2\,H_2O$

Von den Röntgen-Pulveraufnahmen werden relative Intensitäten und Netzebenenabstände angegeben, s. Original. Pyknometrische Dichte: $D_p = 2.95 \pm 0.01\ g/cm^3$. Brechungszahlen: $n_x = 1.550 \pm 0.003$, $n_z = 1.568 \pm 0.003$. Beim Erhitzen verliert das Doppelsulfat zwischen 140 und 179 °C sein Kristallwasser. Zwei endotherme Effekte bei 350 und 376 °C zeigen die Zersetzung des Doppelsulfats und den Verlust von $(NH_4)_2SO_4$ (Thermogramm s. Original).

Literatur:

A.P. Belousova, I.V. Shakhno, V.E. Plyushchev (Zh. Neorgan. Khim. **16** [1971] 1761/3; Russ. J. Inorg. Chem. **16** [1971] 936/7).

Rubidium Sulfatometallates

Review in English

28.8.5 Rubidiumsulfatometallate

Review

Anhydrous rubidium sulfatometallates of the types $RbM(SO_4)_2$, $Rb_5M_3(SO_4)_7$, $Rb_4M_2(SO_4)_5$, $Rb_7M_3(SO_4)_8$, and $Rb_3M(SO_4)_3$ have been found in the Rb_2SO_4–$M_2(SO_4)_3$ systems and were prepared like the sodium or potassium compounds. $Rb_4M_2(SO_4)_5$ may be described by the nonstoichiometric formula $Rb_{6+3n}M_{4-n}(SO_4)_9$. The compounds of the type $Rb_3M(SO_4)_3$ are monoclinic for Sc and trigonal for M=Y and Ce to Lu. Several space groups and up to four structure types have been discussed.

The hydrates $RbM(SO_4)_2 \cdot 4H_2O$ have been prepared by isothermal evaporation of the aqueous Rb_2SO_4-$M_2(SO_4)_3$ solutions at 25 °C or in the case of the cerium compound at 10 °C. The compounds for M=Pr to Dy, Er, and Tm are monoclinic with the space group $P2_1/c-C^5_{2h}$. Lattice constants are tabulated, and some IR frequencies and dehydration temperatures are given.

Comparative Data on Rubidium Sulfatometallates

28.8.5.1 Vergleichende Angaben über Rubidiumsulfatometallate

$RbM(SO_4)_2$

Verbindungen $RbM(SO_4)_2$ mit M=La, Ce lassen sich aus Rb_2SO_4 und $La_2(SO_4)_3 \cdot 9H_2O$ bzw. $Ce_2(SO_4)_3 \cdot 8H_2O$ in wäßrigem Medium durch isothermes Eindampfen bei 25 bzw. 30 °C erhalten, Iskhakova, Plyushchev [3], durch Dehydratisieren von $RbM(SO_4)_2 \cdot 4H_2O$ mit M=Eu, Gd, Tb bei 220 bis 240 °C, 205 bis 230 °C bzw. 200 bis 225 °C, Zaitseva u.a. [4], s. auch Lipis u.a. [11], auch durch Festkörperreaktion ist die Darstellung möglich, beispielsweise von $RbSc(SO_4)_2$, Korotaeva u.a. [8] und bei M=Y bis Lu, Prokof'ev u.a. [15].

Die Verbindung $RbSc(SO_4)_2$ kristallisiert hexagonal, Ivanov-Emin u.a. [5], Bashkov u.a. [6], Erämetsä, Haukka [7]. Nach Röntgen-Pulveraufnahmen (Netzebenenabstände und relative Intensitäten s. Original) kristallisieren die Verbindungen $RbM(SO_4)_2$ mit M= La, Ce [3] sowie M=Eu bis Tb isotyp [4]. Nach neuen röntgenographischen Untersuchungen kristallisieren die Verbindungen mit M=La, M=Ce bis Tb sowie M=Y und Dy bis Lu in 3 Strukturtypen. Relative Intensitäten und Netzebenenabstände der Röntgen-Pulverdiagramme für M=La, Eu und Dy s. Original. Für M=Y und Nd bis Lu werden 1 bis 3 polymorphe Umwandlungen festgestellt (DTA- und TG-Untersuchungen). Die Hochtemperaturmodifikationen konnten wegen der großen Umwandlungsgeschwindigkeit röntgenographisch bei Raumtemperatur nicht erfaßt werden. Temperatur der polymorphen Umwandlungen t_U in °C und der Zersetzung (oder des Schmelzens) t_Z in °C:

M	Y	La	Ce	Pr	Nd	Sm	Eu	Gd
t_U	555, 910	–	–	–	835	395	430	480
t_Z	1065	1025	975	960	875	835	775	755

M	Tb	Dy	Ho	Er	Tm	Yb	Lu
t_U	495	610	585	565	530	250, 450, 560	360, 820, 900
t_Z	670	1115	1115	1060	1000	960	935

Die Zersetzung wird oft von Oxidsulfatbildung begleitet [15]. $RbLa(SO_4)_2$ und $RbCe(SO_4)_2$ sind optisch einachsig negativ. Sie haben mit $n_x=1.568$ und $n_z=1.680$ etwa gleiche Brechungszahlen [3]. Im IR-Spektrum, gemessen an $RbM(SO_4)_2$ mit M=Eu, Gd, Tb in Mineralöl bei 550 °C zwischen 400 und 4000 cm^{-1}, werden folgende SO_4-Banden in cm^{-1} beobachtet:

	$\nu_2(E)$	$\nu_4(F_2)$	$\nu_1(A_1)$	$\nu_3(F_2)$
$RbEu(SO_4)_2$	455, 487	595, 605, 620, 655	975, 1002, 1025	1080, 1135, 1155, 1215
$RbGd(SO_4)_2$	452, 465, 490	595, 610, 655	978, 1025	1090, 1135, 1160, 1210
$RbTb(SO_4)_2$	450, 462, 485	595, 607, 657	970, 1025	1110, 1135, 1160, 1212

Die Änderungen gegenüber dem Monohydrat werden auf Verzerrung der SO_4-Gruppen und möglicherweise auf starke Resonanzwechselwirkung zurückgeführt, Lipis u.a. [12].

$Rb_5M_3(SO_4)_7$. $Rb_4M_2(SO_4)_5$. $Rb_7M_3(SO_4)_8$

Nach röntgenographischen und thermischen Untersuchungen existieren in den Systemen Rb_2SO_4-$M_2(SO_4)_3$ mit M=Pr bis Gd die Verbindungen $Rb_5M_3(SO_4)_7$ und $Rb_4M_2(SO_4)_5$ sowie mit M=La bis Gd auch eine Verbindung mit etwa der Zusammensetzung $Rb_7M_3(SO_4)_8$. Es scheint sich nach Vorversuchen um eine Defektstruktur zu handeln mit der Formel $Rb_{6+3n}M_{4-n}(SO_4)_9$, die mit den 2:1-Verbindungen von K_2SO_4 mit $M_2(SO_4)_3$ isostrukturell ist. Es wird wie auch für $Rb_5M_3(SO_4)_7$ und $Rb_4M_2(SO_4)_5$ ein gewisser Homogenitätsbereich angenommen, Prokof'ev u.a. [15].

$Rb_3M(SO_4)_3$

Die Verbindungen $Rb_3M(SO_4)_3$ mit M=Sc (Komissarova u.a. [2]), M=Eu, Sm (Samartsev u.a. [1]), lassen sich durch Erhitzen von Rb_2SO_4 und $M_2(SO_4)_3$ im Verhältnis 3:1 bei 600 °C in 100 h darstellen; für M=La, Pr, Gd, Yb Glühzeit 200 h bei 550 bis 800 °C. Zur Homogenisierung wird das Reaktionsgemisch in 50 h-Intervallen mit Aceton vermahlen [15], s. auch [16]. Während $Rb_3Sc(SO_4)_3$ monoklin kristallisiert (relative Intensitäten und Netzebenenabstände der Röntgen-Pulveraufnahmen s. Original) [2], kristallisieren $Rb_3Eu(SO_4)_3$ und $Rb_3Sm(SO_4)_3$ nach Einkristall- und Pulveraufnahmen isostrukturell mit $Cs_3M(SO_4)_3$ (M=Tm, Yb, Lu) trigonal, Raumgruppe $R3c-C_{3v}^6$, Z=6 mit (in Å±0.01 in a und ±0.005 in c) a=15.44, c=9.036 bzw. a=15.45, c=9.038. In 2 weiteren Strukturtypen sollen $Rb_3M(SO_4)_3$ mit M=Ce bis Nd sowie M=Y und Gd bis Lu kristallisieren [1]. Das wird bei neuen Untersuchungen bestätigt; möglicherweise kristallisieren $Rb_3Yb(SO_4)_3$ und $Rb_3Lu(SO_4)_3$ auch noch in einem 4. Strukturtyp. Als Raumgruppen werden $R\bar{3}-C_{3i}^2$, $R3c-C_{3v}^6$ und $P3-C_3^1$ angegeben, Z=6. Röntgen-Pulveraufnahmen sowie Einkristalldaten für $Rb_3Yb(SO_4)_3$ ergeben folgende Gitterkonstanten:

M	a in Å ±0.01	c in Å ±0.005	c/a	V in $Å^3$ ±3
Y	15.27	9.214	0.603	1861
Ce	15.87	8.164	0.514	1782
Pr	15.89	8.110	0.510	1774

Tabelle (Fortsetzung)

M	a in Å ±0.01	c in Å ±0.005	c/a	V in Å³ ±3
Nd	15.90	8.065	0.508	1767
Sm	15.48	9.038	0.584	1868
Eu	15.44	9.036	0.585	1866
Gd	15.34	9.181	0.598	1871
Tb	15.32	9.196	0.601	1868
Dy	15.30	9.200	0.601	1865
Ho	15.27	9.206	0.603	1859
Er	15.26	9.203	0.603	1855
Tm	15.25	9.209	0.603	1856
Yb	15.25	9.230	0.605	1859
Lu	15.25	9.241	0.606	1862

Während a von Gd zu Lu abfällt, steigt c, und das Volumen ändert sich nur um 0.3%, Prokof'ev u.a. [16].

Relative Intensitäten und Netzebenenabstände der Pulverdiagramme von $Rb_3Pr(SO_4)_3$, $Rb_3Eu(SO_4)_3$ und $Rb_3Yb(SO_4)_3$ s. auch [17]. Polymorphe Phasenumwandlungstemperaturen t_u und Zersetzungs- oder Schmelztemperaturen t_z, ermittelt aus DTA- und TG-Untersuchungen (t_u, t_z in °C):

M	Y	Ce	Pr	Nd	Sm	Eu	Gd
t_u	220, 865	400	310	180	140	160	205
t_z	1005	865	845 [a]	875	910	935	955

M	Tb	Dy	Ho	Er	Tm	Yb	Lu
t_u	220, 845	220, 960	225	210, 845	190	125	–
t_z	970	985	985	990	980	985	1115

[a] Vermutlich Druckfehler im Original (880 °C).

Wegen der großen Umwandlungsgeschwindigkeiten konnten die Hochtemperaturmodifikationen röntgenographisch bei Raumtemperatur nicht erfaßt werden. Bei der Zersetzung entsteht oft Oxidsulfat [15].

$RbM(SO_4)_2 \cdot 4H_2O$

Außer $RbCe(SO_4)_2 \cdot 4H_2O$, das aus wäßrigen Lösungen von $Ce_2(SO_4)_3$ und Rb_2SO_4 im Verhältnis 1:4 bei 10 °C entsteht, lassen sich die Doppelsulfate $RbM(SO_4)_2 \cdot 4H_2O$ mit M = Pr bis Dy, Er, Tm durch isothermes Eindampfen von Lösungen mit $M_2(SO_4)_3 \cdot 8H_2O$ und Rb_2SO_4 im Verhältnis 1:1 bei 25 °C erhalten. Die Substanzen werden von der Mutterlauge abfiltriert, mit Alkohol oder Wasser gewaschen und an der Luft getrocknet, Iskhakova, Plyushchev [3]. Setzt man wäßriges 0.1 M Rb_2SO_4 und 0.03 M $Eu_2(SO_4)_3$, 0.03 M $Gd_2(SO_4)_3$ oder 0.02 M $Tb_2(SO_4)_3$ im Verhältnis 0.5 bis 20:1 miteinander bei 25 °C um, so entstehen $RbEu(SO_4)_2 \cdot 4H_2O$, $RbGd(SO_4)_2 \cdot 4H_2O$ bzw. $RbTb(SO_4)_2 \cdot 4H_2O$. Die Kristalle werden mit Alkohol und Äther gewaschen. Die Kristallisationsgeschwindigkeit nimmt entsprechend der Atomnummer von Eu zu Tb zu, Zaitseva u.a. [4].

Nach Röntgen-Pulveraufnahmen (relative Intensitäten und Netzebenenabstände s. Original [3, 4, 9, 13]) kristallisieren die Verbindungen mit M = Pr bis Dy, Er und Tm isotyp monoklin [3]. Sie sind außerdem isostrukturell mit den NH_4- und Cs-Verbindungen gleicher Zusammensetzung und gehören zur Raumgruppe $P2_1/c-C_{2h}^5$, Z=4 mit folgenden Gitterkonstanten:

	a in Å	b in Å	c in Å	β°	V in Å³
$RbPr(SO_4)_2 \cdot 4H_2O$	6.649±0.002	18.990±0.007	8.756±0.002	96.65±0.07	1098.2
$RbNd(SO_4)_2 \cdot 4H_2O$	6.629±0.001	18.963±0.005	8.736±0.001	96.52±0.05	1091.0
$RbSm(SO_4)_2 \cdot 4H_2O$	6.545±0.002	18.942±0.005	8.718±0.001	96.32±0.05	1074.1
$RbEu(SO_4)_2 \cdot 4H_2O$	6.543±0.001	18.926±0.009	8.697±0.003	96.27±0.05	1070.5
$RbGd(SO_4)_2 \cdot 4H_2O$	6.518±0.001	18.879±0.004	8.693±0.001	96.13±0.05	1063.6
$RbTb(SO_4)_2 \cdot 4H_2O$	6.500±0.003	18.86 ±0.01	8.663±0.003	95.97±0.07	1056.3
$RbDy(SO_4)_2 \cdot 4H_2O$	6.469±0.001	18.84 ±0.005	8.650±0.002	95.83±0.07	1049.2

Relative Intensitäten und Netzebenenabstände im Pulverdiagramm der Verbindung $RbTb(SO_4)_2 \cdot 4H_2O$ s. Tabelle im Original, Iskhakova u.a. [14]. Die optisch zweiachsig positiven Kristalle besitzen einen großen Winkel 2 V und zeigen alle etwa die gleichen Brechungszahlen (Genauigkeit ±0.002): $n_x=1.518$, $n_y=1.536$, $n_z=1.557$, Iskhakova, Plyushchev [3].

Im IR-Spektrum von $RbEu(SO_4)_2 \cdot 4H_2O$, $RbGd(SO_4)_2 \cdot 4H_2O$ und $RbTb(SO_4)_2 \cdot 4H_2O$ werden folgende Absorptionsbanden an KBr-Preßlingen beobachtet und den SO_4-Gruppen zugeordnet, Lage in cm^{-1}:

Zuordnung . . .	$\nu_4(F_2)$	$\nu_1(A_1)$	$\nu_3(F_2)$
Maximum . . .	620 [a], 652 [a]	995	1075, 1100, 1125, 1175, 1208

[a] Für $RbTb(SO_4)_2 \cdot 4H_2O$ bei 622 und 650 cm^{-1}.

Die symmetrische und antisymmetrische Valenzschwingung ν_s und $\nu_{as}(H_2O)$ liegen bei 3380 bzw. 3580 cm^{-1}, zwei Deformationsschwingungen $\delta(H_2O)$ bei 1650 und 1690 cm^{-1}. An $RbGd(SO_4)_2 \cdot 4D_2O$ ermittelte D_2O-Banden: $\nu_s=2390$ und 2490 cm^{-1}, $\nu_{as}=2490$ und 2630 cm^{-1}, $\delta=1220$ cm^{-1}. Aus der Aufspaltung der H_2O-Banden wird geschlossen, daß die H_2O-Moleküle in 2 energetisch nicht äquivalenten Zuständen vorliegen. Das läßt auch der mehrstufige thermische Abbau vermuten. Nach Modellrechnungen hat die eine Art H_2O ein symmetrisches Kristallfeld, Lipis u.a. [11].

Beim Erhitzen mit 2.5 bis 3 K/min auf 800 °C werden stufenweise 0.5, 2, 0.5, 0.5 und 0.5 mol H_2O abgebaut; dann kristallisiert die H_2O-freie Verbindung und zerfällt in die Komponenten. Temperaturbereiche der 7 Stufen bei der Zersetzung von $RbM(SO_4)_2 \cdot 4H_2O$ für M=Eu, Gd und Tb:

Reaktion	Eu	Gd	Tb
4-Hydrat→3.5-Hydrat	100 bis 125 °C	100 bis 120 °C	100 bis 110 °C
3.5-Hydrat→1.5-Hydrat	125 bis 160 °C	120 bis 150 °C	130 bis 140 °C
1.5-Hydrat→Monohydrat	160 bis 180 °C	150 bis 170 °C	150 bis 170 °C
Monohydrat→0.5-Hydrat	180 bis 220 °C	170 bis 205 °C	170 bis 200 °C
0.5-Hydrat→$RbM(SO_4)_2$	220 bis 240 °C	205 bis 230 °C	200 bis 225 °C
$RbM(SO_4)_2$-Kristallisation	460 bis 530 °C	470 bis 505 °C	490 bis 545 °C
$2RbM(SO_4)_2 \rightarrow Rb_2SO_4+M_2(SO_4)_3$	765 bis 785 °C	715 bis 750 °C	640 bis 680 °C

Eine weitere Stufe wird bei 445 bis 470 °C am $RbGd(SO_4)_2 \cdot 4H_2O$ und zwei weitere Stufen werden am $RbTb(SO_4)_2 \cdot 4H_2O$ bei 110 bis 130 °C und 450 bis 480 °C beobachtet. Die Bildung der Zwischenverbindungen kann mit elektronischen Absorptionsspektren und teilweise mit Röntgen-Pulveraufnahmen verfolgt werden (Thermogramme und Absorptionsspektren s. Original), Zaitseva u.a. [4].

Wie Löslichkeitsuntersuchungen in den Systemen Rb_2SO_4-$M_2(SO_4)_3$-H_2O bei 25 °C zeigen, steigt die Löslichkeit von Pr zu Dy hin an. Löslichkeit S in Gew.-%, bezogen auf H_2O-freies $RbM(SO_4)_2$:

M	Pr	Nd	Sm	Eu	Gd	Tb	Dy
S	0.88	0.96	1.77	2.48	2.80	3.22	4.44

Alle untersuchten Verbindungen lösen sich kongruent [14]. $RbM(SO_4)_2 \cdot 4H_2O$ mit M = Eu, Gd, Tb und Dy sind in Alkohol, Äther und Aceton unlöslich, in Wasser und verdünnter Schwefel- und Salpetersäure löslich [4], s. auch [13] für M = Dy.

$RbM(SO_4)_2 \cdot nH_2O$ mit M = Eu, Gd, Tb; n = 3.5, 1.5, 1 und 0.5

Die Verbindungen werden beim thermischen Abbau der 4-Hydrate beobachtet und mit Hilfe von röntgenographischen und spektroskopischen Untersuchungen charakterisiert, s. S. 289. — Im IR-Spektrum der Monohydrate, gemessen zwischen 400 und 4000 cm^{-1} an KBr-Preßlingen oder Suspensionen in Mineralöl, werden folgende, den SO_4-Gruppen entsprechende Maxima in cm^{-1} beobachtet:

Zuordnung	$\nu_4(F_2)$	$\nu_1(A_1)$	$\nu_3(F_2)$
Banden .	610 [a)], 621 [a)], 658 [a)]	996	1050, 1130 [a)], 1165, 1190, 1255 bis 1257

[a)] Für $RbEu(SO_4)_2 \cdot H_2O$ bei 612, 620, 655 bzw. 1135 cm^{-1}.

Für H_2O werden Valenz- und Deformationsschwingungen bei 3340 und 3440 cm^{-1} bzw. bei 1640 cm^{-1} beobachtet, jedoch keine nahe 3580 bzw. 1690 cm^{-1}. Hieraus wird geschlossen, daß gegenüber dem 4-Hydrat das verbliebene H_2O einen anderen Status hat. Die D_2O-Valenzschwingungen für $RbGd(SO_4)_2 \cdot D_2O$ liegen bei 2460 und 2560 cm^{-1}, Lipis u.a. [12].

Aqueous Rb_2SO_4-$M_2(SO_4)_3$ Solutions

Wäßrige Rb_2SO_4-$M_2(SO_4)_3$-Lösungen

Spezifische Leitfähigkeit $\varkappa$ in $10^3\ \Omega^{-1} \cdot cm^{-1}$ von 0.03 molaren wäßrigen Lösungen von Rb_2SO_4 und $M_2(SO_4)_3$ mit M = Sc, Y, Nd und Yb in Abhängigkeit vom Molverhältnis $M_2(SO_4)_3$: K_2SO_4 = M : K bei 20 ± 0.1 °C:

M:K . .	10:0	9:1	8:2	7:3	6:4	5:5	4:6	3:7	2:8	1:9	0:10
M = Sc .	1.81	2.25	2.68	3.13	3.57	4.04	4.53	5.03	5.50	5.95	6.40
M = Y . .	3.22	3.52	3.81	4.09	4.39	4.69	5.01	5.33	5.64	6.05	6.40
M = Nd .	3.74	3.95	4.16	4.38	4.61	4.86	5.14	5.41	5.76	6.00	6.40
M = Yb .	4.12	4.24	4.47	4.71	4.95	5.19	5.54	5.72	5.94	6.19	6.40

Die Abweichung von den additiv unter Berücksichtigung der Ionenstärke und Beweglichkeit berechneten Werten ist gering. Rückschlüsse auf die Komplexbildung in wäßriger Lösung sind nicht möglich, Sukhikh, Serebrennikov [10].

Literatur:

[1] B.G. Samartsev, M.V. Prokof'ev, A.N. Pokrovskii, L.M. Kovba (Zh. Neorgan. Khim. **23** [1978] 540/1; Russ. J. Inorg. Chem. **23** [1978] 300/1). – [2] L.N. Komissarova, B.I. Bashkov, V.M. Shatskii (Zh. Neorgan. Khim. **15** [1970] 1507/12; Russ. J. Inorg. Chem. **15** [1970] 773/6). – [3] L.D. Iskhakova, V.E. Plyushchev (Zh. Neorgan. Khim. **18** [1973] 1500/3; Russ. J. Inorg. Chem. **18** [1973] 790/2). – [4] L.L. Zaitseva, V.S. Il'yashenko, M.I. Konarev, L.N. Konovalov, L.V. Lipis, N.T. Chebotarev (Zh. Neorgan. Khim. **11** [1966] 1578/90; Russ. J. Inorg. Chem. **11** [1966] 843/50). – [5] B.N. Ivanov-Emin, L.G. Korotaeva, V.G. Remizov, A.I. Ezhov (Zh. Neorgan. Khim. **11** [1966] 511/5; Russ. J. Inorg. Chem. **11** [1966] 278/80).

[6] B.I. Bashkov, L.N. Komissarova, F.M. Spiridonov, V.M. Shatskii (Vestn. Mosk. Univ. Khim. **13** [1972] 598/600; Moscow Univ. Chem. Bull. **27** Nr. 5 [1972] 76/8). – [7] O. Erämetsä, M. Haukka (Suomen Kemistilehti B **41** [1968] 19/20). – [8] L.G. Korotaeva, V.G. Remizov, A.G. Dudareva, Kh. Alekhandro Aragon (Zh. Neorgan. Khim. **20** [1975] 2197/9; Russ. J. Inorg. Chem. **20** [1975] 1220/2). – [9] O. Erämetsä, L. Niinistö (Suomen Kemistilehti B **44** [1971] 207/9). – [10] G.N. Sukhikh, V.V. Serebrennikov (Tr. Tomsk. Gos. Univ. Ser. Khim. **170** [1964] 133/8; C.A. **63** [1965] 112).

[11] L.V. Lipis, V.S. Il'yashenko, V.N. Egorov, G.V. Yukhnevich, V.I. Volk, Yu.E. Shanurin (Zh. Prikl. Spektrosk. **13** [1970] 866/74; J. Appl. Spectrosc. [USSR] **13** [1970] 1491/7). – [12] L.V. Lipis, V.S. Il'yashenko, V.N. Egorov, G.V. Yukhnevich, V.I. Volk (Zh. Prikl. Spektrosk. **14** [1971] 1044/9; J. Appl. Spectrosc. [USSR] **14** [1971] 763/8). – [13] L.L. Zaitseva, V.S. Il'yashenko, V.S. Romanov (Zh. Neorgan. Khim. **17** [1972] 2358/63; Russ. J. Inorg. Chem. **17** [1972] 1231/4). – [14] L.D. Iskhakova, Z.A. Starikova, E.P. Morochenets, V.K. Trunov (Zh. Neorgan. Khim. **24** [1979] 1539/42; Russ. J. Inorg. Chem. **24** [1979] 854/5). – [15] M.V. Prokof'ev, A.N. Pokrovskii, L.M. Kovba (Zh. Neorgan. Khim. **24** [1979] 2114/21; Russ. J. Inorg. Chem. **24** [1979] 1171/5).

[16] M.V. Prokof'ev, A.N. Pokrovskii, L.M. Kovba (Vestn. Mosk. Univ. Ser. II Khim. **20** [1979] 571/4; Moscow Univ. Chem. Bull. **34** Nr. 6 [1979] 59/62).

28.8.5.2 Angaben über einzelne Rubidiumsulfatometallate

Data on Individual Rubidium Sulfatometallates

28.8.5.2.1 Rubidiumscandiumsulfate

Rubidium Scandium Sulfates

Angaben über wäßrige Rb_2SO_4-$Sc_2(SO_4)_3$-Lösungen s. unter 28.8.5.1, S. 290.

Das System Rb_2SO_4-$Sc_2(SO_4)_3$

In dem nach röntgenographischen und thermoanalytischen Methoden aufgestellten Zustandsdiagramm, s. **Fig. 33**, S. 292, wird neben den Randkomponenten Rb_2SO_4 und $Sc_2(SO_4)_3$ nur das bei 924 °C kongruent schmelzende $RbSc(SO_4)_2$ beobachtet. $RbSc(SO_4)_2$ bildet Eutektika mit Rb_2SO_4 bei 20 Mol-% $Sc_2(SO_4)_3$ und 800 °C sowie mit $Sc_2(SO_4)_3$ bei 70 Mol-% $Sc_2(SO_4)_3$ und 790 °C. Bei 640 °C liegt der α-β-Phasenübergang des Rb_2SO_4, Korotaeva u.a. [3].

$RbSc(SO_4)_2$

Die bei 924 °C kongruent schmelzende Verbindung wird im Zustandsdiagramm Rb_2SO_4-$Sc_2(SO_4)_3$, s. Fig. 33, S. 292 [3], und im System Rb_2SO_4-$Sc_2(SO_4)_3$-H_2O, s. S. 293, beobachtet, Komissarova u.a. [1]. Das $RbSc(SO_4)_2$ erhält man durch Umsetzen heißer, gesättigter Lösungen von Rb_2SO_4 und $Sc_2(SO_4)_3$ im Verhältnis 1 bis 4:1 bei 80 °C. Die abgekühlte Lösung wird filtriert, der Niederschlag mit Wasser und Alkohol

Fig. 33

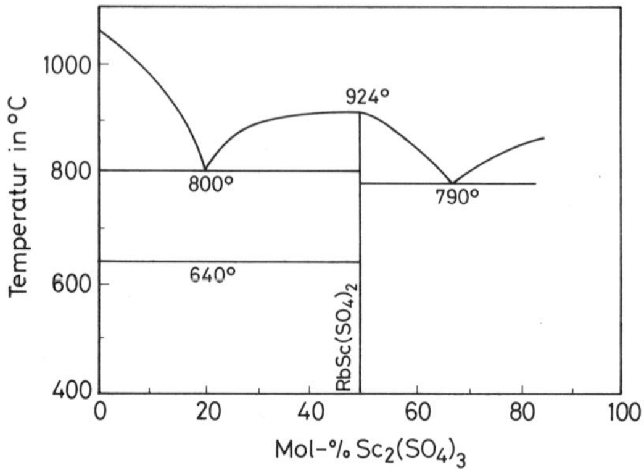

Zustandsdiagramm des Systems Rb_2SO_4-$Sc_2(SO_4)_3$.

gewaschen und an der Luft getrocknet. Die Verbindung kann auch durch Erhitzen der Komponenten in stöchiometrischem Verhältnis auf 550 bis 600 °C dargestellt werden, Komissarova u.a. [1]. Die Verbindung kristallisiert nach Einkristalluntersuchungen und Röntgen-Pulveraufnahmen (relative Intensitäten und Netzebenenabstände s. Original [5]) hexagonal, Raumgruppe P321 $-D_3^2$ und Z=1 mit folgenden Gitterkonstanten:

a in Å	5.052	5.028	5.041	5.041
c in Å	8.289	8.254	8.300	8.300
c/a	1.641	1.642	1.646	1.646
Literatur	[4]	[5]	[6]	[8]

Die Ähnlichkeit mit den trigonalen H_2O-freien Alaunen wird diskutiert [4, 6], wonach die Sulfatgruppe die Platzsymmetrie C_3 hat, Couchot u.a. [6]. Röntgen-Strichdiagramm s. bei [3]. Röntgendichte und gemessene Dichte: $D_r=2.65$ g/cm³ [4], $D_p=2.680$ g/cm³ bei 20 °C [1]. Brechungszahlen der länglichen Kristalle mit pyramidenförmigen Kappen: $n_x=1.548$, $n_z=1.550$. Auslöschungsschiefe 0 bis 8° zu n_z [7]; $n_x=1.549$, $n_z=1.553$ [1]. Im IR-Spektrum, s. Figur im Original [6, 9], werden folgende Absorptionsmaxima des SO_4 beobachtet, Wellenzahlen in cm^{-1}:

ν_2 bei 445, ν_3 bei 1082, 1230, ν_4 bei 595, 657, ν_c bei 1054

(bei ν_c handelt es sich entweder um die $\nu_1(A_1)$-Schwingung oder um eine Kombination von ν_2 und ν_4) [6]. Zum IR-Spektrum s. auch Remizov u.a. [10]. Der Einfluß des Kristallfeldes und der koordinativen, kovalenten Bindungsverhältnisse auf die Lage der IR-Schwingungen bei verschiedenen Anionen der Formel XO_4^{2-} ist gering. Die Aufspaltung ist bei den Sulfat- und Selenatgruppen in Verbindung mit Scandium am deutlichsten, Zaitsev u.a. [11]; Banden s. Original [2].

Nach thermischen Untersuchungen soll $RbSc(SO_4)_2$ beim Erhitzen mit 5 bis 8 K/min bei 1062 °C inkongruent schmelzen unter Bildung von Sc_2O_3 und Rb_2SO_4, die röntgenographisch nachgewiesen werden, sowie gelbem RbO_2, Remizov u.a. [9]. Vollständigen Zerfall zu Sc_2O_3 und Rb_2SO_4 bei Erhitzen mit 10 K/min an der Luft zwischen 800 und 1100 °C stellen auch [1] fest. Die Löslichkeit S in H_2O ist gering [5] und nimmt mit steigender Temperatur t in °C etwas ab (S in mmol/l):

t . . .	0	10	20	30	40	50	60	70	80	90	100
S . . .	22	20	19	17.2	16.6	16.0	15.2	14.4	13.4	12.4	12.0

Komissarova u.a. [1].

$Rb_3Sc(SO_4)_3$

Die inkongruent lösliche monokline Verbindung wird bei 25 °C im System Rb_2SO_4-$Sc_2(SO_4)_3$-H_2O festgestellt. $Rb_3Sc(SO_4)_3$ läßt sich analog $RbSc(SO_4)_2$ darstellen, nur beträgt hier das Verhältnis Rb_2SO_4:$Sc_2(SO_4)_3$ 8 bis 10:1. Die Dichte bei 20 °C ist D=2.901 g/cm³. Brechungszahlen: n_x=1.503, n_z=1.518 [1].

Das System Rb_2SO_4-$Sc_2(SO_4)_3$-H_2O

Nach isothermen Löslichkeitsuntersuchungen (Restmethode) bei 25 °C existieren im System Rb_2SO_4-$Sc_2(SO_4)_3$-H_2O neben Rb_2SO_4 und $Sc_2(SO_4)_3 \cdot 5H_2O$ die beiden Doppelsulfate $RbSc(SO_4)_2$ (kongruent löslich) und $Rb_3Sc(SO_4)_3$ (inkongruent löslich), Löslichkeitsdiagramm s. Original [1]. Zweisalzpunkte:

Verbindungen	Gew.-% Sc_2O_3	Gew.-% Rb_2SO_4
$Sc_2(SO_4)_3 \cdot 5H_2O + RbSc(SO_4)_2$	12.10	0.12
$RbSc(SO_4)_2 + Rb_3Sc(SO_4)_3$	0.053	16.32
$Rb_3Sc(SO_4)_3 + Rb_2SO_4$	0.004	33.30

Die Konzentration von Scandium fällt nach der Löslichkeitskurve mit Erhöhung der Rb_2SO_4-Konzentration scharf ab, Komissarova u.a. [1].

Wäßrige $RbSc(SO_4)_2$-Lösung

Aqueous $RbSc(SO_4)_2$ Solution

Molare Leitfähigkeit Λ in $cm^2 \cdot \Omega^{-1} \cdot mol^{-1}$ und pH-Wert bei 25 °C in Abhängigkeit von der Verdünnung V in l/mol $RbSc(SO_4)_2$:

V	250	500	1000	2000	4000
Λ	209.1	235.8	265.1	296.2	343.5
pH . . .	3.94	4.22	4.59	4.75	4.96

Komplexbildung in wäßriger Lösung wird diskutiert, Ivanov-Emin u.a. [7].

Literatur:

[1] L.N. Komissarova, B.I. Bashkov, V.M. Shatskii (Zh. Neorgan. Khim. **15** [1970] 1507/12; Russ. J. Inorg. Chem. **15** [1970] 773/6). – [2] B.E. Zaitsev, V.G. Remizov, M.A. Galiullin, L.G. Korotaeva, B.N. Ivanov-Emin (Izv. Vysshikh Uchebn. Zavedenii Khim. Khim. Tekhnol **15** [1972] 473/7; C.A. **77** [1972] Nr. 68205). – [3] L.G. Korotaeva, V.G. Remizov, A.G. Dudareva, Kh. Alekhandro Aragon (Zh. Neorgan. Khim. **20** [1975] 2197/9; Russ. J. Inorg. Chem. **20** [1975] 1220/2). – [4] B.I. Bashkov, L.N. Komissarova, F.M. Spiridonov, V.M. Shatskii (Vestn. Mosk. Univ. Khim. **13** [1972] 598/600; Moscow Univ. Chem. Bull. **27** Nr. 5 [1972] 76/8). – [5] O. Erämetsä, M. Haukka (Suomen Kemistilehti B **41** [1968] 19/20).

[6] P. Couchot, F. Nguyen Minh Hoang, R. Perret (Bull. Soc. Chim. France **1971** 360/2). – [7] B.N. Ivanov-Emin, L.G. Korotaeva, V.G. Remizov, A.I. Ezhov (Zh. Neorgan. Khim. **11** [1966] 511/5; Russ. J. Inorg. Chem. **11** [1966] 278/80). – [8] R. Perret,

B. Rosso (Compt. Rend. C **266** [1968] 1038/40). – [9] V.G. Remizov, B.N. Ivanov-Emin, L.G. Korotaeva (Zh. Neorgan. Khim. **14** [1969] 2362/7; Russ. J. Inorg. Chem. **14** [1969] 1242/4). – [10] V.G. Remizov, L.G. Korotaeva, B.E. Zaitsev, B.N. Ivanov-Emin (Zh. Fiz. Khim. **44** [1970] 2101; Russ. J. Phys. Chem. **44** [1970] 1194).

[11] B.E. Zaitsev, B.N. Ivanov-Emin, L.G. Korotaeva, V.G. Remizov (Kolebatel'nye Spektry Neorgan. Khim. **1971** 300/9; C.A. **75** [1971] Nr. 81984).

Rubidium Yttrium Sulfates

28.8.5.2.2 Rubidiumyttriumsulfate

Angaben über $RbY(SO_4)_2$, $Rb_3Y(SO_4)_3$ und wäßrige Rb_2SO_4-$Y_2(SO_4)_3$-Lösungen s. unter 28.8.5.1, S. 286, 287 bzw. 290.

Rubidium Lanthanum Sulfates

28.8.5.2.3 Rubidiumlanthansulfate

Angaben über $RbLa(SO_4)_2$ s. unter 28.8.5.1, S. 286.

Das System Rb_2SO_4-$La_2(SO_4)_3$

Nach röntgenographischen und thermischen Untersuchungen (DTA und TG), Teilzustandsdiagramm s. Figur im Original, werden 2 Doppelverbindungen beobachtet: $RbLa(SO_4)_2$, das sich im festen Zustand bei 1025 °C in $La_2(SO_4)_3$ und eine Verbindung der ungefähren Zusammensetzung $Rb_7La_3(SO_4)_8$ zersetzt. Diese Verbindung schmilzt bei 1050 °C kongruent (die Darstellung in der Figur im Original weist jedoch auf einen inkongruenten Schmelzpunkt hin) und bildet mit Rb_2SO_4 ein Eutektikum bei 82 Mol-% Rb_2SO_4 und 870 °C. Nach Vorversuchen scheint $Rb_7La_3(SO_4)_8$ einen gewissen Homogenitätsbereich zu haben. Die Zusammensetzung wird am besten mit $Rb_{6+3n}La_{4-n}(SO_4)_9$ wiedergegeben.

$RbLa(SO_4)_2$

Zum Auftreten im System Rb_2SO_4-$La_2(SO_4)_3$ s. oben.

$Rb_{6+3n}La_{4-n}(SO_4)_9$

Die Verbindung tritt bei etwa 68.5 Mol-% Rb_2SO_4 im System Rb_2SO_4-$La_2(SO_4)_3$ auf, s. oben. – Nach Einkristall- und Pulverdaten ist die Verbindung monoklin, Raumgruppe $B2/b-C_{2h}^6$ mit a = 13.7(3), b = 13.7(5), c = 18.7(4) Å, γ = 109(6)°. Netzebenenabstände und relative Intensitäten des Pulverdiagramms s. Tabelle im Original, wo allerdings M = Gd statt La angegeben ist. Es wird eine Defektstruktur angenommen.

Literatur:

M.V. Prokof'ev, A.N. Pokrovskii, L.M. Kovba (Zh. Neorgan. Khim. **24** [1979] 2114/21; Russ. J. Inorg. Chem. **24** [1979] 1171/5).

Rubidium Cerium Sulfates

28.8.5.2.4 Rubidiumcersulfate

Rubidium Cerium(III) Sulfates

Rubidiumcer(III)-sulfate

Angaben über $RbCe(SO_4)_2$, $Rb_3Ce(SO_4)_3$ und $RbCe(SO_4)_2 \cdot 4H_2O$ s. unter 28.8.5.1, S. 286, 287 bzw. 288.

$RbCe(SO_4)_2 \cdot 4H_2O$

Kristalloptische Untersuchungen ergeben ein Achsenverhältnis von a:b:c = 0.3479:1:0.9181. Die Dichte beträgt: D = 2.952 bis 2.953 g/cm³, Zambonini, Restaino [2].

$RbCe(SO_4)_2 \cdot H_2O$

Wird $Ce_2(SO_4)_3$ mit Rb_2SO_4 in wäßriger Lösung im Verhältnis 1 : 2 bei 25 °C umgesetzt, entsteht $RbCe(SO_4)_2 \cdot H_2O$ [1].

Rubidiumcer(IV)-sulfate

Rubidium Cerium(IV) Sulfates

$Rb_2Ce(SO_4)_3$

Nach Löslichkeitsuntersuchungen im System Rb_2SO_4-$Ce(SO_4)_2$-H_2SO_4-H_2O zwischen 25 und 100 °C existiert die Verbindung $Rb_2Ce(SO_4)_3$. Nach Röntgen-Pulveraufnahmen (relative Intensitäten und Netzebenenabstände s. Original) ist sie monoklin, Raumgruppe $C2/m-C^3_{2h}$, $C2-C^3_2$ oder $Cm-C^3_s$ mit a = 9.39, b = 16.6, c = 7.56 Å, β = 114°. Brechungszahlen n_x = 1.67, n_z = 1.75 (Fehlergrenze ±0.01), Rogachev u.a. [5].

$Rb_2Ce(SO_4)_3 \cdot 2H_2O$

Die Verbindung $Rb_2Ce(SO_4)_3 \cdot 2H_2O$ entsteht aus einer gesättigten $Ce(SO_4)_2$-Lösung, die mit 25%igem H_2SO_4 stark angesäuert ist, nach Erhitzen auf 80 bis 90 °C durch anschließende Zugabe einer gesättigten Rb_2SO_4-Lösung, Golovnya u.a. [3, 4]. Nach einiger Zeit fallen schöne orangefarbene Kristalle aus. Die Substanz wird abfiltriert, mit wenig Eiswasser, Alkohol und Äther gewaschen und getrocknet. Die Dichte bei 25 °C beträgt D^{25}_4 = 3.065 g/cm³, die Brechungszahlen sind n_x = 1.565, n_z = 1.698, Golovnya, Pospelova [3].

$Rb_4Ce(SO_4)_4 \cdot nH_2O$ mit n = 2 und 3

$Rb_4Ce(SO_4)_4 \cdot 2H_2O$ wird durch Mischen gesättigter Lösungen von Rb_2SO_4 und $Ce(SO_4)_2$, die etwa 3% H_2SO_4 enthalten, und Eindampfen auf dem siedenden Wasserbad erhalten. Das Trihydrat entsteht durch Umsetzen von 8 bis 10%igen Lösungen von Rb_2SO_4 und $Ce(SO_4)_2$, die 1 bis 2% H_2SO_4 enthalten. Nach kurzer Zeit kristallisiert das Doppelsulfat aus. Pyknometrisch gemessene Dichte und Brechungszahlen für das Trihydrat: D^{25}_4 = 3.226 g/cm³, n_x = 1.552, n_y = 1.564, n_z = 1.591; für das Dihydrat: D^{25}_4 = 2.730 g/cm³, n_x = 1.552, n_y = 1.561, n_z = 1.591. Beim Erhitzen wird bei 120 bis 140 °C das Kristallwasser abgebaut, bei 200 °C erfolgt Zersetzung, Golovnya u.a. [3, 4].

Literatur:

[1] L.D. Iskhakova, V.E. Plyushchev (Zh. Neorgan. Khim. **18** [1973] 1500/3; Russ. J. Inorg. Chem. **18** [1973] 790/2). – [2] F. Zambonini, S. Restaino (Atti Reale Accad. Nazl. Lincei [6] **7** [1928] 449/96). – [3] V.A. Golovnya, L.A. Pospelova (Zh. Neorgan. Khim. **6** [1961] 636/40; Russ. J. Inorg. Chem. **6** [1961] 324/7). – [4] V.A. Golovnya, L.A. Pospelova, G.T. Bolotova (Zh. Neorgan. Khim. **5** [1960] 2204/10; Russ. J. Inorg. Chem. **5** [1960] 1069/72). – [5] D.L. Rogachev, S.A. Bondar, M.P. Shul'gina, M.P. Rys'kina (Zh. Neorgan. Khim. **24** [1979] 2406/8; Russ. J. Inorg. Chem. **24** [1979] 1334/6).

28.8.5.2.5 Rubidiumpraseodymsulfate

Rubidium Praseodymium Sulfates

Angaben über $RbPr(SO_4)_2$, $Rb_3Pr(SO_4)_3$ und $RbPr(SO_4)_2 \cdot 4H_2O$ s. unter 28.8.5.1, S. 286, 287 bzw. 288.

Das System Rb_2SO_4-$Pr_2(SO_4)_3$

Im System Rb_2SO_4-$Pr_2(SO_4)_3$ existieren nach röntgenographischen und thermischen (DTA und TG) Untersuchungen (Figur des Teilzustandsdiagramms s. Original) 5 Verbindungen. $RbPr(SO_4)_2$ zerfällt in festem Zustand bei 960 °C, $Rb_4Pr_2(SO_4)_5$ bei 960 °C und $Rb_5Pr_3(SO_4)_7$ bei 950 °C. Die Verbindung, die etwa der Zusammensetzung $Rb_7Pr_3(SO_4)_8$ entspricht, wird besser als $Rb_{6+3n}Pr_{4-n}(SO_4)_9$ beschrieben. Sie soll bei 1030 °C kongruent schmelzen (nach Figur im Original inkongruent). $Rb_3Pr(SO_4)_3$ zersetzt sich bei 845 °C im festen Zustand und durchläuft eine polymorphe Umwandlung bei 310 °C. Ein Eutektikum zwischen $Rb_{6+3n}Pr_{4-n}(SO_4)_9$ und Rb_2SO_4 liegt bei etwa 80 Mol-% Rb_2SO_4 und 855 °C. Die Zusammensetzung läßt sich wegen Unterkühlungserscheinungen nicht exakt bestimmen. $Rb_4Pr_2(SO_4)_5$, $Rb_5Pr_3(SO_4)_7$ und $Rb_{6+3n}Pr_{4-n}(SO_4)_9$ haben einen gewissen Homogenitätsbereich bei höherer Temperatur, Prokof'ev u.a. [1].

$Rb_4Pr_2(SO_4)_5$. $Rb_5Pr_3(SO_4)_7$. $Rb_{6+3n}Pr_{4-n}(SO_4)_9$

Die Verbindungen treten im System, s. oben, auf, Prokof'ev u.a. [1].

Das System Rb_2SO_4-$Pr_2(SO_4)_3$-H_2O

Im System Rb_2SO_4-$Pr_2(SO_4)_3$-H_2O existiert nach Löslichkeitsuntersuchungen (Restmethode) bei 25 °C nur das kongruent lösliche $RbPr(SO_4)_2 \cdot H_2O$ neben Rb_2SO_4 und $Pr_2(SO_4)_3 \cdot 8H_2O$. Die Zweisalzpunkte (in Gew.-%) liegen bei 34.03 Rb_2SO_4 und 0.19 $Pr_2(SO_4)_3$ sowie bei 0.10 Rb_2SO_4 und 7.15 $Pr_2(SO_4)_3$, Shevchuk, Skorikov [2].

$RbPr(SO_4)_2 \cdot H_2O$

Große Kristalle von $RbPr(SO_4)_2 \cdot H_2O$ bilden sich, wenn langsam $Pr_2(SO_4)_3$ in gesättigter wäßriger Lösung zu Rb_2SO_4 gegeben wird. Wird eine gesättigte wäßrige Rb_2SO_4-Lösung mit $Pr_2(SO_4)_3$ versetzt, entsteht ein feinkristalliner Niederschlag. Die Verbindung ist in H_2O nicht sehr gut löslich, aber immer noch besser löslich, als die analoge Caesiumverbindung [2].

Literatur:

[1] M.V. Prokof'ev, A.N. Pokrovskii, L.M. Kovba (Zh. Neorgan. Khim. **24** [1979] 2114/21; Russ. J. Inorg. Chem. **24** [1979] 1171/5). – [2] A. Shevchuk, V.M. Skorikov (Zh. Neorgan. Khim. **25** [1980] 1121/4; Russ. J. Inorg. Chem. **25** [1980] 622/4).

Rubidium Neodymium Sulfates

28.8.5.2.6 Rubidiumneodymsulfate

Angaben über $RbNd(SO_4)_2$, $RbNd(SO_4)_2 \cdot 4H_2O$ und wäßrige Rb_2SO_4-$Nd_2(SO_4)_3$-Lösungen sowie ergänzende Angaben über $Rb_3Nd(SO_4)_3$ s. unter 28.8.5.1, S. 286, 288, 290 bzw. 287.

$Rb_3Nd(SO_4)_3$

Einkristalle der trigonalen Verbindung konnten nicht hergestellt werden. Relative Intensitäten und Netzebenenabstände des Pulverdiagramms s. Original, Gitterkonstanten s. S. 288. Es wird die Raumgruppe $R\bar{3}-C_{3i}^2$ angenommen; Z=6. Pyknometrisch gemessene und röntgenographische Dichte: 3.80 bzw. 3.88 g/cm^3.

$Rb_3Y(SO_4)_3$-$Rb_3Nd(SO_4)_3$-Mischkristalle

Durch 300 bis 400 h Sintern von Rb_2SO_4, $Y_2(SO_4)_3$ und $Nd_2(SO_4)_3$ bei 500 bis 900 °C werden zwischen 0 und 90% $Rb_3Nd(SO_4)_3$ Mischkristalle vom $Rb_3Sm(SO_4)_3$-Typ (s. S. 287) erhalten.

Literatur:

M.V. Prokof'ev, A.N. Pokrovskii, L.M. Kovba (Vestn. Mosk. Univ. Ser. II Khim. **20** [1979] 571/4; C.A. **92** [1980] Nr. 139049; Moscow Univ. Chem. Bull. **34** Nr. 6 [1979] 59/62).

28.8.5.2.7 Rubidiumsamariumsulfate

Rubidium Samarium Sulfates

Ergänzende Angaben über $RbSm(SO_4)_2$ und $RbSm(SO_4)_2 \cdot 4H_2O$ sowie Angaben über $Rb_3Sm(SO_4)_3$ s. unter 28.8.5.1, S. 286/8.

$RbSm(SO_4)_2$

Die Verbindung entsteht beim thermischen Abbau des 4-Hydrats und ist bis 1050 °C stabil.

$RbSm(SO_4)_2 \cdot 4H_2O$

Beim Umsetzen von 0.03 mol Samariumsulfat und 0.12 mol Rubidiumsulfat in wäßriger Lösung erhält man nach einiger Zeit blaßgelbe Kristalle von $RbSm(SO_4)_2 \cdot 4H_2O$. Sie werden mit wenig H_2O, Äthanol und Äther gewaschen.

Nach Röntgen-Pulveraufnahmen (relative Intensitäten und Netzebenenabstände s. Original) kristallisiert $RbSm(SO_4)_2 \cdot 4H_2O$ monoklin, Raumgruppe $P2_1/c-C_{2h}^5$ mit a=6.583, b=18.934, c=8.762 Å; β=97.10° und Z=4. Experimentelle (nach der Schwebemethode bestimmt) und röntgenographische Dichte: D_{exp}=3.03, D_r=3.06 g/cm³. Die Verbindung gibt beim Erhitzen an Luft mit 6 K/min auf 1050 °C ihr Kristallwasser in zwei Schritten ab.

Literatur:

O. Erämetsä, L. Niinistö (Suomen Kemistilehti B **44** [1978] 207/9).

28.8.5.2.8 Rubidiumeuropiumsulfate

Rubidium Europium Sulfates

Angaben über $RbEu(SO_4)_2$, $Rb_3Eu(SO_4)_3$ und $RbEu(SO_4)_2 \cdot 4H_2O$ und weitere Hydrate s. unter 28.8.5.1, S. 286/90.

28.8.5.2.9 Rubidiumgadoliniumsulfate

Rubidium Gadolinium Sulfates

Angaben zu $RbGd(SO_4)_2$, $Rb_3Gd(SO_4)_3$ und $RbGd(SO_4)_2 \cdot nH_2O$ mit n=4, 3.5, 1.5, 1 und 0.5 s. unter 28.8.5.1, S. 286/90.

Das System Rb_2SO_4-$Gd_2(SO_4)_3$

Im System Rb_2SO_4-$Gd_2(SO_4)_3$ werden nach röntgenographischen und thermischen Untersuchungen (DTA und TG) wie im System Rb_2SO_4-$Pr_2(SO_4)_3$ fünf Verbindungen festgestellt: $RbGd(SO_4)_2$, $Rb_5Gd_3(SO_4)_7$, $Rb_4Gd_2(SO_4)_5$, $Rb_{6+3n}Gd_{4-n}(SO_4)_9$ und $Rb_3Gd(SO_4)_3$, Teilzustandsdiagramm s. Figur im Original. $RbGd(SO_4)_2$ zerfällt in festem Zustand bei 755 °C in β-$Gd_2(SO_4)_3$ und α-$Rb_5Gd_3(SO_4)_7$ und durchläuft bei 480 °C eine polymorphe Umwandlung. $Rb_5Gd_3(SO_4)_7$ zersetzt sich in fester Phase bei 925 °C in α-$Gd_2(SO_4)_3$ und $Rb_{6+3n}Gd_{4-n}(SO_4)_9$ und durchläuft nach Figur im Original bei etwa 500 °C eine polymorphe Umwandlung. $Rb_4Gd_2(SO_4)_5$ zerfällt bei 900 °C in $Rb_5Gd_3(SO_4)_7$ und $Rb_{6+3n}Gd_{4-n}(SO_4)_9$; laut Tabelle im Original soll es sich bei 725 °C polymorph umwandeln. $Rb_{6+3n}Gd_{4-n}(SO_4)_9$ soll bei 960 °C kongruent schmelzen (nach

Figur im Original jedoch inkongruent). $Rb_3Gd(SO_4)_3$ zersetzt sich bei 955 °C in 2 Schmelzen. Die Mischungslücke in der Schmelze schließt sich bei 970 °C. Bei 205 °C wird eine polymorphe Umwandlung beobachtet. Das $Rb_3Gd(SO_4)_3$ bildet Eutektika mit $Rb_{6+3n}Gd_{4-n}(SO_4)_9$ bei etwa 40 Mol-% $Rb_3Gd(SO_4)_3$ (≈70 Mol-% Rb_2SO_4) und 940 °C sowie mit Rb_2SO_4 bei 88 Mol-% Rb_2SO_4 und 860 °C. Die polymorphen Umwandlungen von $Gd_2(SO_4)_3$ und Rb_2SO_4 liegen bei 830 bzw. 660 °C. Die Verbindungen $Rb_5Gd_3(SO_4)_7$, $Rb_4Gd_2(SO_4)_5$ und $Rb_{6+3n}Gd_{4-n}(SO_4)_9$ sollen einen gewissen Homogenitätsbereich haben, Prokof'ev u.a. [1].

$Rb_5Gd_3(SO_4)_7$. $Rb_4Gd_2(SO_4)_5$. $Rb_{6+3n}Gd_{4-n}(SO_4)_9$

Die Verbindungen treten im System Rb_2SO_4-$Gd_2(SO_4)_3$, s. S. 297, auf. Relative Intensitäten und Netzebenenabstände der Pulverdiagramme von $Rb_5Gd_3(SO_4)_7$ und $Rb_4Gd_2(SO_4)_5$ s. Original [1].

Das System Rb_2SO_4-$Gd_2(SO_4)_3$-H_2O

Isotherme Löslichkeitsuntersuchungen (Restmethode) bei 25 °C zeigen, daß nur eine Verbindung, das kongruent lösliche $RbGd(SO_4)_2 \cdot 4\,H_2O$, existiert. Die Kristallisationszweige von Rb_2SO_4 und $Gd_2(SO_4)_3 \cdot 8\,H_2O$ sind extrem kurz. Die Zweisalzpunkte (in Gew.-%): 2.13 $Gd_2(SO_4)_3$ und 0.57 Rb_2SO_4 für $Gd_2(SO_4)_3 \cdot 8\,H_2O + RbGd(SO_4)_2 \cdot 4\,H_2O$ und bei 0.22 $Gd_2(SO_4)_3$ und 34.09 Rb_2SO_4 für $RbGd(SO_4)_2 \cdot 4\,H_2O + Rb_2SO_4$, Iskhakova u.a. [2].

$RbGd(SO_4)_2 \cdot 4\,H_2O$

Die kongruent lösliche Verbindung $RbGd(SO_4)_2 \cdot 4\,H_2O$ tritt im System Rb_2SO_4-$Gd_2(SO_4)_3$-H_2O bei 25 °C auf, s. oben [2].

Literatur:

[1] M.V. Prokof'ev, A.N. Pokrovskii, L.M. Kovba (Zh. Neorgan. Khim. **24** [1979] 2114/21; Russ. J. Inorg. Chem. **24** [1979] 1171/5). – [2] L.D. Iskhakova, Z.A. Starikova, E.P. Morochenets, V.K. Trunov (Zh. Neorgan. Khim. **24** [1979] 1539/42; Russ. J. Inorg. Chem. **24** [1979] 854/5).

Rubidium Terbium Sulfates

28.8.5.2.10 Rubidiumterbiumsulfate

Angaben über $RbTb(SO_4)_2$ und $RbTb(SO_4)_2 \cdot n\,H_2O$ mit n=4, 3.5, 1.5, 1 und 0.5 sowie ergänzende Angaben über $Rb_3Tb(SO_4)_3$ s. unter 28.8.5.1, S. 286, 288, 290 bzw. 287.

$Rb_3Tb(SO_4)_3$

Die Darstellung erfolgt durch Sintern stöchiometrischer Gemische von Rb_2SO_4 und $Tb_2(SO_4)_3$ bei 750 °C in 50 h und zweimaliges Verreiben mit Aceton zur Homogenisierung. Pyknometrisch und röntgenographisch ermittelte Dichte D=3.61 bzw. 3.75 g/cm³, M.V. Prokof'ev, A.N. Pokrovskii, L.M. Kovba (Vestn. Mosk. Univ. Ser. II Khim. **20** [1979] 571/4; Moscow Univ. Chem. Bull. **34** Nr. 6 [1979] 59/61).

Rubidium Dysprosium Sulfates

28.8.5.2.11 Rubidiumdysprosiumsulfate

Ergänzende Angaben über $RbDy(SO_4)_2$ und $RbDy(SO_4)_2 \cdot 4\,H_2O$ sowie Angaben über $Rb_3Dy(SO_4)_3$ s. unter 28.8.5.1, S. 286, 288 bzw. 287.

$RbDy(SO_4)_2$

Die bei 940 °C inkongruent schmelzende Verbindung entsteht beim thermischen Abbau des 4-Hydrats bei 225 °C in der Tieftemperaturform und geht bei 440 °C in die Hochtemperaturform über (s. jedoch S. 286/7).

$RbDy(SO_4)_2 \cdot 4\,H_2O$

Setzt man wäßrige Rb_2SO_4- mit $Dy_2(SO_4)_3$-Lösung im Verhältnis Rb:Dy=20 bis 1:1 bei 25 °C miteinander um, so entsteht nur $RbDy(SO_4)_2 \cdot 4\,H_2O$. Die Verbindung ist nach Röntgen-Pulveraufnahmen (relative Intensitäten und Netzebenenabstände s. Original) isostrukturell mit den entsprechenden Eu-, Gd- und Tb-Verbindungen. Im IR-Spektrum (an Suspensionen in flüssigem Paraffin gemessen zwischen 400 und 4000 cm^{-1}) können folgende Absorptionsmaxima in cm^{-1} beobachtet werden: für die SO_4^{2-}-Gruppen $\nu_1(A_1)$ bei 998, $\nu_3(F_2)$ bei 1065, 1090, 1120, 1180, 1210, $\nu_4(F_2)$ bei 618; für das Wasser ν_s bei 3350, ν_{as} bei 3580, δ bei 1645, 1690. Die Lage der Banden zeigt, daß die Symmetrie der Sulfatgruppe geringer als C_{2v} ist. H_2O befindet sich in 2 energetisch unterschiedlichen Zuständen; die Energie der Wasserstoffbrückenbindung ergibt sich für das symmetrische weniger wärmebeständige H_2O zu E=5.5 kcal/mol. Der thermische Abbau erfolgt nach dem Reaktionsschema:

$$RbDy(SO_4)_2 \cdot 4\,H_2O \xrightarrow{135\,°C} RbDy(SO_4)_2 \cdot H_2O \xrightarrow{225\,°C} \beta\text{-}RbDy(SO_4)_2 \xrightarrow{440\,°C}$$

$$\alpha\text{-}RbDy(SO_4)_2 \xrightarrow{940\,°C} Dy_2(SO_4)_3 + [Dy_2(SO_4)_3 + Rb_2SO_4]\text{-Schmelze} \xrightarrow{1000\,°C} Dy_2O_2SO_4$$

(Thermogramme s. Original). Die Bildung der Zwischenprodukte läßt sich mit Hilfe von elektronischen Absorptionsspektren verfolgen (Figur s. Original).

$RbDy(SO_4)_2 \cdot H_2O$

Entsteht beim thermischen Abbau des 4-Hydrats bei 135 °C.

Literatur:

L.L. Zaitseva, V.S. Il'yashenko, V.S. Romanov (Zh. Neorgan. Khim. **17** [1972] 2358/63; Russ. J. Inorg. Chem. **17** [1972] 1231/4).

28.8.5.2.12 Rubidiumholmiumsulfate

Rubidium Holmium Sulfates

Angaben über $RbHo(SO_4)_2$ und $Rb_3Ho(SO_4)_3$ sowie ergänzende Angaben über $RbHo(SO_4)_2 \cdot 4\,H_2O$ s. unter 28.8.5.1, S. 286, 287 bzw. 288.

$RbHo(SO_4)_2 \cdot 4\,H_2O$

Das $RbHo(SO_4)_2 \cdot 4\,H_2O$ kann durch Umsetzen nicht gesättigter Lösungen von Rb_2SO_4 und $Ho_2(SO_4)_3$ im Molverhältnis 1:1 erhalten werden. Das Lösungsmittel wird durch isothermes Eindampfen bei 10 °C im Exsikkator über H_2SO_4 entfernt. Dann wird schnell mit Alkohol und Äther getrocknet, Pavlov-Verevkin [1]. Die Verbindung ist nur in Gegenwart von Mutterlauge beständig; nach deren Entfernung wird sie bei 25 °C sofort entwässert, Iskhakova, Plyushchev [2]. $RbHo(SO_4)_2 \cdot 4\,H_2O$ ist monoklin prismatisch. Die blaßgelben, trockenen Kristalle verwittern sehr schnell bei 25 °C an trockner Luft, die Analyse der verwitterten Kristalle zeigt eine Zusammensetzung, die annähernd dem Monohydrat entspricht [1].

$RbHo(SO_4)_2 \cdot H_2O$

Zur Darstellung werden die wäßrigen Lösungen von Rb_2SO_4 und $Ho_2(SO_4)_3$ gemischt und bei 95 bis 102 °C eingedampft. Die feinen gelben Nadeln werden abgetrennt und schnell mit Alkohol und Aceton getrocknet, Prokof'ev u.a. [3]. Zur Bildung s. auch S. 299. – $RbHo(SO_4)_2 \cdot H_2O$ ist nach Röntgen-Einkristalluntersuchungen monoklin, Raumgruppe $P2_1/b-C_{2h}^5$ mit a=10.36(1), b=7.75(5), c=8.32(0) Å; γ=149.9(0)°. Das Kristallwasser wird bei 265 °C abgebaut [3].

Literatur:

[1] B.S. Pavlov-Verevkin (Zh. Neorgan. Khim. **15** [1970] 892/3; Russ. J. Inorg. Chem. **15** [1970] 455/6). – [2] L.D. Iskhakova, V.E. Plyushchev (Zh. Neorgan. Khim. **18** [1973] 1500/3; Russ. J. Inorg. Chem. **18** [1973] 790/2). – [3] M.V. Prokof'ev, A.N. Pokrovskii, L.M. Kovba (Zh. Neorgan. Khim. **24** [1979] 1707; Russ. J. Inorg. Chem. **24** [1979] 947).

Rubidium Erbium Sulfates and Rubidium Thulium Sulfates

28.8.5.2.13 Rubidiumerbiumsulfate und Rubidiumthuliumsulfate

Angaben über $RbM(SO_4)_2$, $Rb_3M(SO_4)_3$ und $RbM(SO_4)_2 \cdot 4H_2O$ mit M=Er, Tm, s. unter 28.8.5.1, S. 286, 287 bzw. 288.

Rubidium Ytterbium Sulfates

28.8.5.2.14 Rubidiumytterbiumsulfate

Ergänzende Angaben über $RbYb(SO_4)_2$ und $Rb_3Yb(SO_4)_3$ sowie Angaben über wäßrige Rb_2SO_4-$Yb_2(SO_4)_3$-Lösungen s. unter 28.8.5.1, S. 286, 287 bzw. 290.

System Rb_2SO_4-$Yb_2(SO_4)_3$

Im Zustandsdiagramm (Figur s. Original) existieren nach röntgenographischen und thermischen (DTA und TG) Untersuchungen die Verbindungen $RbYb(SO_4)_2$ und $Rb_3Yb(SO_4)_3$. Das $RbYb(SO_4)_2$ zerfällt in festem Zustand bei 960 °C in $Yb_2(SO_4)_3$ und $Rb_3Yb(SO_4)_3$. Polymorphe Umwandlungen werden bei 560, 450 und 250 °C beobachtet. $Rb_3Yb(SO_4)_3$ schmilzt inkongruent bei 985 °C und durchläuft bei 125 °C eine polymorphe Umwandlung; ein Eutektikum liegt bei ≈9 Mol-% $Yb_2(SO_4)_3$ und ≈870 °C, Prokof'ev u.a. [1].

$RbYb(SO_4)_2$. $Rb_3Yb(SO_4)_3$

Die Verbindungen werden im System Rb_2SO_4-$Yb_2(SO_4)_3$ beobachtet, s. oben [1]. Einkristalle von $Rb_3Yb(SO_4)_3$ werden aus der Schmelze gezogen, röntgenographisch untersucht und das Pulverdiagramm indiziert; relative Intensitäten und Netzebenenabstände s. Original, Prokof'ev u.a. [2]. Pulverdiagramm s. auch bei [1]. Gitterkonstanten s. S. 288.

Literatur:

[1] M.V. Prokof'ev, A.N. Pokrovskii, L.M, Kovba (Zh. Neorgan. Khim. **24** [1979] 2114/21; Russ. J. Inorg. Chem. **24** [1979] 1171/5). – [2] M.V. Prokof'ev, A.N. Pokrovskii, L.M. Kovba (Vestn. Mosk. Univ. Ser. II Khim. **20** [1979] 571/4; Moscow Univ. Chem. Bull. **34** Nr. 6 [1979] 59/61).

Rubidium Lutetium Sulfates

28.8.5.2.15 Rubidiumlutetiumsulfate

Angaben über $RbLu(SO_4)_2$ und $Rb_3Lu(SO_4)_3$ s. unter 28.8.5.1, S. 286 bzw. 287.

28.8.6 Caesiumsulfatometallate

Caesium Sulfatometallates

Review

Review in English

Anhydrous caesium sulfatometallates of the types $CsM(SO_4)_2$ and $Cs_3M(SO_4)_3$ have been found in the Cs_2SO_4-$M_2(SO_4)_3$ systems and were prepared by heating the sulfates around 600 °C for over 100 h. The $CsM(SO_4)_2$ have also been prepared by thermal dehydration of $CsM(SO_4)_2 \cdot nH_2O$.

The compounds $CsM(SO_4)_2$ for M=Y and Pr to Tm are monoclinic with the space group $B2-C_2^3$; $CsLa(SO_4)_2$ and $CsCe(SO_4)_2$ are triclinic with $P\bar{1}-C_i^1$, although in other papers $CsLa(SO_4)_2$ has been described as monoclinic and $CsPr(SO_4)_2$ as orthorhombic. $Cs_3M(SO_4)_3$ for M=La and Ce and for M=Tm, Yb, and Lu are both rhombohedral, but the space groups differ.

The hydrates $CsM(SO_4)_2 \cdot 4H_2O$ form in the Cs_2SO_4-$M_2(SO_4)_3$-H_2O systems and have been prepared by isothermal evaporation of the aqueous Cs_2SO_4-$M_2(SO_4)_3$ solutions around 25 °C. All are monoclinic with the space group $P2_1/c-C_{2h}^5$. Hydrates with lower H_2O contents form if the tetrahydrates are dehydrated.

The main topics in the following chapter are the crystallographic properties, IR spectra, and thermal stability of the caesium sulfatometallates.

28.8.6.1 Vergleichende Angaben über $CsM(SO_4)_2$

Comparative Data on $CsM(SO_4)_2$

Bildung und Darstellung

Die wasserfreien Verbindungen $CsM(SO_4)_2$ mit M=La bis Tm entstehen beim thermischen Abbau von $CsM(SO_4)_2 \cdot 4H_2O$, s. S. 307, Bukovec u.a. [7], und zwar in amorpher Form. Kristallisationstemperatur t (in °C) der wasserfreien Salze:

M	La	Ce	Pr	Nd	Sm	Eu	Gd	Tb	Dy	Ho	Er
t	300	370	410	420	400	340	330	320	440	450	440

Für die Verbindungen $CsSm(SO_4)_2$, $CsEu(SO_4)_2$, $CsGd(SO_4)_2$ und $CsTb(SO_4)_2$ wird ein weiterer thermischer Effekt bei 410, 390, 550 bzw. 450 °C mit Kornwachstum erklärt, Iskhakova u.a. [1], für M=Eu, Gd, Tb s. auch Zaitseva u.a. [2], wonach Kristallisation und Kornwachstum bei höherer Temperatur liegen. $CsLa(SO_4)_2$ und $CsCe(SO_4)_2$ werden dargestellt durch 200 h Sintern stöchiometrischer Gemische von Cs_2SO_4 und $M_2(SO_4)_3$ bei 600 °C. In 200 h-Intervallen wird vermahlen und gepreßt. $CsLa(SO_4)_2$-Einkristalle werden mit 10 K/h aus der Schmelze gezogen, Samartsev u.a. [3].

Physikalische Eigenschaften

$CsM(SO_4)_2$ kristallisiert in 3 verschiedenen Strukturtypen: $CsLa(SO_4)_2$ und $CsCe(SO_4)_2$ (1. Strukturtyp) sind nach Einkristall- und Pulverdaten triklin, Raumgruppe $P\bar{1}-C_i^1$; Z=2, mit a=7.944(1), b=9.532(2), c=5.359(1) Å; α=90°39(4)', β=89°37(3)', γ=113°41(5)'; V=372.3 Å^3 für $CsLa(SO_4)_2$ und a=7.831(2), b=9.377(3), c=5.503(1) Å; α=99°19(5)', β=89°51(4)', γ=113°53(2)'; V=369.5 Å^3 für $CsCe(SO_4)_2$, Samartsev, u.a. [3]. Nach Bukovec u.a. [8] soll jedoch $CsLa(SO_4)_2$ monoklin sein, s. S. 312. Früher wurde auch $CsPr(SO_4)_2$ aufgrund der Röntgen-Pulveraufnahme dem 1. Strukturtyp zugeordnet, s. Samartsev u.a. [5].

Nach Röntgen-Pulveraufnahmen sowie Einkristalluntersuchungen am $CsNd(SO_4)_2$ wird für die isostrukturellen Verbindungen mit M=Y, Pr bis Tm, die zum 2. Strukturtyp gehören, monokline Symmetrie und Raumgruppe $B2-C_2^3$; Z=2, angenommen mit folgenden Gitterkonstanten:

$CsM(SO_4)_2$	a in Å	b in Å	c in Å	γ	V in $Å^3$
$CsY(SO_4)_2$	9.401(3)	7.745(3)	5.291(2)	113°24′	353.60
$CsPr(SO_4)_2$	9.409(3)	7.881(3)	5.390(2)	113°13′	367.22
$CsNd(SO_4)_2$	9.411(4)	7.772(3)	5.440(2)	113°31′	364.80
$CsSm(SO_4)_2$	9.395(4)	7.756(3)	5.396(3)	113°15′	361.20
$CsEu(SO_4)_2$	9.382(3)	7.751(4)	5.389(2)	113°11′	360.10
$CsGd(SO_4)_2$	9.408(4)	7.746(3)	5.366(3)	113°14′	359.30
$CsTb(SO_4)_2$	9.404(4)	7.747(3)	5.353(3)	113°23′	358.00
$CsDy(SO_4)_2$	9.395(4)	7.720(3)	5.336(2)	113°10′	355.50
$CsHo(SO_4)_2$	9.385(3)	7.723(2)	5.330(2)	113°15′	354.90
$CsEr(SO_4)_2$	9.355(4)	7.699(2)	5.299(2)	113°03′	351.20
$CsTm(SO_4)_2$	9.377(4)	7.703(2)	5.287(2)	113°21′	350.60

Samartsev u.a. [4]. – Orthorhombisches $CsPr(SO_4)_2$ beschreiben Bukovec u.a. [9], s. S. 316. $CsYb(SO_4)_2$ und $CsLu(SO_4)_2$ gehören dem 3. Strukturtyp an [5], der nicht geklärt ist.

Pulverdiagramme von $CsM(SO_4)_2$ für M=Pr, Nd und Yb s. bei [5] und für M=Eu, Gd und Tb s. bei [2]. Die Verbindungen durchlaufen zum Teil polymorphe Umwandlungen, wobei sich die Hochtemperaturmodifikationen wegen der hohen Umwandlungsgeschwindigkeit nicht abschrecken lassen. Umwandlungstemperaturen t_U und Zersetzungstemperaturen t_Z in °C:

M	Y	La	Ce	Pr	Nd	Sm	Eu	Gd
t_U	–	–	375, 425	–	–	–	–	350, 710
t_Z	1050	901	1000	925	910	795	875	910

M	Tb	Dy	Ho	Er	Tm	Yb	Lu
t_U	375, 440	530	410	400	350, 405	410	–
t_Z	875	972	846	810	880	930	949

Die Zersetzung verläuft teilweise in festem Zustand unter Bildung von $Cs_3M(SO_4)_3$ und $M_2(SO_4)_3$, teilweise auch peritektisch [5]. Im IR-Spektrum von $CsM(SO_4)_2$ mit M=Eu, Gd, Tb werden bei 700 °C folgende SO_4-Banden in cm^{-1} beobachtet:

$CsM(SO_4)_2$	ν_2(E)	$\nu_4(F_2)$	$\nu_1(A_1)$	$\nu_3(F_2)$
$CsEu(SO_4)_2$	450, 460, 487	595, 607, 655	985, 1000, 1020	1135, 1260
$CsGd(SO_4)_2$	450, 460, 490	595, 610, 660	985, 1000, 1020	1110, 1140
$CsTb(SO_4)_2$	450, 457, 495	595, 607, 658	990 bis 1015	1105, 1140

Die Messungen wurden an Suspensionen in Mineralöl oder an KBr-Preßlingen bei 400 bis 4000 cm^{-1} ausgeführt. Die Interpretation ist schwierig, Lipis u.a. [6].

Literatur:

[1] L.D. Iskhakova, V.E. Plyushchev, N.B. Berlin (Zh. Neorgan. Khim. **18** [1973] 694/8; Russ. J. Inorg. Chem. **18** [1973] 363/5). – [2] L.L. Zaitseva, V.S. Il'yashenko,

M.I. Konarev, L.V. Lipis, N.T. Chebotarev (Zh. Neorgan. Khim. **12** [1967] 677/87; Russ. J. Inorg. Chem. **12** [1967] 354/9). – [3] B.G. Samartsev, A.N. Pokrovskii, L.M. Kovba, V.A. Novichkov (Zh. Neorgan. Khim. **24** [1979] 2112/3; Russ. J. Inorg. Chem. **24** [1979] 1170/1). – [4] B.G. Samartsev, A.N. Pokrovskii, L.M. Kovba (Zh. Neorgan. Khim. **25** [1980] 852/4; Russ. J. Inorg. Chem. **25** [1980] 475/6). – [5] B.G. Samartsev, A.N. Pokrovskii, L.M. Kovba (Zh. Neorgan. Khim. **22** [1977] 2721/4; Russ. J. Inorg. Chem. **22** [1977] 1476/9).

[6] L.V. Lipis, V.S. Il'yashenko, V.N. Egorov, G.V. Yukhnevich, V.I. Volk (Zh. Prikl. Spektrosk. **14** [1971] 1044/9; J. Appl. Spectrosc. [USSR] **14** [1971] 763/8). – [7] N. Bukovec, P. Bukovec, J. Šiftar (Vestn. Sloven. Kem. Drustva **26** [1979] 103/11; C.A. **91** [1979] Nr. 150515). – [8] N. Bukovec, V. Kaučič, L. Golič (Acta Cryst. B **36** [1980] 129/30). – [9] N. Bukovec, L. Golič, P. Bukovec, J. Šiftar (Monatsh. Chem. **109** [1978] 1305/10).

28.8.6.2 Vergleichende Angaben über $Cs_3M(SO_4)_3$

Comparative Data on $Cs_3M(SO_4)_3$

Zur Darstellung werden stöchiometrische Gemenge von Cs_2SO_4 und $M_2(SO_4)_3$ mit M=Y bis Lu 100 h auf 600 °C erhitzt. Mit Hilfe von Röntgen-Pulveraufnahmen werden 3 Strukturtypen festgestellt: $Cs_3La(SO_4)_3$ und $Cs_3Ce(SO_4)_3$ gehören zum 1. Typ, $Cs_3M(SO_4)_3$ mit M=Y und Pr bis Er gehören zum 2. Typ, $Cs_3Tm(SO_4)_3$, $Cs_3Yb(SO_4)_3$ und $Cs_3Lu(SO_4)_3$ gehören zum 3. Typ, Samartsev u.a. [1]. Relative Intensitäten und Netzebenenabstände der Pulverdiagramme von $Cs_3Ce(SO_4)_3$, $Cs_3Pr(SO_4)_3$ und $Cs_3Lu(SO_4)_3$ als Vertreter der 3 Typen s. Samartsev u.a. [3]. $Cs_3La(SO_4)_3$ und $Cs_3Ce(SO_4)_3$ kristallisieren nach Pulverdaten (Netzebenenabstände s. Original) und Einkristallaufnahmen rhomboedrisch, Raumgruppe $R\bar{3}-C_{3i}^2$ (Nr. 148) oder $R3-C_3^4$ (Nr. 146); Z=6, mit (bei hexagonaler Aufstellung) a=16.614(9), c=8.302(4) Å; V=1984.5 $Å^3$ für $Cs_3La(SO_4)_3$ und a=16.575(9), c=8.281(4) Å; V=1970.2 $Å^3$ für $Cs_3Ce(SO_4)_3$, Samartsev u.a. [2]. Auch die Verbindungen im 3. Strukturtyp sind rhomboedrisch, Raumgruppe $R3c-C_{3v}^6$ (Nr. 161); Z=6. Gitterkonstanten nach Pulver- und Einkristallaufnahmen:

$Cs_3M(SO_4)_3$	a in Å	c in Å	V in $Å^3$
$Cs_3Tm(SO_4)_3$	16.08±0.001	9.481±0.05	2125.7
$Cs_3Yb(SO_4)_3$	16.05±0.01	9.841±0.05 [a)]	2116.2
$Cs_3Lu(SO_4)_3$	16.04±0.01	9.474±0.05	2110.4

[a)] Vermutlich Druckfehler, in Analogie mit den beiden anderen Verbindungen möglicherweise 9.481 Å; vgl. S. 323.

Samartsev u.a. [1]. $Cs_3M(SO_4)_3$ schmilzt inkongruent, wobei als feste Phase entweder $M_2(SO_4)_3$ oder $CsM(SO_4)_2$ gebildet wird, bei folgenden Temperaturen t in °C:

M	Y	La	Ce	Pr	Nd	Sm	Eu	Gd
t	980	920	948	946	925	940	959	924
M	Tb	Dy	Ho	Er	Tm	Yb	Lu	
t	958	962	977	959	949	961	958	

Samartsev u.a. [3].

Literatur:

[1] B.G. Samartsev, M.V. Prokof'ev, A.N. Pokrovskii, L.M. Kovba (Zh. Neorgan. Khim. **23** [1978] 540/1; Russ. J. Inorg. Chem. **23** [1978] 300/1). – [2] B.G. Samartsev,

A.N. Pokrovskii, L.M. Kovba, V.A. Novichkov (Zh. Neorgan. Khim. **24** [1979] 2112/3; Russ. J. Inorg. Chem. **24** [1979] 1170/1). – [3] B.G. Samartsev, A.N. Pokrovskii, L.M. Kovba (Zh. Neorgan. Khim. **22** [1977] 2721/4; Russ. J. Inorg. Chem. **22** [1977] 1476/9).

Comparative Data on $CsM(SO_4)_2 \cdot 4H_2O$. $CsM(SO_4)_2 \cdot 4D_2O$

28.8.6.3 Vergleichende Angaben über $CsM(SO_4)_2 \cdot 4H_2O$. $CsM(SO_4)_2 \cdot 4D_2O$

Preparation

Darstellung

Die Doppelsulfate $CsM(SO_4)_2 \cdot 4H_2O$ werden durch isothermes Eindampfen von Cs_2SO_4- und $M_2(SO_4)_3$-Lösungen (M = La bis Dy) im Molverhältnis 1:1 bei 25 °C in Form gut ausgebildeter prismatischer Kristalle erhalten. Die Synthese für M = Er bis Lu auf diese Art ist schwierig, da die Lösungen zum Übersättigen neigen. Um auch diese Doppelsulfate zu erhalten, werden die Lösungen der Doppelsulfate 2 Monate im Exsikkator über Schwefelsäure eingedampft. Die Salze werden abfiltriert, mit Alkohol gewaschen und an der Luft getrocknet, Iskhakova u.a. [1].

Zur Darstellung von $CsM(SO_4)_2 \cdot 4D_2O$ werden die Hydrate bei 300 °C entwässert und D_2O zugegeben. Die Proben kristallisieren in einem Tag. Das überschüssige D_2O wird im Hochvakuum abdestilliert, Bukovec u.a. [2].

Crystallographic Properties

Kristallographische Eigenschaften

Nach Einkristalluntersuchungen an $CsPr(SO_4)_2 \cdot 4H_2O$ muß man die Verbindungen als Caesium-bis-sulfato-triaquo-metallatmonohydrate, $Cs[M(SO_4)_2(H_2O)_3] \cdot H_2O$, auffassen, Bukovec, Golič [3]. Daß die $4H_2O$-Moleküle nicht äquivalent sind, ergibt sich auch aus spektroskopischen Untersuchungen, Bukovec u.a. [2].

Nach Röntgen-Pulveraufnahmen haben alle Verbindungen $CsM(SO_4)_2 \cdot 4H_2O$, M = La bis Lu, die gleiche Struktur. Netzebenenabstände und relative Intensitäten s. Original [1]. Sie kristallisieren monoklin in der Raumgruppe $P2_1/c-C^5_{2h}$ mit Z = 4. Pulver- und Einkristalluntersuchungen bestätigen die Isomorphie mit folgenden Gitterkonstanten [2]:

$CsM(SO_4)_2 \cdot 4H_2O$	a in Å	b in Å	c in Å	β in °	V in Å^3
$CsLa(SO_4)_2 \cdot 4H_2O$	6.755(1)	19.095(2)	8.897(1)	94.501(1)	1144.04
$CsCe(SO_4)_2 \cdot 4H_2O$	6.722(1)	19.071(2)	8.876(1)	94.49(1)	1134.33
$CsPr(SO_4)_2 \cdot 4H_2O$	6.671(2)	19.054(3)	8.839(2)	94.55(4)	1119.92
$CsNd(SO_4)_2 \cdot 4H_2O$	6.663(1)	19.037(2)	8.857(1)	94.49(1)	1119.97
$CsSm(SO_4)_2 \cdot 4H_2O$	6.576(1)	19.059(2)	8.837(1)	94.06(1)	1104.79
$CsEu(SO_4)_2 \cdot 4H_2O$	6.554(0)	19.064(2)	8.827(1)	93.92(1)	1100.36
$CsGd(SO_4)_2 \cdot 4H_2O$	6.536(0)	19.065(1)	8.820(1)	93.84(1)	1096.63
$CsTb(SO_4)_2 \cdot 4H_2O$	6.508(1)	19.006(4)	8.778(2)	93.83(2)	1083.37
$CsDy(SO_4)_2 \cdot 4H_2O$	6.490(0)	19.017(1)	8.773(1)	93.70(1)	1080.49
$CsHo(SO_4)_2 \cdot 4H_2O$	6.472(0)	18.992(2)	8.767(1)	93.68(1)	1075.34
$CsEr(SO_4)_2 \cdot 4H_2O$	6.467(0)	18.981(2)	8.750(1)	93.64(1)	1071.91
$CsTm(SO_4)_2 \cdot 4H_2O$	6.668(2)	18.585(4)	8.668(3)	94.47(2)	1070.96
$CsYb(SO_4)_2 \cdot 4H_2O$	6.668(1)	18.537(2)	8.660(1)	94.40(1)	1067.31
$CsLu(SO_4)_2 \cdot 4H_2O$	6.670(1)	18.497(2)	8.637(1)	94.23(1)	1062.71

Zwar unterscheiden sich die Guinier-Daten für M = Tm, Yb und Lu von den anderen, aber nach Einkristalluntersuchungen sind alle isomorph. Mit den Ionenradien der 6fach koordinierten M^{3+}-Ionen (die Werte für 9fach koordinierte Ionen sind teilweise nicht bekannt) steigt $V^{1/3}$ linear vom Lu zum La an [2]. Auch kristalloptische Untersuchungen sprechen für das monokline Kristallsystem [1].

Optische Eigenschaften

Optical Properties

Brechungszahlen (Fehler $< \pm 0.002$) der optisch zweiachsig positiven Kristalle [1]:

$CsM(SO_4)_2 \cdot 4H_2O$	$\lambda = 665$ nm			$\lambda = 435$ nm		
	n_x	n_y	n_z	n_x	n_y	n_z
$CsLa(SO_4)_2 \cdot 4H_2O$	1.530	1.540	1.552	1.538	1.548	1.560
$CsCe(SO_4)_2 \cdot 4H_2O$	1.530	1.540	1.552	1.538	1.548	1.560
$CsPr(SO_4)_2 \cdot 4H_2O$	1.530	1.540	1.552	1.538	1.548	1.560
$CsNd(SO_4)_2 \cdot 4H_2O$	1.530	1.540	1.552	1.538	1.548	1.560
$CsSm(SO_4)_2 \cdot 4H_2O$	1.532	1.542	1.554	1.540	1.550	1.562
$CsEu(SO_4)_2 \cdot 4H_2O$	1.532	1.542	1.554	1.540	1.550	1.562
$CsGd(SO_4)_2 \cdot 4H_2O$	1.532	1.542	1.554	1.540	1.550	1.562
$CsTb(SO_4)_2 \cdot 4H_2O$	1.532	1.542	1.554	1.540	1.550	1.562
$CsDy(SO_4)_2 \cdot 4H_2O$	1.532	1.542	1.554	1.540	1.550	1.562
$CsHo(SO_4)_2 \cdot 4H_2O$	1.534	1.544	1.556	1.542	1.552	1.564
$CsEr(SO_4)_2 \cdot 4H_2O$	1.534	1.544	1.556	1.542	1.552	1.564
$CsTm(SO_4)_2 \cdot 4H_2O$	1.534	1.544	1.556	1.542	1.552	1.564
$CsYb(SO_4)_2 \cdot 4H_2O$	1.534	1.544	1.556	1.542	1.552	1.564
$CsLu(SO_4)_2 \cdot 4H_2O$	1.534	1.544	1.556	1.542	1.552	1.564

IR-Banden von $CsM(SO_4)_2 \cdot 4H_2O$ in cm^{-1} nach [2]:

M	La	Ce	Pr	Nd	Sm	Eu	Gd
$\nu_1, \nu_3(H_2O)$	3575		3570		3573	3568	3560
	3535	3540	3540	3550			
	3370	3305	3300	3300	3312	3320	3320
$\nu_2(H_2O)$							1680
	1650	1680	1680	1680	1680	1665	1660
	1625	1635	1625	1620	1630	1630	1630
$\nu_3(SO_4)$	1190	1200	1200	1200	1210	1200	1200
	1140	1140	1138	1138	1140	1138	1140
	1100	1100	1100	1100	1100	1100	1100
	1085	1085	1080	1080	1080	1075	1080
	1060	1060	1055	1055	1055	1050	1050
$\nu_1(SO_4)$	980	985	985	985	990	980	980
$M-(H_2O)$ [a]	762	765	760	765	765	760	760
$\nu_4(SO_4)$		680	675	675	682	687	690
	640	645	645	645	655	645	650
	610	610	610	610	620	610	610
	600	600	600	598	600	590	595
$M-(H_2O)$ [b]	510	520	515	520	520	520	520
$\nu_2(SO_4)$	480	475	482	475	475	470	470
$M-(H_2O)$ [c]	420	420	420	422	430	425	425

Tabelle [Fortsetzung]

M	Tb	Dy	Ho	Er	Tm	Yb	Lu
$\nu_1, \nu_3(H_2O)$	3550					3580	
		3545	3535	3540	3390	3480	
	3325	3320	3330	3350	3255	3350	3340
						3245	3195
$\nu_2(H_2O)$	1675		1680				
	1655	1660	1660	1675	1670	1645	1662
	1532	1635	1640	1640	1625	1610	
$\nu_3(SO_4)$	1200	1200	1200	1210	1179		
	1162	1150	1150	1155	1140	1180	1142
	1140	1105	1110	1115	1090	1080	1075
	1100	1075	1080	1085	1055		
	1050	1050	1050	1065	1025		
$\nu_1(SO_4)$	980	980	980	985	990	980	980
$M-(H_2O)$ [a]	770	762	765	765	760		715
	690	680	675	685	665	660	645
	640	645	645	650	640	650	600
	605	610	610	620	610	600	
	585	595	590	600	600	590	
$M-(H_2O)$ [b]	500	505	500	500	498	528	500
$\nu_2(SO_4)$	460	470	470	470		485	
$M-(H_2O)$ [c]	425	425	420	415	420	415	405

[a] Pendelschwingung.
[b] Kippschwingung (diese Zuordnung ist nur eine der Möglichkeiten; sie ist nicht zweifelsfrei und wird nur gewählt in Analogie zu $M_2(SO_4)_3 \cdot 8\,H_2O$).
[c] Valenzschwingung.

Die IR-Absorptionsspektren wurden in Nujol im Bereich von 250 bis 4000 cm^{-1} von [2] aufgenommen. Die Zuordnung der Banden erfolgt entsprechend der Raumgruppe $P2_1/c-C^5_{2h}$ und T_d-Symmetrie der Sulfatgruppe (deren Symmetrie hier aber geringer als C_{2v} ist [6]). Die Valenzschwingung $\nu_1(SO_4)$ zeigt in allen Fällen nur eine einzige Bande. Die Zahl der übrigen Sulfatschwingungen, aber auch die breite Absorptionsbande zwischen 350 bis 750 cm^{-1}, weisen auf die Kopplung der Schwingungen in der Elementarzelle hin. Das steht im Einklang mit der für $CsPr(SO_4)_2 \cdot 4\,H_2O$ angenommenen Schichtstruktur (s. [3]), bei der die Auswahlregel für die Lagesymmetrie nicht mehr gültig ist. Im Bereich der Valenz- und Deformationsschwingungen des Wassers treten wenigstens zwei Banden auf, die auf das unterschiedlich gebundene Wasser in der Kristallstruktur hinweisen [2]. Ähnliche Banden an $CsM(SO_4)_2 \cdot 4\,H_2O$ mit M = Eu, Gd, Tb wurden schon von Lipis u.a. [6] im IR-Spektrum (gemessen an Suspension in Mineralöl oder an KBr-Preßlingen zwischen 400 und 4000 cm^{-1}) beobachtet (in cm^{-1}):

	$\nu_4(F_2)SO_4$	$\nu_1(A_1)SO_4$	$\nu_3(F_2)SO_4$	$\nu_1,\nu_3(H_2O)$	$\nu_2(H_2O)$
Eu . .	605, 620, 650	992	1070, 1095, 1120 1170, 1205	3575, 3350	1640, 1690
Gd . .	605, 620, 652	992	1070, 1095, 1120, 1175, 1205	3575, 3350	1640, 1690
Tb . .	605, 625, 650	992	1070, 1095, 1120, 1175, 1205	3575, 3350	1640, 1690

An $CsGd(SO_4)_2 \cdot 4\,D_2O$ werden die antisymmetrische und symmetrische Valenzschwingung des D_2O bei 2560 und 2490 cm^{-1} beobachtet, die Deformationsschwingung bei 1220 cm^{-1}. Das H_2O tritt in zwei energetisch unterschiedlichen Zuständen auf, wobei für den einen Typ H_2O die Bindungsenergie 5.8 kcal/mol berechnet wird, Lipis u.a. [6].

Chemisches Verhalten

Chemical Reactions

Thermoanalytische Untersuchungen im Luftstrom von 5 l/h und 2 K/min Erhitzungsgeschwindigkeit (DTA, TG und DTG) zeigen für $CsM(SO_4)_2 \cdot 4\,H_2O$ mit M=Y, La bis Yb zwei endotherme Effekte, die dem H_2O-Abbau entsprechen, für $CsLu(SO_4)_2 \cdot 4\,H_2O$ nur einen. Die intermediären Phasen mit 2 bis 1 H_2O sind unter diesen Bedingungen nicht stabil. Nach isothermen Untersuchungen des Gewichtsverlusts in trockner Luft zwischen 60 und 120 °C existieren stabile Monohydrate nur für M=Pr, Nd, Sm bei 80 bis 110 °C, für Eu bei 90 bis 120 °C und für Gd bei 110 °C. Die anderen Verbindungen haben keine stabilen Abbauprodukte, wobei für M=Tb bis Tm die ursprüngliche Kristallstruktur bis zum Ende der Entwässerung beibehalten wird, während für La, Ce, Yb und Lu neue Pulverdiagramme entstehen. Lage der DTG-Peaks (bei t_2 wird die Verbindung H_2O-frei):

M	Y	La	Ce	Pr	Nd	Sm	Eu	Gd
t_1 in °C . . .	95	135	115	115	115	115	115	116
t_2 in °C . . .	200	190	175	185	190	200	200	200

M	Tb	Dy	Ho	Er	Tm	Yb	Lu
t_1 in °C . . .	100	95	80	80	80	78	92
t_2 in °C . . .	180	197	195	200	190	112	–

Die Temperatur t_1 fällt vom La zum Yb, wobei sich Y (seinem Ionenradius entsprechend) zwischen Tb und Dy einordnen läßt. Für t_2 gibt es keine Gesetzmäßigkeit. Die Differenz zwischen t_1 und t_2 steigt von 55 K für La auf 110 K für Tm; für Yb ist sie geringer, Bukovec u.a. [4]. Nach älteren DTA- und DTG-Untersuchungen (10 K/min) werden intermediär $CsM(SO_4)_2 \cdot n\,H_2O$ mit n=0.5 für M=Ce, Pr, Nd, mit n=0.5 und 1 für M=Sm bis Tb und mit n=1.5 für M=Dy, Ho, Er und Tm gebildet; für M=La findet der Abbau in einer Stufe statt [1]. Für M=Eu, Gd, Tb geben Zaitseva u.a. [5] n=3.5, 1, 0.5 an, für Tb auch n=1.5.

Literatur:

[1] L.D. Iskhakova, V.E. Plyushchev, N.B. Berlin (Zh. Neorgan. Khim. **18** [1973] 694/8; Russ. J. Inorg. Chem. **18** [1973] 363/5). – [2] N. Bukovec, P. Bukovec, L. Golič, J. Šiftar (Monatsh. Chem. **108** [1977] 997/1003). – [3] P. Bukovec, L. Golič (Vestn. Sloven. Kem. Drustva **22** [1975] 19/25). – [4] N. Bukovec, P. Bukovec, J.

Šiftar (Vestn. Sloven. Kem. Drustva **26** [1979] 103/11; C.A. **91** [1979] Nr. 150515). – [5] L.L. Zaitseva, V.S. Il'yashenko, M.I. Konarev, L.V. Lipis, N.T. Chebotarev (Zh. Neorgan. Khim. **12** [1967] 677/87; Russ. J. Inorg. Chem. **12** [1967] 354/9).

[6] L.V. Lipis, V.S. Il'yashenko, V.N. Egorov, G.V. Yukhnevich, V.I. Volk, Yu.E. Shanurin (Zh. Prikl. Spektrosk. **13** [1970] 866/74; J. Appl. Spectrosc. [USSR] **13** [1970] 1491/7).

Comparative Data on Individual Caesium Sulfatometallates

28.8.6.4 Vergleichende Angaben über $CsM(SO_4)_2 \cdot nH_2O$ mit $n \leqq 3.5$

Stabile Monohydrate $CsM(SO_4)_2 \cdot H_2O$ werden beim thermischen Abbau des 4-Hydrats, s. S. 307, nur für M = Pr bis Gd festgestellt. Sie haben gleiche Röntgen-Pulverdiagramme; relative Intensitäten und Netzebenenabstände für $CsNd(SO_4)_2 \cdot H_2O$ s. Original, Bukovec u.a. [1]. Als intermediäre Abbauprodukte werden in der älteren Literatur $CsM(SO_4)_2 \cdot nH_2O$ mit n = 1.5, 1 und 0.5 (M = Ce bis Tm), Iskhakova u.a. [2], und mit n = 3.5, 1.5, 1 und 0.5 H_2O (M = Eu, Gd, Tb) erwähnt und teilweise auch röntgenographisch und spektroskopisch belegt, Zaitseva u.a. [3]. An Suspensionen in Mineralöl oder an KBr-Pellets aufgenommene IR-Spektren von $CsM(SO_4)_2 \cdot nH_2O$ mit M = Eu, Gd, Tb sind jeweils identisch. Lage der Banden in cm^{-1}, Lipis u.a. [4]:

Zuordnung	$CsM(SO_4)_2 \cdot H_2O$	$CsM(SO_4)_2 \cdot 0.5H_2O$
$\nu_4(F_2)SO_4$	607, 617, 655	607, 617, 657
$\nu_1(A_1)SO_4$	978, 998	960, 978, 998
$\nu_3(F_2)SO_4$	1080, 1130, 1160, 1185, 1212, 1258	1080, 1130, 1160, 1260
$\nu(H_2O)$	3340, 3440	3440
$\delta(H_2O)$	1640	1640

Am $CsGd(SO_4)_2 \cdot D_2O$ werden Valenzschwingungsbanden $\nu(D_2O)$ bei 2470, 2553 und 2680 cm^{-1} beobachtet. Das Spektrum des Monohydrats unterscheidet sich bezüglich der H_2O-Banden sowohl von dem des 4-Hydrats als auch von $CsM(SO_4)_2 \cdot 0.5H_2O$, da H_2O in energetisch unterschiedlichen Zuständen auftritt, Lipis u.a. [4].

Literatur:

[1] N. Bukovec, P. Bukovec, J. Šiftar (Vestn. Sloven. Kem. Drustva **26** [1979] 103/11; C.A. **91** [1979] Nr. 150515). – [2] L.D. Iskhakova, V.E. Plyushchev, N.B. Berlin (Zh. Neorgan. Khim. **18** [1973] 694/8; Russ. J. Inorg. Chem. **18** [1973] 363/5). – [3] L.L. Zaitseva, V.S. Il'yashenko, M.I. Konarev, L.V. Lipis, N.T. Chebotarev (Zh. Neorgan. Khim. **12** [1967] 677/87; Russ. J. Inorg. Chem. **12** [1967] 354/9). – [4] L.V. Lipis, V.S. Il'yashenko, V.N. Egorov, G.V. Yukhnevich, V.I. Volk (Zh. Prikl. Spektrosk. **14** [1971] 1044/9; J. Appl. Spectrosc. [USSR] **14** [1971] 763/8).

Comparative Data on Aqueous Cs_2SO_4-$M_2(SO_4)_3$ Solutions

28.8.6.5 Vergleichende Angaben über wäßrige Cs_2SO_4-$M_2(SO_4)_3$-Lösungen

Leitfähigkeitsmessungen am System Cs_2SO_4-$M_2(SO_4)_3$ mit M = Sc, Y, Nd, Yb zeigen nur die additive Summe aus den Leitfähigkeiten der binären Komponenten und geben keinen Hinweis auf das Vorliegen eines Doppelsulfates in wäßrigem Medium. Die spezifische Leitfähigkeit $\varkappa$ in $\Omega^{-1} \cdot cm^{-1}$ von 0.05 molaren Cs_2SO_4- bzw. $M_2(SO_4)_3$-Lösungen im Verhältnis M : Cs = 10 : 0 bis 0 : 10 wird angegeben:

M:Cs	10:0	9:1	8:2	7:3	6:4	5:5	4:6	3:7	2:8	1:9	0:10
M=Sc	1.81	2.26	2.71	3.17	3.64	4.10	4.57	5.07	5.58	6.02	6.57
M=Y	3.22	3.47	3.79	4.11	4.43	4.81	5.16	5.49	5.87	6.24	6.57
M=Nd	3.74	3.98	4.21	4.42	4.71	5.01	5.31	5.61	5.92	6.24	6.57
M=Yb	4.12	4.33	4.53	4.76	5.01	5.26	5.53	5.79	6.05	6.23	6.57

G.N. Sukhikh, V.V. Serebrennikov (Tr. Tomsk. Gos. Univ. Ser. Khim. **170** [1964] 133/8; C.A. 63 [1965] 112).

28.8.6.6 Angaben über einzelne Caesiumsulfatometallate

Data on Individual Caesium Sulfato-metallates

28.8.6.6.1 Caesiumscandiumsulfate

Caesium Scandium Sulfates

Angaben über wäßrige Cs_2SO_4-$Sc_2(SO_4)_3$-Lösungen s. unter 28.8.6.5, S. 308.

Das System Cs_2SO_4-$Sc_2(SO_4)_3$

Fig. 34 zeigt das nach röntgenographischen und thermischen Untersuchungen aufgestellte Zustandsdiagramm (Darstellung nach Gschneidner [11] unter Einbeziehung von $CsSc(SO_4)_2$ ohne eigene Untersuchungen. Ihr Auftreten im System wird von [10] jedoch nicht beobachtet). Bei 832 °C bildet sich in peritektischer Reaktion aus $Sc_2(SO_4)_3$ und Schmelze mit ≈47 Mol-% Cs_2SO_4 die Verbindung $CsSc_3(SO_4)_5$. Diese bildet mit Cs_2SO_4 ein Eutektikum bei 775 °C und 55 Mol-% Cs_2SO_4. In festem Zustand wird bei 710 °C die polymorphe Umwandlung des Cs_2SO_4 beobachtet und bei 600 °C die Bildung von $Cs_3Sc(SO_4)_3$ aus Cs_2SO_4 und $CsSc_3(SO_4)_5$, Remizov u.a. [10].

$CsSc_3(SO_4)_5$

Die Verbindung tritt im System Cs_2SO_4-$Sc_2(SO_4)_3$, s. oben, auf [10].

$CsSc(SO_4)_2$

Die Verbindung tritt in den Systemen Cs_2SO_4-$Sc_2(SO_4)_3$, s. oben, und Cs_2SO_4-$Sc_2(SO_4)_3$-H_2O, s. S. 311, auf. Zur Darstellung werden die gesättigten Lösungen von

Fig. 34

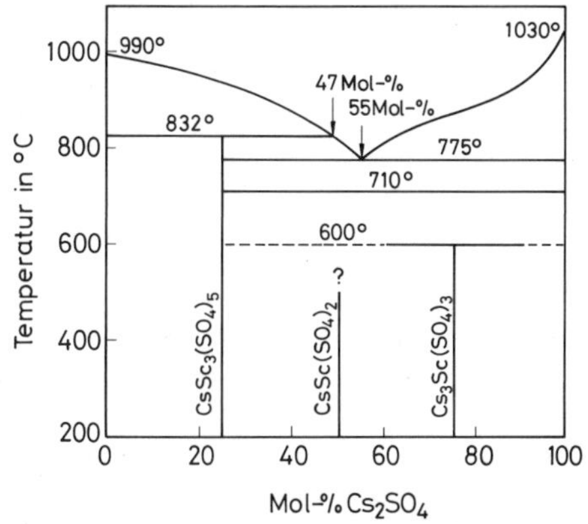

Zustandsdiagramm des Systems Cs_2SO_4-$Sc_2(SO_4)_3$.

Cs_2SO_4 und $Sc_2(SO_4)_3$ im Molverhältnis 1:1 bis 4:1 bei 80 °C gemischt. Nach Abkühlen auf Raumtemperatur wird der Niederschlag abfiltriert, mit wenig Wasser, dann mit Alkohol gewaschen und an der Luft bis zur Gewichtskonstanz getrocknet, Komissarova u.a. [1], s. auch Ivanov-Emin u.a. [7]. Auch die Darstellung durch Festkörperreaktion bei 550 bis 600 °C ist möglich [1], nach Bashkov u.a. [2] bereits oberhalb 250 °C; es entsteht auch aus dem 12-Hydrat oberhalb 0 °C [2].

$CsSc(SO_4)_2$ kristallisiert in Form feiner Sphärolithe und regulärer Sechsecke [1], kurzer hexagonaler Prismen mit Pinakoid [7]. Nach Röntgen-Pulveraufnahmen ist die Verbindung trigonal und isostrukturell mit den wasserfreien Alaunen, Raumgruppe P321-D_3^2 (Nr. 150); Z=1 mit a=5.107, c=8.705 Å, c/a=1.705; V=196.6 Å^3 [2]; a=5.090, c=8.682 Å, c/a=1.705, Perret, Rosso [5], Couchot u.a. [3]; a=5.095, c=8.725 Å, Erämetsä, Haukka [4]. Die röntgenographische Dichte beträgt: D_r=2.83 g/cm^3 [2]; die pyknometrische Dichte bei 20 °C ist D_p=3.065 g/cm^3 [1].

Die aus der kalorimetrisch ermittelten Lösungswärme in 4 M HNO_3 mit 4×10^{-3} g-Ion/l Na_2SiF_6 bei 25 °C und Literaturdaten bestimmte Bildungsenthalpie ergibt sich zu ΔH°_{298} = −619.4±9.2 kcal/mol, Remizov u.a. [8].

Die Brechungsindizes der optisch einachsigen Kristalle betragen n_x=1.560, n_z=1.563; n_z-n_x=0.003 [7], n_x=1.558, n_z=1.560 [1]. Das IR-Spektrum zeigt zwischen 400 und 4000 cm^{-1} für die SO_4-Gruppen in $CsSc(SO_4)_2$ drei $\nu_3(F_2)$-Schwingungen, sowie zwei $\nu_4(F_2)$- und $\nu_2(E)$-Schwingungen und eine intensive Bande der $\nu_1(A_1)$-Schwingung bei 1063 cm^{-1}, Remizov u.a. [9]. Von Couchot u.a. [3] werden im Bereich von 400 bis 1300 cm^{-1} folgende IR-Absorptionsbanden (in cm^{-1}) der SO_4-Gruppe beobachtet: ν_2 bei 442; ν_3 bei 1075, 1230; ν_4 bei 594, 655; ν_c bei 1054 (dabei handelt es sich entweder um die $\nu_1(A_1)$-Schwingung des Sulfat-Ions oder um eine Kombination von ν_2 und ν_4). Das Auftreten der ν_2-Bande zeigt, daß für die Sulfatgruppen T_d-Symmetrie nicht mehr vorliegt und die Sulfattetraeder in Analogie zu den H_2O-freien Alaunen eine kristallographische Position C_3 im Kristallgitter besetzen [3].

Die Verbindung ist recht stabil und zeigt bis 600 °C weder Zersetzung noch Umwandlung [4]. Erst oberhalb 800 °C beginnt die Zersetzung und Abbau von SO_3. Am inkongruenten Schmelzpunkt, bei 1114 °C, entstehen Sc_2O_3, CsO_2 und Cs_2SO_4 [6], vgl. auch [1]. Die Löslichkeit S in H_2O ist gering [4], für S in mmol/l ergeben sich folgende Werte in Abhängigkeit von der Temperatur t (in °C):

t	0	10	20	30	40	50	60	70	80	90	100
S	15.2	15.0	14.4	13.6	13.2	12.2	12.0	11.4	11.0	10.8	10.6

Komissarova u.a. [1].

$Cs_3Sc(SO_4)_3$

$Cs_3Sc(SO_4)_3$ tritt in dem System Cs_2SO_4-$Sc_2(SO_4)_3$, s. S. 309, und Cs_2SO_4-$Sc_2(SO_4)_3$-H_2O, s. S. 311, auf. – Die Darstellung erfolgt analog $CsSc(SO_4)_2$ durch Mischen der auf 80 °C erwärmten gesättigten Lösungen von Cs_2SO_4 und $Sc_2(SO_4)_3$ im Molverhältnis 8 bis 10:1. Der große Cs_2SO_4-Überschuß ist notwendig, weil bei geringerer Konzentration nur $CsSc(SO_4)_2$ beständig ist. Er soll jedoch nicht mehr als das 10fache betragen, da sich beim Herauswaschen von unreagiertem Cs_2SO_4 mit H_2O das $Cs_3Sc(SO_4)_3$ zu $CsSc(SO_4)_2$ und Cs_2SO_4 zersetzt und Alkohol für diesen Zweck ungeeignet ist. Die Dichte beträgt bei 20 °C: D=3.600 g/cm^3. Das Doppelsulfat schmilzt bei 900 °C inkongruent [1], nach [10] zerfällt $Cs_3Sc(SO_4)_3$ bei 600 °C, s. Fig. 34, S. 309.

Das System Cs_2SO_4-$Sc_2(SO_4)_3$-H_2O

Im System Cs_2SO_4-$Sc_2(SO_4)_3$-H_2O werden nach isothermen Löslichkeitsuntersuchungen bei 25 °C (Restmethode) nur $CsSc(SO_4)_2$ und $Cs_3Sc(SO_4)_3$, jedoch keine Doppelsulfathydrate festgestellt, s. Figur im Original. Lage der Zweisalzpunkte:

Verbindungen	Gew.-% Sc_2O_3	Gew.-% Cs_2SO_4
$Sc_2(SO_4)_3 \cdot 5H_2O + CsSc(SO_4)_2$	12.05	0.09
$CsSc(SO_4)_2 + Cs_3Sc(SO_4)_3$	0.025	29.06
$Cs_3Sc(SO_4)_3 + Cs_2SO_4$	0.002	65.20

Die Verbindungen werden mit Hilfe chemischer, röntgenographischer und thermischer Analyse bestätigt, Komissarova u.a. [1].

$CsSc(SO_4)_2 \cdot 12H_2O$

Zur Darstellung wird eine Lösung von $Sc_2(SO_4)_3$ und Cs_2SO_4 24 h bei <0 °C aufbewahrt. Nach Röntgen-Pulveraufnahmen des entstehenden Niederschlags bei −15 °C (relative Intensitäten und Netzebenenabstände s. Original) kristallisiert das Doppelsulfat kubisch mit a=12.51 Å, Z=4, V=1956.9 $Å^3$ und hat Alaunstruktur. Die berechnete Dichte beträgt D_r=2.00 g/cm^3. Die Verbindung ist nur unterhalb von 0 °C stabil, oberhalb zerfällt das Hydrat unter Wasserabgabe in das wasserfreie Doppelsulfat [2].

Wäßrige $CsSc(SO_4)_2$-Lösungen

Aqueous $CsSc(SO_4)_2$ Solutions

Molare Leitfähigkeit Λ in $cm^2 \cdot \Omega^{-1} \cdot mol^{-1}$ und pH-Wert bei 25 °C in Abhängigkeit von der Verdünnung V in l/mol:

V	250	500	1000	2000	4000
Λ	207.1	241.2	276.0	321.7	378.2
pH	3.90	4.11	4.38	4.52	4.75

Ivanov-Emin u.a. [7].

Literatur:

[1] L.N. Komissarova, B.I. Bashkov, V.M. Shatskii (Zh. Neorgan. Khim. **15** [1970] 1507/12; Russ. J. Inorg. Chem. **15** [1970] 773/6). – [2] B.I. Bashkov, L.N. Komissarova, F.M. Spiridonov, V.M. Shatskii (Vestn. Mosk. Univ. Khim. **13** [1972] 598/600; Mosc. Univ. Chem. Bull. **27** Nr. 5 [1972] 76/8). – [3] P. Couchot, F. Nguyen Minh Hoang, R. Perret (Bull. Soc. Chim. France **1971** 360/2). – [4] O. Erämetsä, M. Haukka (Suomen Kemistilehti B **41** [1968] 19/20; C.A. **68** [1968] Nr. 73217). – [5] R. Perret, B. Rosso (Compt. Rend. C **266** [1968] 1038).

[6] V.G. Remizov, B.N. Ivanov-Emin, L.G. Korotaeva (Zh. Neorgan. Khim. **14** [1969] 2362/7; Russ. J. Inorg. Chem. **14** [1969] 1242/5). – [7] B.N. Ivanov-Emin, L.G. Korotaeva, V.G. Remizov, A.I. Ezhov (Zh. Neorgan. Khim. **11** [1966] 511/5; Russ. J. Inorg. Chem. **11** [1966] 278/80). – [8] V.G. Remizov, S.A. Malyutin, L.G. Korotaeva, K.H. Samplavskaya, B.N. Ivanov-Emin (Zh. Fiz. Khim. **45** [1971] 2941; Russ. J. Phys. Chem. **45** [1971] 1667/8). – [9] V.G. Remizov, L.G. Korotaeva, B.E. Zaitsev, B.N. Ivanov-Emin (Zh. Fiz. Khim. **44** [1970] 2101; Russ. J. Phys. Chem. **44** [1970] 1194). – [10] V.G. Remizov, L.G. Korotaeva, A.G. Dudareva, B.N. Ivanov-Emin (Zh. Prikl. Khim. **44** [1971] 2319/20; J. Appl. Chem. [USSR] **44** [1971] 2372/3).

[11] K.A. Gschneidner (in: C.T. Horovitz, Scandium Its Occurrence Chemistry Physics Metallurgy Biology Technology, London-New York-San Francisco 1975, S. 152/251, 229/33).

Caesium Yttrium Sulfates

28.8.6.6.2 Caesiumyttriumsulfate

Angaben über $CsY(SO_4)_2$, $Cs_3Y(SO_4)_3$, $CsY(SO_4)_2 \cdot 4H_2O$ und wäßrige Cs_2SO_4-$Y_2(SO_4)_3$-Lösungen s. unter 28.8.6.1, 28.8.6.2, 28.8.6.3 und 28.8.6.5, S. 301, 303, 304 bzw. 308.

Caesium Lanthanum Sulfates

28.8.6.6.3 Caesiumlanthansulfate

Ergänzende Angaben über $CsLa(SO_4)_2$, $Cs_3La(SO_4)_3$ und $CsLa(SO_4)_2 \cdot 4H_2O$ s. unter 28.8.6.1, 28.8.6.2 und 28.8.6.3, S. 301, 303 bzw. 304.

Das System Cs_2SO_4-$La_2(SO_4)_3$

In dem nach thermischen und röntgenographischen Untersuchungen aufgestellten Zustandsdiagramm, s. Figur im Original, existieren $CsLa(SO_4)_2$ (zersetzt sich in festem Zustand bei 900 °C) und $Cs_3La(SO_4)_3$ (schmilzt inkongruent bei 915 °C). Ein Eutektikum liegt bei 810 °C und 84.5 Mol-% Cs_2SO_4. Proben im gesamten Konzentrationsbereich werden aus mit Aceton sorgfältig vermahlenen und gepreßten Gemischen von Cs_2SO_4 und $La_2(SO_4)_3$ durch 200 h Glühen bei 550 °C hergestellt, wobei in 50 h-Intervallen erneut gemahlen und gepreßt wird, Samartsev u.a. [2].

$CsLa(SO_4)_2$

Aus der Schmelze mit 10 K/h gezogene Einkristalle sind nach Samartsev u.a. [3] triklin mit 2 nur wenig von 90° abweichenden Winkeln. Raumgruppe $P\bar{1}$-C_i^1 mit a= 7.944(1), b=9.532(2), c=5.359(1) Å; α=90°39(4)′, β=89°37(3)′, γ=113°41(5)′; V= 372.3 $Å^3$ und Z=2 [3]. Nach Bukovec u.a. [4] soll $CsLa(SO_4)_2$, dargestellt durch Erhitzen von $CsLa(SO_4)_2 \cdot 4H_2O$ mit 4.5 M H_2SO_4 auf 573 K im verschlossenen Rohr, monoklin sein, Raumgruppe $P2_1/n$-C_{2h}^5; Z=4 mit a=7.929(1), b=5.483(1), c=17.153(1) Å; β= 91.46(1)°; V=745.5 $Å^3$. Die Strukturverfeinerung bis R=0.073 ergibt folgende Atomlagen:

Atom	x	y	z
La	0.63082(7)	0.80807(11)	0.13587(3)
Cs	0.13626(8)	0.26477(12)	0.11585(4)
S(1)	0.67732(28)	0.25556(38)	0.01977(13)
S(2)	0.54181(27)	0.26275(39)	0.24638(13)
O(1)	0.7987(10)	0.0578(15)	0.0367(5)
O(2)	0.7451(10)	0.4904(14)	0.0489(5)
O(3)	0.5224(10)	0.1945(17)	0.0619(5)
O(4)	0.6423(10)	0.2733(15)	−0.0646(5)
O(5)	0.4376(10)	0.0510(14)	0.2227(5)
O(6)	0.4723(10)	0.4882(14)	0.2126(5)
O(7)	0.7167(9)	0.2204(16)	0.2178(5)
O(8)	0.5543(10)	0.2826(16)	0.3316(4)

La ist von neun O-Atomen in Form eines unregelmäßigen Polyeders umgeben. Solche Polyeder sind durch S zu Schichten parallel zur [101]-Diagonalen verknüpft. Die Cs-Atome liegen zwischen den Schichten und sind von dreizehn O-Atomen umgeben in zwei parallelen Sechsecken, wobei eine Sechseckfläche zentriert ist. Die La-O-Abstände liegen zwischen 2.480 und 2.801(8) Å, die S-O-Abstände zwischen 1.470 und 1.501(8) Å. Das O-Atom mit dem größten Abstand bildet Brücken zwischen zwei La-Atomen. Jede SO_4-Gruppe ist an drei La gebunden. Weitere Atomabstände und Bindungswinkel s. Original. Die gemessene und berechnete Dichte beträgt: D=4.19 bzw. 4.13 g/cm^3, Bukovec u.a. [4].

$Cs_3La(SO_4)_3$

Pyknometrische und röntgenographische Dichte: 4.13 bzw. 4.146 g/cm^3, Samartsev u.a. [3].

$CsLa(SO_4)_2 \cdot 4H_2O$

Nach Untersuchungen an $CsLa(SO_4)_2 \cdot 4H_2O$-Einkristallen ist die Verbindung monoklin, Raumgruppe $P2_1/b-C_{2h}^5$, Z=4 mit a=6.734(4), b=8.875(5), c=19.16(1) Å und γ=94°08(6)'. Die Verfeinerung der Röntgenstruktur (R=0.113) ergibt folgende Atomlagen:

Atom	x	y	z	Atom	x	y	z
La	0.353	0.221	0.123	O(5)	0.195	0.139	0.245
Cs	0.138	0.116	0.779	O(6)	0.368	0.441	0.203
S(1)	0.187	0.275	0.573	O(7)	0.409	0.190	0.348
S(2)	0.380	0.095	0.280	O(8)	0.458	0.370	0.723
O(1)	−0.002	0.217	0.121	$(H_2O)_I$	0.136	0.354	0.903
O(2)	0.128	0.265	0.505	$(H_2O)_{II}$	0.247	0.431	0.391
O(3)	0.299	0.136	0.599	$(H_2O)_{III}$	0.317	0.472	0.054
O(4)	0.327	0.415	0.582	$(H_2O)_{IV}$	0.329	0.183	0.990

Lanthan wird durch sechs $O(SO_4)$ und drei $O(H_2O)$ koordiniert. Das Koordinationspolyeder ist ein verzerrtes trigonales Prisma mit Kappen auf den Prismenflächen und La-O-Abständen zwischen 2.38 und 2.66 Å und La-H_2O-Abständen zwischen 2.56 und 2.63 Å. Zur Koordinationssphäre des Caesium gehören elf O-Atome und zwei H_2O-Moleküle (offene Koordinationsfigur), von denen drei O-Atome und ein H_2O-Molekül im Abstand von 3.10 bis 3.20 Å zu einer ersten und sieben O-Atome im Abstand von 3.54 bis 3.72 Å zu einer zweiten Koordinationssphäre gerechnet werden und die zwei restlichen Nachbarn (ein O-Atom und ein H_2O-Molekül) einen Abstand von 3.31 und 3.36 Å haben. In der Struktur existieren Stränge aus Cs-Polyedern, indem diese parallel [010] über gemeinsame Flächen und in Richtung der a-Achse über gemeinsame Ecken verknüpft sind. So ergeben sich parallel (001) Cs-Schichten. Sie bilden mit dazwischen liegenden La-Polyedern ein festes 2dimensional unendliches Schichtpaket, in dem die La-Polyeder entlang der a- und der b-Achse durch SO_4-Gruppen verbunden sind. Innerhalb der c-Gitterkonstanten treten zwei dieser Schichtpakete auf, s. hierzu Figur im Original. Atomabstände im SO_4-Tetraeder s. ebenfalls im Original, Saf'yanov u.a. [1].

Literatur:

[1] Yu.N. Saf'yanov, E.A. Kuz'min, L.D. Iskhakova, V.V. Ilyukhin, N.V. Belov (Dokl. Akad. Nauk SSSR **220** [1975] 346/8; Soviet Phys. Dokl. **20** [1975] 12/3). – [2] B.G. Samartsev, A.N. Pokrovskii, L.M. Kovba (Vestn. Mosk. Univ. Khim. **19** Nr. 6 [1978] 727/8; Mosc. Univ. Chem. Bull. **33** Nr. 6 [1978] 73/4). – [3] B.G. Samartsev, A.N. Pokrovskii, L.M. Kovba, V.A. Novichkov (Zh. Neorgan. Khim. **24** [1979] 2112/3; Russ. J. Inorg. Chem. **24** [1979] 1170/1). – [4] N. Bukovec, V. Kaučič, L. Golič (Acta Cryst. B **36** [1980] 129/30).

Caesium Cerium Sulfates

28.8.6.6.4 Caesiumcersulfate

Caesium Cerium(III) Sulfates

28.8.6.6.4.1 Caesiumcer(III)-sulfate

Ergänzende Angaben über $CsCe(SO_4)_2$ und $CsCe(SO_4)_2 \cdot 4H_2O$ s. unter 28.8.6.1 bzw. 28.8.6.3, S. 301, 304, Angaben über $Cs_3Ce(SO_4)_3$ s. unter 28.8.6.2, S. 303.

$CsCe(SO_4)_2$

Die Verbindung tritt nach Löslichkeitsuntersuchungen im System Cs_2SO_4-$Ce_2(SO_4)_3$ (-$NiSO_4$)-H_2O bei 75 °C auf. Sie ist inkongruent löslich, Onishchenko u.a. [1, 2].

Das System Cs_2SO_4-$Ce_2(SO_4)_3$-H_2O

Isotherme Löslichkeitsuntersuchungen am System Cs_2SO_4-$Ce_2(SO_4)_3$-H_2O zeigen, daß bei 25 °C nur ein kongruent lösliches Doppelsulfat und zwar $CsCe(SO_4)_2 \cdot 4H_2O$ existiert, s. Figur im Original. Der Zweisalzpunkt von $CsCe(SO_4)_2 \cdot 4H_2O$ mit $Ce_2(SO_4)_3 \cdot 8H_2O$ liegt bei (in Gew.-%): 8.14 $Ce_2(SO_4)_3$ und 0.37 Cs_2SO_4, der mit Cs_2SO_4 bei 0.24 $Ce_2(SO_4)_3$ und 62.57 Cs_2SO_4. Angaben über Dichte, Viskosität, Brechungszahlen und Leitfähigkeit der gesättigten wäßrigen Lösungen s. Original, Onishchenko u.a. [3]. Bei 75 °C wird ebenfalls nach Löslichkeitsuntersuchungen nur das wasserfreie $CsCe(SO_4)_2$ festgestellt, dessen Zweisalzpunkt mit $Ce_2(SO_4)_3 \cdot 5H_2O$ bei (in Gew.-%) 1.45 Cs_2SO_4 und 0.89 $Ce_2(SO_4)_3$ und der mit Cs_2SO_4 bei 67.35 Cs_2SO_4 und 0.85 $Ce_2(SO_4)_3$ liegt, Onishchenko u.a. [1].

$CsCe(SO_4)_2 \cdot 4H_2O$

Die kongruent lösliche Verbindung wird bei 25 °C im System Cs_2SO_4-$Ce_2(SO_4)_3$ (-$NiSO_4$)-H_2O beobachtet, Onishchenko u.a. [3, 4].

Literatur:

[1] M.K. Onishchenko, V.M. Skorikov, V.G. Shevchuk (Zh. Neorgan. Khim. **24** [1979] 555/7; Russ. J. Inorg. Chem. **24** [1979] 309/11). – [2] M.K. Onishchenko, V.G. Shevchuk, V.M. Skorikov (Zh. Neorgan. Khim. **24** [1979] 1367/70; Russ. J. Inorg. Chem. **24** [1979] 759/60). – [3] M.K. Onishchenko, V.M. Skorikov, V.G. Shevchuk (Zh. Neorgan. Khim. **23** [1978] 1114/6; Russ. J. Inorg. Chem. **23** [1978] 615/7). – [4] M.K. Onishchenko, V.M. Skorikov, V.G. Shevchuk (Zh. Neorgan. Khim. **23** [1978] 3395/7; Russ. J. Inorg. Chem. **23** [1978] 1886/7).

Caesium Cerium(IV) Sulfates

28.8.6.6.4.2 Caesiumcer(IV)-sulfate

Das System Cs_2SO_4-$Ce(SO_4)_2$-H_2O

Nach Löslichkeitsuntersuchungen mit der Restmethode bei 25 bis 100 °C werden die Doppelsulfate $Cs_2Ce_2(SO_4)_5 \cdot 2H_2O$, $Cs_4Ce_3(SO_4)_8 \cdot 15H_2O$, $Cs_2Ce(SO_4)_3 \cdot 3H_2O$ und $Cs_2Ce(SO_4)_3 \cdot H_2O$ festgestellt und mit chemischen und thermischen Analysen sowie kristalloptischen, röntgenographischen und IR-spektroskopischen Untersuchungen bestätigt, Rogachev u.a. [1].

Das System Cs_2SO_4-$Ce(SO_4)_2$-H_2SO_4-H_2O

Löslichkeitsuntersuchungen im System Cs_2SO_4-$Ce(SO_4)_2$-H_2SO_4-H_2O bei 25 bis 150 °C nach der Restmethode zeigen, daß neun Verbindungen als Bodenkörper auftreten: $4CeO_2 \cdot 3SO_3 \cdot 12H_2O$ (I) unterhalb 85 °C, $CeOSO_4 \cdot H_2O$ (II) oberhalb 85 °C,

$Cs_2Ce(SO_4)_3 \cdot 2H_2O$ (III) unterhalb 150°C, $3CeOSO_4 \cdot Cs_2Ce(SO_4)_3 \cdot 5H_2O$ (IV) oberhalb 100 °C, $Cs_4Ce_3(SO_4)_8 \cdot 14H_2O$ (V) unterhalb 125 °C, $Cs_2Ce_2(SO_4)_5 \cdot 10H_2O$ (VI) unterhalb 85 °C, $Cs_2Ce_2(SO_4)_5 \cdot H_2O$ (VII) oberhalb 85 °C, $Ce(SO_4)_2 \cdot 4H_2O$ (VIII) unterhalb 110 °C und $Ce(SO_4)_2$ (IX) oberhalb 110 °C. Die Temperaturangaben sind der Polytherme im Original entnommen. Lage der Zweisalzpunkte in Gew.-%:

Verbindungen	25 °C		50 °C		75 °C	
	H_2SO_4	$Ce(SO_4)_2$	H_2SO_4	$Ce(SO_4)_2$	H_2SO_4	$Ce(SO_4)_2$
I+III			6.10	2.95	4.00	3.50
III+V	32.00	1.10	31.80	2.00	32.00	2.90
V+VI	49.00	0.72	46.00	0.68	43.00	2.90
VI+VIII			67.60	0.55	66.40	0.56

Verbindungen	100 °C		125 °C		150 °C	
	H_2SO_4	$Ce(SO_4)_2$	H_2SO_4	$Ce(SO_4)_2$	H_2SO_4	$Ce(SO_4)_2$
II+III	6.10	3.90				
III+V	31.80	3.10				
V+VII	41.90	2.15				
VII+VIII	65.00	0.80	63.20	–		
III+VII			35.00	4.20		
VII+IX					63.00	1.10
II+IV			9.40	0.9	8.00	1.00
IV+III			19.80	4.20		

Die Löslichkeit der bis 100 °C kristallisierenden Doppelsulfate steigt mit der Temperatur merklich an, übersteigt jedoch an den Zweisalzpunkten nicht 3 bis 3.5 Gew.-% $Ce(SO_4)_2$. Die Doppelsulfate sind gelborange gefärbt, an der Luft beständig und lösen sich schlecht in H_2O und verdünnten Säuren. Die Gleichgewichtseinstellung unter Rühren dauert bei 25 °C acht Monate, bei 150 °C zwölf Tage, Trofimov u.a. [3].

$Cs_2Ce_2(SO_4)_5 \cdot nH_2O$. $Cs_4Ce_3(SO_4)_8 \cdot nH_2O$. $Cs_2Ce(SO_4)_3 \cdot nH_2O$

Die Verbindungen treten im System Cs_2SO_4-$Ce(SO_4)_2$-(H_2SO_4)-H_2O auf, s. S. 314. – Gitterkonstanten für monoklines $Cs_2Ce_2(SO_4)_5 \cdot 2H_2O$ und $Cs_2Ce(SO_4)_3 \cdot H_2O$ mit der Raumgruppe $P2_1/c-C^5_{2h}$ bzw. $P2_1/a$ (andere Aufstellung), für rhombisches $Cs_2Ce(SO_4)_3 \cdot 3H_2O$ mit $P2_122-D^2_2$, sowie für $Cs_4Ce_3(SO_4)_8 \cdot 15H_2O$, für das keine Angaben zur Kristallstruktur vorliegen (Resultate von Laue-, Drehkristall- und Goniometeraufnahmen) sowie Brechungszahlen:

Verbindung	a in Å	b in Å	c in Å	β	n_x	n_z
$Cs_2Ce_2(SO_4)_5 \cdot 2H_2O$	9.67	5.43	38.5	101°	1.670	1.790
$Cs_4Ce_3(SO_4)_8 \cdot 15H_2O$	9.6	5.5	24.40	–	1.590	1.621
$Cs_2Ce(SO_4)_3 \cdot 3H_2O$	9.64	5.5	11.13	–	1.642	1.660
$Cs_2Ce(SO_4)_3 \cdot H_2O$	9.68	16.9	8.42	113°	1.590	1.706

Relative Intensitäten und Netzebenenabstände s. Original (Fehlergrenze in $n \pm 0.003$). $Cs_4Ce_3(SO_4)_8 \cdot 15H_2O$ ist nicht sehr stabil und zerfällt in $Cs_2Ce(SO_4)_3 \cdot 3H_2O$, das dann wegen seiner ähnlichen a- und b-Konstante wie in der Ausgangsverbindung orientiert kristallisiert. Alle Verbindungen sind gelb und planar im Habitus [1].

$Cs_2Ce(SO_4)_3 \cdot 2H_2O$

Zur Darstellung der als $Cs_2[Ce(SO_4)_3(H_2O)_2]$ formulierten Verbindung wird eine $Ce(SO_4)_2$-Lösung, die mit 25%igem H_2SO_4 stark angesäuert wird, auf 80 bis 90 °C erhitzt und mit einer Cs_2SO_4-Lösung versetzt. Nach langer Zeit bilden sich große unregelmäßige orangefarbene Kristalle. Die Dichte bei 25 °C beträgt D=3.474 g/cm³. Die Brechungsindizes der optisch einheitlichen Kristalle sind n_x=1.602, n_z=1.638. Beim Erhitzen verliert die Substanz bei 120 bis 140 °C ihr Kristallwasser, bei 200 °C tritt Zersetzung ein, Golovnya u.a. [2].

Literatur:

[1] D.L. Rogachev, S.A. Bondar, M.P. Shul'gina, M.P. Rys'kina (Zh. Neorgan. Khim. **24** [1979] 2406/8; Russ. J. Inorg. Chem. **24** [1979] 1334/6). – [2] V.A. Golovnya, L.A. Pospelova, G.T. Bolotova (Zh. Neorgan. Khim. **6** [1961] 636/40; Russ. J. Inorg. Chem. **6** [1961] 324/6, Zh. Neorgan. Khim. **5** [1960] 2204/10; Russ. J. Inorg. Chem. **5** [1960] 1069/72). – [3] G.V. Trofimov, S.A. Bondar, V.A. Roi (Zh. Neorgan. Khim. **25** [1980] 3120/6).

Caesium Praseodymium Sulfates

28.8.6.6.5 Caesiumpraseodymsulfate

Ergänzende Angaben über $CsPr(SO_4)_2$, $CsPr(SO_4)_2 \cdot 4H_2O$ und weitere Hydrate s. unter 28.8.6.1, 28.8.6.3 und 28.8.6.4, S. 301, 304 bzw. 308, Angaben über $Cs_3Pr(SO_4)_3$ unter 28.8.6.2, S. 303.

$CsPr(SO_4)_2$

Zum Auftreten der Verbindung im System Cs_2SO_4-$Pr_2(SO_4)_3$-($NiSO_4$)-H_2O bei 75 °C s. Onishchenko u.a. [5] bzw. Shevchuk u.a. [6]. Zur Züchtung von Einkristallen werden 1 g des bei 200 °C entwässerten Doppelsulfates $CsPr(SO_4)_2 \cdot 4H_2O$ und 10 ml 4.5 M H_2SO_4 in eine Glasampulle eingeschmolzen und in einem Autoklaven 2 d auf 300 °C erhitzt. Die erhaltenen dünnen Plättchen werden mit Eisessig gewaschen und getrocknet. Dieses $CsPr(SO_4)_2$ kristallisiert orthorhombisch, Pnna$-D_{2h}^6$: a=9.497(3), b=14.106(5), c=5.457(1); V=731.045 Å³ und Z=4, Bukovec u.a. [1]. Bei Einkristalluntersuchungen an $CsPr(SO_4)_2$, hergestellt durch Festkörperreaktion, wird von Samartsev u.a. [3] wie für M=Y, Nd bis Tm, s. S. 301, monoklines $CsPr(SO_4)_2$ beobachtet mit a=9.409(3), b=7.881(3), c=5.390(2) Å, γ=113°13′ und Z=2. – Die Röntgenstrukturaufklärung (R=0.023) ergibt folgende Atomlagen für die orthorhombische Phase:

Atom	x	y	z
Pr	0.25000(0)	0.50000(0)	0.68334(8)
Cs	0.07800(6)	0.25000(0)	0.25000(0)
S	0.41507(15)	0.41356(9)	0.23819(28)
O(1)	0.40650(50)	0.51589(27)	0.29775(75)
O(2)	0.56372(39)	0.38380(29)	0.22609(81)
O(3)	0.34192(45)	0.36286(27)	0.43863(73)
O(4)	0.34674(46)	0.39487(28)	0.00039(81)

Das Praseodymatom wird in Form eines ziemlich verzerrten quadratischen Antiprismas durch acht Sauerstoffe koordiniert, die Pr-O-Abstände liegen zwischen 2.457 und 2.585 Å, weitere Pr-O-Abstände und Winkel siehe Original. Die Sulfatgruppe ist an drei Praseodymatome gebunden. O(1) und O(3) gehören zum selben Pr-Atom, der Winkel O(1)-Pr-O(3) ist somit kleiner als die anderen Winkel, die Symmetrie der Sulfatgruppe erniedrigt sich auf C_{2v}. Durch die Verknüpfung von Sulfatgruppen und PrO_8-Polyedern entstehen Schichten parallel der xz-Ebene. Die Cs-Atome werden zwischen den Schichten eingebaut und sind durch vierzehn O koordiniert. Die Cs-O-Abstände liegen zwischen 3.142 und 3.541 Å, weitere Abstände s. Original, Bukovec u.a. [1]. Bei Untersuchungen von IR- und Raman-Spektren wird festgestellt, daß $CsPr(SO_4)_2$ nicht, wie zunächst von Samartsev u.a. [2] angenommen, zum 1. Strukturtyp innerhalb der Reihe Y, La bis Lu gehört, sondern zum 2. Typ, Samartsev u.a. [3]. Röntgenographische und experimentell bestimmte Dichte für orthorhombisches $CsPr(SO_4)_2$: D=4.236 bzw. 4.20 g/cm^3 [1].

Das System Cs_2SO_4-$Pr_2(SO_4)_3$-H_2O

Nach Löslichkeitsuntersuchungen (Restmethode) wird bei 25 °C nur das kongruent lösliche $CsPr(SO_4)_2 \cdot H_2O$ gebildet. Der Zweisalzpunkt mit Cs_2SO_4 liegt bei (in Gew.-%) 64.20 Cs_2SO_4 und 0.31 $Pr_2(SO_4)_3$, der mit $Pr_2(SO_4)_3 \cdot 8H_2O$ bei 0.15 Cs_2SO_4 und 7.33 $Pr_2(SO_4)_3$, Shevchuk, Skorikov [4]. Bei 75 °C existiert in weitem Zusammensetzungsbereich ebenfalls nach Löslichkeitsuntersuchungen nur das kongruent lösliche wasserfreie $CsPr(SO_4)_2$, Onishchenko u.a. [5].

$CsPr(SO_4)_2 \cdot 4H_2O$

Die Verbindung fällt beim isothermen Eindampfen wäßriger Lösungen mit äquivalenten Mengen Cs_2SO_4 und $Pr_2(SO_4)_3$ in Form grüner Nadeln aus. Sie ist monoklin und isomorph mit $NH_4[Sm(H_2O)_3(SO_4)_2] \cdot H_2O$. Die Gitterkonstanten betragen: a=6.671(2), b=19.054(3), c=8.839(2) Å; β=94.55(4)°; V=1119.98 Å^3, Z=4. Die Einkristalluntersuchungen ergeben für die abschließende Verfeinerung der Struktur (R=0.020) folgende Atomlagen in der Raumgruppe $P2_1/c-C^5_{2h}$:

Atom	x	y	z
Pr	0.15036(3)	0.12400(1)	0.78396(2)
Cs	0.64247(4)	0.21985(2)	0.12325(3)
S(1)	0.12617(14)	0.27882(5)	0.90796(10)
S(2)	0.69417(12)	0.07573(5)	0.77789(11)
O(1)	0.08602(55)	0.34290(16)	0.81841(36)
O(2)	0.14569(63)	0.29663(16)	0.07020(32)
O(3)	−0.03898(45)	0.22768(16)	0.87780(36)
O(4)	0.30919(45)	0.24255(16)	0.86762(35)
O(5)	0.51495(43)	0.11888(19)	0.79322(44)
O(6)	0.64191(59)	0.00263(18)	0.75225(54)
O(7)	0.80658(48)	0.10483(21)	0.65355(36)
O(8)	0.83412(46)	0.08331(17)	0.91491(35)
W(1)	0.19049(68)	0.05688(19)	0.53708(40)
W(2)	0.24594(53)	0.11127(17)	0.06317(34)
W(3)	0.63750(64)	0.09600(24)	0.35826(44)
W(4)	0.17960(62)	−0.00355(17)	0.82868(40)

Pr ist von sechs $O(SO_4)$ und drei $O(H_2O)$ umgeben, so daß das Koordinationspolyeder der Pr-Atome einem trigonalen Prisma mit drei Kappen (s. Figur im Original) oder einem verzerrten quadratischen Antiprisma mit einer Kappe entspricht. Die Abstände Pr-O liegen zwischen 2.418 und 2.604 Å. Weitere Bindungslängen und Winkel s. Original. Die $SO_4(2)$-Tetraeder verbinden die (PrO_9)-Polyeder in Richtung der a-Achse zu endlosen Ketten, diese werden durch $SO_4(1)$-Gruppen zu Schichten in der (010)-Ebene verknüpft. SO_4-Gruppen wirken dreizähnig und haben gleichzeitig chelat- und brückenbildende Funktion. Der Zusammenhalt der Schichten erfolgt durch Wasserstoffbrückenbindungen. In die entstehenden Lücken wird das Cs eingebaut. Die gemessene und röntgenographische Dichte betragen: 3.14 bzw. 3.19 g/cm³, Bukovec, Golič [7]. Das im Vergleich zur analogen Lu-Verbindung unterschiedliche Verhalten beim Erhitzen hinsichtlich der Wasserabgabe (s. unter 28.8.6.3, S. 307) läßt sich strukturell erklären, s. S. 323.

$CsPr(SO_4)_2 \cdot H_2O$

Die Verbindung wird bei Löslichkeitsuntersuchungen im System Cs_2SO_4-$Pr_2(SO_4)_3$-H_2O bei 25 °C festgestellt. Zur Darstellung großer Kristalle fügt man langsam Cs_2SO_4-Lösung zu $Pr_2(SO_4)_3$-Lösung. Sie sind in H_2O schwach löslich, und zwar noch weniger als die analogen Doppelverbindungen der anderen Alkalisulfate [4].

Literatur:

[1] N. Bukovec, L. Golič, P. Bukovec, J. Šiftar (Monatsh. Chem. **109** [1978] 1305/10). – [2] B.G. Samartsev, A.N. Pokrovskii, L.M. Kovba (Zh. Neorgan. Khim. **22** [1977] 2721/4; Russ. J. Inorg. Chem. **22** [1977] 1476/9). – [3] B.G. Samartsev, A.N. Pokrovskii, L.M. Kovba (Zh. Neorgan. Khim. **25** [1980] 852/4; Russ. J. Inorg. Chem. **25** [1980] 475/6). – [4] A.V. Shevchuk, V.M. Skorikov (Zh. Neorgan. Khim. **25** [1980] 1121/4; Russ. J. Inorg. Chem. **25** [1980] 622/4). – [5] M.K. Onishchenko, V.M. Skorikov, V.G. Shevchuk (Zh. Neorgan. Khim. **24** [1979] 1099/102; Russ. J. Inorg. Chem. **24** [1979] 611/3).

[6] V.G. Shevchuk, V.M. Skorikov, M.K. Onishchenko (Zh. Neorgan. Khim. **25** [1980] 1150/2; Russ. J. Inorg. Chem. **25** [1980] 639/41). – [7] P. Bukovec, L. Golič (Vestn. Sloven. Kem. Drustva **22** [1975] 19/25).

Caesium Neodymium Sulfates

28.8.6.6.6 Caesiumneodymsulfate

Ergänzende Angaben über $CsNd(SO_4)_2$, $Cs_3Nd(SO_4)_3$, $CsNd(SO_4)_2 \cdot 4H_2O$ und weitere Hydrate s. unter 28.8.6.1, 28.8.6.2, 28.8.6.3 und 28.8.6.4, S. 301, 303, 304 bzw. 308. Angaben über wäßrige Cs_2SO_4-$Nd_2(SO_4)_3$-Lösungen s. unter 28.8.6.5, S. 308.

Das System Cs_2SO_4-$Nd_2(SO_4)_3$

Im Zustandsdiagramm Cs_2SO_4-$Nd_2(SO_4)_3$, s. Figur im Original, werden nach röntgenographischen und differentialthermoanalytischen Untersuchungen $CsNd(SO_4)_2$, das bei 910 °C in $Cs_3Nd(SO_4)_3$ und $Nd_2(SO_4)_3$ zerfällt, und $Cs_3Nd(SO_4)_3$, das bei 925 °C inkongruent schmilzt, festgestellt. $Cs_3Nd(SO_4)_3$ bildet mit Cs_2SO_4 ein Eutektikum bei 88 Mol-% Cs_2SO_4 und 800 °C. Etwas unterhalb 700 °C liegt die polymorphe Umwandlung des Cs_2SO_4. Die Darstellung im ganzen Konzentrationsbereich erfolgt durch 200 h Erhitzen von Cs_2SO_4-$Nd_2(SO_4)_3$-Gemischen auf 550 °C; in 50 h-Intervallen werden die Gemische gemahlen und gepreßt, Samartsev u.a. [1].

$CsNd(SO_4)_2$

Die Verbindung tritt im System Cs_2SO_4-$Nd_2(SO_4)_3$ auf, s. S. 318. Relative Intensitäten und Netzebenenabstände im Pulverdiagramm s. Original [1] und Samartsev u.a. [2]. Die experimentell ermittelte Dichte beträgt D=4.25, die Röntgendichte ist 4.27 g/cm^3 [2].

$Cs_3Nd(SO_4)_3$

Zum Auftreten im System Cs_2SO_4-$Nd_2(SO_4)_3$ s. S. 318 [1].

$CsNd(SO_4)_2 \cdot 4H_2O$

Der Abbau des Kristallwassers nach $CsNd(SO_4)_2 \cdot 4H_2O \rightarrow CsNd(SO_4)_2 \cdot H_2O$ (Reaktion 1) und $CsNd(SO_4)_2 \cdot H_2O \rightarrow CsNd(SO_4)_2$ (Reaktion 2) wird mit Hilfe des isothermen Gewichtsverlusts im trocknen Luftstrom (5 l/h) bei 64 bis 88 °C für Reaktion 1 und bei 130 bis 155 °C für Reaktion 2 an Proben mit 10 und 100 mg untersucht. Für Reaktion 1 beginnt die Wasserabgabe sehr schnell, so daß bei Erreichen isothermer Bedingungen schon 10% des Wassers entfernt sind, und verläuft in zwei überlappenden Stufen. Für die 2. Stufe ergibt sich aus der Temperaturabhängigkeit die Aktivierungsenergie $E_{10}=124\pm6$ kJ/mol für die 10 mg-Probe und $E_{100}=107\pm4$ kJ/mol für die 100 mg-Probe. Reaktion 2 verläuft einfacher, und E_{10} und E_{100} betragen 151 ± 3 bzw. 119 ± 6 kJ/mol. Die Differenz zwischen E_{10}- und E_{100}-Wert wird mit den unterschiedlichen Wasserdampfdrücken in den Proben erklärt, die auf verschiedenen Probendicken beruhen. Als Ursache werden Phasengrenzeffekte angenommen. Da sich die 1. Stufe der Reaktion 1 nicht gut beschreiben läßt, wurde die Aktivierungsenergie nur für Zersetzungsgrade $\alpha=0.2$ bis 0.8 berechnet:

α	0.2	0.5	0.6	0.7	0.8
E_{10} in kJ/mol . . .	131 ± 9	124 ± 7	128 ± 7	136 ± 9	136 ± 9
E_{100} in kJ/mol . . .	106 ± 6	105 ± 4	105 ± 5	103 ± 5	113 ± 7

Für Reaktion 2 wird $E_{10}=158\pm3$ und $E_{100}=114\pm5$ kJ/mol bei $\alpha=0.5$ berechnet. Mikroskopische Untersuchungen bei 80 °C zeigen, daß sich Sprünge bilden, deren Oberfläche sich in Sekundenschnelle mit der neuen Phase bedeckt, die dann in den Kristall hineinwächst, Bukovec u.a. [3].

$CsNd(SO_4)_2 \cdot H_2O$

Das Monohydrat entsteht beim thermischen Abbau von $CsNd(SO_4)_2 \cdot 4H_2O$ als definierte, bei 80 bis 110 °C beständige Zwischenstufe; Einzelheiten s. S. 307 [3].

Literatur:

[1] B.G. Samartsev, A.N. Pokrovskii, L.M. Kovba (Zh. Neorgan. Khim. **22** [1977] 2721/4; Russ. J. Inorg. Chem. **22** [1977] 1476/9). – [2] B.G. Samartsev, A.N. Pokrovskii, L.M. Kovba (Zh. Neorgan. Khim. **25** [1980] 852/4; Russ. J. Inorg. Chem. **25** [1980] 475/6). – [3] N. Bukovec, P. Bukovec, J. Šiftar (Thermochim. Acta **36** [1980] 217/24).

28.8.6.6.7 Caesiumsamariumsulfate

Caesium Samarium Sulfates

Angaben über $CsSm(SO_4)_2$, $Cs_3Sm(SO_4)_3$, $CsSm(SO_4)_2 \cdot 4H_2O$ und weitere Hydrate s. unter 28.8.6.1, 28.8.6.2, 28.8.6.3 und 28.8.6.4, S. 301, 303, 304 bzw. 308.

Caesium Europium Sulfates

28.8.6.6.8 Caesiumeuropiumsulfate

Ergänzende Angaben über $CsEu(SO_4)_2$ und $CsEu(SO_4)_2 \cdot 4\,H_2O$ und weitere Hydrate s. unter 28.8.6.1, 28.8.6.3 und 28.8.6.4, S. 301, 304 bzw. 308, Angaben über $Cs_3Eu(SO_4)_3$ s. unter 28.8.6.2, S. 303.

$CsEu(SO_4)_2$

Die Verbindung bildet sich beim thermischen Abbau von $CsEu(SO_4)_2 \cdot 4\,H_2O$ an der Luft zwischen 200 und 220 °C in amorpher Form und kristallisiert bei 340 °C. Ein weiterer thermischer Effekt bei 390 °C hängt mit dem Kornwachstum zusammen, Iskhakova u.a. [1].

Nach Zaitseva u.a. [2] entsteht die wasserfreie Verbindung bei 280 bis 350 °C, sie kristallisiert bei 415 bis 455 °C, und merkliches Kornwachstum findet bei 455 bis 500 °C statt. Nach dem Röntgen-Pulverdiagramm (relative Intensitäten und Netzebenenabstände sowie Strichdiagramm s. Original) ist die Verbindung mit $CsGd(SO_4)_2$ und $CsTb(SO_4)_2$ isostrukturell. Die Verbindung ist stabil bis 850 °C, was spektroskopisch bestätigt wird. Zwischen 870 und 880 °C wird die Zersetzung in die Komponenten beobachtet, Zaitseva u.a. [2].

$CsEu(SO_4)_2 \cdot n\,H_2O$

Röntgen-Pulveraufnahmen an $CsEu(SO_4)_2 \cdot 4\,H_2O$, $CsGd(SO_4)_2 \cdot 4\,H_2O$ und $CsTb(SO_4)_2 \cdot 4\,H_2O$ zeigen, daß diese Verbindungen isostrukturell sind (s. auch S. 304); relative Intensitäten, Netzebenenabstände und Strichdiagramm s. Original. Die Art der Darstellung (Fällung aus wäßrigen Cs_2SO_4-$Eu_2(SO_4)_3$-Lösungen mit Alkohol oder isothermes Eindampfen bei Raumtemperatur) hat keinen Einfluß auf die Struktur, wie auch ein Vergleich der elektronischen Absorptionsspektren ergab. Der thermische Abbau zur wasserfreien Verbindung erfolgt in 4 Stufen: Bei 60 bis 125 °C werden 0.5 H_2O, zwischen 125 bis 220 °C weitere 2.5 H_2O, zwischen 220 und 280 °C sowie 280 und 350 °C jeweils noch 0.5 Moleküle H_2O abgegeben (s. jedoch S. 307, wonach lediglich ein stabiles Monohydrat existiert). $CsEu(SO_4)_2 \cdot H_2O$ und $CsEu(SO_4)_2 \cdot 0.5\,H_2O$ sind mit den entsprechenden Gd- und Tb-Verbindungen isostrukturell. Die Stufen 2 bis 4 werden auch im Absorptionsspektrum beobachtet, s. Figur im Original [2]. Die Bildung der Verbindung $CsEu(SO_4)_2 \cdot 3.5\,H_2O$ wird von [1] nicht bestätigt; die unterschiedlichen Temperaturbereiche für die einzelnen Abbaustufen sollen auf unterschiedlichen Abbaubedingungen und Darstellungsmethoden des Ausgangsprodukts beruhen.

$CsEu(SO_4)_2 \cdot 4\,H_2O$ ist unlöslich in Alkohol, Äther und Aceton, löslich in H_2O, verdünntem H_2SO_4 und verdünntem HNO_3 [2].

Literatur:

[1] L.D. Iskhakova, V.E. Plyushchev, N.B. Berlin (Zh. Neorgan. Khim. **18** [1973] 694/8; Russ. J. Inorg. Chem. **18** [1973] 363/5). – [2] L.L. Zaitseva, V.S. Il'yashenko, M.I. Konarev, L.V. Lipis, N.T. Chebotarev (Zh. Neorgan. Khim. **12** [1967] 677/87; Russ. J. Inorg. Chem. **12** [1967] 354/9).

Caesium Gadolinium Sulfates

28.8.6.6.9 Caesiumgadoliniumsulfate

Ergänzende Angaben über $CsGd(SO_4)_2$, $Cs_3Gd(SO_4)_3$ und $CsGd(SO_4)_2 \cdot 4\,H_2O$ s. unter 28.8.6.1, 28.8.6.2 und 28.8.6.3, S. 301, 303 bzw. 304, Angaben über weitere Hydrate s. unter 28.8.6.4, S. 308.

Das System Cs_2SO_4-$Gd_2(SO_4)_3$

Nach röntgenographischen und differentialthermoanalytischen Untersuchungen treten 2 Doppelsulfate auf, und zwar $CsGd(SO_4)_2$, das bei 910 °C in $Cs_3Gd(SO_4)_3$ und α-$Gd_2(SO_4)_3$ zerfällt, und $Cs_3Gd(SO_4)_3$, das bei 924 °C inkongruent schmilzt und mit α-Cs_2SO_4 ein Eutektikum bildet bei 84 Mol-% Cs_2SO_4 und 810 °C, Teilzustandsdiagramm s. Figur im Original. Die Proben werden im gesamten Konzentrationsbereich durch Erhitzen von Cs_2SO_4-$Gd_2(SO_4)_3$-Gemischen auf 550 °C an der Luft in 200 h hergestellt. In 50 h-Intervallen wird gemahlen und gepreßt. Die polymorphen Umwandlungen von Cs_2SO_4 und $Gd_2(SO_4)_3$ werden bei etwa 700 bzw. 865 °C beobachtet, Samartsev u.a. [1].

$CsGd(SO_4)_2$

Die Verbindung wird im Zustandsdiagramm Cs_2SO_4-$Gd_2(SO_4)_3$, s. oben, festgestellt. Sie durchläuft bei 350 und 710 °C polymorphe Umwandlungen [1]. In amorpher Form entsteht $CsGd(SO_4)_2$ beim thermischen Abbau von $CsGd(SO_4)_2 \cdot 4\,H_2O$ bei 280 bis 350 °C. Es soll zwischen 430 und 460 °C kristallisieren, bei 460 bis 500 °C soll Kornwachstum einsetzen, Zaitseva u.a. [2]. Die Bildung durch Dehydratation bei 210 bis 240 °C, Kristallisation bei 333 °C und Kornwachstum bei 550 °C, wird von Iskhakova u.a. [3] angegeben. Relative Intensitäten und Netzebenenabstände aus Röntgen-Pulveraufnahmen sowie Strichdiagramm s. bei [2]. Die Verbindung zerfällt bei 870 bis 880 °C in die Komponenten [2]; s. jedoch beim Zustandsdiagramm, oben.

$Cs_3Gd(SO_4)_3$

Die Verbindung schmilzt inkongruent bei 924 °C, s. beim System Cs_2SO_4-$Gd_2(SO_4)_3$ [1].

$Cs_4Gd_{10}(SO_4)_{17}$. $Cs_4Gd_2(SO_4)_5$

Die Verbindungen treten nach Löslichkeitsuntersuchungen bei 75 und 100 °C im System Cs_2SO_4-$Gd_2(SO_4)_3$-H_2O auf, Storozhenko, Shevchuk [4].

Das System Cs_2SO_4-$Gd_2(SO_4)_3$-H_2O

Während in wäßrigen Lösungen mit Cs:Gd=1:1 bis 20:1 bei (vermutlich) Raumtemperatur nach röntgenographischen Untersuchungen $CsGd(SO_4)_2 \cdot 4\,H_2O$ gebildet wird [2], existieren nach Löslichkeitsuntersuchungen (Restmethode) bei 75 und 100 °C keine hydratwasserhaltigen Doppelverbindungen, sondern $Cs_4Gd_{10}(SO_4)_{17}$ und $Cs_4Gd_2(SO_4)_5$. Lage der Zweisalzpunkte (in Gew.-%):

Verbindungen	Cs_2SO_4 bei 75 °C	$Gd_2(SO_4)_3$ bei 75 °C	Cs_2SO_4 bei 100 °C	$Gd_2(SO_4)_3$ bei 100 °C
$Cs_2SO_4 + Cs_4Gd_{10}(SO_4)_{17}$	66.32	0.5466	68.57	0.5659
$Cs_4Gd_{10}(SO_4)_{17} + Cs_4Gd_2(SO_4)_5$	59.12	1.093	54.34	1.524
$Cs_4Gd_2(SO_4)_5 + Gd_2(SO_4)_3 \cdot 8\,H_2O$	0.5530	1.145	0.6625	1.060

Die Gleichgewichtseinstellung dauert 12 bis 15 h [4].

$CsGd(SO_4)_2 \cdot n\,H_2O$

Das 4-Hydrat bildet sich in wäßriger Lösung von Cs_2SO_4 und $Gd_2(SO_4)_3$ mit einem Verhältnis Cs:Gd=1:1 bis 20:1. Relative Intensitäten und Netzebenenabstände sowie

Strichdiagramm der Röntgen-Pulveraufnahme s. Original. Bei 60 bis 130 °C wird ein halbes Molekül H_2O abgebaut (was von [3] nicht bestätigt wird). Bei 130 bis 220 °C werden 2.5 Moleküle, bei 220 bis 280 °C ein weiteres halbes Molekül H_2O entfernt, bevor bei 280 bis 350 °C die wasserfreie Verbindung entsteht [2]. Nach neuen Untersuchungen tritt beim thermischen Abbau von $CsGd(SO_4)_2 \cdot 4\,H_2O$ intermediär nur ein stabiles Monohydrat auf, s. S. 307.

$CsGd(SO_4)_2 \cdot 4\,H_2O$ ist löslich in H_2O sowie verdünntem HNO_3 und H_2SO_4, unlöslich in Alkohol, Äther und Aceton [2].

Literatur:

[1] B.G. Samartsev, A.N. Pokrovskii, L.M. Kovba (Zh. Neorgan. Khim. **22** [1977] 2721/4; Russ. J. Inorg. Chem. **22** [1977] 1476/9). – [2] L.L. Zaitseva, V.S. Il'yashenko, M.I. Konarev, L.V. Lipis, N.T. Chebotarev (Zh. Neorgan. Khim. **12** [1967] 677/87; Russ. J. Inorg. Chem. **12** [1967] 354/9). – [3] L.D. Iskhakova, V.E. Plyushchev, N.B. Berlin (Zh. Neorgan. Khim. **18** [1973] 694/8; Russ. J. Inorg. Chem. **18** [1973] 363/5). – [4] D.A. Storozhenko, V.G. Shevchuk (Zh. Neorgan. Khim. **25** [1980] 1116/20; Russ. J. Inorg. Chem. **25** [1980] 620/2).

Caesium Terbium Sulfates

28.8.6.6.10 Caesiumterbiumsulfate

Angaben zu $Cs_3Tb(SO_4)_3$ und $CsTb(SO_4)_2 \cdot 4\,H_2O$ s. unter 28.8.6.2 und 28.8.6.3, S. 303, 304, ergänzende Angaben zu $CsTb(SO_4)_2$ und weiteren Hydraten s. unter 28.8.6.1 und 28.8.6.4, S. 301 bzw. 308.

$CsTb(SO_4)_2$

Die Verbindung bildet sich beim thermischen Abbau von $CsTb(SO_4)_2 \cdot 4\,H_2O$ an der Luft zwischen 170 und 200 °C in amorpher Form und kristallisiert bei 320 °C. Ein weiterer thermischer Effekt bei 450 °C hängt mit dem Kornwachstum zusammen, Iskhakova u.a. [1]. Die Verbindung wird erhalten durch Entwässerung des Hydrats bei 260 bis 360 °C, die Kristallisation erfolgt bei 425 °C. Relative Intensitäten und Netzebenenabstände, sowie Strichdiagramm aus Röntgen-Pulveraufnahmen s. Original. Die Verbindung wird bei 900 bis 980 °C zum Oxidsulfat abgebaut, was spektroskopisch bestätigt wird, Zaitseva u.a. [2].

$CsTb(SO_4)_2 \cdot n\,H_2O$

Die Darstellung des 4-Hydrats (Ausfällen mit Alkohol; Eindampfen bei Raumtemperatur) hat keinen Einfluß auf die Struktur, wie auch ein Vergleich der elektronischen Absorptionsspektren ergab. Netzebenenabstände und relative Intensitäten des Röntgen-Pulverdiagramms s. Original. Der thermische Abbau zur wasserfreien Verbindung erfolgt in 5 Stufen: bei 60 bis 115 °C werden $0.5\,H_2O$, zwischen 115 bis 175 °C weitere $2\,H_2O$, zwischen 175 und 240 °C, zwischen 240 und 260 °C und schließlich zwischen 260 und 360 °C werden jeweils $0.5\,H_2O$ abgegeben. $CsTb(SO_4)_2 \cdot H_2O$ und $CsTb(SO_4)_2 \cdot 0.5\,H_2O$ sind mit den entsprechenden Eu- und Gd-Verbindungen isostrukturell. Die Stufen 2 bis 4 werden auch im Absorptionsspektrum beobachtet, Figur s. im Original [2]. Die Existenz des $CsTb(SO_4)_2 \cdot 3.5\,H_2O$ wird von [1] nicht bestätigt. Die unterschiedlichen Temperaturbereiche für die einzelnen Abbaustufen sollen auf unterschiedlichen Abbaubedingungen und Darstellungsmethoden beruhen. Nach neueren Untersuchungen tritt kein stabiles intermediäres Hydrat auf, s. S. 307.

$CsTb(SO_4)_2 \cdot 4\,H_2O$ ist unlöslich in Alkohol, Äther und Aceton, löslich in H_2O, verdünntem H_2SO_4 und verdünntem HNO_3 [2].

Literatur:

[1] L.D. Iskhakova, V.E. Plyushchev, N.B. Berlin (Zh. Neorgan. Khim. **18** [1973] 694/8; Russ. J. Inorg. Chem. **18** [1973] 363/5). – [2] L.L. Zaitseva, V.S. Il'yashenko, M.I. Konarev, L.V. Lipis, N.T. Chebotarev (Zh. Neorgan. Khim. **12** [1967] 677/87; Russ. J. Inorg. Chem. **12** [1967] 354/9).

28.8.6.6.11 Caesiumsulfatometallate des Dysprosiums, des Holmiums, des Erbiums und des Thuliums

Caesium Sulfatometallates of Dy, Ho, Er, Tm

Angaben zu $CsM(SO_4)_2$, $Cs_3M(SO_4)_3$, $CsM(SO_4)_2 \cdot 4H_2O$ mit M=Dy, Ho, Er, Tm s. unter 28.8.6.1, 28.8.6.2 und 28.8.6.3, S. 301, 303 bzw. 304.

28.8.6.6.12 Caesiumytterbiumsulfate

Caesium Ytterbium Sulfates

Ergänzende Angaben zu $CsYb(SO_4)_2$ und $Cs_3Yb(SO_4)_3$ s. unter 28.8.6.1 und 28.8.6.2, S. 301, 303, Angaben zu $CsYb(SO_4)_2 \cdot 4H_2O$ und zu wäßrigen Cs_2SO_4-$Yb_2(SO_4)_3$-Lösungen s. unter 28.8.6.3 und 28.8.6.5, S. 304 bzw. 308.

Das System Cs_2SO_4-$Yb_2(SO_4)_3$

Nach röntgenographischen und differentialthermoanalytischen Untersuchungen treten im System Cs_2SO_4-$Yb_2(SO_4)_3$ die Verbindungen $CsYb(SO_4)_2$ (zerfällt bei 930 °C in $Yb_2(SO_4)_3$ und $Cs_3Yb(SO_4)_3$) und das bei 961 °C inkongruent schmelzende $Cs_3Yb(SO_4)_3$ auf, das mit α-Cs_2SO_4 ein Eutektikum bildet bei 91 Mol-% Cs_2SO_4 und 825 °C; ungefähres Zustandsdiagramm s. Figur im Original. Die Darstellung der Proben erfolgt aus Cs_2SO_4-$Yb_2(SO_4)_3$-Gemischen analog Cs_2SO_4-$Gd_2(SO_4)_3$, s. S. 321, Samartsev u.a. [1].

$CsYb(SO_4)_2$

Zum Auftreten im System Cs_2SO_4-$Yb_2(SO_4)_3$ s. im vorstehenden. Die Verbindung durchläuft bei 410 °C eine polymorphe Umwandlung [1].

$Cs_3Yb(SO_4)_3$

Einkristalle werden durch Abkühlen der Schmelze von 965 °C mit 10 K/h erhalten. Die Verbindung ist rhomboedrisch, Raumgruppe R3c – C_{3v}^6, mit a=16.04, c=9.479 Å für die hexagonale Zelle. YbO_6-Polyeder sind durch Sulfatgruppen zu $[Yb(SO_4)_3]_\infty$-Ketten, parallel c, verbrückt. Zwischen diesen Ketten liegen die Cs-Atome (KZ=9). Atomlagen und -abstände s. Original, Samartsev u.a. [3]. Pyknometrische und Röntgendichte: D=4.04 bzw. 4.05 g/cm^3, Samartsev u.a. [2]. Inkongruenter Schmelzpunkt: 961 °C [1].

Literatur:

[1] B.G. Samartsev, A.N. Pokrovskii, L.M. Kovba (Zh. Neorgan. Khim. **22** [1977] 2721/4; Russ. J. Inorg. Chem. **22** [1977] 1476/9). – [2] B.G. Samartsev, M.V. Prokof'ev, A.N. Pokrovskii, L.M. Kovba (Zh. Neorgan. Khim. **23** [1978] 540/1; Russ. J. Inorg. Chem. **23** [1978] 300/1). – [3] B.G. Samartsev, A.N. Pokrovskii, L.M. Kovba (Kristallografiya **25** [1980] 394/6; Soviet Phys. Cryst. **25** [1980] 226/8).

28.8.6.6.13 Caesiumlutetiumsulfate

Caesium Lutetium Sulfates

Angaben über $CsLu(SO_4)_2$ und $Cs_3Lu(SO_4)_3$ s. unter 28.8.6.1 und 28.8.6.2, S. 301 bzw. 303, ergänzende Angaben über $CsLu(SO_4)_2 \cdot 4H_2O$ s. unter 28.8.6.3, S. 304.

$CsLu(SO_4)_2 \cdot 4H_2O$

Nach Einkristalluntersuchungen ist $CsLu(SO_4)_2 \cdot 4H_2O$ monoklin, Raumgruppe $P2_1/c$ – C_{2h}^5, Z=4 und a=6.670(1), b=18.497(2), c=8.637(1) Å, β=94.23(1)°. Die Strukturverfeinerung mit anisotropen Temperaturfaktoren (R=0.039) ergibt folgende Atomlagen:

	x	y	z
Lu	0.15303(3)	0.12408(1)	0.75893(3)
Cs	0.64261(7)	0.22326(3)	0.12119(6)
S(1)	0.1299(2)	0.2749(1)	0.8948(2)
S(2)	0.6653(3)	0.0689(1)	0.7829(2)
O(1)	0.0858(9)	0.3391(3)	0.7992(6)
O(2)	0.1403(9)	0.2954(3)	0.0605(5)
O(3)	−0.0286(8)	0.2198(3)	0.8634(7)
O(4)	0.3158(8)	0.2383(3)	0.8569(6)
O(5)	0.4811(8)	0.1102(4)	0.7413(9)
O(6)	0.6424(12)	−0.0068(4)	0.7567(12)
O(7)	0.8234(8)	0.1005(3)	0.6908(7)
O(8)	0.7257(20)	0.0820(6)	0.9498(10)
W(1)	0.1482(10)	0.0575(3)	0.5232(7)
W(2)	0.2108(11)	0.1091(4)	0.0257(6)
W(3)	0.6606(14)	0.0993(5)	0.3223(10)
W(4)	0.1579(10)	0.0017(3)	0.8089(7)

Das Lu-Koordinationspolyeder ist ein trigonales Prisma mit 2 Kappen, das von fünf $O(SO_4)$ und drei $O(H_2O)$ gebildet wird. Die Lu-$O(SO_4)$-Abstände betragen 2.220(5) bis 2.495(6) Å, die Lu-$O(H_2O)$-Abstände 2.304(6) bis 2.377(6) Å. SO_4(1) ist dreizähnig (chelat- und brückenbildende Funktion), SO_4(2) zweizähnig (nur brückenbildend). Die LuO_8-Polyeder werden durch die Sulfatgruppen zu Schichten parallel (010) verknüpft. Wie ein Vergleich der O-W- und W-W-Abstände ($W \hat{=} H_2O$) in der Lu- und analogen Pr-Verbindung (Pr(KZ=9); beide SO_4-Gruppen dreizähnig) zeigt, ist in der Lu-haltigen Verbindung das koordinative Wasser stärker und das Kristallwasser (W 3) schwächer gebunden als in der Pr-haltigen Verbindung. Deshalb werden beide Arten von Wasser bei gleicher Temperatur von 92 °C abgebaut (während auch noch bei $CsYb(SO_4)_2 \cdot 4H_2O$ das ebenfalls schwächer gebundene koordinative Wasser bei 78 °C und das stärker gebundene Kristallwasser bei 112 °C weggeht), N. Bukovec, L. Golič, J. Šiftar (Vestn. Sloven. Kem. Drustva **26** [1979] 377/85; C.A. **92** [1980] Nr. 208219).

Caesium Rubidium Neodymium Sulfates

28.8.6.7 Caesiumrubidiumneodymsulfate

Das System $Rb_3Nd(SO_4)_3$-$Cs_3Nd(SO_4)_3$

Nach röntgenographischen Untersuchungen tritt bei 25 Mol-% $Rb_3Nd(SO_4)_3$ ein ternäres Sulfat mit merklichem Homogenitätsbereich auf. Es ist abweichend von den Ausgangskomponenten, die zwei verschiedenen Strukturtypen angehören, isostrukturell mit $Rb_3Eu(SO_4)_3$, trigonal mit a=15.99, c=9.17 Å, Z=6. Gemessene und berechnete Dichte: 3.96 bzw. 3.90 g/cm^3. Zur Darstellung werden stöchiometrische Gemische aus $Cs_3Nd(SO_4)_3$ und $Rb_3Nd(SO_4)_3$ für 200 bis 250 h bei 600 bis 700 °C geglüht, V.I. Pilipchuk, A.N. Pokrovskii (Zh. Neorgan. Khim. **25** [1980] 1164/5; Russ. J. Inorg. Chem. **25** [1980] 647/8).

Basic Sulfates

28.9 Basische Sulfate

Oxide Sulfates

Review in English

28.9.1 Oxidsulfate

Review

The oxide sulfates $M_2O_2SO_4$ for M=Y, La, and Ln have been prepared by thermal decomposition of the sulfates $M_2(SO_4)_3$ or for Ce of the hydroxide sulfate. The compounds $M_2O(SO_4)_2$ for Sc and Nd were prepared by the thermal decomposition of $M(OH)SO_4$.

All the $M_2O_2SO_4$ are orthorhombic and isostructural. The uniform structure is confirmed by the IR spectra. Lattice constants and the IR frequencies assigned to the SO_4 group are tabulated.

The $M_2O_2SO_4$ for M = Gd, Tb, Dy, Ho, Er, and Tm are antiferromagnetic below their transition temperatures, T_N, which lie between 1.5 and 8.2 K. $Gd_2O_2SO_4$ is possibly a Heisenberg antiferromagnet, while the other compounds show a two-dimensional Ising system. Metamagnetic transitions with intermediate ferrimagnetic phases were found below T_N for $Dy_2O_2SO_4$ and $Ho_2O_2SO_4$.

Überblick

Review in German

Oxidsulfate des Typs $M_2O_2SO_4$ sind mit M = Y, La, Ln bekannt, sie sind isostrukturell. Die einfachste Darstellungsmethode ist die thermische Zersetzung der Sulfate $M_2(SO_4)_3$, bzw. des Hydroxidsulfats bei M = Ce. Von allen Oxidsulfaten (außer $Ce_2O_2SO_4$) liegen röntgenographisch bestimmte Gitterkonstanten vor. Die Symmetrie ist orthorhombisch, Z = 2. Die IR-Spektren bestätigen die einheitliche Struktur der Verbindungen und das Fehlen einer M=O-Doppelbindung.

Die Verbindungen $M_2O_2SO_4$ mit M = Gd, Tb, Dy, Ho, Er, Tm zeigen nach Messung von spezifischer Wärme und magnetischer Suszeptibilität antiferromagnetische Umwandlung bei tiefen Temperaturen; für $Gd_2O_2SO_4$ wird Vorliegen eines Heisenberg-Antiferromagneten, für die anderen Verbindungen ein zweidimensionales Ising-Modell angenommen. Weitere magnetische Untersuchungen an Einkristallen von $Dy_2O_2SO_4$ und $Ho_2O_2SO_4$ ergeben für beide Verbindungen bei $T<T_N$ zwei metamagnetische Umwandlungen mit intermediärer Bildung einer ferrimagnetischen Phase.

Oxidsulfate des Typs $M_2O(SO_4)_2$ mit M = Sc und Nd treten bei der thermischen Zersetzung der Hydroxidsulfate $M(OH)SO_4$ auf.

28.9.1.1 $M_2O(SO_4)_2$ mit M = Sc, Y(?), Nd, Gd(?)

$Sc_2O(SO_4)_2$ entsteht bei der thermischen Zersetzung von $Sc(OH)SO_4$ (s. S. 336/7) zwischen 300 und 500 °C in amorpher Form und wird zwischen 600 und 700 °C kristallin; oberhalb 800 °C zersetzt es sich in Sc_2O_3 (keine näheren Angaben), Komissarova u.a. [1]. Nach Mal'kevich u.a. [2, 3] sollen $Sc_2O(SO_4)_2$ und $Y_2O(SO_4)_2$ bei der thermischen Zersetzung von $Sc(OH)_{2.32}(SO_4)_{0.34}$ (s. S. 337) zwischen 315 und 780 °C bzw. von $Y_2(OH)_4SO_4$ (s. S. 337) zwischen 335 und 700 °C entstehen (die in den Originalen angegebenen Zersetzungsschemata sind jedoch formal nicht in Ordnung!).

$Nd_2O(SO_4)_2$ bildet sich bei der thermischen Zersetzung von $Nd(OH)SO_4$ bei 500 bis 550 °C. Netzebenenabstände nach Röntgen-Pulveraufnahmen s. im Original. Im IR-Spektrum treten folgende Schwingungsbanden des SO_4^{2-}-Ions auf (in cm^{-1}): 1159, 1112, 1074, 1008 (Valenzschwingungen) und 653, 616, 599, 497 (Deformationsschwingungen). $Nd_2O(SO_4)_2$ zersetzt sich ab etwa 600 °C zu einem Gemisch aus $Nd_2O_2SO_4$ und $Nd_2(SO_4)_3$, Margulis u.a. [4].

$Gd_2O(SO_4)_2$ soll intermediär bei der thermischen Zersetzung von $Gd_2(SO_4)_3$ bei 830 °C auftreten (Knick in der thermogravimetrischen Kurve), bei 880 °C liegt $Gd_2O_2SO_4$ vor, Hall, Markin [5].

Literatur:

[1] L.N. Komissarova, V.F. Chuvaev, V.M. Shatskii, B.I. Bashkov, T.A. Zhdanova (Zh. Neorgan. Khim. **16** [1971] 1258/63; Russ. J. Inorg. Chem. **16** [1971] 666/9). – [2] N.V.

Mal'kevich, N.N. Mironov (Tr. Khim. Khim. Tekhnol. **1970** Nr. 2, S. 10/2; C.A. **76** [1972] Nr. 145668). – [3] N.V. Mal'kevich, I.A. Grishin (Uch. Zap. Gor'k. Gos. Univ. Nr. 105 [1970] 34/8; C.A. **74** [1971] Nr. 82592). – [4] E.V. Margulis, M.M. Shokarev, V.N. Novoselova, F.I. Vershinina (Zh. Neorgan. Khim. **15** [1970] 1451/8; Russ. J. Inorg. Chem. **15** [1970] 745/9). – [5] G.R. Hall, T.L. Markin (J. Inorg. Nucl. Chem. **4** [1957] 137/42).

$M_2O_2SO_4$

28.9.1.2 $M_2O_2SO_4$ mit M = Y, La, Ln

Formation. Preparation

28.9.1.2.1 Bildung und Darstellung

Durch thermische Zersetzung der Sulfate

Eine einfache Methode zur Darstellung der Oxidsulfate $M_2O_2SO_4$ (M = Y, La, Ln, außer Ce) ist die thermische Zersetzung der Sulfate $M_2(SO_4)_3$ (s. dazu auch S. 40). Nach thermogravimetrischer Untersuchung an Luft beginnt die Zersetzung der Sulfate bei 855 bis 946 °C und ist bei etwa 1015 bis 1100 °C beendet; s. Kurven im Original. Bei M = Yb und Lu zeigen die Zersetzungskurven keine ausgeprägten Haltepunkte, so daß kontinuierliche Zersetzung bis zum Oxid zu erfolgen scheint (bei M = Ce entsteht schon ab 650 °C CeO_2 und nicht $Ce_2O_2SO_4$). In strömendem Ar liegen die Zersetzungstemperaturen der Sulfate niedriger als in (ruhender) Luft, wie die DTA-Kurven zeigen, Nathans, Wendlandt [1]. Von Haynes, Brown [2] konnten die Oxidsulfate von Y und Lu nicht frei von Oxid erhalten werden, während die Oxidsulfate von La und Gd durch Zersetzung der Sulfate an Luft bei ≈1100 °C dargestellt wurden. – Von anderen Autoren [3, 4] werden alle Oxidsulfate $M_2O_2SO_4$ (M = Y, La, Ln außer Ce) aus den Sulfaten dargestellt, z.B. durch 2stündiges Glühen bei 900 bis 1050 °C, Surgutskii u.a. [3], durch Glühen bei 1000 °C, Ballestracci u.a. [4]; die Zersetzung und Kinetik bei 950 bis 1050 °C untersucht Ivakin [5]. Weitere Darstellungstemperaturen (in °C): 900 (M = Y, Dy, Er), 950 (M = La, Pr, Nd, Sm, Gd), 850 (Yb), mehrstündiges Erhitzen der Sulfate an Luft, Kilian, Matthes [6], 1150 (La), 1000 (Nd, Sm), 900 (Eu, Gd), thermogravimetrische Untersuchungen, Stecura [7]; 1150 (La), 900 (Gd, Er), Tenisheva u.a. [8]. Einzelangaben für die Bildung von $M_2O_2SO_4$ aus $M_2(SO_4)_3$: M = La [9 bis 13], M = Pr [14, 15], M = Gd [16].

Wird die Zersetzung der Sulfate bei 1000 °C in einer NaCl- oder NaBr-Schmelze durchgeführt anstatt an Luft (s. oben bei [4]), und die Schmelze langsam von 1000 bis 200 °C abgekühlt, so entstehen einkristalline sehr dünne Blättchen (einige μm Dicke) von $M_2O_2SO_4$ [4].

$Sc_2O_2SO_4$ tritt bei der thermischen Zersetzung von $Sc_2(SO_4)_3$ nicht auf, s. S. 63. $Ce_2O_2SO_4$ bildet sich nach $Ce_4(OH)_{10}SO_4 \rightarrow Ce_2O_2SO_4 + 2\,CeO(OH) + 4\,H_2O$, s. S. 341. Zur Bildung weiterer Oxidsulfate $M_2O_2SO_4$ durch thermische Zersetzung von Hydroxidsulfaten s. S. 339 (M = La), S. 346 (M = Pr) und S. 347 (M = Nd). – Zur Bildung von Oxidsulfaten bei der thermischen Zersetzung von Chloridsulfaten s. S. 362. Die Oxidsulfate $M_2O_2SO_4$ bilden sich auch durch thermische Zersetzung der Alkalidoppelsulfate.

Durch oxidierende Zersetzung von Sulfit, Thiosulfat, Oxidsulfid

Zur Bildung von $M_2O_2SO_4$ (M = Sc, Y, La, Ln außer Ce) bei der thermischen Zersetzung von $M_2(SO_3)_3 \cdot n\,H_2O$ oder der Thiosulfate (mit Sulfit als Zwischenprodukt) in oxidierender Atmosphäre s. S. 22 bzw. S. 352, im Fall von M = Ce entsteht CeO_2.

Auch Erhitzen von Oxidsulfiden M_2O_2S an Luft führt zur Bildung von $M_2O_2SO_4$ (thermogravimetrisch untersucht mit M = Sm, Er), bei M = Sm z.B. zwischen 620 und 930 °C, Eick [17]; bei M = Gd bei etwa 700 bis 800 °C, das gebildete $Gd_2O_2SO_4$ ist bis etwa 1050 °C stabil (s. Kurve im Original), Baybarz u.a. [24]. Bei M = Y, La, Gd,

Lu wird die $M_2O_2SO_4$-Bildung durch DTA und TG untersucht, bei M=Y und Lu überschneiden sich Bildungs- und Zersetzungsreaktionen, d.h. das gebildete Oxidsulfat enthält M_2O_3, Haynes, Brown [2].

Weitere Methoden

Die Oxidsulfate der Seltenerdelemente können auch durch Reaktion ihrer Sulfate mit den Oxiden nach $M_2(SO_4)_3+2\,M_2O_3=3\,M_2O_2SO_4$ bei etwa 750 bis 800 °C dargestellt werden. Im Fall von M=Pr und Tb werden Pr_6O_{11} bzw. Tb_4O_7 eingesetzt, Prokovskii, Kovba [23]. Da reines $Y_2O_2SO_4$ durch thermische Zersetzung von $Y_2(SO_4)_3$ nicht erhalten werden konnte, werden zur Darstellung Komplexe aus $Y(NO_3)_3$ mit organischen Thioverbindungen (Thioharnstoff oder Thioacetamid) bei 300 bis 700 °C erhitzt, Zolin u.a. [18].

Die Umsetzung von M_2O_3 (M=La, Nd, Sm) oder Pr_6O_{11} mit SO_2 bei 800 °C (M=Pr, Nd) oder 900 °C (M=La, Sm) führt in $\leqq 1$ h quantitativ zu $M_2O_2SO_4$, bei M=La ist die Reaktion schon in 15 min beendet. Bei höheren Temperaturen nimmt die Reaktionsgeschwindigkeit ab. Die Reaktion verläuft nach $2\,M_2O_3+3\,SO_2\rightarrow 2\,M_2O_2SO_4+S$, wobei sich der freie Schwefel an den kälteren Gefäßwänden niederschlägt, Grizik u.a. [19]. Das Gleichgewicht für diese Reaktion mit M=La wird durch Bestimmung der Partialdrücke von SO_2 und S untersucht; es zeigt sich, daß die Reaktion oberhalb 900 °C nicht mehr durch vorstehende Gleichung beschrieben werden kann. Zwischen 1000 und 1200 °C nimmt die Menge an freiem Schwefel ab, und in der Gasphase liegen außer SO_2 noch andere Gase vor, entstanden z.B. durch die mögliche Dissoziation von $La_2O_2SO_4$ unter Bildung von SO_3 und das Gleichgewicht $SO_3 \rightleftarrows SO_2+O$. (Zwischen 700 und 900 °C wird die Gleichgewichtskonstante K wiedergegeben durch $\lg K=(2.3\pm0.1)-(3570\pm120)/T$), Grizik u.a. [20].

$La_2O_2SO_4$ kann auch durch Umsetzung von metallischem La (Feilspäne) mit trockenem SO_2 erhalten werden. Bei der thermogravimetrisch und röntgenographisch zwischen etwa 450 und 900 °C untersuchten Umsetzung wird $La_2O_2SO_4$ neben $La_2(SO_4)_3$ erhalten. Folgende Reaktionen laufen vermutlich ab:

$$2\,La+3\,SO_2\rightarrow La_2O_2SO_4+S_2;\quad La_2O_2SO_4+3\,SO_2\rightarrow La_2(SO_4)_3+S;$$
$$La_2(SO_4)_3\rightarrow La_2O_2SO_4+2\,SO_2+O_2.$$

Unterhalb 850 °C ist die Bruttoreaktion $2\,La+6\,SO_2\rightarrow La_2(SO_4)_3+3\,S$, oberhalb 850 °C zersetzt sich $La_2(SO_4)_3$ zu $La_2O_2SO_4$, Davignon [21]. $Nd_2O_2SO_4$ entsteht durch Glühen von mit Nd^{3+} beladenem Kationenaustauscherharz Dowex 50W-X8 an Luft bei 800 bis 1000 °C. Zum Beladen wird 0.1 M $Nd(NO_3)_3$-Lösung auf den Austauscher in H^+-Form gegeben, bis der pH-Wert des Effluenten sich nicht mehr ändert, dann wird 16 h an Luft getrocknet, Hale [22].

Literatur:

[1] M.W. Nathans, W.W. Wendlandt (J. Inorg. Nucl. Chem. **24** [1962] 869/79). – [2] J.W. Haynes, J.J. Brown (J. Electrochem. Soc. **115** [1968] 1060/6). – [3] V.P. Surgutskii, V.I. Gaivoronskii, V.V. Serebrennikov (Zh. Neorgan. Khim. **13** [1968] 1010/3; Russ. J. Inorg. Chem. **13** [1968] 527/9). – [4] R. Ballestracci, J. Mareschal (Mater. Res. Bull. **2** [1967] 993/7). – [5] A.A. Ivakin (Izv. Sibirsk Otd. Akad. Nauk. SSSR **1962** 49/54; C.A. **57** [1962] 7964).

[6] H. Kilian, F. Matthes (Z. Anorg. Allgem. Chem. **374** [1970] 286/90). – [7] S. Stecura (U.S. Bur. Mines Rept. Invest. Nr. 6616 [1965] 1/47,7; C.A. **64** [1966] 16736). – [8] T.F. Tenisheva, T.M. Pavlyukevich, A.N. Lazarev (Izv. Akad. Nauk SSSR Ser. Khim. **1965** 1771/7; Bull. Acad. Sci. USSR Div. Chem. Sci. **1965** 1737/42). – [9] E. Ino,

Y. Kadogawa, K. Shimuzu, T. Yamate (Zairyo **25** [1976] 389/95; C.A. **85** [1976] Nr. 56023). – [10] V.P. Surgutskii, V.I. Gaivoronskii, V.V. Serebrennikov (Zh. Neorgan. Khim. **13** [1968] 1010/3; Russ. J. Inorg. Chem. **13** [1968] 527/9).

[11] G. Pannetier, A. Dereigne (Bull. Soc. Chim. France **1963** 1850/4). – [12] J.J. Pitha, A.L. Smith, R. Ward (J. Am. Chem. Soc. **69** [1947] 1870/1). – [13] J.A. Fahey (Proc. 12th Rare Earth Res. Conf., Vail, Colo., 1976, Bd. 2, S. 762/71; C.A. **85** [1976] Nr. 135024). – [14] N. Bukovec, P. Bukovec, J. Šiftar (Thermochimica Acta **35** [1980] 85/91). – [15] N.V. Mzareulishvili, E.G. Davitashvili, V.P. Natidze (Issled. Obl. Khim. Kompleks. Prostykh Soedin. Nekot. Perekhodnykh Redk. Metal **1970** 127/34; C.A. **74** [1971] Nr. 82602).

[16] G.R. Hall, T.L. Markin (J. Inorg. Nucl. Chem. **4** [1957] 137/42). – [17] H.A. Eick (J. Am. Chem. Soc. **80** [1958] 43/4). – [18] V.F. Zolin, L.N. Zorina, N.P. Soshin (Zh. Fiz. Khim. **46** [1972] 537; Russ. J. Phys. Chem. **46** [1972] 313). – [19] A.A. Grizik, N.G. Abdullina, N.M. Garifdzhanova (Zh. Neorgan. Khim. **18** [1973] 596/600; Russ. J. Inorg. Chem. **18** [1973] 313/5). – [20] A.A. Grizik, I.G. Adullina, N.M. Garifdzhanova (Zh. Neorgan. Khim. **19** [1974] 2586/8; Russ. J. Inorg. Chem. **19** [1974] 1412/3).

[21] L. Davignon (Compt. Rend. **264** [1967] 1393/5). – [22] W.H. Hale (J. Inorg. Nucl. Chem. **33** [1971] 1227/32). – [23] A.N. Pokrovskii, L.M. Kovba (Zh. Neorgan. Khim. **22** [1977] 245/6; Russ. J. Inorg. Chem. **22** [1977] 135/6). – [24] R.D. Baybarz, J.A. Fahey, R.G. Haire (J. Inorg. Nucl. Chem. **36** [1974] 2023/7).

Crystallographic Properties. Density

28.9.1.2.2 Kristallographische Eigenschaften. Dichte

Die Oxidsulfate $M_2O_2SO_4$ (M=Y, La, Ln) sind nach Röntgen-Pulveraufnahmen isostrukturell und haben orthorhombische Symmetrie, Ballestracci, Mareschal [1]. Nach Röntgen-Pulveraufnahmen an $La_2O_2SO_4$ liegt eine orthorhombische Zelle mit Z=2, Raumgruppe I222–D_2^8 (Nr. 23) vor; die Oxidsulfate der Actiniden haben dieselbe Struktur wie die der Lanthaniden, Fahey [2].

Gitterkonstanten in Å (Z=2):

	$Y_2O_2SO_4$	$La_2O_2SO_4$				$Pr_2O_2SO_4$		
a . . .	4.148	4.2861	4.286	4.291	4.257	4.245	4.244	4.245
b . . .	4.012	4.1938	4.192	4.206	4.173	4.140	4.146	4.118
c . . .	12.68	13.720	13.72	13.74	13.67	13.43	13.43	13.38
Lit. . .	[1]	[2]	[1]	[5]	[6]	[1]	[5]	[6]

	$Nd_2O_2SO_4$			$Sm_2O_2SO_4$			$Eu_2O_2SO_4$	
a . . .	4.221	4.225	4.224	4.200	4.200	4.218	4.195	4.192
b . . .	4.120	4.121	4.066	4.082	4.088	4.047	4.072	4.072
c . . .	13.33	13.36	13.22	13.15	13.14	13.03	13.07	13.05
Lit. . .	[1]	[5]	[6]	[1]	[5]	[6]	[1]	[5]

	$Gd_2O_2SO_4$		$Tb_2O_2SO_4$		$Dy_2O_2SO_4$	
a . . .	4.179	4.179	4.166	4.162	4.153	4.152
b . . .	4.052	4.058	4.038	4.040	4.024	4.026
c . . .	12.98	13.00	12.88	12.89	12.76	12.79
Lit. . .	[1]	[5]	[1]	[5]	[1]	[5]

	$Ho_2O_2SO_4$		$Er_2O_2SO_4$		$Tm_2O_2SO_4$	$Yb_2O_2SO_4$	$Lu_2O_2SO_4$
a . . .	4.143	4.142	4.133	4.134	4.126	4.117	4.108
b . . .	4.008	4.012	3.996	3.999	3.984	3.972	3.961
c . . .	12.72	12.73	12.64	12.66	12.54	12.49	12.42
Lit. . .	[1]	[5]	[1]	[5]	[1]	[1]	[1]

Netzebenenabstände für $M_2O_2SO_4$ mit M = La, Pr, Nd, Sm s. Grizik u.a. [6], vgl. auch Zaitseva u.a. [7], mit M = La, Gd s. Haynes, Brown [8], für $Ho_2O_2SO_4$ s. [1], Röntgen-Strichdiagramm für $Nd_2O_2SO_4$ s. Batsanov u.a. [11, S. 49/50]. Die graphische Darstellung des Zellvolumens der rhombischen Zelle von $M_2O_2SO_4$ mit M = La bis Er in Abhängigkeit vom M^{3+}-Ionenradius ergibt eine Gerade [5], vgl. auch Baybarz u.a. [9]. – Nach nicht abgeschlossenen Untersuchungen von Nägele [3] sind die bei [1] (s. obige Tabelle) angegebenen Gitterkonstanten b und c wahrscheinlich zu verdoppeln, so daß die zuerst (für Verdopplung von b) von Nägele vorgeschlagene rhombische Raumgruppe Pbnm – D_{2h}^{16} (publiziert von Hülsing u.a. [4]) vermutlich zu korrigieren ist [3]. – Abweichend von den anderen Autoren wurde in einer älteren Arbeit für $La_2O_2SO_4$ nach Röntgen-Pulveraufnahmen eine tetragonale Zelle mit a = 6.882, c = 12.300 Å, Z = 5 angegeben, Pannetier, Dereigne [10].

Atomkoordinaten für das rhombische $La_2O_2SO_4$ (mit der Raumgruppe I222) nach [2]:

Atom	x	y	z
La	0	0	0.3330(5)
S	0	0	0
O(1)	0	0.5	0.247(5)
O(2)	0.19(3)	0.19(3)	0.060(7)

Fig. 35

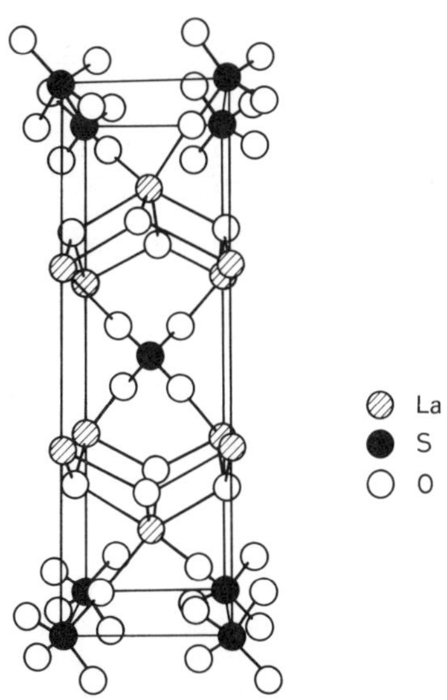

Gitterstruktur des $La_2O_2SO_4$.

Atomabstände in Å; La-O(1) = 2.40, 2.41; La-O(2) = 2.36; S-O(2) = 1.42; O(1)-O(1) = 3.00; O(1)-O(2) = 3.05; O(2)-O(2) = 2.82 (mittlerer Abstand). In der Struktur liegen alternierende Schichten aus $(La_2O_2)^{2+}$-Gruppen und SO_4^{2-}-Gruppen senkrecht zur c-Achse vor s. **Fig. 35**, S. 329. Jedes La-Atom ist von zwei O(2)-Atomen sowie von vier O(1)-Atomen umgeben, so daß die sechs O-Atome ein verzerrtes trigonales Prisma um La bilden. Aus den IR-Spektren ergibt sich eine sehr geringe Deformation der SO_4-Tetraeder (nur bei den Oxidsulfaten der schwereren Lanthanide liegt geringe Deformation vor), Fahey [2]. Dagegen wird von [1] nach Röntgen-Einkristallaufnahmen an $La_2O_2SO_4$, nach Neutronenbeugungsaufnahmen an polykristallinem $Y_2O_2SO_4$ und $Pr_2O_2SO_4$ sowie aus den IR-Spektren auf das Vorliegen von stark verzerrten SO_4-Tetraedern in der Struktur geschlossen.

Röntgendichte D_r und gemessene Dichte D_p in g/cm^3:

	$Y_2O_2SO_4$	$La_2O_2SO_4$		$Pr_2O_2SO_4$	$Nd_2O_2SO_4$		$Sm_2O_2SO_4$
D_r . .	–	5.58	–	5.86	6.11	–	6.45
D_p . .	4.59	5.56	5.33	5.52	–	6.1 ± 0.2	6.50
Lit. . .	[1]	[6]	[10]	[6]	[6]	[11]	[6]

Literatur:

[1] R. Ballestracci, J. Mareschal (Mater. Res. Bull. **2** [1967] 993/7). – [2] J.A. Fahey (Proc. 12th Rare Earth Res. Conf., Vail, Colo., 1976, Bd. 2, S. 762/71). – [3] W. Nägele (private Mitteilung an das Gmelin-Institut 1980). – [4] H. Hülsing, H.G. Kahle, M. Schwab, H.J. Schwarzbauer (J. Magn. Magn. Mater. **9** [1978] 68/70). – [5] W.H. Hale, W.C. Mosley (J. Inorg. Nucl. Chem. **35** [1973] 165/71).

[6] A.A. Grizik, N.G. Abdullina, N.M. Garifdzhanova (Zh. Neorgan. Khim. **18** [1973] 596/600; Russ. J. Inorg. Chem. **18** [1973] 313/5). – [7] L.L. Zaitseva, M.I. Konarev, A.A. Kruglov, E.P. Cherstvenkova, V.I. Yaroshinskii (Zh. Neorgan. Khim. **10** [1965] 1441/8; Russ. J. Inorg. Chem. **10** [1965] 783/8). – [8] J.W. Haynes, J.J. Brown (J. Electrochem. Soc. **115** [1968] 1060/6). – [9] R.D. Baybarz, J.A. Fahey, R.G. Haire (J. Inorg. Nucl. Chem. **36** [1974] 2023/7). – [10] G. Pannetier, A. Dereigne (Bull. Soc. Chim. France **1963** 1850/4).

[11] S.S. Batsanov, G.N. Kustova, E.D. Ruchkin, V.S. Grigor'eva (Zh. Strukt. Khim. **6** [1965] 58/65; J. Struct. Chem. [USSR] **6** [1965] 47/53, 50).

Thermal and Magnetic Properties

28.9.1.2.3 Thermische und magnetische Eigenschaften

Thermodynamische Daten

Die Standardbildungsenthalpie für festes $La_2O_2SO_4$ beträgt $\Delta H^\circ_{298} = -539$ kal/mol; Standardentropie $S^\circ_{298} = 104$ cal · mol^{-1} · K^{-1}; die Werte sind berechnet aufgrund von Gleichgewichtsuntersuchungen der Reaktion $2\,La_2O_3$ (fest) + $3\,SO_2$ (gas) $\rightleftarrows 2\,La_2O_2SO_4$ (fest) + $1/2\,S_2$ (fest) zwischen 700 und 900 °C und unter der Annahme, daß ΔC_p = konstant 10.5 cal · mol^{-1} · K^{-1} ist, Grizik u.a. [1].

Spezifische Wärme. Debye-Temperatur

Die spezifische Wärme C pulverförmiger Proben von $M_2O_2SO_4$ mit M = Y, La, Pr, Eu, Gd, Tb, Dy, Ho, Er, Tm wird im Temperaturbereich zwischen 0.6 und 30 K kalorimetrisch (heat pulse Methode) gemessen. Außer bei $Pr_2O_2SO_4$ treten in den C-Kurven aller Verbindungen Anomalien im Temperaturbereich zwischen 1.5 und 8.2 K auf, die nach magnetischen Messungen (s. im folgenden) einer antiferromagnetischen Umwandlung entsprechen. Die in den Kurven C/R=f(T) bei der Néel-Temperatur T_N auftretenden peaks sind in Richtung der höheren Temperaturen stark verbreitert (Figur für $Dy_2O_2SO_4$ bei $T \approx 2$ bis 14 K s. im Original). Mit der für M=Y, La, Eu aus den C-Messungen bestimmten Debye-Temperatur $\Theta_D = 360 \pm 50$ K wird für alle Verbindungen der Gitteranteil der spezifischen Wärme berechnet. Nach Eliminierung des Gitteranteils wird die Spinentropie S und die Spinentropie S_N (bei T_N) ermittelt.

Folgende Tabelle gibt Werte für T_N, S/R, S_N/R, $S_N/(S-S_N)$, J_{eff}/R und Δ_0/K an, wo J_{eff} die effektive Kopplungskonstante und Δ_0 die Aufspaltung des Grundzustanddubletts bei 0 K ist. Zum Vergleich sind auch die durch Reihenentwicklung erhaltenen theoretischen Werte für einfache tetragonale (tetr.) und einfache kubische (kub.) Ising-Gitter am Ende der Tabelle wiedergegeben.

	T_N in K [a]	S/R	S_N/R	$\frac{S_N}{S-S_N}$	J_{eff}/R in K	Δ_0/k in K
$Gd_2O_2SO_4$	4.51 ± 0.01	2.02 = ln 7.54				
$Tb_2O_2SO_4$	3.92 ± 0.01	0.66 = ln 1.93	0.29	0.77	1.73	13.8
$Dy_2O_2SO_4$	8.13 ± 0.01	0.61 = ln 1.84	0.32	1.10	3.6	28
$Ho_2O_2SO_4$	3.59 ± 0.04	1.14 = ln 3.14				
$Er_2O_2SO_4$	1.50 ± 0.01 1.55 ± 0.01	0.67 = ln 1.94				
$Tm_2O_2SO_4$	1.76 ± 0.01	0.78 = ln 2.20	0.28	0.57	0.77	6.2
tetr.		0.693 = ln 2	0.306	0.791	$\frac{T_N}{2.268}$	
kub.		0.693 = ln 2	0.543	3.62	$\frac{T_N}{4.488}$	

[a] T_N-Werte aus magnetischen Messungen s. unten.

Am Beispiel von $Dy_2O_2SO_4$ werden die Meßergebnisse mit dem Vorliegen eines zweidimensionalen Ising-Modells interpretiert, was durch die magnetischen Messungen bestätigt wird; $Gd_2O_2SO_4$ entspricht eher einem Heisenberg-Antiferromagneten, Hülsing u.a. [2].

Magnetisches Verhalten

Nach Messung der magnetischen Suszeptibilität an pulverförmigem $M_2O_2SO_4$ mit M=Gd, Tb, Dy, Ho, Er, Tm bei 1.6 bis 40 K wird bei den höheren Temperaturen das Curie-Weiß-Gesetz befolgt, während unterhalb 10 K eine antiferromagnetische Umwandlung stattfindet. Werte für die paramagnetische Curie-Temperatur Θ_p, die Curie-Konstante C (bezogen auf die dimensionslose Volumensuszeptibilität), das magnetische Moment μ_{eff} des M^{3+}-Ions und die Néel-Temperatur T_N (Angaben über T_N aus Wärmekapazitätsmessungen s. obige Tabelle) nach Kasten u.a. [3]:

	Θ_p in K	C in K	μ_{eff} in μ_B	T_N in K
$Gd_2O_2SO_4$	-5 ± 3	0.21 ± 0.04	13.1 ± 1.2	4.2 ± 0.4
$Tb_2O_2SO_4$	-5.6 ± 0.5	0.27 ± 0.03	8.0 ± 0.3	3.95 ± 0.10
$Dy_2O_2SO_4$	-14.9 ± 1.5	0.22 ± 0.04	7.3 ± 1.0	8.2 ± 0.2
$Ho_2O_2SO_4$	-7.9 ± 0.6	0.44 ± 0.08	10.2 ± 0.8	3.35 ± 0.29
$Er_2O_2SO_4$	-9.3 ± 4.0	0.25 ± 0.03	7.5 ± 0.4	<1.6
$Tm_2O_2SO_4$	-3.8 ± 0.5	0.24 ± 0.02	7.4 ± 0.3	1.76 ± 0.05

$T_N = 8.0 \pm 0.1$ K für $Dy_2O_2SO_4$ und $T_N = 3.43 \pm 0.03$ K für $Ho_2O_2SO_4$ werden aus den magnetischen Phasendiagrammen (s. weiter unten) bei Extrapolation der Phasengrenzen auf ein Nullfeld erhalten, Hülsing u.a. [4, 5]. Für die untersuchten Oxidsulfate mit M = Tb, Dy, Ho, Er, Tm kann ein Ising-Modell zugrundegelegt werden, für $Gd_2O_2SO_4$ wird ein Heisenberg-Antiferromagnet angenommen [3].

An Einkristallen von $Dy_2O_2SO_4$ und $Ho_2O_2SO_4$ wird das magnetische Verhalten bei tiefen Temperaturen näher untersucht, und zwar durch spektroskopische Messungen im Magnetfeld (Zeeman-Effekt) [3], Hülsing, Kasten [6], durch Magnetisierungsmessungen und Suszeptibilitätsmessungen im magnetischen Wechselfeld [4, 5]. Beide Verbindungen zeigen bei $T < T_N$ zwei metamagnetische Umwandlungen, wobei intermediär eine ferrimagnetische Phase mit $^1/_3$ der Sättigungsmagnetisierung M_s und dann der paramagnetische gesättigte Zustand auftritt [3, 4].

$Dy_2O_2SO_4$ ordnet kollinear antiferromagnetisch in Richtung der kristallographischen a-Achse [3]. Aus den spektroskopischen Messungen ergibt sich ein stark anisotroper g-Faktor von $g_a = 18.2 \pm 0.15$ ($g_b = g_c = 0$) in guter Übereinstimmung mit $g_a = 18 \pm 1$ aus Messung der Sättigungsmagnetisierung [4], s. auch [3, 6]. Das aus Suszeptibilitätsmessung im magnetischen Wechselfeld bei 1 kH_Z erhaltene magnetische Phasendiagramm von $Dy_2O_2SO_4$ für ein externes magnetisches Feld B_{ext} ∥a zeigt **Fig. 36.** Die offenen Kreise geben das kritische Feld B_C nach Messungen von $\chi(B_{ext})$ wieder und die vollen Kreise sind die Maxima von $\delta(T\chi/\delta T)$. Extrapolieren der Phasengrenzen auf T = 0 K ergibt die kritischen Felder (in T = Tesla): $B_{c1} = (1.80 \pm 0.05)$ T und $B_{c2} = (2.23 \pm 0.08)$ T für die Umwandlungen antiferromagnetisch (af) ⇄ ferrimagnetisch (fi) bzw. fi ⇄ gesättigter paramagnetischer Zustand (pm) [4]. In vorhergehenden Publikationen wurde $B_{c1} = 1.75$ T und $B_{c2} = 2.35$ T angegeben [3, 6]. Unter Zugrundelegung der kristallographischen Raumgruppe Pbnm (s. jedoch S. 329) wird für die antiferromagnetische Phase im Nullfeld die magnetische Raumgruppe Pbn'm oder Pbnm' angenommen. In der ferrimagnetischen Phase muß die magnetische Einheitszelle verdreifacht werden, es wird eine ähnliche Struktur wie in $CoCl_2 \cdot 2H_2O$ vermutet [4, 6]. Berechnung der freien Energie für den af-, fi- und pm-Zustand und die lokalen effektiven Felder nach der Molekularfeldannäherung sowie Angaben über die Austauschkonstanten bis zu den drittnächsten Nachbarn s. im Original bei [6].

Fig. 36

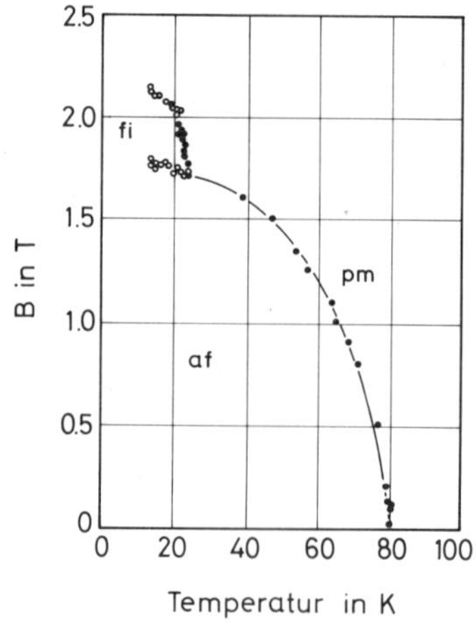

Magnetisches Phasendiagramm des $Dy_2O_2SO_4$ (Bezeichnungen s. Text).

$Ho_2O_2SO_4$ hat eine verkantete antiferromagnetische Struktur, wobei die magnetischen Momente in der ac-Ebene liegen und einen Winkel von $\phi \approx 11°$ mit der a-Achse bilden [3, 4]. Werte für die g-Faktoren und den Winkel ϕ nach Magnetisierungsmessungen [5] und Messung des Zeeman-Effekts [3] nach [4]:

$g_a = 19.5 \pm 0.6$ $\quad g_c = 4.5^{+0.2}_{-0.8}$ $\quad g_b \approx 0$ $\quad \phi = (13.0^{+0.7}_{-1.6})°$ bzw.
$g_a = 18.6 \pm 0.6$ $\quad g_c = 3.2 \pm 0.5$ $\quad g_b \approx 0$ $\quad \phi = \pm(10 \pm 2)°$.

In äußeren Feldern in Richtung a- und c-Achse tritt intermediär eine ferrimagnetische Phase auf. Aus dem nach Magnetisierungsmessungen und Suszeptibilitätsmessungen in Wechselfeldern erhaltenen magnetischen Phasendiagramm (s. Figur im Original bei [5]) ergeben sich die kritischen Felder (in T=Tesla) $B_{c1} = (0.44 \pm 0.02)$ T und $B_{c2} = (0.95 \pm 0.05)$ T für die Umwandlungen af $\rightleftarrows$ fi bzw. fi $\rightleftarrows$ pm [4].

Literatur

[1] A.A. Grizik, I.G. Abdullina, N.M. Garifdzhanova (Zh. Neorgan. Khim. **19** [1974] 2586/8; Russ. J. Inorg. Chem. **19** [1974] 1412/3). – [2] H. Hülsing, H.G. Kahle, M. Schwab, H.J. Schwarzbauer (J. Magn. Magn. Mater. **9** [1978] 68/70). – [3] A. Kasten, K. Melchior, M. Schwab, W. Wendl (J. Magn. Magn. Mater. **9** [1978] 71/3). – [4] H. Hülsing, H.G. Kahle, A. Kasten (J. Magn. Magn. Mater. **15/18** [1980] 512/4). – [5] H. Hülsing, H.G. Kahle, A. Kasten, G. Üffinger (J. Magn. Magn. Mater. **13** [1979] 171/3).

[6] H. Hülsing, A. Kasten (J. Magn. Magn. Mater. **13** [1979] 156/60).

28.9.1.2.4 Optische Eigenschaften

Optical Properties

Zum Brechungsindex liegt nur eine Angabe für $Nd_2O_2SO_4$ vor, als mittlerer Wert wird $n_D \approx 1.86 \pm 0.02$ angegeben, Batsanov u.a. [1]. Die IR-Spektren von $M_2O_2SO_4$ mit M=Y, La, Ln, gemessen zwischen 1400 und 400 cm^{-1} an Suspensionen in Petroleum von Surgutskii u.a. [2] bzw. mit M=La, Nd, Gd, Er, gemessen zwischen 1400 und 800 cm^{-1} von Tenisheva u.a. [3], stimmen alle überein, was der einheitlichen Kristallstruktur entspricht. Anzeichen für eine M=O-Doppelbindung in der Struktur liegen nicht vor, sondern nur für M-O-Einfachbindungen. Aus den Spektren wird auf Vorliegen eines deformierten SO_4-Tetraeders geschlossen [2]. Lage der Maxima der Absorptionsbanden des SO_4-Tetraeders nach [2], Werte in Klammern nach [3] (ν_1 und ν_3 sind symmetrische bzw. antisymmetrische Valenzschwingungen, ν_2 sind Deformationsschwingungen):

M	ν_3			ν_1	ν_2		
Y	1213	1129	1059	1001	661	619	612
La	1178(1182)	1103(1108)	1064(1069)	989(996)	651	616	595
Pr	1185	1112	1065	994	663	618	597
Nd	1187(1192)	1113(1120)	1066(1069)	994(1000)	654	618	597
Sm	1193	1121	1064	1000	656	621	599
Eu	1198	1121	1065	996	657	618	601
Gd	1205(1207)	1121(1127)	1059(1068)	999(1004)	658	618	601
Tb	1201	1123	1065	997	657	618	605
Dy	1216	1125	1061	1000	661	618	604
Ho	1211	1130	1061	1001	660	618	606
Er	1217(1220)	1133(1135)	1061(1068)	1002(1008)	658	617	606
Tm	1223	1129	1063	1003	663	617	606
Yb	1228	1130	1058	1002	663	617	609

In IR-Spektren von mit Eu^{3+} aktiviertem $Y_2O_2SO_4$ werden Absorptionsbanden bei 1220, 1120, 1060, 665, 640 und 608 cm^{-1} beobachtet, Zolin u.a. [4]. Abbildungen der IR-Spektren von $La_2O_2SO_4$ s. bei Pannetier, Dereigne [5], von $Nd_2O_2SO_4$ s. bei [1].

In den optischen Absorptionsspektren von $M_2O_2SO_4$ mit M=Dy und Ho werden Übergänge vom Grundzustand $^6H_{15/2}$ des Dy^{3+}-Ions bzw. $^5I_8$ des Ho^{3+}-Ions zu den optisch angeregten Zuständen $^4I_{15/2}$, $^4F_{9/2}$ bzw. $^5S_2$, $^5F_4$, $^5F_3$, $^5F_2$, $^3K_8$ beobachtet, Kasten u.a. [6]. Das Ergebnis der Zeeman-Effekt-Messungen an $Dy_2O_2SO_4$ [7] und $Ho_2O_2SO_4$ [6] bei tiefen Temperaturen ist beim magnetischen Verhalten, S. 332, besprochen.

Mit Eu^{3+} aktivierte Oxidsulfate von La und Gd zeigen bei Anregung mit UV-Licht Lumineszenz im sichtbaren Bereich und können als Leuchtstoffe für Farbfernsehbildschirme dienen, Haynes, Brown [8].

Literatur:

[1] S.S. Batsanov, G.N. Kustova, E.D. Ruchkin, V.S. Grigor'eva (Zh. Strukt. Khim. **6** [1965] 58/65; J. Struct. Chem. [USSR] **6** [1965] 47/53). – [2] V.P. Surgutskii, V.I. Gaivoronskii, V.V. Serebrennikov (Zh. Neorgan. Khim. **13** [1968] 1010/3; Russ. J. Inorg. Chem. **13** [1968] 527/9). – [3] T.F. Tenisheva, T.M. Pavlyukevich, A.N. Lazarev (Izv. Akad. Nauk SSSR Ser. Khim. **1965** 1771/7; Bull. Acad. Sci. USSR Div. Chem. Sci. **1965** 1737/42). – [4] V.F. Zolin, L.N. Zorina, N.P. Soshin (Zh. Fiz. Khim. **46** [1972] 537; Russ. J. Phys. Chem. **46** [1972] 313). – [5] G. Pannetier, A. Dereigne (Bull. Soc. Chim. France **1963** 1850/4).

[6] A. Kasten, K. Melchior, M. Schwab, W. Wendl (J. Magn. Magn. Mater. **9** [1978] 71/3). – [7] H. Hülsing, A. Kasten (J. Magn. Magn. Mater. **13** [1979] 156/60). – [8] J.W. Haynes, J.J. Brown (J. Electrochem. Soc. **115** [1968] 1060/6).

Chemical Reactions

28.9.1.2.5 Chemische Verhalten

Die thermische Zersetzung der Oxidsulfate $M_2O_2SO_4$ wird bei den Sulfaten $M_2(SO_4)_3$ besprochen, da bei deren Zersetzung intermediär die Oxidsulfate auftreten, s.S. 40. – Eine massenspektrometrische und röntgenographische Untersuchung der thermischen Zersetzung von $M_2O_2SO_4$ mit M=La, Pr, Sm, Gd bei 700 bis 1100 °C wird von Smagina u.a. [1] durchgeführt. Die Zersetzung verläuft vermutlich in 2 Stufen (Knick in der lg K–T-Kurve, K=Gleichgewichtskonstante). Endprodukt sind Oxide. In der 1. Stufe verläuft die Zersetzung nach

$$M_2O_2SO_4 \rightarrow M_2O_{2+x}(SO_4)_{1-x} + xSO_2 + 0.5\,xO_2,$$

wobei feste Lösungen mit den Grenzzusammensetzungen $La_2O_{2.13}(SO_4)_{0.87}$, $Pr_2O_{2.32}(SO_4)_{0.68}$, $Sm_2O_{2.74}(SO_4)_{0.26}$ und $Gd_2O_{2.05}(SO_4)_{0.95}$ gebildet werden. Die Zersetzungstemperaturen dieser festen Lösungen sind 815, 820, 950 bzw. 875 °C. Die aus den lg K–1/T-Kurven bestimmten Zersetzungsenthalpien ΔH (in kcal/mol) für die Oxidsulfate $M_2O_2SO_4$ sind 68.0 ± 3 (M=La, Pr), 61.0 ± 3 (M=Sm) und 73.0 ± 3 (M=Gd), [1]. Die Zersetzungsenthalpie von $M_2O_2SO_4$, berechnet aus den DTA-Kurven, ist in **Fig. 37** wiedergegeben, Nathans, Wendlandt [9].

Durch zweistündiges Erhitzen von $M_2O_2SO_4$ mit M=Y, La, Gd in reduzierender Atmosphäre (Inertgas, das einige Vol.-% H_2 oder H_2S enthält) bei 1000 °C bilden sich die Oxidsulfide M_2O_2S, Haynes, Brown [2]. In einem trockenen H_2-Strom wird $La_2O_2SO_4$ bei 750 °C zu La_2O_2S reduziert, Pitha u.a. [3].

Fig. 37

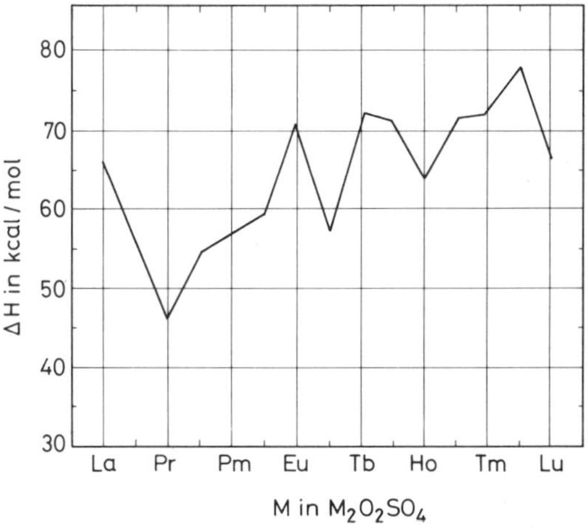

Zersetzungsenthalpie ΔH von Oxidsulfaten des Typs $M_2O_2SO_4$.

Durch ein H_2-Ar-Gemisch mit 4% H_2 wird $Gd_2O_2SO_4$ nach thermogravimetrischer Untersuchung bei etwa 700 bis 800 °C zu Gd_2O_2S reduziert (s. Kurve im Original), Baybarz u.a. [4]. Zur Reduktion von $M_2O_2SO_4$ mit M = Sm, Er mit H_2 s. auch Eick [5]. $La_2O_2SO_4$ ist nicht hygroskopisch, Fahey [6], $Gd_2O_2SO_4$ geht an der Luft in $Gd_2O_2SO_4 \cdot {}^1/_2 H_2O$ über, Hall, Markin [7].

Mit HCl-Gas reagieren die Oxidsulfate $M_2O_2SO_4$ (M = Y, La, Pr, Nd, Sm, Gd, Dy, Er) bei etwa 500 °C zu einem Gemisch aus $MClSO_4$ und MCl_3. Geschwindigkeitskurven der Reaktion für M = La, Sm, Gd, Er bei etwa 450 bis 600 °C sind bei Kilian, Matthes [8] angegeben. Die bei [8] mit $M_2Cl_4SO_4$ und $M_2OCl_2SO_4$ bezeichneten Produkte sind nach späteren Angaben dieser Autoren Gemische aus $MClSO_4$ und MCl_3 bzw. aus MOCl + $MClSO_4$, Einzelheiten s. bei den Chloridsulfaten, S. 361.

Literatur:

[1] E.I. Smagina, V.S. Kutsev, N.G. Abdullina, A.A. Grizik (Viniti, Nr. 5313-73 [1973] S. 1/12; Zh. Fiz. Khim. **47**, [1973] 1050; Russ. J. Phys. Chem. **47** [1973] 598). – [2] J.W. Haynes, J.J. Brown (J. Electrochem. Soc. **115** [1968] 1060/6). – [3] J.J. Pitha, A.L. Smith, R. Ward (J. Am. Chem. Soc. **69** [1947] 1870/1). – [4] R.D. Baybarz, J.A. Fahey (J. Inorg. Nucl. Chem. **36** [1974] 2023/7). – [5] H.A. Eick (J. Am. Chem. Soc. **80** [1958] 43/4).

[6] J.A. Fahey (Proc. 12th Rare Earth Res. Conf., Vail, Colo., 1976, Bd. 2, S. 762/71; C.A. **85** [1976] Nr. 135024). – [7] R.G. Hall, T.L. Markin (J. Inorg. Nucl. Chem. **4** [1957] 137/42). – [8] H. Kilian, F. Matthes (Z. Anorg. Allgem. Chem. **374** [1970] 286/90). – [9] M.W. Nathans, W.W. Wendlandt (J. Inorg. Nucl. Chem. **24** [1962] 869/79).

28.9.1.3 $CeOSO_4(\cdot n H_2O)$

Über $CeO_2 \cdot SO_3 \cdot n H_2O$ (n = 1, 2), das wahrscheinlich als $CeOSO_4 \cdot n H_2O$ formuliert werden muß, s. S. 343. $CeOSO_4$ tritt vermutlich intermediär bei der thermischen Zersetzung von $Ce(SO_4)_2 \cdot 8\,H_2O$ oder von $(NH_4)_6[Ce(SO_4)_5] \cdot 3\,H_2O$ bei etwa 360 °C auf, s. S. 120 bzw. S. 278.

Hydroxide Sulfates

Review in English

28.9.2 Hydroxidsulfate

Review

The main topics in the following chapters are the precipitation of hydroxide sulfates in the systems $M_2(SO_4)_3$-AOH-H_2O for M = Sc, Y, La, and Ln and A = an alkali metal or ammonium. The precipitates frequently have a complex composition, which depends on the ratio of $M_2(SO_4)_3$ to AOH in solution. The physical properties of the solid hydroxide sulfates have rarely been investigated. $Pr(OH)SO_4$, which was prepared hydrothermally, is monoclinic with space group $P2_1/c-C_{2h}^5$. The cerium(IV)-hydroxide sulfate $Ce_2(OH)_2(SO_4)_3 \cdot 4\,H_2O$ is monoclinic with the space group $A2/a-C_{2h}^6$, $[Ce_6O_4(OH)_4](SO_4)_6$, is tetragonal with the space group $I\,4/m-C_{4h}^5$, and $CeOSO_4 \cdot H_2O$ is orthorhombic with the space group $P2_12_12_1-D_2^4$.

Scandium Hydroxide Sulfates

28.9.2.1 Scandiumhydroxidsulfate

Das System $Sc_2(SO_4)_3$-NaOH-H_2O

Bei der pH-Titration von 0.0025 molarer $Sc_2(SO_4)_3$-Lösung mit 0.1 N NaOH beginnt die Ausfällung von Sc^{3+} bei einem Molverhältnis NaOH:Sc von n = 0.75 (pH = 4.8 bis 4.9). Dem bei n = 1.25 (pH = 5.10 bis 5.15) koagulierten Niederschlag wird die Zusammensetzung $Sc(OH)SO_4 \cdot x\,H_2O$ zugeschrieben. Bei weiterem NaOH-Zusatz wandelt sich das basische Sulfat in $Sc(OH)_3$ um; bei n = 3 hat die Lösung einen pH-Wert von 7.40 bis 7.45, Ivanov-Emin, Ostroumov [1]. Nach neuerer Untersuchung des Systems (anfängliche $[Sc^{3+}]$-Konzentration 0.04 g-Ion/l) durch Bestimmung von pH-Wert, elektrischer Leitfähigkeit, Gehalt an Sc^{3+}, SO_4^{2-} und OH^- in der Reaktionslösung nach der Gleichgewichtseinstellung, durch potentiometrische und konduktometrische Titration und durch Röntgen-Pulveraufnahmen der Fällungsprodukte bildet sich bei n = 0.75 bis 2.25 ein basisches Sulfat, dessen Zusammensetzung mit $Sc(OH)_{2.32}(SO_4)_{0.34} \cdot x\,H_2O$ angegeben wird. Bei $n \geqq 2.25$ ist die Fällung von Sc quantitativ. Bei $n \geqq 2.5$ wandelt sich das basische Salz allmählich in $Sc(OH)_3$ um, doch erst bei n = 10 ist das $Sc(OH)_3$ frei von Sulfat. Der pH-Wert und die spezifische elektrische Leitfähigkeit steigen zwischen n = 2 und 3 stark an (s. Figur im Original). Bei $n \geqq 1.75$ werden die Niederschläge röntgenamorph, Mironov, Mal'kevich [2], Teiluntersuchung s. auch Mal'kevich, Grishin [3].

$Sc(OH)SO_4 \cdot n\,H_2O$ (n = 0, 2)

Die wasserfreie Verbindung entsteht durch Entwässern des Dihydrats zwischen 160 und 300 °C. Das Dihydrat $Sc(OH)SO_4 \cdot 2\,H_2O$ tritt im System Sc_2O_3-SO_3-H_2O (s. S. 65) im Bereich von 0.05 bis 20 Gew.-% SO_3 bei 25 °C als feste Phase auf, Komissarova u.a. [4]. Zum Auftreten im System $Sc_2(SO_4)_3$-NaOH-H_2O s. vorstehend. – Zur Darstellung von $Sc(OH)SO_4 \cdot 2\,H_2O$ wird frisch gefälltes, gut gewaschenes, noch feuchtes $Sc(OH)_3$ bei Zimmertemperatur bis zur Sättigung zu einer nicht zu verdünnten Lösung von $Sc_2(SO_4)_3$ gegeben, filtriert und das Filtrat bis zur Kristallisation eingedampft. Da die Kristalle stark am Glas haften, verwendet man zweckmäßig eine Pt-Schale. Zur Darstellung nach $Sc_2(SO_4)_3 + Ba(OH)_2 = 2\,Sc(OH)SO_4 + BaSO_4$ wird zu einer wäßrigen Lösung von $Sc_2(SO_4)_3$ in geringem Überschuß $Ba(OH)_2$ zugefügt, nach 20 min filtriert und das Filtrat bis zur Kristallisation eingedampft, Trousil [5]. Das Protonen-NMR-Spektrum des Dihydrats bei 80 °C besteht aus 2 Komponenten ($\delta H = 3$ und 13 G) entsprechend den 2 nicht äquivalenten Protonen der OH-Gruppe und des Hydratwassers. In der wasserfreien Verbindung ist $\delta H = 4$ G. Bei der thermischen Entwässerung des Dihydrats entsteht zwischen

160 und 300 °C $Sc(OH)SO_4$, das zwischen 300 und 500 °C in amorphes $Sc_2O(SO_4)_2$ übergeht. Letzteres wird bei 680 bis 760 °C kristallin und geht bei 800 °C in Sc_2O_3 über. DTA-, DTG- und TG-Kurven s. im Original [4]. Das Dihydrat ist an der Luft stabil, leicht löslich in verdünnten Säuren, wenig löslich in H_2O. In Ammoniakwasser wird es unter Ausfällung von $Sc(OH)_3$ zersetzt [5].

$Sc(OH)_{2.32}(SO_4)_{0.34} \cdot xH_2O$

Zum Auftreten der wasserhaltigen Verbindung im System $Sc_2(SO_4)_3$-NaOH-H_2O s. S. 336. Das Röntgen-Pulverdiagramm (Strichdiagramm s. bei [2, 3]) zeigt wenige schwache verbreiterte Linien [3]. Nach thermischer Analyse (DTA und TG) wird das Kristallwasser zwischen 100 und 315 °C abgegeben, wobei $Sc(OH)_{2.32}(SO_4)_{0.34}$ entsteht. Dieses geht zwischen 315 und 780 °C in $Sc_2O(SO_4)_2$ über, Mal'kevich, Mironov [3, 6].

Literatur:

[1] B.N. Ivanov-Emin, E.A. Ostroumov (Zh. Obshch. Khim. **14** [1944] 772/6; C.A. **1945** 5155). – [2] N.N. Mironov, N.V. Mal'kevich (Zh. Neorgan. Khim. **15** [1970] 599/601; Russ. J. Inorg. Chem. **15** [1970] 309/11). – [3] N.V. Mal'kevich, I.A. Grishin (Uch. Zap. Gor'k. Gos. Univ. **1970** Nr. 105, S. 34/8; C.A. **74** [1971] Nr. 82592). – [4] L.N. Komissarova, V.F. Chuvaev, V.M. Shatskii u.a. (Zh. Neorgan. Khim. **16** [1971] 1258/63; Russ. J. Inorg. Chem. **16** [1971] 666/9). – [5] Z. Trousil (Collection Czech. Chem. Commun. **10** [1938] 290/304, 292/3).

[6] N.V. Mal'kevich, N.N. Mironov (Tr. Khim. Khim. Tekhnol. **1970** Nr. 2, S. 10/2; C.A. **76** [1972] Nr. 145668).

28.9.2.2 Yttriumhydroxidsulfate

Yttrium Hydroxide Sulfates

Systeme $Y_2(SO_4)_3$-AOH-H_2O (A = Na, K)

Durch Zugabe von NaOH zu 0.025 molarer $Y_2(SO_4)_3$-Lösung bildet sich nach chemischer Analyse sowie Messung von pH und elektrischer Leitfähigkeit der Gleichgewichtslösung bei einem molaren Verhältnis NaOH:Y von n = 0.5 bis 2 das basische Sulfat $Y(OH)_2(SO_4)_{0.5}$ bzw. $Y_2(OH)_4SO_4$ oder $Y_2(SO_4)_3 \cdot 4Y(OH)_3$ (das Hydratwasser ist nicht quantitativ bestimmt). Bei n = 2 ist Y vollständig ausgefällt. Bei n > 2 wird im Niederschlag SO_4 durch OH ersetzt, bei n = 3.5 liegt $Y(OH)_3$ vor, Mzareulishvili [1]. In äquimolaren $Y(NO_3)_3$-K_2SO_4-Lösungen mit 0.1 g-Ion Y^{3+}/l wurde bei Zugabe von KOH ebenfalls $Y(OH)_2(SO_4)_{0.5}$ erhalten. Dagegen wurde bei einem 3fachen Überschuß an K_2SO_4 das sulfatreichere Produkt $Y(OH)_{1.66}(SO_4)_{0.67}$ bzw. $Y_3(OH)_5(SO_4)_2$ oder $2Y_2(SO_4)_3 \cdot 5Y(OH)_3$ ausgefällt. Untersuchungsmethoden sind potentiometrische Titration, Messung von Gewicht und scheinbarem Volumen der Niederschläge, Korenman, Novikova [2].

$Y_3(OH)_5(SO_4)_2$

Zum Auftreten der (vermutlich Hydratwasser enthaltenden) Verbindung im System $Y_2(SO_4)_3$-KOH-H_2O bei Gegenwart von Nitrat-Ionen s. vorstehend.

$Y_2(OH)_4SO_4 \cdot xH_2O$

Das bei Zugabe von NaOH zu $Y_2(SO_4)_3$-Lösung gebildete basische Sulfat der Zusammensetzung $Y(OH)_2(SO_4)_{0.5}$ (s. oben) enthält Hydratwasser (nicht quantitativ bestimmt), das nach thermischer Analyse zwischen 100 und 335 °C abgegeben wird. Zwischen 335 und 700 °C geht $Y(OH)_2(SO_4)_{0.5}$ unter Abgabe des Konstitutionswassers in Yttriumoxidsulfat über, Mal'kevich, Mironov [3], Mal'kevich, Grishin [4].

Literatur:

[1] N.V. Mzareulishvili (Kompleks. Soedin. Nekot. Perekhodnykh Redk. Elem. **1966** 47/58; C.A. **69** [1968] Nr. 5568). – [2] I.M. Korenman, A.M. Novikova (Tr. Khim. Khim. Tekhnol. **1962** Nr. 1, S. 41/4; C.A. **58** [1963] 12160). – [3] N.V. Mal'kevich, N.N. Mironov (Tr. Khim. Khim. Tekhnol. **1970** Nr. 2, S. 10/2; C.A. **76** [1972] Nr. 145668). – [4] N.V. Mal'kevich, I.A. Grishin (Uch. Zap. Gor'k. Gos. Univ. **1970** Nr. 105, S. 34/8; C.A. **74** [1971] Nr. 82592).

Lanthanum Hydroxide Sulfates

28.9.2.3 Lanthanhydroxidsulfate

Systeme $La_2(SO_4)_3$-AOH-H_2O (A=Na, NH_4)

Bei Zugabe von Natronlauge zu $La_2(SO_4)_3$-Lösung mit 0.04 g-Ion La^{3+}/l bei 25 °C entstehen je nach dem Molverhältnis n von NaOH:La folgende Fällungsprodukte (alle basischen Sulfate enthalten Hydratwasser, s. unten): Bei n=0.5 bildet sich $La(OH)SO_4$, aus dem bei n=1.5 das $La_4(OH)_6(SO_4)_3$ entsteht, das bis n=2 in $La_2(OH)_4SO_4$ übergeht. Aus diesem bildet sich $La_4(OH)_{10}SO_4$ bei n=2.5, das bei höherem NaOH-Gehalt dann in $La(OH)_3$ übergeht, Mironov, Chernyaev [1, 2]. Nach einer späteren röntgenographischen und IR-spektroskopischen Untersuchung der Fällungsprodukte haben die zwischen n=0.5 und 1 sowie die zwischen n=1.25 bis 2.5 gebildeten Niederschläge von $La_4(OH)_6(SO_4)_3$ bzw. von $La_2(OH)_4SO_4$ unterschiedliche Strukturen. (Für die Existenz von $La_4(OH)_{10}SO_4$ bei n=2.5 findet sich kein Hinweis), Grishin, Mironov [3]. Bei einer Ausgangskonzentration von 0.08 g-Ion La^{3+}/l entsteht zuerst $La(OH)SO_4$, das dann in $La_2(OH)_4SO_4$ übergeht. Aus verdünnteren Lösungen (0.002 g-Ion La^{3+}/l) entsteht zuerst $La_2(OH)_4SO_4$ und dann $La(OH)_3$. In beiden Fällen ist die Ausfällung von La^{3+} bei n≧2 vollständig [2]. Untersuchungsmethoden sind chemische Analyse, Messung von pH-Wert und elektrischer Leitfähigkeit der Lösung nach der Gleichgewichtseinstellung (24 h) [1, 2], konduktometrische und potentiometrische Titration [2, 4] sowie Volumenbestimmung der Niederschläge [5]. Bei einer anfänglichen Konzentration von 0.04 g-Ion La^{3+}/l werden folgende pH-Werte der Gleichgewichtslösungen bestimmt:

n	0.5	1	1.5	2	2.5	3	3.5
pH	6.14	6.84	6.75	7.30	6.75	8.35	11.66

Die Kurve der elektrischen Leitfähigkeit (s. Original) zeigt Knickpunkte bei n≈0.5, 1.5, 2.5 und 3 [1, 2]. Die Kurve der Volumina der Niederschläge zeigt Maxima bei n=1, 2 und 2.5 (s. Original) [5]. Bei der potentiometrischen und konduktometrischen Titration werden Knicke in den Kurven bei n≈1.25 und 2 bzw. bei n≈2 erhalten; im System $La_2(SO_4)_3$-NH_4OH-H_2O liegen die Knicke in den beiden Kurven bei n≈2 bzw. bei n≈1.25, 2.25 und 2.75. Bei Verwendung eines NH_3-Luft-Gemisches anstatt NH_4OH-Lösung zum Titrieren der 0.02 molaren $La_2(SO_4)_3$-Lösung zeigt die pH-Kurve keine ausgeprägten Knickpunkte, während die Leitfähigkeitskurve Knicke bei n≈1.25, 2.0 und 2.5 aufweist [4].

$La(OH)SO_4 \cdot nH_2O$ (n=0, 3, 5)

Nach chemischer und thermischer Analyse hat das im System $La_2(SO_4)_3$-NaOH-H_2O bei niedrigem NaOH-Gehalt (s. vorstehend) gebildete basische Sulfat die Zusammensetzung $La(OH)SO_4 \cdot 5H_2O$. Bei 100 °C wird absorbiertes Wasser abgegeben, zwischen 200 und 250 °C werden 2 mol H_2O abgegeben, zwischen 290 und 310 °C geht das Trihydrat in $La(OH)SO_4$ über und bei 560 °C entsteht unter Abgabe des Konstitutionswassers Lanthanoxidsulfat. Röntgen-Pulverdiagramm von $La(OH)SO_4 \cdot 5H_2O$ s. Abbildung (sehr unscharf) im Original, Chernyaev, Mironov [6]. Das Löslichkeitsprodukt der Verbindung wird zu 2.62×10^{-15} bestimmt, Mironov, Trofimova [7].

$La_4(OH)_6(SO_4)_3 \cdot nH_2O$ (n=0, 15)

Der H_2O-Gehalt der im System $La_2(SO_4)_3$-NaOH-H_2O auftretenden Verbindung $La(OH)_{1.5}(SO_4)_{0.75}$ entspricht etwa der Zusammensetzung $La_4(OH)_6(SO_4)_3 \cdot 15H_2O$ [3, 6]. Abbildung des sehr linienarmen Röntgen-Strichdiagramms (bei Zimmertemperatur) und des IR-Spektrums bei verschiedenen Temperaturen zwischen 37 und 800 °C s. im Original bei [3]. Nach thermischer Analyse beträgt der Gesamtwassergehalt (Übergang in Oxidsulfat) 26.5 Gew.-%; (theoretischer H_2O-Gehalt für $La_4(OH)_6(SO_4)_3 \cdot 15H_2O$: 26.66% Gesamtwasser, 22.22% Hydratwasser, 4.44% Konstitutionswasser). Den endothermen Effekten in der DTA-Kurve bei 150 und 390 °C entsprechen H_2O-Verluste von 14.4 bzw. 24.7 Gew.-%; oberhalb 390 °C werden etwa 1.8% abgegeben. Der exotherme Effekt bei 540 bis 550 °C wird der Bildung und Rekristallisation des Oxidsulfats zugeschrieben [3], ältere, etwas abweichende Ergebnisse s. [6]. Die Löslichkeitsprodukte der Verbindung bei 10, 25 und 100 °C betragen: 1.96×10^{-18}, 1.22×10^{-18} bzw. 4.23×10^{-21} [3].

$La_2(OH)_4SO_4 \cdot nH_2O$

Der H_2O-Gehalt n der im System $La_2(SO_4)_3$-NaOH-H_2O auftretenden Verbindung $La_2(OH)_4SO_4$ wird von [6] mit 3 bis 5 mol angegeben. Nach [3] ist der Gesamtwassergehalt 20.3 Gew.-% (theoretischer H_2O-Gehalt für das Trihydrat mit n=3: 18.16 Gew.-% Gesamtwasser, 10.9% Hydratwasser, 7.26% Konstitutionswasser; für das Tetrahydrat mit n=4 liegen die entsprechenden Werte bei 21.03, 14.02 bzw. 7.01 Gew.-%). Röntgen-Strichdiagramm (bei Zimmertemperatur) und IR-Spektrum bei Temperaturen zwischen 37 und 800 °C s. im Original bei [3]. Die Ergebnisse der thermischen Analyse von Grishin, Mironov [3] und Chernyaev, Mironov [6] weichen voneinander ab. Nach [6] entsprechen die endothermen thermischen Effekte bei 100 bis 150 °C sowie bei 220, 245 und 275 °C der Abgabe von Hydratwasser und der endotherme Effekt bei 390 °C dem Übergang $La_2(OH)_4SO_4 \rightarrow La_2O_2SO_4 + 2H_2O$. Nach [3] werden bei 180 °C erst 3 Gew.-% H_2O abgegeben, und die endothermen Effekte liegen bei 270, 380 und 490 °C. Das Löslichkeitsprodukt der Verbindung bei 10, 25 und 100 °C wird zu 6.95×10^{-24}, 1.52×10^{-24} bzw. 5.91×10^{-25} bestimmt [3].

$La_4(OH)_{10}SO_4 \cdot 6H_2O$

Die im System $La_2(SO_4)_3$-NaOH-H_2O nach Chernyaev, Mironov [1, 2] bei n=2.5 auftretende Verbindung $La_4(OH)_{10}SO_4$ enthält nach chemischer und thermischer Analyse 6 mol Hydratwasser, Chernyaev, Mironov [6]. Von Grishin, Mironov [3] wird kein Hinweis für die Existenz der Verbindung bei n=2.5 (s. S. 338) gegeben. Nach Mironov, Trofimova [8] tritt die Verbindung auch im System $Ga_2(SO_4)_3$-$La_2(SO_4)_3$-NaOH-H_2O als feste Phase auf. – Das Hydratwasser wird unterhalb 300 °C abgegeben, das Konstitutionswasser bei etwa 380 °C, s. DTA-Kurve im Original [6].

Literatur:

[1] N.N. Mironov, N.P. Chernyaev (Zh. Neorgan. Khim. **6** [1961] 2173/9; Russ. J. Inorg. Chem. **6** [1961] 1109/13). – [2] N.N. Mironov, N.P. Chernyaev (Redkoz. Elem. Akad. Nauk SSSR Inst. Geokhim. Anal. Khim. **1963** 48/60; C.A. **61** [1964] 6608). – [3] I.A. Grishin, N.N. Mironov (Zh. Neorgan. Khim. **14** [1969] 2336/9; Russ. J. Inorg. Chem. **14** [1969] 1228/31). – [4] N.N. Mironov, N.P. Chernyaev (Tr. Khim. Khim. Tekh-

nol. **1960** 456/63; C.A. **56** [1962] 1138). – [5] N.N. Mironov, N.P. Chernyaev (Tr. Khim. Khim. Tekhnol. **1960** 464/9; C.A. **56** [1962] 3108).

[6] N.P. Chernyaev, N.N. Mironov (Tr. Khim. Khim. Tekhnol. **1963** 90/8; C.A. **60** [1964] 8871). – [7] N.N. Mironov, L.M. Trofimova (Tr. Khim. Khim. Tekhnol. **1963** 235/7; C.A. **61** [1964] 3752). – [8] N.N. Mironov, L.M. Trofimova (Tr. Khim. Khim. Tekhnol. **1962** 45/50; C.A. **58** [1963] 12003).

Cerium Hydroxide Sulfates

28.9.2.4 Cerhydroxidsulfate

Systeme $Ce_2(SO_4)_3$-AOH-H_2O (A=Na, NH_4)

Bei Zugabe von Natronlauge zu $Ce_2(SO_4)_3$-Lösung mit 0.04 g-Ion Ce^{3+}/l in N_2-Atmosphäre bei 25 °C entstehen je nach dem Molverhältnis n von NaOH:Ce folgende Fällungsprodukte (alle Verbindungen enthalten Hydratwasser, s. S. 341): Bei n=0.5 bildet sich $Ce(OH)SO_4$, das sich bei weiterem NaOH-Zusatz bei n=0.75 in $Ce_4(OH)_6(SO_4)_3$ umwandelt. Bei n=2 liegt $Ce_2(OH)_4SO_4$ vor, und die Fällung von Ce ist quantitativ. Bei n=2.5 wandelt sich letzteres in $Ce_4(OH)_{10}SO_4$ um, das bei weiterem NaOH-Zusatz allmählich in $Ce(OH)_3$ übergeht. Reines $Ce(OH)_3$, d.h. vollständigen Austausch von SO_4^{2-} durch OH^- erhält man nur bei großem Überschuß an NaOH (n>3). Untersuchungsmethoden sind chemische Analyse, Messung von pH-Wert und elektrische Leitfähigkeit der Lösung nach der Gleichgewichtseinstellung, Mironov, Chernyaev [1, 2], konduktometrische und potentiometrische Titration [2], Mironov, Chernyaev [3], sowie Volumenbestimmung der Niederschläge (hierbei werden Maxima der Volumina bei n=2, 2.6 und 3 erhalten), Mironov, Chernyaev [4]; (die von [4] angegebene Farbe der Niederschläge, hellrot bei n>1, violett bei n=3, spricht für eine partielle Oxidation von Ce^{3+}, s. weiter unten). – Die pH-Werte der Gleichgewichtslösungen betragen:

n	0.5	0.75	1	2	2.5	3
pH	6.52	6.73	7.21	6.87	9.95	11.65

Oberhalb n=2 steigen der pH-Wert und die elektrische Leitfähigkeit stark an (s. Kurven im Original) [1, 2]. Die Bestimmung von Zusammensetzung, pH und elektrischer Leitfähigkeit der Gleichgewichtslösungen mit einer Anfangskonzentration von 0.025 g-Ion Ce^{3+}/l in N_2 bei 25 °C durch Tananaev, Bokmel'der [5] ergibt folgende Ergebnisse: Für das zu Beginn der Fällung mit NaOH gebildete instabile basische Sulfat wird die Zusammensetzung $Ce_3(OH)_5(SO_4)_2$ angenommen. Dieses wandelt sich in das stabile $Ce_2(OH)_4SO_4$ um, wobei die Fällung von Ce bei n=2 quantitativ ist; pH-Werte der Lösungen nach [5]:

n	0.25	0.5	0.75	1	2	2.5	2,75	3
pH	4.8	5.6	5.8	5.9	6.3	7.0	10.9	11.3

Bei stärkerer Verdünnung der Ausgangslösung nimmt der Sulfatgehalt der Niederschläge ab zugunsten von $Ce(OH)_3$. Veränderung der Zusammensetzung der flüssigen Phase mit steigendem n bei Ausgangslösungen mit 0.002, 0.04 und 0.2 g-Ion Ce^{3+}/l in N_2 s. Kurven bei [2].

Bei Gegenwart von Luft wird Ce^{III} in alkalischer Lösung bei 25 °C teilweise zu Ce^{IV} oxidiert. In Lösungen mit 0.04 g-Ion Ce^{3+}/l ist die Fällung mit NaOH in Luft bei n=3 vollständig. Die Niederschläge haben die Zusammensetzung $Ce_4^{III}Ce^{IV}(OH)_8(SO_4)_4$ bei n=0.5, $Ce_3^{III}Ce^{IV}(OH)_7(SO_4)_3$ bei n=1.0 und $Ce_3^{III}Ce_2^{IV}(OH)_9(SO_4)_4$ bei n=1.5. Oberhalb n=2 wird SO_4^{2-} in der festen Phase schnell durch OH^- ersetzt. Die Farbe der Fällungsprodukte ist hellrot bei n=1, sie wird intensiver mit steigendem n und ist dunkelviolett bei n=3. Bei n>3 liegt die gelbe Farbe von $Ce(OH)_4$ vor. Der pH-Wert der Gleichgewichtslösung ist infolge der partiellen Oxidation zu Ce^{IV} niedriger als bei Ausschluß von Luft. Bei n=3 steigt er stark an, ebenfalls die elektrische Leitfähigkeit [1, 2]. Bei der potentiometrischen und konduktometrischen Titration von $Ce_2(SO_4)_3$-Lösungen mit 0.04 g-Ion Ce^{3+}/l mit einem NH_3-Luft-Gemisch bei 25 °C werden Knicke in der pH-Kurve bei n≈2.6 und 3 und in der Leitfähigkeitskurve bei n≈2 und n≈3 (sehr schwach ausgeprägt) erhalten [3].

Cer(III)-hydroxidsulfate

Cerium(III) Hydroxide Sulfates

$Ce(OH)SO_4 \cdot 2H_2O$. Nach chemischer und thermischer Analyse (DTA und TG) hat das im System $Ce_2(SO_4)_3$-NaOH-H_2O bei niedrigem Gehalt an NaOH (n=0.5, s. vorstehend) gebildete kristalline basische Cersulfat die Zusammensetzung $Ce(OH)SO_4 \cdot 2H_2O$.

Unterhalb 100 °C wird adsorbiertes H_2O abgegeben, der endotherme Effekt zwischen 100 und 150 °C entspricht der Abgabe des Hydratwassers. Ein endothermer Effekt bei 238 °C wird adsorbiertem Na_2SO_4 und ein exothermer Effekt bei 330 °C der Oxidation von Ce^{3+} zugeschrieben. $Ce(OH)SO_4 \cdot 2H_2O$ ist leicht löslich in Salzsäure, Chernyaev, Mironov [6]. Aus experimenteller Löslichkeitsbestimmung wird das Löslichkeitsprodukt von $Ce(OH)SO_4$ (kein H_2O-Gehalt angegeben) zu 8.33×10^{-15} berechnet, Mironov, Trofimova [7].

$Ce_4(OH)_6(SO_4)_3 \cdot 12H_2O$. Nach chemischer und thermischer Analyse (DTA und TG) kristallisiert die im System $Ce_2(SO_4)_3$-NaOH-H_2O auftretende Verbindung $Ce_4(OH)_6(SO_4)_3$ (bzw. $Ce_2(SO_4)_3 \cdot 2Ce(OH)_3$) mit 12 mol Kristallwasser, das zwischen 100 und 150 °C abgegeben wird. Der exotherme Effekt in der DTA-Kurve bei 335 °C wird der Oxidation von Ce^{3+} zugeschrieben. Die Verbindung ist leicht löslich in Salzsäure [6].

$Ce_3(OH)_5(SO_4)_2 \cdot xH_2O$ (?). Zum Auftreten im System $Ce_2(SO_4)_3$-NaOH-H_2O s. S. 340.

$Ce_2(OH)_4SO_4 \cdot 2H_2O$. Das im System $Ce_2(SO_4)_3$-NaOH-H_2O bei n=2 (s. S. 340) auftretende basische Sulfat $Ce_2(OH)_4SO_4$ kristallisiert nach chemischer und thermischer Analyse (DTA und TG) mit 2 mol H_2O, die zwischen 100 und 200 °C abgegeben werden. Bei 260 °C wird das Konstitutionswasser abgegeben nach $Ce_2(OH)_4SO_4 \rightarrow Ce_2O_2SO_4 + 2H_2O$. Der exotherme Effekt bei 330 °C wird der Rekristallisation des Oxidsulfats und der Effekt bei 535 °C der Oxidation von Ce^{3+} zu Ce^{4+} zugeordnet. Die Verbindung löst sich schwerer in Salzsäure als die mit höherem Sulfatgehalt [6].

$Ce_4(OH)_{10}SO_4 \cdot 6H_2O$. Nach chemischer und thermischer Analyse (DTA und TG) kristallisiert die im System $Ce_2(SO_4)_3$-NaOH-H_2O bei n=2.5 (s. S. 340) auftretende feste Phase $Ce_4(OH)_{10}SO_4$ (bzw. $Ce_2(OH)_4SO_4 \cdot 2Ce(OH)_3$) mit 6 mol H_2O, das zwischen 100 und 140 °C abgegeben wird. Bei etwa 240 °C erfolgt die Reaktion $Ce_4(OH)_{10}SO_4 \rightarrow Ce_2O_2SO_4 + 2CeO(OH) + 4H_2O$ [6].

Cer(III, IV)-hydroxidsulfate

Cerium (III, IV) Hydroxide Sulfates

Gemischte Cer(III, IV)-hydroxyidsulfate treten im System $Ce_2(SO_4)_3$-NaOH-H_2O bei Gegenwart von Luft auf, s. S. 340.

Systeme $Ce(SO_4)_2$-H_2SO_4-AOH-H_2O (A=K, NH_4)

Die Zusammensetzung der bei Zusatz von 1 N KOH- oder NH_4OH-Lösung zu 0.02 molarer, schwach schwefelsaurer $Ce(SO_4)_2$-Lösung bei 20 °C entstehenden Niederschläge wird durch chemische Analyse und pH-Messung der Lösung, durch Bestimmung des Verhältnisses Ce:SO_4 in der festen Phase sowie durch potentiometrische Titration ermittelt.

(Die 0.1 molare $Ce(SO_4)_2$-Vorratslösung ist zur Vermeidung von Hydrolyse 1 N an H_2SO_4.) Bei pH=0.5 bis 0.8 werden etwa 50% des Ce^{IV} als $Ce(OH)_2SO_4$ ausgefällt. Bei pH=3 bis 10 wird Ce^{IV} vollständig als $Ce(SO_4)_2 \cdot 4Ce(OH)_4$ gefällt. Der Gehalt der basischen Sulfate an Hydratwasser wird nicht bestimmt, Mironov, Lyakhmanov [8].

Cerium(IV) Hydroxide Sulfates and Cerium(IV) Oxide Hydroxide Sulfates

Cer(IV)-hydroxidsulfate und Cer(IV)-oxidhydroxidsulfate

Zur Bildung von $Ce(OH)_2SO_4(\cdot xH_2O\,?)$ und $Ce(SO_4)_2 \cdot 4Ce(OH)_4$ $(\cdot xH_2O\,?)$ durch Fällung von saurer $Ce(SO_4)_2$-Lösung mit 1 N KOH oder NH_4OH bei 20 °C s. vorstehend.

$Ce_2(OH)_2(SO_4)_3 \cdot 4H_2O$ $(=2CeO_2 \cdot 3SO_3 \cdot 5H_2O)$

Die Verbindung tritt im System CeO_2-SO_3-H_2O bei 25 bis 125 °C als feste Phase auf, s. S. 118. Zur Darstellung der als $[Ce_2(OH)_2(H_2O)_4](SO_4)_3$ formulierten Verbindung wird $Ce(SO_4)_2 \cdot 4H_2O$ bis zur Sättigung in 1 M H_2SO_4 gelöst und die Lösung, die noch etwas ungelöstes Salz enthält, in einem geschlossenen Glaskolben aufbewahrt. Innerhalb einiger Monate bilden sich gelbe prismatische Kristalle des basischen Salzes. Nach Röntgen-Einkristallaufnahmen ist die Symmetrie monoklin, Raumgruppe A2/a-C^6_{2h} (Nr. 15). Gitterkonstanten: a=15.583(11), b=13.448(13), c=6.748(4) Å, γ=95.39(6)°; Z=4. In der Struktur liegen $[Ce_2(OH)_2(H_2O)_4]^{6+}$-Ionen vor, in denen die beiden Ce-Atome durch 2 OH-Gruppen miteinander verknüpft sind, s. **Fig. 38**, mit Atomabständen Ce-OH= 2.289(7), 2.223(7) Å, Ce-Ce=3.769(3) Å, OH-OH=2.481(14) Å. Die dimeren Ce-Ionen sind in Ketten entlang der a-Achse angeordnet und durch SO_4^{2-}-Gruppen zick-zack-artig zu einem dreidimensionalen Netzwerk verknüpft. Ce ist achtfach koordiniert, durch 2 OH-Gruppen, 2 H_2O-Moleküle und vier O-Atome aus Sulfatgruppen (Atomabstände Ce-H_2O= 2.406(9), 2.386(8) Å und Ce-O=2.337(8), 2.329(8), 2.331(7), 2.322(8) Å). Weitere Atomabstände und Atomparameter x, y, z sowie Abbildung der Struktur s. im Original, Lindgren [9]. Die Kristalle sind optisch zweiachsig negativ. Brechungszahlen n_x=1.693, n_y=1.727, Trofimov u.a. [16].

Fig. 38

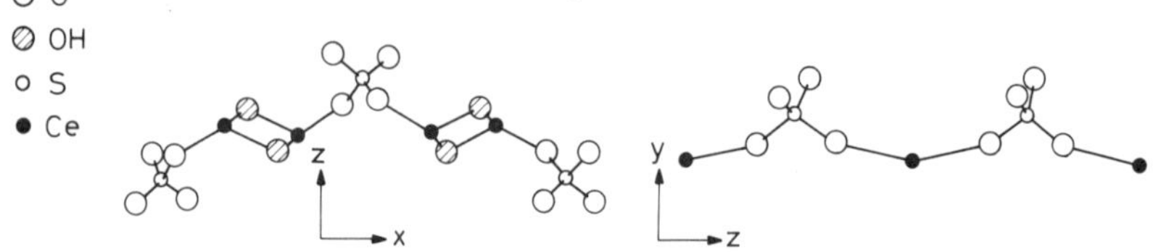

Gitterstruktur von $Ce_2(OH)_2(SO_4)_3 \cdot 4H_2O$: Verknüpfung der $Ce_2(OH)_2$-Dimere mit den Sulfatgruppen (links) und zick-zack-Anordnung der Sulfatgruppen (rechts).

$[Ce_6O_4(OH)_4](SO_4)_6$ $(=CeO_2 \cdot SO_3 \cdot {}^1/_3H_2O)$

Die weißlich gelbe Verbindung wird als Nebenprodukt bei der Darstellung von $CeOSO_4 \cdot H_2O$ (s. S. 343) erhalten. Eine Lösung von $Ce(SO_4)_2$ in 1 M H_2SO_4 wird in einer verschlossenen dickwandigen Glasampulle einige Tage bei 200 °C erhitzt, wobei sich Kristalle ausscheiden, die nach dem Abkühlen filtriert und an Luft getrocknet werden. Sie bestehen aus gelben $CeOSO_4 \cdot H_2O$-Kristallen und sehr kleinen oktaedrischen Kristallen von $Ce_6O_4(OH)_4(SO_4)_6$. Das Gemisch kann bei Anwendung eines kleinen Volumens (≈10 ml) und relativ kurzer Erhitzungszeit bis zu 50 bis 75% aus $Ce_6O_4(OH)_4(SO_4)_6$ bestehen. Die Zusammensetzung der Verbindung ergibt sich aus der Isomorphie mit $U_6O_4(OH)_4(SO_4)_6$, wie Röntgen-Pulver- und -Einkristallaufnahmen zeigen. Die Symmetrie ist tetragonal, Raumgruppe I4/m$-C^5_{4h}$ (Nr. 87), Gitterkonstanten: a=10.661 (5), c=

Fig. 39

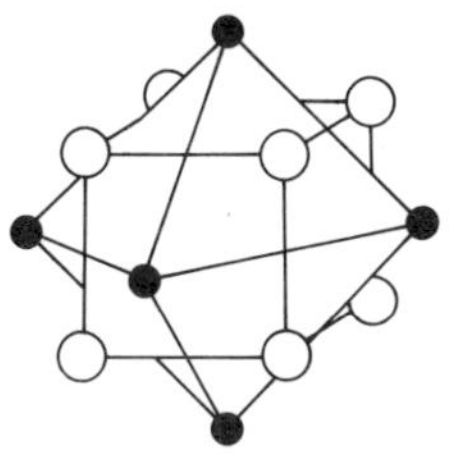

Gitterstruktur von $[Ce_6O_4(OH)_4](SO_4)_6$: Schematische Skizze des Komplex-Ions $[Ce_6O_4(OH)_4]^{12+}$.

10.288(5) Å; Z=2, Röntgendichte 4.399 g/cm^3. Ausführliche Angaben über Atomlagen, Abstände und Bindungswinkel s. im Original. Die mittleren Atomabstände Ce-Ce=3.80 Å und Ce-O=2.33 Å sind sehr nahe denen in CeO_2. Die mittleren Atomabstände in den Sulfatgruppen betragen S-O=1.44 und O-O=2.37 Å. In der Struktur liegen isolierte $[Ce_6O_4(OH)_4]^{12+}$-Komplexe und SO_4^{2-}-Ionen vor, Lundgren [10], s. **Fig. 39** nach Lundgren [11, 12]. Sechs Ce-Atome liegen an den Ecken eines fast regulären Oktaeders; sie sind verknüpft durch vier OH- und vier O-Atome, die auf den Oktaederflächen sitzen und einen Würfel bilden. Die Komplex-Ionen werden durch SO_4^{2-}-Gruppen verbunden, wobei $^2/_3$ der SO_4^{2-}-Ionen mit 3, die anderen mit 4 komplexen Gruppen verknüpft sind. Jedes Ce-Atom ist von acht O-Atomen in Form eines verzerrten quadratischen Antiprismas umgeben [11]. Vergleich der Struktur mit Strukturen anderer basischer Salze von vierwertigen Ionen (Ce, Th, U, Ti, Zr) s. im Original [11, 13]. Abbildung der Struktur s. auch Gillespie [14].

$CeO_2 \cdot SO_3 \cdot nH_2O$ (n=1, 2). **$CeOSO_4 \cdot H_2O$**

Die Verbindungen treten im System CeO_2-SO_3-H_2O bei 75 °C (n=2) bzw. bei 90 bis 200 °C (n=1) auf, s. S. 118. Die Verbindung mit n=2 kristallisiert aus Lösungen von 20 g $Ce(SO_4)_2 \cdot 4H_2O$ in 100 ml 1%iger Schwefelsäure bei 75 °C in 5 d (periodisches Rühren). Die optisch zweiachsig positiven Kristalle sind an der Luft unbeständig. Bei 94 °C gehen sie in $CeO_2 \cdot SO_3 \cdot H_2O$ über [16].

Die Darstellung von $CeO_2 \cdot SO_3 \cdot H_2O$ in Form großer Kristalle gelingt leicht durch Erhitzen von 10 bis 15 g $Ce(SO_4)_2 \cdot 4H_2O$ mit 100 ml H_2SO_4 (Dichte 1.186 bis 1.225) in Ampullen bei 200 °C in 1 bis 2 d (periodisches Schütteln). Die Kristalle werden mit H_2O oder Alkohol gewaschen, sie sind an Luft beständig [16]. Von Lundgren [17] wurde die als $CeOSO_4 \cdot H_2O$ formulierte Verbindung durch Erhitzen von 6.25 g Cer(IV)-sulfat mit 50 ml 1 M H_2SO_4 in Glasampullen bei 200 °C dargestellt. Innerhalb einer Woche bilden sich gelbe stäbchenförmige Kristalle von $CeOSO_4 \cdot H_2O$ (Länge 0.05 bis 0.5 mm), die häufig mit sehr kleinen Kristallen von $Ce_6O_4(OH)_4(SO_4)_6$ (s. S. 342) verunreinigt sind. Nach Röntgen-Einkristalluntersuchungen wird für $CeOSO_4 \cdot H_2O$ die rhombische Raumgruppe $P2_12_12_1-D_2^4$ (Nr. 19) vorgeschlagen. Gitterkonstanten: a=11.983(10), b=8.267(10), c=4.332(10) Å; Z=4. Allgemeine Punktlagen 4a: xyz; 1/2−x, $\bar{y}$, 1/2+z; 1/2+x, 1/2−y, $\bar{z}$; $\bar{x}$, 1/2+y, 1/2−z. Atomparameter x, y, z: (Tabelle S. 344).

Die Ceratome bilden parallel der c-Achse zick-zack-förmige Bänder mit kurzen Ce-Ce-Abständen von 3.58 Å. Sie sind durch O^{2-}-Ionen verknüpft, so daß Bänder aus $(CeO)_n^{2+}$ vorliegen, welche durch SO_4-Gruppen und H_2O-Moleküle verknüpft sind. Jedes O-Atom einer SO_4-Gruppe steht in Kontakt mit einem Ce-Atom. Die H_2O-Moleküle befinden

Atom	x	y	z
Ce	0.178 ± 0.002	0.137 ± 0.002	0.171 ± 0.004
S	0.470 ± 0.005	0.202 ± 0.005	0.347 ± 0.01
O(1)	0.459	0.058	0.52
O(2)	0.368	0.246	0.18
O(3)	0.060	0.311	0.88
O(4)	0.001	0.161	0.43
O(5) (H_2O)	0.189	0.452	0.29
O(6)	0.253	0.129	0.67

sich in Kanälen, wobei jedes H_2O-Molekül in Kontakt mit einem Ce-Atom steht. Die Ce-Atome sind von acht O-Atomen in Form eines verzerrten quadratischen archimedischen Antiprismas umgeben [17]. Die Kristalle mit rhombischer Symmetrie sind optisch zweiachsig positiv. Die Brechungszahlen sind $n_y = 1.890$, $n_z = 2.040$. Die Verbindung ist bis 250 °C an Luft stabil, zwischen 300 und 450 °C wird sie entwässert, oberhalb 840 °C liegt CeO_2 vor [16]. Die Kristalle lösen sich schwer in H_2O oder verdünnten Säuren und können nur durch mehrmaliges Eindampfen mit konzentrierter Salpetersäure bis zur Trokkene gelöst werden [17].

$4CeO_2 \cdot 3SO_3 \cdot 12H_2O$

Die Verbindung tritt im System CeO_2-SO_3-H_2O bei 25 bis 75 °C im schwach sauren Bereich auf, s. S. 118. Zur Darstellung durch Hydrolyse von $Ce(SO_4)_2$ wird eine Lösung von 10 bis 15 g $Ce(SO_4)_2 \cdot 4H_2O$ in 100 ml H_2O 5 bis 6 d bei 50 bis 75 °C erwärmt. Die Kristalle werden mit H_2O und Alkohol gewaschen, beim Trocknen verlieren sie ihre Kristallinität. Die länglichen prismatischen Kristalle haben tetragonale oder hexagonale Symmetrie, sie zeigen gerade Auslöschung. Die Brechungszahlen sind $n_x = 1.616$, $n_z = 1.638$. Beim Erhitzen des feuchten Salzes wird bei 66 °C adsorbiertes und bei 146 °C Kristallwasser abgegeben (endotherme Effekte), bei 524 bis 534 °C wird das Salz wasserfrei, bei 900 °C liegt CeO_2 vor [16].

$3CeO_2 \cdot 2SO_3 \cdot 3H_2O$ (?)

Die Verbindung tritt im System CeO_2-SO_3-H_2O bei 100 bis 200 °C im schwach sauren Bereich auf (s. S. 118). Sie bildet sich durch Erhitzen von 10 g $Ce(SO_4)_2 \cdot 4H_2O$ mit 100 ml H_2O in einer Glasampulle bei 120 °C in 2 bis 3 d. Die Zusammensetzung der Verbindung ist nicht sicher, da die Ampullenwand stark angegriffen wird. Die Kristalle können mit heißem H_2O gewaschen werden, beim Trocknen an Luft zerfallen sie. Die schwach gelblichen Kristalle sind körnig oder schuppenartig, ihre Symmetrie ist monoklin oder triklin. Die Brechungszahlen sind $n_x = 1.773$, $n_y = 1.849$, $n_z = 1.908$. Die Verbindung ist an Luft unbeständig. Beim Erhitzen wird bei 60 bis 80 °C das adsorbierte und bei etwa 500 bis 520 °C das Kristallwasser abgegeben, oberhalb 860 °C liegt CeO_2 vor [16].

Das System $Ce_2(SO_4)_3$-$La_2(SO_4)_3$-$NaOH$-H_2O

Nach Untersuchung des Systems in N_2-Atmosphäre durch Messung von Löslichkeit, pH und elektrischer Leitfähigkeit treten je nach dem Molverhältnis $OH : (La^{3+} + Ce^{3+})$ basische Sulfate unterschiedlicher Zusammensetzung auf, die wegen der Ähnlichkeit der Ionenradien von La^{3+} und Ce^{3+} als Mischverbindungen angesehen werden. Ihre Zusammensetzung wird analog wie in den Systemen $Ce_2(SO_4)_3$-$NaOH$-H_2O (s. S. 340) und $La_2(SO_4)_3$-$NaOH$-H_2O (s. S. 338) als $(Ce,La)(OH)SO_4$, $(Ce,La)_4(OH)_6(SO_4)_3$, $(Ce,La)_2(OH)_4SO_4$ sowie $(Ce,La)_4(OH)_{10}SO_4$ angenommen, Mironov, Trofimova [15].

Literatur:

[1] N.N. Mironov, N.P. Chernyaev (Zh. Neorgan. Khim. **6** [1961] 2163/72). – [2] N.N. Mironov, N.P. Chernyaev (Redkoz. Elem. Akad. Nauk SSSR Inst. Geokhim. Anal. Khim. **1963** 48/60; C.A. **61** [1964] 6608). – [3] N.N. Mironov, N.P. Chernyaev (Tr. Khim. Khim. Tekhnol. **1960** 456/63; C.A. **56** [1962] 1138). – [4] N.N. Mironov, N.P. Chernyaev (Tr. Khim. Khim. Tekhnol. **1960** 464/9; C.A. **56** [1962] 3108). – [5] I.V. Tananaev, M.Ya. Bokmel'der (Zh. Neorgan. Khim. **5** [1960] 701/7; Russ. J. Inorg. Chem. **5** [1960] 337/41).

[6] N.P. Chernyaev, N.A. Mironov (Tr. Khim. Khim. Tekhnol. **1963** 90/8; C.A. **60** [1964] 8871). – [7] N.N. Mironov, L.M. Trofimova (Tr. Khim. Khim. Tekhnol. **1963** 235/7; C.A. **61** [1964] 3752). – [8] N.N. Mironov, S.B. Lyakhmanov (Tr. Khim. Khim. Tekhnol. **1959** 522/6; C.A. **57** [1962] 5566). – [9] O. Lindgren (Acta Chem. Scand. A **31** [1977] 163/6). – [10] G. Lundgren (Arkiv Kemi **10** [1957] 183/97).

[11] G. Lundgren (Svensk Kem. Tidskr. **71** [1959] 200/20; C.A. **1959** 21022). – [12] G. Lundgren (Rec. Trav. Chim. **75** [1956] 585/8). – [13] G. Lundgren (Acta Cryst. **7** [1954] 641/2). – [14] R.J. Gillespie (Can. J. Chem. **39** [1961] 2336/42). – [15] N.N. Mironov, L.M. Trofimova (Tr. Khim. Khim. Tekhnol. **1963** Nr. 2, S. 231/4; C.A. **61** [1964] 3903).

[16] G.V. Trofimov, V.I. Belokoskov, R.A. Popova (Khim. Tekhnol. Pererab. Redkometal Syr'ya Kol'sk Poluostrova **1972** 93/101; C.A. **79** [1973] Nr. 86902). – [17] G. Lundgren (Arkiv Kemi **6** [1954] 59/75).

28.9.2.5 Praseodymhydroxidsulfate

Praseodymium Hydroxide Sulfates

Das System $Pr_2(SO_4)_3$-NaOH-H_2O

Das System $Pr_2(SO_4)_3$-NaOH-H_2O wird bei 25 °C und 4 bis 5 °C bei variablem Molverhältnis NaOH:Pr^{3+} von n=0 bis 10 und anfänglicher [Pr^{3+}]-Konzentration von 0.04 g-Ion/l mit chemischer Analyse von Lösung und Niederschlag nach der Gleichgewichtseinstellung (6 d) sowie durch Messung von pH und elektrischer Leitfähigkeit untersucht. Danach bildet sich $Pr_2(OH)_4SO_4 \cdot 6H_2O$ bei n=1 bis 2.25, bei n>2.25 entsteht $Pr(OH)_3 \cdot H_2O$, Mironov u.a. [1]. Eine analoge Untersuchung mit anfänglicher [Pr^{3+}]-Konzentration von 0.025 g-Ion/l ergibt bei n<2 Niederschläge veränderlicher Zusammensetzung. Bei n=2 ist die Ausfällung von Pr^{3+} quantitativ, der Niederschlag hat nach Waschen mit Alkohol und Trocknen an der Luft die Zusammensetzung $Pr_2(OH)_4SO_4 \cdot 4H_2O$ Mzareulishvili u.a. [2].

$PrOHSO_4$

Die Verbindung wird aus $Pr(OH)_3$ und $Pr_2(SO_4)_3 \cdot xH_2O$ hydrothermal in Goldampullen bei 450 bis 500 °C und $p(H_2O)$=12000 atm hergestellt. Sie hat nach Röntgen-Einkristalluntersuchungen monokline Symmetrie, Raumgruppe $P2_1/c-C_{2h}^5$ (Nr. 14), mit a=4.488, b=12.495, c=7.091 Å, β=111.08°; Z=4. Röntgendichte 4.49 g/cm³. In der Struktur liegen Doppelketten aus $Pr(OH)^{2+}$ parallel [100] vor. Jedes Pr-Atom ist von sechs O-Atomen aus SO_4-Gruppen und von drei O-Atomen aus OH-Gruppen umgeben. Die PrO_9-Polyeder bilden ein leicht verzerrtes „monocapped" quadratisches Antiprisma. Atomabstände in Å: Pr-O(SO_4)=2.383 bis 2.840 (6 verschiedene Abstände), Pr-O(OH)= 2.451, 2.537, 2.541; S-O=1.455, 1.466, 1.469, 1.493. Die SO_4-Tetraeder sind kaum verzerrt, der durchschnittliche O-S-O-Winkel beträgt 109.4°±1.1°. In der Struktur liegen H-Brückenbindungen vor, Fahey u.a. [3].

$Pr_2(OH)_4SO_4 \cdot xH_2O$

Bildung im System $Pr_2(SO_4)_3$-NaOH-H_2O, s. S. 345. – Röntgen-Strichdiagramm der Verbindung s. im Original bei [1, 2]. IR-Banden bei 3500 cm^{-1} entsprechen OH^--Valenzschwingungen, die bei etwa 1650 cm^{-1} werden Deformationsschwingungen der H_2O-Moleküle zugeordnet [2]. Eine Mikrokristallaufnahme ist bei [1] wiedergegeben. Nach thermischer Analyse (DTA und DTG) verliert die als Tetrahydrat formulierte Verbindung 2 mol H_2O zwischen 50 und 230 °C, 2 mol H_2O zwischen 230 und 360 °C und 2 mol H_2O zwischen 360 und 480 °C, als Endprodukt entsteht $Pr_2O_2SO_4$ [2]. Dagegen sind nach [1] in der mit x=6 formulierten Verbindung 6 mol H_2O schwach gebunden und werden schon beim Trocknen über P_2O_5 oder $CaCl_2$ entfernt, während die 2 mol Konstitutionswasser zwischen 250 und 450 °C abgegeben werden.

Literatur:

[1] N.N. Mironov, T.N. Tarkhova, L.M. Trofimova, I.A. Grishin, O.N. Naumova (Zh. Neorgan. Khim. **14** [1969] 2908/12; Russ. J. Inorg. Chem. **14** [1969] 1534/6). – [2] N.V. Mzareulishvili, E.G. Davitashvili, V.P. Natidze (Issled. Obl. Khim. Kompleks. Prostykh Soedin. Nekot. Perekhodnykh Redk. Metal. **1970** 127/34, 127/31; C.A. **74** [1971] Nr. 82062). – [3] J.A. Fahey, G.J.B. Williams, J.M. Haschke (BNL-26129 [1979] 1/12; C.A. **92** [1980] Nr. 172776).

Neodymium Hydroxide Sulfates

28.9.2.6 Neodymhydroxidsulfate

Das System $Nd_2(SO_4)_3$-NaOH-H_2O

Die Zusammensetzung des bei Zugabe von Natronlauge zu $Nd_2(SO_4)_3$-Lösung mit 0.012 g-Ion Nd/l (konstantes Volumen von 100 ml, Molverhältnis NaOH : Nd^{3+} von n=0.5 bis 6.75) bei 25 °C gebildeten Niederschlages wird durch Analysieren der Lösung (Nd^{3+}, SO_4^{2-}, OH^-) nach der Gleichgewichtseinstellung unter Rühren (6 h) ermittelt. Bei $n \geqq 2.1$ wird Nd quantitativ ausgefällt. Bei n=2 hat der Niederschlag die Zusammensetzung $Nd_2(OH)_4SO_4$ (Wassergehalt nicht bestimmt); er enthält, besonders bei den kleineren n-Werten, adsorbierte SO_4^{2-}-Ionen. Zwischen n=2 und 3 liegt das basische Sulfat im Gemisch mit $Nd(OH)_3$ vor, bei höheren n-Werten tritt $Nd(OH)_3$ auf, aus dem anhaftendes Sulfat um so leichter ausgewaschen wird, je höher die NaOH-Konzentration und je geringer die Sulfatkonzentration der Ausgangslösung ist, Tananaev, Levina [1]. Eine analoge Untersuchung bei konstanter anfänglicher Nd^3-Konzentration von 0.025 g-Ion/l und n=0.5 bis 10 ergibt ebenfalls quantitative Fällung bei n=2 als $Nd_2(OH)_4SO_4 \cdot 4H_2O$. Die vollständige Umwandlung des basischen Salzes in sulfatfreies $Nd(OH)_3$ gelingt nur bei großem NaOH-Überschuß (n=10). Der pH-Wert und die spezifische elektrische Leitfähigkeit steigen bei etwa n=2 stark an, s. Kurven im Original, Mzareulishvili u.a. [2]. Die Untersuchung des Systems bei höheren Ausgangskonzentrationen an $Nd_2(SO_4)_3$ ($\leqq$0.1 g-Ion Nd^{3+}/l) bei 22 °C durch Analysieren von Gleichgewichtslösung und (dem bei 50 °C getrockneten) Bodenkörper sowie durch pH-Messung zeigt, daß sich oberhalb der kritischen Nd^{3+}-Konzentration von $(2.38 \pm 0.12) \times 10^{-2}$ g-Ion/l bei pH<6.7 als Bodenkörper $Nd_2(SO_4)_3 \cdot Nd(OH)_3 \cdot xH_2O$ (=$Nd(OH)SO_4 \cdot yH_2O$) abscheidet. Bei kleinerer Nd^{3+}-Konzentration besteht der Bodenkörper bei $6.70 \leqq pH \leqq 8.85$ aus dem Hydroxidsulfat $Nd_2(SO_4)_3 \cdot 4Nd(OH)_3 \cdot xH_2O$ (=$Nd_2(OH)_4SO_4 \cdot yH_2O$), wobei die Ausfällung in Übereinstimmung mit [1, 2] bei n=2 quantitativ verläuft. Bei $pH \geqq 8.85$ liegt $Nd(OH)_3$ vor. Die Gleichgewichtseinstellung bei starkem Rühren (geschlossener Kolben) dauert vier bis fünf d bei n<1.5, 20 bis 25 d bei 1.5<n<3 und 2 d bei n=3, Margulis, Novoselova [3]. Zur Ermittlung der Zusammensetzung des Bodenkörpers nach der Methode von [1] s. auch die Untersuchung von Margulis [4].

$Nd(OH)SO_4 \cdot nH_2O$ (n=0, 2)

Das im System $Nd_2(SO_4)_3$-NaOH-H_2O auftretende basische Sulfat $Nd(OH)SO_4 \cdot xH_2O$ enthält nach Trocknen im Exsikkator über KOH bei Zimmertemperatur zwei mol Kristallwasser, während es nach Trocknen an Luft je nach den atmosphärischen Bedingungen 2.6 bis 3.7 mol H_2O enthält. Die Formulierung $Nd(OH)SO_4 \cdot 2H_2O$ wird durch IR-Spektroskopie und thermische Analyse (DTA und DTG) ermittelt. Zwischen etwa 40 und 200 °C werden zwei mol H_2O abgegeben, während das Konstitutionswasser erst oberhalb 500 °C frei wird. IR-Banden in cm^{-1} für das Dihydrat: 3370 (H_2O-Valenzschwingung), 1605, 763 (H_2O-Deformationsschwingung bzw. Kippschwingung), 3590, 3550 (OH^--Valenzschwingungen), 1125 (ν-SO_4^{2-}), 652, 600, 497 (δ-SO_4^{2-}). IR-Banden für $Nd(OH)SO_4$: 3570, 3455 (ν-OH^-), 1120, 1003 (ν-SO_4^{2-}), 653, 618, 598, 497 (δ-SO_4^{2-}), Margulis u.a. [5].

$Nd_2(OH)_4SO_4 \cdot nH_2O$ (n=0, 3)

Das im System Nd_2SO_4-NaOH-H_2O (s. S. 346) auftretende $Nd_2(OH)_4SO_4 \cdot xH_2O$ hat nach Trocknen bei Zimmertemperatur im Exsikkator über KOH die durch IR-Spektroskopie und thermische Analyse ermittelte Zusammensetzung $Nd_2(OH)_4SO_4 \cdot 3H_2O$; die an Luft getrocknete Verbindung enthält 3 bis 4 mol Kristallwasser [5]; von [2] werden 4 mol H_2O angegeben. Netzebenabstände nach Röntgen-Pulveraufnahmen für das Dihydrat (Druckfehler?) sind bei [5] angegeben. IR-Absorptionsbanden in cm^{-1} für das Trihydrat: 3210, 1635, 783 (H_2O-Valenz-, Deformations- bzw. Kipp-Schwingungen), 3567, 3440 (ν-OH^-), 1160, 1116, 1073 (ν-SO_4^{2-}), 585 (δ-SO_4^{2-}); für $Nd_2(OH)_4SO_4$: 3515, 3505 (ν-OH^-), 1125, 1100 (ν-SO_4^{2-}), 616, 580 (δ-SO_4^{2-}) [5].

Die 3 mol Kristallwasser werden in 2 Stufen abgegeben; 1 mol zwischen etwa 50 und 150 °C, 2 mol oberhalb etwa 150 °C; die 2 mol Konstitutionswasser werden erst oberhalb 290 °C frei [5]. Nach thermischer Analyse der als Tetrahydrat formulierten Verbindung entweichen 4 mol H_2O zwischen 80 und 280 °C. Zwischen 280 und 390 °C werden vom Konstitutionswasser 1.3 mol und zwischen 390 und 490 °C die restlichen 0.7 mol H_2O abgegeben [2].

Literatur:

[1] I.V. Tananaev, M.I. Levina (Zh. Neorgan. Khim. **2** [1957] 1601/8; Russ. J. Inorg. Chem. **2** Nr. 7 [1957] 246/58, 247/53). – [2] N.V. Mzareulishvili, E.G. Davitashvili, V.P. Natidze (Issled. Obl. Khim. Kompleks. Prostykh Soedin. Nekot. Perekhodnykh Redk. Metal. **1970** 159/69, 159, 165; C.A. **74** [1971] Nr. 60296). – [3] E.V. Margulis, V.N. Novoselova (Zh. Neorgan. Khim. **15** [1970] 580/1; Russ. J. Inorg. Chem. **15** [1970] 299/301). – [4] E.V. Margulis (Zh. Neorgan. Khim. **12** [1967] 1897/905; Russ. J. Inorg. Chem. **12** [1967] 999/1004). – [5] E.V. Margulis, M.M. Shokarev, V.N. Novoselova (Zh. Neorgan. Khim. **15** [1970] 1451/8; Russ. J. Inorg. Chem. **15** [1970] 745/9).

28.9.2.7 Samariumhydroxidsulfat

Samarium Hydroxide Sulfates

Das System $Sm_2(SO_4)_3$-NaOH-H_2O und $Sm_2(OH)_4SO_4$

Nach Löslichkeitsuntersuchungen bei 25 °C wird aus 0.02 molaren $Sm_2(SO_4)_3$-Lösungen durch Zusatz von NaOH bei einem molaren Verhältnis NaOH:Sm^{3+} von n=2.5 quantitativ das basische Sulfat $Sm(OH)SO_4 \cdot Sm(OH)_3$ bzw. $Sm_2(OH)_4SO_4$ ausgefällt. Bei höherer NaOH-Konzentration nimmt das OH:Sm-Verhältnis im Niederschlag zu, bei n=10 liegt nur noch $Sm(OH)_3$ vor. Auch der starke Anstieg von pH-Wert und elektrischer Leitfähigkeit der Gleichgewichtslösung bei n=2.5 und ein Minimum des Sedimentvolumens bei n=2.5 weisen auf die Bildung des basischen Samariumsulfats hin, s. Kurven im Original, N.N. Mironov, I.M. Polyashov (Zh. Neorgan. Khim. **13** [1968] 922/6; Russ. J. Inorg. Chem. **13** [1968] 485/7).

Gadolinium Hydroxide Sulfates

28.9.2.8 Gadoliniumhydroxidsulfate

Das System $Gd_2(SO_4)_3$-NaOH-H_2O

Bei Zusatz von Natronlauge zu 0.0125 molarer $Gd_2(SO_4)_3$-Lösung bei 25 °C wird bei einem Molverhältnis NaOH:Gd^{3+} von n=1.8 quantitativ basisches Gadoliniumsulfat der Zusammensetzung $Gd(OH)_{1.8}(SO_4)_{0.6} \cdot x\,H_2O$ bzw. $3\,Gd(OH)_3 \cdot Gd_2(SO_4)_3 \cdot x\,H_2O$ ausgefällt. Bei n=0.5 bis <1.8 hat der Niederschlag wechselnde Zusammensetzung, bei n=2.5 bis 6 besteht er aus $Gd_2(OH)_4SO_4 \cdot x\,H_2O$. Bei n>6 bildet sich $Gd(OH)_3$, doch gelingt es nicht, reines sulfatfreies $Gd(OH)_3$ zu erhalten, auch nicht bei n=100. Bei n>100 treten in der Lösung Gd^{3+}-Ionen auf, bei n=600 in einer maximalen Konzentration von 10^{-3} g-Ion/l. Methoden der Untersuchung sind Analyse der Lösung („Löslichkeitsbestimmungen"), Leitfähigkeits- und pH-Messungen, N.V. Mzareulishvili, V.P. Natidze (Issled. Obl. Khim. Kompleks. Prostykh Soedin. Nekot. Perekhodnykh Redk. Metal. **1970** 148/58, 154/5; C.A. **74** [1971] Nr. 60295).

$3\,Gd(OH)_3 \cdot Gd_2(SO_4)_3 \cdot x\,H_2O$ und $Gd_2(OH)_4SO_4 \cdot x\,H_2O$

Zum Auftreten der Verbindungen $Gd(OH)_{1.8}(SO_4)_{0.6} \cdot x\,H_2O$ und $Gd_2(OH)_4SO_4 \cdot x\,H_2O$ im System $Gd_2(SO_4)_3$-NaOH-H_2O s. oben.

Thiosulfates and Thiosulfatometallates

Review in English

28.10 Thiosulfate und Thiosulfatometallate

Review

Pure solid thiosulfates probably do not exist. Some papers reported that hydrated thiosulfates were prepared in aqueous solution by reacting $Na_2S_2O_3$ and MCl_3, for M=Y, La, and Ln, and precipitating a solid with methyl alcohol. The precipitate had to be separated from the mother liquor and dried because it decomposed slowly, forming sulfite and sulfur. The resulting solids were analyzed to be $M_2(S_2O_3)_3 \cdot 4\,H_2O$ but were X-ray amorphous. Although vibrational frequencies and proposed assignments were published, another paper pointed out that these frequencies could originate from a mixture containing sulfite and sulfur.

A scandium compound, presumably a basic thiosulfate, is precipitated from an aqueous scandium salt solution by alkali thiosulfate. This reaction may be used to separate scandium from Y, La, and Ln, which remain in solution.

In aqueous solutions, particularly with an excess of alkali thiosulfates, stable thiosulfate complexes do form.

The sodium thiosulfatometallates $Na_5M(S_2O_3)_4$ for M=La, Ce, Pr, and Nd have been prepared by reaction of $M(ClO_4)_3$ and $Na_2S_2O_3$ in ice-cooled aqueous solution and precipitated with alcohol. The potassium compounds $K_3M(S_2O_3)_3$ have been prepared similarly by reaction of $M(CH_3COO)_3$ and $K_2S_2O_3$, the ammonium compounds $(NH_4)_3M(S_2O_3)_3$, by reaction of MI_3 and $(NH_4)_2S_2O_3$. The compounds gradually decompose in aqueous solutions, liberating sulfur.

Thiosulfates

Review

28.10.1 Thiosulfate

Überblick

Während nach Ryabchikov, Volkova [1] und Grizik, Abdullina [2], Petrov u.a. [3], Grizik u.a. [4] die Thiosulfate $M_2(S_2O_3)_3$ bzw. $M_2(S_2O_3)_3 \cdot 4\,H_2O$ im festen Zustand existieren und durch Ausfällung mit Methanol darstellbar sind, wird die Existenz stabiler fester Thiosulfate von anderen Autoren [5 bis 8] bezweifelt, da die dargestellten Präparate die Zersetzungsprodukte $M_2(SO_3)_3$ und S enthielten [5, 6]. Auch Sc-Thiosulfat konnte nicht erhalten werden, doch kann die Ausfällung schwach saurer (oder neutraler) Chlorid- oder Nitratlösungen von M=Sc mit $Na_2S_2O_3$ in der Siedehitze zur Abtrennung des Sc von den anderen Elementen mit M=Y, La, Ln dienen, da letztere in Lösung bleiben und nur Sc gefällt wird, allerdings nicht als $Sc_2(S_2O_3)_3$, sondern als basisches Salz, Meyer [9], Fischer, Bock [10], s. unten. – In Lösungen, besonders mit einem Überschuß an Alkalithiosulfat, sind die Thiosulfate stabil, Doppelverbindungen mit Alkalithiosulfat (s. S. 354) lassen sich in festem Zustand isolieren [8].

Basisches Scandiumthiosulfat (?)

Basic Scandium Thiosulfate (?)

Durch Versetzen von $ScCl_3$- oder $Sc(NO_3)_3$-Lösung mit einem 6fachen Überschuß an $Na_2S_2O_3$ und anschließendes Kochen bildet sich ein gelblicher, gut filtrierbarer Niederschlag mit der vermuteten Zusammensetzung $Sc(OH)S_2O_3$. (Die angegebenen analytisch bestimmten Werte, 25.55% Sc, 37.44% S und die für $Sc(OH)S_2O_3$ berechneten Werte 24.85% Sc, 36.70% S stimmen nicht sehr gut überein.) Die Fällung ist nicht ganz vollständig. Neutralisiert man die Scandiumsalzlösung vor der Fällung in der Kälte mit Ammoniaklösung bis zur beginnenden Trübung, so wird Sc vollständig gefällt in Form eines schlecht filtrierbaren helleren Niederschlages, der als ein Gemisch von $Sc(OH)_3$ und einem stark basischen Scandiumthiosulfat angesehen wird, Meyer [9]. Von Fischer, Bock [10] werden die Angaben von [9] bezüglich der Ausfällung von Sc mit Thiosulfat bestätigt, die Zusammensetzung der Niederschläge wird nicht bestimmt. (Die Fällung dient zur Abtrennung des Sc von Y, La, Ln, die in Lösung bleiben [9, 10].) Eine gründliche Untersuchung der Fällungsprodukte (die mit 0.1 N NaOH auf unterschiedliche pH-Werte eingestellte Scandiumsalzlösung mit 4×10^{-3} g-Ion Sc^{3+}/l wird mit einem dreifachen Überschuß an 0.1 M $Na_2S_2O_3$-Lösung versetzt und die Lösung 8 min gekocht) durch chemische und thermische Analyse zeigt, daß die bei pH$\leqq$4 gefällten Produkte zur Hauptsache SO_3^{2-} und nicht $S_2O_3^{2-}$ enthalten (neben etwas Na^+ und $S_2O_3^{2-}$, wahrscheinlich adsorbiert aus der Lösung) sowie freien Schwefel, dessen Menge von der Acidität und Kochzeit der Reaktionslösung abhängt. Die bei pH=4 und 2 gefällten Produkte haben etwa die Zusammensetzung $Sc(OH)SO_3 \cdot n\,H_2O$ ($n\approx2$) bzw. $Sc_2(SO_3)_3 \cdot Sc(OH)SO_3 \cdot n\,H_2O$ ($n\approx6$); das Sc wird zu etwa 97 bzw. 93% ausgefällt. In den bei pH>4 gefällten Niederschlägen nimmt mit zunehmendem pH-Wert der SO_3^{2-}-Gehalt der Niederschläge ab und der $S_2O_3^{2-}$-Gehalt zu, s. **Fig. 40**, Kuntsevich u.a. [11].

Fig. 40

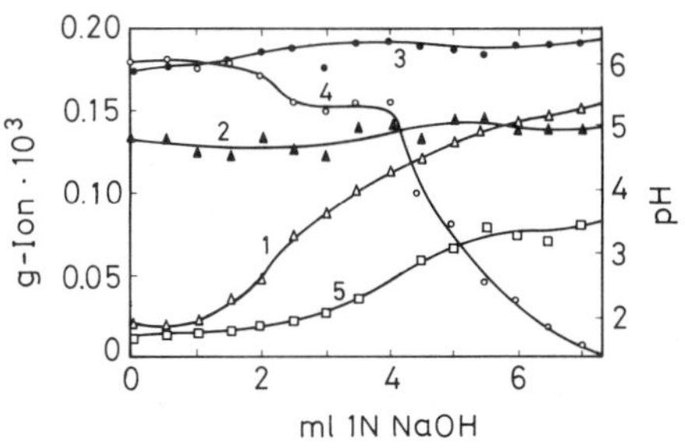

Einfluß von NaOH auf die Fällung von Scandium durch Natriumthiosulfat ($[Sc^{3+}]=4\times10^{-3}$ g-Ion/l, $[S_2O_3^{2-}]=12\times10^{-3}$ g-Ion/l): 1) pH-Wert der Ausgangs-Scandiumsalzlösung. 2) pH-Wert des Filtrats. 3) Scandiummenge im Niederschlag. 4) Sulfitmenge im Niederschlag. 5) Thiosulfatmenge im Niederschlag.

Thiosulfates of Y, La, Ln

Thiosulfate von Y, La, Ln

Bildung und Darstellung

Die Thiosulfate $M_2(S_2O_3)_3$ mit M=La, Ln werden durch Reaktion zwischen den wäßrigen Lösungen von MCl_3 und $Na_2S_2O_3$ erhalten. Das gebildete Thiosulfat scheidet sich nach ausreichendem Konzentrieren der Reaktionslösung allmählich in geringer Menge in Pulverform aus; der Hauptteil kann erst nach Zusatz von Alkohol aus der Reaktionslösung abgetrennt werden. Bei Äthanolzusatz setzt sich eine ölige Flüssigkeit ab, die sich langsam in Pulver umwandelt. Bei Zusatz von Methanol (3faches Volumen der Reaktionslösung) fällt sofort ein farbloser bis schwach gefärbter Niederschlag aus. Die chemische Analyse (nur M und S bestimmt) ergibt die Zusammensetzung $M_2(S_2O_3)_3$. Die Verbindungen sind instabil, längeres Verweilen in der Mutterlauge nach CH_3OH-Zusatz führt zur Zersetzung in Sulfit und freien Schwefel, Ryabchikov, Volkova [1]. In ähnlicher Weise werden von Grizik, Abdullina [2] äquivalente Volumina der wäßrigen neutralen Lösung von $LaCl_3$ und von $Na_2S_2O_3$-Lösung bei Raumtemperatur vermischt, einige Zeit gerührt und auf 50 °C erhitzt. Das erforderliche 3fache Volumen an CH_3OH wird auf 50 °C erhitzt und unter konstantem Rühren zugegeben. Der Niederschlag wird mit H_2O gewaschen und an Luft getrocknet. Die chemische Analyse (H_2O aus der Differenz) ergibt die Zusammensetzung $La_2(S_2O_3)_3 \cdot 4H_2O$. Nach der von [2] angewandten Methode werden die Thiosulfate $M_2(S_2O_3)_3 \cdot 4H_2O$ mit M=Y, Ln dargestellt, Petrov u.a. [3], Grizik u.a. [4], und analytisch ihr Gehalt an M und S bestimmt [4]; sie sind röntgenamorph [3]. Nach der von [1] angegebenen Methode wird von Pinto, Guedes de Carvalho [5] kein reines, festes $La_2(S_2O_3)_3$, sondern nur ein Gemisch aus $La_2(SO_3)_3$, freiem S und etwas $La_2(S_2O_3)_3$ erhalten. Die Menge an $La_2(S_2O_3)_3$ im Gemisch nimmt mit Abnahme des End-pH-Wertes der Lösung von 6 bis 7 auf etwa 4 bis 5 (besonders nach dem Zusatz von Alkohol) ab, zugunsten einer Zunahme an $La_2(SO_3)_3$ und freiem S. Zur Diskussion des vermuteten Reaktionsmechanismus s. im Original [5]. Nach der von [2] angegebenen Methode versucht Gabelica [6] Thiosulfate $M_2(S_2O_3)_3 \cdot 4H_2O$ mit M=La, Nd, Sm bei 40 und 0 °C darzustellen. In keinem Fall stimmt die chemische Analyse (M und S) mit den theoretischen Werten überein, die qualitative Analyse ergibt Gegenwart von SO_3^{2-}. Auch IR- und Raman-Spektren (s. unten) geben keinen Hinweis auf das Vorliegen von $S_2O_3^{2-}$. So wird die Existenz eines stabilen Thiosulfates im festen Zustand in Frage gestellt [6]. Auch nach älteren Angaben, Dutt, Gupta [7], Dutt [8] sind die Thiosulfate im festen Zustand nicht stabil. – Lösungen lassen sich durch Umsetzung von $M_2(SO_4)_3$- und SrS_2O_3-Lösung darstellen, sie enthalten komplexe Thiosulfat-Ionen [7], s. S. 353.

Optische Eigenschaften

Die Thiosulfate $M_2(S_2O_3)_3$ mit M=La, Ce, Pr, Nd, Sm, Gd, Er sind weiß oder zeigen schwache Farbtönung in der für das jeweilige M-Ion charakteristischen Färbung [1], s. auch [2].

Im IR-Absorptionsspektrum und im Raman-Spektrum (Ra) der Hydrate $M_2(S_2O_3)_3 \cdot 4H_2O$ mit M=Y (zwischen Gd und Tb eingeordnet), La, Ce bis Yb auftretende Schwingungsfrequenzen (in cm^{-1}) und vorgeschlagene Zuordnung (die jedoch im folgenden angezweifelt wird). (Tabelle S. 351.)

Die IR-Spektren der pulverförmigen Hydrate werden an Suspensionen in flüssigem Paraffin im Bereich von 400 bis 3700 cm^{-1} aufgenommen; die Raman-Spektren (der gepulverten Verbindungen) werden unter Anregung durch Laserlicht (He-Ne-Laser mit λ=632.8 nm; in einigen Fällen Hg-Linie mit λ=435.8 nm) untersucht. Die IR-Spektren von $M_2(S_2O_3)_3 \cdot 4H_2O$ lassen sich in 2 Gruppen einteilen für die Thiosulfate der Ce-Untergruppe (M=La mit Eu) einerseits und Thiosulfate der Y-Untergruppe (M=Y, Tb mit

Verbindung	Zuordnung						
	ν(S-S)		δ(S-O)	ν(S-O)		$\delta(H_2O)$	$\nu(H_2O)$
	IR	Ra	IR	IR	Ra	IR	IR
$La_2(S_2O_3)_3 \cdot 4\,H_2O$	467	440 480	546 625, 640	879, 934, 980, 1030, 1151	870, 1120	1630	≈3400
$Ce_2(S_2O_3)_3 \cdot 4\,H_2O$	471		537, 554 613, 642	881, 928, 978 1123		1631	≈3400
$Pr_2(S_2O_3)_3 \cdot 4\,H_2O$	477		533, 552 647	860, 923, 980 1115		1638	≈3400
$Nd_2(S_2O_3)_3 \cdot 4\,H_2O$	475		535, 556 638	873, 927, 980 1146		1635	≈3400
$Sm_2(S_2O_3)_3 \cdot 4\,H_2O$	481		528 639	862, 931, 1000 1114		1629	≈3400
$Eu_2(S_2O_3)_3 \cdot 4\,H_2O$	486		533 638	867, 928, 1011 1072, 1153		1635	≈3400
$Gd_2(S_2O_3)_3 \cdot 4\,H_2O$	465 487		521, 538 641	823, 872, 938 972, 1021, 1075, 1151		1630	≈3400
$Y_2(S_2O_3)_3 \cdot 4\,H_2O$	445, 465	440, 480	530, 556 624, 645, 669	818, 859, 917 923, 958, 1021 1038, 1112	880 960 1030 1130	1630	≈3200 bis 3400
$Tb_2(S_2O_3)_3 \cdot 4\,H_2O$	441 462 487		533, 554 623, 641, 667	813, 855, 911 930, 952, 1014 1037, 1109		1633	≈3200 bis 3400
$Dy_2(S_2O_3)_3 \cdot 4\,H_2O$	444 461 490		532, 553 625, 643, 668	820, 861, 912, 935, 957,1020, 1039, 1110		1635	≈3200 bis ≈3400
$Ho_2(S_2O_3)_3 \cdot 4\,H_2O$	443 462		531, 556 625, 644, 670	813, 860, 911, 933, 959, 1021, 1038, 1114		1631	≈3200 bis ≈3400
$Er_2(S_2O_3)_3 \cdot 4\,H_2O$	442, 461	440, 480	532, 555 625, 645, 675	819, 858, 917 934, 957, 1021 1040, 1112	770 950 1030 1120	1631	≈3200 bis ≈3400
$Tm_2(S_2O_3)_3 \cdot 4\,H_2O$	440 464		533, 557 627, 647, 671	818, 861, 917 931, 959, 1022, 1041, 1113		1631	≈3200 bis ≈3400
$Yb_2(S_2O_3)_3 \cdot 4\,H_2O$	421 441 463		534, 558 629, 647, 673	822, 860, 916, 941, 960, 1022, 1042, 1119		1629	≈3200 bis ≈3400

Yb) andererseits; $Gd_2(S_2O_3)_3 \cdot 4H_2O$ nimmt eine Zwischenstellung ein (s. Figuren im Original). Alle genannten IR-Spektren unterscheiden sich wesentlich von dem IR-Spektrum des $Na_2S_2O_3 \cdot 5H_2O$ (Figur s. Original). Die im Raman-Spektrum von $M_2(S_2O_3)_3 \cdot 4H_2O$ (M=Y, La, Er) auftretenden beiden intensiven Linien bei 480 und 440 cm^{-1}, die den S-S-Valenzschwingungen von $S_2O_3^{2-}$ zugeordnet werden (das Raman-Spektrum von $Na_2S_2O_3 \cdot 5H_2O$ zeigt nur eine Linie: ν(S-S)=436 cm^{-1}), lassen zwei verschiedene Arten von Thiosulfat-Ionen vermuten. Ausführliche Diskussion der Spektren s. im Original [3]. Neuere Untersuchungen der Raman-Spektren (He-Ne-Laser) von „$M_2(S_2O_3)_3 \cdot 4H_2O$" (M=La, Nd, Sm), dargestellt nach der von [2, 3] angewandten Methode, ergeben für die drei Verbindungen identische Spektren, die den von [3] erhaltenen ähnlich sind. Jedoch werden die bei 437 und 473 cm^{-1} beobachteten Banden nicht den Valenzschwingungen ν(S-S) des $S_2O_3^{2-}$-Ions, sondern elementarem rhombischem Schwefel (S_8) zugeordnet. Die IR-Spektren der drei genannten Hydrate, aufgenommen zwischen 200 und 4000 cm^{-1} an Mineralölsuspension, zeigen eine Reihe sehr breiter aber schlecht ausgeprägter Banden. Die Banden sind zu diffus um eine eindeutige Zuordnung zum $S_2O_3^{2-}$-Ion zu erlauben: es werden sowohl Wechselwirkungen Metall-Thiosulfat über das O-Atom, als auch die Gegenwart von Sulfit-Ionen diskutiert. Da die Spektren sich nach Erhitzen der Proben im Vakuum bei 200 °C nicht verändern (dabei würde Zersetzung nach $M_2(S_2O_3)_3 \cdot 4H_2O \rightarrow M_2(SO_3)_3 + 4H_2O + 3S$ erfolgen), wird die Annahme, daß Sulfit und S schon in den nicht erhitzten Proben vorliegt, erhärtet. Vermutlich liegt ein Gemisch aus Sulfit, Hydroxid- oder Oxidthiosulfat und S vor [6].

Verhalten beim Erhitzen

Die Thiosulfate $M_2(S_2O_3)_3$ mit M=La, Ce, Pr, Nd, Er sind thermisch nicht sehr stabil. Sie zersetzen sich bereits bei Raumtemperatur nach Ausfällung mit CH_3OH und längerer Aufbewahrung unter der Mutterlauge unter Abscheidung von kristallinem Schwefel. Ebenso zerfallen sie beim Erhitzen in Sulfit und Schwefel [1]. Die thermische Stabilität von $La_2(S_2O_3)_3 \cdot 4H_2O$ bei Erhitzen im Vakuum (1×10^{-2} Torr) und an Luft wird im Temperaturbereich zwischen 20 und 1200 °C (Aufheizgeschwindigkeit 20 grd/min) mit Hilfe thermogravimetrischer, chemischer und röntgenographischer Analyse untersucht. Die Zersetzung im Vakuum verläuft nach

$$La_2(S_2O_3)_3 \cdot 4H_2O \xrightarrow{20 \text{ bis } 200\,^\circ C} La_2(SO_3)_3 + 3S + 4H_2O \xrightarrow{400 \text{ bis } 500\,^\circ C}$$

$$La_2O(SO_4)_2 + S \xrightarrow{500 \text{ bis } 700\,^\circ C} La_2O_2SO_4 + SO_2 + {}^1/_2\,O_2 \xrightarrow{1000\,^\circ C} La_2O_3$$

Das Hydratwasser wird hauptsächlich zwischen 20 und 150 °C abgegeben, gleichzeitig beginnt schon bei ≈80 °C die Dissoziation der wasserfreien Verbindung unter Bildung von elementarem S und $La_2(SO_3)_3$. Die thermische Zersetzung von $La_2(S_2O_3)_3 \cdot 4H_2O$ in Luft verläuft ähnlich wie im Vakuum, doch ist $La_2O_2SO_4$ in oxidierender Atmosphäre stabiler und zersetzt sich bis 1200 °C noch nicht [2].

In Fortsetzung der Untersuchungen an $M_2(S_2O_3)_3 \cdot 4H_2O$ (M=Y, La mit Lu) werden beim Erhitzen an Luft im Bereich zwischen 20 und 1100 °C (Aufheizgeschwindigkeit 15 bis 17 grd/min) die gleichen Stufen gefunden wie beim $La_2(S_2O_3)_3 \cdot 4H_2O$. Die Zersetzungsprodukte bei der Endtemperatur von 900 bis 1100 °C bestehen bei M=La, Gd, Tb, Dy, Ho, Er aus $M_2O_2SO_4$, bei M=Ce und Y aus CeO_2 bzw. Y_2O_3; bei M=Sm und Yb und in gewissem Maße auch bei M=Pr, Nd, Eu, Tm und Lu liegt teilweise zersetztes $M_2O_2SO_4$ vor. Die Temperatur für den Beginn der Dehydratation der Thiosulfathydrate sinkt in der Reihe von La bis Lu, entsprechend einer Abnahme der thermischen Stabilität dieser Kristallhydrate mit Abnahme des Ionenradius des M^{3+}-Ions; in der Reihe der schwereren Elemente scheint die Dehydratation in zwei Stufen zu verlaufen. Die Temperaturen für den Beginn der Dissoziation der wasserfreien Thiosulfate und auch die Temperaturen für die Bildung der normalen Sulfite und von $M_2O(SO_4)_2$ steigen in der Reihe von La bis Lu (Y) an, wobei die Verbindungen, in denen M eine gerade Atomnummer hat, jeweils thermisch etwas instabiler sind, als die, in denen die Atomnummer von M ungerade ist, Grizik u.a. [4]. Die älteren Angaben [1], wonach die Zersetzung der Thiosulfate bei 800 bis 1000 °C zu basischen Sulfiten $M_2O(SO_3)_2$ führen soll, sind durch die Ergebnisse von [2, 4] widerlegt.

Löslichkeit

Obwohl die Fällung der Thiosulfate aus der wäßrigen Lösung nur durch Zusatz von CH_3OH gelingt (s. S. 350), sind die ausgefällten Thiosulfate $M_2(S_2O_3)_3$ mit M = La, Ce, Pr, Nd, Er, in H_2O schwer löslich [1]. Auch nach [2] löst sich das mit Methanol gefällte, an Luft getrocknete $La_2(S_2O_3)_3 \cdot 4H_2O$ nicht in H_2O. In verdünnter Salzsäure sind die Verbindungen unter Abscheidung von S löslich [1]. Über Komplexbildung in Lösung und die Dissoziationskonstante s. im folgenden.

Literatur:

[1] D.I. Ryabchikov, V. Ya. Volkova (Dokl. Akad. Nauk SSSR **55** [1947] 505/8; Compt. Rend. Acad. Sci. [URSS] [2] **55** [1947] 501/3). – [2] A.A. Grizik, N. Abdullina (Zh. Neorgan. Khim. **16** [1971] 1817/22; Russ. J. Inorg. Chem. **16** [1971] 965/8). – [3] K.I. Petrov, Yu.M. Golovin, N.G. Abdullina, A.A. Grizik, V.V. Kravchenko (Zh. Neorgan. Khim. **17** [1972] 1296/300; Russ. J. Inorg. Chem. **17** [1972] 672/4). – [4] A.A. Grizik, N. Abdullina, V.N. Anisimova, V.S. Kutsev (Zh. Neorgan. Khim. **17** [1972] 1812/8; Russ. J. Inorg. Chem. **17** [1972] 940/3). – [5] M.L. Pinto, R.A. Guedes de Carvalho (Rev. Port. Quim. **15** [1973] 96/9; C.A. **83** [1975] Nr. 21038).

[6] Z. Gabelica (J. Less-Common Metals **51** [1977] 343/51, 348, 350). – [7] N.K. Dutt, A.K. Gupta (J. Indian Chem. Soc. **29** [1952] 105/11, 105). – [8] N.K. Dutt (J. Indian Chem. Soc. **26** [1949] 405/14, 406, 408). – [9] R.J. Meyer (Z. Anorg. Allgem. Chem. **86** [1914] 257/90, 263/4, 282). – [10] W. Fischer, R. Bock (Z. Anorg. Allgem. Chem. **249** [1942] 146/97, 155/7, 194).

[11] G.K. Kuntsevich, V.L. Zolotavin, S.P. Onosova, V.S. Indik (Zh. Neorgan. Khim. **16** [1971] 1807/11; Russ. J. Inorg. Chem. **16** [1971] 960/2).

28.10.2 Thiosulfatlösungen

Thiosulfate Solutions

$[MS_2O_3]^+$ mit M = La, Eu. Nach spektrophotometrischer Untersuchung bei 25 °C existieren in wäßriger Lösung von La^{3+}-Ionen bei Anwesenheit von $S_2O_3^{2-}$-Ionen in geringer Konzentration die komplexen Ionen $[LaS_2O_3]^+$, Barnes, Monk [1]. Auf analoge Komplexe $[EuS_2O_3]^+$ wird nach vorläufigen Ergebnissen von Untersuchungen mit einer Verteilungsmethode geschlossen, Manning [2], zitiert bei [1]. Aus der von [1] angegebenen Dissoziationskonstante für $[LaS_2O_3]^+$ (0.00103) und den Ergebnissen von [2] werden von Sillén, Martell [3] für die Komplexbildungskonstante $K_1 = [MS_2O_3{}^+]/[M^{3+}][S_2O_3^{2-}]$ die Werte $\lg K_1 = 2.99$ für M = La und $\lg K_1 = 2.82$ für M = Eu angegeben ($I \to 0$, korrigiert). Nach älteren Ergebnissen einer spektrophotometrischen und Verteilungsmethode von Mattern [4] wurde von Sillén, Martell [5] für $[LaS_2O_3]^+$ der Wert $\lg K_1 = 0.8$ bei 25 °C und Ionenstärke I = 1 ($NaClO_4$) angegeben.

$[M_2(S_2O_3)_3]$ mit M = La, Ce, Pr, Nd, Sm. Die Dissoziationskonstanten K_D für die Thiosulfate $M_2(S_2O_3)_3$ mit M = La, Ce, Pr, Nd und Sm in verdünnter wäßriger Lösung (Ionenstärke variiert) bei 32 °C gemäß $M_2(S_2O_3)_3 \rightleftharpoons 2M^{3+} + 3S_2O_3^{2-}$ werden konduktometrisch nach der Jobschen Methode bestimmt, Dutt [6]. Die erhaltenen Werte (Durchschnittswerte aus mehreren Messungen) sind bei Sillén, Martell [5] in Form der Bruttokomplexbildungskonstanten lg β_{32}(= lg $1/K_D$) aufgeführt:

M in $M_2(S_2O_3)_3$ . . .	La	Ce	Pr	Nd	Sm
lg β_{32}	8.63	9.68	10.52	10.90	11.26

$[M(S_2O_3)_3]^{3-}$ mit M = La, Ce und **$[M(S_2O_3)_4]^{5-}$** mit M = Y, Ho, Er. Nach Überführungsmessungen enthalten verdünnte wäßrige Lösungen von $M_2(S_2O_3)_3$ mit M = La sowie Ce (hergestellt durch Umsetzung von $M_2(SO_4)_3$- mit SrS_2O_3-Lösung und chemische Analyse der gebildeten $M_2(S_2O_3)_3$-Lösung) komplexe Anionen der Zusammensetzung $[M(S_2O_3)_3]^{3-}$. Auch die Ergebnisse der thermometrischen und konduktometrischen Titrationen der genannten $M_2(S_2O_3)_3$-Lösungen mit wäßrigen Alkalithiosulfatlösungen lassen auf Vorliegen dieser Komplexe schließen. Die nach Job bestimmten Dissoziationskonstanten K_D der komplexen Anionen $[M(S_2O_3)_3]^{3-}$ für die Reaktion $2[M(S_2O_3)_3]^{3-} \rightleftharpoons M_2(S_2O_3)_3 + 3\,S_2O_3^{2-}$ betragen im Durchschnitt bei 32 °C (Ionenstärke variiert) 3.01×10^{-1} für M = La und 7.20×10^{-2} für M = Ce, Dutt, Gupta [7]. Die Untersuchungen von [7] geben keinen Hinweis auf die Bildung eines komplexen Ions von Typ $[M(S_2O_3)_4]^{5-}$, die vorher von Dutt [8] bei thermometrischer und konduktometrischer Titration wäßriger Lösungen von $M(NO_3)_3$ bzw. MCl_3 (M = La, Ce, Pr, Nd, Sm) mit überschüssiger $A_2S_2O_3$-Lösung (A = Na, K, NH_4) vermutet wurde. Von Shevchuk u.a. [8] wird nach den Ergebnissen einer Extraktionsmethode auf Bildung der komplexen Anionen $[M(S_2O_3)_4]^{5-}$ mit M = Y und Elementen der Y-Untergruppe sowie $[M(S_2O_3)_3]^{3-}$ für M = La in wäßriger Lösung bei Reaktion von $M(NO_3)_3$-Lösung mit einem großen Überschuß an $S_2O_3^{2-}$-Ionen ($M^{3+}:S_2O_3^{2-} = 1:40$) geschlossen. Unterschiedliches Extraktionsverhalten von Thiosulfatkomplexen der Y- und Ce-Untergruppen bei pH = 4.5 kann zur Trennung von Y und La dienen (Extraktionslösung: 0.1 M Lösungen primärer Alkylamine mit C_{10} bis C_{12} in $CHCl_3$).

Literatur:

[1] J.C. Barnes, C.B. Monk (Trans. Faraday Soc. **60** [1964] 578/83). – [2] A.R. Manning (Thesis Univ. Wales 1961). – [3] L.G. Sillén, A.E. Martell (Stability Constants of Metal-Ion Complexes, Suppl. Nr. 1, London 1971, S. 131). – [4] K.L. Mattern (UCRL-1407 [1951] 1/92, 74; N.S.A. **5** [1951] Nr. 6157). – [5] L.G. Sillén, A.E. Martell (Stability Constants of Metal-Ion Complexes, London 1964, S. 225).

[6] N.K. Dutt (J. Indian Chem. Soc. **27** [1950] 191/4). – [7] N.K. Dutt, A.K. Gupta (J. Indian Chem. Soc. **29** [1952] 105/11, 107, 109). – [8] N.K. Dutt (J. Indian Chem. Soc. **26** [1949] 405/14, 406, 408). – [9] I.A. Shevchuk, T.N. Simonova, L.E. Tarasenko (Zh. Neorgan. Khim. **21** [1976] 2179/83; Russ. J. Inorg. Chem. **21** [1976] 1198/201).

Alkali Thiosulfatometallates

28.10.3 Alkalithiosulfatometallate

Natriumthiosulfatometallate

Zur Darstellung von $Na_5M(S_2O_3)_4$ mit M = La, Ce, Pr, Nd wird etwa 1 g $M(ClO_4)_3$ in 5 ml Wasser gelöst. Zu der auf 0 bis 2 °C abgekühlten Lösung wird unter Rühren eine Lösung von etwa 2 g $Na_2S_2O_3$ in 5 ml Wasser gegeben. Nach tropfenweisem Zusatz von 50 ml 95%igem eisgekühltem Alkohol, scheidet sich zuerst eine ölige Substanz ab, die schnell kristallisiert. Der Niederschlag wird mit 95%igem Alkohol gewaschen, zuerst durch Dekantieren, dann durch Abfiltrieren. Das Produkt wird in wenig Eiswasser gelöst, erneut gefällt und gewaschen und dann über $CaCl_2$ getrocknet. $Na_5La(S_2O_3)_4$ und $Na_5Ce(S_2O_3)_4$ fallen in Form farbloser, mikrokristalliner Kristalle an, $Na_5Pr(S_2O_3)_4$ und

$Na_5Nd(S_2O_3)_4$ werden in Form schwach grünlicher bzw. schwach rosafarbener Kristalle erhalten. Die Verbindungen sind in Wasser löslich. Unter Schwefelabscheidung zersetzen sich die Lösungen allmählich.

Kaliumthiosulfatometallate

$K_3M(S_2O_3)_3$ mit M = La, Ce, Pr, Nd wird analog den Natriumverbindungen aus Lösungen mit 1 g $M(CH_3COO)_3$ in 5 ml eiskaltem Wasser und Zugabe von 1.6 g $K_2S_2O_3$ in 5 ml Wasser dargestellt. Die Eigenschaften entsprechen denen der Natriumthiosulfatometallate.

Ammoniumthiosulfatometallate

Die Darstellung der Verbindungen erfolgt durch Umsetzen von MJ_3 mit M = La, Ce, Pr, Nd und $(NH_4)_2S_2O_3$ analog den Natriumthiosulfatometallaten.

Literatur:

N.K. Dutt (J. Indian Chem. Soc. **26** [1949] 405/14).

28.11 Amidosulfate

Amidosulfates

Review

Review in English

The amidosulfates $M(SO_3NH_2)_3 \cdot nH_2O$ for M = Y, La, and Ln have been prepared by reaction of amidosulfuric acid in aqueous solution with suspensions of the basic carbonates, hydroxides, or oxides. The resulting solutions were filtered and boiled down. Values of n around 2 are usually given, but hydrated amidosulfates with n = 8 have been described in some papers.

The X-ray powder diagrams show two isomorphous series, one for La and Ce and the other for Y, Pr, Nd, Sm, Gd, Dy, Ho, and Yb. But the structure is not known. All the compounds are quite soluble in water.

Bildung und Darstellung

Amidosulfate $M(SO_3NH_2)_3 \cdot nH_2O$ mit M = Y, La, Ln und n etwa 1.5 bis 2.5 (s. im folgenden) werden dargestellt durch tropfenweise Zugabe einer wäßrigen Amidoschwefelsäurelösung zu einer wäßrigen Suspension der entsprechenden basischen Seltenerdcarbonate unter stetigem Rühren. Wenn die Auflösung der Carbonate nahezu vollständig ist, wird die Mischung auf 50 bis 60 °C erhitzt und weitere Amidoschwefelsäure sehr langsam zugesetzt, bis eine schwache Trübung auftritt. Die Lösung wird dann abgekühlt, filtriert und unter vermindertem Druck bei etwa 70 °C eingeengt. Die feuchten Kristalle werden im Vakuumexsikkator über $CaCl_2$ bis zur Gewichtskonstanz getrocknet, Zimmermann, Giesbrecht [1]. Amidosulfate $M(SO_3NH_2)_3 \cdot 2H_2O$ mit M = La, Nd, Sm werden auch erhalten, wenn man $M(OH)_3$ in wäßriger Amidoschwefelsäure HSO_3NH_2 löst, und die Lösung bis zur Kristallisation eindampft, Chrétien, Capestan [2]. Zur Darstellung des Dihydrats läßt Capestan [3, S. 210] wäßrige Amidoschwefelsäurelösung auf M_2O_3 (M = La, Nd, Sm) einwirken und dampft die Reaktionslösung bei 60 °C ein. $Ce(SO_3NH_2)_3 \cdot 2H_2O$ wird erhalten durch Umsetzung von $Ce_2(SO_4)_3$ mit $Ba(SO_3NH_2)_2$, vermutlich in wäßriger Lösung [2, 3]. Nach älteren Angaben von Kleinberg u.a. [4] wird eine wäßrige Lösung von HSO_3NH_2 zu einem Überschuß an M_2O_3 (M = Y, La, Nd, Sm) gegeben, das Reaktionsgemisch etwa $^1/_2$ h gerührt, 1 h auf dem Dampfbad erhitzt und dann das Filtrat auf dem Dampfbad konzentriert. Schütteln der konzentrierten wäßrigen Lösung mit Alkohol und fortgesetzte Behandlung der in Alkohol unlöslichen Verbindung (Gummimasse oder Festsubstanz) mit frischem Alkohol liefert schließlich ein pulverförmiges Material $M(SO_3NH_2)_3 \cdot nH_2O$, dessen Kristallwassergehalt für M = La und Sm n = 2 bis 3, für M = Y und Nd n=1 bis 3 beträgt [4]. Die mit 8 mol Hydratwasser formulierte Verbindung $La(SO_3NH_2)_3 \cdot 8H_2O$ wird durch Auflösen von La_2O_3 in wäßriger HSO_3NH_2-Lösung und zweimaliges Umkristallisieren bei 25 °C dargestellt, Mustaev, Yakovenko [5]. Zur Darstellung von $La(SO_3NH_2)_3 \cdot 8H_2O$ setzen Mustaev, Yakovenko [6] eine gesättigte Amidoschwefelsäurelösung bei etwa 30 °C mit einem geringen Überschuß an La_2O_3 um, engen die filtrierte Lösung über H_2SO_4 ein und trocknen die umkristallisierte Verbindung über $CaCl_2$ bis zur Gewichtskonstanz. $Ce(SO_3NH_2)_3 \cdot 8H_2O$ wird nach der von [2, 3] beschriebenen Methode aus $Ba(SO_3NH_2)_2$ und $Ce_2(SO_4)_3$ dargestellt.

Ein Cer(IV)-amidosulfat wurde weder durch Reaktion von Amidoschwefelsäure mit CeO_2 oder $Ce(OH)_4$ noch durch Umsetzung von $Ba(SO_3NH_2)_2$ mit $Ce(SO_4)_2$ erhalten, was auf starke Hydrolyse des Cer(IV)-amidosulfats zurückgeführt wird. In Gegenwart anderer Seltenerdoxide wird CeO_2 in Amidoschwefelsäurelösung gelöst, Mustaev, Yakovenko [7].

Physikalische Eigenschaften

Die Dihydrate von La und Ce sind weiß, die Sm-Verbindung ist leicht gelb gefärbt, die Nd-Verbindung pfirsichblütenfarbig [3]. Die Röntgen-Pulverdiagramme von $M(SO_3NH_2)_3 \cdot nH_2O$ zeigen die Existenz zweier isomorpher Reihen, und zwar die eine mit M=La, Ce und die andere mit M=Y, Pr, Nd, Sm, Gd, Dy, Ho und Yb; Netzebenenabstände und relative Intensitäten s. Original. Die IR-Spektren entsprechen denen des Amidosulfat-Ions [1].

Chemisches Verhalten

Die thermische Zersetzung von kristallinem $M(SO_3NH_2)_3 \cdot 2H_2O$ (M=La, Ce, Nd, Sm) führt nach thermogravimetrischen und röntgenographischen Untersuchungen über die Zwischenstufen $M(SO_3NH_2)_3 \cdot H_2O$, $M(SO_3NH_2)_3$, $3(NH_4)_2SO_4 \cdot M_2(SO_4)_3$ und $(NH_4)_2SO_4 \cdot M_2(SO_4)_3$ zu $M_2(SO_4)_3$. Die Zersetzungskurve von $La(SO_3NH_2)_3 \cdot 2H_2O$ wird als Beispiel wiedergegeben [2, 3]. Die Bildung der Monohydrate (Abgabe von 1 mol H_2O) erfolgt bei 95 bis 150 °C bei M=La, Ce und bei 130 bis 180 °C bei M=Nd, Sm. Die Monohydrate sind bis etwa 300 °C stabil. Bei etwa 520 °C ist die Zersetzung zu $M_2(SO_4)_3$ beendet [3]. Die Amidosulfathydrate sind in H_2O gut löslich, die Lösungen bleiben leicht übersättigt [3, S. 210], [4]. Die Löslichkeit von $La(SO_3NH_2)_3 \cdot 8H_2O$ bei 25 °C in H_2O beträgt 60.47 Gew.-%, bezogen auf das wasserfreie Salz [5, 6], entsprechend werden für $Ce(SO_3NH_2)_3 \cdot 8H_2O$ bei 15 und 25 °C die Werte 61.22 bzw. 65.87 Gew.-% angegeben [6]. Die in der folgenden Tabelle angegebenen Löslichkeitswerte oberhalb Raumtemperatur nach [1] sind wesentlich niedriger (Angaben in mol/l):

t in °C	30	35	40	45	50	60	70	80
$Y(SO_3NH_2)_3 \cdot 2H_2O$	0.313	0.324	0.291	0.301	0.282	0.334	0.327	0.336
$La(SO_3NH_2)_3 \cdot 2.5H_2O$	0.294	0.263	0.319	0.294	0.298	0.294	0.316	0.297
$Ce(SO_3NH_2)_3 \cdot 2.5H_2O$	0.321	0.398	0.391	0.410	0.325	0.351	0.399	0.399
$Pr(SO_3NH_2)_3 \cdot 2H_2O$	0.341	0.282	0.318	0.314	0.325	0.330	0.334	0.348
$Nd(SO_3NH_2)_3 \cdot 2H_2O$	0.313	0.302	0.301	0.288	0.294	0.318	0.318	0.304
$Sm(SO_3NH_2)_3 \cdot 1.5H_2O$	0.276	0.288	0.283	0.300	0.292	0.318	0-278	0.289
$Gd(SO_3NH_2)_3 \cdot 2H_2O$	0.312	0.288	0.287	0.306	0.267	0.324	0.308	0.314
$Dy(SO_3NH_2)_3 \cdot 1.5H_2O$	0.293	0.332	0.279	0.292	0.312	0.295	0.348	0.326
$Ho(SO_3NH_2)_3 \cdot 1.5H_2O$	0.253	0.265	0.255	0.239	0.272	0.283	–	0.230
$Er(SO_3NH_2)_3 \cdot 2.5H_2O$	0.297	0.410	0.400	0.411	0.367	0.465	0.372	0.370
$Yb(SO_3NH_2)_3 \cdot 2H_2O$	0.280	0.249	0.319	0.303	0.320	0.308	0.334	0.281

In heißer wäßriger Lösung scheint langsam Hydrolyse einzutreten. Die Hydrate sind unlöslich in absolutem Methanol, Äthanol, Aceton, Dioxan, Pyridin und flüssigem NH_3 [4].

Die Löslichkeit von $La(SO_3NH_2)_3$ in wäßriger Amidoschwefelsäure bei 25 °C zeigt **Fig. 41**. Am eutonischen Punkt enthält die Lösung 59.50 Gew.-% $La(SO_3NH_2)_3$ und 2.12 Gew.-% Amidoschwefelsäure. Die mit den an $La(SO_3NH_2)_3$ gesättigten Lösungen im Gleichgewicht stehende feste Phase ist $La(SO_3NH_2)_3 \cdot 8H_2O$ [5].

Fig. 41

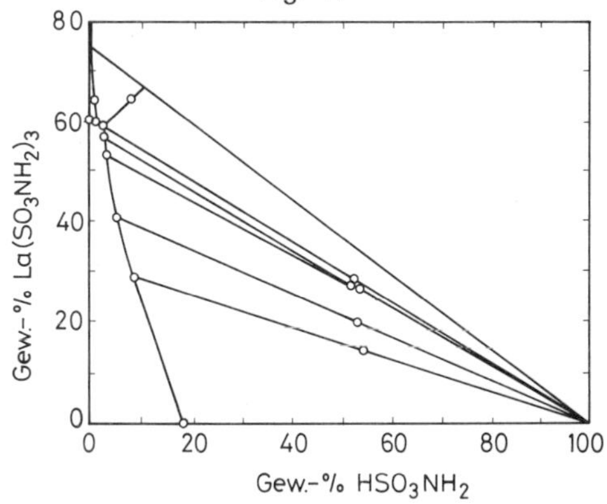

Löslichkeit von $La(SO_3NH_2)_3$ in wäßriger Amidoschwefelsäure bei 25 °C.

Auf die Bildung eines Komplexes $[Ce(SO_3NH_2)]^{2+}$ bei Zusatz von Amidoschwefelsäure zu einer wäßrigen $Ce(ClO_4)_3$-Lösung wird aus dem Absorptionsspektrum geschlossen, Heidt, Berestecki [8].

Literatur:

[1] M.I. Zimmermann, E. Giesbrecht (Anais Acad. Brasil. Cienc. **45** [1973] 99/102; C.A. **80** [1974] Nr. 43538). – [2] A. Chrétien, M. Capestan (Compt. Rend. **248** [1959] 3176/8). – [3] M. Capestan (Ann. Chim. [Paris] [13] **5** [1960] 207/34, 210/1, 219, 222/3). – [4] J. Kleinberg, W.A. Taebel, L.F. Audrieth (Ind. Eng. Chem. Anal. Ed. **11** [1939] 368/9). – [5] A.K. Mustaev, R.T. Yakovenko (Izv. Akad. Nauk Kirg. SSR Ser. Estestv. Tekhn. Nauk **4** Nr. 9 [1962] 57/9; C.A. **59** [1963] 1140).

[6] A.K. Mustaev, R.T. Yakovenko (Izv. Akad. Nauk Kirg. SSR Ser. Estestv. Tekhn. Nauk **5** Nr. 4 [1963] 5/8; C.A. **59** [1963] 14866). – [7] A.K. Mustaev, R.T. Yakovenko (Izv. Akad. Nauk Kirg. SSR Ser. Estestv. Tekhn. Nauk **5** Nr. 4 [1963] 9/11; C.A. **60** [1964] 1310). – [8] L.J. Heidt, Y. Berestecki (J. Am. Chem. Soc. **77** [1955] 2049/54).

28.12 Halogenosulfate und Halogenidsulfate

Halogenosulfates and Halide Sulfates

Review in English

Review

The fluorosulfates $M(SO_3F)_3$ for M = Sc, Y, La, and Ln were prepared by reaction of $S_2O_6F_2$ with $M_2(CO_3)_3$. In the case of Ce the oxide fluorosulfate, $CeO(SO_3F)_2$, is the result of this method. For the preparation of $CeF_3(SO_3F)$, an excess of $S_2O_6F_2$ or $BrSO_3F$ is reacted with CeF_3. The crystal structures of these compounds are not known, but vibrational frequencies and proposed assignments are given.

The chloride sulfates $MClSO_4$ for M = Y, La, and Ln form in the reaction $M_2O_2SO_4 + 4HCl \rightarrow MClSO_4 + MCl_3 + 2H_2O$ around 500 °C. Pure $MClSO_4$ can be prepared by washing out the MCl_3 with methyl alcohol. Physical properties have rarely been investigated, but the thermal decomposition has been observed and discussed.

Fluorosulfates

28.12.1 Fluorosulfate $M(SO_3F)_3$ mit M = Sc, Y, La, Ln

Die Verbindungen $M(SO_3F)_3$ mit M = Sc, Y, La, Ln (außer Ce und Pm) werden durch Umsetzung von frisch hergestelltem, pulverförmigem $M_2(CO_3)_3$ mit überschüssigem Peroxodisulfuryldifluorid $S_2O_6F_2$ nach $M_2(CO_3)_3 + 3S_2O_6F_2 \rightarrow 2M(SO_3F)_3 + 3CO_2 + 1.5O_2$ in guter Ausbeute dargestellt. Hierzu wird $M_2(CO_3)_3$ in einem geschlossenen Pyrexglasgefäß bei etwa 70 °C bis zur Gewichtskonstanz evakuiert, dann auf −183 °C abgekühlt und $S_2O_6F_2$ zugegeben. Die Umsetzung ist nach 15stündigem Stehen bei Raumtemperatur oder etwas höherer Temperatur abgeschlossen. Die Carbonate von La, Pr und Nd erfordern eine etwas höhere Reaktionstemperatur von etwa 60 °C und eine Reaktionszeit zwischen 5 und 10 Tagen. (Die entsprechende Reaktion mit $Ce_2(CO_3)_3$ führt zu $CeO(SO_3F)_2$, s. S. 359.) Die Verwendung von M_2O_3 anstelle von $M_2(CO_3)_3$ (ausgeführt bei M = Nd, Sm, Eu) ergibt nur unvollständige Reaktion, selbst bei 75 °C und einer Reaktionszeit von 17 Tagen. Die Farbe der einzelnen Fluorosulfate entspricht der des jeweiligen M^{3+}-Ions, Johnson u.a. [1].

Aus den Raman- und IR-Spektren der vorstehend genannten Verbindungen $M(SO_3F)_3$ sowie aus dem an $Eu(SO_3F)_3$ aufgenommenen Fluoreszenzsspektrum wird auf Vorliegen von zwei- und dreizähnigen (SO_3F)-Gruppen und eine Koordinationszahl von 8 für das Metallatom geschlossen (Vergleich mit Spektren anderer bekannter Verbindungen). Neun IR- und Raman-Banden sind von den zweizähnigen Fluorosulfatgruppen (C_s-Symmetrie) und 6 von den dreizähnigen (C_{3v}-Symmetrie) zu erwarten, von denen auch die meisten beobachtet werden. Lediglich beim $Sc(SO_3F)_3$ werden nur Banden gefunden, die zweizähnigen Liganden zugeordnet werden. Die IR-Spektren werden in Nujolmull (hergestellt in trockener Atmosphäre) schnell aufgenommen. Zur Aufnahme der Raman-Spektren befinden sich die Proben in geschlossenen dünnen Glaskapillaren. Zur Anregung für das Fluoreszenz- und Raman-Spektrum dient ein Ar-Kr-Gaslaser, wobei mit λ = 488.0, 514.5 oder 568.2 nm dasselbe Fluoreszenzspektrum erhalten wird. Emissionsbanden und Zuordnung der bei Zimmertemperatur und −150 °C aufgenommenen Fluoreszenzspektren von $Eu(SO_3F)_3$ zu den Übergängen $^5D_0$-$^7F_1$ und $^5D_0$-$^7F_2$ sowie bei Zimmertemperatur zum Übergang $^5D_0$-$^7F_4$ s. Original. Emissionsbanden von $Ho(SO_3F)_3$ bei Zimmertemperatur und −130 °C mit versuchter Zuordnung sind ebenfalls wiedergegeben. Das Raman- und IR-Spektrum von $Ho(SO_3F)_3$ zeigt nach [2] folgende Banden und deren vorgeschlagene Zuordnung (Banden in cm^{-1}):

Raman	IR	Zuordnung	Raman	IR	Zuordnung
345 426	360 430	2zähnig (A′, A″) δ(OSF)	897	893 918	2zähnig (A′) ν(SF)
444		3zähnig (E) δ(OSF)	1120	1108 1125	2zähnig (A′) $\nu(SO_2)$
561	568	2zähnig (A′) $\delta(SO_3)$	1151		3zähnig (A_1) $\nu(SO_3)$
578		3zähnig (A_1) $\delta(SO_3)$	1242		3zähnig (E) $\nu(SO_3)$
595	592	3zähnig (E) $\delta(SO_3)$	1270 1307	1282 1311	2zähnig (A′, A″) ν(SO)
609	607	2zähnig (A′, A″) $\delta(SO_3)$			
827 845 881	825 848	3zähnig (A_1) ν(SF)			

Weitere Raman-Banden von allen Verbindungen $M(SO_3F)_3$ s. Tabelle S. 360/1 [2]. Während in der Tabelle S. 360/1 Banden bis zu 370 cm^{-1} Gitterschwingungen zugeordnet sind, wird im Text des Originals angenommen, daß Raman-Banden <300 cm^{-1} auf Gitterschwingungen zurückzuführen sind; entsprechend wird von den Autoren beim $Ho(SO_3F)_3$ die Bande bei 345 cm^{-1} (s. S. 358) der Deformationsschwingung δ(OSF) zugeordnet. Die Zuordnung der Schwingungsspektren erfolgt in Analogie zu den bekannten Spektren anderer Verbindungen (s. z. B. [3]) mit zwei- und dreizähnigen (SO_3F)-Gruppen, Johnson, Macklin [2].

Alle Fluorosulfate sind empfindlich gegen Luftfeuchtigkeit [2]. Sie sind löslich in H_2O sowie in Dimethylsulfoxid, in geringem Maße löslich in Formamid. Sie scheinen im wesentlichen unlöslich zu sein in Fluoroschwefelsäure, Acetonitril oder N,N-Dimethylformamid [1].

Literatur:

[1] W.M. Johnson, S. Misra, G.H. Cady (Inorg. Chem. **15** [1976] 1227/8). – [2] W.M. Johnson, J.W. Macklin (Inorg. Chem. **15** [1976] 1216/20). – [3] C.S. Alleyne, K.O. Mailer, R.C. Thompson (Can. J. Chem. **52** [1974] 336/42).

28.12.2 Cer(IV)-oxidfluorosulfat $CeO(SO_3F)_2$

Cerium(IV) Oxide Fluorosulfate

Zur Darstellung der Verbindung wird auf das in einem Glaskolben befindliche $Ce_2(CO_3)_3$ nach Evakuieren und Abkühlen auf −183 °C ein Überschuß an Peroxodisulfuryldifluorid $S_2O_6F_2$ kondensiert, das Reaktionsgefäß allmählich auf Raumtemperatur gebracht und über Nacht stehen gelassen. Nach Abpumpen der flüchtigen Reaktionsprodukte wird festes orangefarbenes $CeO(SO_3F)_2$ in sehr guter Ausbeute erhalten. Das IR-Spektrum wird zwischen 400 und 1400 cm^{-1} in Nujol aufgenommen. Die Zuordnung der Absorptionsbanden erfolgt in Analogie zu der von anderen Fluorosulfaten (s. Goubeau, Milne [1]) unter der Annahme von C_{3v}-Symmetrie (Banden in cm^{-1}):

ν_1(A)	ν_2(A)	ν_3(A)	ν_4(E)	ν_5(E)	ν_6(E)
1045, 1160 (br, st)	652 (m), 720 (br, m), 873 (st)	564 (st)	1224 (br, sst), 1346 (sst)	579 (st), 604 (st)	416 (s)
$\nu_s(SO_3)$	ν(SF)	$\delta_s(SO_3)$	$\nu_{as}(SO_3)$	$\delta_{as}(SO_3)$	δ(SF)

br = breit, s = schwach, m = mittelstark, st = stark, sst = sehr stark

Vergleichende Gegenüberstellung der Banden von $CeO(SO_3F)_2$, CeF_3SO_3F und KSO_3F s. im Original. Aus der Aufspaltung der ν_4(E) zugeordneten Bande im $CeO(SO_3F)_2$-Spektrum und dem anscheinenden Fehlen dieser Aufspaltung im Spektrum von CeF_3SO_3F (vgl. S. 360), wird geschlossen, daß die SO_3F-Gruppen in $CeO(SO_3F)_2$ die C_{3v}-Symmetrie verloren haben, die sie beispielsweise in $Ca(SO_3F)_2$ ([1]) und wohl auch in CeF_3SO_3F besitzen. Hieraus und aus der höheren Frequenz der S-F-Valenzschwingung in $CeO(SO_3F)_2$ im Vergleich zu CeF_3SO_3F (s. S. 360) wird geschlossen, daß im $CeO(SO_3F)_2$ die Bindung mehr kovalent ist als im CeF_3SO_3F, Dev u.a. [2].

Literatur:

[1] J. Goubeau, J.B. Milne (Can. J. Chem. **45** [1967] 2321/6). – [2] R. Dev, W.M. Johnson, G.H. Cady (Inorg. Chem. **11** [1972] 2259/60).

Raman-Banden für die Verbindungen $M(SO_3F)_3$ in cm^{-1} (s. 28.12.1, S. 358/9):

Sc	Y	La	Nd	Sm	Eu	Gd	Tb	Dy
		71	75			88		72
	105,119	92	106			111	115,124	116
135	130	122	128	133		130	135	138
170,212	190	173,191	182	169,193		188	169	200
225	214	214	206,221	222		205	190	218
		325,344	334	336	340	240	289,370	337
422	426	418	422	422	422	424	422	429
	445	430	436	437	438	440	440	446
	564	562	563	567	561	562	560	565
570	578	576	576	576	576	578	575	581
590	597	594	596	594	595	596	593	598
622	613	607	609	608	608	609	607	612
	788	781	802	826				826
	840	834	837	840		832	835	840
872	872	875	880	880	879	882	882	884
	885	889	892	894	896	899	898	900
1106	1125	1111	1116	1118	1118	1120	1120	1122
	1149	1141	1145	1148	1147	1150	1148	1152
	1248	1248	1244	1248	1245	1246	1241	1245
1152	1274	1260	1268	1269	1269	1270	1272	1277
1400	1315	1288	1295	1299	1302	1305	1303	1309

Cerium(IV) Fluoride Fluorosulfate

28.12.3 Cer(IV)-fluoridfluorosulfat CeF_3SO_3F

Zur Darstellung der Verbindung wird auf das in einem Glaskolben befindliche CeF_3 ein Überschuß an $S_2O_6F_2$ oder an $BrSO_3F$ kondensiert, während das Reaktionsgefäß bei −183 °C gehalten wird. Das Reaktionsgefäß wird anschließend hinter einer Sicherheitsglasscheibe langsam auf Raumtemperatur gebracht, wobei eine sichtbare Reaktion eintritt. Nach 16stündigem Stehen werden die flüchtigen Produkte abgepumpt und festes gelblichbraunes kristallines CeF_3SO_3F in sehr guter Ausbeute erhalten. Das IR-Spektrum wird zwischen 400 und 1400 cm^{-1} in Nujol aufgenommen. Zuordnung der Absorptionsbanden ν_1 bis ν_6 (in cm^{-1}) analog $CeO(SO_3F)_2$ unter der Annahme von C_{3v}-Symmetrie (s. S. 359):

ν_1(A)	ν_2(A)	ν_3(A)	ν_4(E)	ν_5(E)	ν_6(E)
1112 (br, st)	725 (br, m), 841 (st)	560 (st)	1270 (br, sst)	583 (m), 598 (s)	420 (sbr, m)

br = breit, sbr = sehr breit, s = schwach, m = mittelstark, st = stark, sst = sehr stark

Vergleichende Gegenüberstellung der genannten Banden mit denen von $CeO(SO_3F)_2$ und KSO_3F s. im Original. Aus dem erhaltenen Spektrum und dessen Vergleich mit

Ho	Er	Tm	Yb	Lu	Intensität[1]	
70	68		66		s, br	
120	114	115	112	93	s, Sch	
135	132	138	134	132	s, br	Gitter-
198	194	196	199	190	s, br	schwingungen
218	218		221	224	s, Sch	
345	338	334	332	334	s, br	
426	430	429	425	409	m, scharf	2- und 3zähnig
444	448	448	445	426	m, scharf	δ(O-S-F)
561	565	565	558	562	s, scharf	
578	581	581	575		m, scharf	2- und 3zähnig
595	599	598	593	588	st, scharf	δ(O-S-O)
609	612	612	605	608	m, scharf	
827		820	810	814	s, br	
845	841	841	833	834	s, br	2- und 3zähnig
881	886	886	880	874	st, scharf	ν(S-F)
897	902	900	928		s, Sch	
1120	1126	1125	1116	1118	m, scharf	2zähnig $\nu_s(SO_2)$
1151	1156	1156	1150	1148	sst, scharf	3zähnig $\nu_s(SO_3)$
1242	1248	1244	1236	1236	m, br	3zähnig $\nu_{as}(SO_3)$
1270	1283	1283	1276	1275	s, Sch	2zähnig ν(S-O) und $\nu(SO_2)$
1307	1316	1316	1308	1325	s, br	
		1405	1396	1375	s, scharf	1- oder 2zähnig $\nu(SO_3)$?

1) br=breit, s=schwach, m=mittelstark, st=stark, sst=sehr stark, Sch=Schulter

jenem von $CeO(SO_3F)_2$ wird abgeleitet, daß in $CeF_3(SO_3F)$ die Bindung weniger kovalent ist als in $CeO(SO_3F)_2$ (s. S. 359), R. Dev, W.M. Johnson, G.H. Cady (Inorg. Chem. **11** [1972] 2259/60).

28.12.4 Chloridsulfate $MClSO_4$ mit M=Y, La, Ln

Chloride Sulfates

Durch Reaktion der Oxidsulfate $M_2O_2SO_4$ (M=Y, La, Pr, Nd, Sm, Gd, Dy, Er) mit HCl-Gas bei etwa 500 °C entstehen die Chloridsulfate $MClSO_4$ nach $M_2O_2SO_4 + 4\,HCl \rightarrow MClSO_4 + MCl_3 + 2\,H_2O$. Sie können durch Herauslösen von MCl_3 aus den Reaktionsprodukten mit Methanol isoliert werden, Kilian, Matthes [1]. Gravimetrische Untersuchungen des Reaktionsverlaufs bei 450 bis 600 °C s. Kilian, Matthes [2]. Bei M=Yb wurde kein oxidfreies Reaktionsprodukt erhalten [1, 2]. Die aus einem Gemisch von $MClSO_4$ und MCl_3 bestehenden Reaktionsprodukte wurden entsprechend ihrer Summenformel zuerst als $M_2Cl_4SO_4$ formuliert [2] und [3] (für M=La), doch ergibt die chemische Analyse des Rückstandes nach Auslaugen mit Methanol eindeutig die Zusammensetzung $MClSO_4$ (M=La, Pr, Nd, Sm, Er), Kilian, Matthes [4]. Im System $Pr_2(SO_4)_3$-$PrCl_3$ (untersucht von 0 bis 34 Mol-% $Pr_2(SO_4)_3$) besteht das bei 735 °C schmelzende Eutektikum mit 80 Mol-% $PrCl_3$ ebenfalls aus einem äquimolaren $PrClSO_4$-$PrCl_3$-Gemisch, wie Löslichkeits- und analytische Untersuchungen ergaben [1].

Röntgen-Strichdiagramm und IR-Spektrum von $LaClSO_4$ im Bereich von 1300 bis 400 cm^{-1} s. [1]. Die thermische Zersetzung der Chloridsulfate in Luft, dargestellt am Beispiel von $LaClSO_4$, führt nach thermogravimetrischen und differentialthermoanalytischen Untersuchungen in Verbindung mit Röntgen-Pulveraufnahmen zum Oxidsulfat $La_2O_2SO_4$ als Endprodukt bei etwa 1000 °C, wobei als Zwischenprodukte Gemische aus $La_2O_2SO_4$ und $La_2(SO_4)_3$ auftreten. Die Zersetzung wird folgendermaßen formuliert:

$$4\,LaClSO_4 + O_2 \xrightarrow{>500\text{ bis }650\text{ °C}} La_2O_2SO_4 + La_2(SO_4)_3 + 2\,Cl_2$$

$$La_2O_2SO_4 + La_2(SO_4)_3 \rightarrow 2\,La_2O_2SO_4 + 2\,SO_3$$

Bei 700 °C beginnt die Zersetzung des im Gemisch vorliegenden $La_2(SO_4)_3$. Thermogramm s. im Original [4].

Auch der thermische Abbau der bei der Darstellung entstehenden $MClSO_4$-MCl_3-Gemische in oxidierender Atmosphäre ergibt als Endprodukt $M_2O_2SO_4$ [1], Thermogramme für M = La s. [4]. Dabei treten als Zwischenprodukte MOCl-$MClSO_4$-Gemische auf bei M = La, Pr, Nd, Sm; bei M = Gd wird ein $Gd(OH)Cl_2$-$GdClSO_4$-Gemisch als Zwischenprodukt vermutet [1]. In einer älteren Arbeit wurde das auftretende LaOCl-$LaClSO_4$-Gemisch als $La_2OCl_2SO_4$ formuliert [3].

Literatur:

[1] H. Kilian, F. Matthes (Z. Anorg. Allgem. Chem. **377** [1970] 287/93). – [2] H. Kilian, F. Matthes (Z. Anorg. Allgem. Chem. **374** [1970] 286/90). – [3] H. Kilian, F. Matthes (Z. Chem. [Leipzig] **7** [1967] 397/8). – [4] H. Kilian, F. Matthes (Z. Anorg. Allgem. Chem. **386** [1971] 185/90).

28.13 Ethylsulfate Enneahydrates, $M(C_2H_5SO_4)_3 \cdot 9\,H_2O$

Review

Among the ionic rare earth compounds the ethylsulfate enneahydrates of the trivalent ions of Y, La, and Ce to Lu are exceptional (the Sc analogue is apparently unknown). They form a complete series of isomorphic compounds, which crystallize in a single hexagonal structure. The uniform crystal structure and the relative ease with which single crystals can be grown from aqueous solutions make the rare earth ethylsulfate enneahydrates a very suitable choice for comparative studies of the properties of rare earth ions in crystals. Systematic studies, particularly of low-temperature thermal and magnetic properties, began as early as 1930 and increased in intensity about 1950, when effective low-temperature facilities began to become commonly available and electron paramagnetic resonance became a routine method. Even at the present the rare earth ethylsulfate enneahydrates still have advantages for understanding the thermal, magnetic, and optical properties of rare earth ions in crystals. They are model compounds, the physical properties of which are tractable theoretically to high accuracy. Properties of these substances are covered broadly in this volume. For a survey of optical spectra, the reader is referred to a future volume, which will review completely the optical spectra of rare earths in ionic crystals.

28.13.1 Preparation

Methods of preparation are described in an earlier volume (Gmelin Handbuch, 7. Aufl., Bd. VI, Tl. 1, 1928, p. 60/1, 577/8) and will be reviewed only briefly here. Two methods of forming the rare earth ethylsulfate enneahydrates are known: (1) addition of a freshly prepared aqueous $Ba(C_2H_5SO_4)_2$ solution to a solution of a rare earth sulfate hydrate in water with precipitation of $BaSO_4$; or (2) addition of an alcoholic $NaC_2H_5SO_4$ solution to a solution of a rare earth chloride hydrate in C_2H_5OH and precipitation of NaCl. Care must be taken to keep an aqueous solution neutral and cool, since otherwise $C_2H_5SO_4^-$ undergoes rapid hydrolysis, liberating further acid, so that saponification is autocatalyzed.

Details of preparation and growth of single crystals from aqueous solution are described by Fisher [1] for neodymium ethylsulfate and by Gerstein et al. [2, 3] for thulium and lutetium ethylsulfate.

References:

[1] R.A. Fisher (Rev. Sci. Instr. **47** [1976] 1086/92). – [2] B.C. Gerstein, L.D. Jennings, F.H. Spedding (J. Chem. Phys. **37** [1962] 1496/508). – [3] B.C. Gerstein, F.H. Spedding (IS-331 [1960] 1/56, 11; C.A. **57** [1962] 248).

28.13.2 Crystallographic Properties. Lattice Vibrations. Densities

Crystallographic Properties

The ethylsulfate enneahydrates of Y, La, and Ce to Lu form a complete series of isomorphic compounds, Albertsson, Elding [1], Ketelaar [2], Jaeger [3]. They crystallize in hexagonal prisms with well developed faces along the c-axis [1, 3], Fisher [4], and cleavage planes along (10$\bar{1}$0) [3]. Their appearance is colorless to pale pink [3], except for neodymium ethylsulfate, which is reported to be deep pink to violet [3, 4], Swanson et al. [5]. Crystals sometimes contain translucent regions, probably due to inclusion of mother liquor [3, 4].

From X-ray and neutron diffraction studies the structure is found to be hexagonal, space group $P6_3/m-C_{6h}^2$ (No. 176) with Z=2 [1, 2, 6 to 8]. Lattice constants, as obtained from X-ray powder diffraction at room temperature on yttrium ethylsulfate by Fitzwater, Rundle [7] and on the series La to Lu (except Pm) by Albertsson, Elding [1], are presented below. Further values reported for individual compounds [2, 5 to 7, 10] are in fair agreement with these figures.

Lattice constants in Å of $M(C_2H_5SO_4)_3\cdot 9H_2O$:

M	a	c	M	a	c
Y	13.924(1)	7.057(2)	Tb	13.9444(5)	7.0645(4)
La	14.1084(8)	7.1491(6)	Dy	13.9287(6)	7.0537(4)
Ce	14.0706(6)	7.1346(4)	Ho	13.9221(5)	7.0473(4)
Pr	14.0454(8)	7.1207(6)	Er	13.9110(5)	7.0371(4)
Nd	14.0275(5)	7.1130(4)	Tm	13.9026(4)	7.0308(3)
Sm	13.9884(5)	7.0909(4)	Yb	13.8991(8)	7.0247(6)
Eu	13.9742(7)	7.0827(5)	Lu	13.8870(7)	7.0153(5)
Gd	13.9645(7)	7.0742(5)			

For yttrium ethylsulfate at T=110 K the lattice constants are a=13.871(5), c=7.007(3) Å, as determined by neutron diffraction, Broach et al. [8]. For the other rare earth ethylsulfates no lattice constants at low temperatures have been reported so far, except in a short note stating that the lattice constants show an almost isotropic contraction of 1% on cooling from room temperature to 90 K, Hopkins [9]. It can be seen from the table that the ratio c/a is approximately constant throughout the series, varying only between 0.505 and 0.507, as was also observed by earlier workers [2, 3, 11].

From X-ray diffraction on single crystals at room temperature the structures of praseodymium and ytterbium ethylsulfate have been refined to $R \leq 0.050$ with anisotropic temperature factors. Atomic coordinates are given below [1]; the data are experimental except for the ethylsulfate hydrogens, which were fixed at calculated positions based on r(CH) = 1 Å and tetrahedral H-C-H angles. Further position parameters are available for yttrium ethylsulfate [7], which was measured also at 110 K [8], for holmium ethylsulfate [6], and for erbium ethylsulfate [7, 23]. Neutron diffraction on the Y- and Ho-compounds [6, 8] provided accurate hydrogen atom positions.

Atomic position parameters with estimated standard deviations in two ethylsulfates, from X-ray analysis [1]:

Atom	Position	$Pr(C_2H_5SO_4)_3 \cdot 9H_2O$ x	y	z	$Yb(C_2H_5SO_4)_3 \cdot 9H_2O$ x	y	z
M	2(*c*)	1/3	2/3	1/4	1/3	2/3	1/4
O(1)	12(*i*)	0.3330(2)	0.7913(2)	0.0055(3)	0.3321(2)	0.7843(2)	0.0167(4)
O(2)	6(*h*)	0.3525(3)	0.4925(3)	1/4	0.3526(3)	0.4959(3)	1/4
S	6(*h*)	0.6831(1)	0.6289(1)	1/4	0.6808(1)	0.6287(1)	1/4
O(3)	6(*h*)	0.7545(3)	0.5817(3)	1/4	0.7498(4)	0.5774(4)	1/4
O(4)	6(*h*)	0.7703(3)	0.7561(3)	1/4	0.7699(3)	0.7564(3)	1/4
O(5)	12(*i*)	0.6184(2)	0.6057(2)	0.0814(4)	0.6154(2)	0.6062(3)	0.0792(5)
C(1)	6(*h*)	0.8139(7)	0.9426(6)	1/4	0.8177(8)	0.9464(7)	1/4
C(2)	6(*h*)	0.7280(5)	0.8308(5)	1/4	0.7273(6)	0.8324(5)	1/4
H(1A)	12(*i*)	0.2747(35)	0.7791(34)	+0.0746(66)	0.2886(51)	0.7765(56)	+0.0621(101)
H(1B)	12(*i*)	0.3525(38)	0.8449(38)	0.0181(77)	0.3577(61)	0.8549(61)	0.0384(119)
H(2)	12(*i*)	0.3601(36)	0.4601(35)	0.1754(62)	0.3753(54)	0.4779(58)	0.1651(93)
H(3)	6(*h*)	0.8005(54)	0.9971(58)	1/4	0.8052(85)	1.0051(78)	1/4
H(4)	12(*i*)	0.8589(36)	0.9552(38)	0.1465(59)	0.8379(58)	0.9598(59)	0.1458(81)
H(5)	12(*i*)	0.6821	0.8171	0.1350	0.6810	0.8191	0.1334

The structure, which is shown in **Fig. 42** from ref. [1] as a projection along the c-axis, is composed of columns of enneaaqua complexes about the $\bar{6}$-axes along x = 1/3, y = 2/3, and x = 2/3, y = 1/3, and of columns of the anions about the 6_3-axis through the origin. The columns are linked by hydrogen bonds [1, 7]. The rare earth ions are at sites of point symmetry C_{3h} and are surrounded by 9 nearest-neighbor oxygen atoms of water molecules, see **Fig. 43** from ref. [2]. Six O(1) atoms form a regular trigonal prism with the rare earth ion at the center, while three O(2) atoms are located at the corners of an equilateral triangle in the mirror plane at z = 1/4. Each O(2) atom approximately forms the apex of a regular tetragonal pyramid, which has a rectangular face of the trigonal prism as the basal plane. This completes an $M(H_2O)_9$ moiety of approximate point symmetry D_{3h} [1, 2, 6 to 8]. The triangle of O(2) atoms is slightly rotated, however, from the D_{3h} position by an angle of between 4° and 6° depending on the cation, thus reducing the point symmetry of the $M(H_2O)_9$ complex to C_{3h}. This distortion probably is due to hydrogen bonds. The water protons H(2) bonded to the O(2) oxygens make hydrogen bonds to the sulfate O(5) atoms, whereas the water protons H(1 A) and H(1 B) bonded to O(1) form hydrogen bonds to the sulfate oxygens O(3) and O(5), respectively. These sulfate O atoms are acceptors of two hydrogen bonds each [1, 6 to 8]. M-O distances within the $M(H_2O)_9$ polyhedron in Å measured

Fig. 42

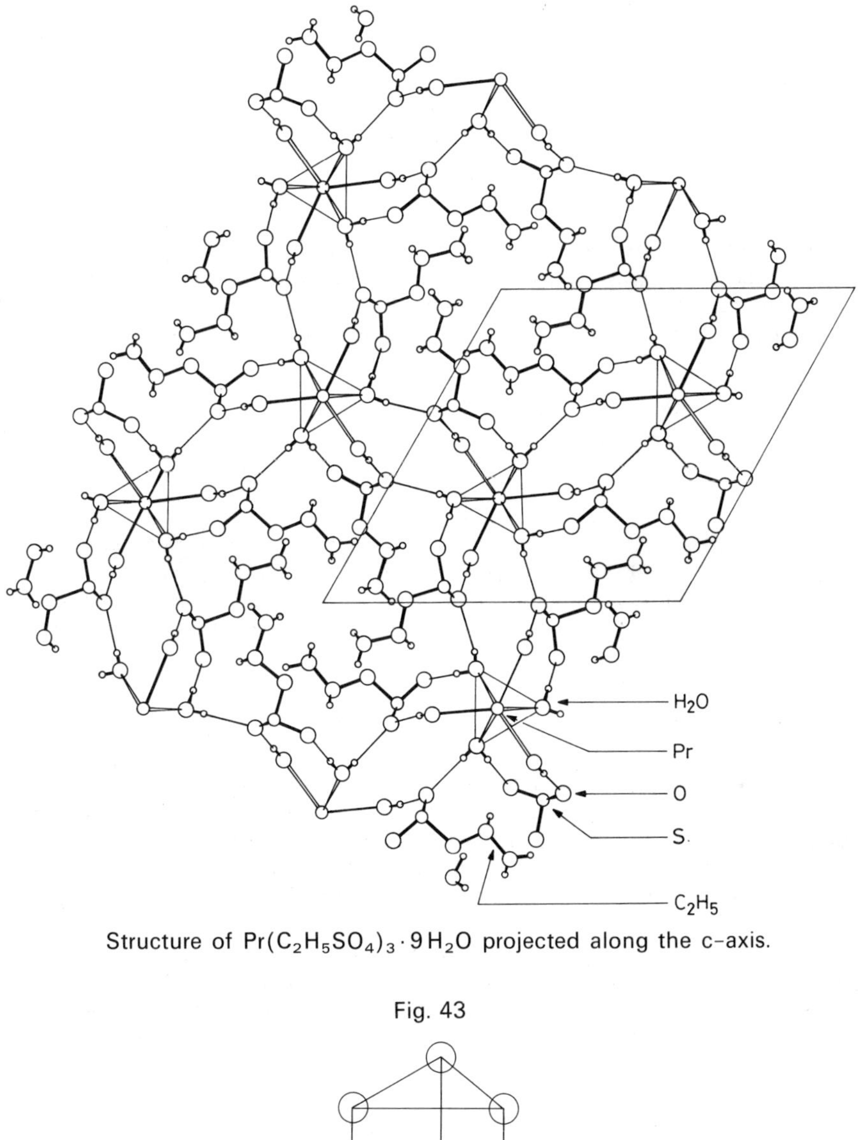

Structure of $Pr(C_2H_5SO_4)_3 \cdot 9\,H_2O$ projected along the c-axis.

Fig. 43

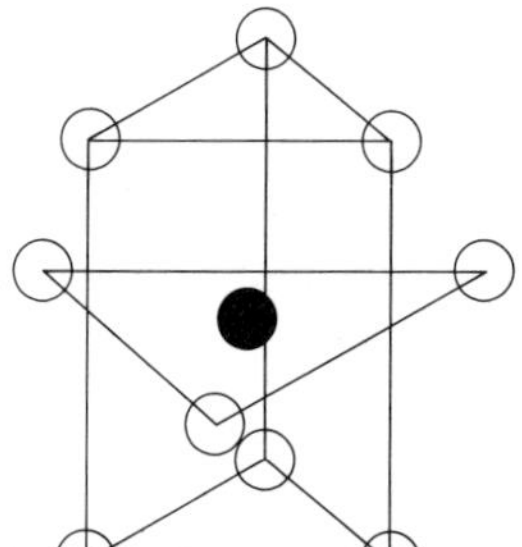

Schematic diagram of water molecules (open circles) around the trivalent rare earth ion (full circle) in rare earth ethylsulfates.

at room temperature (for M=Y at 110 K also) are listed in the following table:

M	Y	Y (110 K)	Pr	Ho	Er	Yb
r(M-O(1))	2.37	2.368	2.470(2)	2.373(11)	2.37	2.321(3)
r(M-O(2))	2.55	2.518	2.592(3)	2.474(15)	2.52	2.518(4)
Ref.	[7]	[8]	[1] [a)]	[6]	[7]	[1]

[a)] For earlier less accurate values, see [7].

A model calculation shows that for M^{3+} ions with ionic radii smaller than Gd^{3+} the regular packing of water molecules around the cation becomes unstable due to van der Waals repulsion. This is believed to be the reason why the curve of lattice constant a versus ionic radius of M^{3+} is not a straight line but rather exhibits a kink between Gd and Tb [1].

Of the atoms within the ethylsulfate ion, the S atom, O(3), O(4), and the C atoms are located in the mirror plane at z=1/4 while the O(5) atoms are above and below this plane. Each M ion has a next-nearest-neighbor environment of 18 sulfate oxygens [1, 7].

No structure other than the hexagonal is known for any of the rare earth ethylsulfate enneahydrates. A reported crystalline phase transition in erbium ethylsulfate, which was claimed to be indicated by a rotation of the principal magnetic axes on lowering the temperature, Mookherji [12], seems to be doubtful since, according to Cooke, Spedding [13], this effect could not be observed by others.

Lattice vibrations

The great number of phonons at zero wave vector, which add up to a total of 384, makes the lattice vibrational spectra of rare earth ethylsulfates rather complex. To a first approximation, however, the observed phonon lines may be assigned to internal or external modes of individual molecular groups, e.g. H_2O, SO_4, or C_2H_5. In Table 28.13-1 from Schaack, Koningstein [15], the group theoretical enumeration of the normal modes within the point group C_{6h} is presented, together with the particular structural moiety to which they may be assigned and with the spectral range where the frequencies are to be expected. The g-modes are Raman active, the u-modes IR active only, except for B_g, B_u, and E_{2u} which are inactive. Furthermore, the species A_u and E_{1u} each contain one mode of zero frequency [15 to 18]. Explicit formulas for symmetry coordinates are given by Borchi et al. [20] and Mostrom, Huang [21].

The reported spectra are in accord with the scheme of Table 28.13-1 as far as assignments have been made [15 to 18]. For the ethylsulfates of La, Ce, and Nd, which have been most thoroughly investigated, there is good agreement between the number of expected and observed Raman modes, while for the IR modes agreement is less satisfactory [15].

A survey of literature dealing with vibrational IR and Raman spectra is given in Table 28.13-2. In most cases (except where stated otherwise in a footnote) polarized spectra of single crystals have been taken to facilitate band assignments. As a representative example, Table 28.13-3 shows Raman frequencies of $La(C_2H_5SO_4)_3 \cdot 9H_2O$ at room temperature, as measured more recently by Kato et al. [16].

Table 28.13-1
Normal modes of $M(C_2H_5SO_4)_3 \cdot 9H_2O$ in different spectral ranges. The symmetry species A_1, E, F_1, and F_2 in the fourth column refer to a tetrahedral SO_4 ion. T=translation, L=libration.

Group or atom	Site symmetry	No. of molecules per cell	Type of vibration	Spectral range in cm^{-1}	Modes of one molecule	Modes of the unit cell
H_2O	C_s	6	$\nu(OH)$	3000	1A′	A_g, E_{2g}, B_u, E_{1u}
					1A″	B_g, E_{1g}, A_u, E_{2u}
			$\delta(OH)$	1600	1A′	A_g, E_{2g}, B_u, E_{1u}
	C_1	12	$\nu(OH)$	3000	2A	$2(A_g, B_g, A_u, B_u, E_{1g}, E_{2g}, E_{1u}, E_{2u})$
			$\delta(OH)$	1600	A	$A_g, B_g, A_u, B_u, E_{1g}, E_{2g}, E_{1u}, E_{2u}$
$9H_2O$	C_{3h}	2	Internal modes of $9H_2O$-complex	200 to 800	8A′	$8(A_g, B_u)$ 5T, 3L
					8A″	$8(B_g, A_u)$ 3T, 5L
					8E′	$8(E_{2g}, E_{1u})$ 4T, 4L
					8E″	$8(E_{1g}, E_{2u})$ 4T, 4L
			External modes of $9H_2O$-complex	100	A′	A_g, B_u L
					A″	A_u, B_g T
					E′	E_{2g}, E_{1u} T
					E″	E_{1g}, E_{2u} L
C_2H_5	C_s	6	$\nu(CH)$	2900 to 3000	3A′	$3(A_g, E_{2g}, B_u, E_{1u})$
					2A″	$2(B_g, E_{1g}, A_u, E_{2u})$
			$\delta(CH)$	1300 to 1500	3A′	$3(A_g, E_{2g}, B_u, E_{1u})$
					2A″	$2(B_g, E_{1g}, A_u, E_{2u})$
			$\nu(CC)$	800 to 1100	3A′	$3(A_g, E_{2g}, B_u, E_{1u})$
					2A″	$2(B_g, E_{1g}, A_u, E_{2u})$
			T, L	400	3A′2T, 1L	$3(A_g, E_{2g}, B_u, E_{1u})$
					3A″1T, 2L	$3(B_g, E_{1g}, A_u, E_{2u})$
SO_4	C_s	6	$\nu(SO), F_2$	1150	2A′	$2(A_g, E_{2g}, B_u, E_{1u})$
					A″	$(B_g, E_{1g}, A_u, E_{2u})$
			$\delta(SO), F_2$	600	2A′	$2(A_g, E_{2g}, B_u, E_{1u})$
					A″	$(B_g, E_{1g}, A_u, E_{2u})$
			$\nu(SO), A_1$	1050	A′	A_g, E_{2g}, B_u, E_{1u}
			$\delta(SO)$, E	450	A′	A_g, E_{2g}, B_u, E_{1u}
					A″	B_g, E_{1g}, A_u, E_{2u}
			T, L	400	3A′ 2T, 1L	$3(A_g, E_{2g}, B_u, E_{1u})$
					3A″ 1T, 2L	$3(B_g, E_{1g}, A_u, E_{2u})$
M	C_{3h}	2	T	400	E′	E_{2g}, E_{1u}
					A″	A_u, B_g

Table 28.13-2
Key to literature on phonon spectra of $M(C_2H_5SO_4)_3 \cdot 9\,H_2O$. Investigated range of Raman and IR spectra in cm^{-1}. RT=room temperature.

M	Y	La	La	La	La	Ce
T in K . .	77	RT	90, RT	RT	1.6	2, RT
Raman . .	20 to 3500	30 to 4000	400 to 4000	50 to 4000	–	20 to 1500
IR . . .	–	30 to 4000	400 to 4000	–	25 to 350	–
Comment .		a)	b)	c)	d)	
Ref. . . .	[15]	[16]	[17]	[18]	[19]	[15]

M	Nd	Sm	Sm	Dy	Ho	Er	Er
T in K . .	2	4.2	1.6	1.6	$\leqq$4.2	4.2	1.6
Raman . .	20 to 1500	20 to 1500	–	–	20 to 1500	20 to 1500	–
IR . . .	–	–	25 to 100	25 to 350	–	–	25 to 350
Comment .		e)	d)	d)	e)	e)	d)
Ref. . . .	[15]	[15]	[19]	[19]	[15]	[15]	[19]

a) Raman spectrum of $La(C_2H_5SO_4)_3 \cdot 9\,D_2O$ also studied. For IR region above 300 cm^{-1} unpolarized spectrum of KBr-pellet only. – b) IR reflection spectra. – c) Unpolarized Raman spectrum only. – d) Unpolarized IR spectrum with unassigned bands only. – e) Vibrational Raman spectrum partly obscured by electronic excitations. For Ho only some Raman shifts between 40 and 120 cm^{-1} observed.

Table 28.13-3
Raman lattice frequencies, in cm^{-1}, of $La(C_2H_5SO_4)_3 \cdot 9\,H_2O$ at room temperature, from Kato et al. [16]. vs=very strong, s=strong, m=medium, w=weak, vw=very weak, sh=shoulder, ν=stretching, δ=bending, ϱ_r=rocking, ϱ_t=twisting, ϱ_w=wagging. O* means the oxygen atom bound to C_2H_5.

A_g	E_{1g}	E_{2g}	Assignment	A_g	E_{1g}	E_{2g}	Assignment
343 m		345 s	$\delta(CCO^*)$	1450 sh	1449 s	1447 s	$\delta(CH_3)$
421 vs	426 vs	418 s	$\varrho_r(SO_3)$	1463 m			$\delta(CH_2)$
570 m	565 m	569 m	$\delta(SO_3)$		1480 w	1479 m	
612 w	615 vw	612 m	$\delta(SO_3)$	2723 m	2725 m		
801 vs	800 m	796 vw	$\varrho_r(CH_2)$	2773 m	2775 m		
928 m		921 m	$\nu(C{-}C)$	2875 sh	2873 w	2875 vw	$\nu(C{-}H)$
1006 s	1006 m	1008 vs	$\nu(S{-}O), \varrho_r(CH_3)$	2915 sh			$\nu(C{-}H)$
1067 vs	1067 w	1068 w	$\nu(C{-}O^*), \varrho_r(CH_3)$	2937 vs	2937 vs	2941 w	$\nu(C{-}H)$
1105 w		1109 w	$\nu(S{-}O^*)$	2977 vs		2974 s	$\nu(C{-}H)$
1213 w	1203 m	1225 m	$\nu(S{-}O)$		2983 s		$\nu(C{-}H)$
1285 vw	1286 m	1287 m	$\varrho_w(CH_2)$	3025 w		3022 w	
1365 w					3370 m	3395 sh	$\nu(O{-}H)$
1389 m	1395 w	1396 m	$\delta(CH_3)$	3448 s	3440 m	3430 s	$\nu(O{-}H)$

Densities

Densities of the bulk substances have been determined at room temperature for several specimens of each compound, which gave identical results within 0.5%, Meyer, Smith [22]. These values are not more than 3% below densities calculated from X-ray structures [1, 2, 5, 8]. – For earlier values, see [3].

$M(C_2H_5SO_4)_3 \cdot 9H_2O$	Y	La	Ce	Pr	Nd	Dy	Yb
D in g/cm^3	1.73	1.81	1.82	1.81	1.84	1.93	1.98

References:

[1] J. Albertsson, I. Elding (Acta Cryst. B **33** [1977] 1460/9). – [2] J.A.A. Ketelaar (Physica **4** [1937] 619/30). – [3] F.M. Jaeger (Rec. Trav. Chim. **33** [1914] 343/401). – [4] R.A. Fisher (Rev. Sci. Instr. **47** [1976] 1086/92). – [5] H.E. Swanson, M.J. Cook, T. Isaacs, E.H. Evans (NBS-Circ.-539-9 [1960] 1/64, 41/2).

[6] C.R. Hubbard, C.O. Quicksall, R.A. Jacobson (Acta Cryst. B **30** [1974] 2613/9). – [7] D.R. Fitzwater, R.E. Rundle (Z. Krist. **112** [1959] 362/74). – [8] R.W. Broach, J.M. Williams, G.P. Felcher, D.G. Hinks (Acta Cryst. B **35** [1979] 2317/21). – [9] T.E. Hopkins, 1965 (from J.M. Baker, A.E. Mau, Can. J. Phys. **45** [1967] 403/28, 404). – [10] H.E. Swanson, M.C. Morris, R.P. Stinchfield, E.H. Evans (NBS-Mon.-25-1 [1962] 1/56, 18; C.A. **56** [1962] 13642).

[11] S. Singh (Z. Krist. **105** [1943/44] 384/92). – [12] T. Mookherji (Indian J. Phys. **38** [1964] 587/8). – [13] A.H. Cooke, F.H. Spedding (from ref. [14]). – [14] Vishwamittar, S.P. Puri (Pramana **4** [1975] 199/212). – [15] G. Schaack, J.A. Koningstein (Can. J. Chem. **51** [1973] 1023/31).

[16] Y. Kato, T. Kurimoto, T. Takenaka (Spectrochim. Acta A **33** [1977] 1033/40). – [17] H.P. Geserich, K.H. Hellwege, G. Schaack (Z. Naturforsch. **20a** [1965] 289/96). – [18] N. Krishnamurty, R.S. Krishnan (Proc. Indian Acad. Sci. A **57** [1963] 352/60). – [19] J.C. Hill, R.G. Wheeler (Phys. Rev. [2] **152** [1966] 482/94). – [20] E. Borchi, S. De Gennaro, M. Mancini (Nuovo Cimento [10] B **56** [1968] 352/8).

[21] M.A. Mostrom, C.Y. Huang (J. Phys. Chem. Solids **32** [1971] 799/803). – [22] H. Meyer, P.L. Smith (Phys. Chem. Solids **9** [1959] 285/95). – [23] S. Sato, A. Reuveni, B.R. McGarvey (J. Chem. Phys. **73** [1980] 712/8).

28.13.3 Thermal Properties

28.13.3.1 Heat Capacity and Thermodynamic Functions

Review

The heat capacity of the rare earth ethylsulfates consists of the lattice contribution C_L, which roughly follows a T^3 law, and a magnetic part C_M. For the ethylsulfates of Y, La, Eu, and Lu, which are diamagnetic in their electronic ground states, C_M is zero at low temperatures, whereas for the paramagnetic ethylsulfates in the series from Ce to Yb it by far dominates below about 2 K. To a good approximation $C_M = C_{si} + C_{hfs} + C_S$. The contribution C_{si} is due to interactions between spins of different ions; these interactions are mostly of a pure dipole-dipole type, see p. 386. C_{hfs} is the hyperfine structure contribution from interactions between the electronic and nuclear spins of individual rare earth ions. C_S is the Schottky heat capacity of an electronic two level system with a small separation Δ between the two levels. When the temperature is raised through the region $T = \Delta/k$ (k = Boltzmann constant), the increasing population of the upper level is revealed by a peak of the heat capacity, which for two nondegenerate states is described by the equation $C_S/R = (\Delta/kT)^2 \cdot \exp(\Delta/kT)/(1+\exp(\Delta/kT))^2$.

Theoretical analysis of heat capacity data has been facilitated by expanding the theoretical free energy in powers of 1/kT. At the present calculations of thermodynamic functions from first principles can be feasibly carried out by high-speed computers; this was not true, however, for the period up to about 1970 when most of the studies on the rare earth ethylsulfates were done, cf. Hudson [2]. At sufficiently high temperatures for which spin-spin and hyperfine interactions are small compared to kT – this is valid already for temperatures as low as 0.1 K for most of the rare earth ethylsulfates – a third-order expansion is sufficient in most cases. This leads to an expression for the magnetic heat capacity which, apart from a Schottky contribution, may be written as $C_M = A/T^2 + B/T^3$. It has been shown that spin-spin and hyperfine-interaction contributions are additive as far as the term in $1/T^3$. Explicit formulas could thus be derived for evaluating the constants A and B from spectroscopic and crystallographic data, Daniels [1].

Heat capacities have mostly been measured by direct calorimetry and by paramagnetic relaxation heating. In the latter method a sample is subjected to a steady magnetic field on which is superposed a small parallel oscillatory field. The oscillatory component of the magnetization of the specimen is measured and yields the adiabatic susceptibility of the spin system if the period of the oscillatory field is short compared to the spin-lattice relaxation time. By combining the adiabatic with the isothermal susceptibility the heat capacity of the isolated spin system by itself may be obtained, see for instance van den Handel [3].

Experimental results for individual rare earth ethylsulfates, always referred to 1 mole of substance, are summarized in the following. Heat capacities are sometimes given in units of C/R, where R = molar gas constant.

Heat Capacity of Yttrium and Lanthanum Ethylsulfate. Lattice Heat Capacity of Cerium, Neodymium, Terbium, and Ytterbium Ethylsulfate

The heat capacities of yttrium and lanthanum ethylsulfate between 3 and 20 K, which have no magnetic components, are presented in **Fig. 44** from Meyer, Smith [4] as a plot of C/T^3 versus T. This reveals deviations from a Debye curve $C_L \sim T^3$ for a lattice-only heat capacity. The same temperature behavior of C_L is observed for the ethylsulfates of Ce, Nd, and Yb, see Fig. 44, and also of Tb; C_L/T^3 of Tb fits closely to the curves of Fig. 44, Wun [5]. The pure C_L of these latter magnetic compounds is obtained by subtracting the spin-interaction and hyperfine contribution as measured at low temperatures from the total heat capacity. In the case of cerium ethylsulfate the Schottky contribution,

Fig. 44

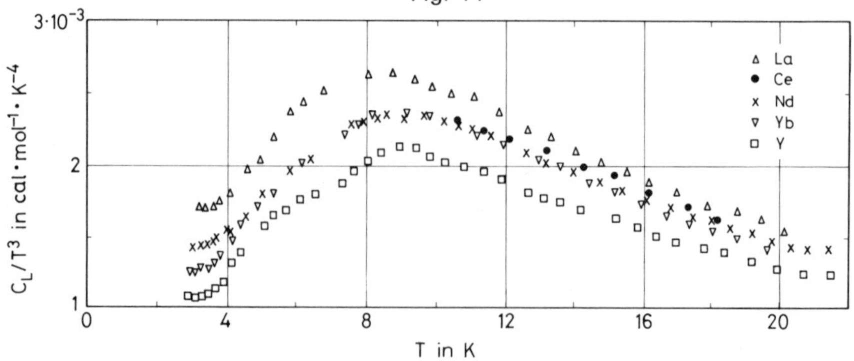

Lattice heat capacity C_L of several rare earth ethylsulfates, plotted as C_L/T^3.

see below, has also to be subtracted [4]. When the C_L measurements as presented in Fig. 44 were done for the first time, they additionally showed an increase of C_L/T^3 below 3 K [4]. This, however, was found later to be in error and probably to arise from adsorption on the sample surface of the helium used as a cooling gas, Wun [5], Onn et al. [6]. Thus for lanthanum ethylsulfate a low-temperature limit $C/T^3 = (1.46 \pm 0.05) \times 10^{-3}\ cal \cdot mol^{-1} \cdot K^{-4}$ has been established [6]. The heat capacity of yttrium ethylsulfate as measured between 12 and 300 K is tabulated by Gerstein et al. [7] together with the entropy, the enthalpy, and the free-energy function derived from it.

Cerium Ethylsulfate

The heat capacity over the temperature range from 0.001 to 10 K is shown in **Fig. 45** from Blöte [8]. Below 2 K the lattice-heat capacity C_L is quite negligible, compared to the Schottky and magnetic-interaction contributions [4]. The first peak in the vicinity of 0.03 K arises from spin interactions, although on account of its rather large width no conclusions on critical behavior can be drawn. To a good approximation the high-temperature wing of this peak is given by $C_M \cdot T^2/R = 6.7 \times 10^{-4}\ K^2$ [8], which is smaller by a factor of two than values obtained in earlier measurements [4, 9, 10]. However, these earlier studies may suffer from systematic errors in the temperature calibration [8]. The next peak at about 3 K belongs to a Schottky curve due to the population of the first excited crystal field level. The separation Δ of this level from the ground state is determined from the initial slope of the Schottky curve to be $\Delta = 4.6\ cm^{-1}$ [8]; another independent measurement yields 4.5 cm^{-1} [4]. The lattice heat capacity C_L above 9 K, see Fig. 44, p. 370, is derived by subtracting the high-temperature tail of a theoretical Schottky curve, as calculated using the formula for the asymptotic behavior of the Schottky heat capacity C_S at high temperatures, $C_S = R \cdot \Delta^2/4k^2T^2$ [4].

The magnetic heat capacity up to 10 K exhibits two remarkable anomalies. First, the high-temperature wing of the first peak is several times larger than the calculated contribution from pure dipolar interactions; hyperfine structure does not need to be taken into account since it is quite small from spectroscopic evidence. This first anomaly indicates the presence of strong non-dipolar spin coupling, see p. 387, [1, 4, 8 to 10]. Second, the Schottky heat capacity, as obtained either from direct calorimetry after C_L of neodymium ethylsulfate has been subtracted [4] or by van den Broek, van der Marel [11] from paramagnetic relaxation measurements (which give the magnetic heat

Fig. 45

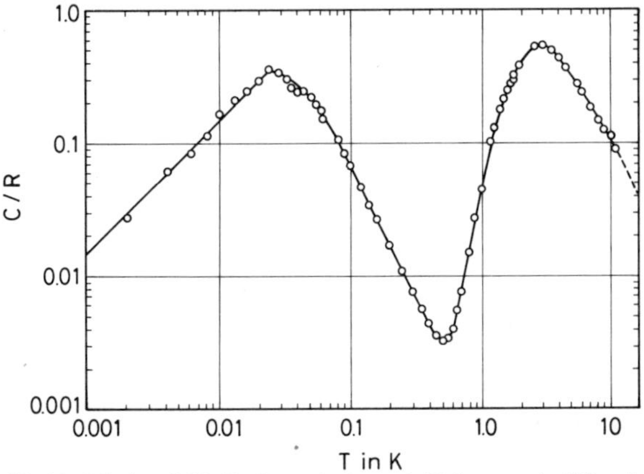

Heat capacity of $Ce(C_2H_5SO_4)_3 \cdot 9H_2O$. Data below 1 K from ref. [8], above from ref. [4].

capacity only, see p. 370), considerably exceeds the theoretical Schottky curve in the vicinity of the maximum [4, 11]. As a consequence the entropy increase due to the population of the first excited crystal field level is larger than the value $R \cdot \ln 2$ to be expected from theory [4]. Several attempts have been made to rationalize this striking anomaly. For the time being it seems to be established that the enhancement of the Schottky peak arises from a strong spin-phonon coupling, although agreement between measurement and theory is sometimes poor [11 to 19].

Praseodymium Ethylsulfate

Between 0.1 and 1.5 K the heat capacity, reduced by the Schottky contribution (see below) and the lattice part (the latter is assumed to be equal to C_L of lanthanum ethylsulfate), exhibits a flat anomaly which attains a maximum value of $C_M/R \approx 0.25$ at $T \approx 0.23$ K, Folinsbee et al. [20], Meyer [21]. This may be attributed to an ordering of electric dipoles which are associated with each Pr^{3+} ion in its lowest crystal field state. This state, although it has no Kramers degeneracy, is doubly degenerate on account of crystalline symmetry; it may suffer a first-order splitting from the crystalline electric field if the symmetry of the field is lowered by distortions. The anomaly of the heat capacity may be accounted for by an isotropic nearest-neighbor interaction of electric dipoles; the dipoles are confined to planes perpendicular to the crystal c-axis. This model, however, predicts a value of C/R substantially larger than observed [20]. This discrepancy may not be removed by taking hyperfine interactions into account, Nasser [45], Goncalves, Elliott [46]. Alternatively, the anomaly has been explained by the assumption that the splitting of the ground state doublet varies at random across the crystal due to local strains. A fit to a measured heat capacity curve for temperatures down to 0.25 K yields a mean splitting of 0.37 cm^{-1}; however, the fit is poor with this model, too, in particular at the low temperature end [21]. It may be that both electric dipole ordering and random strains are effective in causing the anomaly of the low-temperature heat capacity [45, 46].

The Schottky peak arising from the excitation to the singlet state next to the ground state doublet is obtained by subtracting C_L of neodymium ethylsulfate and by further subtracting the extrapolation of the low-temperature anomaly from the total. The Schottky curve thus derived exhibits an anomaly similar to that for cerium ethylsulfate in that at higher temperatures it exceeds the calculated curve. Nevertheless, the crystal field splitting $\Delta = 11.6$ cm^{-1}, as obtained from the initial slope of the experimental Schottky curve, is in excellent agreement with a spectroscopic value [4]. As in the case of cerium ethylsulfate, the anomalous height of the Schottky curve is suggested to arise from spin-phonon coupling [17 to 19].

Neodymium Ethylsulfate

Below about 20 K the magnetic heat capacity is entirely determined by the properties of the lowest crystal field doublet, since any contribution is negligible from the next excited doublet, which is separated by about 150 cm^{-1} [4, 22]. Measured data between 0.5 and 4.2 K can be reasonably fitted by $C_M = 2.27 \times 10^{-3}/T^2 - 8.45 \times 10^{-5}/T^3$ $cal \cdot mol^{-1} \cdot K^{-1}$ and $C_L = 1.13 \times 10^{-3} \cdot T^3 + 2.15 \times 10^{-5} \cdot T^5$ $cal \cdot mol^{-1} \cdot K^{-1}$, Fisher et al. [23]. The $1/T^2$ term is almost exactly equal to the sum of calculated contributions from hyperfine splittings and dipolar spin interactions. This good agreement may be taken as evidence that spin interactions in neodymium ethylsulfate are essentially of pure dipole-dipole origin [22, 24, 25]. The size of the $1/T^2$ term is in accord with earlier findings which were obtained by the paramagnetic relaxation method at temperatures above 1 K. In this temperature range the $1/T^3$ term is negligible [11, 26 to 29].

On cooling below 0.5 K the heat capacity continuously increases and exhibits only minor deviations from the formula cited above for C_M (C_L is negligible below 0.5 K). However, below 0.05 K deviations become significant, and C_M reaches a maximum at 0.014 K, beyond which it drops sharply, Fisher et al. [24, 25]. At the temperature of the maximum the electronic entropy has decreased from the high-temperature value $R \cdot \ln 2 = 1.38\ cal \cdot mol^{-1} \cdot K^{-1}$ (which corresponds to complete spin-disorder) to 0.3 $cal \cdot mol^{-1} \cdot K^{-1}$. This indicates a considerable amount of magnetic order. The height of the heat-capacity maximum strongly depends on whether the magnetic field applied for adiabatic-demagnetization cooling is directed parallel or perpendicular to the crystal c-axis. This phenomenon may be accounted for by the anisotropy of the dipolar spin interactions [25]. Heat-capacity measurements have also been carried out at various constant magnetic fields [22, 25]. For the lattice heat capacity of neodymium ethylsulfate above 2 K, see also p. 370. Values of thermodynamic functions are tabulated in refs. [22 to 25].

Gadolinium Ethylsulfate

Since Gd^{3+} is an S-state ion, the crystal field can act only through second-order effects, to produce rather small splittings. Thus the magnetic heat capacity may be treated by a first-order expression of the series expansion, $C_M = A/T^2$, which contains contributions from dipole-dipole interactions and second-order crystal field splittings. Spectroscopic evidence indicates that hyperfine structure is absent. The paramagnetic relaxation method between 1.2 and 4.0 K yields $A/R = (29.0 \pm 0.2) \times 10^{-3}\ K^2$. This agrees with a calculated value [11], which includes small corrections for second-order crystal field splitting as inferred from EPR spectra.

Terbium Ethylsulfate

The low-temperature heat capacity between 0.15 and 10 K is shown in **Fig. 46**, p. 374, from Hirvonen et al. [30]. The sharp peak at 0.24 K indicates a second-order cooperative transition to a ferromagnetic state (see p. 388). Between 2 and 4 K the data fit the formula $C = 1.791/T^2 + 0.00649 \cdot T^3\ J \cdot mol^{-1} \cdot K^{-1}$. The T^3 term represents the lattice heat capacity C_L, which is negligible below 1 K [5, 30]. At about 0.3 K there seems to be a Schottky peak due to a splitting of the lowest crystal field doublet of approximately $0.4\ cm^{-1}$. Between 1.5 and 4 K C_M can be reasonably well described by the high-temperature expansion up to fourth order, $C_M = A/T^2 + B/T^3 + C/T^4$, where the coefficients as obtained from a fit to the experimental curve have the proper size for dipole-dipole coupling, hyperfine interactions, and doublet splitting. Data analysis proved to be difficult, however, since the hyperfine interaction is rather large, which is also disclosed by a decrease of nuclear spin entropy even above 0.24 K [30]. Calculations based on crystal field parameters from optical absorption spectra show two Schottky peaks at about 0.25 K and 60 K, Neogy et al. [44]. For the lattice heat capacity above 2 K, see ref. [5]; cf. p. 370.

Dysprosium Ethylsulfate

The heat capacity below 1 K is shown in **Fig. 47**, p. 374, from refs. [31 to 33]. Other results from Cooke et al. [34] in this temperature range differ by about 15% from the data in Fig. 47 and must be considered less accurate, Lagendijk et al. [32]. Above 1 K C_M as obtained from paramagnetic relaxation is found to follow $C_M/R = 1.36 \times 10^{-2}/T^2 + 2.0 \times 10^{-3}/T^3$, Cooke et al. [35]. If only dipole interactions are considered,

Fig. 46

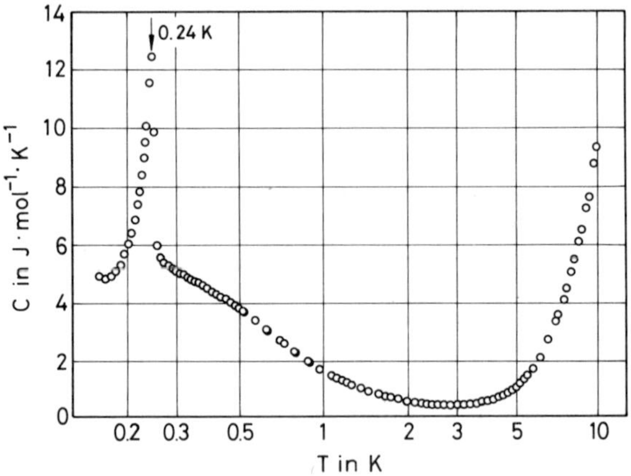

Heat capacity of $Tb(C_2H_5SO_4)_3 \cdot 9H_2O$.

Fig. 47

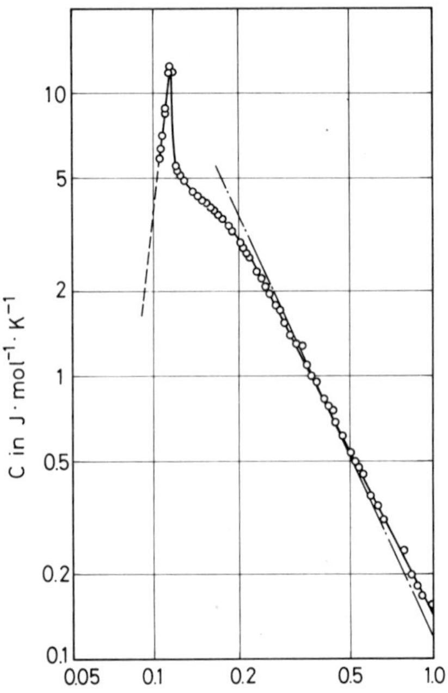

Heat capacity of $Dy(C_2H_5SO_4)_3 \cdot 9H_2O$. ∘∘∘ measured; — · — · — calculated, assuming dipolar interactions only.

the calculated heat capacity for the high-temperature range ($T > 0.2$ K) agrees satisfactorily with the measured data, as is indicated by the dash-dotted line in Fig. 47 [32]. If C_M is assumed to be of second order in $1/T$ only, values of $C_M \cdot T^2/R$ between 1.18×10^{-2} and 1.42×10^{-2} K^2 are obtained by the paramagnetic relaxation method at temperatures above 1 K, Hagene [27], van den Broek, van der Marel [36], or by direct calorimetry

[4]. The largest contributions to $C_M \cdot T^2/R$ come from dipole-dipole coupling (1.21×10^{-2} K^2) and from hyperfine splitting (0.95×10^{-2} K^2) [35].

The sharp increase of C near 0.12 K marks the transition to the ferromagnetic state (see p. 389) [31 to 33]. The presence of short-range order above the Curie temperature T_C is indicated by the broad shoulder and by a small spike at the maximum of the heat-capacity curve, Kötzler [37]. A further indication is the sudden decrease of electronic entropy just above T_C [33, 34]. The experimental heat capacity between 2 and 20 K, diminished by the lattice heat capacity of ytterbium ethylsulfate, can be fitted by a Schottky curve comprising two excited levels at 15.6 and 23.4 cm^{-1}. These energies are in satisfactory agreement with spectroscopic values [4]. A calculation of C_M from spectroscopic levels by Gramberg [43] is in reasonable agreement with the calorimetric measurements [4]. Further measurements of C_M at higher temperatures are reported to exhibit a maximum at 35 K and to be consistent with a spectroscopically determined level scheme, Spedding et al. [38].

Holmium Ethylsulfate

The heat capacity between 0.5 and 3.5 K as obtained from direct calorimetry is shown in **Fig. 48** from ref. [6]. When one subtracts the lattice heat capacity, which in any case is quite small in this temperature range, see estimated C_L in Fig. 48, the measured heat capacity can be fully accounted for by dipole-dipole interaction, hyperfine splitting, and a Schottky contribution from the population of the crystal field singlet at about 6 cm^{-1} above the ground state doublet [6]. On the contrary, the heat capacity between 1.1 and 1.9 K as measured by the paramagnetic relaxation method apparently contains no Schottky contribution. This discrepancy is attributed to a slow spin-lattice relaxation: In holmium ethylsulfate the spin-lattice relaxation in this temperature range may be assumed to be dominated by the Orbach process (see p. 391), which involves transitions between the two substates of the ground state doublet via phonon-induced transitions to the excited state singlet. Thus, under the conditions of the paramagnetic relaxation measurement, the spin system is decoupled not only from the lattice, but also from the excited singlet. The Jahn-Teller splitting of the ground state doublet probably is too small to give a noticeable contribution to the heat capacity, Cooke, Finn [39]. On raising the temperature, C_M – taken as the measured total heat capacity minus the heat capacity of yttrium ethylsulfate – is reported to show a maximum at 48 K and to be in agreement with a preliminary spectroscopic identification of the crystal field splitting [38].

Fig. 48

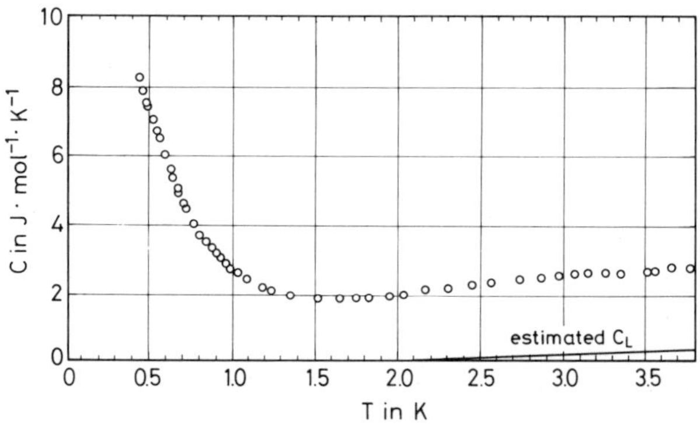

Heat capacity of $Ho(C_2H_5SO_4)_3 \cdot 9H_2O$.

Erbium Ethylsulfate, Thulium Ethylsulfate

The heat capacity of erbium ethylsulfate has been determined below 0.5 K with a sample of natural abundance of Er isotopes, with subtraction of a calculated hyperfine contribution. Measurements were done also with a sample enriched with ^{170}Er (nuclear spin I=0; no hyperfine structure). The heat capacity is larger than that calculated for dipolar interactions with a high-temperature expansion up to third order. The experimental data are not sufficiently accurate, however, to draw further conclusions from them [32]. In contrast, C_M as obtained by the paramagnetic relaxation method between 1.2 and 1.4 K was found to obey $C_M \cdot T^2/R \approx 7.3 \times 10^{-3}$ K^2, which is close to a calculated first order term made up of dipole-dipole interactions and hyperfine splitting only. Any Schottky contribution is unimportant in this temperature range because of the rather high energy of the first excited crystal field level [39].

For erbium ethylsulfate and thulium ethylsulfate the heat capacity has been extensively studied between 12 and 300 K. A tabulation of heat capacities together with derived thermodynamic functions has been produced. C_M of these compounds was derived by subtracting the heat capacity of yttrium ethylsulfate (for the Er compound) or of lutetium ethylsulfate (for the Tm compound). These zero-order C_M values have been further corrected for a difference betwen calculated and observed electronic entropies. C_M thus obtained is in good accord with a system of energy levels calculated from spectroscopic crystal field parameters, Gerstein et al. [7, 40, 41].

Ytterbium Ethylsulfate

C_M as measured by the paramagnetic relaxation method between 1.2 and 4.0 K is adequately described by $C_M \cdot T^2/R = 4.4 \times 10^{-4}$ K^2 [36]. This is in accord with earlier results of Cooke et al. [42], and is very close to the value calculated for dipole-dipole interaction (1.22×10^{-4} K^2) and hyperfine splitting (3.22×10^{-4} K^2) [36, 42]. The magnetic heat capacity does not reveal any onset of a Schottky contribution up to 20 K, which serves to put a lower limit on the energy of the first excited crystal field level at ≈ 40 cm^{-1} [4, 42]. For C_L up to 20 K, see Fig. 44, p. 370.

Lutetium Ethylsulfate

The heat capacity, which does not contain any magnetic contribution, has been extensively measured between 15 K and room temperature. Values below 12 K have been obtained from a scaling procedure based on lanthanum ethylsulfate. A tabulation of heat capacities together with derived thermodynamic functions is presented in the original reference [40].

References:

[1] J.M. Daniels (Proc. Phys. Soc. [London] A **66** [1953] 673/88). – [2] R.P. Hudson (Principles and Application of Magnetic Cooling, Amsterdam-London 1972). – [3] J. van den Handel (in: S. Flügge, Encyclopedia of Physics, Vol. 15, Pt. 2, Berlin-Göttingen-Heidelberg, 1956, p. 1/37). – [4] H. Meyer, P.L. Smith (Phys. Chem. Solids **9** [1959] 285/95). – [5] M. Wun (LBL-3177 [1974] 1/55, 8/11, 48/9; C.A. **83** [1975] No. 34878).

[6] D.G. Onn, R. Gonano, H. Meyer (Proc. 9th Intern. Conf. Low Temp. Phys., Columbus, Ohio, 1964 [1965], p. 897/900). – [7] B.C. Gerstein, C.J. Penney, F.H. Spedding (J. Chem. Phys. **37** [1962] 2610/5). – [8] H.W.J. Blöte (Physica **61** [1972] 361/88). – [9] C.E. Johnson, H. Meyer (Proc. Roy. Soc. [London] A **253** [1959] 199/211). – [10] A.H. Cooke, S. Whitley, W.P. Wolf (Proc. Phys. Soc. [London] B **68** [1955] 415/21).

[11] J. van den Broek, L.C. van der Marel (Physica **29** [1963] 948/64). – [12] F.W. Sheard, G.A. Toombs (J. Phys. C **4** [1971] 313/23). – [13] J.R. Fletcher, F.W. Sheard (Solid State Commun. **9** [1971] 1403/6). – [14] D.R. Taylor, D.B. McColl, J.P. Harrison, R.J. Elliott, L.L. Goncalves (J. Phys. C **10** [1977] L407/L412). – [15] E. Becker, R.B. Clover (Phys. Rev. Letters **21** [1968] 1327/31).

[16] K.W.H. Stevens, H.A.M. van Eekelen (Proc. Phys. Soc. [London] **92** [1967] 680/96). – [17] J.W. Tucker (Proc. Phys. Soc. [London] **85** [1965] 559/64). – [18] V.F. Sears (Proc. Phys. Soc. [London] **84** [1964] 951/67). – [19] F. Persico, K.W.H. Stevens (Proc. Phys. Soc. [London] **82** [1963] 855/64). – [20] J.T. Folinsbee, J.P. Harrison, D.B. McColl, D.R. Taylor (J. Phys. C **10** [1977] 743/59).

[21] H. Meyer (Phys. Chem. Solids **9** [1959] 296/301). – [22] W.F. Giauque, R.A. Fisher, E.W. Hornung, G.E. Brodale (J. Chem. Phys. **64** [1976] 3330/43). – [23] R.A. Fisher, G.E. Brodale, E.W. Hornung, W.F. Giauque (J. Chem. Phys. **66** [1977] 2678/89). – [24] R.A. Fisher, E.W. Hornung, G.E. Brodale, W.F. Giauque (J. Chem. Phys. **65** [1976] 4724/38). – [25] R.A. Fisher, G.E. Brodale, E.W. Hornung, W.F. Giauque (J. Chem. Phys. **68** [1978] 169/84).

[26] A. Singh, R.C. Sapp (Phys. Rev. [3] B **5** [1972] 1688/700). – [27] B. Hagene (Compt. Rend. B **274** [1972] 1375/8). – [28] H. Meyer (Phil. Mag. [8] **2** [1957] 521/33). – [29] L.D. Roberts, C.C. Sartain, B. Borie (Rev. Mod. Phys. **25** [1953] 170/3). – [30] M.T. Hirvonen, T.E. Katila, K.J. Riski, M.A. Teplov, B.Z. Malkin, N.E. Phillips, M. Wun (Phys. Rev. [3] B **11** [1975] 4652/60).

[31] R.F. Wielinga (Thesis Leiden 1968 from [32]). – [32] E. Lagendijk, H.W.J. Blöte, W.J. Huiskamp (Physica **61** [1972] 220/40). – [33] W.J. Huiskamp (Ann. Acad. Sci. Fennicae A VI No. 210 [1966] 180/93). – [34] A.H. Cooke, D.T. Edmonds, C.B.P. Finn, W.P. Wolf, B.R. Heap (Proc. Roy. Soc. [London] A **306** [1968] 313/34). – [35] A.H. Cooke, D.T. Edmonds, F.R. McKim, W.P. Wolf (Proc. Roy. Soc. [London] A **252** [1959] 246/59).

[36] J. van den Broek, L.C. van der Marel (Physica **30** [1964] 565/87). – [37] J. Kötzler (Phys. Letters A **59** [1977] 483/5). – [38] F.H. Spedding, B.C. Gerstein, W.J. Haas, E. Phillips, W.L. Sutherland (IS-617 [1963] 1/4; C.A. **61** [1964] 12744). – [39] A.H. Cooke, C.B.P. Finn (Proc. Phys. Soc. [London] Solid State Phys. **1** [1968] 694/8). – [40] B.C. Gerstein, L.D. Jennings, F.H. Spedding (J. Chem. Phys. **37** [1962] 1496/508).

[41] B.C. Gerstein, F.H. Spedding (IS-331 [1960] 1/56, 26/38; C.A. **57** [1962] 248). – [42] A.H. Cooke, F.R. McKim, H. Meyer, W.P. Wolf (Phil. Mag. [8] **2** [1957] 928/35). – [43] G. Gramberg (Z. Physik **159** [1960] 125/48). – [44] D. Neogy, A. Chatterji, A. Neogy (J. Chem. Phys. **69** [1978] 2703/8). – [45] M.S. Nasser (Phys. Rev. [3] B **18** [1978] 1371/6).

[46] L.L. Goncalves, R.J. Elliott (J. Phys. C **12** [1979] 1703/8).

28.13.3.2 Thermal Conductivity

The thermal conductivities λ of several rare earth ethylsulfates at temperatures below 5 K exhibit some peculiarities which arise from spin-phonon interactions: Phonons may induce transitions between low-lying electronic states, in particular between Zeeman components of the ground state of a rare earth ion, if the difference in energy between a pair of levels happens to be close to the energy of the dominant phonons, i.e. ca. kT. The phonons will themselves be scattered due to their absorption and subsequent re-emission in random directions. The effect thus manifests itself as a decrease in λ (or an increase in thermal resistivity λ^{-1}), since the scattered phonons do not contribute to heat transfer. By variation of the strength of an applied magnetic field, the spacing of the Zeeman levels and thus the energy of the scattered phonons is altered. This then results in a variation of λ with magnetic field strength, McClintock et al. [1, 2].

The influence of spin-phonon scattering on the thermal conductivity of rare earth ethylsulfates has been experimentally studied for Ce by McClintock et al. [2, 3], for Pr by Harley et al. [4], Morton [5], Folinsbee et al. [6], for Tb (for which only a brief report has been given) by Morton [5] and Morton, Rosenberg [7], and for Ho by McClintock et al. [1] and Morton, Rosenberg [7, 8]. Results are always quite similar, and details will be discussed in the following primarily for holmium ethylsulfate.

The experimental thermal resistivity λ^{-1} of holmium ethylsulfate at two different temperatures is shown in **Fig. 49** from ref. [1] as a function of the magnetic field intensity parallel to the crystal c-axis. After passing through two sharp maxima, λ^{-1} at high field attains a constant value which is lower than in zero field. This behavior may be fully accounted for by phonon-induced transitions between the two Zeeman components of the lowest crystal field doublet and, furthermore, between one of these components and the excited crystal field singlet only 6 cm^{-1} above the ground state. The maxima occur when the energy of a particular transition falls on the top of the phonon distribution curve at the respective temperature [1, 7, 8]. For a Debye spectrum of acoustic phonons the maxima of the thermal resistivity curves are expected to shift to higher fields with increasing temperature [9 to 11]. Experimentally, however, the position of the first maximum is found to be independent of temperature between 1.00 and 4.25 K, which is attributed to the strong influence of impurity scattering [1]. Previously this departure from the behavior expected for acoustic phonons was thought to give evidence for a low-frequency optical phonon, the existence of which was suggested in particular

Fig. 49

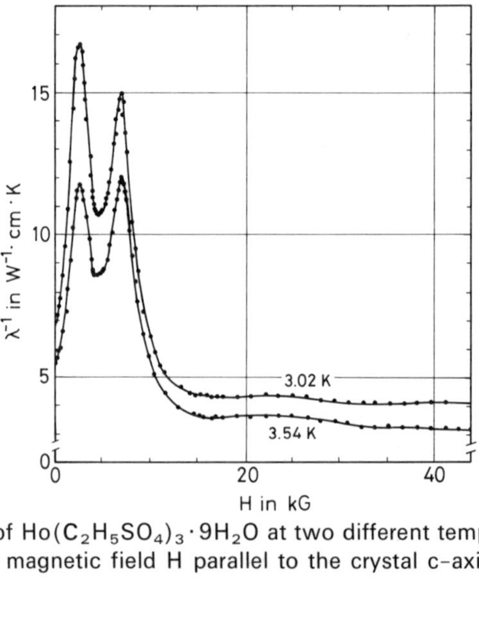

Thermal resistivity λ^{-1} of $Ho(C_2H_5SO_4)_3 \cdot 9H_2O$ at two different temperatures as a function of magnetic field H parallel to the crystal c-axis.

from an apparent increase of the heat capacity of lanthanum ethylsulfate below 2 K (see p. 371), Orbach [9]. Since, however, these heat capacity results have been found later to be in error, Onn et al. [12] (see p. 371), the optical-phonon interpretation for the thermal resistivity of holmium ethylsulfate is rendered invalid as well [1]. In closing it may be noted that impurity scattering also determines the shape of the heat conductivity versus temperature curve at zero field [1].

For cerium and praseodymium ethylsulfate only the first maximum of thermal resistivity as a function of magnetic field has been observed, the second being estimated to lie well above 100 kG. The first peak shifts with increasing temperature to higher fields as expected (see above) [2, 4]. For praseodymium ethylsulfate the zero field thermal conductivity below 2 K may be accounted for by a scattering of acoustic phonons, which induces not only transitions to the excited crystal field state, but also elementary excitations of the ordered array of electric dipoles which are associated with each Pr^{3+} ion in its lowest crystal field state, see p. 413, [6]. Calculations show that the spin system does not contribute significantly to the zero field thermal conductivity of praseodymium ethylsulfate [13].

References:

[1] P.V.E. McClintock, I.P. Morton, R. Orbach, H.M. Rosenberg (Proc. Roy. Soc. [London] A **298** [1967] 359/78). – [2] P.V.E. McClintock, H.M. Rosenberg (Proc. Roy. Soc. [London] A **302** [1967] 419/36). – [3] P.V.E. McClintock, H.M. Rosenberg (Bull. Inst. Intern. Froid Annexe No. 2 [1965] 107/15). – [4] R.T. Harley, P.V.E. McClintock, H.M. Rosenberg (Phys. Letters A **28** [1969] 469/70). – [5] I.P. Morton (Thesis Oxford 1963 from [2]).

[6] J.T. Folinsbee, J.P. Harrison, D.B. McColl, D.R. Taylor (J. Phys. C **10** [1977] 743/59). – [7] I.P. Morton, H.M. Rosenberg (Proc. 8th Intern. Conf. Low Temp. Phys., London 1962 [1963], p. 298/9). – [8] I.P. Morton, H.M. Rosenberg (Phys. Rev. Letters **8** [1962] 200/1). – [9] R. Orbach (Phys. Rev. Letters **8** [1962] 393/6). – [10] J. Seiden (Compt. Rend. **254** [1962] 3653/5).

[11] A.M. De Graaf, J.A. Sussmann (Phys. Letters **7** [1963] 95/6). – [12] D.G. Onn, R. Gonano, H. Meyer (Proc. 9th Intern. Conf. Low Temp. Phys., Columbus, Ohio, 1964 [1965], p. 897/900). – [13] L.L. Goncalves, R.J. Elliott (J. Phys. C **12** [1979] 1703/8).

28.13.4 Magnetic Properties

General References:

R.L. Carlin, A.J. van Duyneveldt, Magnetic Properties of Transition Metal Compounds, New York-Heidelberg-Berlin 1977.

A. Abragam, B. Bleaney, Electron Paramagnetic Resonance of Transition Ions, Oxford 1970.

K.N.R. Taylor, M.I. Darby, Physics of Rare-Earth Solids, London 1972.

J. van den Handel, Low Temperature Magnetism, in: S. Flügge, Encyclopedia of Physics, Vol. 15, Pt. 2, Berlin-Göttingen-Heidelberg 1956, p. 1/37.

28.13.4.1 Paramagnetic and Diamagnetic Susceptibilities χ

Review

The ethylsulfates of Y, La, Eu, and Lu are diamagnetic due to the absence of unpaired spins, or in the case of Eu, on account of a vanishing total angular momentum in the electronic ground state. The paramagnetic susceptibilities of the rare earth ethylsulfates of Ce to Sm and Gd to Yb are determined by the interaction of the 4f-electrons with the crystalline electric field. The field at the site of a rare earth ion with (symmetry C_{3h}, see p. 364) splits the multiplets of the free ions into a series of levels with different quantum numbers for J_z, which is the component of the total angular momentum J along the $\bar{6}$ axes parallel to the hexagonal c-axis (see p. 364). As a consequence of Kramers theorem the crystal field levels in the absence of a magnetic field must at least be twofold degenerate for ions with an odd number of electrons. The crystal field splittings Δ typically are of the order of 10 to 100 cm^{-1} or 15 to 150 K on a temperature scale ($T=\Delta/k$, k = Boltzmann constant), whereas the splittings by an external magnetic field are typically a few cm^{-1}. Consequently, the Zeeman interaction may be treated as a perturbation. Furthermore, perturbations from higher J-multiplets can mostly be neglected, since generally these are some thousand cm^{-1} apart. Thus the paramagnetic susceptibilities reflect the Zeeman splittings of individual crystal field levels within the electronic ground state, this splitting being characterized by an effective spin and an anisotropic g-value, since the crystal field lacks cubic symmetry. (The effective spin S is a fictitious number assigned to a given crystal field level, so as to make the number of magnetic sublevels equal to $2S+1$. The g-values, or spectroscopic splitting factors, associated with the effective spin determine the linear Zeeman splitting of the crystal field level.) Thus at very low temperatures where only the lowest crystal field state is populated, an anisotropic susceptibility obeying the Curie law $\chi \sim T^{-1}$ for each component is observed. In the intermediate temperature range between 10 und 200 K where higher levels get gradually more important, the susceptibilities deviate from the Curie law and on further increase of the temperature approach the isotropic χ-values of the free trivalent rare earth ions.

Molar susceptibilities χ in cm^3/mol, for the rare earth ethylsulfates of La to Yb, except for Pm and Eu, are tabulated below. Paramagnetic susceptibilities have mostly been multiplied by the relevant temperature T in K. The values of $\chi_\parallel$ and $\chi_\perp$ refer to an external magnetic field parallel and perpendicular to the hexagonal c-axis, respectively. Free-ion values of $\chi \cdot T$ from Taylor, Darby [1] are added for comparison.

Lanthanum Ethylsulfate

The diamagnetic susceptibility is reported to be $\chi = -306 \times 10^{-6}$ cm^3/mol, Hellwege et al. [2].

Cerium Ethylsulfate

$\chi_\parallel$ from Becquerel et al. [3] and $\chi_\parallel - \chi_\perp$ from Fereday, Wiersma [4] are in accord with a later work of Bogle et al. [5]. The free-ion value is $\chi \cdot T = 0.75$ $cm^3 \cdot K \cdot mol^{-1}$ [1]. Selected values are [3]:

T in K	1.373	4.239	14.057	20.429	77.438	169.37	290.0
$\chi_\parallel \cdot T$ in $cm^3 \cdot K \cdot mol^{-1}$.	1.354	1.168	0.865	0.846	0.794	0.752	0.753

T in K	14.33	20.45	77.69	168.80	290.0
$(\chi_\parallel - \chi_\perp) \cdot T$ in $cm^3 \cdot K \cdot mol^{-1}$	0.625	0.561	0.285	0.118	0.056

Praseodymium Ethylsulfate

$\chi_\parallel$ and $\chi_\perp$ selected from ref. [6], van den Handel, are in agreement with both a more recent work of Hellwege et al. [2] and an earlier one of Becquerel [7]. Anisotropies

$\chi_{\parallel}-\chi_{\perp}$ consistent with these findings have been obtained as well [4]. The free-ion value is $\chi\cdot T=1.50$ $cm^3\cdot K\cdot mol^{-1}$[1].

T in K	14.27	20.29	77.5	169.4	225.3	249.2	290.9
$\chi_{\parallel}\cdot T$ in $cm^3\cdot K\cdot mol^{-1}$	0.340	0.405	0.932	1.340	1.406	1.444	1.488
$\chi_{\perp}\cdot T$ in $cm^3\cdot K\cdot mol^{-1}$	0.586	0.704	1.065	1.308	1.360	1.398	1.437

Neodymium Ethylsulfate

$\chi_{\parallel}$ and $\chi_{\perp}$ selected from ref. [8], van den Handel, Hupse, agree with earlier values [7]. The measurements of $\chi_{\perp}$ have been reproduced more recently by Candela, Mundy [9]. Anisotropies $\chi_{\parallel}-\chi_{\perp}$ derived from these two sets of measurements deviate from direct measurements [4] by about 10%. The free-ion value is $\chi\cdot T=1.50$ $cm^3\cdot K\cdot mol^{-1}$ [1].

T in K	14.27	17.70	20.34	77.7	226.8	249.8	287.5
$\chi_{\parallel}\cdot T$ in $cm^3\cdot K\cdot mol^{-1}$	1.288	1.290	1.315	1.449	1.566	1.572	1.574
$\chi_{\perp}\cdot T$ in $cm^3\cdot K\cdot mol^{-1}$	0.494	0.522	0.541	0.924	1.424	1.446	1.472

Samarium Ethylsulfate

$\chi_{\parallel}$ at room temperature is reported to be 1.03×10^{-3} cm^3/mol, Krishnan, Mookherji [10], which is close to the free-ion value at room temperature, $\chi=1.00\times10^{-3}$ cm^3/mol [1]. Large uncertainties exist for the anisotropy $\chi_{\parallel}-\chi_{\perp}$ as a function of temperature, and even its sign could not be determined unambiguously [11 to 14].

Gadolinium Ethylsulfate

For principal susceptibilities between 1 and 20 K see p. 388.

Terbium Ethylsulfate

The only available data are $\chi_{\parallel}-\chi_{\perp}=9.877\times10^{-3}$ cm^3/mol at room temperature from Mookherji [12], and a graphical representation of $\chi_{\parallel}$ and $\chi_{\perp}$ versus temperature between 60 K and room temperature, Mookherji [15], Neogy et al. [16]. The free-ion value at room temperature is $\chi=38.3\times10^{-3}$ cm^3/mol [1].

Dysprosium Ethylsulfate

$\chi_{\parallel}$ from de Haas et al. [17] as tabulated below is in accord with other findings [7], Cooke et al. [18]; in particular the low temperature region has been thoroughly reinvestigated [18]. The free-ion value is $\chi\cdot T=13.75$ $cm^3\cdot K\cdot mol^{-1}$ [1].

T in K	14.1	20.4	77.4	137	205	250	289
$\chi_{\parallel}\cdot T$ in $cm^3\cdot K\cdot mol^{-1}$	11.8	12.2	15.3	15.2	15.1	14.8	14.2

$\chi_{\perp}$ is reported to follow the Curie law between 20 and 290 K with a Bohr magneton number of about 9.5 (i.e., $\chi_{\perp}\cdot T=11.28$ $cm^3\cdot K\cdot mol^{-1}$), de Haas et al. [19]; below 3 K $\chi_{\perp}$ reaches a constant value of 1.056 ± 0.02 cm^3/mol [18], van den Broek, van der Marel [20]. $\chi_{\perp}$ calculated from the Zeeman splitting of the lowest crystal field state as observed in optical spectra differs from the latter figure by about 15%, Gramberg [21].

Holmium Ethylsulfate

In the temperature range 1.5 to 300 K $\chi_{\parallel}\cdot T$ is shown in a diagram to decrease as a function of temperature, whereas $\chi_{\perp}\cdot T$ increases, both tending to the free-ion limit $\chi\cdot T = 13.86\ cm^3\cdot K\cdot mol^{-1}$, Cooke et al. [22, 23]. Some specific numbers, although not very accurate, have been obtained for the anisotropy $\chi_{\parallel}-\chi_{\perp}$ [22, 23]:

T in K	20.4	90.0	290.0
$(\chi_{\parallel}-\chi_{\perp})\cdot T$ in $cm^3\cdot K\cdot mol^{-1}$ . .	13.06	5.22	1.51

Erbium Ethylsulfate

Existing results are contradictory [4, 7, 10, 12, 13, 22, 23]. More recent studies [12, 22, 23] together with an earlier one [10] indicate $\chi_{\parallel}$ to be smaller than $\chi_{\perp}$ throughout the range 1.5 to 300 K, $\chi_{\parallel}\cdot T$ to increase with temperature, and $\chi_{\perp}\cdot T$ to be equal to $11.48\ cm^3\cdot K\cdot mol^{-1}$ above 40 K, which coincides with the free-ion value [22, 23]. In contrast, some earlier results show $\chi_{\parallel}$ to be nearly equal to $\chi_{\perp}$, both following roughly the Curie law between 14 and 300 K [4, 7, 13].

Thulium Ethylsulfate

Selected values of $\chi_{\parallel}\cdot T$ and $\chi_{\perp}\cdot T$, for temperatures up to 200 K from Gerstein et al. [24, 25], and above 200 K from Chachra et al. [26], are listed below. Slight discrepancies exist in the data from these two sources for the region 100 to 200 K, which is covered by both. The free-ion value is $\chi\cdot T = 6.50\ cm^3\cdot K\cdot mol^{-1}$ [1].

T in K	1	4	20	50	100	160	200	240	300
$\chi_{\parallel}\cdot T$ in $cm^3\cdot K\cdot mol^{-1}$.	0.016	0.054	0.190	0.600	2.00	4.40	5.46	5.94	5.85
$\chi_{\perp}\cdot T$ in $cm^3\cdot K\cdot mol^{-1}$.	0.444	1.72	6.54	8.75	9.25	8.88	8.30	7.90	7.95

Ytterbium Ethylsulfate

Below 4 K $\chi_{\parallel}\cdot T = 1.08\pm0.05\ cm^3\cdot K\cdot mol^{-1}$, whereas $\chi_{\perp} = 0.061\pm0.001\ cm^3/mol$ independent of temperature, Cooke et al. [27]. Between 14 and 20 K the Curie-law behavior of $\chi_{\parallel}$ still persists, although $\chi_{\parallel}\cdot T$ decreases somewhat from the low-temperature value [20, 27]. $\chi_{\perp}$ starts to decrease from its low-temperature value and becomes equal to $\chi_{\parallel}$ at approximately 18 K [27]. For anisotropies above 90 K see Chachra, Mookherji [28]. The free-ion value is $\chi\cdot T = 2.37\ cm^3\cdot K\cdot mol^{-1}$ [1].

Other results for the ethylsulfates of Ce [10], Pr [10, 11, 29], Nd [10, 12, 30], Dy [31], and Ho [12] are not consistent with the above data.

References:

[1] K.N.R. Taylor, M.I. Darby (Physics of Rare-Earth Solids, London 1972, p. 21). – [2] K.H. Hellwege, W. Schembs, B. Schneider (Z. Physik **167** [1962] 477/86). – [3] J. Becquerel, W.J. de Haas, J. van den Handel (Physica **5** [1938] 857/69). – [4] R.A. Fereday, E.C. Wiersma (Physica **2** [1935] 575/81). – [5] G.S. Bogle, A.H. Cooke, S. Whitley (Proc. Phys. Soc. [London] A **64** [1951] 931/2).

[6] J. van den Handel (Physica **8** [1941] 513/21). – [7] J. Becquerel (Physica **3** [1936] 705/23). – [8] J. van den Handel, J.C. Hupse (Physica **9** [1942] 225/33). – [9] G.A. Candela, R.E. Mundy (J. Chem. Phys. **46** [1967] 47/54, 50]. – [10] K.S. Krishnan, A. Mookherji (Phil. Trans. Roy. Soc. [London] A **237** [1938] 135/59, 139, 143).

[11] K.S. Krishnan, A. Mookherji, A. Bose (Phil. Trans. Roy. Soc. [London] A **238** [1939/40] 125/48, 142, 143). – [12] T. Mookherji (Current Sci. [India] **33** [1964] 487). – [13] J. van den Handel (from [14]). – [14] R.J. Elliott, K.W.H. Stevens (Proc. Roy. Soc. [London] A **219** [1953] 387/404). – [15] T. Mookherji (Thesis Univ. Burdwan, India, 1965 from [16]).

[16] D. Neogy, A. Chatterji, A. Neogy (J. Chem. Phys. **69** [1978] 2703/8). – [17] W.J. de Haas, J. van den Handel, C.J. Gorter (from [7]). – [18] A.H. Cooke, D.T. Edmonds, F.R. McKim, W.P. Wolf (Proc. Roy. Soc. [London] A **252** [1959] 246/59). – [19] W.J. de Haas, J. van den Handel, C.J. Gorter (Phys. Rev. [2] **43** [1933] 81). – [20] J. van den Broek, L.C. van der Marel (Physica **30** [1964] 565/87).

[21] G. Gramberg (Z. Physik **159** [1960] 125/48). – [22] A.H. Cooke, R. Lazenby, M.J.M. Leask (Proc. Phys. Soc. [London] **85** [1965] 767/81). – [23] A.H. Cooke, R. Lazenby, M.J.M. Leask (PB-155474 [1960] 1/31; C.A. **58** [1963] 2001). – [24] B.C. Gerstein, L.D. Jennings, F.H. Spedding (J. Chem. Phys. **37** [1962] 1496/508). – [25] B.C. Gerstein, F.H. Spedding (IS-331 [1960] 1/56, 36/46; C.A. **57** [1962] 248).

[26] S.P. Chachra, D. Neogy, A. Neogy (Physica **71** [1974] 630/4). – [27] A.H. Cooke, F.R. McKim, H. Meyer, W.P. Wolf (Phil. Mag. [8] **2** [1957] 928/35). – [28] S.P. Chachra, A. Mookherji (Indian J. Pure Appl. Phys. **7** [1969] 559/61). – [29] A. Mookherji (Proc. Rajasthan Acad. Sci. **2** [1951] 1/9 from C.A. **1952** 2357). – [30] T. Mookherji, A. Mookherji (Indian J. Pure Appl. Phys. **4** [1966] 43/5).

[31] A. Mookherji, S.P. Chachra (J. Phys. Chem. Solids **30** [1969] 2399/404).

28.13.4.2 Conclusions for Crystal Field Levels from Susceptibilities

Energies, angular momenta, and g-values of the lowest crystal field levels obtained from paramagnetic susceptibilities complement the data from optical and EPR spectra. Implications derived from susceptibility data are topics of the following chapter (the $_{\parallel}$- and $_{\perp}$-indices for the g-values have the same meaning as for the susceptibilities, see p. 380).

Cerium Ethylsulfate

Among the three doublets $J_z = \pm 5/2$, $\pm 3/2$, $\pm 1/2$, within the $J = 5/2$ electronic ground state of the free ion, the lowest has $g_{\parallel} = 3.80$ and $g_{\perp} \leqq 0.27$, showing it to be $J_z = \pm 5/2$. The next level which is only about 5 cm^{-1} higher in energy is the $\pm 1/2$ doublet as indicated by $g_{\parallel} = 1.0$, $g_{\perp} = 2.25$, van den Broek, van der Marel [1], Elliott, Stevens [2], Bogle et al. [3]. The $\pm 3/2$ doublet is estimated to be 130 cm^{-1} separated from the ground state [2]. The sequence of the two doublets $\pm 5/2$ and $\pm 1/2$ is inverted in mixed rare earth ethylsulfate crystals, when Ce^{3+} is highly diluted with La^{3+}. This shows that care must be taken in inferring data for the concentrated salts from that for dilute salts, [2, 3], Finn, Najafabadi [4].

Praseodymium Ethylsulfate

The susceptibility indicates the lowest crystal field state within the $J = 4$ manifold to be a doublet originating from a superposition of states with $J_z = \pm 2$ and ± 4, whereas the next higher state is a singlet exhibiting only a quadratic Zeeman effect, Hellwege et al. [6], Baker, Bleaney [8]. From the susceptibility the splitting factors $g_{\parallel} = 1.54$, $g_{\perp} = 0$ for the ground doublet and a doublet-singlet separation of about 12 cm^{-1} are inferred [6], in agreement with earlier findings of Meyer [7], Baker, Bleaney [8], and Becquerel et al. [9]. A further doublet is estimated from a temperature-independent contribution to $\chi_{\parallel}$ below 15 K to be about 200 cm^{-1} higher [8].

Neodymium Ethylsulfate

As revealed by EPR spectra, the $J=9/2$ ground state of the free ion is split by the crystal field into five doublets, the lowest being $J_z=\pm7/2$ with a small admixture of $J_z=\pm5/2$. The susceptibility suggests this ground state doublet to be the only level populated up to 100 K, contributions from the remaining four doublets being noticeable only above this temperature, Elliott, Stevens [5]. The ground state splitting factors $g_\parallel=3.594$, Giauque et al. [10] and $g_\perp=2.039$, Fisher et al. [11], as obtained from paramagnetic saturation at 0.35 K, are in fair agreement with earlier values from the low-temperature susceptibility, [1, 5], Meyer [12].

Samarium Ethylsulfate

Unpublished susceptibility data of van den Handel [13] indicate a doublet ground state having $g_\parallel=0.615$, $g_\perp=0.625$, and the gradual population of two further doublets, one between 4 and 20 K, the other at ≈70 K, which have $g_\parallel\approx1$, $g_\perp\approx0$, and $g_\parallel\approx0.8$, respectively [5].

Gadolinium Ethylsulfate

From the susceptibility below 20 K the splitting factors $g_\parallel=2.01$ and $g_\perp=1.97$ are derived. These are close to the isotropic value $g=2$ to be expected for an S-state ion, for which the crystal field acts only through second-order effects [1].

Dysprosium Ethylsulfate

The lowest crystal field level of the $J=15/2$ ground electronic state of the free ion is found to have $g_\parallel=10.8$ and $g_\perp=0$, Cooke et al. [15], which serves to identify it as $J_z=\pm9/2$ with small admixtures of $J_z=\pm3/2$ and $J_z=\pm15/2$ [5, 15]. The splitting factors are in agreement with earlier results of Becquerel et al. [14] corrected for dipole-dipole interactions [15], and also with more recent data of van den Broek, van der Marel [16]. The next doublet is estimated to be $16\pm2\ cm^{-1}$ higher in energy [15] and is assigned to a composite state with $J_z=\pm7/2$ and $J_z=\pm5/2$ [5, 15].

Erbium Ethylsulfate

The susceptibility can be accounted for by a ground state doublet having $g_\parallel=1.58$, $g_\perp=8.51$, and the lowest excited states being separated by more than $50\ cm^{-1}$, Cooke et al. [17, 18]. These findings are at variance, however, with implications [5] from earlier measurements [13].

Ytterbium Ethylsulfate

According to susceptibility data the lowest doublet within the $J=7/2$ manifold is $J_z=\pm3/2$ with $g_\parallel=3.40$, $g_\perp=0$ [16], Cooke et al. [19]. Higher levels are separated from the ground state doublet by at least $39\ cm^{-1}$ [19].

In order to check the validity of the crystal field approach, susceptibilities have been calculated for many of the rare earth ethylsulfates from crystal field parameters derived from optical or EPR spectra. By means of these parameters the energies and Zeeman splittings of the crystal field states can be determined. Good agreement with measured susceptibilities is achieved in most cases, showing that the standard techniques for dealing with the effect of the crystal field and its consequences with regard to magnetic properties are quite successful over a wide range of temperatures [2, 17, 20 to 31]. In contrast, crystal field parameters derived from fits to experimental susceptibilities deviate from spectroscopic crystal field parameters [32 to 34], although some doubts may be cast upon these findings since in some cases only a few data points in excess of the number of fitting parameters were available.

References:

[1] J. van den Broek, L.C. van der Marel (Physica **29** [1963] 948/64). – [2] R.J. Elliott, K.W.H. Stevens (Proc. Roy. Soc. [London] A **215** [1952] 437/53). – [3] G.S. Bogle, A.H. Cooke, S. Whitley (Proc. Phys. Soc. [London] A **64** [1951] 931/2). – [4] C.B.P. Finn, B.M. Najafabadi (J. Phys. C **3** [1970] 330/4). – [5] R.J. Elliott, K.W.H. Stevens (Proc. Roy. Soc. [London] A **219** [1953] 387/404).

[6] K.H. Hellwege, W. Schembs, B. Schneider (Z. Physik **167** [1962] 477/86). – [7] H. Meyer (Phys. Chem. Solids **9** [1959] 296/301). – [8] J.M. Baker, B. Bleaney (Proc. Roy. Soc. [London] A **245** [1958] 156/74). – [9] J. Becquerel, W.J. de Haas, J. van den Handel (Physica **4** [1937] 543/58). – [10] W.F. Giauque, R.A. Fisher, E.W. Hornung, G.E. Brodale (J. Chem. Phys. **64** [1976] 3330/43).

[11] R.A. Fisher, G.E. Brodale, E.W. Hornung, W.F. Giauque (J. Chem. Phys. **66** [1977] 2678/89). – [12] H. Meyer (Phil. Mag. [8] **2** [1957] 521/33). – [13] J. van den Handel (from [5]). – [14] J. Becquerel, W.J. de Haas, J. van den Handel (Physica **3** [1936] 1133/42). – [15] A.H. Cooke, D.T. Edmonds, F.R. McKim, W.P. Wolf (Proc. Roy. Soc. [London] A **252** [1959] 246/59).

[16] J. van den Broek, L.C. van der Marel (Physica **30** [1964] 565/87). – [17] A.H. Cooke, R. Lazenby, M.J.M. Leask (Proc. Phys. Soc. [London] **85** [1965] 767/81). – [18] A.H. Cooke, R. Lazenby, M.J.M. Leask (PB-155474 [1960] 1/31; C.A. **58** [1963] 2001). – [19] A.H. Cooke, F.R. McKim, H. Meyer, W.P. Wolf (Phil. Mag. [8] **2** [1957] 928/35). – [20] D. Neogy, J. Nandi, S.P. Chachra (Indian J. Pure Appl. Phys. **13** [1975] 66/7).

[21] D. Neogy, A. Mookherji (Indian J. Pure Appl. Phys. **2** [1964] 28/30). – [22] D. Neogy, A. Neogy (Indian J. Pure Appl. Phys. **14** [1976] 808/11; Proc. Nucl. Phys. Solid State Phys. Symp. C **18** [1975] 435/7). – [23] D. Neogy, A. Chatterji, A. Neogy (J. Chem. Phys. **69** [1978] 2703/8). – [24] T. Mookherji, A. Mookherji (Indian J. Pure Appl. Phys. **4** [1966] 43/5). – [25] A. Mookherji, S.P. Chachra (J. Phys. Chem. Solids **30** [1969] 2399/404).

[26] S.P. Taneja (Phys. Status Solidi **36** [1969] 525/9). – [27] S.P. Chachra, D. Neogy, A. Neogy (Physica **71** [1974] 630/4). – [28] B.C. Gerstein, L.D. Jennings, F.H. Spedding (J. Chem. Phys. **37** [1962] 1496/508). – [29] B.C. Gerstein, F.H. Spedding (IS-331 [1960] 1/56, 46/51; C.A. **57** [1962] 248). – [30] Vishwamittar, S.P. Puri (Chem. Phys. Letters **28** [1974] 582/5).

[31] Vishwamittar, S.P. Taneja, S.P. Puri (J. Phys. Chem. Solids **33** [1972] 813/8). – [32] C. Basu, R. Gupta, U.S. Ghosh (Proc. Nucl. Phys. Solid State Phys. Symp. C **19** [1976] 286/8). – [33] A. Mahalanabis, S.P. Chachra (Indian J. Pure Appl. Phys. **6** [1968] 55/7). – [34] T. Mookherji (J. Phys. Chem. Solids **35** [1974] 290/1).

28.13.4.3 Spin Interactions. Magnetic Order

Review.

Spin interactions in the rare earth ethylsulfates are weak and manifest themselves only at very low temperatures, sometimes as low as a few mK, by deviations of the susceptibility from the Curie law or by a heat-capacity maximum. Nevertheless, considerable attention has been devoted to the low-temperature magnetic structure of these compounds, since as demonstrated below for the individual compounds there is good experimental evidence that the magnetic structure is almost entirely due to magnetic dipole interactions. This opens up the possibility of determining magnetic properties completely by theory from the well-known crystalline structure and of comparing calculated properties with those observed. The question of what kinds of magnetic order can be realized by systems with dipolar coupling is of primary interest.

It has been shown that calculations of susceptibilities from theory may be conveniently performed by using the expression $\chi=(\lambda/T)\cdot(1+a_1/T+a_2/T^2+\ldots)$ which in first order is equivalent to the familiar Curie-Weiss law $\chi=\lambda/(T-\Theta)$ (i.e. to first order $\Theta=a_1$). This general expression is derived from an expansion of the free energy in powers of 1/kT, see p. 370. The dipolar contributions to the coefficients a_i can be calculated exactly up to terms in $1/T^3$, and their size is found to depend on the shape of the specimen under study, Daniels [1].

When susceptibilities are to be measured at temperatures near absolute zero, particular problems arise, since the variation of susceptibility χ with temperature cannot be determined directly in a temperature region where no thermometric substance is available. In view of this difficulty, the susceptibility itself of the specimen under study is frequently taken as a measure of temperature, and a "magnetic temperature" denoted by T^* is defined by $T^*=\lambda/\chi$, where λ is the Curie constant obtained in a temperature range somewhat above 1 K where independent thermometry is possible. Thus initially χ is assumed strictly to obey the Curie law. To convert then T^* to the absolute temperature T one makes use of the basic definition $T=dQ/dS=(dQ/dT^*)\cdot(dS/dT^*)^{-1}$, where Q is the heat content and S is the entropy of the specimen. The S–T^* and Q–T^* relations are conveniently obtained by magnetic cooling, i.e. by performing a set of isothermal magnetization – adiabatic demagnetization cycles starting at different initial magnetic fields H_i and initial temperatures T_i in the liquid-helium range. The spin entropy is a function of H_i/T_i only and can be calculated using standard formulas; the lattice entropy is entirely negligible in this temperature range. Since S remains constant on adiabatic demagnetization, a set of S–T^* values is obtained by reading the final temperature T^* after switching off the magnetic field H_i. To obtain dQ/dT^*, which is the heat capacity defined on the T^* scale, the sample after cooling to a certain T^* is supplied with a well defined amount of heat after which T^* is read again. Various methods have been developed to solve the problem of supplying a definite quantity of heat strictly homogeneously throughout the sample in this particular temperature range. For details of the magnetic-cooling technique, see Hudson [2].

Low-temperature magnetic properties of individual rare earth ethylsulfates are summarized below. Susceptibilities always refer to a specimen of spherical shape unless otherwise specified. For extensive studies of magnetic interactions by EPR spectroscopy reference is given to p. 397/409 and to a review by Baker [3], rather than to account for this subject fully here.

Cerium Ethylsulfate

Among the rare earth ethylsulfates, this compound exhibits some remarkable anomalies, which became apparent for the first time from Faraday rotation data of Becquerel et al. [4] and adiabatic demagnetization studies of de Haas, Wiersma [5]. More recent studies below 1 K indicate the existence of antiferromagnetic nearest-neighbor interactions for the spin components along the hexagonal c-axis, but ferromagnetic interactions with respect to spin components in planes normal to the c-axis, although no critical behavior could be observed, Blöte [6]. This is not in keeping with earlier findings of Johnson, Meyer [7]; in this work the existence of an ordered antiferromagnetic state below a Néel temperature of 0.053 K was suggested, based on the assumption that the minima of the isentropics in the T-H diagram (temperature versus magnetic field) trace the phase boundary. Some doubts may be cast on these latter results, since such an antiferromagnetic system should give rise to a pronounced anomaly in the heat capacity at the Néel point, which is not observed [6]. Furthermore, in the limit T=0 the parallel susceptibility does not drop to zero [7], contrary to what is to be expected from molecular-field and spin-wave theories for a uniaxial antiferromagnet [6].

It has been firmly established, however, that magnetic interactions in cerium ethylsulfate are far too strong to be accounted for by purely dipolar forces, since the heat capacity below 1 K is highly in excess of the calculated dipolar contribution, [6], Cooke et al. [8], Meyer, Smith [9] (see p. 371). When looking for a possible mechanism to induce a strong nondipolar coupling, exchange interactions may be ruled out as indicated by EPR spectra of coupled pairs. However, the presence of an appreciable orbital content in the magnetic moments of the rare earth ions introduces the possibility of electrostatic coupling between the electric multipole moments of two magnetic ions. This coupling may arise either directly through the classical multipole field or indirectly through the dynamic coupling of the ions to the lattice. In any case, however, it must be capable of removing the Kramers degeneracy of the crystal field levels in order to couple the spins of different ions [3]. Two mechanisms have been suggested which fulfill this requirement: quadrupole-quadrupole (qq) interaction and virtual phonon exchange (vpe). The qq interaction, the theory of which was developed soon after magnetic anomalies of cerium ethylsulfate had been recognized for the first time, involves the energy of the quadrupole moment of one ion in the field gradient due to the quadrupole moment of another ion, Finkelstein, Mencher [10]. The source of vpe is local distortion of the crystalline electric field around two ions coupled to the same lattice mode. By this the local distortions at the two lattice sites get phase-correlated and thus produce a coupling between the two ions, which may be described in terms of emission and absorption of a virtual phonon [3].

For the present it seems to be established by calculations that the nondipolar contributions to the spin coupling may be attributed to vpe, possibly assisted by optical phonons [3, 11 to 13, 49]. Nevertheless, some earlier EPR spectra of coupled pairs and also some heat-capacity measurements were discussed in terms of qq interactions, although agreement between measurement and theory was lacking in several respects [14 to 16].

Neodymium Ethylsulfate

Although electronic spin interactions are indicated to be purely dipolar by heat-capacity and susceptibility data [17 to 22], EPR spectra of coupled pairs suggest that additionally small nondipolar antiferromagnetic interactions between nearest neighbors are present, which may be attributed to exchange [3, 11, 23]. Below 4 K the parallel and perpendicular susceptibilities $\chi_{\parallel}$ and $\chi_{\perp}$ both follow the Curie-Weiss law $\chi=\chi/(T-\Theta)$ down to temperatures as low as 0.1 K [18, 20, 21], apart from a temperature-independent contribution which amounts to 0.00341 cm^3/mol for $\chi_{\parallel}$, Giauque et al. [17] and 0.00576 cm^3/mol for $\chi_{\perp}$, Fisher et al. [19]. Deviations from the Curie-Weiss behavior get noticeable below 0.1 K. The entire range from 0.014 to 4 K, however, can be fitted to the power series expansion $\chi=(\lambda/T)\cdot(1+a_1/T+a_2/T^2+a_3/T^3+\ldots)$. As a result, for $\chi_{\parallel}$, $\lambda_{\parallel}=$

$1.2114\ cm^3 \cdot K \cdot mol^{-1}$, $a_1=1.35\times10^{-2}$ K, $a_2=-2.69\times10^{-4}\ K^2$, $a_3=1.02\times10^{-6}\ K^3$, Fisher et al. [18], whereas for $\chi_\perp$, $\lambda_\perp=0.3899\ cm^3 \cdot K \cdot mol^{-1}$, $a_1=(-2.8\pm0.2)\times10^{-3}$ K, $a_2=(-2.56\pm0.18)\times10^{-4}\ K^2$, $a_3=(5.06\pm0.42)\times10^{-6}\ K^3$, $a_4=(-3.15\pm0.36)\times10^{-8}\ K^4$, Fisher et al. [20]. The Curie constants are calculated from spectroscopic splitting factors inferred from saturation magnetic moments, see p. 384, [17, 19], and compare well with earlier findings of Roberts et al. [22] and van den Handel, Hupse [24]. The sizes of a_1 and a_2 are close to the expected dipolar and hyperfine contributions, thus confirming an almost pure dipolar coupling, although little information on cooperative phenomena is given by these observations [18, 20]. From model calculations the magnetic ground state is expected to be ferromagnetic, Felsteiner, Rabinovitch [25]. The anisotropy energy required to turn the magnetization from a direction parallel to the c-axis into a perpendicular plane is estimated from the saturation magnetization to be 0.0189 cal/mol at absolute zero [20].

The well-established behavior of $\chi_\parallel$ above 0.013 K [18], which follows nearly perfectly the Curie-Weiss law between 1 and 20 K [26 to 28], makes neodymium ethylsulfate a suitable choice for a thermometric substance in this temperature range [18, 26 to 28]. A survey of earlier work performed to establish a temperature scale with neodymium ethylsulfate is given in [2, pp. 133/7].

Samarium Ethylsulfate

No experimental observations of low-temperature magnetic properties seem to be available so far. A calculation of dipolar spin-spin interactions at temperatures where only the lowest crystal field doublet is populated, yields the following parameters of the second-order expansion, $\chi=(\lambda/T)\cdot(1+a_1/T+a_2/T^2)$: For $\chi_\parallel$, $\lambda_\parallel=0.0340\ cm^3\cdot K^{-1}\cdot mol^{-1}$, $a_1=4.007\times10^{-4}$ K, $a_2=2.725\times10^{-7}\ K^2$, whereas for $\chi_\perp$, $\lambda_\perp=0.0323\ cm^3\cdot K^{-1}\cdot mol^{-1}$, $a_1=-1.905\times10^{-4}$ K, $a_2=2.326\times10^{-7}\ K^2$. Calculations by the Luttinger-Tisza method predict an antiferromagnetic ground state below about 0.4 mK, Meijer [51].

Gadolinium Ethylsulfate

Between 1 and 20 K the principal susceptibilities $\chi_\parallel$ and $\chi_\perp$ obey the Curie-Weiss law; for spectroscopic splitting factors derived from $\chi_\parallel$ and $\chi_\perp$, see p. 384. The Curie-Weiss temperatures $\Theta_\parallel$ and $\Theta_\perp$ observed with a sample of unspecified shape can be fully accounted for by dipolar contributions, including the correction for the Lorentz field, and by second-order crystal field splitting, the remaining discrepancies being attributed to an unknown demagnetization correction, van den Broek, van der Marel [29].

Terbium Ethylsulfate

Magnetic ordering in this compound exhibits some unusual features, since the two lowest crystal field states of the Tb^{3+} ion are singlets, which arise from a small splitting of the lowest crystal field doublet (the splitting is due to a perturbation from a nearby level), and for which the matrix elements of the components of the magnetic dipole moment vanish. Thus the interionic coupling in order to result in magnetic ordering must exceed a certain critical value relative to the doublet splitting even at absolute zero, Hirvonen et al. [30]. ^{1}H NMR spectra show the absence of any long-range order down to 0.33 K, Al'tshuler et al. [31]. The heat capacity, see p. 373, and susceptibility indicate a second-order cooperative transition at 0.24 K. Below this temperature $\chi_\parallel$ saturates, which is attributed to ferromagnetic ordering in long and thin domains along the c-axis [30]. This kind of order is also inferred from the Faraday rotation, Daniels et al. [32], and furthermore, as shown by model calculations, this is the structure to be expected from the high magnetic anisotropy and the pure dipolar nature of the interaction [30, 32], Misra [33]. Below 2 K the perpendicular susceptibility $\chi_\perp$ is smaller by three orders of magnitude than $\chi_\parallel$; however, it exhibits an apparent temperature dependence and in particular an abrupt change at the transition point of 0.24 K. This behavior may be due to impurities [30].

Dysprosium Ethylsulfate

The parallel susceptibility between 1 and 5 K follows $\chi_\parallel=(\lambda_\parallel/T)\cdot(1+a_1/T)$ with $\lambda_\parallel=10.9\pm0.5\ cm^3\cdot K\cdot mol^{-1}$ and $a_1=0.135\pm0.020$ K, Cooke et al. [34]. For the equivalent Curie-Weiss law $\chi_\parallel=\lambda_\parallel/(T-\Theta_\parallel)$, a Curie-Weiss temperature (corrected for demagnetization) of $\Theta_\parallel=0.260\pm0.014$ K is found, Frowein, Kötzler [35]. Both a_1 and $\Theta_\parallel$ are in excellent agreement with calculated values, showing all contributions (including hyperfine splitting) from other than dipolar interactions to be negligibly small [34 to 38, 42], which is also inferred from the low-temperature heat capacity, see p. 374, [34, 39, 42] and from the EPR spectra of coupled Dy^{3+} pairs [40]. Moreover, since the Dy^{3+} ion in dysprosium ethylsulfate is magnetically highly anisotropic, having spectroscopic splitting factors $g_\parallel=10.8$ and $g_\perp=0$, see p. 384, dysprosium ethylsulfate closely resembles the Ising model of a magnetic substance [35 to 38, 41, 42]. Below 0.13 K the parallel susceptibility becomes independent of temperature at a value determined by the demagnetization factor of the specimen, which suggests ferromagnetic ordering in long and thin domains parallel to the c-axis, Cooke et al. [36, 37, 41, 43]. This agrees with various calculations predicting a ferromagnetic ground state [25, 39, 44]. The Curie point T_C is found to be 118.17 mK from the susceptibility above the transition point and from the spontaneous magnetization below [35]. Previously reported T_C values of 115 mK, Wielinga [45], and 127 ± 5 mK, Cooke et al. [36, 43], seem to be less accurate. A calculation from theory yields $T_C=130$ mK, Marrenga, Niemeijer [50].

The susceptibility, the anomaly of the heat capacity, see p. 374, and the magnetization along the phase boundary and along the critical isotherm can be well described by theories, which take into account the combined effects of both the anisotropy and the long range of the dipole-dipole interaction on the critical fluctuations of the magnetization. Some sizeable differences from theory are noted, however, indicating short-range order to be significant, also, below 1 K [35], Kötzler [46].

Holmium and Erbium Ethylsulfate

The parallel and perpendicular susceptibilities between 1.5 and 20 K can be accurately described by a power series expansion $\chi=(\lambda/T)\cdot(1+a_1/T+a_2/T^2+\ldots)$ up to second order for Ho, whereas for Er a first-order treatment equivalent to the Curie-Weiss law $\chi=\lambda/(T-\Theta)$ proves to be sufficient. Curie constants are $\lambda_\parallel=21.859\ cm^3\cdot K\cdot mol^{-1}$ for holmium ethylsulfate, and $\lambda_\parallel=0.2326$, $\lambda_\perp=6.791\ cm^3\cdot K\cdot mol^{-1}$ for erbium ethylsulfate. Values of the interaction parameters calculated for dipolar and hyperfine coupling, viz. $a_1=0.253$ K, $a_2=-0.104\ K^2$ for $\chi_\parallel$ of holmium ethylsulfate, and $\Theta_\parallel=0$, $\Theta_\perp=-0.040$ K for erbium ethylsulfate, give an excellent fit to the measurements, apart from temperature independent terms $\alpha_\parallel$ and $\alpha_\perp$ adding to $\chi_\parallel$ and $\chi_\perp$, respectively, which are found to be $\alpha_\parallel=0.066\ cm^3/mol$ for holmium ethylsulfate, and $\alpha_\parallel=0.039$, $\alpha_\perp=0.208\ cm^3/mol$ for erbium ethylsulfate. This proves spin interactions other than dipolar to be quite negligible in this temperature range, Cooke et al. [47, 48]. For erbium ethylsulfate there are no indications of magnetic ordering down to 40 mK, either from susceptibility or from heat-capacity data. The magnetic ground state of erbium ethylsulfate is expected from theory to be antiferromagnetic, Lagendijk et al. [39]; however, further calculations show that the ground state as determined by the Luttinger-Tisza method is unstable with respect to excitations, e.g. spin waves, Marrenga, Niemeijer [50].

Some comparative calculations of the magnetic ground state properties through the series of ethylsulfates comprising Kramers ions, i.e. rare earth ions with an odd number of electrons, plus praseodymium ethylsulfate, may be found in a paper of Meijer [51].

References:

[1] J.M. Daniels (Proc. Phys. Soc. [London] A **66** [1953] 673/88). – [2] R.P. Hudson (Principles and Application of Magnetic Cooling, Amsterdam-London 1972). – [3] J.M. Baker (Rept. Progr. Phys. **34** [1971] 109/73). – [4] J. Becquerel, W.J. de Haas, J. van den Handel (Physica **5** [1938] 857/69). – [5] W.J. de Haas, E.C. Wiersma (Physica **2** [1935] 335/40).

[6] H.W.J. Blöte (Physica **61** [1972] 361/88). – [7] C.E. Johnson, H. Meyer (Proc. Roy. Soc. [London] A **253** [1959] 199/211). – [8] A.H. Cooke, S. Whitley, W.P. Wolf (Proc. Phys. Soc. [London] B **68** [1955] 415/21). – [9] H. Meyer, P.L. Smith (Phys. Chem. Solids **9** [1959] 285/95). – [10] R. Finkelstein, A. Mencher (J. Chem. Phys. **21** [1953] 472/9).

[11] J.M. Baker (J. Phys. C **4** [1971] 1631/43). – [12] M. Berti, L. Cianchi, M. Mancini, G. Spina (Lettere Nuovo Cimento Soc. Ital. Fis. [2] **8** [1973] 787/93). – [13] F. Gulisano, M. Mancini, P. Moretti, G. Spina (Lettere Nuovo Cimento Soc. Ital. Fis. [2] **10** [1974] 448/50). – [14] J.M. Baker (Phys. Rev. [2] A **136** [1964] 1633/5). – [15] J. Dweck, G. Seidel (Phys. Rev. [2] **146** [1966] 359/65).

[16] B. Bleaney (Proc. Phys. Soc. [London] **77** [1961] 113/5). – [17] W.F. Giauque, R.A. Fisher, E.W. Hornung, G.E. Brodale (J. Chem. Phys. **64** [1976] 3330/43). – [18] R.A. Fisher, E.W. Hornung, G.E. Brodale, W.F. Giauque (J. Chem. Phys. **65** [1976] 4724/38). – [19] R.A. Fisher, G.E. Brodale, E.W. Hornung, W.F. Giauque, (J. Chem. Phys. **66** [1977] 2678/89). – [20] R.A. Fisher, G.E. Brodale, E.W. Hornung, W.F. Giauque (J. Chem. Phys. **68** [1978] 169/84).

[21] H. Meyer (Phil. Mag. [8] **2** [1957] 521/33). – [22] L.D. Roberts, C.C. Sartain, B. Borie (Rev. Mod. Phys. **25** [1953] 170/3). – [23] I. Svare, G. Seidel (Phys. Rev. [2] A **134** [1964] 172/86). – [24] J. van den Handel, J.C. Hupse (Physica **9** [1942] 225/33). – [25] J. Felsteiner, A. Rabinovitch (Solid State Commun. **7** [1969] 1649/51).

[26] B.W. Mangum, W.J. Bowers (Sess. Comité Intern. Poids Mes. Comité Consult. Thermom. No. 11 [1976] T 89/T 91; J. Phys. [Paris] **39** [1978] C 6-1175/C 6-1176). – [27] B.W. Mangum (NBS-TN-830 [1974] 20/1). – [28] R.P. Hudson (NBS-TN-830 [1974] 18/20). – [29] J. van den Broek, L.C. van der Marel (Physica **29** [1963] 948/64). – [30] M.T. Hirvonen, T.E. Katila, K.J. Riski, M.A. Teplov, B.Z. Malkin, N.E. Phillips, M. Wun (Phys. Rev. [3] B **11** [1975] 4652/60).

[31] S.A. Al'tshuler, F.L. Aukhadeev, I.I. Valeev, I.S. Konov, B.Z. Malkin, M.A. Teplov (Pis'ma Zh. Eksperim. Teor. Fiz. **16** [1972] 233/7; JETP Letters **16** [1972] 164/6). – [32] J.M. Daniels, M.T. Hirvonen, A.P. Jauho, T.E. Katila, K.J. Riski (Phys. Rev. [3] B **11** [1975] 4409/20). – [33] S.K. Misra (Phys. Rev. [3] B **13** [1976] 2241). – [34] A.H. Cooke, D.T. Edmonds, F.R. McKim, W.P. Wolf (Proc. Roy. Soc. [London] A **252** [1959] 246/59). – [35] R. Frowein, J. Kötzler (Z. Physik B **25** [1976] 279/86).

[36] A.H. Cooke, D.T. Edmonds, C.B.P. Finn, W.P. Wolf (J. Phys. Soc. Japan Suppl. B1 **17** [1962] 481/6). – [37] A.H. Cooke, D.T. Edmonds, C.B.P. Finn, W.P. Wolf (Proc.

Phys. Soc. [London] **74** [1959] 791/3). – [38] A.H. Cooke, D.T. Edmonds, W.P. Wolf (Physica **24** [1958] S 160). – [39] E. Lagendijk, H.W.J. Blöte, W.J. Huiskamp (Physica **61** [1972] 220/40). – [40] J. Dweck, G. Seidel (Phys. Rev. [2] **155** [1967] 267/71).

[41] A.H. Cooke, D.T. Edmonds, C.B.P. Finn, B.R. Heap, W.P. Wolf (Proc. 7th Intern. Conf. Low Temp. Phys., Toronto 1960 [1961], p. 107/8). – [42] A.H. Cooke, D.T. Edmonds, C.B.P. Finn, W.P. Wolf, B.R. Heap (Proc. Roy. Soc. [London] A **306** [1968] 313/34). – [43] A.H. Cooke, D.T. Edmonds, C.B.P. Finn, W.P. Wolf (Proc. Roy. Soc. [London] A **306** [1968] 335/53). – [44] J. Felsteiner, S.K. Misra (Phys. Rev. [3] B **8** [1973] 253/60). – [45] R.F. Wielinga (Thesis Leiden 1968 from [35], [39]).

[46] J. Kötzler (Phys. Letters A **59** [1977] 483/5). – [47] A.H. Cooke, R. Lazenby, M.J.M. Leask (Proc. Phys. Soc. [London] **85** [1965] 767/81). – [48] A.H. Cooke, R. Lazenby, M.J.M. Leask (PB-155474 [1960] 1/31; C.A. **58** [1963] 2001). – [49] B.J. McKenzie, G.E. Stedman (J. Phys. C **12** [1979] 5061/75). – [50] M. Marrenga, Th. Niemeijer (Physica **78** [1974] 469/89).

[51] P.H.E. Meijer (Physica B+C **95** [1978] 287/97).

28.13.4.4 Electronic Spin Relaxation

For nuclear relaxation see p. 409.

Review. This chapter is primarily concerned with exchange of energy between electronic spins of rare earth ions and lattice vibrations. Magnetic relaxation is commonly studied by observing the rate τ^{-1} at which a non-equilibrium magnetization returns to thermal equilibrium (τ is the observed time constant). The principal experimental techniques may be classified into two main types: steady-state methods and transient methods. Among the former the most common is the dynamic susceptibility method, in which the in-phase and out-of-phase components of the susceptibility are measured in a weak oscillatory magnetic field parallel to a steady field. Transient-magnetization studies can be divided into resonant and non-resonant methods. In both the recovery of the magnetization from a sudden disturbance is monitored, either by an EPR signal or by a magneto-optical method, e.g. by the Faraday effect or by magnetic circular dichroism. Optical methods are confined, however, to studies where the applied magnetic field is parallel to the optical axis (=crystal c-axis of the rare earth ethylsulfates), due to crystalline birefringence. In resonant methods the disturbance is by a saturating microwave pulse with a static magnetic field set to the resonance condition, while in non-resonant methods the spin system is subjected to a sudden decrease or increase of magnetic field strength by an arbitrary amount.

The theory of spin-lattice relaxation in rare earth compounds, with particular reference to the rare earth ethylsulfates, has been established by Orbach [1 to 3]. Three types of relaxation processes have to be considered:

1) The direct process. The ion makes a transition between two spin states $|a\rangle$ and $|b\rangle$ with absorption or emission of one phonon of energy $\hbar\omega=\Delta$, where Δ is the energy separation of the two spin states (i.e. the Zeeman splitting of the electronic ground state).

2) The Raman process. The ion is excited to a virtual state by absorption of a phonon of energy $\hbar\omega_1$ and instantaneously decays by emission of a phonon of energy $\hbar\omega_2$. Energy conservation requires $\Delta=\hbar\omega_1-\hbar\omega_2$.

3) The Orbach (or resonant Raman) process. If the ion has an excited electronic level at an energy E covered by the phonon distribution curve, two-phonon relaxation

via this real state may occur similar to the non-resonant Raman process. The condition for energy conservation is again $\Delta = \hbar\omega_1 - \hbar\omega_2$.

Due to selection rules each of the three processes has to be considered separately for Kramers ions (with an odd number of electrons) and non-Kramers ions (with an even number of electrons). From a phenomenological approach the following dependence of τ^{-1} on temperature T and magnetic field H for a given process has been deduced [1, 2]:

	Direct process	Raman process	Orbach process
τ^{-1} (Kramers ion)	$A_1 \cdot H^4 \cdot T$	$B_1 \cdot T^9$	$C_1 \cdot (\exp(E/kT) - 1)^{-1}$ $\approx C_1 \cdot \exp(-E/kT)$ for $E \gg kT$
τ^{-1} (non-Kramers ion) . . .	$A_2 \cdot H^2 \cdot T$	$B_2 \cdot T^7$	$C_2 \cdot (\exp(E/kT) - 1)^{-1}$ $\approx C_2 \cdot \exp(-E/kT)$ for $E \gg kT$

The coefficients B and C for the Raman and Orbach process are expected from theory to decrease slightly with magnetic field in a region where internal fields due to such factors as dipolar and hyperfine coupling are comparable with the external field. The formulas given above are approximately valid at temperatures for which $\Delta \ll kT \leqq E$ and $T \leqq \Theta$ (Θ = Debye temperature, Δ and E see above), i.e. for temperatures in the liquid-helium range where most measurements have been made.

Beside the three main relaxation processes two additional phenomena are frequently observed: Phonon bottleneck and cross relaxation. A phonon bottleneck arises for the direct process if the number of phonons within the proper spectral range is too small to transfer heat sufficiently rapidly to the surrounding bath of liquid He. In this case the observed relaxation is determined by the rate at which the combined system of spins and phonons relaxes to the He bath. Cross relaxation may occur between spins of different ions without participation of phonons, if the spins are coupled by some interaction and if the spin system has more than two levels, as may be caused, for instance, by hyperfine splitting.

Results for the individual rare earth ethylsulfates are topics of the following chapter.

Cerium Ethylsulfate

The dynamic susceptibility between 10 and 55 MHz at temperatures between 1.2 and 4.2 K reveals an Orbach relaxation associated with direct transitions to the first excited crystal field state at $\approx 4.7\ cm^{-1}$ with a rate $\tau^{-1} \approx 8 \times 10^9 \cdot (\exp(6.8/T) - 1)^{-1}\ s^{-1}$ in zero magnetic field. The dependence of the Orbach rate on magnetic field parallel to the crystal c-axis up to 15 kOe is in satisfactory agreement with theory, Clover [4]. A second relaxation at a comparatively small rate increasing from 66 s^{-1} at 1.221 K to 244 s^{-1} at 2.116 K in a field of 4.5 kOe parallel to the crystal c-axis is observed by the dynamic susceptibility method at frequencies below 1 kHz, van den Broek, van der Marel [5] and by resonant and non-resonant magneto-optical methods, Glättli [6]. These rates depend only weakly on temperature or magnetic field strength and are attributed to lattice-bath relaxation [5, 6, 49].

Praseodymium Ethylsulfate

As for cerium ethylsulfate rather small relaxation rates are found of the order of 10 to 100 s^{-1}, measured between 1.40 and 2.18 K with a field of 6.06 kOe by resonant and non-resonant magneto-optical methods. These are suggested to be due to lattice-bath relaxations, which are also indicated by the variation of the relaxation rates with magnetic field strength, Griffiths, Glättli [7, 8].

Neodymium Ethylsulfate

This compound has been extensively studied, in particular by magneto-optical methods. These proved to be rather sensitive and strongly enhanced if the wavelength of the probing light beam falls within an absorption band of neodymium ethylsulfate in the visible region. Existing results are rather conflicting, however. Several authors [10 to 16] report relaxation rates τ^{-1} below 4.2 K which approximately vary with temperature as $\tau^{-1} = A \cdot T^2 + B \cdot T^9$, the T^9 term being small and detectable only above 2 K if a substantial number of data points is available. These authors have used the dynamic susceptibility method [9], resonant and non-resonant magneto-optical methods [10 to 14], the EPR method [15], or a steady-state method in which the change in static susceptibility and the microwave power absorbed during electron spin resonance are measured simultaneously [16]. Serious deviations, however, from the above power law have been found by EPR, Scott, Jeffries [17], and by a resonant magneto-optical method, Schedewie [18]. A large scatter exists for the values of A and B from different sources, A lying between about 1 and 15 $s^{-1} \cdot K^{-2}$ [5, 9 to 12, 15] (where results of least-square fits [9] to earlier measurements [5, 12] are included), and B between about 1×10^{-4} and 3×10^{-4} $s^{-1} \cdot K^{-9}$ [9 to 11], both measured at fields above 1 kOe parallel to the crystal c-axis. The observed behavior of A as a function of magnetic field strength is irregular as well [9 to 11].

The T^9 term may be attributed to a Raman process, Singh, Sapp [9], Hagene [10], Kalbfleisch et al. [11]. Its variation with magnetic field strength is in keeping with theory [9]. In the region $T < 2.5$ K where the T^2 term is dominant, the temperature and field dependence of the rate and further the behavior of the relaxation as a function of time suggest the existence of a strong phonon bottleneck for the direct process [9 to 11, 16, 18, 19]. This may be accompanied by cross relaxation either within the hyperfine structure of different Nd isotopes or via Ce^{3+} impurities [5, 10, 11, 17, 18, 20 to 22]. The large scatter for the values of the coefficient A probably is due to differences in phonon lifetime, which is rather sensitive to the purity and crystalline homogeneity of individual samples [9]. A theoretical computation, however, according to which the Raman process should be still dominant at temperatures near 1 K [23], is ruled out by all measurements [11].

Samarium Ethylsulfate

Relaxation rates obtained from EPR between 1.5 and 5 K at a field of 11.015 kOe parallel to the crystal c-axis fit $\tau^{-1} = 0.25 \cdot T^2 + 5.8 \times 10^{-4} \cdot T^9 + 9.5 \times 10^8 \cdot \exp(-51/T)\ s^{-1}$. The first term indicates a phonon bottleneck for the direct process, the second a Raman, and the third an Orbach process via the first excited crystal field state. The energy of this state as inferred from the Orbach rate is, however, about 30% smaller than that obtained from optical spectroscopy, Larson, Jeffries [24]. The existence of a phonon bottleneck is further deduced from relaxation rates measured at 1.42 and 2.02 K as a function of magnetic field strength by a non-resonant magneto-optical method; this dependence for fields $H > 5$ kOe deviates considerably from the H^4-law expected for the direct process, Moore [25]. The direct-relaxation rate should be expected from theory to be anisotropic and to decrease by an order of magnitude when the magnetic field is turned from a direction perpendicular to a direction parallel to the crystal c-axis, Orbach [3], Borchi et al. [26, 27].

Gadolinium Ethylsulfate

The relaxation rate as measured between 1.2 and 4.0 K by the dynamic susceptibility method is found to be isotropic when extrapolated to zero magnetic field, as to be expected for an S-state ion. It is determined by a Raman process with a rate behaving as $\tau^{-1} \sim T^7$ as a function of temperature in the limit of low magnetic field [5].

Terbium Ethylsulfate

The relaxation rate has been measured by a non-resonant magneto-optical method between 1.4 and 3.5 K. Apart from a discontinuous drop on passing through the λ-point of liquid He at T=2.18 K, see below, the rate increases linearly with T, which shows that only the direct process is effective, Kahle et al. [28]. The dependence of the rate on the kind of disturbance to which the spin system is subjected and the observed nonexponential time functions for the return to equilibrium suggest the existence of a phonon bottleneck, presumably superposed by cross relaxation for magnetic fields H>2.5 kOe [28 to 32]. The discontinuity at the λ-point of He is due, probably, to an increasing mismatch between the sample and the He bath in the normalfluid as compared to the superfluid state of He [28].

Dysprosium Ethylsulfate

Much attention has been devoted to this compound. The direct process, which is dominant at low temperatures, is predicted from theory to be highly anisotropic with respect to the direction of the magnetic field, owing to selection rules and to the high anisotropy of the spectroscopic splitting factors ($g_{\parallel}=10.8$, $g_{\perp}=0$, see p. 384) [1, 33]. Thus, the direct-relaxation rate should be zero for a field parallel or perpendicular to the crystal c-axis, and should have a maximum for a field 45° to the c-axis. In magnetic fields well above 500 Oe at 45° to the crystal c-axis the direct process is indeed easily observed and manifests itself below 1.4 K by a departure from the exponential temperature dependence characteristic of Orbach relaxation and by an increase of the rate with magnetic field strength, Cooke et al. [33], Hudson, Mangum [34]. The direct relaxation rate increases linearly with T, as is expected from theory [33]. On the contrary, with respect to the occurrence of direct relaxation when a field is applied parallel to the c-axis, measurements by the dynamic susceptibility method [33, 34], van den Broek, van der Marel [35], and by a non-resonant magneto-optical method, Kump [32], Kalbfleisch [36], reveal rather conflicting results: direct relaxation is found to be absent by some authors [33, 34, 36], but clearly observable below 1.7 K by others [32, 35].

For the Orbach relaxation a temperature dependence $\tau^{-1} = C \cdot \exp(-E/kT)$ is found below 4.2 K, with $E \approx 16\ cm^{-1}$, as is to be expected for relaxations involving the first excited crystal field state [32 to 38]. The coefficient C is of the order of $10^7\ s^{-1}$ and varies by a factor of about three among different workers [32 to 36]. At temperatures between 4.2 and 20 K the Orbach relaxation, which is by far dominant in this temperature range, has been studied by the Mössbauer effect using the 25.7 keV transition of ^{161}Dy, cf. p. 412. The Orbach relaxation rates thus derived are found to be faster than the corresponding rates which have been extrapolated from measurements below 4.2 K by the dynamic-susceptibility method or by non-resonant magneto-optical methods. Such extrapolations are dubios, however, since further crystal field states at 20 and 54 cm^{-1} may influence the Orbach relaxation as the temperature is raised, Hüfner et al. [39, 40]. For calculated spin-lattice relaxation rates, see [1, 41].

S p i n - s p i n r e l a x a t i o n s: Below the Curie point, two relaxation processes are observed by the dynamic-susceptibility method, one having a rather slow rate of $\leq 25\ s^{-1}$

and being attributed to domain wall motion, the other, however, being remarkably fast ($\approx 5\times10^5\ s^{-1}$ for $T\approx0.002$ K below T_C) and rising steeply with temperature, Cooke et al. [42]. The fast relaxation can be fully accounted for by spin-spin interaction as shown by computations, Richards [43].

Holmium Ethylsulfate

Results obtained by the dynamic susceptibility method, Cremer et al. [44], Cooke, Daintree [45] are at variance with magneto-optical studies of Kalbfleisch [36]. From the dynamic susceptibility between 1.14 and 2.11 K it is concluded that the rate-determining process is a phonon bottleneck. The bottleneck rate is found to be approximately 500 s^{-1} at 1.7 K and to vary with temperature as $T^{4.3}$ [44]. The order of magnitude of this bottleneck rate is in agreement with earlier findings [45]. In contrast, rates determined by a non-resonant magneto-optical method between 1.39 and 2.18 K are smaller by an order of magnitude; they are attributed on the basis of their temperature dependence to a direct process and to an Orbach relaxation through the first excited crystal field level about 6 cm^{-1} above the ground state [36]. Furthermore, an oscillatory behavior of the rate as a function of magnetic field occured in magneto-optical studies [36], but was not observed by the dynamic susceptibility method [44]. Since identical specimens were used for part of the two kinds of measurements, the discrepancies cannot be accounted for by differences in quality and purity of the samples [44].

Erbium Ethylsulfate

The relaxation rate has been measured at 9 different temperatures between 1.1 and 3.1 K by the EPR method for a magnetic field parallel to the c-axis. The experimental points were fitted by $\tau^{-1}=22\cdot T^2+1.6\times10^{11}\cdot\exp(-63.36/T)\ s^{-1}$, which indicates a phonon bottleneck below 2.4 K and an Orbach process above. The position of the first excited crystal field state as determined from the Orbach process (44 cm^{-1}) is in good agreement with optical observations, Viswanathan, Kaelin [50]. For τ calculated from theory, see [27].

Ytterbium Ethylsulfate

Relaxation rates between 1.2 and 4.0 K, as obtained by the dynamic susceptibility method in magnetic fields up to 4 kOe parallel to the crystal c-axis, are found to be independent of magnetic field for $H>500$ Oe and to obey a temperature dependence $\tau^{-1}=5.1\times10^{11}\cdot\exp(-59/T)+1.55\times10^{-2}\cdot T^9+2.1\times10^{-2}\cdot T\ s^{-1}$. The coefficients of the first two terms are in severe disagreement with values calculated from theory for the Orbach and Raman processes, respectively [35]. The discrepancy for the Orbach process may, however, be largely removed if relaxation via optical phonons is considered as well, Huang [46]. For earlier preliminary measurements, see [37, 47].

Relaxation rates as a function of temperature have been obtained between 8 and 25 K from Mössbauer spectra by use of the 84.26 keV radiation of ^{170}Yb, cf. p. 412. These Mössbauer results do not fit well the empirical formula for τ^{-1} given above, which was obtained from dynamic susceptibility measurements; in the temperature range covered by the Mössbauer spectra the term linear in T and characterizing the direct relaxation is negligible. The discrepancies may be removed, however, by use of an additional exponential term attributed to an optical phonon mode, Borely et al. [48]. Theory predicts that the direct relaxation should exhibit an appreciable anisotropy with respect to the orientation of a magnetic field relative to the crystal c-axis, analogous to the case of dysprosium ethylsulfate [3]. This anisotropy has indeed been observed for Yb^{3+} diluted in yttrium ethylsulfate, and is very advantageous in achieving a high degree of proton polarization in Yb-doped yttrium ethylsulfate by the "spin-refrigerator" method, see p. 409.

References:

[1] R. Orbach (Proc. Roy. Soc. [London] A **264** [1961] 458/84). – [2] R. Orbach (Proc. Roy. Soc. [London] A **264** [1961] 485/95). – [3] R. Orbach (Phys. Rev. [2] **126** [1962] 1349/51). – [4] R.B. Clover (Physica **68** [1973] 519/39). – [5] J. van den Broek, L.C. van der Marel (Physica **29** [1963] 948/64).

[6] H. Glättli (Can. J. Phys. **46** [1968] 103/9). – [7] D.J. Griffiths, H. Glättli (Can. J. Phys. **43** [1965] 2361/73). – [8] D.J. Griffiths, H. Glättli (Phys. Letters **21** [1966] 275/6). – [9] A. Singh, R.C. Sapp (Phys. Rev. [3] B **5** [1972] 1688/700). – [10] B. Hagene (Phys. Status Solidi A **9** [1972] 643/51).

[11] H. Kalbfleisch, W. Smolne, R. Thomä, H. Wehrle (Phys. Status Solidi B **46** [1971] 643/54). – [12] J.M. Daniels, K.E. Rieckhoff (Can. J. Phys. **38** [1960] 604/15). – [13] C.K. Asawa, R.A. Satten (Phys. Rev. [2] **127** [1962] 1542/8). – [14] C.K. Asawa, R.A. Satten (Proc. Colloq. AMPERE **11** [1962/63] 721/5). – [15] N.C. Ford (Diss. Univ. California, Berkeley, 1965; Diss. Abstr. **26** [1965] 1118/9).

[16] G.A. Candela, R.E. Mundy (J. Chem. Phys. **46** [1967] 47/54). – [17] P.L. Scott, C.D. Jeffries (Phys. Rev. [2] **127** [1962] 32/51). – [18] F.J. Schedewie (Phys. Status Solidi **30** [1968] 251/9). – [19] K. Pfeuffer (Phys. Status Solidi **29** [1968] 171/7). – [20] K.E. Rieckhoff, D.J. Griffiths (Can. J. Phys. **41** [1963] 33/45).

[21] K.E. Rieckhoff, D.J. Griffiths (Proc. 8th Intern. Conf. Low Temp. Phys., London 1962 [1963], p. 289/90). – [22] R.B. Clover, A.T. Skjeltorp (Physica **53** [1971] 132/42). – [23] F. Frazzoli, M. Mancini (Nuovo Cimento B **53** [1968] 471/84). – [24] G.H. Larson, C.D. Jeffries (Phys. Rev. [2] **141** [1966] 461/78, 473). – [25] C.A. Moore (Phys. Rev. [3] B **13** [1976] 1925/39).

[26] E. Borchi, S. De Gennaro, M. Mancini (Nuovo Cimento B **61** [1969] 241/51). – [27] E. Borchi, S. De Gennaro, M. Mancini (Lettere Nuovo Cimento Soc. Ital. Fis. [2] **1** [1969] 502/4). – [28] H.G. Kahle, H. Kalbfleisch, U. Kump (Z. Physik **188** [1965] 193/8). – [29] H. Kalbfleisch (Z. Physik **188** [1965] 186/92). – [30] H.G. Kahle, H. Kalbfleisch, E. Stein (Phys. Status Solidi **22** [1967] 537/40).

[31] H. Kalbfleisch (Phys. Status Solidi **34** [1969] 685/90). – [32] U. Kump (Phys. Status Solidi **34** [1969] 691/7). – [33] A.H. Cooke, C.B.P. Finn, B.W. Mangum, R.L. Orbach (J. Phys. Soc. Japan Suppl. B1 **17** [1962] 462/4). – [34] R.P. Hudson, B.W. Mangum (Proc. Colloq. AMPERE **11** [1962/63] 135/46). – [35] J. van den Broek, L.C. van der Marel (Physica **30** [1964] 565/87).

[36] H. Kalbfleisch (Z. Physik **181** [1964] 13/21). – [37] A.H. Cooke, C.B.P. Finn, R. Orbach (Arch. Sci. [Geneva] **13** [1960] Fasc. Spec., p. 111/2). – [38] R.C. Sapp, B.G. Aldridge, A. Singh (Bull. Am. Phys. Soc. [2] **14** [1969] 195). – [39] S. Hüfner, H.H. Wickman, C.E. Wagner (Phys. Rev. [2] **169** [1968] 247/51). – [40] S. Hüfner, H.H. Wickman, C.F. Wagner (Hyperfine Struct. Nucl. Radiat. Proc. Conf., Pacific Grove, Calif., 1967 [1968], p. 952/5).

[41] C.Y. Huang, K. Sugawara (J. Phys. Soc. Japan **34** [1973] 629/38). – [42] A.H. Cooke, D.T. Edmonds, C.B.P. Finn, W.P. Wolf (Proc. Roy. Soc. [London] A **306** [1968] 335/53). – [43] P.M. Richards (Phys. Rev. [2] **187** [1969] 690/703). – [44] R. Cremer, N. Gabrielsen, S. Hüfner, K. Nicolay, G. Weber (Phys. Kondens. Mater. **5** [1966] 5/24). –

[45] A.H. Cooke, E.J. Daintree (Proc. 3rd Conf. Rare Earth Res., Clearwater, Fla., 1963 [1964], p. 401/6).

[46] C.Y. Huang (Phys. Letters A **37** [1971] 244). – [47] A.H. Cooke, F.R. McKim, H. Meyer, W.P. Wolf (Phil. Mag. [8] **2** [1957] 928/35). – [48] C. Borely, F. Gonzalez-Jimenez, P. Imbert, F. Varret (J. Phys. Chem. Solids **36** [1975] 605/9). – [49] C.A. Moore, R.A. Satten (Phys. Rev. [3] B **7** [1973] 1753/72, 1768/9). – [50] C.R. Viswanathan, G. Kaelin (Phys. Rev. [2] **171** [1968] 992/3).

28.13.5 Magnetic Resonance. Mössbauer Spectra

28.13.5.1 Electron Paramagnetic Resonance (EPR)

General References:

A. Abragam, B. Bleaney, Electron Paramagnetic Resonance of Transition Ions, Oxford 1970.

S.A. Al'tshuler, B.M. Kozyrev, Electron Paramagnetic Resonance of Compounds of Transition Elements, Jerusalem-London 1974.

Review.

EPR spectra of rare earth ethylsulfates have been obtained predominantly for samples in which the ions under study were added in small concentrations to other rare earth ethylsulfate hosts, mostly to the diamagnetic compounds of Y and La. In the pure compounds EPR spectra are rather featureless and often unobservable, as a result of line broadening due to spin-spin interaction. On dilution of the resonant ions in diamagnetic hosts, however, this broadening is substantially reduced. Measurements have mostly been performed at temperatures in the liquid-hydrogen or liquid-helium range, since at higher temperatures considerable line broadening occurs due to enhanced spin-lattice relaxations. An exception is provided by Gd^{3+}, which is an S-state ion and thus has a spin-lattice relaxation rate slow enough to enable EPR observation even at room temperature.

Results are compiled in Table 28.13-4 for the pure compounds and in Table 28.13-5 for dilute samples. The tables are designed to provide rapid access to the pertinent literature, not to give a full account of the great variety of EPR phenomena. Therefore, no explicit numerical results are presented, except for the basic spectroscopic splitting factors, which for briefness are given without error limits.

The following symbols and abbreviations are used in Tables 28.13-4 and 28.13-5:

c	crystallographic c-axis
CF	crystal field
ENDOR	electron nuclear double resonance
$g_{\parallel}$, $g_{\perp}$	spectroscopic splitting factors, for magnetic field parallel and perpendicular to hexagonal c-axis, respectively
H	magnetic field strength
Hfs	hyperfine structure
J	electronic angular momentum
μ	nuclear magnetic moment
ν	microwave frequency
Q	nuclear quadrupole moment
SI	spin interaction
T	sample temperature; room temperature = 298 K
τ_1	spin-lattice (longitudinal) relaxation time
τ_2	spin-spin (transverse) relaxation time

Table 28.13-4
EPR results for pure $M(C_2H_5SO_4)_3 \cdot 9H_2O$. References see p. 399.

M	T in K	ν in GHz	Observed properties and derived parameters	Ref.
Ce	0.4 to 4.2	9; 35; 68	no resonance above 2 K; $g_\parallel=3.760$ [a]; no SI splitting observed; SI constants from measurements at two different ν for which $h\nu > kT$; evidence for quadrupole-quadrupole interaction	[1]
Ce	<2	9.4; 35	partly resolved structure due to SI; evidence for quadrupole-quadrupole interaction	[2]
Ce	2.5; 4.2	9.23	$g_\parallel=3.8$ [a]; $g_\perp \approx 0$; no resonance at 4.2 K	[3, 4]
Pr	≦20	24	broad line, partly out of spectral range; broadening partly due to lattice distortions	[5]
Nd	0.4 to 4.2	30	$g_\parallel=3.60$; SI constants; evidence for antiferromagnetic coupling	[6]
Nd	20		triplet for $H \parallel c$ due to SI; unresolved structure for $H \perp c$	[7]
Nd	1.29 to 2.15	23.20	τ_1 monitored by an optical method	[8]
Sm	4	9.15	strong line for even-even isotopes; 16 weak Hfs lines from $^{147,149}Sm$	[9]
Sm	1.2 to 5	9.4	τ_1	[20]
Gd	≦20		single very broad line	[7]
Tb	≧1.2	150	$g_\parallel=17.82$, $g_\perp \approx 0$; Hfs constant; SI splitting	[10]
Dy	0.4 to 1.2	34.38; 35.38	$g_\parallel=10.80$, $g_\perp<0.1$; SI constants; resonance arises from ions near defect sites [b]	[11]
Ho	4	890	$g_\parallel=15.5$; 8 Hfs lines; EPR spectrum excited by HCN laser at $\lambda=337\ \mu m$	[12]
Ho	4 to 20	890	8 Hfs lines; EPR spectrum excited by HCN laser at $\lambda=337\ \mu m$	[13]
Er	1.1 to 3.7	X-band	τ_1	[14]
Tm	4.2	9; 25; 35	resonance from two types of defect sites with $g_\parallel=13.723$ and $g_\parallel=13.65$ [b]; Hfs constants; CF splitting	[15]
Tm	6	9.132; 9.503	resonance within the thermally populated first excited CF doublet at 32 cm^{-1}; EPR spectrum unstructured; Hfs observed in electric resonance spectrum, i.e. for microwave electric field perpendicular to H	[16]

[a] Calculations within the framework of static crystal field theory result in values of $g_\parallel$ for Ce^{3+} considerably larger than observed. This discrepancy is explained by virtual phonon exchange, cf. p. 387 [17, 18]. – [b] Magnetic dipole transitions are forbidden for Dy^{3+} or Tm^{3+} in a regular crystalline environment of site symmetry C_{3h} because the theoretical value of $g_\perp=0$ for Dy^{3+} [11, 19] and Tm^{3+} has a singlet ground state [5].

References for Table 28.13-4:

[1] J. Dweck, G. Seidel (Phys. Rev. [2] **146** [1966] 359/65). – [2] J.M. Baker (Phys. Rev. [2] A **136** [1964] 1633/5). – [3] G.S. Bogle, A.H. Cooke, S. Whitley (Proc. Phys. Soc. [London] A **64** [1951] 931/2). – [4] R.J. Elliott, K.W.H. Stevens (Proc. Roy. Soc. [London] A **215** [1952] 437/53). – [5] J.M. Baker, B. Bleaney (Proc. Roy. Soc. [London] A **245** [1958] 156/74).

[6] I. Svare, G. Seidel (Phys. Rev. [2] A **134** [1964] 172/86), G. Seidel, I. Svare (Paramagnetic Resonance Proc. 1st Intern. Conf., Jerusalem 1962 [1963], Vol. 2, p. 468/81). – [7] B. Bleaney, R.J. Elliott, H.E.D. Scovil (Proc. Phys. Soc. [London] A **64** [1951] 933/5). – [8] J. Wooldridge (Phys. Rev. [2] **185** [1969] 602/10). – [9] G.S. Bogle, H.E.D. Scovil (Proc. Phys. Soc. [London] A **65** [1952] 368/9). – [10] A.R. King (Bull. Am. Phys. Soc. [2] **13** [1968] 434).

[11] J. Dweck, G. Seidel (Phys. Rev. [2] **155** [1967] 267/71). – [12] J.P. Kotthaus, K. Dransfeld (Phys. Letters A **30** [1969] 34/5). – [13] J. Boettcher, K. Dransfeld, K.F. Renk (Phys. Letters A **26** [1968] 146/8). – [14] C.R. Viswanathan, G. Kaelin (Phys. Rev. [2] **171** [1968] 992/3). – [15] D.C. Baker, H.H. Dearman (J. Chem. Phys. **56** [1972] 3664/71), H.H. Dearman (J. Chem. Phys. **44** [1966] 2218/9).

[16] D.C. Baker, H.H. Dearman (J. Chem. Phys. **54** [1971] 5427/8). – [17] R.J. Birgeneau (Phys. Rev. Letters **19** [1967] 160/2). – [18] M. Berti, L. Cianchi, M. Mancini, G. Spina (Lettere Nuovo Cimento Soc. Ital. Fis. [2] **9** [1974] 75/8). – [19] R.J. Elliott, K.W.H. Stevens (Proc. Roy. Soc. [London] A **219** [1953] 387/404). – [20] G.H. Larson, C.D. Jeffries (Phys. Rev. [2] **141** [1966] 461/78, 473).

Table 28.13-5
EPR results for rare earth impurity ions in host lattices of $M(C_2H_5SO_4)_3 \cdot 9H_2O$, M=Y, La, and Ce to Lu, except Pm. For symbols and abbreviations see p. 397. References see p. 407.

Impurity ion (at.%)	M of host	T in K	ν in GHz	Observed properties and derived parameters	Ref.
Ce (2)	Y	1.2 to 5	9.36	$g_{\parallel}=3.810$, $g_{\perp}=0.20$; τ_1	[1]
Ce (0.5)	La	4.2	9.23	two lines from CF levels $J_z=\pm{}^5/_2$ (upper) and $J_z=\pm{}^1/_2$ (lower); $g_{\parallel}=0.955$, $g_{\perp}=2.185$ ($J_z=\pm{}^1/_2$); $g_{\parallel}=3.72$, $g_{\perp}=0.2$ ($J_z=\pm{}^5/_2$)	[2, 3]
Ce	La	1.4	71	transition between Zeeman components of $J_z=\pm{}^5/_2$ and $\pm{}^1/_2$; zero-field splitting	[4]
Ce (5; 9; 17)	Nd	1.4 to 2.2; 4.2	23.1 to 23.2	Ce–Nd cross relaxation monitored by an optical method	[5]

Table 28.13-5 [continued]. References see p. 407.

Impurity ion (at.%)	M of host	T in K	ν in GHz	Observed properties and derived parameters	Ref.
Ce (1 to 3)	Y; Eu; Lu	4	35	SI constants Ce-Ce; evidence for virtual phonon exchange	[6]
Ce (2)	Nd; Sm; Gd; Dy; Er	≦4	9.3	τ_1 ; CF splitting	[7]
Pr	Y	14 to 20	9.3 to 30	$g_{\parallel}=1.525$; Hfs and CF constants; $\mu(^{141}Pr)$	[8, 9]
Pr (0.2)	Y	1.5	9.3	electric dipole transitions induced by microwave electric field; observation of pulse echoes associated with precessing electric dipoles of Pr^{3+}	[10]
Pr (0.3)	Y	4	9.5	electric dipole transitions induced by microwave electric field; electric interaction constants	[11]
Pr (1)	Y; La	4.2	12.8	electric dipole transitions induced by microwave electric field; electric interaction constants	[15]
Pr (1)	Y	4	9.1	electric field-modulated EPR; electric interaction constants and line shape parameters	[12]
Pr	La	20	9.96; 20.61; 23.67	$g_{\parallel}=1.69$, $g_{\perp}<0.3$; Hfs and CF constants	[13]
Pr (1)	La	4.2	15.882; 38.09	$g_{\parallel}=1.672$; Hfs and SI constants	[14]
Pr (5)	La	1.4 to 2.2	21.2	τ_1 monitored by an optical method	[5]
Pr (9; 10)	La	1.4 to 2.2	21.12; 23.07	Hfs of Pr; Pr-Er cross relaxation in samples with Er (5; 10 at.%) as additional impurity monitored by an optical method	[5]
Pr (5)	Y; La	1.2 to 5	9.27; 9.40	τ_1	[1]
Pr	Ce	1.2	35.56	SI splitting; evidence for antiferromagnetic Ce-Ce interaction	[16]
Pr (3)	Sm	≈2	21.2; 23.2	$g_{\parallel}=1.55$; Hfs constant; no Sm-Pr cross relaxation observable by a magneto-optical method	[5]

Table 28.13-5 [continued]. References see p. 407.

Impurity ion (at.%)	M of host	T in K	ν in GHz	Observed properties and derived parameters	Ref.
Pr (2; 20) [a)]	Er	1.4 to 2.2; 4.2	21.1 to 21.2	$g_{\parallel}=1.52$; Er–Pr cross relaxation monitored by an optical method	[5]
Nd (0.1; 1)	Y	1 to 5	9.4	$g_{\parallel}=3.665$, $g_{\perp}=1.980$; τ_1	[1, 18]
Nd (1 to 10)	Y	4.2; 20	9.4; 25	$g_{\parallel}=3.547$; $g_{\perp}=2.053$; Hfs; SI constants; evidence for nondipolar SI	[17]
Nd, even-even isotopes (0.1; 1)	Y	1.6 to 7.4; 21 to 29	9.181; 16.475	τ_1; phonon-induced g-shift and line broadening	[19]
Nd (0.25 to 2)	Y	2.1; 4.2	9.3; 9.5; 69.5	dynamic proton polarization study	[20]
Nd (1 to 10)	La	4.2; 20	9.4; 25	$g_{\parallel}=3.535$; $g_{\perp}=2.072$; Hfs; SI constants; evidence for nondipolar SI	[17]
^{143}Nd; ^{145}Nd	La	4; 14	1 to 4.6	frequency-modulated EPR; zero-field splitting due to Hfs; Hfs constants; μ (^{143,145}Nd)	[21]
Nd (0.5)	La	20	1.4 to 5.0; 9	$g_{\parallel}=3.535$, $g_{\perp}=2.072$; Hfs constants; μ,Q (^{143,145}Nd)	[22, 23]
Nd (0.5)	La	20		$g_{\parallel}=3.58$, $g_{\perp}=2.09$; Hfs constants; μ,Q (^{143,145}Nd)	[24]
Nd (1)	La	1.4	9.36	τ_1	[18]
Nd; ^{142}Nd (0.2 to 10)	La	1.29 to 2.15	23	τ_1 monitored by an optical method	[25]
Nd (3)	La	1.4 to 2.2	23.1	τ_1 monitored by an optical method	[5]
Nd (0.05)	Ce	0.4 to 4.2	34 to 35	$g_{\parallel}=3.595$; evidence for antiferromagnetic Nd–Ce SI	[16]
^{147}Pm (0.02)	La	4.2	8.890	$g_{\parallel}=0.432$; Hfs constant; μ (^{147}Pm)	[26]
^{147}Pm (0.1)	La-Deutero-hydrate	$\geqq 13$	9.6; 24	no resonance observed; probably outside of available H	[9]
Sm (1)	Y	1.2 to 5	9.4	$g_{\parallel}=0.616$, $g_{\perp}=0.594$; τ_1	[1, 18]

Table 28.13-5 [continued]. References see p. 407.

Impurity ion (at.%)	M of host	T in K	ν in GHz	Observed properties and derived parameters	Ref.
Sm (0.1)	La	4	9.15	$g_{\parallel}=0.596$, $g_{\perp}=0.604$; Hfs constants; μ,Q (^{147,149}Sm)	[27, 28]
Sm (0.1)	La	1.2 to 5	8.9	τ_1	[29]
Sm (0.1; 1)	La	1.2 to 5	9.4	τ_1; CF constants	[1, 18]
Sm	Pr	1.8 to 4.2	8.3 to 9.3	decay of Sm^{3+} spin echoes due to spin relaxation by Pr-neighbors	[80]
Gd (0.5)	Y	4.2; 77; 293		$g_{\parallel}=g_{\perp}=1.987$ (77 and 293 K); CF constants	[30]
Gd (0.01)	Y	4; 77; 290	35	$g_{\parallel}=g_{\perp}=1.991$; CF and Hfs constants	[31]
Gd (0.01 to 0.9)	La	292 to 298	X-band	$g_{\parallel}=1.991933$ to 1.991944; $g_{\parallel}$ and CF constants adjusted to T= 297.280 K	[32]
Gd (0.1)	La	290	5; 10; 35	frequency and angular dependence of parameters of generalized spin Hamiltonian	[33, 34]
Gd (0.1; 1)	La	77	9.2	$g_{\parallel}=1.991$; CF and SI constants	[35]
Gd (0.01)	La	4; 77; 290	35	$g_{\parallel}=g_{\perp}=1.991$; Hfs and CF constants	[31]
Gd	La	4; 77; 232.4; 298		$g_{\parallel}=1.990$ to 1.992; CF constants	[36]
Gd (1)	La	90; 290		$g_{\parallel}=1.9908$, $g_{\perp}=1.9905$ (290 K); $\Delta M_J=\pm 2$ transitions; CF constants	[37]
Gd	La	90	24.520	$\Delta M_J=\pm 3$ transitions	[38]
Gd (0.5)	La	20 to 298	9 to 10; 23 to 24	$g_{\parallel}=g_{\perp}=1.990$ (20 and 90 K); CF constants; indication of zero-field splitting anomaly	[22, 39, 40]
Gd	La	4.2 to 288	X-band	$g_{\parallel}=g_{\perp}=1.99201$ (288 K); CF constants; no zero-field splitting anomaly	[41]
Gd (0.5; 1; 2)	La	77; 290.5	1 to 4	anomaly of zero-field splitting for 15 G$\leqq$H$\leqq$60 G	[42]

Table 28.13-5 [continued]. References see p. 407.

Impurity ion (at.%)	M of host	T in K	ν in GHz	Observed properties and derived parameters	Ref.
^{160}Gd (0.2)	La; La-Deutero-hydrate	77.2	1.25 to 1.60	anomaly of zero-field splitting for H<10 G	[43]
Gd (0.28 to 0.94)	La; La-Deutero-hydrate	77; 273	1.20 to 1.60	no zero-field splitting anomaly for 10 G≦H≦40 G	[44]
Gd; ^{155}Gd, ^{157}Gd, ^{160}Gd (0.1)	La; La-Deutero-hydrate	2; 4.2; 77; 298	1.3 to 3.6	frequency-modulated EPR at H=0; Hfs and CF constants; no zero-field splitting anomaly	[45]
Gd (0.1)	La	4.2	34.5	ENDOR (^{1}H) study of water-proton positions around Gd	[46]
^{155}Gd, ^{157}Gd (0.1)	La	1.6 to 4.2	9.5	ENDOR (^{155}Gd and ^{157}Gd); Hfs constants	[47]
Gd (0.4) b)	La	4.2	9	τ_1, τ_2	[48]
Gd (0.5)	La	4.2	8.745 to 8.750	τ_1	[49]
Gd (0.1 to 0.5)	La	2.1 to 4.2	9.0	τ_1 affected by Ce^{3+} (0 to 0.2 at.%) as additional impurity	[50, 51]
Gd (0.5)	La	1.2	9.0	τ_1 affected by Ce^{3+} (0.2 at.%) as additional impurity	[52]
Gd (0.5)	La	1.2	9.06; 17.52	test of maser operation with sample containing Ce^{3+} (0.2 at.%) as additional impurity	[53]
Gd (0.5)	La	1.5	6.298	test of maser operation with sample containing Ce^{3+} (0.2 at.%) as additional impurity	[54]
Gd (1)	La	4	9.3	line shapes are Lorentzian	[55]
Gd (0.01)	Ce	0.4 to 4; 77	35	CF constants; line narrowing of Gd resonance below 4 K due to Ce-Ce cross relaxation	[31]
Gd	Ce	1.2	35.56	SI constants for Gd-Ce pairs	[16]

Table 28.13-5 [continued]. References see p. 407.

Impurity ion (at.%)	M of host	T in K	ν in GHz	Observed properties and derived parameters	Ref.
Gd (0.2)	Nd	20; 90		indication of SI splitting from Gd-Nd pairs	[56]
Gd (0.28 to 0.94)	Sm	77	1.20 to 1.60	no zero-field splitting anomaly for 10 G≦H≦40 G	[44]
Gd (0.01)	Dy	1.2 to 4; 77; 290	35	no resonance at 77 and 290 K; CF constants; SI constants for Gd-Dy pairs	[31]
Gd (0.2)	La; Ce to Lu, except Pm, Gd	292 to 299	X-band	high-precision values of CF constants adjusted to spherical samples at T=297.280 K; comparative study of CF constants for the series of host crystals	[57]
Gd (0.2)	La; Ce to Lu, except Pm, Gd	292 to 298	X-band	high-precision values of $g_\parallel$ adjusted to spherical samples at T=293.3 K; $g_\parallel$ between 1.99189 (Lu) and 1.99323 (Dy); comparative study of CF constants for the series of host crystals	[58]
Gd (0.35 to 0.53; for Lu host also 0.004 and 0.062 at.%)	La; Pr to Lu, except Pm, Eu, Gd, Tm	77.2; 295	X-band; for Dy host also at 22 GHz	$g_\parallel$=1.9918 (295 K) for La, Pr, Nd, Sm, Yb, and Lu hosts; CF constants; comparative study for the series of host crystals	[59]
Gd (0.5)	Y; La; Ce to Lu, except Pm, Gd, Dy	290.5	9.285391	$g_\parallel$ between 1.99177 (Sm, Y) and 1.99314 (Ho); $g_\perp$ between 1.99096 (Ho) and 1.99185 (Y); CF constants; comparative study for the series of host crystals; SI parameters for Gd pairs	[60]
Gd (0.5)	Y; La; Ce to Lu, except Pm, Gd	290.5	9.285391	$g_\parallel$=1.99210, $g_\perp$=1.99168 (mean for all host crystals); CF constants; comparative study for the series of host crystals	[61]
Gd	La; Sm; Er; all Deutero-hydrates	77		comparative study of CF constants	[45]

Table 28.13-5 [continued]. References see p. 407.

Impurity ion (at.%)	M of host	T in K	ν in GHz	Observed properties and derived parameters	Ref.
Gd	La; Pr to Yb, except Pm, Gd	298	10	CF constants; comparative study for the series of host crystals	[62]
Tb (1)	Y	1.2 to 5	12 to 15; 17.00	$g_\parallel=17.72$; Hfs and CF splitting; τ_1	[1]
Tb (0.1)	Y	15 to 20	18 to 35.4	$g_\parallel=17.72$, $g_\perp<0.1$; Hfs constants; μ (^{159}Tb); CF splitting; τ_1	[9, 63]
Tb (5)	Y	20; 90	9.4; 35; 70	SI constants for Tb pairs	[64]
^{157}Tb (0.013) ^{158}Tb (0.008) ^{159}Tb (0.2) [c)]	Y-Deutero-hydrate	1	34.5	4 strong lines (^{159}Tb); 7 weak lines (^{158}Tb); satellites from ^{159}Tb pairs; ^{157}Tb and ^{159}Tb lines probably coincident; Hfs constants; μ (^{157,158}Tb), Q (^{158}Tb)	[65]
^{159}Tb (0.08) ^{160}Tb (0.002) [d)]	Y-Deutero-hydrate	1	34.5	4 strong lines (^{159}Tb); 3 weak lines (^{160}Tb; 4 more lines presumably obscured); satellites from ^{159}Tb pairs; Hfs constants; μ,Q (^{160}Tb)	[65]
Tb (0.5)	La	1.6 to 10	24.8; 36.5	$g_\parallel=17.6$; CF splitting; Hfs constants; τ_1; change of parameters under hydrostatic pressure	[81]
Dy (0.5)	Y	0.4	35.5	resonance probably from ions near defect sites [e)]; $g_\parallel=10.94$, $g_\perp<0.05$; Hfs constants	[66]
Dy (2 to 20)	Y	4 to 15	9.4; 35	$g_\parallel=10.82$, $g_\perp=0$ (ground state); $g_\parallel=5.86$, $g_\perp=8.4$ (first excited CF state); SI constants	[64]
Dy (0.1)	Y	1.2 to 2.0; 4 to 20	9.5	τ_1	[67]
Dy (5)	La	4		SI constants	[68]
Ho (1)	Y	13	18 to 36	$g_\parallel=7.704$, $g_\perp\approx4$ for effective spin $S=1$; $g_\parallel=15.36$ for $S=1/2$; Hfs and CF constants; μ,Q (^{165}Ho)	[9, 69]
Ho (0.1; 1)	Y	1.2 to 25.0	8.82; 13.96; 16.22 to 17.49	τ_1; τ_2	[70]

Table 28.13-5 [continued]. References see p. 407.

Impurity ion (at.%)	M of host	T in K	ν in GHz	Observed properties and derived parameters	Ref.
Ho (1)	Y	4	9.100	electric field modulated EPR; electric interaction constants and line-shape parameters	[12]
Ho (1)	Y	4 to 21	890	EPR excited by HCN laser at λ= 337 μm	[71]
Ho (3)	Y	20	35; 70	SI constants	[64]
^{168}Er (0.01 to 1) f)	Y	4.15	9.085 to 9.160	$g_\parallel$=1.503, $g_\perp$=8.770; dynamic proton polarization study	[72, 73]
Er; ^{167}Er (1)	Y	1.2	8.935; 9.055; 15.965	$g_\parallel$=1.49, $g_\perp$=8.78; Hfs constants; τ_1	[74]
Er; ^{167}Er; Er, even-even isotopes (0.1; 1)	Y	1.2 to 5	9.3 to 9.4	$g_\parallel$=1.50, $g_\perp$=8.77; τ_1	[1, 18]
Er (1)	La	1.2 to 5	9.36	$g_\parallel$=1.47, $g_\perp$=8.85; τ_1	[1, 18]
Er (0.5)	La	4 to 20	10 to 25	$g_\parallel$=1.47, $g_\perp$=8.85; Hfs constants; Q (^{167}Er)	[75, 76]
Er (0.2; 10)	La	1.1 to 3.7	X-band	τ_1	[77]
Tm (1; 10)	Y	≧13	24	no resonance observed e)	[9]
^{172}Yb (1)	Y	1.2 to 1.7	23.09 to 23.76	$g_\parallel$=3.328, $g_\perp$=0.012; electric dipole transitions induced by microwave electric field; τ_1 following optical pumping with broad band Hg light source	[78]
Yb; ^{172}Yb (1; 2)	Y-Deutero-hydrate	1.2 to 2.1	22.75 to 24	$g_\parallel$=3.335, $g_\perp$=0.023 (2 at.%); electric dipole transitions induced by microwave electric field; τ_1 following either microwave saturation or optical pumping with broad band Hg and monochromatic near-IR light sources	[78, 79]

a) Relative concentrations of Pr and Er were estimated from optical absorption spectra [5].

b) Actual Gd concentration was measured by X-ray fluorescence; nominal concentration from stoichiometry of starting materials was 1 at.% [48].

c) The doping of ^{158}Tb corresponds to 4×10^{14} ions in 5 mg of yttrium ethylsulfate. Mass spectrometric analysis gave the relative abundances of the three Tb isotopes at $^{159}Tb:^{157}Tb:^{158}Tb=25:1.6:1$ [65].

d) The doping of ^{160}Tb corresponds to an activity of 0.5 mCi incorporated in 10 mg of yttrium ethylsulfate. The total Tb concentration was found to be inhomogeneous across the sample and to amount to $\approx$1 at.% in the interior [65, 82].

e) Magnetic dipole transitions are forbidden for Dy^{3+} or Tm^{3+} in a regular crystalline environment of site symmetry C_{3h}, since for Dy^{3+} the theoretical value of $g_\perp=0$ [40, 66] and Tm^{3+} has a singlet ground state [9].

f) For three samples with nominal Er concentrations between 0.01 and 0.5 at.% the actual concentrations have been determined by EPR by comparison with a standard sample and found to be lower by a factor of $\approx$5 to 7 [72].

References for Table 28.13-5:

[1] G.H. Larson, C.D. Jeffries (Phys. Rev. [2] **141** [1966] 461/78). – [2] G.S. Bogle, A.H. Cooke, S. Whitley (Proc. Phys. Soc. [London] A **64** [1951] 931/2). – [3] R.J. Elliott, K.W.H. Stevens (Proc. Roy. Soc. [London] A **215** [1952] 437/53). – [4] D.P. Devor, R.H. Hoskins (Bull. Am. Phys. Soc. [2] **6** [1961] 364). – [5] C.A. Moore, R.A. Satten (Phys. Rev. [3] B **7** [1973] 1753/72).

[6] R.J. Anderson, J.M. Baker, R.J. Birgeneau (J. Phys. C **4** [1971] 1618/30). – [7] G.H. Larson (Phys. Rev. [2] **150** [1966] 264/6). – [8] J.M. Baker, B. Bleaney (Proc. Phys. Soc. [London] A **68** [1955] 936/7). – [9] J.M. Baker, B. Bleaney (Proc. Roy. Soc. [London] A **245** [1958] 156/74). – [10] T.A. Lick, W.P. Unruh, J.W. Culvahouse (Phys. Rev. [3] B **8** [1973] 4941/52).

[11] F.I.B. Williams (Proc. Phys. Soc. [London] **91** [1967] 111/23). – [12] P. Wysling, K.A. Müller (J. Phys. C **9** [1976] 635/45). – [13] B. Bleaney, H.E.D. Scovil (Phil. Mag. [7] **43** [1952] 999/1000). – [14] J.W. Culvahouse, D.P. Schinke. L.G. Pfortmiller (Phys. Rev. [2] **177** [1969] 454/64). – [15] J.W. Culvahouse, L. Pfortmiller, D.P. Schinke (J. Appl. Phys. **39** [1968] 690/2).

[16] J. Dweck, G. Seidel (Phys. Rev. [2] **146** [1966] 359/65). – [17] J.M. Baker (Phys. Rev. [2] A **136** [1964] 1341/7). – [18] G.H. Larson, C.D. Jeffries (Phys. Rev. [2] **145** [1966] 311/24). – [19] R.L. Marchand, H.J. Stapleton (Phys. Rev. [3] B **9** [1974] 14/21). – [20] D.S. Wollan, H.J. Stapleton (Phys. Rev. [2] **163** [1967] 207/12).

[21] L.E. Erickson (Phys. Rev. [2] **143** [1966] 295/303). – [22] B. Bleaney, H.E.D. Scovil, R.S. Trenam (Proc. Roy. Soc. [London] A **223** [1954] 15/29). – [23] B. Bleaney, H.E.D. Scovil, R.S. Trenam (Phil. Mag. [7] **43** [1952] 995/7). – [24] B. Bleaney, H.E.D. Scovil (Proc. Phys. Soc. [London] A **63** [1950] 1369). – [25] J. Wooldridge (Phys. Rev. [2] **185** [1969] 602/10).

[26] H.J. Stapleton, C.D. Jeffries (Phys. Rev. [2] **124** [1961] 1455/7). – [27] G.S. Bogle, H.E.D. Scovil (Proc. Phys. Soc. [London] A **65** [1952] 368/9). – [28] R.J. Elliott, K.W.H. Stevens (Proc. Phys. Soc. [London] A **65** [1952] 370/1). – [29] C.Y. Huang (Phys. Rev. [2] A **139** [1965] 241/54). – [30] P. Wysling (Solid State Commun. **7** [1969] 873/4).

[31] J. Dweck, G. Seidel (Phys. Rev. [2] **151** [1966] 289/95). – [32] R.E. Gerkin, W.J. Rogers, W.J. Tourek (J. Chem. Phys. **66** [1977] 4166/71). – [33] H.A. Buckmaster, R. Chatterjee, Y.H. Shing (J. Magn. Resonance **4** [1971] 85/9). – [34] H.A. Buckmaster, R. Chatterjee, Y.H. Shing (J. Phys. C **4** [1971] 832/9), H.A. Buckmaster, Y.H. Shing (Proc. 7th Rare Earth Res. Conf., Coronado, Calif., 1968 [1969], Vol. 1, p. 323/33). – [35] R.J. Richardson. S. Lee (Phys. Rev. [3] B **1** [1970] 108/13).

[36] M. Abraham, H.H. Wickman (in: M.M. Abraham, E.J. Lee, R.A. Weeks, J. Phys. Chem. Solids **26** [1965] 1249/54). – [37] H.A. Buckmaster (Can. J. Phys. **34** [1956] 150/1). – [38] H.A. Buckmaster (Can. J. Phys. **34** [1956] 341/2). [39] B. Bleaney, R.J. Elliott, H.E.D. Scovil, R.S. Trenam (Phil. Mag. [7] **42** [1951] 1062/4). – [40] R.J. Elliott, K.W.H. Stevens (Proc. Roy. Soc. [London] A **219** [1953] 387/404).

[41] I.R. Dagg, R.C. Kemp, H.F. Symmons (J. Phys. C **2** [1969] 1098/101). – [42] Y.H. Shing, H.A. Buckmaster (J. Magn. Resonance **21** [1976] 295/309). – [43] R.E. Gerkin, W.J. Rogers (Chem. Phys. Letters **43** [1976] 592/6). – [44] R.E. Gerkin, D.L. Thorsell (J. Chem. Phys. **57** [1972] 188/98). – [45] E.R. Bernstein, G.M. Dobbs (Phys. Rev. [3] B **11** [1975] 4623/38).

[46] R. de Beer, F. Biesboer, D. van Ormondt (Physica B+C **83** [1976] 314/7). – [4] D. van Ormodt, M.G. van der Oord, W. Biesiot (Phys. Letters A **55** [1975] 54/6). – [48] G.V. Marr, P. Swarup (Can. J. Phys. **38** [1960] 495/503). – [49] C.F. Davis, M.W.P. Strandberg, R.L. Kyhl (Phys. Rev. [2] **111** [1958] 1268/72). – [50] S.A. Peskovatskii, A.N. Chernets (Fiz. Tverd. Tela **4** [1962] 657/64; Soviet Phys.-Solid State **4** [1962] 479/83).

[51] S.A. Peskovatskii, A.N. Chernets (Fiz. Tverd. Tela **4** [1962] 665/7; Soviet Phys.-Solid State **4** [1962] 484/6). – [52] G. Feher, H.E.D. Scovil (Phys. Rev. [2] **105** [1957] 760/2). – [53] H.E.D. Scovil, G. Feher, H. Seidel (Phys. Rev. [2] **105** [1957] 762/3). – [54] E.O. Schulz-DuBois, H.E.D. Scovil, R.W. De Grasse (Bell System Tech. J. **38** [1959] 335/52). – [55] P. Swarup (Can. J. Phys. **37** [1959] 848/57).

[56] B. Bleaney, R.J. Elliott, H.E.D. Scovil (Proc. Phys. Soc. [London] A **64** [1951] 933/5). – [57] R.E. Gerkin, W.J. Rogers (J. Chem. Phys. **70** [1979] 3764/74). – [58] R.E. Gerkin, W.J. Rogers (J. Chem. Phys. **68** [1978] 504/12). – [59] R.E. Gerkin, D.L. Thorsell (J. Chem. Phys. **57** [1972] 2665/72). – [60] M.R. Smith, Y.H. Shing, R. Chatterjee, H.A. Buckmaster (J. Magn. Resonance **26** [1977] 351/63).

[61] H.A. Buckmaster, R. Chatterjee, Y.H. Shing (Can. J. Phys. **50** [1972] 991/1001). – [62] C.R. Viswanathan, E.Y. Wong (J. Chem. Phys. **49** [1968] 966/7). – [63] J.M. Baker, B. Bleaney (Proc. Phys. Soc. [London] A **68** [1955] 257). – [64] J.M. Baker, A.E. Mau (Can. J. Phys. **45** [1967] 403/28). – [65] W.C. Easley, J.A. Barclay, D.A. Shirley (Phys. Rev. [2] **170** [1968] 1083/8).

[66] J. Dweck, G. Seidel (Phys. Rev. [2] **155** [1967] 267/71). – [67] J.C. Gill (Proc. Phys. Soc. [London] **82** [1963] 1066/8). – [68] T. Shmugge (from [64]). – [69] J.M. Baker, B. Bleaney (Proc. Phys. Soc. [London] A **68** [1955] 1090/1). – [70] M.D. Kemple, H.J. Stapleton (Phys. Rev. [3] B **5** [1972] 1668/75).

[71] J.P. Kotthaus, K. Dransfeld (Phys. Letters A **30** [1969] 34/5). – [72] D.S. Wollan (Phys. Rev. [3] B **13** [1976] 3686/96). – [73] D.S. Wollan, J.W. Poulton (Phys. Letters A **33** [1970] 33/4). – [74] H.J. Stapleton, R.L. Marchand, E.R. Lemar (Phys. Rev. [3] B **10** [1974] 2687/96). – [75] G.S. Bogle, H.J. Duffus, H.E.D. Scovil (Proc. Phys. Soc. [London] A **65** [1952] 760/1).

[76] B. Bleaney, H.E.D. Scovil (Proc. Phys. Soc. [London] A **64** [1951] 204/5). – [77] C.R. Viswanathan, G. Kaelin (Phys. Rev. [2] **171** [1968] 992/3). – [78] J.P. Wolfe, C.D. Jeffries (Phys. Rev. [3] B **4** [1971] 731/45). – [79] J.P. Wolfe (Chem. Phys. Letters **37** [1976] 256/9). – [80] D.R. Taylor (Phys. Rev. Letters **42** [1979] 1302/5).

[81] A. Yu. Kozhukhar', A.D. Prokhorov, G.A. Tsintsadze (Fiz. Tverd. Tela **20** [1978] 550/6; Soviet Phys.-Solid State **20** [1978] 317/21). – [82] W.C. Easley (UCRL-17699 [1967] 1/153, 44/7, 90; C.A. **69** [1968] No. 48143).

28.13.5.2 Nuclear Magnetic Resonance (NMR) and Relaxation

Yttrium Ethylsulfate

The ^{1}H NMR of yttrium ethylsulfate doped with a few at.% Yb has attracted some interest, since in this system the water and ethylsulfate protons may be polarized to a high degree by the "spin refrigerator" technique; see below. Extensive studies have been performed on the NMR and relaxation of water protons adjacent to Yb impurities at temperatures below 4.2 K, Wolfe [1, 2], King et al. [3]. Some NMR observations of water protons in Nd-, Tb-, and Dy-doped samples have been reported as well [1, 3]. Furthermore, the water plus ethylsulfate proton system of Yb-doped samples was studied for its spin-lattice relaxation below 1 K, Brom, Huiskamp [4], and its spin-bath relaxation at 1.1 K, Gates, Potter [5, 6]. In addition, spin-lattice relaxation was observed for Dy-doped samples [4] and also spin-bath relaxation for pure yttrium ethylsulfate [1].

Proton polarization in Yb-doped yttrium ethylsulfate is achieved by rotating the crystal with respect to a static magnetic field at liquid helium temperatures, and ^{1}H NMR then merely serves as a probe to determine the polarization. The polarization comes about because the Yb^{3+} ions in yttrium ethylsulfate have both an anisotropic electronic g-factor and an anisotropic spin-lattice relaxation rate. When the electronic spins of Yb^{3+} have been polarized by applying a magnetic field in a direction of high g-value, this polarization may be transferred to the proton spins by cross relaxation, if the sample is rotated with respect to the magnetic field so as to make the electronic and nuclear g-factors approximately equal. When operated by cyclic repetition of this procedure, the system is called a "spin refrigerator" and may serve as a target of polarized protons for nuclear and high-energy scattering experiments. Sizeable proton polarizations up to 80% have been reported [4, 7 to 15].

Lanthanum Ethylsulfate

Some observations have been made of proton spin-lattice relaxation by impurity ions of Tb, Dy, Ho, Er, Yb in the range of temperatures 0.3 to 30 K, Valeev et al. [16 to 19]. – The ^{139}La NMR spectrum (nuclear spin $I={}^{7}/_{2}$) consists of seven lines equally spaced and symmetrically disposed about the Zeeman line, the separation between adjacent lines being $2P=6\cdot Q\cdot A_2^0\cdot(1-\gamma_\infty)/I\cdot(2I-1)$, with Q=nuclear quadrupole moment, A_2^0=second-order crystal field parameter, and γ_∞=Sternheimer antishielding factor. The following values of P in 10^{-5} cm^{-1} (error$\pm$0.002) at the respective temperatures in K (in parentheses) are obtained: 1.977 (77.3), 1.802 (194.6), 1.686 (273.2), 1.662 (293.2), Edmonds, Lindop [20]. For preliminary results, see Edmonds [21].

Terbium Ethylsulfate

The proton spin-lattice relaxation rate measured by ^{1}H NMR between 0.3 and 0.7 K at a field of 3 kOe parallel to the crystal c-axis, Al'tshuler et al. [22], can be reasonably well described by standard theories for systems with dipole-dipole interaction among electronic spins, Tsarevskii [23]. The agreement is slightly improved by taking into account the finite heat capacity of the electronic spin system, Tsarevskii, Shetsova [24]. Spin-spin (transverse) relaxation rates of the protons within the same temperature range have been measured as well [22]. The possibility of observing ^{159}Tb NMR in terbium ethylsulfate has been suggested by Al'tshuler, Mineeva [25].

Holmium Ethylsulfate

The spin-lattice relaxation of protons and ^{165}Ho nuclei has been studied by the method of "nuclear pseudomagnetism", in which the precession of spins of thermal neutrons around the direction of nuclear polarization is measured. The proton relaxation is found to be extremely anisotropic. For a magnetic field H parallel to the crystal c-axis (H || c) the relaxation is very slow, i.e., many days for temperatures below 0.125 K, and is suggested to be due to impurities. For H $\perp$ c, however, the proton relaxation time τ_1 is remarkably short, i.e., $\tau_1 < 10^3$ s for T > 0.03 K. This is explained by a coupling of the proton spins with the spins of the ^{165}Ho nuclei. The ^{165}Ho spin-lattice relaxation at a magnetic field H || c is indicative of a direct process (see p. 391) via hyperfine coupling, Abragam et al. [26].

Thulium Ethylsulfate

The ^{1}H NMR spectrum at 4.2 K is rather narrow, i.e., it extends over a range of about 20 Oe, when the magnetic field H is parallel to the crystal c-axis (H || c). For H $\perp$ c, however, the spread of the spectrum is as large as several hundred Oe and increases on raising the resonance frequency, whereas it decreases with temperature. This behavior is explained by dipole-dipole coupling between proton spins and the electronic spins of the Tm^{3+} ions, Teplov [27]. The proton spin-lattice relaxation between $\approx$1.4 and $\approx$4 K obtained from ^{1}H NMR for H $\perp$ c is attributed to relaxation by paramagnetic impurities, Al'tshuler et al. [28]. For H either parallel or at 9° to the c-axis the proton spin-lattice relaxation between 1.5 and 44 K may be accounted for by cross relaxation between protons and ^{169}Tm nuclei, Aukhadeev et al. [29].

The ^{169}Tm NMR spectrum, as measured at fixed frequencies between 4 and 18 MHz and at temperatures of 1.5 and 4.2 K, exhibits a single line, the width of which increases considerably when the magnetic field is turned from a direction perpendicular to a direction parallel to the crystal c-axis, Teplov [30]. This broadening is assumed to be primarily due to dipole-dipole interaction of the electronic spins of the Tm^{3+} ions with each other and with surrounding protons as well as to be due to structural defects [29]. The shift of the ^{169}Tm NMR line under uniaxial and hydrostatic pressure up to 10 kbar was observed at 4.2 K, Abdulsabirov et al. [31]. The ^{169}Tm spin-lattice relaxation between 2 and 4.2 K is analyzed in terms of a direct, a Raman, and an Orbach process (see p. 391), a coupling between the nuclear and electronic spins of a Tm^{3+} ion being brought about by hyperfine and spin-orbit interaction [28, 29]. ^{169}Tm spin-lattice relaxation rates calculated from theory can only in part be brought into agreement with measurement, Vaisfel'd [32]. The ^{169}Tm spin-spin (transverse) relaxation rate remains nearly constant at $\approx 10^5$ s^{-1} up to 6 K and becomes equal to the spin-lattice relaxation rate above this temperature [29].

Lutetium Ethylsulfate

The quadrupole resonance spectrum of ^{175}Lu (nuclear spin $I = {}^7/_2$) is measured by observing the frequency of the $M_I = \pm{}^1/_2 \leftrightarrow \pm{}^3/_2$ transition at about 60 MHz. The following values of the quadrupole splitting parameter P (see p. 409) in 10^{-5} cm^{-1} (error ± 0.02)

at the respective temperatures in K (in parentheses) are found: 108.60 (20), 108.43 (77.3), 105.21 (194.6), 101.99 (273.2), 100.80 (296.0) [20].

References:

[1] J.P. Wolfe (Phys. Rev. [3] B **16** [1977] 128/45). – [2] J.P. Wolfe (Phys. Rev. Letters **31** [1973] 907/10). – [3] A.R. King, J.P. Wolfe, R.L. Ballard (Phys. Rev. Letters **28** [1972] 1099/102). – [4] H.B. Brom, W.J. Huiskamp (Physica **60** [1972] 163/98). – [5] J.V. Gates, W.H. Potter (Phys. Rev. [3] B **13** [1976] 8/17).

[6] J.V. Gates, W.H. Potter (Phys. Rev. Letters **33** [1974] 878/82). – [7] W.H. Potter, H.J. Stapleton (Phys. Rev. [3] B **5** [1972] 1729/46). – [8] J.R. McColl, C.D. Jeffries (Phys. Rev. [3] B **1** [1970] 2917/34). – [9] K.H. Langley, C.D. Jeffries (Phys. Rev. [2] **152** [1966] 358/76). – [10] J.R. McColl, C.D. Jeffries (Phys. Rev. Letters **16** [1966] 316/8).

[11] K.H. Langley, C.D. Jeffries (Phys. Rev. Letters **13** [1964] 808/9). – [12] J.P. Wolfe, A.R. King (Chem. Phys. Letters **40** [1976] 451/5). – [13] J. Button-Shafer, R.L. Lichti, W.H. Potter (Phys. Rev. Letters **39** [1977] 677/80). – [14] J. Button-Shafer (AIP [Am. Inst. Phys.] Conf. Proc. No. 51 [1979] 41/7). – [15] H.B. Brom, W.J. Huiskamp (Physica **66** [1973] 43/62; Magn. Resonance Relat. Phenomena Proc. 16th Congr. AMPERE, Bucharest 1970 [1971], p. 1127/9), H.B. Brom (Phys. Letters A **41** [1972] 73/4).

[16] I.I. Valeev, F.L. Aukhadeev (Fiz. Tverd. Tela **17** [1975] 1466/8; Soviet Phys.-Solid State **17** [1975] 947/8). – [17] I.I. Valeev, F.L. Aukhadeev (Fiz. Tverd. Tela **16** [1974] 1478/80; Soviet Phys.-Solid State **16** [1974] 947/8). – [18] I.I. Valeev, F.L. Aukhadeev, V.A. Skrebnev (Zh. Eksperim. Teor. Fiz. **67** [1974] 200/4; Soviet Phys.-JETP **40** [1974] 101/3). – [19] I.I. Valeev, V.A. Skrebnev, F.L. Aukhadeev (Zh. Eksperim. Teor. Fiz. **65** [1973] 1198/204; Soviet Phys.-JETP **38** [1974] 593/6). – [20] D.T. Edmonds, A.J. Lindop (Proc. Phys. Soc. [London] **87** [1966] 721/6).

[21] D.T. Edmonds (Phys. Rev. Letters **10** [1963] 129/31). – [22] S.A. Al'tshuler, F.L. Aukhadeev, I.I. Valeev, I.S. Konov, B.Z. Malkin, M.A. Teplov (Pis'ma Zh. Eksperim. Teor. Fiz. **16** [1972] 233/7; JETP Letters **16** [1972] 164/6). – [23] S.L. Tsarevskii (Fiz. Tverd. Tela **15** [1973] 3035/8; Soviet Phys.-Solid State **15** [1973] 2022/4). – [24] S.L. Tsarevskii, L.I. Shetsova (Fiz. Tverd. Tela **18** [1976] 740/3; Soviet Phys.-Solid State **18** [1976] 426/8). – [25] S.A. Al'tshuler, R.M. Mineeva (Fiz. Tverd. Tela **7** [1965] 310/2; Soviet Phys.-Solid State **7** [1965] 247/8).

[26] A. Abragam, G.L. Bacchella, H. Glättli, P. Meriel, J. Piesvaux, M. Pinot (Physica B+C **81** [1976] 245/58). – [27] M.A. Teplov (Zh. Eksperim. Teor. Fiz. **55** [1968] 2145/50; Soviet Phys.-JETP **28** [1969] 1136/8). – [28] S.A. Al'tshuler, F.L. Aukhadeev, M.A. Teplov (Pis'ma Zh. Eksperim. Teor. Fiz. **9** [1969] 46/8; JETP Letters **9** [1969] 26/8). – [29] F.L. Aukhadeev, I.I. Valeev, I.S. Konov, V.A. Skrebnev, M.A. Teplov (Fiz. Tverd. Tela **15** [1973] 235/40; Soviet Phys.-Solid State **15** [1973] 163/6). – [30] M.A. Teplov (Fiz. Tverd. Tela **10** [1968] 2548/9; Soviet Phys.-Solid State **10** [1968] 2009/10).

[31] R.Yu. Abdulsabirov, I.S. Konov, S.L. Korableva, S.N. Lukin, M.S. Tagirov, M.A. Teplov (Zh. Eksperim. Teor. Fiz. **76** [1979] 1023/7; Soviet Phys.-JETP **49** [1979] 517/9). – [32] M.P. Vaisfel'd (Fiz. Tverd. Tela **14** [1972] 737/40; Soviet Phys.-Solid State **14** [1972] 628/31).

28.13.5.3 Mössbauer Effect

Parameters of Mössbauer spectra are presented in Table 28.13-6. E_M = Mössbauer resonance energy; T_A and T_S = temperatures of absorber and source, respectively, RT = room temperature; δ = isomeric shift; e^2qQ = quadrupole coupling constant; $A_\parallel$ = magnetic hyperfine coupling constant for an internal field parallel to the crystallographic c-axis. $A_\parallel$ and e^2qQ refer to the excited nuclear state unless otherwise stated. For studies of electronic spin relaxation by the Mössbauer effect of ^{161}Dy and ^{170}Yb see p. 394 and 395. If the electronic relaxation rate is much smaller than the Larmor precession frequency of the resonant nuclei, the Mössbauer spectrum reveals a partly resolved magnetic hyperfine structure from which the relaxation time may be deduced.

Table 28.13-6
Mössbauer parameters for rare earth ethylsulfates, $M(C_2H_5SO_4)_3 \cdot 9H_2O$.

Isotope	E_M in keV	Source	T_A in K	T_S in K	δ in mm/s	Relative to	e^2qQ in mm/s	$A_\parallel$ in MHz	Ref.
^{151}Eu	21.7	$^{151}SmF_3$	RT	RT	0.25 ±0.05	EuF_3			[1, 2]
^{155}Gd	86.5	^{155}Eu in Pd	4.2	4.2	0.62 ±0.01	source	±3.56 ±0.02 a)		[3]
^{161}Dy	25.7	^{161}Gd b)	4.2				−30.5 ±1.2 c)	−892 ±24 a)	[4]
^{169}Tm	8.42	$^{169}ErF_3$	≦10	550			±157 d)		[5to7]
^{169}Tm	8.42	$^{169}Er_2O_3$	6	873			±160 d)		[8]
^{170}Yb	84.26	$^{170}TmB_{12}$	4.2	≧4.2	0.13 ±0.07	$YbAl_2$	−13.3 ±0.2 e)	904 ±14	[9]
^{170}Yb	84.26	$^{170}TmB_{12}$	30	≧4.2	0.03 ±0.07	$YbAl_2$	−10.1 ±0.2 e)		[9]

a) Refers to nuclear ground state.

b) In the original reference [4] chemical form and temperature of source not specified further.

c) Refers to nuclear ground state, originally given in MHz. e^2qQ is converted into mm/s by the factor 4.826×10^{-2} mm/s per MHz.

d) On raising the temperature e^2qQ decreases to almost zero at room temperature [5, 6, 8]. e^2qQ originally given in eV, is converted into mm/s by the factor 3.563×10^7 mm/s per eV.

e) e^2qQ, originally given in MHz, is converted into mm/s by the factor 1.472×10^{-2} mm/s per MHz.

References:

[1] S. Hüfner, P. Kienle, D. Quitmann, P. Brix (Z. Physik **187** [1965] 67/84). – [2] P. Brix, S. Hüfner, P. Kienle, D. Quitmann (Phys. Letters **13** [1964] 140/2). – [3] J.D. Cashion, D.B. Prowse, A. Vas (J. Phys. C **6** [1973] 2611/24). – [4] H.H. Wickman, I. Nowik (Phys. Rev. [2] **142** [1966] 115/7). – [5] R.G. Barnes, R.L. Mössbauer, E. Kankeleit, J.M. Poindexter (Phys. Rev. [2] A **136** [1964] 175/89).

[6] R.G. Barnes, E. Kankeleit, R.L. Mössbauer, J.M. Poindexter (Phys. Rev. Letters **11** [1963] 253/5). – [7] F.T. Snively (Diss. California Inst. Technol., Pasadena 1965; Diss. Abstr. **26** [1965] 2292). – [8] S. Hüfner, M. Kalvius, P. Kienle, W. Wiedemann, H. Eicher (Z. Physik **175** [1963] 416/21). – [9] C. Borely, F. Gonzalez-Jimenez, P. Imbert, F. Varret (J. Phys. Chem. Solids **36** [1975] 605/9).

28.13.6 Electrical Properties

Lanthanum Ethylsulfate

The dielectric constant and loss between room temperature and 4.2 K have been measured only for samples doped with unspecified amounts of Gd and Ce, Peskovatskii et al. [1].

Cerium and Praseodymium Ethylsulfate

The dielectric constants ε or electric susceptibilities $\chi_E = \varepsilon - 1$ have been obtained at a frequency of 2 kHz for temperatures $0.6\ K \leqq T \leqq 10\ K$ (Ce) and $0.06\ K \leqq T \leqq 10\ K$ (Pr), respectively. The experimental values of ε and χ_E involve an unknown additive constant and therefore have been presented with an arbitrary origin, Taylor et al. [2], Folinsbee et al. [3]. For cerium ethylsulfate, a plot of χ_E, for an electric field E perpendicular to the crystal c-axis ($E \perp c$), versus T^{-1}, shows an almost linear increase, i.e., a Curie law behavior, up to $T^{-1} = 0.4$, beyond which χ_E almost saturates. This is taken as evidence for a variation of the splitting between the two lowest crystal field levels of Ce^{3+} with temperature [2], as was once proposed theoretically to account for the anomaly of the Schottky heat capacity of cerium ethylsulfate, cf. p. 371, by Fletcher and Sheard [4]. For praseodymium ethylsulfate, χ_E is found to be highly anisotropic: When normalized to zero for infinite temperature the parallel susceptibility (electric field $E \parallel c$) is almost zero throughout the temperature range studied ($\leqq 10$ K), whereas the perpendicular susceptibility ($E \perp c$) rises steeply on lowering the temperature and exhibits a slight peak at 0.17 K [3]. These findings, when combined with heat capacity and thermal conductivity data, cf. pp. 372, 379, may be attributed to an electric dipole interaction. The electric dipoles are associated with each Pr^{3+} ion in its lowest crystal field state and are confined to planes perpendicular to the c-axis. The electric susceptibilities may be reasonably well fitted by a model of one-dimensional nearest-neighbor coupling of electric dipoles [3], Taylor et al. [5, 6].

References:

[1] S.A. Peskovatskii, A.N. Chernets, G.I. Postogvard, T.G. Sheina, I.M. Oliinik (Ukr. Fiz. Zh. **7** [1962] 22/30; C.A. **57** [1962] 1634). – [2] D.R. Taylor, D.B. McColl, J.P. Harrison, R.J. Elliott, L.L. Goncalves (J. Phys. C **10** [1977] L 407/L 412). – [3] J.T. Folinsbee, J.P. Harrison, D.B. McColl, D.R. Taylor (J. Phys. C **10** [1977] 743/59). – [4] J.R. Fletcher, F.W. Sheard (Solid State Commun. **9** [1971] 1403/6). – [5] D.R. Taylor, J.P. Harrison, D.B. McColl (Physica B+C **86/88** [1977] 1164/5).

[6] D.R. Taylor, J.P. Harrison (Ferroelectrics **16** [1977] 253/5).

28.13.7 Chemical Reactions

Thermal Decomposition

The rare earth ethylsulfates rapidly loose water on heating and may be completely dehydrated even below 500 K, as indicated by differential thermal analysis and thermogravimetry. Besides the enneahydrate, which is stable at room temperature, at least one other hydrate exists, probably the pentahydrate. The anhydrous ethylsulfates decompose below 500 K to the bisulfates, which decompose further to the sulfates. This last step is certainly completed at about 800 K, Nathans [1]; cf. Hao Ku, Huan-Pang Chung [2]. The decomposition appears to proceed according to the following general pattern [1]:

$$M(C_2H_5SO_4)_3 \cdot 9H_2O \rightarrow M(C_2H_5SO_4)_3 \cdot 5H_2O \rightarrow M(C_2H_5SO_4)_3 \rightarrow M(HSO_4)_3 \rightarrow \text{intermediates} \rightarrow M_2(SO_4)_3$$

Solubility

For the rare earth ethylsulfate enneahydrates from La to Lu (except for Pm) the solubilities in water have been measured at 15 to 45 °C. The values of solubility S in moles of $M(C_2H_5SO_4)_3$ per 1 kg H_2O at 25 °C are:

M . . .	La	Ce	Pr	Nd	Sm	Eu	Gd
S . . .	1.097	1.011	0.9225	0.8734	0.8490	0.8667	0.8763
M . . .	Tb	Dy	Ho	Er	Tm	Yb	Lu
S . . .	0.9990	1.092	1.193	1.328	1.521	1.630	1.636

Mioduski, Siekierski [3]. Earlier values of Staveley et al. [4] are substantially lower and vary irregular through the series. These measurements, however, suffered from uncertainties in the water content of the starting materials due to occlusion of mother liquor [4].

Enthalpies of solution determined calorimetrically by Staveley et al. [4, 5] and estimated from solubilities [3] are in approximate agreement. For enthalpies of dilution (i.e., the heat absorbed on diluting saturated aqueous solutions to a final concentration of ≈0.005 M), see [4]. For studies of cocrystallization of rare earth ethylsulfates in aqueous solution, see Mioduski, Siekierski [6], Mioduski [7]. From these studies it is concluded that the number of water molecules coordinating rare earth ions in aqueous solution is 9 in the La to Pm region, and 8 in the Tb to Lu region [6].

References:

[1] M.W. Nathans (J. Inorg. Nucl. Chem. **22** [1961] 231/9). – [2] Hao Ku, Huan-Pang Chung (Chung Kuo K'o Hsueh Yuan Ying Yung Hua Hsueh Yen Chiu So Chi K'han **1962** No. 6, p. 29/35 from C.A. **63** [1965] 12655). – [3] T. Mioduski, S. Siekierski (J. Inorg. Nucl. Chem. **38** [1976] 1989/92). – [4] L.A.K. Staveley, D.R. Markham, M.R. Jones (J. Inorg. Nucl. Chem. **30** [1968] 231/40). – [5] L.A.K. Staveley, D.R. Markham, M.R. Jones (Nature **211** [1966] 1172/3).

[6] T. Mioduski, S. Siekierski (J. Inorg. Nucl. Chem. **37** [1975] 1647/51). – [7] T. Mioduski (J. Radioanal. Chem. **31** [1976] 139/58).

Table of Conversion Factors

Following the notation in Landolt-Börnstein [7], values which have been fixed by convention are indicated by a bold-face last digit. The conversion factor between calorie and Joule that is given here is based on the thermochemical calorie, $cal_{th\ ch}$, and is defined as 4.184**0** J/cal. However, for the conversion of the ,,Internationale Tafelkalorie'', cal_{IT}, into Joule, the factor 4.1868 J/cal is to be used [1, p. 147]. For the conversion factor for the British thermal unit, the Steam Table Btu, BTU_{ST}, is used [1, p. 95].

Force	N	dyn	kp
1 N (Newton)	1	10^{5}	0.1019716
1 dyn	10^{-5}	1	1.019716 $\times 10^{-6}$
1 kp	9.8066**5**	9.8066**5** $\times 10^{5}$	1

Pressure	Pa	bar	kp/m^2	at	atm	Torr	lb/in^2
1 Pa (Pascal) = 1 N/m^2	1	10^{-5}	1.019716 $\times 10^{-1}$	1.019716 $\times 10^{-5}$	0.986923 $\times 10^{-5}$	0.750062 $\times 10^{-2}$	145.0378 $\times 10^{-6}$
1 bar = 10^{6} dyn/cm^2	10^{5}	1	10.19716 $\times 10^{3}$	1.019716	0.986923	750.062	14.50378
1 kp/m^2 = 1 mm H_2O	9.8066**5**	0.98066**5** $\times 10^{-4}$	1	10^{-4}	0.967841 $\times 10^{-4}$	0.735559 $\times 10^{-1}$	1.422335 $\times 10^{-3}$
1 at = 1 kp/cm^2	0.98066**5** $\times 10^{5}$	0.98066**5**	10^{4}	1	0.967841	735.559	14.22335
1 atm = 76**0** Torr	1.0132**5** $\times 10^{5}$	1.0132**5**	1.033227 $\times 10^{4}$	1.033227	1	76**0**	14.69595
1 Torr = 1 mm Hg	133.3224	1.333224 $\times 10^{-3}$	13.59510	1.359510 $\times 10^{-3}$	1.315789 $\times 10^{-3}$	1	19.33678 $\times 10^{-3}$
1 lb/in^2 = 1 psi	6.89476 $\times 10^{3}$	68.9476 $\times 10^{-3}$	703.069	70.3069 $\times 10^{-3}$	68.0460 $\times 10^{-3}$	51.7149	1

Work, Energy, Heat	J	kWh	kcal	Btu	MeV
1 J (Joule) = 1 Ws = 1 Nm = 10^7 erg	1	2.778×10^{-7}	2.39006×10^{-4}	9.4781×10^{-4}	6.242×10^{12}
1 kWh	$3.\mathbf{6} \times 10^6$	1	860.4	3412.14	2.247×10^{19}
1 kcal	4184.**0**	1.1622×10^{-3}	1	3.96566	2.6117×10^{16}
1 Btu (British thermal unit)	1055.06	2.93071×10^{-4}	0.25164	1	6.5858×10^{15}
1 MeV	1.602×10^{-13}	4.450×10^{-20}	3.8289×10^{-17}	1.51840×10^{-16}	1

Power	kW	h. p. (PS)	kp m/s	kcal/s
1 kW = 10^{10} erg/s	1	1.35962	101.972	0.239006
1 h. p. (PS)	0.73550	1	**75**	0.17579
1 kp m/s	$9.806\mathbf{65} \times 10^{-3}$	0.01333	1	2.34384×10^{-3}
1 kcal/s	4.18**40**	5.6886	426.650	1

References:
[1] A. Sacklowski, Die neuen SI-Einheiten, Goldmann, München 1979. (Conversion tables in an appendix.)
[2] International Union of Pure and Applied Chemistry, Manual of Symbols and Terminology for Physicochemical Quantities and Units, Pergamon, London 1979; Pure Appl. Chem. **51** [1979] 1/41.
[3] The International System of Units (SI), National Bureau of Standards Specl. Publ. 330, [1972].
[4] H. Ebert, Physikalisches Taschenbuch, 5th Ed., Vieweg, Wiesbaden 1976.
[5] Kraftwerk Union Information, Technical and Economic Data on Power Engineering, Mülheim/Ruhr 1978.
[6] E. Padelt, H. Laporte, Einheiten und Größenarten der Naturwissenschaften, 3rd Ed., VEB Fachbuchverlag, Leipzig 1976.
[7] Landolt-Börnstein, 6. Aufl., II. Bd., 1. Tl., 1971, S. 1/14.